中国电力建设企业协会 CHINA ELECTRIC POWER CONSTRUCTION ASSOCIATION CEPCA

创建电力优质工程策划与控制6系列丛书

（2015版）

电力建设标准责任清单

第3册 水电水利工程

中国电力建设专家委员会 编

中国电力出版社
CHINA ELECTRIC POWER PRESS

内 容 提 要

《电力建设标准责任清单（2015版）第3册 水电水利工程》以“创建电力优质工程策划与控制6系列丛书”（以下简称《创优6》）的形式出版。

《创优6》是电力工程执行标准的质量责任大全。丛书包括管理与安健环、火电工程、水电水利工程、输变电工程、风光储工程和全集电子书共6册，本书为第3册。

本书以水电水利工程建设相关标准、规范为编写依据，列出水电水利工程基建项目相关的标准名称、编号、时效性，并对入选标准的针对性、内容与要点、关联与差异进行解读，力求简明表述标准适用范围及内容，精炼归纳标准执行要点及相关标准之间的差异，以指导工程建设者选用标准。

本书共七章。水电水利工程建设标准体系分为两个层次：综合通用标准和专业标准，其中专业标准分为水工、金结、机电、调试试运行四大专业类。第一章水电水利工程建设标准体系。第二章综合通用标准，包括通用标准、管理标准、规划标准、勘测标准、移民标准、环保水保标准、安全卫生标准、档案制图标准、验收评价标准。第三章水工专业标准，分设计、施工两大类，设计类包括临建及交通、导截流、土石方、支护及边坡、安全监测及其他等通用设计标准，挡水建筑物、泄水建筑物、引水发电建筑物、通航建筑物设计标准；施工类包括临建及交通、导截流、土石方、支护及边坡、灌浆与基础处理、试验检测、验收评价、安全监测及其他通用施工标准，挡水建筑物、泄水建筑物、引水发电建筑物、通航建筑物施工标准。第四章金结专业标准，分通用部分、闸门与拦污栅、启闭机、压力钢管、升船机等设计、施工、试验检测、验收评价标准。第五章机电专业标准，分通用部分、机组及附属设备、进水阀、公用辅助设备、消防设备、电气一次、电气二次等设计、施工、试验检测、调试试运行、验收评价标准。第六章调试试运行专业标准，分试验检测标准、验收评价标准、试运行标准。第七章欧美土木工程适用技术标准要点解读，分欧盟标准、欧盟协调标准、美国混凝土协会标准、美国材料与试验协会标准。

本书可供从事水电工程的建设、监理、设计、施工、调试和运营等单位相关技术、管理人员使用。

图书在版编目（CIP）数据

电力建设标准责任清单：2015版．第3册，水电水利工程／中国电力建设专家委员会编．—北京：中国电力出版社，2016.1

（创建电力优质工程策划与控制6系列丛书）

ISBN 978-7-5123-8674-7

Ⅰ．①电…　Ⅱ．①中…　Ⅲ．①电力工程－工程质量－质量管理－中国②水利水电工程－工程质量－质量管理－中国　Ⅳ．①TM7

中国版本图书馆CIP数据核字（2015）第305269号

中国电力出版社出版、发行

（北京市东城区北京站西街19号　100005　http：//www.cepp.sgcc.com.cn）

三河市百盛印装有限公司印刷

各地新华书店经售

*

2016年1月第一版　2016年1月北京第一次印刷

787毫米×1092毫米　16开本　47.75印张　1118千字

印数0001—1500册　定价**190.00**元

中国电力建设企业协会文件

中电建协〔2015〕5号

关于印发《电力建设标准责任清单(2015版)》的通知

各理事单位、会员单位及有关单位：

为促进电力建设工程质量提升、适应电力建设新常态，中国电力建设企业协会组织中国电力建设专家委员会编制了《电力建设标准责任清单（2015版）》。现印发给你们，请遵照执行。

中国电力建设企业协会（印）

2015年3月1日

本书编审委员会

序

为促进电力建设工程质量提升，适应电力建设新常态，继《创建电力优质工程策划与控制 1、2、3、4、5》出版之后，中国电力建设企业协会以主动创新的新思维，组织中国电力建设专家委员会编写了《电力建设标准责任清单（2015 版）》，以“创建电力优质工程策划与控制 6 系列丛书”（以下简称《创优 6》）的形式出版。

李克强总理提出“要明确责任清单，完善质量管理体系，提高质量管理水平”。《创优 6》采用责任清单管理模式，对电力建设涉及的法规、标准体系进行全面的梳理和汇集，倡导了履行国家政策导向的社会责任，明确了标准执行主体的质量责任。

《创优 6》以直接涉及电力建设现行有效版本的法规、标准为编写依据，收集相关法律法规 240 余部、标准规范 3700 余项、国家政策导向及提倡的技术（材料）清单 650 余项和国家各部委节能减排名录 20 余项。为了助力我国电力企业“走出去”发展战略，还收录了国际标准 1800 余项。

《创优 6》对每项法规、标准的针对性、内容与要点、关联与差异进行解读，力求明确标准适用范围、简明反映标准内容、突出标准执行要点、指出标准之间的差异，是电力建设执行法规、标准的质量责任大全。根据不同工程类型划分为管理与安健环、火电工程、水电水利工程、输变电工程、风光储工程和全集电子书 6 个分册，可供工程建设人员熟悉标准体系、掌握标准内容、了解标准更新动态、正确选用标准。

《创优 6》以质量理论为指导，以质量实践为对象，着力体现“规范质量行为、执行质量规定、落实质量要求、严控质量流程、完善质量手段、遵守质量纪律、提升质量程度、确保质量结果、降低质量成本、消灭质量事故、承担质量责任、实现质量目标”12个方面的质量管控体系要求。

住建部“两年行动计划”中提出了“工程建设质量终身责任制”。推行电力建设标准责任清单的管理模式，必将推动质量管理体系的完善，强化工程建设质量终身责任制的落实，促进电力建设质量水平的提升。

中国电力企业联合会党组书记、常务副理事长 张玉才

2015年3月1日

前　言

为适应电力建设新常态，落实质量管理责任，提高电力建设工程质量，中国电力建设企业协会依据国家的政策导向，以主动创新的新思维，组织中国电力建设专家委员会编写了《电力建设标准责任清单（2015 版）》，并以“创建电力优质工程策划与控制 6 系列丛书”的形式出版。

清单由“数字+关键词”构成，清单的定义已经编入牛津词典中。清单管理模式是逻辑最清晰、最全面、最简练、最可操作的模式，是效率最高的管理模式之一，是国际上公认的优秀管理方法。

丛书采用责任清单管理模式，对电力建设涉及的法规、标准体系进行全面的梳理和汇集，按照工程类型、专业列出了需要执行的法规、标准名录，并对每项法规、标准的针对性、内容与要点、关联与差异进行了精炼、准确的解读。力求明确标准适用范围、简明表述标准内容、突出标准执行要点、指出标准之间的差异、了解标准更新动态、指导正确选用标准，明确了标准执行主体的质量责任。

电力建设标准责任清单是电力工程建设全过程应执行的法律、法规、标准、规范大全，是电力建设执行法规、标准的质量责任大全。丛书以直接涉及电力建设现行有效版本的法规、标准为编写依据，收集相关法律法规 240 余部、标准规范 3700 余项、国家政策导向及提倡的技术（材料）清单 650 余项和国家各部委节能减排名录 20 余项。为了助力我国电力企业“走出去”发展战略，还收录了与电力建设相关的国际主流标准 1800 余项。

丛书覆盖火电工程、水电水利工程、输变电工程及风光储工程，共包括 6 册，分别为：

第 1 册　管理与安健环

第 2 册　火电工程

第 3 册　水电水利工程

第 4 册　输变电工程

第 5 册　风光储工程

第 6 册　全集电子书

《管理与安健环》分册为火电、水电水利、输变电、风光储工程通用。

《全集电子书》包含前 5 册全部内容，可实现计算机检索功能。

电力建设标准责任清单中每条内容均包括：序号、标准名称/法规名称、标准编号/法规文号、时效性、针对性、内容与要点、关联与差异。

（1）时效性：指标准（法规）的实施时间，丛书收录的标准（法规）均为截至 2015 年 2 月的有效版本。

（2）针对性：明确列出标准（法规）的适用范围和不适用范围。

（3）内容与要点：概括标准（法规）的主要内容，对该标准（法规）的重点和要点进行提炼和摘录。

（4）关联与差异：标准（法规）中有关条款应执行相关标准的标准名称和标准号；指向相同，但与本标准（法规）规定存在差异的相关标准，简述了不一致的内容，并列出差异标准的标准号、标准名和标准条款号。

丛书法规、标准收录原则如下：

（1）2000 年以前发布的法律、法规和标准，原则上不选入。

（2）2001～2005 年发布的施工技术标准、检验标准、验收标准，仍在执行中且无替代标准的，已编入；其他标准原则上不选入。

（3）2005 年后发布的现行标准，全部选入。

（4）设计标准按照直接涉及施工的技术要求、验收的质量要求的原则，选择性收入。

（5）产品标准按照直接涉及设备、装置选型、材料选择、工序、进厂检验、产品使用特殊技术要求的原则，选择性收入。

（6）2005 年后发布的国家政策导向及提倡的技术（材料）名录，全部选入。

（7）为保持丛书收录标准的全面性和时效性，截至 2014 年 12 月进入报批稿阶段且 2015 年实施的标准选入本书，如有差异以正式发布的标准为准。

李克强总理多次在讲话中肯定了建设部“两年行动计划”中提出的，工程建设“质量终身责任制”。丛书力求通过电力建设标准责任清单的管理模式，帮助电力工程建设者理解、掌握和正确执行相关法规、标准，从而提升电力建设工程质量。

丛书在编写过程中得到电网、发电、电建等集团的大力支持和帮助，在此一并表示感谢。鉴于水平和时间所限，书中难免有疏漏、不妥或错误之处，恳请广大读者批评指正。

丛书编委会

2015 年 3 月 1 日

目　录

第一章　水电水利工程建设标准体系

一、水电水利工程标准体系内容层次

水电水利工程标准分为国内标准和国际标准两部分。

国内标准分为综合标准和专业标准两个体系，其中综合标准包括通用、管理、规划、勘测、移民、环保水保、安全卫生、档案制图及验收评价等适用于水力发电建设全过程的标准，专业标准包括水工、金结、机电及调试试运行等多个方面的技术标准，见图 1-1。

国际标准按照现行国际实用的标准族进行收集和介绍。

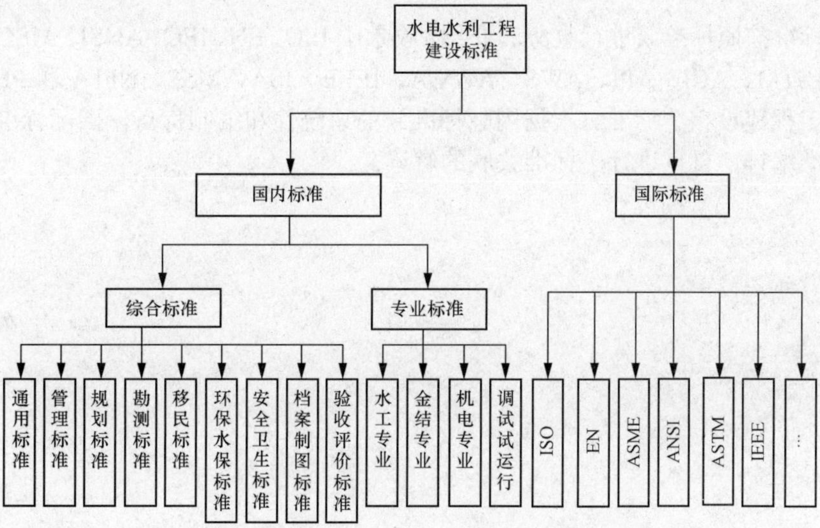

图 1-1　水电水利工程建设标准体系

二、国内标准体系

国内标准就适用范围、重点与要点、标准间关联与差异三方面进行解读，便于使用本书的人员快速定位标准或查找标准的重要内容。

水力发电建设标准涉及土建、施工、调试、试验、验收评价等多个领域，本书按照水工、金结、机电、调试试运行专业分章节编排，其中水工专业涵盖导截流、边坡及支护、混凝土、灌浆、安全监测等内容，金结专业涵盖闸门及拦污栅、启闭机和钢管等内容，机电专业涵盖机组及其附属设备、进水阀、全厂公用辅助设备、全厂消防设施、电气一次和二次等内容，调试试运行专业涵盖试验检测、试运行和验收评价等内容。

水力发电建设标准除执行电力行业标准外，还需要执行国家标准（GB）、能源行业标准（NB）、建设工程行业标准（JG）、公共安全行业标准（GA）、环境保护行业标准（HJ）和交通行业标准（JT）等多个标准族，本书将按照章节顺序进行标准解读。

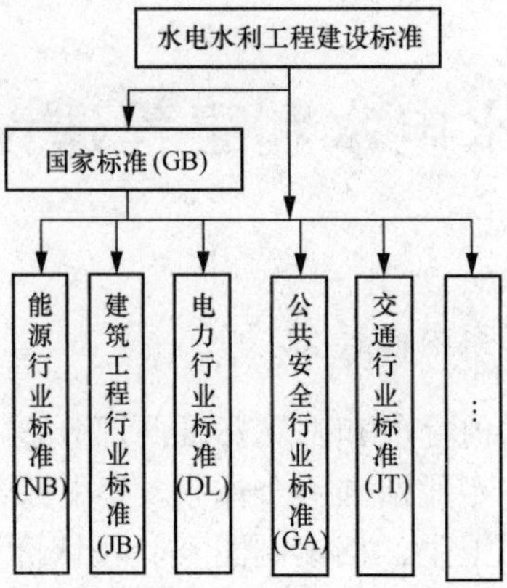

三、国际标准体系

国际标准按照标准族进行收集和介绍，收录了 ISO、EN、IEC、ANSI、AISC、AMCA、ASME、ASTM、ACI、API、AWS、AWWA、IEEE、ISA、MSS、NFPA 和 PFI 共 17 个标准族的工程建设相关标准。根据国际标准族的系统性和编制特点，国际标准按照标准族进行分类编排，重点进行了标准关联的解读。

第二章　综合通用标准

第一节　通用标准

序号	标准名称/ 标准号/时效性	针对性	内容与要点	关联与差异
1	《电力行业词汇　第3部分：发电厂、水力发电》 DL/T　1033.3—2014 2015年3月1日实施	适用于电力行业工作人员及高等院校师生在对外交流、订货、签订合同、设备验收和学术交流时，使用规范的中、英文名词词汇	**主要内容：** 统一规定了电力行业发电厂、水力发电的名词词汇及对应的英文文本，主要内容包括： 1．发电厂词汇及对应的英文文本，包含发电、发电机组和发电厂词汇； 2．水力发电词汇及对应的英文文本，包含： （1）水能利用和水电站运行词汇； （2）水电站建设词汇； （3）水电站设备和水工建筑物词汇。 **重点与要点：** 1．水能利用和水电站运行词汇包括水库总库容、防洪库容、校核洪水位、设计洪水位、水轮发电机组启动试运行、水轮发电机组并网、大坝安全定期检查、大坝安全监测等。 2．水电站建设词汇包括坝址选择、移民安置规划、导流方案、地下厂房开挖、支护、断层破碎带处理、混凝土浇筑、灌浆、施工期蓄水等。 3．水电站设备和水工建筑物词汇包括土石坝、重力坝、拱坝、混凝土面板堆石坝、地下式厂房、坝后式厂房、河床式厂房、水电站进水口、调压井、引水隧洞、尾水渠、消力池及蜗壳、水轮发电机、水泵水轮机、水轮机调节系统、水电站油系统、压缩空气系统等	

续表

序号	标准名称/ 标准号/时效性	针对性	内容与要点	关联与差异
2	《水力发电厂通信设计规范》 NB/T 35042—2014 2015年3月1日实施	适用于新建的大、中型水力发电厂和抽水蓄能电厂的通信设计	**主要内容：** 规定了水电厂通信系统设计的基本原则及主要技术要求，主要内容包括： 1．通信系统组成及通信方式选择； 2．水电厂厂内通信； 3．接入电力系统通信； 4．集控中心及梯级水电厂之间的通信； 5．施工通信； 6．水情自动测报系统通信； 7．电力线载波通信； 8．光纤通信； 9．数字微波通信； 10．卫星通信地球站； 11．国内卫星通信小型地球站（VSAT）通信系统等。 **重点与要点：** 1．水电厂通信设计应根据水电厂的运行方式、枢纽布置条件、所在电力系统的要求、自然环境特点等具体情况，合理制定设计方案，确定通信系统的通信方式、设备选型和布置。应满足水电厂运行、管理、电力系统调度、梯级集控中心及相关部门和流域各梯级水电站之间各类信息传输的需求；应考虑远、近期结合，并与所在电力系统通信发展规划相适应。 2．水电厂通信系统包括水电厂厂内通信、系统通信、对外通信、防汛通信、水情自动测报系统通信、施工通信、抗自然灾害应急通信及梯级水电厂集中调度、控制、管理通信（简称集控通信）。 3．流域梯级调度或集中控制中心的通信方式应优先选用数字光纤通信，可根据流域梯级水电站的实际情况，因地制宜地选用微波通信、移动通信、卫星通信等通信方式	**关联：** 1．数字微波容量系列应与《脉冲编码调制通信系统系列》（GB 4110）相适应。 2．厂外微波站，以及机房建筑、供电系统、照明、微波天线塔、天线、馈线等，应符合《电力系统数字微波通信工程设计技术规程》（DL 5025）的规定。 3．波道配置和话路容量可参照《点对多点微波通信系统进网要求》（YD 343）的规定执行。 4．小容量系统通信系统频道配置应符合《移动电话网络技术体制》（TZ 006）的规定。 5．集群通信系统，用户线为实线的接口参数应符合《25MHz～1000MHz 陆地移动通信网通过用户线接入公用通信网的接口参数》（GB 6282）和《电话自动交换网用户信号方式》（GB 3378）的规定。 6．集群通信系统，中继电路为音频电缆，接口参数应符合《电话自动交换网局间直流信号方式》（GB 3379）的规定。 7．集群通信系统，中继电路为载波，接口参数应符合《模拟载波通信系统网路接口参数》（GB 3384）的规定。 8．集群通信系统，中继电路为模拟微波，接口参数应符合《模拟微波接力通信系统网络接口基本技术要求》（GB 2789）的规定。 9．集群通信系统，中继电路为PCM数字电路，接口参数应符合《脉冲编码调制通信系统网络数字接口参数》（GB 7611）的规定
3	《水电水利工程通信设计内容和深度规定》	1．适用于大、中型水电水利新建工程不同阶段的通信设计。	**主要内容：** 规定了水电水利工程通信设计应包含的内容和达到的深度，主要内容包括： 1．预可行性研究阶段通信设计；	**关联：** 1．通信设计内容和深度还应按照《水电工程可行性研究报告编制规程》（DL/T 5020）执行。 2．通信设计的具体标准应按照《水力发电厂通信设计规范》（NB/T 35042）执行。

续表

序号	标准名称/标准号/时效性	针对性	内容与要点	关联与差异
3	DL/T 5184—2004 2004 年 6 月 1 日实施	2. 特大型或利用外资的水电水利工程，其设计内容和深度可按本标准及建设项目法人或主管部门所提出的补充要求进行	2．可行性研究阶段通信设计； 3．招标设计阶段通信设计； 4．施工详图设计阶段通信设计； 5．专项设计各阶段通信设计。 **重点与要点：** 1．通信设计的阶段划分应与各设计阶段的划分一致。 2．列入专项设计的通信项目，其阶段划分与内容和深度应根据专项设计要求执行。 3．可行性研究阶段的系统通信设计应依据经批准的接入系统通信设计或相关资料进行。 4．招标设计应按可行性研究报告及通信有关设计的审批意见，优化、补充、完善厂内生产调度通信、生产管理通信、系统通信、梯级调试管理通信、施工通信及其他的最终方案；确定设备造型、配置及主要技术参数	3．水情自动测报系统通信设计的具体要求应按照《水电工程水情自动测报系统技术规范》（NB/T 35003）进行。 **差异：** 本标准规定的是水电水利工程建设各阶段通信设计的内容和深度；《水力发电厂通信设计规范》（NB/ T 35042）规定的是水电厂通信设计各项内容的具体标准
4	《水电枢纽工程等级划分及设计安全标准》 DL 5180—2003 2003 年 6 月 1 日实施	1. 适用于新建的大、中、小型水电枢纽工程，包括抽水蓄能电站工程的设计。 2. 已建水电枢纽工程的改建、扩建的设计和安全鉴定，可选择执行	**主要内容：** 规定了水电枢纽工程（包括抽水蓄能电站）的工程等别划分、水工建筑物级别划分的技术指标，主要内容包括： 1．工程等别及建筑物等级； 2．洪水设计标准； 3．抗震设计标准； 4．建筑物安全超高； 5．建筑物结构整体稳定安全标准； 6．建筑物边坡抗滑稳定安全标准。 **重点与要点：** 1．水工建筑物的结构设计应采用可靠度的基本原则和方法。 2．1 级永久性壅水建筑物结构的设计基准期应采用 100 年，其他永久水工建筑物结构的设计基准期应采用 50 年。 3．规模巨大、特别重要的水电枢纽建筑基准期和设计安全标准，可进行专门研究论证，经主管部门审批确定。 4．水电枢纽工程中的防洪、灌溉、供水、通航、过木、过鱼、公路、桥梁等建筑物的级别和设计安全标准，应同时参照相关专业部门的有关规定确定	**关联：** 1．抗震参数选用应依据《中国地震烈度表》（GB/T 17742）及《中国地震动参数区划图》（GB 18306）执行。 2．洪水设计标准应按照《防洪标准》（GB 50201）执行。 3．结构可靠度标准应按照《水利水电工程结构可靠度统一标准》（GB 50199）执行。 4．建筑物结构设计应按《水工混凝土结构设计规范》（DL/T 5057）进行。 5．建筑物抗震设计应按《水工建筑物抗震设计规范》（DL 5073）进行。 6．建筑物荷载设计应按《水工建筑物荷载设计规范》（DL 5077）进行。 7．水电站厂房整体稳定安全性评价应按《水电站厂房设计规范》（NB/T 35011）进行。 **差异：** 本标准与《水利水电工程等级划分及洪水标准》（SL 252）的适用范围不同，SL 252 适用于新建的防洪、灌溉、发电、供水和治涝等水利水电工程

续表

序号	标准名称/ 标准号/时效性	针对性	内容与要点	关联与差异
5	《水利工程代码编制规范》 SL 213—2012 2012年4月19日实施	适用于水利工程信息的采集、存储、管理和应用	**主要内容：** 规定了水利工程代码编制原则和方法，主要内容包括： 1．规范了水利工程代码编码原则； 2．规范了水利工程代码分类与编码； 3．规范了水利工程代码的编制； 4．提供了流域（水系）分区编码。 **重点与要点：** 1．对水库、水文测站、堤防（段）、蓄滞（行）洪区、圩垸、机电排灌站、水闸、跨河工程、治河工程、穿堤建筑物、灌区、水力发电工程和水土保持工程等水利工程规范了相应编码规定。 2．代码编制需要遵循系统性、唯一性、稳定性、完整性和可扩展性、实用性的要求。 3．流域（水系）分区代码分为：松辽流域片、海河流域片、黄河流域片、淮河流域片、长江流域片、东南沿海流域片、珠江流域片七个片区	**关联：** 1．行政区代码按《中华人民共和国行政区划代码》（GB/T 2250）进行。 2．河流代码按《中国河流代码》（SL 249）进行。 3．湖泊代码按《中国湖泊名称代码》（SL 261）进行。 4．水文代码按《水文测站代码编制导则》（SL 502）进行

第二节　管理标准

序号	标准名称/ 标准号/时效性	针对性	内容与要点	关联与差异
1	《水电厂金属技术监督规程》 DL/T 1318—2014 2015年3月1日实施	1. 适用于符合下列条件之一的水轮发电机组安装及在役阶段的金属部件的技术监督： （1）单机容量为15MW及以上； （2）转轮名义直径1.5m及以上的冲击式水轮机； （3）转轮名义直径2.0m及以上的混流式水轮机；	**主要内容：** 规定了水电厂金属技术监督的内容和基本要求，主要内容包括： 1．金属材料的监督； 2．焊接质量的监督； 3．安装阶段技术监督； 4．在役技术监督； 5．金属技术监督管理； 6．原始资料档案； 7．运行和检修检验档案；	**关联：** 1．水轮机金属蜗壳、管形座、转轮室（排水环）、上下机架、灯泡头、转子中心体和支臂等部件的焊接与无损检测应按《水轮机金属蜗壳现场制造安装及焊接工艺导则》（DL/T 5070）、《水轮发电机组安装技术规范》（GB/T 8564）的规定执行。 2．导叶、座环等通流铸钢部件的质量检验应按《水轮机、蓄能泵和水泵水轮机通流部件技术条件》（GB/T 10969）的规定执行。

续表

序号	标准名称/标准号/时效性	针对性	内容与要点	关联与差异
1		（4）转轮名义直径3.0m及以上的轴流式、斜流式、贯流式水轮机。 2. 单机容量小于15MW的水轮发电机组和水轮机转轮的名义直径小于上述（2）、（3）、（4）项规定的机组可选择执行	8 技术管理档案。 **重点与要点：** 1. 明确了应开展技术监督的部件，包括大轴、转轮（桨叶）、泄水锥等水轮机主要部件，大轴、转子中心体和支臂、上下机架、灯泡头、推力轴承等发电机主要部件，大轴连接螺栓、转轮联轴螺栓、推力轴承抗重螺栓等螺栓紧固件，闸门、拦污栅、压力钢管、进水阀门及其附属结构件，气、水、油管道。 2. 对受监金属部件在安装、检修及改造中的材料、焊接、防腐质量进行监督及检验。 3. 对受监金属部件的失效进行调查和原因分析，提出处理对策。 4. 应建立焊接材料的验收、保管和领用制度。 5. 焊接前应检查焊接文件、焊材、待焊表面和焊接环境等，焊接文件中应明确焊接工艺参数及相关处理要求。 6. 焊接接头应按规定进行无损检测	3. 各种钢闸门（包括拦污栅）的质量检验应按《水利水电工程钢闸门制造、安装及验收规范》（GB/T 14173）的规定执行。 4. 进水阀门的质量检验应按《大中型水轮机进水阀门基本技术条件》（GB/T 14478）的规定执行。 5. 空蚀的测量与评定应按《水轮机、蓄能泵和水泵水轮机空蚀评定 第1部分：反击式水轮机的空蚀评定》（GB/T 15469.1）的规定执行。 6. 螺栓紧固件的质量应符合《紧固件 螺栓、螺钉、螺柱和螺母通用技术条件》（GB/T 16938）的规定。 7. 压力钢管巡视检查、外观检测、材质检测、无损检测、应力检测、振动检测、腐蚀检测等按《压力钢管安全检测技术规程》（DL/T 709）的规定执行。 8. 钢闸门巡视检查、外观检测、材质检测、无损检测、应力检测、振动检测、腐蚀检测等《水工钢闸门和启闭机安全检测技术规程》（DL/T 835）的规定执行。 9. 压力钢管的质量检验应按《水电水利工程压力钢管制造安装及验收规范》（DL/T 5017）的规定执行。 10. 钢闸门防腐处理《水电水利工程金属结构设备防腐蚀技术规程》（DL/T 5358）的规定执行。 11. 水轮机大轴、发电机大轴的质量检验应按《水轮机、水轮发电机大轴锻件技术条件》（JB/T 1270）的规定执行。 12. 铸钢混流式转轮的质量检验应按《铸钢混流式转轮》（JB/T 3735）的规定执行。 13. 水轮机主要部件无损检测应按《承压设备无损检测》（JB/T 4730）执行。 14. 焊接转轮上冠、下环铸件的质量检验应按《混流式水轮机焊接转轮上冠、下环铸件》（JB/T 10264）的规定执行。 15. 受监金属部件的焊接应按《水工金属结构焊接通用技术条件》（SL 36）、《焊接工艺评定规程》（DL/T 868）的规定进行工艺评定。 16. 闸门、拦污栅、压力钢管的报废应按《水利水电工程金属结构报废标准》（SL 226）的规定执行

续表

序号	标准名称/标准号/时效性	针对性	内容与要点	关联与差异
2	《水电水利工程施工监理规范》 DL/T 5111—2012 2012年12月1日实施	适用于水电水利工程项目施工监理	**主要内容：** 规定了水电工程施工监理工作的原则、内容、程序、工作方法与要求，主要内容包括： 1. 监理工作准备的主要内容与工作方式； 2. 工程施工质量控制； 3. 工程进度控制； 4. 施工安全与施工环境保护监督； 5. 合同工程费用管理； 6. 合同商务管理； 7. 工程信息管理； 8. 监理协调管理； 9. 工程项目合同验收； 10. 工程项目移交与缺陷责任期监理工作； 11. 赔偿、奖励、培训、考核等其他监理工作。 **重点与要点：** 1. 质量方面，工程监理应重点审核施工技术措施、并做好工程质量事前、事中、事后控制。 2. 进度方面，工程监理应重点审查施工进度计划及资源投入，并结合实际进行调整。 3. 投资方面，工程监理应重点审核施工方劳动分包资质，对工程造价进行分析，对材料使用进行核销，并审查工程结算。 4. 工程监理应做好安全及合同两项工作的重点管理，以及工程施工组织的协调管理工作	**关联：** 1. 本规范与《建设工程监理规范》（GB/T 50319）配套执行。 2. 水电工程设备监造工作按本规范与《水利工程设备制造监理技术导则》配套执行（SL 544）。 3. 大坝安全监测系统施工监理工作按本规范与《大坝安全监测系统施工监理规范》配套执行（DL/T 5385）。 **差异：** 本规范适用范围仅限于水电水利工程施工监理工作；《建设工程监理规范》（GB/T 50319）覆盖了建设工程各行业监理工作；《水利工程建设项目施工监理规范》（SL 288）适用于大中型水利工程建设项目的施工监理工作；《水利工程设备制造监理技术导则》（SL 544）适用于大、中型水利工程设备制造监理的技术管理；《大坝安全监测系统施工监理规范》（DL/T 5385）适用范围限于水电水利工程安全监测专项的监理工作
3	《水电工程招标设计报告编制规程》 DL/T 5212—2005 2005年6月1日实施	1. 适用于新建、扩建的大、中型常规水电站和抽水蓄能电站工程招标设计报告的编制。 2. 中型水电站视需要可适当简化使用。 3. 已建水电站的改建、加固工程及小型水电站可选择执行	**主要内容：** 规定了水电工程招标设计报告编制的原则、工作内容和深度，以及报告的编制要求，主要内容包括： 1. 水文气象，含基本资料，水文、气象、径流、洪水、水文和水位流量关系曲线等复核成果、水情自动测报深化设计； 2. 工程地质，含基本资料，区域构造与地震、水库工程地质、主体工程（挡水、泄水、输水、厂区、通航）及天然建筑材料等工程地质复核结论；	**关联：** 1. 工程补充地质勘察应按《水利水电工程地质勘察规范》（GB 50287）执行。 2. 工程复核动能设计应按《水利水电工程动能设计规范》（DL/T 5015）执行。 3. 复核水利计算应按《水电工程水利计算规范》（DL/T 5105）执行。 4. 工程等级划分及安全标准应按《水电枢纽工程等级划分及设计安全标准》（DL/T 5180）执行。

续表

序号	标准名称/ 标准号/时效性	针对性	内容与要点	关联与差异
3			3．主要辅助建筑物和临时建筑工程地质； 4．工程特性复核，含工程规模、设计成果和工程任务、径流及洪水调节计算、工程特征值复核、水库运行方式和能量指标、水库初期蓄水和电站初期运行方式、水库泥沙冲淤分析和回水计算； 5．工程布置及建筑物，含设计依据、枢纽布置、主体工程（挡水、泄水、输水、厂房、开关站、通航）建筑物、边坡工程、安全监测，以及工程量汇总表； 6．机电及金属结构，含水力机械、电气、控制保护和通信、金属结构、采暖通风； 7．消防设计； 8．工程分标规划，含分标规划依据、分标原则、分标方案及必选、选定的分标方案、工程招标计划； 9．施工组织设计及对应的技术要求，含施工条件、施工导流、原料规划与土石方平衡、主体工程施工、施工交通运输、施工工程设施、总布置、总进度，以及资源供应； 10．建设征地和移民安置，含设计依据、建筑征地范围和实物指标、农村移民安置实施规划、城市和集镇迁建规划、企业处理规划、专业项目规划设计等； 11．环境保护，含环保措施、环境监测计划、环境管理计划、实施进度计划、分标规划、投资概算等； 12．劳动安全与工业卫生； 13．工程投资； 14．财务分析。 **重点与要点：** 1．招标设计报告编制应按照国家有关部门批准的可行性研究报告确定的原则进行。 2．招标设计报告的编制应根据不同类型工程的特点，工作内容和深度有所取舍和侧重。 3．工程规模、洪水标准、枢纽布置、主要建筑物型式、施工期度汛标准，以及其他涉及工程安全方面的设计原则、标准和方案发生重大变更时，应履行设计变更审批程序。 4．招标设计报告的主要内容和深度应符合相应要求	5．施工组织设计应按《水电工程施工组织设计规范》（DL/T 5397）执行。 **差异：** 本规程与《水利水电工程招标文件编制规程》（SL 481）适用范围不同，SL 481 适用于大、中型水利水电工程勘测、设计、施工监理、施工及设备采购招标文件的编制要求

续表

序号	标准名称/标准号/时效性	针对性	内容与要点	关联与差异
4	《大坝安全监测系统施工监理规范》 DL/T 5385—2007 2007 年 12 月 1 日实施	1. 适用于大中型水电水利工程 1、2、3 级建筑物，地下工程及对大坝安全有重大影响的坝区边坡和其他与大坝安全有关建筑物的安全监测系统的施工监理相关的服务活动。 2. 4、5 级建筑物及小型水电水利工程的安全监测系统施工监理可选择执行	**主要内容：** 规定了大坝安全监测系统施工监理工作的原则、内容、程序、工作方法与要求，主要内容包括： 1. 监理机构和监理人员的职责与要求，以及监理单位与项目法人、承建单位、设计单位的关系； 2. 施工准备阶段的监理工作，包含监理机构的建立与人员配备、工作准备、承建单位质量体系的检查与认可； 3. 监测工程质量控制； 4. 监测工程进度控制； 5. 监测工程投资控制与结算支付管理； 6. 监测工程合同商务管理中相关变更、索赔、违约、分包及保险等管理； 7. 监测工程信息与资料管理； 8. 监测工程竣工验收与移交管理。 **重点与要点：** 1. 明确了监理体系建设、组织结构及人员配置的要求。 2. 监理机构应结合监理质量体系编制完成工程质量控制措施的制定，提出工程质量管理点和工程质量控制流程，完善监理细则文件的编制，并在监理过程中贯彻执行。 3. 监理机构应审查施工措施计划，着重审查施工方案、程序和工艺对工程质量的影响，并在批准后督促承建单位实施。 4. 工程变更审查的原则应不影响工程质量标准，不对其他项目产生不良影响，变更引起的费用及工期变化应经济合理。 5. 监理机构应按合同规定审查承建单位的分包申请，并报项目法人批准	**关联：** 本规范与《建设工程监理规范》（GB/T 50319）、《水电水利工程项目建设监理规范》（DL/T 5432）配套执行。 **差异：** 本规范是在执行《建设工程监理规范》（GB/T 50319）、《水电水利工程项目建设监理规范》（DL/T 5432）的前提下，对水工建筑物安全监测系统施工监理工作作的专业化细化与补充
5	《水电水利工程项目建设管理规范》 DL/T 5432—2009 2009 年 12 月 1 日实施	1. 适用于大中型水电水利工程项目法人的项目建设管理。 2. 小型水电水利工程的项目法人的项目建设管理可选择执行。	**主要内容：** 规定了水电水利工程项目建设管理原则、全过程管理程序、主要内容与要求，主要内容包括： 1. 项目管理组织，明确项目管理机构及项目经理责任制； 2. 项目综合管理，包括项目管理规划、综合变更控制及绩效评价；	**关联：** 本规范与《建设工程项目管理规范》（GB/T 50326）配套执行。 **差异：** 《建设工程项目管理规范》（GB/T 50326）为国家综合性标准；本规范为行业性标准，明确了管理组织，增加了前

续表

序号	标准名称/ 标准号/时效性	针对性	内容与要点	关联与差异
5		3. 采用项目管理服务等其他项目管理模式时，项目管理单位根据项目法人授权，可选择执行。 4. 利用外资的水电水利工程项目建设管理可选择执行	3．项目范围管理，包括项目范围规划、工作分解、范围核实、范围变更控制等； 4．项目采购管理，包括采购规划及采购实施； 5．项目前期策划，包括预可行性研究与可行性研究及项目核准； 6．项目勘察设计管理，包括勘察设计单位选择和勘察设计管理工作内容； 7．项目技术与科研管理； 8．项目监理管理，包含监理单位选择、监理管理工作内容、监理工作考核与监督； 9．项目建设征地与移民安置管理，包括初步规划、规划、实施及后期扶持； 10．项目环境保护与水土保持管理，包括策划、实施、验收与后评价； 11．项目进度管理，包括目标管理、进度计划，以及实施进度控制和调整； 12．项目质量管理，包括管理计划、质量控制、质量监督与质量改进； 13．项目投资管理，包括概算控制、费用管理、竣工财务决算； 14．项目合同管理，包括合同订立、履行、完工结算； 15．项目职业健康安全管理，包括安全生产、文明施工、消防安保、劳动安全卫生； 16．项目信息管理，包括文件、档案、信息系统； 17．项目沟通管理，包括沟通管理计划和实施； 18．项目风险管理，包括风险识别、分析、应对、监测与控制； 19．项目验收管理，包括合同工程完工验收、阶段验收、单项工程验收、工程竣工验收； 20．项目后评价管理程序和技术要求。 **重点与要点：** 1. 水电水利工程项目建设管理应执行项目法人责任制、招标投标制、工程监理制、合同管理制等建设管理体制； 2．水电水利工程项目建设管理应贯彻执行国家基本建	期策划、勘察设计、技术与科研、监理管理、建设征地与移民、水土保持及后评价等方面的内容，并且整合了成本与资源，改为投资管理，取消了项目收尾管理

续表

序号	标准名称/ 标准号/时效性	针对性	内容与要点	关联与差异
5			设程序，国家有关建设征地与移民安置、防洪、抗震、航运、环境保护、水土保持、劳动安全与工业卫生、消防、防灾减灾等方面的法律、法规。 3．水电水利工程项目建设管理应积极采用新的管理方法、手段和技术	
6	《水电工程建设征地移民安置综合监理规范》 NB/T 35038—2014 2014年11月1日实施	适用于国务院投资主管部门核准的水电工程（含抽水蓄能电站）建设过程中对移民安置实行的移民综合监理工作	**主要内容：** 规定了水电工程建设征地移民安置涉及的补偿补助兑付、农村移民安置、城市集镇迁建、专业项目处理、库底清理等工作的进度和质量控制、资金和设计变更监督、信息和合同管理及工作协调的原则、组织、程序、内容、方法和技术要求，主要内容包括： 1．移民监理的工作程序和各方职责； 2．移民监理的主要工作内容和方法，包括监理细则、进度控制、质量控制、资金监督、设计变更监督、信息管理、合同管理，以及监理成果等方面的基本要求； 3．移民补偿补助兑付进度控制、质量控制、资金监督； 4．农村移民安置进度控制、质量控制、资金监督； 5．城市集镇迁建的进度控制、质量控制及资金监督； 6．专业项目的进度控制、质量控制及资金控制； 7．库底清理的进度控制、质量控制及资金监督。 **重点与要点：** 1．应根据移民安置分类目标和内容对项目实施的综合进度、质量和资金拨付使用情况等进行全过程监督、检查、记录、审核、协调和报告。 2．移民综合监理意见是水电工程建设征地移民安置设计变更、概算调整、建设征地移民安置验收的主要依据之一。 3．移民综合监理单位在开展移民综合监理工作前应编制移民综合监理细则，报省级人民政府移民管理机构审批。 4．移民综合监理单位应以召开移民综合监理例会、巡视检查、发布监理文件、报请督办等方式对移民安置实施综合监督控制，向委托方和合同约定的有关单位报告移民安置实施情况，发布监理报告和监理文件等。	**关联：** 1．移民安置规划应按《水电工程建设征地移民安置规划设计规范》（DL/T 5064）执行。 2．征地处理范围界定应按《水电工程建设征地处理范围界定规范》（DL/T 5376）执行。 3．农村移民安置规划应按《水电工程农村移民安置规划设计规范》（DL/T 5378）执行。 4．专业项目规划应按《水电工程移民专业项目规划设计规范》（DL/T 5379）执行。 5．城镇迁建规划应按《水电工程移民安置城镇迁建规划设计规范》（DL/T 5380）执行。 6．库底清理应按《水电工程水库库底清理设计规范》（DL/T 5381）执行。 7．移民安置补偿应按《水电工程建设征地移民安置补偿费用概（估）算编制规范》（DL/T 5382）执行

续表

序号	标准名称/ 标准号/时效性	针对性	内容与要点	关联与差异
6			5．移民综合监理单位应通过查对报告或报表、巡查访问、抽查等方式对质量进行过程监督控制，对比分析评判移民安置综合质量。 6．移民综合监理单位应按照专款专用、限额控制的原则和下达的年度资金计划，通过查对资金报表、抽查补偿补助资金兑付情况，对移民安置实施单位的资金使用进行监督检查。 7．移民综合监理对进度控制的主要环节应包括实物指标分解、变化核实和公示，补偿标准公告，分户建卡，安置协议签订，补偿补助兑付	
7	《大中型水电工程建设风险管理规范》 GB/T 50927—2013 2014年6月1日实施	1.适用于大中型水电工程的规划、勘测、设计、招投标、土建施工、设备安装、生产运行期各阶段的风险管理工作。 2．适用于大中型水电站工程除险加固、改扩建项目	**主要内容：** 规定了大中型水电工程建设风险管理的基本要求、分类，以及各类风险管理的辨识、评价和对应的措施，主要内容包括： 1．基本规定，含风险管理的基本要求、风险辨识、风险分析方法、风险估计、风险评价等级标准、风险应对措施； 2．流域水电规划与设计阶段风险管理； 3．土建施工阶段风险管理； 4．金属结构及机电设备安装工程风险管理； 5．电站运行阶段的风险管理； 6．投资决策风险及应对措施； 7．风险控制专项措施； 8．风险管理综合评价。 **重点与要点：** 1．水电工程建设和运行风险管理应由建设管理单位或运行单位总体负责组织和实施，并应通过合同方式约定参加建设及运行各方的风险管理责任与保障措施。 2．在流域水电规划、项目预可行性研究和可行性研究、招标设计、施工图设计等水电工程建设各个阶段，各个单位均应先进行风险辨识，以便对风险进行管理，并保留风险管理过程的相关记录。	**关联：** 大中型水电站应按照《生产经营单位安全生产事故应急预案编制导则》（AQ/T 9002）的要求编制应急预案并实施分级管理

续表

序号	标准名称/标准号/时效性	针对性	内容与要点	关联与差异
7			3．建设单位应按照水电建设管理规定上报各类专题研究报告成果，通过政府有关部门的咨询或审查，各类咨询和审查应对工程可能的风险因素进行辨识、评价、评估。 4．对辨识确定的工程建设重大风险因素，根据风险的性质和可能导致的后果，制定风险防范措施	
8	《水工金属结构焊工考试规则》 SL 35—2011 2011 年 5 月 17 日实施	1. 适用于水利水电行业水工金属结构及启闭设备制造、安装的焊工及焊接操作工的资格考试。 2. 适用于水利水电行业其他机械设备制造、安装的焊工及焊接操作工的资格考试	**主要内容：** 规定了从事碳素钢、低合金钢、高强钢及不锈钢的熔化焊和焊接操作工的资格考试要求，主要内容包括： 1．焊工及焊接操作工考试的组织与监督； 2．考试内容和方法； 3．考试试件检验方法与评定要求； 4．考试结果评定要求； 5．补考与重新考试要求； 6．资格证书的发放与使用。 **重点与要点：** 1．规定了水工金属结构焊工考试的方法、内容及评定规则。 2．焊工资格证书有效期为 3 年；连续中断焊接工作超过 6 个月的焊工及焊接操作工，其资格证书自动失效；焊工及焊接操作工资格证书有效期满 2 个月前，应向焊工考试委员会提出免试延长有效期或重新考试申请，由焊工考试委员会上报主管部门审查。 3．焊工及焊接操作工应按要求考试合格并取得相应类别及工作范围的资格证书，才允许担任相应类别及工作范围的焊接操作。 4．规定了每个焊接要素的认可范围，焊工及焊接操作工从事认可范围之外的焊接工作，应进行相应范围的资格考试	**关联：** 1．考试试件应按《焊缝　工作位置　倾角和转角的定义》（GB/T 16672）规定的位置焊接。 2．弯曲试验按《焊接接头弯曲及压扁试验法》（GB/T 2653）的规定进行。 3．试验接头的外观检验、断口检验、宏观金相检验应按《钢的弧焊接头　缺陷质量分级指南》（GB/T 19418）的 B 级进行评定
9	《水利质量检测机构计量认证评审准则》 SL 309—2013 2014 年 3 月 16 日实施	适用于水利行业承担水利水电工程与产品的安全和质量检测、水资源、水环境监测任务的质检机构的计量认证评审工作	**主要内容：** 规定了水利质量检测机构计量认证的评审准则、要求和条件，主要内容包括： 1．管理要求，包含组织机构、管理体系、文件控制、检测和校准分包、服务和供应品的采购、合同评审、申诉和投诉、纠正和预防措施及改进、记录、内部审核、管理评审；	**关联：** 本准则与《通用计量术语和定义》（JJF 1001）配套执行

续表

序号	标准名称/标准号/时效性	针对性	内容与要点	关联与差异
9			2．技术要求，包括人员资质、设施和环境条件、设备和标准物质、量值溯源、抽样和样品处置、结果质量控制、结果报告。 **重点与要点：** 1．本准则所称的质量检机构应依法建立和保持公正性和独立性的管理机构，建立与其检测和校准活动相适应的管理体系，配备与其相适应的有资质人员。 2．质检机构应有可操作的监督程序文件，对监督员的条件作出规定并予以确认；编制年度监督计划，对关键环节和重点人员进行监督。 3．应建立检测人员和参数对应表，检测参数和人员对应表，每个检测项目/参数应由两名及以上检测人员承担。 4．质检机构事业自行制定的非标方法时，应在检测前征得委托方同意并书面确认。 5．未经定型的专用检测仪器设备应提供相关技术单位的验证证明。 6．原形观测仪器设备在埋设前，应经检定/校准合格，并将检定/校准记录和证书存档	
10	《爆破作业单位资质条件和管理要求》 GA 990—2012 2012 年 6 月 1 日实施	适用于爆破作业单位的管理	**主要内容：** 规定了爆破作业单位的分类、资质分级、资质条件和管理要求，主要内容包括： 1．分类：爆破作业单位分为非营业性爆破作业单位、营业性爆破作业单位。 2．资质等级：营业性爆破作业单位资质由高到低分为一级、二级、三级、四级，从业范围分为设计施工、安全评估、安全监理；非营业性爆破作业单位不分级。 3．爆破作业单位的资质条件：含基本要求和特殊要求。 4．爆破作业单位各级岗位设置和职责要求。 5．爆破作业单位的管理要求。 **重点与要点：** 1．营业性爆破作业单位应具有或租用经安全评价合格的民用爆炸物品专用仓库。	**关联：** 从事安全评估、安全监理的爆破作业单位，应按照有关法律、行政法规和《爆破作业项目管理要求》（GA 991）的规定实施安全评估、安全监理，承担相应的法律责任，并适用本标准 8.1.4 和 8.1.5 的相关规定

续表

序号	标准名称/ 标准号/时效性	针对性	内容与要点	关联与差异
10			2．法定代表人、技术负责人、单位名称、单位地址发生变化的，爆破作业单位应在发生变化之日起 30 日内，向原签发公安机关提出换发《爆破作业单位许可证》的申请。 3．营业性爆破作业单位不应为本单位或有利害关系的单位承接的爆破作业项目进行安全评估、安全监理，不应在同一爆破作业项目中同时承接设计施工、安全评估和安全监理。 4．营业性爆破作业单位应建立爆破作业业绩档案管理制度，在爆破作业活动结束后 15 日内，如实将本单位从事爆破作业活动的有关情况录入民用爆炸物品信息管理系统	
11	《爆破作业项目管理要求》 GA 991—2012 2012 年 6 月 1 日实施	适用于爆破作业项目的管理	**主要内容：** 规定了爆破作业项目的分级及爆破作业项目的管理要求，主要内容包括： 1．爆破作业项目分级； 2．爆破作业项目的管理要求，包含爆破作业项目许可及其他管理要求。 重点和要点： 1．爆破作业须进行安全评估、向公安机关申请、取得爆破作业许可，并由具有相应资质的爆破作业单位实施爆破作业安全监理。 2．爆破作业前，必须进行施工公告、爆破公告、备案，并做好民用爆破物品购买、储存、存放等相关管理工作。 3．爆破作业单位实施爆破作业所需的民用爆炸物品，由爆破作业单位依法从民用爆炸物品生产企业或销售企业自主选择购买。 4．爆破作业单位可以新建、改建、扩建或租用民用爆炸物品专用仓库用于储存民用爆炸物品，但民用爆炸物品专用仓库应经安全评价合格。 5．当天爆破作业后剩余的民用爆炸物品应当天清退回库，不应在爆破作业现场过夜存放民用爆炸物品	**关联：** 1. 爆破作业项目的分级按《爆破安全规程》（GB　6722）执行。 2．需经公安机关审批的爆破作业项目，提交申请前，应由符合《爆破作业单位资质条件和管理要求》（GA 990）要求，具有相应资质的爆破作业单位进行安全评估。 3．在爆破作业现场临时存放民用爆炸物品的，其临时存放条件应符合《爆破安全规程》（GB 6722）的要求，并设专人管理、看护。 4．本标准与《爆破安全规程》（GB 6722）及《爆破作业单位资质条件和管理要求》（GA 990）配套执行。 5．爆破作业单位使用混装炸药车作业系统实施爆破作业的，所选用的混装设备和建立的设施应符合《爆破安全规程》（GB 6722）、《民用爆破器材工程设计安全规范》（GB 50089）的要求

第三节 规 划 标 准

序号	标准名称/标准号/时效性	针对性	内容与要点	关联与差异
1	《水情自动测报系统技术条件》 DL/T 1085—2008 2008 年 11 月 1 日实施	适用于电力行业水情自动测报系统的集成设计、产品制造和施工建设	**主要内容：** 规定了电力行业水情自动测报系统的功能和主要技术条件，主要内容包括： 1．系统功能和主要技术指标，包含遥测站、中心站、遥测通信网及中心站其他功能； 2．系统应用软件，主要有应用软件框架、数据库系统、水情预报、水库调度、水务管理等方面的技术要求； 3．系统组网，包含遥感通信网、中继站与分中心站、信息交换网络的技术要求； 4．系统设备，包含传感器、数据采集器、通信终端、电源设备、中心站设备及其他相关设备的技术参数及功能； 5．系统集成测试，主要包含模拟测试、现场安装和测试的方法和技术要求； 6．系统验收，包含出厂检验应满足的要求、试运行条件，以及考核验收条件及标准。 **重点与要点：** 1．系统单次完成水情数据收集、处理和预报作业的时间应不超过 20min。 2．系统数据收集的月平均畅通率应达到 95%以上。当实际来报次数少于定时应来报次数时，视为该时段不畅通。 3．系统应用软件应支持客户/服务器（C/S）和浏览器/服务器（B/S）模式，具有通用浏览的功能。 4．应根据工程运行对水情预报的要求和水情测报预报条件，分析工程所在地区的暴雨、洪水、径流特性，考虑上游水利水电工程调节对预报的影响，确定预报方案配置，编制相应的预报方案。 5．数据采集器应具有自动数据采集、存储、远程传输和电源管理功能，具有扩展传感器接口和通信接口，以及软件升级的功能	**关联：** 1．水情预报成果及精度应满足《水文情报预报规范》（GB/T 22482）的要求。 2．系统集成测试中现场安装和测试应按《水情自动测报系统运行维护规程》（DL/T 1014—2006）第 3.2 条执行。 3．遥测站、中继站和中心站保护和接地措施，应符合《水利水电工程水情自动测报系统设计规定》（DL/T 5051）7.2 的要求。 4．遥测站、中继站和中心站单站设备的 MTBF 的验证符合《水文仪器可靠性技术要求》（GB/T 18185）。 5．水库调度应满足《大中型水电站水库调度规范》（GB 17621）的要求

续表

序号	标准名称/标准号/时效性	针对性	内容与要点	关联与差异
2	《水电工程可行性研究报告编制规程》 DL/T 5020—2007 2007年12月1日实施	1. 适用于新建、扩建的大、中型水电站和抽水蓄能电站工程可行性研究报告的编制。 2. 改建、加固的水电工程和小型水电工程可选择执行	**主要内容：** 规定了水电工程可行性研究报告编制的原则、工作程序、工程内容、工作深度，以及报告编写要求，主要内容包括： 1．报告编制综合说明的具体要求； 2．工程任务和建设必要性； 3．水文、泥沙资料； 4．工程地质资料； 5．工程规模； 6．工程布置及建筑物； 7．机电及金属结构； 8．消防设计； 9．施工组织设计； 10．建设征地和移民安置； 11．环境保护设计和水土保持设计； 12．劳动安全与工业卫生； 13．节能降耗分析； 14．设计概算及经济评价。 **重点与要点：** 1．重点规定了可行性研究报告编制的原则、程序和内容。 2．可行性研究报告应遵循安全可靠、技术可行、结合实际、注重效益的原则，应重视采用新材料、新工艺、新结构和新设备，并进行技术经济论证。 3．可行性研究报告的编制还应根据不同类型工程，在工作内容和深度上有所取舍和侧重；特别重要的大型水电工程或条件复杂的水电工程，其工作内容和深度要求可根据需要适当扩充和加深	**关联：** 本规程与《防洪标准》（GB 50201）、《水利水电工程地质勘察规范》（GB 50287）、《水利水电工程动能设计规范》（DL/T 5015）、《水利水电工程劳动安全与工业卫生设计规范》（DL 5061）、《水电工程建设征地移民安置规划设计规范》（DL/T 5064）、《水工建筑物抗震设计规范》（DL/T 5073）、《水电水利工程泥沙设计规范》（DL/T 5089）、《水力发电厂机电设计规范》（DL/T 5186）、《水电工程水利计算规范》（DL/T 5105）、《水电枢纽工程等级划分及设计安全标准》（DL/T 5180）配套执行。 **差异：** 本规程与《水利水电工程可行性研究报告编制规程》（SL 618）相比，在以下三个方面有所不同： 1．调整了工作深度要求，强调了影响工程规模及投资的各专业的方案必选内容。 2．增加了堤防与河道治理、灌溉与排水、供水和通航等建筑物的编制内容和要求。 3．财务评价中，增加了贷款能力测算内容与方案比选
3	《河流水电规划编制规范》 DL/T 5042—2010 2010年12月15实施	适用于河流水电规划的编制及修编	**主要内容：** 规定了河流水电规划的原则、内容、工作深度和技术要求，以及规划报告的编制要求，主要内容包括： 1．综合利用与开发任务； 2．开发方案拟定，包含河流特性及重要控制因素、开挖方案拟定原则、调节水库、坝（闸）及厂址初拟，以及方案拟定；	**关联：** 1．规划阶段勘察方法和要求应符合《水利水电工程地质勘察规范》（GB 50287）的相关规定。 2．绘制区域构造与地震震中分布图应按照《中国地震动参数区划图》（GB 18306）确定电站地震动参数

续表

序号	标准名称/标准号/时效性	针对性	内容与要点	关联与差异
3			3．水文，包含自然地理概况、气象、水文基本资料、径流、洪水、水位流量关系、河流泥沙等的分析； 4．工程地质，包含自然地理概况、区域地质、河流地质条件、各规划梯级工程地质条件、天然建筑材料，并提出评价与建议； 5．建设征地移民安置，包含建设征地处理范围、建设征地实物指标、移民安置、补偿费用匡算； 6．环境保护，包含河流环境概况、环境敏感对象与环境保护目标、环境协调分析、环境影响评价、环境保护对策措施、环境保护投资匡算； 7．工程设计，包含水利与动能、枢纽布置、机电及金属结构、施工、投资匡算； 8．开发方案选择，包含开发方案比较及推荐； 9．规划实施意见，包含开发任务与规划实施要求、开发条件分析、规划实施方案意见、规划实施效果； 10．结论与建议。 **重点与要点：** 1．河流水电规划应正确处理好开发与保护、资源利用与水库淹没损失、需要与可能、近期与远景、整体与局部、干流与支流、上下游及左右岸等方面的关系。 2．河流水电规划应高度重视工程安全，开发方案应尽可能避开或远离区域活动构造带和重大地质灾害地段。 3．开展河流水电规划的同时，应开展河流规划的环境影响评价工作，并单独编制河流水电规划环境影响报告书。 4．河流水电规划应统筹考虑流域经济社会状况和特点、移民安置环境容量和条件，分析并提出河流梯级开发移民安置总体规划初步方案；必要时，针对重要敏感对象提出专题研究报告。 5．河流水电规划结合河流的利用与开发，针对环境、地质、移民及投资等条件，进行水电开发方案的设计、选择与比选，提出结论与建议	

续表

序号	标准名称/ 标准号/时效性	针对性	内容与要点	关联与差异
4	《水利水电工程设计工程量计算规定》 SL 328—2005 2006 年 1 月 1 日实施	适用于预可行性研究报告、可行性研究报告阶段的水电水利工程量计算工作	**主要内容：** 规定了水电水利工程预可行性研究报告、可行性研究报告阶段工程量计算原则、方法和基本要求，主要内容包括： 1．永久建筑物工程量计算； 2．施工临建工程工程量计算； 3．金属结构工程量计算； 4．机电设备需要量计算。 **重点与要点：** 1．施工中允许的超挖超填量合理的施工附加量及施工操作损耗已计入概算定额，不应包括在设计工程量中。 2．土石方开挖工程量应按岩土分级别计算，并将明挖、暗挖分开。明挖宜分一般坑槽、基础、坡面等，暗挖宜分平洞、井挖等。 3．钢筋混凝土的钢筋可按含钢率或含钢量计算，混凝土结构中的钢衬工程量应单独列出。 4．压力钢管工程量应按钢管型式一般叉管直径和壁厚分别计算以 t 为计量单位不应计入钢管制作与安装的操作损耗量	**关联：** 1．预可行性研究阶段工程量计算应符合《水利水电工程施工组织设计规范》（SDJ 338）的规定。 2．可行性研究阶段工程量计算还应符合《水利水电工程初步设计报告编制规范》（DL 5021）的规定
5	《水电水利工程施工总布置设计导则》 DL/T 5192—2004 2004 年 6 月 1 日实施	1．适用于编制大、中型水电水利工程可行性研究报告和施工组织设计文件。 2．编制预可行性研究报告和招标设计报告时可选择使用	**主要内容：** 规定了水电水利工程施工总布置设计的原则和要求，主要内容包括： 1．设计资料； 2．施工现场选择与规划，包括场地选择、场地规划、场地排水； 3．施工分区规划，包括规划原则、规划重点、场内交通规划； 4．施工分区布置，主要包含主体工程施工区、施工工厂区、当地建材开采和加工区、储运系统、大型设备和金属结构安装场地、工程存弃渣料堆放区、建设管理区、施工生活区。 **重点与要点：** 1．在可行性研究阶段，工程项目建设法人提出进行工程分标规划研究，并纳入可行性研究报告时，应以特殊专题的形式进行分标规划的初步研究比较，其成果纳入可行性研究报告的施工组织设计有关章节中。	**关联：** 1．施工总布置设计还应执行《水电水利工程施工组织设计规范》（SL 303）的规定。 2．本导则与《爆破安全规程》（GB 6722）、《建筑设计防火规范》（GB50016）、《水电水利工程施工组织设计规范》（DL/T 5397）配套执行。 **差异：** 本导则要求的办公生活设施的人均建筑面积综合指标按 10m^2/人～16m^2/人计算，《水电水利工程施工组织设计规范》（SL 303）中的人均建筑面积综合指标按 12m^2/人～15m^2/人计算

续表

序号	标准名称/ 标准号/时效性	针对性	内容与要点	关联与差异
5			2．施工场地地表雨水排除的地面坡度不宜小于 3%，湿陷黄土地区不宜小于 5%，建筑物周围场地坡度宜大于 2%。 3．场内交通主干线应以永久上坝和进厂对外线路为主进行规划。 4．办公生活设施的建筑面积根据施工总进度中施工总工期年平均劳动力人数（包括直接生产人员、间接生产人员、管理人员和缺勤人员），按人均建筑面积综合指标 $10m^2$/人～$16m^2$/人计算	
6	《水电工程预可行性研究报告编制规程》 DL/T 5206—2005 2005 年 6 月 1 日实施	适用于新建、扩建的大中型水电站及抽水蓄能电站工程预可行性研究报告的编制	**主要内容：** 规定了水电工程预可行性研究报告应遵循的原则、工作程序、工作深度以及报告编写要求，主要内容包括： 1．工程建设的必要性； 2．水文气象资料； 3．工程地质资料； 4．工程规划； 5．建设征地和移民安置； 6．环境保护； 7．工程布置及建筑物设计； 8．机电及金属结构设计； 9．施工组织设计； 10．投资估算； 11．经济评价； 12．综合评价和结论。 **重点与要点：** 1．特别重要的大型水电工程或条件复杂的水电工程，其工作内容和深度要求可根据需要适当扩充和加深。 2．本阶段需要初步确定抗震设计参数；初步查明并分析各比较坝（闸）址和厂址的主要地质条件，对影响工程方案成立的重大地质问题作出初步评价；初拟坝（闸）线，初步比较拟定代表性坝型。 3．初步比较拟定水轮机/水泵水轮机型式、单机容量、台数、主要参数、安装高程，初拟机组主要附属设备。	**关联：** 工程等别、主要建筑物级别和洪水标准应按照与《防洪标准》（GB 50201）及《水电枢纽工程等级划分和设计安全标准》（DL 5180）的工程等级、主要建筑物级别和洪水标准划分

续表

序号	标准名称/标准号/时效性	针对性	内容与要点	关联与差异
6			4．初步比较拟定导流方式、导流标准、导流程序、导流建筑物的型式与布置；初拟主体工程（包括导流工程）施工程序、施工方法，并估列主要施工机械设备。 5．对于水文气象、工程地质、工程规划、建设征地和移民安置、环境保护、工程布置及建筑物设计、机电及金属结构设计、投资估算、经济评价都有附图及附表的详尽要求，详见规范各章节内容	
7	《抽水蓄能电站设计导则》 DL/T 5208—2005 2005年6月1日实施	1.适用于大中型抽水蓄能电站工程的设计。 2.小型抽水蓄能电站的设计可选择执行	**主要内容：** 规定了抽水蓄能电站工程勘探设计的指导原则和技术要求。对混合式抽水蓄能电站给出设计的主要原则，主要内容包括： 1．水文气象资料收集、计算、分析、评价； 2．动能规划设计； 3．工程地质勘察； 4．工程总布置及水工建筑物设计； 5．水泵水轮机及其主要辅助设备选择设计； 6．电气一次设计； 7．电气二次设计； 8．金属结构设计； 9．施工组织设计； 10．社会经济评价。 **重点与要点：** 1．泥沙问题严重的工程，所在河流或者河段无泥沙测验资料时，应设站进行泥沙测验或在汛期进行巡回泥沙测验。 2.库内开挖石料评价应包括有开挖料的总储量可用量、分区储量及可用量，用于不同填筑区的数量和质量。 3．地下厂房板梁，应与岩壁作传力连接。在结构断面变化及孔口附近等部位应加强；地下厂房桥机支撑结构，在地质条件允许的情况下，应优先采用岩壁吊车梁。 4．对于采用混凝土面板防渗的上、下库，面板垂直分缝间距一般为12m～16m；混凝土面板浇筑采用滑模自下而上分条跳仓施工。	**关联：** 1．上、下库径流的还原计算、资料插补和系列代表分析；冰雪融水补给地区和岩溶地区径流计算；设计断面水位流量关系曲线拟定；上、下库水面蒸发量分析计算，以及施工期水情测报系统规划等应按《水利水电工程水文计算规范》（SL 278）的规定执行。 2．上库或下库有30年以上实测和插补延长暴雨资料，并有暴雨洪水对应关系时，可按照《水利水电工程设计洪水计算规范》（SL 44）的规定推算设计洪水。 3．抽水蓄能电站工程的泥沙计算应按照《水电水利工程泥沙设计规范》（DL/T 5089）和《水利水电工程水文计算规范》（SL 278）执行。 4．厂房探洞围岩的放射性及有害气体检测应按《地下建筑氡及其子体控制标准》（GB 16356）、《铀矿地质勘探规范》（GB/T 10583）和《水利水电工程坑探规程》（DL/T 5050）执行。 5．厂房布置原则除本标准规定外，其他布置原则应遵循《水电站厂房设计规范》（SD 335）的要求。 6．水道系统布置应遵循《水工隧洞设计规范》（DL/T 5195）及《水电站压力钢管设计规范》（DL/T 5141）的规定。 7．调压室设计应根据《水电站调压室设计规范》（DL/T 5058）进行判别后确定。 8．地震核算应按照《水工建筑物抗震设计规范》（DL 5073）进行。

续表

序号	标准名称/标准号/时效性	针对性	内容与要点	关联与差异
7			5．对于采用沥青混凝土面板防渗的电站，沥青混凝土面板施工宜采用一期铺筑；当坝坡长度大于120m或者分期度汛需要时，也可分两期。 6．水轮机比转速应以水泵工况为基础，综合考虑水头、扬程、空化特性、水质条件综合加权平均效率运行稳定性和制造水平等技术条件合理选择。 7．获得最终模型试验曲线和水道系统尺寸等资料后，应重新进行甩负荷和水泵断电等各种过渡过程的计算机仿真计算优选导叶关闭规律和调节系统参数，必要时还应对调节系统的稳定性进行分析和计算	9．坝体观测设计应按照《混凝土坝安全监测技术规范》（DL/T 5178）及《土石坝安全监测技术规范》（SL 551）执行
8	《水电水利工程水文计算规范》 DL/T 5431—2009 2009年12月1日实施	1.适用于大中型水电水利工程（含抽水蓄能电站）预可行性研究与可行性研究阶段的水文计算。 2．河流水电规划阶段、大中型水电水利工程（含抽水蓄能电站）招标和施工详图设计阶段及小型水电水利工程的水文计算可选择执行	**主要内容：** 规定了水电水利工程水利计算应遵循的基本原则、工作内容和技术要求，主要内容包括： 1．基本资料的收集、整理与复核； 2．气候特征分析及气象要素统计； 3．径流分析计算； 4．水面蒸发、水文和冰情分析计算； 5．水位分析计算； 6．水位流量关系基本要求及拟定。 **重点与要点：** 1．气象统计采用的资料系列长度不宜少于30年，实测径流资料不足30年或者虽有30年但是系列代表不足时，不足部分宜插补延长；资料不足，不满足设计要求时，应设观测站。 2．当工程设计断面与设计依据站集水面积相差不超过15%，且径流形成条件相似时，可按照面积比推算工程设计断面的径流；面积差超过15%或者虽不超过15%，但是区间径流形成条件与设计依据站以上差异较大时，应考虑区间与设计站以上流域径流形成条件的差异，推算设计断面的径流。 3．岩溶地区设计依据站与邻近非岩溶地区水文站的年径流系数相差20%以上，且径流年内分配有明显差异，经调查设计，依据站以上流域地下分水线与地面分水线的控制面积相差20%以上时，应根据岩溶地区的径流特性进行径流分析计算	**关联：** 1．设计洪水计算按照《水利水电工程设计洪水计算规范》（SL 44）执行。 2．泥沙分析计算按照《水电水利工程泥沙设计规范》（DL/T 5089）执行。 3．水情测报系统设计按照《水利水电工程水情自动测报系统设计规定》（DL/T 5051）执行。 **差异：** 《水利水电工程水文计算规范》（SL 278）适用于水利水电工程可行性研究和初步设计阶段的水文计算，主要内容基本一致，但与本规范的章节编排不同，另外，《水利水电工程水文计算规范》（SL 278）中缺少气候特征分析内容，本规范中未编制泥沙分析计算，以及水文测报系统相关方面的内容

续表

序号	标准名称/标准号/时效性	针对性	内容与要点	关联与差异
9	《水电建设项目经济评价规范》 DL/T 5441—2010 2010年12月5日实施	1. 适用于新建、改建、扩建的大中型水电建设项目的可行性研究阶段。 2. 其他设计阶段、后评价或小型水电建设项目可选择使用。 3. 不适用于抽水蓄能电站	**主要内容：** 规定了水电建设项目经济评价的原则、方法、工作内容和技术要求，主要内容包括： 1. 财务及经济效益估算； 2. 财务及经济费用估算； 3. 财务评价或财务分析； 4. 国民经济评价或经济费用效益评价； 5. 不确定性分析与风险分析； 6. 区域经济与宏观经济影响分析； 7. 方案经济比选。 **重点与要点：** 1. 水电建设项目经济评价应以动态分析为主、静态分析为辅，以定量分析为主、定性分析为辅。 2. 水电改建、扩建项目的经济评价应就改建、扩建部分进行评价，必要时也可与原项目统一评价。 3. 本标准侧重于水电建设项目，对于具有防洪、航运、供水等其他综合利用功能的经济费用效益分析、财务分析等内容，可依据主管部门颁发的有关规范和规定进行经济评价	
10	《梯级水电站水调自动化系统设计规范》 NB/T 35001—2011 2011年11月1日实施	1. 适用于新建的梯级流域水电站水调自动化系统的设计。 2. 改建、扩建的梯级流域水电站水调自动化系统可选择执行	**主要内容：** 规定了梯级流域水电站水调自动化系统设计的基本内容和要求，主要内容包括： 1. 水调自动化系统设置原则与总体结构； 2. 水调自动化系统功能； 3. 主要技术指标； 4. 分中心站的接入； 5. 水调系统与其他系统互联及接口要求； 6 电源及环境要求。 **重点与要点：** 1. 重点规定了梯级流域水电站水调自动化系统设计的基本内容和要求。 2. 规定梯级水电站水调自动化系统的设计应遵照统一规划、总体设计、系统可分期、分步实施的设计思路和原则。 3. 梯级水电站水调自动化系统应满足梯级水库的防洪、发电及其他综合利用要求，并支持水电站和电网的经济调度	**关联：** 1. 水调自动化系统间的通信协议宜采用《电力系统实时数据通信应用层协议》（DL 476）规定的协议。 2. 水调中心站及分中心站机房建设应符合《计算机场地通用规范》（GB/T 2887）的要求。 3. 本规范与《水文情报预报规范》（GB/T 22482）、《建筑物防雷设计规范》（GB 50057）、《电力系统调度自动化设计技术规程》（DL/T 5003）、《水力发电厂接地设计技术导则》（DL/T 5091）、《水情信息编码标准》（SL 330）配套执行

续表

序号	标准名称/ 标准号/时效性	针对性	内容与要点	关联与差异
11	《水电工程水情自动测报系统技术规范》 NB/T 35003—2013 2013年10月1日实施	适用于大中型水电工程（含抽水蓄能电站）的水情自动测报系统的规划、设计、建设和运行管理	**主要内容：** 规定了水电工程水情自动测报系统设计、建设、运行管理应遵循的原则、依据和技术要求，主要内容包括： 1．系统规划设计； 2．系统总体设计； 3．系统建设； 4．系统运行管理； 5．系统专项投资编制原则及方法。 **重点与要点：** 1．可行性研究应进行水情自动测报系统总体设计，并编制系统总体设计专题报告。 2．水情测报系统建设应依据总体要求进行，确保系统功能达到总体要求。 3．水情自动测报系统专项投资包括系统建设投资和施工期水情测报服务费两部分	**关联：** 1．水情预报方案的编制应按照《水文情报预报规范》（GB/T 22482）执行。 2．水位测井设计应符合国家标准《水位观测标准》（GB/T 50138）的要求。 3．水情自动测报系统工程项目和工程量计算，以及定额编制应符合《水利水电工程设计工程量计算规定》（SL 328）及《水电工程设计概算编制规定》（2007年版）的要求
12	《抽水蓄能电站选点规划编制规范》 NB/T 35009—2013 2013年10月1日实施	适用于抽水蓄能电站选点规划的编制及修编工作	**主要内容：** 规定了抽水蓄能电站选点规划编制的原则、工作程序、工作内容、工作深度、技术要求，以及规划报告编写的要求，主要内容包括： 1．站点普查及规划比选站点选择； 2．水文调查、分析及论证； 3．工程地质资料收集、整编及评价和建议； 4．建设征地移民安置处理范围、实物指标调查、补偿费用匡算及初步评价； 5．环境保护调查分析、投资匡算及初步评价； 6．工程水利与动能、布置、土建、机电及金属结构设计、施工规划及投资匡算； 7．推荐规划站点选择，并提出结论与建议。 **重点与要点：** 1．选点规划水平年一般规划报告规划报告编制年份后10年～15年。 2．对于水电比重比较大的电力系统，应在分析水电调节能力基础上，论证建设抽水蓄能电站的经济合理性。	**关联：** 1．选点规划阶段的勘察内容、方法和要求应符合《水力发电工程地质勘察规范》（GB 50287）的要求。 2．根据《中国地震动参数区划图》（GB 18306）确定规划比选站点的地震动参数及相应地震基本烈度。 3．建设征地移民安置补偿项目应按《水电工程建设征地移民安置规划设计规范》（DL/T 5064）执行

续表

序号	标准名称/标准号/时效性	针对性	内容与要点	关联与差异
12			3．规划比选站点水源不足采用引水措施时，应进行引水工程的水文泥沙分析；规划比选站点为寒冷地区时，应提出冰情成果	
13	《水电工程节能降耗分析设计导则》 NB/T 35022—2014 2014 年 11 月 1 日实施	适用于编制大中型新建、改建和扩建水电工程可行性研究设计报告的节能降耗分析	**主要内容：** 规定了节能降耗分析原则、方法，主要内容包括： 1．工程建设能耗分析，包括建筑材料能耗、建筑物能耗、施工生产过程能耗、施工辅助生产系统能耗、施工期生产性建筑物能耗、施工和建设管理营地能耗； 2．工程运行能耗分析，包括生产性能耗、非生产性能耗与损耗； 3．主要节能降耗措施，包括工程布置及主要建筑物、机电设备选型及辅助设备系统、电站采暖通风空调机照明系统、给排水系统、主要施工设备选型、主要施工技术和工艺选择、施工辅助生产系统、施工和管理建设营地、工程建设管理，以及工程运行管理维护等方面的节能降耗措施； 4．节能降耗分析与评价，包括工程建设总体节能作用和效益分析、节能效果综合评价。 **重点与要点：** 1．工程建设能耗分析应基于建筑材料、建筑物特性以及施工组织设计所拟定的施工方案、施工工艺、施工工期、施工设备配备，以及各种施工辅助生产系统、营地的配置进行能耗的分析及计算。 2．工程运行能耗分析应基于工程设计方案所拟定的电站运行期生产性能耗、非生产性能耗和损耗进行分析和计算。 3．应根据工程建设及工程运行的能耗种类、数量和特点，给出相应的能源利用率指标。 4．节能降耗分析应与工程设计同步进行，落实节能、节地、节水、节材和环境保护的“四节一环保”措施	**关联：** 1．制冷量在 14kW 及以下的房间空气调节器，其能效比应符合《房间空气调节器能效限定值及能源效率等级》（GB 12021.3）的有关规定，并应满足 1 级能效等级的要求。 2．制冷量大于 7.1kW 的单元式空气调节机，其能效比应符合《单元式空气调节机能效限定值及能源效率等级》（GB 19576）的有关规定，并应满足 1 级能效等级的要求。 3．风机的使用区内最高通风机效率应符合《通风机能效限定值及节能评价值》（GB 19761）的有关规定，并应满足 1 级能效等级的要求。 4．供冷或冷热共用时，经济厚度或防止表面凝露保冷厚度的计算方法应符合《设备及管道保冷设计导则》（GB/T 8175）的有关规定。 5．冷水机组的性能系数应符合《冷水机组能效限定值及能源效率等级》（GB 19577）的有关规定，并应满足 1 级能效等级的要求。 6．水泵效率的节能评价值应符合《清水离心泵能效限定值及节能评价值》（GB 19762）的有关规定。 7．照明系统设计应符合《建筑照明设计标准》（GB 50034）以及《水力发电厂照明设计规范》（NB/T 35008）的有关规定。 8．节水型卫生器具的选择应符合《节水型生活用水器具》（CJ/T 164）的有关规定。 9．给水管材的选择应符合《民用建筑节水设计标准》（GB 50555）的有关规定。 10．砂石加工系统设计应符合《水电工程砂石加工系统设计规范》（DL/T 5098）的规定

续表

序号	标准名称/ 标准号/时效性	针对性	内容与要点	关联与差异
14	《水电工程投资匡算编制规定》 NB/T 35030—2014 2014年11月1日实施	适用于规划阶段大中型水电工程（含抽水蓄能电站）投资匡算的编制	**主要内容：** 规定了水电工程投资匡算的项目划分、费用构成、编制方法、计价格式以及计算参数或指标，主要内容包括： 1．项目划分，投资匡算项目划分为枢纽工程、建设征地移民安置补偿、独立费用三部分，并明确了以上三个部分的具体项目； 2．费用构成，明确工程静态投资由枢纽工程费用、建设征地移民安置补偿费用、独立费用、基本预备费四部分组成； 3．工程投资匡算编制，主要内容包含建筑安装工程单价、投资匡算编制，以及投资匡算文件组成的内容。 **重点与要点：** 1．枢纽工程包括施工辅助工程、建筑工程、环境保护和水土保持专项工程、机电设备及安装工程、金属结构设备及安装工程五项。 2．建设征地移民安置补偿包括农村部分、城市集镇部分、专业项目、库底清理、环境保护和水土保持专项五项。 3．独立费用，包括项目建设管理费、生产准备费、科研勘察设计费和其他税费	
15	《水电工程安全监测系统专项投资编制细则》 NB/T 35031—2014 2014年11月1日实施	适用于水电工程（含抽水蓄能电站）可行性研究阶段设计概算中安全监测系统专项投资的编制	**主要内容：** 规定了水电工程安全监测系统专项投资项目划分、编制原则和依据，主要内容包括： 1．项目划分，包含临时安全监测工程和永久安全监测工程； 2．专项投资编制的依据，设备投资编制、设备安装工程投资编制，以及建设期巡视检查、观测及资料整编分析投资编制等的具体要求； 3．专项投资文件的组成，以及专项投资与设计概算的关系。 **重点与要点：** 1．安全监测系统专项投资编制所采用的主要原则及价格水平必须与主体工程设计概算保持一致，结合工程具体情况进行编制。	

续表

序号	标准名称/标准号/时效性	针对性	内容与要点	关联与差异
15			2. 编制水电工程设计概算时，必须将安全监测系统专项投资纳入枢纽工程投资中。其中，临时安全监测工程投资列入施工辅助工程项目下，永久安全监测建筑工程投资列入建筑工程项目下，永久安全监测设备及安装工程投资列入机电设备及安装工程项目下。安全监测系统专项投资计算书作为水电工程设计概算附件。 3. 专为安全监测工程修建的观测道路和观测用房列在临时和永久安全监测建筑工程相应项目中。 4. 由水电工程投资建设在枢纽区和水库区的地震弱震监测系统，其费用应计列在枢纽工程地震监测站（台）网工程中，由国家地震部门投资建设的区域地震弱震监测系统，不计入安全监测专项投资	
16	《水电工程调整概算规定》 NB/T 35032—2014 2014年11月1日实施	适用于国家核准的水电工程（含抽水蓄能电站）调整概算的编制	**主要内容：** 规定了水电工程调整概算编制规则和计算方法，主要内容包括： 1. 工程设计变更汇总报告； 2. 调整概算报告编制，包含项目划分和投资构成、枢纽工程静态投资、建设征地移民安置补偿投资、独立费用、基本预备费、分年度投资和资金流量、建设期差价、建设期利息； 3. 工程调整概算投资比对分析报告。 **重点与要点：** 1. 经审查认可的工程调整概算，是调概或项目重新核准的依据。 2. 工程调整概算是工程项目融资、投资控制管理、经济评价、竣工决算，以及项目稽查和审计的重要依据	
17	《水电工程环境保护专项投资编制规程》 NB/T 35033—2014 2014年11月1日实施	1. 适用于水电工程（含抽水蓄能电站）可行性研究阶段环境保护专项投资的编制。 2. 预可行性研究阶段环境保护专项投资估算编制可根据本阶段设计深度简化执行	**主要内容：** 规定了水电工程环境保护专项投资编制原则、依据，以及主要编制内容和方法，主要内容包括： 1. 项目划分，包含枢纽工程环境保护专项工程组成及项目划分、建设征地移民安置环境保护专项工程组成及项目划分，以及独立费用组成及项目划分； 2. 环境保护专项投资编制的主要工作任务；	

续表

序号	标准名称/标准号/时效性	针对性	内容与要点	关联与差异
17			3．投资文件的组成； 4．环境保护专项投资与环境保护投资及水电工程设计概算的关系。 **重点与要点：** 1．明确枢纽工程环境保护工程、建设征地移民安置环境保护工程，以及独立费用项目划分明细表。 2．编制环境保护专项投资时，需提交环境保护专项投资计算书	
18	《水电工程投资估算编制规定》 NB/T 35034—2014 2014年11月1日实施	适用于国内建设的大中型水电工程（含抽水蓄能电站）预可行性研究阶段投资估算的编制	**主要内容：** 规定了水电工程投资估算的项目划分、费用构成、编制方法以及计价格式，主要内容包括： 1．项目划分，即项目枢纽工程、建设征地移民安置补偿、独立费用内容划分； 2．费用构成，即枢纽工程费用、建设征地移民安置补偿、独立费用内容、预备费、建设期利息的构成； 3．枢纽工程估算编制； 4．建设征地移民安置补偿费用估算编制； 5．独立费用估算编制； 6．分年度投资及资金流量； 7．预备费； 8．建设期利息； 9．总估算编制； 10．投资估算文件组成。 **重点与要点：** 1．投资估算项目划分为枢纽工程、建设征地移民安置补偿、独立费用三部分。 2．建设征地移民安置补偿包括农村部分、城市集镇部分、专业项目、库底清理、环境保护和水土保持专项五项。 3．独立费用包括项目建设管理费、生产准备费、科研勘察设计费、其他税费四项。 4．基础价格应按估算编制年的有关政策、规定及市场价格水平进行编制。 5．主要机电设备和金属结构设备单价按设备原价和运杂综合费分别计算。	**关联：** 建设征地移民安置项目划分及补偿费用估算执行《水电工程建设征地移民安置补偿费用概（估）算编制规范》（DL/T 5382）

续表

序号	标准名称/标准号/时效性	针对性	内容与要点	关联与差异
18			6．建筑工程按主体建筑工程、交通工程、房屋建筑工程和其他建筑工程四部分，分别采用不同的方法计算。 7．环境保护和水土保持专项工程按环境保护和水土保持分别编制投资。 8．工程前期费根据项目实际发生情况和有关规定分析计列。河流（河段）规划或抽水蓄能选点规划所发生的费用，应按分摊原则计列。预可行性研究勘察设计工作所发生的费用，按水电建设项目前期工作工程勘察收费有关文件规定计算。 9．工程建设管理费按建筑安装工程费、设备费、建设征地移民安置补偿费三部分及相应费用标准分别计算	
19	《水利水文自动化系统设备检验测试通用技术规范》 GB/T　20204—2006 2006 年 7 月 1 日实施	适用于水利水文自动化系统中的各种类型的传感器以及测量控制、显示记录、数据传输与处理装置等自动化系统设备	**主要内容：** 规定了水利水文自动化系统设备的定义、分类、技术要求、试验条件及方法、检验规则，主要内容包括： 1．设备分类，包含系统设备分为水文（情）自动测报系统、大坝安全自动监测系统、闸门监控自动化系统、泵站监控自动化系统、水质自动监测系统和水文缆道自动检测系统等； 2．技术要求，包含通用技术要求和专用技术要求； 3．试验条件和方法； 4．出厂检验、型式检验、可靠性检验等检验规则； 5．标志、包装、运输及贮存检验要求。 **重点与要点：** 1．遥测终端机静态值守电流（不含通信设备）： （1）自报式终端机应不大于 2.5mA； （2）应答式及兼容式终端机应不大于 10mA。 2．自动化系统的整机或重要部件应能承受运输及施工安装过程中的振动、冲击碰撞、自由跌落等机械环境条件的变化，并承受规定条件下电压波动的影响，具备电磁抗扰度及防误操作等性能	**关联：** 1．《水文基本术语和符号标准》（GB/T 50095）及《水文仪器术语及符号》（GB/T 19677）适用于本标准。 2．系统设备的可靠度应符合《水文仪器可靠性技术要求》（GB/T 18185）的规定。 3．系统设备现场工作可靠性试验应按《设备可靠性试验　恒定失效率假设下的失效率与平均无故障时间的验证试验方案》（GB 5080.7）执行。 4．用于水文（水情）自动测报系统中的记录仪，其基本功能和性能指标应符合《水文数据固态存储装置通用技术条件》（SL /T 149）的规定。 5．闸位等传感器的功能及性能指标应符合《水文测报装置　遥测闸位计》（SL /T 209）的规定。 6．电气防雨淋试验及防尘试验应按《外壳防护等级的分类》（GB 4208）的规定执行。 7．工作状态下的系统设备各项电磁抗扰度试验结果应满足《电磁兼容　试验和测量技术　工频频率变化抗扰度试验》（GB/T 17626.28）的规定

续表

序号	标准名称/ 标准号/时效性	针对性	内容与要点	关联与差异
20	《水文情报预报规范》 GB/T 22482—2008 2009年1月1日实施	适用于水文情报预报工作和相关活动	**主要内容：** 规定了水文情报、洪水预报以及其他水文情报预报服务的技术要求，主要内容包括： 1．水文情报，包含水情站网布设，水情信息报送、传输、处理、存储及质量要求； 2．洪水预报，包含预报方法、突发洪水预报、作业预报系统、精度评定等； 3．其他水文预报，包含潮位预报、水库水文预报、工程施工期预报、冰情和春汛预报、枯季径流预报、中长期预报、水质警报及预报等； 4．水文情报预报服务，包含洪水等级划分、预报服务、预报效益评估。 **重点与要点：** 1．水文预报方案，应先立项、其成果经专业审查并达到规定精度要求才可发布。 2．水预报水预报方案的可靠性取决于编制方案使用的水文资料的质量和代表性。应采用代表年的全部水文资料制作洪水预报方案。对洪水场次选样时，应执行规定中对洪水样本数量的最低要求规定。对于代表年份中大于样本洪峰中值的洪水资料应全部采用，不得随意舍弃。当资料代表性达不到此要求时，洪水预报方案应降一级使用。 3．施工预报方案中的各种参数，应在不同施工阶段随时率定。进入蓄水阶段后，水库的设计特性曲线应重新率定	**关联：** 1．《水文基本术语和符号标准》（GB/T 50095）适用于本标准。 2．水情信息编码按照《水情信息编码标准》（SL 330）执行。 3．已建防洪工程经济效益分析计算和评价按《已成防洪工程经济效益分析计算机评价规范》（SL 206）规定执行
21	《取水计量技术导则》 GB/T 28714—2012 2013年2月1日实施	适用于取水户，包括工业、农业、城市生活和生态与环境用水及相关工作的单位和个人	**主要内容：** 规定了明渠和管道两种输水方式的取水计量技术和设施的选用、安装、操作、维护原则，主要内容包括： 1．明渠取水计量，包括流速面积法测流、水工建筑物测流、测流堰测流槽和简易量水槛等计量水量、明渠上的淹没式量水设备测流、超声波，电磁，雷达法测流、小水时测流、结冰条件下测流； 2．管道取水计量，包括管道输水计量方法和设施、管道取水计量； 3．取水计量成果汇总要求。	**关联：** 1．测流渠段及测流断面的选择和断面布置、流速仪的检查与维护、实测流量的计算、误差控制等均应按《河流流量测验规范》（GB 50179）规定的原则执行。 2．水位计的选择、安装和水位观测应按照《水位观测标准》（GBJ 138）的规定执行。 3．水工建筑物测流的原则按照《水资源水量监测技术导则》（SL 365）的规定执行。 4．在结冰条件下采用流速-面积法测流时应按照《明渠水流测量结冰状态下的水流测量》（ISO 9196）的规定执行

续表

序号	标准名称/ 标准号/时效性	针对性	内容与要点	关联与差异
21			**重点与要点：** 1．获得水行政管理部门批准的取水户，利用闸、坝、涵洞、虹吸管、水泵、水井及水电站等取水工程和设备，直接从江河、湖泊和水库取水或抽水地下水，都应安装计量设施，进行水量计量。 2．规定了水量计量设施仪器的使用和定期检定标准。 3．取水计量误差的规定。限额以上取水误差：a）明渠输水时，误差应≤±5%；b）管道输水时，误差应≥±3%。限额以下取水误差：a）明渠输水时，误差应≤±7%；b）管道输水时，误差应≥±5%；c）小水浮标法测流时，误差应≤±10%	
22	《小型水力发电站设计规范》 GB 50071—2002 2003年3月1日实施	1．适用于装机规模50MW～5MW、出线电压等级110kV以下、机组容量不超过15MW的水电站设计。 2．装机容量小于5MW的电站可选择执行	**主要内容：** 规定了小水电站设计的主要内容和技术要求，主要内容包括： 1．水文资料收集、整编、分析； 2．工程地质勘察； 3．水利及动能计算； 4．工程布置及建筑物设计； 5．水力机械及采暖通风设计； 6．电气设计； 7．金属结构设计； 8．消防设计； 9．施工组织设计； 10．水库淹没处理及工程占地； 11．环境保护评价及设计； 12．工程管理、设施规划及管理运行； 13．工程概（估）算； 14．经济评价。 **重点与要点：** 1．应通过勘察对建库条件、蓄水后可能产生的环境地质问题进行评价，并对不良地质问题提出处理措施的建议。	**关联：** 集镇迁建方案应符合《城镇规划标准》（GB 50188）的规定

续表

序号	标准名称/标准号/时效性	针对性	内容与要点	关联与差异
22			2. 洪水调节计算应根据工程防洪标准及下游防洪要求，对拟定的泄洪建筑物规模及汛期限制水位进行技术经济比较，确定泄洪建筑物尺寸和汛期限制水位、设计洪水位及校核洪水位。 3. 当山区、丘陵区的水库枢纽工程挡水建筑物的挡水高度低于 15m，上下游水头差小于 10m 时，其防洪标准可按平原、滨海区的规定确定；当平原、滨海区的水库枢纽工程挡水建筑物的挡水高度高于 15m，上下游水头差大于 10m 时，其防洪标准可按山区、丘陵区的规定确定。 4. 拱坝应进行水力、坝体应力与应变以及拱座稳定分析计算	
23	《水利水电工程结构可靠度设计统一标准》 GB 50199—2013 2013 年 5 月 1 日实施	适用于各类水工建筑物整体结构、结构构件、地基基础在施工（包括制作、运输、安装）、运行、使用、检修期的设计及既有结构的可靠性评定	**主要内容：** 规定了水利水电工程结构可靠性设计的基本原则和设计标准，主要内容包括： 1. 结构安全级别和可靠度，设计使用年限和耐久性基本规定； 2. 极限状态设计原则； 3. 结构上的作用与环境影响； 4. 材料和岩土性能及几何参数； 5. 结构分析和试验辅助设计； 6. 分项系数概率极限设计方法； 7. 可靠性管理。 **重点与要点：** 1. 规定水工结构设计宜采用以概率理论为基础，以分项系数表达的极限状态设计方案。 2. 水工建筑物设计时应根据水工建筑物级别，采用不同的结构安全级别，水工建筑物级别划分应符合标准中表 3.2.1 的规定。 3. 水工结构设计时应规定结构的设计使用年限。1 级～3 级主要建筑物结构的设计使用年限应采用 100 年，其他永久性建筑物结构采用 50 年，临时建筑物结构的设计使用年限采用 5 年～10 年	**关联：** 《工程结构可靠性设计统一标准》（GB 50153—2008） **差异：** 《工程结构可靠性设计统一标准》（GB 50153—2008）适用于房屋建筑、铁路、公路、港口、水利水电等各类工程，本标准仅适用于水工建筑

续表

序号	标准名称/标准号/时效性	针对性	内容与要点	关联与差异
24	《水利水电工程节能设计规范》 GB/T 50649—2011 2011年12月1日实施	适用于新建、改建和扩建的大中型水利水电工程的节能设计	**主要内容：** 规定了水利水电工程节能设计的基本原则、工作内容和节能效果综合评价，主要内容包括： 1. 节能设计基本规定； 2. 工程规划与总布置节能设计； 3. 建（构）筑物节能设计； 4. 机电与金属结构节能设计； 5. 施工节能设计； 6. 工程管理节能设计； 7. 节能效果综合评价。 **重点与要点：** 1. 节能设计应收集工程所在省（直辖市、自治区）的能源供应、能源消耗、能源规划和节能指标等资料。 2. 工程设计中选用的主要设备和材料，均应提出明确的节能指标或要求。 3. 工程总布置应将节能降耗作为方案比选条件之一。 4. 节能设计时，应根据水工建筑物的不同功能要求，在其他条件相当的情况下，采用节省或降低能耗的建筑物型式	**关联：** 1. 海堤的布置应符合《海堤工程设计规范》（SL 435）的规定。 2. 生产辅助用房和管理用房节能设计应符合《公共建筑节能设计标准》（GB 50189）的规定。 3. 生产辅助用房保温及通风应符合《采暖通风与空调节能设计规范》（GB 50019）的规定。 4. 生产辅助用房采光应符合《建筑采光设计标准》（GB/T 50033）的规定。 5. 生产辅助用房照明应符合《建筑照明设计标准》（GB 50034）的规定。 6. 生产辅助用房用电应符合《供配电系统设计规范》（GB 50052）的规定。 7. 寒冷地区生产辅助用房节能设计《严寒和寒冷地区居住箭镲节能设计标准》（JGJ 26）的规定。 8. 管理用房节能设计应符合《建筑给水排水设计规范》（GB 51005）的规定。 9. 离心泵、水泵的选型及设计应符合《潜水离心泵能效限定值及节能评价值》（GB 19762）的规定。 10. 电动机的选型及设计应符合《中小型三相异步电动机能效限定值及能效等级》（GB 18163）的规定。 11. 空气压缩机的选型及设计应符合《容积式空气压缩机能效限定值及能效等级》（GB 19153）的规定。 12. 节水灌溉设备的选型及设计应符合《节水灌溉设备现场验收规程》（SL 372）的规定。 13. 变压器的选型及设计应符合《三相配电变压器能效限定值及节能评价值》（GB 20052）的规定。 14. 双端荧光灯节能评价值不应低于《普通照明用双端荧光灯能效限定值及能效等级》（GB 19043）中的能效2级。 15. 自镇流荧光灯节能评价值不应低于《普通照明用自镇流荧光灯能效限定值及能效等级》（GB 19044）中的能效2级。 16. 单端荧光灯节能节能评价值不应低于《单端荧光灯能效限定值及节能评价》（GB 19415）的规定。

续表

序号	标准名称/标准号/时效性	针对性	内容与要点	关联与差异
24				17．高压钠灯节能节能评价值不应低于《高压钠灯能效限定值及能效等级》（GB 19573）中的能效2级。 18．金属卤化物灯节能节能评价值不应低于《金属卤化物灯能效限定值及能效等级》（GB 20054）中的能效2级。 19．制冷量在14000W及以下的房间空气调节器应符合《房间空气调节器能效限定值及能源效率等级》（GB 12012.3）的规定。 20．制冷量待遇7100W的单元式空气调节机应符合《单元式空气调节机能效限定值及能源效率等级》（GB 19576）的规定。 21．风机应符合《通风机能效限定值及能效等级》（GB 19761）的规定。 22．供热、供冷管道保温应符合《设备及管道保温设计导则》（GB 8175）及《设备及管道保冷设计导则》（GB/T 15586）的规定。 23．冷水机的选择应符合《冷水机组能效限定值及能源效率等级》（GB 19577）的规定。 24．用能计量应符合《用能单位能源计量器具配备和管理通则》（GB 17176）的规定
25	《小型水电站技术改造规范》 GB/T 50700—2011 2012年5月1日实施	适用于总装机容量为500kW～50000kW的小型水电站的技术改造	**主要内容：** 规定了小型水电站技术改造前准备工作、改造内容与要求和改造后的技术性能指标，主要内容包括： 1．现状分析与评价； 2．性能测试； 3．改造内容与要求； 4．技术性能指标； 5．工程验收。 **重点与要点：** 1．小型水电站技术改造应满足安全、节能、环保，充分利用原有设施或设备，积极采用新技术、新工艺、新设备、新材料，严禁使用国家明令淘汰的产品。 2．对于局部技术改造的小型水电站，其试生产运行期可适当缩短，并简化验收程序。	**关联：** 1．水轮机现场性能试验应按照《小型水轮机现场验收试验规程（GB/T 22140）或《水轮机、蓄能泵和水泵水轮机水力性能现场验收试验规程》（GB/T 20043）的规定执行。 2．小型水电站电气设备改造后的性能测试应按照《电气装置安装工程　电气设备交接试验标准》（GB 50150）的规定执行。 3．钢闸门和启闭机的检测可按《水工钢闸门和启闭机安全检测技术规程》（SL 101）的规定执行。 4．压力钢管的检测可按《压力钢管安全检测技术规程》（DL/T 709）的规定执行。 5．大坝安全监测改造应按《小型水力发电站设计规范》（GB 50071）的规定执行。

续表

序号	标准名称/标准号/时效性	针对性	内容与要点	关联与差异
25			3．单机容量10000kW及以上的水轮发电机组，技术改造前后应进行现场性能对比测试，测试工作应由具备水利水电计量认证资质的监测机构进行。 4．电站增容改造设计应对机组和输出系统的调节保证参数进行校核计算。 5．多泥沙河流小型水电站水轮机大修间隔不应少于2年	6．抗震设防区小型水电站的设防措施应按《建筑工程抗震设防分类标准》（GB 50223）的规定执行。 7．钢管锈蚀严重或损坏程度达到《水利水电工程金属结构报废标准》（SL 226）规定的应进行更换。 8．水轮机空蚀应符合《水轮机、蓄能泵和水泵水轮机空蚀评定》（GB/T 15469.2）的规定执行。 9．自动化技术改造应符合《小型水力发电站自动化设计规定》（SL 229）的规定。 10．消防改造应符合《水利水电工程设计防火规范》（SDJ 278）的规定。 11．技术改造后的水轮机噪声和振动值、导水叶全关漏水量应符合《小型水轮机型式参数及性能技术规定》（GB/T 21717）的规定。 12．进水阀漏水量应符合《大中型水轮机进水阀门基本技术条件》（GB/T 14478）的规定。 13．水轮机组的安装质量应符合《水轮发电机组安装技术规范》（GB/T 8564）的规定。 14．小型水电站技术改造验收可按《小型水电站建设工程验收规程》（SL 168）和《水利水电建设工程验收规程》（SL 223）的规定执行
26	《降水量观测规范》 SL 21—2006 2006年10月1日实施	适用于为防汛抗旱、水资源管理搜集降水基本资料的降水量观测	**主要内容：** 规定了雨量站布设及降水量观测场地布设原则、方法和技术要求，主要内容包括： 1．观测场地查勘、设置、保护及雨量站考证薄编制； 2．仪器组成、分类及使用范围，以及仪器安装； 3．雨量器观测降水量的技术要求； 4．虹吸式自记雨量计观测降雨量技术要求； 5．翻斗式自记雨量计观测降雨量技术要求； 6．降雨量资料整理技术要求。 **重点与要点：** 1．降水量单位以mm表示，其观测记载的最小量（以下简称记录精度），应符合下列规定：1）需要控制雨日地区分布变化的雨量站必须记至0.1mm，蒸发站的记录精度	**关联：** 观测场地面积应根据需要或依据《水面蒸发观测规范》（SL 630—2013）的规定执行

续表

序号	标准名称/标准号/时效性	针对性	内容与要点	关联与差异
26			必须与蒸发观测的记录精度相匹配；2）不需要雨日资料的雨量站记至0.2mm；多年平均降水量大于800mm地区，可记至0.5mm；多年平均降水量大于400mm小于800mm地区，如果汛期雨强特别大，且降水量占全年60%以上，亦可记至0.5mm；3）多年平均降水量大于800mm地区，可记至1mm。 2．雨量站选用的仪器，其分辨力不应低于该站规定的记录精度，观测记录和资料整理的记录精度应和仪器的分辨力一致	
27	《水文站网规划技术导则》 SL 34—2013 2013年5月18日实施	适用于河流、湖泊、水库、人工河渠及其流域内（含地下水体）以及海滨水文站网的规划与调整	**主要内容：** 规定了水文站网规划的原则、主要内容、方法和对应的技术要求，主要内容包括： 1．流量站网规划，分类及设站年限分析和站网调整； 2．水位站网规划； 3．泥沙站网规划； 4．降水量站网规划； 5．水面蒸发站网规划； 6．地下水站网规划； 7．水质站网规划； 8．墒情站网规划； 9．试验站规划； 10．专用站规划。 **重点与要点：** 1．编制水文站网规划时，应综合考虑各类水文站网之间的相互联系、协调和配套，形成流域或区域内功能齐全的综合水文站网体系。 2．水文测站按照观测项目分为流量站、水（潮）位站、泥沙站、降水量站、水面蒸发站、地下水站、水质站、墒情站。 3．水文测站按照目的和作用分为基本站、实验站、专用站和辅助站	

续表

序号	标准名称/标准号/时效性	针对性	内容与要点	关联与差异
28	《中小河流水能开发规划编制规程》 SL 221—2009 2010 年 3 月 21 日实施	1. 适用于流域面积小于 $3000km^2$ 的中小河流水能资源开发规划的编制和修订。 2. 单站装机容量均小于 1.0MW 的河流水能开发规划可简化选择执行	**主要内容：** 规定了中小河流水能开发规划编制的原则、方法及主要工作内容，主要内容包括： 1. 综合利用与开发的任务； 2. 水文计算、分析及论证； 3. 工程地质勘察、分析及评价； 4. 梯级开发方案比选、论证及建议； 5. 主要建筑物布置方案及工程量估算，提出施工工期控制要求； 6. 建设征地移民安置方案比选、分析及建议； 7. 环境保护规划方案及措施； 8. 流域管理规划方案及建议； 9. 投资及综合效益评价； 10. 近期工程实施的建议和意见。 **重点与要点：** 1. 中小流域水能开发规划批准后，即成为开发该河流水能资源的重要依据，如需要修编，应依照规划编制程序经原批准机关重新批准。 2. 应根据开发容量大小、开发难易程度，分析用电及综合利用要求等，结合流域所在地区的经济发展规划，拟定近期和远期规划水平年	**关联：** 1. 各梯级地震动参数及对应的地震基本烈度应按照《中国地震动参数区划图》（GB 18306）的规定执行。 2. 枢纽工程等级和设计标准，以及枢纽工程中的通航、过木、渔业、供水、桥梁、公路、铁路等建筑的等级及设计标准应参照《防洪标准》（GB 50201）的规定执行。 3. 规划阶段径流、洪水和泥沙设计计算方法和要求应参照《小型水力发电站水文计算规范》（SL 77）的规定执行。 4. 河道内的生态需水量的计算方法和要求可参照《江河流域规划环境影响评价规范》（SL 201）的规定执行。 5. 回水淹没区洪水标准及淤积年限可参照《水力水电工程建设征地移民设计规范》（SL 290）的规定执行。 6. 枢纽布置及设计执行《小型水力发电站设计规范》（GB 50071—2002）的规定
29	《水文资料整编规范》 SL 247—2012 2013 年 1 月 19 日实施	适用于全国各类水文、水位、降水、蒸发站的水文资料整编、审查和复审	**主要内容：** 规定了水文资料的整编内容和技术要求，主要内容包括： 1. 整编工作阶段及质量标准； 2. 整编内容及定线精度要求； 3. 整编方法； 4. 数据结构及文件名技术要求； 5. 资料审查内容、方法与要求； 6. 复审内容、方法与要求； 7. 存储技术要求及存储介质。 **重点与要点：** 1. 水文资料应逐年进行整编、审查和复审；复审应抽取不少于 10%的测站全面检查。	**关联：** 1. 水文资料复审结束后应按《水文年鉴汇编刊印规范》（SL 460）的水文年鉴卷册划分的规定整编。 2. 本规范与《水位观测标准》（GB/T 50138）、《河流流量测验规范》（GB/T 50179）、《河流泥沙颗粒分析规程》（SL 42）配套执行

续表

序号	标准名称/标准号/时效性	针对性	内容与要点	关联与差异
29			2．各项目的原始资料应经过初作、一校、二校工序后方可进行整编。考证、定线、数据整理、综合图表类等均应做齐三道工序。 3．各项资料的整编软件编制应经国家水行政主管部门直属水文机构或流域管理机构直属水文机构组织审查通过	
30	《凌汛计算规范》 SL 428—2008 2008 年 10 月 22 日实施	1．适用于大中型水利水电工程可行性研究和初步设计阶段的凌汛计算。 2．大中型水利水电工程项目建议书阶段、小型水利水电工程、其他跨河工程及江河流域规划的凌汛计算，可选择执行	**主要内容：** 规定了凌汛计算资料收集、分析、计算内容，以及计算方法和对基本资料复核评价的要求，主要内容包括： 1．基本资料收集整理及复核评价； 2．河流凌汛分析计算的内容和方法，主要对热平衡因素计算、冰塞洪水分析计算、冰坝洪水分析计算、凌峰流量分析计算作了规定； 3．工程凌汛分析计算的内容和方法，所涉及工程主要有水库工程、引水明渠工程、堤防工程、分水防凌工程、施工导流工程及其他跨河工程。 **重点与要点：** 1．设计依据站冰情观测系列在 20 年以上时，可直接统计冰情特征值；不足 2 年或虽有 20 年但仍不能满足设计要求时，应进行冰情调查。 2．水温应统计凌汛期多年平均月、旬平均值，凌汛期月、旬平均值的最大、最小值，实测最大、最小值和出现时间。水温观测系列具有 20 年以上时，可直接统计有关特征值；水温观测系列不足 20 年时，可插补延长。 3．流量特征值应包含测站凌汛期逐月、逐旬平均、最大、最小流量。流量统计采用的资料系列应不少于 30 年；不足 30 年时，应插补延长	**关联：** 水库下游零温断面位置可采用《水利水电工程水文计算规范》（SL 278）规定的方法进行计算
31	《堰塞湖风险等级划分标准》 SL 450—2009 2009 年 5 月 12 日实施	1．适用于山体滑坡、崩塌、泥石流等堵塞河道形成的堰塞湖。 2．冰川堆积形成的堰塞湖处置应专门研究、论证	**主要内容：** 规定了堰塞湖风险等级划分与洪水标准，主要内容包括： 1．基本资料收集及调查； 2．堰塞湖风险等级，通过对堰塞体危险性判别及溃决损失判别，确定堰塞湖风险等级划分； 3．洪水标准；	**关联：** 1．保留堰塞体后期整治后作为永久建筑物时，其洪水标准和建筑物级别应按《防洪标准》（GB 50201）和《水利水电工程等级划分及洪水标准》（SL 252）的规定确定。 2．最大波浪爬高、风壅水高度可按《碾压式土石坝设计规范》（SL 274）计算确定；整治后作为永久建筑物时，应根据 SL 274 的规定确定其稳定性

续表

序号	标准名称/ 标准号/时效性	针对性	内容与要点	关联与差异
31			4．堰塞体安全标准。 **重点与要点：** 1．堰塞湖风险等级可以分为极高、高、中、低四个等级，分别用Ⅰ、Ⅱ、Ⅲ、Ⅳ级表示，依照本标准中相应规定确定。 2．堰塞湖应急处置洪水标准包括应急处置期和后续处置期的洪水标准，依照本标准规定确定。 3．保留堰塞体后期整治后作为永久建筑物时，其洪水标准和建筑物级别应根据GB 50201和SL 252的相关规定确定	
32	《堰塞湖应急处置技术导则》 SL 451—2009 2009年5月12日实施	1．适用于山体滑坡、崩塌、泥石流等形成的风险等级Ⅰ、Ⅱ级堰塞湖的应急处置。 2．Ⅲ、Ⅳ级可选择执行。 3．冰川堆积物所形成的堰塞湖处置应专门研究、论证	**主要内容：** 规定了堰塞湖应急处置技术工作内容，主要内容包括： 1．基本资料调查、收集及整编、分析； 2．安全性评价及风险性综合评价； 3．应急处置方案编制的原则和应急处置措施； 4．水文应急监测、水情预报及安全监测； 5．工程措施及应急处置施工组织； 6．非工程措施及应急避险技术方案和保证措施； 7．应急处置后续评估及后续处置。 **重点与要点：** 1．通过调查和经验类比提出堰塞体和有关滑坡、边坡稳定分析所需岩土物理力学参数建议值。有条件时，可进行必要的地质勘探（包括物探）和试验。 2．对于具备挡水能力的堰塞体，应进行必要的渗流计算和边坡稳定计算；对于防渗性能差和短期内可能会漫顶的堰塞体，应评估堰塞体抗冲刷破坏的能力。 3．应急处置措施应包括工程措施和非工程措施，条件允许时宜对工程措施和非工程措施进行方案比较	**关联：** 1．堰塞湖风险等级划分应按《堰塞湖风险等级划分标准》（SL 450）的规定执行。 2．堰塞湖区域的地震动参数应根据《中国地震动参数区划图》（GB 18306）的规定进行拟定。 3．土的渗透变形类型判定可按《水利发电工程地质勘察规范》（GB 50287）的规定执行。 4．堰塞体抗滑稳定荷载及组合应按《碾压土石坝设计规范》（SL 274）及《水工建筑物抗震设计规范》（SL 203）的规定采用
33	《水利水电建设项目水资源论证导则》 SL 525—2011 2011年5月17日实施	适用于取用地表水的水利水电建设项目水资源论证报告书的编制和审查	**主要内容：** 规定了水力发电工程（含抽水蓄能电站）、灌溉工程、供水工程、调水工程、航运（船闸）工程、综合利用工程等水电建设项目水资源论证报告书编制的原则、内容和方法，主要内容包括：	**关联：** 1．水域污染物扩散、自净能力的影响执行《水域纳污能力计算规范》（SL 348）的有关规定。 2．入河排污口的设置执行《入河排污口监督管理办法》（水利部第22号令）的有关规定。

续表

序号	标准名称/标准号/时效性	针对性	内容与要点	关联与差异
33			1．建设项目论证等级、论证内容和基本资料； 2．分析范围和论证范围的确定； 3．建设项目所在区域水资源状况及其开发利用分析； 4．建设项目取用水合理性分析，包括基本要求、取水合理性分析、用水合理性分析、节水潜力分析； 5．建设项目取水水源论证，包括基本要求、可供水量分析计算、水资源质量评价、取水口合理性分析、取水水源的可靠性分析； 6．建设项目取水和退水影响论证，包括基本要求、取水影响分析、退水影响分析、水资源保护措施、取水和退水影响补偿方案建议； 7．明确了建设项目取水可行性分析。 **重点与要点：** 1．采用的水文资料系列应具有可靠性、一致性和代表性。 2．建设项目所在区域水资源状况及其开发利用分析应确定分析范围，取水论证应确定水源论证范围，取水和退水影响应确定影响论证范围。 3．对于流域面积不大于 3000km^2 的河流，论证范围宜为整个流域。对于平面水网，可适当简化。 4．应根据区域水资源综合规划和水资源公报成果，简要介绍分析范围内水资源数量、质量和时空分布特点。 5．水力发电工程和用水保证率小于 90%的水利建设项目，可简化可靠性分析	3．本导则与《地表水环境质量标准》（GB 3838）、《土壤环境质量标准》（GB 15618）、《内河通航标准》（GB 50139）、《防洪标准》（GB 50201）、《城市给水工程规划规范》（GB 50282）、《小型水利发电站水文计算规范》（SL 77）、《水文调查规范》（SL 196）、《水环境检测规范》（SL 219）、《水资源评价导则》（SL /T 238）、《水利水电工程等级划分及洪水标准》（SL 252）、《水利水电工程水文计算规范》（SL 278）、《水域纳污能力计算规程》（SL 348）、《地表水资源质量评价技术规程》（SL 395）、《水资源供需预测分析规范》（SL 429）、《水电枢纽工程等级划分及设计安全标准》（DL/T 5180）、《水利水电工程水文计算规范》（DL/T 5431）配套执行
34	《水工建筑物与堰槽测流规范》 SL 537—2011 2011 年 7 月 12 日实施	1．适用于各类河流、湖泊、水库等站的流量测验工作。 2．适用于水利工程、灌区水量调度、水资源分配、引排水等渠道水量监测。 3．适用于水文调查流量推算、水文试验站、自动监测站等的流量验测。	**主要内容：** 规定了水工建筑物测流的相关术语、符号、主要工作内容，以及测流的方法和技术要求，主要内容包括： 1．水工建筑物体测流，包括一般规定，测验设施布设与观测，流量系数率定、综合和检验，堰流流量推算，孔流流量推算，隧道、涵洞流量推算，水电站和泵站流量推算，水工建筑物流量测验不确定度估算； 2．测流堰测流，包括一般规定，测量堰的设置与水头测量，薄壁堰和宽顶堰，测量堰单次流量测验的不确定度估算；	**关联：** 1．流量测验的基本要求和率定流量系数的流量测验、水位观测、水文普通测量执行《河流流量测验规范》（GB 50179）、《水位观测标准》（GB/T 50138）、《水文普通测量规范》（SL 58）的有关规定。 2．流量系数关系线（式）的检验应执行《水文资料整编规范》（SL 247）的有关规定

续表

序号	标准名称/标准号/时效性	针对性	内容与要点	关联与差异
34		4．适用于水文站洪水、枯水等常规流量测验。 5．适用于测站受工程及人类活动影响情况下的流量测验。 6．适用于各类渠道的引水、退水、分水等水量计量监测	3．测流槽测流，包括一般规定，矩形长喉道槽和 U 形长喉道槽，巴歇尔槽和孙奈利槽，测流槽测流单次流量测验不确定度估算； 4．末端深度法测流，包括一般规定、末端水深测量、流量计算； 5．比降面积法测流，包括河段选择和断面布设、水位观测设施与布设、断面测量和比降水位观测、糙率选用和流量计算。 **重点与要点：** 1．已采用水工建筑物测流的测站，应定期（3 年～5 年）进行流量系数检验。 2．每孔闸门上，应安装直接观读闸门开启高度的标尺，宜安装自动闸门计；闸门测量误差应小于 10mm（10m 变幅），需要时误差应小于 5mm。 3．用经验流量系数时，应严格按照建筑物的型式、结构、边界条件和水力特性选择本规范推荐的经验公式和查算图表确定流量系数，并按规定的应用范围和限制条件使用。 4．严格按照本规范建造和安装的测流堰，可按给定的公式计算流量，其流量系数可按本标准给定的值，否则应采用现场或实验室校验，率定流量系数	
35	《水能资源调查评价导则》 SL 562—2011 2011 年 11 月 25 日实施	适用于全国、区域、流域（河流）水能资源的调查评价	**主要内容：** 规定了水能资料调查的工作方法、内容和和深度，主要内容包括： 1．一般规定，包括调查工作启动时注意事项、水电站的分类； 2．调查内容和方法，包括资源调查的范围、流域背景资料水能资源指标计算的主要资料； 3．资源量计算与分析，包括理论蕴藏量的计算要求、水能资源开发利用程度的表示方法； 4．统计、汇总和评价，包括水能资源评价分析的内容。 **重点与要点：** 1．调查工作启动时，应对水能资源调查评价的区域、河流和水电站的范围作出规定，还应对水能资源调查评价统计资料的截止时间作出规定。	**关联：** 1．水电站规模标准应执行《水利水电工程等级划分及洪水标准》（SL 252）的有关规定。 2．对于无实测水文站点径流系列资料的河流，径流量推算应采用《水文调查规范》（SL 196）和《水利水电工程水文计算规范》（SL 278）规定的方法推算。 3．本导则与《小水电水能设计规程》（SL 76）配套执行

续表

序号	标准名称/标准号/时效性	针对性	内容与要点	关联与差异
35			2．界河的理论蕴藏量，应按界河各岸的1/2计入。 3．水资源调查应包括收集、采集和分析水能资源资料等活动。水能资源调查应遵循文献查阅、野外勘探、资料汇总、整理分析等工作程序。 4．资源量计算应包括理论蕴藏量，技术可开发量，经济可开发量和已、正开发量的计算	
36	《水利水电工程水文自动测报系统设计规范》 SL 566—2012 2012年12月19日实施	适用于水利水电工程水文自动测报系统的初步规划、规划和总体设计	**主要内容：** 规定了水利水电工程水文自动测报系统设计的原则、内容、方法和深度，主要内容包括： 1．系统建设需求分析； 2．水文预报方案，包括水文预报方案的拟定、编制要求； 3．站网设计，包括站网规划、论证； 4．通信组网，包括一般规定、通信方式及工作体制、信息流程及通信组网方案； 5．设备配置，包括遥测站、中心站； 6．软件配置，包括系统软件、应用软件； 7．供电与防雷； 8．土建，包括遥控站、中继站、中心站； 9．投资概算。 **重点与要点：** 1．水利水电工程水文自动测报系统设计时应收集有关资料，并进行分析整理。 2．应根据所处区域和流域下垫面特性分析流域产流方式，拟定产流方案。 3．初步编制水文预报方案采用的场次洪水不宜少于25次，当资料不足时，宜使用所有洪水资料。 4．应结合流域产、汇条件明显改变时，应编制受工程影响后的洪水预报方案。 5．遥测站网布设应满足系统功能、建设目标和预报方案配置的要求；应能正确反映系统范围内水、雨情变化，测站宜设置在交通、通信条件较好的地点。	**关联：** 1．建筑物防雷设计执行《建筑物防雷设计规范》（GB 50057）的有关规定。 2．水文站设施、生产和生活用房可执行《河流流量测验规范》（GB/T 50179）及《水文基础设施建设及技术装备标准》（SL 276）的有关规定。 3．初步编制的水文预报方案应执行《水文情报预报规范》（GB/T 22482）的有关规定。 4．遥测雨量站网可执行《水文站网规划技术导则》（SL 34）的有关规定。 5．通信组网设计时，数据传输的可靠性和数据畅通率均应执行《水文自动测报系统技术规范》（SL 61）的有关规定

续表

序号	标准名称/ 标准号/时效性	针对性	内容与要点	关联与差异
36			6. 水文自动测报系统设计应根据工程任务和工程安全需要论证系统建设的必要性、系统建设任务和功能，合理确定系统建设范围，规划和论证遥测站网，拟定通信方式和组网方案，配置和初步编制水文预报方案。 7. 水文自动测报系统设计应充分利用系统建设范围内的现有水文、气象站网，重视资料的收集、分析和现场调查。 8. 遥控站、中继站接地电阻值应小于 10Ω，中心站的接地电阻值宜小于 5Ω	
37	《洪水调度方案编制导则》 SL 596—2012 2012 年 12 月 19 日实施	适用于流域或区域洪水调度方案的编制	**主要内容：** 规定了洪水调度方案编制的基本原则、要求和方法，主要内容包括： 1. 基本资料收集整编及分析； 2. 洪水调度计算，主要包括洪水遭遇组合和调度的计算方法； 3. 洪水调度方案，主要包括防洪体系的调度、河道提防工程防洪运用、水库防洪强度、蓄滞洪区调度运用； 4. 调度权限和权限的划分。 **重点与要点：** 1. 编制洪水调度方案时，应收集整理流域或区域防洪有关的基本资料，包括气象水文、经济社会河道及湖泊蓄泄洪水能力、防洪工程和非工程措施现状、防洪规划等资料。 2. 洪水调度计算应分析干支流、上下游可能的洪水遭遇组合，河口地区洪潮遭遇组合，合理选择不同类型、不同量级的代表性洪水。 3. 有冰凌洪水灾害的江河，在凌汛期间，尤其是流凌封河期和开河期，应利用水库和引水设施加强水量调度，必要时启用蓄滞洪区进行分水放凌。 4. 调度权限的划分，应与现行管理体制相协调	

第四节 勘测标准

序号	标准名称/标准号/时效性	针对性	内容与要点	关联与差异
1	《水电水利工程岩体观测规程》 DL/T 5006—2007 2007年12月1日实施	适用于水电水利工程的地基、围岩、边坡岩体前期、施工期、运行期位移、变形、应变、压力和锚杆，以及岩体中地下水的渗透压力长期观测	**主要内容：** 规定了水电水利工程岩体观测的方法和技术要求，主要内容包括： 1．围岩收敛观测，包括观测设置、观测步骤、观测成果整理； 2．钻孔轴向岩体位移观测，包括观测布置要求、主要仪器设备、仪器安装要求、观测步骤； 3．钻孔横向岩体位移观测，包括观测布置要求、测斜管安装要求、观测步骤、观测结果整理要求； 4．岩体表面倾斜观测，包括观测布置要求、主要仪器设备、测点安装要求、观测步骤、成果整理要求； 5．岩体应变观测，包括观测布置要求、主要仪器设备、观测准备内容、观测步骤、成果整理要求； 6．岩体压力观测，包括观测布置要求、主要仪器设备、应力观测仪安装要求、观测步骤、成果整理要求； 7．岩体锚杆观测，包括观测布置要求、主要仪器设备、设备安装要求、观测步骤、成果整理要求； 8．岩体渗压观测，包括观测布置要求、主要仪器设备、测压管安装要求、渗压计安装要求、观测步骤、成果整理要求。 **重点与要点：** 1．轴向岩体位移观测孔的位置、方向和深度，应根据观测目的和地址条件决定。观测孔的深度应大于最深测点0.5m。 2．横向岩体位移观测孔的孔径应大于测斜管外径50mm。 3．岩体表面倾斜观测的观测范围、测点位置和数量应根据工程规模、工程特点和地质条件确定。 4．观测单一方向岩体应力时，应力计应垂直要求观测的应力方向。观测岩体应力状态时，应力计宜按0°、45°、90°方向布置。 5．环式锚杆测力计的最大量程不应小于预应力锚杆超张力的1.2倍	**关联：** 1．配合岩体观测用的钻孔、坑槽、平洞除应符合观测专门要求外，还需要执行《水电水利工程钻探规程》（DL 5013）、《水电水利工程坑探规程》（DL/T 5050）、《水电水利岩土工程施工及岩体测试造孔规程》（DL/T 5125）、《水电水利工程钻孔压水试验规程》（DL/T 5331）的有关规定。 2．配合岩体观测进行的岩体物理力学性质试验和岩体应力测试应执行《水电水利工程岩体测试规程》（DL/T 5367）和《水电水利工程岩石试验规程》（DL/T 5368）的规定。 **差异：** 本规程适用于岩体前期、施工期、运行期长期观测，而《水利水电工程地质观测规程》（SL 245）仅适用于水利水电工程地质勘察期间的地下水、边坡变形、采空区地面沉降、断裂活动性和水库诱发地震的观测工作

续表

序号	标准名称/标准号/时效性	针对性	内容与要点	关联与差异
2	《水电水利工程物探规程》 DL/T 5010—2005 2005 年 6 月 1 日实施	适用于水电水利工程勘察设计、施工、运行等阶段的地球物理勘探、测试和检测工作	**主要内容：** 规定了地球物理勘探、测试和检验的方法与技术、使用条件、物探方法综合应用、报告编写等基本要求，主要内容包括： 1．物探方法与技术，主要包括电法勘探法、探地雷达法、地震勘探法、弹性波测法、层析成像法、水声勘探法、放射性测量法、综合测井； 2．物探方法的综合应用，主要包括覆盖层探测、隐性构造破碎带探测、软弱夹层探测、岩体风化及卸荷带探测、滑坡探测、喀斯特探测、地下水探测、防渗线探测、岩体重量检测测、隧洞施工掌子面超前预报、洞室松弛圈探测、灌浆效果检测、堆石（土）体密度及地基承载力测试、堆石坝面板质量检测、混凝土质量检测、洞室混凝土衬砌质量检测、钢衬与混凝土接触状况检测、锚杆质量检测、水下建筑物缺陷观察、环境放射性检测、岩土物理和力学参数测试、岩土电性参数测试、质点振动测试等； 3．物探成果报告，主要包括成果报告编写、成果报告审核。 **重点与要点：** 1．物探之前，应全面了解和分析测区的地形、地质和地球物理特性以及以前的技术成果，作为测试前的参考和指导。 2．专业技术负责人应组织人员对原始记录进行检查和评价，抽查率应大于 30%。 3．充电法探测地下水流速流向应以孔口为中心均匀布置 8 条或 12 条辐射状测线，测线的方向误差不大于 5°。 4．地震波激发时爆炸点位置沿垂直测线方向移动距离不应超过检波点距的 1/5，深度应测量。 5．进行波速测试时，单个（或对）钻孔检查或测线检查的旅行时均方相对误差应小于 5%。 6．模拟综合测井仪器记录的曲线线迹宽度不超过 0.5mm，仪器本机噪声引起记录曲线的抖动宽度不超过 1mm。 7．面板脱空位置和内部缺陷位置检测相对误差应小于 20%，检测面板抗压强度的波速相对误差应小于 5%	**关联：** 1．爆破震源安全必须符合《爆破安全规程》（GB 6722）的规定。 2．声波法检测堆石坝面板缺陷、混凝土缺陷可按《超声法检测混凝土缺陷技术规程》（CECS 21）的规定执行。 3．超声回弹综合法检测堆石坝面板强度、检测混凝土强度可按《超声回填综合法检测混凝土缺陷技术规程》（CECS 02）的规定执行。 4．回弹法检测堆石坝面板抗压强度、混凝土抗压强度可按《回填法检测混凝土抗压强度技术规程》（JGJ/T 23）的规定执行。 5．钢衬与混凝土接触质量检测中，γ-γ 散射法检测按《核子水分密度仪现场测试规程》（SL 275）的规定执行。 6．环境放射性检测中，空气、水和土壤的样品采集测量应符合《辐射环境监测技术规范》（HJ/T 61）的规定。 7．环境空气中的氡及其子体平衡当量浓度按《环境空气中氡的标准测量方法》（GB/T 14582）的规定执行，民用建筑工程室内环境放射性检测执行《民用建筑工程室内环境污染控制规范》（GB 50325）的有关规定。 8．地下洞室、厂房氡及其子体平衡当量浓度按《地下建筑氡及其子体控制标准》（GB/T 16356）的规定执行。 9．测试接地网工频接地电阻值的具体要求按《水力发电厂接地设计技术导则》（DL/T 5091）及《交流电气装置的接地》（DL/T 621）的规定执行。 10．质点振动参数测试和计算应符合《爆破安全规程》（GB 6722）、《水电水利工程爆破施工技术规程》DL/T 5135）的规定。 11．本规程与《供水水文地质勘查规范》（GB 50027）、配套执行

续表

序号	标准名称/ 标准号/时效性	针对性	内容与要点	关联与差异
3	《水电水利工程钻探规程》 DL/T 5013—2005 2006 年 6 月 1 日实施	适用于水电水利工程勘察钻探工作	**主要内容：** 规定了水电水利工程地质勘察钻探的工作内容、技术要求、操作方法和安全要求，主要内容包括： 1．准备工作与开孔，包括一般规定、钻探设备的使用与维护、钻场修建和设备安装和拆迁、开孔和止水； 2．覆盖层钻进，包括回转钻进、冲击钻进、气动潜孔锤钻进、孔内爆破、土样采取； 3．硬质合金与金刚石复合片钻进，包括钻头选材、加工与使用，钻进技术参数； 4．金刚石钻进，包括管材与钻具、钻头和扩孔器的选择与使用、钻进技术参数、钻进技术要求、绳索取芯钻进、液动冲击回转钻进； 5．水上钻探，包括一般规定与钻场类型、漂浮钻场、钢丝绳索桥钻场、桁架钻场、冰上钻探、近海钻探； 6．大口径钻进，包括钻进方法与钻探设备参数的选择、准备工作、钢粒钻进、全断面反循环钻进、金刚石钻进； 7．冲洗液和护壁堵漏，包括冲洗液、护壁堵漏； 8．孔内事故预防和处理，包括孔内事故预防、处理的一般规定，卡、埋、烧钻事故的处理，钻具折断与脱落事故的处理； 9．钻探质量，包括岩芯土样和水样的采取、钻孔弯曲与孔深校测、水文地质观测、定向取芯、封孔与长期观测设施安装、原始记录、竣工验收； 10．安全生产与环境保护，包括安全生产一般规定、钻场工作人员安全规定、水上钻探安全规定、钻进安全规定、升降钻具安全规定、孔内事故处理安全规定、钻场防火和防汛安全规定、陡坡施钻安全规定、大口径钻进安全规定、环境保护规定。 **重点与要点：** 1．孔内爆破药量的选取，当孤石直径大于 2.0m 时，使用药量可大于 2.0kg，或采用多组药包串联爆破，管脚距药包顶部应大于 1.5m。	**关联：** 1．爆破物品的购置、运输、储存与使用必须遵守《爆破安全规程》（GB 6722）和《中华人民共和国民用爆破物品管理条例》的有关规定。 2．金刚石钻探用无缝钢管各项指标应符合《金刚石岩芯钻探用无缝钢管》（YB/T 5052）的有关规定。 3．钻杆、岩芯管、套管的螺纹应符合《金刚石岩芯钻探用管材螺纹》（DZ 1.1）的有关规定。 4．本规程与《钻探工程名词术语》（GB 9151）、《水利水电工程地质勘察规范》（GB 50287）、《水利水电工程坑探规程》（DL/T 5050）配套执行。 **差异：** 《水利水电工程钻探规程》（SL 291）与本规程内容基本相同，但本规程中取消了特殊底层钻探、空气潜孔锤钻探，增加了金刚石复合片钻井的相关内容

续表

序号	标准名称/ 标准号/时效性	针对性	内容与要点	关联与差异
3			2．在饱和软黏性土、粉土、砂土中取样，宜采用泥浆钻进。采用套管护壁时，应先钻进后跟管，套管跟进深度应滞后取样位置 3 倍孔径以上，不得强行打入未曾取样的土层。管内液面应始终高于地下水位。 3．钻机应具有多级变速（最高转速不小于 1000r/min，最低转速不高于 50r/min），液压给进和仪表监控装置工作平稳，水泵额定排量应不小于 90L/min，额定压力应不小于 1.5MPa。 4．水上钻场应结构牢靠、面积紧凑、布置规正，全部钉铺厚 40mm～50mm 的木板，钻场周围必须架设不低于 1.2m 高的安全栏杆并配置足够的救生、消防设施。 5．钻孔竣工验收后应按技术要求，采用强度等级不低于 32.5MPa 的水泥配制砂浆进行封孔。小口径钻孔应用泵送水泥浆封孔	
4	《水利水电工程坑探规程》 DL/T 5050—2010 2011 年 1 月 11 日实施	适用于水利水电工程地质勘察中的平洞、斜井、竖井、河底平洞、沉井、探坑、浅井、探槽的作业	**主要内容：** 规定了水利水电工程坑探工程工作内容、施工技术、施工安全和质量要求，主要内容包括： 1．施工准备，包括施工组织设计，进场道路及临建设施，以及供风、供水、供电； 2．平洞勘探，包括平洞断面和洞口选择与布置、炮孔布置、凿岩、爆破、爆破器材管理、出渣、支护、通风和有害物质的防控与排水； 3．斜井、竖井、河底平洞、沉井； 4．探坑、浅井、探槽勘探； 5．质量检查与验收，主要包括工程质量要求、工程质量控制与验收。 **重点与要点：** 1．施工前，应收集施工地段基本地质资料，主要包括地层岩性、地质构造条件、水文地质条件、可溶岩区、地应力及地温状况、有害气体或放射性物质等。 2．工作面照明应采用 36V 或 24V。 3．运输设备与平洞一侧的安全距离不应小于 0.2m，人行道宽度不应小于 0.5m。	**关联：** 1．民爆物品临时库房修建按照《爆破安全规程》（GB 6722）及《地下及覆土火药炸药仓库设计安全规范》（GB 50154）的规定执行。 2．锚杆的原材料型号、规格、品种、各部件质量及技术性能和安装及质量检测应符合《水电水利工程锚喷支护施工规范》（DL/T 5181）的规定。 3．人体对放射性γ射线与放射性气体摄入限值、放射性工作条件分类及应采取的措施应符合《放射卫生防护基本标准》（GB 4792）的规定。 4．本规程与《水工建筑物地下开挖工程施工技术规范》（DL/T 5099）、《钻探工程名词术语》（GB 9151）配套执行

续表

序号	标准名称/标准号/时效性	针对性	内容与要点	关联与差异
4			4．支撑木材材质应密实，小头直径不得小于120mm，不得使用朽、裂木材。 5．施工过程中，洞内氧气按体积计算不应少于20%。 6．坡度小于30°需要支护的斜井，采用梯形断面，不需支护的斜井，采用拱形断面。坡度大于30°的斜井，采用矩形断面。 7．沉井施工应设置地面混凝土盖板，盖板面积应大于沉井井径面积的8.5倍，厚度应大于0.2m，混凝土强度应大于C15。 8．坑探断面尺寸应符合设计要求，误差不得大于±0.2m	
5	《水电水利工程地质测绘规程》 DL/T 5185—2004 2004年6月1日实施	适用大型水利水电工程的地质测绘工作	**主要内容：** 规定了水电水利工程地质测绘的内容和技术要求，主要内容包括： 1．准备工作，包括搜集资料内容、测绘工作计划； 2．野外测绘，包括地貌调查、地层岩性调查、地质构造调查、水文地质调查、喀斯特调查、物理地质现象调查； 3．资料整理及成果验收，包括资料整理内容、成果验收内容。 **重点与要点：** 1．工程地质测绘应先测制地层柱状图，确定岩层的填图单位后，再进行全面测绘工作。 2．工程地质测绘的详细程度，应与选用的比例尺相适应。相当于测绘比例尺图上宽度大于2mm的地质现象应予测绘。对于评价工程地质或水文地质条件有重要意义的地质现象，即便在图上宽度不足2mm也应扩大比例尺表示，并注明其实际数据。 3．中、大比例尺工程地质测绘，应结合工程建筑物的位置，选择有代表性地段和适当的范围，进行节理裂隙的详细调查，为研究岩体工程地质特性、坝基岩体稳定性、边坡稳定性、围岩工程地质分类等问题提供资料。 4．成果验收工作应根据勘察任务书或工程地质勘察大纲、工程地质测绘工作计划和本规程的基本要求进行	**关联：** 各种比例尺的工程地质测绘都应符合《水利水电工程地质勘察规范》（GB 50287）的有关规定。 **差异：** 《水利工程工程地质测绘规程》（SL 299）与本规程适用范围不同，SL 299适用于水利工程项目，本规程适用于水电水利工程地质测绘

续表

序号	标准名称/ 标准号/时效性	针对性	内容与要点	关联与差异
6	《水电水利工程地质勘察水质分析规程》 DL/T 5194—2004 2004 年 6 月 1 日实施	适用于水电水利工程地质勘探中对天然水的取样分析	**主要内容：** 规定了水电水利工程地质勘探中水质分析的项目、原理和方法等技术要求，主要内容包括： 1．基本规定，包括对水样的采集和保存、水样测定项目和采集数量、化学分析的规定、水质分析的检查； 2．物理性质的测定，包括水温、外观、透明度、浊度、颜色、臭味、pH 值、电导率、悬浮物和溶解性蒸发残渣； 3．化学成分的测定，包括游离二氧化碳、侵蚀性二氧化碳、酸度、碱度、总硬度、钙离子、镁离子、硫酸根离子、氯离子、阳离子总量、高锰酸盐指数、化学需氧量、铵离子、亚硝酸根离子、硫酸根离子、有机氮、总氮、溶解氧、硫化物、磷酸盐、铁、锰、钾、纳、可溶性二氧化硅； 4．特殊项目的测定，包括铜、锌、铅、镉、六价铬、汞、砷、氰化物、氟化物、阴离子洗涤剂、挥发酚类、生物化学需氧量。 **重点与要点：** 1. 清洁的地面水或轻度污染的河、湖库水可进行 1 个～2 个水文年度的采样分析。不能进行年度采样分析的，应有丰、枯、平水期代表性样品。 2．水质分析时所使用的化学试剂，凡未标明规格者，均指分析纯级。 3．采用平行双样测定检查水质分析结果合理性，一批水样中，应有 10%～20%的水样或项目进行平行双样测定。 4．根据污染源污水排放特点设定采样频率，应每隔 10d～15d 在规定时间内采集一次瞬时水样，若水质比较稳定，可适当延长采样的间隔时间	**关联：** 1．水质分析的水样采集要求和分析项目应符合《水利水电工程地质勘察规范》（GB 50287）、《中小型水利水电工程地质勘察规范》（SL 55）、《水利水电工程地质测绘规程》（SDJ 15）的规定。 2．本规程与《分析实验室用水规格和试验方法》（GB 6682）配套执行。 **差异：** 本规程与《水利水电工程水质分析规程》（SL 396）相比，标准内容及章节编排均存在差异。本规程对各种检测项目的测定进行了逐一细化，并明确了标准指标；SL 396 比本规程增加了水质分析质量控制、水质分析结果评价内容
7	《水电水利工程区域构造稳定性勘察技术规程》 DL/T 5335—2006 2006 年 10 月 1 日实施	1. 适用于大型水电水利工程区域构造稳定性的勘察工作。 2. 区域构造复杂的中型水电工程可选择执行	**主要内容：** 规定了水电水利工程区域构造稳定性勘察的内容、技术要求和评价标准，主要内容包括： 1．基本规定，包括区域构造稳定性勘察内容、勘察规定； 2．区域地质构造背景研究，包括一般规定、区域地貌勘察研究、区域地层勘察研究、区域构造勘察研究、新构造活动及变形勘察研究、地球物理场及深部构造勘察研究、区域构造应力场勘察研究、区域地震活动研究；	**关联：** 1．地震动参数及其相应基本烈度复核和地震危险性分析，应根据《水力发电工程地质勘察规范》（GB 50287）的规定执行。 2．地震危险性分析、检验和评审应按《工程场地地震安全性评价技术规范》（GB 17741）的规定执行。 3．地震动参数及其相应的基本烈度可按《中国地震动参数区划图》（GB 18306）的规定执行。

续表

序号	标准名称/ 标准号/时效性	针对性	内容与要点	关联与差异
7			3．工程近场区断层活动性研究，包括活断层的判定、活断层研究方法、断层活动性的综合分析评价、活断层的监测； 4．工程近场区地震活动与地震危险性分析，包括地震资料的整理和目录编制、区域地震活动性研究、工程近场区地震活动性研究、地震区和带的划分、强地震地质构造背景分析、地震烈度与地震动衰减关系的确定、地震危险性的确定性分析、地震危险性的概率分析和地震基本烈度评定、工程场地地震响应分析、地震小区划分及地震地质灾害的估计； 5．工程场址区域构造稳定性综合评价，包括一般规定、区域构造稳定性评价； 6．水库诱发地震分析预测及监测，包括一般规定、水库诱发地震地质环境条件分析、水库诱发地震预测与评价、水库诱发地震监测。 **重点与要点：** 1．区域构造稳定性的分析评价，应在研究影响工程安全的断层活动特点和地震活动规律的基础上进行。 2．工程研究区的勘察研究范围应包括坝址周围不小于150km的地区。工程近场区的勘察研究范围应包括坝址周围不小于20km～40km的地区。 3．坝高大于200m或库容大于$10\times10^9m^3$的大（1）型工程，或地震动峰值加速度≥0.1g的地区、坝高大于150m的大（1）型工程，应进行专门的地震危险性分析。 4．地震动峰值加速度≥0.1g的地区、坝高为100m～150m的工程，当历史地震资料较少或研究程度较低时，应进行专门的地震危险性分析。 5．应根据断层活动段的尺度、活动特点、活动规模，以及断层活动段上的最大历史地震，判定各断层活动段的最大潜在地震。 6．诱发环境分区范围宜限于距库岸3km～5km，最远不超过10km，深度上重点考虑5km以内的地质体。特殊地段如区域性大断裂，若与库水有水力联系，可适当扩大	4．工程抗震设防标准应按《水工建筑物抗震设计规范》（DL 5073）的规定执行

续表

序号	标准名称/标准号/时效性	针对性	内容与要点	关联与差异
8	《水电水利工程水库区工程地质勘察技术规程》 DL/T 5336—2006 2006年10月1日实施	1. 适用于大型水电水利工程水库区和规划移民区的工程地质勘察。 2. 水库区地质条件复杂的中型水电工程可选择执行	**主要内容：** 规定了水电水利工程水库区及规划移民区工程地质勘察的内容、方法和技术要求，主要内容包括： 1．水库区工程地质勘察基本规定； 2．水库渗漏工程地质勘察，包括勘察内容、勘察方法、分析与评价； 3．库岸稳定工程地质勘察，包括勘察内容、勘察方法、分析与评价； 4．水库坍岸工程地质勘察，包括勘察内容、勘察方法、分析与评价； 5．水库淹没工程地质勘察，包括勘察内容、勘察方法、分析与评价； 6．规划移民区和防护工程的工程地质勘察，包括规划移民区的工程地质勘察、防护工程的工程地质勘察； 7．泥石流等问题的工程地质勘察，包括泥石流的工程地质勘察、移动沙丘的工程地质勘察、矿产资源的调查。 **重点与要点：** 1. 应根据综合性勘察的成果，分析水库的渗漏条件，对可能产生渗漏的地段，应进行专门性勘察。其勘察范围应延伸至邻谷或下游河道，并对渗流量作出估计。 2．在分析区域地质、区域水文地质和遥感解释成果的基础上，应进行水库区工程地质测绘。 3．岸坡稳定工程地质分析与评价，应建立在库岸岩土体结构分类和库岸工程地质分段的基础上。 4．应根据河谷地貌形态、岩土体性质和结构类型、地质构造特征、河谷和岸坡结构类型、水文地质条件、库岸稳定性现状等因素，进行库岸工程地质分段。 5．库岸稳定分析时，除应选择有代表性的剖面进行计算外，还应选择辅助剖面进行校核。 6．水库区，特别是淹没、坍岸、浸没范围内的矿产资源都应进行调查	**关联：** 1．水库工程地质勘察的主要项目内容按《水力发电工程地质勘察规范》（GB 50287）的规定执行。 2．水库诱发地震分析预测应遵守《水电水利工程区域构造稳定性勘察技术规程》（DL/T 5335）的规定。 3．库岸稳定性分析与计算应遵守《水电水利工程边坡工程地质勘察技术规程》（DL/T 5337）的规定。 4．水库喀斯特渗漏和喀斯特浸没性内涝的勘察应遵守《水利水电工程喀斯特工程地质勘察技术规程》（DL/T 5338）的规定。 5．规划移民区勘察方法应遵守《岩土工程勘察规范》（GB 50021）的规定

续表

序号	标准名称/标准号/时效性	针对性	内容与要点	关联与差异
9	《水电水利工程边坡工程地质勘察技术规程》 DL/T 5337—2006 2006 年 10 月 1 日实施	1. 适用于大型水电水利工程边坡工程地质勘察。 2. 地质条件复杂的中型水电工程边坡的工程地质勘察可选择执行	**主要内容：** 规定了水电水利工程边坡工程地质勘察的内容、技术要求和方法，主要内容包括： 1. 边坡工程地质勘察的基本规定； 2. 边坡工程地质勘察内容，包括岩质边坡、土质边坡、滑坡； 3. 边坡工程地质勘察方法，包括工程地质测绘、勘探、测试； 4. 边坡稳定性分析评价，包括一般规定、参数选择与荷载、稳定性分析、稳定性评价标准； 5. 边坡监测，包括监测网布设要求、监测报告的主要内容； 6. 边坡工程地质勘察报告编写，包括一般规定、边坡工程地质勘察报告内容等。 **重点与要点：** 1. 岩质边坡勘察内容应包括边坡的工程地质条件、工程地质分类、边坡岩体质量分级和边坡稳定性分析、边坡变形破坏机理分析和稳定性评价等。 2. 应选择具有代表性的部位，按方格网布置地质纵横剖面测绘。 3. 边坡稳定计算确定计算参数时，应根据试验统计成果或反分析计算成果，结合经验数据综合确定	**关联：** 1. 边坡工程地质勘察内容及技术要求，以及边坡稳定计算参数选定应符合《水力发电工程地质勘察规范》（GB 50287）的规定。 2. 施工地质工作内容和要求应符合《水电工程施工地质规程》（NB/T 35007）的规定。 3. 工程地质测绘方法与要求应按《水电水利工程地质测绘规程》（DL/T 5185）的规定执行。 4. 岩土物理力学性质室内试验及现场试验应分别按《水利水电工程岩石试验规程》（SL 264）及《土工试验方法标准》（GB/T 50123）的规定执行。 5. 本规程与《工程岩体分级标准》（GB 50218）、《水工建筑物抗震设计规范》（DL 5073）、《水工建筑物荷载设计规范》（GB 5077）、《水电水利工程施工地质规程》（DL/T 5109）、《水电枢纽工程等级划分及设计安全标准》（DL/T 5180）配套执行
10	《水电水利工程喀斯特工程地质勘察技术规程》 DL/T 5338—2006 2006 年 10 月 1 日实施	1. 适用于碳酸盐岩喀斯特地区的大型水电水利工程的工程地质勘察。 2. 地质条件复杂的碳酸盐岩喀斯特地区中型水电工程可选择执行。 3. 不适用于硫酸盐岩、卤素岩喀斯特的工程地质勘察	**主要内容：** 规定了水电水利工程喀斯特工程地质勘察的内容、技术要求和技术方法，主要内容包括： 1. 喀斯特工程地质勘察的基本规定； 2. 水库喀斯特工程地质勘察，包括勘察内容、勘察方法、渗漏问题分析评价、浸没性内涝问题分析评价； 3. 坝址喀斯特工程地质勘察，包括勘察内容、勘察方法、坝基稳定和渗漏问题分析评价； 4. 地下洞室喀斯特工程地质勘察，包括勘察内容、勘察方法、洞室稳定和渗漏问题分析评价。	**关联：** 1. 物探工作的布置应遵守《水电水利工程物探规程》（DL/T 5010）的规定。 2. 本规程与《水力发电工程地质勘察规范》（GB 50287）、《水电水利工程施工地质规程》（DL/T 5109）配套执行

续表

序号	标准名称/标准号/时效性	针对性	内容与要点	关联与差异
10			**重点与要点：** 1．水库喀斯特工程地质勘察工作应在工程地质测绘和调查的基础上布置，宜先采用适宜的物探方法进行综合勘察，当物探发现异常后用钻孔检验，再作钻孔间的穿透活洞探，扩大控制范围。 2．水库渗漏问题的分析评价，应在综合分析地形、地貌、岩层层组、地质构造、喀斯特发育特征、相对隔水层的分布、水动力条件等的基础上进行。 3．坝址喀斯特工程地质勘察应在调查区域喀斯特发育规律、特征、水文地质条件的基础上进行。 4．为查明水文地质条件的钻孔应进入最低地下水位以下不小于10m。防渗线上的钻孔应进入微透水层内，或进入喀斯特弱发育带顶板以下不小于10m。 5．当坝基存在大溶洞、大溶隙或溶蚀并填充有松软土时，应根据埋藏位置、填充物的组成物质、颗粒组成、密实程度分析渗透变形问题	
11	《水利水电工程天然建筑材料勘察规程》 DL/T 5388—2007 2007年12月1日实施	适用于大、中型水电水利工程天然建筑材料勘察	**主要内容：** 规定了水电水利工程天然建筑材料勘察内容和质量技术要求，主要内容包括： 1．标准； 2．明确各勘察级别的精度要求； 3．对使用术语和基本定义进行规范性描述； 4．叙述了天然建筑材料勘察规程的基本规定； 5．详细罗列了砂砾料勘察、土料勘察、石料勘察规范方法。 **重点与要点：** 1．碎、（砾）石类土样取样应分层取样。层厚小于5m，土性变化较大时，宜1m～2m取样一组；层厚大于5m，土性较简单时，可2m～4m取样一组；必要时可进行上、下层混合取样。 2．石料勘查方法可以平洞、钻探为主，物探、坑探、竖井为辅。控制性钻孔或平洞应揭穿有用层或拟开采底板线以下5m～10m。	**关联：** 1．天然建筑材料勘察级别应划分为普察、初察和详察，各勘察级别与各勘察设计阶段的对应关系应符合《水力发电工程地质勘察规范》（GB 50287）的规定。 2．测绘内容和技术要求应符合《水电水利工程地质测绘规范》（DL/T 5185）的规定。细粒土的分类和定名应符合《土的分类标准》（GBJ 145）的要求。 3．料场地质测绘的内容和技术要求应符合《水电水利工程地质测绘规程》（DL/T 5185）的规定。 4．岩石碱活性判定应按《水工混凝土砂石骨料试验规程》（DL/T 5151）的规定执行。 5．附图编制要求应符合《水电水利工程地质制图标准》（DL/T 5351）的规定。 6．土料的渗透系数和抗剪强度指标整理方法应符合《水力发电工程地质勘察规范》（GB 50287）的规定。 7．土料的物理学指标试验成果整理，可按《土工试验方法标准》（GB 50123）的规定执行。

续表

序号	标准名称/ 标准号/时效性	针对性	内容与要点	关联与差异
11			3．砂砾料的颗粒级配整理与计算：土石坝坝壳填筑用砂砾料的颗粒级配整理；混凝土骨料用砂砾料的颗粒级配整理。砂砾料的细度模数计算：砂的平均粒径；砂的细度模数；砾的粒度模数；其他资料整理与计算。 4．为了天然含水率试验资料具代表性，规定取样坑宜占探坑计划开挖总数的40%，在料场中宜分布均匀，也可沿勘探线布置。地质条件复杂的料场，如风化土料料场、红黏土料料场等，应每1m取一组天然含水率试验样品。 5．与较陡坝肩基岩接触部位的防渗土料要有较高的柔性，易与岸坡结合，因此要用含水率略高于最优含水率的塑性较大的黏土，要求塑性指数大于10。为从级配上予以保证，当最大粒径控制在20mm之内时，黏粒含量不应低于20%；当最大粒径在40mm之内时，黏粒含量不应低于30%。同时，小于0.075mm的颗粒含量应大于60%，大于5mm的颗粒含量少于10%	8．一般情况下，三个勘察级别可与规划、预可行性研究和可行性研究三个勘察设计阶段相对应，对此，在《水力发电工程地质勘察规范》（GB 50287）中有明确的规定。 9.《水工混凝土施工规范》（DL/T 5144）的条文说明中，已列出了2.2～3.0的细度模数值，《水工碾压混凝土施工规范》（DL/T 5112）规定天然砂的细度模数宜取2.0～3.0（相应的平均粒径为0.29mm～0.43mm）。 10．料场工程地质测绘应符合《水电水利工程地质测绘规程》（DL/T 5185）的有关规定。 11．根据《碾压式土石坝设计规范》（SDJ 218）第3.1.8条有关砾石含量的规定，经综合考虑后，本标准风化土料质量指标中新增加碾压后粒径≥5mm的碎、砾石含量宜为20%～50%，填筑时不得发生粗料集中、架空现象的质量指标。 12．根据《碾压式土石坝设计规范》（SL 274—2001）中第4.1.10条的规定：0.075mm以下颗粒不应少于15%，其条文说明中规定，一般要求少于0.075mm的颗粒含量在15%～20%。 13．石料场地测绘内容应符合《水电水利工程地质测绘规程》（DL/T 5185）的要求。 14．人工骨料试验项目若有碱活性成分时，应进一步依序采用化学法或砂浆棒快速法、砂浆长度法或岩石圆柱体法、混凝土棱柱体法鉴定。这些检验方法引自《水工混凝土砂石骨料试验规程》（DL/T 5151）。 15．根据《建筑用卵石、碎石》（GB/T 14685）的规定，对于有抗冻、抗疲劳、抗冲磨要求或处于水中含腐蚀性介质并经常处于变化区的混凝土，环境条件和适用条件较恶劣，坚固性要求较高，细骨料质量损失率不应大于8%，其他条件下的混凝土细骨料质量损失率不应大于10%。 16.目前用于混凝土中的活性天然掺合料尚无现行评定标准，主要参照《用于水泥中的火山灰质混合材料》（GB 2847）中的技术要求进行品质鉴定

续表

序号	标准名称/ 标准号/时效性	针对性	内容与要点	关联与差异
12	《中小型水力发电工程地质勘察规范》 DL/T 5410—2009 2009 年 12 月 1 日实施	适用于中小型水电工程的工程地质勘察工作	**主要内容：** 规定了中小型水力发电工程各勘察设计阶段工程地质勘察的任务、工作内容、工作深度和工程地质问题评价的方法等，主要内容包括： 1．基本规定； 2．规划阶段工程地质勘察； 3．预可行性研究阶段工程地质勘察； 4．可行性研究阶段工程地质勘察； 5．招标设计阶段工程地质勘察； 6．施工详图设计阶段工程地质勘察。 **重点与要点：** 1．预可行性研究阶段工程地质勘察中，坝址的勘探布置应符合控制性勘探剖面线上的勘探点间距的要求；峡谷区不应大于 50m，丘陵平原区不应大于 100m，河床部位不应少于 1 个钻孔。 2．岩土试验应符合每一主要岩土层的室内试验累计组数不应少于 6 组。 3．厂址的勘探布置应符合建筑物场地钻孔应深入建基面高程以下 10m 左右。 4．水库浸没区勘察剖面线应实测，并应垂直于库岸或平行于地下水流向布置。剖面线间距农业地区为 1000m～3000m，城镇地区为 200m～500m。 5.混凝土重力坝坝基的钻孔深度应进入基岩 5m～10m；当覆盖层厚度大于闸底宽时，钻孔深度直为闸底宽的 1 倍～2 倍，并应进入下伏承载力较高的土层或相对隔水层，控制性钻孔仍宜进入基岩 5m～10m。 6．混凝土拱坝的勘探应符合两岸坝肩应采用以探洞为主、钻探为辅的方法，坝肩每隔 30m～50m 高差应布置一层平洞	**关联：** 1．中小型水电工程的等级划分应符合《水电枢纽工程等级划分及设计安全标准》（DL 5180）的规定。 2．地震勘察工作应收集国家地震区划资料、相关省区地震研究资料和邻近区工程地震安全性评价成果，按《中国地震动参数区划图》（GB 18306）确定各梯级地震动参数及相应的地震基本烈度。 3．对场区及周围 25km～40km 范围内的区域性断裂及其活动性质进行复核，构造活动性标志应符合《水力发电工程地质勘察规范》（GB 50287）的有关规定。 4．结合历史地震、地震监测和构造活动性资料分析区域构造稳定性，依据《中国地震动参数区划图》（GB 18306）确定工程区地震动参数及相应的地震基本烈度。 5．对喀斯特渗漏的评价应符合《水力发电工程地质勘察规范》（GB 50287）的有关规定。 6．水库区，特别是对工程建筑物、重要城镇和居民区环境有影响的滑坡、崩塌和其他潜在不稳定岸坡，以及泥石流等的分布和规模，初步评价水库蓄水前和蓄水后的稳定性及其危害程度，其稳定性分析宜符合《水力发电工程地质勘察规范》（GB 50287）的有关规定。 7．浸投初判应符合《水力发电工程地质勘察规范》（GB 50287）的有关规定。 8．场区及周边影响范围内的滑坡、崩塌和泥石流等不良物理地质现象并初步分析其对场区的影响，评价场地的稳定性和适宜性应符合《城市规划工程地质勘察规范》（CJJ 57）的有关规定。 9．移民集中安置区初拟新址的勘察方法可按照《城市规划工程地质勘察规范》（CJJ 57）的总体规划阶段的有关规定执行。 10.结构面的分级应符合《水力发电工程地质勘察规范》（GB 50287）的有关规定。 11．岩休的风化、卸荷划分应符合《水力发电工程地质勘察规范》（GB 50287）的有关规定。

续表

序号	标准名称/标准号/时效性	针对性	内容与要点	关联与差异
12				12. 环境水对混凝土腐蚀的评价应符合《水力发电工程地质勘察规范》（GB 50287）的有关规定。 13. 黄土湿陷性判别应符合《湿陷性黄土地区建筑规范》（GB 50025）的有关规定。 14. 天然建筑材料的勘察应符合《水电水利工程天然建筑材料勘察规程》（DL/T 5388）的有关规定。 15. 预测可行性研究阶段工程地质勘察报告的编写应符合《水电工程预可行性报告编制规程》（DL/T 5206）的相关规定。 16. 可行性研究阶段报告的编制应符合《水电工程可行性报告编制规程》（DL/T 5020）的规定。 17. 应根据工程实际情况，分标段或一次性编制工程地质勘察报告，中型工程招标设计阶段工程地质勘察报告的内容可按照《水电工程招标设计报告编制规程》（DL/T 5212）的规定确定，小型工程可适当减化
13	《水电水利工程坝址工程地质勘探技术规程》 DL/T 5414—2009 2009 年 12 月 1 日实施	1. 适用于大型水利水电工程坝址工程地质勘察。 2.条件复杂的中型水利水电工程可选择执行	**主要内容：** 规定了水电水利工程坝址工程地质勘查的内容、方法、坝基工程体质特性的研究、坝址工程地质评价，以及施工地质工作等方面的技术要求，主要内容包括： 1. 一般规定、基本地质条件勘察内容、岩土物理力学性质勘察内容。 2. 坝址工程地质勘察方法，包括工程地质测绘、物探、勘探、岩土试验、水文地质试验、观测与监测；坝基工程地质特性研究中分为岩基工程地质特性研究、岩基专门工程地质研究、土基工程地质特性研究、特殊土工程地质研究。 3. 坝址工程地质评价，包括岩基工程地质评价、土基工程地质评价、边坡工程地质评价。 4. 坝址施工地质工作，包括专门性工程地质问题勘察、施工地质工作、地基处理地质工作、监测地质工作。	**关联：** 1. 坝址区工程地质勘察应遵循水电水利工程设计程序，按规划、预可行性研究、可行性研究、招标设计和施工详图设计五个勘查阶段，逐步深入进行。各勘查阶段的工作深度应满足《水力发电工程地质勘察规范》（GB 50287）及有关规程的要求。 2. 谷坡岩（土）体变形破坏勘察的内容、方法，应符合《水电水利工程边坡工程地质勘察技术规程》（DL/T 5337）和《水电水利工程边坡设计规范》（DL/T 5353）的有关规定。 3. 喀斯特勘察的内容、方法和坝基稳定与渗漏的分析评价，应符合《水电水利工程喀斯特工程地质勘察技术规程》（DL/T 5338）的规定。 4. 坝址区各勘察阶段工程地质测绘，应按《水力发电工程地质勘察规范》（GB 50287）和《水电水利工程地质测绘规程》（DL/T 5185）的规定开展工作。

续表

序号	标准名称/标准号/时效性	针对性	内容与要点	关联与差异
13			**重点与要点：** 1. 工程地质测绘的详细程度应与选定的比例尺相适应。相应于测绘比例尺上宽度大于 2mm 的地质现象予以测绘；对工程有重要影响的地质现象，即使图上宽度不足2mm，也应扩大比例尺表示。 2. 抗液化和抗振陷稳定性评价应对软土进行钻孔标准贯入试验、无侧限抗压强度试验和灵敏度试验。无侧限抗压强度小于或等于 50kPa、灵敏度大于 4、标贯击数小于或等于 4 的软土存在振陷危害，对此应予以专门评价。 3. 岩基处理的地质工作中，对于拱坝的上游坝基接触面、坡度大于 50°的陡壁面和在基岩中开挖的所有槽、井、洞等回填混凝土的顶部，均应进行接触灌浆。 4. 坝址地质构造勘察中，当工程厂区区域构造条件复杂时，应对坝址周围 5km 范围以内的工程区及其外围进行专门性构造地质测绘，重点研究对坝址区构造稳定性可能造成直接影响的活断层及其伴生或派生断层的活动性，大坝等主体工程不宜建在已知的活断层及与之有构造活动联系的分支断层上	5. 坝址区各种物探测的方法与成果解释，应符合《水电水利工程物探规程》（DL/T 5010）的有关规定。野外工作中的测点、测线或剖面线应采用测量仪器定位。 6. 井探、洞探、坑探及槽探质量评定标准应按《水电水利工程坑探规程》（DL/T 5050）执行。 7. 水质分析应符合《水电水利工程地质勘察水质分析规程》（DL/T 5194）的有关规定。 8. 根据黄土的湿陷性质、湿陷类型、湿陷试验取得的湿陷量与湿陷等级，按《湿陷性黄土地区建筑规范》（GB 50025）的有关规定对黄土时限性进行复判，提出工程处理建议。 9. 地质测绘比例尺，应符合《水电水利工程施工地质规程》（DL/T 5109）的有关规定
14	《水电水利工程地下建筑物工程地质堪察技术规程》 DL/T 5415—2009 2009 年 12 月 1 日实施	1. 适用于大型水电水利工程和抽水蓄能电站地下建筑物工程地质勘察。 2.工程地质条件复杂的中型水电水利工程可选择执行	**主要内容：** 规定了水电水利工程地下建筑物工程地质勘察的内容、方法和工程地质评价及施工地质工作要求，主要内容包括： 1. 地下建筑物工程地质勘察，内容包括基本地质条件勘察、围岩工程地质特性勘察； 2. 地下建筑物工程地质勘察方法有隧洞工程地质勘察方法、地下厂房系统工程地质勘察方法；地下建筑物围岩稳定性工程地质评价分为地下建筑物位置选择，围岩分类和围岩稳定性工程地质评价，岩爆预测，涌水、突泥预测，地温、有害气体及放射性预测，外水压力预测，高水头压力隧洞围岩稳定性工程地质评价，气垫式调压室围岩稳定性工程地质评价；地下建筑物施工地质工作分为专门性工程地质问题勘察、施工地质工作、围岩处理地质工作、围岩监测地质工作。	**关联：** 1. 断层的活动性的研究应符合《水电水利工程区域构造稳定性勘察技术规程》.（DL/T 5335）的有关规定。 2. 边坡岩（土）体变形破坏勘察的内容、方法和评价，应符合《水电水利工程边坡工程地质勘察技术规程》（DL/T 5337）和《水电水利工程边坡设计规范》（DL/T 5353）的有关规定。 3. 地下建筑物区喀斯特勘察内容，应符合《水电水利工程喀斯特工程地质勘察技术规程》（DL/T 5338）的有关规定。 4. 地下水、地表水的物理性质和化学成分，评价其腐蚀性。评价内容应符合《水力发电工程地质勘察规范》（GB 50287）的有关规定。 5. 各勘察设计阶段工程地质测绘的方法、范围及比例尺应按《水力发电工程地质勘察规范》（GB 50287）和《水电水利工程地质测绘规程》（DL/T 5185）的有关规定执行。

续表

序号	标准名称/标准号/时效性	针对性	内容与要点	关联与差异
14			**重点和要点：** 1．节理裂隙（不连续结构面）现场调查统计，建议按国际岩石力学学会现场及实验室标准化委员会推荐的描述方法，要求每个典型区段的统计面积不小于 $10m^2$。 2．围岩抗渗稳定性评价。混凝土衬砌高压管道宜设置在Ⅰ、Ⅱ类不透水或微透水围岩中，或经高压灌浆后围岩的透水率应小于 1.0Lu。 3．对地下建筑物围岩稳定性有重要影响的断层，应予重点勘察。必要时，研究断层的活动性及其对隧洞工程的影响。 4．在重要或复杂地质条件的隧洞开挖过程中，应布置围岩变形观测和监测	6．断层带活动年代测龄时岩土体矿物化学成分分析应符合《水电水利工程岩土化学分析试验规程》（DL/T 5357）的要求，岩（土）体的物理学性质试验应符合《水电水利工程岩石试验规程》（DL/T 5368）的要求。 7．水质分析方法应符合《水电水利工程地质勘察水质分析规程》（DL/T 5194）的要求。 8．钻孔压水试验方法应符合《水电水利工程钻孔压水试验规程》（DL/T 5331）的要求。 9．围岩变形观测和监测应符合《水电水利工程岩体应力测试规程》（DL/T 5006）的要求。 10．地下建筑物施工地质编录与测绘、取样与试验、观测与预报、评价与验收工作的内容应符合《水电水利工程施工地质规程》（DL/T 5109）的有关规定
15	《水电工程施工地质规程》 NB/T 35007—2013 2013 年 10 月 1 日实施	适用于大中型水电工程（含抽水蓄能电站工程）的施工地质工作	**主要内容：** 规定了水电施工地质工作的任务、内容和技术要求，以保证施工地质工作的质量，主要内容包括： 1．总则； 2．术语； 3．基本规定； 4．地面建筑物工程，包括地质巡查与观测、取样与试验、地质预报、地质编录与测绘、评价与验收； 5．地下建筑物工程，包括地质巡查与观测、取样与试验、地质预报、地质编录与测绘、围岩评价与验收； 6．渗控工程，包括地质巡查与观测、取样与试验、地质预报、地质资料收集、评价与验收； 7．边坡工程，包括地质巡查与观测、取样与试验、地质预报、地质编录与测绘、评价与验收； 8．天然建筑材料，包括地质巡查与观测、取样与试验、地质预报、地质编录与测绘、评价； 9．水库； 10．资料整编与归档。 **重点与要点：** 1．当开采场边坡存在稳定性问题时，应对影响边坡稳定的岩土体、结构面进行取样与试验。	**关联：** 1．工程地质测绘应符合《水电水利工程地质测绘规程》（DL/T 5185）的规定。 2．各种料源材料质量应按其用途（防渗土料、槽孔固壁土料、堆石料、混凝土粗骨料、混凝土细骨料等）分别评价，评价标准应符合《水电水利工程天然建筑材料勘察规程》（DL/T 5388）的规定。 3．图式、图例应符合《水电水利工程基础制图标准》（DL/T 5347）的规定

续表

序号	标准名称/标准号/时效性	针对性	内容与要点	关联与差异
15			2. 对工程边坡、地下开挖施工过程中可能会带来安全隐患和严重危害的不利因素（主要是地质因素），都要进行预报。预报工作包括两个方面：预警预报和提出修改支护处理、设计优化以及改进施工方式、方法（方案）的建议	
16	《水电工程地质观测规程》 NB/T 35039—2014 2015 年 3 月 1 日实施	适用于大中型水电工程（含抽水蓄能电站）地质勘察中的观测工作	**主要内容：** 规定了水电工程地质观测的内容、方法和技术要求，主要内容包括： 1. 断裂与地震活动性观测； 2. 水库诱发地震观测； 3. 地下水观测； 4. 边坡变形观测； 5. 危岩体变形观测； 6. 泥石流观测； 7. 地基岩土观测； 8. 地下洞室围岩观测。 **重点与要点：** 1. 各种方法获取的形变观测资料，应严格校核观测数据，分别编制历时曲线图、矢量变化图和相应的表格等。 2. 大型水库应在预可行性研究和可行性研究阶段进行专门的水库诱发地震预测评价。坝高 100m 以上，库容 5 亿 m^3 以上，且预测可能诱发地震的新建、扩建大型水库，应进行水库诱发地震观测。 3. 观测台网至少应由 4 个地震台和 1 个台网管理中心组成，宜采用遥测数字台网，各地震台站分布应均匀合理，台站间距宜在 10km～30km 之间，库首区和可能发生诱发地震的库段应重点布设，重点观测区的观测能力应达到 ML0.5 级地震，一般观测区的观测能力应达到 ML1.0 级地震。 4. 水库可能渗漏区段应不少于 2 个观测孔。 5. 水库浸没区各地貌单元应不少于 2 个观测孔，其地下水观测孔应分别布置在水库正常蓄水位附近及以上高程。	**关联：** 1. 断裂的垂直形变，按一等水准测量精度进行，具体方法按《国家一、二等水准测量规范》（GB/T 12897）执行；地形陡的地段也可采用三角高程测量方法测定，具体方法按《地震地壳形变观测方法、跨断层位移测量》（DB/T 47）执行。 2. 断裂的水平形变，采用短基线、三角网和全球定位系统（GPS）网等观测法，可分别执行《地震地壳形变观测方法、跨断层位移测量》（DB/T 47）和《全球定位系统（GPS）测量规范》（GB/T 18314）。 3. 跨断裂短水准点选择、跨断裂三角网和全球定位系统（GPS）点位的选择除符合前两款要求外，应分别符合《国家一、二等水准测量规范》（GB/T 12897）、《地震地壳形变观测方法、跨断层位移测量》（DB/T 47）和《全球定位系统（GPS）测量规范》（GB/T 18314）的有关规定。 4. 避开各种干扰源的距离和台站对观测环境地噪声水平的要求应符合《地震台站观测环境技术要求　第 1 部分：测震》（GB/T 19531.1）的规定。 5. 强震动观测按《水工建筑物强震动安全监测技术规范》（DL/T 5416）执行。 6. 水平位移采用视准线法量测时，不稳定边坡的宽度不宜超过 800m，在宽度方向上应具有良好的视通条件，并且在其两端存在可供选择的稳定测站点；观测方法应符合《混凝土坝安全监测技术规范》（DL/T 5178）的规定。 7. 在地形条件较复杂时，水平位移宜采用边角网或交会法施测，观测方法应符合《混凝土坝安全监测技术规范》（DL/T 5178）的规定。

续表

序号	标准名称/ 标准号/时效性	针对性	内容与要点	关联与差异
16			6．分层观测孔应进行严格止水并检查止水效果，分层观测孔可采用同孔并列或同孔同心式设置观测管。 7．钻探过程中发现两个或两个以上含水层时，应停止钻进，及时做出钻孔结构设计，进行止水隔离，分层观测各含水层的稳定水位。 8．同一含水层水温观测点数不应少于地下水位观测点数的10%。 9．地下水水温每一次观测应重复两次，其差值不应大于0.5℃，取其平均值作为最终值	8．垂直位移宜采用精密水准法测量，施测中观测点和起测基点的联测应采用国家二等水准标准，具体可按《国家一、二等水准测量规范》（GB/T 12897）的规定执行。 9．垂直位移还可采用三角高程法量测，具体施测可按《混凝土坝安全监测技术规范》（DL/T 5178）的规定执行
17	《水力发电工程地质勘察规范》 GB 50287—2006 2006年11月1日实施	适用于大型水电工程和抽水蓄能电站的地质勘察工作	**主要内容：** 规定了大型水电工程和抽水蓄能电站各设计阶段勘察工作的任务、内容和技术要求，主要内容包括： 1．设计勘察工作基本规定； 2．规划阶段工程地质勘察，包括一般规定、区域地质和地震、水库、坝址、长引水线路、勘察报告； 3．预可行性研究阶段工程地质勘察，包括一般规定、区域构造稳定性、水库、坝址、引水线路、厂址、泄洪建筑物、天然建筑材料、勘察报告； 4．可行性研究阶段工程地质勘察，包括一般规定、水库、土石坝、混凝土重力坝、混凝土拱坝、隧洞、渠道、地下厂房系统、地面厂房系统、溢洪道、通航建筑物、主要临时建筑物、天然建筑材料、勘察报告； 5．招标设计阶段工程地质勘察，包括一般规定、工程地质复核、专门性工程地质问题勘察、临时（辅助）建筑物、水库移民集中安置区与专项复建工程、天然建筑材料、勘察报告； 6．施工详图设计阶段工程地质勘察，包括一般规定、专门性工程地质问题勘察、施工地质； 7．抽水蓄能电站工程地质勘察，包括一般规定、选点规划阶段工程地质勘察、预可行性研究阶段工程地质勘察、可行性研究阶段工程地质勘察、招标设计阶段工程地质勘察、施工详图设计阶段工程地质勘察。	**关联：** 1．工程地质测绘内容和精度要求应符合国家现行标准《水电水利工程地质测绘规程》（DL/T 5185）的规定。 2．物探工作应符合国家现行标准《水电水利工程物探规程》（DL/T 5010）的要求。 3．钻探和坑探的技术要求应符合国家现行标准《水电水利工程钻探规程》（DL/T 5013）和《水利水电工程坑探规程》（DL/T 5050）的规定。 4．土工试验的技术要求应符合国家现行标准《水电水利工程钻孔土工试验规程》（DL/T 5354）的规定，岩石试验的技术要求应符合国家现行标准《水电水利工程岩石试验规程》（DL/T 5368）的规定。 5．活动断层活动性质鉴定按国家现行标准《活动断层探测方法》（DB/T 15）的规定执行。 6．库区及其他大型工程可按现行国家标准《中国地震动参数区划图》（GB 18306）确定地震动参数及相应的地震基本烈度。 7．集中移民安置区及专项复建工程的勘探还应符合现行国家标准《岩土工程勘察规范》（GB 50021）及专项工程相关标准的规定。 8．黄土湿陷性判别应符合现行国家标准《湿陷性黄土地区建筑规范》（GB 50025）的有关规定。 9．招标设计阶段工程地质勘察报告应符合国家现行标准《水电工程招标设计报告编制规程》（DL/T 5212）的有关规定

续表

序号	标准名称/标准号/时效性	针对性	内容与要点	关联与差异
17			**重点与要点：** 1．地震安全性评价应包括工程使用期限内，不同超越概率水平下，坝址基岩地震动峰值水平加速度及相应的地震基本烈度。 2．确定岸坡和潜在不稳定岸坡的勘察应包括对高陡峡谷岸坡应调查卸荷情况和变形岩体的分布情况。 3．地下厂房勘察应应进行围岩工程地质详细分类，提出各类围岩的物理力学参数建议值，评价围岩的整体稳定性，提出支护设计建议	
18	《水利水电工程地质勘察规范》 GB 50487—2008 2009 年 8 月 1 日实施	适用于大型水利水电工程地质勘察工作	**主要内容：** 规定了大型水电工程和抽水蓄能电站水利水电工程地质勘察按照规划、项目建议书、可行性研究、初步设计、招标设计和施工详图设计等阶段的任务、内容和技术要求，主要内容包括： 1．总则； 2．术语和符号； 3．基本规定； 4．规划阶段工程地质勘察，包括区域地质和地震、水库、坝址、引调水工程、防洪排涝工程、灌区工程、河道整治工程、天然建筑材料、勘察报告； 5．可行性研究阶段工程地质勘察，包括一般规定、区域构造稳定性、水库、坝址、发电引水线路及厂址、溢洪道、渠道及渠系建筑物、水闸及泵站、深埋长隧洞、堤防及分蓄洪工程、灌区工程、河道整治工程、移民选址、天然建筑材料、勘察报告； 6．初步设计阶段工程地质勘察，包括一般规定、水库、土石坝、混凝土重力坝、混凝土拱坝、溢洪道、地面厂房、地下厂房、隧洞、导流明渠及围堰工程、通航建筑物、边坡工程、渠道及渠系建筑物、水闸及泵站、深埋长隧洞、堤防工程、灌区工程、河道整治工程、移民新址、天然建筑材料、勘察报告； 7．招标设计阶段工程地质勘察，包括一般规定、工程地质复核与勘察、勘察报告；	**关联：** 1．工程地质测绘应执行国家现行标准《水利水电工程地质测绘规程》（SL 299），物探工作应执行《水利水电工程物探规程》（SL 326）。 2．岩土物理力学试验应符合国家现行标准《水利水电岩石试验规程》（SL 264）和《土工试验规程》（SL 237）的规定。 3．天然建筑材料勘察应按照国家现行标准《水利水电工程天然建筑材料勘察规程》（SL 251）的要求进行。 4．地下水源地的水文地质勘察应符合《供水水文地质勘察规范》（GB 50027）的允许开采量精度要求

续表

序号	标准名称/ 标准号/时效性	针对性	内容与要点	关联与差异
18			8．施工详图设计阶段工程地质勘察，包括一般规定、专门性工程地质勘察、施工地质、勘察报告； 9．病险水库除险加固工程地质勘察。 **重点和要点：** 1. 坝高大于200m的工程或库容大于$10\times10^9m^3$的大(1)型工程，以及50年超越概率10%的地震动峰值加速度大于或等于0.10*g*的地区且坝高大于150m的大(1)型工程，应进行场地地震安全性评价工作。场地地震安全性评价应包括工程使用期限内，不同超越概率水平下，工程场地基岩的地震动参数。 2．可溶岩层、隔水层及相对隔水层的厚度、连续性和空间分布。主要渗漏地段或主要渗漏通道的位置、形态和规模，喀斯特渗漏的性质，估算渗漏量，提出防渗处理范围、深度和处理措施的建议。 3．查明坝基河床及两岸覆盖层的层次、厚度和分布，重点查明软土层、粉细砂、湿陷性黄土、架空层、漂孤石层以及基岩中的石膏夹层等工程性质不良岩土层的情况。 4．查明土石坝填筑料的物质组成、压实度、强度和渗透特性。查明坝体滑坡、开裂、塌陷等病害险情的分布位置、范围、特征、成因，险情发生过程与抢险措施，运行期坝体变形位移情况及变化规律	
19	《河流泥沙颗粒分析规程》 SL 42—2010 2010年4月29日实施	1. 适用于河流泥沙及其他泥沙样品的颗粒分析。 2. 也可供非水利行业的粒度分析参考	**主要内容：** 规定了河流泥沙颗粒分析及资料整理的方法和技术要求，主要内容包括： 1．河流泥沙颗粒分析的基本规定； 2．测量法测定泥沙颗粒，包含尺量法、筛分法； 3．沉降法测定泥沙颗粒，包含粒径计法、吸管法、消光法和离心沉降法； 4．激光法测定泥沙颗粒； 5．级配计算与资料整理； 6．误差检验与不确定度估算。 **重点与要点：** 1. 床沙、推移质沙样中粒径大于2mm的部分不应分样，	**关联：** 样品采集和相关资料收集应遵守现行国家标准《河流悬移质泥沙测验规范》（GB 50519）、《河流流量测验规范》（GB 50179）和水利行业标准《河流推移质泥沙及床沙测验规范》（SL 43）的有关规定。成果整编应遵守现行水利行业标准《水文资料整编规范》（SL 247）的有关规定；上述规范之间联系较紧密，宜结合具体情况配合应用

续表

序号	标准名称/ 标准号/时效性	针对性	内容与要点	关联与差异
19			悬移质沙样中粒径大于 0.062mm 的部分少于 2*g* 时，也不应分样。 2．分样设备应经质量检验，分样的质量误差限为±10%；分样的级配与原沙样的级配比较，各粒径级级配的不确定度应小于 8。 3．对于粒径小于 2mm 的沙粒样品，应采用定时控制合格的振筛机过筛。过筛时间规定为 15min，是许多分析室的经验总结。 4．当累计总沙量与各样沙量之差超过 2%时，应重新备样分析，蕴含应预备备样	
20	《水电工程水文地质勘察规范》 SL 373—2007 2007 年 8 月 11 日实施	1．本标准适用于大型水利水电工程的水文地质勘察工作。 2．中、小型水利水电工程可选择执行	**主要内容：** 规定了水利水电工程水文地质勘查工作的深度、内容、方法与技术要求，主要内容包括： 1．区域水文地质勘察； 2．水库区的水文地质勘察； 3．坝（闸）址区水文地质勘察； 4．地下洞室水文地质勘察； 5．渠道水文地质勘察； 6．灌区水文地质勘察； 7．堤防水文地质勘察； 8．边坡水文地质勘察； 9．岩溶区水文地质勘察； 10．水文地质勘察资料整理等。 **重点与要点：** 1．对洞室穿越的松散层中的各主要含水层应进行抽水试验，试验组数不应少于 3 组。 2．钻孔深度应达到渠底以下 5m～10m 或地下水位以下 5m～10m，控制性钻孔深度宜达到相对隔水层。 3．岩溶层组类型的划分应有实测岩性剖面，其比例尺应大于测绘比例尺的 5 倍～10 倍。对重要岩性应有 5 组以上的磨片鉴定及矿化分析。 4．层析成像法钻孔间距不宜大于 50m，不应大于 80m	**关联：** 1．专门性水文地质勘察工作的勘察阶段，应与《水利水电工程地质勘察规范》（GB 50287）的规定一致。 2．钻探过程的水文地质简易观测应符合《水利水电工程地质观测规程》（SL 245）的有关规定。 3．水库浸没问题评价应符合《水利水电工程地质勘察规范》（GB 50287）的有关规定。 4．环境水对混凝土腐蚀的评价应符合《水利水电工程地质勘察规范》（GB 50287）的有关规定。 5．抽水试验应符合《水利水电工程地质钻孔抽水试验规程》（SL 320）的规定。 6．地下水的动力学特性不易确定时，可按《水工隧洞设计规范》（SL 279）的规定进行地下洞室的外水压力的估算。 7．地表水和地下水的水质简分析和专项分析试验应符合《地下水质量标准》（GB/T 14848）、《农田灌溉水质标准》（GB 5084）、《地表水环境质量标准》（GB 3838）和《生活饮用水卫生标准》（GB 5749）的有关规定。 8．根据压水试验成果计算岩体各试段的渗透系数应符合《水利水电工程钻孔压水试验规程》（SL 31）的有关规定

续表

序号	标准名称/标准号/时效性	针对性	内容与要点	关联与差异
21	《河道演变勘测调查规范》 SL 383—2007 2007 年 10 月 14 日实施	1. 适用于我国河道演变勘测调查及河道演变分析工作。 2. 湖泊、水库、行（蓄）洪区演变勘测调查可选择执行	**主要内容：** 规定了来水来沙调查、河道演变基本勘测调查、河道演变专项勘测调查、河口段河道演变勘测调查的内容、技术要求，主要内容包括： 1. 河道来水来沙调查，包括一般规定、来水调查、来沙调查、水面线调查、流场调查、河流冰情调查等； 2. 河道演变基本勘测调查，包括河道历史演变、河道边界条件、河势变化、洲滩演变勘测、汊道演变勘测、弯道勘测等的调查； 3. 河道演变专项勘测调查，包括分洪影响勘测、溃口泥沙冲淤勘测、水工程影响勘测、河道采砂或取土勘测、故道淤积勘测、造床流量等的调查； 4. 河口段河道演变勘测调查，包括水沙勘测、河道演变勘测、岛屿及沙洲勘测、围垦勘测的调查； 5. 给出了河道演变勘测调查报告的编写要求； 6. 给出了河道演变分析报告的编写要求。 **重点与要点：** 1. 水面宽 1000m 以内，布置取样点 3 点～5 点；1000m～2000m，布置取样点 5 点～7 点；2000m 以上，布置取样点 7 点～10 点。 2. 取样点定位精度应按 1:10000 测图的散点精度执行。 3. 主流线变化较大的河段，宜根据河段长度、主流线走向等布设不少于 3 个流速测验断面。 4. 洲滩组成调查取样点宜布置在滩头、滩中、滩尾、洲顶、洲脊等有代表性位置，取样点应不少于 3 点。 5. 凡粒径大于 2mm 的卵、砾质泥沙，宜现场测定；粒径小于 2mm 的砂质床沙，应取样带回室内颗分，样品数量应不少于 200g。 6. 测量断面间距不宜大于 40m，点距不宜大于 20m，岸坡适当加密，水下地形应测至深泓外 100m，岸上测至大堤内顶，若大堤距坎边大于 50m，则仅测 50m。 7. 洲滩演变平面、高程勘测调查时，调查点应不少于 5 点，宜布置在滩头、滩中、滩尾、洲顶、洲脊等有代表性的位置	**关联：** 1. 水量、洪水和枯水的调查方法应符合《水文调查规范》（SL 196）的规定。 2. 冰厚平面图测绘应符合 《河流冰情观测规范》（SL 59）的规定。 3. 水下河床组成物质取样分析，应符合《河流推移质泥沙及床沙测验规程》（SL 43）规定，洲滩钻孔取样应符合《水利水电工程钻探规程》（SL 291）的相关规定。 4. 弯道横比降勘测调查应在弯顶左右岸同时进行水位观测。纵比降观测应符合《水道观测规范》（SL 257）的相关规定。 5. 泥沙调查应符合《水文调查规范》（SL 196）的规定，了解调查河段来沙量的大小和来源；开展水量调查的目的是为弄清水沙关系，通过水量估算沙量。 6. 悬移质含沙量取样可采用选点法。泥沙颗粒级配分析应满足《河流泥沙颗粒分析规程》（SL 42）的规定。 7. 水尺零点高程测设应符合《水位观测标准》（GBJ 138）的规定，有变动时应及时矫测。 8. 地形法测量应符合《水道观测规范》（SL 257）的规定

第五节　移　民　标　准

序号	标准名称/标准号/时效性	针对性	内容与要点	关联与差异
1	《水电工程建设征地移民安置规划设计规范》 DL/T 5064—2007 2007 年 12 月 1 日实施	适用于大中型水电工程（含抽水蓄能电站）预可行性研究报告、可行性研究报告和移民安置实施等阶段建设征地移民安置规划设计工作	**主要内容：** 规定了水电工程建设征地移民安置规划设计的主要原则、程序、内容和深度，主要内容包括： 1．各设计阶段的主要工作内容； 2．建设征地处理范围界定； 3．社会经济调查； 4．实物指标调查； 5．移民安置总体规划； 6．农村移民安置规划； 7．城市集镇处理； 8．专业项目处理； 9．库底清理； 10．环境保护及水土保持规划； 11．建设征地移民安置补偿费用概（估）算； 12．实施组织设计； 13．水库水域开发利用。 **重点与要点：** 1. 移民安置规划是组织实施移民安置工作的基本依据，也是项目法人与移民区和移民安置区所在地方各级政府签订移民安置协议的依据。 2．移民安置应采取前期补偿、补助与后期护持相结合的办法，实行开发性移民	**关联：** 1．本标准与《水电工程建设征地处理范围界定规范》（DL/T 5376）、《水电工程建设征地实物指标调查规范》（DL/T 537）、《水电工程农村移民安置规划设计规范》（DL/T 5378）、《水电工程移民专业项目规划设计规范》（DL/T 5379）、《水电工程移民安置城镇迁建规划设计规范》（DL/T 5380）、《水电工程水库库底清理设计规范》（DL/T 5381）、《水电工程建设征地移民安置补偿费用概（估）算编制规范》（DL/T 5382）等七项标准为水电工程建设征地移民配套执行规范。 2．对铁路、公路、电力、电信、水利设施、文物古迹等淹没对象，其设计洪水标准应符合《防洪标准》（GB 50201）的规定。 3．移民征地规划应严格执行《村镇规划标准》（GB 50188）。 4．移民征地规划设计应按照《土地利用现状分类》（GB/T 21010）对土地现状进行分类，并明确征用土地用途
2	《水电工程建设征地处理范围界定规范》 DL/T 5376—2007 2007 年 12 月 1 日实施	适用于大中型水电工程（含抽水蓄能电站）预可行性研究报告阶段、可行性研究报告阶段和移民安置实施阶段的建设征地范围界定工作	**主要内容：** 规定了水电工程建设征地处理的原则、范围、程序、深度和方法，主要内容包括： 1．水库淹没区征地处理范围界定； 2．水库影响区征地处理范围界定； 3．枢纽工程建设区征地处理范围界定； 4．建设征地移民接线征地处理范围界定； 5．界桩布置设计；	**关联：** 1．本标准与《水电工程建设征地移民安置规划设计规范》（DL/T 5064）、《水电工程建设征地实物指标调查规范》（DL/T 5377）、《水电工程农村移民安置规划设计规范》（DL/T 5378）、《水电工程移民专业项目规划设计规范》（DL/T 5379）、《水电工程移民安置城镇迁建规划设计规范》（DL/T 5380）、《水电工程水库库底清理设计规范》（DL/T 5381）、《水电工程建设征地移民安置补偿费用概

续表

序号	标准名称/ 标准号/时效性	针对性	内容与要点	关联与差异
2			6．各设计阶段深度要求； 7．建设征地范围界定成果技术要求。 **重点与要点：** 1．水电工程建设征地处理范围界定应满足工程建设和运行需要，合理布局，做好工程建设用地规划，提高土地利用率。 2．建设征地应节约用地，少占耕地、尽量少占基本农田。 3．建设征地应安全用地，尽可能减少工程对周边区域的影响，避让有地质灾害的区域	（估）算编制规范》（DL/T 5382）等七项标准为水电工程建设征地移民配套执行规范。 2．水库淹没区洪水标准应符合《防洪标准》（GB 50201）的规定。 3．水库回水计算方法及糙率等计算参数应按照《水电工程水利计算规范》（DL/T 5105）的规定执行。 4．水库影响区水位选择应按照《水力发电工程地质勘察规范》（GB 50287）的规定进行分析论证。 5．界桩测量技术要求应按《水利水电工程测量规范》（SL 197）的规定执行。 **差异：** 《水电工程建设征地移民安置规划设计规范》（DL/T 5064—2007）中规定了征地移民处理范围总体规划要求，本标准为具体设计及实施标准
3	《水电工程建设征地实物指标调查规范》 DL/T 5377—2007 2007年12月1日实施	适用于大中型水电工程（含抽水蓄能电站）预可行性研究报告阶段、可行性研究报告阶段和移民安置实施阶段的实物指标调查工作	**主要内容：** 规定了实物指标调查的原则、项目、程序、深度和方法，主要内容包括： 1．建设征地实物指标调查的基本规定； 2．农村调查，包括农村搬迁人口、房屋及附属建筑、土地、零星树木、小型专项设施、农副业设施及文化宗教设施、个体工商户等方面； 3．城市集镇调查，包括城市集镇基本情况、用地、人口、房屋及附属建筑物、企事业单位及个体工商户等方面； 4．专业项目调查，包括企事业单位、铁路公路水运设施、水利水电设施、电力设施、电信设施、广播电视设施、气象站、文物古迹、矿产资源等方面的专业项目调查。 **重点与要点：** 1．可行性研究阶段实物指标调查成果应以省级人民政府发布的建设征地实物指标调查通告的时间作为统计基准时间。 2．实物指标调查通告发布后，超过实物指标调查规定时限未核准、未开工建设的项目，应进行复查。 3．实物指标调查需由项目主管部门或项目法人会同建设征地区所在地的地方人民政府共同进行	**关联：** 1．本标准与《水电工程建设征地移民安置规划设计规范》（DL/T 5064）、《水电工程建设征地处理范围界定规范》（DL/T 5376）、《水电工程农村移民安置规划设计规范》（DL/T 5378）、《水电工程移民专业项目规划设计规范》（DL/T 5379）、《水电工程移民安置城镇迁建规划设计规范》（DL/T 5380）、《水电工程水库库底清理设计规范》（DL/T 5381）、《水电工程建设征地移民安置补偿费用概（估）算编制规范》（DL/T 5382）等七项标准为水电工程建设征地移民配套执行规范。 2．房屋及附属建筑物调查中房屋面积的计算按《建筑工程建筑面积计算规范》（GB/T 50353）的规定执行

续表

序号	标准名称/标准号/时效性	针对性	内容与要点	关联与差异
4	《水电工程农村移民安置规划设计规范》 DL/T 5378—2007 2007年12月1日实施	适用于大中型水电工程（含抽水蓄能电站）预可行性研究报告阶段、可行性研究报告阶段和移民安置实施阶段的移民安置规划设计工作	**主要内容：** 规定了水电工程农村移民安置规划设计的原则、项目、程序、深度和方法，主要内容包括： 1．农村移民安置人口计算与分析； 2．规划目标和安置标准； 3．移民环境容量计算与分析； 4．移民安置方案规划； 5．生产安置规划设计； 6．搬迁安置规划设计； 7．耕地占补平衡及临时占地恢复； 8．后期扶持措施； 9．移民生活水平评价预测。 **重点与要点：** 1.农村移民安置应使移民生活达到或者超过原有水平。 2．应贯彻开发性移民方针，使移民拥有与移民安置区居民基本相当的土地等农业生产资料，具备恢复原有生活水平必需的生产条件。 3．移民安置规划应与地方国民经济和社会发展规划，以及土地利用总体规划、城镇体系规划、城市总体规划、集镇和居民点规划相衔接。 4．移民安置以资源环境承载能力为基础，本地安置与异地安置、集中安置与分散安置、政府安置与移民自找门路安置相结合。 5．考虑移民居民点的安全、基础设施配套经济合理。 6．尊重少数民族的生产、生活方式和风俗习惯	**关联：** 1．本标准与《水电工程建设征地移民安置规划设计规范》（DL/T 5064）、《水电工程建设征地处理范围界定规范》（DL/T 5376）、《水电工程建设征地实物指标调查规范》（DL/T 5377）、《水电工程移民专业项目规划设计规范》（DL/T 5379）、《水电工程移民安置城镇迁建规划设计规范》（DL/T 5380）、《水电工程水库库底清理设计规范》（DL/T 5381）、《水电工程建设征地移民安置补偿费用概（估）算编制规范》（DL/T 5382）等七项标准为水电工程建设征地移民配套执行规范。 2．建设用地标准应按照《中华人民共和国土地管理办法》执行，并符合《村镇规划标准》（GB 50188）的规定，移民居民点规划应符合GB 50188的规定。 3．水源工程和输配水工程应按照《水电工程移民专业项目规划设计规范》（DL/T 5379）的规定执行。 4.基民点新址供水量结合移民现状供水标准，按照《村镇供水工程技术规范》（SL 310）的规定执行。 5.农田灌溉用水标准应符合《农田灌溉水质标准》（GB 5084）的规定。 6．居民点防洪标准应符合《防洪标准》（GB 50201）的规定
5	《水电工程移民专业项目规划设计规范》 DL/T 5379—2007 2007年12月1日实施	适用于大中型水电工程（含抽水蓄能电站）预可行性研究报告阶段、可行性研究报告阶段和移民安置实施阶段建设征地移民安置的移民专业项目规划设计	**主要内容：** 规定了水电工程移民专项规划设计的原则、项目、程序、深度和方法，主要内容包括： 1．交通运输工程，包括对影响区的铁路、公路、水运等交通运输工程应进行规划设计及处理； 2．水利工程，包括对影响区的抽水站、水库、闸坝、渠道等水利工程应进行规划设计及处理； 3．防护工程，包括对具备防护条件的大片农田、人口	**关联：** 1．本标准与《水电工程建设征地移民安置规划设计规范》（DL/T 5064）、《水电工程建设征地处理范围界定规范》（DL/T 5376）、《水电工程建设征地实物指标调查规范》（DL/T 5377）、《水电工程农村移民安置规划设计规范》（DL/T 5378）、《水电工程移民安置城镇迁建规划设计规范》（DL/T 5380）、《水电工程水库库底清理设计规范》（DL/T 5381）、《水电工程建设征地移民安置补偿费用概

续表

序号	标准名称/标准号/时效性	针对性	内容与要点	关联与差异
5			密集的农村居民点、集镇、城市、工业企业应进行规划设计及处理； 4. 电信、广播电视工程，包括对影响区的电力、电信、广播电视工程应进行规划设计及处理； 5. 企业事业单位，包括对需迁建的企业、事业单位应结合基础改造和结构调整，按不低于原有功能的标准进行规划设计及处理； 6. 文物古迹，包括对影响区的文物古迹应做好原址保护、搬迁、发掘或其他保护等规划设计及处理； 7. 环境保护，包括对征地移民安置区的环境保护应做好规划设计及处理； 8. 其他项目。 **重点与要点：** 1. 对水电工程建设征地影响的移民专业项目，应按照其原规模、原标准或者恢复功能的原则和国家有关强制性规定进行恢复或改建。 2. 对需迁建的企业，应符合国家的产业政策，结合技术改造和结构调整，按原规模、原标准、恢复原有生产能力进行规划设计。 3. 对移民安置需新增设的专业项目，应结合原有专业项目和移民安置区专业项目现状水平，按照有利生产、方便生活、经济合理、满足移民安置的需要，合理确定其建设标准和规模	（估）算编制规范》（DL/T 5382）等七项标准为水电工程建设征地移民配套执行规范。 2. 水运工程技术标准按《河港工程设计规范》（GB 50192）的规定执行。 3. 汽车便道桥、机耕道桥及车型通道的净空应按《公路工程技术标准》（JTG B01）的规定执行。 4. 厂矿道路技术标准按《厂矿道路设计规范》（GBJ 22）的规定执行。 5. 新建供水工程供水规模按《室外给水设计规范》（GB 50013）的规定执行。 6. 集镇及农用水定额按《村镇供水工程技术规范》（SL 310）的规定执行。 7. 供水工程水质应符合《生活引用水卫生标准》（GB 5749）的规定。 8. 灌溉工程的其他设计标准按《灌溉与排水工程设计规范》（GB 50288）的规定执行。 9. 小型水电站工程设计标准按《小型水力发电站设计规范》（GB 50071）的规定执行。 10. 水利工程等别、主要建筑物级别和供水标准按《水利水电工程等级划分及洪水标准》（SL 252）的规定执行。 11. 防护工程等级及防洪标准按《防洪标准》（GB 50201）的规定执行。 12. 地质勘察与用地评价按《城乡规划工程地质勘察规范》（CJJ 57）的规定执行。 13. 城市集镇迁建费用概算编制按《水电工程建设征地移民安置补偿费用概（估）算编制规范》（DL/T 5382）的规定执行
6	《水电工程移民安置城镇迁建规划设计规范》 DL/T 5380—2007 2007年12月1日实施	适用于大中型水电工程（含抽水蓄能电站）预可行性研究报告阶段、可行性研究报告阶段和移民安置实施阶段建设征地移民安置的城镇迁建规划设计	**主要内容：** 规定了移民安置城镇迁建规划设计的原则、内容、深度、方法和工作程序，主要内容包括： 1. 规模与标准，包括城镇迁建的规模与标准分析，含人口规模、用地规模、道路标准，给排水标准，电力、电信及广播电视标准，环境保护标准等；	**关联：** 1. 本标准与《水电工程建设征地移民安置规划设计规范》（DL/T 5064）、《水电工程建设征地处理范围界定规范》（DL/T 5376）、《水电工程建设征地实物指标调查规范》（DL/T 5377）、《水电工程农村移民安置规划设计规范》（DL/T 5378）、《水电工程移民专业项目规划设计规范》

续表

序号	标准名称/ 标准号/时效性	针对性	内容与要点	关联与差异
6			2．预可行性研究报告阶段，包括新址初选程序、初步规划、初步比选及应形成的主要成果； 3．可行性研究报告阶段，包括新址确定，城市迁建总体规划，集镇迁建总体规划，城市集镇迁建、修建详细规划设计等； 4．移民安置实施阶段，包括城市基础设施、集镇基础设施的施工图设计。 **重点与要点：** 1．城市集镇迁建规划设计应遵循以现状为基础，节约用地、合理布局、安全的原则，以及国家和省级有关城市集镇规划的法规和标准，根据不同阶段的深度要求，编制迁建规划设计文件。 2．经批准的城市集镇迁建规划设计是组织实施的基本依据，不得随意变更或修改。确需调整或修改的，应按程序重新报批	（DL/T 5379）、《水电工程水库库底清理设计规范》（DL/T 5381）、《水电工程建设征地移民安置补偿费用概（估）算编制规范》（DL/T 5382）等七项标准为水电工程建设征地移民配套执行规范。 2．确定城市集镇新址人均建设用地标准时，应符合《城市用地分类与规划建设用地标准》（GBJ 137）及《村镇规划标准》（GB 50188）的规定。 3．城市集镇新址标准应符合《城市给水工程规划规范》（GB 50282）、《村镇供水工程技术规范》（水利 310）及GB 50188的规定。 4．集中供水的生活饮用水水质应符合《生活引用水卫生标准》（GB 5749）的规定。 5．新址确定的排水量计算应符合《城市排水工程规划设计》（GB 50318）或GB 50188的规定。 6．城市集镇污水给排放应符合《污水综合排放标准》（GB 8978）的规定。 7．城市集镇污水处理厂污染物排放标准按《城镇污水处理厂污染物排放标准》（GB 18918）的规定执行。 8．大气环境质量按《环境空气质量标准》（GB 3095）的规定执行。 9．废气排放按《大气污染物综合排放标准》（GB 16297）的规定执行。 10．声环境质量按《声环境质量标准》（GB 6096）的规定执行。 11．噪声排放按《建筑施工厂界环境噪声排放标准》（GB 12523）的规定执行
7	《水电工程水库库底清理设计规范》 DL/T 5381—2007 2007年12月1日实施	适用于大中型水电工程（含抽水蓄能电站）预可行性研究报告阶段、可行性研究报告阶段和移民安置实施阶段的水库库底清理规划设计	**主要内容：** 规定了水电工程水库库底清理设计的原则、项目、程序、深度和方法，主要内容包括： 1．库底清理范围； 2．库底清理项目； 3．卫生清理； 4．建（构）筑物清理；	**关联：** 1．本标准与《水电工程建设征地移民安置规划设计规范》（DL/T 5064）、《水电工程建设征地处理范围界定规范》（DL/T 5376）、《水电工程建设征地实物指标调查规范》（DL/T 5377）、《水电工程农村移民安置规划设计规范》（DL/T 5378）、《水电工程移民专业项目规划设计规范》（DL/T 5379）、《水电工程移民安置城镇迁建规划设计规

续表

序号	标准名称/标准号/时效性	针对性	内容与要点	关联与差异
7			5．特殊清理； 6．库底清理组织实施计划； 7．各阶段工作要求。 **重点与要点：** 1．应根据影响区范围明确库底清理的范围，包含一般清理范围和特殊清理范围。 2．应根据水库运行方式和水库综合利用的要求，明确库底清理的具体项目、处理程序、技术要求和标准	范》（DL/T 5380）、《水电工程建设征地移民安置补偿费用概（估）算编制规范》（DL/T 5382）等七项标准为水电工程建设征地移民配套执行规范。 2．危险物品的认定、处理应按照《危险废物鉴别标准》（GB 5085）的规定执行。 3．集中焚烧的医院垃圾应按照《危险废物焚烧污染控制标准》（GB 18484）的规定执行。 4．粪便消毒处理后应达到《粪便无害卫生标准》（GB 7959）规定的指标。 5．炭疽芽孢菌按照《炭疽诊断标准及处理原则》（GB 17015）的规定进行检测。 6．鼠密度检查按照《动物鼠疫监测标准》（GB 16882）的规定执行。 7．市政污水粪便收集和处理设施中存在的污泥、生活垃圾、危险废物，以及磷石膏等工业固体废弃物清理后原址中的土壤等的处置必须满足《生活垃圾填埋场控制标准》（GB 16889）或《生活垃圾焚烧污染控制标准》（GB 18485）的规定。以上所列废物如果满足或经过处理满足《城镇垃圾农用控制标准》（GB 8172）和《农用污泥中污染物控制标准》（GB 4284）的规定要求，可作为农用肥料或土壤改良剂使用。 8．工业固体废物处理应满足《一般工业固体废物贮存、处置场污染控制标准》（GB 18599）的规定。 9．危险物品（医院废弃物除外）的处置应满足《危险废物填埋污染控制标准》（GB 18598）或《危险废物焚烧污染控制标准》（GB 18484）的规定
8	《水电工程建设征地移民安置补偿费用概（估）算编制规范》 DL/T 5382—2007 2007年12月1日实施	适用于大中型水电站（含抽水蓄能电站）预可行性研究报告阶段、可行性研究报告阶段和移民安置实施阶段建设征地移民安置补偿费用概（估）算的编制工作	**主要内容：** 规定了水电工程建设征地移民安置补偿费用概（估）算编制的原则、项目、程序、深度和方法，主要内容包括： 1．项目划分，包括农村部分、城市集镇部分、专业项目、库底清理、环境保护和水土保持； 2．费用构成，包括补偿补助费用、工程建设费用、独立费用（含项目建设管理费、科研和综合设计费、其他税	**关联：** 1．计算征收耕地的土地赔偿费和安置补助费的亩均倍数，水库淹没影响区、枢纽工程建设区征收耕地的，按照《大中型水利水电工程建设征地补偿和移民安置条例》的规定取值，其他范围涉及征收耕地的，按照省、自治区、直辖市的相关规定取值。 2．本标准与《水电工程建设征地移民安置规划设计规

续表

序号	标准名称/标准号/时效性	针对性	内容与要点	关联与差异
8			费）、预备费（含基本预备费、差价预备费）等； 3．基础价格编制，包括补偿补助费用基础价格、工程建设费用基础价格； 4．项目单价编制，包括补偿补助费用单价、工程建设费用单价； 5．分项费用编制，包括农村部分补偿费用、城市集镇部分补偿费用、专业项目处理补偿费用、库底清理费用、环境保护和水土保持费用； 6．独立费用编制，包括项目建设管理费、其他税费； 7．分年度费用编制，包括农村部分、城市集镇部分、专业项目部分、库底清理部分、环境保护和水土保持部分、独立费用部分、预备费； 8．预备费编制，包括基本预备费、差价预备费； 9．概（估）算编制的相关技术要求，包括概算编制技术要求。 **重点与要点：** 1．基础价格应按照编制年国家和有关省、自治区、直辖市的政策、规定和价格水平进行编制。 2．经批准的建设征地移民安置补偿费用概算是签订移民安置协议、编制移民安置实施规划或计划、组织实施移民安置工作、进行移民安置验收的基础依据。 3．被征收、征用土地上的附着建筑物按照其原有规模、原标准或者恢复原功能的原则补偿。 4．基础设施、专业项目等移民安置建设项目概（估）算的编制，按照项目的类型、规模和所属行业，执行相应行业的概（估）算编制办法和规定。 5．农村部分补偿费用包括征收和征用土地的补偿费用、搬迁补助费用、附着物拆迁处理补偿费用、青苗和林木补偿费用、基础设施恢复费用和其他补偿费用等。 6．移民安置规划配合工作费按建设征地移民安置补偿项目费用的 0.5%～1%计算，移民安置规划配合工作费按建设征地移民安置补偿项目费用的 0.5%～1%计算，实施管理费按建设征地移民安置补偿项目费用的 3%～4%计算，移民技术培训费按农村部分补偿费用的 0.5%计算，	范》（DL/T 5064）、《水电工程建设征地处理范围界定规范》（DL/T 5376）、《水电工程建设征地实物指标调查规范》（DL/T 5377）、《水电工程农村移民安置规划设计规范》（DL/T 5378）、《水电工程移民专业项目规划设计规范》（DL/T 5379）、《水电工程移民安置城镇迁建规划设计规范》（DL/T 5380）、《水电工程水库库底清理设计规范》（DL/T 5381）等七项标准为水电工程建设征地移民配套执行规范

续表

序号	标准名称/标准号/时效性	针对性	内容与要点	关联与差异
8			咨询服务费按建设征地移民安置补偿项目费用的 0.5%～1.2%计算，项目技术经济评估审查费按建设征地移民安置补偿项目费用的 0.1%～0.5%计算。 7．其他税费包括耕地占用税、耕地开垦费、森林植被恢复费、新菜地开发建设基金等，按照国家行业主管部门和省、自治区、直辖市的规定计算。 8．基本预备费按建设征地移民安置补偿项目费用乘以费率计列，其费率在预可行性研究报告阶段为 20%，预可行性研究报告之前阶段也可取 20%	

第六节 环保水保标准

序号	标准名称/标准号/时效性	针对性	内容与要点	关联与差异
1	《水电水利工程施工环境保护技术规程》 DL/T 5260—2010 2011 年 5 月 1 日实施	1．适用于大中型水电水利工程施工期的环境保护工作。 2．小型水电水利工程可选择执行	**主要内容：** 规定了水电水利工程施工阶段环境保护技术要求，主要内容包括： 1．废水控制技术要求及措施，包括工程废水、生活污水、地表降水防护； 2．粉尘和废气控制技术要求及处置措施，包括施工扬尘污染控制、施工分歧污染控制； 3．噪声控制技术要求及措施，包括场界噪声限值、噪声控制措施； 4．固体废弃物处置技术要求及措施，包括工程弃渣、工程废弃物、办公生活垃圾处置； 5．放射性物质污染、电磁污染和危险化学品控制技术要求及措施等； 6．生态保护要求及措施，包括陆生植物保护与恢复、陆生动物保护、水生生态保护、湿地生态保护； 7．水土保持要求，包括水土流失防治措施； 8．节能减排要求及措施，包括燃料、电力、材料使用要求；	**关联：** 1．工程废水污染物排放应符合《污水综合排放标准》（GB 8978）的规定。 2．污水处理厂生活污水污染物排放应符合《城镇污水处理厂污染物排放标准》（GB 18918）的规定。 3．废气污染物控制标准应按《环境空气质量标准》（GB 3095）及《大气污染物综合排放标准》（GB 16297）的规定执行。 4．办公、生活垃圾处理站的设置应符合《水电水利工程环境保护设计规范》（DL/T 5402）的规定。 5．电磁污染达到或超过《电磁环境控制限值》（GB 8702）规定保护限制的设施、设备应进行污染控制。 6．建筑物所使用的无机非金属类建筑材料、装修材料，包括掺工业废渣的建筑材料应符合《建筑材料放射性核素限量》（GB 6566）的规定。 7．项目建设区水土保持施工方案、水土流失防治标准的等级应符合《开发建设项目水土保持技术规范》（GB

续表

序号	标准名称/ 标准号/时效性	针对性	内容与要点	关联与差异
1			9．人群健康保护，包括健康保护、卫生防疫； 10．施工环境监测的内容与检测点设置。 **重点与要点：** 1．施工场界以施工方和外界最近建（构）筑物距离的 1/2 处为界，且最远不超过 50m。 2．当废水处理量小于 $30m^3/h$，且主要污染物为密度较大的无机颗粒（如泥沙、石粉等）悬浮物时，宜设置简易平流沉淀池，两组轮用，当工程废水中含有石油类、化学需氧量（COD）污染物，且处理量小于 $20m^3/h$ 时，宜设隔油池或采用成套油水分离装置、洗车循环水设备。 3．施工期超过 5 年且生活污水日平均排放量 $1000m^3$ 以上的，应设置污水处理厂，施工期不满 5 年或生活污水日平均排放量 $1000m^3$ 以下的，生活污水可采用成套处理设备或简易措施处理后排放。 4．100kV 以上的输变电设施和 100A 以上的工频设备，应避开聚居区及有电磁控制要求的区域。 5．造成山林、植被产生 $100m^2$ 以上崩塌、滑坡的中毒损坏，待工程处理稳定后采用以工程护坡为主、植物护坡为辅的办法进行综合治理，造成山林、植被局部损坏小于 $100m^2$ 的中度损坏，采用工程框格、格栅梁护坡、修整和选择适宜的草种、树种及时栽植、喷植，恢复至当地的生态环境	50433）、《开发建设项目水土流失防治标准》（GB 50434）及《水电建设项目水土保持方案技术规范》（DL/T 5419）的规定。 8．生活用水质量（包括水源水质），以及饮用水监测应符合《生活饮用水卫生标准》（GB 5479）的规定。 **差异：** 本标准在水电工程施工期的环境保护与《水电水利工程环境保护设计规范》（DL/T 5402）相比较，增加了放射性物质污染、电磁污染和危险化学品控制、节能减排等内容
2	《水电水利工程环境保护设计规范》 DL/T 5402—2007 2008 年 6 月 1 日实施	1．适用于大中型水电水利工程可行性研究阶段的环境保护设计。 2．小型水电水利工程可选择执行	**主要内容：** 规定了水电水利工程环境保护设计的内容，应遵循的原则、依据和方法，主要内容包括： 1．水环境保护，包括沙石料加工废水处理、修配系统污水处理、混凝土拌和系统废水处理、生活污水处理和其他水环境保护措施； 2．大气环境保护，包括开挖爆破粉尘的削减与控制、交通粉尘和施工生活营地废气的削减与控制； 3．声环境保护，包括施工机械及辅助企业噪声控制、交通噪声控制、爆破噪声控制； 4．固体废物处置，包括施工区生活垃圾处置、移民安置区生活垃圾处置；	**关联：** 1．废（污）水处理排放应按照《污水综合排放标准》（GB 8978）或地方标准的要求执行。 2．废（污）水用于农田灌溉时应按照《农田灌溉水质标准》（GB 5084）的规定执行。 3．废（污）水用于景观环境用水时参照《城市污水再生利用　景观环境水水质》（GB/T 18921）的规定执行。 4．废（污）水用于杂用水参照《城市污水再生利用　城市杂用水质》（GB/T 18920）的规定执行。 5．砂石料加工废水处理构筑物设计参照《室外给水设计设计规范》（GB 50013）和《室外排水设计规范》（GB 50014）的规定执行。

续表

序号	标准名称/标准号/时效性	针对性	内容与要点	关联与差异
2			5．地质环境保护的规定与措施； 6．土壤环境保护的规定与措施； 7．陆生生态保护的规定与措施； 8．水生生态保护的规定与措施； 9．人群健康保护的规定与措施； 10．景观及文物保护的规定与措施； 11．环境监测，包括施工期环境监测、运行期环境监测、资料整编及报送； 12．环境监理的规定与规划； 13．环境管理的机构职责、组织及管理制度； 14．环境保护措施实施的规定； 15．环境保护投资的规定、投资编制原则及方法。 **重点与要点：** 1．水环境保护目标主要包括防治水污染、维护水环境功能、保护和改善水环境。 2．废（污）水量宜根据用水量确定，废水量按用水量的80%～90%计算，用水量宜与施工、水库移民等专业保持一致。 3．絮凝剂投加浓度可在5%左右，投加比可为1:500，实际投加量宜根据原水性质通过实验确定。 4．疫情监控包括抽检人数、监控时段、实施计划、管理制度和抽检效果分析等，抽检人数可根据工程区域人群规模及分布等确定，也可按工程影响人数的5%～10%确定。 5．环境监测时段划分为施工期、运行期，施工期主要监测内容包括水环境、大气环境、声环境、生态环境、人群健康等，运行期主要监测内容包括水环境、生态环境等	6.环境空气质量应按照《环境空气质量标准》（GB 3095）的规定执行。 7．大气污染物排放应按照《大气污染物综合排放标准》（GB 16297）的规定执行。 8．工程影响区域声环境质量应按照《声环境质量标准》（GB 3096）的规定执行。 9．固体废物中危险废物的处置控制应按照《危险废物焚烧污染控制标准》（GB 18484）、《危险废物贮存污染控制标准》（GB 18597）、《危险废物填埋污染控制标准》（GB 18598）的规定执行。 **差异：** 与《水电水利工程施工环境保护技术规程》（DL/T 5260）相比： （1）本规范在适用时段上更广，包括水电站运行期。 （2）施工期设计内容，本规范对地质环境、土壤环境、水生生态、景观和文物保护也作出了相应规定，但DL/T 5260未包含上述内容。 （3）本规范增加放射性物质污染、电磁污染和危险化学品控制、节能减排等内容
3	《水电建设项目水土保持方案技术规范》 DL/T 5419—2009 2009年12月1日实施	1．适用于新建、扩建和改建的大中型水电建设项目可行性研究阶段水土保持方案的编制。	**主要内容：** 规定了水电建设项目水土保持方案编制的基本原则和技术要求，主要内容包括： 1．水土保持方案基本资料要求，包括自然环境概况、社会经济状况、水土流失与水土保持现状；	**关联：** 1．水土流失防治应结合项目所在地生态环境现状和水土保持特点，根据水土流失预测和危害分析结果制定防治目标，具体要求按照《开发建设项目水土流失防治标准》（GB 50434）的规定执行。

续表

序号	标准名称/标准号/时效性	针对性	内容与要点	关联与差异
3		2．新建、扩建和改建大中型水电建设项目预可行性研究、可行性研究、招标设计、施工图设计等阶段的水土保持设计工作可选择执行	2．主体工程水土保持分析与评价，包括具有水土保持功能的设施和措施分析、水土保持功能评价； 3．水土流失防治责任范围和防治分区，包括水土流失防治责任范围确定、水土流失防治分区划分； 4．水土流失分析预测，包括扰动原地貌和损坏水土保持设施分析、弃渣量分析预测、水土流失量预测、可能造成的水土流失危害分析、综合分析； 5．水土流失防治目标及措施布局，包括水土流失防治目标、水土流失防治措施布局； 6．水土流失防治措施设计，包括渣场防护工程、防洪排水工程、护坡工程、土地整治工程、防风固沙工程、植被建设工程、临时防护工程； 7．水土保持监测，包括监测范围、时段、内容和方法； 8．投资概（估）算，包括投资编制原则及方法； 9．水土保持效益分析，包括分析方法和主要内容。 **重点与要点：** 1．水土流失分析预测时段分为施工准备期、施工期和自然恢复期三个时段，各分区的预测时段根据工程施工进度安排确定。 2．项目建设造成的弃土石渣，必须设置专门的堆放场地，并修建完善的防护工程。 3．弃渣堆置在斜坡面，或渣体易发生表层局部塌滑，应修建挡渣墙进行渣体坡脚防护，弃渣场设置在沟道或河道旁，应按防洪治导线设置防洪拦渣堤，如同时兼具防洪功能，应结合防洪要求进行布设。 4．排水设施的平面布置及纵向设计主要根据地形地质条件、截排水范围及与洪水的汇入口位置确定，当纵坡大于1:20或局部高差较大时，应设置跌水等消能措施。 5．运行初期水土保持监测时段从工程完建后第一年开始计算，监测年限可根据工程具体情况拟定，一般为1年	2．渣场防治工程挡渣墙设计按《水工挡土墙设计规范》（SL 379）的规定执行。 3．渣场防治工程水工建筑物设计按《堤防工程设计规范》（GB 50286）的规定执行。 4．防洪排水工程蓄水设施有池、窖、塘、沟等设计。土地整治工程设计；防风固沙技术要求等，按《水土保持综合治理　技术规范》（GB/T 16453）的规定执行。 5．防洪工程中堤防和防护滩工程设计应符合《堤防工程设计规范》（GB 50286）的规定等

续表

序号	标准名称/标准号/时效性	针对性	内容与要点	关联与差异
4	《建筑工程绿色施工评价标准》 GB/T 50640—2010 2011 年 10 月 1 日实施	适用于建筑工程绿色施工的评价	**主要内容：** 规定了建筑工程绿色施工的评价方法，主要内容包括： 1. 绿色施工评价的基本规定； 2. 评价框架体系； 3. 环境保护评价指标，包括控制项、一般项、优选项的评价指标； 4. 节材与材料资源利用评价指标，包括控制项、一般项、优选项的评价指标； 5. 节水与水资源利用评价指标，包括控制项、一般项、优选项的评价指标； 6. 节能与能源利用评价指标，包括控制项、一般项、优选项的评价指标； 7. 节地与土地资源保护评价指标，包括控制项、一般项、优选项的评价指标； 8. 评价方法，包括控制项评价方法、一般项计分标准、优选项加分标准； 9. 评价组织和程序，包括评价组织、评价程序、评价资料。 **重点与要点：** 1. 施工组织设计及施工方案应有专门的绿色施工章节，绿色施工目标明确，内容应按“四节一环保”的要求编制。 2. 建筑工程绿色施工应根据环境保护、节材与材料资源利用、节水与水资源利用、节能与能源利用和节地与土地资源保护五个要素进行评价。 3. 绿色施工项目自评价次数每月不少于 1 次，且每阶段不应少于 1 次。 4. 单位工程绿色施工评价应由建设单位组织，项目施工单位和监理单位参加，评价结果应由建设、监理、施工单位三方签认	**关联：** 1. 现场工程劳动强度和工作时间应符合《体力劳动强度等级》（GB 3869）的规定。 2. 电焊烟气的排放应符合《大气污染物综合排放标准》（GB 16297）的规定
5	《水土保持规划编制规程》 SL 335—2006 2006 年 6 月 1 日实施	1. 适用于江河流域水土保持规划和国家、省（自治区、直辖市）、地（市）、县级水土保持规划的编制。	**主要内容：** 规定了水土保持规划编制的基本原则、任务和内容，主要内容包括： 1. 水土保持规划概要； 2. 水土保持规划编制的基本情况；	**关联：** 1. 投资估算应根据水利部《水土保持工程概（估）算编制规定和定额》，说明投资估算编制的依据、方法及采用的价格水平年。 2. 本标准与《水土保持综合治理 规划通则》（GB/T

续表

序号	标准名称/标准号/时效性	针对性	内容与要点	关联与差异
5		2．专项工程规划和区域性规划的编制亦可选择执行	3．水土保持规划依据、原则与目标； 4．水土保持分区及总体布局； 5．综合防治规划，包括生态修复规划、预防保护与监督管理规划、综合治理规划、水土保持监测规划、科技示范推广规划； 6．环境影响评价的主要内容、对策和措施； 7．投资估算的依据、组成、筹措方案； 8．水土保持的效益分析与经济评价； 9．进度安排与近期实施意见，包括工程量及进度安排、近期实施意见； 10．组织管理基本要求。 **重点与要点：** 1．水土保持规划编制的规划期，省级以上规划应为 10 年～20 年，地级、县级规划应为 5 年～10 年；规划编制应研究近期和远期两个水平年，近期水平年为 5 年～10 年，远期水平年 10 年～20 年，并以近期为重点。 2．在水土流失情况方面，应说明规划区内各类水土流失形态的分布、数量、强度、危害、成因，着重说明不同时期水土流失面积及强度的调查方法及动态变化情况。 3．在水土保持现状方面应着重说明预防保护和监督管理开展情况、生态修复实施现状、各项治理所示的综合配置等。 4．水土流失重点防治分区应对规划区由县级以上人民政府划定的水土流失重点预防保护区、重点监督区和重点治理区（“三区”）的基本情况分别加以叙述，并突出各自的特点。 5．荒山、荒坡、荒丘、荒滩（“四荒”）治理规划主要包括造林、种草和封禁治理规划，对水土流失严重地区采取工程措施与植物措施结合，进行综合治理。 6．水土保持监测规划应提出水土保持监测站点的总体布局、数量、监测站点性质（常规监测点、临时监测点）及建设进度安排意见	15772）、《水土保持综合治理　验收规范》（GB/T 15773）、《水土保持综合治理　效益计算方法》（GB/T 15774）、《水土保持综合治理　技术规范》（GB/T 16453）等 4 项标准配套执行

续表

序号	标准名称/标准号/时效性	针对性	内容与要点	关联与差异
6	《水土保持工程质量评定规程》 SL 336—2006 2006年7月1日实施	适用于由中央投资、地方投资、利用外资的水土保持生态建设工程及开发建设项目水土保持工程的质量评定	**主要内容：** 规定了水土保持工程质量检验及评定方法，主要内容包括： 1．工程质量评定的项目划分，即单位工程划分、分部工程划分、单元工程划分； 2．工程质量检验：质量检验程序、内容和方法，治理事故调查和处理，数据处理； 3．工程质量评定：质量评定的依据、组织与管理，单元工程质量评定，分部工程质量评定，单位工程质量评定，工程项目质量评定。 **重点与要点：** 1．水土保持工程质量评定过程中，单元工程检验应由施工单位全检、监理单位抽检。监理单位抽检比例或数量，在单元工程质量评定标准中未作具体规定的，监理单位应按全检执行。 2．水土保持工程质量评定应划分为单位工程、分部工程、单元工程三个等级：单位工程应按照工程类型和便于质量管理等原则进行划分；分部工程可按照功能相对独立、工程类型相同的原则划分；单元工程应按照施工方法相同、工程量相近，便于进行质量控制和考核的原则划分。 3．测量误差的判断和处理、数据保留位数、数值修约应符合现行国家标准和行业标准的规定。 4．单元工程质量应由施工单位质监部门组织自评，监理单位核定；分部工程质量评定应在施工单位质监部门自评的基础上，由监理单位复核，建设单位核定；单位工程质量评定应在施工单位质监部门自评的基础上，由建设单位、监理单位复核，报质量监督单位核定	**关联：** 工程质量检验项目名称、数量和检验方法，按《水土保持综合治理　技术规范》（GB/T 16453）和《水土保持综合治理验收规范》（GB/T 15773）的规定执行
7	《水土保持信息管理技术规程》 SL 341—2006 2006年10月1日实施	适用于水土保持各项业务的信息管理	**主要内容：** 规定了水土保持信息管理的原则、内容、格式，主要内容包括： 1．水土保持信息分类，包括分类规定、基础信息、土壤侵蚀信息、综合治理信息、预防监督信息、综合信息；	**关联：** 1．信息监测内容及频次参照《水土保持监测技术规程》（SL 277）执行。 2．项目验收信息中，项目名称和验收类型应符合《水土保持综合治理验收规范》（GB/T 15773）的规定。

续表

序号	标准名称/标准号/时效性	针对性	内容与要点	关联与差异
7			2. 水土保持信息的采集与更新； 3. 信息报送与发布的制度、内容、介质和程序； 4. 信息的存储环境和日常维护技术。 **重点与要点：** 1. 水土保持信息管理应满足信息的标准化和可扩充性。 2. 软件、硬件的先进性和信息采集、储存的手段相协调。 3. 信息的常规管理方法和现代先进技术管理相结合。 4. 应注重信息积累，充分利用信息资源，实现信息共享。 5. 土壤侵蚀类型、形式、强度、程度信息应包括侵蚀类型名称及其代码、分区、面积等，土壤侵蚀危险度信息应包括土壤侵蚀潜在危险度、侵蚀后果危险度的等级名称及其代码、面积区域分布等。 6. 水土保持法律法规信息应包括法律法规名称、颁布单位、生效日期、内容等。 7. 规费信息应包括交费单位、收费单位、缴费金额和资金使用情况等。 8. 水土保持信息报送应采取定期和不定期相结合的方式。定期报送应包括月报、季报和年报，不定期报送应根据工作需要及时报送。 9. 信息管理的技术部门负责定期制作信息数据备份。数据备份应存储在两种不同的介质上，并异地存放，其中至少一种为不可更改的介质，保证系统发生故障时能够快速恢复	3. 项目效益信息中，效益计算的数据来源、措施的生效时间、效益内容及计算方法与结果应符合 GB/T 15773 的规定。 4. 信息采集、出来、传输及应用应遵循《水土保持验收规范》（SD 239）、《土壤侵蚀分类分级标准》（SL 190）和 SL 277 的规定。 5. 图像与图形数据处理应遵循《遥感影像平面图制作规范》（GB/T 15968）、《数字测绘产品质量要求　第1部分：数字线划地形图、数字高程模板质量要求》（GB 17941.1）、《数字测绘成果质量检查与验收》（GB/T 18316）和 SL 277 的规定等
8	《水土保持监测设施通用技术条件》 SL 342—2006 2006年10月1日实施	适用于水蚀、风蚀、重力侵蚀、混合侵蚀、冻融侵蚀和水土保持措施等监测	**主要内容：** 规定了水土保持监测通用设施（含设备）技术条件，主要内容包括： 1. 水蚀监测设施，包括径流小区监测设施、小流域控制站监测设施、插钎监测（简易坡面水蚀观测）设施； 2. 风蚀监测设施，包括降尘监测设施、风蚀强度监测设施、简易风蚀观测场设施；	**关联：** 1. 设施所提供的信息内容、质量与格式等应符合《水土保持监测技术规程》（SL 277）的规定。 2. 降雨量观测设施建设与配置、雨量观测精度等应按《降雨量观测规范》（SL 21）执行。 3. 水位、流量及泥沙测验的设施、设备应符合《水文基础设施建设及技术装备标准》（SL 276）的规定。

续表

序号	标准名称/标准号/时效性	针对性	内容与要点	关联与差异
8			3．滑坡与泥石流监测设施及其技术条件； 4．寒冻剥蚀和热融滑塌监测设施及其技术条件； 5．水土保持措施数量和质量监测设备。 **重点与要点：** 1．径流小区监测设施技术要求应满足：径流小区面积误差±0.1%，分流箱和集流桶（池）基座稳定，且变形小，水平误差±2mm，容积误差±1%，集流桶（池）内径流、泥沙测量误差±2mm。 2．风蚀强度监测设施应符合下列技术要求：集沙仪的集沙效率必须在标定后使用，集沙仪进沙口面积误差±0.1%、高度误差±0.5cm，沙物质收集器应透气、不漏沙，每次观测后，应仔细清理出收集袋中的沙土，称重精度为±0.01g，插钎和风蚀桥法测量精度为±1mm。 3．泥石流监测设施应符合以下技术要求：标尺测量精度±0.1m，泥位仪测定误差±5%，容重测定误差 $0.01g/cm^3$（±2%），流速测量精度±0.2m/s。 4.寒冻剥蚀监测设施技术应符合下列规定：测钎网（带）设置后，观测时用钢丝连接（或直尺连接），量测控相距10cm，测量精度±1mm。用围栏收集法全部收集称重，精度±1.0g，面积量算相对误差±1.0%	4．堰槽法测流设施工作环境应按《堰槽测流规范》（SL 24）的规定执行。 5．水位观测精度按《水位观测标准》（GBJ 138）的规定执行。 6．径流、泥沙观测精度按《河流流量测验规范》（GB 50179）、《河流悬移质泥沙测验规范》（GB 50159）及《河流推移质泥沙及床沙测验规范》（SL 43）的规定执行等
9	《再生水水质标准》 SL 368—2006 2007年6月1日实施	适用于地下水回灌、工业、农业、林业、牧业、城市非饮用水、景观环境用水中使用的再生水	**主要内容：** 规定了再生水的水质标准、监测内容和要求，主要内容包括： 1．再生水水质标准分类，包括地下水回灌用水、工业用水、农林牧业用水、城市非饮用水、景观环境用水； 2．再生水水质标准，包括各类再生水用水控制项目和指标限值； 3．标准的实施和管理； 4．再生水水质监测项目、采样频率、采样点布设、水样采集保存及测定方法。 **重点与要点：** 1．再生水利用不应对生活、生产和生态产生现实的和潜在的危害。	**关联：** 1．水质采样方法、保存方法，应符合《水环境监测规范》（SL 219）的规定。 2．本标准与《工业锅炉水质标准》（GB 1576）、《地表水环境质量标准》（GB 3838）、《农田灌溉水质标准》（GB 5084）、《地下水质量标准》（GB/T 14848）、《城市污水再生利用 分类》（GB/T 18919）、《城市污水再生利用 城市杂用水水质》（GB/T 18920）、《城市污水再生利用 景观环境用水水质》（GB/T 18921）、《城市污水再生利用 地下水回灌水质》（GB/T 19772）、《城市污水再生利用 工业用水水质》（GB/T 19923）、《污水再生利用工程设计规范》（GB 50335）、《建筑中水设计规范》（GB 50336）、《水环境监测规范》（SL 219）等12项标准配套执行

续表

序号	标准名称/标准号/时效性	针对性	内容与要点	关联与差异
9			2．再生水利用标准由县级及以上水行政主管部门负责监督实施。 3．再生水用于多种用途时，其水质标准应按其中最高要求确定。 4．在供水周期内原则上每24h采样一次，如果供水周期小于24h，应采样一次	
10	《开发建设项目水土保持设施验收技术规程》 SL 387—2007 2008年1月8日实施	适用于由水行政主管部门审批水土保持方案报告书的建设项目的水土保持设施验收工作	**主要内容：** 规定了水土保持设施验收内容、程序和方法，主要内容包括： 1．自查初验，包括分部工程自查初检、单位工程自查初检； 2．技术评估，包括评估内容和程序、评估核查、点型建设项目评估、线型建设项目评估、评估标准和成果要求； 3．行政验收的任务与工作程序。 **重点与要点：** 1．在建设项目的土建工程完工后，竣工验收前，建设单位应向行政验收主持单位申请水土保持设施行政验收。 2．单位工程自查初检应由建设单位或其委托的监理单位主持，设计、施工、监理、监测、质量监督、运行管理等单位参加，重要的单位工程还应邀请地方水行政主管部门参加。 3．技术评估范围应以批复的水土保持方案确定的水土流失防治责任范围为基础，根据实际情况可适当调整评估范围。 4．对重要单位工程，工程措施的外观质量和几何尺寸可采用目视检查和皮尺测量，必要时可采用GPS、经纬仪或全站仪测量。 5．点型建设项目技术评估核查的比例应达到如下要求：重点评估范围内的水土保持单位工程应全面查勘，分部工程的抽查核实比例应达到50%；其他评估范围内的水土保持单位工程查勘比例应达到50%，分部工程的抽查核实比例应达到30%；重要单位工程应全面查勘，其分部工程的抽查核实比例应达到50%。 6．行政验收合格意见必须经2/3以上验收组成员同意	**关联：** 1．水土保持设施自查初验应依据《水土保持工程质量评定规程》（SL 336）的规定开展。 2．水土保持设施分部工程自查初检应按《水土保持工程质量评定规程》（SL 336）和国家相关技术标准评定质量等级

续表

序号	标准名称/标准号/时效性	针对性	内容与要点	关联与差异
11	《水环境监测实验室安全技术导则》 SL /Z 390—2007 2008 年 2 月 26 日实施	适用于水环境监测实验室内与野外作业的安全保障	**主要内容：** 规定了水环境监测实验室建设、管理及组织开展相关监测的原则、内容、方法，主要内容包括： 1．安全组织和管理，包括安全组织管理体系、安全规章制度和安全方针、人员职责、人员权利、安全培训、安全记录、记录的安全保密； 2．实验室安全，包括压缩气体、仪器设备、玻璃器皿的使用与安全； 3．化学品安全，包括分类及标志，使用、贮存、搬运、废弃物处理及控制措施； 4．安全防护措施，包括安全设施、个人防护措施、急救； 5．用电安全，包括短路和过载保护、延接电线、断电； 6．消防安全，包括烟感探头、灭火器、其他灭火设施、应急方案； 7．野外采用及测量安全。 **重点与要点：** 1．水环境监测部门按其职责范围，对已完成的监测与质量活动，应按照规定的记录格式认真记录，并应定期整理和收集。 2．气瓶内气体不应全部用尽，气瓶内宜留有余压，其中，惰性气体气瓶内剩余 0.05MPa 以上压力的气体；可燃性气体气瓶内剩余 0.2MPa 以上压力的气体；氢气气瓶内剩余 2.0MPa 以上压力的气体。 3．常用化学危险品危险特性和类别标志分为主标志 16 种和副标志 11 种，当一种化学危险品具有一种以上的危险性时，应用主标志表示主要的危险性类别，并用副标志来表示重要的其他的危险性类别。 4．人工搬运化学品时，一次只应搬运适当重量的物品，大件或大量物品应使用小车搬运，要注意适当的堆放高度，并应有防散落、防倾覆措施。 5．废液应适当处理，pH 值为 6.5～8.5，且不存在可燃、腐蚀、有毒和放射性等危害时，可排入下水道。 6．置于通风橱中的试验器具距外壁的距离不应小于 15cm，以保证容器不致磕碰通风橱吊窗。	**关联：** 1．水环境监测部门应按《职业健康安全管理体系　要求》（GB/T 28001）的规定监理管理体系。 2．实验室常用压缩气体基本特性及分类应符合《瓶装气体分类》（GB 16163）的规定。 3．水环境监测实验室新购入的化学品分类应按《化学品分类和危险性公示　通则》（GB 13690）的规定执行。 4．新购入化学品的标签内容应符合《化学品安全标签编写规定》（GB 15258）的规定。 5．常用化学危险品出、入库及贮存应按《常用危险化学品贮存通则》（GB 15603）的规定执行。 6．职业接触限值超过允许接触限值，或吸入物有危害，应根据《呼吸防护用品的选择、使用及维护》（GB/T 18664）推荐的程序使用适合类型的呼吸防护用品

续表

序号	标准名称/标准号/时效性	针对性	内容与要点	关联与差异
11			7. 冲洗眼部设施应能提供持续供应 15min 以上的水量。 8. 当插座处于潮湿位置时，应使用 0.2mA 的地面漏电断流器	
12	《有机分析样品前处理方法》 SL 391—2007 2007 年 11 月 20 日实施	有机分析样品前的处理目前有 10 种方法，分别为： 1. 液液萃取法：适用于水样中难溶或微溶的半挥发性有机物的萃取和浓缩。 2. 索氏提取法：适用于提取土壤、沉积物中的难挥发和半挥发性有机物。 3. 固相萃取法：适用于从水样中萃取半挥发和难挥发有机物。 4. 快速溶剂萃取法：适用于萃取土壤、沉积物中难溶或微溶于水的半挥发性有机物。 5. 氧化铝净化法：适用于含有酞酸酯和亚硝胺的样品提取液的净化。 6. 佛罗里硅土净化法：适用于农药残留物以及氯代烃的净化。 7. 硅胶净化法：适用于多环芳烃、苯酚衍生化合物、有机氯农药及多氯联苯的样品提取液的净化。 8. 酸碱分配净化法：适用于表 1 所示化合物的分离。	**主要内容：** 规定了 10 种有机分析样品前处理的方法，主要内容包括： 1. 方法概述； 2. 干扰消除； 3. 装置和材料； 4. 试剂； 5. 步骤。 **重点与要点：** 1. 溶剂、试剂、玻璃容器及处理样品用的其他器皿均可能导致沾污，应采用全程方法空白验证实验中所用的材料是否存在干扰，若存在，找出干扰源，消除污染。 2. 处理样品之前，对所用的仪器、器皿以及试剂和药品等都应做空白实验，更换试剂后也应做空白实验，去除外部干扰。 3. 避免使用含有酞酸酯的塑料制品，以防止对测定结果产生干扰。 4. 试剂纯度要求：无机试剂为优级纯，有机试剂为农残级。高纯水：水中干扰物的浓度应低于方法中待测物的检出限。可用自来水经活性炭吸附制备，也可用高纯水机制备。 5. 样品保存：若不能马上分析，应盖紧浓缩管，在冰箱中保存；如果浓缩液储藏时间多于 2d，应转移至小玻璃瓶中，用聚四氟乙烯内衬螺旋盖盖好，标上标签。 6. 洗涤玻璃器皿时，应避免使用含肥皂成分的洗涤剂，因肥皂很难从玻璃器皿上冲洗掉，引起 pH 值升高，导致某些化合物的降解。 7. 为确保定量分析的精确度，在采样现场需采集平行样，并做基质加标样品分析和单个样品平行测定，每一批样品应加入质控样品检测，或者采用测定方法提供的其他质量保证措施。	**关联：** 本标准与《固相萃取气相色谱/质谱分析法（GC/MS）测定水中半挥发性有机污染物》（SL 392）、《吹扫捕集气相色谱/质谱分析法（GC/MS）测定水中挥发性有机污染物》（SL 393）、《铅、镉、钒、磷等 34 种元素的测定》（SL 394）、《地表水资源质量评价技术规程》（SL 395）等 4 项标准配套执行

续表

序号	标准名称/ 标准号/时效性	针对性	内容与要点	关联与差异
12		9．脱硫净化法：适用于含硫萃取液的净化。 10．硫酸/高锰酸盐净化法：仅适用于多氯联苯提取液的净化，特别是在样品较脏的情况下使用	8．仪器上所有的密封圈应定期更换，以确保蒸气不外逸	
13	《固相萃取气相色谱/质谱分析法（GC/MS）测定水中半挥发性有机污染物》 SL 392—2007 2007年11月20日实施	适用于地表水、地下水及饮用水中半挥发性有机物的定性和定量测定	**主要内容：** 规定了固相萃取气相色谱/质谱分析法（GC/MS）测定水中半挥发性有机污染物的方法，主要内容包括： 1．方法概述； 2．干扰消除； 3．仪器及材料； 4．试剂； 5．水样的采集与保存； 6．步骤； 7．结果处理； 8．质量保证； 9．方法的回收率、相对标准偏差和检出限。 **重点与要点：** 1．所有玻璃器皿应认真清洗。首先用重铬酸钾洗液清洗，然后依次用自来水、高纯水冲洗，最后用有机溶剂淋洗，风干，铝箔封口，避免沾污。非定量玻璃器皿可在马弗炉中400℃加热2h代替有机溶剂淋洗。避免使用含有酞酸酯的塑料器皿，以防止对测定结果产生干扰。 2．样品中待测物的保留时间与标准溶液中该待测物的保留时间的误差不应超过5s。 3．样品中待测物特征离子的相对强度与标准溶液中该待测物特征离子强度的相对误差在30%以内。 4．每个样品中的内标和回收率指示物的定量离子峰面积在一段时间内应相对稳定，其漂移不应大于50%。 5．至少应对10%的样品进行回收率检验，即加入回收率指示物，以便对分析数据进行评估，回收率应在70%～130%之内	**关联：** 本标准与《有机分析样品前处理方法》（SL 391）、《吹扫捕集气相色谱/质谱分析法（GC/MS）测定水中挥发性有机污染物》（SL 393）、《铅、镉、钒、磷等34种元素的测定》（SL 394）、《地表水资源质量评价技术规程》（SL 395）等4项标准配套执行

续表

序号	标准名称/ 标准号/时效性	针对性	内容与要点	关联与差异
14	《吹扫捕集气相色谱/质谱分析法（GC/MS）测定水中挥发性有机污染物》 SL 393—2007 2007年11月20日实施	适用于地表水、地下水及饮用水中挥发性有机物的定性和定量测定	**主要内容：** 规定了吹扫捕集气相色谱/质谱分析法（GC/MS）测定水中挥发性有机污染物的方法，主要内容包括： 1．方法概述； 2．干扰消除； 3．仪器及材料； 4．试剂； 5．水样的采集与保存； 6．步骤； 7．结果处理； 8．质量保证。 **重点与要点：** 1.样品存放区和仪器分析室不应有挥发性有机物污染。 2．吹扫气体中的杂质、捕集管中残留的有机物及实验室中的溶剂蒸汽都有可能造成沾污，避免使用聚四氟乙烯材料管路或含橡胶制品的流速控制器，同时用高纯水进行空白分析，证明分析系统中不含沾污物质，不能从样品检测结果中扣除空白测定结果。 3．高浓度、低浓度水样穿插分析时，也可能造成沾污，因此，每一次分析后应以高纯水清洗吹扫器皿和注射器两次。 4．采样后样品应在4℃低温保存，在包装运送过程中应使用足够的冰块，以确保样品送到实验室时仍保持在4℃，样品储存区域不应存在有机溶剂蒸汽。 5．校准溶液中待测物和回收率指示物的浓度与其真值的相对误差在30%以内。 6．每个样品中的内标和回收率指示物的定量离子峰面积在一段时间内应相对稳定，其漂移不能大于50%	**关联：** 本标准与《有机分析样品前处理方法》（SL 391）、《吹扫捕集气相色谱/质谱分析法（GC/MS）测定水中挥发性有机污染物》（SL 393）、《铅、镉、钒、磷等34种元素的测定》（SL 394）、《地表水资源质量评价技术规程》（SL 395）4项标准配套执行
15	《铅、镉、钒、磷等34种元素的测定》 SL 394—2007 2007年11月20日实施	适用于电感耦合等离子体原子发射光谱法、电感耦合等离子体质谱法两种方法测定天然水体和底质中铅、镉、钒、磷等34种元素	**主要内容：** 规定了电感耦合等离子体原子发射光谱法、质谱法测定天然水体和底质中铅、镉、钒、磷等34种元素，主要内容包括： 1．原理； 2．干扰及消除；	**关联：** 本标准与《有机分析样品前处理方法》（SL 391）、《吹扫捕集气相色谱/质谱分析法（GC/MS）测定水中挥发性有机污染物》（SL 393）、《铅、镉、钒、磷等34种元素的测定》（SL 394）、《地表水资源质量评价技术规程》（SL 395）4项标准配套执行

续表

序号	标准名称/标准号/时效性	针对性	内容与要点	关联与差异
15			3．仪器； 4．试剂； 5．操作步骤； 6．结果表示； 7．精密度和准确度； 8．注意事项。 **重点与要点：** 1．样品采集后（必要时经预处理），在 2%HNO 的酸性条件下可冷藏保存 30d。对痕量元素应尽快测定。 2．按照选定的分析程序，依次分析空白、标准和样品，标准与样品间至少清洗系统 1min，样品与样品间应根据不同样品和所测定的不同元素，至少清洗系统 1min，以免交叉污染。 3．所有的计算由操作系统自动执行。如果某个样品被稀释，应在分析程序中包括使用的稀释系数，由计算机打印分析结果。 4．保持实验室通风良好，保证等离子体炬焰产生的废气和有害气体及时排出	
16	《水利水电工程水质分析规程》 SL 396—2011 2011 年 5 月 21 日实施	1．适用于新建、改建的大中型水利水电工程规划设计阶段、施工阶段和运行阶段阶段的水质分析。 2．小型水利水电工程可选择执行	**主要内容：** 规定了水利水电工程水质分析的程序和方法，主要内容包括： 1．水质分析范围及项目，包括确定的原则、规划设计阶段、施工阶段、运行阶段； 2．样品的采集、保存与分析，包括监测断面布设、样品的采集和保存、水质分析方法； 3．水质分析质量控制，包括一般规定和质量控制方法； 4．水质分析结果评价，包括评价要求和指标。 **重点与要点：** 1．水利水电工程水质分析范围应包括水利水电工程环境影响评价中确定的工程分析对象和水环境调查范围。 2．应分别采集枯水期和丰水期两个阶段的代表性样品，也可根据实际情况分枯水期、平水期和丰水期三个阶段进行检测和评价。	**关联：** 1．应在对水利水电工程相关区域现有水文水质数据收集和评价的基础上，按《地表水环境质量标准》（GB 3838）和《地下水质量标准》（GB/T 14848）要求，选择地表水和地下水水质监测项目。 2．应对初步选定的集镇、城镇、农村移民集中安置点新址的水源条件进行水质监测，饮用水源地监测项目按《地表水环境质量标准》（GB 3838）及《生活饮用水卫生标准》（GB 5749）推荐项目进行选择。 3．水环境对水工结果的腐蚀包括分解类腐蚀、结晶类腐蚀和结晶分解复合类腐蚀三类，应查明水环境的腐蚀性，监测项目应按《水利水电工程地质勘查规范》（GB 50287）推荐项目执行。 4．应检测施工期垃圾堆放点固体废弃物浸出液对地表水和地下水的影响，监测项目应按《生活垃圾卫生填埋场

续表

序号	标准名称/ 标准号/时效性	针对性	内容与要点	关联与差异
16			3．应根据施工场地布置、料场、渣场、交通运输、机械设备运行、施工营地等具体施工组织方式确定施工阶段水质分析范围。 4．应对电厂尾水水质进行检测，水质监测项目应包括水温和石油类，并适当增加基本监测项目。 5．应从水库开始蓄水到满库运行一年期间，每月一次对水库的分层水温、大坝泄流水温及机溶解氧含量进行监测。 6．采集和保存测定半挥发性有机物的水样应按以下方法执行：将水样缓慢注入棕色细口硬质玻璃瓶至溢流，加入优级纯浓盐酸，使水样 pH≤2，立即盖好瓶塞，于 4℃冷藏保存	环境监测技术要求》（GB/T 18772）中渗沥液监测项目进行选择，宜每月监测一次。 5．应对施工区饮用水水质状况进行监测，监测项目应按《生活饮用水标准检验方法》（GB 5750）和《地下水质量标准》（GB/T 14848）执行。 6．应根据工程功能、规模和运行方式，结合《环境影响评价技术导则　水利水电工程》（HJ/T 88）中运行期对水利水电工程环境影响评价的要求，确定运行期水环境监测的敏感目标和重点区域。 7．应按照《水环境监测规范》（SL 219）和《地下水监测规范》（SL 183）的要求，规定各类水域（河流、河口、湖泊、水库和地下水等）的水质监测频次。 8．天然水、生活污水及工业废水等的水样采集及样品的保存技术与管理程序应按《水质采样样品的保存和管理技术规定》（GB 12999）执行。 9．湖泊和水库采样方案设计、采样技术、样品保存和处理应按《水质　湖泊水和水库采样技术指导》（GB/T 14581）的规定执行。 10．地下水样品的采集和保存方法应按《水质采样技术规程》（SL 187）的规定执行。 11．水利水电工程水质分析质量控制应符合《水环境监测规范》（SL 219）的有关规定。 12．水体富营养化状况评价应按《地表水资源质量评价技术规程》（SL 395）的规定执行
17	《水土保持试验规程》 SL 419—2007 2008 年 4 月 4 日实施	适用于水土保持试验站（所）的水土保持试验，也可供其他单位从事水土保持试验研究时参考	**主要内容：** 规定了统一水土保持试验方法和技术要求，保证试验资料精度和成果质量，制定标准，主要内容包括： 1．水力侵蚀试验，包括水力侵蚀模拟试验、核素示踪试验、野外定位观测试验； 2．泥石流观测和室内模拟实验、滑坡试验； 3．崩岗试验，包括治理措施试验、试验设计、观测内容和方法； 4．开发建设项目水土保持试验，包括实验目的和内容、试验设计和方法、人工降雨试验；	**关联：** 1．泥石流土体的湿密度和干密度，可通过蜡封法测定，也可用体积法、排水法测定，使用电子称、容积升，具体操作方法执行《土工试验规程》（SL 237）。 2．单坝控制面积 $3km^2$～$5km^2$ 的，其设计应按《水土保持治沟骨干工程暂技术规程》（SD 175）执行。单坝控制面积超过 5 km^2 的，可按《碾压式土石坝设计规范》（SDJ 218）中四、五级工程设计。 3．护岸挡土墙设计按《水工挡土墙设计规范》（SL 379）执行。

续表

序号	标准名称/标准号/时效性	针对性	内容与要点	关联与差异
17			5．水土保持林草措施及其效果试验，包括水土保持林草措施试验、水土保持草措施试验； 6．水土保持工程措施及其效果试验，实验目的和内容、治坡工程试验、治沟工程试验； 7．水土保持耕作措施及其效果试验，包括实验目的和内容、试验地的选择、试验设计、田间区划和管理、观察记载项目、资料整理与分析； 8．水土保持技术措施综合配置试验，实验目的及内容、试验设计、试验实施与管理、试验资料整理与分析； 9．土壤性质试验，包括土壤样品的采集和制备、植物样品的采集和制备、分析工作基本要求、土壤物理性质的测定方法、土壤化学性质分析、土壤微量元素测定、植物近似组成的测定、植物组织中部分元素的测定、分析数据处理、允许误差； 10．小流域水土保持试验，包括小流域水土流失规律试验、小流域综合治理试验； 11．水土保持数据管理，包括资料整编刊布、专题技术档案、成果汇刊。 **重点与要点：** 1．坡沟系统水蚀模拟实验的模型设计应根据原型特征和研究内容而定，试验设计的重复次数不应少于2次。 2．径流小区边界有水泥板或金属板等边墙围成矩形，边墙高出地面10cm～20cm，埋入地下20cm～30cm，上缘向小区外呈60°倾斜。 3．小流域侵蚀试验的流域选取应视研究区的自然条件、社会经济条件和研究内容而定，所选取的小流域应有广泛的代表性，小流域面积宜为$10km^2$～$20km^2$。 4．使用自记雨量计观测降雨量时，采用二段制，每日8时、20时各观测一次，并加测降水起止时间和一次降水总量。 5．冲击力测试数据作为泥石流防治涂抹工程设计的必需参数之一，直接关系工程抗冲力的大小、工程规模等。 6．泥石流土体包括泥石流源区的土体，泥石流堆积土体和运动过程中取得的土、水、气综合的混合流体。	4．播种造林种子的质量应符合《林木种子质量分级》（GB 7908）规定的合格种子的标准。 5．苗木适于裸根苗的，应使用《主要造林树种苗木质量分级》（GB 6000）规定的一、二级苗木。 6．治沟工程试验，小型治沟工程可按《水土保持综合治理　技术规范　坡耕地治理技术》（GB/T 16453.1）进行，大型骨干工程可按《水土保持治沟骨干工程技术规范》（SL 289）、《水坠坝技术规范》（SL 302）和《碾压式土石坝设计规范》（SL 274）进行。 7．流域土地利用现状调查应按照全国农业区划委员会《土地勘测定界规程》（TD/T 1008）的有关规定执行。 8．流域内土壤侵蚀情况调查根据《土壤侵蚀分类分级标准》（SL 190），按照流域实际，调绘并划分流域土壤侵蚀类型与强度分布图

续表

序号	标准名称/标准号/时效性	针对性	内容与要点	关联与差异
17			7．截水沟防御暴雨的设计标准，按10年一遇24h最大降雨量考虑。 8．水土保持林根系固土作用测定时，在相同条件下应对灌木林地和无植物生长的空闲地进行原位直接剪切，剪切箱剪切截面为50cm×50cm，剪切厚度应根据需要确定。 9．治沟工程试验所在的侵蚀沟，其侵蚀特点、地质条件、沟道纵横断面均应具有代表性，工程控制的集水面积，谷坊应小于0.1km^2，淤地坝大于0.5km^2，骨干工程应大于3km^2。 10．研究土壤养分供求状况的样品，一般分层采至100cm，在实验区内按蛇形设点，取5个～20个点，分层采集混合样品约1kg，若样品超过1kg，一定要采用四分法缩取。 11．标准溶液的标定应按试剂性质要求定期进行，每次标定时，应做3次～5次平行测定，允许相对误差为0.5%	
18	《水土保持工程项目建议书编制规程》 SL 447—2009 2009年8月21日实施	1．适用于大中型水土保持综合治理工程项目建议书的编制。 2．对水土保持专项工程和利用外资项目，可根据工程任务的特点和实际需要适当调整内容和深度	**主要内容：** 明确了水土保持工程项目建议书的编制深度、章节安排及主要技术内容，主要内容包括： 1．项目建设的必要性、背景和依据； 2．建设任务与规模及项目区选择，包括建设项目的任务、建设目标、建设规模、项目区选择及概况； 3．总体方案，包括水土保持分区与措施配置、防治措施典型设计； 4．工程施工，包括工程量推算、施工条件与施工组织形式、施工要求与施工进度； 5．水土保持监测； 6．技术支持； 7．项目管理； 8．投资估算和资金筹措； 9．经济评价，包括国民经济评价、财务分析； 10．结论与建议。 **重点与要点：** 1．典型小流域的数量和面积应占治理小流域总数量和总面积的3%～5%，且每个水土保持分区不应少于1条。	**关联：** 1．对典型措施设计的单项工程，其工程设计参照《水土保持治沟骨干工程　技术规范》（SL 289）、《水土保持综合治理　技术规范》（GB/T 16453.1～16453.6）或小型水利工程有关技术规范执行。 2．施工阶段工程措施的工程量计算应按《水利水电工程设计工程量计算规定》（SL 328）执行，林草措施的工程量调整系数取1.08

续表

序号	标准名称/标准号/时效性	针对性	内容与要点	关联与差异
18			2. 水土保持单项工程应选择典型工程，典型工程数量应占水土保持单项工程总数量的5%～10%。 3. 水土保持分区与措施配置应调查分析典型小流域的土地利用、总人口及人口增长率、水土流失、林草覆盖率等基本情况，重点分析土地利用现状及土地利用需求变化，进行土地利用调整，拟定典型小流域的治理方案，配置防治措施。 4. 根据国家有关规定，预防监督措施确需计列投资的，应说明具体内容并作为非工程措施列入总体布局和措施配置一节。 5. 经济评价应说明基本依据和计算原则，对于筹措了债务性资金的项目应进行财务分析，主要是分析项目的财务生存能力	
19	《水土保持工程可行性研究报告编制规程》 SL 448—2009 2009年8月21日实施	1. 适用于大中型水土保持综合治理工程可行性研究报告的编制。 2. 对水土保持专项工程和利用外资项目，可根据工程任务的特点对本标准的条文进行取舍，亦可根据需要适当调整内容和深度	**主要内容：** 规定了水土保持工程可行性研究报告的编制深度、章节安排及主要技术，主要内容包括： 1. 项目建设背景与设计依据； 2. 建设任务与规模； 3. 总体布局与措施设计，包括水土保持分区与典型小流域选择、总体布局和措施配置、典型小流域设计； 4. 施工组织设计，包括工程量估算、施工条件、施工组织形式与方法、施工进度安排； 5. 水土保持监测； 6. 技术支持； 7. 项目管理； 8. 投资估算和资金筹措； 9. 经济评价； 10. 结论和建议。 **重点与要点：** 1. 明确现状水平年和设计水平年，查明并分析基本建设条件和工程地质条件。 2. 提出水土保持分区，确定工程总体布局。 3. 估算工程量，基本确定施工组织形式、施工方法和要求。	**关联：** 1. 施工组织阶段的工程措施的工程量计算依照《水土保持工程设计工程量计算规定》（SL 328）执行，林草措施的工程量调整系数取1.05。 2. 本规程与《水土保持综合治理　效益计算方法》（GB/T 15774）、《水土保持综合治理　技术规范》（GB/T 16453.1～16453.6）、《生态公益林建设》（GB/T 18337.1～18337.3）、《水土保持术语》（GB/T 20465）《土地利用现状分类》（GB/T 21010）、《土壤侵蚀分类分级标准》（SL 190）、《水土保持监测技术规程》（SL 277）、《水土保持治沟骨干工程技术规范》（SL 289）、《水土保持工程设计工程量计算规定》（SL 328）、《水土保持规划编制规程》（SL 335）、《水土保持工程初步设计报告编制规程》（SL 449）配套执行

续表

序号	标准名称/标准号/时效性	针对性	内容与要点	关联与差异
19			4．估算工程投资，分析主要经济评价指标。 5．典型小流域的数量和面积应占治理小流域总数量和总面积的10%～15%，且每个水土保持分区应保证1条～3条。水土保持单项工程应选择典型工程，所选择的典型工程数量应占水土保持单项工程总数量的10%～15%	
20	《水土保持工程初步设计报告编制规程》 SL 449—2009 2009年8月21日实施	1．适用于小流域综合治理项目的初步设计。 2．水土保持单项工程和水土保持专项工程的初步设计应根据建设任务、规模对本标准的条文内容进行取舍和补充	**主要内容：** 规定了水土保持工程初步设计报告的编制深度、章节安排及主要技术，主要内容包括： 1．项目背景及设计依据； 2．基本情况，包括自然情况、社会经济情况、水土流失状况、水土流失防治情况； 3．工程总体布置，包括土地利用调整、工程总体布置； 4．工程设计，包括工程措施、林草措施、封育治理措施、保土耕作措施、其他措施以及措施质量汇总； 5．施工组织设计，包括工程量、施工条件、施工工艺和方法、施工布置和组织形式、施工进度； 6．工程管理，包括工程建设管理和工程运行管理； 7．设计概算和资金筹措； 8．效益分析，包括经济效益、生态效益、社会效益。 **重点与要点：** 1．复核项目建设任务和规模。 2．查明小流域自然、社会经济、水土流失的基本情况。 3．水土保持工程措施确定工程设计标准及工程布置，做出相应设计，对于水土保持单项工程应确定工程的等级。 4．水土保持林草措施应按立地条件类型选定树种、草种并作出典型设计。 5．编制初步设计概算，明确资金筹措方案	**关联：** 1．淤地坝工程应按照《水土保持治沟骨干工程技术规范》（SL 289）和《水土保持综合治理　技术规范》（GB/T 16453.1～16453.6）关于淤坝的技术要求执行。 2．滚水坝、防风固沙工程应按照GB/T 16453.1～16453.6中相关技术要求执行。 3．护岸工程按照《堤防工程设计规范》（GB 50286）的技术规定执行。 4．本规程与《水土保持综合治理　效益计算方法》（GB/T 15774）、GB/T 16453.1～16453.6、《生态公益林建设》（GB/T 18337.1～18337.3）、《水土保持术语》（GB/T 20465）《土地利用现状分类》（GB/T 21010）、《堤防工程设计规范》（GB 50286）、《水利水电工程制图标准　水土保持图》（SL 73.6）、《土壤侵蚀分类分级标准》（SL 190）、《水土保持监测技术规程》（SL 277）、《水土保持治沟骨干工程技术规范》（SL 289）、《水土保持工程设计工程量计算规定》（SL 328）、《水土保持工程运行管理技术规范》（SL 312）配套执行
21	《水土保持监测点代码》 SL 452—2009 2009年9月5日实施	适用于国家水土保持监测网络常规监测点代码的编制	**主要内容：** 规定了水土保持监测点编码规则和代码格式，水土保持监测点代码，主要内容包括： 1．术语和定义； 2．编码规则与代码格式；	**关联：** 本规程与《中华人民共和国行政区划代码》（GB/T 2260）、《中国河流代码》（SL 249）配套执行

续表

序号	标准名称/标准号/时效性	针对性	内容与要点	关联与差异
21			3．监测点代码。 **重点与要点：** 1．监测点的编码及代码格式应充分体现监测点所属上级监测机构、所在区域土壤侵蚀类型与水土流失防治重点区类别、等级等信息，满足监测点分类、检索等管理要求。 2．各个监测点与所编代码应一一对应，保证信息存储、交换的唯一性和一致性。 3．所编代码应包括正在运行的所有监测点。监测点编号序列以省为编码单元。在代码格式上留有预留码，以适应监测点扩展的需要	
22	《岩溶地区水土流失综合治理标准》 SL 461—2009 2010年3月25日实施	适用于我国南方岩溶地区的水土流失综合治理	**主要内容：** 规定了岩溶地区土壤侵蚀强度与土壤侵蚀程度分级、石漠化强度与潜在石漠化危险程度分级、水土流失类型分区、水土保持调查和水土流失治理技术，主要内容包括： 1．规定了土壤侵蚀强度与土壤侵蚀程度分级、石漠化强度和潜在石漠化危险程度分级、水土流失类型分区的标准； 2．规定了水土保持调查的一般要求，主要有土壤侵蚀与石漠化调查、岩溶泉城调查、地下河流域调查、地下河泥沙调查、地表水资源枯竭与内涝情况调查； 3．阐述了不同水土流失分区水土流失治理技术，主要有坡耕地治理、荒地治理、沟道治理、岩溶表层泉利用、落水洞治理、坡面水系工程。 **重点与要点：** 1．岩溶地区容许土壤流失量为 50t/（$km^2 \cdot a$）。 2．岩溶地区石漠化程度强度分级应基岩裸露率为指标进行划分。 3．岩溶地区潜在石漠化危险程度分级以土壤侵蚀强度为判别指标。 4．岩溶地区分为岩溶中高山、断陷盆地、岩溶高原、岩溶峡谷、峰丛洼地、岩溶草谷、峰林平原、丘从洼地 8 个水土流失类型区	**关联：** 本规程与《岩溶地质术语》（GB/T 12329）、《水土保持综合治理　规划通则》（GB/T 15772）、《水土保持综合治理　技术规范　坡耕地治理技术》（GB/T 16453.1）、《水土保持综合治理　技术规范　荒地治理技术》（GB/T 16453.2）、《水土保持综合治理　技术规范　沟壑治理技术》（GB/T 16453.3）、《水土保持综合治理　技术规范　小型蓄排引水工程》（GB/T 16453.4）、《水土保持术语》（GB/T 20465）、《土壤侵蚀分类分级标准》（SL 267）、《雨水集蓄利用工程技术规范》（SL 267）配套执行

续表

序号	标准名称/ 标准号/时效性	针对性	内容与要点	关联与差异
23	《气相色谱法测定水中酚类化合物》 SL 463—2009 2010年4月14日实施	适用于地表水、地下水和生活饮用水中酚类化合物的测定	**主要内容：** 规定了水中酚类化合物的气相色谱测定方法，主要内容包括： 1．方法概述； 2．空白控制； 3．装置及设备； 4．试剂； 5．样品采集与保存； 6．样品前处理； 7．气相色谱分析； 8．校准和数据处理； 9．质量控制与质量保证； 10．方法的精密度、准确度和检出限； 11．注意事项。 **重点与要点：** 1．若采集自来水，打开水龙头，让水流出直至水温稳定后（通常需要3min～5min）后，调整流速至大约500mL/min，采集采集水样至瓶满。 2．向样品瓶中加水至所做标记处，用量筒测量所用样品的体积，体积精确到5mL。 3．样品处理前平衡至室温，可根据需要调整萃取的水样量，选取液液萃取或者固相萃取方法	**关联：** 本规程与《水环境监测实验室安全技术导则》（SL /Z 390）、《有机分析样品前处理方法》（SL 391）配套执行
24	《气相色谱法测定水中酞酸酯类化合物》 SL 464—2009 2010年4月14日实施	适用于地表水、地下水和生活饮用水中酞酸酯类化合物的测定	**主要内容：** 规定了水中酞酸酯类（同时也称邻苯二甲酸酯类）化合物的气相色谱测定方法，主要内容包括： 1．方法概述； 2．空白控制； 3．装置及设备； 4．试剂； 5．样品采集与保存； 6．样品前处理； 7．气相色谱分析； 8．校准和数据处理；	**关联：** 本规程与《水环境监测实验室安全技术导则》（SL/Z 390）、《有机分析样品前处理方法》（SL 391）配套执行

续表

序号	标准名称/标准号/时效性	针对性	内容与要点	关联与差异
24			9．质量控制与质量保证； 10．方法的精密度； 11．准确度和检出限； 12．注意事项。 **重点与要点：** 1．采集的样品，在富集之前应保持样品瓶密封，并在4℃以下避光冷藏保存。所有样品必须在采集后7d内完成富集，在40d内完成最终分析。 2．每批水样必须至少采集一个现场空白样，并采集约10%的现场平行样	
25	《高效液相色谱法测定水中多环芳烃类化合物》 SL 465—2009 2010年4月14日实施	适用于地表水、地下水和生活饮用水中多环芳烃类化合物的测定	**主要内容：** 规定了水中多环芳烃类化合物的气相色谱测定方法，主要内容包括： 1．方法概述； 2．空白控制； 3．装置及设备； 4．试剂； 5．样品采集与保存； 6．样品前处理； 7．气相色谱分析； 8．校准和数据处理； 9．质量控制与质量保证； 10．方法的精密度； 11．准确度和检出限； 12．注意事项。 **重点与要点：** 1．采集的样品，在富集之前应保持样品瓶密封，并在4℃以下避光冷藏保存。所有样品必须在采集后7d内完成富集，在40d内完成最终分析。 2．样品处理前平衡至室温，可根据需要调整萃取的水样量，选取液液萃取或者固相萃取方法	**关联：** 本规程与《水环境监测实验室安全技术导则》（SL/Z 390）、《有机分析样品前处理方法》（SL 391）配套执行

续表

序号	标准名称/标准号/时效性	针对性	内容与要点	关联与差异
26	《生态风险评价导则》 SL /Z 467—2009 2010年4月14日实施	适用于各种物理、化学、生物等胁迫因子引起的生态风险评价	**主要内容：** 规定了生态风险评价的模型建立、流程、分析、报告等方法与要求，以及风险分析阶段风险评价模型、暴露表征、生态效应表征等相关内容，主要内容包括： 1. 生态风险评价程序概述，包括评价过程和评价概述； 2. 问题提出阶段； 3. 风险分析阶段； 4. 风险表征阶段。 **重点与要点：** 1. 风险分析阶段应建立风险评价模型，验证数据的有效性；若不能满足模型评价要求，则需重新收集数据。如果数据无法获得，可采用参数估值、模型外推等方法获得。 2. 生态风险表征可采用定性分类、单点暴露效应对比、综合完整胁迫因子-效应关系、机理模型、经验方法和野外观测数据等方法表达风险估计	**关联：** 本规程与《环境影响评价技术导则 地面水环境》（HJ/T 2.3）、《环境影响评价技术导则 非污染生态影响》（HJ/T 19）、《生态风险评价指南》（EPA/630/R-95/002F）配套执行
27	《河湖生态需水评估导则》 SL /Z 479—2010 2011年1月11日实施	适用于自然形成的河流（包括河口）、通江湖泊和通江沼泽等河道内生态需水估算	**主要内容：** 规定了生态需水评估的基本原则、内容和技术要求，主要内容包括： 1. 河流生态需水评估，包括生态系统特性分析、项目对生态系统及水文要素的影响分析、生态需水计算要素分析，生态需水计算方法选择和生态需水计算，生态需水计算结果合理性分析； 2. 湖泊生态需水评估，包括生态系统特性分析、项目对生态系统及其水文要素的影响分析、生态需水计算要素确定，生态需水计算； 3. 河口生态需水评估，包括生态系统特性分析、生态需水计算要素确定、生态需水计算； 4. 沼泽生态需水评估，包括评估范围和生态系统特性分析、项目对生态系统及其水文要素的影响分析、生态需水计算要素确定、生态需水计算。 **重点与要点：** 1. 项目对生态系统及其水文要求的影响分析。	**关联：** 1. 生态水质需水计算应按《水域纳污能力计算规程》（SL 348）执行，依据该规程计算纳污能力所采用的设计水文条件为水质需水。 2. 本规程与《水文调查规范》（SL 196）、《水域纳污能力计算规程》（SL 348）配套执行

续表

序号	标准名称/ 标准号/时效性	针对性	内容与要点	关联与差异
27			2. 生态需水要素确定与计算方法。 3. 生态需水指一定生态保护目标对应的水生态系统对水的需求，不包括生态保护目标的确定以及生态需水实施后的检测和评价规定	
28	《气相色谱法测定水中氯代除草剂类化合物》 SL 495—2010 2010 年 12 月 17 日实施	适用于地表水、地下水和生活饮用水中氯代除草剂类化合物的测定	**主要内容：** 规定了水中氯代除草剂类化合物的气相色谱测定方法，主要内容包括： 1. 方法概述； 2. 空白控制； 3. 装置及设备； 4. 试剂； 5. 样品采集与保存； 6. 样品前处理； 7. 气相色谱分析； 8. 校准和数据处理； 9. 质量控制与质量保证； 10. 方法的精密度、准确度和检出限。 **重点与要点：** 1. 用液液萃取或固相萃取法对水样进行萃取富集，萃取液经无水硫酸钠脱水、氮吹浓缩、溶剂置换为正己烷后，用带有电子捕获检测器（ECD）的气相色谱对目标化合物进行分离和分析。 2. 采集的样品，在富集之前应保持样品瓶密封，并在4℃以下避光冷藏保存，所有样品必须在采集后 7d 内完成富集，在 40d 内完成最终分析	**关联：** 本规程与《水环境监测实验室安全技术导则》（SL /Z 390）、《有机分析样品前处理方法》（SL 391）配套执行
29	《顶空气相色谱法（HS-GC）测定水中芳香族挥发性有机物》 SL 496—2010 2010 年 12 月 17 日实施	适用于地表水、地下水及饮用水中挥发性芳香烃的测定	**主要内容：** 规定了水中芳香族挥发性有机物的顶空气相色谱测定方法，主要内容包括： 1. 方法概述； 2. 干扰消除； 3. 仪器及材料； 4. 试剂；	**关联：** 本规程与《水环境监测实验室安全技术导则》（SL /Z 390）、《有机分析样品前处理方法》（SL 391）配套执行

续表

序号	标准名称/ 标准号/时效性	针对性	内容与要点	关联与差异
29			5．水样的采集与保存； 6．分析步骤； 7．结果处理； 8．质量保证； 9．方法的精准度、精密度和检出限。 **重点与要点：** 采集的样品，在富集之前应保持样品瓶密封，并在 4℃以下避光冷藏保存，所有样品必须在采集后 7d 内完成富集，在 40d 内完成最终分析	
30	《气相色谱法测定水中有机氯农药和氯联苯类化合物》 SL 497—2010 2010 年 12 月 17 日实施	适用于地表水、地下水和饮用水中有机氯农药和多氯联苯类化合物的测定	**主要内容：** 规定了水中有机氯农药（OCPs）和多氯联苯（PCBs）类化合物的气相色谱测定方法，主要内容包括： 1．方法概述； 2．空白控制； 3．装置及设备； 4．试剂； 5．样品采集与保存； 6．样品前处理； 7．气相色谱分析； 8．校准和数据处理； 9．质量控制与质量保证； 10．方法的精密度； 11．准确度和检出限。 **重点与要点：** 1．用液液萃取或固相萃取法对水样进行萃取富集，萃取液经无水硫酸钠脱水、氮吹浓缩、溶剂置换为异辛烷后，用带有电子捕获检测器（ECD）的气相色谱对目标化合物进行分离和分析。 2．采集的样品，在富集之前应保持样品瓶密封，并在 4℃以下避光冷藏保存，所有样品必须在采集后 7d 内完成富集，在 40d 内完成最终分析	**关联：** 本规程与《水环境监测实验室安全技术导则》（SL /Z 390）、《有机分析样品前处理方法》（SL 391）配套执行

续表

序号	标准名称/ 标准号/时效性	针对性	内容与要点	关联与差异
31	《水土保持数据库表结构及标识符》 SL 513—2011 2011年4月25日实施	适用于全国各级水土保持部门和其他相关单位的水土保持数据库建设，以及与其相关的数据查询、信息发布和应用服务软件开发等	**主要内容：** 规定了全国水土保持数据库的库表结构和标识符的设计、定义以及数据分类存储和维护，主要内容包括： 1．表结构设计； 2．标识符命名； 3．字段类型及长度； 4．基础信息数据库表结构，包括基础地理信息数据表结构和水土保持基础专题图数据表结构； 5．土壤侵蚀监测数据库表结构，包括水土保持监测点基本情况表结构、水蚀观测数据表结构、滑坡泥石流观测数据表结构，面源污染表结构，区域土壤侵蚀表结构； 6．综合治理数据库表结构，包括综合治理项目管理表结构、综合治理项目统计表结构、综合治理项目效益表结构； 7．预防监督数据库表结构。 **重点与要点：** 1．标识符分为表标识符和字段标识符两类，标识符由英文字母、数字和下划线组成，首字符是英文字母，大写。 2．字段类型包括字符、数值、时间、空间和二进制类型。 3．水土保持数据库表结构设计。 4．水土保持数据库标识符规定	**关联：** 本标准与《中华人民共和国行政区划代码》（GB/T 2260）、《日期与时间表示法》（GB/T 7408）、《中国植物分类与代码》GB/T 14467）、《水土保护综合治理　验收规范》（GB/T 15773）、《水土保护综合治理技术规范》（GB/T 15774）、《中国土壤分类与代码》（GB/T 17296）、《水土保持术语》（GB/T 20465）、《土地利用现状分类》（GB/T 21010）、《开发建设项目水土保持技术规范》（GB 50433）、《土壤侵蚀分类分级标准》（SL 190）、《中国河流代码》（SL 249）、《中国水库名称代码》（SL 259）、《水土保持监测技术规程》（SL 277）、《实时雨水情数据库表结构与标识符标准》（SL 323）、《基础水文数据库表结构及标识符标准》（SL 324）、《水土保持工程质量评定规程》（SL 336）、《水土保持信息管理技术规程》（SL 341）、《水土保持监测设施通用技术条件》（SL 342）、《水利信息化常用术语》（SL/Z 376）、《水土保持监测点代码》（SL 190）配套执行
32	《水土保持工程施工监理规范》 SL 523—2011 2012年3月26日实施	1．适用于水土保持工程投资超过200万元的使用国有资金投资、国家融资，或者使用外国政府和国际组织贷款、援助资金的水土保持生态建设工程，以及水利水电、铁路、公路、城镇建设、矿山、电力、石油天然气和建材等生产建设项目水土保持工程的施工监理。 2．其他水土保持工程可参考执行	**主要内容：** 规定了水土保持工程施工准备、施工实施、工程验收及保修期等阶段的监理工作程序、方法及要求，主要内容包括： 1．监理组织及监理人员； 2．监理工作程序、方法和制度，包括监理人员开展监理工作应遵循的规定，监理机构的基本职责与权限；监理工作程序、方法、制度； 3．施工准备阶段、施工实施阶段、验收阶段的监理工作。 **重点与要点：** 1．水土保持工程施工各阶段监理工作的内容、程序、方法。 2．水土保持工程施工监理实行总监理工程师负责制	**关联：** 本规程与《水土保持综合治理验收规范》（GB/T 15773）配套执行。 **差异：** 本规范中的验收标准执行《水土保持综合治理验收规范》（GB/T 15773）的标准要求

续表

序号	标准名称/标准号/时效性	针对性	内容与要点	关联与差异
33	《入河排污口管理技术导则》 SL 532—2011 2011 年 6 月 30 日实施	适用于在江河、湖泊（含运河、渠道、水库等水域）上设置的入河排污口的登记、设置申请、监测、规范化治理及统计管理的技术工作	**主要内容：** 规范了入河排污口登记、设置申请、监测、规范化治理、统计管理等各项工作的技术要求，主要内容包括： 1．入河排污口登记，包括登记程序、登记单位认定，登记表内容审核要求； 2．入河排污口设置申请和审批，包括设置申请及审批程序、入河排污口设置申请、入河排污口设置论证、入河排污口设置审批、入河排污口设置验收； 3．入河排污口监测，包括人工检测和自动检测； 4．入河排污口规范化治理，包括入河排污口布设规划、入河排污口整治、入河排污口规范化建设； 5．入河排污口统计管理，包括入河管理污口编码及名称确定和档案管理。 **重点与要点：** 1．入河排污口管理单位应按照本标准要求对《中华人民共和国水法》施行前已经设置的入河排污口，以及《中华人民共和国水法》施行后没有登记的入河排污口进行补充登记。 2．入河排污口设置申请和审批工作程序包括提交书面申请材料、审核、受理、审查、决定和验收等。 3．入河排污口管理单位可根据需要对入河排污口进行监测，监测分为人工监测和自动监测，入河排污总量及入河污染物总量按照日计算。 4．入河排污口规范化治理包括入河排污口布设规划、入河排污口整治及规范化建设	**关联：** 本规程与《水域纳污能力计算规程》（GB/T 25173）、《水环境监测规范》（SL 219）配套执行
34	《水利水电工程水土保持技术规范》 SL 575—2012 2013 年 1 月 8 日实施	1．适用于大中型水利水电工程的规划、项目建议书、可行性研究、初步设计等阶段的水土保持设计。 2．适用于水土保持方案编制、施工图设计，水土保持工程建设管理、施工、验收等。	**主要内容：** 规定了主体工程水土保持分析与评价、水土流失防治责任范围与防治分区、水土流失影响分析与预测、水土流失防治目标及措施总体布局，水土保持施工组织设计、水土保持监测、水土保持工程管理、水土保持工程概（估）算等内容的技术要求，主要内容包括： 1．水土保持工程级别划分与设计标准； 2．基本规定；	**关联：** 本规程与《开发建设项目水土保持技术规范》（GB 50433）配套执行。 **差异：** 《水利水电工程水土保持技术规范》（SL 575）的基本原则和要求遵循《开发建设项目水土保持技术规范》（GB 50433），但适用范围不一致。《水利水电工程水土保持技术规范》（SL 575）主要适用于大中型水利水电工程的规

续表

序号	标准名称/ 标准号/时效性	针对性	内容与要点	关联与差异
34		3. 小型水利水电工程可选择执行	3. 水文计算； 4. 主体工程水土保持分析与评价； 5. 水土流失防治责任范围与防治分区； 6. 水土流失影响分析与预测； 7. 水土流失防治目标及措施总体布局； 8. 弃渣场设计； 9. 拦渣工程； 10. 降水蓄渗工程； 11. 防洪排导工程； 12. 斜坡防护工程； 13. 土地整治工程； 14. 防风固沙工程； 15. 植被恢复与建设工程； 16. 临时防护工程； 17. 水土保持施工组织设计； 18. 水土保持监测； 19. 水土保持管理； 20. 水土保持概（估）算等。 **重点与要点：** 1. 水土保持设计应与主体工程设计的阶段深度一致，与主体工程规划、设计、施工组织设计、建设征地与移民安置等内容衔接。 2. 水土保持设计应重视调查研究，鼓励采用新技术、新工艺和新材料，做到综合防治、因地制宜、实用美观、技术经济合理。 3. 提出了水土保持工程级别划分及设计标准。 4. 提出了水土保持施工图设计说明书、水土保持设计变更报告等编制内容和要求。 5. 针对水土保持设计常用的小面积汇流条件，提出了水文调查、分析和计算的要求。 6. 提出了弃渣场分类、选址、堆置、安全防护距离、防护措施布置的规定，明确了弃渣场稳定分析和计算的要求	划、项目建议书、可行性研究、初步设计等阶段的水土保持设计，以及水土保持方案编制、施工图设计，水土保持工程建设管理、施工、验收等，小型水利水电工程可选择执行；《开发建设项目水土保持技术规范》（GB 50433）适用于各种不同类型的开发建设项目

续表

序号	标准名称/标准号/时效性	针对性	内容与要点	关联与差异
35	《水土保持遥感监测技术规范》 SL 592—2012 2012年10月31日实施	适用于全国、流域性以及区域的水土保持遥感监测	**主要内容：** 规定了应用遥感技术开展水土保持监测遵循的遥感影像选择和预处理、信息提取、野外验证、分析评价与成果管理等技术要求，主要内容包括： 1．遥感影像选择的原则，以及预处理方法； 2．阐述水土保持遥感监测信息提取的内容； 3．阐述野外验证的内容、方法以及对验证成果的要求； 4．阐述水土侵蚀分析方法和成果管理。 **重点与要点：** 1．水土保持遥感监测工作应按资料准备、遥感影像选择与预处理、解释标志建立、信息提取、野外验证、分析评价和成果资料管理等程序进行。 2．基础地理信息数据应根据监测成果精度要求，选择对应的比例尺进行收集。 3．开展各比例尺水土保持遥感监测的大地基准采用CGCS2000国家大地坐标系统，高程基准采用1985国家高程基准	**关联：** 本规程与《国家基本比例尺地形图分幅和编号》（GB/T 13989）、《水土保持综合治理　规划通则》（GB/T 15772）、《遥感影响平面图制作规范》（GB/T 15968）、《水土保持综合治理　技术规范》（GB/T 16453）、《数字地形图产品基本要求》（GB/T 17278）、《数字测绘成果质量检查与验收》（GB/T 18316）、《土地利用现状分类》（GB/T 21010） 《国家大地测量基本技术规定》（GB 22021）、《水利水电工程制图标准　水土保持图》（SL 73.6）、《土壤侵蚀分类分级标准》（SL 190）、《水土保持信息管理技术规程》（SL 341）、《水土保持工程初步设计报告编制规程》（SL 449）、《基础地理信息数字产品 1:10000、1:50000 数字高程模型》（CH/T 1008）、《基础地理信息数字产品 1:10000、1:50000 数字正射影像图》（CH/T 1009）配套执行
36	《水资源保护规划编制规程》 SL 613—2013 2013年11月8日实施	1．适用于大江大河、重要湖泊（水库）等流域或区域的地表水和地下水水资源保护规划的编制。 2．中小河流以及其他湖泊（水库）的水资源保护规划编制可选择执行	**主要内容：** 规定了水资源保护规划编制的工作内容、深度要求、技术方法，统一规划编制的基本原则、技术要求，保证水资源保护规划编制的水平和质量，主要内容包括： 1．水资源保护规划编制原则和总体要求、水平年设定、主要任务等； 2．水资源保护现状调查与评价的内容与要求； 3．地表水功能区复核与划分； 4．规划目标与总体布局； 5．水域纳污能力与污染物入河量控制方案，包括水纳污能力计算和核定、现状污染物入河量调查与分析、污染物入河量控制方案； 6．入河排污口布局与整治，包括面源及内源污染控制与治理、水生态系统保护与修复、地下水资源保护、饮用水水源地保护等措施的技术内容、方法和要求； 7．面源及内源污染控制与治理；	**关联：** 1．本规程与《地表水环境质量标准》（GB 3838）、《地下水质量标准》（GB/T 14848）、《土壤环境质量标准》（GB 15618）、《水域纳污能力计算规程》（GB/T 25173）、《水功能区划分标准》（GB/T 50594）。 2．《水环境监测规范》（SL 219）、《地表水资源质量评价技术规程》（SL 395）、《河湖生态需水评估导则》（SL /Z 479）、《地下水超采区评价导则》（SL 286）。 3．《入河排污口管理技术导则》（SL 359）、《水利水电工程环境保护投资概算估算编制规程》（SL 359）、《地下水环境监测技术规范》（HJ/T 164）配套执行

续表

序号	标准名称/ 标准号/时效性	针对性	内容与要点	关联与差异
36			8．水生态系统保护与修复； 9．地下水资源保护，包括地下水功能区划、地下水保护措施； 10．饮用水水源地保护，包括地表饮用水水源地保护和地下饮用水水源地保护； 11．水资源保护监测和管理，包括投资估算、规划实施意见与效果分析的内容、方法和要求。 **重点与要点：** 1．水资源保护规划应与国家及地区国民经济和社会发展规划、国家主体功能区规划、全国水资源综合规划、各流域综合规划相适应，与相关部门的发展规划和专业规划相协调，合理确定规划目标，处理好水资源开发利用与水资源保护的关系。 2．水资源保护规划应确定规划基准年和规划水平年	
37	《环境影响评价技术导则　水利水电工程》 HJ/T 88—2003 2003 年 4 月 1 日实施	1．适用于水利行业的防洪、水电、灌溉、供水等大中型水利水电工程环境影响评价。 2．其他行业同类工程和小型水利水电工程可选择执行	**主要内容：** 规定了水利水电工程环境影响评价的标准、原则、内容和方法，主要内容包括： 1．工程概况与工程分析； 2．环境现状调查和评价，包括调查要求和调查方法； 3．环境影响识别，包括影响识别内容和影响识别方法； 4．环境影响预测和评价； 5．对策措施； 6．环境监测与管理，包括环境监测任务，监测站点布设，监测技术要求，环境管理； 7．环境保护投资估算与环境影响经济损益分析。 **重点与要点：** 1．工程建设对流域造成较大影响时，应分析工程对流域社会经济和生态环境的影响。 2．单项环境影响评价工作等级可分为三级。 3．环境保护目标应包括环境保护敏感目标与保护区域应达到的环境质量标准或功能要求	**关联：** 本规程与《建设项目竣工环境保护验收技术规范　水利水电》（HJ 464）配套执行

续表

序号	标准名称/标准号/时效性	针对性	内容与要点	关联与差异
38	《建设项目竣工环境保护验收技术规范 水利水电》 HJ 464—2009 2009年7月1日实施	1．适用于防洪、水电、灌溉、供水等大中型水利水电工程竣工环境保护验收工作。 2．小型水利水电工程和航电枢纽等工程的竣工环境保护验收工作可选择执行	**主要内容：** 规定了水利水电建设项目竣工环境保护验收有关工作程序和技术要求，主要内容包括： 1．验收准备阶段技术要求，包括资料收集、现场初步调查、编制环境保护验收调查实施方案。 2．验收调查技术要求，包括环境敏感目标调查、工程调查、环境保护措施落实情况调查、生态影响调查、水文泥沙情势影响调查、水环境影响调查、大气环境影响调查、声环境影响调查、振动环境影响调查、固体废物影响调查、社会环境影响调查、环境风险事故防范及应急措施调查、环境管理及监控计划落实调查、公众意见调查等。 3．竣工环境保护验收现场检查，包括环境保护设施检查、环境保护措施检查。 **重点与要点：** 1．验收技术工作程序、验收工况要求。 2．验收调查时段和范围，验收调查原则和方法。 3．验收执行标准及指标	**关联：** 本规程与《环境影响评价技术导则 水利水电工程》（HJ 88）、《环境影响评价技术导则 总纲》（HJ 2.1）、《环境影响评价技术导则 地面水环境》（HJ 2.3）、《环境影响评价技术导则 生态影响》（HJ 19）、《地表水和污水监测技术规范》（HJ 91）、《建设项目竣工环境保护验收技术规范 生态影响类》（HJ/T 394）配套执行

第七节 安全卫生标准

序号	标准名称/标准号/时效性	针对性	内容与要点	关联与差异
1	《水利水电工程劳动安全与工业卫生设计规范》 GB 50706—2011 2012年6月1日实施	适用于新建、改建和扩建的水利水电工程的劳动安全与工业卫生的设计	**主要内容：** 规定了水利水电工程劳动安全与工业卫生设计应遵循的技术准则和要求，主要内容包括： 1．工程总体布置，包括水工建筑物、机电和金属机构、临时建筑物三部分； 2．劳动安全，包括防机械伤害、电气伤害、坠落伤害、防气流伤害、防洪防淹、防强风和防雷击以及交通安全和防火灾和防爆炸伤害等；	**关联：** 1．安全标志的制作应符合现行国家标准《安全标志及其使用导则》（GB 2894）和《安全色》（GB 2893）的有关规定。 2．工程的防机械伤害设计，应符合现行国家标准《机械安全 防护装置 固定式和活动式防护装置设计与制造一般要求》（GB/T 8196）、《生产设备安全卫生设计总则》（GB 5083）、《生产过程安全卫生要求总则》（GB 12801）和《起重机械安全规程 第1部分：总则》（GB 6067.1）等的有关规定。

续表

序号	标准名称/标准号/时效性	针对性	内容与要点	关联与差异
1			3．工业卫生，包括防噪声、防振动、防电磁辐射、采光与照明、通风及温度湿度控制、防水与防潮、防毒防泄漏、防放射性与有害物质危害、防尘防污、水利血防、饮水安全与环境卫生； 4．安全卫生辅助设施等方面的劳动安全与工业卫生设计规定和要求。明确了工程设计中应根据实际情况设置生产卫生用室和生活卫生用室等辅助用室的要求；明确要求辅助用室应根据枢纽总体布置和运行管理的需要结合各建筑物的布置来确定；指出厕所的设置应根据枢纽总体布置、各建筑物的布置、运行管理、检修工作和运行人员数量合理设置，同时要求厕所污水应经处理后才能排放。 **重点与要点：** 1．水利水电工程劳动安全与卫生设计，应结合工程情况，积极慎重采用先进的技术措施和设施，做到安全可靠、经济合理，且必须与主体工程同时设计。 2．工程附近有污染源时，宜根据污染源种类和风向，避开对生活区、生产管理区所带来的不利影响。 3．建筑物间安全距离、各建筑物内的安全疏散通道及各建筑物进、出交通道路等布置，应符合防火间距、消防车道、疏散通道等的要求。 4．建筑物内的基础廊道、观测廊道、交通廊道等的出入口，不应少于 2 个。出入口位置应选择在安全地段或采取可靠的防护措施。 5．抗震设计烈度 8 度及以上的地下工程交通进出口部位，宜采取放缓洞口边坡坡度、岩面喷浆锚固或衬砌护面、洞口适当向外延伸等措施，进出口建筑物应采用钢筋混凝土结构。 6．炸药库距居民区、人口密集区的安全距离，以及雷管库与炸药库间的安全距离，均应符合现行国家标准《爆破安全规程》（GB 6722）的有关规定。 7．轨道式机械设备应装有行车声光警示信号装置。设备最大外缘与建筑物墙柱之间经常有人通行时，净距应大于 0.8m。	3．工程的防洪设计应符合国家现行标准《防洪标准》（GB 50201）、《水利水电工程等级划分及洪水标准》（SL 252）、《水电枢纽工程等级划分及设计安全标准》（DL 5180）的有关规定。 **差异：** 1．《水利水电工程劳动安全与工业卫生设计规范》（DL 5061）与《水利水电工程劳动安全与工业卫生设计规范》（GB 50706）的适用范围不一致。 2．《水利水电工程劳动安全与工业卫生设计规范》（DL 5061）的适用范围不含小型水电水利工程，《水利水电工程劳动安全与工业卫生设计规范》（GB 50706）适用范围包含全部水利水电工程。 3．防雷电设计应符合国家现行标准《建筑物防雷设计规范》（GB 50057）、《交流电气装置的过电压保护和绝缘配合》（DL/T 620）的有关规定。 4．《水利水电工程劳动安全与工业卫生设计规范》（DL 5061）与《水利水电工程劳动安全与工业卫生设计规范》（GB 50706）的强制性要求不一致。 5．《水利水电工程劳动安全与工业卫生设计规范》（DL 5061—1996）全条文均为强制性条文，《水利水电工程劳动安全与工业卫生设计规范》（GB 50706）非全部为强制性条文

续表

序号	标准名称/ 标准号/时效性	针对性	内容与要点	关联与差异
1			8．采用开敞式高压配电装置的独立开关站，其场地四周应设置高度不低于2.2m的围墙。 9．在中性点直接接地的低压电力网中，零线应在电源处接地。同时，易发生爆炸、火灾造成人身伤亡的场所应装设应急照明。 10．防洪防淹设施应设置不少于2个的独立电源供电，且任意一电源均应能满足工作负荷的要求。 11．六氟化硫气体绝缘电气设备的配电装置室及检修室必须装设机械排风装置，其室内空气中六氟化硫气体的含量不应超过$6.0g/m^3$，室内空气不应再循环，且不得排至其他房间内。室内地面孔、洞应采取封堵措施。 12．工程室内使用的胶合板、细木工板、刨花板、纤维板等人造木板及饰面人造木板，必须测定游离甲醛的含量或游离甲醛的释放。 13．易发生爆炸、火灾造成人身伤亡的场所应装设应急照明。 14．水轮机室、发电机风道和廊道的照明器，当安装高度低于2.4m，且照明器的电压超过现行国家标准《特低电压（ELV）限值》（GB/T 3805）规定值时，应设置防触电设施。 15．六氟化硫全封闭组合电器、气体绝缘输电线路和封闭母线外壳以及构支架上可能产生的感应电压，正常运行条件下不应大于24V，故障条件下不应大于100V。 16．重力坝、拱坝的坝顶下游侧和未设防浪墙的上游侧应设置防护栏杆等安全设施。 17．工程的楼梯、坑池、孔洞和坠落高度超过2m的平台周围，均应设置防护栏杆或盖板。楼梯、平台均应采取防滑措施。 18．水工建筑物闸门（门库）的门槽、集水井、吊物孔、竖井等处，应在孔口设置盖板或防护栏杆。 19．临空高度小于24m时，防护栏杆高度不应低于1.05m；临空高度不小于24m时，防护栏杆高度不应低于1.10m	

续表

序号	标准名称/标准号/时效性	针对性	内容与要点	关联与差异
2	《水电水利工程安全防护设施技术规范》 DL/T 5162—2013 2014年4月1日实施	适用于水电水利工程安全防护及设施的验收	**主要内容：** 规定了水电水利工程施工现场各种施工设施及管道线路的设置应符合综合安全要求，主要内容包括： 1．基本规定，包括施工现场、作业面、通道、临建房屋、电动机具、供风、供排水、供电、环境保护与职业健康等； 2．场内运输，包括水平运输、垂直运输和大型起重机械拆除等； 3．砂石料和混凝土生产； 4．土石方工程，包括明挖、洞挖和填筑； 5．基础处理，包括灌浆、灌注桩、地下连续墙和振冲加固； 6．混凝土工程，包括模板工程、钢筋工程和混凝土浇筑； 7．金属结构制作与安装，包括金属结构制作与安装； 8．水轮发电机组安装与调试，包括水轮发电机组安装、电气设备安装和水轮发电机组调试。 **重点与要点：** 1．在悬崖、陡坡、杆塔、坝块、脚手架以及其他高处危险边沿进行悬空高处作业时，临边必须设置防护栏杆，并应根据施工具体情况，挂设水平安全网或设置相应的吊篮、吊笼、平台等设施。产生粉尘危害的作业场所，应采取除尘措施。筛分楼、破碎车间、制砂车间、空压机站、水泵站、拌和楼等作业场所应设置有声级不大于75dB（A）的隔音值班室。木工机械、风动工具、喷砂除锈、锻造、铆焊等噪声危害严重的作业，应配备足够的防噪耳塞等防护用品。 2．地下工程施工中，距离地面低于2.5m的场所的照明电压不应大于36V，照明器应防水、防尘。在特别潮湿的场所、导电良好的地面、锅炉或金属容器内工作照明的电压不宜大于12V。 3．同一垂直方向进行多层交叉作业时，必须设有效的隔离防护设施。 4．施工用各种动力机械的电气设备应有可靠的接地装置，接地电阻不大于4Ω。	**关联：** 1．本规范与《建筑施工扣件式钢管脚手架安全技术规程》（JGJ 130）配套使用。 2．本规范与《安全标志及其使用导则》（GB 2894）配套使用。 3．本规范与《环境空气质量标准》（GB 3095）配套使用。 4．本规范与《手持电动工具的管理、使用、检查和维修安全技术规程》（GB 3787）配套使用。 5．本规范与《固定式钢梯及平台安全要求　第1部分：钢直梯》（GB 4053.1）配套使用。 6．本规范与《固定式钢梯及平台安全要求　第2部分：钢斜梯》（GB 4053.2）配套使用。 7．本规范与《固定式钢梯及平台安全要求　第3部分：工业防护栏杆及钢平台》（GB 4053.3）配套使用。 8．本规范与《工业企业场内铁路、道路运输安全规程》（GB 4387）配套使用。 9．本规范与《生活饮用水卫生标准》（GB 5749）配套使用。 10．本规范与《起重机械安全规程　第1部分：总则》（GB 6067.1）配套使用。 11．本规范与《爆破安全规程》（GB 6722）配套使用。 12．本规范与《灯具　第1部分：一般要求与试验》（GB 7000.1）配套使用。 13．本规范与《机动车运行安全技术条件》（GB 7258）配套使用。 14．本规范与《机械安全防护装置固定式和活动室防护装置设计与制造一般要求》（GB 8196）配套使用。 15．本规范与《重要用途钢丝绳》（GB 8918）配套使用。 16．本规范与《污水综合排放标准》（GB 8978）配套使用。 17．本规范与《吊笼有垂直导向的人货两用施工升降机》（GB 26557）配套使用。 18．本规范与《重要用途钢丝绳》（GB 8918）配套使用。

续表

序号	标准名称/标准号/时效性	针对性	内容与要点	关联与差异
2			5．缆车式泵站，应重点控制卷扬机的运行。 6．施工现场载人机械传动设备应符合以下要求：采用慢速可逆式卷扬机，升降速度不应大于0.15m/s。卷扬机制动器为常闭式，供电时制动器松开。卷扬机缠绕应有排绳装置。电气设备金属外壳均应接地，接地电阻应不大于4Ω。 7．载人机械提升钢丝绳应符合以下规定：钢丝绳的安全系数不得小于12。钢丝绳上10倍直径长度范围内断丝根数不得大于总根数的5%。钢丝绳绳头应采用巴氏合金充填绳套，套管铰接绳环，套筒箍头紧固绳环固定。钢丝绳卷绕在卷筒上的安全圈数不得小于3圈，绳头在卷筒上固定可靠。 8．采用绳卡固定钢丝绳时，其绳卡间距不得小于钢丝绳直径的6倍，绳头距安全绳卡的距离不得小于140mm，绳卡安放在钢丝绳受力一侧，不得正反交错设置绳卡。 9．载人机械使用滑轮应符合以下规定：滑轮的名义直径与钢丝绳名义直径之比不得小于30。滑轮绳槽圆弧半径应比钢丝绳名义半径大5%～7.5%，槽深不得小于钢丝绳直径的1.5倍。钢丝绳进出滑轮的允许偏角不得大于2.5°。吊顶滑轮和导向滑轮固定可靠。 10．载人吊笼应符合以下规定：根据施工需要，吊笼的承载能力按每人100kg进行吊笼结构强度设计。吊笼顶部设计强度在任一0.10m²的面积上应能承受1500N载荷的作用。吊笼内空净高不得小于2.00m，吊笼每人占据的底面积不得小于0.20m²，设置水平拉门，门框高度应不低于2.00m，宽度应不少于0.60m，并设有可靠的锁紧装置。吊笼内应有足够的照明，吊笼外安装滚轮或滑动导向靴。 11．塔式、门式、桥式和缆索起重机等大型起重机械，在拆除前应根据施工情况和起重机特点，制定拆除施工技术方案和安全措施。 12．工程施工爆破作业周围300m区域为危险区域，危险区域内不得有非施工生产设施。对危险区域内的生产设施设备应采取有效的防护措施。爆破危险区域边界的所有通道应设有明显的提示标志或标牌。	19．本规范与《个体防护装备选用规范》（GB 11651）配套使用。 20．本规范与《工企业厂界环境噪声排放标准》（GB 112348）配套使用。 21．本规范与《建筑照明设计标准》（GB 50034）配套使用。 22．本规范与《汽车加油加气站设计与施工规范》（GB 50156）配套使用。 23．本规范与《建设工程施工现场消防安全技术》（GB 50720）配套使用。 24．本规范与《建设设计防火规范》（GB 50016）配套使用。 25．本规范与《工作场所有害因素职业接触限值 第1部分：化学有害因素》（GBZ 2.1）配套使用。 26．本规范与《工作场所有害因素职业接触限值 第2部分：物理因素》（GBZ 2.2）配套使用。 27．本规范与《轴流式水轮机埋体安装技术导则》（DL/T 5037）配套使用。 28．本规范与《水工建筑物水泥灌浆施工技术导则》（DL/T 5148）配套使用。 29．本规范与《高压配电装置设计技术规程》（DL/T 5352）配套使用。 30．本规范与《水利水电工程施工通用安全技术规程》（DL/T 5370）配套使用。 31．本规范与《水利水电工程土建施工安全技术规程》（DL/T 5371）配套使用。 32．本规范与《水利水电工程金属结构与机电设备安装安全技术规程》（DL/T 5372）配套使用。 33．本规范与《水利水电工程施工作业人员安全技术操作规程》（DL/T 5373）配套使用。 34．本规范与《水轮发电机定子现场装配工艺导则》（DL/T 5420）配套使用。 35．本规范与《建筑施工高处作业安全技术规程》（JGJ 80）配套使用

续表

序号	标准名称/标准号/时效性	针对性	内容与要点	关联与差异
2			13．水轮发电机组整个运行区域与施工区域之间必须设安全隔离围栏，在运行区围栏入口处应设专人看守，并挂“非运行人员免进”的标志牌，在高压带电设备上均应挂警示标志。 14．在机坑内进行定子组装、铁芯叠装和定子下线作业时，应搭设牢固的脚手架、安全工作平台和作业人员上下的爬梯。临空面必须设防护栏杆并悬挂安全网，定子上部与发电机层平面间应设安全通道和护栏。 15．混凝土生产过程中，拌和、制冷、储罐拆除时应符合以下要求：应划定安全警戒区，封闭通道口并设专人监护。现场应配备安全绳、灭火器、防毒面具等防护用品。拆除液氨系统时，应采取防止发生火灾爆炸的措施。 16．压力钢管安装应符合以下要求：应配备联络通信工具。洞、井内应装设示警灯、电铃等。斜道内应安装爬梯。钢管上的焊接安装工作平台、挡板、支撑架、扶手、栏杆等应牢固稳定，临空边缘设有钢防护栏杆或铺设安全网等。洞内应配备足够的通风、排烟装置	
3	《履带起重机安全操作规程》 DL/T 5248—2010 2010年10月1日实施	适用于水电水利工程用履带起重机。其他工程用履带起重机可选择执行	**主要内容：** 规定了水电水利工程用履带起重机的安装与拆卸、运行、维护保养、运输的安全操作技术要求，主要内容包括： 1．履带起重机安装与拆卸的操作技术要求； 2．履带起重机运行中启动、作业、超起作业、停机的操作技术要求； 3．履带起重机维护保养的操作技术要求； 4．履带起重机交接班的要求。 **重点与要点：** 1．安装与拆卸单位应编写详细的作业指导书，其主要内容包括专项安全技术措施，主要有吊装手段、安装与拆卸顺序、施工方法、安装进度、资源配置；明确安装与拆卸施工的概况，对设备的主要技术参数及重要附件应作出整理或说明。	**关联：** 1．150t以下履带起重机性能试验方法按照《150t以下履带起重机性能试验方法》（GB/T 13330）执行。 2．钢丝绳的检验及报废应符合《起重机械用钢丝绳检验和报废实用规范》（GB/T 5972）的规定。 3．履带起重机及吊物与输电线的安全距离应符合《起重机械安装规程》（GB 6067）的规定。 4．履带起重机的作业环境满足《履带起重机技术条件》（GB/T 14560）的有关要求。 5．在下述情况下，应对起重机按《起重机械安装规程》（GB 6067）规定进行检验试验：正常工作的起重机，每两年进行一次；经过大修、改造过的起重机，在交付使用前；闲置时间超过一年的起重机，在重新使用前；经过暴风、大地震、较大事故后，可能使强度、刚度、构件的稳定性、机构的重要性能等受到损害时

续表

序号	标准名称/标准号/时效性	针对性	内容与要点	关联与差异
3			2．安装单位应在安装前，按规定向特种设备安全监督管理部门书面告知。 3．安装与拆卸之前，应仔细检查起重机各部件、液压与电气系统等的现状是否符合要求，如有缺陷和安全隐患，应及时校正与消除。 4．整机安装完成后，应按规定进行检测，检测合格后才能投入使用。拆卸过程中，不得随意切割钢构件、螺栓、钢丝绳等。 5．对安全保护装置应做定期检查、维护保养，起重机上配备的安全限位、保护装置要求灵敏可靠，严禁擅自调整、拆修。严禁操作缺少安全装置或安全装置失效的起重机，不得用限位开关等安全保护装置停车。 6．启动前应进行检查，各安全防护装置及指示仪表应齐全、完好；钢丝绳、连接部位应符合规定；燃油、润滑油、液压油、冷却液等应符合要求。 7．当起吊重要物品或重物重量达到额定起重量的90%以上时，应检查起重机的稳定性、制动器的可靠性。 8．交接班时应填写机械运行记录、维护保养记录，并签字确认，完成当班保养。未经交班，不得离开工作岗位	
4	《门座起重机安全操作规程》 DL/T 5249—2010 2011年5月1日实施	1.适用于水电水利工程用门座起重机。 2.其他工程用门座起重机可选择执行	**主要内容：** 规定了水电水利工程用门座起重机的安装与拆卸、使用、维护保养、运输等方面的安全操作技术要求，主要内容包括： 1．门座起重机安装与拆卸的操作技术要求； 2．门座起重机运行中启动、作业、停机的操作技术要求； 3．门座起重机维护保养的操作技术要求； 4．门座起重机交接班的要求； 5．门座起重机运输的操作技术要求。 **重点与要点：** 1．门座起重机应是符合国家规定的合格产品，并按规定向政府主管特种设备的安全监督管理部门登记。	**关联：** 1．按照《水电水利工程施工作业人员安全技术操作规程》（DL/T 5373）的规定，司机酒后和非本机司机均不得登机操作。 2．根据《起重机械安全规程》（GB 6067）的规定，起重机工作时，臂架、吊具、辅具、钢丝绳、缆风绳及重物等，与输电线的最小距离不应小于相关的规定。起重机的任何部位（包括吊物）与输电线的安全距离应符合GB 6067的规定。 3．门座起重机安装使用的环境条件应符合《水利电力建设用起重机》（DL/T 946）的有关要求。 4.门座起重机电气装置低压和高压部分应分别符合《电气装置安装工程 起重机电气装置施工及验收规范》（GB

续表

序号	标准名称/ 标准号/时效性	针对性	内容与要点	关联与差异
4			2．门座起重机使用单位应对安装单位进行工作交底。安装单位应对施工现场进行勘察，根据安装需要向使用单位提出安装施工要求。 3．安装与拆卸之前，施工单位应按设备技术文件的要求，结合场地和吊装机具等条件，编写详细的作业指导书（包括安全保证措施、事故应急措施和救援预案）并得到有关部门的批准。 4．新钢丝绳在安装前，应确认其型号规格、长度符合设备技术文件的要求。 5．整机安装完成后应进行系统检查，检查合格后进行负荷试验，并按规定登记。 6．起重机上配备的安全限位、保护装置，应齐全、灵敏、可靠，严禁擅自调整、拆修。严禁操作缺少安全装置或安全装置失效的起重机。 7.起升作业时，先将重物吊离地面，高度不宜超过0.5m，检查吊物的平衡、捆绑、吊挂是否牢靠，确认无异常后，方可继续操作；对易晃动的重物，应拴拉绳；当起吊重要物品、吊物达到额定起重量的90%及以上时，还应检查起重机的稳定性、制动器的可靠性；起升或下降避免急剧制动；遇紧急情况时，应立即停机，必要时切断总电源	50256）和《电气装置安装工程　高压电器施工及验收规范》（GBJ 147）的要求。 5．《水利水电起重机械安全规程》（SL 425）适用于水电水电工程永久性或建设用的塔式起重机、门座起重机、缆索起重机、桥式起重机、门式起重机及升船机，各种启闭机、拦污栅的清污机可选择执行，规定了水利水电起重机械在设计、制造、安装、使用、维修、检验、报废管理等方面的安全技术要求
5	《汽车起重机安全操作规程》 DL/T 5250—2010 2011年5月1日实施	1.适用于水电水利工程用汽车起重机。 2.其他工程用汽车起重机可选择执行	**主要内容：** 规定了水电水利工程用汽车起重机在运行、维护保养、交接班等方面安全操作的技术要求，主要内容包括： 1．汽车起重机运行，包括启动、就位、作业等； 2．汽车起重机维护保养； 3．汽车起重机交接班管理。 **重点与要点：** 1．起重作业环境中存在重大危险源时，应制定专项起重方案，经论证审核后实施。 2．明令禁止的汽车起重机操作安全注意事项： （1）不得采用自由下降的方式下降吊钩及重物； （2）严禁操作缺少安全装置或安全装置失效的汽车起重机；	**关联：** 1．经过大修、新安装及改造过的起重机，在交付使用前，闲置时间超过一年的起重机，在重新使用前，应按照《起重机械安全规程》（GB 6067）的有关规定对起重机进行检验试验。 2．汽车起重机从业人员应掌握《起重吊运指挥信号》（GB 5082）规定的起重指挥信号和操作的汽车起重机的主要技术参数、各周期维护保养范围及使用方法。 3．吊钩应具有防脱钩装置。吊钩的技术要求应符合《起重吊钩　第2部分：锻造吊钩技术条件》（GB/T 10051.2）的规定，吊钩使用检查和报废应符合《起重吊钩　第3部分：锻造吊钩使用检查》（GB/T 10051.3）的有关规定

续表

序号	标准名称/标准号/时效性	针对性	内容与要点	关联与差异
5			（3）汽车起重机作业中如发现地基下沉、塌陷时应立即停止作业并及时处理； （4）汽车起重机起重作业范围内，严禁无关人员停留或通过，作业中起重臂下严禁站人。 3．汽车起重机应按规定配备消防器材，并放置于易摘取的安全部位，操作人员应掌握其使用方法。 4．发动机启动后应怠速运转 3min～5min 进行暖机，观察各仪表显示值是否正常。 5．起升重物跨越障碍时，重物底部至少应高出所跨越障碍物最高点 0.5m 以上。作业中不得操作支腿控制手柄。维护保养时排放冷却液应待温度降到 60℃以下进行。 6．未经交班，不得离开工作岗位	
6	《水电水利工程施工机械安全操作规程　挖掘机》 DL/T 5261—2010 2011 年 5 月 1 日实施	1. 适用于水电水利工程中使用的以内燃机为动力的履带及轮胎式液压正（反）铲挖掘机。 2. 其他工程可选择执行	**主要内容：** 规定了水电水利工程用挖掘机设备运行、维护保养的安全操作要求，主要内容包括： 1．挖掘机使用管理的基本要求； 2．挖掘机运行中启动、行驶、作业、停机操作安全技术要求； 3．挖掘机维修保养的操作安全技术要求。 **重点与要点：** 1．操作人员应按挖掘机设备技术要求进行操作，严禁超载作业或任意扩大使用范围。 2．通过狭窄地段时，应有引导员，并规定好引导信号。通过桥梁前，应准确掌握桥梁的承载能力及其可通过的宽度和高度，然后低速（≤5km/h）行驶。 3．新机、经过大修或技术改造的设备应按设备技术要求执行走合期的规定。 4．应按期对设备进行各类维修保养，及时排除各类故障，严禁带故障作业。 5．在特殊工况下作业，应制定安全保障措施，并履行相关的报批手续。 6．夜间或在洞室内作业时，设备上灯光应齐全完好，作业区域应有足够的照明	**关联：** 1．挖掘机在架空输电线路下面作业或通过时，其最高点与高压线之间的最小垂直距离不得小于《水电水利工程施工通用安全技术规程》（DL/T 5370—2007）中第 6.1.7 条的规定。 2．采用其他设备转运挖掘机时，应按《水电水利工程施工通用安全技术规程》DL/T 5370—2007 中第 9 章的有关规定执行

续表

序号	标准名称/标准号/时效性	针对性	内容与要点	关联与差异
7	《水电水利工程施工机械安全操作规程 推土机》 DL/T 5262—2010 2011年11月1日实施	1.适用于水电水利工程中使用的履带及轮胎式推土机。 2.其他工程可选择执行	**主要内容：** 规定了水利水电工程中使用的推土机设备运行、维修保养的安全操作要求。主要内容包括： 1．推土机使用管理的基本要求。 2．推土机运行中启动、行驶、作业、停机操作等安全技术要求。 3．推土机维修保养的安全技术要求。 **重点与要点：** 1．应对推土机设备建立技术档案，并按照规定妥善保存。 2．新机、经过大修或技术改造的设备应按设备技术要求执行走合期的规定。 3．应按期对设备进行各类维修保养，及时排除各类故障，严禁带故障作业。 4．推土机的启动、行驶、作业、停机以及维修保养的操作技术要求。 5．在特殊工况下作业，应制定安全保障措施，并履行相关的报批手续。 6．在推土机作业区域，应设立警告标志及采取现场控制措施，非工作人员未经批准不得入内。如必须在设备运行范围以内工作时，设备应停止作业。 7．在补加各种油料时，严禁吸烟或接近火源。注油结束后应拧紧各油箱盖，擦净油渍。更换机油时，推土机应停放在平坦处，在发动机停止、机油温热时排放机油。 8．推土机较长时间闲置时，每月应至少进行一次维护保养和发动机的启动运转。 9．通过狭窄地段时，应有引导员，并规定引导信号。通过桥梁前，应准确掌握桥梁的承载能力及其可通过的宽度和高度，然后低速（≤5km/h）行驶。 10．推土机集中停放的场所，应有专人看管，并应设置消防器材及工器具；推土机四周不得堆放易燃、易爆物品。 11.设备大修理间隔期与设备折旧规定期限、使用状况、维护保养情况、使用强度等因数密切相关。正常情况下，一般为10000h～15000h（2年～4年）	**关联：** 1．推土机在架空输电线路下面作业或通过时，其最高点与高压线之间的最小垂直距离不得小于《水电水利工程施工通用安全技术规程》（DL/T 5370—2007）中第6.1.7条的规定。 2.采用其他设备转运推土机时，应按DL/T 5370—2007中第9章的有关规定执行。 3．除了采用火车、直升机转运推土机时需分别遵守火车运输、航空运输的规定外，采用其他载重设备（包括船舶）、起重设备转运推土机时均要按照DL/T 5370中第9章的有关规定执行

续表

序号	标准名称/标准号/时效性	针对性	内容与要点	关联与差异
8	《水电水利工程施工机械安全操作规程　装载机》 DL/T 5263—2010 2011年11月1日实施	1.适用于水电水利工程中使用的履带及轮胎式推土机。 2.其他工程可选择执行	**主要内容：** 规定了水利水电工程中使用的装载机设备运行、维修保养的安全操作要求，主要内容包括： 1．装载机使用管理的基本要求； 2．装载机运行中启动、行驶、作业、停机操作安全技术要求； 3．装载机维修保养的操作安全技术要求。 **重点与要点：** 1．应对装载机设备建立技术档案，并按照规定妥善保存。 2．新机、经过大修或技术改造的设备应按设备技术要求执行走合期的规定。 3．应按期对设备进行各类维修保养，及时排除各类故障，严禁带故障作业。 4．装载机的启动、行驶、作业、停机以及维修保养的操作技术要求。 5．在特殊工况下作业，应制定安全保障措施，并履行相关的报批手续。 6．两台或两台以上装载机在同一区域作业，相互间的安全距离前后相距不少于8m	**关联：** 1．装载机在架空输电线路下面作业或通过时，其最高点与高压线之间的最小垂直距离不得小于《水电水利工程施工通用安全技术规程》（DL/T 5370—2007）中第6.1.7条的规定。 2．采用其他设备转运装载机时，应按DL/T 5370—2007中的有关规定执行
9	《水电水利工程混凝土搅拌楼安全操作规程》 DL/T 5265—2011 2011年11月1日实施	1．适用于水电水利工程。 2．其他工程可选择执行	**主要内容：** 规定了水电水利工程混凝土搅拌楼的安装与拆除、运行、维护、保养、运输等方面的安全操作技术要求，主要内容包括： 1．安装与拆除，包括准备工作、安装与调试、拆除； 2．运行，包括基本要求、启动、生产作业、停机、交接班； 3．维护与保养； 4．运输。 **重点与要点：** 1．安装前应根据厂家技术文件和有关规定制定安装拆除方案和调试大纲，同时应编写安全保证措施和事故救援预案。	**关联：** 1．搅拌楼应使用符合《周期式混凝土搅拌楼》（DL/T 945）、《混凝土搅拌楼》（DL/T 456）用搅拌机和相关标准规定的合格产品。 2．紧固件、连接件、结构件的安装应符合《钢结构工程质量验收规范》（GB 50205）的相关技术要求。 3．机械设备的安装应符合《机械设备安装工程施工及验收通用规范》（GB 50231）的技术要求。 4．电气试验结果应符合《电气装置安装工程　施工及验收规范》（GBJ 232）的要求。 5．称量系统的称量精度应符合《塔式起重机安全规程》《水工混凝土施工规范》（DL/T 5144）的要求。 6．配料称量精度应符合《塔式起重机安全规程》（DL/T

续表

序号	标准名称/ 标准号/时效性	针对性	内容与要点	关联与差异
9			2．搅拌楼基础验收合格。根据楼体结构特点自下而上的安装；楼内机械设备安装与所在层结构安装同步进行；电气及管路系统的安装在搅拌楼结构完成后进行；所有设备安装完毕，应经检验合格。 3．搅拌楼的基础验收合格后应根据楼体结构特点自下而上安装。吊装结构主排架和配料层平台，并检验校正结构安装对角线和垂直度。相应同步组装安装副楼结构、主控室（含室内电控柜）。 4．吊装集中料斗及盖板，先在地面分别将集中料斗和集中料斗盖板组成整体，再依照标记将集中料斗及其盖板组成一体，同时还应把粉料卸料管组上，而后将该起吊单元空中翻身后整体就位于配料层平台上。 5．调试顺序为单机（单设备）空载调试、楼内系统调试、联动调试、试生产调试。管路系统调试时应检查相关管路和阀件是否符合设计要求，动作可靠、无渗漏；称量系统调试中并保证弧门关闭严密，气缸上接近开关接通。注意调整外加剂称斗的水平，保证传感器的垂直度；在所有称斗安装调整完毕后，应用砝码直接校称，静态系统精度为 0.1%。 6．骨料风冷时，搅拌楼临时停止生产混凝土时，冷风机可以停止供氨，而风机仍应继续运转。冷风机一般在连续运转 4h～5h 后，关闭风机，打开冲洗阀，冲洗 10min。冷风机的运行可由制冷车间统一控制。 7．交接班的主要内容应包括：生产任务、施工条件、质量要求；机械运行及保养情况；随机工器具、油料、配件情况；事故隐患及故障处理情况；安全措施及注意事项。 8．搅拌楼作业人员应经专门技术培训，并经考核合格取得上岗证。 9．搅拌楼使用的环境条件应满足设备技术文件要求。存在重大危险源时，应制订专项应急预案。 10．搅拌楼基础应进行专项设计，应坐落在稳定、承载能力能满足要求的基础上	5144）水工混凝土施工规范的要求，称量系统应按规定周期进行校验

续表

序号	标准名称/ 标准号/时效性	针对性	内容与要点	关联与差异
10	《水电水利工程缆索起重机安全操作规程》 DL/T 5266—2011 2011 年 11 月 1 日实施	适用于水电水利工程使用的平移式、辐射式、固定式、摆塔式缆索起重机	**主要内容：** 规定了水电水利工程缆索起重机的安装与拆除、运行、维护与保养、运输等方面的安全操作技术的要求，主要内容包括： 1．安装与拆除，包括准备工作、安装、试验、拆除； 2．运行，包括一般规定、作业、交接班； 3．维修保养，包括一般规定、机械部分、电气部分； 4．运输。 **重点与要点：** 1．缆机在安装、改造、重大维修前，应按规定书面告知政府有关部门。在安装、改造、重大维修过程中，应由政府部门认可的专门检验检测机构监督检验，合格后方可交付使用。 2．缆机轨道安装要求：同跨两平行轨道在同一截面内的标高相对差应不大于 5mm；轨道顶面的纵向倾斜度不应大于 1/1000，任意 2m 内，单根轨道横向偏差的最大允许值为 1mm，全行程内的最大允许偏差为 13mm；轨距最大允许偏差为 4mm；钢轨接头处应磨平，轨面不得有明显的高低差及侧向偏差，任意两根钢轨接头之间离开 20mm。 3．缆机轨道的外侧临空应设有宽度不小于 1m 的走道，并设有安全防护栏杆；双轨的接头严禁在同一断面上，错开距离不得小于 1.5m，接头处应放在轨枕上。距轨道终端 2m 处设有限位开关碰块，1m 处应设有可靠的止挡器。 4．缆机主索索头浇铸后 24h 严禁工地放炮；主索头浇铸完毕后主索不得有鼓丝现象；索头要求铸造密实，光滑平整，表面面积原则上不得有蜂窝麻面，如有气孔，麻面面积不得大于该侧面积的 5%；索头在做试验后，主索拉出长度不得大于 10mm，否则为不合格产品，要重新铸造。 5．对安装完成的缆机应开展空载试验、静载试验、动载试验。空载试验主要对三大机构进行空荷载运行，测试其技术性能；静载试验，按 100%、125%额定载荷试验，	

续表

序号	标准名称/ 标准号/时效性	针对性	内容与要点	关联与差异
10			对塔架结构部分塑性变形进行测量和承载索垂度测量；动载试验，按 100%、110%额定载荷试验，对机构部分技术性能进行检测。 6．多层缆机作业时，应充分考虑缆机的跨度、垂度、起升高度、大风的影响，确保两台缆机承载索有足够的安全间距（推荐值≥8m）。两台或多台起重机吊运同一重物时，钢丝绳应保持垂直；各台起重机的升降、运行应保持同步；各台起重机所承受的载荷均不得超过各自的额定起重能力。 7．交接班双方应做到“六交”（交生产任务完成情况和作业要求；交设备运行及保养情况；交随机工具及油料和配件消耗情况；交检查及故障处理情况；交安全措施及注意事项；交设备运行及检修保养记录）和“三查”（查设备运行及保养情况；查设备运行、保养记录是否准确完整；查随机工具是否齐全）。 8．检修人员确需搭乘小车进行检修时，除应按照高空作业的相关安全规定采取保护措施外，小车行驶速度应控制在额定速度的 20%以内。 9．缆机运输前应制订运输方案，运输方案宜包括运输方式、装卸方法、行车路线、存放场地、安全措施等	
11	《水电水利工程施工重大危险源辨识及评价导则》 DL/T 5274—2012 2012 年 7 月 1 日实施	适用于大中型水电水利工程的危险源辨识及评价	**主要内容：** 规定了水电水利工程施工重大危险源辨识及评价方法、范围、深度及分级管理要求，主要内容包括： 1．重大危险源的基本要素； 2．重大危险源辨识的一般规定，以及不同功能区的辨识； 3．重大危险源评价的一般规定，评价阶段和内容，以及五种评价方法。对危险源的辨识明确了一些基本的规定，对不同区域的危险源管理提出了详细的要求，尤其对生产、施工作业区、物质仓储区和生活、办公区提出了具体的要求。 **重点与要点：** 1．水电水利工程应进行重大危险源辨识及评价，对重大危险源进行分级管理。	**关联：** 危险物质的生产、使用、储存和经营等各企业和组织应按照《重大危险源辨识》（GB 18218）执行。该标准主要规定了辨识重大危险源的依据和方法，对构成重大危险源的物质的临界值进行了规定，不含评价方法

续表

序号	标准名称/标准号/时效性	针对性	内容与要点	关联与差异
11			2．对初步判断的疑似重大危险源，应采用本标准推荐出的评价方法进行评价并确定危险源等级，进行分级控制，并制定相应安全对策，防止其转变成隐患。 3．辨识及评价确定的重大危险源应经相关部门组织评审后，正式发布备案，跟踪监控。 4．对辨识及评价出的重大危险源依据事故可能造成人员伤亡的数量及财产损失情况进行分级，可按如下标准分为4级。一级重大危险源：可能造成30人以上（含30人）死亡，或者100人以上重伤，或者1亿元以上直接经济损失的危险源；二级重大危险源：可能造成10人～29人死亡，或者50人～99人重伤，或者5000万元以上1亿元以下直接经济损失的危险源；三级重大危险源：可能造成3人～9人死亡，或者10人～49人重伤，或者1000万元以上5000万元以下直接经济损失的危险源；四级重大危险源：可能造成3人以下死亡，或者10人以下重伤，或者1000万元以下直接经济损失的危险源。 5．作业条件危险性评价法适用于各阶段评价。作业条件危险性评价法中危险性大小值 D 按下式计算：$D=L\times E\times C$。式中：D—危险性大小值；L—发生事故或危险事件的可能性大小；E—人体暴露于危险环境的频率；C—危险严重程度	
12	《水电水利工程施工机械安全操作规程 凿岩台车》 DL/T 5280—2012 2012年12月1日实施	适用于水电水利地下工程施工中，各种凿岩台车在作业前准备、运行、维护保养等方面的安全操作	**主要内容：** 规定了水电水利工程用凿岩台车工作前准备、运行、维护保养等方面的安全操作要求，主要内容包括： 1．行驶或作业前的准备； 2．运行，包括一般规定、启动、行驶、作业、停机、交接班； 3．维护及保养。 **重点与要点：** 1．作业前，应先将周围及顶部松碎岩石撬挖干净，裂隙及松散部位应采取相应措施。 2．新启用的、经过大修或技术改造的凿岩台车，应按出厂使用说明书的要求进行测试和试运转。	**关联：** 1．施工安全防护设施应满足《水电水利工程施工安全防护设施技术规范》（DL 5162）的有关要求。 2．应采用湿式凿岩，并加强通风，空气质量应符合《水工建筑物地下开挖工程施工技术规范》（DL/T 5099）的有关要求

续表

序号	标准名称/标准号/时效性	针对性	内容与要点	关联与差异
12			3．移动钻臂时，应先退回钻杆，使推进梁顶盘离开工作岩面；钻臂下不得站人；工作臂不得互相碰撞。 4．自动防卡钎装置的调整应在钻进过程中进行。当卡钎时，应及时进行反向推进，同时降低冲击、反向推进压力，轻冲轻推，排除卡钎。 5．停用一个月以上或封存的凿岩台车，应做好停用或封存前的保养工作，并应采取防护措施。 6．交接班的主要内容应包括：生产任务、施工条件、质量要求；钻孔中遇到的特殊地质情况及钻孔异常；已钻设的合格钻孔情况、不合格钻孔及其处理情况；机械运行及保养情况；随机工器具、油料、配件消耗情况；事故隐患及故障处理情况。 7．维护保养前，确保液压、水和空气系统已卸压	
13	《水电水利工程施工机械安全操作规程 平地机》 DL/T 5281—2012 2012年12月1日实施	适用于水电水利工程施工中平地机的使用	**主要内容：** 规定了水电水利工程用平地机运行、维护与保养的安全操作要求，主要内容包括： 1．运行，包括一般规定、启动、作业、停机； 2．维护与保养。 **重点与要点：** 1．新启用、经过大修或技术改造的平地机，应按设备技术要求执行走合期的规定。 2．平地机上路行驶时，应遵守道路交通规则，并做到：上路前应将铲刀和齿耙升到最高位置，并将铲刀斜放，两端不得超出后轮外侧；平地机行驶速度不宜超过20km/h；平地机下坡时，应平稳低速行驶，不得空挡滑行。操作人员及配合作业人员应按规定配戴劳动防护用品。 3．启动应按下列要求进行：启动时，每次不得超过10s，再次启动应间隔2min，当连续三次启动未成功时，应查明原因，排除故障后再启动；发动机启动后，仪表指示值应正常。带增压器的应怠速运转3min～5min；起步前，检视周围应无障碍物及行人，鸣笛示意后，宜低速起步，并应测试和确认转向、变速控制、制动装置等灵敏、有效。	

续表

序号	标准名称/标准号/时效性	针对性	内容与要点	关联与差异
13			4．现场技术人员应对平地机操作人员及配合人员进行安全技术交底。 5．平地机作业区域，应设警告标识并采取安全措施。夜间作业应有充足的照明。 6．停机前应卸去载荷，待发动机进入怠速运转后再熄火停机。装有增压器的内燃机，应怠速运转 3min～5min 后方可停机。 7．地机运转中发现异常，应立刻停机检查，排除故障后方可继续运转。 8．平地机上的各种安全防护装置应齐全有效。 9．实行多班作业的机械，应执行交接班制度，并填写交接班记录。 10．当必须在斜坡上停机时，应将铲刀朝向下坡方向，并插入土中，同时应采取防护措施	
14	《水电水利工程施工机械安全操作规程　塔式起重机》 DL/T 5282—2012 2012 年 12 月 1 日实施	适用于在水电水利工程建设中使用的塔式起重机	**主要内容：** 规定了水电水利施工中塔式起重机的安装与拆除、运行、维修与保养的操作技术要求，主要内容包括： 1．安装与拆除，包括一般规定、拆装作业条件、安装前检查、拆装； 2．运行，包括一般规定、作业前准备、作业； 3．维修与保养。 **重点与要点：** 1．轨道安装要求： （1）轨道型号必须符合该塔式起重机的技术要求，轨道附件应与轨道配套。轨道不允许焊接接长使用。 （2）轨道枕木（以下简称轨枕）的规格应符合塔式起重机技术要求。 （3）路基两侧或中间应设排水沟，保证路基无积水。 （4）碎石基础的碎石粒径应为 20mm～40mm，含泥量不大于 20%。碎石基础严禁使用卵石。碎石基础应整平捣实，轨枕之间应填满碎石。 （5）使用混凝土路基，其制作应严格按照该塔式起重机的技术要求进行。	**关联：** 1．设备的各种限位和限制装置、仪器、仪表应齐全有效，每次安装后都必须按《塔式起重机》（GB/T 5031）的要求进行实验。 2．塔式起重机的防雷系统和接地系统应符合《塔式起重机安全规程》（GB 5144）及塔式起重机技术要求的规定。 3．司机应熟悉所操作塔式起重机的各项性能及熟练掌握《起重吊运指挥信号》（GB 5082）规定的各种指挥信号。 4．缓冲器的设计应符合《塔式起重机设计规范》（GB/T 13752）的规定

续表

序号	标准名称/ 标准号/时效性	针对性	内容与要点	关联与差异
14			（6）碎石基础的轨道应通过垫板与轨枕可靠地连接，每间隔 6m 应设一个轨距拉杆。混凝土路基的轨道应通过垫板及压板与路基可靠地连接。 （7）钢轨接头处应在轨枕（混凝土基础的轨道在垫板）宽度的 1/2 处。 （8）轨距允许误差不大于其公称值的 1/1000，其绝对值不大于 6mm。 （9）钢轨接头间隙不大于 4mm，与另一侧钢轨接头的错开距离不小于 1.5m，接头处两轨顶高度差不大于 2mm。 （10）塔式起重机安装后，轨道顶面纵、横方向上的倾斜度，上回转塔式起重机应不大于 3/1000，下回转塔式起重机应不大于 5/1000。在轨道全程中，轨道顶面任意两点的高度差应小于 100mm。 （11）在距轨道两端均需设置能可靠防止塔式起重机出轨的止挡装置及大车行走限位器碰块装置。止挡装置上应安装缓冲器，当塔式起重机与止挡装置接触时，缓冲器应使起重机较平稳地停车而不产生猛烈的冲击。 2．塔式起重机安装前，应按规定书面告知当地特种设备主管部门。安装调试后，必须经具有相应资质的检验检测机构进行验收，验收合格后方可投入使用。 3．塔式起重机的尾部与周围建筑物及其外围施工设施之间的安全距离不得小于 0.6m；两台起重机之间的最小架设距离应保证处于低位的塔式起重机的起重臂端部与另一台塔式起重机的塔身之间至少有 2m 的距离；处于高位的塔式起重机的最低位置部件（吊钩升至最高点或平衡重的最低部位）与低位塔式起重机中处于最高位置部件之间的垂直距离不小于 2m。 4．塔顶高度大于 30m 且高于周围建筑物的塔式起重机，应在塔顶和臂架端部安装红色障碍指示灯，该指示灯的供电不受停机的影响。 5．塔式起重机拆装时的气候条件应符合该塔式起重机的技术要求。当风速大于 13m/s、下雨、下雪、雷电、大雾天气及塔式起重机结构上结冰时，不得进行安装、拆卸和顶升作业。	

续表

序号	标准名称/标准号/时效性	针对性	内容与要点	关联与差异
14			6．使用塔式起重机电梯必须遵守下列规定： （1）乘坐人员必须置身于梯笼内，所持物件伸到梯笼之外。 （2）禁止用电梯运送不明重量的重物。 （3）在升降过程中发生故障，应立即停止使用。 （4）对发生故障的电梯进行修理时，必须采取措施，将梯笼可靠地固定住。 7．拆卸后塔式起重机的存放场地及设施应满足以下要求： （1）存放应选择地势较高、平整、无积水的场地。 （2）结构件分类码放整齐，下部垫木方。长期储存时，应根据存放地点的气候，定期清理、除锈、涂漆。 （3）裸露的装配面（包括轴孔、销孔、螺孔等）应采取有效的防腐措施。 （4）电气系统、塑料零橡胶制品应有防雨、防潮、防晒措施，避免日光直晒和油污，以防止过早老化。 （5）制动弹簧、液压系统应卸去载荷。 （6）存放场地应有可靠的防火、防盗措施	
15	《水电水利工程施工机械安全操作规程　混凝土泵车》 DL/T 5283—2012 2015 年 3 月 1 日实施	适用于水电水利施工中，各种混凝土泵车在作业运行、维护保养等方面的安全操作	**主要内容：** 规定了水电水利施工中混凝土泵车在作业准备、泵送作业、停机、维护与保养等方面的安全操作要求，主要内容包括： 1．一般规定； 2．作业，包括作业准备、泵送作业； 3．停机； 4．维护与保养。 **重点与要点：** 1．整机作业状态允许的最高风速为 13m/s。 2．作业前应进行常规检查，确定电器、液压开关及手柄的正确位置。检查内容包括： （1）燃油、润滑油（脂）、液压油、冷却液等符合规定要求。 （2）发动机转速达到设定值。	

续表

序号	标准名称/标准号/时效性	针对性	内容与要点	关联与差异
15			（3）液压系统工作正常，管道无泄漏； （4）混凝土活塞密封良好； （5）输送管路连接牢固，密封良好； （6）检查搅拌装置完好，搅拌斗内无杂物，料斗上保护格网完好并盖严。 3．泵送作业应符合下列要求： （1）泵车司机应与作业人员保持联系； （2）开始泵送混凝土料前，应先泵送砂浆润滑管道； （3）泵送作业时，料斗中混凝土料位应高于搅拌轴； （4）泵送作业需要动作臂架时，应采用慢档位操作； （5）泵送过程中停顿 10min～15min，应间歇地多次正泵和反泵。长时间停顿时，应将管道内混凝土料吸回到料斗，充分搅拌后再泵送。 4．环境温度低于 0℃时，水箱和系统中的水必须放空。 5．为使磨损均匀，延长输送管寿命，每浇注 3000m^3 左右，直管顺时针旋转 120°、弯管旋转 180°	
16	《水电水利工程施工机械安全操作规程　专用汽车》 DL/T 5302—2013 2014 年 4 月 1 日实施	适用于水电水利工程施工中，各种专用汽车在作业运行、维护保养等方面的安全操作	**主要内容：** 规定了水电水利施工中专用汽车运行、维护保养等方面的安全技术要求，主要内容包括： 1．运行，包括一般规定、启动、作业、停机、交接班； 2．维护保养。 **重点与要点：** 1．专用汽车驾驶室严禁超额载人，严禁无关人员进入作业区域或操作室内。 2．新车、经过大修或技术改造的专用汽车，应按车辆性能技术要求，经验收合格后方可使用。 3．自卸汽车应符合以下规定： （1）自卸汽车装料时，就位后应停平稳，并拉紧手制动器。 （2）向坑洼地区卸料时，汽车后轮与坑边应保持足够的安全距离，同时应设专人指挥，夜间设红灯示警。 （3）从陡坎向下卸料时，地基应坚实，并应设置牢固的挡车装置。	**关联：** 1．专用汽车维护保养的主要内容及要求应符合《汽车维护、检测、诊断技术规范》（GB/T 18344）的规定。 2．润滑油的使用性能及质量应符合《柴油机油换油指标》（GB 7607）、《汽油机油换油指标》（GB 8028）的要求

续表

序号	标准名称/ 标准号/时效性	针对性	内容与要点	关联与差异
16			（4）不得在横坡、斜坡上卸料。 （5）卸料时，驾驶员或车辆指挥人员应观察上空和附近有无电线、行人及其他障碍物。车厢顶起后与带电电线之间必须保持一定的安全距离。 （6）车辆应在车厢就位后方可起步行驶，行驶过程中车厢举升开关应处于停止位置。 4．混凝土搅拌运输车应符合以下规定： （1）启动发动机后，应使搅拌筒在低速下转动 10min 左右，使液压油温升到20℃以上后方可工作。 （2）搅拌车在装料前应将搅拌筒反转，将积水和杂物排除干净。 （3）运输混凝土时，应保证卸料槽放置牢固。 （4）运输混凝土过程中，应根据路面情况使搅拌筒保持适当的转速。 （5）运送混凝土途中，搅拌筒不得长时间停转，初凝前应及时卸料。 （6）卸料完毕，应将搅拌筒内部和车身清洗干净。 5．在坡道上停放车辆时，应楔紧轮胎。 6．运输危险品专用汽车需检修时，应将危险品移至安全地点后，方可对故障进行检修	
17	《水电水利工程施工机械安全操作规程 运输类车辆》 DL/T 5305—2013 2014年4月1日实施	适用于水电水利工程施工中，各类运输车辆在作业运行、维护保养等方面的安全操作	**主要内容：** 规定了水电水利施工中运输车辆运行、维护保养等方面的安全技术要求，主要内容包括： 1．运行，包括一般规定、启动、作业、停机、交接班； 2．维护保养。 **重点与要点：** 1．新车、经过大修或技术改造的运输类车辆，应按相关规定进行检查验收。 2．车辆不得超载、超限、超速运行。 3．车辆启动应符合以下规定： （1）启动时应将手制动器置于驻车位置，变速杆置于空挡位置，有动力输出装置的车辆应将取力器操作杆开关置于空挡或脱离位置，自卸汽车的车箱举升开关应处于停止位置。	**关联：** 1．输类车辆维护保养的主要内容及要求应符合《汽车维护、检测、诊断技术规范》（GB/T 18344）的规定。 2．应按照《营运车辆综合性能要求和检验方法》（GB 18565）的规定和车辆技术要求制定车辆的维护保养与检查制度

续表

序号	标准名称/ 标准号/时效性	针对性	内容与要点	关联与差异
17			（2）发动机每次启动时间应符合车辆操作手册的规定，连续 3 次仍不能启动时，应查明原因，待故障排除后，方可再次启动。 （3）启动后应保持怠速运转 3min～5min，然后将转速提高到 1000r/min～1500r/min，使水温及机油温度逐渐上升到 50ºC～60ºC。发动机温度未上升前不宜进入高速运转，也不宜在低温进行长时间的怠速运转。 4．行驶要求： （1）应根据车型、载重量、道路、气候、视线和当时的交通情况，在交通规则规定的范围内，确定适宜的行驶速度。 （2）运输车辆行驶时与相邻的车辆之间应保持安全距离，行驶中应注意气候、道路的特点，车马、行人的动向，交通标志和指挥信号等。 （3）在上长坡或陡坡时，应根据不同情况，及时变换挡位。临近坡顶时鸣笛提醒对方来车。 （4）行车时，如发现发动机过热或缺水，应保持发动机怠速运转，使发动机温度降低后再更换或补加冷却水。 （5）会车时，应注意前方道路和交通情况，选择安全会车地点。 （6）会车时，应降低车速；夜间交会，应关闭大灯，改用小灯。 （7）超车时，应与前车保持横向安全距离，并鸣笛或闪灯示意。 （8）在被超越过程中，不应采取制动、加速、突然变道等措施，以防与后车碰撞。 （9）由前进挡变为倒挡或由倒挡变为前进挡时，应待车辆完全停稳后，再进行换挡操作。 （10）在高原地区行驶时，宜相应减载、减速。 （11）车辆在施工区域行驶时，时速不得超过 15km，洞内时速不超过 8km，在会车、弯道、险坡段时速不得超过 5km。 5．停机状态下方可维修保养。在检查油量或添加燃油时，不得吸烟或用明火照明	

续表

序号	标准名称/标准号/时效性	针对性	内容与要点	关联与差异
18	《水电水利工程施工项目度汛风险评估规程》 DL/T 5307—2013 2014年4月1日实施	适用于大中型水电水利工程施工度汛风险评估	**主要内容：** 规定了水电水利工程施工度汛风险的等级划分、评估准备、风险辨识、损失估算、人为因素风险估算、等级确定、评估报告等要求，主要内容包括： 1．风险的等级划分； 2．风险的评估准备； 3．风险的辨识； 4．风险的损失估算； 5．人为因素风险估算； 6．风险等级确定； 7．风险评估报告。 **重点与要点：** 1．当施工度汛项目在汛前达不到设计度汛要求时，应进行度汛风险评估，度汛风险评估宜在当年汛期前2个月内完成。 2．损失风险应按直接经济损失和人口损失进行估算，划分为特别重大风险、重大风险、较大风险和一般风险4个等级。 3．度汛风险评估应由有专业能力的单位承担。评估人员应由有经验的专业人员组成。 4．采用工程因子定性分析法进行风险辨识时，应对可能造成度汛风险的工程项目因素进行辨识和描述，并提出意见和建议。确定工程存在度汛风险时，应进行损失估算。 5．损失估算应进行人口损失估算和直接经济损失估算。 6．度汛风险等级确定还应考虑政治、军事、社会影响、国民经济运行中的重要设施等不可接受的风险因素。 7．评估报告应全面真实地反映可能发生的风险隐患情况，找出造成风险隐患的主要因素。针对主要因素，提出安全可行、具有可操作性的建议及意见	**关联：** 对洪水风险分析、防洪风险指标分析计算与评价所采用的方法按《防洪风险评价导则》（SL 602）的规定执行。 **差异：** 本规范与《防洪风险评价导则》（SL 602）适用范围不同，《防洪风险评价导则》（SL 602）适用于已建、在建的防洪工程或防洪工程体系对流域或区域的防洪风险评价
19	《水电水利工程施工安全生产应急能力评估导则》 DL/T 5314—2014 2014年8月1日实施	适用于水电水利工程施工安全生产应急能力评估	**主要内容：** 规定了水电水利工程施工安全生产应急能力评估的项目及内容、评估方法等，主要内容包括： 1．评估项目及内容，包括： （1）应急组织评估； （2）风险管理评估；	**关联：** 1．重大危险源辨识及评价应按照《气体分析 校准用混合气的制备》（DL/T 5274）执行。 2．应按照《生产经营单位生产安全事故应急预案编制导则》（GB/T 29639）的相关要求规范应急预案编制工作。

续表

序号	标准名称/标准号/时效性	针对性	内容与要点	关联与差异
19			（3）应急预案评估； （4）危险源监控和预警评估； （5）应急处置评估； （6）应急队伍评估； （7）应急装备和物资评估； （8）评级培训评估； （9）应急演练评估； （10）自检自评评估。 2．评估方法。 **重点与要点：** 1．应急能力评估分为主控项目和一般项目，应急组织、风险管理、应急预案、危险源监控和预警、应急队伍、应急装备和物资保障等为主控项目，其他项目为一般项目。 2．应急组织评估应对组织建立情况及其有效性进行考核，包括应急组织体系、应急组织的职责、相关方应急管理、法律法规宣传与制度建设等内容。 3．风险管理评估应对风险分析及风险控制效果进行考核，包括风险分析、重大危险源管理、风险控制、隐患排查与治理等内容。 4．应急预案评估应包括应急预案体系、应急预案编制、预案管理等内容。 5．危险源监控和预警评估包括危险源监测和监控、危险作业管理、危险物品管理、预警和报警、信息报告和处置等内容。 6．应急队伍评估应包括应急队伍建立、应急指挥人员、应急队伍管理、社会专业应急及相关方协助等内容。 7．应急装备和物资保障评估应包括应急装备、应急物资、应急装备和物资协调、应急通信保障、应急经费保障等内容。 8．应成立评估组织机构，并明确分工和责任。 9．评估工作应覆盖所有作业场所，评估应记录翔实、证据充分。 10．评估可采用现场核查、询问、查阅资料等方式。 11．评估后应及时编写评估报告，评估报告应包括工程概况、评估情况综述、主要问题及整改要求、评估结论、建议等	3．爆破、吊装、高边坡、隧洞、水上（下）、高处、多层交叉施工、大件运输、大型施工设备安装及拆除、易燃易爆区域动火等危险作业应制定专项安全技术措施，应符合《爆破安全规程》（GB 6722）、《水电水利工程爆破施工技术规范》（DL/T 5135）、《水电水利工程施工通用安全技术规程》（DL 5370）、《水电水利工程土建施工安全技术规程》（DL 5371）、《水电水利工程金属结构与机电设备安装安全技术规程》（DL 5372）、《砂石料工程作业人员安全技术操作规程》（DL 5373）等有关标准要求，履行审批手续，安排专人进行现场安全管理及监护。 4．根据《危险化学品重大危险源辨识标准》（GB 18218）、《水电水利工程施工重大危险源辨识及评价导则》（DL/T 5274）和有关规定，进行重大危险源的辨识，并建立档案

续表

序号	标准名称/标准号/时效性	针对性	内容与要点	关联与差异
20	《水电水利工程爆破安全监测规程》 DL/T 5333—2005 2006 年 6 月 1 日实施	1. 适用于大中型水电水利工程各类建筑结构物相关的爆破安全监测工作。 2. 其他工程的爆破安全监测可选择执行	**主要内容：** 规定了水电水利工程爆破安全监测、设计、实施方法等，主要内容包括： 1. 爆破安全监测设计，包含高边坡及建筑物基础开挖爆破安全监测设计、地下工程开挖爆破安全监测设计、堰塞爆破和围堰拆除爆破安全监测设计、水电站扩机开挖爆破安全监测设计、水下开挖爆破安全监测设计、其他开挖爆破安全监测设计 7 部分内容； 2. 宏观调查与巡视检查； 3. 爆破质点振动监测； 4. 爆破应变监测； 5. 爆破孔隙动水压力监测； 6. 爆破水击波、动水压力机浪涌监测； 7. 爆破有害其他、空气冲击波及噪声监测； 8. 爆破影响深度检测； 9. 成果整理、分析与简报。 **重点与要点：** 1. 爆破安全监测应根据工程性质、爆破规模、地形、水文地质条件、环境及保护对象重要性等因素，设置必要的监测项目。 2. 爆破安全监测应遵循：测点布置应针对工程爆破动力响应条件，结合静态安全监测的测点布置情况统筹安全，合理布置；监测设备的选择，应满足精度要求，宜实现自动化监测；监测设备的安装，应满足设计要求的原则。 3. 承担爆破安全监测的承包人，应在项目实施前进行爆破安全监测设计并编制实施计划。 4. 在敏感区域附近爆破施工时，应对重点部位的有关项目加强监测，并进行巡视检查和宏观调查。 5. 监测仪器设备应满足抗高（低）温、防潮及防水等测试环境要求。 6. 用于司法鉴定的测试设备应具有现场实时显示实测物理量的功能。	**关联：** 1. 爆破安全监测作业安全应符合《爆破安全规程》（GB 6722）的规定。 2. 粉尘监测见《作业场所空气中粉尘测定方法》（GB 5748）。 3. 钻孔电视摄像可利用声波孔，并应符合《混凝土强度检验评定标准》（DL/T 5010）的规定。 4. 压水实验法的钻孔与声波孔布置原则一致，测试应符合《水电水利工程钻孔压水试验规程》（DL/T 5331）的规定

续表

序号	标准名称/标准号/时效性	针对性	内容与要点	关联与差异
20			7. 爆破监测设计应包含监测目的、监测项目、监测断面及测点布置、监测仪器设备数量及性能、监测实施进度、预期成果等内容。 8. 爆破对保护对象可能产生危害时，应进行宏观调查与巡视检查。 9. 进行水下爆破时，应对爆区附近需保护对象进行水击波及动水压力监测。 10. 地下洞室爆破作业应进行有害气体浓度监测。 11. 当测试数据超过相应的控制标准时，应在24h内报告相关部门。依据监测频度的不同，一般以旬报或月报形式发送报告。现场监（检）测工作结束后，应提交监（检）测成果分析报告	
21	《水电水利工程施工通用安全技术规程》 DL/T 5370—2007 2007年12月1日实施	1. 适用于大中型水电水利工程施工安全技术管理、安全防护与安全施工。 2. 小型水电水利工程可选择执行	**主要内容：** 规定了水电水利工程施工的通用安全技术要求，主要内容包括： 1. 水利水电工程施工现场安全技术要求； 2. 施工用电、供水、供风、通信的安全技术要求； 3. 施工脚手架、走道、栈桥、梯子、栏杆、盖板、安全防护用具等安全防护设施的安全技术要求； 4. 砂石料生产系统、混凝土拌和系统、起重机、缆机等大型施工设备的安装与运行的安全技术要求； 5. 起重设备及道路、索道、皮带、船舶运输的安全技术要求； 6. 爆破器材与爆破作业的安全技术要求； 7. 焊条电弧焊、埋弧焊、气体保护焊等焊接方式与气割的安全技术要求； 8. 锅炉及压力容器的安装与运行的安全技术要求； 9. 易燃易爆、有毒、放射性物品及油库等危险物品和危险源管理的安全技术要求。 **重点与要点：** 1. 水电水利建设工程施工安全管理，应实行建设单位统一领导，监理单位现场监督，施工承包单位为责任主体的各负其责的管理体制。	**关联：** 1. 生活区大气环境质量应不低于《环境空气质量标准》（GB 3095）中的三级标准。 2. 永久性机动车辆道路、桥梁、隧道，应按《公路工程质量检验评定标准》（JTG 801）的有关规定执行。 3. 漏电保护器的选择应符合《漏电电流动作保护器（剩余电流动作保护器）》（GB 6829）的要求。 4. 潜水式电机设备的密封性能，应符合《电机、低压电器外壳防护等级》（GB 1498）中的IP68级规定。 5. 工程施工生产安全防护设施应符合《水电水利工程施工安全防护设施技术规范》（DL 5162）的有关规定。 6. 爆破作业和爆破器材的采购、运输、储存、加工和销毁，应按照《爆破安全规程》（GB 6722）和《中华人民共和国民用爆炸物品管理条例》执行。 7. 大中型生产厂区的氧气与乙炔宜采用集中汇流排供气-设置氧气、乙炔集中供气系统。其主要把票扩供气间（气体库房）、管路系统等，其设计与安装的防护装置、检修保养、建筑防火均应符合《氧气站设计规范》（GB 50030）、《乙炔站设计规范》（GB 50031）、《建筑设计防火规范》（GBJ 16）等的有关规定。

续表

序号	标准名称/ 标准号/时效性	针对性	内容与要点	关联与差异
21			2．项目负责人和安全生产管理人员应经过相关主管部门考核合格方可任职；新进场（厂）从业人员应进行三级安全教育，岗位更换应进行转岗安全教育才能上岗工作；特种作业人员应进行专门安全培训，并经过国家主管部门考核合格取得资格证后，方可持证上岗。 3．建设单位应根据建设工程安全作业环境，提出安全施工要求，明确安全施工措施所需的费用并列入工程概算，应组织进行工程施工危险源辨识和环境因素辨识、评估，提出控制措施和事故应急预案。 4.设计单位在设计文件中应明确涉及施工安全的重点部位和环节，并提出保障施工安全和预防事故的措施。 5．监理单位应监督施工单位履行安全文明生产职责。 6．施工单位应持有安全生产许可证，按承包合同规定和设计要求，结合施工实际，编制相应的安全生产措施；对重大危险施工项目，应编制专项安全技术方案，报建设单位（监理）审批后实施。 7．施工生产区域主要进出口应设有明显的施工警示标志和安全文明规定、禁令，与施工无关人员、设备不应进入封闭作业区。在危险作业场所应设有事故报警及紧急疏散通道。 8．现场施工总体规划布置应遵循合理使用场地、有利施工、便于管理等基本原则。分区布置，应满足防洪、防火等安全要求及环境保护。 9．施工单位应编制施工用电方案及安全技术措施；从事电气作业的人员，应持证上岗；非电工及无证人员，禁止从事电气作业。 10．经医生诊断，患高血压、心脏病、精神病等不适高处作业病症的人员，不得从事高处作业。 11．设备应有产品质量合格证、设计图纸、安装及维修使用说明书、使用的安全技术规范等资料，并符合有关规程规范的规定。设备安装应按设计图纸、说明书施工，未经有关设计制造部门同意，不得任意修改。	8．氧气、乙炔集中供气系统管路系统的设计、安装和使用应符合《氧气站设计规范》（GB 50030）及《乙炔站设计规范》（GB 50031）的规定。 9．氧气、乙炔集中供气系统投入正式运行前，应由主管部门组织按照本规范以及《氧气站设计规范》（GB 50030）、《乙炔站设计规范》（GB 50031）、《建筑设计防火规范》（GBJ 16）等有关规定，进行全面检查验收，确认合格后，方可交付使用。 10．存储气瓶的仓库建筑，应符合《建筑设计防火规范》（GBJ 16）的规定；存储易燃物品的库房，应按照《建筑设计防火规范》（GBJ 16）有关建筑物的耐火等级和储存物品的火灾危险性分类的规定来确定。 11．可燃、助燃气体储罐，其防火间距应根据《建筑设计防火规范》（GBJ 16）的有关章程执行

续表

序号	标准名称/ 标准号/时效性	针对性	内容与要点	关联与差异
21			12．运送超宽、超长或重型设备时，事先应组织专人对路基、桥涵的承载能力、弯道半径、险坡以及沿途架空线路高度、桥洞净空和其他障碍物等进行调查分析，确认可靠后方可办理运输事宜。 13．从事爆破工作的单位，应建立爆破器材领发、清退制度、工作人员的岗位责任制、培训制度以及重大爆破技术措施的审批制度。 14．压力容器安装、改造、维修的单位应按相关规定取得相应证件。应有与特种设备维修相适应的专业技术人员和技术工人以及必要的检测手段，方可从事相应的维修工作。 15．存储、运输和使用危险化学品的单位，应建立健全危险化学品安全管理制度，建立事故应急救援预案，配备应急救援人员和必要的应急救援器材、设备、物资，并应定期组织演练	
22	《水电水利土建工程安全技术规程》 DL/T 5371—2007 2007年12月1日实施	1.适用于大中型水电水利工程土建施工的安全技术管理、安全防护与安全施工。 2.小型水电水利工程可选择执行	**主要内容：** 规定了水电水利工程土建施工项目的安全技术要求，主要内容包括： 1．土石方工程，包括基本规定、土方明挖、土方暗挖、石方明挖、石方暗挖、石方爆破作业、施工支护及土石方填筑； 2．地基与基础工程，包括基本规定、混凝土防渗工程、化学灌浆、灌注桩基施工、振冲法施工、高喷灌浆工程、预应力锚固工程、沉井法施工及深层搅拌法施工； 3．砂石料生产工程，包括天然砂石料开采、人工砂石料开采、破碎、筛分、连续运输及脱水； 4．混凝土工程，包括模板、钢筋、预埋件、打毛和冲洗、混凝土生产与浇筑、水下混凝土、碾压混凝土及季节施工； 5．沥青混凝土工程，包括制备、面板、心墙施工及其他施工； 6．砌石工程，包括干砌、浆砌、坝体砌筑及其他砌石； 7．堤防工程，包括堤防施工和防汛抢险施工；	**关联：** 1．脚手架结构应按《水电水利工程施工通用安全技术规程》（DL/T 5370—2007）中7.3节的有关要求执行。 2．料场现场运输道路、设施、回车场地等应符合《水电水利工程施工通用安全技术规程》（DL/T 5370—2007）中5.3节的有关规定。 3．有关毛料开挖爆破、运输安全技术应按《水电水利工程施工通用安全技术规程》（DL/T 5370—2007）第9、10章的有关规定执行。 4．皮带机运输应遵守《水电水利工程施工通用安全技术规程》（DL/T 5370—2007）中9.5节的有关规定。 5．拆模时的混凝土强度，应达到《水工混凝土施工规范》（SDL 207）所规定的强度。 6．预制场地的选择，场区的平面布置，场内的道路、运输和水电设施，应符合《地铁噪声与振动控制规范》（SDJ 838）的有关规定。 7．脚手架应按《建筑结构荷载规范》（GB 50009）和《建筑施工扣件式脚手架安全技术规范》（JGJ 130）规定执行。

续表

序号	标准名称/标准号/时效性	针对性	内容与要点	关联与差异
22			8．疏浚与吹填工程，包括排泥管线架设、施工设备调遣、疏浚施工、吹填施工、水下爆破作业； 9．渠道、水站与泵站工程，包括渠道、水闸、泵站； 10．房屋建筑工程，包括施工现场安全防护、基础施工、墙体施工、楼盖板施工、屋面施工、装修及附属设备施工、施工机械； 11．拆除工程，包括建筑物拆除、临建设施拆除、围堰拆除。 **重点与要点：** 1．工程开工前，施工单位应核对设计文件，根据施工区域的地形、地质、水文、气象和地下管线等资料，制定相应的安全技术措施，并逐级向施工人员交底，确保措施有效实施。 2．开挖过程中，应采取有效的截水、排水措施，防止地表水和地下水影响开挖作业和施工安全。 3．已开挖的地段，不得顺土方破面流水，必要时坡顶设置截水沟。 4．当边坡高度大于 5m 时，应在适当高度设置防护栏杆。 5．钻头距离钻机中心线 2m 以上，钻头埋紧在相邻的槽孔内或深孔内提起有障碍，钻机未挂好、收紧绑绳，孔口有塌陷痕迹等情况下，严禁开车。 6．离料场开采边线 400m 范围内为危险区，该区域严禁布置办公、生活、炸药库等设施。 7．冷拉钢筋时，夹具应夹牢并露出足够长度，以防钢筋脱出或崩断伤人。冷拉直径 20mm 以上的钢筋应在专设的地槽内进行，不得在地面进行。机械转动的部分应设防护罩。非作业人员不得进入工作场地。 8．平仓机上下坡时，其爬行坡度不得大于 20°，在横坡上作业，横坡坡度不得大于 10°，下坡时，应采用后退下行，严禁空挡滑行，必要时可放下刀片做辅助制动。 9．脚手架验收后不得随意拆改或自搭飞跳，如必须拆改时，应制定技术措施，经审批后实施。	8．砂浆搅拌机械应符合《建筑机械使用安全技术规程》（JGJ 33）及《施工现场临时用电安全技术规范》（JGJ 46）的有关规定，施工中应定期进行检查、维修，保证机械使用安全。 9．浮船作业时，应遵守交通部颁发的《中华人民共和国内河避碰规则》。 10．参加房屋建筑工程施工的全体人员，除遵守本章的规定外，还应遵守《水电水利工程施工通用安全技术规程》（DL/T 5370）的相关规定。 11．安全网、密目式安全立网必须符合《安全网》（GB 5725）、《集装箱正面吊运起重机试验方法》（GB 16905）的有关规定

续表

序号	标准名称/标准号/时效性	针对性	内容与要点	关联与差异
22			10．绞吸式挖泥船伸出的排泥管线（含潜管）的头、尾及每隔 50m 位置应显示白色环照灯一盏。 11．水下爆破应使用防水的或经防水处理的爆破器材；用于深水区的爆破器材，应具有足够的抗压性能，或采取有效的抗压措施；用于流速较大区的起爆器材还应有足够的抗拉性能，或采用有效的抗拉措施；水下爆破使用的爆破器材用进行抗水和抗压试验，起爆器材还应进行抗拉试验。 12．预制件采用蒸汽养护时，降温速率：当表面系数大于或等于 6 时，不应超过 10℃/h；当表面系数小于 6 时，不应超过 5℃/h；出池后构件表面与外界温差不得大于 20℃。 13．浮船的锚固方式及锚固设备应根据停泊处的地形、水流状况、航运要求及气象条件等因素确定。当流速较大时，浮船上游方向固定索不应少于 3 根。 14．施工照明室外灯具距地面不得低于 3m，室内灯具距地面不低于 2.5m。使用 220V 碘钨灯应固定安装，其高度不应低于 3m，距易燃物不宜小于 50cm，并不得直接照射易燃物，不得将 220V 碘钨灯用做移动照明。 15．围堰拆除施工采用的安全防护设施，应由专业人员搭设，施工单位安全主管部门按类别逐项查验后，保留验收记录，验收合格后，方可投入使用	
23	《水电水利工程金属结构与机电设备安装安全技术规程》 DL/T 5372—2007 2007 年 12 月 1 日实施	1. 适用于大中型水电水利工程现场金属结构制作、安装及水轮发电机组和电气设备安装工程的安全技术管理、安全防护与安全施工。 2. 小型水电水利工程现场金属结构制作、安装和水轮发电机组及电气设备的安装工程可选择执行	**主要内容：** 规定了水电水利工程现场金属结构制作、安装和水轮发电机组及电气设备安装的安全技术要求，主要内容包括： 1．水电水利工程现场金属结构制作、安装和水轮发电机组及电气设备安装施工现场安全防护、施工用电与照明、消防、廊道和洞室作业、底层作业、焊接和切割作业、起重运输作业、作业人员的安全技术要求； 2．金属结构制作、无损探伤、涂装作业、产品转运和存放的安全技术要求； 3．闸门安装、试验与试运行的安全技术要求；	**关联：** 1．本标准以《中华人民共和国安全生产法》《中华人民共和国职业病防治法》、国务院发布的《建设工程安全生产管理条例》等一系列国家安全生产的法律法规为依据，并按照《职业健康安全管理体系》（GB/T 28001），实施安全生产全过程控制，以保障员工的人身安全和健康为主要目的进行编制。 2．施工中的具体安全防护设施项目和要求应执行《水电水利工程施工安全防护设施技术规范》（DL 5162）的相关规定。

续表

序号	标准名称/标准号/时效性	针对性	内容与要点	关联与差异
23			4．启闭机、升船机安装、调试、运行与维护的安全技术要求； 5．引水钢管安装、焊接、涂装、水压试验等项目的安全技术要求； 6．其他金属结构安装的安全技术要求； 7．施工脚手架和平台的搭设、使用、维护与拆除的安全技术要求； 8．金属防腐涂装的安全技术要求； 9．水轮机、发电机、辅助设备、电气设备的安装安全技术要求； 10．水轮发电机组启动试运行的安全技术要求； 11．桥式起重机安装的安全技术要求； 12．施工用具及专用工具的安全技术要求。 **重点与要点：** 1．工程建设各单位应建立安全生产责任制，建立安全生产管理机构，配备专职安全管理人员，各负其责。 2．施工区域应按工程规划设计和实际情况采取封闭措施，对金属结构制作、安装和机电安装的施工区域和重点部位，应实行封闭管理。 3．现场办公、生活区应当与作业区分开设置，并保持一定的安全距离，办公、生活区的选址应当符合安全和环保的要求。 4．现场的施工设施，应符合防洪、防火、防强台风、防雷击、防砸、防坍塌及工业卫生等安全要求。 5．厂房、库房、办公楼等永久或临时建筑物应布置合理。厂址应避免选择在可能发生洪水、泥石流或滑坡等自然灾害地段。建筑物的布置、设计应符合工业建筑、防火、防雷等设计规范。 6．启闭机上运行部位的安全距离，固定物体与运动物体之间的安全距离均应大于0.5m。 7．升船机安装前，应依据施工组织设计编制单项工程施工技术方案和安全作业指导书。按程序审批后，施工前由施工技术负责人向施工人员进行安全技术交底。	3．供电线路的架设、施工变电所的位置、结构与布置，变压器、附属设备及电气线路的安装与维护等均应符合《水电水利工程施工通用安全技术规程》（DL/T 5370）的有关规定。 4．起重运输作业、焊接和切割作业应执行《水电水利工程施工通用安全技术规程》（DL/T 5370）的有关规定。 5．压缩空气站的设计布置应符合《压缩空气站设计规范》（GB 50029）的相关规定。 6．氧气站、乙炔站的设计、布置应分别符合《氧气站设计规范》（GB 50030）、《乙炔站设计规范》（GB 50031）的规定。 7．使用氧、乙炔等气体进行钢板切割时应遵守《水电水利工程施工通用安全技术规程》（DL/T 5370）的有关安全规定。 8．闸门与埋件预组装厂区风、水、电等临时施工设施，规划布置应符合《水电水利工程施工通用安全技术规程》（DL/T 5370）的有关规定。 9．采用简易起重运输，应根据现场实际情况，制定可靠的安全技术方案，并执行《水电水利工程施工通用安全技术规程》（DL/T 5370）的相关规定。 10．使用易爆、有毒和易腐蚀的化学材料，应遵守《水电水利工程施工通用安全技术规程》（DL/T 5370）的相关规定，并采取有效的安全防护措施。 11．通向启闭机及启闭机上的通道应保证人员安全、方便地到达，通道净空高度应大于1.8m。其梯子、栏杆和走道应符合《起重机械安全规程》（GB 6067）的有关规定。 12．安装使用的载人吊笼、临时平台、台车应按起重安全技术规程和《水电水利工程施工通用安全技术规程》（DL/T 5370）的相关规定专门设计、制造、安装、检验、试验，合格后使用。 13．门槽安装用脚手架高于25m的，一般应采用扣件式钢管脚手架，其设计施工应符合《建筑施工扣件式脚手架安全技术规范》（JGJ 130）的规定。 14．涂料喷涂作业人员按《个人防护装备选用规范》（GB 11651）规定配备和使用个人防护用具

续表

序号	标准名称/标准号/时效性	针对性	内容与要点	关联与差异
23			8．施工脚手架应按照国家颁布的有关安全技术规范及规定进行设计、施工，按照规定履行方案的设计审批、验收程序，使用过程中，应加强维护和管理；未经主管部门批准，严禁随意修改和变动其结构。 9．金属热喷涂作业，应经常检查氧气管、乙炔管接头，严防漏气。喷涂设备中的氧气、乙炔和喷枪三者应保持不少于10m的安全距离，并做好防火、防爆措施。 10．使用高压试验设备时，外壳应接地，接地线应采用截面不小于$4mm^2$的多股软铜线，接地应符合安全要求。 11．对SF_6断路器进行充气时，其容器及管道应干燥，清除SF_6容器中的吸附物时，作业人员应戴手套和口罩。 12．高压试验装置的电源开关，应使用带明显断口的闸刀开关，试验装置的低压回路中应有不少于两处的断开点，且有过载保护装置。 13．机组充水前，水轮机的密封装置和顶盖排水泵应进行试验，运行应良好。 14．在地下厂房埋设锚杆吊装桥式起重机构件时，起吊前应对吊点装置按设计起重量50%、75%、100%做全起吊高度动负荷试验三次，并按设计起重量125%做静载荷试验，荷载起吊至离地100mm，悬挂时间不少于30min。 15．进入主轴内部进行清扫、焊接、设备安装等作业，应设置通风、照明、消防等设施，焊接应设专用接地线	
24	《水电水利工程施工作业人员安全技术操作规程》 DL/T 5373—2007 2007年12月1日实施	1.适用于大中型水电水利工程施工现场作业人员安全技术管理、安全防护与安全、文明施工。 2.小型水电水利工程可选择执行	**主要内容：** 规定了参加水电水利工程施工作业人员安全、文明施工的行为规范，主要内容包括： 1．施工作业人员安全技术操作的基本规定； 2．施工供风、供电、用电各相关工种的安全技术要求； 3．起重、运输各相关工种的安全技术要求； 4．土石方工程施工各相关工种的安全技术要求； 5．地基与基础工程各相关工种的安全技术要求； 6．砂石料工程各相关工种的安全技术要求； 7．混凝土工程各相关工种的安全技术要求； 8．金属结构与设备安装工程的各工种的安全技术要求；	**关联：** 与《水利水电工程施工作业人员安全操作规程》（SL 401）总体一致

续表

序号	标准名称/ 标准号/时效性	针对性	内容与要点	关联与差异
24			9．监测与试验及主要辅助工种的安全技术要求。 **重点与要点：** 1．施工作业人员应熟悉掌握本专业人员安全技术要求，严格遵守本工种的安全操作规程，并熟悉掌握相关工程的安全操作规程。 2．班组应坚持执行工前安全会、工中巡回检查和工后安全小结的每日“三工活动”和每周一次的“安全日”活动。 3．施工企业应坚持定期培训的教育制度，施工人员应每年进行一次本专业安全技术和标准的学习、培训和考核，合格后上岗。 4．作业人员应执行国家安全生产、劳动保护的法律法规。 5．非特种设备操作人员和维修人员，不得安装、维修和操作特种设备；作业人员不得在同一断面或其附近，进行上下双层作业。 6．空气压缩机的储气罐的存放处应该通风良好，距离储气罐15m以内不得进行焊接或热加工作业。 7．外线电工应该有两人以上共同作业，其中由一人进行监护，不得单独带电作业。 8．临时炸药库、油库的电线，应用没有接头的电线，不得把架空明线直接引进库房。库内不得装设开关或熔断丝等易发生火花的电气元件；库内照明应用防爆灯。 9．司机应该严格做到“十不吊”。 10．两台门机不得在同一跨栈桥上作业；两机在同一轨道上作业时，相距不得小于9m，并应注意回转方向，避免臂杆相碰。 11．作业司机不得擅自离开卷扬机，如果需要离开，需要征得现场主管人员的同意，并指派有操作资质证书的人员现场接替后方可离开。 12．安装卷扬机时，应使转筒与钢丝绳工作方向相垂直，第一个导向滑轮至转筒的水平距离不应小于6m。 13．爆破人员不得穿化纤类服装和带钉子的鞋，不得携带非绝缘的电筒或其他金属用具；不应使用手机。爆破5min后方可进入爆破作业地点检查，如不能确认有无盲炮，应经过15min后方可进入爆区检查	

续表

序号	标准名称/ 标准号/时效性	针对性	内容与要点	关联与差异
25	《水电水利工程施工机械安全操作规程 反井钻机》 DL/T 5701—2014 2015 年 3 月 1 日实施	适用于水电水利工程竖井和斜井工程使用的反井钻机	**主要内容：** 规定了水电水利工程施工中反井钻机的安装与拆除、运行、维护及保养等安全操作要求，主要内容包括： 1．安装与拆卸，包括一般规定、安装与调试、拆除； 2．运行，包括施工作业、交接班； 3．维护保养。 **重点与要点：** 1．反井钻机操作人员应提前了解作业环境，应根据作业面的具体情况，采取合理的安全防护措施，排除可能出现的高空坠物、人员坠落、噪声、有害气体、粉尘、瓦斯爆炸、触电、机械伤害等各项安全隐患。 2．反井钻机安装与拆除前应制定施工技术方案、安全保证措施和应急预案。安装与拆除作业应按批准的施工方案实施。 3．安装和拆除施工时应设置警戒区域，必要时实行封闭管理。起重作业过程中，应设专人负责指挥。 4．反井钻机机架竖起时，应检查并确认各基础组件与连接部件齐全、牢固可靠。 5．反井钻机主机竖起后，应对钻机中心线进行测量与校正，牢靠加固后，灌注地脚螺栓二期锚固混凝土，保证钻机可靠定位。 6．反井钻机启动前应进行作业场所、设备系统的全面检查，并确认正常。启动时，应先启动冷却水泵、液压油泵，运转设备 5min～10min，正常后开始钻进作业。 7．反井钻机导孔钻进即将透孔或扩孔钻进时，井洞下口距离井中心 10m 范围之内不能有人员作业。下口出排渣应在反井钻机停止作业后进行。 8．反井钻机所有油管应悬挂，拆卸液压系统零部件时，应采取措施保持清洁	**关联：** 1．反井钻机的作业人员应遵守《砂石料工程作业人员安全技术操作规程》（DL/T 5373）的规定。 2．施工现场安全防护措施应符合《水电水利工程施工通用安全技术规程》（DL/T 5370）和《水电水利工程施工安全防护设施技术规范》（DL 5162）的规定
26	《水电水利工程施工机械安全操作规程 塔带机》 DL/T 5722—2015 2015 年 9 月 1 日实施	适用于水电水利工程施工中使用的塔带机的安装及拆除、试验及验收、运行、维护保养	**主要内容：** 规定了水电水利工程施工中塔带机的安装与拆除、运行、维护及保养等安全操作要求，主要内容包括： 1．安装与拆卸及试验验收的安全技术要求。重点对塔带机的塔机结构安装、胶带机系统结构安装、电气及液压系统安装、试验及验收和拆除等进行了规定和明确。	

续表

序号	标准名称/ 标准号/时效性	针对性	内容与要点	关联与差异
26			2．运行中的一般规定，启动、作业、停机、交接班操作安全技术要求。 3．维护保养的操作安全技术要求。 **重点与要点：** 1．塔带机应经国家规定的监督管理部门检验合格方可使用；胶带机一般不需相关部门检验，但需自检。 2．安装及拆除前，应编制安装方案及专项安全措施并进行技术、安全交底。 3．塔带机顶升前，应编制特殊情况应急预案，并全面检查调整结构及顶升液压系统，确认符合要求方可顶升。在顶升过程中，顶升应连续作业一次完成，并保持塔节的铅直状态。 4．塔带机相关机械、电气和液压设备安装完毕，并符合厂家设计、制造和安装技术要求后方可进行整机试验。 5．塔带机在投入运行过程中相关启动、作业、停机和交接班的相关安全操作要求。 6．当风速连续10min超过14m/s（六级风）时，应将布料胶带机上的混凝土卸空，并转至顺风方向，暂停布料作业。当风速超过20m/s时，禁止进行起重和布料作业，应将大臂和布料胶带机转至顺风方向，并将外布料胶带机搁至机外支架上并固定牢靠。 7．当象鼻溜管堵塞并被混凝土埋住时，不可提升胶带机，应先清除象鼻溜管内的混凝土，然后逐条慢速卸掉胶带机上混凝土，当清理完毕后，再重新启动胶带机。 8．塔带机必须定期开展常规性检查及停机强制性保养检查等维护保养技术要求及安全操作方法。塔带机的各部位每日应进行一次目测常规性检查，每月应进行一次停机强制性保养检查；当机械和结构发现松动、位移、塑性变形和裂缝，应及时查明原因并进行修复	

续表

序号	标准名称/标准号/时效性	针对性	内容与要点	关联与差异
27	《水电水利工程施工机械安全操作规程　履带式布料机》 DL/T 5723—2015 2015年9月1日实施	适用于输送各类混凝土及其他散状物料的有多节臂架的履带式布料机	**主要内容：** 规定了履带式布料机的安装、运行、维护、保养、拆除、运输等方面的安全操作技术要求，主要内容包括： 1．安装、调试与拆除的操作技术要求； 2．运行中的一般规定及作业前准备、作业的操作技术要求； 3．维护保养的操作技术要求； 4．运输的操作技术要求。 **重点与要点：** 1．安装与拆除时，应根据设备使用维修手册和有关规定，结合场地和吊装机具等条件，编制专项安装和拆除方案。安装除应按照安装专项方案进行，同时应做好过程记录。 2．整机调试应包括主体功能和安全保护功能的调整及检验。明确了主体功能的调试应符合的要求，调试顺序应该按照单项空载调试、联动空载调试、试生产调试进行。底盘发动机的试运转、整机行走及回转调试。变幅、伸缩、布料、上料驱动系统的调试等，同时应认真检查操纵机构动作是否正确。 3．拆除除应按照拆除专项方案进行外，要求拆卸过程中，不得切割承力部件，并保证在起吊每一部件时，应确认部件已解除连接，同时应保证未拆除部分安全，不得使用起重机强行分离。 4．履带式布料机安装程序按照先机械结构及装置组装，后驱动控制系统及电视监控系统连接的原则。 5．履带式布料机启动、操作及停机等各道运行程序要符合安全操作规程；特种作业人员需持证上岗，现场安装拆除作业需统一指挥，同一区域作业保证之间的安全距离。 6．履带式布料机主要功能调试顺序应遵循单项空载调试、联动空载调试、试生产调试	**关联：** 信号指挥人员应准确发出符合《起重吊运指挥信号》（GB 5082）的指挥信号，不得擅离职守，不得私自转由他人指挥
28	《水电水利工程施工机械安全操作规程 带式输送机》	适用于水电水利工程中使用的带式输送机	**主要内容：** 规定了带式输送机的安装、调试、拆除、作业前准备、作业、停机、交接班、维护保养的各项安全操作要求，主要内容包括：	**关联：** 1．带式输送机停机1个月以上重新使用，以及零部件的维护调整应按《带式输送机安全规范》（GB 14784）执行。

续表

序号	标准名称/标准号/时效性	针对性	内容与要点	关联与差异
28	DL/T 5711—2014 2015 年 3 月 1 日实施		1．安装与拆除，包括拆装作业条件、安装前检查、拆装及调试； 2．运行，包括作业前准备、作业、停机及交接班； 3．维护保养。 **重点与要点：** 1．在吊、运过程中应做好防倾覆、防震和避免防护面受损等安全措施。必要时可将装置性设备和易损元件拆下单独包装运输。当产品有特殊要求时，尚应符合产品技术文件的规定。 2．拆装前应按照拆装工程专项施工方案对作业人员进行安全交底和技术交底。拆装作业应严格按照拆装工程专项施工方案进行。 3．操作、维修人员应接受安全教育和专业技术培训，了解带式输送机的结构、性能、各种安全保护装置的工作原理和检查方法，熟悉操作程序，掌握安全操作规程，经过考试合格，方可上岗。 4．严禁触及工作状态中带式输送机的运动部件。胶带运转中，不得跨越胶带行走或乘坐；停机时，不得在胶带上休息。 5．运行过程中不得对输送带、托辊、滚筒等部位进行人工清扫，不得进行润滑保养，不得随意触动各种安全保护装置。 6．正常停机时，应按照输送系统的启动停止顺序进行操作，先停止供料，待输送带上物料卸尽后，方可停机。 7．交接班应在设备现场进行，交接双方应认真填写交接班记录，并仔细核查交接班内容。 8．检修时，必须切断电源，执行停送电制度。灾害天气过后，应对带式输送机进行全面检查和维护，以达到运行要求	2．带式输送机的安全保护装置应符合《带式输送机安全规范》（GB 14784）的有关规定。 3．带式输送机电气系统运行与维护应符合《建设工程施工现场供用电安全规范》（GB 50194）的有关规定
29	《水电工程安全预评价报告编制规程》 NB/T 35015—2013 2013 年 10 月 1 日实施	1. 适用于新建和扩建的总装机规模达到 50MW 及以上，或库容在 1000 万 m^3 及以上的大中型水电工程（含抽水蓄能电站）安全预评价报告的编制。 2. 改建工程和小型水电工程可选择执行	**主要内容：** 规定了水电工程安全预评价报告编制的内容和深度要求，主要内容包括： 1．一般规定； 2．报告编制基本内容要求： （1）编制说明； （2）建设项目概况； （3）危险、有害及重大危险源辨识与分析；	

续表

序号	标准名称/ 标准号/时效性	针对性	内容与要点	关联与差异
29			（4）评价单元的划分和评价方法的选择； （5）定性定量评价； （6）安全对策措施建议； （7）事故应急预案编制原则及框架要求； （8）安全专项投资估算； （9）评价结论。 **重点与要点：** 1．水电工程安全预评价程序包括： （1）前期准备； （2）辨识与分析危险、有害因素； （3）划分评价单元； （4）定性、定量评价； （5）提出安全对策措施建议； （6）作出评价结论； （7）编制安全评价报告等。 2．安全预评价重点内容是分析评价水电施工及运行中可能出现的危险、有害因素，从设计、施工、运行维护及管理的角度提出相应的消除或减免措施，并提出安全建议。 3．水电工程安全预评价报告编制应在安全评价人员现场查勘和收集分析水电站相关资料、相关的事故案例、类比工程调研的基础上进行。 4．预评价报告应明确主要危险有害因素存在的部位、方式以及发生作用的途径和变化规律，明确工程施工和运行中是否存在重大危险源，若存在，要对重大危险源进行评价并列出危险等级	
30	《防洪风险评价导则》 SL 602—2013 2013 年 5 月 4 日实施	适用于已建、在建的防洪工程或防洪工程体系对流域或区域的防洪风险评价	**主要内容：** 规定了洪水风险分析、防洪风险指标分析计算与评价的计算方法和采用的指标，主要内容包括： 1．基本资料； 2．洪水风险分析，包括一般规定、洪水淹没分析、灾情分析、损失计算、洪水风险估算； 3．防洪风险指标分析计算与评价，包括防洪风险评价指标、防洪风险评价。	**关联：** 1．水文分析计算应按《水利水电工程设计洪水计算规范》（SL 44）的规定执行。 2．直接损失和简介损失计算应符合《已成防工程经济效益分析计算及评价规范》（SL 206）的有关规定。 **差异：** 1．本导则与《水电水利工程施工度汛风险评估规程》（DL/T 5307）的适用范围不同。本导则适用于已建、在建

续表

序号	标准名称/标准号/时效性	针对性	内容与要点	关联与差异
30			**重点与要点：** 1．洪水淹没分析方法，包括水文学法、水力学法、实际水灾法。 2．灾情分析方法，包括实地调查法、模拟分析法等，应根据研究对象、资料条件等选用。 3．直接损失计算可采用分类损失率法、单位面积综合损失法和人均综合损失法。 4．间接损失计算可采用统计计算法和经验系数法。 5．防洪工程或防洪工程体系的防洪风险评价的主要指标为防洪风险改善率。 6．洪水风险分析应包括水文分析、洪水淹没分析、灾情分析、损失计算和风险估算等内容。 7．洪水淹没分析方法包括水文学法、水力学法、实际水灾法等，根据研究对象特点、资料条件、评价要求等选用。 8．损失计算包括对洪水导致的居民财产、农林牧渔、工业信息、交通运输、水利设施等方面的直接损失和间接损失的估算	的防洪工程或防洪工程体系对流域或区域的防洪风险评价，DL/T 5307 适用于大中型水电水利工程施工度汛风险评估。 2．本导则与《水电水利工程施工度汛风险评估规程》（DL/T 5307）的内容深度不同。本导则主要是明确防洪风险评价的主要内容、评价方法和技术要求，DL/T 5307 则对风险辨识、损失估算、人为因素风险估算以及等级确定有详细的规定
31	《水运工程施工安全防护技术规范》 JTS-205-1—2008 2009 年 1 月 1 日实施	适用于水运工程施工的安全防护技术	**主要内容：** 规定了水运工程施工的安全防护技术要求，主要内容包括： 1．施工安全技术准备； 2．通用作业的施工安全防护技术要求； 3．预制构件起吊、出运和安装施工安全防护技术要求； 4．桩基施工、深基坑支护及开挖施工安全防护技术要求； 5．疏浚和吹填施工安全防护技术要求； 6．主要施工船舶安全操作、特殊条件下施工及施工船舶调遣和海上防风等方面的安全防护技术要求。 **重点与要点：** 1．施工单位必须根据工程项目施工生产的特点、作业环境和条件，制定相应的综合应急预案、专项应急预案和现场处置方案。	**关联：** 1．施工船舶的消防，应符合现行行业标准《船舶消防管理和检查技术要求》（JT/T 440）的有关规定。 2．施工单位的应急预案，应根据现行行业标准《生产经营单位安全生产事故应急预案编制导则》（AQ/T 9002）的规定编制。 3．施工现场的临时用电应符合现行行业标准《施工现场临时用电安全技术规范》（JGJ 46）的相关规定。 4．潜水员使用下水电气设备、装备、装具和水下设施时，应符合现行国家标准《潜水员水下用电安全技术规范》（GB 16636）和《潜水员水下用电安全操作规程》（GB 17869）的相关规定。 **差异：** 本规范与《水电水利工程施工安全防护设施技术规范》（DL 5162）相比，两者施工安全防护偏重本专业实际施工特点，DL 5162 主要针对水电水利工程施工安全防护技术作了规定

续表

序号	标准名称/标准号/时效性	针对性	内容与要点	关联与差异
31			2．钢筋电焊机应安装在室内或搭设的防雨棚内，并设有可靠的接地、接零装置。多台并列安装时，其间距不应小于 3.0m。电焊机作业时，闪光区四周应设置挡板。 3．冷拉钢筋卷扬机的位置应使操作人员能见到全部冷拉场地，卷扬机与冷拉中线的距离不得小于 5.0m。 4．氧气瓶、乙炔瓶等搬运时，不得撞击、水平滚动或剧烈振动，亦不得在烈日下暴晒。乙炔瓶使用时立放，并采取防倾倒措施，氧气瓶和乙炔瓶间的距离不得小于 5.0m。 5．采用编结方式连接钢丝绳端部时，编结部位的长度不得小于钢丝绳直径的 20 倍，且不应小于 300mm。 6．起吊混凝土预制构件时，吊绳与水平面的夹角不得小于 45°，作业人员应避开构件的外伸钢筋。 7．沉箱顶部应按规定设置号灯、号型，其高度不得低于 2.5m，且应明显、牢固，启航后，沉箱上不得载人。 8．深度大于等于 2.0m 的基坑应设置临边的防护设施。深度大于等于 5.0m 的基坑，虽未达到 5.0m 但地质条件和周围环境复杂、地下水位在坑底以上的基坑，应制定支护及开挖专项施工方案	

第八节 档案制图标准

序号	标准名称/标准号/时效性	针对性	内容与要点	关联与差异
1	《水电建设项目文件收集与档案整理规范》 DL/T 1396—2014 2015 年 3 月 1 日实施	适用于水力发电工程建设项目文件的收集及归档	**主要内容：** 规定了水电建设项目各参建单位的档案管理职责，项目文件收集、整理及项目档案移交等基本工作程序与要求，主要内容包括： 1．建设、勘察、设计、监理（设备监造）、施工及安装调试、总承包、运行等各单位归档的管理职责； 2．项目文件编制；	**关联：** 1．水电建设项目档案验收应符合《重大建设项目档案验收办法》（档发〔2006〕2 号）和《水电站基本建设工程验收规程》（DL/T 5123）的相关规定。 2．水电建设项目竣工文件编制应符合《国家重大建设项目文件归档要求与档案整理规范》（DA/T 28）的相关规定。

续表

序号	标准名称/标准号/时效性	针对性	内容与要点	关联与差异
1			3. 项目文件收集，规定了收集范围、鉴定原则和收集要求； 4. 项目文件整理的要求，包括分类、组卷、排列、编号、编目、装订、卷盒及表格规格，以及利用的要求； 5. 照片、电子文件、实物档案的收集与整理； 6. 项目档案移交的工作程序及要求。 **重点与要点：** 1. 建设单位在合同中应明确各参建单位项目文件的归档范围、质量要求、移交时间、份数及违约责任等。 2. 竣工图章应使用红色印泥，加盖在标题栏上方空白处。 3. 档案保管期限分为永久和定期两种。定期保管档案划分为 30 年和 10 年。 4. 明确了项目文件管理流程图和水电水利建设项目档案（6 类～9 类）分类表。 5. 参建单位应及时收集项目建设过程中的形体、隐蔽工程、关键节点、重要工序、地质或施工缺陷、芯样、安全质量过程控制等工程照片。 6. 电子文件光盘应一式三套，一套封存，一套异地保管，一套提供利用。 7. 合同工程完工验收签证后 90 天内完成移交归档	3. 本标准与《建设工程文件归档整理规范》（GB/T 50328）有较强的关联性。 **差异：** 1.《建设工程文件归档整理规范》（GB/T 50328）为国家标准体系规范文件，《水电建设项目文件收集与档案整理规范》（DL/T 1396）为行业标准体系规范性文件。 2. 本规范与《建设工程文件归档整理规范》（GB/T 50328）内容不同的地方：竣工图章尺寸和内容要求不同，附录文件归档范围和保管期限不同
2	《水力发电工程 CAD 制图技术规定》 DL/T 5127—2001 2001 年 7 月 1 日实施	适用于水力发电工程图样的计算机绘制、传递、转换、存储和管理	**主要内容：** 规定了水电水利工程数字化制图的基本要求、传递、转换、存储等，主要内容包括： 1. 水力发电工程设计中 CAD 工程图形系统； 2. 基本制度规定； 3. 工程地质专业、水工建筑专业、水利机械和电气专业 CAD 制图技术要求； 4. 工程图形信息库。 **重点与要点：** 1. 应根据工程需要和出图量的大小选配绘图仪和扫描仪，尺寸宜不小于 A1 幅面，绘图仪宜选用喷墨式。	**关联：** 1. 本标准与《水电水利工程基础制图标准》（DL/T 5347）配套使用。 2. 水力发电工程的制图所使用的图幅与图框应符合《技术制图　图纸幅面和格式》（GBT 14689）中的有关规定。 **差异：** 《水电水利工程基础制图标准》（DL/T 5347）详细描述了几何画法手工制图在水电工程中的实现要求，本规定（DL/T 5127）是数字化绘图的要求

续表

序号	标准名称/标准号/时效性	针对性	内容与要点	关联与差异
2			2．图样标注尺寸单位：工程规划图、工程总体布置图的尺寸及建筑物的高程以 m 为单位；工程设计图中建筑物结构尺寸以 cm 或 mm 为单位，机械结构尺寸以 mm 为单位。 3．在同一图样中表达同一结构的线型线宽应一致，虚线点画线和双点画线的线段长度及间距也应一致；相互平行的图线，其最小间隙不应小于 0.7mm；用于非计算机复制或缩微的图纸，应避免使用小于 0.25mm 的线宽	
3	《水电水利工程基础制图标准》 DL/T 5347—2006 2007 年 3 月 1 日实施	适用于水利水电工程各专业、各设计阶段工程图样的制图以及有关技术文件的编写	**主要内容：** 规定了水电水利工程基础制图的基本要求、图样画法、标注方法等，主要内容包括： 1．水电水利工程基础制图的图纸图幅、标题栏、会签栏、比例、字体和图线等基本要求； 2．水电水利工程基础制图的视图、剖视图、剖面图、详图、标高图、轴测图、习惯画法及曲面画法等图样画法； 3．水电水利工程制图的图样注法，包括尺寸注法、简化注法等。 **重点与要点：** 1．图纸的短边不应加长，长边加长时应按短边整数倍加长，明确了图纸长边加长尺寸。 2．明确了常用的制图比例、制图图线（10 类）。 3．建筑物及构件的真实大小应以图样上所注的尺寸数值为依据。图样中标准的尺寸单位，除标高、桩号及规划图总布置图中的尺寸以 m 为单位外，其余尺寸一律以 mm 为单位，且图中不必说明	**关联：** 本标准与《水电水利工程水工建筑制图标准》（DL/T 5348）、《水电水利工程水力机械制图标准》（DL/T 5349）、《水电水力工程电气制图标准》（DL/T 5350）、《水电水力工程地质制图标准》（DL/T 5351）、《水力发电工程 CAD 制图技术规定》（DL/T 5127）配套使用。 **差异：** 本标准描述了水电水利工程制图的基本要求，《水电水利工程水工建筑制图标准》（DL/T 5348）为土建工程图、水工施工总图、钢筋混凝土结构图、木结构图、钢结构图具体制图要求
4	《水电水利工程水工建筑制图标准》 DL/T 5348—2006 2007 年 3 月 1 日实施	适用于水电水利工程建筑常用图的制图	**主要内容：** 规定了水电水利工程水工建筑物常用图的表达方法和要求，主要内容包括： 1．规划图的要求和注意事项； 2．水工建筑与施工图，包括枢纽总布置图和施工总平面图、建筑物体形图、水工结构图、水工建筑与施工图例的内容和注意事项；	**关联：** 本标准与《水电水利工程水力机械制图标准》（DL/T 5349）、《水电水力工程电气制图标准》（DL/T 5350）、《水电水力工程地质制图标准》（DL/T 5351）、《水力发电工程 CAD 制图技术规定》（DL/T 5127）、《水电水利工程基础制图标准》（DL/T 5347）配套使用

续表

序号	标准名称/标准号/时效性	针对性	内容与要点	关联与差异
4			3．钢筋混凝土结构图的画法及简化画法、表示图例； 4．木结构图内容和注意事项； 5．钢结构图的一般规定，钢结构联结、压力钢管图的要求和注意事项。 **重点与要点：** 1．水工建筑图常用比例。 2．水工建筑布置图必须绘出各主要建筑物的中心线或定位线，标注各建筑物之间、建筑物和原有建筑物关系的尺寸和建筑物控制点的大地坐标。 3．地理位置图绘出以本水电站为中心半径 50km～500km 范围内其他水电站的位置，其他重要工程所在地点，省、市、流域分界线。 4．水电站厂房设计应专门绘制厂房布置图	**差异：** 《水电水利工程基础制图标准》（DL/T 5347）详细描述了几何画法；本标准为土建工程图、水工施工总图、钢筋混凝土结构图、木结构图、钢结构图具体制图要求
5	《水电水利工程水力机械制图标准》 DL/T 5349—2006 2007年3月1日实施	适用于水电水利工程水力机械及金属结构制图	**主要内容：** 规定了水利水电工程机械制图的绘制要求及标准，主要内容包括： 1．水电水利工程水力机械图的画法规定、标注、图用图形符号； 2．水电水利工程金属结构图的画法规定、型钢与焊缝标注、钢闸门图的要求。 **重点与要点：** 1．沿厂房纵轴方向为 X 轴，沿厂房横轴方向为 Y 轴，厂房进水侧为 $+Y$。 2．管路用单线绘制时，应考虑到管路连接件、安装的实际空间位置。 3．无缝钢管、焊接钢管、有色金属管等管路，应采用“外径×壁厚”标注，水、煤气输送钢管、铸铁管、塑料管等应采用公称直径“DN”标注。 4．图形符号中的文字和指示方向不得单独旋转某一角度。 5．各类管路、连接、管路附件、控制元件、仪器仪表的图形符号	**关联：** 1．本标准与《水电水利工程水工建筑制图标准》（DL/T 5348）、《水电水利工程电气制图标准》（DL/T 5350）、《水电水利工程地质制图标准》（DL/T 5351）、《水力发电工程CAD制图技术规定》（DL/T 5127）、《水电水利工程基础制图标准》（DL/T 5347）配套使用。 2．系统图与《水力发电厂水力机械辅助设备系统设计技术规定》（DL/T 5066）中的相应名词统一。 **差异：** 《水电水利工程基础制图标准》（DL/T 5347）详细描述了几何画法，本标准为水利机械及金属结构具体制图要求

续表

序号	标准名称/标准号/时效性	针对性	内容与要点	关联与差异
6	《水电水利工程电气制图标准》 DL/T 5350—2006 2007 年 3 月 1 日实施	适用于水力发电厂、抽水蓄能电厂、泵站、变电站的新建、扩建工程的电气制图	**主要内容：** 规定了水电水利工程电气制图的画法、图形符号、文字符号、项目代号、接线端子和导线标记等要求，主要内容包括： 1．电气图画法规定，包括电气图的常用种类、表示方法、简图的画法及简化画法、标注和图用表格； 2．电气图图形符号，包括种类和组成、使用一般规定、分类和图用图形符号； 3．文字符号的用途、组成及常用的符号； 4．项目及项目代号的组成，高层代号、位置代号、种类代号的规定； 5．接线端子和特定导线标记、电缆编号、端子图和端子表等要求。 **重点与要点：** 1．连接线不应穿过其他连接的连接点，连接线之间不应在交叉处改变方向。 2．电气图用图形符号、文字符号。 3．电器件及其组成设备的组成端子采用大写字母和数字标记，不能用字母“I”和“O”	**关联：** 本标准与《水电水利工程水工建筑制图标准》（DL/T 5348）、《水电水利工程水力机械制图标准》（DL/T 5349）、《水电水利工程地质制图标准》（DL/T 5351）、《水力发电工程 CAD 制图技术规定》（DL/T 5127）、《水电水利工程基础制图标准》（DL/T 5347）配套使用。 **差异：** 《水电水利工程基础制图标准》（DL/T 5347）详细描述了几何画法，本标准为电气制图的具体要求
7	《水电水利工程地质制图标准》 DL/T 5351—2006 2007 年 3 月 1 日实施	适用于水电水利工程地质勘察的地质制图	**主要内容：** 规定了水电水利工程地质图纸的绘制要求及标准，主要内容包括： 1．水电水利工程地质制图的一般规定； 2．主要工程地质、水文地质图件的编制内容； 3．图例的一般规定、地址年代和代号、岩石代号、符号和花纹、地质构造符号、地貌图例、喀斯特符号、物理地质现象符号、水文地质代号和花纹、工程地质现象符号和代号、其他勘察符号和代号、色标； 4．主要工程地质图的图示。 **重点与要点：** 1．综合地层柱状图、区域地质图、区域构造纲要图、水库区综合地质图、坝址及其他建筑物区工程地质图、喀斯特区水文地质图、天然建筑材料产地分布图、天然	**关联：** 各类图件的内容应符合《水利水电工程地质勘察规范》（GB 50287）的要求，精度应符合《水电水利工程地质测绘规程》（DL/T 5185）的要求，图幅、图框、标题等应符合《水电水利工程基础制图标准》（DL/T 5347）的要求。 **差异：** 《水电水利工程基础制图标准》（DL/T 5347）详细描述了几何画法，《水电水利工程地质制图标准》（DL/T 5351）为工程地质、水文地质制图的具体要求

续表

序号	标准名称/ 标准号/时效性	针对性	内容与要点	关联与差异
7			建筑材料料场综合地质图、实际材料图、坝址及其他建筑物区工程地质剖面图、土基工程地质剖面图、钻孔柱状图、展示图、基坑洞室边坡开挖地质图的内容和要求。 2．地质划分单位及术语。 3．地质构造符号	
8	《电机和水轮机图样简化规定》 JB/T 7073—2006 2007年3月1日实施	适用于电机、水轮机产品样图，其他产品样图可参照采用	**主要内容：** 规定了绘制电机和水轮机产品图样的简化画法、示意画法和简化注法，主要内容包括： 1．电机和水轮机产品图样的通用零部件的简化画法； 2．尺寸的简化标注法； 3．螺纹紧固件及铆接件在图样上的简化画法； 4．叠钢片及线圈的简化画法； 5．电机、水轮机产品图样的简化。 **重点与要点：** 1．内螺纹的公差等级为6H，表面粗糙度参数 *Ra* 值为6.3μm和外螺纹的公差等级为6g，表面粗糙度参数 *Ra* 值为3.2μm时，其公差等级和表面粗糙度代号均可省略标注。 2．通用零部件的简化画法	**关联：** 本标准所规定的图样简化画法、示意画法和简化注法均应符合《机械制图　图样画法　图线》（GB/ T 4457.4）、《机械制图　剖面符号》（GB/T 4457.5）和《技术制图　简化表示法　第1部分：图样画法》（GB/T 16675.1）、《技术制图　简化表示法　第4部分：尺寸注法》（GB/ T 16675.2）的规定

第九节　验收评价标准

序号	标准名称/ 标准号/时效性	针对性	内容与要点	关联与差异
1	《水电工程验收规程》 NB/T 35048—2015 2015年9月1日实施	1．适用于国家重点建设水电站项目和国家核准（审批）水电站项目的验收。 2．其他建设工程中的大型水电厂（总装机容量300MW及以上）机组启动验收也应按本规程的要求执行。	**主要内容：** 规定了水电工程各阶段验收的目的、依据、条件、组织、程序、方法、内容等要求，主要内容包括： 1．总则； 2．基本规定； 3．截流验收； 4．蓄水验收； 5．机组启动验收；	**关联：** 本规范与《水利水电建设工程验收规程》（SL 223）、《技术制图　复制图的折叠方法》（GB/T 10609.3）、《照片档案管理规范》（GB/T 11821）、《水电水利建设项目文件收集与档案整理规范》（DL/T 1396）、《科学技术档案案卷构成的一般要求》（GB/T 11822）、《水轮发电机组启动试验规程》(DL 507)配套使用。

续表

序号	标准名称/ 标准号/时效性	针对性	内容与要点	关联与差异
1		3. 其他水电工程亦可按本规程执行	6. 特殊单项工程验收； 7. 枢纽工程专项验收； 8. 竣工验收。 **重点与要点：** 1. 水电工程阶段验收，包括工程截流验收、蓄水验收和机组启动验收。截流验收和蓄水验收前应分别进行建设征地移民安置相应阶段验收。 2. 水电工程竣工验收应在枢纽工程、建设征地移民安置、环境保护、水土保持、消防、劳动安全与工业卫生、工程决算和工程档案专项验收，以及特殊单项工程验收通过后进行。 3. 工程截流验收，项目法人应在计划截流前 6 个月，向省级人民政府能源主管部门报送工程截流验收申请。 4. 工程蓄水验收，项目法人应在计划下闸蓄水前 6 个月，向省级人民政府能源主管部门报送工程蓄水验收申请；工程蓄水验收申请报告应同时抄送技术主持单位。 5. 机组启动验收，项目法人应在第一台水轮发电机组进行启动验收前 3 个月，向省级人民政府能源主管部门报送机组启动验收申请，同时抄送电网经营管理单位。机组启动验收时，相应输水系统已按设计文件建成，工程质量合格；已提交输水系统专项安全鉴定报告，并有满足充水试运行条件的结论；对于长引水式电站工程、引水水头超过 200m 的引水隧洞充水前，应进行特殊单项验收。 6. 枢纽工程专项验收，项目法人应在枢纽工程专项验收计划前 3 个月，向省级人民政府能源主管部门报送枢纽工程专项验收申请。枢纽工程专项验收申请报告应同时抄送技术主持单位。枢纽工程专项验收时，对于多年调节水库，往往蓄水多年仍不能蓄至正常水位，所以多年调节水库需经过至少两个洪水期考验，最高库水位已经或基本达到正常蓄水位。 7. 特殊单项工程验收，项目法人应在特殊单项工程验收计划前 3 个月，向省级人民政府能源主管部门报送特殊单项工程验收申请；特殊单项工程验收申请报告应同	**差异：** 1. 与《水利水电建设工程验收规程》（SL 223）相比，SL 223 增加了工程验收监督管理，细化了分部工程验收、单位工程验收、合同完工验收，以及专项验收和工程移交验收等内容。在水电站建设过程中分部工程、单位工程的验收方面一般借鉴执行。 2.《小型水电站建设工程验收规程》（SL 168）适用于新建的总装机容量 50MW 及以下、1.0lMW 及以上的小型水电站建设工程的验收

续表

序号	标准名称/标准号/时效性	针对性	内容与要点	关联与差异
1			时抄送技术主持单位。 8．竣工验收，项目法人应在工程基本完工或全部机组投产发电后的 12 个月内，开展竣工验收有关工作，按相关法规办理建设征地移民安置、环境保护、水土保持、消防、劳动安全与工业卫生、工程决算和工程档案专项验收。项目法人可单独或与枢纽工程专项一并报送开展工程竣工验收工作的申请。单独报送的，向省级人民政府能源主管部门报送竣工验收申请。竣工验收申请报告应同时抄送技术主持单位	
2	《水电水利工程达标投产验收规程》 DL 5278—2012 2012 年 7 月 1 日实施	适用于新建、扩建的水电水利工程	**主要内容：** 规定了达标投产验收的基本要求、验收内容、验收程序和验收结果，主要内容包括： 1．达标投产检查验收，包括职业健康安全与环境管理、水工建筑工程质量、工业建筑工程质量、机电设备安装工程质量、金属结构安装工程质量、调整试验与主要技术指标、工程综合管理与档案； 2．达标投产初验； 3．达标投产复验； 4．达标投产验收结论。 **重点与要点：** 1．达标投产验收分为初验和复验两个阶段，并应符合下列规定： （1）初验按截流、蓄水及单台机组启动试运行前为节点进行，机组公用部分应纳入首台机组初验； （2）复验可按单台或多台机组申请，多台同时申请时，应逐台进行复验，其公用部分应纳入首台机组复验； （3）后续投产机组配套的公用系统与后续投产机组同步复验； （4）有独立使用功能的未完工程项目，可单独复验，或与后续投产机组同步复验； （5）采用临时挡水发电的工程宜在枢纽工程竣工验收后进行复验，单台投产机组只做初验；	**关联：** 1．地下工程防水应经检验和试验无渗漏。设计未明确要求时，应达到《地下工程防水技术规范》（GB 50108）中的二级防水标准。 2．预留螺栓、直埋螺栓的处理应符合《电力建设施工技术规范　第 1 部分：土建结构工程》（DL 5190.1）规定；对拉螺栓（片）处理、封堵及防腐应符合《给水排水构筑物工程施工及验收规范》（GB 50141）的规定。 3．钢结构工程、压型钢板围护、网架结构及平台栏杆中要求防腐、防火的施工质量应符合《电力建设施工技术规范　第 1 部分：土建工程》（DL 5190.1）的规定。 4．水工建筑工程质量检查验收表中要求验收记录符合《水电水利基本建设工程　单元工程质量等级评定标准》（DL/T 5113）及《水利水电工程施工质量检验与评定规程》（SL 176）规定。 5．质量验收项目划分中要求各专业评定范围划分及评定表应同时符合《水电水利基本建设工程　单元工程质量等级评定标准》（DL/T 5113）及《水利水电工程施工质量检验与评定规程》（SL 176）的规定。 按《建筑工程绿色施工评价标准》（GB/T 50640）的规定进行评价。同时要求各类易燃易爆品储存区、储罐区与建筑物之间的安全距离应符合《建筑设计防火规范》（GB 50016）及《常用化学危险品贮存通则》（GB 15603）的规定

续表

序号	标准名称/ 标准号/时效性	针对性	内容与要点	关联与差异
2			（6）对于河床式闸坝、堤坝等分期导流、围堰挡水等分期蓄水、发电的水电水利工程，机组复验时不具备枢纽工程等专项验收条件，待枢纽工程竣工验收后一并复验。 2．初验分别在工程截流、蓄水及单台机组启动试运行前进行。初验内容包括职业健康安全与环境管理、水工建筑工程质量、工业建筑工程质量、机电设备安装工程质量、金属结构安装工程质量、调整试验与主要技术指标、工程综合管理与档案 7 个部分。初验通过的条件：检查验收的结果不得存在“不符合”项；主控项的验收结果“基本符合”率不大于 10%；一般项的验收结果“基本符合”率应不大于 15%；强制性条文的验收结果“符合”率应为 100%。 3．复检通过的条件应符合下列规定： （1）工程建设符合国家现行有关法律、法规及标准的规定； （2）工程质量无违反工程建设标准强制性条文的事实； （3）未使用国家明令禁止的技术、材料和设备； （4）工程（机组）在建设期及考核期内，未发生较大及以上安全、环境、质量责任事故和重大社会影响事件； （5）上述 7 个部分的检查验收表中“验收结果”不得存在“不符合”； （6）上述 7 个部分的检查验收表中，性质为“一般”督导“验收结果”，“基本符合”率应不大于 10%。 4．特种设备在投入使用前，应经专业机构检测，在特种设备监督部门登记，取得许可证；登记标志应置于该设备的显著位置。 5．调整试验与主要技术指标检查验收应符合下列规定： （1）引水及泄水建筑物的工作闸门和事故快速闸门应完成现地、远方启闭试验； （2）渗漏和检修排水系统应运行可靠，排水能力满足设计要求。 6．建设单位应按规定编制绿色施工策划，并组织实施	

续表

序号	标准名称/ 标准号/时效性	针对性	内容与要点	关联与差异
3	《水电工程建设征地移民安置验收规程》 NB/T 35013—2013 2013 年 10 月 1 日实施	适用于国家投资主管部门核准（审批）的水电工程（含抽水蓄能电站）的建设征地移民安置验收工作	**主要内容：** 规定了水电工程建设征地移民安置验收的基本要求、主要依据和必备资料、验收工作组织、步骤和内容、争议处理、阶段性验收及竣工验收应具备的条件等，主要内容包括： 1．征地移民安置验收依据和必备资料要求； 2．验收工作组织、工作步骤和工作内容； 3．验收争议处理要求； 4．阶段性验收和竣工验收的要求； 5．验收成果的主要内容及格式要求； 6．明确征地移民验收应由省级人民政府规定的移民管理机构组织相关验收工作。 **重点与要点：** 1．建设征地移民安置未经验收或者其验收不合格的，不得对水电工程进行验收。 2．建设征地移民安置验收分为建设征地移民安置阶段性验收和建设征地移民安置竣工验收。 3．省级人民政府组织建设征地移民安置验收工作。市、县级人民政府的建设征地移民安置验收工作由省级人民政府规定。必要时，由国务院水电工程移民行政管理机构组织水电工程建设征地移民安置验收工作。国务院水电工程移民行政管理机构组织验收工作前，省级人民政府应先行组织验收。 4．有国家投资或者能源主管部门已安排水电工程阶段性或者竣工验收的、省级人民政府同意开展建设征地移民安置验收的、省级投资或者能源主管部门已提出水电工程阶段性或者竣工验收申请初审意见并要求启动建设征地移民安置验收的情形之一时，省级人民政府规定的移民管理机构应安排建设征地移民安置验收工作。 5．验收的主要依据： （1）国家法律、法规，相关行业有关技术标准； （2）省级人民政府有关政策规定； （3）批准的建设征地移民安置规划设计文件及相关批复文件；	**关联：** 本规程与《水电工程建设征地移民安置规划设计规范（DL/T 5064）、《水电站基本建设工程验收规程》（DL/T 5123）、《水电工程建设征地处理范围界定规范》（DL/T 5376）、《水电工程建设征地实物指标调查规范》（DL/T 5377）、《水电工程农村移民安置规划设计规范》（DL/T 5378）、《水电工程移民专业项目规划设计规范》、《水电工程移民安置城镇迁建规划设计规范》（DL/T 5380）、《水电工程水库库底清理设计规范》（DL/T 5381）、《水电工群建设征地移民安置补偿费用概（估）算编制规范》（DL/T 5382）配套使用

续表

序号	标准名称/标准号/时效性	针对性	内容与要点	关联与差异
3			（4）批准的建设征地移民安置规划调整、设计变更文件及相关批复文件； （5）签订的移民安置协议； （6）审查批准的与阶段性验收对应的移民安置实施阶段工程截流、工程蓄水移民安置规划设计文件。 6. 移民安置综合监理单位应提供移民安置综合监理报告；移民安置独立评估单位应提供移民安置独立评估工作报告。 7. 验收工作应按验收准备、工作检查、验收会议等步骤开展工作。 8. 建设征地移民安置验收报告的结论应由不少于 2/3 验收委员会成员同意。达不到 2/3 验收委员会成员同意通过验收的，不能通过验收。验收过程中发现的问题，由验收委员会协商确定处理。当个别验收委员坚持不同意见，发生争议时，由主任委员协调并裁决，但当有 1/2 以上委员不同意裁决意见或难以裁决的重大问题时，应报省级人民政府决定，必要时，报国家投资或者能源主管部门决定。 9. 建设征地移民安置阶段性验收请示应于水电工程阶段性验收的 2 个月前逐级向省级人民政府提出。 10. 建设征地移民安置竣工验收请示应于水电工程竣工验收时间的 3 个月前逐级向省级人民政府提出	
4	《水电工程安全验收评价报告编制规程》 NB/T 35014—2013 2013 年 10 月 1 日实施	1. 适用于新建、扩建总装机规模达到 50MW 及以上，或库容 1000 万 m^3 及以上的大中型水电工程（含抽水蓄能电站）安全预评价报告的编制。 2. 改建工程和小型水电工程可选择执行	**主要内容：** 规定了水电工程安全验收评价报告编制的内容和深度要求，主要内容包括： 1. 安全验收评价程序及工作要求： （1）前期准备； （2）辨识与分析危险、有害因素； （3）划分评价单元，定性、定量评价； （4）提出安全对策措施建议，给出评价结论； （5）编制安全验收评价报告。 2. 验收评价报告编制基本内容及要求： （1）编制说明； （2）建设项目概况； （3）危险、有害因素及重大危险源辨识与分析；	**关联：** 1. 水电工程安全验收评价报告编制规程中所有的量、单位和符号应按《国际单位制及其应用》（GB3100）、《有关量、单位和符号的一般原则》（GB 3101）、《量和单位》（GB 3102）的规定执行。 2. 关于危险源识别及分析，依照《生产过程危险和有害因素分类与代码》（GB/T 13861）、《职业安全卫生术语》（GB/T 15236）、《危险化学品重大危险源识别》（GB 18218）进行。 3. 安全评价通则与导则依照《安全评价通则》（AQ 8001）、《安全验收评价导则》（AQ 8003）进行

续表

序号	标准名称/ 标准号/时效性	针对性	内容与要点	关联与差异
4			（4）评价单元的划分和评价方法的选择； （5）符合性评价和危险危害程度的评价； （6）安全对策措施建议； （7）安全验收评价结论； （8）附件和附图要求。 **重点与要点：** 1．水电工程安全验收评价应在枢纽工程验收和消防专项验收通过之后进行；安全验收评价是水电工程安全设施（等同劳动卫生与工业卫生专项工程设施）专项竣工验收的前提和技术条件之一。 2．水电工程安全验收评价的主要程序包括前期准备，辨识与分析危险有害因素，划分评价单元，定性、定量评价，提出安全对策措施建议、给出评价结论、编制安全验收评价报告。 3．水电工程安全验收的评价范围为枢纽工程设计所包含的内容；当扩建工程与已有设施发生联合共用关系时，验收的评价范围还应包括共用工程部分。 4．安全验收的评价结论应说明工程中存在的危险、有害因素种类及其危险危害程度，并指出工程建成投产后应该重点防范的重大灾害事故和重要的安全对策措施。 5．安全验收评价程序及工作要求： （1）验收评价报告编制基本内容及要求。 （2）水电工程安全验收评价报告编制应在开展安全设施现场检查、资料收集和作业环境检测的基础上进行。 （3）水电工程安全验收评价应在枢纽工程验收和消防专项验收通过之后进行	
5	《水电工程劳动安全与工业卫生验收规程》 NB/T 35025—2014 2014年11月1日实施	1.适用于新建和扩建的总装机规模达到50MW以上（含50MW），或库容在1000万m^3以上（含1000万m^3）的大中型水电工程和抽水蓄能电站工程（以下简称水电工程）	**主要内容：** 规定了水电工程劳动安全与工业卫生专项竣工验收条件、验收程序、验收主要工作内容和验收文件编制要求，主要内容包括： 1．水电工程劳动安全与工业卫生专项竣工验收条件； 2．水电工程劳动安全与工业卫生专项竣工验收程序，包含验收组织、申请验收、资料预审、现场检查与会审	**关联：** 安全验收评价报告的内容和深度，应符合《水电工程安全验收评价报告编制规程》（NB/T 35014）的要求

续表

序号	标准名称/ 标准号/时效性	针对性	内容与要点	关联与差异
5		劳动安全与工业卫生专项竣工验收。 2. 其他水电工程可选择执行	和审核验收环节； 3. 验收主要工作内容； 4. 验收文件编制要求与内容。 **重点与要点：** 1. 水电工程劳动安全与工业卫生专项竣工验收范围包括枢纽工程所涉及的永久建（构）筑物和设施。 2. 水电工程劳动安全与工业卫生专项竣工验收分申请验收与资料预审、现场检查与会审、审核验收三个阶段。 3. 水电工程劳动安全与工业卫生专项竣工验收由验收主持单位会同政府安全监管部门等单位组成验收委员会，开展验收工作。 4. 项目业主应于工程劳动安全与工业卫生专项竣工验收后 2 年内将工程安全设施使用情况和重大工程事件（事故）报验收主持单位。 5. 水电工程劳动安全与工业卫生验收，除应符合本规程外，尚应符合国家现行有关标准的规定。同时要求验收范围内的土建和金属结构工程及安全监测系统等已按批准的文件全部建成投入使用，全部机电设备投入运行半年以上，并完成工程安全鉴定。 6. 具有相应资质的安全评价机构已完成安全验收评价报告并有具备验收条件的明确结论。 7. 验收委员会讨论形成劳动安全与工业卫生专项竣工验收鉴定书，验收鉴定书应有明确的结论意见。验收结论必须经 2/3 以上验收委员会成员同意。验收委员会委员应在鉴定书上签字。对验收结论持有异议的，应将保留意见在验收鉴定书上明确记载并签字。 8. 劳动安全与工业卫生专项竣工验收设计自检报告、监理自检报告、施工安装自检报告和建设运行自检报告，分别由设计、监理、施工安装、建设运行单位编写。各单位应对其所提供资料的准确性负责。 9. 验收资料的准备由项目业主统一组织，有关单位应按要求按时提交。项目业主应对提交的验收资料的完整性和规范性进行检查。	

续表

序号	标准名称/标准号/时效性	针对性	内容与要点	关联与差异
5			10．项目业主在工程具备劳动安全与工业卫生专项竣工验收条件时，按验收程序向验收主持单位提交劳动安全与工业卫生专项竣工验收申请，同时提交以下文件、资料： （1）验收申请报告及申请表； （2）有相应资质的安全评价机构编制的安全验收评价报告送审稿； （3）劳动安全与工业卫生专项竣工验收设计自检报告、监理自检报告、施工安装自检报告和建设运行自检报告。 11．项目业主应同时准备以下文件、资料备查（必要时准备原件）： （1）安全预评价报告（或等同原劳动安全与工业卫生预评价报告）及其审查意见。 （2）可行性研究报告（或等同原初步设计）及其审查意见；有相应资质的安全评价机构编制的安全验收评价报告送审稿。 （3）劳动安全与工业卫生专项竣工验收设计自检报告、监理自检报告、施工安装自检报告和建设运行自检报告。 （4）枢纽工程竣工安全鉴定报告；对于枢纽工程竣工安全鉴定范围未含发电厂的机电工程的，应同时提交机电工程竣工安全鉴定报告。 （5）枢纽工程专项（或分期工程枢纽工程专项）验收鉴定书。 （6）消防专项（或分期工程消防专项）验收合格意见。 （7）涉及工程安全的主体工程设计或安全设施设计的重大设计变更审查意见。 （8）其他与劳动安全与工业卫生专项竣工验收有关的审批文件、各阶段验收报告、合同文件及图纸、技术设计文件、安全监测分析报告、通风空调系统能效检测报告等。 （9）强制性检测检验报告，包括全厂接地电阻测试报告，特种设备检验、检测报告，生产作业场所有害因素检测报告，压力表、安全阀检验、检测报告等。 （10）安全验收评价报告提出存在问题的整改确认材料。 （11）安全管理及事故应急预案	

续表

序号	标准名称/标准号/时效性	针对性	内容与要点	关联与差异
6	《水电工程勘探验收规程》 NB/T 35028—2014 2014年11月1日实施	1. 适用于水电工程地质钻探、坑探验收与质量评定。 2. 其他工程地质钻探、坑探验收与质量评定可选择执行	**主要内容：** 规定了水电工程钻探验收标准与质量评定、洞（井）验收标准与质量评定等，主要内容包括： 1. 钻探验收的一般规定和验收标准与质量评定组织； 2. 钻探验收标准与质量评定，包含钻探验收质量标准和钻探质量评定标准； 3. 洞（井）验收标准与质量评定，包含坑探验收质量标准和洞（井）质量评定标准。 **重点与要点：** 1. 质量评定应在验收合格后根据验收资料和本规程的相关规定进行。质量评定包括单件勘探产品各质量要素评定与综合质量评定两项内容。 2. 竣工验收应在勘探工作结束后、相关设备未撤离前在现场进行，竣工验收为终验。 3. 验收不合格的勘探产品，其不合格项为一般因素的，应采取补救措施；不合格项为主控因素的，应返工。 4. 钻孔验收应由钻机机组负责人组织本机组人员，按照规定的质量要素和标准逐项自检，由项目勘探专业负责人复检，合格后由地质专业负责人组织验收。 5. 钻孔质量评定应由项目勘探专业负责人、钻机机组负责人和项目现场地质工程师参照规定进行初评，然后由勘探专业主管部门负责人会同项目地质专业负责人终评。 6. 孔深误差的质量标准：孔深误差不大于3‰。每钻进100m、终孔后、下护壁套管前、孔内爆破、水文地质试验前和有特殊地质要求时，均应校正孔深。孔深误差超过规定时，应及时更正记录报表。 7. 岩芯仓库应防雨、防晒、防人为破坏，木质岩芯箱还应防潮、防蚁蛀。岩芯库内宜根据工程部位分区堆放岩芯，留足岩芯搬运通道。 8. 岩芯入库前应与钻探班报表核对，经检查核对无误后方可入库，岩芯堆放高度不宜高于1.5m，岩芯库内应有岩芯分区堆放平面图。	**关联：** 1. 水文地质抽水试验质量标准应符合《水电水利工程钻孔抽水试验规程》（DL/T 5213）规定。 2. 水文地质压水试验质量标准应符合《水电水利工程钻孔压水试验规程》（DL/T 5331）规定。 3. 水文地质注水试验质量标准应符合《水利水电工程注水试验规程》（SL 345）规定。 4. 洞（井）不稳定段应及时支护，支护质量应符合《水电水利工程坑探规程》（DL/T 5050）的规定

续表

序号	标准名称/标准号/时效性	针对性	内容与要点	关联与差异
6			9．钻孔岩芯采取率的评分应按全孔加权平均值确定。计算岩芯采取率的加权平均值时，其权重系数按不同岩土体孔深累计进尺与全孔深比值计，相对岩芯采取率超过 100%时按 100%计。岩芯采取率每 2.5%得 1 分，满分为 40 分。 10．封孔最高扣 2 分，评分应根据现场封孔及记录情况确定。 11．洞（井）深度应达到合同（或任务书）要求，洞（井）深度不宜超过设计深度 0.5m，超过设计深度 0.5m，或达不到设计深度的洞（井）应有任务下达单位的书面更改文件。 12．洞（井）开挖尺寸应符合合同（或任务书）要求，其尺寸误差小于±0.20m	

第三章　水工专业标准

第一节　设计标准

序号	标准名称/标准号/时效性	针对性	内容与要点	关联与差异
01	通用部分			
01-01	临建及交通桥工程			
1	《水电工程砂石加工系统设计规范》 DL/T 5098—2010 2010 年 12 月 15 日实施	1. 适用于水电工程特大型、大型及中型砂石加工系统的设计。 2. 小型砂石加工系统设计可选择执行	**主要内容：** 规定了水电工程砂石加工系统设计应遵循的设计原则、设计方法和要求，主要内容包括： 1. 砂石料场开采运输； 2. 生产规模； 3. 厂址选择； 4. 砂石加工工艺流程； 5. 设备配置； 6. 工艺布置； 7. 砂石存储及运输； 8. 土建结构； 9. 积水排水及废水处理； 10. 供配电及计算机监控； 11. 环境保护与节能。 **重点与要点：** 1. 水电工程砂石加工系统设计的主要任务是砂石料场开采规划，砂石加工系统的工艺、结构、给排水、废水处理、供配电、计算机监控及环境保护设计。	**关联：** 1. 水电工程砂石加工系统施工相关要求按《水利水电工程砂石加工系统施工技术规程》（DL/T 5271）执行。 2. 砂石加工系统废水排放标准应符合《污水综合排放标准》（GB 8978）的相关规定。 **差异：** 《水利水电工程砂石加工系统施工技术规程》（DL/T 5271）较本标准增加了“8 设备安装规范、9 系统调试、10 生产性试验”等施工要求内容

续表

序号	标准名称/ 标准号/时效性	针对性	内容与要点	关联与差异
1			2．砂石料场的开采规划设计应采用比例尺为 1:1000～1:2000 的地形图。 3．料场规划开采量按 1.25 倍～1.5 倍取值，水下开采砂石的损失率按 20%～40%取值。 4．砂石加工过程中，当混凝土连续高峰时段不大于 3 个月时，处理能力按混凝土高峰时段月平均骨料需用量及同时段垫层料、反滤料需用量计算；当混凝土连续高峰时段大于 3 个月时，砂石加工系统处理能力还应计入 1.1～1.3 的不均匀系数。 5．砂石加工系统采用沉淀池分级沉淀、机械设备对泥渣进行脱水、清水循环利用的废水处理方案，废水排放符合国家标准	
2	《水电水利工程施工压缩空气、供水、供电系统设计导则》 DL/T 5124—2001 2001 年 7 月 1 日实施	1．适用于编制大中型水电水利工程可行性研究（等同原初步设计）报告施工组织设计文件。 2．招标设计阶段施工组织设计文件编制可选择使用	**主要内容：** 规定了施工压缩空气、供水、供电系统设计的依据，主要内容包括： 1．压缩空气站供气方式、容量确定与布置方式，供气设备的选择与管网布置； 2．供水方式及布置，用水量水压选取，水源及取水建筑物、设备选型； 3．供电负荷、供电电源及配电网络。 **重点与要点：** 1．压缩空气供气方式应根据压缩空气用户分布与负荷特点、管网压力损失和管网设置的经济性，确定供气方式。 2．压缩空气站布置应尽量靠近用户负荷中心，最远不应超过 2km；供气的压力降低值最大不应超过压缩空气站供给压力的 10%～15%。 3．供水系统高峰时段日平均用水量应根据工程进度计划和用户用水定额推算，确定系统用水量及水压。 4．地表水取水建筑物的位置宜靠近河流主流和用水地区的上游，不妨碍泄洪并保证河床岸坡的稳定。 5．施工电源一般应优先考虑电网供电	

续表

序号	标准名称/标准号/时效性	针对性	内容与要点	关联与差异
3	《水电水利工程施工交通设计导则》 DL/T 5134—2001 2002年2月1日实施	1．适用于编制大中型新建、扩建水电水利工程可行性研究设计报告。 2．适用于编制预可行设计阶段施工交通设计文件	**主要内容：** 规定了水电水利工程施工交通运输设计在基本资料、对外交通、场内交通的主要要求，主要内容包括： 1．设计基本资料，包括气象资料、水文资料、地质地形资料、社会调查资料等； 2．对外交通，包括方案选择原则、方案比选、专用线规划设计等； 3．场内交通，包括公路规划和坝区跨河桥梁规划等。 **重点与要点：** 1．水电水利工程施工交通运输设计应正确选择对外交通运输方案，合理地解决超限运输，配合施工总布置进行场内交通规划设计。 2．场内交通规划设计布置交通干线时，对运输繁忙的交叉点力求避免平面交叉，设计所采用的最大纵坡、最小转弯半径和视距应根据施工运输特点在现行规范范围内合理选用。场内临时线路在满足施工要求和安全运行的前提下，经充分论证后，容许适当地降低标准。 3．坝区跨河桥梁位置选择应适应永久工程导流工程施工需要，并与场内公路干线协调	**关联：** 1．公路专用线设计按《水电工程对外交通专用公路设计规范》（NB/T 35012）、《厂矿道路设计规范》（GBJ 22）和《公路工程技术标准》（JTJ 001）的规定执行。 2．转运站码头设计按《河港工程总体设计规范》（JTJ 212）执行。 3．铁路专用线规划设计原则按《标准轨距铁路机车车辆限界》（GB 146.1），《标准轨距铁路建筑限界》（GB 146.2）、《工业企业标准轨距铁路设计规范》（GBJ 12）执行
4	《水电水利工程混凝土预热系统设计导则》 DL/T 5179—2003 2003年6月1日实施	1．适用于编制大中型水电水利工程可行性研究报告和施工组织设计文件。 2．编制预可行性研究阶段和招标设计阶段的施工组织设计文件亦可选择适用	**主要内容：** 规定了水电水利工程混凝土预热系统设计的基本要求，主要内容包括： 1．预热方式及选择； 2．预热工艺流程及预热设施布置； 3．预热系统规模及热负荷； 4．设备选择及布置； 5．管道及管道保温设计； 6．安全防火与环境保护。 **重点与要点：** 1．进行低温季节混凝土施工的工程，混凝土生产系统应建立混凝土预热设施。 2．混凝土浇筑温度由温控计算确定，施工时不宜低于其值，但该值也不宜过高。	**关联：** 1．采暖热负荷的计算应遵照《采暖通风与空气调节设计规范》（GBJ 19）的规定。 2．建筑防火设计应遵照《建筑设计防火规范》（GB 50016）中的规定。 3．混凝土预热系统的环境保护设计应遵照《大气污染物综合排放标准》（GB 16297）的有关规定。 4．锅炉的烟尘排放及治理应符合《锅炉大气污染物排放标准》（GB 13271）的规定

续表

序号	标准名称/标准号/时效性	针对性	内容与要点	关联与差异
4			3．混凝土拌和楼料仓中预热骨料时，不得采用蒸汽直接加热法；外加剂不宜用蒸汽直接加热；外加剂加热应在外加剂稀释桶内进行；稀释外加剂的水应为热水，热水水温应以不丧失外加剂的作用为限；外加剂稀释应与水预热相结合，在专设的热水泵房内进行。 4．采用水力冲洗筛分的骨料，在进入低温季节施工前应将低温季节施工所需的全部骨料进行生产储备，骨料储备量宜为进度安排低温季节施工需要量的 1.25 倍；低温季节施工储备的骨料应采取防冻措施，低温季节施工用的砂子应控制其含水率不大于 3%	
5	《水电水利工程混凝土预冷系统设计导则》 DL/T 5386—2007 2007 年 12 月 1 日实施	1．适用于编制大中型水电水利工程可行性研究设计阶段混凝土预冷系统设计文件。 2．编制招标设计阶段混凝土预冷系统设计文件亦可选择使用	**主要内容：** 规定了水电水利工程混凝土预冷系统设计的原则和要求，主要内容包括： 1．预冷系统规划； 2．预冷系统工艺设计； 3．主要设备选择； 4．预冷系统布置； 5．预冷系统管道设计及隔热保冷保温设计； 6．环境保护措施。 **重点与要点：** 1．混凝土预冷系统设计方案应根据混凝土温控措施和后期冷却要求以及生产工艺，进行技术经济比较。 2．混凝土预冷系统设计应分析预冷混凝土原材料对拌和设备生产能力的影响，使其满足预冷混凝土生产能力要求。 3．混凝土预冷系统应结合不同时期预冷混凝土生产设施和制冷设备的调配同一规划。 4. 混凝土预冷系统应与拌和楼的设备生产能力和不同出机口温度要求相协调，所选制冷设备按同一标准进行配置。 5．大体积混凝土冷却水的生产能力根据大体积混凝土冷却时段、所需冷却水量及水温确定	**关联：** 1．预冷系统内的噪声及控制应符合《工业企业厂界噪声标准》（GB 12348）、《建筑施工场界噪声限值》（GB 1523）的相关规定。 2．预冷系统内生产废水应进行处理，其排放水质标准应符合《污水综合排放标准》（GB 8978）的规定

续表

序号	标准名称/ 标准号/时效性	针对性	内容与要点	关联与差异
6	《水电工程混凝土生产系统设计规范》 NB/T 35005—2013 2013年10月1日实施	适用于水电工程特大型、大型及中型混凝土生产系统的设计	**主要内容：** 规定了水电工程混凝土生产系统设计应遵循的设计原则、设计方法和要求，主要内容包括： 1. 系统规划及生产规模； 2. 厂址选择； 3. 工艺流程； 4. 设备配备； 5. 工艺布置； 6. 储存及运输； 7. 土建结构； 8. 给排水及废水处理； 9. 供配电及计算机监控； 10. 安全、环境保护与节能。 **重点与要点：** 1. 混凝土小时设计生产能力应满足施工总进度安排的混凝土浇筑高峰时段要求，按混凝土浇筑高峰月强度计算确定。月有效生产时间按500h计，不均匀系数取1.5，并按满足最大浇筑仓面入仓强度要求校核。 2. 厂址应避开泥石流、滑坡、流沙、溶洞等有直接危害的地段。山谷地区布置混凝土生产系统应有避免山洪和泥石流危害的工程措施。 3. 厂址应与城镇和居民生活区保持一定距离，受场地条件限制，需在城镇和居民生活区附近设厂时，应采取减少噪声和粉尘的必要防范措施。 4. 混凝土生产系统内外加剂由拌和池至拌和楼（站）储液箱的运输，采用泵送方式。 5. 常态混凝土宜采用自落式拌和楼（站），碾压混凝土采用强制式拌和楼（站），当系统兼有生产碾压和常态混凝土需求时，应根据碾压和常态混凝土的工程量、级配、强度等级、小时生产能力及骨料岩性等条件综合比较后进行选择。 6. 筛洗设备的处理能力计算应计入给料量的波动，多层筛的处理能力应按控制筛层计算，并校核筛洗设备各层出料端的料层厚度。	**关联：** 1. 混凝土预冷系统的设计参照《水电水利工程混凝土预冷系统设计导则》（DL/T 5386）。 2. 混凝土预热系统的设计参照《水电水利工程混凝土预热系统设计导则》（DL/T 5197）。 3. 本标准与《水电工程施工组织设计规范》（DL/T 5397）配套使用。 4. 厂址应避开爆破危险区，其安全距离应符合《爆破生产安全规程》（GB 6722）的规定。 5. 带式输送机的设计应符合《带式输送机工程设计规范》（GB 50431）的规定。 6. 混凝土生产系统内高层建筑物的与高压输电线路之间的距离应符合《110kV～750kV架空输电线路设计规范》（GB 50545）的规定。 7. 压缩空气站的设计应符合《压缩空气站设计规范》（GB 50029）、《水电水利工程压缩空气、供水、供电系统设计导则》（DL/T 5124）的有关规定。 8. 混凝土生产系统各构（建）筑物及设备基础的荷载确定与荷载组合应符合《建筑结构荷载规范》（GB 50009）的有关规定。 9. 构（建）筑机构设计应符合《混凝土结构设计规范》（GB 50010）等国家现行有关标准的规定。 10. 混凝土生产系统构（建）筑物结构强度计算，应符合《建筑结构可靠度设计统一标准》（GB 50068）的有关规定。 11. 设备基础的强度、刚度和稳定性应符合《混凝土结构设计规范》（GB 50010）和《动力机器基础设计规范》（GB 50040）的规定。 12. 基础顶面的最大振动线位移和最大振动速度在《动力机器基础设计规范》（GB 50040）允许的范围内。 13. 作用于栈桥的其他荷载应符合《建筑结构荷载规范》（GB 50009）有关规定。 14. 混凝土生产系统给水设计应符合《室外给水设计规范》（GB 50013）、《水电水利工程施工压缩空气、供水、供电系统设计导则》（DL/T 5124）及国家现行有关标准的规定。

续表

序号	标准名称/ 标准号/时效性	针对性	内容与要点	关联与差异
6			7．带式输送机输送成品骨料，其向上允许倾角不宜超过16°，向下允许倾角不宜超过12°；受布置条件限制，所需向上倾角大于16°时，可选用波形挡边带式输送机。 8．外加剂储量应满足混凝土施工高峰月1个月需用量。外加剂搅拌池的种类及数量根据需要确定，不用种类的外加剂搅拌池应不小于2个。成品池的外加剂溶液储量应满足混凝土施工高峰月平均日3天需用量。 9．混凝土生产废水与地表水的排放应设置相互独立的排水系统，混凝土生产废水排放沟渠的坡度宜不小于2%，地表排放沟渠的坡度宜不小于0.5%	15．混凝土生产用水水质应符合《水工碾压混凝土施工规范》（DL/T 5112）、《水工混凝土施工规范》（DL/T 5144）的有关规定。 16．混凝土生产系统排水设计应符合《室外排水设计规范》（GB 50014）等国家现行有关标准的规定。 17．废水处理中经处理后的水质应符合《水工混凝土施工规范》（DL/T 5144）的有关规定，废水排放标准应符合《污水综合排放标准》（GB 8978）、《水电水利工程环境保护设计规范》（DL/T 5402）的有关规定。 18．混凝土生产系统供配电设计应符合《水电水利工程施工压缩空气、供气、供电系统设计导则》（DL/T 5124）、《交流电气装置的接地》（DL/T 621）。 19．混凝土生产系统的劳动安全设计应符合《水利水电工程劳动安全与工业卫生设计规范》（DL 5061）及国家现行有关标准的规定。 20．安全标志设置应符合《安全标志及其使用导则》（GB 2890）的有关规定。 21．混凝土生产系统的环境保护设计应符合《水电水利工程设计规范》（DL/T 5260）、《水电水利工程保护设计规范》（DL/T 5402）及国家现行有关标准的规定
7	《水电工程对外交通专用公路设计规范》 NB/T 35012—2013 2013年10月1日实施	适用于大中型水电站（含抽水蓄能电站）对外交通专用公路设计	**主要内容：** 规定了水电工程对外交通专用公路的设计原则、内容及相关技术要求，主要内容包括： 1．路线，包括一般规定、公路等级、公路横断面、公路平面、公路纵断面、路线交叉； 2．路基，包括一般规定、路基设计、路基的防护与支挡、路基排水； 3．路面，包括一般规定、沥青路面设计、水泥混凝土路面设计、路肩、路面排水、路面改建； 4．桥涵，包括一般规定、桥涵布置、桥涵孔径及作用； 5．隧道，包括一般规定、隧道设计的基本要求、隧道附属设施的要求； 6．交通工程及附属设施，包括一般规定、护栏、交通标志、交通标线、附属设施。	**关联：** 1．各种防护支挡结构的构造、适用范围、设计参数及计算方法应符合现行《公路路基设计规范》（JTG D30）。 2．隧道衬砌结构设计按照《公路隧道设计规范》（JTG D70）设计要求执行。 **差异：** 本规范与《公路工程技术标准》（JTG B01）相比，水电工程专用公路路基与路面设计应满足电站建设期间主要外来物资、电站重大构件及电站运行交通运输要求

续表

序号	标准名称/标准号/时效性	针对性	内容与要点	关联与差异
7			**重点与要点：** 1．对外交通专用公路设计应在梯级电站或该工程对外交通规划方案的基础上，考虑分期建设和分段结合的交通需要，综合考虑流域梯级规划、节约用地、少占耕地、有利环保等方面的前提下进行。 2．对外专用公路路线方案、路基与路面设计应满足电站建设期间主要外来物资、电站重大构件交通运输要求。 3．沿水库岸边的专用公路，路基最低侧边缘标高应考虑水库水位升高后地下水位壅高抬升，以及相应频率的水库设计回水影响，同时考虑库岸再造影响以及寒冷地区冰塞壅水对水位增高的影响。 4．控制出入的专用公路，应在能提供紧急救援、消防、医疗等条件的地点就近设置紧急出口。 5．在平坡或下坡的长直线段的尽头处，不得采用小半径的曲线。受地形限制需要采用小半径的曲线时，应设置限制速度标志、减速带，在弯道外侧设置必要的安全设施	
01-02	导截流工程			
8	《水利水电工程施工导截流模型试验规程》 DL/T 5361—2006 2007年5月1日实施	1．适用于大中型水电水利工程施工导截流模型试验。 2．其他类似工程可选择执行	**主要内容：** 规定了水电水利工程施工导截流模型试验研究的基本要求，主要内容包括： 1．施工导流模型试验，包括相似准则、模型设计、模型制作与安装、实验观测与内容及试验研究成果； 2．河道截流模型试验，包括相似准则、试验场地及测量仪器、模型设计、模型制作与安装、试验观测与内容及试验研究成果。 **重点与要点：** 1．施工导流模型试验宜制作专用模型，当相似性、比尺、时间、场地等条件允许时，可与截流模型、水工模型、泥沙模型等相结合。 2．施工导流模型试验应满足几何相似、运动相似，遵循弗劳德相似准则，并考虑阻力相似。	**关联：** 模型制作安装精度应符合《水利水电工程施工测量规范》（DL/T 5173）的要求

续表

序号	标准名称/标准号/时效性	针对性	内容与要点	关联与差异
8			3．对于整体模型，上下游宜留有1倍～2倍河宽，或25倍～50倍平均水深的非测试段长度。河道地形的模拟长度应根据地形特点、导流建筑物布置等因素决定，并且模型顶部应高出试验最高水位至少100mm	
9	《水电工程围堰设计导则》 NB/T 35006—2013 2013年10月1日实施	1．适用于大中型水电工程的围堰设计。 2．小型水电工程的围堰设计可选择执行	**主要内容：** 规定了水电工程围堰设计应遵循的设计原则、设计方法和要求，主要内容包括： 1．基本资料和设计标准，包括围堰级别、洪水设计标准； 2．围堰型式选择，包括一般规定、土石围堰、混凝土围堰、其他型式围堰； 3．围堰布置，包括一般规定、断流围堰布置、分期围堰布置、过水围堰布置、其他围堰布置； 4．结构设计，包括一般规定、水力计算、稳定计算、应力和变形计算、断面设计要求、堰体结构、堰体材料； 5．基础处理设计，包括一般规定、防渗处理、堰脚防护处理、其他处理； 6．施工与拆除设计，包括围堰施工、围堰拆除； 7．安全监测。 **重点与要点：** 1．围堰与永久建筑物结合时，结合部分的围堰设计应同时满足永久建筑物的要求。 2．导流建筑物级别为3级且失事后果严重的工程，应提出发生超标洪水时的工程应急措施。 3．围堰设计应遵循安全可靠、经济合理、结构简单、施工方便、有利于建设征地移民安置于环境保护的原则，并应满足施工期河道通航规划要求。 4．围堰级别中导流建筑物级别适用调整情况包括：当施工期利用围堰挡水发电，经过技术、经济论证，围堰级别可提高一级；当4级、5级导流建筑物的地址条件复杂、或失事后果较严重、或有特殊要求而采用新型结构时，其结构设计级别可提高一级；当上述规定所确定的级别不合理时，予以提高或降低。	**关联：** 1．对于大型工程，可在初选的洪水设计标准范围内，参见《水电工程施工组织设计规范》（DL/T 5397）。 2．荷载计算应符合《水工建筑物荷载设计规范》（DL 5077）的有关规定。 3．安全系数刚体极限平衡法遵照《碾压式土石坝设计规范》（DL/T 5395）执行。 4．混凝土重力式围堰的抗滑稳定计算应符合《混凝土重力坝设计规范》（DL 5108），混凝土拱形围堰的拱座稳定分析应符合《混凝土拱坝设计规范》（DL/T 5346）。 5．防渗处理参照《水电水利工程高压喷射灌浆技术规范》（DL/T 5200），可灌比及防渗设计参照《碾压式土石坝设计规范》（DL/T 5395）。 6．围堰安全监测设计应针对工程特点和存在的主要安全问题设置监测项目，要求较全面反映围堰及其基础的工作状况，目的明确、重点突出，监测断面和部位选择应具有代表性。 **差异：** 《水利水电工程围堰设计规范》（SL 645）与本规程相比，在围堰结构设计中增加了渗流和渗透稳定计算

续表

序号	标准名称/标准号/时效性	针对性	内容与要点	关联与差异
9			5．洪水设计标准中，对于开挖围填形成且汇流面积小于 $0.5km^2$ 的抽水蓄能电站库盆工程，排水设备容量或临时挡（泄）水建筑物的供水设计标准应选用 5 年～20 年重现期的 24h 洪量。 6．围堰型式选择结构简单，施工方便，易于拆除，尽量利用当地材料及开挖渣料，堰基易于处理，堰体便于和岸坡或已有建筑物连接。 7．分期围堰布置中，分期导流时，一期围堰布置应在分析枢纽布置、纵向围堰所处地形地质条件、水力条件和施工场地，并考虑发电、通航、排冰、排砂及后期导流等因素后确定	
10	《水电工程施工导流设计导则》 NB/T 35041—2014 2015 年 3 月 1 日实施	适用于大中型水电工程的施工导流设计	**主要内容：** 规定了导流方式及导流程序，导流建筑物级别和洪水设计标准、施工导流水力设计、导流挡水及泄水建筑物设计、截流及基坑排水设计、施工期通航、施工期度汛、下闸蓄水及蓄水期下游供水设计等，主要内容包括： 1．施工导流方式和程序； 2．导流建筑物级别； 3．洪水设计标准； 4．导流建筑物； 5．截流； 6．施工导流水力设计； 7．基坑排水； 8．下闸蓄水、下游供水设计与度汛； 9．施工期通航。 **重点与要点：** 1. 施工导流应妥善解决枢纽工程施工全过程中的挡水、泄水、蓄水等问题；对各期导流特点和相互关系，应进行系统分析，全面规划，统筹安排。 2．围堰修筑期间，各月的填筑最低高程应能拦挡下月相应设计标准的洪水流量。土石围堰基础防渗墙施工平台的洪水设计标准可按防渗墙施工时段 5 年～10 年洪水重现期选用。	**关联：** 1．对于大型工程，可在初选的洪水设计标准范围内，按《水电工程施工组织设计规范》（DL/T 5397）进行施工导流标准风险分析。 2．消能防冲设施的设计可按《混凝土重力坝设计规范》（NB/T 35026）的有关规定执行。 3．导流隧洞布置应符合《水工隧洞设计规范》（DL/T 5195）的规定。 4．永久封堵体设计除应符合《水工隧洞设计规范》（DL/T 5195）的规定。 5．围堰设计应符合《水电工程围堰设计导则》（NB/T 35006）的规定。 6．进水口设计应符合《水电站进水口设计规范》（DL/T 5398）的规定。 7．边坡支护设计应符合《水电水利工程边坡设计规范》（DL/T 5353）的规定。 8．导流隧洞的衬砌范围、支护结构、计算方法、灌浆和排水布置等应符合《水工隧洞设计规范》（DL/T 5195）和《锚杆喷射混凝土支护技术规范》（GB 50086）的规定。 9．空化可能性的判别方法和防蚀抗蚀措施可按《水工隧洞设计规范》（DL/T 5195）的规定执行

续表

序号	标准名称/标准号/时效性	针对性	内容与要点	关联与差异
10			3．截流前应完成围堰挡水淹没范围内的水库移民搬迁和库底清理等工作，导流泄水建筑物的围堰或其他障碍物应予全部清除。导流泄水建筑物应具备设计要求的分流能力，引渠进出口水流通畅。 4．水力设计中，导流明渠和束窄河床的流态根据长度、水深及底坡等因素，可分别按堰流或明渠流来计算。导流隧洞（涵管）、导流底孔，应分别进行无压流、半有压流、有压流等流态计算。 5．初期排水总量由围堰合龙闭气后的基坑积水量、围堰堰体和地基及岸坡渗水量、堰体及基坑覆盖层内的含水量和可能的降水量4部分组成。其中，可能的降水量可采用排水时段的多年日平均降水量计算。土石围堰基坑水位下降速度不宜大于1.0m/d。 6．确定蓄水时段及蓄水方案时，除应按蓄水标准分月计算水库蓄水位外，还应按规定的度汛标准计算汛期水位，复核汛前坝顶高程及混凝土坝的接缝灌浆计划。对于高坝大库等特殊情况，可研究水库分期蓄水方案。水库初期蓄水计划应满足大坝及库岸稳定要求，提出控制水库水位及上升速度的措施等。 7．度汛时，对未完建永久泄水建筑物应提出临时防护措施并制定相应的应急预案	
01-03	土石方工程			
11	《水工挡土墙设计规范》 SL 379—2007 2007年8月11日实施	1．适用于1级～3级水工建筑物中的挡土墙以及独立布置的1级～4级水工挡土墙设计，4级、5级水工建筑物的挡土墙以及独立布置的5级水工挡土墙设计可选择执行。 2．不适用于临时性挡土墙设计	**主要内容：** 规定了水工挡土墙的设计标准和技术要求，主要内容包括： 1．级别划分与设计标准； 2．工程布置，包括结构布置、防渗与排水布置； 3．荷载，包括荷载分类、组合及计算； 4．稳定计算，包括抗渗稳定计算、抗滑稳定计算、抗倾覆稳定计算、抗浮稳定计算、地基整体稳定计算及地基沉降计算； 5．结构计算；	**关联：** 1．独立布置的水工挡土墙应根据其重要性按《防洪标准》（GB 50201）及《水利水电工程等级划分及洪水标准》（SL 252）的有关规定划分级别。 2．城市防洪工程中水工挡土墙的级别，应按《城市防洪工程设计规范》（CJJ 50）的规定确定。 3．混凝土及钢筋混凝土挡土墙结构构件强度安全系数，钢筋混凝土挡土墙结构构件的抗裂安全系数以及最大裂缝宽度的允许值，应按《水工混凝土施工规范》（DL/T 5144）的规定采用。

续表

序号	标准名称/ 标准号/时效性	针对性	内容与要点	关联与差异
11			6．地基处理，包括岩质地基处理、土质地基处理。 **重点与要点：** 1. 不允许漫顶的水工挡土墙墙前有挡水或泄水要求时，墙顶的安全加高值不应小于本规定的下限值。 2．对于加筋式挡土墙，不论其级别，基本荷载组合条件下的抗滑稳定安全系数不应小于 1.40，特殊荷载组合条件下的抗滑稳定安全系数不应小于 1.30。 3．水工挡土墙的洪水标准应与所属水工建筑物的洪水标准一致。 4．土质地基上挡土墙的结构形式，可根据地质条件、挡土高度和建筑材料等，经技术经济比较确定。岩石地基上挡土墙结构形式应考虑地基及材料特性的约束条件，1 级～3 级水工挡土墙，在基本荷载组合条件下，抗倾覆安全系数不应小于 1.50，4 级水工挡土墙抗倾覆安全系数不应小于 1.40；在特殊荷载组合条件下，不论挡土墙的级别，抗倾覆安全系数不应小于 1.30；对于空箱式挡土墙，不论其级别和地基条件，基本荷载组合条件下的抗浮稳定安全系数不应小于 1.10，特殊荷载组合条件下的抗浮稳定安全系数不应小于 1.05。 5．挡土墙结构及其上部填料的自重应按其几何尺寸及材料重量计算确定。永久性设备应采用铭牌重量。在各种计算情况下，挡土墙平均基底应力不大于地基允许承载力，最大基底应力不大于地基允许承载力的 1.2 倍。 6．水工挡土墙的稳定计算应根据地基情况、结构特点及施工条件进行计算。在各种运用情况下，挡土墙地基应能满足承载力、稳定和变形的要求。水工挡土墙的结构计算内容应包括建筑材料的选择和结构应力分析等。 7．当挡土墙天然地基不能满足要求时，应根据工程具体情况，因地制宜地作出地基处理设计。经处理后的人工地基应能满足承载力、稳定和变形的要求。 8．除施工期和地震情况外，挡土墙基底不应出现拉应力；在施工期和地震情况下，挡土墙基底拉应力不应大于 100kPa	4．对于砌石挡土墙，其结构构件强度安全系数应按《浆砌石坝设计规范》（SL 25）的规定采用。 5．锚杆式挡土墙结构可按《建筑边坡工程技术规范》（GB 50330）的规定计算

续表

序号	标准名称/标准号/时效性	针对性	内容与要点	关联与差异
01-04	边坡及支护工程			
12	《水电工程预应力锚固设计规范》 DL/T 5176—2003 2003 年 6 月 1 日实施	适用于水利水电工程岩质边坡、地下洞室、各种水工建筑物的基础、闸墩、水工隧洞环形锚束式混凝土衬砌、岩壁吊车梁、其他水工建筑物的各类锚固设计	**主要内容：** 规定了用于加固岩体和水工建筑物的预应力锚杆的设计原则和方法，主要内容包括： 1．一般规定，包括基本资料、预应力锚杆材料、锚固设计的基本内容； 2．锚杆体的选型与设计，包括锚杆体的选型、结构设计、防护设计、张拉力的控制和张拉程序设计； 3．边坡锚固； 4．基础锚固； 5．地下洞室锚固，包括围岩锚固、岩壁吊车梁锚固； 6．预应力闸墩锚固设计； 7．预应力水工隧洞环形锚固设计； 8．水工建筑物的补强与锚固； 9．试验与监测，包括锚杆试验、锚杆体的原位监测。 **重点与要点：** 1．预应力锚固工程可采用理论分析和工程类比法设计，重要工程还应根据原位监测结果进行修正，并根据监测结果分析锚固效果，对锚固后的水工建筑物作出稳定状态的评价。 2．有黏结预应力锚杆孔的直径应大于锚束直径 40mm 以上，采用机械式内锚固段时，内锚固段部位钻孔直径的允许误差为±2mm。 3．锚杆体防腐防锈处理时，所使用的材料及其附加剂中不得含有硝酸盐、亚硫酸盐、硫氰酸盐，氯离子含量不得超过水泥质量的 0.02%。 4．岩体锚固工程，锚束中的各股钢丝或钢绞线的平均应力，施加设计张拉力时，不大于钢材抗拉强度标准值的 60%；施加超张拉力时，不宜大于钢材抗拉强度标准值的 70%；水工建筑物的锚固工程，不大于钢材抗拉强度标准值的 65%和 75%。 5．岩壁吊车梁的锚固力应通过刚体静力平衡法或弹塑性有限元法分析计算确定，由设计张拉力、最大起吊荷载	**关联：** 1．边坡加固结构中，混凝土和钢筋混凝土材料的强度和参数应符合《水工混凝土结构设计规范》（DL/T 5057）的规定，锚杆（索）应符合《水电工程预应力锚固设计规范》（DL/T 5176）的规定。 2．当采用高强预应力钢丝作锚杆材料时，其力学性质应符合《预应力混凝土用钢丝》（GB/T 5223）的规定，当采用预应力钢绞线作锚杆材料时，其力学性质应符合《预应力混凝土用钢绞线》（GB/T 5224）的规定。 3．预应力锚固工程的地质勘察应根据锚固对象的建筑物等级，按《水力发电工程地质勘察规范》（GB 50287）的规定执行。 4．各种预应力锚具的性能和质量应符合《预应力筋用锚具、夹具和连接器》（GB/T 14370）的有关规定。 5．当地下水有腐蚀性时，应采用特种水泥，其质量应符合《通用硅酸盐水泥》（GB 175）的规定。 6．锚块与闸墩和与大梁相连的颈部，以及闸墩锚固区上游混凝土中的主拉应力，环形锚束式预应力混凝土衬砌锚束与孔道管摩擦引起的预应力损失应满足《水工混凝土结构设计规范》（DL/T 5057）的规定。 **差异：** 环形锚束式预应力混凝土衬砌，还应将锚束施加的预应力值作为荷载之一，按弹性理论进行结构应力分析，必要时还应通过有限元计算或模型试验加以复核

续表

序号	标准名称/ 标准号/时效性	针对性	内容与要点	关联与差异
12			和围岩变形在岩壁吊车梁预应力锚杆中产生的应力三者之和应不大于0.8倍的钢材抗拉强度的标准值。 6．地下洞室围岩锚固预应力锚杆的间距不宜大于预应力锚杆张拉段长度的1/2	
13	《水电水利工程边坡设计规范》 DL/T 5353—2006 2007年3月1日实施	1．适用于大中型水利水电工程枢纽主要建筑物边坡、近坝库岸影响工程正常、安全运行的自然边坡的治理设计。 2．水库区其他边坡工程的设计选择执行	**主要内容：** 规定了水电水利工程枢纽主要建筑物边坡、近坝库岸边坡设计的安全级别、设计安全标准、稳定分析方法、综合治理措施以及安全监测、预警等内容，主要内容包括： 1．边坡分级分类与设计安全系数的规定； 2．边坡结构与失稳模式分析； 3．边坡稳定分析内容和方法； 4．边坡综合治理的分析与设计方法； 5．开挖设计原则与规定； 6．排水、加固设计原则与规定； 7．安全监测、预警系统设计原则与规定。 **重点与要点：** 1．水电水利工程枢纽布置方案确定之后，应分析研究主要建筑物边坡的重要性、边坡失事风险和影响损失程度，按本标准确定边坡安全级别。 2．边坡开挖体形设计，应参考地质建议的开挖边坡坡比；应依据边坡工程地质条件和失稳破坏模式，确定边坡设计应满足的稳定状态或变形限度，选择适当的稳定分析方法，通过对加周处理措施的多方案综合技术经济比较，选择处理措施。 3．边坡结构模型中，对于滑动破坏类型的变形体、松动体和蠕变体等变形边坡，应根据地质资料，确定其分布范围、边界、内部切割面和潜在滑动面位置。对于非滑动破坏类型的倾倒、溃屈、崩塌和塑性流动等变形边坡，应根据地质资料，确定其分布范围和影响深度。 4．边坡稳定分析中，对正在进行工程施工的边坡，应根据永久监测或临时监测系统反馈的信息进行稳定性复核。对于黏性土边坡，在下列情况下也可使用不排水剪（三轴试验）或快剪强度（直剪或现场原位试验）参数进行总应	**关联：** 1．边坡工程地质勘察和试验工作应符合《水利发电工程地质勘察规范》（GB 50287）和有关试验规范的规定。 2．边坡加固结构中混凝土和钢筋混凝土材料的强度和变形特性参数应符合《水工混凝土结构设计规范》（DL/T 5057）的规定。 3．边坡加固结构中锚杆（索）材料的强度和变形特性参数应符合《水电工程预应力锚固设计规范》（DL/T 5176）的规定。 4．抗滑桩的截面面积、混凝土强度等级、抗滑桩的配筋应根据抗滑桩所受的剪力和弯矩按《水工混凝土结构设计规范》（DL/T 5057）计算确定。 5. 抗剪洞与锚固洞设计断面应结合边坡稳定计算确定，其回填钢筋混凝土计算应满足《水工混凝土结构设计规范》（DL/T 5057）的有关规定，预应力锚索结构设计应符合《水电工程预应力锚固设计规范》（DL/T 5176）的规定，并根据边坡的重要性，确定预应力锚索的监测措施。 **差异：** 1．边坡加固措施中，当抗滑桩作为建筑物桩基使用时，还需考虑地面附加荷载对桩的应力和稳定的影响。 2.《水利水电工程边坡设计规范》（SL 386—2007）中边坡级别分为5级，而本标准中的边坡级别分为3级

续表

序号	标准名称/标准号/时效性	针对性	内容与要点	关联与差异
13			力法分析。对于变形边坡和已失稳边坡，可以反演其临界状态的滑动面力学参数。在使用这些参数对边坡进行分析时应适当进行折减，一般可乘以 0.8 的折减系数。以二维分析方法反演得到的参数不能用于三维分析计算，反之亦然。 5．边坡设计应明确边坡危害或影响的对象，划分边坡类型和安全级别，确定设计安全系数，并进行失稳风险分析。边坡工程治理包括边坡开挖、地表及地下截排水、边坡加固与支护等。 6．人工边坡的坡形、戗道宽度、梯段高度与坡度应参考地质建议的坡比，结合水工布置和施工条件，考虑监测、维护及检修需要以及拟采用的施工方法等研究确定。通常戗道（平台）宽度不应小于 2m，梯段高度岩质边坡不应大于 30m，土质边坡不应大于 10m。 7．安全监测系统中，根据边坡地质与加固工程特点，布置 1 条或多条代表性监测剖面，每个剖面不少于 3 个监测点。监测剖面应尽可能与勘探剖面和稳定性分析剖面相结合。地面位移监测点布置应与地下变形监测点位置相结合，以便建立地面与地下位移和变形的相关关系	
01-05	混凝土工程			
14	《水工混凝土结构设计规范》 DL/T 5057—2009 2009 年 12 月 1 日实施	1．适用于水利水电工程中的素混凝土、钢筋混凝土及预应力混凝土结构的设计。 2．不适用于混凝土坝（不含坝内洞、闸门门槽等）、轻骨料混凝土及其他特种混凝土结构的设计	**主要内容：** 规定了水工混凝土结构设计的基本原则、计算方法，主要内容包括： 1．基本设计规定； 2．材料； 3．结构分析； 4．素混凝土结构构件承载能力极限状态计算； 5．钢筋混凝土结构构件承载能力极限状态计算； 6．钢筋混凝土结构构件正常使用极限状态验算； 7．预应力混凝土结构构件的计算； 8．一般构造规定； 9．结构构件的基本规定； 10．温度作用设计原则； 11．钢筋混凝土结构构件抗震设计原则。	**关联：** 1．采用本标准设计时，水工建筑物级别应按《水电枢纽工程等级划分及设计安全标准》（DL 5180）的规定执行，施工质量应符合《水工混凝土施工规范》（DL/T 5144）和《水工混凝土钢筋施工规范》（DL/T 5169）的要求。 2．本标准设计时，作用（荷载）代表值（标准值）可按《水工建筑物抗震设计规范》（DL 5073）和《水工建筑物荷载设计规范》（DL 5077）的规定取用，但作用分项系数应按本标准的规定取用。 3．水工混凝土结构设计时，应根据《土方与爆破工程施工及验收规范》（GB 50201）和《水电枢纽工程等级划分及设计安全标准》（DL 5180）的规定，按水工建筑物的级别采用不同的结构安全级别。

续表

序号	标准名称/标准号/时效性	针对性	内容与要点	关联与差异
14			**重点与要点：** 1．设计使用年限低于50年的结构，其耐久性要求可将环境条件类别降低一类，但不可低于一类环境条件。 2．在结构分析中，结构模型所采用的计算图形、几何尺寸、边界条件、作用取值与组合、材料性能计算指标、初始应力和变形状况等，应符合结构的实际工作状况，并应具有相应的构造保证措施。结构分析中所采用的各种简化和近似假定，应有理论或试验的依据，或经工程实践验证可行。计算结果的准确程度应满足工程设计要求。 3．素混凝土不应用于受拉构件。当裂缝形成会导致破坏、不允许的变形或破坏结构的抗渗性能时，不应采用素混凝土受弯构件或合力作用点超出截面范围的偏心受压构件。 4．素混凝土结构在截面尺寸急剧变化处、孔口周围、立墙高度变化处，应设置局部构造钢筋；遭受高速水流冲刷的表面，应配置构造钢筋网。 5．钢筋混凝土结构构件正常使用极限状态验算中，对使用上不允许出现裂缝的钢筋混凝土构件，应进行抗裂验算；对使用上要求限制裂缝宽度的钢筋混凝土构件，应进行裂缝宽度的验算。 6．预应力混凝土结构构件除应根据使用条件进行承载力计算及变形、抗裂、裂缝宽度和应力验算外，还应根据具体情况对制作、运输、吊装等施工阶段进行验算，此时设计状况系数 ψ 可取0.95。对于承载能力极限状态，当预应力效应对结构有利时，预应力分项系数应取0.95；不利时应取1.05。对于正常使用极限状态，预应力分项系数应取1.0。 7．预应力混凝土构件应分别按规定进行正截面抗裂验算。使用阶段允许出现裂缝的预应力混凝土构件，应验算裂缝宽度。预应力混凝土受弯构件的挠度，应按标准组合并考虑荷载长期作用影响的刚度进行计算。 8．重要的大体积混凝土结构抗裂验算时，应考虑温度作用的影响；对限制裂缝宽度有严格要求的超静定钢筋混凝土结构设计，应考虑温度作用的影响；能保证自由变形的非大体积结构，可不考虑温度作用的影响。 9．钢筋混凝土构件抗震结构设计时，应根据建筑物的设计烈度推出相应的抗震验算要求、抗震措施和配筋构造要求	4．水工混凝土结构设计时，作用（荷载）的代表值应按《水工建筑物抗震设计规范》（DL 5073）和《水工建筑物荷载设计规范》（DL 5077）的有关规定确定。按承载能力极限状态设计时，作用（荷载）分项系数应按《水工建筑物荷载设计规范》（DL 5077）的规定采用。 5．环境水对混凝土的腐蚀程度分级，应按照《水力发电工程地质勘察规范》（GB 50287）的规定执行。 6．地震区的钢筋混凝土构件应根据《水工建筑物抗震设计规范》（DL 5073）规定的抗震设计原则，按本规范的规定进行结构构件的抗震设计。 **差异：** 1．《水工混凝土结构设计规范》（SL 191—2008）增加了“12　非杆件体系钢筋混凝土结构的配筋计算原则”，本规范中增加了“7　结构分析”。 2．采用本规范设计时，作用代表值可按《水工建筑物抗震设计规范》（DL 5073）和《水工建筑物荷载设计规范》（DL 5077）的规定取用

续表

序号	标准名称/标准号/时效性	针对性	内容与要点	关联与差异
15	《水电工程水工建筑物抗震设计规范》 NB 35047—2015 2015 年 9 月 1 日实施	1．适用于设计烈度为Ⅵ、Ⅶ、Ⅷ、Ⅸ度的 1、2、3 级的碾压式土石坝、混凝土重力坝、混凝土拱坝、水闸、水工地下结构、进水塔、水电站压力钢管和地面厂房、渡槽、升船机等水工建筑物的抗震设计。 2．设计烈度为Ⅵ度时，可不进行抗震计算，但仍应按本规范适当采取抗震措施。 3．设计烈度高于Ⅸ度的水工建筑物、高度大于 200m 或有特殊问题的壅水建筑物，其抗震安全性还应进行专门研究论证	**主要内容：** 规定了水工建筑物抗震设计的内容、各种坝型的抗震要求及各种水工建筑物的抗震设计原则、抗震计算方法、抗震措施，主要内容包括： 1．场地、地基和边坡； 2．地震作用和抗震计算； 3．土石坝； 4．重力坝； 5．拱坝； 6．水闸； 7．水工地下结构； 8．进水塔； 9．水电站压力钢管和地面厂房； 10．渡槽； 11．升船机。 **重点与要点：** 1．对坝高大于 100m、库容大于 5 亿 m^3 的新建水库，应进行水库地震安全性评价，对有可能发生震级大于 5 级，或震中烈度大于Ⅶ度的水库地震时，应至少在水库蓄水前 1 年建成水库地震监测台网并进行水库地震监测。 2．水工建筑物场地的选择，应在工程地质和水文地质勘探及地震活动性调研的基础上，按构造活动性、场地地基和边坡稳定性及发生次生灾害危险性等进行综合评价。 3．水工建筑物的地基和岸坡中的断裂、破碎带及层间错动等软弱结构面，特别是缓倾角夹泥层和可能发生泥化的岩层，应根据其产状、埋藏深度、边界条件、渗流情况、物理力学性质以及建筑物的设计烈度，论证其在地震作用下不致发生失稳和超过允许的变形，必要时应采取抗震措施。 4．在水工建筑物场地范围内，岩体结构复杂、有软弱结构面或夹泥层不利组合、边坡稳定条件较差时，应查明在设计烈度的地震作用下不稳定边坡的分布，分析可能危害程度，提出处理措施。 5．土石坝一般采用拟静力法进行抗震稳定计算，抗震计算应包括抗震稳定计算、永久变形计算、防渗体安全评价和液化判别等内容，结合抗震措施，进行抗震安全性综合评价。	**关联：** 1．一般工程的水工建筑物工程场地设计地震动峰值加速度和其对应的设计烈度依据《中国地震动参数区划图》（GB 18306）确定。 2．地基中土层液化的判别，应按《水力发电工程地质勘察规范》（GB 50287）、《水利水电工程地质勘察规范》（GB 50487）中的有关规定进行。 3．边坡的抗震分析和安全系数取值应按《水电水利工程边坡设计规范》（DL/T 5353）的相关规定执行。 4．钢筋混凝土结构构件的抗震设计，在按本规范确定地震作用效应后，应按《水工混凝土结构设计规范》（DL/T 5057）进行截面承载力抗震验算。 5．对于黏性土的压实功能和压实度以及堆石的填筑干密度或孔隙率，应按《碾压式土石坝设计规范》（DL/T 5395）和《混凝土面板堆石坝设计规范》（DL/T 5016）有关条文的规定执行。 6．压力钢管在地震作用下的强度和稳定可按《水电站压力钢管设计规范》（DL 5141）的规定验算。 7．在设计地震作用下厂房的整体抗滑稳定可按抗剪断强度或抗剪强度公式计算，并按《水电站厂房设计规范》（NB/T 35011）的有关规定执行。 8．在设计地震作用下厂房地基面上的垂直正应力应按材料力学方法计算。基岩承载力和地基面抗拉强度的验算应按 NB/T 35011 的有关规定进行，基岩动态承载力的标准值可取其静态标准值的 1.50 倍。 9．厂房上部结构的抗震措施应按《水工混凝土结构设计规范》（DL/T 5057），以及《建筑抗震设计规范》（GB 50011）的有关规定执行。 10．渡槽采用桩基时，应考虑桩土相互作用的影响。桩土相互作用可用土体的等效弹簧模拟，参照《建筑桩基技术规范》（JGJ 94）的有关规定，采用 *m* 参数法进行计算。 11．河道内水体对渡槽槽墩的动水压力，其计算可按照《铁路工程抗震设计规范》（GB 50111）的有关规定执行。

续表

序号	标准名称/标准号/时效性	针对性	内容与要点	关联与差异
15			6．重力坝的抗震计算应进行坝体强度及沿建基面的整体抗滑稳定分析；对于碾压混凝土重力坝还应进行沿碾压层面的抗滑稳定分析。 7．拱坝抗震计算应包括设计地震作用下的坝体强度和拱座稳定分析。对于需进行在最大可信地震作用下抗震计算的拱坝，还应进行坝体和地基系统的变形分析。 8．对设计烈度为Ⅸ度的地下结构或Ⅷ度的 1 级地下结构，均应验算建筑物和围岩的抗震安全和稳定性。对设计烈度为Ⅶ度及Ⅶ度以上的地下结构，应验算进出口部位岩体的抗震稳定。设计烈度为Ⅶ度及以上的土体内 1 级地下结构应验算建筑物的抗震安全和建筑物地基的震陷。 9．在地震作用下厂房地基面上的垂直正应力应按材料力学方法计算	12．升船机塔柱细部构造、材料及配筋等方面的抗震构造措施应符合《水工混凝土结构设计规范》（DL/T 5057）的要求
16	《水工建筑物抗冰冻设计规范》 NB/T 35024—2014 2014 年 11 月 1 日实施	适用于季节性冻土区工程及多年冻土区小型工程受冰、冻融和冻胀作用的新建或改建、扩建的水工建筑物抗冰冻设计	**主要内容：** 本规范规定了水工建筑物抗冰冻设计的基本原则、方法和技术要求，主要内容包括： 1．冰冻荷载及荷载组合设计原则和计算方法； 2．水工建筑物抗冻材料与结构构造的设计原则与技术要求； 3．堤坝与泄水建筑物、引水与电（泵）站建筑物、渠道衬砌、闸涵建筑物、挡土墙、渡槽与桥梁、水工金属结构、多年冻土区水工建筑等抗冻设计原则与技术要求； 4．冻土区水工建筑物的监测设计规定。 **重点与要点：** 1．对于海水或盐湖环境中的水工结构，应采用实际环境的水进行混凝土抗冻试验。对于薄壁钢筋混凝土承重结构，其混凝土在达到规定冻融循环次数后的相对动弹性模量不应低于初始值的 80%。 2．大体积混凝土分区采用不同抗冻等级时，其分区厚度可根据热学计算或类似建筑物运行资料确定的负温区再加 0.5m，并且分区应大于结构所处运行环境的混凝土最大冻深，分区厚度不宜小于 2.0m。 3．溢流面、底孔、尾水闸墩、尾水墙和水闸的墙、墩等受冻严重且有抗冲抗磨要求的部位，钢筋的净保护层厚度在严寒地区不应小于 100mm，寒冷地区不应小于 80mm；	**关联：** 1．根据《水利水电工程结构可靠性设计统一标准》（GB 50199）的规定，采用概率极限状态设计原则，以分项系数设计表达式进行水工建筑物抗冻设计。 2．多年冻土类型应通过现场工程勘察确定，冻土描述与定名应符合《冻土工程地质勘察规范》（GB 50324）的规定。 3．混凝土的抗冻等级可分为 F400、F300、F250、F200、F150、F100、F50 七级，应按《水工混凝土试验规程》（DL/T 5150）规定的快冻试验方法确定。 4．多年冻土区水工建筑物抗冰冻设计，应与《水力发电工程地质勘察规范》（GB50287）和《冻土工程地质勘察规范》（GB 50324）配套使用。 **差异：** 1．《水工建筑物抗冰冻设计规范》（GB/T 50662）与本规程相比，增加了渠道及渠道衬砌抗冻设计要求。 2．《水工建筑物抗冰冻设计规范》（SL 211）适用于水利水电工程中的素混凝土、钢筋混凝土及预应力混凝土结构的设计，不适用于混凝土坝（不含坝内孔洞、闸门门槽等）、轻骨料混凝土及其他特种混凝土结构的设计

续表

序号	标准名称/标准号/时效性	针对性	内容与要点	关联与差异
16			钢筋净间距不宜小于钢筋直径的 3 倍。有海水、盐雾、污水和硫酸盐等侵蚀作用的梁、板、柱、墙、墩，其钢筋的净保护层厚度还应适当增加 10mm～20mm。 4．寒冷和严寒地区混凝土坝的止水片距离坝面应大于混凝土冻深，并不宜小于 1.0m。标准冻深大于 1.2m 的地区或水库冰厚大于 0.6m 的 1、2、3 级黏性土质坝，在历年冬季最高蓄水位以上 2.0m 至最低水位以下 1.0m 高程的坡长范围内，当坝坡土的冻胀级别属Ⅳ、Ⅴ级时，防冻层厚度不宜小于设计冻深；当坝坡土的冻胀级别属Ⅰ、Ⅱ、Ⅲ级时，可适当减小，但不宜小于 0.8 倍设计冻深。 5．土石坝护坡结构混凝土砌块护坡每边尺寸不宜小于 350mm，厚度不宜小于 300mm，砌筑缝隙不宜大于 10mm，现浇混凝土板的边长宜大于 3.0m，厚度宜大于 200mm。 6．混凝土面板堆石坝设计时，水位变动区垫层料中粒径小于 0.075mm 的含量不宜超过 5%，其渗透系数宜大于 1×10^{-3}cm/s；止水结构在冬季最低气温下应具有符合设计要求的延伸率和三向变形能力；水位变动区的表面填料防护罩的固定设施应考虑冰拔的影响。 7．斜坡式进水口的闸门轨道基础混凝土应采用锚筋固定于岸坡岩基上。锚筋深度应超过基础设计冻深 1.0m。 8．严寒和寒冷地区的液压启闭机、卷扬式启闭机、清污机及其附属设备的液压油、减速器润滑油的凝固点，应低于当地多年最低气温平均值 15℃，必要时可采取加热措施；液压泵站总成和电控柜宜置于室温不低于 5℃的机房中	
01-06	安全监测			
17	《混凝土安全监测技术规范》 DL/T 5178—2003 2003 年 6 月 1 日实施	1．适用于 1、2、3 级混凝土坝的安全监测工作。 2．4、5 级混凝土坝可选择执行	**主要内容：** 规定了对坝体、坝基、坝肩以及对大坝安全有重大影响的近坝岸坡和其他与大坝安全有直接关系的建筑物和设备的仪器监测和巡视检查，主要内容包括： 1．巡视检查； 2．环境量监测； 3．变形量监测；	**关联：** 1．环境量监测除应按《水位观测标准》（GBJ 138）、《降水量观测规范》（SL 21）、《水位普通测量规范》（SL 58）、《河流冰情观测规范》（SL59）等水文气象专业方面相应的规定执行外，还应执行本章有关规定。 2．边角网的全组合测角法、垂直轴倾斜改正数的测量和计算按照《国家三角测量规范》（GB/T 17942）执行。

续表

序号	标准名称/标准号/时效性	针对性	内容与要点	关联与差异
17			4．渗流量监测； 5．应力、应变及温度监测； 6．监测自动化系统； 7．监测资料的整理整编和分析。 **重点与要点：** 1．仪器的安装和埋设应及时，应按设计要求精心施工，应保证第一次蓄水期能够获得必要的监测成果，并应做好仪器的保护；埋设完工后，及时做好初期测读并绘制竣工图，填写考证表，存档备查。 2．从施工期到运行期，各级大坝均须进行巡视检查；日常巡视检查，在施工期宜每周两次；水库第一次蓄水或提高水位期间，宜每天一次或每两天一次；正常运行期可逐步减少次数，依库水位上升速率而定，但每月不宜少于一次，汛期应增加巡视检查次数每天至少应巡视检查一次。 3．各项监测设施，应随施工的进展及时埋设安装，并在首次蓄水前取得基准值，各种基准值至少应连续观测两次，合格后取均值使用。 4．在基础开挖到设计高程或混凝土浇筑到基础廊道底板时，应及时进行倒垂孔的施工，并埋设钻孔保护管，应尽量减小倒垂孔的倾斜度，保护管有效孔径必须大于75mm。 5．采用压力表量测测压管的水头时，应根据管口可能产生的最大压力值，选用量程合适的精密压力表，使读数在1/3～2/3量程范围内，精度不得低于0.4级；用渗压计量测监测孔的水位时，需根据不同量程的渗压计，采用相应的读数仪进行测读，精度不得低于满量程的5/1000。 6．坝基扬压力监测应根据建筑物的类型、规模、坝基地质条件和渗流控制的工程措施等进行设计布置，一般应设纵向监测断面1个～2个，1、2级坝横向监测断面至少3个。 7．坝基若有影响大坝稳定的浅层软弱带，应增设测点。 8．埋设仪器前，应编制施工的进度计划和操作细则（包括仪器检验、电缆连接和走向、埋设方法、现场观测及资料整理等方面的规定），并须对仪器进行检验；监测仪器应做如下埋设记录：仪器设计代号和出厂编号、仪器的坐标位置和方向、电缆走向和高程、仪器埋设时间及埋设前后的检查和监测数据、混凝土入仓温度、气温及浇筑块周围环境情况	3．精密水准测量观测要求应按《国家一、二等水准测量规范》（GB 12897）中的规定执行。 4．初次使用的经纬仪，首先要进行一般的检查和调整，主要是调整仪器的三轴关系，再按《国家三角测量规范》（GB/T 17942）的规定进行检验。 5．对于初次使用的水准尺和水准仪，应按照《国家一、二等水准测量规范》（GB 12897）的要求进行检验和校正。 **差异：** 《混凝土坝安全监测技术规范》（SL 601—2013）与本规范相比，增加了“专项监测”的内容，并对监测系统的运行管理进行了详细说明

续表

序号	标准名称/标准号/时效性	针对性	内容与要点	关联与差异
18	《大坝安全监测自动化技术规范》 DL/T 5211—2005 2005 年 6 月 1 日实施	1. 适用于水利水电Ⅰ、Ⅱ、Ⅲ等工程安全监测自动化系统。 2. 其他工程安全监测自动化系统可选择执行	**主要内容：** 规定了大坝安全监测自动化系统的设计、功能、检验、包装运输、安装调试及运行维护的要求，主要内容包括： 1. 大坝安全监测自动化系统的设计要求； 2. 功能和性能要求； 3. 系统设备的检验方法和检验规则； 4. 系统设备的包装储存； 5. 系统安装、调试及运行维护； 6. 系统现场考核和验收标准。 **重点与要点：** 1. 根据工程的等别和运用要求，监测自动化可应用于工程施工期、蓄水期和运行期。系统的建设应统一规划，分步实施。 2. 施工阶段大坝安全监测自动化系统设计应包括检测仪器设备的布置及施工图设计，配套土建工程及防雷工程施工设计，提出施工技术要求，确定系统运行方式的要求。 3. 系统应具备巡测和选测功能，系统数据采集方式可分为中央控制方式和自动控制方式；系统应具有显示、操作、掉电保护、数据通信、网络安全防护、人工输入数据功能，应配备工程安全监测管理系统软件，应备有与便携式计算机或读数仪通信的接口。 4. 宜每半年对自动化系统的部分或全部测点进行一次人工比测	**关联：** 1. 自动采集的数据，其准确度应满足《混凝土坝安全监测技术规范》（DL/T 5178）、《土石坝安全监测技术规范》（SL 551）、《大坝安全自动监测系统设备基本技术条件》（SL 268）中的各项要求。 2. 配置可靠的供电线路和防雷接地设施，其要求见《计算机场地安全要求》（GB/T 9361）。 3. 接入自动化系统的监测仪器，其技术指标应满足《混凝土坝安全监测技术规范》（DL/T 5178）和《土石坝安全监测技术规范》（SL 60）的要求，应符合国家计量法的规定。 4. 包装储运图示和收发货标志应根据被包装产品的特点，按照《包装储运图示标志》（GB 191）和《运输包装收发货标志》（GB 6388）的有关规定正确选用。 5. 监测系统设备的防震、防潮、防尘等防护包装按《仪器仪表包装通用技术条件》（GB/T 15464）中的有关规定进行。 6. 自动采集的数据，其准确度应满足《混凝土坝安全监测技术规范》（DL/T 5178）、《土石坝安全监测技术规范》（SL 60）和《大坝安全自动监测系统设备基本技术条件》（SL 268）中的各项要求。 **差异：** 《混凝土坝安全监测技术规范》（DL/T 5178）、《土石坝安全监测技术规范》（DL/T 5259）具体规定了监测内容的一般规定和要求
19	《水工建筑物强震动安全监测技术规范》 SL 486—2011 2011 年 6 月 8 日实施	1. 适用于水电水利工程的 1、2 级水工建筑物强震动安全监测。 2. 其他水工建筑物可选择执行	**主要内容：** 规定了水工建筑物强震动安全监测的台阵布置、监测系统组成与技术要求，主要内容包括： 1. 监测台阵布置； 2. 监测系统的安装、检查、设置及调试； 3. 加速度记录的处理分析。	**差异：** 相比《水工建筑物强震动安全监测技术规范》（DL T 5416），本规范增加了“震害检查”

续表

序号	标准名称/ 标准号/时效性	针对性	内容与要点	关联与差异
19			**重点与要点：** 1．设计烈度为7度及以上的1级大坝、8度及以上的2级大坝，设计烈度为8度及以上的1、2级进水塔、渡槽、垂直升船机等主要水工建筑物，应设置强震安全检测台。 2．设计烈度为7度及以上的其他重要水工建筑物，应设置结构反应台阵；设计烈度为8度及以上的1级水工建筑物，在蓄水前应设置场地效应台阵。 3．监测台布置结构反应台阵的规模应根据建筑物级别确定，1级建筑物不宜少于18通道，2级建筑物不宜少于12通道。 4．加速度传感器的安装应符合规定，包括固定安装在现浇的混凝土监测墩上，顶面应平整，并且监测墩应与被测物牢固连成一体。 5．对混凝土建筑物，可按基础最大加速度0.05g作为安全监测的警示值；对土工建筑物，可按基础最大加速度0.025g作为安全监测的警示值。 6．当发生有感地震或地基记录的峰值加速度大于0.025g时，应及时对水工建筑物进行震害检查	
20	《水利水电工程水力学原型观测规范》 SL 616—2013 2014年1月16日实施	适用于水利水电工程中的过水建筑物在工程设计、安全评估、工程验收以及运行期的水力原型观测	**主要内容：** 规定了水利水电工程过水建筑物水力原型观测技术与要求，原型观测工作质量、工程安全运行及建设管理的技术要求，主要内容包括： 1．原型观测设计与工作大纲、仪器仪表的基本规定； 2．对水位、波浪、流量、流速、流态、水温等观测方法进行了详细规定和说明； 3．对观测准备与观测组织、观测资料整理与分析进行了规定和说明。 **重点与要点：** 1．Ⅰ等工程的过水建筑物、Ⅱ等工程中的1级过水建筑物，应在进行初期进行水力学原型观测，水力学原型观测应进行观测设计。	**关联：** 观测电缆续接执行《土坝安全监测技术规范》（DL/T 5178）的技术要求

续表

序号	标准名称/ 标准号/时效性	针对性	内容与要点	关联与差异
20			2．水力学原型观测规划应能反映过水建筑物的水力特性和工作状态。观测项目应统筹安排、合理布置、重点突出，观测设置宜与模型试验相协调。 3．过水建筑物急变段、水流冲击区和渗气水流等部位，应进行时均压强和脉动压强的观测。 4．设有掺气减蚀设施的泄水建筑物应进行掺气效果观测，并应进行通气管内的风速和通气量、掺气空腔内的负压、水舌落水区附近的压强和水流掺气浓度的观测。 5．观测工况应综合考虑过水建筑物的水力特性、布置方式、运行要求等因素的影响，进行有代表性工况的组合	
01-07	其他			
21	《水电水利工程施工机械选择设计导则》 DL/T 5133—2001 2002年2月1日实施	1．适用于编制大中型水电水利工程可行性研究报告，也适用于编制大中型水电水利工程预可行性研究设计阶段施工机械选择设计文件。 2．编制其他水电水利工程设计文件时可选择使用	**主要内容：** 规定了水电水利工程施工组织设计中施工机械选择设计的原则、设备使用范围，主要内容包括： 1．施工机械选择及设计原则； 2．土石方开挖机械； 3．混凝土工程施工机械； 4．碾压式土石坝施工机械； 5．地基处理机械； 6．地下工程施工机械； 7．场内外运输设备； 8．土石方开挖、混凝土工程施工等机械计算。 **重点与要点：** 1．自卸汽车的装载容量应与挖装机械相匹配，其容量宜取挖装机械铲斗斗容的3倍～6倍。 2．对于含水量高于最优含水量1%～2%的土料，宜用羊足碾配合气胎碾联合碾压；低于最优含水量的重黏性土，宜用重型羊足碾碾压；含水量很高且要求的压实标准较低时，黏性土也可采用轻碾（如肋型碾、平碾等），压实时宜用重型羊足碾碾压。 3．沥青加热宜采用内热式加热锅，加热应采取保温措施；骨料的烘干加热宜采用内热式加热滚筒进行，滚筒倾	**差异：** 《水利水电工程施工机械设备选择设计导则》（SL 484—2010）中增加了“疏浚工程机械设备”条

续表

序号	标准名称/标准号/时效性	针对性	内容与要点	关联与差异
21			角一般为 3°～6°，具体可通过试验确定。 4．选择造孔机械排渣方式应考虑施工现场的风水供应条件、排渣对环境的污染及对工程施工现场的影响，宜选用带有泥浆或粉尘回收装置的机械。 5．泥浆泵的额定工作压力应大于输送泥浆的沿程总压力损失，其流量应能满足工程用浆量的需要。 6．应根据隧洞断面尺寸，合理选择凿岩台车的臂数。洞径小于 5m 宜选用双臂台车。选用多臂台车时，应注意各臂工作范围是否满足断面钻孔施工要求。 7. 装载机械的斗容与自卸汽车斗容的适宜比例为 1:3～1:6，运距远时取大值，反之取小值。 8．为避免汽车在洞内转向困难，单向行驶的自卸汽车应满足最小转弯半径的要求，大吨位自卸汽车可选用转弯半径小的铰接式车架或选用移动式汽车调向平台	
22	《水电水利工程地下工程施工组织设计导则》 DL/T 5201—2004 2005 年 04 月 01 日实施	1．适用于大中型水电水利工程可行性研究阶段的地下工程施工组织设计。 2．其他设计阶段地下工程施工组织设计选择使用	**主要内容：** 规定了水电水利工程的地下工程施工组织设计的主要内容和各部位施工的设计导则，主要内容包括： 1．设计基本资料和内容； 2．施工方案选择； 3．施工支洞布置； 4．开挖工程，包括平洞钻爆法、斜井、竖井、地下洞室群开挖、掘进机应用及水下岩塞爆破等相关技术要求； 5．通风与除尘； 6．安全防护； 7．不良地质处理； 8．出渣运输等要求； 9．钢管安装、混凝土衬砌、地下工程灌浆以及施工进度安排相关要求。 **重点与要点：** 1．不良地质条件和大型洞室地下工程的施工组织设计中应考虑施工期围岩和地质预报工作。 2．竖井及坡度大于 48°的斜井施工应优先考虑先挖导井，然后自上而下扩大开挖的施工程序。	**关联：** 1．地下工程开挖技术方案按《水工建筑物地下工程开挖施工技术规范》（DL/T 5099）执行。 2．锚喷支护施工程序和主要工艺安排执行《水电水利工程锚喷支护施工规范》（DL/T 5181）及《水电水利工程预应力锚索施工规范》（DL/T 5083）。 3．混凝土的运输和浇筑要求执行《水工混凝土施工规范》（DL/T 5144）。 4．最短的拆模时间按《水电水利工程模板施工规范》（DL/T 5110）执行。 5．水泥的强度等级和细度规定按《水工建筑物水泥灌浆施工技术规范》（DL/T 5148）执行

续表

序号	标准名称/标准号/时效性	针对性	内容与要点	关联与差异
22			3．地下厂房枢纽各洞室之间的施工程序应统筹安排，应以主厂房的连续施工为关键线路，以主厂房上、中、下层的通顺出渣为控制点。对大型地下洞室群工程，宜进行模拟分析及稳定性评价。 4．对三类以下围岩稳定性较差的洞室，特别是在软弱破碎和黏结强度很低的岩层中修建地下工程时，应按“新奥法”的原理加强支护设计和施工。 5．施工支洞的断面尺寸应据通过支洞的施工设备的尺寸确定。还应兼顾排水沟（管）的位置和相关的安全距离及通风管等管线的设置。运输岔管、钢管专用的施工支洞的断面尺寸应据所运物的最大尺寸确定。 6．应全面规划、统筹安排地下洞室群的施工程序。编制网络进度，确定关键线路上的施工项目和各项作业的衔接，并应尽快形成自然通风的施工条件。 7．岩塞爆破必须进行专门的爆破设计，必须一次爆通成型。为此，应核实水下地形，详细勘探进口段的工程地质和水文地质条件地形测量的高程误差应小于±0.5m。 8．当地下工程要穿过不良地质地段时，应详细研究地质资料和结构形式，提出方案和工期安排。 9．对自稳能力差的围岩，应按“短进尺、弱爆破、适时支护、加强监测”的原则设计。在地下水丰富的洞段，应加强排水或超前排水，以提高围岩的稳定性。 10．当钢管需进行双面焊接时，钢管外壁与洞室开挖面之间的施工最小间距为：边顶拱部位500mm；底拱部位600mm。 11．地下工程灌浆中，灌浆作业应按先回填灌浆后固结灌浆的顺序进行。钢衬接触灌浆应在回填灌浆之后60d进行	
23	《水利水电工程常规水工模型试验规程》 DL/T 5244—2010 2010年10月1日实施	适用于水电水利工程枢纽布置和各种水工建筑物以重力为主要作用力的工程水力学问题的实验研究	**主要内容：** 规定了水电水利工程常规水工模型试验的基本要求，主要内容包括： 1．试验大纲； 2．相似准则； 3．实验设备，包括供水系统、基本固定设备；	**关联：** 制作模型时，测量放样应按《水电水利工程施工测量规范》（DL/T 5173）的有关规定执行。 **差异：** 与《水工常规模型试验规程》（SL 155）相比，本规程增加了试验程序与方法

续表

序号	标准名称/ 标准号/时效性	针对性	内容与要点	关联与差异
23			4．试验量测仪器，包括水位量测仪器、压强量测仪器、流量量测仪器、流速量测仪器、量测仪器鉴定； 5．基本资料与模型设计； 6．模型制作与安装； 7．实验内容，包括水位与水面线、泄流能力、流速和流态、时均动水压强、脉动压强、局部冲刷、波浪； 8．试验资料整理与分析，包括原始资料整理、成果整理与分析； 9．试验研究成果。 **重点与要点：** 1．模型与原型应满足几何相似、水流运动相似和动力相似。模型应采用正态模型，模型水流应在紊流区，模型水深宜大于30mm。 2．常规水工模型试验宜采用循环式供水系统，平水箱高度宜不低于 5m，容积可按实验室最大供水流量乘以75s～100s 估算。回水渠宜采用网格状布置，底坡宜大于1:200，深度宜大于宽度。 3．玻璃水槽的技术要求：槽宽的安装精度应控制在±0.3%以内。 4．试验中的水位、压强、流量、流速等量测仪器等应满足试验中所规定的技术要求。 5．模型设计中，模型类型和模型比例尺的选择原则应根据规定的比例选取，满足规范的要求	
24	《水电水利工程掺气减蚀模型试验规程》 DL/T 5245—2010 2010年10月1日实施	1．适用于大中型水电水利工程掺气减蚀模型试验。 2．其他工程可选择执行	**主要内容：** 规定了水电水利工程掺气减蚀模型试验的基本要求，主要内容包括： 1．相似准则与试验大纲； 2．实验设备与量测仪器； 3．模型设计原则； 4．模型制作与安装； 5．试验内容和要求； 6．试验资料和试验结果。	**差异：** 《掺气减蚀模型试验规程》（SL 157）增加了适用于各类明流泄水建筑物掺气减蚀设施的模型试验研究

续表

序号	标准名称/标准号/时效性	针对性	内容与要点	关联与差异
24			**重点与要点：** 1．掺气减蚀模型应满足几何相似、水流运动相似和动力相似，应遵循动力相似准则。 2．所提出的专用试验设备应进行鉴定，并出具检定结果证书或相应文件。 3．在满足相似准则的条件下，模型掺气设施处的水流速度宜大于 6m/s；当模型掺气设施处水流速度不大于 6m/s、模型实测通气量向原型引伸时，应考虑比例尺的影响。 4．模型的制作与安装中，当通气管过长时，可不完全模拟，但模拟长度应不小于 15 倍内径，且进口应制成喇叭形。风速测量断面与进口的距离不宜小于 6 倍内径。 5．对于工程生产试验，为掺气设施的选型和分析论证其下游掺气保护长度，宜重点测量掺气设施下游临底部的掺气浓度分布	
25	《水电水利工程滑坡涌浪模拟技术规程》 DL/T 5246—2010 2010 年 10 月 1 日实施	适用于水库、河道、湖泊等岸坡下坡时的涌浪模拟	**主要内容：** 规定了水电水利工程滑坡涌浪模拟技术的基本要求，主要内容包括： 1．基本资料； 2．滑坡涌浪模型试验，包括模型设计与制作、试验设备与量测仪器、模型率定与验证、试验及观测、资料整理及分析； 3．滑坡涌浪数值模拟，包括控制方程及数值求解方法、初始条件及边界处理、计算区域确定及网格划分、模型率定及验证、计算及其成果分析； 4．报告编写的范围与要求。 **重点与要点：** 1．地形图测图比尺不宜小于 1:10000，滑坡体区域测图比尺不宜小于 1:2000。 2．模型设计中，模型应满足几何相似、水流运动相似和动力相似，应遵循重力相似准则。	**差异：** 《滑坡涌浪模拟技术规程》（SL 165）较本标准增加了试验内容和程序的具体要求

续表

序号	标准名称/标准号/时效性	针对性	内容与要点	关联与差异
25			3．模型地形制作可采用断面板法、等高线法。变化较缓的地形宜用断面板法，断面间距 300mm～800mm。变化复杂的地形宜用等高线法。 4．模型率定与验证中，水位允许偏差原型值：山区河流为±0.10m，平原河流为±0.05m。 5．计算区域应包含滑坡涌浪的影响范围，上下游开边界应设于河道渐变流段。网格剖析应能反映计算区域机型特征。 6．根据计算成果，分析涌浪首浪高度与滑速的关系、涌浪爬坡范围与滑速的关系、涌浪沿程衰减的过程线及涌浪爬坡范围与首浪高度的变化关系，分析涌浪对水工建筑物、村镇、码头、通航船舶等的影响	
26	《水电站有压输水系统水工模型试验规程》 DL/T 5247—2010 2010年10月1日实施	1．适用于各类水电站有压引水及尾水系统的非恒定流与恒定流水工模型试验。 2．其他工程类似试验可选择执行	**主要内容：** 规定了水电站有压输水系统水工模型试验的基本要求，主要内容包括： 1．相似准则的基本内容和要求； 2．试验研究大纲及试验设备和测量仪器； 3．模型设计、制作与安装调试的技术要求； 4．试验方法和内容以及所要记录的成果技术要求。 **重点与要点：** 1．模型应满足几何相似、水流运动相似和动力相似，遵循重力相似准则。 2．水锤波速比尺应与水流速度比尺相等，模型宜为正态。需要进行水轮机过渡过程调节保证系统的模型试验时，宜采用水轮发电机组模型进行试验，并应满足水轮机的流量过程相似和转速相似。 3．应根据试验研究任务，综合考虑工程规模和试验要求等因素，选定模型的类型和范围。 4．模型比尺的选择应满足试验和测量精度，引水管几何比尺应按阻力相似要求并结合模型用材选定；对于变态模型，调压井平面比尺应与引水管管径比尺相同	**关联：** 1．模型输水管恒定流按本规程测定，其他恒定流的测量内容和试验方法按《水电水利工程常规水工模型试验规程》（DL/T 5244）执行。 2．本规程与《水轮机、蓄能泵和水泵水轮机模型验收试验》（GB/T 15613）配合使用。 3．本规程与《水轮机控制系统试验》（GB/T 9652.2）配合使用。 **差异：** 《水电站有压输水系统模型试验规程》（SL 162）规定了基本资料要求和报告编写内容的具体要求

续表

序号	标准名称/标准号/时效性	针对性	内容与要点	关联与差异
27	《水电工程施工组织设计规范》 DL/T 5397—2007 2008 年 6 月 1 日实施	1．适用于编制新建、扩建的大中型水电站和抽水蓄能电站工程可行性研究阶段的施工组织设计文件。 2．编制预可行性研究阶段和招标设计阶段的施工组织设计文件，以及小型水电工程的施工组织设计文件可选择执行	**主要内容：** 规定了水电工程施工组织设计应遵循的设计原则、设计方法和要求，主要内容包括： 1．施工导流，包括一般规定、导流方式、导流建筑物级别、洪水设计标准、围堰工程、导流泄水建筑物、截流、基坑排水、施工期蓄水、通航和排冰； 2．料源选择及料场开采，包括一般规定、料源选择、料场开采规划； 3．主体工程施工，包括确定标准，以及主体工程施工方案的选择及施工资源配置的基本原则和技术要求； 4．交通运输方式的选择原则和技术要求； 5．施工工厂设施的规模、工艺流程的确定及布置原则和技术要求； 6．施工总布置规划原则和技术要求； 7．不同阶段施工总进度计划的编制方法及编制原则和技术要求。 **重点与要点：** 1．对于高坝工程，应综合分析度汛、封堵、蓄水、发电、下游供水与通航等因素，论证初期导流后的导流泄水建筑物布置形式，并提出坝身和岸边永久泄水建筑物的设置要求。 2．施工导流设计应妥善解决从初期导流到后期导流施工全过程中的挡水、泄水、蓄水问题。对各期导流特点和相互关系，应进行系统分析、全面规划、统筹安排。 3．导流建筑物洪水设计标准应根据建筑物的类型和级别在规定的范围内选择。各导流建筑物的洪水设计标准应相同，以主要挡水建筑物的洪水设计标准为准。对导流建筑物级别为 3 级且失事后果严重的工程，应提出发生超标准洪水时的工程应急措施。 4．围堰结构安全标准应符合最大、最小垂直正应力要求：迎水面允许有不大于 0.15MPa 的主拉应力，堰体允许有不大于 0.2MPa 的主拉应力。土石围堰的边坡稳定性采用瑞典圆弧法计算时，围堰等级为 3 级，最小抗滑稳定安全系数为 1.2。	**关联：** 1．与土石坝结合布置的堰体，其材料选择、反滤、排水布置、沉降计算和渗透控制指标应符合《碾压式土石坝设计规范》（SL 274）的有关规定。 2．土工膜的布置应符合《土工合成材料应用技术规范》（GB 50290）的有关规定。 3．导流隧洞的具体布置应符合《水工隧洞设计规范》（DL/T 5195）的有关规定。 4．导流隧洞的衬砌范围、支护结构、计算方法、灌浆和排水布置等，应符合《水工隧洞设计规范》（DL/T 5195）和《锚杆喷射混凝土支护技术规范》（GB 50086）的有关规定。 5．边坡的级别及抗滑稳定安全系数应符合《水电枢纽工程等级划分及设计安全标准》（DL 5180）的规定。 6．天然建筑材料的质量应符合《水工混凝土施工规范》（DL/T 5144）和《水电水利工程天然建筑材料勘察规程》（DL/T 5388）的要求。 7．采用建筑物开挖料料源，其地质勘察内容和深度应同时符合《水利发电工程地质勘察规范》（GB 50287）和《水电水利工程天然建筑材料勘察规程》（DL/T 5388）的要求。 **差异：** 相比《水利水电工程施工组织设计规范》（SL 303），本规范使用范围扩大至大中型新建、扩建水电站、抽水蓄能电站

续表

序号	标准名称/标准号/时效性	针对性	内容与要点	关联与差异
27			5．截流前，应落实水库初期淹没处理方案，导流泄水建筑物的围堰或其他障碍物应予全部清除。截流设计应考虑水下障碍物不易彻底清除等因素对分流的影响。 6．堆石料料源应优先利用建筑物的开挖料。可利用的建筑物开挖料的储量不能满足需要时，可就近选择料场开采。反滤料或垫层料料源宜采用天然砂砾料。 7．料场的规划开采量应考虑地质和施工因素，按设计需要量的 1.25 倍～1.5 倍选取。 8．施工方案选择需要保证施工安全、工程质量，施工工期短，施工成本低，辅助工程量及施工附加量小，先后作业之间、土建工程与机电安装之间、各道工序之间协调均衡，干扰较小，技术先进、可靠；施工强度和施工设备、材料、劳动力等资源投入力求均衡，对施工区附近环境污染和破坏较小，有利于保护劳动者的安全和健康。 9．出渣道路布置中，主体工程土石方明挖出渣道路的布置应根据开挖方式、施工进度、运输强度、运输设备和地形条件等统一规划；出渣道路等级应根据开挖进度、开挖方式、运输强度、运输设备和地形条件等因素确定；对部分使用期较短的出渣道路，按上述道路技术标准布置仍有困难时，最大纵坡可视运输设备性能、道路条件、纵坡长度等具体情况酌情加大。 10．导流建筑物洪水设计标准，应根据建筑物的类型和级别在导流建筑物洪水设计标准规定的范围内选择，各导流建筑物的洪水设计标准应相同。 11．导流隧洞的过流方式应结合原河床下游水位变幅情况、过流能力，经综合比较后确定。运行中，出现明满流交替流态或高速水流时，应采取措施防止产生空蚀、冲击波、振动对洞身造成破坏。 12．同一地段的基岩灌浆应按先固结灌浆、后帷幕灌浆的顺序进行。固结灌浆可在基岩表层或岩面有混凝土覆盖的情况下进行，在有盖重混凝土的条件下灌浆，盖重混凝土应达到 50%设计强度后钻孔灌浆方可开始。	

续表

序号	标准名称/标准号/时效性	针对性	内容与要点	关联与差异
27			13．混凝土生产应满足品质、品种、出口机温度和浇筑强度的要求，小时生产能力应按高峰月强度计算确定，月有效生产时间可按 500h 计，不均匀系数按 1.5 取值，并按最大浇筑仓面入仓强度要求校核。 14．施工总进度应突出主次关键工程、重要工程、技术复杂工程，明确准备工程起点时间和主体工程起点时间，明确截流、下闸蓄水、第一台（批）机组发电和工程完工日期。对控制施工进程的重要里程碑，如导流工程、坝肩开挖、截流施工、主体工程开工、工程度汛、下闸蓄水等应具备的条件，应在施工进度设计文件中予以明确	
28	《水电工程鱼类增殖放流站设计规范》 NB/T 35037—2014 2014 年 11 月 1 日实施	适用于水电工程可行性研究阶段鱼类增殖放流站设计	**主要内容：** 规范了水电工程鱼类增殖放流站设计原则、内容、方法和技术要求，主要内容包括： 1．放流对象、放流规模与工程等别； 2．生产工艺设计及选址； 3．工程设计； 4．监控系统设计； 5．运行管理设计； 6．概算编制及运行成本分析。 **重点与要点：** 1．在水电工程鱼类综合保护方案的总体要求下，应根据鱼类亲本的可获得性、人工驯养繁殖技术基础以及放流水域生境条件，合理确定放流对象。 2．放流对象选择应遵循“统筹兼顾、突出重点”原则；放流规模应根据放流水域生境条件、生态承载力、放流对象的种群生存力等因素，综合分析确定。 3．在总体放流规模下，应根据保护优先原则和种间竞争关系，合理确定各放流对象的放流规模。 4．养殖生产工艺可根据需要采用循环水养殖、流水养殖或静水养殖模式。 5．亲鱼应从工程影响河段或邻近水域收集的体质健康的野生亲本中挑选。亲鱼驯养宜采用单种分池培育的方式，后备亲鱼可采用搭配混养方式培育。	**关联：** 1．设计成果应同时满足《水电工程可行性研究报告编制规程》（DL/T 5020）的技术要求。 2．受精卵孵化应遵照《鱼卵孵化技术规范》（DB 43/T 359）的有关规定执行

续表

序号	标准名称/标准号/时效性	针对性	内容与要点	关联与差异
28			6. 放流季节应与放流对象的自然繁殖时间和鱼种生产计划相协调；放流时间一般选择天气晴朗的上午，以9:00～11:00时为宜	
29	《水电工程设计洪水计算规范》 NB/T 35046—2014 2015年3月1日实施	适用于大中型水利水电工程各设计阶段设计洪水计算和运行期设计洪水复核	**主要内容：** 规定了设计洪水计算的原则、内容、方法和技术要求，主要内容包括： 1. 资料的搜集内容和复核方法； 2. 根据流量资料计算设计洪水； 3. 根据暴雨资料计算设计洪水； 4. 受上游水库调蓄影响、分期设计洪水以及施工设计洪水的计算方法、要求； 5. 干旱、岩溶、冰川地区设计洪水计算； 6. 水利和水土保持措施对设计洪水的影响。 **重点与要点：** 1. 水电工程应采用设计断面的设计洪水。当设计依据站与设计断面流域面积不相等时，应将设计依据站的洪水系列或设计洪水值推算至设计断面。对建库后产流、汇流条件有明显改变的水库，采用坝址断面设计洪水与采用入库设计洪水调洪结果差别较大时，宜采用入库设计洪水作为设计依据。 2. 设计洪水计算应重视基本资料，广泛搜集有关水文信息，充分利用历史暴雨、洪水资料。对设计洪水计算所依据的水文资料，应进行可靠性、一致性和代表性分析和处理。 3. 当设计断面上游有调蓄能力较大的水库时，应分析计算受上游水库调蓄影响的设计洪水。 4. 当工程设计需要计算可能最大洪水时，宜采用水文气象法计算。 5. 对设计洪水计算过程中所依据的基本资料、计算方法及其主要环节、采用的各种参数和计算成果，应进行多方面分析检查，论证成果的合理性。 6. 资料短缺地区的设计洪水计算，应采用多种方法，对计算的成果应进行综合分析，合理选定。	**关联：** 1. 本规范的划分标准应按《水电枢纽工程等级划分及设计安全标准》（DL 5180）和《防洪标准》（GB 50201）中的规定执行。 2. 根据《水电枢纽工程等级划分及设计安全标准》（DL 5180—2003）中的规定，土坝、堆石坝及其泄水建筑物失事将导致下游重大的灾害时，1级永久性壅水、泄水建筑物的非常运用洪水应采用可能最大洪水（PMF）或取重现期为10000年的洪水。 **差异：** 《水电水利工程砂石加工系统施工技术规程》（DL/T 5271—2012），增加了“8 设备安装规范、9 系统调试、10 生产性试验”等施工要求内容

续表

序号	标准名称/ 标准号/时效性	针对性	内容与要点	关联与差异
29			7．对大型工程或重要的中型工程，用频率分析法计算的校核标准设计洪水，应对资料条件、参数选用、抽样误差等进行综合分析检查，成果可能偏小时，应加安全修正值，修正值不宜超过计算值的20%。 8．工程运行期的设计洪水计算，应充分利用工程新增加的暴雨、洪水资料。如计算成果与原设计成果相差较大，对工程防洪安全有明显影响，应采用计算的设计洪水成果。 9．设计洪水计算中采用新理论和新方法，应遵循积极、慎重的原则，对计算成果进行充分论证	
30	《碾压式土石坝施工组织设计规范》 NB/T 35062—2015 2016年3月1日实施	1．适用于水电工程1、2、3级碾压式土石坝施工组织设计。 2．对于坝高200m以上或施工条件复杂的碾压式土石坝，部分关键施工技术应进行专门研究	**主要内容：** 规定了碾压式土石坝工程施工组织设计应遵循的设计原则、设计方法和要求，主要内容包括： 1．施工导流与度汛，包括导流方式及导流标准，围堰，导流泄洪建筑物，截流、基坑排水，施工期蓄水、通航和排水； 2．坝料选择与开采加工，包括一般规定、料源选择、坝料开采、坝料加工； 3．坝料运输，包括施工场内交通、坝料运输方式； 4．坝体施工，包括坝基开挖及坝基处理、坝体填筑分期规划，坝壳料施工、土工膜防渗体施工等； 5．土石方平衡规划； 6．施工进度，包括施工进度计划、施工资源配置； 7．施工全过程质量控制与措施。 **重点与要点：** 1．碾压式土石坝施工组织设计应充分研究当地建材勘探和试验资料等，掌握其工程特点和施工特性；因材设计、充分合理地利用工程开挖料；进行相应的施工导流与度汛、坝料选择与开采加工、坝料运输、坝体施工、土石方平衡规划及施工进度的设计工作。 2．施工导流设计应妥善解决从初期导流到后期导流施工全过程中的挡水、泄水、蓄水、供水问题。对各期导流特点和相互关系，应进行系统分析、全面规划、统筹安排。	**关联：** 1．《锚杆喷射混凝土支护技术规范》（GB 50086）、《防洪标准》（GB 50201）、《水力发电工程地质勘察规范》（GB 50287）、《水电枢纽工程等级划分及设计安全标准》（DL/T 5180）、《水工隧洞设计规范》（DL/T 5195）、《水电水利工程天然建筑材料勘察规程》（DL/T 5388）、《碾压式土石坝设计规范》（DL/T 5395）、《水电工程施工组织设计规范》（DL/T 5397）、《水电建设项目水土保持方案技术规范》（DL/T 5419）、《水工挡土墙设计规范》（SL 379）。 2．料场开挖边坡的级别与抗滑稳定分析的最小安全系数标准，按《水电枢纽工程等级划分及设计安全标准》（DL 5180）执行。 **差异：** 采用建筑物开挖料料源，其地质勘察内容和深度应同时符合《水力发电工程地质勘察规范》（GB 50287）和《水电水利工程天然建筑材料勘察规程》（DL/T 5388）的规定

续表

序号	标准名称/ 标准号/时效性	针对性	内容与要点	关联与差异
30			3．当根据导流建筑物级别划分指标分属不同级别时，应以其中最高级别为准。但列为3级建筑物时，应至少有两项指标满足要求。 4．采用枯期围堰挡水、汛期坝体临时度汛断面挡水度汛的导流方式时，应比较采用过水围堰和汛后枯期围堰修复挡水的方案。围堰顶部高程和堰顶安全超高应符合堰顶高程不应低于设计洪水的静水位与波浪高度及堰顶安全超高值之和。堰顶安全超高不应低于不过水围堰的安全超高下限制表中的规定。土石围堰防渗体在设计静水位以上的安全超高值：斜墙式防渗体为 0.6m～0.8m，心墙式防渗体为 0.3m～0.6m。3级土石围堰的防渗体顶部应预留竣工后的沉降超高。 5．水库蓄水期的来水保证率可按 75%～85%计算。确定蓄水日期时，除应按蓄水标准分月计算水库蓄水位外，还应按规定的度汛标准计算汛期水位，复核汛前坝顶高程。 6．坝料料场均应分别进行勘探试验，质量应符合本规范的规定。大型工程的天然建筑材料还应进行必要的专项试验。堆石料料源应优先充分合理地利用建筑物开挖料。可利用建筑物开挖料的数量不能满足需要时，可就近选择料场开采。反滤料或垫层料料源宜优先采用天然砂砾料，如工程区附近缺乏天然砂砾料，可采用人工砂石料。 7．场内交通规划应考虑的主要因素有工程规模、工程特点、枢纽布置及施工方法，地形、地质及水文等自然条件。 8．坝体施工方案选择应保证大坝施工安全和施工质量，缩短施工工期，降低施工成本。施工技术应先进、可靠，各道工序之间协调均衡、干扰较小，施工强度和施工设备、材料、劳动力等资源投入均衡；对施工区附近环境污染和破坏较小，并有利于保护劳动者的安全和健康。 9．坝肩开挖宜采用预裂爆破、自上而下分层进行，开挖分层厚度应根据地质条件、出渣道路、施工部位、开挖规模、开挖断面特征、爆破方式、开挖运输设备性能等	

续表

序号	标准名称/标准号/时效性	针对性	内容与要点	关联与差异
30			综合研究确定。分层梯段高度不宜大于15m，每层开挖后应及时进行喷锚支护，锚索支护至多可滞后1层～2层，以保证边坡的稳定和安全。 10. 对于大型碾压式土石坝，应进行土石方调度规划优化，以及料物调度施工模拟分析计算，寻求总运输量最小的调度方案。对于中型工程土石方调度，可用线性方法进行优化。土石方平衡规划应遵循分析工程施工进度计划，工程开挖有用料宜直接上坝，减少周转数量。 11. 土石坝施工进度应根据工程施工导流、坝体安全度汛及下闸蓄水规划要求，综合分析料物供应、上坝运输条件及施工机械配套等因素，论证上坝强度，确定大坝填筑分期、混凝土面板分期浇筑等计划安排。 12. 施工资源配置应对工程施工总进度计划进行资源优化配置，提出劳动力、主要施工设备和主要材料分年度供应计划	
31	《蓄滞洪区设计规范》 GB 50773—2012 2012年10月1日实施	适用于各类新建、扩建和改造蓄滞洪区的规划以及蓄滞洪区建筑物的规划、设计	**主要内容：** 规定了蓄滞洪区设计标准和技术要求，以及蓄滞洪区的建设，主要内容包括： 1. 蓄滞洪区建设标准及基本资料； 2. 蓄滞洪区工程布局； 3. 蓄滞洪区防洪工程设计； 4. 蓄滞洪区安全设施设计； 5. 蓄滞洪区工程管理设计； 6. 规范用词说明及引用标准名录。 **重点与要点：** 1. 蓄滞洪区的防洪工程和安全建设，应充分利用现有的工程设施和安全设施。 2. 蓄滞洪区工程布局应与所处地理位置的生态环境保护要求相适应。 3. 蓄滞洪区堤防、分区隔堤、分洪控制工程、退洪控制工程的布置，应根据蓄滞洪区防洪和蓄滞洪运用的要求，结合地形、地质条件等因素，经综合分析必选，合理确定。 4. 口门轴线与河道洪水主流方向交角不宜超过30°。	**关联：** 1. 蓄滞洪区提防、分洪闸、退洪闸、排涝泵站等建筑物设计所需的工程地质资料，应按《水利水电工程地质勘察规范》（GB 50487）的有关规定执行；安全台设计所需的地质资料，可参照《堤防工程设计规范》（GB 50286）和《提防工程地质勘察规程》（SL 188）的有关规定执行。 2. 蓄滞洪区内排涝泵站设计应符合《泵站设计规范》（GB 50265）的有关规定。 3. 堤防工程的管理范围和保护范围，可按《提防工程管理涉及规范》（SL 171）的有关规定执行。 4. 进退洪闸等建筑物的管理范围和保护范围，可按《水闸工程管理设计规范》（SL 170）的有关规定执行。 5. 蓄滞洪区救生器材的配备标准，可按《防汛物资储备定额编制规程》（SL 298）的有关规定执行。 6. 蓄滞洪区涵闸等穿堤建筑物，应符合《堤防工程设计规范》（GB 50286）的有关规定。 7. 安全楼设计应符合《蓄滞洪区建筑工程技术规范》（GB 50181）的有关规定

续表

序号	标准名称/ 标准号/时效性	针对性	内容与要点	关联与差异
31			5．安全区的排涝系统应满足蓄滞洪期间单独运行的要求。 6．安全区内安置的居民点与主要生产场所的距离不宜超过 3km～5km。 7．对于多孔闸，沿垂直水流方向应作分缝处理，岩基上的分缝长度不宜超过 20cm，土基上的分缝不宜超过 35cm。 8．采用浆砌石裹头护结构形式时，浆砌石厚度应大于 500mm，砂浆强度不应低于 M7.5	
02	挡水建筑物			
32	《混凝土面板堆石坝设计规范》 DL/T 5016—2011 2011 年 11 月 1 日实施	1．适用于水利水电枢纽工程中 1、2、3 级坝和高度超过 70m 的 4、5 级混凝土面板堆石坝的设计。 2．4、5 级 70m 以下的混凝土面板堆石坝可选择执行。 3．200m 以上的高坝设计应进行专门研究	**主要内容：** 规定了混凝土面板堆石坝的设计原则、技术要求和计算方法，主要内容包括： 1．坝的布置和坝体分区，包括坝的布置、坝顶、坝坡、坝体分区； 2．筑坝材料及填筑标准，包括坝料勘察与试验、料场规划，垫层料与过渡料，堆石料，填筑标准； 3．趾板，包括趾板定线和布置、趾板尺寸、趾板混凝土及其配筋； 4．混凝土面板，包括面板尺寸和分缝、面板混凝土设计及配筋、面板防裂措施； 5．接缝和止水，包括止水材料、周边缝、垂直缝、其他接缝； 6．坝基处理，包括基础开挖、坝基处理； 7．坝体计算，包括渗流计算、抗滑稳定计算、应力和变形分析； 8．抗震措施； 9．分期施工和坝体加高，包括分期施工、挡水度汛、过水保护、坝体加高； 10．安全检测。 **重点与要点：** 1．当覆盖层内有粉细砂层、黏性土层等软弱夹层时，应结合坝体及覆盖层静、动力稳定和变形分析，论证其安全性和经济合理性。	**关联：** 1．料场勘察应按《水利水电工程天然建筑材料勘察规程》（DL/T 5388）执行。 2．筑坝材料应按《水电水利工程岩石试验规程》（DL/T 5368）、《水电水利工程土工试验规程》（DL/T 5355）和《水电水利工程粗粒土试验规程》（DL/T 5356）的规定进行试验。 3．最小水泥用量应按《水工建筑物抗冰冻设计规范》NB/T 35024）执行。 4．混凝土面板堆石坝的级别应符合《水电枢纽工程等级划分及设计安全标准》（DL 5180）的规定。 5．面板混凝土抗冻等级应按照《水工建筑物抗冰冻设计规范》（NB/T 35024）的规定确定。 6．止水材料的性能应符合《水工建筑物止水带技术规范》（DL/T 5215）的规定。 7．面板堆石坝的渗流计算分析、抗滑稳定计算、坝顶超高，应按照《碾压式土石坝设计规范》（DL/T 5395）执行。 **差异：** 《混凝土面板堆石坝设计规范》（SL 228—2013）面板的分缝分块长度略有不同。本规范对“分期施工和坝体加高”增加了“挡水度汛和过水保护”相关内容

续表

序号	标准名称/ 标准号/时效性	针对性	内容与要点	关联与差异
32			2．面板的厚度应使面板承受的水力梯度不超过 200，分缝应根据河谷形状、坝体变形及施工条件进行，垂直缝的间距可为 12m～18m，面板混凝土应掺用引气剂和减水剂，其种类及掺量应通过试验确定。 3．坝料勘察与试验、料场规划，应根据工程枢纽布置、坝料的质量要求，做好建筑物开挖利用石料及料场石料的开采和填筑规划；选择合理的开采、运输、加工、堆存方式，做好存、弃渣场规划和相应的环境保护和水土保持设计。 4．基础开挖，为防止趾板上游开挖边坡在运行期失稳，砸坏岸坡附近趾板、周边缝止水及附近的面板，规定趾板上游边坡按永久边坡设计。 5．挡水度汛，应根据坝体施工期度汛的洪水标准、水库蓄水、汛期抢险等要求，做好挡水度汛断面的设计；堆石坝或临时断面度汛时，应满足抗滑稳定和渗透稳定要求	
33	《混凝土拱坝设计规范》 DL/T 5346—2006 2007年3月1日实施	1．适用于新建和改建的大中型水电水利工程岩基上1、2、3级混凝土拱坝的设计。 2．坝高于200m或有特殊问题的拱坝，应对有关问题作专门研究论证。 3．4、5级混凝土拱坝和碾压混凝土拱坝的设计可选择执行	**主要内容：** 规定了混凝土拱坝设计的技术原则、要求和内容，主要内容包括： 1．拱坝的布置原则及技术要求； 2．水力学设计的原则和技术要求； 3．坝体混凝土的强度、重力密度、抗渗和耐久性能的设计标准； 4．拱坝上的作用和作用效应组合的分析原则； 5．拱坝应力和拱座稳定分析、基础处理的技术原则； 6．拱坝构造、温度控制和安全监测的设计原则。 **重点与要点：** 1．混凝土拱坝设计中，应进行高拱坝的泄洪消能及雾化影响研究；应提出对坝体混凝土质量和温度控制的要求，并应考虑坝体浇筑和接缝灌浆顺序施工蓄水过程中坝体自身的稳定和应力以及度汛问题。 2．高拱坝体型选择，应进行地基综合变形模量、温度作用等敏感性分析，时拱坝体形有较大的适应性。 3．坝体混凝土可根据应力分布情况或其他要求，设置不同混凝土分区。	**关联：** 1．泄水建筑物及消能防冲建筑物设计的洪水标准按《防洪标准》（GB 50201）和《水电枢纽工程等级划分及设计安全标准》（DL 5180）的规定执行。 2．中孔、深孔的通气孔设计应符合《水利水电工程钢闸门设计规范》（DL/T 5039）的要求。 3．水垫塘衬砌的抗浮稳定、底流消能的水力设计以及泄水建筑物边墙高度按《溢洪道设计规范》（DL/T 5166）执行。 4．坝体混凝土的质量和均匀性应符合《水工混凝土施工规范》（DL/T 5144）中的有关规定。 5．坝体局部结构的强度安全按《水工混凝土结构设计规范》（DL/T 5057）的规定执行。 6．大坝混凝土的抗渗等级应按《水工混凝土试验规程》（DL/T 5150）规定的试验方法进行。 7．坝体断面平均温度、断面等效线性温度差和非线性温度差的计算，以及淤沙压力、浪压力、冰压力、动水压力的计算按照《水工建筑物荷载设计规范》（DL 5077）的规定执行。

续表

序号	标准名称/ 标准号/时效性	针对性	内容与要点	关联与差异
33			4．作用效应组合应根据不同设计状况下可能同时出现的作用，采用最不利的组合。计算作用效应时，直接采用作用标准值进行计算。 5．地质、地形条件有明显缺陷时，应研究其对坝体应力、坝基应力和位移的影响，必要时，还应结合基础处理方案进行研究。 6．拱坝应力控制指标，应根据其建筑物的等级，按不同的水工建筑物结构安全级别确定。持久状况、基本组合情况下，采用拱梁分载法计算，坝体最大拉应力不得大于1.2MPa；采用有限元法计算时，经等效处理后的坝体最大拉应力不得大于1.5MPa；短暂状况、基本组合情况下，未封拱坝段最大拉应力不宜大于0.5MPa。 7．拱座抗滑稳定分析应按空间问题计算。拱座无特定的滑裂面或作初步估算时，可简化为平面问题进行核算，此时如个别断面不满足要求，可根据具体情况确定采取必要的处理措施。必要时，可分析滑烈面上的局部抗滑稳定安全性，研究可能进入破坏状态的区域、范围及过程。 8．横缝的位置和间距的确定，除应考虑混凝土温控防裂有关的因素外，还应考虑结构布置（如坝身泄洪孔口尺寸、坝内顶上游面弧长），宜为15m～25m。 9．高坝混凝土应进行力学、热学、极限拉伸、徐变和自生体积变形等试验，利用试验资料进行防裂及温度控制设计	8．泥沙冲淤计算期限应符合《水电水利工程泥沙设计规范》（DL/T 5089）的规定。 9．坝体局部结构的强度安全应按照《水工混凝土结构设计规范》（DL/T 5057）执行。 10．为取得滑裂面及其两侧岩体岩石力学指标进行的相关试验，应按照《水电水利工程岩石试验规程》（DL/T 5368）的规定执行。 11．接缝灌浆施工的具体要求应按《水工建筑物水泥灌浆施工技术规范》（DL/T 5148）的规定执行。 12．拱坝的动力抗滑稳定分析按《水电工程水工建筑物抗震设计规范》（NB 35047）的规定执行。 13．坝体止水材料及其结构形式按照《水工建筑物塑性嵌缝密封材料技术标准》（DL/T 949）及《水工建筑物止水带技术规范》（DL/T 5215）的规定执行。 14．安全监测设计、资料分析、巡视检查、检测精度等要求均应按照《混凝土坝安全检测技术规范》（DL/T 5178）的规定执行。 **差异：** 1．相比《混凝土拱坝设计规范》（SL 282—2003），本规范的安全监测专项增加了锚固结构受力状态监测，增加了“8 作用和作用效应组合”。 2．拱座稳定分析所需地质资料，除按《水力发电工程地质勘察规范》（GB 50287）已有规定执行外，尚应特别注意查明影响抗滑稳定的软弱岩带及主要结构面的产状、起伏粗糙度、裂隙发育间距、连通率、有无填充物及其性状，以及结构面的空间展布和拱座岩体内地下渗流特性
34	《碾压式土石坝设计规范》 DL/T 5395—2007 2008年6月1日实施	1．适用于水电工程中1、2、3级坝高200m以下碾压式土石坝的设计。 2．4、5级碾压式土石坝可选择使用。 3．对于200m以上的高坝应进行专门研究	**主要内容：** 规定了碾压式土石坝的设计原则、技术要求和计算方法等，主要内容包括： 1．枢纽布置和坝型选择的原则； 2．筑坝材料和填筑碾压的技术要求； 3．坝体结构如坝体分区、坝坡、坝顶超高、坝顶构造、防渗体、反滤层、垫层和过渡层等的技术要求；	**关联：** 1．碾压式土石坝的级别，应根据《水电枢纽工程等级划分及设计安全标准》（DL 5180）中的有关规定确定。 2．采用土工膜、沥青混凝土和混凝土作为防渗体材料时，应按《土工合成材料技术规范》（GB 50290）、《土石坝沥青混凝土面板和心墙设计规范》（DL/T 5411）和《混凝土面板堆石坝设计规范》（DL/T 5016）的规定执行。

续表

序号	标准名称/标准号/时效性	针对性	内容与要点	关联与差异
34			4．坝基处理如坝基表面处理、砂砾石坝基的渗流控制、岩石坝基处理、易液化土、软黏土和湿陷性黄土坝基的处理等的技术要求； 5．坝体与其他建筑物连接的技术要求； 6．土石坝的计算分析方法； 7．分期施工和扩建加高遵循的原则和要求； 8．安全监测的设计原则和技术要求。 **重点与要点：** 1．防渗土料碾压后应满足下列要求： （1）渗透系数：均质坝不大于 1×10^{-4}cm/s，心墙和斜墙不大于 1×10^{-5}cm/s。 （2）水溶盐含量（指易溶盐和中溶盐，按质量计）不大于3%。 （3）有机质含量（按质量计）：均质坝不大于5%，心墙和斜墙不大于2%。 2．湿陷性黄土或黄土状土，作为土石坝的防渗体时，应具有适当的填筑含水率与压实密度，并应注意做好反滤。 3．砂砾石和砂的填筑碾压标准应以相对密度为设计控制指标，砂砾石的相对密度不应低于0.75，砂的相对密度不应低于0.70；当砂砾石中粗粒料含量小于50%时，应保证细料（小于5mm的颗粒）的相对密度符合上述要求。 4．若坝基覆盖层或筑坝土石料沿坝轴线方向不相同时，应分段进行稳定计算，确定相应的坝坡。当各坝段采用不同坡度的断面时，每一坝段的坝坡应根据该坝段中最大断面来选择。 5．当坝基抗剪强度较低，坝体不满足深层抗滑稳定要求时，应研究坝基处理措施，或采用在坝坡脚压戗的方法提高其稳定性。 6．地震区的安全加高尚应增加地震作用下的附加沉陷和地震涌浪高度。 7．坝顶应预留竣工后的沉降超高。各坝段的预留沉降超高应根据相应坝按的坝高而变化，还应在坝的中段增大预留沉降超高0.3m～0.5m。	3．地震区坝的坝轴线布置、在地震区的坝采用坝下埋管时的情形、地震区的土石坝与岸坡和混凝土建筑物的连接、抗震稳定计算以及抗震区土石坝进行动力分析，均应按《水电工程水工建筑物抗震设计规范》（NB 35047）的有关规定执行。 4．筑坝土石料调查和土工试验应分别按照《水电水利工程天然建筑材料勘察规程》（DL/T 5388）、《水电水利工程土工试验规程》（DL/T 5355）、《水电水利工程粗粒土试验规程》（DL/T 5356）及《土工试验方法标准》（GB 50123）的有关规定，查明坝址附近各种天然土石料的性质、储量和分布，以及枢纽建筑物开挖料的性质和可利用的数量。 5．黏性土的最大干密度和最优含水率，应按照《水电水利工程土工试验规程》（DL/T 5355）及《水电水利工程粗粒土试验规程》（DL/T 5356）规定的击实试验方法求取。 6．选用土工织物作反滤层，宜用在易修补的部位，并应按《土工合成材料技术规范》（GB 50290）设计。 7．帷幕灌浆和固结灌浆对水泥强度等级和浆液的要求、灌浆方法、灌浆结束标准等应按照《水工建筑物水泥灌浆施工技术规范》（DL 5148）执行。 8．在地震区，为了解标准贯入击数、剪切波速、动力特性指标等，进行勘测试验以及对地震区建坝后的坝基中可能发生液化的无黏性土和少黏性土进行地震液化可能性的评价，应按《水利水电工程地质勘察规范》（GB 50287）执行。 **差异：** 1．《碾压式土石坝设计规范》（SL 274）中对地震烈度为8、9度的地区的坝轴线和黏性土压实度作了规定，对坝顶超高中的安全加高作了详细分类。 2．相比《碾压式土石坝设计规范》（SL 274），本规范中“坝体结构”增加了“垫层”

续表

序号	标准名称/标准号/时效性	针对性	内容与要点	关联与差异
34			8．棱体排水顶部高程应超出下游最高水位，超过的高度1级、2级坝不应小于1.0m，3、4级和5级坝不应小于0.5m，并应超过波浪沿坡面的爬高；顶部高程应使坝体浸润线距坝面的距离大于该地区的冻结深度；顶部宽度应根据施工条件及检查监测需要确定，其最小宽度不宜小于1.0m。 9．当坝体排水渗流量很大，增大排水带尺寸不合理时，可采用排水管，管周围应设反滤层。其管径应由计算确定，但不得小于0.2m，管内流速应控制在0.2m/s～1.0m/s范围内。 10．土质防渗体与岩石接触处，在邻近接触面0。0.5m～1.0m范围内应填筑接触黏土，并应控制在略高于最优含水率的情况下填筑，在填土前应用黏土浆抹面。 11．当混凝土防渗墙与土体为插入式连接方式时，混凝土防渗墙顶应做成光滑的楔形；插入土质防渗体的深度，低坝不应低于2m	
35	《土石坝沥青混凝土面板和心墙设计规范》 DL/T 5411—2009 2009年12月1日实施	1．适用坝高大于30m且低于100m的土石坝碾压式沥青混凝土面板设计、水库库盆沥青混凝土面板设计。当坝高超过100m时，其适用性应作专门论证。 2．适用于坝高大于30m且低于150m的土石坝碾压式混凝土心墙设计。当坝高超过150m时，其适用性应作专门论证。 3．适用于寒冷和严寒地区坝高高于30m且低于50m的土石坝浇筑式沥青混凝土心墙设计。当坝高超过50m时，其适用性应作专门论证。	**主要内容：** 规定了水电水利工程沥青混凝土防渗设计的材料和结构设计要求、原则和深度、提出了配合比设计原则，主要内容包括： 1．沥青混凝土原料的技术要求及沥青混凝土的技术要求和混合比； 2．碾压式沥青混凝土面板和心墙结构的主要技术要求； 3．碾压式沥青混凝土面板和心墙、浇筑式沥青混凝土心墙的设计原则； 4．安全监测的技术要求和设计原则。 **重点与要点：** 1．碾压式沥青混凝土面板防渗层沥青混凝土的主要技术指标应满足孔隙率≤3%、渗透系数≤1×10^{-8}cm/s等要求。碾压式沥青混凝土面板整平胶结层沥青混凝土的主要技术指标应满足孔隙率在10%～15%、热稳定系数≤4.5cm/s、水稳定系数≥0.85。碾压式沥青混凝土面板防渗层沥青混凝土的主要技术指标要求应满足空隙率≤3%、渗透系数≤1×10^{-8}cm/s、水稳定系数≥0.90等要	**关联：** 1．沥青混凝土面板或心墙设计中有关施工技术要求和质量控制标准，除应遵照本规范外，还应参照《水工碾压式沥青混凝土施工规范》（DL/T 5363）的有关规定。 2．沥青混凝土面板和心墙防渗的土石坝，应按《混凝土面板堆石坝设计规范》（DL/T 5016）和《碾压式土石坝设计规范》（DL/T 5395）的有关规定执行。 3．地震荷载和内力计算按照《轴流式水轮机埋件安装工艺导则》（DL 5037）的相关要求进行。 **差异：** 《土石坝沥青混凝土面板和心墙设计规范》（SL 501）结构设计取值范围与本规范略有不同

续表

序号	标准名称/标准号/时效性	针对性	内容与要点	关联与差异
35		4．其他沥青混凝土防渗工程的设计可选择执行	求。浇筑式沥青混凝土心墙沥青混凝土的主要技术标准应满足孔隙率≤3%、渗透系数≤1×10^{-8}cm/s、水稳定系数≥0.90等要求。 2．沥青混凝土配合比应根据各种沥青混凝土的各项技术要求进行设计，通过室内试验和现场摊铺试验确定。沥青混凝土室内试验的温度、加荷速度等试验条件，应根据工程区的气温、工程特点和运行条件等确定。 3．严寒地区的沥青混凝土面板应进行低温抗裂试验及计算分析研究。沥青混凝土面板靠齿墙、岸墩及其他刚性金属连接处的垫层，应采取提高防渗面板适应变形能力的措施。 4．沥青混凝土心墙土石坝，应进行应力应变分析。应力应变分析计算参数应通过试验确定。沥青混凝土心墙两侧与坝壳之间应设置过渡层。心墙与基岩、混凝土防渗墙、岸坡的连接应设置混凝土基座。与基础和岸坡的基座及刚性建筑物连接处的沥青混凝土心墙，应采用厚度逐渐扩大的形式连接。 5．沥青混凝土心墙两侧应设置过渡层，浇筑式沥青混凝土心墙及其混凝土配合比设计应考虑心墙的流变速度和流变侧压力。土石坝沥青混凝土心墙应按照土石坝安全监测技术要求，根据工程的重要性、坝高和结构特点，设置必要的监测设施进行系统的监测。监测设计应针对沥青混凝土高温施工的特点，采取相应的措施并提出具体的施工要求	
36	《水闸设计规范》 NBT 35023—2014 2014年11月1日实施	适用于山区、丘陵区新建或扩建的水电工程大型、中型水闸设计，大型、中型水闸的加固及改建设计	**主要内容：** 规定了山区、丘陵区水闸设计技术要求，统一了设计标准和技术要求，主要内容包括： 1．闸址选择、总体布置原则和技术要求； 2．水力设计、防渗排水设计、结构设计、地基计算及处理设计； 3．水闸安全监测设计。 **重点与要点：** 1．闸址及近闸的岸坡应满足稳定要求，闸址应考虑闸基及两岸闸肩的渗漏、稳定、变形条件。泄洪闸、冲沙闸与进水闸组成工程枢纽时，应综合考虑进水闸与泄洪闸、	**关联：** 1．可液化地基处理深度应按国家现行标准《建筑抗震设计规范》（GB 50011）及《水电工程水工建筑物抗震设计规范》（NB 35047）的有关规定执行。 2．监测资料分析应按《混凝土坝安全监测技术规范》（DL/T 5178）的规定执行。 3．寒冷地区的抗冰冻结构布置及措施应符合现行行业标准《水工建筑物抗冰冻设计规范》（NB/T 35024）的有关规定。 4．选用的闸室孔口尺寸应符合现行行业标准《水利水电工程钢闸门设计规范》（SL 74）的有关规定。

续表

序号	标准名称/标准号/时效性	针对性	内容与要点	关联与差异
36			冲沙闸的不同功能要求，除满足泄洪冲沙外，应结合进水闸的引水防沙要求而选择合适的闸址位置。 2．多泥沙河流水闸枢纽的冲沙闸或泄洪闸，应注意解决进水闸的防沙、冲沙问题；应根据河道上游来污物量的多少和采用的清污方式，决定是否需要设置排污闸，其布置应靠近进水闸或污物来量较大的河道一侧或河道的两侧。 3．闸室结构布置应根据水闸挡水、泄水条件和运行要求，整个闸室结构的重心应尽可能与闸室底板中心相近，且偏向高水位一侧。闸顶高程应根据挡水和泄水两种运用情况确定。挡水时，闸顶高程不应低于水闸正常蓄水位加波浪计算高度与相应安全超高值之和；泄水时，闸顶高程不应低于设计洪水位（或校核洪水位）与相应安全超高值之和。 4．闸室底板厚度应根据闸室地基条件及处理措施、作用荷载及闸孔宽度等因素确定；闸室底板顺水流向长度应根据闸室地质条件和结构布置要求确定；闸室结构垂直水流向分段长度（即顺水流向永久缝的缝距）应根据闸室地基条件和结构特点，结合采用的施工方法和措施确定。 5．防渗排水布置应根据闸基地质条件和水闸上、下游水位差等因素确定；土质地基上的水闸闸基轮廓线应根据选用的防渗排水设计型式，经合理布置确定；黏土铺盖的厚度应根据铺盖土料的允许水力坡降值计算确定，其前端最小厚度不宜小于0.6m，上部应设保护层。 6．进行水闸水力设计时，应考虑到水闸建成后上、下游河床可能发生淤积、闸下游水位变动、下游冲刷等情况对闸室过水能力和消能防冲设施产生的不利影响。 7．下游防冲齿槽的深度应根据河床岩土体条件、护坦（海漫）末端的单宽流量和下游水深等因素综合确定；上游防冲齿槽的深度应根据河床岩土体条件、上游铺盖首端的单宽流量和上游水深等因素综合确定，且不应小于上游铺盖首端的河床冲刷深度。 8．水闸结构应力分析应根据各部位结构布置形式、尺寸及受力条件等进行。开敞式水闸或胸墙与闸墩简支连接	5．抗冲磨防空蚀具体措施应根据泥沙、施工、过水部位等情况，按现行行业标准《水工建筑物抗冲磨防空蚀混凝土技术规范》（DL/T 5207）的要求选择。 6．复合地基承载力特征值及其埋深修正、复合地基变形、复合地基抗剪强度指标、桩的平均直径等计算，应按现行行业标准《水电水利工程振冲法地基处理技术规范》（DL/T 5214）的有关规定执行。 7．用旋喷桩加固的地基宜按复合地基设计，按现行行业标准《电力工程地基处理技术规范》（DL/T 5024）的有关规定执行。 8．监测设计应符合现行行业标准《混凝土坝安全监测技术规范》（DL/T 5178）的有关规定。 9．精密水准监测的要求应按现行国家标准《国家一、二等水准测量规范》（GB/T 12897）的规定执行。 10．安全监测技术要求应按现行行业标准《混凝土坝安全监测技术规范》（DL/T 5178）和《混凝土坝安全监测资料整编规程》（DL/T 5209）的规定执行。 11．选用启闭机的启闭力应同时符合现行行业标准《水电水利工程启闭机设计规范》（DL/T 5167）的规定。 **差异：** 《水闸设计规范》（SL 265）较本规范增加了有关水闸等级划分及洪水标准的规定

续表

序号	标准名称/标准号/时效性	针对性	内容与要点	关联与差异
36			的胸墙式水闸，其闸墩应力分析方法应根据闸门形式确定。水闸底板和闸墩的应力分析，应根据工程所在地区的气候特点、水闸地基类别、运行条件和施工情况等因素考虑温度应力的影响	
37	《混凝土重力坝设计规范》 NB/T 35026—2014 2014 年 11 月 1 日实施	适用于新建和改建的大中型水电水利工程岩基上的 1、2、3 级混凝土重力坝的设计，亦可用于 4、5 级混凝土重力坝的设计。坝高大于 200m 或有特殊问题的混凝土重力坝，其适用性应作专门研究论证	**主要内容：** 规定了重力坝的布置、水力和结构计算、设计原则、温度控制和监测等设计技术要求，主要内容包括： 1．布置原则及要求； 2．坝体结构与泄水建筑物设计原则与方法； 3．泄水建筑物水力设计的内容、技术要求与计算方法； 4．坝体结构、坝体构造计算的原则与技术要求； 5．坝体断面设计、坝基处理设计的原则与计算方法； 6．坝体构造、防裂及温控技术要求； 7．监测项目及要求。 **重点与要点：** 1．坝体布置应结合枢纽布置全面考虑，可首先考虑泄洪建筑物的布置，使其下泄水流不致冲淘坝基、其他建筑物的基础及岸坡。 2．溢流坝的反弧段应结合下游消能形式选择；闸墩的形式和尺寸应满足布置、水流条件和结构上的要求，当采用平面闸门时，闸墩在门槽处应有足够的厚度。当溢流坝有排冰要求时溢流孔口尺寸应根据冰情资料确定，堰上水深宜大于流冰期最大冰厚；冰块应能自由下泄而不致破坏下游设施，下游应有导墙、护岸等设施。 3．坝身泄水孔应避免孔内有压流、无压流交替出现的现象；高坝坝身泄水孔水力条件复杂时，应做水工模型试验，必要时应进行减压箱模型试验验证。坝身泄水孔（包括导流底孔）应作为坝体的一部分和坝身设计统一考虑。 4．消能形式应根据地形地质条件、枢纽布置、运行条件、下游、水深及河床抗冲能力、消能防冲要求、下游水流衔接以及对其他建筑物的影响等综合考虑，并经技术经济比较选定。挑流消能设计应对各级下泄流量进行水力计算，估算水舌、挑射距离、最大冲坑深度。	**关联：** 1．鼻坎、溢流式厂房顶板、护坦等部位的脉动压力和护坦上消力墩（包括尾坎等）所受的冲击力，可按照《水工建筑物荷载设计规范》（DL 5077）的有关规定计算。 2．各项监测设计的要求按《混凝土坝安全监测技术规范》（DL/T 5178）的有关规定执行。 **差异：** 《混凝土重力坝设计规范》（SL 319）对基岩的适用范围与本规范略有差异

续表

序号	标准名称/ 标准号/时效性	针对性	内容与要点	关联与差异
37			5．在多泥沙河流上，泄水建筑物应考虑挟沙的高速水流磨损和空蚀的相互作用。挑流鼻坎的形式，一般有连续式、差动式、窄缝式和扭曲式等，应经比较选定。 6．常态混凝土重力坝在上、下游方向实现通仓长块浇筑而不设纵缝时，应经论证并采取相应温控防裂措施。重力坝横缝的上游面、溢流面、下游面最高尾水位以下及坝内廊道和孔洞穿过分缝处的四周等部位应布置止水设施	
38	《砌石坝设计规范》 SL 25—2006 2006年6月1日实施	1．适用于大中型水利水电工程中的2、3级砌石坝或者坝高超过50m的4、5级砌石坝的设计。 2．其他砌石坝设计可选择使用。 3．对于坝高超过100m的砌石坝设计应进行必要的专题研究	**主要内容：** 规定了砌石坝设计的原则、内容、技术要求，主要内容包括： 1．砌石坝筑坝材料和砌石体设计的指标； 2．作用在砌石坝上的荷载，以及荷载组合的选择要求； 3．砌石重力坝和砌石拱坝的设计技术要求； 4．坝体防渗、坝基处理、坝体构造的施工工艺技术要求； 5．安全监测设计的原则。 **重点与要点：** 1．坝体布置应根据当地建筑材料的分布、储量、石料的开采成型情况，确定采用混凝土砌石重力坝或水泥砂浆砌石重力坝。 2．砌石体的设计密度在此范围内选用：毛石砌体密度2100kg/m^3～2350kg/m^3，块石砌体密度2200kg/m^3～2400kg/m^3，粗料石砌体密度2300kg/m^3～2500kg/m^3。 3．砌石重力坝各坝段上游面应协调一致，利于防渗体的连接和布置。溢流坝段下游面应保持一致，其与非溢流坝面之间应用导墙隔开。 4．砌石拱坝顶部拱圈最大中心角以80°～100°为宜，河谷较宽的坝址，宜选用非圆弧拱圈。 5．采用一、三级配混凝土作胶凝材料，使用机械振捣的砌石坝，宜采用坝体自身防渗。利用坝体自身防渗时，应对坝体与地基的连接作出防渗设计	**关联：** 1．地震荷载可参照《水工建筑物抗震设计规范》（SL 203）的规定计算。 2．砌石重力坝坝身泄水孔结构布置可参照《混凝土重力坝设计规范》（SL 319）中第4.4节的规定确定。 3．砌石坝安全监测设计参照《混凝土坝安全监测技术规范》（SL 601）的规定执行

续表

序号	标准名称/标准号/时效性	针对性	内容与要点	关联与差异
39	《碾压混凝土坝设计规范》 SL 314—2004 2005 年 2 月 1 日实施	1. 适用于水利水电工程中岩基上的 1、2、3 级碾压混凝土重力坝设计，以及碾压混凝土拱坝设计。 2. 4、5 级碾压混凝土重力坝设计可参考使用。 3. 坝高大于 200m 的碾压混凝土重力坝应作专门研究	**主要内容：** 规定了碾压混凝土的枢纽布置、体型设计、坝体稳定及应力分析原则和方法等，主要内容包括： 1. 枢纽布置； 2. 坝体设计； 3. 坝体构造； 4. 碾压混凝土材料和坝体混凝土分区； 5. 温度控制及坝体防裂； 6. 安全监测设计。 **重点与要点：** 1. 碾压混凝土重力坝的体型断面设计宜简化，便于施工，坝顶最小宽度宜不小于 5m，上游坝坡宜采用铅直面，下游坝坡可按常态混凝土重力坝的断面进行优选。 2. 碾压混凝土重力坝坝体抗滑稳定分析应包括沿坝基面、碾压层（缝）面和基础深层滑动面的抗滑稳定。高坝坝体的碾压层面的计算参数，应根据层（缝）面的施工条件及处理措施进行试验测定。 3. 碾压混凝土重力坝高坝、中坝的基础容许温差应根据坝址区的气候条件、碾压混凝土的抗裂性能和热学性能及变形性能、浇筑块的高长比、基岩变形模量等因素，通过温度控制设计确定。 4. 碾压混凝土重力坝不宜设置纵缝，根据工程的具体条件和需要设置横缝或诱导缝。 5. 碾压混凝土拱坝的高坝、中坝应采用三维有限元法进行坝体温度控制分析，提出温度控制标准及防止裂缝的措施。 6. 安全监测设计应重视施工期及首次蓄水期的安全监测工作，及时取得主要监测项目的基准值。应排除或减少影响监测成果的因素，监测仪器及电缆应有必要的保护措施	**关联：** 1. 高坝、中坝的温度控制设计方法参照《混凝土重力坝设计规范》（SL 319）的规定执行。 2. 碾压层面的抗滑稳定计算安全系数应符合《混凝土重力坝设计规范》（SL 319）中沿坝基面抗滑稳定安全系数的规定。 **差异：** 碾压混凝土坝安全监测设计除应符合（SL 319）和《混凝土拱坝设计规范》（SL 282）外，还应结合碾压混凝土坝的特点提出安全监测补充要求
40	《橡胶坝坝袋》 SL 554—2011 2011 年 11 月 11 日实施	适用于橡胶坝工程用坝袋。其他水工建筑物用胶布制品也可选择使用	**主要内容：** 规定了橡胶坝坝袋的一些参数、要求、试验方法、检验规则，主要内容包括： 1. 对坝袋的分类、型号与参数作了规定；	**关联：**、 1. 试验方法上橡胶材料拉伸轻度、扯断伸长率、扯断永久变形按《硫化橡胶或热塑性橡胶拉伸应力应变性能的测定》（GB/T 528）进行。

续表

序号	标准名称/ 标准号/时效性	针对性	内容与要点	关联与差异
40			2．对锦纶浸胶帆布规格与参数、坝袋型号、设计参数作了规定； 3．提出了试验方法、检验规则； 4．提出了标志、包装、运输和贮存方法。 **重点与要点：** 1．锦纶浸胶帆布应表面平整，宽度均一，无波浪、打折、松紧不一现象。 2．帆布试样从制造到试验的间隔不得少于16h，但不应超过3个月。在其他情况下，应自订购方受货之日起2个月内完成试验。在进行比较鉴定时，试验应在相同的时间间隔进行。 3．锦纶浸胶帆布的经、纬线密度应采用10cm内纱线的根数表示，断裂强力试验的试验数量为5个。 4．生产工艺和型号相同的浸胶帆布为一批，每批数量不得超过3000m；胶料每辊为一批；胶布以每座坝袋为一批。 5．胶包应有遮盖物，以防日晒、雨淋及受外界污染。应避免阳光直接照射胶包，贮存仓库应保持清洁、干燥和通风。胶包堆叠不应超过6包，仓库气温不应超过40℃，贮存期不应超过2年。 6．坝袋长期折叠贮存宜保持在0℃～35℃，并定期展开重叠，在贮存期内不应把坝袋内胶面和底垫片暴露在日光下暴晒，距热源不应小于2m	2．硬度按《硫化橡胶或热塑性橡胶　压入硬度试验方法》（GB/T 531.1）试验。 3．热空气老化按《硫化橡胶或热塑性橡胶 热空气加速老化和耐热试验》（GB/T 3512）试验。 4．脆性温度按《硫化橡胶低温脆性的测定 单试样法》（GBH/T 1682）试验。 5．耐臭氧老化按《硫化橡胶或热塑性橡胶 耐臭氧龟裂静态拉伸试验资料》（GB/T 7762）试验。 6．耐磨性按《硫化橡胶耐磨性能的测定》（GB/T 1689）试验。 7．耐屈挠性按《硫化橡胶屈挠龟裂的测定》（GB/T 13934）试验
03	泄水建筑物			
41	《溢洪道设计规范》 DL/T 5166—2002 2002年12月1日实施	1．适用于大中型水利水电工程中岩基上的1、2、3级的溢洪道设计，4、5级溢洪道设计可选择使用。 2．对于特殊重要的工程，其适用性应进行专门研究	**主要内容：** 规定了河岸式溢洪道的设计原则及建筑物布置、水力计算、结构设计、地基和边坡处理设计、观测设计等技术要求，主要内容包括： 1．溢洪道布置原则； 2．溢洪道水力学设计、建筑物结构设计以及地基及边坡处理的技术要求与计算方法； 3．观测设计技术要求。 **重点与要点：** 1．当溢洪道靠近坝肩时，其与大坝连接的导墙、接头、泄槽边墙等必须安全可靠。	**关联：** 1．泄洪的设计及校核洪水标准应按《防洪标准》（GB 50201）和《水电枢纽工程等级划分及设计安全标准》（DL/T 5180）及其补充规定的有关条文执行。 2．各项观测设计应按《混凝土大坝安全监测技术规范》（SL 601）及《土石坝安全监测技术规范》（SL 60）的要求执行

续表

序号	标准名称/ 标准号/时效性	针对性	内容与要点	关联与差异
41			2．控制段的顶部高程必须同时满足，在校核洪水时，不低于校核洪水位加安全超高值；在正常蓄水位时，不低于正常蓄水位加波浪的计算高度和安全超高值。 3．泄流能力必须满足设计和校核情况所要求的泄量。 4．设计溢洪道时，应掌握并分析气象、水文、泥沙、地形、地质、地震、建筑材料、生态与环境及坝址上下游河流规划要求等基本资料，还应考虑施工和运用条件。 5．溢洪道的各孔工作闸门应具备同步、均匀、对称启闭的运行条件，并应制定初步运行规程。 6．消能防冲的设计洪水标准：一级建筑物按 100 年一遇洪水设计；二级建筑物按 50 年一遇洪水设计；三级建筑物按 30 年一遇洪水设计。 7．水力设计应包括泄流能力的计算、进水渠的水力设计、控制堰（闸）的水力设计、泄槽的水力设计、消能防冲的水力设计、出水渠的水力设计、高速水流区的防空蚀设计、泄洪雾化及其他水力设计。 8．溢洪道结构应分别按承载能力极限状态和正常使用极限状态进行计算和验算。溢洪道结构应按持久状况、短暂状况、偶然状况设计	
42	《水电水利工程沉沙池设计规范》 SL 269—2001 2001 年 12 月 1 日实施	适用于大中型水电水利工程中 3 级及 3 级以上用以处理悬移质泥沙的沉沙池建筑物的设计	**主要内容：** 规定了沉沙池设计应收集的基本资料、专业资料，以及入池含沙量及颗粒级配分析计算要求，主要内容包括： 1．设计资料； 2．沉沙池的设置条件及泥沙沉降设计标准； 3．沉沙池位置及类型选择的基本要求； 4．沉沙池布置的基本要求； 5．沉沙池主要尺寸计算方法和原则； 6．沉沙池结构设计、运行设计、泥沙原型观测设计的基本要求。 **重点与要点：** 1．提水灌溉泵站出池泥沙的允许粒径不宜超过 0.05mm。大于等于允许粒径的泥沙沉降率宜取为 80%～85%。	**关联：** 1．沉沙池工作段引渠悬移质检验方法应按《河流悬移质泥沙测验规范》（GB 50159）执行。 2．水电站沉沙池下游为有压引水道时，该段水深应按《水电站进水口设计规范》（DL/T 5398）中 5.1.2 的规定，满足有压进水口最小淹没深度要求，不得出现立轴漩涡和掺气现象。

续表

序号	标准名称/标准号/时效性	针对性	内容与要点	关联与差异
42			2．水力冲洗式沉沙池应具有足够的冲沙水头及流量。 3．水电站沉沙池的设置，应在水轮机泥沙磨损程度及磨损危害分析计算的基础上，考虑电站在系统中的作用、枢纽布置条件、沉沙池的投资、泥沙特性、水轮机的耐磨水平、电站效益及运行检修等要求，进行技术经济比较后确定。 4．沉沙池的引渠必须满足设计引用流量和含沙量范围内正常输水。沉沙池轴线宜于沉沙进口前引渠的轴线重合，有夹角时，应采取措施保证进入沉沙池工作段水流的流速横向及竖向分布均匀。 5．水利工程定期冲洗式沉沙池，宜在工作段末端设置排沙孔，排沙孔的流量可取过池流量的 5%～8%。 6．水利工程定期冲洗式沉沙池，应在工作段末端设置取水溢流堰，堰顶水深不宜大于 0.1m～0.2m。集水槽和输水道布置应满足溢流堰自由出流的要求。 7．地面沉沙池工作段和上、下游链接段的边墙和底板，宜沿水流方向每隔 10m～20m 设置横向沉陷缝。连续冲洗式沉沙池的冲沙廊道过水断面宜采用矩形，主廊道高度不宜小于 1.5m，支廊道的过水断面应沿程加大	
43	《溃坝洪水模拟技术规程》 SL 164—2010 2011 年 1 月 11 日实施	适用于各种坝的溃决洪水模型试验和数值模拟以及围堰和堤防溃决洪水模型试验和数值模拟。类似工程溃决洪水选择性执行	**主要内容：** 规定了溃坝洪水的模拟技术和方法，主要内容包括： 1．溃坝洪水模拟时的基本规定，包括包括基本资料的收集研究大纲的编制、报告编写； 2．溃坝洪水模型试验，包括模型相似准则、设计的要求、设备与测量仪器的内容、模型制作和试验观测的基本要求； 3．规定了溃坝洪水数值模拟求解、模型布置、计算和验证分析的要求； 4．规定了报告编写的基本要求。 **重点与要点：** 1．基本资料收集应包括地形设施布置图、工程概况、研究范围内典型洪水资料、库容曲线、设计洪水、泄流能力、下游相关城镇的防洪标准。	**关联：** 模型地形制作、常规仪器设备安装应满足《水工（常规）模型试验规程》（SL 155）的要求

续表

序号	标准名称/ 标准号/时效性	针对性	内容与要点	关联与差异
43			2. 模型应满足几何相似、水流运动相似、动力相似和水流阻力相似，其中最小雷诺数应大于 1000，还应满足坝体溃坝过程的相似性。 3. 模型设计时，研究溃坝过程水流条件及对下游局部区域的影响应采用局部正态模型；应根据水流阻力相似要求选择河床加糙方法。 4. 模型制作与安装时应绘制模型总体布置图、模型详图和测点布置图；制模导线网应控制整个模型范围，制模断面布置应控制原型地形的特征及变化；自溃坝坝坡上应标识相应精度的方格网和高程。 5. 模型率定时应进行水位验证和糙率校正。 6. 模型试验时，支流入汇河段应考虑不同频率洪水的组合；模型观测时，应观测特征断面、特征点的水位变化过程及特征点流速和淹没水深变化过程，溃坝洪水演进流态和淹没范围变化过程	
44	《滑坡涌浪模拟技术规程》 SL 165—2010 2011年1月11日实施	适用于水库、河道、湖泊等坡岸下滑时的涌浪模拟	**主要内容：** 规定了水利水电工程滑坡涌浪模拟技术规程的基本要求，主要内容包括： 1. 滑坡涌浪模拟时的基本规定，包括研究大纲与基本资料； 2. 滑坡涌浪模型试验，包括模型相似准则、设计的要求、设备与测量仪器的内容、模型制作和试验观测的基本要求； 3. 规定了滑坡涌浪数值模拟求解、模型布置、计算和验证分析的要求； 4. 报告编写要求。 **重点与要点：** 1. 模拟时，基本资料应有地形设施布置图、地质力学参数、水文资料及其影响区域的重要建筑物布置和防洪标准。 2. 模型应满足几何相似、水流运动相似、动力相似和水流阻力相似，其中最小雷诺数应大于1000。 3. 模型制作与安装时，应绘制模型总体布置图、模型详图和测点布置图。	**关联：** 模型设计、模型制作精度应满足《水工（常规）模型试验规程》（SL 155）的要求

续表

序号	标准名称/标准号/时效性	针对性	内容与要点	关联与差异
44			4．模型率定时，应进行模型滑速率定、水位验证和糙率验证。 5．数值模拟时，数值格式应满足相容性、收敛性和稳定性。应进行模型验证；水位允许偏差山区河流为±10cm，平原河流为±5cm，流量允许偏差为±5%，流态应与原型基本一致。 6．成果资料应包括滑坡体滑速、首浪高度、涌浪爬坡范围、传递速度、压力和漫坝流量等	
04	引水发电建筑物			
45	《水电站引水渠道及前池设计规范》 DL/T 5079—2007 2008 年 6 月 1 日实施	适用于中小型水电站工程	**主要内容：** 规定了水电站工程引水渠道及前池设计的基本原则和要求，主要内容包括： 1．引水渠布置和设计要求； 2．引水渠道纵坡及横断面设计； 3．前池及调节池布置设计； 4．水力学计算； 5．结构设计和地基处理。 **重点与要点：** 1．引水渠道及前池的设计，应处理好防洪、防污、防渗漏、防泥沙以及防冰等问题。 2．水电站引水渠道应因地制宜、就地取材，选用耐久、防渗性能好的材料进行衬砌。前池的布置，应能引导和控制水流从引水渠道向压力管道平稳过渡和均匀配水，并保证水电站正常和事故情况下的安全。前池应布置在稳定的地基上，避开滑坡和顺坡裂隙发育地段。 3．重要建筑物和难工险段之前，应设置退水建筑物，在多泥沙条件下，宜与排沙设施相结合，为满足检修要求，应设置放水孔。放水孔宜与排沙或灌溉、供水等设施相结合。 4．前池的布置，应能引导和控制水流从引水渠向压力管道平稳过渡和均匀配水，并保证水电站正常运行和事故情况下的安全。前池应布置在稳定的地基上，避开滑坡和顺坡裂隙发育地段，并充分注意前池建成后地质条件变化	**关联：** 1．水电站引水渠道及前池的工程等别和水工建筑物级别，按《水电枢纽工程等级划分及设计安全标准》（DL 5180）的规定执行。 2．寒冷地区的调节池防冰冻设计，按《水工建筑物抗冰冻设计规范》（NB/T 35024）的有关规定进行。 3．无压隧洞的横断面设计应符合《小型水力发电站设计规范》（GB 50071）的相关要求。 **差异：** 相比《水电站引水渠道及前池设计规范》（DL/T 5079—1997），本规范增加了“术语和符号”一章，结构设计采用概率极限状态设计原则

续表

序号	标准名称/标准号/时效性	针对性	内容与要点	关联与差异
45			对建筑物及高边坡稳定的不利影响，确保前池和下游厂房的安全。 5. 建筑物的结构设计，应满足承载能力极限状态和正常使用极限状态的要求。地基处理设计，应结合建筑物的结构和运用特点，满足各部位对承载能力、抗滑稳定、地基变形、渗流控制以及耐久性等方面的要求，保证运行安全。 6. 建筑物进行结构计算时，当边墙可能沿地基内的软弱结构面滑动时，还应校核深层抗滑稳定	
46	《水工隧洞设计规范》 DL/T 5195—2004 2004 年 6 月 1 日实施	适用于新建和改建的水工隧洞，以及于大中型工程开挖于岩体中的 1、2、3 级水工隧洞的各设计阶段	**主要内容：** 规定了新建和改建的水电水利工程的水工隧洞设计的基本要求，主要内容包括： 1. 设计基本资料的选用原则； 2. 隧洞布置、洞线选择、进出口布置； 3. 断面形式、尺寸大小的设计要求； 4. 水力设计和结构设计的基本原则； 5. 对特殊不利地形、地质条件洞段、新型结构的隧洞，应通过验算、现场试验确定技术方案； 6. 隧洞的灌浆、防渗和排水； 7. 隧洞的观测、运行和维修。 **重点与要点：** 1. 水工隧洞设计中，应充分利用围岩的自稳能力、承载能力和抗渗能力。对围岩应进行稳定分析，一般工程可根据地质条件采用经验类比法和块体平衡法；重要工程宜采用有限元法。 2. 隧洞施工方案应根据隧洞沿线工程地质和水文地质条件确定。采用掘进机时，隧洞的洞线布置、断面形状、纵坡和转弯半径等应与掘进机性能相适应。 3. 相邻隧洞之间的岩体厚度，应根据布置的需要、地形地质条件、围岩应力和变形情况、隧洞的断面形状和尺寸、施工方法和运行条件等因素综合确定，不宜小于 2 倍开挖洞径。 4. 对于明满流过渡的隧洞，应加强支护工程措施。	**关联：** 1. 高速水流防蚀设计，除须符合本规范外，还应满足《溢洪道设计规范》（DL/T 5166）的要求。 2. 灌浆除按本规范规定执行外，还应符合《水工建筑物水泥灌浆施工技术规范》（DL/T 5148）的有关规定。 3. 水工隧洞的抗震设计应符合《水电工程水工建筑物抗震设计规范》（NB 35047）的要求。 4. 隧道施工采用钻爆法时应采用光面爆破。对光面爆破的质量要求，应符合《水工建筑物地下工程开挖施工技术规范》（DL/T 5099）的有关规定。 **差异：** 《水工隧洞设计规范》（SL 279）较本规范增加了“8 土洞设计”内容

续表

序号	标准名称/标准号/时效性	针对性	内容与要点	关联与差异
46			5. 高流速、大流量、水流条件复杂的水工隧洞，应进行整体或局部的模型试验，验证其水力计算和布置的合理性；对于多泥沙河流，在泄水建筑物的过水部位，应选用抗磨损能力较强的材料。 6. 混凝土、钢筋混凝土衬砌厚度宜根据构造要求，并结合施工方法分析决定，单层钢筋混凝土衬砌最小厚度不宜小于 0.3m，双层钢筋混凝土衬砌最小厚度不宜小于 0.4m。 7. 外水压力控制衬砌设计时，宜设置排水孔降低外水压力，排水孔的间、排距及孔深，根据围岩特性和外水情况分析决定。 8. 建筑物级别为 1 级的隧洞、采用新技术的洞段、通过不良工程地质和水文地质的洞段、高层建筑物的洞段、高压高流速洞段、直径不小于 10m 的隧洞都应设置安全监测	
47	《水电站进水口设计规范》 DL/T 5398—2007 2008 年 6 月 1 日实施	1. 适用于岩基上的大中型常规水电站进水口及抽水蓄能电站进/出水口建筑物设计。 2. 小型水电站进水口设计可选择使用	**主要内容：** 规定了水电站进水口设计的基本原则，主要内容包括： 1. 进水口类型和设计； 2. 工程布置原则和要求； 3. 水力设计的内容、计算； 4. 结构设计与地基处理； 5. 进水口运行要求和监测内容。 **重点与要点：** 1. 有压引水系统的进水口应增设有充水设施和通气孔。多泥沙、多污物或多漂浮物河流以及严寒地区的水电站，还应分别建造专门的防沙、防污、排漂和防冰建筑物或设施。 2. 进水口应避免产生贯通式漏斗漩涡，否则应采取消涡措施。 3. 开敞式进水口高程应保证在上游最低运行水位时能够引进发电所需流量；有压式进水口应保证在上游最低运行水位以下有足够的淹没深度，淹没深度的最小取值不应小于 1.5m。	**关联：** 1. 抽水蓄能电站进/出水口的布置及形式选择按《抽水蓄能电站设计导则》（DL/T 5208）执行。 2. 岩基上的进水口地基处理设计按《水电枢纽工程等级划分及设计安全标准》（DL 5180）执行。 3. 进水口的混凝土结构构件设计按《水工混凝土结构设计规范》（DL/T 5057）执行。 **差异：** 《水利水电工程进水口设计规范》（SL 285）结构设计中分别采用抗滑稳定安全系数、抗倾覆稳定安全系数、抗浮稳定安全系数等进行计算。本规范按承载能力极限状态和正常使用极限状态计算

续表

序号	标准名称/标准号/时效性	针对性	内容与要点	关联与差异
47			4．抽水蓄能电站进/出水口的水力设计应满足水流在两个方向流动时流速分布均匀、水头损失小，进流时各级运行水位下进/出水口附近不产生有害的漩涡、回流或环流的要求。 5．抽水蓄能电站进/出水口是否设置拦污栅可通过论证确定。如设置，平均过栅流速宜为 0.8m/s～1.0m/s，不宜大于 1.2m/s	
48	《水电站厂房设计规范》 NB/T 35011—2013 2013 年 10 月 1 日实施	1．适用于新建、扩建或改建的 1、2、3 级水电站厂房及抽水蓄能电站厂房设计。 2．4、5 级水电站厂房设计可选择执行	**主要内容：** 规定了水电站厂房设计的主要内容和技术要求，主要内容包括： 1．地面厂房布置，包括厂区布置、厂房内部布置； 2．结构设计的基本规定，包括一般规定、作用及作用效应、承载能力极限状态计算规定、正常使用极限状态计算规定； 3．地面厂房整体稳定及地基应力计算，包括整体稳定及地基应力计算、地基设计及处理； 4．地面厂房结构设计，包括上部结构、机墩和风罩、下部结构、构造设计； 5．地下厂房设计，包括布置形式和结构设计； 6．其他形式厂房布置，包括坝内式和溢流式厂房、贯流式机组厂房、冲击式机组厂房； 7．建筑设计主要包括厂房建筑设计； 8．安全监测项目、监测设计。 **重点与要点：** 1．水电站厂房设计应根据工程具体情况满足分期建设或初期运行的要求；根据流域开发情况和自动化水平，统筹安排运行管理所需的生产辅助设施和运行人员生活设施。 2．厂区布置应在保证电站运行安全和管理维护方便的前提下合理布置，应与枢纽其他建筑物相互协调，避免运行时相互干扰，应考虑各建筑物必要的检修条件，应注重保护环境和文物，注意水土保持，应综合考虑枢纽和建筑物施工程序和工期安排。	**关联：** 1．厂区排水系统应结合电站厂房重要性、水文气象资料、地形特点等资料，按《室外排水设计规范》（GB 50014）进行设计。 2．主厂房安装间布置可按一台机组扩大性检修需要确定，除符合《水力发电厂机电设计规范》（DL/T 5186）的规定外，还应满足本规范中第 3.2.3 条的内容。 **差异：** 相比《水电站厂房设计规范》（SL 266），本规范增加了非岩基上厂房设计的内容和要求，增加了非岩基变形计算方法；增加了厂房结构体系设计的相关内容，以及楼盖结构、屋盖结构、围护结构设计等的相关内容；增加了改、扩建工程结构设计的相关内容

续表

序号	标准名称/标准号/时效性	针对性	内容与要点	关联与差异
48			3．当厂房地基内部存在不利于厂房整体稳定的软弱结构面时，还应进行沿软弱结构面的深层抗滑稳定计算。 4．结构设计时，应根据结构在施工、安装、运行、检修等不同时期可能出现的不同结构体系、作用和环境条件，按持久状况、短暂状况、偶然状况均应进行承载能力极限状态设计。对于持久状况应进行正常使用极限状态设计，对于短暂状况可根据需要进行正常使用极限状态设计，对于偶然状况可不进行正常使用极限状态设计。 5．厂房地基的开挖深度和基坑形状宜根据厂房布置、结构要求、地形地质条件，并结合地基的处理措施确定。对易风化、软化的岩基应采取预留保护层、及时覆盖等保护措施；对非岩基，应及时浇筑垫层混凝土予以覆盖。 6．厂房结构体系应具有明确的作用传递途径；应避免因部分结构或构件破坏而导致整个结构丧失承载力；结构应有足够的强度、刚度和延性，并应满足稳定性和耐久性要求；宜具有合理的刚度和承载力分布，避免因局部削弱或突变形成薄弱部位。对结构薄弱部位应采取相应措施提高抗震能力。 7．厂房安全监测应设置建筑物的位移、沉降、挠度、水位及地基扬压力等监测项目，监测断面不应少于2个。必要时设置结构应力、变形等监测项目	
49	《水电站调压室设计规范》 NB/T 35021—2014 2014年11月1日实施	适用于新建、改建和扩建的水电站的1、2、3级调压室设计	**主要内容：** 规定了水电站（含抽水蓄能电站）调压室设计的基本原则，主要内容包括： 1．调压室的设置条件，包括调压室的设置原则、基于水道特性的初步判别条件、基于机组特性和初步判别条件； 2．调压室布置，包括调压室的位置选择、基本布置方式、基本类型及选择； 3．水力计算及基本尺寸确定，包括稳定断面面积、涌波计算、基本尺寸的确定；	**关联：** 1．水电站调压室级别划分根据现行行业标准《水电枢纽工程等级划分及设计安全标准》（DL 5180）的有关规定执行。 2．调压室的结构设计应符合《水利水电工程结构可靠度设计统一标准》（GB 50199）的有关规定。 3．结构设计中的材料性能指标，应符合《水工混凝土结构设计规范》（DL/T 5057）的有关规定。 4．调压室的抗震设计应符合《水电工程水工建筑物抗震设计规范》（NB 35047）的有关规定。

续表

序号	标准名称/标准号/时效性	针对性	内容与要点	关联与差异
49			4．结构设计和构造要求； 5．气垫式调压室； 6．安全监测及运行管理。 **重点与要点：** 1．调压室的设置应在水力过渡过程计算、电站运行稳定性及调节品质分析的基础上，考虑水电站在电力系统中的作用、地形、地质、压力水道布置等因素，进行技术经济比较后确定。 2．通过水力过渡过程计算验证，考虑涡流引起的压力下降与计算误差等不利影响后，尾水管进口处的最大真空度不大于8m水柱时，可不设下游调压室。大容量机组宜适当增加安全裕度。 3．调压室选型应能有效地反射压力水道的水击波；在无限小负荷变化时，能保持稳定；大负荷变化时，水面振幅小，波动衰减快；在正常运行时，经过调压室与压力水道连接处的水头损失较小。 4．若要突破托马稳定断面面积，即 $K<1.0$，应充分考虑水轮机、发电机、调速器和电网等影响因素，对机组运行稳定性和调节品质进行详细分析。 5．水室式调压室的竖井断面面积应满足稳定要求，上室应具有不小于1% 的倾向竖井的排水底坡。下室顶部宜设在最低运行水位以下，具有倾向竖井的不小于 1.5%的斜坡；下室底部应比最低涌波水位稍低，具有倾向竖井不小于1%的斜坡。 6．调压室的支护设计应根据围岩的地质条件、洞室规模、施工程序及方法，通过工程类比、结合整体稳定和结构分析成果，选择合适的支护形式和支护参数。在开挖过程中及时支护围岩，充分发挥围岩的承载能力，满足工程安全施工和永久运行的要求。 7．采用罩式闭气的罩体结构中至少设有一层气体密封层，可选用钢板或其他防渗材料。密封层应伸入气室最低涌浪水位0.5m以下	5. 寒冷地区混凝土的抗冻等级应符合现行行业标准《水工建筑物抗冰冻设计规范》（NB/T 35024）的有关规定。 **差异：** 相比《水电站调压室设计规范》（DL/T 5058—1996），本规范增加了调压室设置的判别准则；增加了气垫式调压室设计方面的内容；增加了水电站水力过渡过程数值模拟计算方面的内容；增加了调压室结构设计方面的内容；增加了调压室安全监测方面的内容；修改了抽水蓄能电站调压室的设计单独章节，将其内容融入各章节中；删除了附录中抽水蓄能电站水泵工况断电、导叶拒动时的调压室涌波计算方法

续表

序号	标准名称/标准号/时效性	针对性	内容与要点	关联与差异
05	通航建筑物设计标准			
50	《船闸总体设计规范》 JTJ 305—2001 2002 年 1 月 1 日实施	1．适用于新建、扩建和改建的Ⅰ～Ⅶ级内河船闸总体设计。 2．低于Ⅶ级的船闸和海闸的总体设计可选择执行	**主要内容：** 规定了船闸设计原则、规模及相关结构布置，主要内容包括： 1．船闸分级，包括船闸组成、分类原则及设计范围； 2．船闸规模，包括船闸尺度、线数、级数； 3．船闸设计水位和高程； 4．总体布置，包括闸址选择、总体布置、通航水流条件和泥沙防治、引航道尺度和布置； 5．船闸通过能力和耗水量计算； 6．船闸附属设施及其布置； 7．施工通航要求。 **重点与要点：** 1．船闸级数确定：水头小于 30m，采用单级船闸，水头在 30m～40m 之间采用单级或两级船闸，水头大于 40m 采用两级或多级船闸。 2．船闸闸门顶部最小的安全超高值：Ⅰ～Ⅳ级船闸不应小于 0.5m，Ⅴ～Ⅶ级船闸不应小于 0.3m。 3．闸址选择应考虑船闸与已建和拟建的永久水工建筑物、跨河建筑物、铁路、公路等的相互影响，枢纽下泄水流对船闸通航条件的影响，泥沙淤积对船闸通航条件的影响。 4．船闸总体布置必须保证船舶、船队在通航期内安全通畅过闸，有利于运行管理和检修，引航道口门及口门区应在河床稳定部位，并与主航道平顺链接。 5．船闸通过能力的计算应包括在设计水平年内各期的过闸船舶总载重吨位、过闸运货量两项指标，船闸通过能力应根据一次过闸平均吨位、一次过闸时间、日工作小时、日过闸次数、年通航天数、运量不均衡系数等确定	**关联：** 1．船闸采用的设计船型、船队应按《内河通航标准》（GBJ 139）的规定执行。 2．船闸动力、控制、通信和照明设计的具体要求，应按《船闸电气设计规范》（JTJ 266）的规定执行。 3．船闸环保和绿化设计，应参照《港口工程环境保护设计规范》（JTJ 231）的规定执行

第二节　施工技术标准

序号	标准名称/标准号/时效性	针对性	内容与要点	关联与差异
01	通用部分			
01-01	临建及交通工程			
1	《水电水利工程场内施工道路技术规范》 DL/T 5243—2010 2010 年 10 月 1 日实施	适用于大中型水电水利工程场内施工道路的规划、设计和施工。其他工程可选择执行	**主要内容：** 规定了水电水利工程场内施工道路的技术要求，主要内容包括： 1．场内施工道路的规划、设计原则及技术要求； 2．场内施工道路各结构层、桥梁、涵洞施工技术要求及验收条件。 **重点与要点：** 1．道路规划应满足机电设备、金属结构设备运输超重和特殊超大件的要求。 2．连续长陡下坡路段危及运行安全处应设置避险车道，必要时可在起始端前设置试制动车道等交通安全设施。 3．当平曲线半径小于不设超高的最小平曲线半径，设计速度超过 15km/h 时，应在平曲线上设置超高。平曲线半径小于或等于 200m 时，应在平曲线内侧加宽路面。当条件受限时，可将加宽值的 50%设在弯道外侧。在相邻两个坡度代数差大于 2%时，应设置竖曲线。道路两侧应设置路肩，挖方路段宽 0.5m～1.0m；填方路段宽 1.0m～2.0m，挡墙路段可取小值。 4．直线上的路拱断面过渡到平曲线上的超高、加宽断面时，应设置超高、加宽缓和段。同时设置超高和加宽时，可将两者合并，取其长度较大者，并不得小于 10m。 5．路面基层厚度不应小于 20cm，宽度应较混凝土面板每侧至少宽出 25cm。在透水性路基或膨胀土路基上的基层，宽度应与路基相同。岩石路基上，不需设置基层，但应根据需要设置砂或碎石平整层，平整层厚可为 3cm～5cm，采用碎石时其粒径应小于 20mm。 6．岩石路基上，不需设置底基层和基层，但应根据需要设置砂砾石或碎石调平层，调平层厚度宜为 6cm～8cm。	**关联：** 1．路堑开挖、爆破、防护施工应按《水工建筑物岩石基础开挖工程施工技术规范》（DL/T 5389）、《水电水利工程爆破施工技术规范》（DL/T 5135）、《水电工程施工组织设计规范》（DL/T 5397）及《爆破安全规程》（GB6722）的相关规定执行。 2．桥涵混凝土施工参照《水工混凝土施工规范》（DL/T 5144）执行

续表

序号	标准名称/ 标准号/时效性	针对性	内容与要点	关联与差异
1			7．桥涵应布置在河道顺畅、水流稳定、地形地质条件较好的河段，避开泥石流区、山沟洪水冲刷区。应考虑通航要求，不影响发电，并考虑对河床演变的影响。对受枢纽水工泄水建筑物泄流影响的桥梁，应进行水力学计算	
2	《水电水利工程砂石加工系统施工技术规程》 DL T 5271—2012 2012 年 7 月 1 日实施	适用于大中型水电水利工程砂石加工系统建设与试运行	**主要内容：** 规定了水电水利工程砂石加工系统的施工技术，主要内容包括： 1．工艺流程，包括一般规定、工艺流程选择、工艺流程计算、仓容设计、供配电、系统控制、给排水； 2．设备选型，包括一般规定、破碎设备、制砂设备、筛分设备、带式输送机、其他设备； 3．系统总布置； 4．废水处理与细骨料回收； 5．土建及金属结构施工； 6．设备安装，包括一般规定、破碎设备、制砂设备、筛洗设备、带式输送机； 7．系统调试，包括一般规定、单机调试、电气调试、联动调试； 8．生产性试验。 **重点与要点：** 1．工艺流程应适应不同施工时段各级砂石骨料需用量的变化，工艺流程的计算应遵循物料平衡原则。 2．粗碎设备可选用旋回破碎机或鳄式破碎机，较软的岩石可用反击式破碎机。粗碎破碎设备粒径不大于破碎机进口宽度的 0.85 倍。 3. 带式输送机的带宽应不小于物料中最大粒径的 3 倍，当输送物料含水率超过 20%、瞬时载荷超过设计值 30%，还应对带宽进行复核。输送砂石，其向上允许倾斜角不小于 6°，向下倾斜角宜小于 12°。 4．圆锥破碎机的排料装置采用漏斗时，其水平倾斜角应大于 45°，如物料黏性较大，应加大倾斜角。在主机架和排料室底部之间应留有足够的空间。	**关联：** 1．砂石加工系统工艺流程计算方法按《水电工程砂石加工系统设计规范》（DL/T 5098）执行。 2．废水处理设计符合《水电水利工程环境保护设计规范》（DL/T 5402）的规定。 3．带式输送机选型计算执行《带式输送机运动率和张力的计算》（GB/T 17119）、《带式输送机》（GB/T 10595）等规定。 4．设备基础施工、钢结构制作安装执行《混凝土结构工程施工质量验收规范》（GB50204）、《钢结构工程施工及验收规范》（GB50205）等规定。 5．污水处理、噪声控制、防尘设计应分别符合《工业企业厂界噪声排放标准》（GB12348）、《皂素工业污水污物排放标准》（GB20425）、《煤炭工业污物排放标准》（GB20406）等

续表

序号	标准名称/标准号/时效性	针对性	内容与要点	关联与差异
2			5．带式输送机纵向中心线允许偏差不大于 20mm，机架中心线与输送机纵向中心线偏差不大于 3mm，中心线的直线度偏差在任意 25m 长度内应不小于 5mm，中间架的间距，其允许偏差为±1.5mm，高度差不应大于间距 2/1000。 6．联动调试中空载联动正常后，才能进行重载联动调试，重载联动宜按设计负荷的 30%、70%、100%逐步加载方式进行。 7．生产性试验测试立轴冲击式破碎机在不同工况下生产能力、产品质量；每项试验的测试组数不少于 3 组，带式输送机的取样长度不少于 3m	
3	《水电水利工程砂石料开采及加工系统运行规范》 DL/T 5311—2013 2014 年 4 月 1 日实施	适用于水电水利工程的特大型、大型、中型砂石开采及加工运行	**主要内容：** 规定了砂石系统运行要求以及成品料质量与评定标准，主要内容包括： 1．料源规划原则及开采方法与控制标准； 2．砂石加工、堆存控制标准； 3．生产给排水及废水处理要求； 4．砂石系统维护相关规定； 5．成品质量控制标准与评定方法。 **重点与要点：** 1.砂石系统运行应每月开展一次以上的安全专项检查，冬、雨季前应重点检查防冻、防滑设施。 2．砂石系统运行应遵循逆料流启动、顺料流停机的顺序，破碎机、棒磨机等设备应错时空载启动，操作人员不得随意改变控制程序。 3．砂石加工中，洗石、洗砂设备应根据物料的处理能力试验，确定合适的转速满足出料质量要求，系统停机指令发出后应延时运行 3min～5min。 4．破碎机的润滑系统与破碎机主机启停联锁试验应每月进行 1 次，破碎机与进、出设备的联锁试验应每季度进行 1 次。 5．避免对料场造成污染。	**关联：** 1．爆破作业应符合《水电水利工程爆破施工技术规范》（DL/T 5135）及《爆破安全规程》（GB 6722）的相关要求。 2．砂石系统运行中粉尘、废水和噪声的控制应分别符合《大气污染物综合排放标准》（GB 16297）、《污水综合排放标准》（GB 8978）和《工业企业厂界环境噪声排放标准》（GB 12348）的相关规定。 3．成品骨料质量检测方法应符合《水工混凝土砂石骨料试验规程》（DL/T 5151）的规定

续表

序号	标准名称/ 标准号/时效性	针对性	内容与要点	关联与差异
3			6. 砂石质量控制和评测中，质量检测和生产人员应监控骨料加工质量，系统开机正常生产 30min 后应进行 1 次常规检测项目的检测，生产过程中发现骨料质量异常时应及时进行取样验证，检测结果经系统调整后仍不合格应停机整改	
4	《水电工程砂石系统废水处理技术规范》 DL/T 5724—2015 2015 年 9 月 1 日实施	适用于大型砂石加工系统工程	**主要内容：** 规定了砂石加工系统废水处理工艺布置、技术要求及运行维护要求，主要内容包括： 1. 废水处理工艺流程； 2. 处理系统布置的厂址布置原则； 3. 预处理技术要求； 4. 混凝沉淀方法及流程； 5. 机械脱水方法及流程； 6. 运行维护技术要求。 **重点与要点：** 1. 废水处理工程应与砂石加工系统统筹规划，同时投入使用。 2. 废水经处理后应优先用于砂石加工系统，对水处理构筑物应每年进行放空检查。 3. 废水处理系统各构筑物之间，应设置必要的通道单车道不宜小于 3.5m，双车道不宜小于 7.0m，车行道的转弯半径不宜小于 6.0m。人行道的宽度宜为 1.5m～2.0m，人行栈桥不宜小于 1.0m。构筑物的扶梯倾角不宜大于 45°。 4. 预处理应根据料源性质，并按砂石加工系统最大废水处理量设计。采用沉砂池或链板式刮砂机，回收细砂、石粉应在一筛冲洗废水汇合前进行。 5. 混凝沉淀处理类型的选择，应根据废水悬浮物、处理水量、出水水质等要求确定。所选用的混凝沉淀处理应具备快速混合、高效絮凝、排泥通畅和运行稳定等特点，沉淀池中应设置污泥浓度计或密度检测仪表。混凝沉淀构筑物个数应不少于 2 个，并按并联设计。	**关联：** 1. 本规范与《水电水利工程砂石料开采及加工系统运行规范》（DL/T 5311）配套使用。 2. 泵站的设计应符合《室外排水设计规范》（GB 50014）的相关规定

续表

序号	标准名称/ 标准号/时效性	针对性	内容与要点	关联与差异
4			6．试运行应按空载试验、满负荷联动调试顺序进行。空载试验应先进行单个设备空载试验，再进行设备联动试验。 7．每班应对处理后的清水进行 1 次～2 次取样检测，有异样时应随时检测并及时调整运行参数	
01-02	土石方工程			
5	《水工建筑物地下工程开挖施工技术规范》 DL/T 5099—2011 2011 年 11 月 1 日实施	1．适用于大中型水电水利工程水工建筑物地下工程钻爆法开挖施工。 2．其他地下工程施工可选择执行	**主要内容：** 规定了水工建筑物地下工程开挖的施工技术和质量检查与验收等方面要求，主要内容包括： 1．地质，包括地下工程开工前，应收集与工程有关的工程地质、水文地质等资料； 2．测量； 3．开挖方法，包括洞口开挖，平洞开挖，竖井与斜井开挖，特大断面洞室开挖，施工支洞布置； 4．钻孔爆破，包括钻爆作业，爆破安全规定，爆破试验； 5．出渣运输，包括有轨运输，无轨运输，斜井、竖井运输； 6．初期支护，包括锚喷支护，钢构架支撑； 7．工程不良地质地段施工，包括在不良地质地段中开挖洞室时，应制定切实可行的施工方案； 8．安全监测，包括布置安全监测断面，确定安全监测内容，设定安全检测仪器的位置； 9．通风与除尘，包括卫生标准，通风，防尘、防有害气体； 10．辅助工程，包括供风，供水与排水，供电与照明，其他辅助设施； 11．质量检查与验收。 **重点与要点：** 1．工程施工前，应进行技术交底。施工中应进行工程地质和水文地质的预报、预测工作，必要时进行补充勘测工作。	**关联：** 1．控制测量的各项技术要求，按《水电水利工程施工测量规范》（DL/T 5173）的规定执行。 2．地下厂房岩壁吊车梁应按《水电水利工程岩壁梁施工规程》（DL/T 5198）制定专项开挖措施。 3．爆破器材的运输、存储、加工、现场装药、起爆及瞎炮处理，应遵守《爆破安全规程》（GB 6722）的有关规定。 4．锚喷支护施工及质量检验标准应遵守《水电水利工程喷锚支护施工规范》（DL/T 5181）的规定。 5．监测仪器安装、埋设，按《水电水利工程岩体观测规程》（DL/T 5006）的规定执行。 6．大型地下厂房应按《水电水利工程爆破安全监测规程》（DL/T 5333）对爆破有害效应进行监测。 **差异：** 《水工建筑物地下开挖工程施工规范》（SL 378）增加了“掘进机开挖”“特殊部位开挖”及“软岩洞段开挖”等内容。

续表

序号	标准名称/标准号/时效性	针对性	内容与要点	关联与差异
5			2. 地下工程施工测量应根据贯通测量的技术设计要求，在地面和地下建立平面与高程控制网；对地下洞室的轴线、高程、开挖断面和点位进行放样，对于曲线隧洞或通过竖井、斜井贯通时，其导线精度应提高一级或做专门设计。 3．洞口开挖前，应对洞口岩体稳定性进行分析，确定开挖方法、支护措施和洞口边坡加固方案。洞脸开挖前应对开挖范围外影响安全的危石进行处理，设置排水设施，必要时在洞脸上方设置柔性防护网。 4．钻孔爆破施工前应进行爆破试验，施工中根据爆破监测优化爆破设计。 5．地下建筑物开挖不宜欠挖，平均径向超挖值，平洞应不大于 20cm，缓斜井、斜井、竖井应不大于 25cm。 6．地下洞室群与交叉洞室开挖前，应预先编绘开挖程序图，采用分区、分部开挖，应跟进支护。 7．支护与开挖的间隔时间、相隔距离及施工程序，应根据围岩类别、支护类型、爆破参数等因素确定；应在围岩出现有害松弛变形前支护完成。 8．工作面附近的最小风速不得低于 0.15m/s；洞室、竖井、斜井最大风速不得超过 4m/s，运输与通风洞不得超过 6m/s	
6	《水电水利工程爆破施工技术规范》 DL/T 5135—2013 2014 年 4 月 1 日实施	适用于水电水利工程的爆破施工	**主要内容：** 规定了水电水利工程各类爆破应遵循的技术标准及要求，主要内容包括： 1．基本规定，包括一般规定、爆破器材、爆破试验、起爆方法、爆破网路、爆破监测； 2．露天爆破，包括一般规定、边坡爆破、基坑爆破、沟槽爆破、现场混装炸药车装药爆破； 3．地下洞室爆破，包括一般规定、平洞爆破、竖井与斜井爆破、洞室特殊部位爆破、不良地质洞段爆破； 4．水下爆破，包括一般规定、爆破施工、岩塞爆破； 5．拆除爆破，包括一般规定、混凝土围堰和岩坎拆除爆破、混凝土防渗墙拆除爆破、厂房扩建与坝体改建爆破；	**关联：** 1．爆破安全距离，应按《水电水利工程施工通用安全技术规程》（DL/T 5370）的规定执行。 2．爆破器材的购买，运输、储存、收发、检验、加工、使用和销毁等，应按《爆破安全规程》（GB 6722）的规定执行。 3．爆破施工监测应按《水电水利工程爆破安全监测规程》（DL/T 5333）的规定执行。 4．建筑工程的土石与爆破工程施工按《土方与爆破工程施工及验收规范》（GB 50201）的规定验收

续表

序号	标准名称/标准号/时效性	针对性	内容与要点	关联与差异
6			6．质量与安全。 **重点与要点：** 1．炮孔装药后应采用土壤、细砂或其他混合物堵塞，严禁使用块状的和可燃的材料堵塞。 2．明挖爆破，爆后应超过 5min 方准许检查人员进入爆破作业地点，如不能确认有无盲炮，应经 15min 后才能进入爆区检查；地下洞室爆破后，应等待时间超过 15min 后，经检查确认洞室内空气合格，方准许人员进入爆破作业地点；拆除爆破，应等待倒塌建（构）筑物和保留建筑物稳定之后，方准许人员进入现场检查。 3．保护层及临近保护层的爆破孔不得使用散装流态炸药。 4．装药完成后，应将剩余爆破器材及时撤出现场，退回爆破器材库。 5．洞口爆破后应及时进行支护，破碎岩层处的洞口，洞口支护的顶板至少应伸出洞口 0.5m；不良地质地段宜及时完成永久性支护，其支护长度不得小于洞径的 2 倍。 6．地下厂房岩壁吊车梁基础、岩台吊车梁基础、高压岔管、成型后的高墙上开挖洞口等属洞室特殊部位，应做专门爆破设计。 7．水下爆破使用的爆破器材，必须具有良好的抗水、防水、耐水压力及抗杂散电流的性能，药包综合密度应大于 $1.1g/cm^3$。水下钻孔爆破起爆导线、导爆管和导爆索的长度应根据水深、流速情况确定，且不应小于孔深与水深之和的 1.5 倍。 8．水下采用硐室爆破时，药室及导洞钻爆应采用浅孔、小药量、多循环的钻爆方法，必须严格控制单段最大起爆药量；每次循环进尺不应超过 0.5m，每孔装药量不应大于 150g，每段起爆药量不应超过 1.5kg；导洞的掘进方向朝向水体时，超前孔的深度不应小于炮孔深度的 3 倍	
7	《水工建筑物岩石基础开挖工程施工技术规范》 DL/T 5389—2007	1．适用于大中型水电水利工程水工建筑物岩石基础开挖工程施工。其他工程可选择执行。	**主要内容：** 规定了水工建筑物岩石基础开挖的技术要求、施工方法、施工质量检验等，主要内容包括： 1．地质；	**关联：** 1．爆破作业的安全技术措施应遵照《爆破安全规程》（GB 6722）的规定。

续表

序号	标准名称/ 标准号/时效性	针对性	内容与要点	关联与差异
7	2007年12月1日实施	2．若采用静态爆破、火焰切割等其他方法施工时，应另行制定相应规定	2．测量； 3．开挖； 4．钻孔爆破； 5．爆破试验； 6．施工期安全监测； 7．临时支护； 8．排水和出渣运输； 9．基础检查处理与验收。 **重点与要点：** 1．水工建筑物岩石基础开挖，应采用钻孔爆破法施工。严禁在其附近部位采用洞室爆破法或药壶爆破法施工。对于距离较远的部位，如确需采用洞室爆破法施工，应进行专项试验和安全技术论证。 2．开挖过程中，应及时进行地质编录和分析工作，检验前期的地质勘察资料；预测和预报可能出现的工程地质问题；对不良工程地质问题开展专项研究，并提出处理措施；进行边坡稳定性地质预报。 3．开挖应采用自上而下、分层进行台阶爆破的施工方法，不应采用自下而上造成岩体倒悬的开挖方式施工。设计边坡轮廓面的开挖，应采用预裂爆破或光面爆破，应根据不同岩体条件和爆破效果。不断优化爆破参数。 4．基础面的开挖偏差应符合下述规定：水平建基面高程的开挖允许超挖20cm、欠挖10cm，设计边坡的每一台阶开挖允许偏差为其开挖高度的±2%；对破碎、极破碎和较软岩、软岩及极软岩、不良地质地段的岩体，以及设计另有要求的部位，其开挖偏差应符合设计要求。 5．钻孔爆破的钻孔孔径：台阶爆破不宜大于150mm，紧邻保护层的台阶爆破及预裂爆破、光面爆破不宜大于110mm，保护层爆破不宜大于50mm。 6．预裂爆破形成的裂缝面应贯通，在开挖轮廓面上，残留爆破孔痕迹应均匀分布。残留爆破孔痕迹保存率，对完整的岩体，应达到85%以上；对较完整和较破碎的岩体，应达到60%以上；对破碎的岩体，应达到20%以上。相邻两残留爆破孔间的不平整度不应大于15cm，对于不	2．临时支护锚喷支护施工及质量检验标准应符合《水电水利工程锚喷支护施工规范》（DL/T 5181）的规定

续表

序号	标准名称/ 标准号/时效性	针对性	内容与要点	关联与差异
7			允许欠挖的结构部位应满足结构尺寸的要求，残留爆破孔壁面不应有明显爆破裂隙，除明显地质缺陷处外，不应产生裂隙张开、错动及层面抬动现象。 7．台阶爆破的最大一段起爆药量，应不大于 300kg；邻近设计建基面和设计边坡的台阶爆破以及缓冲孔爆破的最大一段起爆药量，应不大于 100kg。在排水洞、竖井、锚喷支护区等附近的台阶爆破，以及在设计另有要求的部位的爆破，其最大一段起爆药量，应满足设计要求或通过现场试验确认的爆破安全允许标准的要求。 8．边坡、建基面岩体松弛范围应采用钻孔声波法进行监测，宜进行爆破前后观测	
01-03	支护及边坡工程			
8	《水电水利工程预应力锚索施工规范》 DL/T 5083—2010 2011 年 5 月 1 日实施	1．适用于水电水利工程中的岩土体加固及混凝土结构后张预应力锚索施工。 2．其他工程的岩土体加固及混凝土结构后张预应力锚索施工可选择执行	**主要内容：** 规定了预应力锚索的材料与设备、施工、试验与监测、质量与安全、环境保护及验收的基本要求，主要内容包括： 1．材料与设备，包括预应力钢绞线、防护套管、锚具、锚索体组装件、造孔设备、张拉机具、灌浆设备； 2．锚索施工，包括成孔、锚墩、锚索制作、锚索运输、安装、张拉、灌浆、防护； 3．试验与监测； 4．质量与安全； 5．环境保护； 6．验收。 **重点与要点：** 1．重要的预应力工程应进行性能试验或生产性试验，以验证设计参数，完善施工工艺。 2．进场钢绞线的外观应按下列要求进行检验：外包装完整，表面无油渍、锈蚀、毛刺、损伤；直径偏差±0.15mm；捻距为直径的 12 倍～16 倍（标准型），捻距为直径的 14 倍～18 倍（模拉型）；伸直性能良好、无散头；涂层钢绞线的 PE 护层无损伤。	**关联：** 1．锚墩混凝土以及封锚混凝土施工按照《水工混凝土施工规范》（DL/T 5144）中的有关规定执行。 2．钢绞线的力学系能应符合《水电水利工程常规水工模型试验规程》（GB/T 5224）的规定

续表

序号	标准名称/标准号/时效性	针对性	内容与要点	关联与差异
8			3．钻孔过程中，如遇黏性土、塑性流变或高地应力的岩层时，应考虑缩径影响，应按设计要求测定孔位，孔位坐标误差不应大于 10cm；开孔时应控制钻具的倾角及方位角，钻进 20cm～30cm 后应校核角度，钻进中应及时测量孔斜及时纠偏，终孔孔轴偏差不应大于孔深的 2%，方位角偏差不应大于 3°。 4．锚索张拉应采用以张拉力控制为主，伸长值校核的双控操作方法。当岩土体锚索张拉实测伸长值与理论计算伸长值偏差超出＋10%或小于－5%，混凝土结构锚索张拉实测伸长值超出理论计算伸长值±6%，应停机检查，待查明原因并采取相应措施后，方可恢复张拉。应先进行单根预应力钢绞线预紧，使锚索各股预应力钢绞线的应力均匀后，再进行整索张拉。 5．锚索在张拉过程中应按设计要求逐级加载，超张拉力不得大于设计允许值。张拉加载及卸载应缓慢平稳，加载速率每分钟不宜超过 $0.1\sigma_{con}$，卸载速率每分钟不宜超过 $0.2\sigma_{con}$。 6．在边开挖边锚固的施工部位，封孔灌浆 3d 以内不应进行爆破，3d～7d 内，爆破产生的质点振动速度不应大于 1.5cm/s，钢绞线存留长度不小于 50mm，其切割不应使用电弧或乙炔焰。 7．在复杂的地质条件下，如采用新型锚索结构，应做破坏性试验。其试验锚索数量由设计确定，但不应少于 3 束	
9	《水电水利工程锚喷支护施工规范》 DL/T 5181—2003 2003 年 6 月 1 日实施	1．适用于大中型水电水利工程锚杆（索）、喷射混凝土支护以及由锚杆（索）、喷射混凝土组合而成的各种支护型式的施工。 2．小型水电水利工程施工可选择执行	**主要内容：** 规定了水电水利工程锚喷支护施工的材料、机具、施工工艺、安全技术的基本要求以及质量检查与工程验收的标准，主要内容包括： 1．锚杆施工，包括一般规定、全长黏结型锚杆、张拉型锚杆、摩擦型锚杆、管式锚杆及自钻式注浆锚杆； 2．预应力锚索施工； 3．喷射混凝土施工，包括原材料、施工机具、混合料的配合比、拌制和运输、喷射前的准备工作、喷射作业、水泥裹砂喷射混凝土、钢纤维喷射混凝土；	**关联：** 1．预应力锚索的质量检查应遵守《水工预应力锚固施工规范》（SL 46）的有关规定。 2．锚索灌浆施工执行《水工建筑物水泥灌浆施工技术规范》（DL/T 5148）的有关规定。 **差异：** 《水利水电工程锚喷支护技术规范》（SL 377）与本规范相比，增加了锚喷支护设计内容

续表

序号	标准名称/标准号/时效性	针对性	内容与要点	关联与差异
9			4．锚喷联合支护施工，包括钢筋网喷射混凝土、钢拱架、钢筋网喷射混凝土、不良地质条件下的锚喷联合支护； 5．安全技术与防尘； 6．质量检查，包括锚杆、锚索、喷射混凝土。 **重点与要点：** 1．采用锚喷支护的工程，应做好地质调查，合理进行围岩分类，根据围岩自身稳定状况，选择合理的支护时间，及时进行支护。 2．锚杆孔施工应根据设计要求和围岩情况确定孔位，做出标记，开孔位置允许偏差为 10cm。系统加固锚杆孔轴方向一般应垂直于开挖轮廓线。水泥砂浆锚杆孔深允许偏差为±50mm；胀壳式锚杆和倒楔式锚杆孔深应比锚杆杆体有效长度（不包括杆体尾端丝扣部分）大 50mm～100mm；楔缝式锚杆、树脂锚杆和水泥卷锚杆的孔深不应小于杆体有效长度，且不应大于杆体有效长度 30mm；摩擦型锚杆孔深应比杆体长度至少大 50mm。 3．树脂锚杆施工在搅拌树脂时，应缓慢推进锚杆杆体，连续搅拌树脂的时间宜为 30s，树脂搅拌完毕后，应立即在孔口处将锚杆杆体临时固定。锚筋桩施工时，钢筋束应焊接牢固，并焊接对中环的外径可比孔径小 10mm 左右，一个钢筋束在孔内至少应有两个对中环。 4．预应力锚索的开孔位置允许偏差为 100mm，孔深允许偏差为±3°，孔底处的孔径允许偏差为－10mm～0mm。对穿式锚索终孔位置与开孔位置的相对偏差允许值为 1 倍锚索孔直径。 5．锚索正式张拉前，应采用单索千斤进行 1 次～2 次预张拉，使其各部位接触紧密，钢丝或钢绞线完全平直。预张拉的荷载可采用设计张拉荷载的 20%～30%。锚索锁定后 48h 内，若发现预应力损失大于设计荷载的 10%时，应进行补偿张拉。 6．钢纤维喷射混凝土的原材料应符合：长度偏差不应超过长度公称值的±5%，钢纤维掺量应符合设计要求，其允许偏差值为±2%。水泥强度等级不低于 42.5，骨料粒径不大于 10mm。钢纤维喷射混凝土施工在搅拌混合料	

续表

序号	标准名称/ 标准号/时效性	针对性	内容与要点	关联与差异
9			时，应采用钢纤维播料机向混合料中添加钢纤维，钢纤维在混合料中应均匀分布，不得成团。 7．钢拱架、钢筋网喷射混凝土时，钢拱架安装允许偏差：横向间距和高程均为±50mm，垂直度为±2°；钢拱架与岩面之间必须楔紧。每榀钢拱架至少应与3根锚杆相连接。钢拱架与岩面之间的空隙必须用喷射混凝土充填密实。喷射顺序应先喷射钢拱架与岩面之间的混凝土，后喷射钢拱架之间的混凝土。除可缩型钢拱架的可缩节点部位外，钢拱架应被喷射混凝土覆盖。 8．非张拉型锚杆的质量检查，试件数量按每200根锚杆至少抽样一组，每组不少于3根。试件中应包括边墙和顶拱锚杆。张拉型锚杆的质量检查包括张拉型锚杆的垫板与岩面应紧密接触，垫板不得出现弯曲，预应力锚杆应有完整的锚杆性能试验和验收资料以及施工记录	
10	《水电水利工程边坡施工技术规范》 DL/T 5255—2010 2011年5月1日实施	1．适用于大中型水电水利工程的边坡施工，特别是高边坡。 2．其他工程的边坡可选择执行	**主要内容：** 规定了水电水利工程边坡开挖、加固、防护、排水和监测的施工技术要求以及边坡施工质量与验收标准、安全控制等要求，主要内容包括： 1．开挖，包括一般规定、滑坡、土质边坡开挖、岩石边坡开挖、出渣； 2．加固与防护，包括一般规定、边坡防护、边坡锚固、边坡支挡、预灌浆； 3．边坡排水； 4．施工期安全监测； 5．质量和验收，包括一般规定、开挖、加固与防护； 6．施工安全，包括一般规定、开挖施工安全、爆破施工安全、加固与防护的施工安全。 **重点与要点：** 1．边坡开挖过程中应及时对边坡进行支护，对于复杂地质边坡应根据施工过程中揭露的地质情况调整开挖施工方案及支护加固措施。 2．土质边坡开挖应避免交叉立体作业，及时清除坡面松动的土体和浮石，并根据坡面地质情况进行临时支护、	**关联：** 1．喷射混凝土施工应遵循《水电水利工程锚喷支护施工规范》（DL/T 5181）的有关规定。 2．爆破实施前的专项爆破试验或生产性试验，应按《水工建筑物岩石基础开挖工程施工技术规范》（DL/T 5389）的相关规定执行。爆破施工安全遵照《爆破安全规程》（GB 6722）的相应规定。 3．混凝土护坡施工应按《水工混凝土施工规范》（DL/T 5144）的有关规定执行

续表

序号	标准名称/标准号/时效性	针对性	内容与要点	关联与差异
10			及时进行坡面封闭。削坡过程中应对开挖坡面及时检查，每下降4m～5m检测一次；对于异形坡面，应加密检测。 3．岩石边坡开挖应采用预裂爆破或光面爆破，对不良地质条件和需保留的不稳定岩体部位，应采取控制爆破，及时支护；爆破前应进行专项爆破试验。 4．开挖轮廓面上残留爆破孔痕迹应均匀分布，残留爆破空痕迹保存率：对完整的岩体，应大于85%；对较完整的岩体，应大于60%；对破碎的岩体，应达到20%以上。相邻两残留爆破孔间的不平整度不应大于15cm，对于不允许欠挖的结构部位应满足结构尺寸的要求。残留爆破孔壁面不应有明显爆破裂隙。除明显地质缺陷处外，不应产生裂隙张开、错动及层面抬动现象。 5．坝肩建基面开挖应采用预裂爆破，爆破梯段高度应小于10m。当相邻建基面由陡变缓时，预裂孔不应深入设计轮廓线内，且应预留不小于50cm的安全距离。预裂孔最大单响药量一般不应大于20kg。 6．主动柔性防护网的钢绳锚杆施工，锚杆孔深应大于锚杆设计长度50mm，锚杆砂浆强度不应低于M20。格栅网安装应自上而下铺挂格栅网，格栅网间重叠宽度不应小于5cm。坡度小于45°，扎结点间距不应大于2m；坡度大于45°，扎结点间距不应大于1m。格栅底部应向坡面折叠，其宽度不小于0.5m。 7．排水孔施工开孔偏差不宜大于100mm，方位角偏差不应超过±0.5°，孔深误差不应超过±50mm，并应对排水孔的畅通情况进行检查。 8．钢管桩、抗滑桩中心轴线坐标值测放钢管桩中心点，中心偏差不应大于50mm，开孔孔位偏差不小100mm，钻孔倾角、方位角误差不应大于2°，孔深允许偏差不得大于50mm。 9．挡土墙回填应在墙身强度达到设计强度的75%后进行。距墙背0.5m～1.0m范围内，不宜用重型碾压设备碾压。 10．喷混凝土时边坡实测喷层厚度达到设计尺寸的合格率应满足：不合格测点的最小厚度应不小于设计厚度的1/2，但其绝对值不得小于50mm；实测厚度的平均值应不小于设计尺寸	

续表

序号	标准名称/标准号/时效性	针对性	内容与要点	关联与差异
11	《水电水利工程预应力锚杆用水泥锚固剂技术规程》 DL/T 5703—2014 2015 年 3 月 1 日实施	适用于水电水利工程预应力锚杆用水泥锚固剂	**主要内容：** 规定了水电水利工程预应力锚杆用水泥锚固剂的技术要求、使用要求、试验方法，主要内容包括： 1．技术要求； 2．使用要求； 3．试验方法。 **重点与要点：** 1．细度以筛余百分数表示，其 80μm 方孔筛筛余量不大于 10.0%；水胶比为 0.3 的锚固剂净浆，稠度宜为 60mm～120mm；速凝剂初凝时间≥30min，终凝时间≤100min；缓凝剂初凝时间≥8h，终凝时间≤24h；速凝剂 5h 抗压强度≥20MPa，28d 抗压强度≥35MPa；缓凝剂 28d 抗压强度≥35MPa；速凝型锚固剂与杆体配套安装后，5h 的锚固力不小于 150kN；速凝型锚固剂试件 5h 和 28d 膨胀率应不小于 0，缓凝型锚固剂试件 28d 膨胀率应不小于 0。 2．在锚固段浆体结石强度未达到设计要求之前，不得敲击、碰撞或扰动锚杆。锚固段浆体结石达到设计要求后且自由段浆体初凝前，应进行锚杆张拉，张拉完成后按要求对外锚头进行保护。 3．锚固剂凝结时间、抗压强度、锚固力试验环境条件，试验室温度应在 20℃±2℃，相对湿度应不低于 50%；湿气养护箱内温度应在 20℃±1℃，相对湿度应不低于 90%。脱模后的试件应在 20℃±1℃的水中养护	**关联：** 水泥锚固剂细度检测按《水泥细度检验方法 筛析法》（GB/T 1345）中的负压筛析法进行
01-04	混凝土工程			
12	《水电水利工程模板施工规范》 DL/T 5110—2013 2013 年 8 月 1 日实施	适用于大中型水电水利工程模板施工	**主要内容：** 规定了水电水利工程模板施工过程中材料、设计、制作、安装维护及拆除维修相关要求，并介绍了特种模板施工应用范围及相关要求，主要内容包括： 1．模板施工材料与设计的技术要求； 2．模板的制作； 3．模板的安装； 4．模板的维护以及拆除；	**关联：** 1．钢模板的设计应符合《钢结构设计规范》（GB 50017）的规定。采用冷弯薄壁型钢时，应符合《冷弯薄壁型钢结构技术规范》（GB 50018）的规定。 2．采用钢材料时，其质量应符合《碳素结构钢》（GB/T 700）的有关规定。 3．连接件采用低合金高强度结构钢时，应符合《低合金高强度结构钢》（GB/T 1591）的相关规定。

续表

序号	标准名称/标准号/时效性	针对性	内容与要点	关联与差异
12			5．模板的维修技术规定； 6．永久模板、滑动模板、移置模板、清水混凝土模板、免拆模板等特种模板的应用范围与技术要求。 **重点与要点：** 1．验算模板刚度时，其最大变形值不得超过其对应的允许值，如对结构表面外露的模板，为模板构件计算跨度的1/400等。 2．模板安装前，应按设计图纸测量放样，重要结构应多设控制点，以利检查校正。 3．模板安装过程中，应经常保持足够的临时固定设施，以防倾覆。 4．现浇钢筋混凝土梁、板，当跨度等于或大于4m时，模板应起拱；当设计无具体要求时，起拱高度宜为全跨长度的1/1000～3/1000。 5．计算模板时的荷载设计值，应采用标准值乘以相应的荷载分项系数求得。 6．混凝土重力式竖向模板被用作永久性模板时，面板厚度应大于0.2m，抗倾覆及抗滑安全系数均应大于1.2	4．采用胶合板时，其质量应符合《混凝土模板用胶合板》（GB/T 17656）的有关规定。 5．木模板的设计应符合《木结构设计规范》（GB 50005）的规定；当木材含水率小于25%时，其荷载设计值可乘以系数0.90予以折减。 6．木模板的设计应符合《木结构设计规范》（GB 50005）的规定。 7．滑板施工应符合《滑动模板工程技术规范》（GB 50113）以及《水工建筑物滑动模板施工技术规范》（DL/T 5400）的要求
13	《水工混凝土施工规范》 DL/T 5144—2014 （报批稿）	适用于水工建筑物混凝土和钢筋混凝土的施工	**主要内容：** 规定了水工混凝土原材料、配合比、混凝土生产、混凝土运输、混凝土浇筑与养护、温度控制、低温季节施工、预埋件施工、质量检查与控制等技术要求，主要内容为： 1．原材料、配合比的技术要求； 2．混凝土生产、运输； 3．混凝土浇筑与养护； 4．混凝土温度控制技术要求； 5．低温季节施工技术要求； 6．预埋件施工技术要求； 7．质量检查与控制。 **重点与要点：** 1．堆放袋装水泥时，应设防潮层，距地面、边墙至少30cm，堆放高度不得超过15袋，并留出运输通道；袋装	**关联：** 1．混凝土配合比设计方法应按《水工混凝土配合比设计规程》（DL/T 5330）的规定执行，混凝土试验方法应按《水工混凝土试验规程》（DL/T 5150）的规定执行。 2．泵送混凝土运输应符合《混凝土泵送施工技术规程》（JGJ/T 10）的有关要求。 3．混凝土试件的成型、养护及试验应按《水工混凝土试验规程》（DL/T 5150）执行。 4．混凝土止水片（带）的施工除应符合《水工建筑物止水带技术规范》（DL/T 5215）的要求。 **差异：** 相比《水工混凝土施工规范》（SL 677），本规范将模板和钢筋部分另立为单独规范《水电水利工程模板施工规范》（DL/T 5110）、《水工混凝土钢筋施工规范》（DL/T 5169）

续表

序号	标准名称/标准号/时效性	针对性	内容与要点	关联与差异
13			水泥储运时间超过3个月、散装水泥超过6个月，使用前应重新检验。 2. 振捣第一层混凝土时，振捣棒组应距硬化混凝土面5cm，振捣上层混凝土时，振捣棒头应插入下层混凝土5cm～10cm。 3. 坝体混凝土检验批混凝土抗压强度保证率 P 必须满足设计要求且不得低于 80%，除坝体混凝土外其他水工结构混凝土检验批混凝土抗压强度保证率要求不低于95%。 4. 混凝土浇筑温度的测量，每 $100m^2$ 仓面面积应不少于1个测点，每一浇筑层应不少于3个测点，测点应均匀分布在浇筑层上面。 5. 混凝土浇筑温度应符合设计要求，并保持均匀，减少波动；温和地区不应低于3℃，严寒和寒冷地区采用综合蓄热法时不应低于5℃；日平均气温连续5d在5℃以下或最低气温连续5d在−3℃以下时，应按低温季节要求施工。 6. 混凝土的浇筑温度应符合设计要求，但温和地区不宜低于1℃，严寒和寒冷地区采用蓄热法不应低于5℃，采用暖棚法不应低于3℃。 7. 在低温季节浇筑的混凝土，拆除模板的拆除时间以拆模后的保护应遵守内外温度不大于20℃或2d～3d内混凝土表面温降不超过6℃	
14	《水工混凝土钢筋施工规范》 DL/T 5169—2013 2013年8月1日实施	适用于水工混凝土钢筋施工、质量检查及控制	**主要内容：** 规定了水工混凝土钢筋的材料、加工、连接安装和钢筋质量检查与控制的有关要求，主要内容为： 1. 材料，包括钢筋检验、储存以及代换； 2. 加工，包括钢筋清污除锈、调直、下料剪切、接头加工和弯折和成品钢筋存放和运输； 3. 连接，包括钢筋连接技术要求、接头分布要求； 4. 安装，包括钢筋绑扎要求、机械接头安装、保护层、架立筋、锚筋安装和安装后的监护； 5. 质量检查与控制，包括加工质量控制和连接质量控制。	**关联：** 1. 用于水工混凝土结构的钢筋应符合《低碳钢热轧圆盘条》（GB/T 701）、《钢筋混凝土用钢》（GB 1499）、《钢筋机械连接技术规程》（JGJ 107）、《冷轧带肋钢筋》（GB 13788）、《钢筋混凝土用余热处理钢筋》（GB 13014）的规定。 2. 钢筋应按批号进行检查和验收，对不同厂家、不同规格的钢筋，应按现行有关国家标准《钢筋混凝土用钢》（GB 1499）、《钢筋混凝土用余热处理钢筋》（GB 13014）等的规定抽取试件作力学性能检验。

续表

序号	标准名称/标准号/时效性	针对性	内容与要点	关联与差异
14			**重点与要点：** 1．钢筋取样时，钢筋端部应先截去 500mm 再取试样，每组试样应分别标记，不得混淆。 2．已检验合格的钢筋锥（直）螺纹应加以保护，钢筋螺纹头应带上保护帽，对锥螺纹连接的钢筋螺纹头也可按接头规定的力矩值拧紧连接套。 3．成品钢筋的存放应按使用工程部位、名称、编号、加工时间挂牌存放，不同牌号的钢筋成品不宜堆放在一起，防止混号和造成成品钢筋变形。 4．钢筋接头施焊前应进行现场条件下的焊接工艺试验，试验合格，方可正式施焊。 5．在钢筋与模板之间应设置强度不低于该部位混凝土强度的垫块，垫块的高度与净保护层厚度相同，应均匀分散布置，固定牢固。 6．作为受力钢筋的锚筋孔的间（排）距位置偏差应控制在±0.1 倍间（排）距以内，且锚筋保护层应满足设计要求，孔深偏差不宜大于 50mm。 7．对于钢筋锈蚀截面面积缩小 2%以上时，应采取措施或予以更换	3．若以另一种钢号或直径的钢筋代替设计文件中规定的钢筋时，代换后应满足《水工混凝土结构设计规范》（DL/T 5057）中所规定的钢筋间距、锚固长度、最小钢筋直径等构造要求。 4．钢筋安装时，应保证其净保护层厚度满足《水工混凝土结构设计规范》（DL/T 5057）或设计文件规定的要求；梁、次梁、柱等的交叉部位，钢筋的净保护层宜大于 10mm。 5．氧气的质量应符合现行国家标准《工业用氧》（GB/T 3863）的规定，其纯度应大于或等于 99.5%。乙炔的质量应符合现行国家标准《溶解乙炔》（GB 6819）的规定，其纯度应大于或等于 98.0%
15	《环氧树脂砂浆技术规程》 DL/T 5193—2004 2004 年 6 月 1 日实施	适用于水利水电工程中的水工混凝土建筑物	**主要内容：** 规定了水工混凝土建筑物用环氧树脂砂浆原材料质量要求和性能测试方法、环氧树脂砂浆系能试验及施工技术要求，主要内容为： 1．环氧树脂砂浆原材料的质量要求和性能测试方法，包括原材料的质量要求和性能测试方法； 2．环氧树脂砂浆各项性能试验的方法与要求； 3．环氧树脂砂浆施工技术。	**关联：** 1．环氧砂浆大气暴露试验中，砂浆拌制和试件成型除执行本规范外，还应按《塑料大气暴露试验方法》（GB/T 3681）和《塑料暴露于玻璃下日光或自然气候或人工光后颜色和性能变化的测定》（GB/T 15596）的规定执行。 2．环氧砂浆大恒定湿热条件下暴露试验中，砂浆拌制和试件成型除执行本规范外，还应按《塑料暴露于湿热、水喷雾和盐雾中影响的测定》（GB/T 12000）的规定执行

续表

序号	标准名称/标准号/时效性	针对性	内容与要点	关联与差异
15			**重点与要点：** 1．填料应烘干，含水量不得大于0.5%；粉料粒径100目～200目，粒料的最大粒径不得大于2mm，宜选用石英砂，如用硬质河沙，应水洗烘干。 2．拌料试验材料或各种配料拌和前应存放至少24h。 3．成型前应检查试模安装是否牢固，模板之间的接缝应该密封，以防树脂材料流出，多余的密封材料应刮掉。 4．制备砂浆样品所有操作应在3min内完成，拌和物外观均匀之后再继续拌1min。 5．每次取样时取样位置应距搅拌锅壁上缘至少50mm，用过的砂浆材料不得再放回锅内，最后记录砂浆未出现打卷的最长时间作为适用期，以h计。 6．槽内壁应涂以聚四氟乙烯（PTEE）。 7．底涂料应涂刷后应陈化20min～60min（视现场温度而定），以连续三次手触拉丝至1cm断开为准，方可涂抹环氧砂浆。 8．施工员随时采用插针法对环氧砂浆涂层进行厚度抽检，每平方米抽检点数不少于3个，砂浆表面的平整度用2m直尺检测，允许空隙不大于5m	
16	《水电水利工程岩壁梁施工规程》 DL/T 5198—2013 2013年8月1日实施	适用于水电水利工程地下厂房、主变压器室、尾水闸门室及其他地下洞室的岩壁梁的施工	**主要内容：** 规定了水电水利工程地下洞室岩壁梁施工技术要求，主要内容包括： 1．开挖方案及爆破设计原则； 2．锚杆注装工艺及质量控制指标； 3．混凝土施工控制标准及监测； 4．岩壁梁荷载试验。 **重点与要点：** 1．岩壁梁部位的开挖应采用控制爆破技术，在岩壁梁及岩壁梁下面一层开挖前，进行爆破震动测试，确定爆破参数。 2．钻孔时应设置样架，钻孔的孔位偏差为±20mm，钻孔角度偏斜为±3°，钻孔应超深20mm。 3．岩壁梁区域不宜欠挖，超挖不宜大于0.2m，岩壁梁部位保护层开挖钻孔直径不应大于52mm。	**关联：** 1．岩壁梁混凝土施工按《水工混凝土施工规范》（DL/T 5144）的规定执行。 2．岩壁梁混凝土钢筋制安应按照《水工混凝土钢筋施工规范》（DL/T 5169）的规定执行。 3．岩壁梁混凝土模板制作安装应按《水电水利工程模板施工规范》（DL/T 5110）的规定执行

续表

序号	标准名称/标准号/时效性	针对性	内容与要点	关联与差异
16			4．锚杆孔位上、下偏差不大于 50mm，左、右偏差不宜大于 100mm，仰角锚杆孔孔深误差不应大于锚杆长度 1%。 5．岩壁梁锚杆孔位测量放样按设计图及开挖形成的超欠挖实际情况计算确定。 6．岩壁梁混凝土达到设计强度后，方可进行下层开挖，而开挖时产生的质点振动速度应控制在 10cm/s 以内。 7．岩壁梁附近洞室如母线洞，洞室周边线到岩壁梁的距离小于 1.5 倍该洞室直径时，应将该洞室开挖并加强支护后再浇筑岩壁梁混凝土。 8．在岩壁梁开挖及锚固施工过程中，应及时进行观测，并根据岩壁梁所在边墙变形观测数据，制订应急补强预案。 9．岩壁梁的荷载试验只能与桥式起重机的荷载试验同步进行，荷载等级应根据桥式起重机试验要求与设计要求确定；试验期间禁止所在洞室和相邻洞室的所有爆破作业	
17	《水工混凝土建筑物缺陷检测和评估技术规程》 DL/T 5251—2010 2010 年 10 月 1 日实施	适用于水电水利工程水工混凝土建筑物缺陷检测和评估	**主要内容：** 规定了水工混凝土建筑物缺陷检测和评估的技术要求，主要内容包括： 1．检测工作程序与基本要求； 2．水工混凝土建筑物缺陷专项检测内容与方法； 3．水工混凝土建筑物缺陷的评估。 **重点与要点：** 1．水工混凝土建筑物缺陷的检测应为水工混凝土建筑物工程质量的评定，或其性能的评价与鉴定，提供翔实、可靠和有效的检测数据及结论。 2．应根据缺陷的严重程度评价其对水工混凝土建筑物安全性和耐久性的影响。 3．检测的原始数据应采用专用表格记录或仪器自动记录，要求数据准确、字迹清晰和信息完整。检测同步拍摄的照片和录像资料，应标明检测时间和检测位置。 4．现场检测工作结束后，应及时修补因检测所造成的局部损伤，修补后的结构或构件，应满足设计要求。 5．当水工混凝土建筑物出现影响安全的较大变形或变位时，应进行专门的研究与评估	**关联：** 1．采用冲击回波法、探底雷达法、弹性波 CT 法、钻孔检查等方法检测混凝土内部缺陷时，按照《水电水利工程物探规程》（DL/T 5010）的规定执行。 2．混凝土存在碱骨料反应隐患时，可选用与混凝土相同的砂石骨料，按《水工混凝土试验规程》（DL/T 5151）的规定检测骨料的碱活性。 3．当采用下列方法进行水工混凝土建筑物缺陷专项检测时，应按照（DL/T 5150）的规定执行

续表

序号	标准名称/标准号/时效性	针对性	内容与要点	关联与差异
18	《贫胶渣砾料碾压混凝土施工导则》 DL/T 5264—2011 2011 年 11 月 1 日实施	适用于水电水利工程中围堰工程和应急工程贫胶渣砾料碾压混凝土施工。其他工程的贫胶渣砾料碾压混凝土施工可选择执行	**主要内容：** 规定了贫胶渣砾料碾压混凝土施工中材料、配合比设计、施工及质量检测和评定的方法、控制指标及要求，主要内容包括： 1．材料，包括原材料、拌和料的最大粒径、细渣料含量、含泥量、级配相关技术要求； 2．配合比设计，包括水胶比、掺合料掺量、细渣料含量； 3．施工，包括拌和及运输、卸料及平仓、碾压、缝面处理、浇筑、养护、特殊气象条件下的施工； 4．质量检测和评定，包括材料的检测与控制、拌和物的检测与控制、现场质量检测、质量评定。 **重点与要点：** 1．施工前应通过现场碾压试验，验证贫胶渣砾料碾压混凝土设计配合比、施工工艺流程和施工设备的适应性，确定其施工工艺和参数。 2．渣砾料的含泥量应控制在 5%以内。贫胶渣砾料碾压混凝土应搅拌均匀，其中大于 80mm 的粒料应裹浆，分散不集中、80mm 以内的粒料应充分混合、裹浆、黏聚。 3．碾压厚度及碾压遍数应经现场碾压试验确定，碾压厚度应不小于最大料粒粒径的 1.2 倍，宜为 400mm～700mm，振动碾宜采用 16t 以上振动碾，碾压条带间的搭接宽度应为 300mm～400mm。 4．施工缝及冷缝应进行缝面处理，缝面处理完成并经验收合格后，均匀刮铺厚 10mm～15mm 的砂浆。砂浆应与贫胶砾料碾压混凝土一道逐条带摊铺，并应在砂浆初凝前将上层贫胶渣砾料碾压混凝土碾压完毕。 5．变态胶凝渣砾料浇筑时，相邻区域贫胶渣砾料碾压混凝土碾压时，与变态区域的搭接宽度应大于 300mm。 6．渣砾料中小于 5mm 的细渣料含量允许偏差取 2%，渣砾料中小于 5mm 的细渣料的含水率允许偏差取 0.5%，水和胶凝材料的材料用量误差最大值控制在 2%，渣砾料的材料用量控制在 4%，以控制配合比中的胶凝材料含量偏差在 10kg 以内。	**关联：** 1．水泥、粉煤灰、矿渣粉、磷渣粉、拌和用水的品质应分别符合《通用硅酸盐水泥标准》（GB 175）、《水工混凝土掺用粉煤灰技术规范》（DL/T 5055）、《用于水泥和混凝土中的粒化高炉矿渣粉》（GB 18046）、《水工混凝土掺用磷渣粉技术规范》（DL/T 5387）、《水工混凝土施工规范》（DL/T 5144）的要求。 2．渣砾料颗粒分析和含泥量分析试验参照《水工混凝土砂石骨料试验规程》（DL/T 5151）的有关规定进行

续表

序号	标准名称/标准号/时效性	针对性	内容与要点	关联与差异
18			7．贫胶渣砾料碾压混凝土拌和物的检测与控制中，当用洗分析法测定粗骨料含量时，两个样品的差值应小于10%；当用砂浆表观密度分析法测定砂浆表观密度时，两个样品的差值应不大于 $30kg/m^3$	
19	《混凝土面板堆石坝翻模固坡施工技术规程》 DL/T 5268—2012 2012 年 3 月 1 日实施	适用于水电水利工程混凝土面板堆石坝垫层料填筑及垫层料上游坡面防护施工	**主要内容：** 规定了水电水利工程混凝土面板堆石坝翻模固坡技术、施工质量控制标准以及施工安全技术要求，主要内容包括： 1．翻模结构设计，包括模板材料、模板尺寸、模板锚筋相关技术要求； 2．翻模固坡施工，包括翻模安装、垫层料摊铺、垫层料碾压相关操作要求； 3．质量控制，包括翻模安装允许偏差、终碾后模板变位允许值、固坡砂浆取样试验、固坡砂浆抗压强度、渗透系数、垫层料干密度、颗粒级配检测； 4．施工安全，包括严禁滚动碾滚筒碰撞模板、施工照明、安全网。 **重点与要点：** 1．采用翻模固坡技术，应制定专项技术方案，进行专项设计，制定保证质量、安全和环保的专项措施。 2．坝高超过 100m 的混凝土面板堆石坝，在实施翻模固坡技术时，应预留坝体变形值。 3．翻模结构设计宜由上、中、下三层模板组成。上下相邻的两层模板之间应可靠联结，并能灵活地微调相对角度，每块模板的长度宜为 1200mm，模板的宽度应与每层垫层料的斜长相等。单块模板质量适中，便于装、拆、转运，楔板为上宽下窄的梯形结构，斜度宜为 2%～3%。楔板的长度可为模板长度的 1/2，宽度宜为模板宽度＋30mm 左右，厚度应等于固坡砂浆的设计厚度。 4．初碾结束拔出楔板后，应及时向模板与垫层料之间的空隙灌注砂浆，拌制砂浆的设备生产率应满足施工强度的要求，并且终碾作业应在砂浆初凝前完成。	**关联：** 1．采用翻模固坡技术的混凝土面板堆石坝应同时遵守《水电水利工程模板施工规范》（DL/T 5110）、《混凝土面板堆石坝施工规范》（DL/T 5128）的有关规定。 2．配制固坡砂浆的水泥、砂子和水的质量均应符合《水工混凝土施工规范》（DL/T 5144）的规定。 **差异：** 与《混凝土面板堆石坝施工规范》（DL/T 5128）相比，本规范对垫层料上游坡面干密度、颗粒级配检查次数［1 次/（$1500m^2$～$3000m^2$）］的要求更高

续表

序号	标准名称/标准号/时效性	针对性	内容与要点	关联与差异
19			5．质量控制翻模模板安装的允许偏差为±10mm，终碾后模板的变位应不超过 10mm。 6．检查固坡砂浆的物理力学性能的试件取样，应每 10 层垫层料填筑层取一组，剩余层数不足 10 层时也应取一组。试验结果应满足设计要求	
20	《水电水利工程清水混凝土施工规范》 DL/T 5306—2013 2014 年 4 月 1 日实施	适用于水电水利工程清水混凝土施工	**主要内容：** 规定了水电水利工程清水混凝土施工技术要求、质量控制及检验标准，主要内容包括： 1．模板工程，包括模板设计、制作、安装、维护及拆除标准； 2．钢筋工程，包括保护层垫块、钢筋绑扎、外露端头、螺栓； 3．混凝土工程，包括配合比设计、拌和、运输、浇筑及养护相关要求以及特殊条件施工、成品保护、表面处理等注意事项； 4．质量控制与检验，包括钢筋检查、塌落度检查、混凝土强度检验、混凝土外观质量检验和混凝土结构允许偏差相关检验方法； 5．质量控制与检验。 **重点与要点：** 1．在模板结构设计中，对结构表面外露的模板，在验算模板刚度时，其最大变形值不得超过模板构件计算跨度的 1/500。除悬臂模板外，竖向模板和内倾模板都必须设置内部撑杆和外部拉杆，并进行模板稳定验算。 2．模板拼缝处理时，胶合板面板竖向拼缝应设在竖肋中心位置，面板边口刨平，接缝处满涂封口胶、连接紧密。全钢大模板面板拼缝焊点应打磨平整，水平拼缝背面应加焊扁钢，扁钢与面板间的缝隙宜刮腻子密封。 3．模版安装要保证模板间接缝紧密，防止漏浆。采用直通型穿墙螺栓、三节式螺栓或锥形螺栓内拉支撑的模板，拆除后核对螺栓孔眼和假眼的位置；直通型穿墙螺栓拆模后，应在孔中放入遇水膨胀防水胶条，采用专用模具封堵修饰。	**关联：** 1．模板安装与维护还应符合《水电水利工程模板施工规范》（DL/T 5110）的规定。 2．钢筋工程施工还应符合《水工混凝土钢筋施工规范》（DL/T 5169）的规定。 3．配合比设计还应符合《水工混凝土配合比设计规程》（DL/T 5330）的规定。 4．原材料、浇筑、养护、强度检验、评定及特殊条件下施工还应符合《水工混凝土施工规范》（DL/T 5144）的规定

续表

序号	标准名称/ 标准号/时效性	针对性	内容与要点	关联与差异
20			4．为保证清水混凝土表面观感一致，相邻结构构件的混凝土强度等级宜相近或一致，且相差不宜大于 2 个强度等级。饰面清水混凝土原材料外加剂应采用同一厂家、同一规格型号，并与水泥品种相适应。 5．混凝土浇筑时应控制浇筑层厚度，每层控制在 50cm 以内，混凝土自由下料高度应控制在 150cm 以内。 6．清水混凝土外观质量与检验包括气泡（普通清水混凝土气泡分散，饰面清水混凝土最大直径不大于 8mm，深度不大于 2mm，每平方米气泡面积不大于 $20cm^2$，检查方法为尺量）、裂痕（普通清水混凝土宽度小于 0.2mm，饰面清水混凝土宽度小于 0.2mm 且长度不大于 1000mm，检查方法为尺量、刻度放大镜）、光洁度（普通清水混凝土无明显漏浆、流淌及冲刷痕迹，饰面清水混凝土无漏浆、流淌及冲刷痕迹，无油迹、墨迹及锈斑，无粉化物，检查方法为观察）	
21	《水电水利工程水下混凝土施工规范》 DL/T 5309—2013 2014 年 4 月 1 日实施	适用于水电水利工程水下混凝土施工	**主要内容：** 规定了水电水利工程水下混凝土施工技术要求，质量控制及施工安全标准，主要内容包括： 1．水下混凝土施工的模板设计、制作、安装及拆除技术要求； 2．水下混凝土的材料、配合比设计、制备运输以及浇筑技术要求； 3．质量检查及评定，包括外观质量、结构尺寸质量控制指标及导管法、泵压法、模袋法、开底容器法浇筑质量检测方法。 **重点与要点：** 1．水下混凝土工程施工应编制专项施工组织设计。施工前应根据水流流速、潮汐变化等施工条件对水下混凝土的影响，确定满足设计要求的施工工艺。必要时，应进行施工工艺性试验。 2．水下混凝土配制强度宜提高 10%～20%；其胶凝材料用量不宜少于 $360kg/m^3$；混凝土在水中有自由落差时，胶凝材料用量不宜低于 $400kg/m^3$。	**关联：** 1．模板设计应执行《水电水利工程模板施工规范》（DL/T 5110）的有关规定。 2．钢筋或钢骨架等应按照设计图纸规定的位置正确布置，施工应按《水工混凝土钢筋施工规范》（DL/T 5169）执行。 3．混凝土原材料中的水泥、骨料和外加剂，应分别符合《通用硅酸盐水泥》（GB175）、《水工混凝土施工规范》（DL/T 5144）和《水工混凝土外加剂技术规程》（DL/T 5100）的规定。 4．材料计量允许误差和质量控制与检查、强度检验与评定应执行《水工混凝土施工规范》（DL/T 5144）的有关规定。 5．水下混凝土的流动性试验，按照《水下不分散混凝土试验规程》（DL/T 5117）坍扩度试验进行。 6．混凝土配合比设计应按《水工混凝土配合比设计规程》（DL/T 5330）执行。 7．质量评定按《水电水利基本建设工程单元工程质量等级评定标准》（DL/T 5113.1）的相关规定执行

续表

序号	标准名称/标准号/时效性	针对性	内容与要点	关联与差异
21			3．自密实混凝土粗骨料应采用连续级配，最大粒径不宜超过 40mm，且不得超过构件最小尺寸的 1/4 或钢筋最小净间距的 1/2；水下不分散混凝土的粗骨料最大粒径不宜超过 20mm。 4．模板设计荷载尚应包括水的浮力、静水水压力、动水压力、水流冲击力和波浪压力等荷载及其可能的不利组合。 5．固定在模板上的预埋和预留孔洞应安装牢固、位置准确，其预埋钢板中心线位置允许偏差应为 3mm，预埋管、预留孔中心线位置允许偏差应为 3mm，预埋螺栓中心线位置应为 2mm，预埋螺栓外露长度允许偏差应为（10，0）mm。 6．导管法浇筑施工，水下混凝土导管在平面上的布设，应根据每根导管的作用半径和浇筑面积确定；导管内径应根据浇筑面积、导管作用半径、初灌量确定。装料漏斗容量应满足首批混凝土浇筑量的需用要求。开始浇筑时，导管底部应接近地基面 300mm～500mm，并应尽量安置在地基的低洼处。第一罐水下混凝土浇筑时在导管中应设置隔水球将混凝土与水隔开，并且应根据混凝土面的上升高度及时提升导管，每次提升高度应与混凝土浇筑速度相适应。 7．导管法浇筑混凝土质量控制及检查项目包括混凝土浇筑（检查项目包括导管埋深，其质量标准要求＞1m，测绳量测；混凝土上升速度，其质量标准要求＞2m/h，测绳量测；混凝土最终高度，其质量标准要求高于设计高程 300m 以上，测锤、钢尺检测）、混凝土性能（检查项目包括混凝土抗压强度、混凝土配合比、坍扩度，前两者质量标准符合设计要求，取样试样；后者质量标准要求为 360mm～450mm，钢尺测量）	
22	《水工混凝土建筑物修补加固技术规程》 DL/T 5315—2014 2014 年 8 月 1 日实施	适用于水工混凝土建筑物的缺陷处理和修补加固	**主要内容：** 规定了水工混凝土建筑物缺陷修补加固的施工方法和技术要求，主要内容包括： 1．加固材料的类型选择和性能要求； 2．混凝土裂缝修补，包括一般规定、表面与浅层裂缝、深层与贯穿裂缝的修补、质量检查；	**关联：** 1．水工混凝土建筑物的修补加固应按照《水工混凝土建筑物缺陷检测和评估技术规程》（DL/T 5251）的要求对缺陷进行检测和评估。 2．监测仪器埋设安装应按《混凝土坝安全监测技术规范》（DL/T 5178）的规定执行。

续表

序号	标准名称/标准号/时效性	针对性	内容与要点	关联与差异
22			3．混凝土渗漏处理，包括一般规定、裂缝与层间缝渗漏、结构缝渗漏、集中渗漏与散渗的处理、质量检查； 4．混凝土剥蚀修补，包括一般规定、冻融剥蚀的修补、磨损和空蚀修补、钢筋锈蚀引起混凝土剥蚀的修补、质量检查； 5．混凝土结构补强加固，包括一般规定、混凝土内部不密实的处理、低强混凝土的处理、结构加固； 6．混凝土结构水下修补加固施工，包括一般规定、水下修补加固专项技术、水下缺陷的处理方法、水下质量检查。 **重点与要点：** 1．水工混凝土结构修补加固的材料，应与被修复的基层混凝土及其他修补材料的性能相适应，并满足设计要求。对于特别重要的结构修补加固部位，应布设仪器进行监测。修补加固处理时不得影响原结构安全。 2．粘贴法修补裂缝施工粘贴范围宜扩展至裂缝两侧各10cm～20cm范围内，并应向裂缝两端各延伸20cm～40cm；粘贴范围界面应平整，并应采用与粘贴材料配套的界面剂，均匀涂刷于界面上，待界面剂表干后再粘贴柔性片材；柔性片材与基层混凝土应粘贴密实、牢固、平整；搭接处应黏结牢固、密实。当对柔性片材进行外表面保护时，应按设计要求的保护板材和不锈钢压条、不锈钢螺栓，按规定的孔距、排距进行钻孔安装、固定保护。 3．深层和贯穿裂缝的修补应采用内部灌浆法。灌浆材料可选用化学浆材或水泥浆材。当裂缝宽度小于0.5mm时，宜选用化学浆材。采用凿槽嵌填法施工骑缝开凿U形槽，槽宽、深5cm～6cm，并向缝的两端各延长5cm～20cm，清洗槽面并自然晾干或烘干后，在槽内表面涂刷界面剂，分层嵌填刚性材料或柔性材料，表面压实抹光。 4．采用凿槽嵌填法处理迎水面渗漏缝，应在渗漏迎水面处沿渗漏裂缝、层间缝骑缝开凿U形槽，在缝两端骑缝钻截水孔清洗干净槽、孔、分层嵌填亲水性柔性材料，并压实抹光。	3. 水泥灌浆与化学灌浆材料和质量检查应分别符合《水工建筑物水泥灌浆施工技术规范》（DL/T 5148）和《水工建筑物化学灌浆施工规范》（DL/T 5406）的要求。 4．配制砂浆及混凝土的原材料、水泥混凝土防渗面板施工应符合《水工混凝土施工规范》（DL/T 5144）的要求。 5．混凝土修补材料应掺用引气剂和引气型减水剂，其品质应符合《水工混凝土外加剂技术规程》（DL/T 5100）的规定。 6．对于空蚀破坏的修复，应加强修补面的体型控制，控制标准应符合《溢洪道设计规范》（DL/T 5166）的有关规定。 7. 潜水作业安全应按《空气潜水安全要求》（GB 26123）执行，《潜水员水下用电安全规程》，空气潜水减压技术应按《空气潜水减压技术要求》（GB/T 12521）执行。 8．水下高压水射流作业应按《潜水员高压水射流作业安全规程》（GB 20826）执行。 9．水工建筑物岩石基础水下开挖应按《水工建筑物岩石基础开挖工程施工技术规范》（DL/T 5389）执行。 10．泵送混凝土施工应按照《喷涂聚脲防水工程技术规程》（JGJ/T 10）执行。 11. 水下模板拆除应按照《水电水利工程模板施工规范》（DL/T 5110）执行。 12．水下氧弧切割与水下湿法焊接应按照《焊接与切割安全》（GB 9448）规定执行。 13．水泥浆材修补灌浆钻孔参数设计无明确规定时，可按照《水工建筑物化学灌浆施工规范》（DL/T 5406）计算，并通过现场试验论证选定。 14．灌浆准备和特殊情况处理可按照《水工建筑物水泥灌浆施工技术规范》（DL/T 5148）相关规定执行。 15．沥青混凝土防渗板施工除按《水工碾压式沥青混凝土施工规范》（DL/T 5363）的规定执行外，还应符合本规范6.5.3的要求。 16. 采用水泥浆材处理混凝土内部不密实时，除按照《水工建筑物水泥灌浆施工技术规范》（DL/T 5148）的规定执行外，还应符合本规范8.2.2的要求。

续表

序号	标准名称/标准号/时效性	针对性	内容与要点	关联与差异
22			5．采用涂刷法处理结构缝渗漏应在结构缝缝口表面处进行，采用粘贴法处理结构缝渗漏，应在缝口表面处进行。 6．用于修补的混凝土材料的设计指标应根据建筑物设计要求确定，抗冻等级应不小于 F200 修补材料与基层混凝土之间的粘结强度应大于 1.0MPa，且满足设计要求。 7．当混凝土磨损和空蚀深度大于 3cm 时，凿除坑深度应大于 15cm，并布设插筋和钢筋网	17．水下灌浆技术适用于水下裂缝、渗漏和结构缝的处理，除应参照《水工建筑物水泥灌浆施工技术规范》（DL/T 5148）和《水工建筑物化学灌浆施工规范》（DL/T 5406）执行外，还应符合本规范 9.2.7 的要求
23	《水电水利工程聚脲涂层施工技术规程》 DL/T 5317—2014 2014 年 8 月 1 日实施	适用于水电水利工程混凝土和砂浆表面的防渗、抗冲磨保护、耐久性防护及表面装饰等的聚脲涂层	**主要内容：** 规定了水电水利工程涂覆聚脲涂层的材料、施工、质量控制、安全与环保等技术要求，主要内容包括： 1．材料要求，包括聚脲材料种类包括双组分喷涂聚脲、单组分涂刷聚脲和双组分涂刷聚脲，其材料要求包括需对原材料进行抽样检测和性能测试，并考虑储存和运输条件； 2．施工要求，包括一般规定、基层处理和界面剂涂刷、双组分喷涂聚脲施工、单组分涂刷聚脲施工、双组分涂刷聚脲施工、涂层缺陷修补； 3．质量控制，包括对基层处理和界面剂涂刷质量、聚脲涂层质量的要求； 4．安全和环境保护，包括施工作业人员安全规定、施工环境保护要求。 **重点与要点：** 1．聚脲涂层的厚度应根据涂层的使用部位和工作条件确定，且不宜小于 2.0mm。 2．涂覆聚脲作业完工后，不得在涂层上凿孔、打洞或用尖锐物撞击划擦。严禁直接在聚脲涂层表面进行明火烘烤、电焊及其他高温作业施工。 3．每种界面剂都有其最佳涂覆聚脲间隔时间，在此时间内涂覆聚脲，能保证良好的粘结强度，超过此时间间隔，表面反应活性降低，聚脲涂层易出现鼓泡、脱落现象，要求重新涂布界面剂。 4．聚脲涂层施工使用的聚脲涂料与基层、界面剂、修补材料、层间处理剂、密封材料、保护涂层等材料间应具有良好的相容性	**关联：** 1．双组分喷涂聚脲、单组分涂刷聚脲、双组分涂刷聚脲性能要求和试验按《胶粘剂粘度的测定》（GB/T 2794）、《建筑防水涂料试验方法》（GB/T 16777）或《喷涂聚脲防水材料》（GB/T 23446）试验方法进行。 2．界面剂性能要求和试验方法按《建筑密封材料试验方法》（GB/T 13477.5）和《建筑防水涂料试验方法》（GB/T 16777）执行

续表

序号	标准名称/标准号/时效性	针对性	内容与要点	关联与差异
24	《水工混凝土掺用磷渣粉技术规范》 DL/T 5387—2007 2007年12月1日实施	适用于各类水电水利工程，水工砂浆掺用磷渣粉可选择执行	**主要内容：** 规定了水工混凝土中磷渣粉掺和料的技术要求、试验方法、标识、验收和保管，以及水工混凝土掺用磷渣粉的技术要求、质量控制和检验方法，主要内容包括： 1．磷渣粉掺合料的技术要求、试验方法、标识、检验与验收、保管； 2．水工混凝土掺用磷渣粉的技术要求； 3．掺磷渣粉混凝土的质量控制和检查。 **重点与要点：** 1．磷渣粉储存时间超过3个月时，在使用前应重新进行检测。 2．磷渣粉质量系数 K 值不得小于1.10。 3．磷渣粉的比表面积应大于或等于300m²/kg，需水量比应小于或等于105%，三氧化硫含量应小于或等于3.5%，含水量应小于或等于1.0%，安定性应合格。 4．磷渣粉的五氧化二磷含量应小于或等于3.5%，烧失量应小于或等于3.0%，活性指数应大于或等于60%。 5．掺磷渣粉混凝土的设计强度、强度保证率、标准差等指标，应与不掺磷渣粉的混凝土相同，按有关规定取值。 6．掺磷渣分混凝土拌和物应搅拌均匀，适当延长搅拌时间，搅拌时间应通过试验确定。掺磷渣粉混凝土浇筑时不应漏振或过振，振捣后的混凝土表面不得出现明显的浮浆层	**关联：** 1．用于制备磷渣粉的电炉磷渣应满足《用于水泥中的粒化电炉磷渣》（GB/T 6645）规范要求。 2．磷渣粉放射性核素限量应符合《建筑材料放射性核素限量》（GB 6566）要求。 3．磷渣粉的比表面积按《水泥比表面积测定方法》（GB/T 8074）测定。 4．磷渣粉放射性按《建筑材料放射性核素限量》（GB 6566）测定。 5．对进场的磷渣粉应按批取样检验，取样方法按《水泥取样方法》（GB 12573）进行。 6．掺磷渣粉的混凝土配合比设计按《水工混凝土配合比规程》（DL/T 5330）执行。 7．掺磷渣粉混凝土的胶凝材料用量应符合《水工碾压混凝土施工规范》（DL/T 5112）及《水工混凝土施工规范》（DL/T 5144）的规定。 8．掺磷渣粉常态混凝土的施工及质量控制检查按《水工混凝土施工规范》（DL/T 5144）的规定执行。 9．掺磷渣粉碾压混凝土的质量控制与检查按水工碾压混凝土施工规范》（DL/T 5112）的规定执行。 **差异：** 与《用于水泥和混凝土中粒化电炉磷渣粉技术规范》GB/T 26751）相比，本规范增加了经济、质量效果评价
25	《水工建筑物滑动模板施工技术规范》 DL/T 5400—2007 2008年6月1日实施	适用于水电水利工程的滑动模板施工	**主要内容：** 规定了水工建筑物滑动模板施工的技术要求、施工质量控制以及施工安全技术要求，主要内容包括： 1．施工准备，包括施工组织设计及施工必备条件； 2．滑动模板设计、包括大体积混凝土、竖井、井筒、墩墙、面板、溢流面、隧洞底拱、斜井等滑动模板设计及滑框倒模设计； 3．滑动模板施工，包括大体积混凝土、竖井、井筒、墩墙、面板、溢流面、隧洞底拱、斜井、滑框倒模等施工工艺及质量控制要求；	**关联：** 1．滑动模板制作、安装应遵守《钢结构工程施工及验收规范》（GB 50205）的有关规定。 2．滑框倒模制作标准应符合《组合钢模板技术规范》（GBJ 214）的有关要求。 3．钢筋安装、利用支承杆代替结构物的受力钢筋时，千斤顶通过其接头后，焊接应符合《水工混凝土钢筋施工规范》（DL/T 5169）的规定。 4．面板水平施工缝处理应符合《混凝土面板堆石坝设计规范》（DL/T 5016）的有关规定。

续表

序号	标准名称/标准号/时效性	针对性	内容与要点	关联与差异
25			4．滑动模板施工安全技术要求。 **重点与要点：** 1．滑动模板施工应对滑动模板装置、提升（牵引）机具设备、液压系统、施工精度控制系统进行检查、调试，对滑动模板装置部件进行预组装，并经检查合格后，方可运往现场安装。 2．竖井、井塔滑动模板围圈在设计荷载作用下的变形量，不应大于计算跨度的 1/1000，上围圈至模板上口的距离不应大于 250mm；提升架横梁与立柱的结点应为刚性连接，立柱最大侧向变形量不应大于 2mm；外挑平台应与提升架连成整体。 3．面板的滑动模板长度应超过面板条块宽度至少 1.0m，滑动模板宽度宜为 1.0m～1.2m，滑动模板应设有制动装置。 4．牵引斜井模体的牵引系统地锚、岩石锚固点和锁定装置的设计承载能力，应不小于总牵引力的 3 倍；牵引钢丝绳的承载能力应为总牵引力的 5 倍～8 倍；钢绞线的承载能力应为总牵引力的 4 倍～6 倍。 5．面板混凝土浇筑入仓应均匀布料，每层布料厚度应为 250mm～300mm，止水片周围应辅以人工布料。止水片附近应采用直径为 30mm 的振捣器仔细振捣。每次滑升距离应不大于 300mm，每次滑升间隔时间不应超过 30min。 6．对有温度控制要求的工程，在进行温度控制设计和制定温度控制措施时，应充分考虑滑动模板施工连续浇筑的特点，尽量减少因利用浇筑层顶面散热而中途停歇的次数。 7．每滑升 1m～3m，应对建筑物的轴线、体形尺寸及标高进行测量，并做好记录	5．滑动模板施工的混凝土浇筑温度应执行《水工混凝土施工规范》（DL/T 5144）的有关规定。 6．滑动模板的施工质量检查依据《水工混凝土施工规范》（DL/T 5144）、《水电水利工程模板施工规范》（DL/T 5110）、《水工混凝土钢筋施工规范》（DL/T 5169）、《混凝土面板堆石坝施工规范》（DL/ 5128）等标准的有关规定进行。 7．为保证滑动模板的施工安全，应遵守《水电水利工程施工通用安全技术规程》（DL/T 5370）、《水电水利工程土建施工安全技术规程》（DL/T 5371）、《水电水利工程施工作业人员安全技术操作规程》（DL/T 5373）的有关规定。 8．滑动模板施工的防雷装置应符合《建筑物防雷设计规范》（GB 50057）的要求。 9．安全防护设施均符合《水电水利工程施工安全防护设施技术规范》（DL/T 5162）的有关要求。 **差异：** 《滑动模板工程技术规范》（GB 50113）相比于本规范增加了框架结构、墙板结构以及抽孔滑模施工
26	《水电水利工程斜井竖井施工规范》 DL/T 5407—2009 2009 年 12 月 1 日实施	1．适用于大中型水电水利工程斜井、竖井施工。 2．小型水电水利工程斜井、竖井施工可选择执行	**主要内容：** 规定了水电水利工程斜井、竖井施工的技术要求和施工质量检查的内容及合格标准以及施工安全技术要求，主要内容包括： 1．地质资料的搜集，施工测量任务及内容；	**关联：** 1．斜井、竖井施工检测以及岩石分级和围岩工程地质分类，井内施工照明度按《水工建筑物地下开挖工程施工技术规范》（DL/T 5099）的规定执行。

续表

序号	标准名称/ 标准号/时效性	针对性	内容与要点	关联与差异
26			2．斜井及竖井的开挖方法、支护施工技术要求； 3．混凝土衬砌、钢管衬砌、固结灌浆的施工技术要求； 4．斜井、竖井施工的质量控制及安全技术要求。 **重点与要点：** 1．在斜井、竖井施工过程中，应对围岩稳定进行检测，并及时反馈监测信息指导设计和施工。 2．对于开挖直径超过 10m、长度（深度）超过 100m 或处于不良地质条件的斜井、竖井，施工过程中应进行安全监测。 3．当斜井长度超过 450m，有条件时应设施工支洞。当斜井分为上、下两段同时施工时，上、下两段之间应保留岩塞，岩塞长度应不小于 2 倍斜井直径并不小于 10m。施工支洞与斜井相交部位，至少应有 25m 长平段，平段宜与斜井在同一个铅垂面内。 4．采用反井钻机开挖导井，当钻头距斜井上口 2.5m 时，应降低钻压，慢速上提，直至中孔。 5．正、反导井贯通，必须制定专项施工技术措施和安全措施。当岩塞厚度≤15m 时，应采用反导井单向开挖方式，每次爆破后应准确测量正、反导井之间的岩塞厚度；当岩塞厚度≤5m 时，应在正导井中心线附近钻设 2 个～3 个超前探孔，连通正、反导井，以验证岩塞厚度和贯通偏差，并据此确定最后两个开挖循环的爆破参数。 6．竖井井口岩石应可靠锚固。井口应设置高出周围地面 50cm 的安全挡墙，并在其上按规定高度设置安全围栏。井口应采用钢木结构进行覆盖，但需预留爆破冲击波释放通道。吊笼穿过覆盖结构处应设活门，吊笼穿过时打开，吊笼穿过后盖上。 7．斜井衬砌轨道的布置应保证模体滑移平稳和便于安装及拆除，应将两条轨道平行对称地布置在斜井底板中心线的两侧。 8．钢筋混凝土衬砌中，混凝土垂直运输系统应保证混凝土不离析。如采用溜管进行井内混凝土垂直运输，应设置缓降设施及堵管时的处理接头。各种缓降器的安装间距应经过试验确定，一般为 15m 左右	2．斜井、竖井混凝土衬砌施工以及滑模的施工质量检查包括：混凝土、钢筋、止水、排水、伸缩缝、预埋件等除遵守本标准的规定外，还应遵守《水电水利工程模板施工规范》（DL/T 5110）、《水工混凝土施工规范》（DL/T 5144）、《水工混凝土钢筋施工规范》（DL/T 5169）和《水工建筑物滑动模板施工技术规范》（DL/T 5400）的有关规定。 3．斜井、竖井固结灌浆施工除遵守本标准的规定外，还应遵守《水工建筑物水泥灌浆施工技术规范》（DL/T 5148）的有关规定。 4．洞外、洞内平面及高程控制测量的各项技术要求执行《水电水利工程施工测量规范》（DL/T 5173）的规定。斜井、竖井施工测量的基本任务，除《水工建筑物地下开挖工程施工技术规范》（DL/T 5099）要求外，还应符合本规范 5.0.1 的要求。 5．钢管衬砌的放样误差、斜井和竖井钢管安装按《压力钢管制造安装及验收规范》（DL/T 5017）的有关规定执行。 6．人工开挖正导井提升系统的布置、安全系数以及扩挖台车和运输台车牵引系统的布置和安全系数应符合《水电水利工程施工通用安全技术规程》（DL/ T 5370）的有关规定。 7．滑模装置安装的允许偏差、滑模施工工程质量检查按照《水工建筑物滑动模板施工技术规范》（DL/T 5400）执行。 8．提升用卷扬机及其配套的钢丝绳应有适宜的安全储备，其安全系数应符合《水电水利工程施工通用安全技术规程》（DL/ T 5370）、《水电水利工程土建施工安全技术规程》（DL/T 5371）的规定。 9．爆破施工安全遵照《爆破安全规程》（GB6722）的相关规定。 10．斜井、竖井开挖、支护施工（包括不良地址段施工）除遵守本规范的规定外，还应遵守《水电水利工程锚喷支护施工规范》（DL/T 5181）的有关规定。 11．对于已经进行混凝土衬砌的斜井、竖井，相邻斜井、竖井或其他洞室进行开挖爆破时，应按《水电水利工程爆破施工技术规范》（DL/T 5135）的有关规定对爆破进行控制

续表

序号	标准名称/标准号/时效性	针对性	内容与要点	关联与差异
27	《水电水利工程沉井施工技术规程》 DL/T 5702—2014 2015 年 3 月 1 日实施	适用于水电水利工程沉井施工	**主要内容：** 规定了水电水利工程沉井施工技术要求及质量检查标准，主要内容包括： 1．沉井施工的设计的一般规定及垫层计算、摩阻力计算、下沉计算、水下封底混凝土计算内容； 2．沉井垫层施工、首节井筒制作、沉井下沉、封底回填以及沉井群施工等的技术要求； 3．沉井施工质量控制标准。 **重点与要点：** 1．沉井施工设计应包括垫层计算、摩阻力计算、下沉计算及水下封底混凝土计算等内容；下沉计算应分工况进行下沉系数计算，并对每节沉井进行下沉及接高稳定性验算；沉井制作时的荷载，首节应小于下卧层地基的承载力设计值，以后各节应不超过地基极限承载力标准值。 2．沉井垫层的设计参数应根据首节沉井的重量和地基垫层的承载力情况确定；素混凝土垫层的厚度不应小于15cm，素混凝土的强度等级不应低于 C15；素混凝土垫层的宽度除应满足刃脚踏面所需宽度和刃脚斜面的水平投影宽度外，还应增设刃脚两侧的安全宽度及施工需要的宽度；素混凝土垫层应进行正截面承载力计算；垫木挤压应力不应超过木材横截面抗剪强度，可取 $2000kN/m^2$。 3．井壁外侧与土层间的单位摩阻力标准值应通过试验或对比累积的经验资料确定，当沉井下沉深度内有几层不同的土壤时，井壁单位面积摩阻力应根据井壁形式确定；沉井下沉过程中，其自重应小于井壁摩阻力与地基承载力之和，遇有软弱土层时，应进行沉井下沉稳定性验算；当沉井多次制作下沉时应进行接高稳定性验算，接高稳定性系数 $K_c>1$ 时，易发生突沉，刃脚处应进行加固处理；沉井应按封底时可能出现的最高水位进行抗浮验算，且系数应不小于 1.0。 4．地基垫层施工前应在基坑底部设置盲沟和集水井，地基垫层铺筑必须在旱地施工，并应作好施工排水工作，严禁被水浸泡，地基垫层应分层铺设、碾压，每层铺设厚度不宜超过 30cm，压实度应符合首节沉井制作允许承载	**关联：** 1．素混凝土垫层的正截面承载力计算应按照《水工混凝土结构设计规范》（DL/T 5057）的规定执行。 2．施工道路施工道路布置应符合《水电水利工程场内施工道路技术规范》（DL/T 5243）的相关要求。 3．沉井施工测量控制主要精度指标应按照《水电水利工程施工测量规范》（DL/T 5173）的规定执行。 4．沉井钢刃脚及承重钢排架制作应按《电站钢结构焊接通用技术条件》（DL/T 678）的相关规定执行。 5．沉井钢筋制作应按《水工混凝土钢筋施工规范》（DL/T 5169）的相关规定执行。 6．沉井模板制作、安装应按《水电水利工程模板施工规范》（DL/T 5110）的相关规定执行。 7．沉井混凝土施工应按《水工混凝土施工规范》（DL/T 5144）的相关规定执行

续表

序号	标准名称/标准号/时效性	针对性	内容与要点	关联与差异
27			力要求；钢刃脚安装应严格控制安装精度，焊接可靠，刃脚钢护板安装、拼焊应对称进行。 5．首节混凝土浇筑前应做好施工排水，确保旱地施工，首节钢筋、模板、预埋件等经验收合格后方可进行混凝土浇筑，首节井筒混凝土强度应较以上节提高一级（一般不低于 C20），刃脚及井筒混凝土浇筑应分段、对称、连续浇筑；首节底模拆除应达到混凝土设计强度标准值的 100%，承重排架应待首节沉井下沉前拆除等。 6．沉井下沉采用旱地挖土下沉法时，应进行现场抽水试验确定渗水量，选用合理的排水方案；井内排水应形成完整的排水系统，井内应设集水坑，井底四周应挖排水沟；下沉到距设计标高 200cm 深度时，应严格控制高差和下沉速度；挖流动性土时，应保持井内水位高出井外水位 1m 以上；沉井下沉过程中应分阶段保持一定的下沉速率，下沉到距设计标高 200cm 深度时，应严格控制高差和下沉速度。 7．钻吸除土下沉时，井内水深应大于 5.0m，钻吸除土超前深度不应大于 2.5m，多格沉井除土时，相邻格高差应控制在 0.5m～1.0m 以内；采用高压射水助沉时，射水管在井壁四周应布置均匀，插入深度应高出沉井刃脚底面 1.5m 以上；接高各节井筒外壁尺寸应依次缩小 5cm～10cm，浇筑接高混凝土时，底节混凝土强度应达到设计强度的 70%（首节混凝土强度应达到 100%）；接高各节沉井下沉应严格控制纵向倾斜度，挖土高差始终控制在 1m 以内	
28	《水工混凝土外保温聚苯板施工技术规范》 CECS 268—2010 2010 年 6 月 1 日实行	适用于水利水电工程混凝土施工期以聚苯板为主要保温材料的外保温工程施工	**主要内容：** 规定了水工混凝土外保温聚苯板施工技术要求，主要内容包括： 1．材料：外保温聚苯板、粘结材料和保护材料、材料的储存运输及成品保护； 2．施工：基面检查与处理、聚苯板的安装、保护材料涂刷、施工管理及混凝土体保护； 3．现场施工检测及验收：现场施工检测、保温效果检测、验收和工程管理。	**关联：** 1．挤塑型苯板允许偏差应符合《绝热用挤塑聚苯乙烯泡沫塑料（XPS）》（GB/T 10901.2）的规定。 2．现浇聚苯板应符合《现浇混凝土复合膨胀聚苯板外墙外保温技术要求》（JG/T 228）的规定

续表

序号	标准名称/标准号/时效性	针对性	内容与要点	关联与差异
28			**重点与要点：** 1．外保温聚苯板应水平平放，不得倾斜或弯曲放置，防止板材卷曲受力变形，并且应严防重物挤压或撞击致其变形，严防尖物穿刺造成损伤。 2．基面应平整，表面强度不应低于 2.5MPa，基面应无流水、无污染。 3．模板拆除后应在 5d～7d 内完成聚苯板的保温实施，聚苯板与基面墙体粘接面积不应小于 50%；聚苯板应水平粘贴，且上下两排聚苯板应竖向错缝板长 1/2。 4．在变形缝处应填塞聚苯乙烯条，其宽度应为变形宽的 1.3 倍，然后分两次勾填嵌缝膏，深度应为缝宽的 50%～70%。 5．聚苯板修补粘贴后应在修补表面涂刷防水材料，防水材料应沿修补处两侧横向覆盖不小于 10cm。 6．聚苯板的检测，每个检验批每 $100m^2$ 应至少抽查一处，每处不得小于 $10m^2$；聚苯板应与混凝土体粘接牢固，无松动和虚粘现象，现场应采用手推拉检测，现场检查每 $500m^2$ 抽查 3 处，不足 $500m^2$ 按 $500m^2$ 计，也可采用有损检查。 7．聚苯板碰头缝不应抹黏结材料，确保板与板间紧凑，碰头缝宽不得超过 1.5mm	
01-05	灌浆及基础处理			
29	《水工建筑物水泥灌浆施工技术规范》 DL/T 5148—2012 2012 年 3 月 1 日实施	适用于水工建筑物的基岩灌浆、隧洞灌浆、混凝土坝接缝灌浆等工程	**主要内容：** 规定了水工建筑物水泥灌浆工程的施工技术要求和质量检查评定方法，主要内容包括： 1．灌浆材料、设备与制浆； 2．现场灌浆试验； 3．帷幕灌浆； 4．坝基固结灌浆； 5．隧洞灌浆； 6．混凝土坝接缝灌浆； 7．岸坡接触灌浆； 8．施工记录与竣工资料的技术要求。	**关联：** 1．灌浆用水泥的品质应符合《通用硅酸盐水泥》（GB 175）或其他相关水泥标准的规定。 2．灌浆用水应符合《水工混凝土施工规范》（DL/T 5144）拌制水工混凝土用水的要求。 3．膨润土品质应符合《钻井液材料规范》（GB/T 5005）的有关规定。 4．粉煤灰品质指标应符合《水工混凝土掺用粉煤灰技术规范》（DL/T 5055）的有关规定。 5．外加剂的品质应符合《水工混凝土外加剂技术规程》（DL/T 5100）的有关规定

续表

序号	标准名称/ 标准号/时效性	针对性	内容与要点	关联与差异
29			**重点与要点：** 1．各项灌浆施工过程中，必须做好工序质量控制和检查；对施工中遇到的异常情况，应及时反馈；有关单位应经常分析、研究和总结灌浆资料、地质情况和施工技术措施，优化设计和施工。 2．已完成灌浆或正在灌浆的部位，其附近 30m 以内不应进行爆破作业。 3．灌浆浆液在施工现场应定期进行温度、密度、析水率和漏斗黏度等性能的检测，发现浆液性能偏离规定指标较大时，应查明原因，及时处理。 4．制浆材料应按规定的浆液配合比计量，计量误差应小于 5%，水泥等固相材料宜采用质量（重量）称量法计量；纯水泥浆液的拌制时间，使用高速制浆机时应大于 30s，使用普通搅拌机时应大于 3min，浆液在使用前应过筛，浆液自制备至用完的时间不宜大于 4h。 5．灌浆试验的地点灌浆试验的地点应具有代表性，地质条件复杂的工程应布置多个试区，进行多次试验；当在工程建设部位进行试验时，应对试验工程的利用及与永久建筑物的衔接做好安排，当可能对建筑物或地基产生不利影响时，应另选试验地点。 6．帷幕灌浆应按分序加密的原则进行；单排孔帷幕应分为三序灌浆；灌浆孔位与设计孔位的偏差应不大于 10cm，孔深应不小于设计孔深，实际孔位、孔深应有记录。 7．钢衬接触灌浆的区域和灌浆孔的位置可在现场经敲击检查确定，面积大于 $0.5m^2$ 的脱空区宜进行灌浆，每一独立的脱空区。 8．同一高程的灌区（纵缝或横缝），一个灌区灌浆结束 3d 后，其相邻的灌区方可灌浆，若相邻灌区已具备灌浆条件，可采取同时灌浆方式，也可采取逐区连续灌浆方式，当采取连续灌浆方式时，前一灌区灌浆结束 8h 以内，必须开始后一灌区的灌浆，否则仍应间隔 3d。 9．隧洞混凝土衬砌段的灌浆，应按先回填灌浆后固结灌浆的顺序进行。回填灌浆应在衬砌混凝土达 70%设计强度后进行，固结灌浆宜在该部位的回填灌浆结束 7d 后	

续表

序号	标准名称/标准号/时效性	针对性	内容与要点	关联与差异
29			进行。当隧洞中布置有帷幕灌浆时，应按照回填灌浆、固结灌浆和帷幕灌浆的顺序施工。 10. 接缝灌浆应按高程自下而上分层进行施工。在同一高程上，重力坝宜先灌纵缝，再灌横缝；拱坝宜先灌横缝，再灌纵缝。横缝灌浆宜从大坝中部向两岸推进；纵缝灌浆宜从下游向上游推进或先灌上游第一道缝后，再从下游向上游推进	
30	《水电水利工程混凝土防渗墙施工规范》 DL/T 5199—2004 2005 年 4 月 1 日实施	1. 适用于水电水利工程松散透水地基或土石坝（堰）体内深度小于 70m、墙厚 300mm～1000mm 的混凝土防渗墙工程。 2. 深度和厚度超出上述范围的混凝土防渗墙和其他建筑物其他用途的地下连续墙工程可选择执行	**主要内容：** 规定了水电水利工程混凝土防渗墙施工技术要求和工程质量检验、评定方法，主要内容包括： 1. 施工平台与导墙； 2. 泥浆； 3. 槽孔建造； 4. 墙体材料及成墙施工； 5. 墙段连接； 6. 钢筋笼及预埋件； 7. 特殊情况处理； 8. 质量检查和竣工资料。 **重点与要点：** 1. 在构筑物附近建造防渗墙，必须了解原有构建物的结构和基础情况，如影响构筑物的安全时，应研究制定处理措施。 2. 土石坝坝体内建造防渗墙时，应定期观测坝体沉降、位移、裂缝和测压管水位等。 3. 建造槽孔前应先修筑导墙。导墙平面轴线应与防渗墙轴线平行。 4. 钻机轨道应平行于防渗墙中心线，地基不得产生过大或不均匀沉陷，轨枕见应填充石渣。倒渣平台宜采用现浇混凝土铺筑，其下可设置石渣垫层。 5. 拌制泥浆的黏土，应进行物理试验、化学分析和矿物鉴定。以选择黏粒含量大于 45%，塑性指数大于 20，含砂量小于 5%，二氧化硅与三氧化二铝含量的比值为 3～4 的黏土为宜。	**关联：** 1. 商品膨润土的质量分级可按照《钻井液用膨润土》（SY/T 5060）的规定执行。 2. 水泥、骨料、水、掺和料、外加剂等原材料及混凝土施工按《水工混凝土施工规范》（DL/T 5144）的相关规定执行。 3. 防渗墙单项工程的竣工验收按照《水电站基本建设工程验收规程》（DL/T 5123）中的规定进行

续表

序号	标准名称/标准号/时效性	针对性	内容与要点	关联与差异
30			6．槽孔建造时，固壁泥浆面应保持在导墙顶面以下 300mm～500mm；槽孔建造质量应按以下要求进行控制：槽壁应平整垂直，不应有梅花孔、小墙等；孔位允许偏差不大于 30mm；孔斜率，钻劈法、钻抓法和铣削法施工时不得大于 4‰，遇含孤石地层及基岩陡坡等特殊情况，应控制在 6‰以内，抓取法施工时不得大于 6‰，遇含孤石地层及基岩陡坡等特殊情况，应控制在 8‰以内；接头套接孔的两次孔位中心在任一深度的偏差值，不得大于设计墙厚的 1/3；吊放接头管（板）的端孔孔斜率，应按槽孔建造工艺分别控制，同时应保证接头管板顺利吊放和起拔；确定槽孔长度时，应综合考虑工程地质及水文地质条件、施工部位、成槽方法、机具性能、成槽历时、墙体材料供应强度、墙体顶留空的位置、浇筑导管布置原则及墙体平面形状等因素。 7．混凝土墙体材料的入孔坍落度应为 180mm～220mm，扩散度应为 340mm～400mm，坍落度保持 150mm 以上的时间应不小于 1h，初凝时间应不小于 6h，终凝时间不宜大于 24h，混凝土的密度不宜小于 $2100kg/m^2$，当采用钻凿法施工接头孔时，一期墙段混凝土的早期强度不宜过高。 8．混凝土浇筑过程中导管埋入混凝土的深度不得小于 1m；混凝土面上升速度不得小于 2m/h；混凝土面应均匀上升，各处高差应控制在 500mm 以内；至少每隔 30min 测量一次槽孔内混凝土面深度，每隔 2h 测量一次导管内的混凝土面深度。 9．钢筋笼与墙段接缝之间的最小距离为 100mm，同一槽孔中两个钢筋笼之间的最小净距为 200mm；钢筋笼的保护层厚度不小于 75mm，在临时工程墙体中可减少到 60mm；垂直钢筋净间距离大于混凝土粗骨料直径的 4 倍，分节钢筋笼搭接的钢筋间距，其中心距应大于 150mm；加强筋与箍筋不得设计在同一水平面上；混凝土导管接头外援至最近处的钢筋间距应大于 100mm	

续表

序号	标准名称/标准号/时效性	针对性	内容与要点	关联与差异
31	《水电水利工程高压喷射灌浆技术规范》 DL/T 5200—2004 2005 年 4 月 1 日实施	用于水工建筑物的地基加固，可选择本规范的有关规定执行	**主要内容：** 规定了水电水利高压喷射灌浆防渗工程的技术要求和工程质量检验、评定方法，主要内容包括： 1．高喷墙的结构形式； 2．浆液、机具、钻孔； 3．高喷灌浆； 4．工程质量检查和验收。 **重点与要点：** 1．重要的、地层复杂的或深度较大的高喷墙工程应选择有代表性的地层进行高喷灌浆现场试验。对重要工程的高喷墙应进行渗透稳定和结构安全的计算。高喷灌浆孔的排数、排距和孔距，应根据对高喷墙的工程要求、地层情况、所采取的结构形式及施工参数，通过现场试验或工程类比确定。 2．根据工程需要和地质条件，高压喷射灌浆可采用旋喷、摆喷、定喷三种形式，每种形式可采用三管法、双管法和单管法。 3．在含黏粒较少的地层中进行高喷灌浆，孔口回浆应经处理后方可利用，在软塑至流塑状的黏性土或淤泥质土层中，其孔口回浆不宜回收利用。 4．钻孔施工时应采取预防孔斜的措施，钻孔施工时应采取预防孔斜的措施，钻机安放要平稳牢固，加长粗径钻具。钻杆和粗径钻具的垂直度偏差不应超过 5‰。有条件时应进行孔斜测量，孔深小于 30m 时，钻孔偏斜率不应超过 1%。钻孔孔位与设计孔位偏差不得大于 50mm。钻孔的有效深度应超过设计墙底深度 0.3m。 5．高喷灌浆宜全孔自下而上连续作业。需中途拆卸喷射管时，搭接段应进行复喷，复喷长度不得小于 0.2m。 6．高喷灌浆因故中断后恢复施工时，应对中断孔段进行复喷，搭接长度不得小于 0.5m	**关联：** 1．高喷灌浆采用普通硅酸盐水泥质量应符合《硅酸盐水泥、普通硅酸盐水泥》（GB 175）的规定。 2．高喷灌浆用水应符合《水工混凝土施工规范》（DL/T 5144）中混凝土拌和用水的要求。 3．采用钻孔法进行静水头压水试验时，透水率的计算依据《水工建筑物水泥灌浆施工技术规范》（DL/T 5148）的规定进行。 4．本规程与《水工混凝土掺用粉煤灰技术规范》（DL/T 5055）配套使用

续表

序号	标准名称/标准号/时效性	针对性	内容与要点	关联与差异
32	《水电水利工程振冲法地基处理规范》 DL/T 5214—2005 2005年6月1日实施	1．适用于振冲法施工处理深度20m以内的工程。处理深度超过20m时可选择执行。 2．其他振冲法地基处理工程可选择使用	**主要内容：** 规定了水电水利工程振冲法地基处理工程的设计、施工、质量控制、检测与验收，主要内容包括： 1．设计所需资料、基本参数及有关规定等； 2．施工，包括施工准备、主要施工设备的选择、施工； 3．质量控制应注意的事项； 4．检测与验收的有关规定。 **重点与要点：** 1．当选定采用振冲法地基处理方案时，应对振冲法的处理深度和范围进行论证，并按建筑物级别有区别地进行现场试验。振冲复合地基设计应满足建（构）筑物承载力和变形要求。 2．工艺试验应在护桩或建筑物非重要部位进行，单项工程试验桩数不少于3根。 3．选择振冲器类型应根据地基处理设计要求及土的性质通过现场试验确定。 4．振冲施工结束后，应对桩的数量、桩径、桩位偏差、桩体密度、桩间土处理效果、复合地基承载力及变形模量等进行检测与验收。 5．振冲法地基处理工程，应在检测试验后，根据工程大小及工程需要进行分阶段或一次性验收。载荷试验检测点数量应为每200根～400根桩抽检1点，且检测点的总数不得少于3点	**关联：** 1．采用振冲法处理的水利水电工程，建筑物级别的划分按《水电枢纽工程等级划分及设计安全标准》（DL 5180）的规定确定。 2．复合地基变形计算按《建筑地基基础设计规范》（GB 50007）的有关规定执行。 3．对于可液化地基，处理深度应按《建筑抗震设计规范》（GB 50011）及《水电工程水工建筑物抗震设计规范》（NB 35047）的有关规定执行。 4．本规程与《建筑地基基础工程施工质量验收规范》（GB 50202）配套使用。 5．土的物理力学性质指标测试应符合《水利水电工程地质勘察规范》（GB 50287）的有关规定
33	《水电水利工程覆盖层灌浆技术规范》 DL/T 5267—2012 2012年3月1日实施	适用于水电水利工程中覆盖层的水泥黏土类浆液的灌浆	**主要内容：** 规定了水电水利工程覆盖层地基灌浆的设计原则、施工技术要求、工程质量检查方法，主要内容包括： 1．覆盖层灌浆的规定、灌浆的类型（帷幕灌浆、固结灌浆）及现场灌浆试验等设计原则； 2．灌浆材料与浆液、灌浆设备与机具、制浆； 3．施工准备与要求； 4．套阀管法灌浆施工，包括钻孔、灌注填料与下设套阀管、灌浆、特殊情况处理；	**关联：** 1．水泥的品质、运输和存储条件应符合《通用硅酸盐水泥》（GB 175）或所采用的其他水泥相关标准规定。 2．灌浆用膨润土品质指标应符合《钻井液材料规范》（GB/T 5005）的规定。 3．灌浆用粉煤灰品质指标应符合《水工混凝土掺用粉煤灰技术规范》（DL/T 5055）的规定。 4.灌浆用水应符合《水工混凝土施工规范》（DL/T 5144）规定的拌制水工混凝土用水的要求。

续表

序号	标准名称/标准号/时效性	针对性	内容与要点	关联与差异
33			5. 孔口封闭法灌浆施工，包括钻孔、灌浆、特殊情况处理； 6. 沉管灌浆； 7. 质量检查； 8. 竣工资料与工程验收。 **重点与要点：** 1. 覆盖层灌浆设计技术指标应以现场试验及室内试验成果为依据，通过计算分析和工程类比的方法提出。 2. 覆盖层灌浆部位宜设置混凝土盖板，混凝土盖板厚度不宜小于 0.5m，宽度宜超出灌浆两侧边线 3m 以上。 3. 为提高近地表覆盖层的灌浆质量，可采用加密浅层灌浆孔，自下而上进行灌浆、增加浆液中水泥含量、适当待凝等措施。 4. 帷幕灌浆设计应满足工程总体渗流控制的要求，工程渗流控制标准应通过渗流计算及渗透试验综合确定。 5. 固结灌浆，根据建筑物对地基承载力和变形控制等使用要求，结合地质及施工等条件进行设计。 6. 现场灌浆试验的地点应具有代表性。地质条件复杂时，应针对不同地质单元和不同施工条件进行灌浆试验。当在工程建设部位进行试验时，应对试验工程的利用及与建筑物的衔接做好安排。 7. 在施工前或施工初期，宜进行生产性灌浆试验，以验证灌浆工程施工详图设计和施工组织设计，调试运行钻孔灌浆施工系统。 8. 覆盖层灌浆的材料应根据覆盖层的地层组成、渗透性、地下水流速、灌浆材料来源和灌浆目的要求等，通过室内浆材试验和现场灌浆试验确定	5. 灌浆浆液中的所有外加剂的品质指标应符合《水工混凝土外加剂技术规程》（DL/T 5100）或其他有关标准的规定。 6. 灌浆记录仪的技术性能和安装使用的基本要求应符合《灌浆记录仪技术导则》（DL/T 5237）的规定。 7. 常水头钻孔注水试验按照《水利水电工程注水试验规程》（SL 345）有关规定进行。 8. 检查孔压水试验，参照《水工建筑物水泥灌浆施工技术规范》（DL/T 5148）的有关规定进行
34	《水工建筑物化学灌浆施工规范》 DL/T 5406—2010 2010 年 10 月 1 日实施	适用于水电水利工程地基处理及混凝土建筑物的化学灌浆工程施工，其他类似工程可选择执行	**主要内容：** 规定了水工建筑物化学灌浆工程施工的技术要求及其质量检测方法，主要内容包括： 1. 化灌材料及浆液配置，包括一般规定、化学灌浆材料、浆液配制； 2. 化灌设备；	**关联：** 1. 聚氨酯灌浆材料的性能指标按照《聚氨酯灌浆材料》（JC/T 2041）的规定执行。 2. 用于混凝土裂缝的环氧灌浆材料性能指标应符合《混凝土裂缝用环氧树脂灌浆材料》（JC/T 1041）的规定。 3. 丙烯酸盐灌浆材料的性能指标按照《丙烯酸盐灌浆材料》（JC/T 2037）的规定执行。

续表

序号	标准名称/标准号/时效性	针对性	内容与要点	关联与差异
34			3．基岩化灌，包括一般规定、钻孔、裂隙冲洗和压水试验、灌浆、灌浆结束和封孔、特殊情况处理； 4．砂层化学灌浆，包括一般规定、钻孔、灌浆； 5．混凝土裂缝化学灌浆，包括一般规定、灌浆准备、灌浆、特殊情况处理； 6．结构化灌； 7．接触化灌； 8．质量检测，包括一般规定、基岩化灌质检、砂层化灌质检、混凝土裂缝化灌质检、混凝土结构化灌质检； 9．劳动安全保护和环境保护。 **重点与要点：** 1．化学灌浆施工前，应编制施工组织设计，包括劳动安全保护和环境保护措施。 2．灌浆泵应耐化学腐蚀，排浆量应能无级调节且能满足最大和最小注入率的要求；额定工作压力应大于最大灌浆压力的1.5倍。 3．对基本稳定不再发展的混凝土裂缝，应及时进行化学灌浆处理；对无法判定是否继续发展的裂缝，应在低温季节、裂缝张开度较大时进行化学灌浆。 4．化学灌浆过程中发现冒浆、漏浆时，应根据具体情况采用低压、限流、调凝等方法进行处理。如效果不明显，应停止灌浆，待浆液凝固后重新扫孔复灌。 5．混凝土与钢结构接触缝化学灌浆压力应根据钢结构的壁厚、脱空程度及钢衬底部设计规定的承受压力等确定，灌浆时钢结构变形不应超过设计规定值。 6．混凝土贯穿性、深层裂缝及重要部位的结构缝，每条缝至少布置一个检查孔	4．化学灌浆的封孔及封孔方法应按《水工建筑物水泥灌浆施工技术规范》（DL/T 5148）的规定执行
35	《深层搅拌法技术规范》 DL/T 5425—2009 2009年12月1日实施	适用于以水泥浆为主要固化剂的深层搅拌法施工处理的水电水利工程	**主要内容：** 规定了深层搅拌法地基加固、防渗和支护挡墙的设计施工、质量控制、检验与验收的技术要求。主要内容包括： 1．复合地基设计、防渗墙设计、支护挡墙设计； 2．施工设备、施工准备、工艺试验、施工作业； 3．深层搅拌施工质量控制；	**关联：** 1．采用深层搅拌法的建筑物级别划分按《水电枢纽工程等级划分及设计安全标准》（DL 5180）、《水利水电工程等级划分及洪水标准》（SL 252）、《堤防工程设计规范》（GB 50286）的有关规定确定。 2．桩端地基土未经修正的承载力特征值和桩端下未加

续表

序号	标准名称/标准号/时效性	针对性	内容与要点	关联与差异
35			4．质量检验与验收。 **重点与要点：** 1．深层搅拌法适用地层范围包括黏性土、粉土、砂土，以及黄土、淤泥质土和淤泥、素填土等土层；对于欠固结的淤泥质土和淤泥，当加固后的地基承担竖向载荷时，通过试验确定本法的适用性；对于泥炭质土、有机质土、塑性指数大于 25 的黏土、含砾直径小于 50mm 的砂砾层，以及地下水具有腐蚀性时和无工程经验的地区，应通过现场试验确定本法的适用性；适用深度为 25m 以内的深层搅拌法施工，处理深度超过 25m 时应进行试验论证。 2．选定采用深层搅拌法时，应搜集处理区域内的岩土工程资料。重点是各种土层的厚度和组成，软土层的分布范围、有机质含量、分层情况，防渗工程中透水层及相对不透水层位置，地下水位及侵蚀性，土的物理力学性质等，并按建构筑物级别有区别的进行现场试验。 3．复合地基设计应根据建筑物对地基承载力、变形和稳定性的要求，确定搅拌桩的置换率和长度。 4．防渗墙的设计应按建筑物的防渗要求，确定墙体的位置、厚度、深度以及水泥土的性能指标。 5．防渗墙的厚度、深度、渗透系数等主要指标确定后，应选取代表性断面进行渗流分析计算，以确定所选指标是否满足渗透稳定要求。 6．深层搅拌法施工应根据工程地质条件与设计参数选用不同形式或功率的深层搅拌设备。水泥土防渗墙施工机械宜采用多头深层搅拌施工设备。 7．深层搅拌法施工质量控制应以过程控制为主，施工过程中应保持机具平稳，并严格控制垂直度、回转速度、提升速度、水泥浆液浓度、供浆流量等参数，保证掺入比满足设计要求且搅拌均匀。 8．施工过程中控制水泥的掺入比，是深层搅拌施工过程控制的一个重要指标。桩体质量的优劣与掺入加固土体中的水泥浆和搅拌的均匀性密切相关	固土层的压缩变形可按《建筑地基基础设计规范》（GB 50007）的有关规定确定。 3．桩端下未加固土层的压缩变形可按《建筑地基基础设计规范》（GB 50007）中的分层总和法进行计算。 4．水泥土挡墙支护结构应按重力式挡墙设计，可按照《建筑基坑支护技术规程》（JGJ 120）中有关条文进行计算

续表

序号	标准名称/标准号/时效性	针对性	内容与要点	关联与差异
36	《水电水利接缝灌浆施工技术规范》 DL/T 5712—2014 2015 年 3 月 1 日正式实施	适用于水电水利工程混凝土坝接缝灌浆技术的使用	**主要内容：** 规定了水电水利工程混凝土坝接缝灌浆施工技术和质量检查评定内容，主要内容包括： 1．灌浆材料、设备及制浆，包括灌浆材料，浆液试验，灌浆设备和机具及制浆； 2．灌浆系统的布置与安装，包括灌浆系统材料加工，灌浆系统布置、安装以及检查维护； 3．灌浆准备和灌浆施工，包括灌浆前准备，灌浆压力、灌浆以及灌浆的结束条件； 4．特殊情况处理，包括灌浆前灌浆区缺陷处理和灌浆过程特殊情况处理； 5．灌浆质量检测与评定； 6．施工记录与竣工资料。 **重点与要点：** 1．接缝灌浆应在库水位低于灌区底部高程条件下进行。蓄水前应完成蓄水初期最低库水位以下各灌区接缝灌浆及其验收工作。 2．灌浆的水泥强度等级不低于大坝混凝土水泥强度，并要做好防潮防晒。水泥浆液在施工现场应定期进行温度、密度、漏斗黏度等指标检测，发现浆液性能指标偏离设计允许范围时，应查明原因及时处理。 3．接缝灌浆管路不宜穿过缝面，当必须通过缝面时，应采取可靠的过缝措施。 4．接缝灌浆应自下而上分层进行施工。横缝灌浆宜从大坝中部向两岸推进；纵缝灌浆宜由下游向上游推进或先灌上游第一道缝后，再从下游向上游推进。同一高程的灌区，一个灌区灌浆结束 3d 后，其相邻的灌区方可进行灌浆。同一坝缝的下层灌区灌浆结束 7d 后，上层灌区方可开始灌浆。 5．当排气管排浆达到或接近最浓比级浆液，且管口压力或缝面增开度达到设计规定值，注入率不大于 0.4L/min 时，持续 20min，灌浆即可结束	**关联：** 1．化学灌浆材料，可采用环氧树脂类，材质应符合《水工建筑物化学灌浆施工规范》（DL/T 5406）的有关规定。 2．接缝灌浆用水应符合《水工混凝土施工规范》（DL/T 5144）的规定。 3．接缝灌浆使用单一比级水泥浆液灌注时，浆液中需掺入高效减水剂，其品质应符合《水工混凝土外加剂技术规程》（DL/T 5100）的有关规定。 4．接缝灌浆使用水泥品质除应符合《通用硅酸盐水泥》（GB175）外，还应满足《水电水利接缝灌浆施工技术规范》（DL/T 5712）中 4.1.2 的规定。 **差异：** 对于“当缝面张开度较大、管路畅通，两个排气管单开流量均大于 30L/min 时，开始即可灌注浆液的水灰比”一项，《水工建筑物水泥灌浆施工技术规范》（DL/T 5148）为 1:1 或 0.6:1，《水电水利接缝灌浆施工技术规范》（DL/T 5712）为 0.6:1（或 0.5:1）

续表

序号	标准名称/标准号/时效性	针对性	内容与要点	关联与差异
01-06	安全监测			
37	《大坝安全监测自动化系统通信规约》 DL/T 324—2010 2011 年 5 月 1 日实施	适用于应用RS485接口或其他标准的通信接口，采用点—多点总线结构，主—从查询工作方式组网的大坝安全监测自动化系统设备之间的数据通信	**主要内容：** 规定了大坝安全监测自动化系统所采用的通信接口、网络传输、通信命令集等方面的技术要求，主要内容包括： 1．通信接口； 2．网络传输，包括字节格式、命令帧格式、ASCII 帧格式、TEU 帧格式； 3．通用命令集，包括查询地址、校时、读从设备时间、设置测量周期、读测量周期、采集实时数据、缓冲区数据、查询及调取历史存储区数据组数、读取设备状态。 **重点与要点：** 1．自动化系统通信接口适用符合 EIA-RS485A 标准的接口或其他标准通信的接口。 2．所有设备应具有相同的传输模式和串口参数。 3．ASCII 帧格式从设备地址、功能代码、错误检测域为十六进制表示。数据域为十进制数。命令传输时，每个数字和字符均用 ASCII 码表示。 4．RTU 帧格式从设备地址、功能代码、错误检测域为十六进制表示。数据域为十进制 BCD 码或 IEEE 浮点数。命令传输时，每个数字或字符均用二进制表示	
38	《土石坝监测仪器系列型谱》 DL/T 947—2005 2005 年 6 月 1 日实施	适用于水电水利工程土石坝安全监测仪器选型，同样也适用其他岩土工程的安全监测	**主要内容：** 规定了土石坝安全监测的仪器系列（不包含地震、水力学和环境监测仪器），主要内容包括： 1．仪器种类； 2．系列型谱； 3．测量仪表。 **重点与要点：** 1．压（应）力监测仪器包括孔隙水压力计（渗压计）和土压（应）力计。 2．变形仪器包括沉降仪、位移计、侧缝计、测斜仪、倾斜仪和光学测量仪器。 3．渗流监测仪器包括孔隙水压力计（渗压计）、测压管、量水堰渗流量监测仪。	**关联：** 混凝土应力应变及温度监测仪器系列按照《混凝土坝监测仪器系列型谱》（DL/F 948）的规定执行

续表

序号	标准名称/ 标准号/时效性	针对性	内容与要点	关联与差异
38			4．混凝土应力应变及温度监测仪器包括应变计、温度计、测缝计（埋入式）、混凝土应力计、钢筋应力计、锚索测力计、锚杆测力计、锚杆应力计。 5．动态监测仪器和测量仪器包括动态孔隙水压力计、动态土压力计、动态位移计、加速度计。 6．测量仪表包括钢弦式仪器测量仪表、差动电阻式仪器测量仪表、压阻式仪器测量仪表、气压式仪器测量仪表、伺服加速度计式仪器测量仪表、电位器式仪器测量仪表、电阻应变式仪器测量仪表、电解质式倾斜仪测量仪表、电感调频式仪器测量仪表	
39	《混凝土坝监测仪器系列型谱》 DL/T 948—2005 2005年6月1日实施	适用于混凝土坝及其附属建筑物安全监测仪器选型，也适用于混凝土坝监测仪器产品的研发、设计、制造、试验测试及选用等各个方面	**主要内容：** 规定了适用于混凝土坝及其附属建筑物监侧的仪器系列及其基本分类、主要技术参数，主要内容包括： 1．仪器种类； 2．系列型谱。 **重点与要点：** 1．监测仪器的监测项目、监测指标和仪器的种类。 2．监测仪器的监测范围误差应在规定极限内测量上限和测量下限之间。 3．监测仪器主要有变形监测、渗流监测、应力应变及温度监测、测量仪表及数据采集装置。 4．变形检测仪器有测斜仪、倾斜仪、位移计、收敛计、滑动测微计、侧缝计、多点变位计、垂线坐标仪、引张线仪、激光准直位移测量系统、静力水准仪、光学测量仪器。 5．渗流监测仪器有渗压计（孔隙水压力计）、测压管水位计、压力表、量水堰流流量仪。 6．应力应变及温度监测仪器有应变计、温度计、侧缝计、混凝土应力计、钢筋应力计、锚杆应力计。 7．测量仪表及数据采集装置有测量仪表、数据采集装置、集线箱。	**关联：** 测压管（计）的构造要求按照《混凝土坝安全监测技术规范》（DL/T 5178）的规定执行

续表

序号	标准名称/标准号/时效性	针对性	内容与要点	关联与差异
40	《大坝安全监测数据自动化采集装置》 DL/T 1134—2009 2009年12月1日实施	适用于水电水利工程土石坝及混凝土坝各类安全监测传感器数据自动采集的装置	**主要内容：** 规定了大坝安全监测数据自动采集装置的结构及组成、基本功能、主要技术指标、试验方法、检验规则和标志、包装、运输、贮存的要求，主要内容包括： 1．自动化采集装置技术要求，包括环境条件、结构组成及要求、功能要求、性能要求、测值稳定性、绝缘性能、抗电强度、耐运输颠振和外观等要求； 2．自动化采集装置试验方法，主要包括试验条件、外观检查、功能试验、性能试验、测值稳定性试验、环境适应性试验、连续通电试验、抗电强度和电磁干扰试验、耐运输颠振试验等试验； 3．检验规则，主要包括出厂检验和型式检验； 4．采集装置的标志、包装、运输、贮藏。 **重点与要点：** 1．采集装置各通道数据存储容量不少于50测次，数据存储器存满后，按先进先出的原则自动覆盖历史数据。 2．数据自动采集装置两次采集最小时间间隔应不大于10min，单通道最长采集时间不大于30s/点，采集装置巡视一次不超过10min。 3．当采用交流电源时，采集装置AC220V接线端子对外壳接地点的绝缘电阻要求大于50MΩ，应能承受1min、1500V/50Hz交流电压抗电强度的试验。 4．所有采集装置经出厂检验合格，并附合格证才能出厂，型式试验应从出厂检验合格产品中随机抽取3台样品。 5．采集装置印刷的标志至少应包括商标、产品名称、产品型号、出厂编号、制造厂家等内容。包装箱内随产品提供的技术文件应包括装箱清单、使用说明书、产品合格证。 6．包装后产品应适用一般运输，但运输途中不应受雨雪或其他液体直接淋洗与机械损伤。采集装置应存放在干燥通风、无腐蚀性气体的室内	**关联：** 1．采集装置应按《仪器仪表包装通用技术条件》（GB/T 15464）中有关规定进行包装。 2．浪涌抗扰度试验按照《电磁兼容 试验和测量技术 浪涌（冲击）抗扰度试验》（GB/T 17626.5）中试验等级3的要求进行，试验后功能应满足4.3.2的要求。 3．抗电磁干扰试验按照《电磁兼容 试验和测量技术 射频电磁场辐射抗扰度试验》（GB/T 17626.3）中试验等级1的要求进行，试验后功能应满足4.3.3的要求。 4．采集装置的包装储运标志应符合《包装储运图示标志》（GB/T 191）的规定

续表

序号	标准名称/标准号/时效性	针对性	内容与要点	关联与差异
41	《差动电阻式监测仪器鉴定技术规程》 DL/T 1254—2013 2014年4月1日实施	适用于水电水利工程中已安装埋设的差动电阻式仪器、铜电阻温度计的现场鉴定	**主要内容：** 规定了差动电阻式仪器及铜电阻温度计的鉴定方法、评价标准及鉴定工作程序，主要内容包括： 1．收集各类监测数据，进行鉴定准备； 2．根据历史监测数据绘制相关过程线，依据评价标准进行鉴定； 3．采用测量仪进行现场检测，并依据评价标准进行鉴定； 4．综合历史及现场检测进行综合评价； 5．出具鉴定报告。 **重点与要点：** 1．差动电阻式仪器及铜电阻温度计的鉴定方法、鉴定工作程序及评价鉴定标准；鉴定工作包括历史监测数据分析评价、现场检测评价和综合评价。 2．现场检测时，对于已接入自动化系统的检测仪器，应先将其从自动化装置上断开；对于已接入集线箱或人工测量的监测仪器，可直接按照本规程规定的方法进行检测。 3．采用500V电压等级的绝缘电阻表测量仪器电缆芯线的对地绝缘电阻，评价绝缘性是否符合要求。 4．仪器的稳定性检测时，要求连续测量3次并记录，每次测量时间间隔不低于10s。 5．对应现场不同的接线方式，差动电阻式仪器的现场检测分为四芯连接和五芯连接两类，铜电阻温度计的现场检测单列为一类。 6．差动电阻式仪器现场检测评价分电阻比测值和温度测值两方面评价，铜电阻温度计对温度测值评价结论分为可靠、基本可靠、不可靠三个等级。 7．仪器的工作状态综合评价结论分为正常、基本正常、异常三个等级	**关联：** 鉴定表基本信息内容及要求按《混凝土坝安全监测资料整编规程》（DL/T 5209）和《土石坝安全监测资料整编规程》（DL/T 5256）的规定执行
42	《混凝土坝安全监测资料整编规程》 DL/T 5209—2005 2005年6月1日实施	适用于混凝土坝巡视检查、环境量、变形、渗流、应力及温度（包括水温）等主要监测项目的资料整理和整编	**主要内容：** 规定了混凝土坝安全监测资料整理和整编的基本要求，主要内容包括： 1．监测基本资料的内容； 2．监测记录方法和格式； 3．监测资料的整理和整编。	**关联：** 1．本规程与《混凝土坝安全监测技术规范》（DL/T 5178）配合使用。 2．监测系统平面布置纵横剖面图应标明各建筑物所有监测项目和设备的位置，所用符号见《水利水电工程制图标准》（SL73）。

续表

序号	标准名称/标准号/时效性	针对性	内容与要点	关联与差异
42			**重点与要点：** 1. 混凝土坝施工期和运行期安全监测资料必须按日常和定期资料整理要求及时整理和整编。整理和整编的成果应做到项目齐全，数据可靠，资料、图表完整，规格统一，说明完备。 2. 人工监测采集的数据资料整理不得晚于次日12点，自动化监测应在数据采集后立即自动整理和报警。 3. 监测设施和仪器设备的基本资料一般应包括监测系统设计原则、各项目设置目的、测点布置等情况说明，监测系统平面布置、纵横剖面图，应标明各建筑物所有监测项目和设备的位置。纵横剖面数量以能表明测点位置为原则。各种测点结构及埋设详图各测点的安装埋设情况说明，并附上埋设日期、初始读数、基准值等数据、各种仪器型号、规格、主要附件、技术参数、生产厂家、仪器使用说明书、出厂合格证、出厂日期、购置日期、检验率定等资料。 4. 每次外业监测完成后，应随即对原始记录的准确性、可靠性、完整性加以检查、检验，将其换算成所需的监测物理量，并判断测值有无异常。 5. 监测资料整编包含一般规定、巡视检查资料、环境量监测资料、变形监测资料、渗流监测资料、应力应变及温度监测资料等。 6. 混凝土坝在运行期，每年汛前应将上一年度的监测资料整编完毕。监测自动化系统采集的数据一般取每周一某一时刻的监测数据进行整编。对特殊情况和工程出现异常时增加测次的数据也要进行整编。对于重要的监测物理量，还应绘制测值过程线、测值分布图等。 7. 在收集有关资料的基础上，对整编时段内的各项监测物理量按时序进行列表统计和校对。如发现可疑数据一般不宜删改，应标注记号并加注说明。对监测资料进行初步分析，阐述各监测物理量的变化规律以及对工程安全的影响，提出运行和处理意见	3. 监测记录包括巡视检查和仪器监测资料的记录及监测物理量的计算，监测物理量正负号规定见《混凝土坝安全监测技术规范》（DL/T 5178）。 4. 垂直位移监测中，水准基点、工作基点、测点的引测、校测、监测的记录，按照《国家一、二等水准测量规范》（GB 12897）中的记录要求执行。 5. 监测资料整编图表（含巡视检查成果表各测值的统计表和曲线）的编排顺序可按《混凝土坝安全监测技术规范》（DL/T 5178）中监测项目的编排次序编印，未包含的项目接续其后。每个项目中，统计表在前，整编图在后

续表

序号	标准名称/标准号/时效性	针对性	内容与要点	关联与差异
43	《土石坝安全监测资料整编规程》 DL/T 5256—2010 2011 年 5 月 1 日实施	1. 适用于土石坝巡视检查、环境量、变形、渗流、压力（应力）及温度主要监测项目的资料整理和整编。 2. 其他监测项目可选择执行	**主要内容：** 规定了土石坝安全监测资料整理和整编的基本要求，主要内容包括： 1. 监测基本资料的内容，包括工程基本资料、监测设施和仪器设备的基本资料； 2. 监测记录方法和格式，包括一般规定、巡视检查、变形监测、渗流监测； 3. 监测资料的整理和整编，包括一般规定、巡视检查资料、环境量监测资料、变形监测资料、渗流监测资料、压力及温度监测资料、其他资料。 **重点与要点：** 1. 土石坝安全监测资料应及时整编，主要包括施工期、蓄水期、运行期的日常资料整理和定期资料整编。 2. 日常资料整理应在每次监测后随即进行。人工监测，不得晚于次日 12 点；自动化监测应在数据采集后立即自动整理、评判处理和报警。 3. 定期资料整编应按规定时段对监测资料进行整编和初步分析，汇编刊印成册，并生成标准格式电子文档。 4. 每次外业监测完成后，应随即对原始记录加以检查、检验，将其换算成所需的监测物理量测值，并判断测值有无异常，及时补测、重测、确认或更正并记录有关情况。经检查、检验后，若判定监测数据不在限差以内或含有粗差，应立即重测，若判定含有较大的系统误差应分析原因，设法减少或消除影响并及时将计算后的各监测物理量存入计算机，绘制监测物理量过程线图、分布图和监测物理量与某些原因量的相关关系图（如渗流量与库水位、降雨量的相关关系图，位移量与库水位、气温的相关关系图等），检查和判断测值的变化趋势，作出初步分析。如有问题，应及时分析原因。随时补充或修正相关监测设施的变动或检验、校验情况，以及各种基本资料表、图等，确保资料的衔接和连续性。 5. 对于渗流量、渗透压力、变形、上下游水位、气温、降水量，整编时除表格形式外，还应绘制测值过程线、测值分布图等。	**关联：** 1. 本标准应与《土石坝安全监测技术规范》（DL/T 5259）配套使用。 2. 水准基点、工作基点、测点的引测、校测、观测的记录，按《国家一、二等水准测量规范》（GB/T 12897）、《国家三、四等水准测量规范》（GB/T 12898）中的记录要求执行

续表

序号	标准名称/标准号/时效性	针对性	内容与要点	关联与差异
43			6. 整编资料的内容、项目、测次等齐全，各类图表的内容、规格、符号、计量单位，以及标注方式和编排顺序应符合相关规定要求。各项监测资料整编的时间应与前次整编衔接，监测部位、测点及坐标系统等应与历次整编一致	
44	《土石坝安全监测技术规范》 DL/T 5259—2010 2011 年 5 月 1 日实施	1. 适用于 1、2、3 级土石坝的安全监测工作。 2. 4、5 级土石坝可以选择使用	**主要内容：** 规定了土石坝的安全监测项目布置、仪器设备安装埋设、仪器监测、巡视检查及资料整编分析的要求，主要内容包括： 1. 土石坝监测工作的基本原则； 2. 巡视检查的一般规定和检查内容、要求与方法； 3. 环境量监测的一般规定和要求； 4. 变形监测的一般规定和设计要求； 5. 渗流监测的一般规定和设计原则； 6. 压力（应力）及温度监测设计的一般规定和设计要求； 7. 监测资料的整编和分析要求。 **重点与要点：** 1. 典型横向监测断面宜选在最大坝高处、地形突变处、地质条件复杂处、坝内埋管处。典型监测横断面一般不宜少于 3 个。 2. 监测工作应在可行性研究阶段提出安全监测的总体方案，特别是高坝和复杂的中低坝应提出安全监测的系统设计专题报告；招标设计阶段应在上阶段基础上明确主要部位监测方法、测点布置、电缆走线、测站位置等；施工详图阶段按设计详图和技术要求进行仪器埋设，固定专人进行测读工作，及时对资料进行整理分析，评价大坝安全情况；首次蓄水期应制定首次蓄水的监测工作计划、拟定基准值和主要监测项目的设计警戒值并按规定进行仪器监测和巡视检查；运行期应定期对监测设施进行检查维护和鉴定，并定期进行监测资料的整理分析，评价大坝的运行性态建立检测技术档案。 3. 为施工期和首次蓄水期设置的临时监测设施，应与永久监测系统建立数据传递关系。	**关联：** 1. 本标准所适用的土石坝等级划分按《水电枢纽工程等级划分及设计安全标准》（DL 5180）执行。 2. 近坝区岸坡监测见《水利水电工程边坡设计规划》（DL/T 5353）和《混凝土坝安全监测技术规划》（DL/T 5178）；强震动监测见《水工建筑物强震动安全监测技术规范》（DL/T 5416），泄水建筑物监测及混凝土内部监测仪器安装埋设方法和监测设施及其安装见《混凝土坝安全监测技术规划》（DL/T 5178）。 3. 土石坝安全监测自动化系统设计，按《大坝安全监测自动化技术规范》（DL/T 5211）中的规定执行。 4. 用水准仪监测表面垂直位移时，可参照《国家三、四等水准测量规范》（GB/T 12898）中的方法进行。基点的引测、校测可参照《国家一、二等水准测量规范》（GB/T 12897）中的方法进行。 5. 监测资料的整理整编要求按《土石坝安全监测资料整编规程》（DL/T 5256）执行。 **差异：** 1. 用水准仪监测表面垂直位移时，可参照国家三等水准测量《国家三、四等水准测量规范》（GB/T 12898）中的方法进行，但闭合差不得大于 $\pm 1.4\sqrt{n}$ mm（n 为测量站数）。 2. 基点的引测、校测，可参照国家二等水准测量《国家一、二等水准测量范围》（GB/T 12897）中的方法进行，但闭合差不得大于 $\pm 0.72\sqrt{n}$ mm（n 为测量站数）

续表

序号	标准名称/标准号/时效性	针对性	内容与要点	关联与差异
44			4．在监测仪器埋设前应进行仪器的标定和连接电缆的电气检查、编号、标识；埋设后应及时将连接电缆引入测站，妥善保护并同时确认连接电缆与相应测点编号无误。 5．各类仪器埋设后，应根据仪器本身和周围环境等从初期测值中选定计算基准值；在首次蓄水前确定各监测仪器的蓄水基准值；对变形监测控制网应在蓄水前一月获得初始值并在蓄水前完成复测。 6．巡视人员的日常巡视检查水库水位达到设计洪水位前后每天至少应巡视检查1次；年度巡视检查除按规定程序对大坝各种设施进行外观检查外还应审阅大坝运行、维护记录和监测数据等资料档案，每年不少于2次；在发生影响大坝安全运行的特殊情况时应及时进行巡视检查。 7．水尺或遥测水位计的零点标高每年应校测一次，当怀疑水尺零点有变化时，也应进行校测；遥测水位计、水尺每年汛前应进行检查、校验。 8．对于多泥沙河流上的水库，坝前淤积宜每年施测一次。一般水库可每3年～5年或更长时间施测一次	
45	《大坝安全监测自动化系统实用化要求及验收规程》 DL/T 5272—2012 2012年7月1日实施	适用于已运行水电站大坝安全监测自动化系统的建设和实用化验收	**主要内容：** 规定了大坝安全监测自动化系统的建设、功能、性能、管理等技术要求，以及实用化验收应具备的条件和组织工作等的要求，主要内容包括： 1．大坝安全监测自动化系统实用化要求，包括建设要求、功能要求、性能要求、管理要求； 2．大坝安全监测自动化系统实用化验收，包括申请验收条件、验收组织工作。 **重点与要点：** 1．监测自动化系统建设应以大坝安全监测为目的，遵循“实用可靠、技术成熟、经济合理、突出重点”的原则。 2．下列坝型的大坝实现监测数据自动采集的监测项目应包括但不限于以下项目： （1）混凝土大坝：水平位移、渗流、环境量。 （2）土石坝：渗流、环境量。 （3）面板堆石坝：面板缝变形、渗流、环境量。	**关联：** 1．大坝安全监测自动化系统实用化要求新增监测仪器技术指标应满足相应的国家或行业标准以及《混凝土坝安全监测技术规范》（DL/T 5178）和《土石坝安全监测技术规范》（DL/T 5259）的要求。 2．编制测点基本资料表、测值整编图等应按《混凝土坝安全监测资料整编规程》（DL/T 5209）和《土石坝安全监测资料整编规程》（DL/T 5256）的要求编制。 3．系统电源、系统防雷应满足《大坝安全监测自动化技术规范》（DL/T 5211）的规定。 4．实用化验收工作还应执行《大坝安全监测系统验收规范》（GB/T 22385）的要求

续表

序号	标准名称/标准号/时效性	针对性	内容与要点	关联与差异
45			3．数据采集装置应具有人工测量装置，对内部埋设传感器应能在不插拔传感器与数据采集装置之间接线的情况下进行人工读数。 4．所有原始实测数据必须全部入库（采集数据库），监测数据至少每3个月做1次备份。 5.至少每月对主要自动化监测设施进行1次巡视检查，汛前和汛后应进行1次全面检查、维护。每月应校正1次系统时钟。 6．应根据大坝实际运行安全状况和管理需要适时对监测自动化系统进行完善、升级，包括增加或减少接入监测自动化系统的项目或测点等。 7.运行单位应提前30天将自动化系统实用化验收申请报告（书面），最近1年的自动化系统采集的数据库、人工比测数据，以及完整的系统运行维护日志（电子文件）等送达验收组织单位。 8．为保证工作质量，实验化验收的现场工作时间不得少于2天，验收鉴定书应按有关规定报上级主管部门备案。 9．监测自动化系统包括监测仪器、数据采集装置、采集计算机、数据采集软件、电源及通信线路、监测信息处理计算机及外部设备、监测信息管理系统软件等软硬件	
46	《水利水电工程施工安全监测技术规范》 DL/T 5308—2013 2014年4月1日实施	适用于大中型水电水利工程施工期安全监测	**主要内容：** 规定了施工期边坡及开挖工程、围堰工程、地下工程、混凝土坝及厂房工程和土石坝工程中安全监测的主要内容及资料整编要求。主要内容包括： 1．边坡及开挖工程一般规定和边坡变形、支护监测以及爆破有害效应、岩体松弛范围、边坡渗流监测的技术要求； 2．围堰工程监测的一般规定和围堰表面变形、裂缝、水位及流量以及过水围堰水力学监测的技术要求； 3．地下工程监测的一般规定以及围岩稳定、爆破效应、有害气体监测的技术要求； 4．混凝土坝及厂房工程监测的技术要求；	**关联：** 1．明确相关物理量的正负规定应按照《土石坝安全监测技术规范》（DL/T 5259）及《混凝土坝安全监测技术规范》（DL/T 5178）的规定执行。 2．爆破有害效应监测应符合《水电水利工程爆破安全监测规程》（DL/T 5333）的规定。 3．对边坡、建基面进行岩体松弛检测，检测方法应符合《水电水利工程物探规程》（DL/T 5010）的规定。 4．本规范主要规定了各项工程的主要监测内容和资料整编分析要求，具体监测实施和技术要求应按《混凝土坝安全监测技术规范》（DL/T 5178）及《土石坝安全监测技术规范》（DL/T 5259）的相关规定执行。

续表

序号	标准名称/标准号/时效性	针对性	内容与要点	关联与差异
46			5．土石坝工程监测的技术要求； 6．监测资料整编分析。 **重点与要点：** 1．施工前应进行专项设计并编制施工安全监测方案。 2．施工安全监测宜结合永久观测项目进行，并提出技术要求。地表变形监测点布置应与地下变形监测点位置相结合。变形监测的基准点、工作基点，宜利用施工测量控制网中三角点和水准点，工作基点数量应满足监测的需要且不少于3个。 3．监测频次应根据边坡的地质条件、监测项目、水文气象、施工方式、支护特点及工程的要求等确定，宜每月监测1次～2次。 4．围堰表面变形监测主要项目宜包括水平位移、垂直位移。围堰表面出现裂缝时，可选择单向机械测缝标点、三向弯板式测缝标点或测缝计进行监测。 对测缝标点的监测，每测次均应进行两次量测，两次量测值之差不得大于0.2mm。 5.围岩稳定监测项目宜包括收敛变形及顶拱沉降监测、岩体内部位移监测、应力监测。 6．混凝土拱坝封拱前应加强温度和缝开合度监测，温度和缝开合度变化满足设计规定值时方可进行封拱灌浆。灌浆时应监测纵、横缝开合度变化。 7．土石坝工程施工中宜选择临时监测断面，对坝基、坝体填筑层进行沉降监测。 8．监测仪器应根据现场施工情况及时安装埋设，并测读初始值和做好相关记录	5．围岩稳定监测中收敛点的安装、监测、计算应符合《水电水利岩体观测规程》（DL/T 5006）的规定。 6．有害气体监测应按《水电水利工程施工环境保护技术规程》（DL/T 5260）执行
47	《水电水利工程软土地基施工监测技术规范》 DL/T 5316—2014 2014年8月1日实施	适用于水电水利工程施工期软土地基安全监测设计和施工	**主要内容：** 规定了软基施工安全监测的方案设计，以及沉降、水平位移、孔隙水压力和真空度监测的技术要求，主要内容包括： 1．软基施工安全监测的方案设计； 2．地表、分层沉降监测技术要求； 3．地表水平、深层水平位移监测技术要求；	**关联：** 1．本规范中精度和分辨率标准引用《建筑基坑工程监测技术规范》（GB 50497）。 2．地表沉降监测测量仪器和测量方法应符合《工程测量规范》（GB 50026）的要求。 3．地表水平位移监测不具备设置工作点条件时，可采用《工程测量规范》（GB 50026）规定的方法监测

续表

序号	标准名称/ 标准号/时效性	针对性	内容与要点	关联与差异
47			4．孔隙水压力和真空度监测的技术要求； 5．真空度监测的技术要求； 6．监测资料整理分析。 **重点与要点：** 1．水电水利工程建设中存在软土地基施工安全问题，应进行监测。监测资料应及时整理分析，及时反馈。 2．监测仪器应在加荷前完成埋设，测定初始值，并对埋设过程及埋设完成情况进行记录。 3．监测方案设计应包括监测总体布置、监测断面布置、监测项目、监测频次、监测值控制标准、监测设施保护措施。 4．沉降标底板宜用钢质材料制作，底板尺寸宜不小于500mm×500mm，厚度宜不小于5mm。 5．监测设施应由固定设施和沉降仪组成。测点间距宜为1.0m～2.0m。固定设施采用钻孔埋设，钻孔倾斜度小于1%。导管深度宜超过底部感应环深度2m左右。 6．地表水平位移测点宜设置在堆载体或开挖区外侧1m～2m。测点埋入地基深度不宜少于1.5m。 7．测斜仪测量范围不宜小于±15°，系统精度应不低于0.25mm/m，分辨率不低于0.02mm/m。 8．孔隙水压力监测点埋设完成后至荷载变化前应测定初始压力值。每天测一次，连续3天测值相差不大于传感器综合误差为稳定。 9.竖向排水体真空度测点应设置于排水体包裹滤层内。测点深度间隔宜为2m～3m。每个密封分区宜布置1组～2组。膜下真空度监测在真空度上升阶段监测频次宜为1h～2h测读1次。 10.监测资料应及时整理分析。监测结果接近警戒值时，应立即报告并采取相应措施	
48	《水工建筑物强震动安全监测技术规范》 DL/T 5416—2009 2009年12月1日实施	1.适用于水电水利工程的1、2级水工建筑物强震动安全监测。 2.其他水工建筑物可选择本规范执行	**主要内容：** 规定了水工建筑物强震动安全监测的台阵布置、监测系统组成与技术要求、监测系统的测试、安装与验收技术要求、监测系统的管理与维护、加速度记录的处理与分析等技术要求，主要内容包括：	**关联：** 1．台站的抗震设计应符合《水工建筑物抗震设计规范》（D/L 5073）的要求。 2．管理中心的房屋建筑应符合《建筑抗震设计规范》（GB 50011）的抗震设计要求。

续表

序号	标准名称/标准号/时效性	针对性	内容与要点	关联与差异
48			1．水工建筑物安全监测的台阵布置技术要求； 2．监测系统组成与技术要求； 3．监测系统的测试、安装与验收技术要求； 4．监测系统的管理与维护、加速度记录的处理分析技术要求。 **重点与要点：** 1．台阵设计应包括确定的台阵类型和规模，布置方案、仪器的性能要求，仪器安装和管理维护的技术要求等。 2．混凝土重力坝和支墩坝反应台阵应在溢流坝段和非溢流坝段各选一个最高坝段或地质条件较为复杂的坝段进行布置。测点应布置在坝顶、坝坡的变坡部位或 2/3 坝高附近、坝基和河谷自由场处。 3．混凝土拱坝反应台阵应在拱冠梁从坝顶到坝基布置 2 个～4 个测点：在 1/4 拱圈处，坝肩处沿顶拱各布置 1 个测点，拱座沿不同高度处布置 2 个～3 个测点，河谷自由场布置一个测点。传感器测量方向应布成水平径向、水平切向和竖向三分量。 4．进水塔反应台阵应沿路程布置：塔基，塔顶，塔高 2/3 的附近，宜布置成三分量。 5．计算机系统应配备适合工业应用环境，有较高运算速度和较大存储容量的工业 PC 机。 6．强震动加速度仪安装前，应进行测试验收。监测系统应安装监测仪器专用地线，接地电阻宜小于 4Ω。 7．监测系统工程台阵建设完成后应编写出建设报告，试运行满 3 个月，应编写出试运行报告。监测人员应经过培训上岗。 8．监测系统每月远程通信检查至少 3 次，每月对强震动加速度仪进行一次常规检测，每年对强震动加速仪进行一次全面检测。 9．发生强雷电、暴雨、有感地震等特殊情况时，应及时检查强震动安全监测系统工作情况。仪器监测应与震害检查结合，当发生有感地震或坝基记录的峰值加速度大于 $0.025g$ 时，应立即对水工建筑物进行震害检查。	3．强震动加速仪的检验应按照《数字强震动加速度仪》（DB/T 10）的相关规定方法进行测试。 4．术语和定义部分应符合《防震减灾术语》（GB/T 18207.1）的相关定义。 **差异：** 《水工强震动安全监测技术规范》（SL 486）与本规范相比，在监测台阵布置中增加了水闸和渡槽反应测点的布置、震害检查的内容

续表

序号	标准名称/标准号/时效性	针对性	内容与要点	关联与差异
48			10．在监测物理量上，主要记录地震动加速度。对于Ⅰ级高土石坝，可增加监测动孔隙水压力和动位移；对于Ⅰ级高混凝土坝，可增加监测动水压力等其他物理量的监测	
49	《大坝监测仪器 沉降仪 第1部分：水管式沉降仪》 GB/T 21440.1—2008 2008年5月1日实施	适用于在土石坝及其他岩土工程安全监测中用于竖向位移测量的水管式沉降仪	**主要内容：** 规定了水管式沉降仪的术语和定义、产品分类及组成、技术要求、试验方法、检验规则以及标志、使用说明书、包装、运输、贮存等，主要内容包括： 1．介绍了沉降仪和水管式沉降仪的定义； 2．水管式沉降仪的分类及其各部分组成； 3．仪器的工作环境、外观、电源、材料及尺寸、功能、性能等技术要求； 4．仪器的试验环境条件、试验要求以及试验方法； 5．水管式沉降仪的出厂检验及型式检验的规则； 6．仪器的产品及包装标志、使用说明书，以及包装、运输、贮存。 **重点与要点：** 1．仪器的测头内径应大于100mm，壁厚应不小于4mm；管路应采用坚固、径向变形小、吸湿量小的材料；进水管内径应大于等于6mm，通气管内径应大于8mm，排水管直径应大于12mm；满足温度：20℃～60℃的工作环境，环境温度在0℃以下时，测量液体应采用特制的防冻液。 2．人工测量式及自动测量式沉降仪均应具有人工观测功能，自动测量式沉降仪不仅符合人工测量式沉降仪的全部要求，而且还具备多个其他功能，如数据存储功能，应能存储100测次以上的测试数据等。 3．仪器的分辨力应不大于1mm；对同一测点的2次测读互差应不大于2mm，自动式测量仪的自动测量与人工测量比测值差应不大于满量程（FS）的0.5%；测头及各管路部件应能承受0.5MPa水压力。 4．测控单元的分辨力应不大于0.01%FS，测量误差应不大于0.05%FS，测控单元的温度影响应不大于0.005%FS/℃等多个要求	**关联：** 1．防雷及抗干扰按《电磁兼容 试验和测量技术 浪涌（冲击）抗扰度试验》（GB/T 17626.5）和《电磁兼容 试验和测量技术 工频磁场抗扰度试验》（GB/T 17626.8）规定的方法进行试验。 2．水管式沉降仪的使用说明书应符合《工业产品使用说明书》（GB 9969.1）的总则要求

续表

序号	标准名称/ 标准号/时效性	针对性	内容与要点	关联与差异
50	《大坝监测仪器　沉降仪　第 2 部分：电磁式沉降仪》 GB/T 21440.2—2008 2008 年 10 月 1 日实施	适用于各种类型的用于土石坝、边坡、开挖和填方等工程监测的电磁式沉降仪	**主要内容：** 规定了电磁式沉降仪的术语和定义、产品分类及组成、技术要求、试验方法、检验规则以及标志、包装、运输、贮存等，主要内容包括： 1．分别介绍了电磁式、电磁震荡式及干簧管式沉降仪的定义； 2．电磁式沉降仪的产品分类、组成及其规格； 3．仪器的工作环境、外观、电源、材料及尺寸、功能、性能等技术要求； 4．仪器的试验环境条件、试验要求以及试验方法； 5．电磁式沉降仪的出厂检验、型式检验规则； 6．产品的标志、使用说明书，以及包装、运输和贮存。 **重点与要点：** 1．沉降环的尺寸应满足测头外径 20mm～40mm，沉降环内径 55mm～72mm。 2．仪器的分辨力应不大于 2mm；测头应采用密闭式圆筒形外壳，测头应能承受测量范围的水压。 3．除试验开始前允许进行常规性能检查调试外，试验测试过程中一般不允许再作人工调整。 4．将指示器部件放入环境试验箱内，其各表面与箱内壁之间的最小距离应不小于 150mm，凝结水不得滴落到试验样品上，待湿度达到 90%保持 4h，试验后仪器各项功能和性能均应正常。 5．用直流稳压电源将工作状态下的额定电压拉偏至最大允许偏差值，此时，仪器的各项功能应正常。 6．沉降仪测尺满量程检测，测量结果应满足测尺的长度误差应不大于±0.1%FS（FS 表示满量程）及对同一测点的两次测读互差应不大于 2mm 两个要求。 7．将仪器按包装要求包装完好，采用振动系统设备，进行最大加速度为 2*g*、振动频率为 10Hz 到 150Hz 再到 10Hz、扫频速度为 1 倍频/min 的扫频振动试验，每个轴向 2 次，试验后仪器的各项功能均应正常。 8．仪器满足温度：－10℃～＋50℃，相对湿度：≤90%的工作环境和防水密封性规定。出厂时逐台进行检验	**关联：** 使用说明书应符合《工业产品使用说明书》（GB 9969.1）中总则的要求

续表

序号	标准名称/标准号/时效性	针对性	内容与要点	关联与差异
51	《大坝监测仪器 沉降仪 第3部分：液压式沉降仪》 GB/T 21440.3—2008 2008年10月1日实施	适用于土石坝和填方等工程监测用的埋入式的液压式沉降仪	**主要内容：** 规定了液压式沉降仪的术语和定义、技术要求、试验方法、检验规则以及标志、包装、运输、贮存等，主要内容包括： 1．液压式沉降仪的定义，产品的分类及组成； 2．仪器的工作环境、外观、电源、材料及尺寸、功能、性能要求； 3．仪器的试验环境条件、试验要求，以及试验方法； 4．液压式沉降仪的出厂检验、型式检验规则； 5．仪器的产品标志及包装标志、使用说明书，以及包装、运输、贮存。 **重点与要点：** 1．测头腔体及充液管应充满无气的液体，可采用蒸馏水、防冻液；管路应采用坚固、径向变形小、吸湿量小的材料；充液管和排气管内径应为4mm或6mm，外径应为6mm或8mm；液体容器应能够充液，其液面应始终保持在同一位置。 2．仪器应满足分辨力不大于0.2%FS（FS表示满量程），同一测点两次测量互差不大于2mm，测读仪表应与选用的压力传感器类型相匹配，并应满足各自产品标准的规定等性能要求。 3．将测头腔体和管路连接成整体，用堵头将各充液管和排气管堵好，将测头用密封圈密封。用加压泵向高压容器加水压至0.5MPa，保持2h，观察压力表的变化，其示值变化应小于1%。 4．将仪器按包装要求包装完好，采用振动系统设备，进行最大加速度为2g、振动频率从10Hz到150Hz再到10Hz、每分钟1倍频的扫频振动试验，一般循环两个周期，试验后仪器的各项功能均应正常。 5．型式检验应按本部分规定的全部试验项目进行全性能检验。 6．型式检验的样品，应从经出厂检验合格的产品中随机抽取3台，若产品总数少于3台，应全部检验；在型式检验中有两台以上（包括两台）不合格时，则判该批产品不合格；有一台不合格时，则应加倍抽取该产品进行检验；其后仍有不合格时，则判该批产品为不合格。 7．满足−20℃～＋60℃温度的工作环境	**关联：** 使用说明书应符合《工业产品使用说明书》（GB 9969.1）中总则的要求

续表

序号	标准名称/标准号/时效性	针对性	内容与要点	关联与差异
52	《水位观测标准》 GB/T 50138—2010 2010年12月1日实施	适用于河流、湖泊、水库、人工河渠、海滨、感潮河段等水域的水位观测	**主要内容：** 规定了水位站布设、水位观测设施设备的建设与管理、水位的观测与数据处理的技术要求，主要内容包括： 1. 水位站站址的选择、地形测量和大断面测量、水位站的撤销和断面迁移、测站考证； 2. 水位观测基本设施，包括基面、水准点、水尺断面等的布设； 3. 水位的人工检测设备及自动监测设备； 4. 水位的人工观测的一般规定以及河道站、水库、湖泊、堰闸站、潮水位站、枯、高洪等的水位观测和附属项目的观测； 5. 自动监测设备的检查和使用； 6. 水位的自动监测； 7. 水位观测结果的计算与订正、水位观测的误差控制。 **重点与要点：** 1. 水位站的简易地形测量应在设站初期进行，以后在河道、地形、地貌有显著变化时，可根据变化情况进行全部或局部重测。 2. 基本水位站应保持相对稳定。当受水工程、人类活动、地质灾害等影响严重，丧失了原有的功能时，可以撤销。撤销后不应影响站网的结构和整体功能，否则应进行补充或调整。 3. 测站采用的基面应及时与现行的国家高程基准相联测，各项水位、高程资料中应写明采用基面与国家高程基准之间的换算关系。 4. 基本水准点应5年～10年校验一次，稳定性较差或对水位精度要求较高的测站应3年～5年校验一次，校核水准点应每年校验1次，当有变动迹象时，应及时校验。 5. 当水尺变动较大时，可经一定时期后将全组水尺重新编号，一般情况下一年重编一次。 6. 水位宜读记至1cm，当上下比降断面的水位差小于0.2m时，比降水位应读记至0.5cm，时间应记录至1min。	**关联：** 水位站可只进行简易地形测量，测量范围、测绘内容和方法应符合《水文普通测量规范》（SL 58）的有关规定

续表

序号	标准名称/标准号/时效性	针对性	内容与要点	关联与差异
52			7．堰闸上、下游基本水尺水位应同时观测，测次应按河道站的要求布置，并应在每次闸门开启前后加密测次。 8．一般水位站应每隔 1h 或 30min 在整点或半点时观测一次，在高、低潮前后，应每隔 5min～15min 观测一次，应能测到高、低潮水位及其出现时间。 9. 当校验水位与自记水位系统偏差超出±2cm 范围时，应经确认后重新设置水位初始值。 10．当水尺零点高程变动大于 1cm 时，应查明变动原因及时间，并对有关的水位记录进行订正。 11．校验水尺水位的不确定度应控制在 1.0cm 以内	
53	《大坝安全监测仪器报废标准》 SL 621—2013 2013 年 11 月 29 日实施	适用于水库大坝安全监测仪器报废，其他水利工程安全监测仪器报废可选择执行	**主要内容：** 规定了大坝安全监测仪器报废条件，主要内容包括： 1．仪器的通用报废条件； 2．不可更换监测仪器报废条件； 3．可更换监测仪器报废条件； 4．读数仪和数据自动采集设备报废条件； 5．仪器报废的处理措施。 **重点与要点：** 1．大坝安全监测仪器应满足定期进行检查、维护和鉴定，其鉴定应采用现场检查和历史资料检查、分析等方式进行。 2．仪器报废的一般条件包括选型不当，不能正常发挥监测功能的监测仪器应报废等。 3．不可更换监测仪器包括变形监测、渗流监测、应力应变和温度监测，可更换检测仪器比不可更换检测仪器多环境量监测。 4．读数仪允许使用时间为 6 年～8 年，数据自动采集设备允许使用时间为 6 年～8 年，一般环境条件下取工作上限，并且可适当延长使用时间，但不能超过其 50%。 5．大坝安全监测仪器可拆除的应拆除销毁，不可拆除的应封存并标示管理	**关联：** 1．大坝安全监测仪器报废后，监测项目、监测点等不满足《混凝土坝安全监测技术规范》（SL 601）要求的，应进行更新改造。 2．大坝安全监测仪器的检验测试应满足《大坝安全监测仪器监测测试规程》（SL 530）的规定，安装应满足《大坝安全监测仪器安装标准》（SL 531）的规定

续表

序号	标准名称/标准号/时效性	针对性	内容与要点	关联与差异
01-07	其他			
54	《水利电力建设用起重机检验规程》 DL/T 454—2005 2005 年 6 月 1 日实施	1．适用于水利电力建设用门式、门座式、塔式、桥式及缆索起重机。 2．不适用于汽车、轮胎式、履带式及浮式起重机。 3. 对于其他类型的起重机可选择执行	**主要内容：** 规定了水利电力建设用起重机检验的内容和保证检验质量的技术要求，主要内容包括： 1．外观的检查； 2．性能参数的检测； 3．荷载试验，包括空载试验，额定载荷试验，超载试验； 4．安全装置的技术要求，包括起重量限制器，起重力矩限制器，起升高度限制器，风速报警装置，偏移量限制器等的技术要求； 5．结构应力、结构变位的测量要求与方法，包括在起重机的各种工况、载荷下测试结构件的静应力、起重臂根部的绞点位移和吊载点的变位；测试点的确定，测试程序； 6. 司机室和结构无损监测的标准，包括司机室的震动，噪声，漏水试验；无损检测包括外观，射线探伤，超声波探伤，磁粉探伤。 **重点与要点：** 1. 水利电力建设用起重机应检查所有重要部件的规格或状态是否符合设计图样及相关的规范要求，是否有可见的运输变形、损伤及漏油等现象；起重机检验应进行外观检查、性能参数检测、载荷试验、安全装置试验、结构应力测试、结构变位测试、司机室的测试、结构无损检测。 2．性能参数试验，应根据起重机的载荷特性来进行，验证起重机的质量、尾部回转半径、吊钩极限位置、载荷起升速度、载荷额定起升高度、载荷最低稳定起升速度、载荷和稳定下降速度、调速性能、变幅时间、主梁上拱度和吊载时的下挠度等。 3．空载试验应不少于 3 个工作循环；起升机构的变幅制动器的检查试验应不少于 3 次；回转机构在回转过程中不应出现突然反向动作。	**关联：** 1．试验场地应坚实平整，起重机的轨道与基础等应符合《水利电力建设用起重机》（DL/T 946）和《起重设备安装工程施工及技术规范》（GB 50278）中的有关规定。 2．起重机各操纵位置应按照《起重机械安全规程》（GB/T 6067）中的规定设置紧停开关，并试验其工作可靠性。 3．起重机主要结构件负载情况下的最大应力值应满足设计要求和《起重机设计规范》（GB/T 3811）的规定。 4．焊缝外观检测、射线探伤、超声波探伤、磁粉探伤相关操作和评定按《水利电力建设用起重机》（DL/T 946）、《钢熔化焊对接接头射线照相及质量分级》（GB/T 3323）、《焊缝无损检测超声检测技术、检测等级和评定》（GB/T 11345）、《无损检测 焊缝磁粉检测》（JB/T 6061）执行

续表

序号	标准名称/ 标准号/时效性	针对性	内容与要点	关联与差异
54			4. 额定载荷试验：臂架式起重机应在起重机起吊最大额定起重量而臂架处于相应的最大幅度和臂架处于允许的最大幅度时起吊相应的额定起重量两种工况下分别进行试验。 5. 超载试验：静载试验中门式、桥式及缆索起重机试验工况为起吊 1.25 倍的额定起重量，小车位于跨中位置；臂架式起重机试验工况为起吊 1.25 倍的最大额定起重量而臂架处于相应的最大幅度；动载试验中试验载荷为相应额定载荷的 1.1 倍。 6. 安全装置试验：起重量限制器数值误差不应大于 5%，起重力矩限制器的综合误差不应大于 18%。 7. 结构应力测试主要是测试点的确定；臂架变截面处应布置测点；臂架测点应以回转轴为中心对称布置；受压杆件，应变片应布置在杆件的中部或其他可能挠曲的部位	
55	《水利电力建设用起重机》 DL/T 946—2005 2005 年 6 月 1 日实施	1. 适用于水利电力建设用的门式、门座式、塔式、缆索起重机。 2. 不适用于汽车式、轮胎式、履带式及浮式起重机。 3. 对于其余类型的起重机可选择执行	**主要内容：** 规定了水利电力建设用起重机的技术要求、内容和原则，主要内容包括： 1. 起重机工作环境、性能参数、主要构件和装置的技术要求； 2. 起重机试验检测的内容和原则； 3. 标志、包装、运输及存放的标准； 4. 起重机安装与拆卸、验收、使用与管理、搬迁报废、保证期的要求。 **重点与要点：** 1 起重机基础及缆风绳应满足承受最不利荷载组合的要求。 2. 钢丝绳绳端固定，用编织连接时，编制长度应不小于钢丝直径的 15 倍，且不小于 300mm；编织连接，楔块、楔套连接时连接强度不应小于钢丝绳破断拉力的 75%；用压板在卷筒上固定时，数量不应少于 3 块；铸造滑轮时滑轮槽两侧壁厚偏差应在 0mm～3mm 之间；加工后卷筒绳槽壁厚偏差应在 0mm～6mm 之间。	**关联：** 1. 起重机内部电压降应符合《起重机设计规范》（GB/T 3811）的规定。 2. 吊钩材料应满足《起重吊钩 机械性能、起重量、应力及材料》（GB/T 10051.1）的规定。 3. 钢丝绳应符合《起重机械用钢丝绳检验和报废实用规范（GB/T 5972）。 4. 焊接接头内部缺陷的检验和评定应符合《钢焊缝手工超声波探伤方法和探伤结果分级》（GB/T 11345）的规定。 5. 起重机的试验应遵循《起重机试验规范和程序》（GB/T 5905）和《水利电力建设用起重机检验规程》（DL/T 454）的规定。 **差异：** 相比《水利电力建设用起重机检验规程》（DL/T 454），本规程增加了起重机的检验、工程验收、使用与管理、搬迁、报废等内容

续表

序号	标准名称/标准号/时效性	针对性	内容与要点	关联与差异
55			3．滑轮绳槽槽面或端面、块式制动器的制动轮的其他部位（除制动面和制动轮轴孔外）、联轴器、钢齿轮允许焊补的部位单个缺陷面积不大于200mm²，深度不大于该处壁厚的20%，同一加工面上缺陷总数不超过2个。 4．直柄单钩的吊钩杆部中心线与钩部中心线的不重合偏差：对起重量不大于100kN的吊钩，应不大于2mm；不大于800kN的吊钩，应不大于4mm；其余应不大于5mm。 5．液压系统装置的过滤能力应大于工作油量的2倍。 6．空载试运转往返不应少于3次；静载试验时动臂式起重机在最大幅度时起吊额定起重量的1.25倍，和尽可能大的幅度起吊最大起重量的1.25倍；静载试验时定臂式起重机在最大幅度、最小幅度下起吊额定起重量的1.25倍；动载试验时试验载荷是额定载荷的1.1倍	
56	《水工建筑物塑性嵌缝密封材料技术标准》 DL/T 949—2005 2005年6月1日实施	1.适用于水工建筑物的接缝止水及混凝土建筑物的表面裂缝处理。 2.对于坝高200m以上的混凝土面板堆石坝接缝或有特殊要求的水工建筑物，其塑性嵌缝密封材料的技术要求应进行专门论证	**主要内容：** 规定了水工建筑物接缝塑性密封材料的分类和功用、技术要求、试验方法、检验规则、标志、包装、运输与储存，主要内容包括： 1．对接缝塑性密封材料的要求； 2．嵌缝密封材料技术指标，包括浸泡质量损失率，拉伸黏结性能，流动止水长度，流淌值，施工度，密度； 3．测量其技术指标的试验方法； 4．检验规则； 5．标志、包装、运输与储存。 **重点与要点：** 1．应具有自黏结性能高温不流淌、低温不硬化并易于施工嵌填。 2．应在运行条件下不与基材脱开并能够承受水体长期浸泡低温和冻融循环等设计的要求，需要潮湿施工的工程嵌缝密封材料应满足潮湿黏结的要求。 3．在设计接缝变形条件下柔性填料应能在水压力作用下流入接缝并满足止水要求。	**关联：** 1．止水盖板片宜选用三元乙丙橡胶等抗老化能力好的材质其性能应满足《高分子防水材料　第1部分：片材》（GB 18173.1）中的要求。 2．按照《建筑密封材料试验方法　第8部分：拉伸黏结性的测定》（GB/T 13477.8）的规定，黏结基材采用符合《建筑密封材料试验方法　第1部分：试验基材的规定》（GB/T 13477.1）规定的水泥砂浆板。 3.试件的制备与处理按照《建筑密封材料试验方法　第8部分：拉伸黏结性的测定》（GB/T 13477.8）的规定进行。 4．按照《建筑密封材料试验方法　第6部分：流动性的测定》（GB/T 13477.6）采用下垂度试验测流淌值。 5．采用《沥青针入度测定法》（GB/T 4509）的规定，以针入度衡量嵌缝密封材料的施工度。 6．止水盖板片的检验规则按照《高分子防水材料　第1部分：片材》（GB 18173.1）中的规定进行

续表

序号	标准名称/标准号/时效性	针对性	内容与要点	关联与差异
56			4．试验方法：拉伸黏结性能时试件的处理：试件制备后于测试之前应按照混凝土抗冻试验规定的冻融循环技术参数和冷冻设备进行 300 次冻融循环。 5．检验规则：嵌缝密封材料以同种产品 20t 为一批，不足 20t 也为一批；从每批材料中任选 3 个包装中取样，每个包装中取样不少于 1kg	
57	《履带式布料机》 DL/T 1385—2014 2015 年 3 月 1 日实施	适用于输送各类混凝土及其他散状物料的有多节臂架的履带式布料机	**主要内容：** 规定了履带式布料机分类、技术要求、试验方法、检验规则、包装、运输与储存，主要内容包括： 1．履带式布料机的组成、型式。 2．提出了包括臂架、底盘；胶带输送机系统、液压系统、电气控制系统；主要构件连接，组装、涂装，整机组装的技术要求。 3．规定了行驶试验，空载试验，性能测试，输送能力试验，安全性能试验等试验方法。 4．检验规则包括型式试验，出厂检验，检验内容。 5．包装、运输与储存。 **重点与要点：** 1．布料机技术要求：臂架：单节桁架矩形截面对角线误差小于 2mm；桁架直线度小于 1mm/m，且单节全长直线度小于 3mm；桁架主弦杆在同一截面内不允许存在两个接头，采用焊接的方法进行主弦杆接长；底盘：回转机构起动、制动时，臂架运行应平稳，回转速度应小于 1.8r/min；胶带输送机系统：清扫器刮板与胶带应接触均匀，接触长度不小于带宽的 85%；液压系统：在最大输送量时的情况下，臂架全展开至水平时，发动机熄火后 60min，其变幅油缸活塞杆的回缩量应不大于 2mm；组装时注意偏差。 2．试验：行走最大速度不超过底盘设计速度；臂架伸缩、变幅、回转条件下的空载试验重复 3 次，检验臂架是否正常；在空载、发动机转速额定、操作阀全开状态下测量臂架伸缩、变幅、回转条件下的速度；臂架伸缩自锁、限位安全性能试验，变幅油缸自锁性能测试。	**关联：** 1．在输电线附近布料作业时，臂架与输电线的距离应满足《机械工业产品设计开发基本程序》（JB/T 5055）的规定。 2．输送机托辊、滚筒应符合《带式输送机》（GB/T 10595）的有关规定。 3．胶带接头应符合《移动带式输送机》JB/T 3927 的规定。 4．液压系统的技术要求应符合《液压系统通用技术条件》（GB/T 3766）的规定。 5．变幅油缸用平衡阀应符合《汽车起重机和轮胎起重机　平衡阀》（JB/T 9739.1）的要求，变幅油缸应设置自动锁定装置。 6．液压油应符合《流动式起重机　液压油　固体颗粒污染等级、测量和选用》（JB/T 9737.3）的规定。 7．电气控制系统的技术要求应符合《电气控制设备》（GB/T 3797）规定。 8．电气控制系统的防护等级应符合《防护等级（IP 代码）》（GB 4208）中防护等级 IP55 的规定，遥控装置应符合防护等级 IP67 的规定。 9．焊缝外观检查应达到《钢的弧焊接头　缺陷质量分级指南》（GB/T 19418）中的 B 级

续表

序号	标准名称/标准号/时效性	针对性	内容与要点	关联与差异
57			3．检验：出厂检验时，布料机应在制造厂进行整体预装，并进行空载运行，时间不少于 10min；产品改造生产的试制定型，正式生产后如工艺和材料有较大改变，可能影响产品性能时，出厂检验与定型试验有重大差异时，停产达 1 年以上后恢复生产时应进行型式检验	
58	《水电水利工程施工基坑排水技术规范》 DL/T 5719—2015 2015 年 9 月 1 日实施	适用于水电水利工程施工基坑的初期排水和经常性排水	**主要内容：** 规定了水电水利工程施工基坑排水的设计标准、施工以及运行管理的技术要求，主要内容包括： 1．基坑排水的布置原则，包括初期排水泵站、经常性排水泵站的布置要求； 2．排水计算方法及设备选型，包括初期排水量，经常性排水量计算及水泵扬程计算，设备选型要求； 3．排水泵站的设计要求，包括固定式、浮式泵站的设计要求；集水坑、辅助设备及排水管道的设计要求； 4．排水系统的施工技术要求，包括截水沟及集水坑施工技术要求；水泵安装、排水管道施工时的技术要求； 5．运行与维护保养规定。 **重点与要点：** 1．初期排水总量应按围堰闭气后的基坑积水量、渗水量、含水量、降水量等进行计算。 2．基坑内经常性排水量由基坑渗水、施工弃水、降水汇水和基坑覆盖层中的含水量等组成；排水强度应分区、分月计算，取最大值作为泵站设计流量。 3．固定式泵站布置应依据净距、电机容量、高低压确定最小间距；每台泵应有独立的进水管；安装时吸水管喇叭口最小淹没深度应大于 0.5m，集水坑内不应产生有害的漩涡。 4．浮式泵站中浮体设计应进行抗倾覆计算；集水坑容积不小于单台水泵 1h 的出水量；排水管道穿越围堰或挡水、防水要求的部位时应采取止水措施，并应进行管段的强度、刚度和稳定性计算。	

续表

序号	标准名称/标准号/时效性	针对性	内容与要点	关联与差异
58			5．水泵在运转过程中，运行人员应经常巡视，检查集水坑的水位变化情况；水泵运行时，进水水位不应低于规定的最低水位；浮式泵站采用斜管连接时，随着水位的下降，斜管上的下一个叉管逐步露出水面，应及时分批进行软管及电缆等的移设	
59	《水电工程土工膜防渗技术规范》 NB/T 35027—2014 2014年11月1日实施	1. 适用于新建和加固改建的水电工程（含抽水蓄能工程）的永久性或临时性建筑物防渗。 2. 适用于防渗水头不大于70m的工程；防渗水头大于70m的土工膜防渗工程，应进行专门研究	**主要内容：** 规定了水电工程土工膜防渗的防渗级别划分、材料选择及其性能指标、防渗层结构设计和计算、施工工艺、质量检测、安全监测、运行管理等技术要求，主要内容包括： 1．材料及其性能指标； 2．结构布置设计； 3．防渗层结构和水力计算； 4．土工膜防渗施工； 5．安全监测与运行管理。 **重点与要点：** 1．防渗工程中土工膜与其周边结构物相互作用的特性检测，主要包括摩擦强度、耐水压力，土工膜与其周边结构物相互作用的特性检测宜模拟工程实际条件进行，并应分析工程实际条件对其测定值的影响。 2．土工膜厚度应根据作用水头、下支持层最大粒径、膜的应力和变形几何特征按有关规定估算理论计算厚度，并根据具体工程条件，估算土工膜厚度。 3．土工膜的接缝设计应使接线数量最少，主接缝方向宜平行于大坝主拉应力方向；库底水平防渗层土工膜的摊铺方向宜与大坝轴线方向一致；土工膜与其周边混凝土防渗结构连接处，卷材摊铺方向应为该结构长度延伸方向。 4．土工膜与土接触面之间控制稳定的有施工期（包括竣工时）、稳定渗流期、水位降落期和正常运用遇地震四种工况，应分别计算其抗滑稳定性。 5．土工膜使用前应查验产品的检测试验报告。1、2级土工膜防渗结构，施工前应对土工膜的外观、厚度、拉伸强度、断裂伸长率进行抽样检测。同一批次产品抽样率应不少于交货卷数的5%且最少不低于1卷。	**关联：** 1．各级建筑物采用聚乙烯、聚氯乙烯土工膜的性能指标应分别符合《土工合成材料　聚乙烯土工膜》（GB/T 17643）、《土工合成材料　聚氯乙烯土工膜》（GB/T 17688）的有关规定。 2．防渗结构的土石部分应满足《碾压式土石坝设计规范》（DL/T 5395）的有关规定。 3. 过渡层应满足《碾压式土石坝设计规范》（DL/T 5395）的有关规定。 4．排水层材料尚应满足反滤准则，土工织物排水层反滤设计应符合《土工合成材料应用技术规范》（GB 50290）的有关规定。 5．最小安全系数应符合《碾压式土石坝设计规范》（DL/T 5395）的有关规定。 6．稳定计算方法按《碾压式土石坝设计规范》（DL/T 5395）的有关规定执行

续表

序号	标准名称/标准号/时效性	针对性	内容与要点	关联与差异
59			6．所有接缝应采用目测法 100%检查，并可选择充气法、真空法、抽样法和压力箱法抽样检测，也可采用电火花法或超声波法检测。 7．1、2级防渗结构土工膜采用热熔焊接时，应采用双缝焊接，以便充气检测；应在土工膜下加铺一层非织造型土工织物，以加强防刺保护	
60	《水电工程测量规范》 NB/T 35029—2014 2014年11月1日实施	适用于大中型水电工程和抽水蓄能电站的测绘工作	**主要内容：** 规范了水电工程测量技术要求，主要内容包括： 1．平面控制测量、高程控制测量； 2．数字地形测量、航空航天摄影测量； 3．地面激光扫描与地面摄影测量； 4．遥感解译、地图编制； 5．专用控制网测量、专项工程测量； 6．地理信息系统开发与空间数据入库； 7．测绘成果质量检查、评定与验收。 **重点与要点：** 1．作业前应搜集分析相关资料、进行现场查勘、编写技术设计书；作业过程中应进行质量控制；作业完成后应编写技术总结报告。重大项目的技术设计方案应通过设计论证、成果应通过审查。 2．本规范以中误差作为衡量测绘精度的标准，并以2倍中误差作为极限误差；基本平面控制最弱相邻点点位中误差不得大于±0.05；最后一次图根点对于邻近基本平面控制点的点位中误差不得大于±0.1；测站点对于邻近图根点的点位中误差不得大于±0.2。 3．高程控制测量精度要求应符合：基本高程控制的最弱点高程中误差不得大于±h/20。当h=0.5m时，不得大于±h/16；图根高程控制的最后一次加密的高程控制点对邻近的基本高程控制点的高程中误差不得大于±h/10，且最大不得大于±0.5m；测站点高程对邻近的图根高程控制点的高程中误差不得大于±h/6。 4．导线测量应尽量布设成直伸形状。中间点相对于两端点连线的最大偏距不应大于导线长度的1/4，并且应避	**关联：** 1．1:5000 和 1:10000 比例尺地形图测图，宜按《国家基本比例尺地形图分幅和编号》（GB/T 13989）的规定执行；大比例尺地形图分幅与编号，按国家基本比例尺《国家基本比例尺地图图式　第1部分：1:500、1:1000、1:2000地形图图式》（GB/T 20257.1）执行。 2．数字地形图产品的数据分层及层名代码可参照《1:500 1:1000 1:2000 外业数字测图技术规程》（GB/T 14912）执行。 3．一测回操作程序、分组观测、方向观测补测和超限观测值重测按《国家三角测量规范》（GB/T 17942）的有关规定执行。 4．一、二、三、四等水准测量的仪器设备及检校要求、观测方法、观测限差、数据处理等按《国家一、二等水准测量规范》（GB/T 12897）、《国家三、四等水准测量规范》（GB/T 12898）的相关规定执行。 5．采用 GNSS 进行跨河高程测量时，按照《国家一、二等水准测量规范》（GB/T 12897）、《国家三、四等水准测量规范》（GB/T 12898）的相关要求执行。 6．像控点布设方案可按《1:500 1:1000 1:2000 地形图航空摄影测量外业规范》（GB/T 7931）和《1:5000 1:10000地形图航空摄影测量外业规范》（GB/T 13977）执行

续表

序号	标准名称/ 标准号/时效性	针对性	内容与要点	关联与差异
60			免长短边的突然过渡，四等导线相邻边长之比不应超过1比3。 5．四等及四等以上的水准路线，工程建设区每隔2km～4km应埋设一座标石，其他区域可延长至4km～8km，荒漠地区及水准支线标石间距可增长至10km。五等水准埋石间距不宜大于4km，具体可视需要确定。工程枢纽区基本高程控制点数量不应少于3座，宜分布在河流两岸、临近坝址下游位置。 6．图根控制点密度不够时，可用支导线、极坐标、自由设站等方法增设测站点。测站点相对于邻近图根点的平面中误差不应大于图上0.2mm，高程中误差不应大于1/6等高距。 7．明显地物点或地形特征点应作为高程注记点；图上$100cm^2$注记点数量：平地与丘陵地10点～20点，山地与高山地8点～15点；图面注记点宜分布均匀。图上高程点注记取位，当基本等高距为0.5m时，应精确至0.01m；当等高距大于0.5m时，应精确至0.1m。 8．用于变形监测的专一级、专二级专项控制网，其初始控制成果应通过连续的两次独立观测确定，有固定的复测周期和一些特殊情况下增加观测；用于施工的专三级、专四级控制网建成后，在建网完成后、主体施工前、基础工程结束及一些特殊情况时按相关规定应进行控制网复测。 9．专项工程测量中工程建设区征地范围的各转折点应埋设界桩，相邻转折桩之间不通视或距离超过100m时，应加密界桩；移民实物指标遥感解译宜采用三维立体解译或人工目视解译的方法；可行性研究阶段移民实物指标遥感解译应达到1:2000地形图的精度。 10.水电工程数字高程模型数据应由规则格网点和特征点数据以及边界数据组成，高程数据取位至0.1m，基本格网尺寸应为5m×5m，对于水电工程枢纽区以及重要工程建筑物区测图可根据需要选择2.5m×2.5m、2m×2m、1m×1m的格网尺寸	

续表

序号	标准名称/标准号/时效性	针对性	内容与要点	关联与差异
02	挡水建筑物			
61	《水工碾压混凝土施工规范》 DL/T 5112—2009 2009 年 12 月 1 日实施	1. 适用于大中型水电水利工程中 1、2、3 级水工建筑物的碾压混凝土施工。 2. 其他工程的碾压混凝土施工选择执行	**主要内容：** 规定了碾压混凝土材料、配合比设计、施工、质量控制和评定的技术要求，主要内容包括： 1．碾压混凝土现场试验。 2．水泥、掺合料、外加剂、骨料，拌合和养护用水等原材料以及配合比设计。 3．施工工艺和参数、施工系统及施工设备的适应性以及高温、低温季节施工、雨季施工、埋件施工、养护等技术指标及技术要求。 4．碾压混凝土的质量控制和评定要求。 **重点与要点：** 1．碾压混凝土施工前应进行现场试验，验证配合比、施工工艺流程、施工系统及施工设备的适应性，确定施工工艺和参数，以满足施工性能要求。 2．经实践检验或论证，并通过技术成果认定的新技术、新材料、新工艺、新设备等，可应用于碾压混凝土施工。 3．铺筑前准备，应对砂石料生产及贮存系统，原材料供应，混凝土制备、运输、铺筑、碾压和检测等设备的能力、工况以及施工措施等，结合现场碾压试验进行检查，符合有关技术文件要求后，方能开始施工。 4．碾压混凝土施工所用的模板应满足强度、刚度和稳定性要求，承受振动碾压及施工中的各项荷载，并保证建筑物的设计形状、尺寸正确，变形在允许范围内。 5．采用斜层平推法铺筑时，层面不得倾向下游，坡度不应陡于 1:10，坡脚部位应避免形成薄层尖角。施工缝面在铺浆（砂浆、灰浆或小骨料混凝土）前应严格清除二次污染物，铺浆后应立即覆盖碾压混凝土。 6．坝体迎水面 3m～5m 范围内，碾压方向应平行于坝轴线方向。碾压作业应采用搭接法，碾压条带间搭接宽度为 100mm～200mm，端头部位搭接宽度宜为 1m 左右。	**关联：** 1.《水工碾压混凝土施工规范》（DL/T 5112）应与《水工混凝土施工规范》（DL/T 5144）配套使用。 2．每批外加剂应有出厂检验报告，并应符合《水工混凝土外加剂技术规程》（DL/T 5100）的规定，使用前应进行品质检验。 3．水泥的品质及检验应符合《通用硅酸盐水泥》（GB 175）、《中热、低热、低热矿渣硅酸水泥》（GB 200）、《矿渣硅酸盐水泥、火山灰质硅酸盐水泥及粉煤灰硅酸盐水泥》（GB 1344）、《低热微膨胀水泥》（GB 2938）等的有关规定。 4．掺入碾压混凝土的粉煤灰、粒化高炉矿渣粉和磷渣粉，应分别符合《用于水泥和混凝土中的粉煤灰》（GB/T 1596）、《水工混凝土掺用粉煤灰技术规范》（DL/T 5055）、《用于水泥和混凝土中的粒化高炉矿渣粉》（GB/T 18046）、《水工混凝土掺用磷渣粉技术规范》（DL/T 5387）的要求，运到工地后应进行检测。 5．拌和及养护用水应符合《水工混凝土施工规范》（DL/T 5144）、《水工混凝土水质分析试验规程》（DL/T 5152）的要求。 6．碾压混凝土配合比设计可遵循《水工混凝土配合比设计规程》（DL/T 5330）的规定，配合比应满足工程设计的各项技术指标及施工工艺要求

续表

序号	标准名称/标准号/时效性	针对性	内容与要点	关联与差异
61			7. 垫层拌和物可使用与碾压混凝土相适应的灰浆、砂浆或小骨料混凝土。灰浆的水胶比应与碾压混凝土相同，砂浆和小骨料混凝土的强度等级应提高一级。垫层拌和物应与碾压混凝土一样逐条带摊铺，其中砂浆的摊铺厚度为10mm～15mm。 8. 因施工计划的改变、降雨或其他原因造成施工中断时，应及时对已摊铺的混凝土进行碾压。停止铺筑的混凝土面边缘宜碾压成不大于1∶4的斜坡面，并将坡脚处厚度小于150mm的部分切除。当重新具备施工条件时，可根据中断时间采取相应的层缝面处理措施后继续施工	
62	《混凝土面板堆石坝接缝止水技术规范》 DL/T 5115—2008 2008年8月1日实施	1.适用于水电水利工程中1、2、3级和高度50m以上的4、5级混凝土面板堆石坝。 2.其他面板坝可选择执行。 3.对于坝高200m以上的混凝土面板堆石坝，或有特殊情况和要求的混凝土面板堆石坝，其接缝止水的结构形式、构造、止水材料和施工，应进行专门研究	**主要内容：** 规定了混凝土面板堆石坝的接缝止水技术要求，主要内容包括： 1. 接缝止水结构，包括接缝止水结构形式、接缝止水构造技术要求； 2. 接缝止水材料，包括铜止水带和不锈钢止水带、PVC止水带和橡胶止水带、塑性填料、防渗保护盖片、无黏性填料技术要求； 3. 接缝止水施工，包括一般规定、铜止水带加工与安装、PVC止水带和橡胶止水带安装、异型接头的连接等技术要求； 4. 质量控制标准。 **重点与要点：** 1. 施工前应对各种止水带进行焊接试验或连接试验，确定连（焊）接工艺和连（焊）接材料，并鉴定合格。 2. 面板、趾板、防浪墙的接缝应形成连续密封的止水系统。 3. 止水带要确保鼻子中线对准缝中线，铜止水其偏差不大于±5mm，PVC止水带和橡胶止水其偏差不大于±10mm。 4. 在止水带附近混凝土浇筑时，应指定专人平仓振捣，并有止水带埋设安装人员监护。 5. 铜止水带制作成型宽度偏差不大于±5mm，鼻子或立腿高度偏差不大于±3mm	**关联：** 1. 本规范应与《水工混凝土施工规范》（DL/T 5144）配套使用。 2. 面板坝接缝止水结构中的铜止水铜片的延伸率符合《铜及铜合金带材》（GB/T 2059）的规定

续表

序号	标准名称/标准号/时效性	针对性	内容与要点	关联与差异
63	《混凝土面板堆石坝施工规范》 DL/T 5128—2009 2009年12月1日实施	1. 适用于1、2、3级混凝土面板堆石坝及4、5级中高混凝土面板堆石坝施工，其他混凝土面板堆石坝选择执行。 2. 对于200m以上的高坝及特别重要和复杂的工程应作专门研究	**主要内容：** 规定了混凝土面板堆石坝施工的技术要求，对导流与度汛、坝基与岸坡处理、筑坝材料、坝体填筑施工、面板与趾板施工、接缝止水施工、安全监测、质量控制等给出了明确规定，主要内容包括： 1. 导流与度汛标准及形式选择。 2. 坝基与岸坡开挖及防渗施工工艺要求，以及对特殊问题的处理。 3. 筑坝材料的规划、开采和加工技术要求。 4. 坝体填筑施工工艺。 5. 面板与趾板施工工艺及裂缝检查与处理。 6. 接缝止水施工工艺。 7. 安全监测系统的埋设、安装、调试和施工期观测及资料整编分析。 8. 质量控制标准及质量问题和事故的处理。 **重点与要点：** 1. 导流与度汛、筑坝材料、坝基与岸坡处理、坝体填筑、面板与趾板施工、接缝止水施工。 2. 坝基与岸坡开挖应按照自上而下的顺序进行，施工过程中形成的临时边坡应满足稳定要求。在特殊情况下，需先开挖岸坡下部时，必须进行论证，采取措施，确保安全。坝基与岸坡的处理应按设计和有关标准要求施工并进行检查验收，应特别注意趾板地基的处理。 3. 料场可开采量及可利用开挖料量之和与坝体填筑量的比值：堆石料宜为1.2～1.5，砂砾石料水上宜为1.5～2.0、水下宜为2.0～2.5。 4. 严格控制筑坝材料的质量，其岩性、级配和含泥量应符合要求。不合格坝料严禁上坝，已上坝的不合格材料应予以处理。 5. 坝体填筑周边缝下特殊垫层区应人工配合机械薄层摊铺，每层厚度不超过200mm，采用液压平板振动器、小型振动碾、振动冲击夯等压实。	**关联：** 1. 混凝土面板堆石坝的级别，应符合《土方与爆破工程施工及验收规范》（GB 50201）、《水电枢纽工程等级划分及设计安全标准》（DL 5180）中的有关规定。混凝土面板堆石坝高、中、低坝的划分，应符合《碾压式土石坝设计规范》（SL 274）的有关规定。 2. 混凝土面板堆石坝施工除应符合本规范外，尚应符合《碾压式土石坝施工规范》（DL/T 5129）等国家现行有关标准的规定。 3. 混凝土面板堆石坝的导流和度汛标准按《水电枢纽工程等级划分及设计安全标准》（DL 5180）的有关规定执行。 4. 采用坝面临时断面挡水度汛时，应按《混凝土面板堆石坝设计规范》（DL/T 5016）的规定执行。 5. 坝体堆石填筑前，应按照《碾压式土石坝施工规范》（DL/T 5129）进行坝料碾压试验，确定堆石填筑施工参数，并对设计指标进行复核。 6. 砂石骨料的检验应按《水工混凝土砂石骨料试验规程》（DL/T 5151）中有关规定进行。 7. 面板与趾板混凝土配合比，应根据《水工混凝土配合比设计规程》（DL/T 5330）的规定、设计要求和施工工艺要求，通过配合比设计和试验确定。 8. 混凝土拌和程序和拌和时间应符合《水工混凝土施工规范》（DL/T 5144）的规定，并通过试验确定。 9. 接缝止水设施的制作、安装、预埋和保护，应按照《混凝土面板堆石坝接缝止水技术规范》（DL/T 5115）的规定执行。 10. 监测系统应符合《土石坝安全监测技术规范》（SL60）和《土石坝安全监测资料整编规程》（SL169）的规定。 11. 质量控制的统计分析方法分别按照《水工混凝土施工规范》（DL/T 5144）和《碾压式土石坝施工规范》（DL/T 5129）执行

续表

序号	标准名称/ 标准号/时效性	针对性	内容与要点	关联与差异
63			6．坝体堆石料碾压应采用振动平碾，其工作质量不小于 10t。高坝宜采用重型振动碾。振动碾行进速度宜小于 3km/h。应经常检测振动碾的工作参数，保持其正常的工作状态。碾压应采用错距法，按坝料分区、分段进行，各碾压段之间的搭接不应小于 1.0m。 7．趾板混凝土在周边缝一侧的表面用 2m 直尺检查，不平整度不应超过 5mm；滑模施工的作业场地宽度应满足布置卷扬机及其平台装置、运输混凝土道路等施工需要，其宽度不宜小于 15m。 8．施工期安全监测项目和测次可按施工进度，坝体每升高 5m～10m，或每隔 5d～10d 观测一次。观测时应同时记录观测断面处坝体的填筑高程。在水库蓄水时，应同时记录上下游水位	
64	《碾压式土石坝施工规范》 DL/T 5129—2013 2014 年 4 月 1 日实施	适用于水电水利工程碾压式土石坝的施工，对于 200m 以上的高坝及特别重要和复杂的工程应作专门研究	**主要内容：** 规定了碾压式土石坝施工技术要求，主要内容包括： 1．导流与度汛标准及形式选择； 2．坝基与岸坡开挖及防渗施工工艺要求，以及对特殊问题的处理； 3．料场复查与规划的包含内容及工艺要求； 4．设备配置选择标准与施工试验技术要求； 5．料场开采与加工技术要求； 6．道路规划与运输技术要求； 7．坝体填筑施工工艺，强调了雨季及负温条件下施工应采取的特殊工艺； 8．构筑物混凝土施工工艺； 9．质量控制与检验项目及标准。 **重点与要点：** 1．坝体施工期需临时断面挡水时，应进行稳定计算，满足挡水稳定、安全超高及防渗要求，其顶部宽度应满足施工抢险需要，临时断面坝坡应进行必要的防护，应进行基坑内初期排水和经常性排水设计，建立相应排水系统。 2．坝基与岸坡施工时，应对坝体岸坡上与坝体轮廓线外影响施工的危石、浮石、卸荷带等不稳定体提前处理；应	**关联：** 1．土石坝安全监测及资料分析应按《土石坝浇筑式沥青混凝土防渗墙施工规范》（DL/T 5259）、《土石坝安全监测资料整编规程》（DL/T 5256）的有关规定进行。 2．导流与度汛应执行《水电枢纽工程等级划分及设计安全标准》（DL 5180）、《水电水利工程施工导流设计导则》（DL/T 5114）、《碾压式土石坝设计规范》（DL/T 5395）和《水电工程施工组织设计规范》（DL/T 5397）等的有关规定。 3．沥青混凝土防渗心墙、斜墙的施工应按照《土石坝浇筑式沥青混凝土防渗墙施工规范》（DL/T 5258）执行。 4．应按《水电水利工程天然建筑材料勘察规程》（DL/T 5109）规定及时跟踪记录开挖揭示的工程地质信息。 5．坝基与岸坡施工应符合《水电水利工程模板施工规范》（DL/T 5389）、《水工建筑物岩石基础开挖工程施工技术规范》（DL/T 5135）及《水电水利工程爆破施工技术规范》（DL/T 5016）的相关规定；混凝土防渗墙施工应符合《水电水利工程压力钢管制造安装及验收规范》（DL/T 5199）的相关规定；水泥灌浆施工应符合《水电水利工程混凝土防渗墙施工规范》（DL/T 5148）的相关规定。

续表

序号	标准名称/ 标准号/时效性	针对性	内容与要点	关联与差异
64			对陡高开挖边坡进行必要的变形观测，指导边坡安全施工。 3．石料厂应重点复查坡积物、覆盖层厚度、岩性、不利结构的组合分布范围、强风化厚度及开采运输条件等；砂砾料场应重点复查级配、淤泥和细砂夹层、覆盖层厚度、水上与水下可开采厚度等。 4．设备配备时，应按照机械化联合作业方式以及基本作业的主导设备、配套设备和辅助设备进行选择，使其相互匹配、合理组合；机械设备应适用性广、通用性强、型号及数量满足坝体施工质量和施工强度要求。 5．施工前应进行现场施工试验，确定施工工艺，优化设备配置、工艺流程及施工参数；施工试验的内容包括：复核设计确定的有关技术指标、施工工艺及施工参数，提出质量控制的技术要求和检验方法，制定有关施工技术措施。 6．坝面施工应分段流水作业，均衡上升；斜墙和心墙内不应留有纵向接缝，严禁在反滤层内设置纵缝。 7．防渗体分段碾压时，相邻两段交接带碾迹应彼此搭接，垂直碾压方向搭接带宽度应为 0.3m～0.5m，平行碾压方向搭接带宽度应为 1m～1.5m。 8．沥青混凝土心墙及过渡料的施工应与坝壳料填筑同步上升，心墙及过渡料与相邻坝壳料的填筑高差应不大于 0.80m。 9．各种施工机械不得跨越心墙，在心墙两侧 2m 范围内，不得使用 2t 以上大型施工机械。 10．石料、砂砾料干密度平均值不应小于设计值，标准差不应大于 $0.10t/m^3$，当样本数小于 20 组时，检测合格率不应小于 90%，不合格数值不得小于设计值的 95%。 11．防渗土料干密度或压实度合格率不应小于 90%，不合格数值不得小于设计值的 98%	6．应按照《水电水利工程天然建筑材料勘察规程》（DL/T 5388）中详查级别规定进行新料场勘察。 7．原材料、拌和用水和钢筋、止水、预埋件及混凝土施工应满足《水工混凝土配合比设计规程》（DL/T 5144）相关规定，并满足设计要求。 8．配合比设计执行《水工混凝土配合比设计规范》（DL/T 5330）的相关规定。 9．应按《土工合成材料应用技术规范》（GB/T 15406）、《土工合成材料　非织造布复合土工膜》（DL/T 5173）、《水泥胶砂强度检验方法（ISO）法》（DL/T 5355）、《水泥胶砂强度检验方法（ISO）法》（DL/T 5356）、《水泥胶砂强度检验方法（ISO）法》（DL/T 5357）有关规定进行施工测量、试验检测工作及仪器、设备管理与使用。 10．应按照《土工合成材料应用技术规范》（GB/T 50290）的有关规定进行土工合成材料施工与控制。 11．应按照《水工建筑物水泥灌浆施工技术规范》（DL/T 5144）的有关规定进行构筑物混凝土施工与质量控制。 12．应按《土工合成材料应用技术规范》（DL/T 5148）相关规定和设计要求进行坝基及岸坡地质构造处理。 **差异：** 1．除应符合《爆破安全规程》（GB 6722）、《水电水利工程爆破施工技术规范》（DL/T 5135）的规定外，爆破试验前应符合《碾压式土石坝施工规范》（DL/T 5129）中 6.3.2 的要求。 2．除应符合《水电水利工程爆破施工技术规范》（DL/T 5135）的规定外，石料开采尚应符合《碾压式土石坝施工规范》（DL/T 5129）7.2.6 的要求。 3．除执行《水电水利工程场内施工道路技术规范》（DL/T 5243）的规定外，运输道路标准应满足高峰期施工车辆及其他机械通行的要求。

续表

序号	标准名称/标准号/时效性	针对性	内容与要点	关联与差异
64				4．土工合成材料施工应按照《土工合成材料应用技术规范》（GB 50290）的有关规定并符合《碾压式土石坝施工规范》（DL/T 5129）中 9.4.1 的要求。 5．土工膜防渗的施工应按照《土工合成材料应用技术规范》（GB 50290）的有关规定执行，并应符合本规范 9.4.3 的要求。 6．在坝壳料内铺设土工格栅时应按照《土工合成材料应用技术规范》（GB 50290）的有关规定执行，并应符合《碾压式土石坝施工规范》（DL/T 5129）9.4.4 的要求
65	《土坝灌浆技术规范》 DL/T 5238—2010 2010 年 10 月 1 日实施	适用于高度 70m 以下的均质土坝、黏土心墙坝和堤坝浅层软土透水地基的防渗灌浆	**主要内容：** 规定了土坝（堤防）灌浆的设计及施工技术要求。主要内容包括： 1．灌浆设计，包括隐患勘探，劈裂式灌浆设计、充填式灌浆设计、堤坝地基劈裂式灌浆设计； 2．灌浆施工，包括钻孔、制浆、灌浆、封孔等技术要求； 3．施工期坝体变形监测、渗流监测技术要求； 4．灌浆质量检查。 **重点与要点：** 1．存在缺陷或隐患的土坝工程需进行灌浆处理。 2．针对处理范围、问题性质和部位提出灌浆设计，明确灌浆技术要求。 3．灌浆所用土料和浆液都应进行试验；灌浆施工前应选择有代表性的坝段进行生产性灌浆试验，试验孔不少于 3 个。 4．坝体内有渗漏通道、软弱层，坝后坡浸润线出逸点过高，发生散浸或渗透破坏（管涌、流土）现象的部位。 5．劈裂式灌浆适用于处理范围较大，问题性质和部位不能完全确定的隐患；充填式灌浆适用于处理性质和范围都已确定的局部隐患	**关联：** 灌浆土料试验可参照《水电水利工程土工试验规程》（DL/T 5355）进行。 **差异：** 《土坝灌浆技术规范》（SL 564）较《土坝灌浆技术规范》（DL/T 5238—2010）增加了有关劈裂灌浆压力和稳定性验算的计算公式

续表

序号	标准名称/ 标准号/时效性	针对性	内容与要点	关联与差异
66	《土石坝浇筑式沥青混凝土防渗墙施工技术规范》 DL/T 5258—2010 2011 年 5 月 1 日实施	1. 适用于水电水利工程土石坝浇筑式沥青混凝土防渗墙施工。 2. 其他水工建筑物的浇筑式沥青混凝土防渗墙施工可选择执行	**主要内容：** 规定了水电水利工程土石坝浇筑式沥青混凝土防渗墙施工的技术要求和质量检验方法，主要内容包括： 1．沥青、骨料、填料等材料； 2．沥青混合料制备； 3．沥青混凝土防渗墙施工； 4．特殊条件下施工； 5．施工质量检查； 6．安全与环保； 7．安全监测的技术要求。 **重点与要点：** 1．浇筑式沥青混凝土施工时，必须对施工全过程进行温度控制。 2．浇筑式沥青混凝土正式施工前，应组建具有相应资质的沥青混凝土试验室，应进行进场材料检验、室内配合比和现场铺筑试验，验证沥青混凝土施工配合比、施工工艺流程、施工设备及施工系统的适应性，以确定施工工艺和施工参数等。 3．当采用一种沥青不能满足设计要求时，可采用两种不同标号的沥青进行掺配，必要时可加入改性剂，掺配比例应通过试验确定，并达到设计要求。 4．场外浇筑试验应对室内试验推荐配合比进行验证调整，初步确定施工配合比，以掌握沥青混凝土的材料制备、拌和、储存、运输、摊铺和检测等工艺流程，取得并确定各种有关的施工工艺参数。 5．水泥混凝土基础面应清除杂物、浮灰，并应达到干燥状态。 6．日平均气温 5℃～－15℃时按本规定的要求进行施工。 7．浇筑前对沥青混凝土表面是否进行加热及加热温度应经试验确定。若需加热，宜采用红外线加热器，使仓面沥青混凝土轻度熔化后方可进行浇筑施工	**关联：** 1．质量评定应按照《水电水利基本建设工程　单元工程质量等级评定标准　第1部分：土建工程》（DL/T 5113.1）的规定执行。 2．安全检测仪器埋设与观测按照《混凝土坝安全监测技术规范》（DL/T 5178）执行。 **差异：** 《水工沥青混凝土施工规范》（SL 514）包含碾压式沥青混凝土和浇筑式沥青混凝土施工

续表

序号	标准名称/标准号/时效性	针对性	内容与要点	关联与差异
67	《水电水利工程砾石土心墙堆石坝施工规范》 DL/T 5269—2012 2012 年 3 月 1 日实施	1. 适用于水电水利工程砾石土心墙堆石坝施工。 2. 对于 200m 以上的高坝应进行专题论证	**主要内容：** 规定了砾石土心墙堆石坝施工的技术要求，主要内容包括： 1. 导流与度汛； 2. 料场规划与复查； 3. 坝基开挖与处理； 4. 砾石土心墙料，包括施工试验、心墙料开采、心墙料制备、堆存与运输； 5. 反滤料及堆石料，包括施工试验、开采、加工、堆存与运输； 6. 坝体填筑，包括一般规定、填筑、结合部位处理、雨季填筑、负温条件下填筑； 7. 廊道、盖板、垫座及防浪墙混凝土施工； 8. 施工质量控制。 **重点与要点：** 1. 心墙区岸坡开挖应采用自上而下的开挖方式。填筑面应布置有效洒水系统，雨季、负温及特殊部位施工时，应做采取的各项保护及处理措施。 2. 掺配心墙料的粒径级配应按设计指标和设计心墙料包络线，天然心墙料和颗粒级配情况确定，其物理力学性能指标、粒径级配、含水率等应满足设计要求。 3. 堆石料与岸坡、混凝土建筑物接触带在土质边坡填筑时应先填筑宽度大于 0.5m 的过渡料，采用小型机械压实。 4. 砾石土料应采用振动凸块碾压实。分段碾压时，相邻段交接带碾迹应彼此搭接，垂直碾压方向搭接带宽度不小于 0.2m；顺碾压方向搭接带宽度应为 1m～2m。 5. 砾石土心墙坝施工期安全检测应与大坝永久性观测结合，及时做好资料分析、整理，定期提出报告。施工期提前蓄水时，应对已埋设仪器作全面观测，设置渗流量观测及位移观测等设施，取得初期蓄水监测资料。 6. 对堆石料、砂砾料，取样所测定的干密度，平均值应不小于设计值，标准差应不大于 $0.1g/cm^3$	**关联：** 1. 施工测量应遵循《水电水利工程施工测量规范》（DL/T 5173）的规定。 2. 砾石土心墙堆石坝施工期安全监测应按《土石坝安全监测技术规范》（DL/T 5259）的有关规定进行设备的埋设、安装、调试、施工观测与资料的整理、分析、移交等工作。 3. 导流与度汛应执行《水电枢纽工程等级划分及设计安全标准》（DL 5180）、《水电水利工程施工导流设计导则》（DL/T 5114）、《碾压式土石坝设计规范》（DL/T 5395）和《水电工程施工组织设计规范》（DL/T 5397）等的有关规定。 4. 料场调查勘探的内容、试验的精度应符合《水电水利工程天然建筑材料勘察规程》（DL/T 5388）的有关规定。 5. 料场内降排水试验、开采工艺试验、堆存试验和低温防冻试验应遵循《水电水利工程土工试验规程》（DL/T 5355）、《水电水利工程粗粒土试验规程》（DL/T 5356）及有关文件的规定。 6. 堆石料的爆破应执行《水电水利工程粗粒土试验规程》（DL/T 5135）等相关规范的要求，编制开采安全细则，优先采用非电导爆管网络。 7. 堆石料填筑施工参照《碾压式土石坝施工规范》（DL/T 5129）执行。 8. 廊道、盖板、垫座及防浪墙混凝土的原材料质量应符合《水工混凝土施工规范》（DL/T 5144）的相关规定。 9. 止水加工、连接及架立应符合《水工混凝土施工规范》（DL/T 5144）的相关规定；钢筋加工、连接及架立应按《水工混凝土钢筋施工规范》（DL/T 5169）的规定执行。 10. 混凝土配合比应根据《水工混凝土配合比设计规程》（DL/T 5330）的相关规定和设计要求及其施工工艺要求，通过配合比设计和试验确定。 11. 混凝土拌和程序和拌和试件应通过试验确定，并符合《水工混凝土施工规范》（DL/T 5144）的相关规定。 12. 地锚、制动系统应安全可靠，并符合《水工建筑物滑动模板施工技术规范》（DL/T 5400）的要求。

续表

序号	标准名称/标准号/时效性	针对性	内容与要点	关联与差异
67				13．廊道、防浪墙等混凝土结构模板应安全可靠，体形尺寸应符合《水电水利工程模板施工规范》（DL/T 5110）的要求。 14．试验仪器的管理和使用应按《水电水利工程土工试验规程》（DL/T 5355）的有关规定进行
68	《混凝土面板堆石坝挤压边墙技术规范》 DL/T 5297—2013 2014 年 4 月 1 日实施	适用于 150m 以下的混凝土面板堆石坝挤压边墙施工，150m 以上的混凝土面板堆石坝使用挤压边墙施工时，宜进行论证	**主要内容：** 规定了混凝土面板堆石坝挤压边墙施工技术要求和质量检测要求，主要内容包括： 1．挤压边墙的定义和技术要求； 2．挤压边墙原材料的品质标准及性能要求； 3．混凝土性能试验的项目和方法； 4．边墙挤压工机具的基本要求和维护保养事项； 5．挤压边墙和垫层料施工工艺，强调以现场工艺试验确定施工参数； 6．混凝土原材料、拌和物、混凝土质量和垫层料的质量检测项目及技术要求。 **重点与要点：** 1．挤压边墙起始层施工长度宜大于 15m，小于 15m 的部位可采取其他固坡方式施工；边墙挤压机就位后应调平，行走偏差宜为±20mm。 2．挤压边墙成型速度宜为 40m/h～60m/h。 3．垫层料平整度宜控制在±25mm。 4．挤压边墙的断面尺寸，充分考虑垫层料填筑分层压实厚度、成型后的边墙自身稳定性等特点，国内挤压边墙均采用梯形结构，高度 35cm～40cm，与垫层料分层厚度一致，顶宽 8cm～12cm，个别顶宽到 20cm，下游侧坡比为 8:1～10:1。 5．挤压边墙在挤压成型施工过程中，应在混凝土拌和物中添加速凝剂，成型的混凝土宜在 3h 内满足垫层料碾压要求，且抗压强度宜不低于 1MPa。 6．挤压边墙施工应在坝体垫层料具备施工条件、相应部位的趾板混凝土浇筑完成后进行。 7．挤压边墙混凝土密度应均匀，渗透系数合格率不低于 95%，混凝土强度超强率不应大于 20%	**关联：** 1．挤压边墙混凝土的原材料品质和质量应符合《水工混凝土施工规范》（DL/T 5144）的规定，并满足设计要求。 2．速凝剂检测结果符合《水工混凝土外加剂技术规程》（DL/T 5100）的相关规定。 3．混凝土配合比设计方法按照《混凝土面板堆石坝挤压边墙混凝土试验规程》（DL/T 5422）的相关条款进行。 4．混凝土密度应采用蜡封法试验，静力抗压弹性模量、渗透等其他试验按照《混凝土面板堆石坝挤压边墙混凝土试验规程》（DL/T 5422）的相关条款进行。 5．挤压边墙施工测量放线应按照《水电水利工程施工测量规范》（DL/T 5173）执行

续表

序号	标准名称/标准号/时效性	针对性	内容与要点	关联与差异
69	《沥青混凝土面板堆石坝及库盆施工规范》 DL/T 5310—2013 2014年4月1日实施	本规范适用于水电水利工程沥青混凝土面板堆石坝及库盆施工	**主要内容：** 规定了沥青混凝土面板堆石坝及库盆施工的技术要求及质量检测等内容，主要内容包括： 1．导流与度汛； 2．坝基与库盆开挖与基础处理； 3．填筑施工，包括填筑材料、坝体填筑、库盆填筑以及垫层施工和保护； 4．沥青混合料的制备，包括原材料、配合比选定、制备、运输； 5．面板施工，包括面板结构层施工、封闭层施工、施工接缝与层间处理、面板与刚性建筑物的连接； 6．质量控制与检测，包括坝基与岸坡处理、填筑质量、沥青混凝土施工质量。 **重点与要点：** 1．坝体施工期，按临时断面填筑时，应进行防洪稳定验算，满足稳定及安全超高的要求，需要加高子堰防洪度汛时，顶部宽度应保证施工抢险需要。 2．坝体填筑应在坝基、岸坡处理后进行，相应部位的齿墙、岸墩等混凝土施工应与填筑进度相适应。 3．堆石料碾压应采用错距法作业，相邻碾迹搭压宽度不应小于10cm，分区、分段接缝之间的搭接不应小于1m。 4．沥青混凝土面板的碾压条带之间的施工接缝应重叠碾压，重叠宽度不小于10cm。 5．防渗层与整平胶结层施工接缝处温度高于80℃时，可直接进行沥青混凝土摊铺施工；当条带接缝处温度低于80℃时，应按冷缝处理。 6．防渗层与整平胶结层新条幅冷却后，采用在接缝表面喷涂热沥青，再用红外线加热器烘烤至100℃±10℃后再进行摊铺。 7．防渗层摊铺厚度每10m沿条带应检测1次，摊铺温度每5m沿条带应检测1次，平整度每10m沿条带应检测1次，机械摊铺终碾后核子密度仪检测1次/100m^2。 8．防渗层厚度检测允许偏差0mm～＋10mm，整平胶结层厚度检测允许偏差＋10mm	**关联：** 1．沥青混凝土面板堆石坝及库盆的施工期安全监测应按《土石坝安全监测技术规范》（DL/T 5259）的有关规定执行。 2．导流与度汛应执行《水电枢纽工程等级划分及设计安全标准》（DL/T 5180）、《水电水利工程施工导流设计导则》（DL/T 5114）和《水电工程施工组织设计规范》（DL/T 5397）的有关规定。 3．河道截流施工应执行《碾压式土石坝施工规范》（DL/T 5129）中的规定。 4．沥青混凝土面板堆石坝及库盆的开挖施工质量与基础处理应符合《水工建筑物岩石基础开挖工程施工技术规范》（DL/T 5389）的相关规定。 5．基础固结和帷幕灌浆施工应符合《水工建筑物水泥灌浆施工技术规范》（DL/T 5148）的相关规定。 6．爆破试验应遵守《水电水利工程爆破施工技术规范》（DL/T 5135）的规定。 7．沥青混凝土面板堆石坝及库盆填筑质量控制应符合《碾压式土石坝施工规范》（DL/T 5129）的规定。 8．试验仪器管理和使用应符合《水电水利工程土工试验规程》（DL/T 5355）、《水工沥青混凝土试验规程》（DL/T 5362）的规定

续表

序号	标准名称/标准号/时效性	针对性	内容与要点	关联与差异
70	《水利水电工程溃坝洪水模拟技术规程》 DL/T 5360—2006 2007 年 5 月 1 日实施	1. 适用于大中型水电水利工程溃坝洪水模拟。 2. 其他类似工程可选择本规范执行	**主要内容：** 规定了水电水利工程溃坝洪水模拟技术的基本要求，主要内容包括： 1．溃坝洪水模拟应收集的基本资料； 2．溃坝洪水模型试验，包括模型设计、实验设备及测量仪器、模型制作、模型率定和验证、试验及观测、资料整理及分析； 3．溃坝洪水数值模拟，包括基本方程及求解方法、定解条件及边界处理、计算断面和网格化分、模型率定和验证、计算和分析； 4．报告编写的内容要求。 **重点与要点：** 1．模型比尺应根据模拟范围、试验场地、动力设备等条件选择确定。 2．制模断面布置应控制原型地形的特征及其变化，模型断面间距宜取 30cm～80cm。 3．应校正不同库水位时的模型水库蓄水量，允许偏差为±5%。 4．应比较各试验方案下溃坝洪水与天然情况下各级频率洪水在下游河道的演进过程，为洪水损失评估提供技术基础。 5．有支流汇入河段，应包括不同频率洪水的组合。 6．对自溃坝试验，应分析不同库水位与溃口发展过程的关系。 7．应对计算成果的可靠性和合理性进行分析； 8．模型试验应提交溃坝模型试验报告、录像和照片等试验研究成果	**关联：** 模型制作的测量放样应按《水电水利工程施工测量规范》（DL/T 5173）的有关规定执行。 **差异：** 《溃坝洪水模拟技术规程》（SL 164）适用于各种坝的溃决洪水模型试验和数值模拟，以及围堰和堤防溃决洪水模拟实验和数值模拟，并可供类似工程溃决洪水模拟参考
71	《水工碾压式沥青混凝土施工规范》 DL/T 5363—2006 2007 年 5 月 1 日实施	1. 适用于大中型水电水利工程的碾压式沥青混凝土施工。 2. 其他类似工程可选择执行	**主要内容：** 规定了水工碾压式沥青混凝土施工行为和质量的基本要求，主要内容包括： 1．材料，包括沥青、骨料、填料、改性剂； 2．沥青混凝土配合比选定； 3．沥青混合料的制备与运输，包括拌和厂、原材料加	**关联：** 1．骨料的开采、破碎与筛分，参照《水电工程砂石加工系统设计规范》（DL/T 5098）和《水工混凝土施工规范》（DL/T 5144）的有关规定进行。 2．安全监测仪器率定检验按《混凝土坝安全监测技术规范》（DL/T 5178）的规定执行。

续表

序号	标准名称/标准号/时效性	针对性	内容与要点	关联与差异
71			热、沥青混合料的配料、沥青混合料的拌和、沥青混合料的运输； 4．沥青混凝土面板铺筑，包括垫层施工、沥青混合料的摊铺、沥青混合料的碾压、施工接缝与层间处理、面板与刚性建筑物的连接、封闭层施工； 5．沥青混凝土心墙铺筑，包括铺筑前的准备、模板、过渡料铺筑、沥青混合料的摊铺、沥青混合料的碾压、施工接缝及层面处理； 6．沥青混凝土低温季节与雨季施工，包括低温施工及越冬保护、雨季施工及施工期度汛； 7．安全监测，包括埋设与观测； 8．施工质量控制，包括原材料的检验与控制、沥青混合料制备质量的检测与控制、沥青混凝土施工质量的检验与控制。 **重点与要点：** 1．水工碾压式沥青混凝土施工时，应对施工全过程进行温度控制。 2．填料应采用粒径小于 0.075mm 的碱性矿粉，如石灰岩粉、白云岩粉、水泥、滑石粉等。 3．沥青应采用导热油间接加热，沥青加热时应控制加热温度。 4．沥青脱水温度应控制为 120℃±10℃，沥青加热温度应根据沥青混合料出机口温度确定，宜为 160℃±10℃。 5．在搅拌沥青混合料前，应预先对拌和楼系统进行预热，拌和时拌和机内温度不低于 100℃。 6．因故停机时间超过 30min 时，应将机内沥青混合料及时清理干净。 7．沥青混合料的摊铺厚度应根据设计要求通过现场试验确定。当单一结构层厚度在 100mm 以下时，可采用一层摊铺；大于 100mm 时，应根据现场试验确定摊铺层数及摊铺厚度。 8．施工接缝处及碾压条带之间重叠碾压宽度应不小于 150mm。	3．监测仪器的埋设与观测按照《土石坝安全监测技术规范》（SL 60）和《混凝土坝安全监测技术规范》（DL/T 5178）执行。 **差异：** 1．《水工沥青混凝土施工规范》（SL 514）包含碾压式沥青混凝土和浇筑式沥青混凝土施工。 2．常用几类仪器常温下率定参照《混凝土坝安全监测技术规范》（DL/T 5178）执行，《水工碾压式沥青混凝土施工规范》（DL/T 5363）对耐高温（180℃）仪器的率定作了规定

续表

序号	标准名称/标准号/时效性	针对性	内容与要点	关联与差异
71			9．沥青混凝土心墙及过渡料应与坝壳料填筑同步上升，心墙及过渡料与相邻坝壳料的填筑高差应不大于800mm。 10．经处理后的水泥混凝土表面，应均匀喷涂1遍～2遍稀释沥青，待稀释沥青干涸后，再铺设一层沥青砂浆。 11．未完建的面板如遇临时蓄水时，应采取相应保护措施。放水时，应控制水位下降速度小于每日2m	
03	泄水建筑物　（无单独的施工技术规范）			
04	引水发电建筑物			
72	《渠道防渗工程技术规范》 GB/T　50600—2010 2011年2月1日实施	适用于新建、扩建或改建的农田灌溉、发电引水、供水、排污等渠道防渗工程的规划、设计、施工、验收、测验和管理	**主要内容：** 规定了渠道防渗工程的技术标准，主要内容包括： 1．防渗工程规划； 2．防渗材料与防渗结构； 3．渠道防渗设计，包括渠道断面形式、水力计算、砌石防渗、混凝土防渗、沥青混凝土防渗、膜料防渗、伸缩缝、堆砌缝及堤顶； 4．渠基与渠坡的稳定，包括渠坡的安全坡比、黄土渠道、膨胀土渠道、分散性土渠道、盐渍土渠道、冻胀性土渠道、沙漠渠道、其他情况； 5．施工，包括填筑和开挖、排水设施的施工、砌石防渗、沥青混凝土防渗、膜料防渗、填充伸缩缝； 6．施工质量控制与验收，包括施工质量的控制与检查、工程验收； 7．测验，包括静水法测渗、动水法测渗、变形测验、冻胀测验； 8．工程管理。 **重点与要点：** 1．防渗材料应根据渠道的运行条件、地区气候特点等具体情况，并按因地制宜、就地取材的原则选择，应分别满足防渗、抗冻、强度等要求。 2．石料应洁净、坚硬、无风化剥落和裂纹，并应根据不同防渗结构分别符合有关要求。	**关联：** 1．防渗材料选用的水泥应符合《通用硅酸盐水泥》（GB 175）的有关规定，水泥强度等级应与混凝土设计强度等级相适应。 2．混凝土和砂浆掺加的外加剂品质应符合《水工混凝土外加剂技术规程》（DL/T 5100）的有关规定。 3．拌和及养护用水应符合《水工混凝土》（DL/T 5144）的有关规定。 4．石油沥青的质量应符合《公路沥青路面施工技术规范》（JTGF 40）的有关规定。 5．采用的复合土工膜和高分子防水卷材的性能应符合《土工合成材料　聚乙烯土工膜》（GB/T 17643）、《土工合成材料　聚氯乙烯土工膜》（GB/T 17688）、《高分子防水材料　第1部分：片材》（GB/T 18173.1）的有关规定。 6．加大流量及最小流量应按《灌溉与排水工程设计规范》（GB 50288）的有关规定计算。 7．渠道的防渗层超高和渠堤超高应符合《灌溉与排水工程设计规范》（GB 50288）的有关规定，埋铺式膜料防渗渠道可不设防渗层超高。 8．黄土地区渠道的不淤流速可按《灌溉与排水工程设计规范》（GB 50288）的有关规定确定。 9．大、中型渠道防渗工程混凝土的配合比，应按《水工混凝土试验规程》（DL/T 5150）的有关规定进行试验确定，其选用配合比应满足强度、抗渗、抗冻及和易性的设计要求。

续表

序号	标准名称/ 标准号/时效性	针对性	内容与要点	关联与差异
72			3. 伸缩缝的填充材料应采用黏结力强、变形性能大、耐温性好、耐老化、无毒、无环境污染的弹塑性止水材料，可采用石油沥青聚氨酯接缝材料、高分子止水带及止水管等。 4. 渠道防渗工程应根据当地的自然条件、生产条件、社会经济条件、工程技术要求、地表水和地下水联合作用情况以及生态环境因素，通过技术经济论证，选定防渗结构。 5. 渠道防渗设计应在防渗规划的基础上，确定断面形式，选定断面参数，进行水力计算和防渗结构、伸缩缝、砌筑缝及堤顶等设计。 6. 渠道防渗设计应按渠道工程级别或规模、不同设计阶段的要求，并结合当地实际情况进行。 7. 渠道防渗设计应符合防渗和渠基稳定的要求，并应综合分析渗漏、冻胀、冲刷、淤积、盐胀、侵蚀等不利于因素的影响。 8. 防渗渠道断面形式的选择应根据渠道级别或规模，并结合防渗结构选择确定。 9. 填筑面宽度应较设计尺寸加宽 50cm，并应将原渠坡挖成台阶状，再填筑新土，新老土应结合紧密。 10. 砌石砂浆应按设计配合比拌制均匀，并应随拌随用，自出料到用完的允许间歇时间不应超过 1.5h。 11. 砌石防渗结构施工时，应先洒水润湿渠基，然后在渠基或垫层上铺一层厚度 2cm～5cm 的低标号混合砂浆，再铺设石料	10. 粉煤灰等掺合料的掺量，大中型渠道应按《水工混凝土掺用粉煤灰技术规范》（DL/T 5055）的有关规定，通过试验确定。 11. 沥青混凝土配合比应根据技术要求，并通过室内试验和现场铺筑试验确定。也可按《土石坝沥青混凝土面板和心墙设计规范》（DL/T 5411）的有关规定选用。 12. 土体强度参数宜采用三轴压缩试验测定，残余强度参数宜采用反复剪切试验确定。试验应按《土工试验规程》（SL 237）的有关规定执行。 13. 渠基土的设计冻深、冻胀量和冻胀性级别，应按《水工建筑物抗冰冻设计规范》（SL 211）的有关规定确定。 14. 当日平均气温稳定在 5℃以下或最低气温稳定在 −3℃以下时，砌石、混凝土和沥青混凝土防渗工程应采取低温施工措施，并应符合《水工混凝土施工规范》（DL/T 5144）和《水工碾压式沥青混凝土施工规范》（DL/T 5363）的有关规定。 15. 模板的其他要求应符合《水电水利工程模板施工规范》（DL/T 5110）的有关规定。 16. 钢筋的加工、接头、安装要求应符合《水工混凝土钢筋施工规范》（DL/T 5169）的有关规定。 17. 渠道防渗工程的施工质量控制与检查，应符合《水利水电工程质量检验与评定规程》（SL 176）的有关规定。 18. 渠道工程施工质量、分部工程的抽样检测结果、观感质量验收应符合《水利水电建设工程验收规程》（SL 223）的有关规定。 19. 竣工验收应在分部工程和单位工程质量验收合格的基础上，按《水利水电建设工程验收规程》（SL 223）的有关规定进行。 20. 观测方法应按现行行业标准《降水量观测规范》（SL 21）和《水面蒸发观测规范》（SD 265）的有关规定进行。 **差异：** 《渠道防渗工程技术规范》（SL 18）适用于农田灌溉、发电引水、供水等渠道防渗工程的设计、施工、测验及管理

续表

序号	标准名称/标准号/时效性	针对性	内容与要点	关联与差异
05	通航建筑物			
73	《水运混凝土施工规范》 JTS-202—2011 2011 年 7 月 1 日实施	1. 适用于水运工程永久性建筑物所用的素混凝土、钢筋混凝土、预应力混凝土的施工。 2. 水运工程中附属的工业与民用建筑物所用混凝土的施工可选择执行	**主要内容：** 规定了水运工程混凝土施工、质量控制与检查的技术要求，主要内容包括： 1. 水泥、粗骨料、细骨料、掺和料、外加剂、拌和用水及钢筋等原材料技术要求； 2. 配合比设计技术要求； 3. 模板工程、钢筋工程、混凝土工程等工序施工技术要求； 4. 预应力混凝土工程技术要求； 5. 特殊混凝土施工，包括雨天施工、热天施工、冷天施工、水下混凝土施工、自密实混凝土施工、泵送混凝土施工、真空吸水混凝土施工、水下预填骨料升浆混凝土施工、合成纤维混凝土施工等技术要求。 **重点与要点：** 1. 海港工程浪溅区采用普通混凝土时的抗氯离子渗透性不应大于 2000C，采用高性能混凝土时的抗氯离子渗透性不应大于 1000C。 2. 海水环境钢筋的混凝土保护层最小厚度：大气区不小于 50mm，浪溅区不小于 65mm。 3. 淡水环境混凝土保护层最小厚度：水气积聚区不小于 40mm，非水气积聚区不小于 35mm，水位变动区不小于 40mm。 4. 海水环境工程中严禁采用碱活性骨料。 5. 乘低潮位浇筑混凝土时，应采取措施保证浇筑速度大于潮位上涨速度，并保持混凝土在水位以上进行振捣。有附着性海生物滋长的海域，应注意其对水下混凝土接茬部位质量危害。 6. 预应力结构、构件中钢丝、钢丝束、钢绞线断裂或滑脱的数量，对后张法，严禁超过结构、构件同一截面钢丝总根数的 3%，且一束钢丝不得超过 1 根；对先张法，严禁超过结构、构件同一截面钢丝总根数的 5%。	**关联：** 1. 水泥、砂、粉煤灰和每批钢筋的进场检验应符合《水运工程质量检验标准》（JTS 257）的有关规定。 2. 硅灰品质应符合《海港工程混凝土结构防腐蚀技术规范》（ITJ 275）的有关规定。 3. 硅灰进场检验应符合《海港工程混凝土结构防腐蚀技术规范》（ITJ 275）和《水运工程质量检验标准》（JTS 257）的有关规定。 4. 拌和用水的检验规则及检验方法应符合《混凝土用水标准》（JGJ 63）有关规定。 5. 对确定的配合比制作试件应根据抗融性能及其他要求，进行试验校核，试验应符合《水运工程混凝土试验规程》（JTJ 270）的有关规定。 6. 对确定的配合比制作试件应根据抗氯离子渗透性能及其他要求进行试验校核，试验应符合《海港工程混凝土结构防腐蚀技术规范》（ITJ 275）和《水运工程混凝土试验规程》（JTJ 270）的有关规定。 7. 环氧树脂涂层钢筋的包装、标志、搬运和存放应符合《海港工程混凝土结构防腐蚀技术规范》（ITJ 275）的有关规定。 **差异：** 1. 与《水工混凝土施工规范》（DL/T 5144）相比，《水运混凝土施工规范》（JTS-202）在混凝土浇筑地点的塌落度要求不同。 2.《水工混凝土施工规范》（DL/T 5144）混凝土配置强度按 f_{cu}，$0=f_{cu}$，$k+t\sigma$ （t—概率度系数，依据保证率 P 选定）计算。 3.《水运混凝土施工规范》（JTS-202）混凝土配制强度按 f_{cu}，$0=f_{cu}$，$k+1.645\sigma$ 计算

续表

序号	标准名称/标准号/时效性	针对性	内容与要点	关联与差异
74	《水运工程大体积混凝土温度裂缝控制技术规程》 JTS-202-1—2010 2010年9月1日实施	1．适用于水运工程永久性水工建筑物大体积混凝土温度裂缝控制设计与施工。 2．水运工程附属的工业、民用建筑的大体积混凝土温度裂缝控制设计与施工可选择执行	**主要内容：** 规定了水运工程大体积混凝土温度裂缝控制技术要求，主要内容包括： 1．温控设计的一般规定及温控标准； 2．水泥、矿物掺合料、粗骨料、细骨料、外加剂、拌和水等原材料技术要求； 3．配合比设计； 4．温控措施，包括浇筑温度控制、内部最高温度控制、混凝土浇筑、表面保温和养护等技术标准； 5．施工期温控监测。 **重点与要点：** 1．大体积混凝土应在结构设计、材料选用、混凝土配制及施工的全过程采取保证结构安全、适用、耐久的温度裂缝控制措施。 2．大体积混凝土应根据结构所处的环境选择合理的结构形式、构造措施和混凝土强度等级。结构形式应简单，减少应力集中，降低基础约束，并应考虑温度应力对结构的影响，配置必要的构造钢筋。 3．分块施工时，块体平面最大尺寸不宜大于30m；相邻块高差不宜超过12m，相邻块浇筑时间间隔宜小于30d。 4．大体积混凝土的矿物掺合料不应单独使用硅粉。混凝土浇筑前冷却水管应进行压水试验。 5．上层混凝土必须在下层混凝土初凝之前浇筑完毕，顶层混凝土浇筑完后，初凝前必须进行二次抹面并及时覆盖保湿，不得随意留施工缝。严禁出现施工冷缝	**关联：** 1．本规范与《水运混凝土施工规范》（JTS-202）配套使用。 2．所用水泥应符合《通用硅酸盐水泥》（GB 175）、《中热硅酸盐水泥、低热硅酸盐水泥、低热矿渣硅酸盐水泥》（GB 200）的规定。 **差异：** 1．《水工混凝土施工规范》（DL/T 5144）中水温与混凝土温度之差不宜超过20℃。 2．《水运工程大体积混凝土温度裂缝控制技术规程》（JTS-202-1）中冷却水与混凝土内部温差不超过25℃

第三节　试验检测标准

序号	标准名称/标准号/时效性	针对性	内容与要点	关联与差异
1	《煤灰成分分析方法》 DL/T 1037—2007 2007年12月1日实施	适用于煤（焦炭）灰，包括由试验室烧制的煤灰及电站锅炉的燃烧产物（包括飞灰、渣）	**主要内容：** 规定了煤（焦炭）灰中二氧化硅、三氧化二铝、三氧化二铁、氧化钙、氧化镁、氧化钠、氧化钾、二氧化钛、三氧化硫、二氧化锰、五氧化二磷含量的测定方法，主要内容包括： 1．煤灰样品的准备、熔融和溶解，包括仪器设备及试剂的准备、煤灰样品准备方法、熔融和溶解方法； 2．试验方法，包括常量和半微量分析方法、火焰光度法、原子吸收分光光度法（酸熔法、四硼酸锂碱熔法）、原子发射光谱法。 **重点与要点：** 1．对于存放的煤灰样品的灰样，在熔（溶）样前，应在（815±10）℃的高温炉中重新灼烧1h直至恒温，称重前应均匀混合。 2．二安替比林甲烷分光光度法中，在0.5mol/L～1mol/L酸度下，以破坏血酸消除铁的干扰，四价钛离子与二安替比林甲烷生成黄色络合物，用分光光度计测量吸光度后查取标准曲线而测得二氧化钛的含量。 3．原子吸收分光光度计中，标准储备溶液的配制应使用纯度为99.999%以上的纯金属或盐。 4．原子吸收分光光度计中，待测空白溶液配制方法应与待测样品溶液的配备方法保持一致。 5．半微量分析方法中，马弗炉要带有控温装置，能升温至1200℃，并在815℃±10℃保持恒定，炉膛应具有相应的恒温区。 6．原子吸收分光光度计的测定过程应在遵照原子吸收分光光度计使用说明书的基础上进行	**关联：** 1．煤灰样品按《煤的工业分析方法》（GB/T 212）中灰分的测定方法进行灰化。 2．氟盐取代EDTA容量法参见《煤灰成分分析方法》（GB/T 1574）中的规定。 3．过氧化氢分光光度法参见《煤灰成分分析方法》（GB/T 1574）规定。 4．五氧化二磷的测定参见《煤灰成分分析方法》（GB/T 1574）中的规定。 5．煤灰中三氧化硫的测定参见《火力发电厂燃料试验方法　第7部分：灰及渣中硫的测定和燃煤可燃硫的计算》（DL/T 567.7）中的规定。 6．煤灰中氧化钾、氧化钠的测定参见《煤灰成分分析方法》（GB/T 1574）中的规定。 7．原子吸收分光广度测定煤灰中钾、钠、铁、钙、镁、锰参见《煤灰中钾、钠、铁、钙、镁、锰的测定方法》（GB/T 4634）中的规定。 **差异：** 与《煤灰成分分析方法》（GB/T1574）相比，《煤灰成分分析方法》（DL/T 1037）中： 1．采用氟硅酸钾容量法测定煤灰中的硅。 2．采用氧化铝与二氧化钛的联合测定法（EDTA-苦杏仁酸法）测定煤灰中的铝、钛。 3．采用原子吸收分光光度法（四硼酸锂碱熔法）测定煤灰中的钾、钠、铁、钙、镁、锰、铝、钛、硅。 4．采用原子发射光谱法（四硼酸锂碱熔法）测定钾、钠、铁、钙、镁、锰、铝、钛、硅、硫、磷
2	《水工混凝土掺用粉煤灰技术规范》 DL/T 5055—2007	1．适用于各类水电水利工程掺用粉煤灰的混凝土。 2．水工砂浆掺用粉煤灰可选择执行	**主要内容：** 规定了水工混凝土中粉煤灰掺合料的技术要求、试验方法、标识、验收和保管，以及水工混凝土掺用粉煤灰的技术要求、质量控制和检验方法，主要内容包括：	**关联：** 1．粉煤灰的烧失量、三氧化硫含量、游离氧化钙和碱含量按《水泥化学分析方法》（GB/T 176）测定。 2．掺粉煤灰混凝土的胶凝材料用量，应符合《水工碾

续表

序号	标准名称/标准号/时效性	针对性	内容与要点	关联与差异
2	2007年12月1日实施		1．粉煤灰的分级、试验方法、标识、验收和保管等技术要求； 2．水工混凝土掺用粉煤灰的技术要求； 3．掺粉煤灰混凝土的质量控制和检查。 **重点与要点：** 1．用于水工混凝土的粉煤灰分为Ⅰ级、Ⅱ级、Ⅲ级三个等级，其技术要求应符合水工混凝土的粉煤灰技术要求的规定。 2．粉煤灰的放射性应合格，用于活性骨料混凝土时，需限制粉煤灰的碱含量，其允许值应经试验论证确定。 3．对进场的粉煤灰应按批取样检验，粉煤灰的取样以连续供应的相同等级、相同种类的200t为一批，不足200t按一批计。 4．粉煤灰的取样应有代表性，应从10个以上不同部位取样。袋装粉煤灰应从10个以上包装袋内等量抽取；散装粉煤灰应从至少三个散装集装箱（罐）内抽取，每个集装箱（罐）应从不同深度等量抽取。 5．每批F类粉煤灰应检验细度、需水量比、烧失量、含水量，三氧化硫和游离氧化钙可按5个～7个批次检验一次。 6．掺粉煤灰混凝土的强度、抗渗、抗冻、等设计龄期，应根据建筑物类型和承载时间确定，宜采用较长的设计龄期。 7．掺粉煤灰混凝土的暴露面应潮湿养护，应适当延长养护时间，在低温施工时应采取表面保温措施，拆模时间应适当延长。 8．掺粉煤灰的水工混凝土应满足强度、变形、热学、耐久性等设计要求	压混凝土施工规范》（DL/T 5112）及《水工混凝土施工规范》（DL/T 5144）的规定。 3．掺粉煤灰混凝土的配合比设计，按《水工混凝土配合比设计规程》（DL/T 5330）执行。 4．掺粉煤灰常态混凝土的质量控制和检查按《水工混凝土施工规范》（DL/T 5144）的规定执行。 5．掺粉煤灰碾压混凝土的质量控制与检查《水工碾压混凝土施工规范》（DL/T 5112）的规定执行。 6．粉煤灰的放射性按《建筑材料放射性核素限量》（GB 6566）测定。 7．粉煤灰取样方法按《水泥取样方法》（GB 12573）进行
3	《水工混凝土外加剂技术规程》 DL/T 5100—2014 2014年8月1日实施	适用于水工混凝土中使用的高性能减水剂、高效减水剂、普通减水剂、引气剂、泵送剂、早强剂、缓凝剂、速凝剂、防冻剂、抗分散剂	**主要内容：** 规定了水工混凝土外加剂和掺外加剂混凝土的品质要求、品质检验和工程应用要求等，主要内容包括： 1．品质要求，包括掺外加剂混凝土的性能，外加剂产品的匀质性； 2．品质检验试验，包括试验原材料和配合比、混凝土	**关联：** 1．氯离子含量测定按《混凝土外加剂匀质性性试验方法》（GB/T 8077）中的电位滴定法或离子色谱法进行，仲裁时采用离子色谱法。 2．不溶物含量测定按《水质 悬浮物的测定 重量法》（GB 11901）的规定进行。

续表

序号	标准名称/标准号/时效性	针对性	内容与要点	关联与差异
3			拌和、试件制作，混凝土拌和物性能，硬化混凝土性能，外加剂的匀质性检验； 3．工程应用要求，包括外加剂的选择、掺用、检验以及产品说明书、包装、储存及验货。 **重点与要点：** 1．外加剂的减水率、泌水率、凝结时间、抗压强度比等指标试验值应满足“掺常用外加剂混凝土的性能要求”。 2．外加剂的水泥砂浆减水率、氯离子含量、总碱量、含固量、含水率、密度、细度、pH值、硫酸钠含量、不溶物含量等匀质性指标应符合规程要求。 3．掺外加剂混凝土的性能检验项目，包括减水率、坍落度、坍落度经时变化量、含气量、含气量经时变化量、泌水率、泌水率比、凝结时间、凝结时间差、抗压强度比、收缩率比、相对耐久比、渗透高压比、50次冻融强度损失率比、抗分散性、水陆强度比。 4．外加剂的性能检验取样及批号应符合以下规定，包括每一批号取样量不少于0.2t水泥所需用的外加剂量。掺量不小于1%同品种的外加剂每一批号为100t，掺量小于1%但大于0.05%的外加剂每一批号为50t，掺量不大于0.05%的外加剂以1t～2t为一批。不足一批的也应按一个批量计，同一批号的产品应混合均匀。 5．不同品种外加剂复合使用时，应注意其相容性及对混凝土性能的影响，其品种及掺量使用前应通过试验确定。 6．使用水溶性外加剂时，应按一定比例稀释后使用。减水剂的配制浓度不宜超过20%，引气剂的配制浓度不宜超过5%。 7．对含有氯离子、硫酸根离子、碱等影响混凝土或钢筋混凝土耐久性的外加剂，应对其有害离子的种类和含量进行限制	3．速凝剂的细度测定按《水泥细度检验方法》（GB/T 1345）的手工干筛法规定进行。 4．速凝剂品质检验用砂应符合《水泥胶砂强度检验方法（ISO法）》（GB/T 17671）中有关ISO标准砂的规定。 5．掺速凝剂水泥净浆或砂浆的拌和按《喷射混凝土用速凝剂》（JC 477）的规定进行。 6．掺速凝剂的砂浆按《喷射混凝土用速凝剂》（JC 477）规定进行。 7．掺防冻剂的混凝土按《混凝土防冻剂》（JC 475）规定进行。 8．坍落度和扩散度按《水土混凝土试验规程》（DL/T 5150）的规定检验。 9．泌水率、抗压强度、减水率、凝结时间、收缩比、相对耐久比变化量按《水土混凝土试验规程》（DL/T 5150）的规定检验。 **差异：** 《混凝土外加剂应用技术规范》（GB50119）中对各种外加剂的适用范围及进场检验规定更加明确，《水工混土外加剂技术规程》（DL/T 5100—2014）中工程应用对拌和物性能有明确的要求
4	《土工离心模型试验规程》 DL/T 5102—2013 2014年4月1日实施	1.适用于水电水利工程中各类岩土工程的离心模型试验。 2．如土石坝、路堤，开	**主要内容：** 规范了土工离心模型实验中，试验设备的主要组成部件、模型制作方法、试验操作程序和试验数据采集与资料整理的要求，主要内容包括：	**关联：** 1．各类传感器的率定，其误差范围应符合《岩土工程仪器基本参数及通用技术条件》（GB/T 15406）的规定。 2．对于试验后的模型，检测其密度和含水量变化时，

续表

序号	标准名称/标准号/时效性	针对性	内容与要点	关联与差异
4		挖边坡，挡土构筑物、地下隧道和厂房等，以及其他模拟原型构筑物重力的试验	1．试验设备； 2．模型形似率； 3．模型材料、设计与制作方法； 4．静力模型试验的步骤、结果分析与整理； 5．动力模型试验：地震模拟、爆炸模拟； 6．安全检测与防护。 **重点与要点：** 1．离心机试验方案内容（包括模型设计及观测设计，模型制作，试验步骤和试验完成的标准）必须通过离心机试验室负责人或专家的审核。 2．离心机主机应至少每月运行一次，每次不少于30min，雨季宜增加空载运转次数。 3.离心机试验系统每3年应进行一次全面检修和保养，润滑油应在保质期内更换。 4．各类传感器在使用之前应进行率定，并取不少于10%且不少于 3 个同类传感器按试验要求进行加速度考核，其误差范围应符合《岩土工程仪器基本参数及通用技术条件》（GB/T 15406）的规定。率定范围不应小于试验所需的量程，率定不应少于两个循环，每个循环应逐级测定，且不应少于5级。 5．对于粗粒土，最大粒径应根据模型尺寸确定，允许最大粒径应不超过1/10～1/20模型宽度（最小尺寸），其平均粒径不超过1/60～1/250模型宽度。结构与土体主要接触面较小尺寸与土体平均粒径之比应大于30。 6．模型尺寸的相对误差不应大于 2%；模型密度及含水率误差要求可参照原型施工技术要求，模型密度的相对误差不宜大于1%，含水率误差宜小于1%。 7．试验采用的有效加速度宜高于 10g；模型高度与离心机有效半径之比不宜超过0.3	对于粗粒料可按照《土木试验方法标准》（GB/T 50123）进行筛分试验。 3．混凝土模型的试模制作，按照《水工混凝土试验规程》（DL/T 5150）进行养护和材料特性试验
5	《水下不分散混凝土试验规程》 DL/T 5117—2000 2001年1月1日实施	适用于水下不分散混凝土室内试验和现场取样试验	**主要内容：** 规定了水下不分散混凝土的试验方法。对试验用原材料的试验方法、试件的成型与养护方法及其性能试验均作出规定，并对现场取样方法也作了规定，主要内容包括：	**关联：** 1．悬浊物质测定方法，按照GB/T 11901中规定执行。 2．pH值的测定按照GB/T 6920的规定执行。 3.除改用孔径为10mm 的筛子外其余均按DL/T 5150混凝

续表

序号	标准名称/标准号/时效性	针对性	内容与要点	关联与差异
5			1．水下不分散混凝土原材料试验方法； 2．实验室水下不分散混凝土拌和物的制备方法； 3．新拌水下不分散混凝土现场取样方法； 4．水下不分散混凝土试件的成型与养护方法； 5．新拌水下不分散混凝土性能试验； 6．硬化的水下不分散混凝土性能试验。 **重点与要点：** 1．明确了从搅拌机中取样、从车载搅拌机或搅拌运输车流出的混凝土中，从混凝土泵中、从漏斗或吊罐中以及从翻斗车、手推车上取样的规定。 2．用手铲将水下不分散混凝土拌和物从水面处向水中落下浇入试模中每次投料量为试模容积的 1/10 左右，投料应连续操作，料量应超出试模表面，每个试模的投料时间 0.5min～1min。 3．向坍落度筒中装入混凝土的时间从开始到结束以不超过 min 为宜，对装入的每一层试料用捣棒插捣 25 次，在捣实各层时捣棒的下端要插入到下一层表面以下处 1cm～2cm，最底层的插捣应穿透该层。 4．操作者站在流动台的前踏脚板上使之稳定缓慢提起上板直至达到上止动板，上板不得撞击上止动板再使其自由下落至下止动板重复上述操作 15 次，每次操作时间在 3s～5s 之间，混凝土将在上板扩展开。 5．为使混凝土表面不出现大气泡，用木槌轻敲容器外侧 15 次。 6．对普通水下不分散混凝土拌和物随后每隔 2h 测试一次，如果拌和物掺有促凝剂，建议 1h 后开始首次测试，随后隔 0.5h～1h 测试一次，对掺有缓凝剂的混凝土，首次测试时间推迟至 3h～4h。 7．开动试验机，当试件与加压头快接触时调整加压头及支座，使接触均匀以每秒 $0.8N/mm^2$～$1.0N/mm^2$ 的加荷速度连续均匀加荷，不得冲击直到试件破坏	土拌和物凝结时间试验中的有关规定执行。 **差异：** 1．含气量试验按照本规程“实验室水下不分散混凝土拌和物的制备方法”拌和混凝土，其余按《水工混凝土试验规范》（DL/T 5150）的有关规定执行。 2．凝结时间试验用仪器设备除改用孔径为 10mm 的筛子外，其余均按《水工混凝土试验规范》（DL/T 5150）混凝土拌和物凝结时间试验中的有关规定执行

续表

序号	标准名称/标准号/时效性	针对性	内容与要点	关联与差异
6	《水电水利岩土工程施工及岩体测试孔规程》 DL/T 5125—2009 2009年12月1日实施	适用于水电水利工程建筑物与其他建筑物基础处理、基础变形监测、岩体原位测试、岩土体边坡治理、地基灌浆和注浆等工程施工的造孔工作	**主要内容：** 规定了水电水利岩土工程施工及岩体测试造孔的工作内容、技术要求、操作方法、安全生产和环境保护等，主要内容包括： 1．防渗墙施工造孔； 2．钻孔灌注桩施工造孔； 3．水工建筑物地基处理施工造孔； 4．岩土体边坡质量工程造孔； 5．大口径基岩监测井钻进成井； 6．大坝变形观测孔造孔； 7．岩体测试造孔； 8．安全生产与环境保护。 **重点与要点：** 1．在松散地基上修建钻机平台时，应先采取打桩或注浆等加固措施，以防止地基沉陷。在槽孔口段应采取护壁措施修筑混凝土导墙。 2．防渗墙槽孔孔壁应平整垂直，不应出现梅花孔、小墙等。孔位允许偏差不应大于100mm，孔斜率不应大于0.40%；含孤石、漂石、基岩面倾斜度较大的地层，孔斜率不应大于0.60%；一、二期槽孔接头及套接孔的孔位中心偏差值，在任一深度内不应大于设计墙厚的1/3。 3．造孔施工中，槽孔内泥浆面应保持在导墙顶面以下0.03m～0.05m。劈法钻进造槽钻孔开孔钻头直径应大于终孔钻头直径30mm。 4．一、二期槽孔同时施工时，其间距应大于槽孔宽度1.50倍以上。主孔宽度应符合设计要求，副孔搭接处的宽度应大于主孔宽度，主、高副孔高差不应小于3m。 5．进成孔应遵守钻孔施工次序、排列形式应严格按设计要求和地层条件确定。护筒埋设应排列紧密，周正垂直，回填密实。护筒中心点偏离防渗墙轴线距离不大于10mm，孔距误差不大于15mm。孔底沉渣厚度不应大于0.10m。 6．压抓斗采取抓取法挖掘地层，形成槽孔。孔长度应与液压抓斗斗齿张开的有效距离相匹配，Ⅰ期槽孔宜为7.50m，Ⅱ期槽孔宜为8m。	**关联：** 1．配制泥浆的水质标准应符合《水电水利工程混凝土防渗墙施工规范》（DL/T 5199）的规定。 2．钻进技术参数和操作注意事项应按《水电水利工程钻探规程》（DL/T 5013）执行。 3．质量检查孔验收压水试验资料应符合《水电水利工程钻孔压水试验规程》（DL/T 5331）的要求。 4．造孔机械及辅助设备的安装可按《水电水利工程钻探规程》（DL/T 5013）的有关规定进行。 5．井内爆破应符合《水电水利工程坑深规程》（DL/T 5050）的有关规定。 6．水试验资料应符合《水电水利工程钻孔压水试验规程》（DL/T 5331）的要求。 7．壁应力测试程序应符合《水电水利工程岩石试验规程》（DL/T 5368）的规定。 8．底应力测试造孔和测试程序应符合《水电水利工程岩石试验规程》（DL/T 5368）的规定

续表

序号	标准名称/标准号/时效性	针对性	内容与要点	关联与差异
6			7．丝绳冲击钻进应遵守在桩孔位置埋设护筒，根据地层情况确定护筒埋入深度。钻前应在孔内投入适量的黏土、碎石等，并以低锤勤击，超出护筒底口2m～3m后，方可采用正常冲程钻进。钻进4m～5m，应测量钻孔径和钻孔形状，门抽砂筒直径应小于桩孔直径300mm	
7	《聚合物改性水泥砂浆试验规程》 DL/T 5126—2001 2001年7月1日实施	适用于聚合物改性水泥砂浆的性能试验	**主要内容：** 规定了聚合物改性水泥砂浆、聚合物改性水泥砂浆原材料及拌和物的试验方法、技术要求等内容，主要内容包括： 1．聚合物改性水泥砂浆原材料试验； 2．水泥和骨料试验； 3．聚合物改性水泥砂浆拌和物试验； 4．砂浆流动性、凝结时间试验； 5．聚合物改性水泥砂浆试验； 6．砂浆拉伸强度和抗折强度试验； 7．砂浆吸水率、收缩率、碳化试验。 **重点与要点：** 1．聚合物改性水泥砂浆由水泥细骨料水分散性或水溶性聚合物和适量的水以确定的配比拌制而成的砂浆。 2．在室内进行聚合物改性水泥砂浆拌和物试验。确定砂浆的拌和方法，规定了砂浆流动性试验、凝结时间试验、密度试验选用的仪器设备，试验方法和步骤及试验报告的内容。 3．聚合物改性水泥砂浆试验中规定了砂浆试件的制备、成型和养护方法，并规定了砂浆抗折强度和抗压强度、拉伸强度、砂浆黏接抗拉强度、黏接耐久性、砂浆吸水率、收缩率、氯离子渗透性、抗冻性、抗渗性试验选用的仪器设备，试验方法和步骤及试验报告的内容	**关联：** 1．水泥试验按《通用硅酸盐水泥》（GB 175）中的有关规定执行。 2．骨料试验按《建筑用砂》（GB/T 14684）中的有关规定执行。 3．水泥标准稠度用水量凝结时间安定性检验方法按照（GB/T 1346）中的有关规定执行。 4．水工混凝土试验规程按照《水工混凝土试验规范》（SL 352）中的有关规定执行。 5．水泥胶砂强度检验方法（ISO法）按照《胶砂强度》（GB/T 17671）的有关规定执行
8	《水工混凝土试验规程》 DL/T 5150—2001 2002年5月1日实施	适用于水利水电工程水工混凝土的室内、现场科学实验以及对施工混凝土质量的控制、检验	**主要内容：** 规定了检验水工混凝土拌和物性能和水工混凝土物理、力学、耐久性能的试验方法，以及现场检验水工建筑物混凝土质量的测试方法，主要内容包括： 1．混凝土拌和物拌和方法及试验技术要求；	**关联：** 1．砂的饱和面干表观密度、测定砂的吸水率，按《水工混凝土砂石骨料试验规程》（DL/T 5151）的有关规定执行。 2．试验采用的加荷、传力、量测系统仪器设备及其滚

续表

序号	标准名称/标准号/时效性	针对性	内容与要点	关联与差异
8			2．混凝土各项试验技术要求与方法； 3．全级配混凝土试验技术要求与方法； 4．现场混凝土质量检测； 5．水泥砂浆试验技术要求与方法。 **重点与要点：** 1．混凝土拌和物室内拌和方法为室内试验提供混凝土拌和物。 2．混凝土拌和物试验。 3．混凝土拌和物坍落度试验测定混凝土拌和物的坍落度用以评定混凝土拌和物的和易性。适用于骨料最大粒径不超过 40mm 坍落度 10mm-20mm 的塑性和流动性混凝土拌和物。 4．混凝土拌和物维勃稠度试验测定混凝土拌和物的维勃稠度用以评定混凝土拌和物的和易性。 5．混凝土试件的成型与养护方法为室内混凝土性能试验制作试件。 6．混凝土立方体抗压强度试验测定混凝土立方体试件的抗压强度。 7．混凝土与钢筋握裹力试验测试混凝土对钢筋的握裹力。 8．全级配混凝土试件的成型与养护方法适用于三级配和四级配大体积混凝土试件的制作。 9．水泥砂浆稠度试验测定砂浆的流动性用于确定砂浆配合比或施工时控制砂浆用水量，本方法适用于稠度小于 12cm 的砂浆	轴排摩擦系数率定等，按《水利水电工程岩石试验规程》（DLJ 204）的规定执行。 3．试体承载面的表面处理，加荷、传力、量测系统的设备、仪器安装、布置、调试、检查与具体试验方法，按《水利水电工程岩石试验规程》（DLJ 204）的规定执行。 4．关于钢筋混凝土用热轧带肋钢筋按《钢筋混凝土用热轧带肋钢筋》（GB 1499）。 **差异：** 《水工混凝土试验规程》（DL/T 5150）较《水工混凝土试验规程》（SL 352），增加了砂石料、碾压混凝土、水泥砂浆、水质分析等内容
9	《水工混凝土砂石骨料试验规程》 DL/T 5151—2014 2014 年 8 月 1 日实施	适用于水工混凝土用天然或人工砂、石骨料试验	**主要内容：** 规定了细骨料、粗骨料、骨料碱活性的各项检测性能指标、试验目的及范围、试验仪器和设备、试验步骤及结果处理等，主要内容包括： 1．细骨料试验； 2．粗骨料试验； 3．骨料碱活性试验；	**关联：** 1．《建设用砂》（GB/T 14684）、《建设用卵石、碎石》（GB/T 14685）、《普通混凝土用砂、石质量及检验方法标准》（JGJ 52）和美国标准 ASTM 及英国标准 BS 的有关定义。 2．方孔筛应满足《试验筛，技术要求和检验》（GB/T 6003.1）和《试验筛，技术要求和检验》（GB/T 6003.2）中方孔试验筛的规定。

续表

序号	标准名称/标准号/时效性	针对性	内容与要点	关联与差异
9			**重点与要点：** 1．砂料颗粒级配试验测定砂料颗粒级配，用以评定砂料品质和控制施工质量。 2．砂料颗粒级配试验要求颗粒粒径不应大于 10mm。取样前，应先将砂料通过 10mm 筛，并算出其筛余百分率。然后取在潮湿状态充分拌匀、用四分法缩分至每份 550g 的砂样两份，在 105℃±5℃的烘箱中烘至恒量。 3．分别用李氏瓶法和容量瓶法进行砂料表观试验。 4．关于卵石或碎石试验测定了卵石或碎石表观密度，饱和面干表观密度及吸水率，用以计算混凝土配合比及评定石料质量。 5．卵石或碎石超逊径颗粒含量试验测定指定粒径的卵石或碎石中超逊径颗粒的含量，用以评定骨料筛分质量、在施工中调整骨料级配。 6．骨料碱活性检验规定了混凝土骨料岩相检测的一般步骤，用以辨别骨料所含碱活性矿物的品种、数量以及可能发生的碱骨料反应类型。 7．骨料碱活性检验（岩相法）适用于在试验室内对砂、卵石、碎石等骨料进行定性的常规检，也适用于对骨料所含碱活性矿物进行定量分析。 8．骨料碱活性检验（砂浆棒长度法）测定水泥砂浆试件的长度变化，以鉴定水泥中的碱与活性骨料间的反应所引起的膨胀是否具有潜在危害	**差异：** 干砂表观密度的检验基本采用《建设用砂》（GB/T 14684）的规定，但补充了饱和面干砂表观密度的检验方法。该方法考虑了水温对表观密度测试结果的影响
10	《水工混凝土水质分析试验规程》 DL/T 5152—2001 2002 年 5 月 1 日实施	适用于水工混凝土拌和及养护用水的水质分析和水工建筑物环境水侵蚀性的检验	**主要内容：** 规定了水的主要成分分析方法和主要化学性质的检验方法，主要内容包括： 1．水样的采集与保存方法，包括目的及适用范围、取样说明； 2．水的 pH 值、碱度和硬度测定，包括 pH 值测定电极法、pH 值测定（比色法）、碱度测定、硬度测定；	

续表

序号	标准名称/标准号/时效性	针对性	内容与要点	关联与差异
10			3. 水的主要成分分析，包括二氧化碳测定、钙离子测定、镁离子测定、氯离子测定、硫酸根离子测定、溶解性固形物测定、化学耗氧量测定。 **重点与要点：** 1. 采集的水样必须有代表性，并要求密封良好，编号清晰，送样及时，在运往实验室的途中不受污染，不变质。 2. 进行常规分析实验需水样 3L，用以直接测定侵蚀性 CO_2 的需水样为 0.25L～0.5L。 3. 水样采集后，立即测定水中 CO_2 和 pH 值，因为这些组分不稳定，易影响试验结果。 4. 水样采集后应及时检验，存放和运送时间应尽量缩短，如不能及时进行检验，应仔细密封好，妥善保管和运送，水样瓶应放在不受日光直接照射的阴凉处。冬天应防冻，若发现水样受污染，腐败变质，则不能使用，应重新取样。 5. 每一份水样应注明取样地点、深度，并编号，每一份水样应填一份说明书。 6. 以饱和甘汞电极为参比电极，玻璃电极为指示电极组成原池。 7. 在一系列已知 pH 值的缓冲溶液中加入预选的某种指示剂，其显示的颜色作为标准色阶。 8. 用酸碱滴定法测定水的碱度，供评定水质用，适用于天然水和未污染的地表水	
11	《水电水利工程施工测量规范》 DL/T 5173—2012 2012 年 3 月 1 日实施	适用于大中型水电水利工程的施工测量工程	**主要内容：** 规定了水电水利工程施工期测量的分类、测量方法、技术要求，以及资料整理要求，主要内容包括： 1. 平面控制测量，包括平面控制网选点和埋设、地面三角形网测量、GPS 测量、导线测量、平面控制网的维护管理等； 2. 高程控制测量，包括几何水准测量、电磁波测距、三角高程测量、GPS 拟合高程测量、外业成果整理与平差计算等；	**关联：** 1. 对测量数据采用电子记录作业应遵守《测量作业电子记录基本规定》(CH/T 2004)、《三角测量电子记录规定》(CH/T 2005）和《水准测量电子记录规定》(CH/T）的规定。 2. 施工测量工作除应符合本规范的规定外，还应符合国家现行有关标准的规定。

续表

序号	标准名称/标准号/时效性	针对性	内容与要点	关联与差异
11			3．地形测量，包括图根控制测量、数据采集方法及技术要求、水下地形测量、数字地形图成图软件及编辑处理等； 4．测量放样准备，包括收集测量相关资料、图纸读审及放样数据准备、仪器及测具的检验等； 5．开挖、填筑及混凝土工程测量，包括开挖工程测量、填筑工程测量、混凝土工程测量、放样方法和放样点的检查、计量测量和工程量计算、资料整理等； 6．金属结构与机电设备安装测量，包括引水管道安装施工测量、拦污栅安装施工测量、闸门安装施工测量、机组安装施工测量、精密施工测量、资料整理等； 7．地下工程测量，包括洞外控制测量、洞内控制测量、施工放样、断面测量及工程计算、资料整理等； 8．疏浚及渠堤测量，包括疏浚测量、渠堤测量、资料整理； 9．附属工程测量，包括场内道路测量、输电线路测量、围堰、戗堤测量、砂石系统测量、拌和系统测量、运输系统测量等； 10．施工期变形监测，包括水平位移监测基准网、垂直位移监测基准网、基本监测方法与技术要求、数据处理与变形分析等； 11．竣工测量，包括土石方工程、混凝土工程、金属结构与机电设备安装工程、资料整编等。 **重点与要点：** 1．GPS网和地面三角形网按二、三、四等划分，地面导线网按三、四等和一级划分。平面控制网末级控制网点相对于首级控制网的点位中误差不应超过±10mm。 2．平面控制网在使用阶段应对控制网进行复测、扩展加密网点以加强维护管理。当平面控制网建成一年以后、开挖工程基本结束，进入混凝土工程和金属结构、机电设备安装工程开始之时，发现网点有明显位移或有被撞击的迹象时、在其周围有裂缝或有新的工程活动时、遇明显有感地震、利用控制网点作为起算数据进行布设局部专用控制网时，应对平面控制网复测。	**差异：** 1．《工程测量规范》（GB 50026）包括了线路测量、地下管线测量、施工总图的汇编与实测。 2．《水利水电工程测量规范》（SL 197）偏重于勘察设计阶段的测量工作

续表

序号	标准名称/标准号/时效性	针对性	内容与要点	关联与差异
11			3．每站测前测后，各量测一次仪器高和棱镜高，两次互差不得超过 2mm；采用每点设站法可单向观测，但总的观测回数不变。 4．图根控制测量中，图根点测量宜从施工区各等级控制点上引测；其相对于邻近控制点的点位中误差不应超过图上±0.1mm；高程中误差不应超过测图基本等高距的±1/10。 5．安装专用控制网及安装点放样中，金属结构与机电设备安装测量专用控制网起始点应由邻近等级控制点测设，相对于邻近等级控制点的点位（平面和高程）限差为±10mm。 6．安装专用控制网的相对点位误差应小于安装精度要求的 0.5 倍。高程基点间的高差测量互差应小于 0.5mm； 7．机组安装前，应利用保存完好的土建施工测量控制点为起始点在厂房内建立机组安装专用控制网；应按不低于二等水准测量精度要求为每台机组布设高程基点	
12	《水工建筑物抗冲磨防空蚀混凝土技术规范》 DL/T 5207—2005 2005 年 6 月 1 日实施	1. 适用于水流流速小于 40m/s 的大中型水利水电工程 1、2、3 级泄水建筑物的设计和施工，4、5 级泄水建筑物的设计和施工选择执行。 2．对于流速大于等于 40m/s 的泄水建筑物的抗磨蚀问题，应作专门研究	**主要内容：** 规定了水工建筑物抗冲磨防空蚀（简称抗磨蚀）混凝土工程的设计、施工、维修和运行的原则，主要内容包括： 1．水力学和水工设计，包括抗冲磨设计、防空蚀设计； 2．材料，包括无机材料、有机材料等； 3．施工，包括混凝土配合比设计原则、施工设计要求； 4．维护与修补，包括检查与维护、修补处理； 5．质量控制与验收。 **重点与要点：** 1．抗冲磨混凝土钢筋保护层厚度不得小于 10cm，靠近表面的钢筋应平行于水流方向。1、2 级泄水建筑物流速大于 30m/s 的区域，应进行混凝土抗空蚀强度试验与原型空化空蚀监测设计。 2．设计抗冲磨泄水建筑物时，在多泥沙河流应全面收集水流中的含沙量、泥沙颗粒形状、粒径、硬度、矿物成分、异重流运动规律等，推移质多的河流应收集推移质	**关联：** 1．泄水建筑物布置应符合《混凝土重力坝设计规范》（DL/T 5108）、《水工隧洞设计规范》（DL/T 5195）的有关规定，使其体型合理、流态平稳。 2．平面闸门门槽形式应按《水利水电工程钢闸门设计规范》（DL/T 5039）选用。 3．掺合料品质应符合《高强高性能混凝土用矿物外加剂》（GB/T 18736）的规定。 4．掺用钢纤维时，应符合《钢纤维混凝土》（JG/T 3064）的有关规定。 5．抗磨蚀混凝土拌和物的流动性可按照《水工混凝土施工规范》（DL/T 5144）的有关规定采用较小的坍落度。 6．抗磨蚀混凝土施工应符合《水工混凝土施工规范》（DL/T 5144）中有关拌和、运输、摊铺、振捣、养护、质量控制等的规定。 7．模板制作和安装偏差应符合《水利水电工程钢闸门设计规范》（DL/T 5110）的规定。

续表

序号	标准名称/ 标准号/时效性	针对性	内容与要点	关联与差异
12			的数量和粒径及其运动方式。防空蚀设计对重要建筑物关键部位或水流速度大于35m/s或σ<0.3时，应进行减压模型试验。 3．1、2级泄水建筑物流速大于30m/s的区域应进行混凝土抗空蚀强度试验与原型空化空蚀监测设计。 4．峡谷地区泄水建筑物宜采用分散泄洪分区消能的方式，水流应立面扩散，纵向拉开，防止集中冲刷护坦和水垫塘的底板。 5．大体积或大面积抗磨蚀混凝土施工应进行温控防裂设计，制定温控标准；平均厚度小于15cm的修补区，应在基面涂刷与修补材料同类的净浆、聚合物水泥净浆或其他适宜的黏结材料，并在黏结材料初凝前铺筑修补材料。修补区平均磨蚀深度小于0.5cm，可选择净浆类材料，且不足0.5cm深的修补区至少应凿深至0.5cm，修补区平均磨蚀深度小于5cm，可选择砂浆类材料，且不足3cm深的修补区至少应凿除至3cm，在5cm～15cm范围内，可选择一级配混凝土类材料，是否布置插筋应根据修补面积、厚度及修补材料与基底的黏结强度确定；大于15cm时，可选择二级配混凝土类材料，补焊钢筋，并加钢筋网或钢丝网，修补区边缘宜先切割轮廓线，构成凸多边形，其相邻两线的夹角应小于90°。泄水建筑物易磨蚀部位应具备检查维修条件设计应提出运行要求。 6．1、2级泄水建筑物或流速大于25m/s时的泄水建筑物，其体形结构尺寸及消能工应通过水工模型试验确定	8．修补材料终凝后，应及时覆盖保湿，按《水工混凝土施工规范》（DL/T 5144）的规定养护至规定天数。 9．水工抗磨蚀混凝土设计与施工的质量控制除应符合本标准规定外，还应符合《混凝土结构工程施工质量验收规范》（GB 50204）和《水工混凝土施工规范》（DL/T 5144）的有关规定。 10．抗磨蚀混凝土工程的验收，应按照《混凝土结构工程施工质量验收规范》（GB 50204）及本标准的有关规定执行。 **差异：** 配制高性能抗磨蚀的混凝土及砂浆所用材料除应符合《水工混凝土施工规范》（DL/T 5144）规定外，还应符合《水工建筑物抗冲磨防空蚀混凝土技术规范》（DL/T 5207）6.1.2的有关要求
13	《水电水利工程钻孔抽水试验规程》 DL/T 5213—2005 2005年6月1日实施	1.适用于水电水利工程地质勘察中进行的单孔和多孔抽水试验。 2．竖井、试坑抽水试验可选择执行	**主要内容：** 规定了水电水利工程地质勘察中钻孔抽水试验的基本规定、试验设备、技术要求和计算方法，主要内容包括： 1．抽水试验孔的选择和布置、类型结构、降深和延续时间。 2．仪器设备：过滤器、水泵、空气压缩机、测试工具。 3．现场试验工作：钻探，设备安装，洗孔、试验抽水和观测静止水位，稳定流抽水试验。非稳定流抽水试验，自由振荡试验。	**差异：** 1.《水利水电工程钻孔抽水试验规程》（SL 320）非均质层状含水层单层厚度不小于3m时，抽水孔可采用非完整孔进行分段抽水；《水电水利工程钻孔抽水试验规程》（DL/T 5213）规定非均质层状含水层单层厚度大于6m时，抽水孔可采用非完整孔进行分段抽水，过滤器长度不宜小于2m，单层厚度为3m～6m时，也可以采用非完整孔进行分段抽水，但过滤器位置需根据渗透性试验确定。

续表

序号	标准名称/标准号/时效性	针对性	内容与要点	关联与差异
13			4．试验资料整编：渗透性参数计算、抽水试验成果报告编制。 **重点与要点：** 1．调查主要含水层的渗透性能及其变化规律时可采用单孔抽水试验。核定坝基和强烈渗漏地段岩土体准确的渗透性参数时宜布置一定数量的多孔抽水试验；多孔抽水试验，以抽水孔为原点，宜布置1条～2条观测线。1条观测线时，应垂直地下水流向布置；2条观测线时，应分别垂直和平行地下水流向布置。对岩性岩相变化大的松散含水层和裂隙含水岩体，应布置两观测线。一条沿岩性岩相变化大的方向或透水性强的方向布置，另一条应与前一条垂直布置。 2．稳定流抽水试验应进行三次降深。抽水孔降深值应以在测压管测得的为准。抽水孔相邻两次降深的差值宜相近；抽水孔水位最小降深值，单孔抽水试验时不应小于0.5m；多孔抽水试验时应保证最远观测孔的降深值不小于0.1m，或各相邻观测孔的降深值之差不小于0.2m。 3．钻孔抽水试验前，应根据试验地段的地质结构和水文地质条件结合水工枢纽布置方案做好钻孔抽水试验设计，其内容宜包括试验目的抽水孔和观测孔的布置、造孔要求和钻孔结构、抽水设备的规格及数量、试验设备的安装、现场抽水试验的技术要求、试验记录与校核渗透性参数计算公式的选择与计算，以及对成果图件的要求等；试验抽水和正式抽水前，应同步观测抽水孔和观测孔的静止水位和校核静止水位。静止水位每30min观测一次，2h内变幅不大于1cm，且无连续上升或下降趋势时，即可认定为稳定。 4．渗透性参数计算前应对所有的原始观测记录进行整理校核，发现问题应及时分析研究和解决	2．《水利水电工程钻孔抽水试验规程》（SL 320）中试验孔径在松散含水层的孔径不小于200mm；《水电水利工程钻孔抽水试验规程》（DL/T 5213）中试验孔径在松散含水层的孔径不小于168mm。 3．《水电水利工程钻孔抽水试验规程》（DL/T 5213）现场工作增加了“自由振荡法试验”。 4．《水利水电工程钻孔抽水试验规程》（SL 320）在试验记录和资料成果整理方面规定更加明确
14	《水工建筑物止水带技术规范》 DL/T 5215—2005 2005年6月1日实施	1．适用于水电水利枢纽工程中1、2、3级和坝高70m以上的4、5级混凝土拱坝、重力坝、面板坝及永久水工建筑物可参照使用。	**主要内容：** 规定了止水带型式、尺寸、材质和施工要求，主要内容包括： 1．止水带的型式、尺寸和材质； 2．止水带的施工。	**关联：** 1．铜止水带的化学成分和物理力学性能应满足《铜和铜合金带材》（GB/T 2059）的规定。 2．不锈钢止水带化学成分和物理力学性能须满足《不锈钢冷轧钢板和钢带》（GB 3280）的要求

续表

序号	标准名称/标准号/时效性	针对性	内容与要点	关联与差异
14		2．对于坝高 200m 以上的混凝土面板堆石坝或有特殊要求的混凝土坝、面板堆石坝及其他水工建筑物，其止水带型式、尺寸、材质和施工应进行专门研究	**重点与要点：** 1．施工缝可采用平板型止水带。变形的止水带可伸展长度应大于接缝位移矢径长。 2．使用铜带材加工止水带时抗拉强度应不小于 205MPa，伸长率应不小于 20%。 3．止水带离混凝土表面的距离宜为 200mm～500mm，特殊情况下可适当减少。 4．止水带埋入基岩内的深度可为 300mm～500mm，必要时可插锚筋。止水带距基岩槽壁不得小于 100mm。 5．橡胶或 PVC 止水带嵌入混凝土中的宽度一般为 120mm～260mm，中心变形型止水带一侧应有不少于 2 个止水带肋，肋高、肋宽不应小于止水带的厚度。 6．止水带的接头强度与母材强度之比应满足：橡胶止水带不小于 0.6，PVC 止水带不小于 0.8，铜止水带不小于 0.7。止水带的安装应符合设计要求，止水带的中心变形部分安装误差应小于 5mm。 7．止水带周围的混凝土施工时，应防止止水带位移、损坏、撕裂或扭曲。止水带水平铺设时，应确保止水带下部的混凝土振捣密实	
15	《灌浆记录仪器技术导则》 DL/T 5237—2010 2010 年 10 月 1 日实施	适用于灌浆工程中用于记录水泥灌浆施工参数的灌浆记录仪和检测记录系统	**主要内容：** 规定了灌浆记录仪的技术性能和安装使用的基本要求，主要内容包括： 1．仪器的构成与功能； 2．仪器基本要求； 3．仪器技术性能； 4．安装与使用。 **重点与要点：** 1．灌浆记录仪应具备的功能包括：实时自动连续测量、显示、记录单孔或多孔灌浆作业的灌浆时间、注入浆量、注入率、灌浆压力、检测记录浆液密度等。 2．灌浆记录仪应能在浆液温度 5℃～40℃的条件下保持正常工作。	**关联：** 《灌浆记录仪器技术导则》（DL/T 5237）未对灌浆记录仪工作环境要求提出定量指标，可参照《大坝安全自动监测系统设备基本技术条件》（SL 268）执行

续表

序号	标准名称/ 标准号/时效性	针对性	内容与要点	关联与差异
15			3．灌浆记录仪存储器的容量应能保证持续工作24h以上。应设有过程暂停功能，暂停期间记录仪的各项操作应处于锁定状态。 4．压力计的测量范围可为0～10MPa，精度等级可为1.0或1.5。流量计的测量范围可为0～100L/min。精度等级可为0.5或1.0。密度计的测量范围可为1.0g/cm³～2.0g/cm³，精度等级可为2.5。 5．灌浆记录仪使用前，应对仪器主机及部件、连接线路、电源、灌浆管路等进行检查，进行通水试压，确认记录仪工作正常后，再转入正常的灌浆作业	
16	《水工混凝土耐久性技术规范》 DL/T 5241—2010 2010年10月1日实施	1. 适用于大中型水电水利工程。 2. 其他工程可选择执行	**主要内容：** 规定了水工混凝土冻融、环境水侵蚀、冲磨与空蚀、混凝土中钢筋的锈蚀、碱-骨料反应等耐久性技术要求，主要内容包括： 1．冻融； 2．环境水侵蚀； 3．冲磨与空蚀； 4．混凝土中钢筋的锈蚀； 5．碱-骨料反应。 **重点与要点：** 1．对于大坝混凝土和受风化、冻融作用的其他水工结构混凝土，应明确规定抗冻等级，并做好混凝土结构的防渗与排水设计。大体积混凝土的抗冻等级分区应大于结构所处运行环境的混凝土最大冻深，分区厚度不宜小于2m。 2．低温季节施工时，应根据具体情况采取保温措施，受冻前，大体积混凝土的抗压强度不应低于7.0MPa；非大体积混凝土和钢筋混凝土的抗压强度不应低于设计强度等级的85%。评定混凝土的抗冻性能以机口取样成型试件的抗冻试验结果为准。钢筋混凝土的取样检测合格率不应低于90%，大体积混凝土的取样检测合格率不应低于80%。 3．水工钢筋混凝土结构的防钢筋锈蚀耐久性，应根据结构的设计使用年限、使用环境条件进行设计。	**关联：** 1．混凝土抗冻等级的测定应按《水工混凝土试验规程》（DL/T 5150）规定的试验方法进行。 2．水工混凝土的抗冻等级要求应符合《水工混凝土结构设计规范》（DL/T 5057）和《水工建筑物抗冰冻设计规范》（DL/T 5082）的规定。 3．混凝土施工与质量评定应符合《水工混凝土施工规范》（DL/T 5144）的规定。 4．有抗冲磨防空蚀要求的水工泄水建筑物护面混凝土技术应按《水工建筑物抗冲磨防空蚀混凝土技术规范》（DL/T 5207）的规定执行。 5．水工钢筋混凝土结构所处的环境条件类别可按《水工混凝土结构设计规范》（DL/T 5057）的规定划分。 6．预应力混凝土结构的施工应符合《混凝土结构耐久性设计规范》（GB/T 50476）的有关规定。 7．骨料的碱活性检验按照《水工混凝土砂石骨料试验规程》（DL/T 5151）中的规定执行。 8．粉煤灰应符合《水工混凝土掺用粉煤灰技术规范》（DL/T 5055）要求；硅灰的品质应符合《高强高性能混凝土用矿物外加剂》（GB/T 18736）的规定；磨细矿渣粉的品质应符合《用于水泥和混凝土中的粒化高炉矿渣粉》（GB/T 18046）的规定，有抗冻要求的混凝土中的掺和料掺量应根据混凝土配合比试验确定，其中粉煤灰的掺量应

续表

序号	标准名称/标准号/时效性	针对性	内容与要点	关联与差异
16			4．施工缝、伸缩缝等结构缝的设置宜避开局部环境作用不利的部位，否则应采取有效的防护措施。暴露在混凝土结构构件外的吊环、紧固件、连接件等铁件，应与混凝土中的钢筋隔离，否则应采用可靠的防腐措施。 5．混凝土宜采用非碱活性骨料；如无法避免使用碱活性骨料时，应采取有效的抑制措施，并通过试验论证。混凝土配合比设计试验应结合碱-骨料反应抑制措施进行。 6．使用碱活性骨料配制混凝土时，除应对混凝土的总碱量进行限制外，还应同时采取安全有效的抑制措施。采用碱活性骨料的混凝土工程验收时，应将预防混凝土碱-骨料反应的技术措施、混凝土总碱量控制等资料一并作为工程验收时必备的资料	符合《水工混凝土掺用粉煤灰技术规范》（DL/T 5055）的规定；硅灰的掺量不宜超过 10%；磨细矿渣粉的掺量宜在 40%～70%范围内。 9．水工钢筋混凝土的施工与质量评定指标应符合《水工混凝土施工规范》（DL/T 5144）的要求。 **差异：** 1．《普通混凝土长期性能和耐久性能试验方法标准》（GB/T 50082）重点介绍抗冻试验、动弹性模量试验、抗水渗透试验、混凝土中钢筋锈蚀试验、碱骨料反应试验等的试验方法、试件制备、试验步骤、结果处理等。 2．《水工混凝土耐久性技术规范》（DL/T 5241）较《水工建筑物抗冰冻设计规范》（NB T 35024）增加了最大骨料粒径为 10mm 的混凝土含气量要求。 3．在《水工混凝土施工规范》（DL/T 5144）的基础上，《水工混凝土耐久性技术规范》（DL/T 5241）对接触氯化物的三、四、五类环境进行了补充
17	《核子法密度及含水量测试规程》 DL 5270—2012 2012 年 3 月 1 日实施	适用于水电水利工程施工现场采用核子密度及含水量测试仪快速无损检测碾压混凝土、沥青混凝土以及压实土石体材料的密度和含水量	**主要内容：** 规定了核子密度及含水量测试的测量仪器、仪器测试、标准计数、仪器标定、现场测试、安全防护等方面的技术内容，主要内容包括： 1．测量仪器； 2．仪器测试，包括背向散射法测试、透射法测试； 3．标准计数； 4．仪器标定，包括标样法密度标定、原位取样法密度标定、含水量标定； 5．现场测试，包括测试准备、现场测试； 6．安全防护。 **重点与要点：** 1．核子密度及含水量测试仪每隔 12 个月或者出现故障后，应由有资质的专门机构进行检定，检定合格方可使用；核子密度及含水量测试仪在用于现场测试之前，应进行标定。在连续测量过程中宜每隔 3 个～6 个月进行	**关联：** 1．核子密度及含水量测试仪应按《核子密度及含水量测量仪检定规程》（JJG 1023）的要求检定合格。 2．仪器存放、运输和报废应按《含密封源仪表的放射卫生防护要求》（GBZ 125）、《电离辐射防护与辐射源安全基本标准》（GB 18871）、《放射性物质安全运输规程》GB 11806、《放射性废物管理规定》GB 14500 执行。

续表

序号	标准名称/标准号/时效性	针对性	内容与要点	关联与差异
17			一次标定，当被测材料有明显改变或仪器出现异常时，应及时进行标定。 2．核子密度及含水量测试仪的仪器测量深度应满足施工技术要求。密度测量误差散射型核子密度及含水量测试仪应不大于±30kg/m^3，透射型应不大于±20kg/m^3；含水量测量误差应不大于±15kg/m^3。 3．仪器应在标准计数检验现场放置20min后再按仪器测试开机程序进行标准计数测量。每次标准计数检验所采用的测量方式和测量条件应相同。标定时仪器测量时间应不少于4min，其他测试参数和测试模式设置与现场测试一致。 4．现场测试前检查仪器电源、附件、包装防护等，满足要求后设置仪器校正偏差及相关测量模式与测量参数，其中密度测量时间应不小于1min，含水量测量时间应不小于4min。记录测量结果，密度和含水量测量结果应精确到1kg/m^3，含水率测量结果应精确到0.1%。 5．使用核子密度及含水量测试仪的单位应取得“辐射安全许可证”，操作人员必须取得“放射工作人员证”。严禁拆装仪器内放射源。 6．当仪器丢失或放射源损坏时，应立即采取措施，妥善处理，并及时上报有关部门。 7．在仪器测试过程中，仪器应距其他放射源8m以上，距操作人员2m以上、3m以内不应有其他设施	
18	《水工混凝土掺用天然火山灰技术规范》 DL/T 5273—2012 2012年7月1日实施	适用于水电水利工程掺用天然火山灰质材料的混凝土	**主要内容：** 规定了天然火山灰质材料细度、需水量比、烧失量、含水量、三氧化硫含量、安定性、活性指数、火山灰活性、碱含量、均匀性、放射性等品质指标及试验方法，以及天然火山灰质材料的最大掺量，掺用天然火山灰质材料水工混凝土的配合比设计、施工、质量控制和检查等技术要求，主要内容包括： 1．天然火山灰质材料的品质指标； 2．水工混凝土掺用天然火山灰质材料的技术要求； 3．掺用天然火山灰质材料混凝土的质量控制和检查。	**关联：** 1．天然火山灰质材料的SiO_2、Al_2O_3和Fe_2O_3含量按《水泥化学分析方法》（GB/T 176）测定，天然火山灰的烧失量、三氧化硫和碱含量按《水泥化学分析方法》（GB/T 176）测定。 2．天然火山灰质材料细度按《水工混凝土掺用粉煤灰技术规范》（DL/T 5055）测定，天然火山灰的需水量比、含水量、安定性和强度活性指数按《水工混凝土掺用粉煤灰技术规范》（DL/T 5055）测定。 3．掺用天然火山灰质材料的混凝土配合比设计，可按《水工混凝土配合比设计规程》DL/T 5330执行。

续表

序号	标准名称/ 标准号/时效性	针对性	内容与要点	关联与差异
18			**重点与要点：** 1. 掺天然火山灰质材料的水工混凝土应满足拌和物性能、强度、变形、热学、耐久性等设计要求。 2. 规定了天然火山灰质材料的品质指标及试验方法，混凝土掺用火山灰质材料的技术要求。 3. 用于水工混凝土的天然火山灰质材料的氧化硅、氧化铝和氧化铁的总含量不得小于70%。 4. 当天然火山灰质材料用于活性骨料混凝土，需限制天然火山灰的碱含量时，应由试验确定。 5. 出厂天然火山灰质材料应按批检验，检验结果应包括密度、细度、需水量比、烧失量、三氧化硫含量、含水量、安定性、火山灰活性、活性指数、碱含量。 6. 天然火山质材料储存时间超过3个月时，在使用前应重新进行检验。 7. 取样总量不少于20kg，抽取的样品混合均匀后，按四分法分别抽取试验样和封存样，封存样应密封保存3个月。 8. 掺天然火山灰质材料混凝土的设计龄期，应根据建筑物类型、使用部位和运行要求确定，宜采用较长的龄期	4. 掺用天然火山灰质材料的常态混凝土质量控制和检查按《水工混凝土施工规范》（DL/T 5144）的规定执行。 5. 掺用天然火山灰质材料的碾压混凝土的质量控制和检查按《水工碾压混凝土施工规范》（DL/T 5112）的规定执行。 **差异：** 《水泥砂浆和混凝土用天然火山灰质材料》（JG/T 315）对火山灰质材料的各项性能指标试验检测方法进行了明确规定
19	《水工混凝土掺用轻烧氧化镁技术规范》 DL/T 5296—2013 2014年4月1日实施	适用于水电水利工程掺用氧化镁的混凝土	**主要内容：** 规定了氧化镁膨胀剂中MgO含量、游离氧化钙（f-CaO）含量、烧失量、含水量、细度和活性度等技术指标和相应的试验方法。掺用氧化镁混凝土的技术要求，及掺用氧化镁混凝土的质量控制和检查等技术要求，主要内容包括： 1. 氧化镁技术要求； 2. 水工混凝土掺用氧化镁的技术要求； 3. 掺氧化镁混凝土的质量控制和检查。 **重点与要点：** 1. 当氧化镁用于碱活性骨料混凝土时，氧化镁的碱含量应计入混凝土的总碱量，氧化镁的碱含量应经试验论证确定。	**关联：** 1. 氧化镁含量、f-CaO含量、烧失量按《水泥胶砂强度检验方法》（GB/T 176）测定。 2. 氧化镁含水量按《水工混凝土掺用粉煤灰技术规范》（DL/T 5055）测定。 3. 氧化镁细度按《水泥细度检验方法》（GB/T 1345）中的负压筛析法测定。 4. 掺氧化镁混凝土的配合比设计，可按《水工混凝土配合比设计规程》（DL/T 5330）执行。 5. 掺氧化镁常态混凝土的质量控制和检查按《水工混凝土施工规范》（DL/T 5144）的规定执行。 6. 掺氧化镁碾压混凝土的质量控制与检查按《水工碾压混凝土施工规范》（DL/T 5112）的规定执行。

续表

序号	标准名称/标准号/时效性	针对性	内容与要点	关联与差异
19			2．取样总量不少于10kg，抽取的样品混合均匀后，按四分法分别抽取试验样和封存样，封存样应密封保存3个月。 3．氧化镁储存时间超过3个月时，在使用前应重新进行检验。 4．掺氧化镁混凝土的设计强度等级、强度保证率和标准差等指标，应与不掺氧化镁的混凝土相同。 5．掺氧化镁混凝土宜采用强制式或自落式拌和设备搅拌，应适当延长搅拌时间，掺氧化镁混凝土的投料顺序和搅拌时间应通过生产性试验确定	**差异：** 《水工混凝土掺用轻烧氧化镁技术规范》（DL/T 5296）较《用于水泥和混凝土中的粉煤灰》GB/T 1596增加了氧化镁碱含量技术要求
20	《水工混凝土抑制碱-骨料反应技术规范》 DL/T 5298—2013 2014年4月1日实施	适用于水电水利工程的混凝土	**主要内容：** 规定了骨料碱活性检验、抑制混凝土碱-骨料反应的技术措施、抑制碱-骨料反应有效性的检验，主要内容包括： 1．骨料碱活性检验，包括取样要求、试验方法、检验结果评价。 2．抑制混凝土碱-骨料反应的技术措施，包括一般规定、水泥、掺和料、外加剂、混凝土总碱量、原材料碱含量检验。 3．抑制混凝土碱-骨料反应有效性的检验。 **重点与要点：** 1．水工混凝土宜采用非碱活性骨料。当采用碱活性骨料且需要抑制碱-骨料反应时，应采取抑制混凝土碱-骨料反应的技术措施，并进行试验论证。骨料碱活性检验包括岩相分析、碱-硅酸反应活性检验和碱-碳酸盐反应活性检验；岩相法、砂浆棒快速法、岩石柱法、砂浆长度法和混凝土棱柱体法的试验结果判定应符合相关规定。 2．活性骨料用于混凝土工程时，应采取工程措施抑制碱-骨料反应的发生。可采用掺活性掺和料、使用低碱水泥、控制混凝土总碱量等措施抑制混凝土碱-骨料反应；也可采用阻止外来水分进入混凝土内部等措施抑制混凝土碱-骨料反应。 3．采用掺加活性掺和料作为抑制措施时，掺和料的种类、掺量应通过抑制试验确定。当使用粉煤灰时，掺量不宜低于20%；当使用粒化高炉矿渣粉时，掺量不宜低于50%。	**关联：** 1．从砂砾料料场和人工骨料料场取样时，应符合《水电水利工程天然浇筑材料勘察规程》（DL/T 5388）的有关规定，每组试样的最小取样量应满足《水工混凝土砂石骨料试验规程》（DL/T 5151）的要求。 2．岩相法、砂浆棒快速法、岩石柱法、砂浆长度法和混凝土棱柱体法的试验结果判定应符合《水工混凝土砂石骨料试验规程》（DL/T 5151）的规定。 3．水泥碱含量试验方法按《水泥胶砂强度检验方法》（GB 176）执行。 4．抑制碱-骨料反应有效性试验方法应符合《水工混凝土砂石骨料试验规程》（DL/T 5151）的规定。 5．粉煤灰应符合《水工混凝土掺用粉煤灰技术规范》（DL/T 5055）的规定；宜采用Ⅰ级或Ⅱ级的F类粉煤灰，碱含量不宜大于2.00%；粉煤灰碱含量试验方法按《水泥胶砂强度检验方法》（GB/T 176）执行。 6．粒化高炉矿渣粉应符合《用于水泥混凝土中的粒化高炉矿渣粉》（GB/T 18046）的规定；粒化高炉矿渣粉碱含量不宜大于1.00%；粒化高炉矿渣粉碱含量试验方法按《水泥胶砂强度检验方法》（GB/T 176）执行。 7．硅粉的二氧化硅含量不宜小于85%，碱含量不宜大于1.50%；硅粉碱含量试验方法按《水泥胶砂强度检验方法》（GB 176）执行。 8．外加剂除应符合《水工混凝土外加剂技术规程》

续表

序号	标准名称/标准号/时效性	针对性	内容与要点	关联与差异
20			4．对1级和2级水工混凝土建筑物，宜采用抑制碱-骨料反应有效性试验（混凝土棱柱体法）进行不少于2年的长期观测。 5．碱-硅酸反应活性骨料用于工程时，工程使用的水泥、矿物掺和料等原材料应检验其抑制碱-骨料反应有效性，可6个月检验一次。水泥、矿物掺和料等原材料来源发生变化时，应重新检验其抑制碱-骨料反应有效性	（DL/T 5100）的规定外，带入混凝土中的总碱含量不宜大于0.25kg/m^3。 9．按《水电枢纽工程等级划分及设计安全标准》（DL/T 5180）对水工建筑物级别进行划分
21	《水工塑性混凝土试验规程》 DL/T 5303—2013 2014年4月1日实施	适用于水电水利工程塑性混凝土的室内试验和现场质量检验	**主要内容：** 规定了塑性混凝土拌和物试验方法和塑性混凝土试验方法，主要内容包括： 1．塑性混凝土拌和物，包括室内拌和方法、坍落度及扩散度试验、泌水率试验、密度试验、拌和均匀性试验、凝结时间试验、含气量试验。 2．塑性混凝土，包括试件的成型与养护方法、立方体抗压强度、劈裂抗拉强度试验、抗弯拉强度试验、轴心抗压强度与静力抗压弹性模量试验、抗渗等级试验、相对渗透系数试验、渗透系数试验。 **重点与要点：** 1．在拌和混凝土时，拌和间温度宜保持在20℃±5℃。混凝土拌和物应避免阳光直射及风吹，材料用量以质量计。称量精度：水泥、掺合料、水和外加剂为±0.3%，骨料为±0.5%。 2．测试塑性混凝土拌和物的实验有坍落度及扩散度试验、泌水率试验、密度试验、拌和均匀性试验、凝结时间试验（贯入阻力法）、含气量试验，并规定了各试验的试验步骤和试验结果处理要求。 3．规定了塑性混凝土试件的成型与养护方法。 4．测试塑性混凝土的试验应进行立方体抗压强度试验、劈裂抗拉强度试验、抗弯拉强度试验、轴心抗压强度与静力抗压弹性模量试验、抗渗等级试验、相对渗透系数试验、渗透系数试验，并规定了各试验的试验步骤和试验结果处理要求	**关联：** 按照《水工混凝土试验规程》（DL/T 5050）进行塑性混凝土弹性模量测试。 **差异：** 《水工混凝土试验规程》（DL/T 5050）规定静力抗压弹性模量试验时应进行3次预压，预压荷载为破坏荷载的40%，而《水工塑性混凝土试验规程》（DL/T 5303）规定预压荷载为试验破坏强度的20%且不超过0.5MPa

续表

序号	标准名称/标准号/时效性	针对性	内容与要点	关联与差异
22	《水工混凝土掺用石灰石粉技术规范》 DL/T 5304—2013 2014年4月1日实施	适用于水电水利工程掺用石灰石粉的混凝土	**主要内容：** 规定了石灰石粉材料、水工混凝土掺用石灰石粉的技术要求，掺石灰石粉混凝土的质量控制和检查，主要内容包括： 1. 石灰石粉材料，包括品质指标、包装与储运、取样与检验； 2. 水工混凝土掺用石灰石粉的技术要求； 3. 掺石灰石粉混凝土的质量控制和检查。 **重点与要点：** 1. 石灰石粉品质检验及水工混凝土掺用石灰石粉技术要求。 2. 石灰石粉储存时间超过6个月时，在使用前应重新进行检验。 3. 掺石灰石粉混凝土的和易性、强度和耐久性等指标应符合设计要求。 4. 用于水工混凝土的石灰石粉的品质指标应符合细度≤10.0、需水量比≤105、含水量比≤1.0等规定。 5. 掺石灰石粉混凝土的强度、抗渗、抗冻等设计龄期，应根据建筑物类型和承载时间确定	**关联：** 1. 石灰石粉的细度、含水量和需水量比按《水工混凝土掺用粉煤灰技术规范》（DL/T 5055）测定。 2. 掺石灰石粉的混凝土配合比设计按《水工混凝土配合比设计规程》（DL/T 5330）执行。 3. 掺石灰石粉混凝土的胶凝材料用量应符合《水工碾压混凝土施工规范》（DL/T 5112）及《水工混凝土施工规范》（DL/T 5144）的规定。 4. 掺石灰石粉常态混凝土的质量控制和检查按《水工混凝土施工规范》（DL/T 5144）的规定执行。 5. 掺石灰石粉碾压混凝土的质量控制和检查按《水工碾压混凝土施工规范》（DL/T 5112）的规定执行。 6. 石灰石粉的CaO含量按《水泥胶砂强度检验方法》（GB/T 176）测定。 7. 水泥：宜采用符合《硅酸盐水泥》（GB 175）的42.5或符合《中热硅酸盐水泥、低热硅酸盐水泥、低热矿渣硅酸盐水泥》（GB 200）的中热硅酸盐水泥，也可采用工程用水泥。 8. 标准砂：符合《中国ISO标准砂》（GSB 08—1337）中规定的0.5mm～1.0mm的中级砂。 9. 水：符合《水工混凝土施工规范》（DL/T 5144）中规定的混凝土拌和用水。 10. 搅拌机：符合《水泥胶砂强度检验方法》（GB/T 17671）规定的行星式水泥胶砂搅拌机。 11. 振实台或振动台：符合《水泥胶砂强度检验方法》（GB/T 17671）的规定。 12. 抗压强度试验机：符合《水泥胶砂强度检验方法》（GB/T 17671）的规定。 13. 将基准胶砂和试验胶砂分别按《水泥胶砂强度检验方法》（GB/T 17671）的规定进行搅拌、试件成型和养护。 14. 试件养护至28d，按《水泥胶砂强度检验方法》（GB/T 17671）的规定分别测定基准胶砂试件和试验胶砂试件的抗压强度

续表

序号	标准名称/标准号/时效性	针对性	内容与要点	关联与差异
23	《水工混凝土配合比设计规程》 DL/T 5330—2005 2006 年 6 月 1 日实施	适用于水电水利工程水工混凝土及砂浆配合比的设计	**主要内容：** 规定了水电水利工程水工混凝土及砂浆配合比的设计方法，主要内容包括： 1．混凝土配置强度； 2．混凝土配合比设计的基本参数，包括水胶比、用水量骨料极配及砂率、外加剂及掺和料量； 3．混凝土配合比的计算； 4．混凝土配合比的试配、调整和确定，包括试配、调整、确定； 5．特种混凝土配合比设计； 6．水工砂浆配合比设计，包括砂浆配合比设计的基本原则、砂浆配置强度的确定、砂浆配合比的计算、砂浆配合比的试配、调整和确定。 **重点与要点：** 1．混凝土配合比设计的原则有：应根据工程要求、结构形式、施工条件和原材料状况，配制出既满足工作性、强度及耐久性等要求又经济合理的混凝土、确定各项材料的用量。宜选取最优砂率，即在保证混凝土拌和物具有良好的黏聚性并达到要求的工作性时用水量较小、拌和物密实度较大所对应的砂率。 2．混凝土配合比设计在满足工作性要求的前提下，宜选用较小的用水量；在满足强度、耐久性及其他要求的前提下，选用合适的水胶比。 3．选取最优砂率，最优砂率应根据骨料品种品质粒径水胶比和砂的细度模数等通过试验选取。 4．混凝土用水量应根据骨料最大粒径坍落度外加剂掺和料以及适宜的砂率通过试拌确定。 5．当设计龄期为 28d 时，抗压强度保证率 P 为 95%。其他龄期混凝土抗压强度保证率应符合设计要求。 6．有抗冻要求的混凝土，必须掺用引气剂，其掺量应根据混凝土的含气量要求通过试验确定。对大中型水电水利工程，混凝土的最小含气量应通过试验确定。混凝土的含气量不宜超过 7%。 7．混凝土强度试验至少采用三个不同水胶比的配合	**关联：** 1. 进行混凝土配合比设计时应收集有关原材料的资料，并按 GB175、GB200、GB/T208、GB1344、GB/T1346、GB/T17671、GB/18046、DL/T 5055、DL/T 5151、DL/T 5152 等的要求对水泥掺和料外加剂砂石骨料及拌和用水等的性能进行试验，并符合《水工混凝土施工规范》（DL/T 5144）的规定。 2．碾压混凝土所用原材料、配合比设计尚应符合《水工碾压混凝土施工规范》（DL/T 5112）的规定。 3．结构混凝土所用原材料、配合比设计除应符合《水工混凝土结构设计》（DL/T 5057）的规定外，尚应符合下列规定：当掺用掺和料较多时，除应满足强度要求外，还应进行钢筋锈蚀及混凝土碳化试验。 4．抗冲磨混凝土所用原材料、配合比设计应符合《水工建筑物抗冲磨防空蚀混凝土技术规范》（DL/T 5207）的规定。 5．水下不分散混凝土所用原材料、配合比设计应符合《水下不分散混凝土试验规程》（DL/T 5117）的规定。 6．在没有试验资料时抗冻混凝土的水胶比，宜根据混凝土抗冻等级和所用的骨料最大粒径按《水泥胶砂强度检验方法》的要求选用；当没有试验资料时，混凝土的最小含气量应符合《水工建筑物抗冰冻设计规范》NB/T 35024 的规定。 7．混凝土的拌和，应按《水工混凝土试验规程》（DL/T 5150）执行。 **差异：** 《普通混凝土配合比设计规程》（JGJ 55）中对特种混凝土更加明确，包括抗冻、抗渗、高强、泵送、大体积混凝土的配合比设计，而本规程未明确砂浆配合比的设计

续表

序号	标准名称/标准号/时效性	针对性	内容与要点	关联与差异
23			比，其中一个应为 8.1.3 确定的配合比，其他配合比的用水量不变，水胶比一次增减，变化幅度为 0.05，砂率可相应增减 1%。当不同水胶比的混凝土拌和物坍落度与要求值的差超过允许偏差时，可通过增减用水量进行调整。 8．泵送混凝土所用原材料、配合比设计应选用连续级配骨料，骨料最大粒径不宜超过 40mm。应掺用坍落度经时损失小的泵送剂或缓凝高效减水剂、引气剂。水胶比不宜大于 0.60。胶凝材料用量不宜低于 300kg/m^3。砂率宜为 35%～45%。当掺用掺合料较多时，除应满足强度要求外，还应进行钢筋锈蚀及混凝土碳化试验。 9．喷射混凝土所用原材料、配合比设计应符合下列规定：水泥用量应较大，但也不宜超过 400kg/m^3。干法喷射水泥与砂石的质量比宜为 1:4.0～1:4.5，水胶比宜为 0.4～0.45，砂率宜为 45%～55%；湿法喷射水泥与砂石的质量比宜为 1:3.5～1:4，水胶比宜为 0.42～0.5，砂率为 50%～60%。用干湿法喷射的混合料拌制后，应进行坍落度测试，其坍落度宜为 80mm～120mm。当掺用钢纤维时，钢纤维的直径宜为 0.3mm～0.5mm，钢纤维的长度宜为 20mm～25mm，且不得大于 25mm，钢纤维的掺量宜为干混合料质量的 3.0%～6.0%	
24	《水电水利工程钻孔压水试验规程》 DL/T 5331—2005 2006 年 6 月 1 日起实施	适用于水电水利工程地质勘察中的常规钻孔压水试验	**主要内容：** 规定了水电水利工程地质勘察中的钻孔压水试验的工作内容、试验方法和技术要求，主要内容包括： 1．基本规定，包括试验方法和试段长度、压力阶段和压力值、试验钻孔、试验用水和试验人员； 2．实验设备，包括止水栓塞、供水设备、量测设备等试验设备； 3．现场试验，包括一般规定、试验设备、洗孔、试段隔离、水位观测、试验性压水、压力和流量观测； 4．试验资料整理。 **重点与要点：** 1．规定了试验参数的技术要求，钻孔压水试验程序、技术要求及试验资料整理。	**关联：** 压水试验钻孔宜采用金刚石钻进或硬质合金钻进，并按《水电水利工程钻探规程》（DL/T 5013）执行，严禁使用泥浆等护壁材料钻进。 **差异：** 1.《水利水电工程钻孔压水试验规程》（SL 31）单栓塞试验残留岩芯长度无具体要求，本规程中试段长度规定"单栓塞试验时，残留岩芯可计入试段长度之内，但其长度不宜超过 0.2m"。 2.《水利水电工程钻孔压水试验规程》（SL 31）中明确提出"钻孔压水试验人员应经过专门培训，持证上岗"，而本规程没有明确提出。 3．《水电水利工程钻孔压水试验规程》（DL/T 5331—2005 中）要求"熟练掌握试验方法与操作规程"

续表

序号	标准名称/标准号/时效性	针对性	内容与要点	关联与差异
24			2．洗孔采用压水法洗孔，洗孔钻具应下到孔底，流量应达到水泵的最大排水量；洗孔至孔口回水清洁时即可结束。当孔口无回水时，洗孔时间不得少于15min。 3．试验性压水压力应采用设计的最大压力值，延续时间宜为15min。 4．流量观测工作应每隔1min或2min进行一次，当流量无持续增大趋势且五次流量读数中最大与最小值之差小于最终值的10%或最大与最小值之差小于1L/min时，本阶段试验即可结束，取最终值作为计算值	
25	《水电水利工程混凝土断裂试验规程》 DL/T 5332—2005 2006年6月1日起实施	1. 适用于大中型水电水利工程常态混凝土和碾压混凝土。 2. 其他工程可选择执行	**主要内容：** 规定了楔入劈拉法和三点弯曲梁法测定水工混凝土断裂韧度的要求，主要内容包括： 1．楔入劈拉法测定水工混凝土断裂韧度的试件、试验装置、试验、试验结果计算、试验报告； 2．三点弯曲梁法测定水工混凝土断裂韧度的试件、试验装置、试验、试验结果计算、试验报告。 **重点与要点：** 1．同时进行两种方法的试验，测试结果有差异时，以三点弯曲梁法为准。 2．楔入劈拉法测定水工混凝土断裂韧度，断裂韧度以每组5个试件测得的算术平均值作为试验结果，如单个测值与平均值之差超过平均值的15%时，该测值应予以剔除，按余下测值的平均值作为试验结果，如可用的测值少于3个，则该组试验失败应重做试验。 3．启动加载装置，在荷载传感器、传力装置及试件即将接触时，开启数据采集系统并采集零点；加载并进行测量，加载应均匀，速率宜控制在80N/a～120N/a，直至试件破坏，每根试件的试验均按上述步骤进行，同一组试件的试验应在24h内连续完成。 4．试件的测量项目包括尺寸、预制裂缝长度、竖向荷载和裂缝口张开位移；荷载的量测分辨率不低于20N，位移的量测分辨率不低于0.5μm。	**关联：** 楔入劈拉法测定水工混凝土断裂韧度中试件的成型和养护应按《水工混凝土试验规程》（DL/T 5150）或《水工碾压混凝土试验规程》（SL 48）执行

续表

序号	标准名称/ 标准号/时效性	针对性	内容与要点	关联与差异
25			5．在进行混凝土断裂韧度试验时，宜进行同类混凝土立方体抗压强度、极限抗拉强度和弹性模量的测定，以便综合评定混凝土质量	
26	《水利水电工程钻孔土工试验规程》 DL/T 5354—2006 2007年5月1日实施	适用于水电水利工程测定地基、边坡、地下洞室、填筑土料等土的工程性质在钻孔内的试验，以及对施工质量的控制和检验	**主要内容：** 规定了在钻孔内进行土的工程性质的试验方法，主要内容包括： 1．十字板剪切试验； 2．标准贯入试验； 3．静力触探试验； 4．动力触探试验； 5．旁压试验； 6．波速试验。 **重点与要点：** 1．钻孔土工试验对象应具有代表性，包括试验内容、试验布置、试验条件应符合水电水利工程勘测、设计、施工，以及质量控制、检验的基本要求和特性。 2．分析钻孔土工试验成果时，应注意仪器设备、试验方法、试验条件、土层分布等对试验的影响。当需要估算土的工程特性参数和对工程问题作出评价时，应与土工室内和现场试验工作对比，并结合地层条件和地区经验。 3．钻孔土工试验除应符合本标准外，尚应符合国家和行业有关标准的规定。 4．十字板剪切试验方法试验应按本规程要求步骤进行。试验成果整理应按相关要求进行。 5．标准贯入试验方法确定主要仪器设备技术要求，试验应按本规程要求步骤进行，试验成果整理应按相关要求进行。 6．规定了静力触探试验方法选用主要仪器设备的技术要求。给出了试验方法和试验步骤，试验成果整理应按相关要求进行。 7．动力触探试验分轻型动力触探、重型动力触探和超重型动力触探，并应符合下列要求：	**关联：** 1．钻孔土工试验仪器和设备应符合《土工仪器的基本参数及通用技术条件》（GB/T 15406）的要求。 2．配合试验用的钻孔，除应符合试验的专门要求外，还应符合《水电水利工程钻探规程》（DL/T 5013）、《水电水利岩土工程施工及岩体测试造孔规程》（DL/T 5125）的要求

续表

序号	标准名称/标准号/时效性	针对性	内容与要点	关联与差异
26			（1）轻型动力触探试验适用于细粒类土。 （2）重型动力触探试验适用于砂类土和砾类土。 （3）超重型动力触探适用于砾类土和卵石类巨粒土。三种试验应按本规程要求步骤进行。 8．旁压试验方法适用于细粒类土、砂类土。主要仪器设备应符合本规程相关规定。试验应按本规程要求步骤进行。当出现下列情况之一时，应立即终止试验： （1）施加的压力达到仪器允许最大压力。 （2）仪器的扩张体积相当于中腔的初始固有体积。 （3）加压时压力无法升高或施加的压力有下降趋势。 9．波速试验主要仪器设备应符合本规程相关规定。单孔法试验、跨孔法试验、面波法试验应按本规程要求步骤进行。试验成果整理应按相关要求进行。 10．钻孔土工试验成果应用是以地区经验的积累为基础，由于水电水利工程的特点和工程的土层条件，岩土工程特点具有很大的差异性，要建立统一的经验关系是不可取的。这种经验关系需经工程实践的验证	
27	《水电水利工程土工试验规程》 DL/T 5355—2006 2007 年 5 月 1 日实施	适用于水电水利工程测定地基、边坡、地下洞室、填筑料等基本工程性质的室内和现场试验，以及对施工质量的控制和检验；适用于无机土	**主要内容：** 规定了土的工程分类方法和物理力学性质的试验方法，主要内容包括： 1．土的工程分类； 2．土样和试样制备； 3．含水率试验、密度试验、比重试验、颗粒分析试验、界限含水率试验、湿化试验、收缩试验、砂的相对密度试验、击实试验、毛管水上升高度试验、渗透试验、固结试验、黄土湿陷性试验、三轴剪切试验、土的三轴应力应变参数试验、孔隙压力消散试验、无侧压力消散试验、直接剪切试验、无黏性土天然休止角试验、静止侧压力系数试验、膨胀试验、单轴抗拉强度试验、振动三轴试验、共振柱试验； 4．试验成果整理和试验报告编写。 **重点与要点：** 1．土工试验对象应具有代表性。土工试验内容、试验	**关联：** 1．土工试验仪器、设备应符合《土工仪器的基本参数及通用技术条件》（GB/T 15406）的标准。 2．各类试验参数的基本参数和技术条件应符合《土工仪器的基本参数及通用技术条件》（GB/T 15406）的标准。 3．对专用性强、结构和原理较复杂、不宜进行拆卸、自行研制的试验仪器，可按《国家计量检定规程编写规则》（JJG 1002）的要求，编写校准方法

续表

序号	标准名称/标准号/时效性	针对性	内容与要点	关联与差异
27			方法、技术条件应符合水电水利工程勘测、设计、施工以及质量控制，检验的基本要求和特性。 2．土工试验资料的整理，应通过对样本的分析来研究土体单元特性及其变化规律。试验报告作为土工试验的最终成果，应能为工程实际和施工提供准确可靠的土的各类物理力学参数。 3．土的分类应根据两个土的特征指标确定，一是土的颗粒组成及级配特征，二是土的塑性指标，包括液限、塑限、塑性指数。 4．烘干法仪器设备包含烘箱（应能控制在 105℃～110℃）、天平（称重 200g 的最小分度值 0.01g，1000g 的最小分度值 0.1g）台秤（称重 5000g）。按步骤进行试验：取样，揭开盒盖，称重。 5．酒精燃烧法设备包含：称重盒、天平（200g，最小分度值 0.01g）、酒精。按步骤进行试验：取样，混合，加热，称重。 6．炒干法主要仪器设备包括：热源、金属容器、天平（1000g，最小分度值 0.1g）、台秤（5000g，最小分度值 1g），试验按相关步骤进行。 7．环刀法主要机器设备包括：环刀、天平（500g，最小分度值 0.1g；200g，最小分度值 0.01g），试验按相关步骤进行。 8．蜡封法主要仪器设备包括：融蜡设备（应可调温度）、天平（200g，最小分度值 0.01g），试验按相关步骤进行。 9．比重瓶法主要设备仪器包括：比重瓶（容积 100mL，短颈）、天平（200g，最小风分度值 0.001g）、砂浴（应能调节温度）、真空抽气设备、温度计（0℃～50℃，最小分度值 0.5℃），试验按相关步骤进行。 10．浮称法主要仪器设备包括：铁丝筐（孔径小于 5mm，边长 10cm～15cm，高 10cm～20cm）、盛水容器、浮称天平（2000g，最小分度值 0.5g），试验按相关步骤进行。 11．虹吸筒法主要仪器设备包括：虹吸筒装置、天平（2000g，最小分度值 0.5g）、台秤（5000g，最小分度值 1g）、盛水容器，试验按相关步骤进行	

续表

序号	标准名称/标准号/时效性	针对性	内容与要点	关联与差异
28	《水利水电工程粗粒土试验规程》 DL/T 5356—2006 2007年5月1日实施	适用于水电水利工程测定地基、边坡、地下洞室及填筑料基本工程性质的室内和现场试验，以及对施工质量的控制和检验	**主要内容：** 规定了粗粒土的室内和现场物理力学性质的试验方法，主要内容包括： 1．土样和试样制备； 2．相对密度试验、击实试验、渗透变形试验、反滤试验、固结试验、三轴剪切试验、直接剪切试验、现场密度试验、现场渗透试验、现场渗透变形试验、现场直接剪切试验、载荷试验。 **重点与要点：** 1．粗粒土的最大干密度和最小干密度试验应进行两次平行试验，两次试验密度的差值不得大于 $0.03g/cm^3$，取其算术平均值。 2．粗粒土试验步骤包括将全部土样风干，将表面细粒土锤散，天然含水状态土样制备应在保持天然含水率的情况下将全部土样搅和均匀，制备无黏性粗颗粒土的土样，描述粗粒的岩性、形状风化程度及细粒特性，根据相关要求的级配进行试样配置，并且要按相关方法处理超过试样允许的最大粒径颗粒，按确定的试验级配称取各粒组的土并施加所需水量后充分搅和和湿润24h，实测含水率与控制含水率相差不应大于1%。 3．粗粒土相对密度试验适用于最大粒径为60mm且能自由排水的无黏性粗粒土，粗粒土中小于0.075mm的细粒含量不得大于12%，试验采用振动台法或表面振动法测定粗粒土的最大干密度，采用倾注松填法测定粗粒土的最小干密度；主要仪器设备包括：振动台（频率为40Hz～60Hz，振幅为0mm～2mm可调）和试样筒（符合相关规定）、表面振动器和试样筒、套筒、游标卡尺（量程0mm～300mm，最小分度值0.05mm）、筛（孔径60、40、20、10、5、2、1、0.5、0.25、0.075mm）、磅秤（称量50kg，最小分度值50g）、台秤（称量10kg，最小分度值5g）；振动台法及表面振动法最大干密度试验按本规程相关步骤进行，试验结果整理应符合本规程的有关计算要求。	**关联：** 1．粗粒土的分类、含水率、比重、颗粒大小分析等试验应符合《水电水利工程土工试验规程》（DL/T 5355）的要求。 2．粗粒土试验成果整理和试验报告、室内土工仪器通用要求、土样要求与管理应符合《水电水利工程土工试验规程》（DL/T 5355）的要求。 3．配合试验用的钻孔、坑、槽、平洞，除应符合试验的要求外，还应符合《水电水利工程钻探规程》（DL 5013）、《建设工程工程量清单计价规范》（DL/T 5050）的要求

续表

序号	标准名称/标准号/时效性	针对性	内容与要点	关联与差异
28			4．粗粒土击实试验适用于粒径不大于 60mm，且不能自由排水的黏性粗粒土；主要仪器设备包括大型击实仪、台秤（称量 10kg，最小分度值 5g）、磅秤（称量 100kg，最小分度值 50g）、粗筛（孔径 60、40、20、10、5mm）；试验过程按本规程相关步骤进行。 5．粗粒土垂直渗透变形试验方法采用渗透水流从下向上，适用于粗粒类土，主要仪器设备包括垂直渗透仪、加荷设备、供水设备、测压管、温度计、量筒；粗粒土水平渗透变形试验方法适用于粗粒类土，主要仪器设备包括水平管涌仪、供水设备、测压管、温度计、量筒，试验过程按本规程相关步骤进行。 6．粗粒土固结试验方法适用于粗粒类土，采用浮环式固结仪，包括浮环式固结容器、加荷设备、百分表，磅秤、台秤、饱和设备；仪器设备满足基本参数要求，试验过程按本规程相关步骤进行。 7．粗粒土三轴剪切试验方法适用于粗粒类土，主要仪器设备包括粗粒土三轴仪、乳胶膜、制样筒；试验过程按本规程相关步骤进行。 8．粗粒土直接剪切试验方法适用于粗粒类土，剪切方式应按工程需要选择快剪、固结快剪或慢剪，本实验采用应力控制式直接剪切仪，各部件应符合相关规定；试验过程按本规程相关步骤进行。 9．现场密度试验包括灌砂法及灌水法；灌砂法适用于粒径不大于 60mm 的粗粒类土，地下水位以下不宜采用本方法，采用台秤（称量 10kg，最小分度值 5g）、钢直尺、量砂筒、套环仪器；灌水法适用于各类土，采用磅秤（称量 50kg 或 100kg，最小分度值 50g）、水平尺、台秤和套环；试验过程按本规程相关步骤进行。 10．现场渗透试验采用双环试坑注水法，适用于非饱和的砂类土和细粒土；主要仪器设备包括内环（内径 22.6cm，高 15cm）、外环（内径 45.2cm，高 15cm）、供水瓶（容量 5000mL～10000mL）、木支架、温度计（量程 0℃～50℃）、水平尺；试验过程按本规程相关步骤进行。	

续表

序号	标准名称/标准号/时效性	针对性	内容与要点	关联与差异
28			11．现场渗透变形试验包括现场垂直渗透变形试验和现场水平渗透变形试验；两试验采用的主要仪器设备包括出水仓、进水仓、测压管、供水设备、水泵、储水箱、拉杆、钢卷尺；前者试验适用于在现场对不宜长途搬运、体积较大的黏性粗粒土原状土样进行垂直渗透变形试验，后者适用于对具有一定黏结力的各类土在原位进行水平渗透变形试验；试验过程按本规程相关步骤进行。 12．现场直接剪切试验采用应力控制的平推法，适用于粗类土本身、粗粒类土中的软弱接触面以及混凝土和地基土接触面的快剪试验，主要仪器设备包括千斤顶和压力表、剪切盒、位移量测设备、传力设备、滚轴排、反力装置等；试验过程按本规程相关步骤进行。 13．载荷试验采用刚性承压板法，适用于各类土；主要仪器设备包括承压板、千斤顶和压力表、反力装置、沉降观测装置；试验过程按本规程相关步骤进行	
29	《水利水电工程岩土化学分析试验规程》 DL/T 5357—2006 2007年5月1日实施	适用于水电水利工程中岩石和土的化学成分和矿物成分的分析，以及岩石和土对水工建筑物腐蚀性的检验	**主要内容：** 规定了岩土化学成分分析和矿物成分分析的试验方法，主要内容包括： 1．风干试样含水率试验； 2．酸碱度试验； 3．易溶盐试验，包括浸出液制取，易溶盐总量测定，碳酸根和碳酸氢根测定，氯根测定，硫酸根测定，钙离子测定，镁离子测定，钾、钠离子测定； 4．中溶盐（石膏）试验； 5．难溶盐（碳酸钙）试验，包括简易碱吸收容量法、气量法； 6．有机质试验； 7．游离氧化铁试验； 8．小于2μm粒组试样分离与制备，包括物理化学分离制备法、湿研磨分离制备法； 9．岩石、土化学成分试验，包括试样制备，烧失量试验，硅的测定，铁的测定，铝的测定，钙、镁的测定，钾、钠的测定；	**关联：** 除有特殊要求外，本规程试验用水的级别应不低于《分析实验室用水规格和试验方法》（GB 6682）中规定的三级水

续表

序号	标准名称/标准号/时效性	针对性	内容与要点	关联与差异
29			10．阳离子交换量试验； 11．比表面积试验； 12．岩土矿物组成试验。 **重点与要点：** 1．岩土化学分析实验对象应具有代表性。岩土化学分析实验内容、试验方法、技术条件等应符合水利水电工程勘测设计，施工一级运行的基本要求和特性。 2．各类试验中采用的化学试剂，除特殊要求外，应采用分析纯试剂。 3．风干试样含水率试验采用烘干法，适用于有机质含量不大于5%以及含石膏较少的各类岩石和土。试验应按本规程要求步骤进行，成果整理应符合要求。 4．酸碱度试验采用电测法，试用于各类岩石和土。主要仪器设备、试剂用水和制备应符合有关要求，试验应按本规程要求步骤进行。 5．易溶盐试验中。浸出液制取适用于各类岩石和土；易溶盐总量测定试验采用烘干法，适用于各类岩石和土；碳酸根和碳酸根总量测定试验适用于各类岩石和土；氯根测定试验采用硝酸银容量法，适用于各类岩石和土；硫酸根测定——EDTA络合滴定法试验定法，适用于硫酸根含量不小于50mg/L的岩石和土；硫酸根测定法——比浊法试验，适用于硫酸根含量不小于50mg/L的岩石和土；钙离子测定试验采用EDTA络合滴定法，适用于各类岩石和土；镁离子测定试验采用EDTA络合滴定法，适用于各类岩石和土；钙镁离子测定试验采用原子吸收分光光度法，适用于各类岩石和土；钾、钠离子测定试验采用火焰光度法，适用于各类岩石和土。应按本规程要求步骤进行。 6．中溶盐（石膏）试验采用酸浸提—质量法，适用于含石膏较多的土。试验应按本规程要求步骤进行，主要仪器设备、试剂制备试验成果整理应符合要求。 7．难溶盐（碳酸钙）试验中，简易碱吸收容量法试验采用适用于碳酸盐含量较低的土、气量法适用于碳酸盐含量较低的土。试验应按本规程要求步骤进行，主要仪	

续表

序号	标准名称/标准号/时效性	针对性	内容与要点	关联与差异
29			器设备、试剂制备试验成果整理应符合要求。 8．有机质试验采用重铬酸钾容量法，适用于有机质含量不大于 15%的土。试验应按本规程要求步骤进行，主要仪器设备、试剂制备试验成果整理应符合要求。 9．游离氧化铁试验方法适用于各类岩石和土。试验应按本规程要求步骤进行，主要仪器设备、试剂制备试验成果整理应符合要求。 10．小于 2μm 粒组试样分离与制备中，物理化学分离制备法、湿研磨分离制备法应按本规程要求步骤进行，主要仪器设备、试剂制备试验成果整理应符合要求。 11．岩石、土化学成分试验中，试样制备，烧失量试验，硅的测定，铁的测定，铝的测定—差减法，铝的测定—EDTA-NaF 容量法，钙、镁的测定，钠、钾的测定试验应按本规程要求步骤进行，主要仪器设备、试剂制备试验成果整理应符合要求。 12．阳离子交换试验方法试用于粒径小于 2μm 粒组试样的各类岩石和土。试验应按本规程要求步骤进行，主要仪器设备、试剂制备试验成果整理应符合要求。 13．比表面积试验采用乙二醇吸附法，适用于粒径小于 2μm 粒组试样的各类岩石和土。试验应按本规程要求步骤进行，主要仪器设备、试剂制备试验成果整理应符合要求。 14．岩土矿物组成试验采用 X 射线分析方法，定性或半定量判断土的矿物组成，本实验方法试用于粒径小于 2μm 粒组试样的各类岩石和土。试验应按本规程要求步骤进行，主要仪器设备、试剂制备试验成果整理应符合要求	
30	《水电水利工程水流空化模型试验规程》 DL/T 5359—2006 2007 年 5 月 1 日实施	1. 适用于大中型水电水利工程的各类过水建筑物的各种过流面的水流空化模型实验。 2. 其他工程水流空化模型试验可选择执行	**主要内容：** 规定了水电水利工程水流空化模型试验的基本要求，主要内容包括： 1．相似准则，包括几何相似、水流的运动相似、弗劳德相似准则、水流空化数、缩尺影响； 2．试验研究大纲，包括工程和课题概述、实验研究目	**关联：** 1．模型的制作与放样按《水电水利工程施工测量规范》（DL/T 5173）的有关规定执行。 2．图形绘制的有关要求应按《水力发电工程 CAD 制图技术规定》（DL/T 5127）的有关规定执行

续表

序号	标准名称/标准号/时效性	针对性	内容与要点	关联与差异
30			的和内容、工程相关基本资料、国内外研究现状、模型设计制作和试验研究方法、主要试验设备和量测仪器、试验环境条件、质量控制措施、预期成果目标、进度计划、试验研究负责人和主要参加人员； 3. 试验设备与量测仪器，包括减压箱、高压箱、循环水洞、压力测量仪器、流量测量仪器、水位测量仪器、温度测量仪器、流速测量仪器、水下噪声测量仪器； 4. 模型设计； 5. 模型制作与安装； 6. 试验方法与观测内容，包括减压试验、循环水洞试验、高压试验、测量气压、测量水温、测量动力压水、测量流量和水位、根据试验要求计算或测量流速、观测流态，尤其是空化水流流态、测量水下噪声、必要时综合3～7的内容确定初生空化数； 7. 资料整理与报告编写。 **重点与要点：** 1. 模型试验前，应根据研究任务和要求，编制试验研究大纲，并根据试验过程中的实际情况进行必要的修正和不断完善。 2. 相似准则中水流空化模型试验应满足几何相似、水流的运动相似和弗劳德（Froude）相似准则。模型与原型的水流空化数应相等。在试验过程和结果中应考虑模型空化水流不能满足雷诺相似、水质相似和气核生长过程相似等原因导致的缩尺影响。 3. 水流空化实验模型应按正态模型设计。应根据上、下游水位范围（根据实际运行条件，必要时考虑初生空化数测定所需水位变幅）和设备条件确定模型比尺。 4. 水流空化模拟试验模型设计、模型制作与安装、试验方法。 5. 模型加工及安装应符合下列要求：模型过流面曲线段及连接段尺寸精度为±0.2mm。模型高程及横向尺寸精度为±0.3mm。模型的纵向尺寸精度控制在±2mm以内。 6. 资料整理与报告编写时，应绘制各种运行工况的水流时均压力分布图，必要时可包括脉动压力幅、频特性曲线	

续表

序号	标准名称/ 标准号/时效性	针对性	内容与要点	关联与差异
31	《水工沥青混凝土试验规程》 DL/T 5362—2006 2007 年 5 月 1 日实施	适用于水电水利工程沥青混凝土试验	**主要内容：** 规定了沥青、填料、细骨料、粗骨料和沥青混凝土试验方法，主要内容包括： 1．沥青，包括沥青取样、试样准备、密度试验、沥青针入度试验、沥青延度试验、沥青软化点试验（环球法）、沥青溶解度试验、沥青薄膜加热试验、沥青闪点及燃点试验（克利夫兰开口杯法）、沥青脆点试验（弗拉斯法）、沥青含水率试验、沥青蜡含量试验（蒸馏法）、乳化沥青蒸发残留物含量试验、乳化沥青与矿料的黏附性试验、乳化沥青储存稳定性试验、乳化沥青破乳速度试验； 2．填料，包括填料取样、填料筛分试验、填料密度试验、填料含水率试验、填料亲水系数试验； 3．细骨料，包括细骨料颗粒级配试验、细骨料表现密度及吸水率试验、细骨料含水率试验、细骨料含泥量试验、细骨料坚固性试验(硫酸钠溶液法)、细骨料坚固性试验(压碎法)、细骨料有机质含量试验、细骨料水稳定等级试验； 4．粗骨料，包括粗骨料颗粒级配试验、粗骨料表观密度及吸水率试验、粗骨料含水率试验、粗骨料含泥量试验、粗骨料泥块含量试验、粗骨料针片状颗粒含量试验、粗骨料压碎率试验、粗骨料坚固性试验、粗骨料与沥青的黏附性试验、骨料碱值试验； 5．沥青混凝土，包括沥青混合料的制备与现场取样、沥青混凝土马歇尔试件的制备、沥青混凝土最大密度试验、沥青混凝土密度试验、沥青混凝土抽提试验、沥青混凝土斜坡流淌值试验、沥青混凝土渗透试验、沥青混凝土单轴压缩试验、沥青混凝土水稳定性试验、沥青混凝土热稳定性试验、沥青混凝土拉伸试验、沥青混凝土小梁弯曲试验、沥青混凝土静三轴试验、沥青混凝土动三轴试验、沥青混凝土蠕变试验、沥青混凝土应力松弛试验、沥青混凝土弯曲疲劳试验、沥青混凝土流变试验、沥青混凝土线膨胀系数试验、沥青混凝土比热试验、沥青混凝土导温系数试验、沥青混凝土导热系数试验、沥青混凝土冻断试验、沥青混凝土与水泥混凝土黏结试验、沥青混凝土渗透性无损检测。	**关联：** 1．采用符合《金属丝编织网试验筛》（GB/T 6003.1）和《金属穿孔板试验筛》（GB/T 6003.2）的方孔筛。 2．沥青取样的取样器应符合《沥青取样法》（GB/T 11147）的规定。 3．沥青针入度试验所用的针入度仪应符合《沥青针入度测定法》（GB/T 4509）的要求。 4．沥青延度试验所用延度仪应符合《沥青延度测定法》（GB/T 4508）的要求。 5．沥青软化点试验所用软化点试验仪应符合《沥青软化点测定法　环球法》（GB/T 4507）的要求。 6．沥青薄膜加热试验所用薄膜加热烘箱应符合《水工混凝土掺用石灰石粉技术规范》（GB/T 5304）的要求。 7．克利夫兰开口杯式闪点仪应符合《石油产品闪点和燃点的测定　克利夫兰开口杯法》（GB/T 3536）的要求。 8．沥青脆点试验所用弗拉斯脆点仪应符合《石油沥青脆点测定法》（GB/T 4510）的要求。 9．沥青含水率试验所用含水率测定仪应符合《石油产品水分测定法》（GB/T 260）的要求。 10．细骨料有机质含量试验所用水泥砂浆应符合《水泥胶砂强度检验方法（ISO 法）》（GB/T 17671）的要求。 11．马歇尔试验仪应符合《沥青混合料马歇尔试验仪》（GB/T 11823）的要求。 **差异：** 《公路工程沥青及沥青混合料试验规程》（JTG E20）中未对粗、细骨料的取样及试验方法进行规定

续表

序号	标准名称/标准号/时效性	针对性	内容与要点	关联与差异
31			**重点与要点：** 1．各类设备选型、试验步骤、结果处理评价等应按要求进行。 2．沥青取样的取样器和盛样器应清洁、干燥，盖子应配合严密。从贮罐中取样时，每层取样后，取样器应尽可能倒净。对静态存放的沥青，不应仅从灌顶取样，也不应仅从灌底阀门流出少量沥青取样。 3．沥青针入度试验时，同一试样重复测定不少于三次，每次试验应换一根干净标准针或将标准针取下用蘸有三氯乙烯溶剂的棉花或布擦净，再用干棉花或布擦干。 4．当试验项目需要，预计沥青数量不够时，可增加盛样皿，但不应将不同品种或不同牌号的沥青同时放在一个烘箱中试验。 5．沥青含水率试验时，为避免蒸汽逸出，应在塞子缝隙上涂抹火棉胶。当进入冷凝管的水温与室温相差较大时，应用棉花塞住冷凝管的上端，以避免空气中的水蒸气进入冷凝管凝结。 6．粗骨料颗粒级配试验时，如各筛筛余质量和底盘中试样质量的总和与原试样质量相差超过 1%，应重新试验。 7．沥青混凝土马歇尔部件的制备中，成型的部件应进行检查，如高度不符合 63.5mm±13mm 时，应调整沥青混合料的用量。如试件上下面不平行，或有裂纹缺角等缺陷，应作为废品。 8．手筛时用手轻拍筛框并经常地转动筛子，直至每分钟筛出量不超过筛上试样质量 0.1%时为止，不应用手将颗粒塞过筛孔，筛下的颗粒并入下一级筛，并和下一级筛中试样一起过筛。 9．渗气仪测得的渗透系数值应与芯样的室内渗透试验结果进行比较，按统计规律对渗气仪进行校正	

续表

序号	标准名称/标准号/时效性	针对性	内容与要点	关联与差异
32	《水电水利工程岩体应力测试规程》 DL/T 5367—2007 2007年12月1日实施	适用于水电水利工程地基、围岩、边坡的岩体应力状态测试	**主要内容：** 规定了水电水利工程岩体应力的测试方法和技术要求，主要内容包括： 1．孔壁应变法测试，包括浅孔孔壁应变计测试、深孔孔壁应变计测试； 2．孔底应变法测试； 3．孔径变形法测试； 4．水压致裂法测试； 5．表面应变法测试，包括表面解除法测试、表面恢复法测试。 **重点与要点：** 1．应在岩体测试工作之前，对工程区的区域地质构造、地形地貌条件及岩体应力特征等进行分析研究，结合设计方案和勘察工作的布置，根据建筑物类型及设计要求，按本标准的基本要求选择测试方法，编写测试大纲或测试工作计划。当测试岩体原岩应力时，测试段应避开应力扰动区。 2．浅孔孔壁应变计测试适用于完整和较完整岩体。测试深度不宜大于30m。测点布置应在测段内，岩性应均一、完整。同一测段内，有效测点不应少于2个。 3．浅孔孔壁应变计测试时，中心测试孔应与解除孔同轴，两孔孔轴偏差不应大于2mm。 4．深孔孔壁应变计测试及稳定标准，包括：从钻具中引出应变计电缆，连接电阻应变仪。向钻孔内冲水，冲水10min后，每隔10min读数一次，连续三次读数相差不大于5με时，即认为稳定，并将最后一次读数作为初始读数。用套钻解除钻头在匀压匀速条件下，进行连续套钻解除，每钻进2cm读数一次。最终解除深度，即应变计中应变从位置至解除孔孔底深度，不应小于解除岩心外径的2.0倍。 5．孔底应变法测试时，测点布置应符合下列要求：当测试岩体空间应力状态时，应布置交会于岩体某点的三个测试孔，两个辅助测试孔与主测试孔夹角宜为±45°，三个测试孔宜在同一平面内。测点宜布置在交会点附近。	**关联：** 1．岩体应力测试的内容和数量，应与建筑物的规模、类型和设计阶段相适应，并符合《岩土工程勘察规范》（GB 50021）、《水力发电工程地质勘查规范》（GB50287）的要求。 2．配合岩体应力测试用的钻孔、平洞，除应符合测试工作的专门要求外，还应符合《水电水利工程钻探规程》（DL/T 5013）、《水利水电工程坑探规程》（DL/T 5050）和《水电水利岩土工程施工及岩体测试造孔规程》（DL/T 5125）的要求。需配合的岩石物理力学性质参数试验应符合《水电水利工程岩土试验规程》（DL 5368）的要求。进行钻孔岩体压水试验应符合《水电水利工程钻孔压水试验规程》（DL/T 5331）的要求。 3．测试成果和测试报告编写、测试工作基本要求，应符合《水电水利工程岩土试验规程》（DL /T5368）的要求

续表

序号	标准名称/标准号/时效性	针对性	内容与要点	关联与差异
32			6. 岩心围压试验中，采用大循环加压时，每级压力下应读一次数。采用一次逐级加压时，每级压力下应读取稳定读数。 7. 孔底应变法测试及稳定标准应符合下列标准：读取初始读数时，钻孔内冲水时间不宜小于 30min。每解除 1cm 读数一次。最终解除深度不应小于解除岩心直径的 0.8。 8. 水压致裂法测试时，测点布置应符合下列要求：测点的加压段长度应大于测试孔直径的 6.0 倍。加压段的岩性应均一，完整。应根据钻孔岩心柱状图或钻孔电视选择测点。同一测试孔内测点的数量，应根据地形地质条件、岩心变化、测试孔孔深而定	
33	《水电水利工程岩石试验规程》 DL/T 5368—2007 2007 年 12 月 1 日实施	适用于水电水利工程测定地基、围岩、边坡、填筑料等岩体基本性质的室内和现场试验，以及对施工质量的控制和检验	**主要内容：** 规定了水电水利工程岩体基本性质试验的方法和技术要求，主要内容包括： 1. 岩块试验，包括比重试验、密度试验、含水率试验、吸水性试验、膨胀性试验、耐崩解性试验、单轴抗压强度试验、冻融试验、单轴压缩变形试验、三轴试验、劈裂法抗拉强度试验、轴向拉伸法抗拉强度试验、直剪试验、点荷载强度试验； 2. 岩体变形试验，包括承压板法试验、狭缝法试验、双（单）轴压缩法试验、钻孔径向压法试验、径向液压枕法试验、水压法试验； 3. 岩体强度试验，包括混凝土与岩体接触面直剪试验、岩体软弱结构面直剪试验、岩体软弱结构面直剪蠕变试验、岩体直剪试验、岩体三轴试验、岩体载荷试验； 4. 岩石声波测试，包括岩块声波测试、岩体声波测试。 **重点与要点：** 1. 岩石试验应在了解工程地区的地质条件、设计意图、建筑物特点及其与岩体的相互关系、施工方法的基础上执行。 2. 岩体试验应布置在所研究的工程岩体位置或附近且具有代表性的岩体中。岩石试验的对象应具代表性和针对性。	**关联：** 1. 岩石试验的内容和数量，应根据工程规模、工程类型、设计阶段、工程地质条件确定，并应符合《岩土工程勘察规范》（GB 50021）、《水力发电工程地质勘察规范》（GB 50287）的要求。 2. 配合试验用的钻孔、坑槽、平洞，除应符合试验的专门要求外，还应符合《水电水利工程钻探规程》（DL 5013）、《水利水电工程坑探规程》（DL/T 5050）、《水电水利岩土工程施工及岩体测试造孔规程》（DL/T 5125）的要求。配合岩石试验的土工试验和岩土化学分析试验，应符合《水电水利工程土工试验工程》（DL/T 5355）、《水电水利工程岩土化学分析试验规程》（DL/T 5357）的要求。 3. 试验用水应不低于《分析实验室用水规格和试验方法》（GB 6682）中三级水的规定。 **差异：** 《水利水电工程岩石试验规程》（SL 264）增加了“岩体应力测试”和“工程岩体观测”

续表

序号	标准名称/标准号/时效性	针对性	内容与要点	关联与差异
33			3．岩体变形试验内容应根据岩体的变形特性、制约岩体变形的因素和工程建筑物的特点等确定。 4．岩体强度实验内容应根据岩体结构特征、影响抗滑稳定主要因素、可能的破坏形式以及建筑物的类型和重要性等确定。试体受力状态和受力方向应与工程岩体的实际工作条件相似。 5．岩块比重试验中，对含有磁性矿物的岩块，应采用磁研钵或玛瑙研钵进行粉碎，使之全部通过 0.25mm 筛孔。当使用煤油作试液时，应采用真空抽气法排除气体。当采用煮沸法排除气体时，煮沸时间在加热沸腾以后，不应少于 1h。 6．岩块单轴抗压强度试验中，试件两端面不平行度误差不应大于 0.05mm。沿试件高度，直径的误差不应大于 0.3mm。端面应垂直于试件轴线，最大偏差不应大于 0.25°。 7．密度试验中，量积法试件尺寸应大于组成岩石最大矿物颗粒直径的 10 倍。沿试件高度，直径或边长的误差不应大于 0.3mm。时间两端面不平行度误差不应大于 0.05mm。端面应垂直于试件轴线，最大偏差不应大于 0.25°。 8．承压板法试验时，加工的试点面积应大于承压板，承压板面积不宜小于 $2000m^2$。试点中心至试验洞侧壁或顶底板的距离，应大于承压板直径的 2.0 倍；试点中心至洞口或掌子面的距离，应大于承压板直径的 2.5 倍，试点中心至临空面的距离，应大于承压板直径的 6.0 倍。两试点中心间的距离，应大于承压板直径的 4.0 倍。 9．单轴压缩变形试验中，应变片应牢固地粘贴在试件上，轴向或径向应变片的数量不应少于 2 片，其绝缘电阻值应大于 200MΩ。量测轴向或径向变形的测表不应少于两只。 10．三轴试验中，圆柱形试件直径应为试验机承压板直径的 0.98 倍～1.00 倍。 11．钻孔径向加压法试验中，采用金刚石钻头钻进，孔壁应平直光滑，孔口应保护。采用钻孔膨胀计和钻孔压力计进行试验时，试验孔应铅直。试验段岩性应均一。	

续表

序号	标准名称/标准号/时效性	针对性	内容与要点	关联与差异
33			两试验点加压段边缘之间的距离不应小于 1.0 倍加压段长，加压段边缘距孔口的距离不应小于 1.0 倍加压段长，加压段边缘距孔底的距离不应小于加压段长的 0.5。 12．水压法试验中，试验洞自堵塞段里侧至洞底掌子面或两堵塞段之间的长度应大于试验洞直径的 6.0 倍，堵塞洞段外自由段长度应大于试验洞直径的 3.0 倍。试验段长应大于试验洞直径的 3.0 倍，两端距堵塞段或掌子面的距离应大于试验洞直径的 1.5 倍。 13．岩体软弱结构面直剪试验中，试体软弱结构面面积不应小于 $2500cm^2$，试体最小边长不应小于 50cm，软弱结构面以上的试体高度不应小于试体推力方向长度的 1/2。每组试验试体的数量，不应少于 5 个。 14．钻孔或风钻孔中岩体测试准备，进行孔间穿透测试时，量测两孔口中心点的距离，测距相对误差应小于 1%，当两孔轴线不平行时，应量测钻孔轴线的倾角和方位角，计算不同深度处两测点的距离。进行单孔平透折射波法测试采用一发双收时，应安装换能扶拉器。对向上倾的斜孔，应采取供水、排水措施。 15．岩石试验应按照岩块与岩体、静力法与动力法相结合的原则进行，并考虑各阶段试验的连续性	
34	《混凝土面板堆石坝挤压边墙混凝土试验规程》 DL/T 5422—2009 2009 年 12 月 1 日实施	适用于水电水利工程混凝土面板堆石坝挤压边墙混凝土的质量检测和科学试验	**主要内容：** 规定了挤压边墙混凝土性能的试验方法和挤压边墙混凝土配合比设计方法，主要内容包括： 1．烘干法含水率试验； 2．灌砂法现场密度试验； 3．蜡封法现场密度试验； 4．立方体抗压强度试验； 5．圆柱体抗压强度与静力抗压弹性模量试验； 6．渗透系数试验； 7．挤压边墙混凝土配合比设计。 **重点与要点：** 1．含水率试验是为了测定挤压边墙混凝土含水率。用其他方法时，应与本方法进行比较和校正。试验时，取	**关联：** 1．挤压边墙混凝土配合比设计中用水量按《水电水利工程土工试验规程》（DL/T 5355）中轻型击实试验确定。 2．早强减水剂按《水工混凝土外加剂技术规程》（DL/T 5100）进行检测。 3．液体速凝剂按《喷射混凝土用速凝剂》（JC 477）进行检测。 4．试件养护方法按《水工混凝土试验规程》（DL/T 5150—2001）执行

续表

序号	标准名称/ 标准号/时效性	针对性	内容与要点	关联与差异
34			不少于2000g的试样经分散后置于盒内，在105℃～110℃的烘箱内烘干，时间不少于6h，冷却后称重；每次试验进行2次平行测定，差值不大于0.5%，取其算术平均值。 2．灌砂法现场密度试验为了测定已经成型的挤压边墙混凝土的密度，用以评定挤压边墙混凝土的品质。试验时，在成型挤压边墙上选约50cm一段，削除约15cm，出露宽度不小于20cm，并削平，称重质量及试验后剩余量；在套环挖试坑约20cm，将松动试验取出放容器一同称量，取样测含水率。 3．蜡封法现场密度试验为了测定已经成型的挤压边墙混凝土的密度。试验取2000g～3000g的试样3块，放105℃～110℃的烘箱内不少于8h，清除浮渣后称重；把样品和熔化石蜡融合并称重；排除气泡后再次称重。评定时取3个试件测值平均值，最大值或最小值超过平均值0.05g/cm^{3}取另外2个，都超过则重做。 4．立方体抗压强度试验为了测定挤压边墙混凝土的抗压强度，用以评定挤压边墙混凝土的品质。取样时在施工搅拌车出料口接取未加速凝剂的拌和料约40kg装桶密封立即运回实验室。试验以3个为一组，到试验龄期时擦净，测量尺寸；保持湿润状态以0.1MPa/s速度连续均匀加载，迅速变形时停止调整油门，直至破坏，记录荷载。试验以3个测值平均值为一组，最大值或最小值之一与中间值差超中间值20%时，取中间值，均超过则重做。 5．测定挤压边墙混凝土的圆柱体抗压强度与静力抗压弹性模量，用以评定挤压边墙混凝土的品质。取样时在施工搅拌车出料口接取未加速凝剂的拌和料约60kg装桶密封立即运回实验室。圆柱体抗压强度试验以3个为一组，到试验龄期擦净，测量尺寸保持湿润状态以0.02MPa/s速度连续均匀加载，迅速变形时停止调整油门，直至破坏，记录荷载。抗压弹性模量试验以3个为一组，放入压力机缓慢施压，以0.02MPa/s，预压2.0kN，每次30s，反复3次，读数；退荷，加荷，至试件破坏，记录破坏荷载。2个试验都以3个测值平均值为一组，最大值或最小值之一与中间值差超中间值20%时，取中间值，均超过则重做。	

续表

序号	标准名称/标准号/时效性	针对性	内容与要点	关联与差异
34			6. 渗透系数试验用室内静压成型的试件，测定挤压混凝土的渗透系数，用以评定挤压边墙混凝土的品质。取样时在施工搅拌车出料口接取未加速凝剂的拌和料约60kg装桶密封立即运回实验室。试验以3个1组，采用常水头法，试验龄期前2天安装试样，2天后，将供水管连通，在设计水头差内平均分三级试验。试验结果取某一级水力比降的渗透系数取3次试验的平均值。3个试件最大渗透系数比最小比值大于10时，试验重做。 7. 挤压边墙混凝土配合比设计应根据工程要求、施工条件和原材料状况，配置出满足技术要求、工作性好、经济合理的混凝土。原料检测：骨料应具有代表性，水泥检验其强度和凝结时间，外加剂早强减水剂按DL/T 5100进行检测。液体速凝剂按JC477进行检测。试验采用同一种骨料分别按3.5%、4.5%、5.5%、6.5%水泥用量掺外加剂配制混凝土，确定各水泥用量混凝土的最佳含水率，确定每一种水泥用量的基本密度。最后按各项技术指标满足设计要求的最小水泥用量加0.5%及最优含水率推荐基本配合比。试验结果以现场试验中各项检测结果满足设计要求的水泥用量值为设计水泥用量C%，其相应现场检测干密度的代表值为设计干密度	
35	《水电水利工程锚杆无损检测规程》 DL/T 5424—2009 2009年12月1日实施	1. 适用于水电水利工程的锚杆无损检测。 2. 其他项目可选择执行	**主要内容：** 规定了水电水利工程锚杆无损检测方法和成果评定标准，主要内容包括： 1. 检测设备； 2. 检测比例及结果评定，包括检测比例，检测结果判定； 3. 现场检测，包括接收传感器和激振器安装，测试参数设定，检测记录，检测数据分析； 4. 锚杆模拟试验，包括模拟锚杆设计、施工和检测； 5. 检测成果报告。	**关联：** 本规范与《锚杆喷射混凝土支护技术规范》（GB 50086）配套使用

续表

序号	标准名称/标准号/时效性	针对性	内容与要点	关联与差异
35			**重点与要点：** 1．锚杆检测前，应收集了解与锚杆施工质量无损检测相关的工程地质和锚杆支护设计资料并制定检测方案；检测期间还应收集相关地质资料、锚杆施工质量记录和设计变更文件，并根据工程实际情况对检测方案进行调整。 2．锚杆数量检测比例，常规部分应不小于施工总数 10%，每单元或单元工程不小于 10 根；关键部分不低于 50%，每单元或单元工程不小于 20 根；临时工程 3%，不少于 5 根；常规部分达不到合格率应加倍检测。 3．锚杆饱满度可根据波形特征进行定性分析，也可采用有效长度法、能量法进行定量分析。检测前应对检测仪器设备进行检查。各部位的检测应随机抽样，发现异常应补充检测。被检测的锚杆砂浆应达 3 天以上龄期。 4．激振器激振信号脉宽参数设置为 0.5ms～1ms，时域信号记录时间不少于杆底 2 次反射所需时间。单根锚杆检测的有效波形记录不应少于 3 个，且一致性较好。锚杆饱满度按照模拟锚杆图谱进行定性评价。 5．锚杆模拟实验之前应编写试验方案，检测完成后应选用所要检测工程有代表性的锚杆类型和规格，编写模拟试验检测报告或检验总结报告。现场试验应结合有代表性的地质条件进行，并应采用拟用于工程锚杆无损检测同类型的仪器设备。室内检测完成后应刨开试验管进行复核与验证。 6．室内试验应采用与工程锚杆相同施工材料，模拟锚杆孔宜采用内径不大于 90mm 的 PVC 或 PE 等低阻抗非金属套管，其长度宜比模拟的锚杆长 1m 以上。现场试验时选在能代表被检测工程锚杆条件的部位，并不影响主体工程施工。材质与类型相同。端杆加工平整胶粘材料与所测的工程锚杆相同	

续表

序号	标准名称/标准号/时效性	针对性	内容与要点	关联与差异
36	《水工碾压混凝土试验规程》 DL/T 5433—2009 2009年12月1日实施	适用于水电水利工程碾压混凝土试验	**主要内容：** 规定了水工碾压混凝土拌和物和硬化混凝土的性能试验方法，以及碾压混凝土现场质量检测方法，主要内容包括： 1．碾压混凝土拌和物，包括拌和物室内拌和方法，拌和物工作度（*VC*值）试验，拌合物表观密度试验，拌和物含气量试验，拌和物凝结时间试验，变态混凝土的室内拌和与成型； 2．碾压混凝土，包括成型与养护方法、立方体抗压强度试验、劈裂抗拉强度试验、轴心抗拉试验、弯曲试验、抗剪强度试验、轴心抗压强度和静力抗压弹性模量试验、受压徐变试验、表观密度试验、逐级加压法抗渗性试验、渗透系数试验、快冻法抗冻性试验、自生体积变形试验、干缩及湿涨试验、导温系数试验、导热系数试验、比热试验、线膨胀系数试验、绝热温升试验； 3．全级配碾压混凝土，包括成型与养护方法、抗压强度试验、劈裂抗压强度试验、弯曲试验、轴心抗拉试验、静力抗压弹性模量试验、受压徐变试验、干缩及湿涨试验、渗透系数试验、逐级加压法抗渗性试验、相对渗透性试验； 4．现场碾压混凝土检测，包括核子密度仪法表观密度试验、拌和物仓面贯入阻力测定、平推法原位抗剪试验、芯样强度试验。 **重点与要点：** 1．碾压混凝土拌和物应采用强制式搅拌机，为室内试验提供碾压混凝土拌和物。在拌和碾压混凝土时，拌和间温度保持在20℃上下5℃；水泥、掺合料、水和外加剂的允许称量偏差为±3%，骨料的允许称量偏差为±5%。 2．*VC*值为配合比设计及施工质量控制提供依据。试验结果*VC*值以两次测量的平均值作为拌和物的*VC*值，准至1s，在2s～8s，9s～16s，17s～25s时2次结果差分别不得超过2、3、5s，否则作废。	**关联：** 1．变态混凝土成型按《水工混凝土试验规程》（DL/T 5150）中变态混凝土的要求执行。 2．本规程与《密度仪现场测试规程》（SL 275.1）配套使用。 3．本规程与《含密封源仪表的卫生防护标准》（GB/Z 125）配套使用。 4．按照《混凝土坝安全检测技术规范》（DL/T 5178）检查和率定应变计，合格才能使用。 5．根据《水电水利工程岩石试验规程》（DL/T 5368）的规定，对液压千斤顶或液压枕进行率定

续表

序号	标准名称/标准号/时效性	针对性	内容与要点	关联与差异
36			3．测定碾压混凝土拌合物的初凝和终凝时间用贯入阻力法。试验主要内容包括筛取砂浆试样，插捣置于振动台，进行测定。试验以不在同一试模中的3个测点贯入阻力的平均值作为该时刻的贯入阻力值，采用插值法，查得该碾压混凝土拌合物的终凝时间。 4．测定碾压混凝土立方体试件的抗压强度。试验以3个为一组，以0.3MPa/s～0.5MPa/s的速度连续均匀加载，直至破坏，记录破坏荷载。试验结果以3个试件测值的平均值为一组，其中最大值或最小值之一与中间值之差超过中间值的15%时，取中间值；都超过时，该组作废。 5．测定碾压混凝土的轴心抗拉强度、极限拉伸值以及抗拉弹性模量。试验以4个为一组，轴心抗拉强度试验结果准至0.01MPa，确定极限拉伸值，抗拉弹性模量准至100MPa。试件的断裂位置与变载面转折点或埋件端点的距离在20mm以内时，该值剔除，可用测值少于2个时，该组作废。 6．测定碾压混凝土及层面的抗剪强度，确定碾压混凝土抗剪特性参数，为评定碾压混凝土结构物的整体性、稳定性提供依据。试验按相关步骤进行。试验根据各级法向应力下的极限抗剪强度、残余抗剪强度、摩擦抗剪强度，作关系图，并计算。 7．测定碾压混凝土轴心抗压强度和静力抗压弹性模量。试验按相关步骤进行。轴心抗拉强度试验准至0.01MPa，轴心抗拉强度、极限拉伸值、抗拉弹性模量均以4个试件测值的平均值作为试验结果。当试件的断裂位置与变截面转折点或埋件端点的距离为20mm以内时，该测值剔除，取余下测值的平均值作为试验结果，如可用的测值少于2个，该组作废。 8．测定混凝土抗冻性能，确定碾压混凝土的抗冻等级。试验按相关步骤进行。其中相对动弹性模量下降至初始值的60%或质量损失率达5%时，即认为试件破坏，并以相应的冻融循环次数作为该混凝土的抗冻等级，用F表示。自生体积变形的实验结果以2个试件的平均值作为实验结果。以3个试件测量的平均值作为该组试件某一龄期干缩及湿涨率的试验结果，负值为收缩正值为膨胀。取2个试件测量值的平均值作为该组试件导温系数的试验结果	

续表

序号	标准名称/标准号/时效性	针对性	内容与要点	关联与差异
37	《发电工程混凝土试验规程》 DL/T 1448—2015 2015 年 9 月 1 日实施	适用于发电工程混凝土试验	**主要内容：** 规定了检验水工混凝土拌合物和水工混凝土物理、力学、耐久性能的试验方法以及现场检验水工建筑物混凝土质量的测试方法，主要内容包括： 1．混凝土拌合物，包括室内拌和方法、坍落度试验、扩展度试验、黏稠性和抗离析性试验、填充性能试验、间隙通过性试验、泌水率试验、表观密度试验、凝结时间试验、含气量试验等； 2．混凝土，包括试件的成型与养护方法、立方体抗压强度试验、劈裂抗拉强度试验、轴向抗拉强度与极限拉伸试验、弯曲试验、轴向抗压强度与静力抗压弹性模量试验、轴向抗压强度与静力抗压弹性模量试验、压缩徐变试验、干缩试验、自生体积变形试验、导温系数测定、导热系数测定、比热测定、线膨胀系数测定、绝热温升试验、抗水渗透试验、抗冻性试验、动弹性模量试验、碳化试验、土气泡参数试验（直线导线法）、电通量试验、快速氯离子迁移系数试验（RCM 法）、混凝土中钢筋锈蚀试验、混凝土中砂浆的水溶性氯离子含量测定等。 **重点与要点：** 1．用于混凝土现场取样为室内试验提供混凝土拌和物。试验取样中同一组混凝土拌和物应从同一盘或同一车混凝土中抽取，从开始取样至取样完毕时间应控制在 15min 以内人工翻拌 3 次，使其混合均匀，再进行相关试验。试验按相关步骤进行。 2．测量自密实混凝土粘稠性和抗离析性。试验按“混凝土拌和物取样及室内拌和方法”制备。其中 t_0 时间取 2 次试验结果的平均值，精确至 0.1s。 3．测量自密实混凝土拌和物通过钢筋间隙与自行填充至模板角落的能力。试验将 U 形箱水平放置，用刮刀沿 U 形箱的上缘刮平混凝土顶面后，静置 1min，迅速拉起槅门，以钢尺量测 B 室顶面至混凝土表面的高度 H_0。 4．测定骨料最大粒径不大于 37.5mm 的混凝土拌和物泌水。试验按有关混凝土拌和物操作。其中试验结果应	**关联：** 1．混凝土拌和物取样及室内拌和方法参照《普通混凝土拌和物性能试验方法标准》(GB/T 50080)中第 2 节“取样及试样的制备”制定。 2．混凝土抗冻性试中的快速冻融装置应符合《混凝土抗冻试验设备》（JG/T 243）的规定。 3．混凝土抗水渗透试验中的混凝土抗渗仪应符合《混凝土抗渗仪》（JG/T 249）的规定。 4．水工混凝土试验按照《水工混凝土试验规程》（DL/T 5150）执行。 **差异：** 1．《水工混凝土试验规程》（DL/T 5150）增加了全级配混凝土、砂浆等性能试验和现场混凝土质量检测方法。 2．混凝土碱-骨料反应试验一节与《水工混凝土试验规程》（SL 352）相比，本规程增加了砂浆棒长度法和砂浆棒快速法等内容

续表

序号	标准名称/标准号/时效性	针对性	内容与要点	关联与差异
37			精确至 1%。泌水率取 3 个试样测值的平均值。最大值或最小值，与中间值之差超过中间值的 15%，则中间值为试验结果；之差均超过中间值的 15%时，则此次试验无效。 5．混凝土性能试验制作试件试模最小边长应不小于最大骨料粒径的 3 倍。铸铁试模拼装应牢固，不漏浆，振捣时不得变形；塑料试模应表面光滑、具有足够的刚度，振捣时不变形。尺寸精度要求：边长误差不得超过 1/150，角度误差不得超过 0.5°，平整度误差不得超过边长的 0.05%。 6．测定混凝土棱柱体（或圆柱体）的轴向抗压强度和静力抗压弹性模量，试模组装后不能有变形和漏水现象。圆柱体试模的尺寸误差，直径误差应小于 1/20*d*，高度误差应小于 1/100*h*；试模底板的平整度公差应不超过 0.02mm；组装试模时，圆筒形模纵轴与底板应成直角，其允许公差为 0.5°	
38	《土石筑坝材料碾压试验规程》 NB/T 35016—2013 2013 年 10 月 1 日实施	1．适用于堆石料和过渡料、垫层料和反滤料、防渗土料的填筑碾压试验，以及对施工质量的控制和检测。 2．围堰等土石工程的填筑碾压试验可选择执行	**主要内容：** 规定了土石坝筑坝材料填筑碾压试验及其检测方法和技术要求。主要内容包括： 1．堆石料、过渡料填筑碾压试验，包括主要仪器设备，碾前工序要求，碾压试验要求，试验检测，试验成果整理； 2．垫层料、反滤料填筑碾压试验，包括主要仪器设备，碾前工序要求，碾压试验要求，试验检测，试验成果整理； 3．防渗土料填筑碾压试验，包括备料场，主要仪器设备，碾前工序要求，碾压试验要求，试验检测，试验成果整理； 4．碾压堆石体压缩试验，包括试验条件，主要仪器设备，试验前准备工作，试验，试验成果整理； 5．碾压土体渗透变形试验，包括现场垂直渗透变形试验，现场水平渗透变形试验，试验结果整理；	**关联：** 1．碾压前测量应按照《工程测量规范》（GB 50026）的有关条款规定进行。 2．料场试样的颗粒分析与含水率试验应按《水电水利工程土工试验规程》（DL/T 5355）的有关规定进行。 3．原位渗透试验渗透系数采用单环注水法测定，注水可按《水利水电工程注水试验规程》（SL 345）执行。 **差异：** 《碾压式土石坝施工规范》（DL/T 5129）中碾压试验作为附录独立章节，主要从试验目的、机械选择、试验要求、试验步骤、试验取样及资料整理等方面介绍碾压试验，未针对每种坝料及各项试验独立介绍，具体试验方法按照《水电水利工程土工试验规程》（DL/T 5355）执行

续表

序号	标准名称/ 标准号/时效性	针对性	内容与要点	关联与差异
38			6．碾压体载荷试验，包括主要仪器设备，试验要求，设备安装，试验，试验结果整理； 7．碾压体原位直剪试验，包括主要仪器设备，试验设备，设备安装，垂直负荷施加，水平负荷施加等。 **重点与要点：** 1．碾压前颗粒分析、颗粒形状测定及密度测定：在试验单元内挖坑取样，进行全颗粒分析实验。坑径为石料最大粒径的2倍～3倍，且不大于200cm。坑深为铺填厚度。 2．原位渗透试验时，每个试验单元内渗透系数有效数据应不少于2个，若发现渗透系数测定值异常且无法找出原因，应补点重测。计算值精确至0.1cm/s。 3．最佳填筑碾压参数选定以后，按选定的填筑碾压参数进行复核碾压试验。在碾压体上进行载荷、直剪、渗透变形等现场试验。每试验组合碾压后应进行不少于5点的碾后密度、颗粒分析、含水率等试验。 4．渗透水流垂直土层试样制备时，依据土层内可能的最大颗粒粒径，预定试样尺寸。试样为方形，试样尺寸大于其最大颗粒粒径的5倍且不小于30cm×30cm×30cm。 5．碾压体载荷试验点位碾压后的累计厚度不小于2.0cm，表面应整平，其长宽或直径应大于承压板直径或边长的3倍以上。同一性质碾压体载荷试验数量不应少于3个，取最小值作为承载力特性值。 6．碾压体原位直剪试验每组试样数量应为4个～5个。各试样间距不小于试样边长或直径。同组试验应在同一试验单元内布置。在试样顶面安防垫板，垫板尺寸略小于剪切盒内直径或内边长，垫板高度高于剪切盒边缘3cm～5cm。对不需要固结的试样，垂直荷载一次施加完毕，测读施加载荷后的垂直位移，5min后再测读一次，即可施加剪切荷载	

第四节　验收评价标准

序号	标准名称/标准号/时效性	针对性	内容与要点	关联与差异
1	《水电水利基本建设工程　单元工程质量等级评定标准　第 1 部分：土建工程》 DL/T　5113.1—2005 2005 年 6 月 1 日实施	1. 适用于大中型水电水利工程单元工程质量等级评定。 2. 小型水电水利工程可选择执行	**主要内容：** 规定了水电水利工程施工的开挖工程（含疏浚工程）、地基及基础工程、混凝土工程（含混凝土预制构件吊装、坝体接缝灌浆工程）的单元工程质量等级评定标准，主要内容包括： 1. 岩石边坡开挖工程； 2. 岩石地基开挖工程； 3. 岩石地下开挖工程； 4. 软基和岸坡开挖工程； 5. 疏浚工程； 6. 岩石地基灌浆工程； 7. 回填灌浆工程； 8. 基础排水工程； 9. 锚喷支护工程； 10. 预应力锚固工程； 11. 振冲法地基基础工程； 12. 混凝土防渗墙工程； 13. 钻孔灌注桩工程； 14. 高压喷射灌浆工程； 15. 混凝土工程； 16. 钢筋混凝土预制构件安装工程； 17. 坝体接缝灌浆工程。 **重点与要点：** 1. 单元工程质量等级评定应具备的条件：各工序使用的原材料、中间产品及工序验收等合格，检验资料齐全。 2. 单元工程质量检验评定程序为由施工单位自检评定，监理单位应在施工单位自检合格的基础上组织有关单位共同检查评定。 3. 岩石边坡开挖工程要求总检测点数量满足横断面间距不大于 10m，各横断面沿坡面斜长方向测点间距不大于 5m，	**关联：** 1. 岩石边坡开挖工程、岩石地基开挖工程、岩石地下开挖工程、地基开挖和岸坡处理和设计要求按《水工建筑物地下开挖工程施工技术规范》（DL/T 5099）、《水电水利工程爆破施工技术规范》（DL/T 5135）、《水工建筑物岩石基础开挖工程施工技术规范》（SL47）和设计要求施工。 2. 岩石地基帷幕灌浆和固结灌浆工程及回填灌浆工程应按照《水工建筑物水泥灌浆施工技术规范》（DL/T 5148）和设计要求施工。 3. 锚喷支护工程应按照《水电水利工程锚喷支护施工规范》（DL/T 5181）和设计要求施工。 4. 预应力锚索工程应按照《水电水利工程预应力锚索施工规范》（DL/T 5083）和设计要求施工。 5. 振冲法地基处理工程应按照《水电水利工程振冲法地基处理技术规范》（DL/T 5214）和设计要求施工。 6. 混凝土防渗墙工程应按照《水电水利工程混凝土防渗墙施工规范》（DL/T 5199）和设计要求施工。 7. 钻孔灌注桩工程应按照《建筑地基基础工程施工质量验收规范》（GB 50202）和设计要求施工。 8. 高压喷射灌浆工程应按照《水电水利工程高压喷射灌浆技术规范》（DL/T 5200）和设计要求施工。 9. 基础面或混凝土施工缝、模板加工制作安装应按《水工混凝土施工规范》（DL/T 5144）、《水电水利工程模板施工规范》（DL/T 5110）和设计要求进行施工。 10. 钢筋加工安装绑扎应按《水工混凝土钢筋施工规范》（DL/T 5169）、《钢筋机械连接通用技术规程》（JGJ 107）、《水工混凝土施工规范》（DL/T 5144）和设计要求进行施工。 11. 预埋件的加工安装应按《水工混凝土施工规范》（DL/T 5144）和《混凝土面板堆石坝接缝止水技术规范》（DL/T 5115）和设计要求进行施工。

续表

序号	标准名称/标准号/时效性	针对性	内容与要点	关联与差异
1			点数不少于6个，且局部突出或凹陷部位应增设检测点。 4．岩石地基开挖工程的质量等级评定标准。 5．单元质量的等级评定标准： （1）合格：主控项目应符合质量标准，一般项目每项应有70%测次符合质量标准。 （2）优良：主控项目应符合质量标准，一般项目每项应有90%测次符合质量标准。 6．混凝土单元工程的质量标准由基础面或混凝土施工缝、模板、钢筋、预埋件、混凝土浇筑工序及混凝土外观等的质量标准组成	12．混凝土浇筑应按《水工混凝土施工规范》（DL/T 5144）、《水工混凝土外加剂技术规范》（DL/T 5100）和设计要求进行施工。 13．坝体接缝灌浆工程应按照《水工建筑物水泥灌浆施工技术规范》（DL/T 5148）和设计要求进行施工。 14．混凝土拌和时间应通过试验确定并应符合《水工混凝土施工规范》（DL/T 5144）最少拌和时间要求掺掺合料外加剂和加冰时应延长拌和时间。 15．钢筋混凝土预制构件模板施工按照《水电水利工程模板施工规范》（DL/T 5110）中的有关规定执行制作。 **差异：** 1．《水利水电工程单元工程施工质量验收评定标准 土石方工程》（SL 631）为单独针对土石方单元工程质量等价评定。 2．《水利水电工程单元工程施工质量验收评定标准 混凝土工程》（SL 632）为单独针对混凝土单元工程质量等价评定，并增加了碾压混凝土、混凝土面板、沥青混凝土、预应力混凝土等特殊混凝土单元工程的施工质量验收评定标准。《水电水利基本建设工程 单元工程质量等级评定标准 第1部分：土建工程》（DL/T 5113.1）混凝土工程部分则主要从基础面或混凝土施工缝、模板、钢筋、预埋件、混凝土浇筑、混凝土外观等6项工序进行混凝土单元工程的施工质量评价。 3．《水利水电工程单元工程施工质量验收评定标准 地基处理与基础工程》（SL 633）为单独针对基础处理单元工程质量等价评定。 4．《水利水电工程单元工程施工质量验收评定标准 堤防工程》（SL 633）为单独针对堤防工程基础处理单元工程质量等价评定，《水电水利基本建设工程 单元工程质量等级评定标准 第1部分：土建工程》（DL/T 5113.1）不涉及堤防工程

续表

序号	标准名称/标准号/时效性	针对性	内容与要点	关联与差异
2	《水电水利基本建设工程　单元工程质量等级评定标准　第7部分：碾压式土石坝工程》 DL/T　5113.7—2015 2015年9月1日实施	适用于大中型水电水利碾压式土石坝工程中单元工程的质量等级评定，小型亦可选择执行，不适用于混凝土面板堆石坝工程	**主要内容：** 规定了施工质量评定的基本要求，包括工程中所用中间产品的质量标准、各工序的质量标准、单元工程的质量标准和质量评定，主要内容包括： 1．坝基及岸坡具体结构处理和工程质量评定； 2．水泥，混凝土浆砌石坝的及其防渗处理。 **重点与要点：** 1．单元工程质量等级评定应在原材料及中间产品符合相关标准要求，工序验收等合格，检验资料齐全的情况下进行。 2．坝基开挖质量评定检测数量采用横断面控制，且点数不少于6点，横断面间距坝基部位不大于20m，岸坡部位不大于10m，面积在0.5m^{2}以上的局部突出或凹陷部位，应增设检测点。 3．堆石料填筑质量评定检测数量采用干密度检查：主堆石区每10000m^3～100000m^{3}取样一次，每层至少一次；铺料厚度按照每10延米一个测点，每一填筑层的有效检测点数不少于20点。 4．单元质量的等级评定标准： （1）合格：主控项目应符合质量标准，一般项目每项应有70%测次符合质量标准。 （2）优良：主控项目应符合质量标准，一般项目每项应有90%测次符合质量标准	**关联：** 1．本规范部分借鉴和参考了《水利水电工程单元工程施工质量验收评定标准　土石方工程》（SL 631）的相关内容。 2．混凝土面板堆石坝单元工程划分和质量评定应按《水电水利基本建设工程　单元工程质量等级评定标准　第14部分》（DL/T 5113.14）执行；沥青混凝土心墙单元工程划分和质量评定应按《水电水利基本建设工程　单元工程质量等级评定标准　第10部分：沥青混凝土工程》（DL/T 5113.10）执行。 3．坝基以外的岸坡处理单元工程质量评定按照《水电水利基本建设工程　单元工程质量等级评定标准　第1部分：土建工程》（DL/T 5113.1）执行。 4．堆石料填筑、过渡料填筑、反滤料填筑和护坡与排水工程应符合《碾压式土石坝施工规范》（DL/T 5129）、《水电水利工程砾石土心墙堆石坝施工规范》（DL/T 5269）及相关设计要求。 5．本规范关于坝基开挖中不良地质处理涉及的均是岩石基础中的节理、裂隙断层带处理，若涉及软基或土质边坡开挖，可以借鉴《水利水电工程单元工程　工程施工质量验收评定标准　土石方工程》（SL 631）相关内容。 **差异：** 本规范中坝体填筑主要按大坝分区控制坝料填筑质量，《水利水电工程单元工程工程施工质量验收评定标准-土石方工程》（SL 631）主要按填筑料性规定质量验收评定标准
3	《水电水利基本建设工程单元工程质量等级评定标准　第8部分：水工碾压混凝土工程》 DL/T　5113.8—2012 2012年7月1日实施	适用于大中型水电水利工程中碾压混凝土单元工程的质量等级的评定	**主要内容：** 规定了水工碾压混凝土施工质量评定的基本要求，是评定水工碾压混凝土单元工程质量等级的统一尺度，主要内容包括： 1．坝基及岸坡处理质量评定； 2．坝体碾压混凝土铺筑工程质量评定； 3．碾压混凝土质量评定。	**关联：** 1．碾压混凝土的施工及试验应按照《水工碾压混凝土施工规范》（DL/T 5112）和《水工碾压混凝土试验规范》（DL/T 5433）的有关要求进行。 2．坝基及岸坡开挖、地质缺陷处理、基础处理等工序的质量评定按《水电水利基本建设工程　单元工程质量等级评定标准　第8部分：水工碾压混凝土工程》（DL/T 5113.8）的有关规定进行。

续表

序号	标准名称/标准号/时效性	针对性	内容与要点	关联与差异
3			**重点与要点：** 1．应根据设计结构及施工工艺划分单元工程。 2．单元工程质量检查的主控项目与一般项目划分，以及对应项目的质量标准。 3．对于质量评定可分为：①合格：主控项目符合标准，一般项目不少于 70%的检查点符合标准；②优良：主控项目符合标准，一般项目不少于 90%的检查点符合标准。 4．坝基及岸坡处理单元工程质量标准，由坝基及岸坡开挖、地质缺陷处理、基础处理、坝基垫层混凝土浇筑等四个工序的质量标准组成。 5．坝体铺筑工程的单元工程可按浇筑层高度或验收区、段划分，每一浇筑层高或验收区、段为一单元工程。其单元工程质量标准，由砂浆和灰浆，混凝土拌和，混凝土运输、铺筑，层间及缝面处理与防护，变态混凝土浇筑等五项工序质量标准组成。 6．碾压混凝土质量按混凝土机口及现场取样质量、芯样质量、混凝土外观质量三项进行评定，分为合格和优良两项。 7．对于异种混凝土结合部位浇筑碾压，应在两种混凝土初凝前，结合部位碾压振捣密实。 8．若进行钻孔取样，则芯样质量标准是单位工程质量评定的重要依据。 9．碾压混凝土铺筑单元工程可按浇筑层高度或验收区、段划分一个通仓为一个单元工程；一个单元工程可跨左岸非溢流坝段、溢流坝段、右岸非溢流坝段；通仓抽检的测值可更方便统计，更为了适应沥青混凝土工程施工工艺的发展，做好施工质量的控制、检查、评定和验收工作，确保工程施工质量，制定本标准有代表性	**差异：** 1．本规范与《水利水电工程单元工程施工质量验收评定标准　混凝土工程》（SL 632）相比强调了中间产品的质量检验标准。 2．本规范关于坝体碾压混凝土铺筑工程的工序（混凝土拌和、混凝土运输铺筑、层间结合、碾压混凝土与岸坡的结合、缝面处理、防护、止水等工序组成）与《水利水电工程单元工程施工质量验收评定标准　混凝土工程》（SL 632）中混凝土工程 6 大工序区别较大，验评标准也不同
4	《水电水利基本建设工程　单元工程质量等级评定标准　第 10 部分：沥青混凝土工程》 DL/T　5113.10—2012 2012 年 3 月 1 日实施	适用于水电水利工程的水工碾压式沥青混凝土单元工程施工质量的评定	**主要内容：** 规定了水工沥青混凝土施工质量评定的基本要求，是评定单元工程质量等级的统一尺度，包括工程中所用中间产品的质量标准、各工序的质量标准、单元工程的质量标准和质量评定，主要内容包括： 1．原材料及沥青混合料制备； 2．沥青混凝土面板施工； 3．沥青混凝土心墙施工。	**关联：** 1．沥青、骨料和填料的质量应符合《土石坝沥青混凝土面板和心墙设计规范（DL/T 5411）》、《水工碾压式沥青混凝土施工规范（DL/T 5363）》的规定。 2．沥青、骨料和填料的检测方法应按《水工沥青混凝土试验规程（DL/T 5362）》的规定执行。 3．沥青铺筑施工按《水工碾压式沥青混凝土施工规范（DL/T 5363）》的规定执行

续表

序号	标准名称/ 标准号/时效性	针对性	内容与要点	关联与差异
4			**重点与要点：** 1. 原材料、沥青混合料、沥青混凝土面板防渗层、整平胶结层铺筑单元质量的等级评定标准：①合格：主控项目应符合质量标准，一般项目每项应有 70%测次符合质量标准；②优良：主控项目应符合质量标准，一般项目每项应有 90%测次符合质量标准。 2. 沥青混凝土心墙单元划分可按每个连续铺筑施工区域为一个单元，也可按每个铺筑层为一个单元：当一个铺筑层施工发生中断停歇，应进行接缝处理，继续施工时应按重新铺筑划分为不同的单元。 3. 细骨料质量的检验项目包括质量标准、检验方法、检验频率。 4. 沥青混合料制备过程中，应按要求对加热沥青、加热骨料、拌和物等的进行检查控制。 5. 碾压式沥青混凝土面板若分为库底、库坡两个分部工程，其沥青混合料制备质量评定就归到各个分部工程质量统计评定。 6. 骨料的加热控制，应根据季节、气温的变化进行调整，骨料加热温度不应高出热沥青温度 20℃。 7. 沥青混凝土与混凝土面板防渗层和整平胶结层的钻孔取芯检验数量少，不是每个单元工程都进行钻孔取芯试验；因此，有钻孔取芯的单元工程，芯样检验结果才参与单元工程施工质量评定。 8. 无损检测是现场碾压沥青混凝土心墙密度、渗透系数和孔隙率质量指标检测的主要手段。采用核子密度仪，可在不破坏沥青混凝土结构的情况下，检测沥青混凝土的密度，并通过计算获得沥青混凝土孔隙率；沥青混凝土渗透系数可在施工现场采用渗气仪检测	
5	《大坝安全监测系统验收规范》 GB/T 22385—2008 2009 年 8 月 1 日实施	1. 适用于 1、2、3 级以及坝高 70m 以上的高坝或者监测系统复杂的中坝、低坝安全监测系统验收。 2. 其他水工建筑物可选择使用	**主要内容：** 规定了大坝安全监测系统验收的要求及质量标准，主要内容包括： 1. 分部工程验收、阶段验收（蓄水验收）及竣工验收等工程验收条件及技术要求； 2. 渗流、变形、应力应变及温度等监测项目的土建、仪器安装技术要求，以及监测和数据处理技术要求；	**关联：** 涉及监测自动化系统验收的相关要求，可结合《大坝安全监测自动化系统实用化要求及验收规程》（DL/T 5316）进行；有条件的，自动化系统竣工验收和实用化验收宜联合一并进行。

续表

序号	标准名称/标准号/时效性	针对性	内容与要点	关联与差异
5			3．监测自动化系统设备安装和调试、系统试运行等方面的技术要求； 4．监测资料整理整编和初步分析等方面的验收条件及技术要求。 **重点与要点：** 1．验收方法是根据工程特点，确定重点监测部位（断面）和一般监测部位（断面）以及抽查比例。 2．分部工程土建及安装项目验收合格标准，混凝土坝监测仪器设备总体完好率应达到，可更换和修复的仪器设备和表面设施完好率100%，埋入式不可更换仪器设施完好率85%以上，为合格。 3．土石坝监测仪器设备总体完好率应达到，可更换和修复的仪器设备和表面设施完好率100%，埋入式不可更换仪器设施完好率80%以上，为合格。 4．监测和资料处理，主控项目的质量合格率在95%以上，一般项目的质量合格率在90%以上。 5．监测和数据处理质量评定的主要内容有，监测方案的合理性，仪器、仪表、标尺的检验和率定的正确性，基准值取得时间、监测频次的合理性，各项误差与限差、精度是否符合要求，监测成果能否反映监测对象的变化规律等。 6．应力、应变和温度检测项目依据大坝级别不同以及坝形结构特点、应力结构特点和施工方法不同而布设不同，应符合有关规范要求	**差异：** 《水利水电工程施工质量检验与评定规程》（SL 176）中单元工程、分部工程验收评定等级为优良、合格和不合格，本规范中监测设施单元工程、分部工程的验收等级为合格和不合格
6	《水库大坝安全评价导则》 SL 258—2000 2001年3月2日实施	1.适用于已建大中型及特别重要小型水库的1、2、3级大坝（以下简称大坝）。 2.大坝包括永久性挡水建筑物以及与大坝安全有关的泄水、输水和过船建筑物及金属结构等。 一般小型水库4级以下的坝选择执行	**主要内容：** 规定了大坝安全鉴定中与水库大坝安全评价有关的工程质量评价及大坝运行管理评价的要求和方法，主要内容包括： 1．工程质量评价； 2．大坝运行管理评价； 3．防洪标准复核； 4．结构安全评价； 5．渗流安全评价； 6．抗震安全复核； 7．金属结构安全评价； 8．大坝安全综合评价。	**关联：** 1．高坝必要时应重新进行坝体或坝基的钻探和试验，按照《水利水电工程结构可靠度设计统一标准》（GB 50199）的规定确定各计算参数的标准值和设计值。 2．防洪标准复核计算的结果，应根据水库规模及所处地形特征（山区、丘陵区或平原、滨海区），满足《防洪标准》（GB 50201）的规定。 3．大坝和附属建筑物，以及有关设备的维修要点，应按《水库1程管理通则》（SLJ 702）及《土石坝养护修理规程》（SL 210）和《混凝土坝养护修理规程》（SL 230）执行。

续表

序号	标准名称/ 标准号/时效性	针对性	内容与要点	关联与差异
6			**重点与要点：** 1．水库大坝安全评价要求做到全面评价，重点突出。对有安全监测资料的水库大坝，应从监测资料分析入手，了解大坝性状。 2．坝基和岸坡处理的质量评价应首先采用历史资料分析法，必要时在进行补充勘探和试验；水库大坝应复查有关项目的施工质量是否达到了该工程设计、施工的技术要求。 3．土石坝工程质量复查重点是填料的压实干密度和相对密度合格率以及填料的轻度、变形及防渗、排水性能是否满足规范要求，防渗体和反德排水体是否可靠，以及坝坡是否稳定。 4．混凝土坝工程质量复查重点是混凝土实际的强度、抗渗、抗冻等级（标号），抗冲、抗腐蚀、抗溶蚀性能，以及变形模量等是否满足规定要求。而对工程质量的综合评价重点是大坝混凝土结构的整体性、耐久性以及基础处理的可靠性。对已发现的裂缝、剥蚀、漏水等问题需要进行调查、检测，并分析其对大坝稳定性、耐久性以及整体安全的影响。 5．当大坝上游流域内还有其他水库时，应研究各种洪水组合按梯级水库调洪方式进行防洪标准的复核。考虑上游水库拦洪作用对下游水库的有利因素时要留有足够的余地，并应考虑上游水库超标准泄洪时的安全性。 6．结构安全评价包括应力、变形及稳定分析。土石坝的重点是变形及稳定分析；混凝土坝及泄水、输水建筑物的重点是强度及稳定分析，结构安全评价应结合现场检查和监测资料分析工作进行，对已暴（揭）露出的问题或异常工况应做重点复核计算。 7．渗流安全评价包括复核工程的防渗与反滤排水设施是否完善，设计、施工（含基础处理）是否满足现行有关规范要求、检查工程运行中发生过何种渗流异常现象，判断是否影响工程安全等内容；渗流安全评价应首选监测资料分析方法，并将其分析结果与各种设计或试验给定的允许值（如各种允许比降、扬压力、安全系数等）相比较，判断大坝渗流的安危程度。 8．钢闸门安全评价的重点是对其强度、刚度和稳定性进行验算；启闭机是对启闭能力进行复核；压力钢管是对其强度、抗压外稳定性进行验算	4．监测资料整编分析工作，土石坝应按《土石坝安全监测资料整编规程》（SL 169）执行。 5．大型及重要中型水库均应按照《综合利用水库调度通则》（水管〔1993〕61号）及《水文自动测报系统规范》（SL61）要求建立水文测报站网； 6．洪水资料应按《水利水电工程设计洪水计算规范》（SL 44）要求进行复核。 7．水库大坝现状的抗洪能力应满足GB 50201及《水利枢纽工程除险加固近期非常运用洪水标准的意见》（水规〔1989〕21号）

续表

序号	标准名称/标准号/时效性	针对性	内容与要点	关联与差异
7	《防汛储备物资验收标准》 SL 297—2004 2004年5月20日实施	适用于各级防汛部门专项储备的防汛物资的验收	**主要内容：** 规定了防汛抢险所需的抢险物料、救生器材、小型抢险机具三大类防汛储备物资的验收标准，主要内容包括： 1．防汛储备物资验收的基本规定； 2．抢险物料验收标准要求； 3．救生器材验收标准要求； 4．小型抢险机具验收标准要求。 **重点与要点：** 1．防汛编织袋应是为防汛抢险专门制作的，摩擦系数大、透水性能好、抗顶破强力高的编织袋，且防汛编织袋的材质应以全新聚丙烯树脂为原料；防汛麻袋应为用于防汛抢险装土料和砂石料的专用麻袋，其材质应为黄麻或红麻；防汛土工织物不应采用或添加再生材料。 2．防汛卵砾石应为粒径在 5mm～100mm 之间的岩石颗粒，在防洪抢险中与砂料配合做反滤和压浸材料；防汛砂料应为粒径在 5mm～2mm 的岩石颗粒。 3．防汛橡皮舟应为橡胶涂覆织物制造，舟舷、舟底（或龙骨）均为气室式，充气后使用，在防汛救灾中用于人员、物资运输和救助；玻璃钢防汛抢险舟应以船外机为动力，专用于防汛抢险的玻璃钢舟，应具有重量轻、稳性及不沉性好、抗损坏能力强等特点，可在内河 B 类航区中防汛抢险救灾使用；防汛船外机应为专门与玻璃钢防汛抢险舟和防汛橡皮舟配套使用的船外机。 4．防汛汽油发电机组应为为防汛抢险小面积照明、通信和办公用供给电能的便携式汽油发电机组；防汛柴油发电机组应为防汛抢险大范围照明和小型动力设备供给电能的往复式柴油发电机组，性能在 G2 级以上，非固定式和移动式； 5．防汛电缆应为与防汛发电机组配套的三芯护套电缆，防汛电缆的规格应与对应的防汛发电机组相匹配；便携式防汛工作灯应为使用蓄电池直流（DC）供电，能满足防巡堤、观测、水下查险、发送光讯号、照明灯常规抢险要求的强弱可调的便携灯具	**关联：** 1．防汛钢管拉伸试验按《金属拉伸试验方法》（GB 228）和《金属拉伸试验试样》（GB 6397）执行；弯曲试验应按《金属管弯曲试验方法》（GB 244）执行；压扁试验按《金属管压扁试验方法》（GB 246）执行。 2．防汛钢管配套扣件的质量标准应按《钢管脚手架扣件》（GB 15831）执行。 3．防汛救生衣抽样检测按《船用救生衣》（GB 4303）和《船用工作救生衣》（GB 4304）执行。 4．防汛橡皮舟抽样检测可按《军用机动橡皮舟规范》（GJB 2311）进行。 5．防汛柴油发电机组的检测应按《往复式内燃机驱动的交流发电机组》（GB/T 2820）进行。 6．防汛投光灯抽样检测的检测方法按《灯具要求安全与试验》（GB 7000）执行

续表

序号	标准名称/标准号/时效性	针对性	内容与要点	关联与差异
8	《船闸工程质量检验评定标准》 JTJ 288—1993 1994 年 2 月 1 日实施	适用于Ⅰ～Ⅴ级船闸和Ⅵ～Ⅶ级船闸属于一～三等水工建筑物的工程质量检验评定	**主要内容：** 规定了船闸工程质量检验评定技术标准，主要内容包括： 1．船闸工程质量检验评定等级及其规定； 2．基槽及引航道开挖、地基处理工程、混凝土及钢筋混凝土工程、砌筑工程、桩基工程、混凝土及钢筋混凝土预制构件安装工程、墙后工程等土建工程质量检验评定技术要求； 3．沉降缝、伸缩缝及止水工程质量检验评定技术要求； 4．钢结构工程、启闭机及供电、照明、控制设备与安装工程质量检验评定技术要求； 5．闸门、阀门、启闭机和电气控制设备联合调试质量检验评定技术要求； 6．附属设施及附属工程质量检验评定等技术要求。 **重点与要点：** 1．土基开挖至设计标高时，必须检验现场地质情况，核对其依据的地质资料是否相符；基槽不得被水浸泡或受冻，并严禁扰动等。 2．混凝土及钢筋混凝土工程的模板及支架必须具有足够的强度、刚度和稳定性。且其品种、规格和质量必须要符合设计要求和有关规定。 3. 钻孔灌注桩的桩顶浮浆及松散混凝土必须凿除干净，并且在灌注混凝土过程中不得间断，导管严禁进水。 4．严禁在沉降缝、伸缩缝内和缝宽两侧各 50mm 以及钢筋净保护层范围内打眼、割口或用钉子固定止水带。 5．钢结构制作的焊工必须持有相应工艺和施焊条件的资格证书，而且钢结构一、二级焊缝内部质量、必须经超声波或 X 射线探伤检查，检查结果必须符合有关规定规范。 6．电缆在水下和电缆管道内必须整根敷设，不得有中间接头；导线间和导线与大地之间的绝缘电阻必须大于 0.5MΩ；而且发电机安装与运行必须符合设计要求和相关规定规范	

第四章 金结专业标准

第一节 设计标准

序号	标准名称/标准号/时效性	针对性	内容与要点	关联与差异
01	闸门及拦污栅			
1	《水利水电工程钢闸门设计规范》 SL 74—2013 2013 年 11 月 26 日实施	1. 适用于大中型水利水电工程钢闸门及拦污栅的设计。 2. 小型水利水电工程可选择执行	**主要内容：** 规定了水工钢闸门设计的原则、方法、主要内容和技术要求，主要内容包括： 1. 闸门总体布置； 2. 闸门荷载设计； 3. 材料及容许应力； 4. 结构设计； 5. 零部件设计； 6. 埋件的设计； 7. 闸门启闭力计算和启闭机的选择。 **重点与要点：** 1. 采用不锈钢板制造顶、侧止水板时，其加工后的厚度应不小于 4mm。 2. 在设计中不应任意加大焊缝，避免焊接立体交叉和在一处集中多条焊缝，同时焊缝的布置宜对称于构件形心轴。 3. 采用刚性止水兼作支承的平面闸门，其刚性止水与止水板的配合间隙应满足止水要求，其配合面的平面度不低于 5 级精度。	**关联：** 1. 船闸闸（阀）门及启闭机设计应符合《船闸闸阀门设计规范》（JTJ 308）、《船闸启闭机设计规范》（JTJ 309）的规定。 2. 闸门承载结构的钢材质量应符合《碳素结构钢》（GB/T 700）、《低合金高强度结构钢》（GB/T 1591）、《锅炉和压力容器用钢板》（GB 713）《桥梁用结构钢》（GB/T 714）的规定。 3. 闸门支承结构的铸钢件可采用《一般工程用铸造碳钢件》（GB/T 11352）规定的铸钢，或采用《大型低合金铸钢件》（JB/T 6402）规定的合金铸钢。 4. 闸门所采用的铸铁件应符合《灰铸铁件》（GB/T 9439）的规定。 5. 闸门的吊杆轴、连接轴、主轮轴、支铰轴可采用《优质碳素结构钢》（GB/T 699）规定的 35 号、45 号钢，也可采用《合金结构钢》（GB/T 3077）规定的合金结构钢。 6. 闸门止水板及支承滑道所采用的不锈钢宜采用《不锈钢热轧钢板和钢带》（GB/T 4237）规定的不锈钢。 7. 闸门结构及泄水孔道钢衬宜选用《不锈钢冷轧钢板

续表

序号	标准名称/ 标准号/时效性	针对性	内容与要点	关联与差异
1			4．采用铜合金的底槛应与闸门底水封保持平行。 5．焊件厚度大于 20mm 的角接接头焊缝，应采用收缩时不易引起层状撕裂的构造；对接焊缝出现 T 形交叉时，交叉的间距不应小于 200mm。 6．闸门及埋件结构，不应采用间断焊缝。 7．承受主要荷载的结构不应采用塞焊。 8．闸门埋件应采用二期混凝土安装。 9．各种钢结构闸门、拦污栅在不同条件下启闭力计算及相应启闭机的选择。 10．快速闸门关闭时间应满足对机组和钢管的保护要求，在接近底槛时其下降速度不应大于 5m/min。 11．抽水蓄能电站的拦污栅设计应考虑双向水力作用下的水动力影响，并计算栅条的振动	和钢带》（GB/T 3280）规定的不锈钢。 8．闸门止水材料应采用《水闸橡胶密封件》（HG/T3096）橡胶、橡塑复合水封或金属水封。 9．焊条电弧焊用的焊条应符合《非合金钢及细晶粒钢焊条》（GB/T 5117）、《热强钢焊条》（GB/T 5118）、《不锈钢焊条》（GB/T 983）的规定。 10．锚筋或锚板的材料可采用《碳素结构钢》（GB/T 700）规定的 Q235 钢、《低合金高强度结构钢》（GB/T 1591）规定的 Q345 钢。 11．高强度螺栓连接副应符合《钢结构用高强度大六角头螺栓》（GB/T 1228）、《钢结构用高强度大六角螺母》（GB/T 1229）、《钢结构用高强度垫圈》（GB/T 1230）、《钢结构用高强度大六角螺栓、大六角螺母、垫圈技术条件》（GB/T 1231）、《钢结构用扭剪高强度螺栓连接副》（GB/T 3632）的规定。 12．埋件二期混凝土强度等级可执行《水工混凝土结构设计规范》（SL 191）的规定。 13．闸门防腐蚀涂料的选用应符合《水工金属结构防腐蚀规范》（SL 105）和《水电水利工程金属结构设备防腐蚀技术规程》（DL/T 5358）的规定。 14．结构计算中整体稳定性和局部稳定性验算，以及焊接和螺栓连接的构造要求应按《钢结构设计规范》（GB50017）的规定进行
02	启闭机			
2	《水电水利工程启闭机设计规范》 DL/T 5167—2002 2002 年 12 月 1 日实施	适用于水电水利工程以电力驱动为主，用以启闭闸门、拦污栅的固定式启闭机和移动式启闭机	**主要内容：** 规定了水电水利工程启闭机的设计原则、荷载、材料、机构等要素，主要内容包括： 1．启闭机设计基本符号规定； 2．设计原则和要求； 3．荷载计算； 4．材料选用； 5．启闭机机构设计； 6．启闭机结构设计；	**关联：** 1.《水电水利工程液压启闭机设计规范》（NB/T 35020）。 2.《水利水电工程启闭机设计规范》（SL 41）。 3．碳素钢铸件材料选用应符合《一般工程用铸造碳钢件》（GB/T 11352）的规定。 4．合金钢铸件材料选用应符合《合金铸钢》（JB/ZQ 4297）的规范。 5．灰铸铁件材料选用应符合《灰铸铁件》（GB/T 9439）的规定。

续表

序号	标准名称/ 标准号/时效性	针对性	内容与要点	关联与差异
2			7. 启闭机电气设计。 **重点与要点：** 1. 高扬程启闭机： （1）排绳装置卷筒绳槽钢丝绳返回处应有凸缘； （2）自由双层卷绕钢丝绳返回处应有返回缘； （3）大于2倍率双联滑轮的定滑轮组铰接在滑轮组支架上，钢丝绳与定滑轮组支承梁不应有干扰；防止动滑轮组、钢丝绳与闸门门槽的干扰。 （4）折线绳槽卷筒槽返回处应有返回凸缘，同时注意卷筒折线长度和绳槽倾斜角。 2. 弧形闸门启闭机： （1）吊点设在挡水面板前的露顶式弧形闸门卷扬式或盘香式启闭机，钢丝绳及吊具应紧贴于弧形闸门面板，应注意钢丝绳吊具与吊耳间的联结方式； （2）吊点设在挡水面板后的露顶式弧形闸门卷扬式启闭机，可采用平面闸门卷扬式启闭机替代或改装；注意滑轮组的缠绕和转向方式，闸门双吊点同步升降； （3）盘香式启闭机起吊露顶式弧形闸门时，应有钢丝绳调节装置。 3. 启闭机起吊中心线与平面闸门起吊中心线一致。 4. 操作泄洪或其他应急闸门的启闭机，必须有可靠的备用电源。 5. 快速闸门启闭机按要求确定闸门下降速度。并有减速装置，闸门接近底槛的速度不大于5m/min。 6. 双吊点闸门，启闭机应有同步措施。 7. 有充水要求的闸门，启闭机应有能满足小开度精度的措施	6. 球墨铸铁选用应符合《球墨铸铁件》（GB/T 1348）的规定。 7. 铜合金铸件材料选用应符合《铸造铜及铜合金》（GB/T 1176）的规定。 8. 碳钢锻件材料选用应符合《优质碳素结构钢》（GB/T 699）的规定。 9. 合金钢锻件选用应符合《合金结构钢》（GB/T 3077）的规定。 10. 不锈钢锻件选用应符合《大型不锈、耐酸、耐热钢锻体》（JB/T 6398）的规定。 11. 金属结构材料选用应符合《碳素结构钢》（GB/T 700）或《低合金高强度结构钢》（GB/T 1591）的规定。 12. 手工焊接的焊条应采用《非合金钢及细晶粒钢焊条》（GB/T 5117）和《热强钢焊条》（GB/T 5118）规定的型号；自动焊和半自动焊应采用焊缝与主体金属强度相适应的焊丝和相应的焊剂。 13. 铆钉连接材料选用应符合《铆钉技术条件》（GB/T 116）的规定。 14. 螺钉和螺柱的材料应符合《紧固机械性能　螺栓、螺钉和螺柱》（GB/T 3098.1）、《紧固件机械性能　紧定螺钉》（GB/T 3098.3）的规定。 15. 螺母的材料应符合《紧固件机械性能　螺母　粗牙螺纹》（GB/T 3098.2）、《紧固件机械性能　螺母　细牙螺纹》（GB/T 3098.4）的规定。 16. 不锈钢螺栓、螺钉、螺柱和螺母的材料应符合《紧固件机械性能　不锈钢螺栓、螺钉和螺柱》（GB/T 3098.6）的规定。 17. 高强度螺栓、螺母、垫圈的材料应符合《钢结构用高强度大六角螺栓、大六角螺母、垫圈》（GB/T 1231）、《钢结构用扭剪型高强度螺栓连接副技术条件》（GB/T 3632）的规定。 18. 高强度螺栓、螺母、垫圈的材料应符合GB/T 1231、GB/T 3632的规定。 19. 液压系统中液压油清洁度应达到《油品洁净度分级

续表

序号	标准名称/ 标准号/时效性	针对性	内容与要点	关联与差异
2				标准》（NAS 1638）规定的7级～9级，或满足《液压转动　油液　固体颗粒污染等级代号》（GB/T 14039）中16/13级～18/15级的要求。 20．滑轮和卷筒的铸铁材料不低于GB/T 9439规定中的HT200。 21．轴的材料选用应符合GB/T 699和GB/T 3077的规定。 22．车轮常用材料选用应符合GB/T 699、GB/T 11352和JB/ZQ 4297的规定。 23．起重螺杆选用应符合GB/T 700的规定。 **差异：** 1．《水电水利工程液压启闭机设计规范》（NB/T 35020）对液压启闭机设计进行了翔实的规定。 2．《水利水电工程启闭机设计规范》（SL 41）： （1）启闭机基础梁底缘离开闸门顶运行轨迹线的最小距离不应小于0.1m。 （2）启闭机在启闭过程中钢丝绳不得被机架、门叶干扰，闸门全开后吊耳中心至启闭机起吊中心的联线与铅垂线的夹角不大于15°。 （3）启闭机动滑轮组、钢丝绳与闸门门槽等建筑物应留有适当间距，不得有接触。 （4）规定了启闭机的利用等级和工作级别。 （5）用于水利工程如挡潮闸、泵站等启闭机的设计
3	《水电水利工程液压启闭机设计规范》 NB/T　35020—2013 2013年10月1日实施	适用于水利水电工程采用电力—液压驱动方式，用以启闭各类闸门、阀门的液压启闭机和操作液压式自动挂脱梁移轴装置的液压设备	**主要内容：** 规定了水电水利液压启闭机的设计原则、荷载、材料、设备和结构等设计要素，主要内容包括： 1．基本资料、参数、启闭机形式等的基本规定； 2．设计原则和要求； 3．荷载计算； 4．材料选用； 5．液压系统及设备设计； 6．结构件设计； 7．电气设备配置。	**关联：** 1．《水电水利工程启闭机设计规范》（DL/T 5167）。 2．液压启闭机设备防腐蚀措施应符合《水电水利工程金属结构设备防腐蚀技术规程》（DL/T 5358）的规定。 3．液压系统中液压油清洁度应达到《油品洁净度分级标准》（NAS 1638）规定的7级～9级，或满足《液压转动　油液　固体颗粒污染等级代号》（GB/T 14039）中16/13级～18/15级的要求。 4．液压工作介质质量应符合《液压油（L-HL、L-HM、L-HV、L-HS、L-HG）》（GB/T 11118.1）的规定。

续表

序号	标准名称/ 标准号/时效性	针对性	内容与要点	关联与差异
3			**重点与要点：** 1．液压启闭机选型、布置及设计计算的必要准则和技术依据。 2．液压启闭机设备应采取防潮、防风、防腐蚀、防风沙、防冻、防日照等保护措施。 3．液压启闭机的机械零件和结构件一般不进行疲劳强度计算。 4．液压启闭机的设备运输单元尺寸、重量和刚度应符合有关运输条件的规定。 5．快速闸门液压启闭机按闸门关闭时间要求设计液压回路、限速措施和缓冲减速装置。闸门接近底槛的速度不大于 0.08m/s。 6．启闭双吊点平面闸门的液压启闭机应设置闭环同步控制回路或同步偏差控制措施。 7．必须满足启闭带充水阀或小开度开启闸门充水控制的要求。 8．浸没在水中的紧固件应有效防腐蚀或采用优质不锈钢。 9．液压泵输出口最高工作压力宜小于 $28N/mm^2$。 10．液压阀组额定压力和流量应大于或等于最高工作压力和流量的 1.2 倍。 11．缸体、活塞杆材料不低于 GB/T 699 中的 35 号钢并作 100%无损检测，铰轴不低于 45 号钢。 12．液压和电控系统必须设置超压和欠压保护回路，液压缸应设行程极限开关	5．液压缸缸体材料选用应符合《结构用无缝钢管》（GB/T 8162）的规定。 6．液压缸缸体、活塞杆、吊头、端盖、活塞、吊轴、铰轴等材料力学性能不应低于《低合金高强度结构钢》（GB/T 1591）或《优质碳素结构钢》（GB/T 699）的规定。 7．中间支承铰轴梁材料力学性能不应低于《一般工程用铸造碳钢件》（GB/T 11352）的规定。 8．液压缸支承结构的主要承载构件力学性能不应低于《碳素结构钢》（GB/T 700）或 GB/T 1591 的规定。 9．铸造碳钢件材料选用应符合 GB/T 11352 的规定。 10．合金铸钢件材料选用应符合《大型低合金钢铸件》（JB/T 6402）的规定。 11．灰铸铁件材料选用应符合《灰铸铁件》（GB/T 9439）的规定。 12．球墨铸铁件材料选用应符合《球墨铸铁件》（GB/T 1348）的规定。可锻铸铁件材料选用应符合《可锻铸铁件》（GB/T 9440）。 13．铜合金铸件材料选用应符合《铸造铜合金技术条件》（GB/T 1176）的规定。 14．碳素钢锻件和轧制件材料选用应符合 GB/T 699 或《大型碳素结构钢锻件技术条件》（JB/T 6397）的规定。 15．低合金钢锻件和轧制件材料选用应符合《低合金高强度结构钢》（GB/T 1591）的规定。 16．合金钢锻件和轧制件材料选用应符合《合金结构钢》（GB/T 3077）、《大型合金结构钢锻件技术条件》（JB/T6396）的规定。 17．不锈钢锻件和轧制件材料选用应符合《不锈钢棒》（GB/T 1220）的规定。 18．主要承载的金属结构材料力学性能不低于 GB/T 700 的规定。 19．用于金属结构件和液压管道的不锈钢材料选用应符合《不锈钢和耐热钢牌号及化学成分》（GB/T 20878）的规定。 20．液压管道应优先采用《流体输送用不锈钢无缝钢管》（GB/T 14976）规定的无缝钢管。

续表

序号	标准名称/ 标准号/时效性	针对性	内容与要点	关联与差异
3				21．手工焊接的焊条应采用《非合金钢及细晶粒钢焊条》（GB/T 5117）、《热强钢焊条》（GB/T 5118）、《气体保护电弧焊用碳钢、低合金钢焊丝》（GB/T 8110）规定的焊丝和焊剂。 22．自动焊和半自动焊焊丝应采用《埋弧焊用碳钢焊丝和焊剂》（GB/T 5293）、《气体保护电弧焊用碳钢、低合金钢焊丝》（GB/T 8110）规定的焊丝和焊剂。 23．螺纹连接碳钢、合金钢螺栓、螺钉、螺柱和螺母材料机械性能及材料应符《紧固机械性能　螺栓、螺钉和螺柱》（GB/T 3098.1）、《紧固件机械性能　螺母　粗牙螺纹》（GB/T 3098.2）、《紧固件机械性能　紧定螺钉》（GB/T 3098.3）、《紧固件机械性能　螺母　细牙螺纹》（GB/T 3098.4 的规定。 24．螺纹连接不锈钢螺栓、螺钉、螺柱和螺母的机械性能各材料应符合《紧固件机械性能　不锈钢螺栓、螺钉和螺柱》（GB/T　3098.6）、《紧固件机械性能　不锈钢螺母》（GB/T　3098.15）、《紧固件机械性能　不锈钢紧定螺钉》（GB/T 3098.16）的规定。 25．高强度螺栓、螺母及垫圈的材料应符合《钢结构用高强度大六角螺栓、大六角螺母、垫圈技术条件》（GB/T 1231）、《结构钢用扭剪型高强度螺栓连接副》（GB/T 3632）的规定。 26．大于 M24 的扭剪型高强度螺栓副和大于 M30 的高强度螺栓副，应符合 GB/T 3098.1、GB/T 3098.2 的规定。 **差异：** 《水电水利工程启闭机设计规范》（DL/T 5167）侧重于固定式、移动式启闭机的机构和结构设计的相关规定；快速闸门接近底槛的速度不大于 0.08m/s，严于 DL/T 5167
4	《水电工程固定卷扬式启闭机通用技术条件》 NB/T　35036 —2014 2014 年 11 月 1 日实施	适用于水电工程平面闸门、弧形闸门以及其他类型闸门的固定卷扬式启闭机	**主要内容：** 规定了水电工程固定卷扬式启闭机的技术要求、试验方法和验收规则，以及标志、包装、运输和存放要求，主要内容包括： 1．卷扬式启闭机环境条件； 2．主要材料及主要设备的技术要求； 3．启闭机试验程序、方法，以及验收程序和标准；	**关联：** 1．《水电水利工程启闭机设计规范》（DL/T 5167）。 2．《水利水电工程启闭机设计规范》（SL 41）。 3．主要结构件材料选用宜符合《碳素结构钢》（GB/T 700）、《低合金高强度结构钢》（GB/T 1591）的规定。 4．铸造的卷筒、滑轮、轴承座等材料，以及联轴器、制动轮、调速器的活动锥套不锈钢件材料，开式齿轮和齿

续表

序号	标准名称/标准号/时效性	针对性	内容与要点	关联与差异
4			4. 启闭机标志、包装、运输及存放的技术要求。 **重点与要点：** 1. 启闭机使用地点的海拔大于1000m时，应对电动机等设备进行校核。 2. 启闭机的工作环境温度宜在0℃～40℃，湿度低于85%，露点高于3℃，如使用地点的工作环境温度超出上述范围及有特殊要求时，应采取必要的措施。 3. 钢丝绳不允许接长使用。水中工作的钢丝绳，应选用镀锌钢丝绳或不锈钢钢丝绳。 4. 卷筒筒体的对接焊缝和筒体与腹板的连接焊缝间距不应小于400mm。 5. 铸造滑轮、联轴器、制动轮及制动盘、开式齿轮出现不可接受的缺欠或裂纹应报废。 6. 制动闸瓦与制动轮（制动盘）的实际接触面积不得小于总面积的75%。 7. 开式齿轮的精度应不低于GB/T 10095.1和GB/T 10095.2中的要求。 8. 开式齿轮的轴孔内不允许焊补。 9. 高度指示器的检测精度不低于2mm，并显示到毫米级。 10. 荷载控制器的系统精度不低于2%，传感器精度不低于0.5%。 11. 当监视两个以上吊点时，仪表应能分别显示各吊点启闭力。 12. 在滑动轴承摩擦表面上，不应有碰伤、气孔，砂眼、裂缝及其他缺欠。 13. 漆膜附着力不应低于GB/T 9286中的2级质量要求。 14. 整个电气线路的绝缘电阻必须大于0.5MΩ，才能开始工地试验。空载试验上下全程往返3次；动水启闭的工作闸门或动水闭静水启的事故闸门，应在设计水头动水工况下升降两次；快速闸门，应在设计水头动水工况下机组导叶开度100%甩负荷工况下，进行全行程的快速关闭试验	轮轴铸钢件材料，不应低于《一般工程用铸造碳钢件》（GB/T 11352）的规定。 5. 焊接卷筒、焊接轴承座的材料不应低于《碳素结构钢》（GB/T 700）的规定。 6. 轧制滑轮的材料应符合《轧制滑轮》（JT/T 5028）的规定。 7. 联轴器、制动轮、调速器的活动锥套和开式齿轮和齿轮轴锻轧件材料、卷筒轴和传动轴的材料不应低于《优质碳素结构钢》（GB/T 699）的规定。 8. 结构件焊缝质量应符合《水电工程启闭机制造安装及验收规范》（NB/T 35051）的规定。钢丝绳应符合《重要用途钢丝绳》（GB/T 8918）的规定。 9. 钢丝绳端部固定连接的安全要求应符合《起重机械安全规程　第1部分：总则》（GB 6067.1）的规定。 10. 卷筒绳槽底径公差不应大于《产品几何技术规范（GPS）极限与配合　公差带和配合的选择》（GB/T 1801）中的规定值。 11. 铸造滑轮绳槽的径向圆跳动公差不应大于《形状和位置公差　未注公差值》（GB/T 1184）中的11级，沿绳槽的端面全跳动公差不大于10级。 12. 弹性联轴器的组装应符合《梅花形弹性联轴器》（GB/T 5272）或《弹性柱销联轴器》（GB/T 5014）的规定。 13. 齿轮联轴器的组装应符合GB/T 26103.1～GB/T 26103.5的规定。 14. 制动轮外圆与轴孔的同轴度，制动盘端面对轴孔的垂直度，不大于GB/T 1184中8级。 15. 制动器应符合《电力液压鼓式制动器》（JB/T 6406）、《电力液压盘式制动器》（JB/T 7020）的规定。 16. 开式齿轮的精度应不低于GB/T 10095.1和GB/T 10095.2的要求。 17. 电气控制设备应符合《起重机电控设备》（JB/T 4315）的规定。 18. 主要构件的除锈等级应达到《涂覆涂料前钢材表面处理　表面清洁度的目视评定》（GB/T 8923）中的Sa2 1/2级。

续表

序号	标准名称/标准号/时效性	针对性	内容与要点	关联与差异
4				19．涂装颜色应符合《漆膜颜色标准》（GB/T 3181）的规定。 20．漆膜附着力不应低于《色漆和清漆漆膜的划格试验》（GB/T 9286）中的2级质量要求。 21．精密零件、电气柜及仪表等的箱装，应符合《机电产品包装通用技术条件》（GB/T 13384）的规定。 **差异：** 1．《水电水利工程启闭机设计规范》（DL/T 5167）侧重于固定式、移动式启闭机的机构和结构设计的相关规定。 2．《水利水电工程启闭机设计规范》（SL 41）： （1）启闭机动滑轮组、钢丝绳与闸门门槽等建筑物应留有适当间距，不得有接触。 （2）规定了启闭机的利用等级和工作级别。 （3）用于水利工程如挡潮闸、泵站等启闭机的设计。
5	《水利水电工程启闭机设计规范》 SL 41—2011 2011年9月10日实施	适用于水利水电工程以电力驱动为主，用以启闭闸门、拦污栅的卷扬式启闭机、液压启闭机、螺杆启闭机和链式启闭机	**主要内容：** 规定了水利水电工程启闭机设计原则、内容、深度和方法，主要内容包括： 1．启闭机选型、布置的基本规定； 2．荷载分析及计算； 3．材料选择的技术要求； 4．卷扬式启闭机设计； 5．液压式启闭机设计； 6．螺杆式启闭机和链式启闭机设计； 7．电气传动控制要求。 **重点与要点：** 1．按不同要求选用不同的启闭机的工作级别。 2．启闭机的结构件应进行强度、稳定性和刚度计算。 3．快速闸门启闭机的快速关闭回路的控制电源，应按全站交流电压失电条件设置。 4．启闭机的动滑轮组、钢丝绳等应与闸门门槽等建筑物之间留有适当的间距。 5．平面闸门启闭机的起吊中心线应与闸门起吊中心线一致。	**关联：** 1．铸造碳钢件材料选用应符合《一般工程用铸造碳钢件》（GB/T 11352）的规定。 2．低合金钢铸件材料选用应符合《大型低合金钢铸件》（JB/T 6402）的规定。 3．灰铸铁件材料选用应符合《灰铁铸件》（GB/T 9439）的规定。 4．球墨铸铁件材料选用应符合《球墨铸铁件》（GB/T 1348）的规定。 5．轴承铜合金铸件材料选用应符合《铸造铜及铜合金》（GB/T 1176）的规定。 6．碳钢锻件材料选用应符合《优质碳素结构钢》（GB/T 699）的规定。 7．合金钢锻件材料选用应符合《合金结构钢》（GB/T 3077）的规定。 8．不锈钢锻件材料选用应符合《大型不锈、耐酸、耐热钢锻件》（JB/T 6398）的规定。 9．结构件的板材与型材选用应符合《碳素结构钢》（GB/T 700）或《低合金高强度结构钢》（GB/T 1591）的规定。

续表

序号	标准名称/标准号/时效性	针对性	内容与要点	关联与差异
5			6．操作泄洪等应急闸门的启闭机，必须设置可靠的备用电源。 7．固定卷扬式启闭机应符合下列规定： （1）卷筒式启闭机的卷筒上应留有不小于 2 圈的钢丝绳作为安全圈； （2）吊点设在挡水面板前的弧形闸门卷扬式启闭机，其钢丝绳及吊具一般紧贴于弧形闸门面板上，不宜设置动滑轮组； （3）升卧式闸门的卷扬式启闭机基础梁的底缘离开闸门顶运行轨迹线的最小距离不应小于 0.1m； （4）升卧式闸门的卷扬式启闭机在启闭过程中钢丝绳不得被机架、门叶干扰，闸门全开后吊耳中心至启闭机起吊中心的联线与铅垂线的夹角不宜大于 15°。 8．移动式启闭机的抗倾覆稳定性验算和按正常与非正常两种工作状态验算防风抗滑安全性。 9．液压启闭机： （1）双吊点液压启闭机应根据型式、尺寸、结构刚度、倾向支承和同步精度要求等因素，确定采用同步措施的型式； （2）液压系统应设有超压保护装置； （3）行程限位器的工作原理应不同于行程检测装置。不得采用溢流阀代替行程限制器； （4）快速闸门液压启闭机的液压缸有杆腔应设置缓冲装置。 10．卷扬式启闭机的起升机构应装设荷载限制器，荷载限制器的综合误差不应大于 5%。 11．电力驱动移动式启闭机的行走机构均应装设缓冲器。 12．自动挂脱梁应作静平衡试验。 13．电缆卷筒应有防止电缆被拉断的措施，电缆收放速度应与闸门起升机构吊具的升降速度一致。 14．荷载及机构、零部件和结构件设计及验算。 15．四箱以上的电阻器叠装，应装在每箱间隔距离不小于 80mm 中间可添加隔热板的电阻器架上。 16．启闭机所有电气设备、正常不带电的金属外壳、金属线管、电缆金属外皮、安全照明变压器低压侧一端等均应可靠接地。移动式启闭机的司机室与本体结构用螺栓连接时，接地点不应少于两处。严禁用接地线作载流零线	10．不锈钢板材与型材选用应符合《不锈钢冷轧钢板和钢带》（GB/T 3280）、《不锈钢热轧钢板和钢带》（GB/T 4237）的规定。 11．手工焊接的焊条应采用《非合金钢及细晶粒钢焊条》（GB/T 5117）、《热强钢焊条》（GB/T 5118）、《气体保护电弧焊用碳钢、低合金钢焊丝》（GB/T 8110）规定型号。 12．一般螺栓、螺钉、螺柱和螺母的材料应符合《紧固机械性能　螺栓、螺钉和螺柱》（GB/T 3098.1）、《紧固件机械性能　螺母　粗牙螺纹》（GB/T 3098.2）、《紧固件机械性能　紧定螺钉》（GB/T 3098.3）、《紧固件机械性能　螺母　细牙螺纹》（GB/T 3098.4 的规定。 13．不锈钢螺栓、螺钉、螺柱和螺母的材料应符合《紧固件机械性能　不锈钢螺栓、螺钉和螺柱》（GB/T 3098.6）、《紧固件机械性能　不锈钢螺母》（GB/T 3098.15）的规定。 14．高强度螺栓、螺母及垫圈的材料应符合《钢结构用高强度大六角螺栓、大六角螺母、垫圈技术条件》（GB/T 1231）、《结构钢用扭剪型高强度螺栓连接副》（GB/T 3632）的规定。 15．滑轮和卷筒的材料，其牌号不应低于《灰铸铁件》（GB/T 9439）中规定的 HT200。 16．轴的材料选用应符合 GB/T 699、GB/T 3077 的规定。 17．车轮的材料应符合 GB/T 699、GB/T 11352、JB/T 6402 的规定。 18．对接焊缝的坡口形式应符合《气焊、焊条电弧焊、气体保护焊和高能束焊的推荐坡口》（GB/T 985.2）和《埋弧焊的推荐坡口》（GB/T 985.2）的规定。 19．液压工作用油清洁度应达到《液压转动　油液　固体颗粒污染等级代号》（GB/T 14039）中 16/13 级～18/15 级，或满足《油品洁净度分级标准》（NAS 1638）规定的 7 级～9 级。 **差异：** 《水电水利工程启闭机设计规范》（DL/T 5167）侧重于固定式、移动式启闭机的机构和结构设计的相关规定

续表

序号	标准名称/ 标准号/时效性	针对性	内容与要点	关联与差异
03	压力钢管			
6	《水电站压力钢管设计规范》 DL/T 5141—2001 2002年5月1日实施	1．适用于水电站的1、2、3级发电引水钢管的设计。 2．水电站的4、5级发电引水钢管设计可选择使用	**主要内容：** 规定了水电水利工程压力钢管设计原则、管段结构、水力计算、材料选用、构造要求及水压试压和原型观测等，主要内容包括： 1．管段（岔管）布置； 2．材料选择的技术要求； 3．水力计算； 4．基本设计规定； 5．管段（岔管）结构分析； 6．构造要求； 7．模型试验及水压试验要求； 8．原型观测、运行检查等方面的技术要求。 **重点与要点：** 1．对明管、地下埋管、坝内埋管、坝后背管4种管型作出规定。 2．钢管顶部至少应在最低压力线以下2m。 3．明管应设置事故排水和防冲工程设施；沿管线设置排水沟。 4．应减小地下埋管的外水压力，防渗排水设施可靠，布置地下水监测设施。 5．坝内埋设的压力钢管管径不得大于坝段宽度的1/2。 6．坝后背管与坝体应连接为整体结构。 7．当岔管钢板厚度太大或加强结构复杂而导致制造困难时，也可采用钢板与外包钢筋混凝土联合承载的复合结构，其结构分析应作专门研究。 8．不同厚度的钢板对接焊若厚度差大于4mm应将较厚板的接口处刨成1:3的坡度。 9．纵向焊缝不应布置在钢管横断面的水平轴线和铅垂轴线上。与上述轴线间夹角应大于10°，且相应弧线距离应大于300mm及10倍管壁厚度。 10．除采用Q235、20R、Q345、Q390外的其他钢种，消除应力的要求应作专门研究。	**关联：** 1．《水电站压力钢管设计规范》（SL 281）。 2．钢管所用钢材的技术要求应符合《优质碳素结构钢》（GB/T 699）、《碳素结构钢》（GB/T 700）、《低合金高强度结构钢》（GB/T 1591）、《碳素结构钢和低合金结构钢　热轧厚钢板和钢带》（GB/T　3274）、《厚度方向性能钢板》（GB/T 5313）、《锅炉和压力容器器用钢板》（GB 713）、《一般工程用铸造碳钢件》（GB/T 11352）的规定。 3．常用焊接材料应符合《水电水利工程压力钢管制造安装及验收规范》（DL/T 5017）的规定。 4．对调质状态供货的07MnCrMoVR、07MnCrMoVDR钢板，其技术要求和取样方式应按《压力容器设计标准》（GB 150）的规定执行。 5．对沿钢板厚度方向受拉的构件，钢材的技术要求应符合GB/T 5313的规定。 6．管周和镇墩、支墩所用混凝土和钢筋材料，其力学性能和质量要求，以及坝后背管外包混凝土结构，应符合《水工混凝土结构设计规范》（DL/T 5057）的规定。 7．水锤计算应符合《水电站调压室设计规范》（NB/T 35021）的规定。 8．钢管结构设计中，钢管的结构安全级别及相应的结构重要性系数 γ_0 应按《水利水电工程结构可靠性设计统一标准》（GB/T 50199）的规定执行。 9．钢管结构设计中，永久作用、可变作用的标准值和偶然作用的代表值，以及相应的作用分项系数，除本规范已有规定者外，还应按《水工建筑物荷载设计规范》（DL 5077）执行。 10．坝后背管外包混凝土抗冻等级要求应按《水工建筑物抗冰冻设计规范》（NB/T 35024）执行。 11．电站建成后，引水钢管运行检查项目及要求，应符合《压力钢管安全监测技术规程》（DL/T 709）的规定。 12．钢管施焊的预热要求应符合《水电水利工程压力钢

续表

序号	标准名称/标准号/时效性	针对性	内容与要点	关联与差异
6			11．锈蚀和泥沙磨损较为严重的钢管，以及因管径过小而无法进入的钢管，壁厚裕量应作专门论证。 12．回填灌浆应在衬砌混凝土强度达到设计强度 70%后进行。 13．坝内埋管回填混凝土，应有严格的温控措施和限制混凝土上升速度。 14．现场钢管水压试验压力应取正常运行最高内水压力设计值的 1.25 倍。 15．钢管原型观测应纳入工程安全监测系统。 16．明管宜作全长整体式现场水压试验。当水头较高、内压变化较大和管线很长、管壁厚度变化大，整体式试验不能达到水压试验目的或不易实现时，可作分段式或分节式水压试验	管制造安装及验收规范》（DL/T 5017）。 13．钢管防腐应符合《水电水利工程压力钢管制造安装及验收规范》（DL/T 5017）。 **差异：** 与《水电站压力钢管设计规范》（SL 281）相比： （1）SL 281 无坝后背管，而是钢衬钢筋混凝土管，适用于布置在坝后式电站混凝土坝下游面的管道及引水式电站沿地面布置的管道。 （2）SL 281 结构分析中采用允许应力，DL/T 5141 结构分析中采用抗力限值。 （3）两个标准对管壁最小厚度的选用不同
04	升船机			
7	《水电水利工程垂直升船机设计导则》 DL/T 5399—2007 2007 年 12 月 1 日实施	1．适用于通航船舶 300t 级以上，主提升设备采用钢丝绳卷扬提升式和齿轮齿条爬升式，设有平衡重系统的垂直升船机的设计。 2．300t 级以下升船机和其他类型升船机的设计可以选择执行	**主要内容：** 规定了水电水利工程通航建筑物湿运垂直升船机设计的指导原则和技术要求。适用于通航船舶 300t 级以上，主提升设备采用钢丝绳卷扬提升式和齿轮齿条爬升式，设有平衡重系统的垂直升船机设计，主要内容包括： 1．升船机机型选择的原则； 2．总体设计的要求； 3．金属结构及机械设备设计； 4．电气设计； 5．消防设计。 **重点与要点：** 1．机型选择时应对下游水位变率作专题研究。 2．升船机的主要技术特性参数应根据航道等级、设计通航能力、选定机型方案、主体工程等级和特征水位等确定。 3．下沉式工作闸门的面板和水封装置应设置在迎水面，并应在通航水位变幅范围内的任意位置均能可靠封水。 4．应为下沉式工作闸门全关位和提升式工作闸门全开位设置机械锁定装置。 5．应对承船厢的总体刚度、扭曲变形及应力、重要部位的局部应力、结构动力特性等进行有限元分析计算。	**关联：** 1．《升船机设计规范》（SL 660）。 2．闸门设计应符合《水电水利工程钢闸门设计规范》（DL/T 5039）的规定。 3．启闭机设备设计应符合《水电水利工程启闭机设计规范》（DL/T 5167）的规定。 4．承船厢主要承载构件的材料选用应符合《碳素结构钢》（GB/T 700）、《低合金高强度结构钢》（GB/T 1591）的规定。 5．提升钢丝绳设计时，直径计算与选择可按《起重机设计规范》（GB/T 3811）的规定进行。 6．钢丝绳的直径偏差控制宜按《重要用途钢丝》（GB/T 8918）的标准进行。 7．消防设备及消防控制系统设计应符合《火灾自动报警系统设计规范》（GB50116）、《水利水电工程设计防火规范》（SDJ 278）的规定。 **差异：** 《升船机设计规范》（SL 660—2013）适用于新建、改建和扩建的内河 100t～3000t 级升船机设计，包含了 DL/T 5399 中未涉及的钢丝绳卷扬机不平衡式斜面升船机

续表

序号	标准名称/标准号/时效性	针对性	内容与要点	关联与差异
7			6．承船厢甲板通道净宽不小于 1m。 7．钢丝绳在额定提升工况静拉力作用下的安全系数不小于 7。 8．主提升设备设置可靠的制动系统。 9．平衡重悬挂钢丝绳与承船厢的连接点布置，以及平衡重质量配置宜对称承船厢的纵向中心线和横向中心线。 10．平衡系统调节装置的额定荷载应与钢丝绳组件的额定荷载相一致。调节装置的最大可调节量不宜小于钢丝绳长度允许偏差的 5 倍。 11．对接密封装置的结构及其操作机构设计适应密封面出现各向位置偏移。 12．防撞装置与相应的通航闸门协调运行。 13．全平衡式升船机的承船厢两端应设置对接锁定装置，其状态信号（位置、压力）作为升船机运行程序中下一个动作的必要条件。 14．全平衡式垂直升船机应设置出现不平衡载荷超过主提升设备控制能力时，及时锁定承船厢运动的事故保安装置。 15．升船机的供电系统宜采用两路独立、可靠的电源供两台互为备用的配电变压器，再同时向各配电系统负荷供电。水位率变化快的一端通航闸门配置独立的不间断电源。 16．主拖动系统应实现四套主传动系统负荷均匀分配控制和四台电动机同轴出力均衡控制，实现无扰动切换，和抑制弹性部件、机械间隙、水体振荡等产生的扰动，各电动机的机械特性差应小于 2%。 17．主拖动系统应具有超速和超行程保护。 18．检测系统设备应满足水电水利工程的防护等级和强化的抗电磁干扰性能的要求和具有可靠性、可维护性、先进性和良好的互换性。 19．采用计算机监控、工业电视监视系统、通航信号、广播及通信系统。 20．升船机按集中控制方式运行时，各现地控制站应接收管理控制层监控主机的集控命令，在符合运行流程及闭锁条件下执行命令。 21．消防设备及消防控制系统按规定设置	

续表

序号	标准名称/标准号/时效性	针对性	内容与要点	关联与差异
8	《升船机设计规范》 SL 660—2013 2013 年 5 月 5 日实施	适用于新建、改建和扩建的内河 100t～3000t 级升船机设计	**主要内容：** 规定了升船机设计原则、方法和技术要求；适用于内河 100t～3000t 级以上升船机设计，主要内容包括： 1．升船机级别划分、设计标准、通过能力等一般技术规定； 2．选型及布置原则和要求； 3．建筑物设计； 4．金属结构和机械设备设计； 5．电气系统设计； 6．消防及火灾自动报警系统设计。 **重点与要点：** 1．升船机设计应结合工程特点，积极慎重地采用新技术、新材料、新设备和新工艺。 2．升船机通航能力设计指标计算方法。 3．船舶、船队进出承船厢的速度不宜大于 0.5m/s。 4．大中型升船机应采用湿运型式；承船厢不下水式垂直升船机应采用全平衡式；承船厢下水式垂直升船机应采用部分平衡式。 5．垂直升船机提升钢丝绳的安全系数按整绳最小破断拉力和额定荷载计算不应小于 8.0，平衡钢丝绳的安全系数按静荷载计算不应小于 7.0，钢丝绳强度等级不应高于 1960MPa。 6．垂直升船机的起重机及其组成部分的工作级别应符合《起重机设计规范》（GB/T 3811）的规定。 7．升船机的部件设计、安全装置、电气设备和监控系统、消防及火灾自动报警装置的要求	**关联：** 1．《水电水利工程垂直升船机设计导则》（DL/T 5399）。 2．升船机通航净空应符合《内河通航标准》（GB 50139）的规定。 3．升船机引航道的布置设计可按《船闸总体设计规范》（JTJ 305）的规定执行。 4．起重机及其组成部分的工作级别确定，承船车的抗倾覆能力计算，以及钢丝绳绕入或绕出卷筒和滑轮绳槽的最大偏斜角，应按《起重机设计规范》（GB/T 3811）的规定执行。 5．荷载设计中，建筑物结构自重计算可按《水工建筑物荷载设计规范》（DL 5077）的规定执行。 6．荷载计算中，作用于楼面和楼梯上的荷载计算，以及风荷载计算应按《建筑结构荷载规范》（GB50009）的规定执行、《高层建筑混凝土结构技术规程》（JGJ 3）的规定执行。 7．钢筋混凝土承重结构的裂缝控制验算按《水工混凝土结构设计规范》（SL 191）的规定执行。 8．钢筋混凝土承重结构的配筋设计应按 SL 191 和 JGJ 3 的规定执行。 9．承重结构中的钢结构设计应按《钢结构设计规范》（GB 50017）的规定执行。 10．参与挡水的升船机上闸首稳定验算应《混凝土重力坝设计规范》（SL 319）的规定执行。 11．承重结构的抗滑、抗倾覆稳定性应符合《船闸水工建筑物设计规范》（JTJ 307）的规定，还应符合 JGJ 3 和《高耸结构设计规范》（GB 50135）的规定。 12．升船机抗震设计应符合《水工建筑抗震设计规范》（SL 203）的规定。 13．升船机金属结构和机械设备设计应按《水利水电钢闸门设计规范》（SL 74）、《水利水电工程启闭机设计规范》（SL 41）和《起重机设计规范》（GB/T 3811）的规定执行。 14．主提升机和牵引绞车减速器硬齿面齿轮精度，不应低于《圆柱齿轮　精度制　第 1 部分：轮齿同侧面偏差的定

续表

序号	标准名称/标准号/时效性	针对性	内容与要点	关联与差异
8				义和允许值》（GB/T 10095.1）中规定的 6 级。 15．卷筒结构疲劳计算，以及电动机选型设计，应按 GB/T 3811 的规定执行。 16．驱动齿轮和齿条的材料质量宜满足《齿轮材料及热处理质量检验的一般规定》（GB/T 8539）中规定的 ME 的要求。 17．集中控制室的接地设计应按《电子信息系统机房设计规范》（GB 50174）的规定执行。 18．升船机建筑结构防雷设计应按《建筑物防雷设计规范》（GB 50057）中规定的第二类防雷建筑物执行。 19．工业电视图像监视系统的设备配置和要求，应按《视频安监控系统工程设计规范》（GB 50395）的规定执行。 20．高度超过 32m 的塔柱应按《建筑设计防火规范》（GB 50016）的规定设置防烟楼梯间及前室。 21．升船机内装修材料燃烧性能等级划分应符合《建筑内部装修设计防火规范》（GB 50222）的规定。 **差异：** 《水电水利工程垂直升船机设计导则》（DL/T 5399）适用于通航船舶 300t 级以上、主提升设备采用钢丝绳卷扬提升式和齿轮齿条爬升式、设有平衡重系统的垂直升船机的设计

第二节　施工技术标准

序号	标准名称/标准号/时效性	针对性	内容与要点	关联与差异
01	通用			
1	《电力钢结构焊接通用技术条件》 DL/T 678—2013 2013 年 8 月 1 日实施	适用于焊条电弧焊（SMAW）、非熔化极气体保护焊（GTAW）、熔化极（实芯和药芯焊丝）气体保	**主要内容：** 规定了水电站水工金属结构、火力发电站钢结构、风力发电站塔筒、光伏发电厂和输变电工程中的钢结构设计、制作、安装、改造、维修工程中的焊接技术要求，主要内	**关联：** 1．《水工金属结构焊接通用技术条件》（SL 36）。 2．电力工程中的建筑钢结构的焊接要求，应符合《钢结构焊接规范》（GB 50661）的规定。

续表

序号	标准名称/标准号/时效性	针对性	内容与要点	关联与差异
1		护焊（GMAW、FCAW）、埋弧焊（SAW）等焊接方法	容包括： 1．企业及焊接人员、焊缝分类的一般规定； 2．材料和设备、焊接工艺评定和焊接技术考核； 3．坡口制备及组对要求； 4．焊接工艺； 5．焊后热处理； 6．焊接接头质量检验； 7．焊接质量标准； 8．不合格焊接接头处理； 9．焊接技术文件方面的规定。 **重点与要点：** 1．焊接方法的确定应根据结构的适用要求，焊缝类别、焊接设备、焊工操作技能、施工条件及经济效益等综合考虑。 2．焊接技术人员和焊接质量检查人员符合的要求。 3．一、二类焊缝焊接前应进行焊接工艺评定。 4．根据不同钢材、焊接工艺评定，采用相应的焊接材料。 5．焊缝的位置应避开应力集中区，且便于施工。焊缝间的距离符合要求，避免出现平面或空间的“十字”交叉焊缝。 6．搭接接头的长度不小于 5 倍的较薄板厚度，且不小于 25mm。 7．焊件组对出现间隙过大，应设法修改到规定尺寸，不得在间隙内加填塞物。 8．不锈钢复合钢板角接接头，应先焊接基层。 9．带钢衬垫焊缝的焊接，应保证焊缝金属与母材及衬垫熔合良好。 10．定位焊的焊工、焊接材料、焊接工艺及焊缝质量与正式焊相同。焊接厚度小于 1/3 正式焊缝、长度 20mm～40mm，焊间距不超过 400mm。引弧熄弧在焊件坡口内完成。 11．不锈钢复合钢板定位焊缝只允许焊在基层母材上。 12．焊道收弧应填满熔池。	3．焊工与焊机操作工的资格考试，以及焊工技术考核应按《焊工技术考核规程》（DL/T 679）的规定执行。 4．焊接热处理人员履职要求，焊接热处理仪器、设备、仪表，以及热处理方法及焊后消应等要求，应符合《火力发电厂焊接热处理技术规程》（DL/T 819）的规定。 5．异种钢焊接材料的选用应符合《火力发电厂异种钢焊接技术规程》（DL/T 752）的规定。 6．碳钢所用焊条应符合《非合金钢及细晶粒钢焊条》（GB/T 5117）的规定。 7．低合金钢结构钢所用焊条应符合《热强钢焊条》（GB/T 5118）的规定。 8．奥氏体不锈钢所用焊条应符合《不锈钢焊条》（GB/T 983）的规定。 9．碳钢埋弧焊焊丝、焊剂的型号和熔敷金属力学性能应符合《埋弧焊用碳钢焊丝和焊剂》（GB/T 5293）的规定。 10．低合金钢埋弧焊焊丝、焊剂的型号和熔敷金属力学性能应符合《埋弧焊用低合金钢焊丝和焊剂》（GB/T 12470）的规定。 11．不锈钢埋弧焊焊丝、焊剂的型号和熔敷金属力学性能应符合《埋弧焊用不锈钢焊丝和焊剂》（GB/T 17854）的规定。 12．气体保护焊用碳钢、低合金钢焊丝应符合《气体保护电弧焊用碳钢、低合金钢焊丝》（GB/T 8110）的规定。 13．碳钢气体保护焊药芯应符合《碳钢药芯焊丝》（GB/T 10045）的规定。 14．低合金钢气体保护焊药芯应符合《低合金钢药芯焊丝》（GB/T 17493）的规定。 15．焊接材料验收、存放、使用过程中的管理应符合《焊接材料质量管理规程》（JB/T 3223）的规定。 16．气体保护焊使用的氩气应符合《氩》（GB/T 4842）的规定。 17．气体保护焊使用的二氧化碳气体应符合《焊接用二氧化碳》（HG/T 2537）的规定。 18．气体保护焊使用的混合气体应符合《焊接用混合气

续表

序号	标准名称/标准号/时效性	针对性	内容与要点	关联与差异
1			13. 施焊过程连续完成；中断应采取防止裂纹产生措施。 14. 全焊透的双面焊缝，应采取清根措施。 15. 焊接工艺参数、焊接层道数、层道数清理和层间外观质量、焊缝层间温度、预热温度、清根质量、焊接变形等满足作业指导书的要求。 16. 对冷裂纹敏感性较大的低合金结构钢或拘束较大的焊件，焊后立即采取后热措施。 17. 根据母材化学成分、焊接性、厚度和焊接接头的拘束度以及结构的使用条件、施工条件等确定焊后热处理。 18. 焊缝边缘、焊脚尺寸偏差、焊接接头错边及角变形、焊缝外观质量应符合要求。 19. 不合格焊缝应根据缺陷情况进行打磨清除、补焊等进行处理。修复前要制定焊接修复工艺，并进行评定和验证。同一位置焊缝返修次数不应超过 3 次	氩-二氧化碳》（HG/T 3728）的规定。 19. 无损检测仪器应符合《承压设备无损检测》（NB/T 47013）的规定。 20. 一、二类焊缝的焊接工艺评定应按《焊接工艺评定规程》（DL/T 868）的规定执行。 21. 焊接坡口形式和尺寸的设计，应符合《气焊、焊条电弧焊、气体保护焊和高能束焊的推荐坡口》（GB/T 985.1）、《埋弧焊的推荐坡口》（GB/T 985.2）的规定。 22. 不锈钢复合钢板对接接头和角接头常用坡口形式和尺寸应符合《复合钢的推荐坡口》（GB/T 985.4）的规定。 23. 热处理使用的仪器、设备、仪表及焊前预热的加热方法、加热宽度、保温要求、测温要求等应符合《火力发电厂焊接热处理技术规程》（DL/T 819）的规定。 24. 焊接接头无损检测的方法、技术要求和质量分级应根据部件类型特征，分别按《水电水利工程金属结构及设备焊接接头衍射时差法超声检测》（DL/T 330）、《钢熔化焊　T 型接头和角接接头焊缝射线照相和质量分级》（DL/T 541）、《钢熔化焊　T 型接头超声波检测方法和质量评定》（DL/T 542）、《管道焊接接头超声波检测技术规程》（DL/T 820）、《钢制承压管道对接焊接接头检验技术规范》（DL/T 821）、《金属熔化焊焊接接头射线照相》（GB/T 3323）、《焊缝无损检测　超声检测　技术、检测等级和评定》（GB/T 11345）、NB/T 47013 的规定执行。 25. 焊接接头无损检测质量标准，MT 应按《承压设备无损检测　第 4 部分：磁粉检测》（NB/T 47013.4）的规定执行，PT 应按《承压设备无损检测 渗透检测》（NB/T 47013.5）的规定执行。 26. 无损检测应按《金属熔化焊焊接接头射线照相》（GB/T 3323）和《水利水电工程金属结构及设备焊接接头衍射时差法超声检测》（DL/T 330）的规定执行。 27. 技术文件要求检验焊缝的致密性时，试验方法应按《压力容器　第 4 部分：制造、检验和验收》（GB 150.4）的规定执行。

续表

序号	标准名称/标准号/时效性	针对性	内容与要点	关联与差异
1				**差异：** 与《水工金属结构焊接通用技术条件》（SL 36）相比： （1）两个标准钢号分类不同。 （2）SL 36 中无焊接环境和层间温度要求。 （3）SL 36 中后热温度为 150℃～250℃，无加热部位温差限制要求；DL/T 中后热温度一般为 250℃～350℃，保温时间一般不少于 30min。 （4）两个标准对焊缝分类的原则有差异
2	《水电水利工程金属结构设备防腐蚀技术规程》 DL/T 5358—2006 2007 年 5 月 1 日实施	适用于水电水利工程金属结构设备的防腐蚀设计、施工、验收和管理	**主要内容：** 规定了水利水电工程金属结构设备表面预处理、涂料保护、热喷涂金属保护、阴极保护防腐蚀标准及相关技术要求，主要内容包括： 1．设备防腐的基本规定； 2．表面预处理； 3．涂料保护； 4．热喷涂金属保护； 5．阴极保护。 **重点与要点：** 1．金属结构防腐措施选择应从整体结构的使用寿命、维修难易程度、所处腐蚀环境、投资等因素综合考虑，应合理、先进、经济。 2．水电工程金属结构及设备大多处于大气区、水位变动区和水下区，防腐措施应有针对性。 3．应避免设计产生的腐蚀因素。 4．防腐蚀施工单位具有相应资质。人员经过培训持上岗证书。材料设备具有质量合格证书或质量检验报告。 5．表面预处理的质量要求应在设计文件中明确规定。 6．喷射除锈的磨料应洁净、干燥。并按锈蚀程度、除锈方法和涂装要求的表面粗糙度来选择种类和粒度。 7．喷射除锈所用的压缩空气应经过冷却装置及油水分离器处理。清理后的表面应避免再次污染。 8．喷射除锈、涂装、热喷涂的环境要求：相对湿度低于 85%、环境温度高于 5℃（热喷涂）要求、基体表面温	**关联：** 1．《水工金属结构防腐蚀规范》（SL 105）。 2．喷射除锈、手工和动力工具除锈后的表面清洁度等级，以及质量评定应符合《涂覆涂料前钢材表面处理　表面清洁度的目视评定》（GB 8923）的规定。 3．除锈金属磨料应符合《涂覆涂料前钢材表面处理　喷射清理用金属磨料的技术要求　第 4 部分：低碳铸钢丸》GB/T 18838.4）的规定。 4．除锈非金属磨料应符合《涂覆涂料前钢材表面处理　喷射清理用非金属磨料的技术要求　导则和分类》（GB/T 17850.1）的规定。 5．表面粗糙度评定方法按《涂装前钢材表面处理　喷射清理后的钢材表面粗糙度特性》（GB/T 13288）的规定执行。 6．附着力检查采样、刀具和试板等的要求参照《色漆和清漆漆膜的划格试验》（GB/T 9286）的规定执行。 7．热喷涂的操作安全应满足《金属和其他无机覆盖层　热喷涂　操作安全》（GB11375）的规定。 8．金属结构设备选用参比电极的技术要求应符合《船用参比电极技术条件》（GB/T 7387）的规定。 9．牺牲阳极的性能应符合《铝-锌-铟系合金牺牲阳极》（GB/T 4948）、《锌—铝—镉系合金牺牲阳极》（GB/T 4950）、《镁合金牺牲阳极》（GB/T 17731）的规定。 10．牺牲阳极的电化学性能测试应按 GB/T 17731 和《牺牲阳极电化学性能试验方法》（GB/T 17848）的规定执行。

续表

序号	标准名称/标准号/时效性	针对性	内容与要点	关联与差异
2			度高于露点 3℃。 9．涂层系统设计应包括涂料品种、涂层配套、涂层厚度、涂装前表面预处理和涂装工艺等。 10．按不同环境、不同使用条件等进行涂层系统选择。 11．基体表面质量合格后，开始涂装；前道涂层无漏涂、流挂、皱纹等缺陷才能进行后道涂层。涂层过程控制干膜厚度。 12．涂装变更须报业主和监理批准。 13．涂层附着力检查采用划格法和拉开法。检查必须在涂层完全固化后进行。 14．针孔检查仪检查厚浆型涂料涂层，针孔应打磨后修补。 15．热喷涂金属涂层表面应采用封孔剂进行封闭处理；封孔剂和涂装涂料应与金属涂层之间相容。 16．热喷涂金属材料的金属含量应满足要求。 17．基体表面预处理后应尽快进行热喷涂，一般环境不超过 8h、潮湿和盐雾环境不超过 2h。 18．热喷涂涂层厚度应均匀，两层及以上应采取相互垂直、交叉的施工方法。 19．热喷涂结束后封闭处理前进行涂层质量检查。 20．涂层总厚度检测满足设计总厚度要求	**差异：** 与《水工金属结构防腐蚀规范》（SL 105）相比： （1）划格法附着力检查时，SL 105 中规定当厚度大于 250μm 时，采用划 60°交叉线方法，DL/T 5358 中划格法不适用于厚度大于 250μm 的涂层及有纹理的涂层。 （2）对热喷涂金属涂层最小厚度值的规定不同；在相同环境下，DL/T 5358 中涂层最小值大于 SL 105 的规定值。 （3）对于热喷涂金属材料的选择，SL 105 中锌铝合金宜选用 Zn-A115，DL/T 5358 中锌铝合金线材中锌的含量一般在 84%～86%之间，铝在 14%～16%之间
3	《水工金属结构焊接通用技术条件》 SL 36—2006 2006 年 4 月 1 日实施	1．适用于水工金属结构的焊接。 2．适用于水利水电工程其他机械产品钢结构的焊接	**主要内容：** 规定了碳素钢、低合金钢、高强度结构钢、不锈钢、不锈钢复合钢板的焊条电弧焊、埋弧焊和气体保护电弧焊的技术要求，主要内容包括： 1．焊接工作人员、焊缝分类、焊接材料、焊接设备、工艺的技术要求； 2．焊前准备； 3．焊接工艺及质量标准； 4．后热处理要求； 5．焊后热处理技术要求及标准； 6．焊后矫形措施； 7．焊缝质量检查方法及要求；	**关联：** 1．无损检测人员职业培训及资质认证应按照《无损检测人员资格鉴定与认证》（GB/T 9445）的规定执行。 2．无损检测方法应按照《无损检测　应用导则》（GB/T 5616）的规定执行。 3．一、二类焊缝焊接的焊工，应按《水工金属结构焊工考试规则》（SL 35）的规定进行考试，并取得焊工合格证书。 4．焊条应符合《非合金钢及细晶粒钢焊条》（GB/T 5117）、《热强钢焊条》（GB/T 5118）、《不锈钢焊条》（GB/T 983）的规定。 5．焊丝及焊剂应符合《埋弧焊用碳钢焊丝和焊剂》（GB/T 5293）、《气体保护电弧焊用碳钢、低合金钢焊丝》

续表

序号	标准名称/ 标准号/时效性	针对性	内容与要点	关联与差异
3			8．焊接缺欠返工工艺要求。 **重点与要点：** 1. 明确了水工金属结构焊接工艺技术要求及质量标准。 2．焊工、无损检测人员的职责。 3．焊缝分类原则。 4．母材、焊材的要求和规格，焊材选用规定。 5．焊接作业指导书需包含的内容。 6．焊缝布置的规定。 7．坡口形式和尺寸的确定及制备。 8．焊接组对的质量要求。 9．定位焊的有关规定。 10．对各类焊接提出了质量要求。 11．后热、焊后热处理和焊件矫形的规定。 12．一、二类焊缝经无损检测后，若发现存在焊接裂纹和未熔合，应对整条焊缝进行检测；若发现存在其他不符合质量要求的缺欠，应在其延伸方向或可疑部位作补充检测，补充检测长度应大于等于 200mm，如果补充检测不合格，应对整条焊缝进行检测。 13．焊缝质量检查及焊接缺欠处理	（GB/T 8110）、《碳钢药芯焊丝》（GB/T 10045）、《埋弧焊用低合金钢焊丝和焊剂》（GB/T 12470）、《熔化焊用钢丝》（GB/T 14957）、《低合金钢药芯焊丝》（GB/T 17493）、《不锈钢药芯焊丝》（GB/T 17853）、《埋弧焊用不锈钢焊丝和焊剂》（GB/T 17854）等的规定。 6．气体保护电弧焊用二氧化碳气体应符合《焊接用二氧化碳》（HG/T 2537）优等品的规定。 7. 焊接工艺评定符合 GB/T 19866 的规定。气体保护电弧焊用氩气应符合《氩》（GB/T 4842）的规定。 8．焊接前的焊接工艺评定应按《焊接工艺规程及评定的一般原则》（GB/T 19866）的规定执行。 9．坡口形式和尺寸、焊件组对间隙应符合《气焊、焊条电弧焊、气体保护焊和高能束焊的推荐坡口》（GB/T 985.1）和《埋弧焊的推荐坡口》（GB/T 985.2）的规定。 10. 用热切割方法制备的坡口表面，其切割面质量应符合《热切割　气割质量和尺寸偏差》（JB/T 10045.3）规定的Ⅰ级要求。 11. 预热温度和道间温度的测量应符合《焊接　预热温度、道间温度及预热维持温度的测量指南》（GB/T 18591）的规定。 12．焊缝超声波检测方法及分级应符合《焊缝无损检测　超声检测　技术、检测等级和评定》（GB/T 11345）的规定。 13. 焊缝射线检测方法及分级应符合《金属熔化焊焊接接头射线照相》（GB/T 3323）的规定。 14. 焊缝磁粉检测方法及分级应符合《无损检测　焊缝磁粉检测》（JB/T 6061）的规定。 15. 焊缝渗透检测方法及分级应符合《无损检测　焊缝渗透检测》（JB/T 6062）的规定。 **差异：** 与《电力结构焊接通用技术条件》（DL/T 678）相比： （1）磁粉、渗透检测 DL/T 678 采用的分别是 NB/T 47013.4 和 NB/T 47013.5，而 SL 36 采用的分别是 JB/T 6061 和 JB/T 6062。前者更适合水电水利工程金属结构焊缝的表面微裂纹检测。

续表

序号	标准名称/ 标准号/时效性	针对性	内容与要点	关联与差异
3				（2）焊接工艺评定 DL/T 678 采用的是 DL/T 868，而 SL 36 采用的是 GB/T 19866。前者更适合水电水利工程金属结构。 （3）对于热喷涂金属材料的选择，SL 105 中锌铝合金宜选用 Zn-A115，DL/T 5358 中锌铝合金线材中锌的含量一般在 84%～86%之间，铝在 14%～16%之间
4	《水工金属结构铸锻件通用技术条件》 SL 576—2012 2013 年 1 月 19 日实施	适用于水工金属结构设备常用铸钢件、灰铸铁件和钢锻件（简称锻件）的设计、制造、验收等	**主要内容：** 规定了水工金属结构设备常用的铸钢件与锻件的分类、铸锻件的技术要求、试验方法、检验规则，以及标志、包装、运输与贮存要求等。主要内容包括： 1．铸钢件与锻件的分类； 2．铸钢件技术要求及实验检验； 3．灰铸铁件、锻件的牌号、技术要求和试验检验； 4．铸锻件的标志、包装、运输与贮存要求。 **重点与要点：** 1．不同类别的钢铸件，用于不同的金属结构部件。 2．钢铸件表面不允许有裂纹、冷隔、缩松等缺陷存在，应修整毛刺，去除浇冒口，清除表面的黏砂和氧化皮及内腔残余物。 3．一类、二类钢铸件和锻件应按规定作超声波检测和 100%外观目视检查；超声波检查比例，一类不低于 50%、二类不低于 20%。 4．灰铸铁件缺陷不允许补焊。 5．锻造用钢应为镇静钢；锻件成型后，冷却到 500℃以下，才能进行规定的热处理。. 6．锻件表面不应有裂纹、夹层、折叠、锻伤、夹渣等缺陷，内部不允许存在白点、裂纹和残余缩孔。 7．规定了铸钢件、锻件的化学成分、力学性能的要求	**关联：** 1．碳素铸钢件的化学成分、力学性能应符合《一般工程用铸造碳钢件》（GB/T 11352）的规定。 2．合金铸钢件的化学成分、力学性能应符合《大型低合金铸钢件》（JB/T 6402 的规定。 3．铸钢件化学分析取样应按《钢的成品化学成分允许偏差》（GB/T 222）的规定执行。 4．铸钢件常规分析方法，以及锻件化学成分分析方法应按《钢铁及合金化学分析方法》（GB/T 223）的规定执行。 5．铸钢件光谱分析方法按《碳素钢和中低合金钢　火花源原子发射光谱分析方法（常规法）》（GB/T 4336）的规定执行。 6．铸钢件、锻件的拉伸试验应按《金属材料　拉伸试验　第 1 部分：室温试验方法》（GB/T 228.1）的规定执行。 7．铸钢件及锻件的冲击试验按《金属材料夏比摆锤冲击试验方法》（GB/T 229）的规定执行。 8．一、二类铸钢件超声波检测应按《铸钢件　超声检测　第 1 部分：一般用途铸钢件》（GB/T 7233.1）的规定执行。 9．一、二类铸钢件主要受力部位加工面应按照《铸钢件渗透检测》（GB/T 9443）或《铸钢件磁粉检测》（GB/T 9444）的规定进行渗透检测或磁粉检测。 10．灰铸铁件试样制备、抗拉强度试验、硬度试验应按《灰铸铁件》（GB/T 9439）的规定执行。 11. 灰铸铁件的重量偏差应符合《铸件重量公差》（GB/T 11351）的规定。 12．灰铸铁件的外观质量评定应按《表面粗糙度比较样块　铸造表面》（GB/T 6060.1）的规定执行。 13．锻件的化学成分、力学性能应符合《锻件用结构钢牌号和力学性能》（GB/T 17107）的规定。 14．一、二类锻件的超声波检测应按《钢锻件超声检测方法》（GB/T 6402）的规定执行

续表

序号	标准名称/ 标准号/时效性	针对性	内容与要点	关联与差异
02	闸门及拦污栅			
5	《水电工程钢闸门制造安装及验收规范》 NB/T 35045—2014 2015年3月1日实施	适用于水电工程及其他工程钢闸门制造、安装及验收	**主要内容：** 规定了水电工程钢闸门（包括拦污栅）制造、安装的技术要求及验收标准，主要内容包括： 1．技术资料、材料与设备等级基本规定； 2．焊接技术要求及质量检验； 3．螺栓连接技术要求及检验； 4．表面防护处理及质量检查； 5．闸门和埋件制造技术要求； 6．闸门和埋件安装技术要求； 7．拦污栅制造和制造技术要求； 8．验收程序、方法和标准。 **重点与要点：** 1．钢材进厂验收的依据、方法的规定。 2．焊接材料、气体等质量（检验）、使用的有关规定。 3．切割用气的规定。 4．制造用的机具、仪表、测量工具，标高等的规定。 5．运输单元标志、编号、运输注意事项。 6．焊接工艺评定应在钢闸门制造、安装施工之前进行、焊接工艺编制内容、评定因素、试件以及需进行“评定”的焊接。 7．焊工及焊接检验人员的资格、取证及工作的相关要求。 8．从事闸门一、二类焊缝的焊工和焊机操作工必须进行考试取得相应资格证书。 9．焊缝质量评定和检测报告审核应由2级及以上无损检测人员担任。 10．焊件下料与坡口加工及其检查合格后组装。 焊件坡口尺寸偏差，组装间隙偏差及其错边应符合有关规定。 11．T形接头及部分焊透焊缝两部件间的根部间隙不大于3mm，及大于时的处理。 12．搭接接头、塞焊接头、槽焊接头接触面之间及钢衬	**关联：** 1.《水利水电工程钢闸门制造、安装及验收规范》(GB/T 14173)。 2．闸门和埋件使用的钢材技术要求应分别符合以下规范要求： （1）《优质碳素结构钢》(GB/T 699)； （2）《碳素结构钢》(GB/T 700)； （3）《热轧钢板和钢带的尺寸、外形、重量及允许偏差》(GB/T 709)； （4）《优质碳素结构钢热轧薄钢板和钢带》(GB/T 710)； （5）《优质碳素结构钢热轧厚钢板和钢带》(GB/T 711)； （6）《锅炉和压力容器用钢板》(GB 713)； （7）《低合金高强度结构钢》(GB/T 1591)； （8）《合金结构钢》(GB/T 3077)； （9）《碳素结构钢和低合金结构钢热轧厚钢板和钢带》(GB/T 3274)； （10）《不锈钢冷轧钢板和钢带》(GB/T 3280)； （11）《不锈钢热轧钢板和钢带》(GB/T 4237)； （12）《不锈钢复合钢板和钢带》(GB/T 8165)； （13）钢材进厂验收《钢及钢产品交货一般技术要求》(GB/T 17505)。 3．钢板超声波检测应按以下规范的规定执行： （1）《厚钢板超声波检验方法》(GB/T 2970)； （2）《承压设备无损检测　第3部分：超声检测》(NB/T 47013.3)。 4．钢板性能试验取样位置及试样制备应符合《钢及钢产品　力学性能试样取样位置及试样制备》(GB/T 2975)的规定。 5．钢板性能试验试验方法应符合以下规范的要求： （1）《金属材料　拉伸试验　第1部分：室温试验方法》(GB/T 228.1)； （2）《金属材料夏比摆锤冲击试验方法》(GB/T 229)； （3）《金属材料　弯曲试验方法》(GB/T 232)。

续表

序号	标准名称/标准号/时效性	针对性	内容与要点	关联与差异
5			垫与母材间的间隙不大于1mm。 13．钢闸门焊缝类别。 14．按钢闸门结构特点、质量要求、钢材种类以及评定合格的焊接工艺评定报告编制焊接工艺规程或焊接作业指导书。 15．焊接材料的烘焙及保管。 16．焊接环境的要求。 17．具体焊接的规定（定位焊、预热和道间温度、多层焊接及引弧、熄弧、塞焊、双面焊等）。 18．冷裂纹敏感性较大的低合金高强度结构钢厚板焊件焊后消氢热处理的规定。 19．表面预处理应根据适用条件进行选择。 20．涂装工艺及工序不得违反设计文件或涂料说明书规定。 21．明确了不得进行涂装的施工条件。 22．规定了定位焊接的使用条件。 23．焊缝同一部位的返修次数不宜超过两次。 24．明确了人字闸门出厂条件。 25．规定了闸门试验的程序及检查要求。 26．规定了闸门（含拦污栅）制造、安装验收的组织及验收工作内容。 27．闸门在承受设计水头压力时，通过任意1m长止水范围内的漏水量不应超过1L/s。	6．焊条化学成分、力学性能和扩散氢含量等各项指标应符合以下规范的规定： （1）《非合金及细晶粒钢焊条》（GB/T 5117）； （2）《热强钢焊条》（GB/T 5118）； （3）《不锈钢焊条》（GB/T 983）。 7．埋弧焊用焊丝和焊剂应符合以下规范的规定： （1）《埋弧焊用碳钢焊丝和焊剂》（GB/T 5293）； （2）《低合金钢埋弧焊用焊剂》（GB/T 12470）； （3）《埋弧焊用不锈钢焊丝和焊剂》（GB/T 17854）。 8．气体保护焊用焊丝应符合以下规范的规定： （1）《气体保护电弧焊用碳钢、低合金钢焊丝》（GB/T 8110）； （2）《碳钢药芯焊丝》（GB/T 10045）； （3）《低合金钢药芯焊丝》（GB/T 17493）； （4）《不锈钢药芯焊丝》（GB/T 17853）； （5）《焊接用不锈钢丝》（YB/T 5092）。 9．气体保护焊用气体（二氧化碳、氩气、混合气）应符合以下规范的规定： （1）《工业液体二氧化碳》（GB/T 6052）； （2）《氩》（GB/T 4842）； （3）《焊接用混合气体　氩-二氧化碳》（HG/T 3728）。 其中碳弧气刨用碳棒应符合《碳弧气刨碳棒》（JB 8154） 10．切割用气体的质量标准应符合以下规范的规定： （1）《工业氧》（GB/T 3863）； （2）《溶解乙炔》（GB 6819）。 其中焊接工艺评定应该符合《基于预生产焊接试验的工艺评定》（GB/T 19868.4）的规定。 11．从事闸门一、二类焊缝焊接工作的焊工与焊机操作工应按以下规范的规定进行焊工考试，并取得资格证书： （1）《水工金属结构焊工考核规则》（SL 35）； （2）《焊工技术考核规程》（DL/T 679）。 12．无损检测人员必须按以下规范要求进行培训和取得资格鉴定合格证：

续表

序号	标准名称/ 标准号/时效性	针对性	内容与要点	关联与差异
5				（1）《无损检测人员资格鉴定与认证》（GB/T 9445）； （2）《无损检测　应用导则》（GB/T 5616）。 13．采用热切割方法制备的坡口，其切割面质量应符合以下规范的规定： （1）《热切割　气割质量和尺寸偏差》（JB/T 10045.3）； （2）《热切割　等离子弧切割质量和尺寸偏差》（JB/T 10045.4）Ⅰ级。 14．磁粉检测应按《承压设备无损检测　第4部分：磁粉检测》（NB/T 47013.4）规定执行。 15．渗透检测应按《承压设备无损检测　第5部分：渗透检测》（NB/T 47013.5）规定执行。 16．脉冲反射法超声波检测应按《焊缝无损检测　超声检测　技术、检测等级和评定》（GB/T 11345）的规定执行。 17．超声波检测等级为B级时，应按《焊缝无损检测　超声检测　验收等级》GB/T 29712 中的验收等级2评定。 18．衍射时差法超声波检测应按《水电水利工程金属结构及设备焊接接头衍射时差法超声检测》（DL/T 330）或《承压设备无损检测　第10部分：衍射时差法超声检测》（NB/T 47013.10）的规定执行。 19．射线检测按《金属熔化焊焊接接头射线照相》（GB/T 3323）的规定执行。 20．销钉直径与孔径应符合《产品几何技术规范（GPS）极限与配合　公差带与配合的选择》（GB/T 1801）中H7/k6的配合要求。对接焊缝试件硬度按《焊接接头硬度试验方法》（GB/T 2654）的规定。 21．普通螺栓应符合《紧固件机械性能　螺栓、螺钉和螺柱》（GB/T 3098.1）、《紧固件机械性能　螺母　粗牙螺纹》（GB/T 3098.2）的规定。 22．不锈钢螺栓、螺母应符合《紧固件机械性能　不锈钢螺栓、螺钉和螺柱》（GB/T 3098.6）、《紧固件机械性能　不锈钢螺母》（GB/T 3098.15）的规定。 23．高强度大六角头螺栓连接副检验方法和结果应符合《钢结构用大六角头螺栓、大六角螺母、垫圈技术条件》（GB/T 1231）的规定。

续表

序号	标准名称/标准号/时效性	针对性	内容与要点	关联与差异
5				24．高强度螺栓连接的其他要求应符合《钢结构工程施工质量验收规范》（GB 50205）和《钢结构高强度螺栓连接技术规程》（JGJ 82）的规定。 25．金属磨料应符合《涂覆涂料前钢材表面处理喷射清理用金属磨料的技术要求》（GB/T 18838）的规定。 26．非金属磨料应符合《涂覆涂料前钢材表面处理喷射清理用非金属磨料的技术要求》（GB/T 17850）的规定。 27．钢闸门表面清洁度等级应符合《涂覆涂料前钢材表面处理　表面清洁度的目视评定　第 1 部分》（GB/T 8923.1）的规定。 28．漆膜附着力检查按《色漆和清漆　漆膜的划格试验》（GB/T 9286）的规定执行。 29．金属涂层的结合强度检验测试方法应按照《水电水利工程金属结构设备防腐蚀技术规程》（DL/T 5358）的规定执行。 **差异：** 与《水利水电工程钢闸门制造、安装及验收规范》（GB/T 14173）相比： （1）GB/T 14173 适用范围更广，NB/T35045 仅适用于闸门及拦污栅制造、安装和验收。 （2）NB/T35045 标准内容更加细化，如对焊接工艺评定的焊接试件、工艺因素、母材分类和焊接工艺适用范围等进行了详细要求。 （3）NB/T35045 将表面防腐蚀分为涂料涂装和金属喷涂，并对技术要求及其检查方法进行了更加详细的规定
03	启闭机			
6	《水电工程启闭机制造安装及验收规范》 NB/T 35051—2015 2015 年 9 月 1 日执行	适用于水电工程启闭机，包括螺杆式启闭机、固定卷扬式启闭机、移动式启闭机和液压启闭机的制造安装与验收	**主要内容：** 规定了螺杆启闭机、固定卷扬式启闭机、移动式启闭机和液压启闭机制造安装的技术要求和试验要求，标志、包装、运输与存放的有关要求，主要内容包括： 1．启闭机的制造安装技术资料、制造材料等的基本规定； 2．焊接及焊接检验等的相关规定和要求；	**关联：** 1．使用的材料要求： （1）《优质碳素结构钢》（GB/T 699）； （2）《碳素结构钢》（GB/T 700）； （3）《低合金高强度结构钢》（GB/T 1591）； （4）《合金结构钢》（GB/T 3077）； （5）《一般工程用铸造碳钢件》（GB/T 11352）；

续表

序号	标准名称/标准号/时效性	针对性	内容与要点	关联与差异
6			3．螺栓连接时的螺孔制备到高强螺栓的连接要求； 4．启闭机表面防护； 5．启闭机电气设备安装与试验； 6．液压启闭机制造及厂内试验，安装及试验与检测； 7．移动式启闭机的制造、组装和安装、试验与检测； 8．固定卷扬式启闭机制造、组装和安装、试验与检测； 9．螺杆式启闭机制造厂及厂内组装与检测、安装及试运行与检测； 10．启闭机出厂和安装验收； 11．标志、包装、运输与存放的有关要求。 **重点与要点：** 1．焊接工艺评定应以可靠的钢材焊接性评价资料为基础，钢材应按力学性能和焊接性能分成两类，改变焊接方法应重新评定等。 2．启闭机的焊缝分成三类。主要部件的对接焊缝一般为一类焊缝；主要部件的组合焊缝或角焊缝一般为二类焊缝。焊缝表面质量和无损检测符合现行标准规定。 3．螺栓连接的制孔方法及精度要求应符合现行标准规定。高强螺栓不得强行穿入，拧紧时在螺母上施加扭矩，初拧、复拧和终拧符合规定。 4．门架、机架和液压缸缸体外表面等清洁度应达 GB/T 8923.1 规定的 Sa2$\frac{1}{2}$级，表面粗糙度应为 Rz40μm～Rz70μm。 5．漆膜厚度用测厚仪测定，测点距离为 1.0m 左右，85%以上测点厚度应符合设计要求，漆膜最小厚度值应不低于设计厚度的 85%。 6．硬铬硬度不低于 HV750。电镀后的工件应无肉眼可见的裂纹。厚度大于 50μm 的铬电镀层不允许有通达基体的裂纹，孔隙率应不多于 2 点/100mm^2。 7．电气接线应符合设计要求，模拟量接线应采用屏蔽处理；变频器、可编程控制器、操作面板的接地应符合相关标准及产品要求。 8．电气盘、柜底部装应有截面不小于 5mm×40mm 的铜母线接地装置。	（6）《奥氏体锰钢铸件》（GB/T 5680）； （7）《大型低合金钢铸件》（JB/T 6402）； （8）《球墨铸铁件》（GB/T 1348）； （9）《灰铸铁件》（GB/T 9439）； （10）《大型碳素结构钢锻件　技术条件》（JB/T 6397）； （11）《大型合金结构钢锻件　技术条件》（JB/T 6396）； （12）《加工铜及铜合金牌号和化学成分》（GB/T 5231）； （13）《铸造铜及铜合金》（GB/T 1176）； （14）《起重机用铸造卷筒　技术条件》（JB/T 9006.3）； （15）《结构用无缝钢管》（GB/T 8162）。 2．无损检测的相关规定： （1）钢材，钢板应按《厚钢板超声波检验方法》（GB/T 2970）； （2）锻钢件应按《钢锻件超声检验方法》（GB/T 6402）； （3）铸钢件应按《铸钢件　超声检测　第 1 部分：一般用途铸钢件》（GB/T 7233.1）； （4）《承压设备无损检测　第 4 部分：磁粉检测》（NB/T 47013.4）； （5）《焊缝无损检测　超声检测　技术、检测等级和评定》（GB/T 11345）； （6）《焊缝无损检测　超声检测　验收等级》（GB/T 29712）； （7）《水电水利工程金属结构及设备焊接接头衍射时差法超声检测》（DL/T 330）； （8）《承压设备无损检测　第 10 部分：衍射时差法超声检测》（NB/T 47013.10）； （9）《金属熔化焊焊接接头射线照相》（GB/T 3323）； （10）《承压设备无损检测　第 3 部分：超声检测》（NB/T 47013.3）。 3．焊接材料（焊条、焊丝和焊剂）的化学性能、机械性能和扩散量等要求： （1）《非合金钢及细晶粒钢焊条》（GB/T 5117）； （2）《热强钢焊条》（GB/T 5118）；

续表

序号	标准名称/标准号/时效性	针对性	内容与要点	关联与差异
6			9．所有电气设备的正常不带电的金属外壳、金属导线管、金属支架、金属线槽、电缆金属外皮等均应可靠接地。 10．螺杆式启闭机的螺杆、铸铁螺母、蜗杆和铸铁蜗轮的材质力学性能、螺杆直线度、螺纹副及内螺纹精度等制造要求。 11．固定卷扬式启闭机机架、铸造滑轮、铸造卷筒主要受力构件材质的力学性能；钢丝绳缠绕、固定、预拉伸工艺处理；联轴器的制造要求；各类制动器和制动盘、开式齿轮副与减速器、离心式调速器、各种轴承制造及其装配；最终热处理或镀铬后的吊耳轴、轮轴、齿轮轴、同步轴、卷筒轴规定不得焊补。 12．移动式启闭机门架和桥架、钢丝绳、滑轮、卷筒、联轴器、制动器、制动轮、制动盘、齿轮和减速器、滑动轴承、车轮、回转吊、自动挂脱梁、清污抓斗制造等的制造和装配要求。 13．液压启闭机液压缸、活塞、活塞杆、导向套、吊头以及密封件等的材质、制造以及装配。 14．现场安装的允许偏差不得超过规定，现场试运行符合要求。 15．出厂验收、现场验收的流程、资料符合规定。 16．各类启闭机的试验分为试运行、电气设备、无荷载、有荷载试验四种类型。 17．螺杆启闭机的载荷试验，应将闸门在门槽内无水或静水中全行程启闭2次；动水启闭的工作闸门应进行动水启闭试验。 18．固定卷扬式启闭机空载试验全行程往返运行3次；载荷试验应先将闸门在门槽内进行无水和静水条件下的试验，全行程升降各2次；按设计要求进行工作闸门启闭机的动水启闭试验、事故闸门启闭机的动水闭门和静水启门试验，全行程升降各2次；快速闸门启闭机应进行动水闭门试验时间不得超过设计允许值；快速关闭接近底坎时的最大速度不得超过5m/min。 19．移动式启闭机：空载试验起升机构和行走机构应分别在行程内往返3次；静载试验按启闭机额定载荷的	（3）《不锈钢焊条》（GB/T 983）； （4）《埋弧焊用碳钢焊丝和焊剂》（GB/T 5293）； （5）《埋弧焊用低合金钢焊丝与焊剂》（GB/T 12470）； （6）《埋弧焊用不锈钢焊丝和焊剂》（GB/T 17854）； （7）《气体保护电弧焊用碳钢、低合金钢焊丝》（GB/T 8110）； （8）《碳钢药芯焊丝》（GB/T 10045）； （9）《低合金钢药芯焊丝》（GB/T 17493）； （10）《不锈钢药芯焊丝》（GB/T 17853）； （11）《焊接用不锈钢丝》（YB/T 5092）。 4．焊接气体的使用要求： （1）《工业液体二氧化碳》（GB/T 6052）； （2）《氩》（GB/T 4842）； （3）《焊接用混合气体　氩-二氧化碳》（HG/T 3728）； （4）《炭弧气刨炭棒》（JB/T 8154）； （5）《工业氧》（GB/T 3863）； （6）《溶解乙炔》（GB/T 6819）； （7）《焊接切割用燃气　丙烯》（HG/T 3661.1）、《焊接切割用燃气　丙烷》（HG/T 3661.2）； 5．焊缝坡口制备： （1）《气焊、焊条电弧焊、气体保护焊和高能束焊的推荐坡口》（GB/T 985.1）； （2）《埋弧焊的推荐坡口》（GB/T 985.2）。 6．焊缝试验： （1）《焊接接头冲击试验方法》（GB/T 2650）； （2）《焊接接头拉伸试验方法》（GB/T 2651）； （3）《焊缝及熔敷金属拉伸试验方法》（GB/T 2652）； （4）《焊接接头弯曲试验方法》（GB/T 2653）； （5）《焊接接头硬度试验方法》（GB/T 2654）。 7．焊接材料的选用及保管与烘焙、焊前准备、焊接、后热、焊后热处理、焊接缺陷返工和焊件矫形等应符合《水工金属结构焊接通用技术条件》（SL 36）。 8．设备、部件制造组装的规定：

续表

序号	标准名称/ 标准号/时效性	针对性	内容与要点	关联与差异
6			75%、100%、125%逐级递增进行，低一级试验合格后进行高一级试验；动载试验在额定载荷起升点，起升 110%的额定起升载荷，作重复的起升、下降、停车等，累积起动及运行时间，应不小于 1h；大、小车在全行程内分别往返运行。 20．液压启闭机：无水联调试验时，现地操作升降闸门 2 次，若设计对闸门的下滑量无要求，提升闸门后，在 48h 内，闸门的下滑量不得大于 200mm；有水试验在无水联调试验合格后进行，根据液压启闭机使用条件做静水和动水试验	（1）《产品几何技术规范（GPS）极限与配合　第 2 部分：标准公差等级和孔、轴极限偏差表》（GB/T 1800.2）； （2）《产品几何技术规范（GPS）极限与配合　公差带和配合的选择》（GB/T 1801）； （3）《紧固件机械性能　螺栓、螺钉和螺柱》（GB/T 3098.1）； （4）《紧固件机械性能　螺母　粗牙螺纹》（GB/T 3098.2）； （5）《弹性垫圈技术条件　弹簧垫圈》（GB/T 94.1）； （6）《平垫圈　C 级》（GB/T 95）； （7）《普通螺纹　公差》（GB 197）； （8）《组合密封垫圈》（JB/T 982）； （9）《钢结构用高强度大六角头螺栓》（GB/T 1228）； （10）《钢结构用高强度大六角螺母》（GB/T 1229）； （11）《钢结构用高强度垫圈》（GB/T 1230）； （12）《钢结构用高强度大六角头螺栓、大六角螺母、垫圈技术条件》（GB/T 1231）； （13）《钢结构用扭剪型高强度螺栓连接副》（GB/T 3632）； （14）《钢结构工程施工质量验收规范》（GB 50205）； （15）《钢结构高强度螺栓连接技术规程》（JGJ 82）； （16）螺纹精度：《梯形螺纹　第 4 部分：公差》（GB/T 5796.4）； （17）《形状和位置公差　未注公差值》（GB/T 1184）； （18）《圆柱蜗杆　蜗轮精度》（GB 10089）； （19）《铸件　尺寸公差与机械加工余量》（GB/T 6414）； （20）《起重机用铸造滑轮　技术条件》（JB/T 9005.10）； （21）《GⅡCL 型鼓形齿式联轴器》（GB/T 26103.1）； （22）《GCLD 型鼓形齿式联轴器》（GB/T 26103.3）； （23）《NGCL 型带制动轮鼓形齿式联轴器》（GB/T 26103.4）；

续表

序号	标准名称/标准号/时效性	针对性	内容与要点	关联与差异
6				（24）《NGCLZ 型带制动轮鼓形齿式联轴器》（GB/T 26103.5）； （25）《弹性套柱销联轴器》（GB/T 4323）； （26）《弹性柱销联轴器》（GB/T 5014）； （27）《弹性柱销齿式联轴器》（GB/T 5015）； （28）《GCLD 型鼓形齿式联轴器》（JB/T 8854.1）； （29）《卷筒用球面滚子联轴器》（JB/T 7009）； （30）《电力液压鼓式制动器》（JB/T 6406）； （31）《电磁鼓式制动器》（JB/T 7685）； （32）《盘式制动器　制动盘》（JB/T 7019）； （33）《圆柱齿轮　精度制　第 2 部分：径向综合偏差与径向跳动的定义和允许值》（GB/T 10095.2）； （34）《起重机用座式减速器》（JB/T 8905.2）； （35）《起重机用座式硬齿面减速器》（JB/T 10816）； （36）《起重机用三支点硬齿面减速器》（JB/T 10817）； （37）《机械设备安装工程施工及验收通用规范》（GB 50231）； （38）《圆柱齿轮　精度制　第 1 部分：轮齿同侧齿面偏差的定义和允许值》（GB/T 10095.1）； （39）《起重机　司机室　第 1 部分：总则》（GB/T 20303.1）； （40）《起重机　司机室　第 5 部分：桥式和门式起重机》（GB/T 20303.5）； （41）《起重机车轮》（JB/T 6392）； （42）《起重机钢轨》（YB/T 5055）； （43）《陶瓷涂层活塞杆技术条件》（NB/T 35017）； （44）《普通液压系统用 O 形橡胶密封圈材料》（HG/T 2579）； （45）《往复运动密封圈橡胶材料》（HG/T 2810）； （46）《液压气动 O 形橡胶密封圈　第 1 部分：尺寸系列及公差》（GB/T 3452.1）； （47）《液压气动用 O 形橡胶密封圈　沟槽尺寸》（GB/T 3452.3）；

续表

序号	标准名称/ 标准号/时效性	针对性	内容与要点	关联与差异
6				（48）《流体输送用不锈钢无缝钢管》（GB/T 14976）； （49）《重型机械通用技术条件　第 11 部分：配管》（JB/T 5000.11）； （50）《水电水利工程液压启闭机设计规范》（NB/T 35020）； （51）《橡胶软管及软管组合件　油基或水基流体适用的钢丝编织增强液压型　规范》（GB/T 3683）； （52）《水轮发电机组安装技术规范》（GB/T 8564）； （53）《液压传动　油液　固体颗粒污染等级代号》（GB/T 14039）； （54）《液压元件从制造到安装达到和控制清洁度的指南》（GB/Z 19848）； （55）《重型机械液压系统　通用技术条件》（GB/T 6996）； （56）《起重机械安全规程》（GB 6067.1）； （57）《起重机钢丝绳保养、维护、安装、检验和报废》（GB/T 5972）。 9．防护处理： （1）《涂覆涂料前钢材表面处理　表面清洁度的目视评定　第 1 部分：未涂覆过的钢材表面和全面清除原有涂层后的钢材表面的锈蚀等级和处理等级》（GB/T 8923.1）； （2）《金属零（部）件镀覆前质量控制技术要求》（GB/T 12611）； （3）《金属覆盖层　工程用铬电镀层》（GB/T 11379）； （4）《金属覆盖层及其他有关覆盖层　维氏和努氏显微硬度试验》（GB/T 9790）； （5）《漆膜颜色标准》（GB/T 3181）的规定。 10．电气设备及安装要求： （1）《电气装置安装工程　盘、柜及二次回路接线施工及验收规范》（GB 50171）； （2）《电气装置安装工程　低压电器施工及验收规范》（GB 50254）； （3）《起重机设计规范》（GB/T 3811）；

续表

序号	标准名称/标准号/时效性	针对性	内容与要点	关联与差异
6				（4）《电气装置安装工程　电缆线路施工及验收规范》（GB 50168）； （5）《电气装置安装工程　起重机电气装置施工及验收规范》（GB 50256）； （6）《电气装置安装工程　电气设备交接试验标准》（GB 50150）的有关规定。 11．标牌与包装： （1）《标牌》（GB/T 13306）； （2）《机电产品包装通用技术条件》（GB/T 13384）； （3）《包装储运图示标志》（GB/T 191）
04	压力钢管			
7	《水电水利工程压力钢管制造安装及验收规范》 DL/T 5017—2007 2007年12月1日实施	1．适用于大中型水利枢纽工程压力钢管的制造、安装及验收。 2．适用于冲沙孔的钢衬和泄水孔（洞）钢衬的制造、安装及验收。 3．小型水电枢纽工程可结合具体情况使用	**主要内容：** 规定了水电水利工程压力钢管的技术要求，主要内容包括： 1．材料、测量工具和基准点的基本要求； 2．压力钢管制造； 3．压力钢管安装； 4．压力钢管焊接； 5．压力钢管焊后消应处理； 6．压力钢管防腐蚀处理； 7．压力钢管的水压试验； 8．压力钢管的验收； 9．包装、运输技术要求。 **重点与要点：** 1．钢板材料的性能、表面质量、出厂质量证明书等符合现行标准规定和设计要求。按规定进行超声波检查。 2．测量工具及测量精度和基准点的规定。 3．压力钢管应作有关标记。在高强钢板上不得采用锯或凿子、钢印作标记。 4．卷板时，不得用金属锤直接锤击钢板。 5．钢管的加劲环、支承环及止推环和钢管纵缝交叉处，不得缺少避缝孔（在内弧侧开，半径为25mm～80mm）。 6．串通孔、避缝孔的焊缝端头应封闭焊接。	**关联：** 1．《水电水利工程压力钢管制造安装及验收规范》（GB 50766）。 2．《水利工程压力钢管制造安装及验收规范》（SL 432）。 3．钢板材质及技术要求应符合以下规范的规定： （1）《热轧钢板和钢带的尺寸、外形、质量及允许偏差》（GB/T 709）； （2）《锅炉和压力容器用钢板》（GB/T 713）； （3）《高强度结构用调质钢板》（GB/T 16270）； （4）《压力容器用调质高强度钢板》（GB/T 19189）。 4．焊条的技术参数应符合以下规范的规定： （1）《不锈钢焊条》（GB/T 983）； （2）《非合金钢及细晶粒钢焊条》（GB/T 5117）； （3）《热强钢焊条》（GB/T 5118）。 5．焊丝的技术参数应符合以下规范的规定： （1）《埋弧焊用碳钢焊丝和焊剂》（GB/T 5293）； （2）《气体保护电弧焊用碳钢、低合金钢焊丝》（GB/T 8110）； （3）《碳钢药芯焊丝》（GB/T 10045）； （4）《埋弧焊用低合金钢焊丝和焊剂》（GB/T 12470）；

续表

序号	标准名称/标准号/时效性	针对性	内容与要点	关联与差异
7			7．高强钢板的灌浆孔，宜采用钻孔方式开孔。 8．多边形、方形等异形钢管应在制造场内进行整体或相邻管节预装。 9．球形岔管、肋梁系岔管应在厂内进行整体组装或组焊，极限偏差或各项尺寸应符合规定。 10．波纹管伸缩节应进行1.5倍工作压力的水压试验或1.1倍工作压力的气密性试验（水头未超过25m时，可只做焊缝煤油渗透试验）。 11．压力钢管安装中心、高程和里程等控制点应测放到永久建筑物或牢固的岩石上，并做出明显标识。 12．钢管支墩必须有足够的强度和稳定性。 13．灌浆孔螺纹设置空心螺纹护套。封堵后采用磁粉或渗透探伤检查。 14．钢管焊接前，应按规定进行焊接工艺评定。 15．异种钢焊接，应按强度低的一侧钢板选择焊接材料，按强度高的一侧选择焊接工艺。与不锈钢焊接时，应选用不锈钢焊接材料。 16．正式焊接时，定位焊缝不得保留在碳素钢和低合金钢的一类焊缝内以及高强钢的一、二类焊缝内。 17．需要预热焊接的钢板定位焊时，应对定位焊缝周围宽150mm进行预热，预热温度应比正式焊缝预热温度高出20℃～30℃。 18．冷裂纹敏感性较大的低合金钢和高强钢焊件，后热应在焊后立即进行。 19．焊缝内部或表面发现有裂纹等危险性缺欠，应进行分析，找出原因，制定措施后，方可补焊。 20．高强钢板不宜做焊后热处理消应。 21．碳素钢、低合金钢的钢管、岔管在炉内作整体消应热处理时，工件入炉或出炉温度应低于300℃。按要求计算出加热速度、恒温时间、冷却速度，并严格执行。 22．局部消应热处理时，内外壁温度应力求均匀，加热带以外部位应予保温，减少温度梯度，防止产生更大的热效应和影响母材的组织及性能。 23．压力钢管的管壁上不宜随意焊接临时支撑或脚踏板、工卡具等临时构件。	（5）《熔化焊用钢丝》（GB/T 14957）； （6）《低合金钢药芯焊丝》（GB/T 17493）； （7）《不锈钢药芯焊丝》（GB/T 17853）； （8）《埋弧焊用不锈钢焊丝和焊剂》（GB/T 17854）； （9）《焊接用不锈钢丝》（YB/T 5092）。 6．焊剂的技术参数应符合GB/T 5293、GB/T 17854、GB/T 12470的规定。 7．焊接、切割用氧气、二氧化碳气体、氩气、乙炔气体、燃气丙烯、燃气丙烷等的技术参数和质量应分别符合以下规范的规定： （1）《工业氧》（GB/T 3863）； （2）《工业液体二氧化碳》（GB/T 6052）； （3）《氩》（GB/T 4842）； （4）《溶解乙炔》（GB/T 6819）； （5）《焊接切割用燃气丙烯》（HG/T 3661.1）； （6）《焊接切割用燃气丙烷》（HG/T 3661.2）。 8．钢板性能试验取样位置及试样制备应符合《钢及钢产品　力学性能试验取样位置及试样制备》（GB/T 2975）的规定。 9．钢板焊接、切割，以及钢结构焊后的质量检查应采用以下规范的规定进行： （1）《无损检测　焊缝磁粉检测》（JB/T 6061）； （2）《无损检测　焊缝渗透检测》（JB/T 6062）； （3）《金属熔化焊焊接接头射线照相》（GB/T 3323）； （4）《焊缝无损检测　超声检测技术、检测等级和评定》（GB/T 11345）。 10．焊接坡口尺寸极限偏差应符合以下规范的规定： （1）《气焊、焊条电弧焊、气体保护焊和高能束焊的推荐坡口》（GB/T 985.1）； （2）《埋弧焊的推荐坡口》（GB/T 985.2）。 11．波纹管伸缩节应按设计图纸制造，并符合以下规范的规定： （1）《不锈钢波形膨胀节》（GB/T 12522）； （2）《金属波纹管膨胀节通用技术条件》（GB/T 12777）； （3）《压力容器波形膨胀节》（GB/T 16749）。

续表

序号	标准名称/标准号/时效性	针对性	内容与要点	关联与差异
7			24．规定了水压试验的程序及要求	12．一、二类焊缝焊接工应按以下规范规定的要求取得焊工合格证： （1）《焊工技术考核规程》（DL/T 679）； （2）《水工金属结构焊工考试规则》（SL 35）。 13．压力钢管防腐除锈等级应符合《涂覆涂料前钢材表面处理　表面清洁度的目视评定》（GB/T 8923）的规定。 14．压力钢管防腐蚀技术要求应按《水电水利工程金属结构设计防腐蚀技术规程》（DL/T 5358）的规定执行。 15．金属喷涂锌丝应符合《锌锭》（GB/T 470）的 Zn-1 的质量要求。 16．金属喷涂铝丝应符合《变形铝及铝合金化学成分》（GB 3190）中 L2 的质量要求。
8	《水电水利工程压力钢管制造安装及验收规范》 GB 50766—2012 2012 年 12 月 1 日实施	适用于水电水利工程压力钢管及冲沙孔钢衬和泄水孔（洞）钢衬的制造、安装和验收	**主要内容：** 规定了压力钢管及冲沙孔钢衬和泄水孔（洞）钢衬的制造、安装的技术要求，以及验收方法、程序和标准，主要内容包括： 1．材料、测量工具和基准点的基本要求； 2．压力钢管制造； 3．压力钢管安装； 4．压力钢管焊接； 5．压力钢管焊后消应处理； 6．压力钢管防腐蚀处理； 7．压力钢管的水压试验； 8．验收程序及要求； 9．包装、运输技术要求。 **重点与要点：** 1. 岔管的月牙肋或梁的钢板应进行厚度方向拉力试验。厚度方向受力的月牙肋或梁等所用的低碳钢、低合金钢和高强钢钢板进行脉冲反射法超声检测（UT）均应符合Ⅰ级。 2．高强钢钢板可以用深度不大于 0.5mm 的冲眼标识的条件： （1）在卷板内弧面，用于校核划线准确性的冲眼； （2）卷板后的外弧面。	**关联：** 1．《水电水利工程压力钢管制造安装及验收规范》（DL/T 5017）。 2．《水利工程压力钢管制造安装及验收规范》（SL 432）。 3．钢板材质及技术要求应符合以下规范的规定： （1）《热轧钢板和钢带的尺寸、外形、质量及允许偏差》（GB/T 709）； （2）《锅炉和压力容器用钢板》（GB 713）； （3）《热轧钢板表面质量的一般要求》（GB/T 14977）； （4）《高强度结构用调质钢板》（GB/T 16270）； （5）《压力容器用调质高强度钢板》（GB/T 19189）； （6）《不锈钢和耐热钢　牌号及化学成分分析》（GB/T 20878）； （7）《承压设备用不锈钢钢板及带钢》（GB/T 24511）。 4．焊条的技术参数应符合以下规范的规定： （1）《不锈钢焊条》（GB/T 983）； （2）《非合金钢及细晶粒钢焊条》（GB/T 5117）； （3）《热强钢焊条》（GB/T 5118）。 5．焊丝的技术参数应符合以下规范的规定：

续表

序号	标准名称/标准号/时效性	针对性	内容与要点	关联与差异
8			3. 钢管的加劲环、支承环及止推环和钢管纵缝交叉处，不得缺少避缝孔（在内弧侧开，半径为25mm～80mm）。 4. 灌浆孔螺纹应设置空心螺纹护套，不得使螺纹锈蚀、腻死、滑丝等损伤；空心螺纹护套的空心内径应使后续工序的固结灌浆钻的钻头能通过，无卡阻现象发生。灌浆作业结束后在戴灌浆孔堵头时才能拆出空心螺纹护套。 5. 月牙肋或梁的分段弦长方向应与钢板的压延方向一致。 6. 钢管在安装过程中必须采取可靠措施，支撑的强度、刚度和稳定性必须经过设计计算，不得出现倾覆和垮塌。 7. 钢管制作安装用高空操作平台应符合本规范的规定。 8. 灌浆孔堵焊时应止水后再进行焊接。 9. 波纹管伸缩节焊接时不得将地线接于波纹管的管节上。 10. 焊缝预热温度应由焊接性试验确定，或按本规范的表5.2.6推荐的预热温度进行。 11. 对接焊缝焊接工艺评定应采用对接焊缝试件。角焊缝焊接工艺评定应采用角焊缝试件或对接焊缝试件。组合焊缝焊接工艺评定应采用对接焊缝试件，当组合焊缝要求焊透时，应增加组合焊缝试件。 12. 输水工程钢管道内壁涂层除应具备耐磨性能和耐水性能外，还应符合卫生标准要求。其涂层配套系统，可按本规范表G.0.4的规定选用。 13. 采用划格法、拉开法（亦称拉拔法）进行附着力定量检测的规定。 14. 串通孔、避缝孔的焊缝端头应封闭焊接。 15. 未经预组装或组焊的异形钢管、肋梁系岔管、球形岔管等，不得直接安装。 16. 伸缩节应进行1.5倍工作压力的水压试验或1.1倍工作压力的气密性试验（水头未超过25m时，可只做焊缝煤油渗透试验）。 17. 需要预热焊接的钢板定位焊时，应对定位焊缝周围宽150mm进行预热，预热温度应比正式焊缝预热温度高出20℃～30℃。 18. 冷裂纹敏感性较大的低合金钢和高强钢焊件，后热应在焊后立即进行。	（1）《埋弧焊用碳钢焊丝和焊剂》（GB/T 5293）； （2）《气体保护电弧焊用碳钢、低合金钢焊丝》（GB/T 8110）； （3）《碳钢药芯焊丝》（GB/T 10045）； （4）《埋弧焊用低合金钢焊丝和焊剂》（GB/T 12470）； （5）《熔化焊用钢丝》（GB/T 14957）； （6）《气体保护焊用钢丝》（GB/T 14958）； （7）《低合金钢药芯焊丝》（GB/T 17493）； （8）《不锈钢药芯焊丝》（GB/T 17853）； （9）《埋弧焊用不锈钢焊丝和焊剂》（GB/T 17854）； （10）《焊接用不锈钢丝》（YB/T 5092）。 6. 焊剂的技术参数应符合GB/T 5293、GB/T 17854、GB/T 12470的规定。 7. 碳弧气刨用碳棒应符合《碳弧气刨碳棒》（JB/T 8154）的规定。 8. 焊接、切割用氧气、二氧化碳气体、氩气、乙炔气体、燃气丙烯、燃气丙烷、混合气体等的技术参数和质量应分别符合以下规范的规定： （1）《工业氧》（GB/T 3863）； （2）《工业液体二氧化碳》（GB/T 6052）； （3）《氩》（GB/T 4842）； （4）《溶解乙炔》（GB/T 6819）； （5）《焊接切割用燃气丙烯》（HG/T 3661.1）； （6）《焊接切割用燃气丙烷》（HG/T 3661.2）； （7）《焊接用混合气体　氩-二氧化碳》（HG/T 3728）。 9. 钢板性能试验取样位置及试样制备应符合《钢及钢产品　力学性能试验取样位置及试样制备》（GB/T 2975）的规定。 10. 钢板切割质量和尺寸偏差应符合以下规范的规定： （1）《热切割　气切割质量和尺寸偏差》（JB/T 10045.3）； （2）《热切割　等离子弧切割质量和尺寸偏差》（JB/T 10045.4）。 11. 钢板切割面缺陷检查及修复后的缺陷检查，以及焊后质量检查应符合以下规范的规定：

续表

序号	标准名称/ 标准号/时效性	针对性	内容与要点	关联与差异
8			19．钢管壁上不宜焊接临时支撑或脚踏板等构件。 20．高强钢不宜开设灌浆孔，宜采用预埋管法或拔管法进行回填灌浆和接触灌浆。 21．规定了水压试验的程序及要求	（1）《金属熔化焊焊接接头射线照相》（GB/T 3323）； （2）《焊缝无损检测　超声检测技术、检测等级和评定》（GB/T 11345）； （3）《承压设备无损检测　第 4 部分：磁粉检测》（NB/T 47013.4）； （4）《承压设备无损检测　第 5 部分：渗透检测》（NB/T 47013.5）； （5）《承压设备无损检测　第 10 部分：衍射时差法超声检测》（NB/T 47013.10）。 12．焊接坡口尺寸极限偏差应符合以下规范的规定： （1）《气焊、焊条电弧焊、气体保护焊和高能束焊的推荐坡口》（GB/T 985.1）； （2）《埋弧焊的推荐坡口》（GB/T 986）。 13．波纹管伸缩节应按设计图纸制造，并符合以下规范的规定： （1）《不锈钢波形膨胀节》（GB/T 12522）； （2）《金属波纹管膨胀节通用技术条件》（GB/T 12777）； （3）《压力容器波形膨胀节》（GB/T 16749）。 14．焊接质量及技术要求应符合以下规范的规定： （1）《不锈钢复合钢板焊接技术条件》（GB/T 13148）； （2）《电站钢结构焊接通用技术条件》（DL/T 678）。 15．焊缝缺欠处理分类划分应符合《金属熔化焊接头缺欠分类及说明》（GB/T 6417.1）的规定。 16．压力钢管防腐除锈等级应符合《涂覆涂料前钢材表面处理　表面清洁度的目视评定　第 2 部分：已涂覆过的钢材表面局部清除原有涂层后的处理等级》（GB/T 8923.2）的规定。 17．压力钢管防腐蚀技术要求应按《水电水利工程金属结构设备防腐蚀技术规程》（DL/T 5358）的规定执行。 18．金属喷涂锌丝应符合《锌锭》（GB/T 470）的 Zn-1 的质量要求。 19．金属喷涂铝丝应符合《变形铝及铝合金化学成分》（GB/T 3190）中 L2 的质量要求。 **差异：** 与《水电水利工程压力钢管制造安装及验收规范》（DL/T

续表

序号	标准名称/标准号/时效性	针对性	内容与要点	关联与差异
8				5017）相比： 1．增加了涉及安全的强制性条文。 2．增加钢管、岔管水压试验前，应制订安全措施和安全预案。 3．无损检测描述更为详细，增加了衍射时差法超声检测（TOFD）。 4．防护增加了牺牲阳极阴极保护系统施工法。 5．涂料涂层质量检测，增加了划格法、拉开法（亦称拉拔法）进行附着力定量检测方法。 6．钢板切割质量无损检测采用的规范标准不同，DL/T 5017 中采用的是 NB/T 47013.3、JB/T 6061 及 JB/T 6062，而 GB 50766 中采用的是 GB/T 11345、NB/T 47013.4 及 NB/T 47013.5、NB/T 47013.10。 7．明确规定了高强钢不宜开设灌浆孔，宜采用预埋管法或拔管法进行回填灌浆和接触灌浆

第三节 试验检测标准

序号	标准名称/标准号/时效性	针对性	内容与要点	关联与差异
1	《水电水利工程金属结构及设备焊接接头衍射时差法超声检测》 DL/T 330—2010 2011 年 5 月 1 日实施	适用于母材厚度为 12mm～400mm 的工程结构用非合金钢、低合金钢和合金钢对接焊接接头衍射时差法超声检测。 其他类型金属材料可选择执行	**主要内容：** 规定了水电水利工程金属结构及设备焊接接头衍射时差法超声检测的方法及缺欠评定要求，主要内容包括： 1．对人员、材料及检测工艺的一般规定； 2．检测系统技术要求； 3．试块校准及比对标准； 4．检验等级分级标准； 5．检测准备技术要求； 6．检测系统设置和校准； 7．检测； 8．检测数据分析；	**关联：** 1．检测设备性能指标除满足本规范的规定外，还用符合《A 型脉冲反射式超声波探伤仪通用技术条件》（JB/T 10061）的规定。 2．校准试块应采用《超声探伤用 1 号标准试块技术条件》（GB/T 19799.1）中规定的 1 号试块。 3．其他相关标准：《承压设备无损检测 第 3 部分：超声检测》（NB/T 47013.3）。 **差异：** 与《A 型脉冲反射式超声波探伤仪通用技术条件》（JB/T 10061）相比，DL/T 330 规定了衍射时差法超声检测方法

续表

序号	标准名称/标准号/时效性	针对性	内容与要点	关联与差异
1			9．对非平行扫查发现的相关显示的辅助检测； 10．缺欠评定； 11．检测记录和报告。 **重点与要点：** 1．TOFD 检测、分析图像和出具报告的人员应取得电力行业或中国无损检测学会等超声检测 2 级及以上资格证书和 TOFD 检测 2 级及以上专项资格证书。 2．检测前应针对被检工件的材质、厚度、坡口形式、结构特点、施工环境，以及本标准的有关要求编制检测工艺。 3．检测设备应具备有线性 A 扫描显示，超声波发射和接收，数据自动采集、记录和显示，信号分析等功能，或根据需要可使用单通道或多通道设备。 4．扫查装置应保证扫查时两探头入射点间距相对稳定，使探头与扫查面耦合良好。并应安装位置编码器。 5．对比试块应采用与被检测工件声学性能相同或相近的材料制备，材质应均匀，采用直探头检测时，不得有大于或等于 ϕ2mm 平底孔当量的缺欠。 6．检验等级：A 级检验适用于母材厚度小 50mm 的二类焊缝；B 级检验适用于一类焊缝和母材厚度不小于 50mm 的二类焊缝。 7．检测区的宽度应是焊缝本身，再加上焊缝两侧各相当于母材厚度 30%的一段区域，这个区域最小为 5mm，最大为 20mm。 8．扫查面：无任何杂质，表面平整，其表面粗糙度 *Ra* 值应不大于 6.3μm；按规定除去余高。 9．检测实施： （1）探头选择、PCS 值设置、扫查方式选择、采用水等耦合剂； （2）非平行扫查和偏置非平行扫查时应保证实际扫查路径与拟扫查路径一致，其最大偏差不超过 PCS 值的 10%； （3）扫查速度应满足耦合和全波采集要求，最大不得超过 50mm/s； （4）分段扫查时，相邻段扫查区的重叠范围应不小于 25mm；	作为一种新的无损检测方法，可替代射线探伤检测

续表

序号	标准名称/ 标准号/时效性	针对性	内容与要点	关联与差异
1			（5）直通波、底面反射波、材料晶粒噪声或波形转换波的波幅降低 12dB 以上或怀疑耦合不良时，应重新扫查该段区域；当直通波满屏或晶粒噪声波幅超过满屏高 20%时，则应降低增益并重新扫查。 10．表面盲区的减少的措施，采用磁粉检测、涡流检测或其他有效方法对表面盲区进行检测。 11．对检测系统的设置和校准。 12．检测数据的有效性评定、缺欠位置测定、缺欠尺寸测量。 13．缺欠评定方面的内容	
2	《水工钢闸门和启闭机安全检测技术规程》 DL/T 835—2003 2003 年 6 月 1 日实施	1．适用于水利水电大中型工程的钢闸门和启闭机。 2．小型工程的钢闸门和启闭机可选择执行	**主要内容：** 规定了在役的水利水电工程钢闸门（含拦污栅）和启闭机安全检测的内容和保证检测质量的技术要求，主要内容包括： 1．安全检测人员、检测项目及资料要求的基本规定； 2．巡视检查； 3．闸门外观检测； 4．启闭机性能状态检测； 5．腐蚀检测； 6．材料检测； 7．无损探伤； 8．应力检测； 9．结构振动检测； 10．闸门启闭力检测； 11．启闭机考核； 12．特殊项目检测； 13．安全复核计算； 14．检测报告。 **重点与要点：** 1．安全检测人员应持有上岗证书。 2．检测仪器设备应满足精度要求，并按规定定期经计量检定机构检定合格。 3．安全检测项目的主要内容中的 2 项～4 项为必检项	**关联：** 1．《水利水电工程钢闸门设计规范》（DL/T 5039）。 2．《水电工程钢闸门制造安装及验收规范》（NB/T 35045） 3．钢丝绳的使用及报废应按《起重机钢丝绳保养、维护、安装、检验和报废》（GB/T 5972）的规定执行。 4．腐蚀检测数据统计分析方法及标准应按《腐蚀数据统计分析标准方法》（GB/T 12336）的规定执行。 5．材料检测中材料牌号的确定应按《黑色金属硬度及强度换算值》（GB/T 1172）的规定换算出抗拉强度 δ_b 的近似值后进行综合分析去项。 6．无损检测中一、二类焊缝的分类应符合以下规范的规定： （1）《水电工程钢闸门制造安装及验收规范》（NB/T 35045）； （2）《水电工程启闭机制造安装及验收规范》（NB/T 35051）。 7．一、二类焊缝外观检测怀疑有裂纹时，渗透探伤及磁粉探伤的方法应按《承压设备无损检测》（NB/T 47013）的规定执行。 8．水工钢闸门主要受力焊缝累不缺陷检查应按以下规范的规定执行： （1）《金属熔化焊焊接接头射线照相》（GB/T 3323）；

续表

序号	标准名称/标准号/时效性	针对性	内容与要点	关联与差异
2			目，应逐孔检测；主要内容中5～10为抽检项目；还有2项为启闭机考核和特殊项目检测。 4．各检测项的具体检查内容及记录要求。 5．探伤发现的裂纹，必须分析原因，判断发展趋势，提出处理意见。 6．结构静应力检测，每级荷载应重复检查2遍，每次检测数据采集应不少于3次。 7．运动状态应力检测必须重复进行3次。 8．测振传感器必须与结构连接牢固，在振动过程中不能松动	（2）《焊缝无损检测　超声检测技术、检测等级和评定》（GB/T 11345）。 9．水工钢闸门和启闭机主要结构应力计算分析应按以下规范的规定执行： （1）《水利水电工程钢闸门设计规范》（DL/T 5039）； （2）《水电水利工程启闭机设计规范》（DL/T 5167）。 10．特殊检测项目中，水质检测应按照以下规范的规定执行： （1）《水质 pH值的测定　玻璃电极法》（GB/T 6920）； （2）《饮用水天然矿泉水检验方法》（GB/T 8538）； （3）《水质　游离氯和总氯的测定 N，N-二乙基，4-苯二胺滴定法》（GB/T 11897）； （4）《水质　硫酸盐的测定　重量法》（GB/T 11899）； （5）《水质　溶解氯的测定　电化学探头法》（GB/T 11913）； （6）《水质　采样技术指导》（GB/T 12998）； （7）《水质　采样样品保存和管理技术》（GB/T 12999）。 **差异：** 本规程中引用的DL/T 5018已作废，由《水电工程钢闸门制造安装及验收规范》（NB/T 35045）替代
3	《水电工程设备铸锻件检验验收规范》 DL/T 1395—2014 2015年3月1日实施	适用于水电工程设备的铸钢件、锻钢件	**主要内容：** 规定了水电工程设备铸钢件、锻钢件的一般规定、技术要求、试验与检验、验收等要求，主要内容包括： 1．铸锻件采用标准、铸锻件类别、材料牌号、交货状态，以及其他技术要求和检验、验收项目等基本要求； 2．铸锻件类别划分技术要求； 3．试验与检验项目、内容及方法； 4．验收； 5．包装、运输和保管的具体要求。 **重点与要点：** 1．锻钢件表面整修后该处应留有名义单边余量的50%。 2．锻、铸钢件表面不得有裂纹、缩孔等缺陷。 3．Ⅰ类铸钢件关键部位质量等级应达到GB/T 7233.1	**关联：** 1．Ⅰ、Ⅱ铸钢件主要受力部位的加工面应按以下规范的规定进行无损检测： （1）《铸钢件渗透检测》（GB/T 9443）； （2）《铸钢件磁粉检测》（GB/T 9444）。 2．锻钢件表面质量无损检测应按以下规范的规定执行： （1）《锻钢件磁粉检测》（JB/T 8468）； （2）《无损检测　渗透检测》（JB/T 9218）。 3．Ⅰ、Ⅱ铸钢件关键部位质量等级分别应达到《铸钢件　超声检验　第1部分：一般用途铸钢件》（GB/T 7233.1）评定的2级、3级标准。 4．Ⅰ、Ⅱ锻钢件质量等级分别应达到《钢锻件超声检测方法》（GB/T 6402）中3级、2级标准。

续表

序号	标准名称/标准号/时效性	针对性	内容与要点	关联与差异
3			评定的 2 级标准；Ⅱ类铸钢件关键部位质量等级应达到 GB/T 7233.1 评定的 3 级标准。 4．Ⅰ类锻钢件质量等级应达到 GB/T 6402 中的 3 级；Ⅱ类锻钢件质量等级应达到 GB/T 6402 标准中的 2 级。 5．铸钢件不允许补焊的部位不得进行补焊。允许补焊应按 JB/T5000.7 规定执行。 6．Ⅰ、Ⅱ类锻钢件不得补焊。 7．铸锻件的试验与检验规定。 8．必须按规定完成化学成分、力学性能的检测。 9．按规定进行验收（包括几何形状、尺寸公差和加工余量、表面及内部质量、标识及规定的质量证明文件等）。 10．铸刚件重新热处理次数不得超过二次	5．铸钢件补焊处理应按《重型机械通用技术条件　第 7 部分：铸钢件补焊》（JB/T 5000.7）的规定执行。 6．锻件化学成分分析方法按以下规范的规定执行： （1）《（所有部分）钢铁及合金化学分析方法》（GB/T 223）的规定执行； （2）《钢和铁　化学成分测定用试样的取样和制样方法》（GB/T 20066）。 7．锻件化学成分分析允许偏差应符合《钢的成品化学成分允许偏差》（GB/T 222）的规定。 8．铸钢件力学性能试验的试块及取样按《一般工程用铸造碳钢件》（GB/T 11352）的规定执行。 9．锻钢件力学性能试验取样，以及拉伸、冲击试验方法应按以下规范的执行： （1）《重型机械通用技术条件　第 8 部分：锻件》（JB/T 5000.8）的规定执行； （2）《金属材料　拉伸试验　第 1 部分：室温试验方法》（GB/T 228.1）； （3）《金属材料　夏比摆锤冲击试验方法》（GB/T 229）。 10．铸钢件硬度试验方法应按以下规范的规定执行： （1）《金属材料　洛氏硬度试验　第 1 部分：试验方法》（GB/T 230.1）； （2）《金属材料　布氏硬度试验　第 1 部分：试验方法》（GB/T 231.1）； （3）《金属材料　里氏硬度试验　第 1 部分：试验方法》（GB/T 17394.1）。 11．铸钢件的尺寸公差、加工余量应符合《铸件　尺寸公差与机械加工余量》（GB/T 6414）的规定
4	《钻孔应变法测量残余应力的标准测试方法》 SL 499—2010 2010 年 11 月 20 日实施	仅适用于线弹性材料且应力梯度较小情况，残余应力不超过 60%时，此方法仍然适用	**主要内容：** 规定了在各向同性线弹性材料近表面测定残余应力的测定步骤，主要内容包括： 1．测试方法及概要； 2．意义及用途； 3．工件准备； 4．应变计与仪器；	**关联：** 1．引用了《残余应力测试方法　钻孔应变释放法》（GB/T 3395）的附录 A“钻孔偏心的修正”和附录 B“孔边塑性变形的修正”。 2．应变花几何形状推荐采用《粘贴式电阻应变计性能特性试验》（ASTM E251）标准对应变计进行校准

续表

序号	标准名称/ 标准号/时效性	针对性	内容与要点	关联与差异
4			5．钻孔步骤； 6．均布应力计算； 7．非均布应力计算； 8．报告编制要求； 9．精度和偏差测量。 **重点与要点：** 1．根据需要测试的残余压力、工件厚度采用不同的钻孔、使用不同类型和不同尺寸的应变花。 2．钻孔必须用工装控制，孔心与应变花中心的不重合度误差应小于±0.004D，孔深误差应小于±0.004D。 3．安装应变计的表面打磨抛光，应使用化学腐蚀方法而尽量避免使用机械磨削。 4．测量残余压力释放应变的电阻应变仪分辨力应不低于±1×10^{-6}，测量稳定性和重复性的电阻应变仪分辨力应高于±1×10^{-6}。 5．钻孔步骤应严格按本规程的要求进行。 6．不推荐使用低速钻孔技术	
5	《X 射线衍射应力测定装置校验方法》 SL 536—2011 2011年10月12日实施	适用于X射线衍射应力测定装置，该方法借助测量高角度背反射区域中衍射峰的位置	**主要内容：** 规定了X射线衍射应力测定装置校验方法，主要内容包括： 1．使用的范围； 2．校验步骤； 3．计算及结果解释； 4．精度和偏差。 **重点与要点：** 1．铁粉试样校验用于铁素体钢和马氏体钢应力测定的仪器；其他金属材料应使用与被测合金有同样晶体结构的金属粉末。 2．在衍射面上的X射线管的焦点、ψ轴和2θ轴以及位于2θ处的接收光栅应在一直线上。 3．在进行应力测量时，铁粉表面面积要足够大，使所有用到的ψ角度上都有入射的X射线束横穿。 4．测量计算的应力标准偏差值大于14MPa时，应重新检查测量技术与仪器	**关联：** 1．与《水工金属结构残余应力测试方法　X射线衍射法》（SL 547）配套使用。 2．《残余应力测量用X射线衍射仪校准鉴定的标准试验方法》（ASTM E915）。 **差异：** 1．与《水工金属结构残余应力测试方法　X射线衍射法》（SL 547）相比： （1）SL 536中未编制有关术语及定义； （2）SL 536中主要阐述有关校验方法的步骤、计算分析、精度和偏差要求，SL 547中明确了测试方法和程序。 2．与《残余应力测量用X射线衍射仪校准鉴定的标准试验方法》（ASTM E915）相比，SL 536编制中删除了“术语、定义和符号”“测量原理”“样品”“仪器”“试验方法”“试验测定X射线弹性常数XEC”“参照样品（标样）”，以及“局限性介绍”等相关内容

续表

序号	标准名称/ 标准号/时效性	针对性	内容与要点	关联与差异
6	《水工金属结构残余应力测试方法 X 射线衍射法》 SL 547—2011 2011 年 10 月 12 日实施	1．适用于水利水电工程用钢闸门、压力钢管（含钢岔管）、启闭机等铁素体钢系和奥氏体钢系材料制作的结构与设备（包括其中的焊接接头）金属表面残余应力的X射线衍射法测试。 2．其他结构及机电设备可选择使用。	**主要内容：** 规定了 X 射线衍射法测试残余应力的范围、术语、测试方法和测试程序，主要内容包括： 1．测试方法与数据处理； 2．测试程序。 **重点与要点：** 1．应根据待测工件的材质和状态、所用辐射和衍射角、待测部位的空间条件合理选择测试方法。 2．测试表面应无附加应力层，表面粗糙度 Ra 应小于 10μm。 3．测试装置、试样设置、测试条件等满足本方法的要求。 4．测试时，应采取必要的防护措施，确保操作人员和周围工作人员的人身安全	**关联：** 1．与《X 射线衍射应力测定装置校验方法》（SL 536）配套使用。 2．《残余应力测量用 X 射线衍射仪校准鉴定的标准试验方法》（ASTM E915）。 **差异：** 1．与《X 射线衍射应力测定装置校验方法》（SL 536）相比： （1）SL 547 中增加了有关术语及定义； （2）SL 547 中明确了测试方法和程序，SL 536 中主要阐述有关校验方法的步骤、计算分析、精度和偏差要求。 2．与《残余应力测量用 X 射线衍射仪校准鉴定的标准试验方法》（ASTM E915）相比，SL 547 编制中删除了“术语、定义和符号”“测量原理”、“仪器”、“试验测定 X 射线弹性常数 XEC”“参照样品（标样）”，以及“局限性介绍”等相关内容
7	《水工金属结构残余应力测试方法-磁弹法》 SL 565—2012 2012 年 12 月 10 日实施	适用于水工金属结构以及其他铁磁性材料的焊接件、铸锻件、热处理件近表面残余应力的测定	**主要内容：** 规定了磁弹法测试残余应力的基本原理和测试方法，主要内容包括： 1．基本原理； 2．标定实验的装置、试样制备和校核； 3．残余应力测试方法。 **重点与要点：** 1．标定试样在标定试验前应作“去应力处理”；标定试样的金相组织、晶粒度、表面硬度、表面状态应与被测构件一致。 2．测试探头与测试方向应保持一致。 3．每个测试点至少测试 5 次，取其平均值作为实测值	
8	《水工金属结构三维坐标测量技术规程》 SL 580—2012 2013 年 1 月 19 日实施	适用于闸门、启闭机、压力钢管、拦污栅、清污机、升船机等水工金属结构产品的检测，水利水电工程其他产品检测可参照执行	**主要内容：** 规定了电子经纬仪/全站仪三维坐标测量技术用于水工金属结构检测的基本要求和方法，主要内容包括： 1．系统配置、精度和测量条件的基本要求；	**关联：** 1．电子经纬仪标称测角标准性能指标按《全站型电子速测仪检定规程》（JJG 100）的规定进行检定，且不低于 1 级。

续表

序号	标准名称/ 标准号/时效性	针对性	内容与要点	关联与差异
8			2．基本测量方法。 **重点与要点：** 1．经纬仪精度优于0.1mm，全站仪系统精度优于0.5mm。 2．双机或多机测量时，系统定向解算标准差不大于0.1mm。 3．全站仪测量时，反射片法线与仪器观测夹角不大于45°；经纬仪测量时，两仪器观测视线交会角为30°～150°。 4．测量金属结构的相关尺寸数据时，应在检测记录中明确标注测量场地的环境温度及日照状况，必要时，还应记录产品的表面温度。 5．状态和位置误差测量应遵循本规程规定的原则。 6．测量弧形门面板或侧轨的曲率半径应以设定的圆心为基准。在弧形构件上至少每米测量一点至设定圆心的距离，通过该距离与设计曲率半径值的比对，对弧形闸门或侧轨的曲率半径进行评定	2．全站仪测角系统性能指标按《光电测距仪检定规程》（JJG 703）的规定进行检定，且应符合中、短程测距仪Ⅰ级要求
9	《水工金属结构T形接头角焊缝和组合焊缝超声检测方法和质量分级》 SL 581—2012 2012年11月6日实施	适用于T形接头未焊透深度评定，对I形坡口角焊缝和大钝边组合焊缝，专门制定了评定条款	**主要内容：** 规定了T形接头焊缝检测方法和质量分级，主要内容包括： 1．人员、设备及检测方法的一般规定； 2．超声检测技术等级划分； 3．T形接头焊缝的超声检测； 4．T形接头焊缝未焊透深度评定； 5．检验记录与检测报告。 **重点与要点：** 1．超声检测人员进行资格鉴定与认证，取得相关主管部门颁发的资格证书。 2．检测设备均具有产品合格证或合格的证明文件。性能符合本标准的规定。 3．探头的扫查覆盖率应大于探头直径的15%；扫查速度不应超过150mm/s。 4．每次检测结束前，应对扫描量程、灵敏度进行复核。 5．不同检测技术等级的要求，在选择探头时应考虑到检测各类缺陷的可能性，并使声束尽可能垂直于该类焊接接头结构的主要缺陷	**关联：** 1．《焊缝无损检测 超声检测技术、检测等级和评定》（GB/T 11345）。 2．《承压设备无损检测 第3部分：超声检测》（NB/T 47013.3）。 3．超声波检测人员开展工作的原则和程序，以及资质培训和资格鉴定认证按，应分别按照以下规范的要求执行： （1）《无损检测 应用导则》（GB/T 5616）的规定； （2）《无损检测 人员资格鉴定与认证》（GB/T 9445）。 4．检测仪器和探头的系统性能应按以下规范的规定进行测试： （1）《无损检测 A型脉冲反射式超声检测系统工作性能测试方法》（JB/T 9214）； （2）《超声探伤用探头性能能测试方法》（JB/T 10062）。 5．对由表面粗糙度引起的耦合损失进行耦合补偿的方法，以及标准试块采用，超声波检测技术等级划分，全焊透T形结构组合焊缝的超声检测和缺陷评定等，应按

续表

序号	标准名称/ 标准号/时效性	针对性	内容与要点	关联与差异
9				《焊缝无损检测　超声检测技术、检测等级和评定》（GB/T 11345）的规定执行。 6．仪器校准测定方法按《A 型脉冲反射式超声波探伤仪通用技术条件》（JB/T 10061）的规定执行。 7．标准试块的制造要求应符合《无损检测　超声检测 1 号校准试块》（GB/T 19799.1）的规定。 8．T 形接头焊缝盲区的补充检测技术和质量评定应按以下规范执行： （1）《无损检测　焊缝磁粉检测》（JB/T 6061）； （2）《无损检测　焊缝渗透检测》（JB/T 6062）。 9．当设计与合同无明确要求时，T 形接头组合焊缝未焊透深度评定按照《水利水电工程闸门制造安装及验收规范》（GB/T 14173）中第 4.4.11 条执行。 **差异：** 1．《焊缝无损检测　超声检测技术、检测等级和评定》（GB/T 11345）适用于常规焊缝检测，SL 581 用于 T 形接头未焊透深度评定和对 I 形坡口角焊缝和大钝边组合焊缝检测和评定。 2．《承压设备无损检测　第 3 部分：超声检测》（NB/T 47013.3）适用于常规焊缝检测及质量分级；SL 581 用于 T 形接头未焊透深度评定和对 I 形坡口角焊缝和大钝边组合焊缝检测和评定。
10	《水工金属结构制造安装质量检验通则》 SL 582—2012 2012 年 10 月 20 日实施	适用于水利水电工程闸门、拦污栅、压力钢管、启闭机和清污机等水工金属结构设备的制造与安装检验	**主要内容：** 规定了水工金属结构制造与安装检验的一般要求、检验项目与检验方法，主要内容包括： 1．机构、人员、检验项目及方法的基本规定； 2．基本检验项目与检验方法； 3．闸门检验内容及方法； 4．拦污栅检验内容及方法； 5．压力钢管检验内容及方法； 6．启闭机检验内容及方法； 7．清污机检验内容及方法。	**关联：** 1．超声波检测人员开展工作的原则和程序，以及资质培训和资格鉴定认证按，应分别按照以下规范的要求执行： （1）《无损检测　应用导则》（GB/T 5616）的规定； （2）《无损检测　人员资格鉴定与认证》（GB/T 9445）。 2．水工金属结构检验项目应根据合同及设计文件要求，按以下规范的规定确定： （1）《水利水电工程钢闸门制造、安装及验收规范》（GB/T 14173）； （2）《水利水电工程启闭机制造安装及验收规范》（SL 381）；

续表

序号	标准名称/标准号/时效性	针对性	内容与要点	关联与差异
10			**重点与要点：** 1. 检验方法应符合合同文件、设计文件等规定。 2. 检验现场应能保证检验人员和设备的安全，并对检验结果无直接影响。 3. 使用的原材料、外购件和外协件检验合格方可使用。检验项目无合同或产品标准规定时，按本规范进行。 4. 下料检验还应按工艺要求对预留的焊接收缩量和机械加工部位的切削余量进行检验。 5. 机械加工检验加工面的表面粗糙度、尺寸、形状和位置误差。 6. 硬度测试不应损伤工件。 7. 焊缝检验要求。 8. 焊后消除应力检验应进行消除应力效果评定。 9. 螺栓连接检验用的扭矩扳手使用前进行标定，精度误差应不大于3%。 10. 几何尺寸检验还应测试形状和位置误差。 11. 防腐蚀检测报告应包括表面预处理和涂层两部分的检测内容。 12. 闸门分类型按埋件制造和安装、门叶（门体）制造和安装、闸门试验几部分进行检验。 13. 拦污栅（埋件）制造、安装检验和记录要求。 14. 压力钢管分下料、卷板、组装和焊接前后、安装及水压试验进行检验。 15. 启闭机分不同类型，按制造、厂内试运转、现场安装及试验进行检验。 16. 清污机试验前和试验过程中的检验和记录要求	（3）《水利水电工程清污机型式　基本参数　技术条件》（SL 382）； （4）《水利工程压力钢管制造安装及验收规范》（SL 432）。 3. 设备安装质量检验结果评定应按《水利水电工程单元工程施工质量验收评定标准　水工金属结构安装工程》（SL 635）的规定执行。 4. 压力钢管下料尺寸检验、下料断口质量检验，应符合SL 432的规定。 5. 其他水工金属结构设备下料尺寸检验，下料断口质量检验，以及钢板和型钢下料后的形状和位置误差检验，应符合GB/T 14173的规定。 6. 机械加工形状和位置误差检验、尺寸检验，应分别符合以下规范的规定： （1）《产品几何量技术规范（GPS）　形状和位置公差　检测规定》（GB/T 1958）； （2）《产品几何技术规范（GPS）　光滑工件尺寸的检验》（GB/T 3177）。 7. 单件和小批量生产的零部件尺寸、形状和位置误差检验可采用符合《光滑极限量规 技术条件》（GB/T 1957）规定的光滑极限测量规范进行检验。 8. 渐开线圆柱齿轮的检验应符合《渐开线圆柱齿轮精度　检验细则》（GB/T 13924）的规定。 9. 对有硬度要求的零部件，硬度测试应符合以下规范的规定： （1）《金属材料　洛氏硬度试验　第1部分：试验方法》GB/T 230.1）； （2）《金属材料　布氏硬度试验　第1部分：试验方法》GB/T 231.1）； （3）《金属材料　里氏硬度试验　第1部分：试验方法》（GB/T 17394.1）。 10. 焊缝无损检测中射线检测、超声波检测、表面无损检测、TOFD检测应分别按照以下规范的规定执行： （1）《金属熔化焊焊接接头射线照相》（GB/T 3323）； （2）《焊缝无损检测　超声波检测技术、检测等级和评定》（GB/T 11345）；

续表

序号	标准名称/标准号/时效性	针对性	内容与要点	关联与差异
10				（3）《无损检测　焊缝磁粉检测》（JB/T 6061）； （4）《无损检测　焊缝渗透检测》（JB/T 6062）； （5）《无损检测　超声检测　超声衍射声时技术检测和评价方法》（GB/T 23902）。 11. 采用热处理消除应力时，热处理工艺参数及热处理曲线和消除应力效果评定应按照《碳钢、低合金钢焊接构件焊后热处理方法》（JB/T 6046）的规定执行。 12. 采用振动时效消除应力时，工艺参数及消除应力效果评定应按照《振动时效工艺参数选择及效果评定方法》（GB/T 25712）的规定执行。 13. 波纹管伸缩节的检验应符合设计图样或符合以下规范的规定： （1）《不锈钢波形膨胀节》（GB/T 12522）； （2）《金属波纹管膨胀节技术条件》（GB/T 12777）； （3）《压力容器波形膨胀节》（GB/T 16749）

第四节　验收评定标准

序号	标准名称/标准号/时效性	针对性	内容与要点	关联与差异
1	《水利水电工程单元工程施工质量验收评定标准　水工金属结构安装工程》 SL 635—2012 2012年12月19日实施	1. 适用于大中型水利水电工程的水工金属结构单元安装质量验收评定。 2. 小型水利水电工程可选择执行	**主要内容：** 规定了水工金属结构单元工程施工质量验收评定原则、组织、程序、方法及标准，主要内容包括： 1. 单元工程划分原则及验收组织程序的基本规定； 2. 压力钢管安装工程； 3. 平面闸门埋件、门体安装工程； 4. 弧形闸门埋件、门体安装工程； 5. 人字闸门埋件、门体安装工程； 6. 活动式拦污栅安装工程； 7. 启闭机轨道安装工程； 8. 桥式启闭机安装工程； 9. 门式启闭机安装工程；	**关联：** 1. 压力钢管安装技术要求应符合设计文件及《水利工程压力钢管制造安装及验收规范》（SL 432）的规定。 2. 一、二类焊缝的射线、超声波、磁粉、渗透探伤等无损检测应分别符合以下规范的规定： （1）《金属熔化焊焊接接头射线照相》（GB/T 3323）； （2）《焊缝无损检测　超声检测技术、检测等级和评定》（GB/T 11345）； （3）《无损检测　焊缝磁粉检测》（JB/T 6061）； （4）《无损检测　焊缝渗透检测》（JB/T 6062）。 3. 压力钢管表面防腐蚀的技术要求应符合SL 432及《水工金属结构防腐蚀规范》（SL 105）的规定。

续表

序号	标准名称/ 标准号/时效性	针对性	内容与要点	关联与差异
1			10．固定圈养式启闭机安装工程； 11．螺杆式启闭机安装工程； 12．液压式启闭机安装工程。 **重点与要点：** 1．单元工程验收评定具备的条件：施工完成、自检合格，质量缺陷处理完毕或有监理单位的处理意见，现场满足验收条件。 2．施工质量验收的项目及质量标准、检验的方法及检验数量。 3．验收时需提供的资料。 4．单元工程安装质量验收评定未达到合格标准时，应及时进行处理，处理后应按下列规定进行验收评定： （1）经全部返工（或更换设备、部件）达到本标准要求，重新评定质量等级； （2）设备、部件返修后，经有资质的检测单位检验，能满足设计要求，其质量等级只能评定为合格； （3）处理后，工程部分质量指标仍未达到设计要求时，经原设计单位复核，认为基本能满足工程使用要求，监理工程师检验认可，建设单位同意验收，其质量可认定为合格，并按规定进行质量缺陷备案	4．平面闸门、弧形闸门、人字闸门的埋件和门体安装、表面防腐蚀及检查技术要求，以及拦污栅安装和表面防腐蚀及检查技术要求，应符合设计文件及《水利水电工程钢闸门制造、安装及验收规范》（GB/T 14173）的规定。 5．启闭机轨道、桥式启闭机、门式启闭机、固定卷扬式启闭机、螺杆式启闭机、液压式启闭机等的安装技术要求，应符合《水利水电工程启闭机制造安装及验收规范》（SL 381）的规定。 6．桥式启闭机、门式启闭机、固定卷扬式启闭机等的电气设备安装部分的质量评定应按《水利水电工程单元工程施工质量验收评定标准　发电电气设备安装工程》（SL 638）的规定执行。 **差异：** 该标准没有将验收和评定分开

第五章　机电专业标准

第一节　设计标准

序号	标准名称/标准号/时效性	针对性	内容与要点	关联与差异
3.4.1.1　通用				
1	《水力发电厂测量装置配置设计规范》 DL/T 5413—2009 2009 年 12 月 1 日实施	1．适用于新建、扩建的大中型水力发电厂和抽水蓄能电站（简称水电厂）的测量装置配置设计。 2．其他水电厂的设计可选择执行	**主要内容：** 规定了水力发电厂电气测量仪表装置配置设计时应遵循的原则和技术要求，主要内容包括： 1．电气量测量，包括水轮发电机/发电电动机、升压及送出系统、厂用电系统、直流系统、常测电气测量仪表及电能计量仪表的技术要求，电气测量二次接线的技术要求； 2．非电量测量，包括水轮发电机/发电电动机、机组辅助设备、全厂公用设备、高压电气设备、闸门控制系统、全厂水力测量系统非电量测量的技术要求，非电量测量的二次接线要求； 3．测量仪表装置安装条件。 **重点与要点：** 1．设计时应避免当一个电测量仪表或一个电能量计量仪表发生故障而不能正确测量或计量时出现监视盲区。 2．当发电机装设故障录波装置时，励磁屏应配置能反映发电机励磁绕组的电流和电压暂态过程的直流电流、直流电压传感器，其响应时间宜小于 10ms。 3．电流互感器二次绕组中所接入的实际负荷（包括测	**关联：** 1．当测量装置与计算机监控系统或通过计算机监控系统与常规仪表相结合时应符合《水力发电厂计算机监控系统设计规范》（DL/T 5065）的规定。 2．直流母线绝缘监测应符合《电力工程直流系统设计技术规程》（DL/T 5044）的规定。 3．励磁屏上电气参数的指示应符合《大中型水轮发电机静止整流励磁系统及装置技术条件》（DL/T 0583）的规定。 4．电液调速系统电气参数的指示应符合《水轮机电液调节系统及装置技术规程》（DL/T 0563）的规定。 5．系统关口电能表的配置应符合《电测量及电能计量装置设计技术规程》（DL/T 5137）及《电能量计量系统设计技术规程》（DL/T 5202）的规定。 **差异：** 本标准与《电测量及电能计量装置设计技术规程》（DL/T 5137）及《电能量计量系统设计技术规程》（DL/T 5202）的适用范围不同，并按水电站的分系统来逐一规定其测量的技术要求

续表

序号	标准名称/标准号/时效性	针对性	内容与要点	关联与差异
1			量仪表，电能计量仪表，连接导线及接触电阻等）应保证在25%～100%额定二次负荷范围内。 4．电压互感器星形接线的二次绕组应采用中性点一点接地方式，中性点接地线中不应串接有可能断开的设备。当电压互感器为电气测量或电能计量专用时，宜在配电装置处经端子一点接地。 5．发电机、主变压器、厂用电变压器的额定电流，线路按设计输送功率的计算电流应不小于电流互感器额定一次电流的30%（对S级为20%）。 6．转速测量的数字量测量精度宜不低于0.1级，测量零转速（0.5%及以下额定转速）和机组蠕动的响应时间不大于2s，转速信号装置应有4mA～20mA DC模拟量输出，精度宜为0.2级。 7．电缆芯线的截面面积不应小于$2.5mm^2$。 8．温度测量和温度保护检测的系统误差不应大于∓1%。 9．非电量变送器输出信号宜选择4mA～20mA DC型输出，其负载电阻不应小于500Ω（不宜小于750Ω）	
2	《水电站门式起重机》 JB/T 6128—2008 2008年11月1日实施	1．适用于取物装置为吊叉、吊钩、挂梁、清污装置及其两用或多用，额定起重量为50/5t-1000/100t的单吊点起重机和额定起重量为2×25/5t-2×500/100t的双吊点起重机。 2．其他的起重机亦可选择使用	**主要内容：** 规定了水电站门式起重机的基本型式和参数、技术要求、对试验方法、检验规则、标志、包装、运输与贮存，主要内容包括： 1．门机的分类，包括按形式分类和基本参数； 2．门机的技术要求，包括一般要求、使用性能、重要金属结构材料、焊接要求、高强度螺栓连接要求、电气设备要求、安全卫士和操纵、表面涂装和除锈的要求和润滑的要求； 3．门机的试验方法，包括目测检查、静态刚性试验、静载试验、额定载荷试验、动载试验、起升机构电气制动降速试验、噪声测试和起重机大、小车车轮轴线垂直偏斜和水平偏斜试验； 4．门机的检验规则，包括检验分类、出厂检验、形式试验的检验规则； 5．标志、运输和贮存的技术要求。	**关联：** 1．起重机重要金属结构件的材料应符合《起重机设计规范》（GB/T 3811）的规定。 2．小车轨道的安装要求应符合《桥式和门式起重机制造及轨道安装公差》（GB/T 10183）的规定。 3．起重机使用的钢丝绳应符合《一般用途钢丝绳》（GB/T 20118）或《重要用途钢丝绳》（GB 8918）的规定。 4．起重机的安全护罩应符合《起重机械安全规程》（GB 6067）的规定。 5．起重机用钢丝绳应符合《起重机钢丝绳　保养、维护、安装、检验和报废》（GB/T 5972）的规定进行检验和报废。 6．起重机试验应符合《起重机　试验规范和程序》（GB/T 5905）规定的规范和程序

续表

序号	标准名称/ 标准号/时效性	针对性	内容与要点	关联与差异
2			**重点与要点：** 1．构件拼接头采用高强度螺栓连接时，应使用力矩扳手拧紧，拧紧后应达到所要求的拧紧力矩，被连接件的接触面积应紧密贴合，高强度螺栓连接副不得重复使用。 2．起重机跨度 S 的极限偏差 ΔS 为 ∓ 8mm，且两侧跨度 S_1 和 S_2 的相对误差应不大于 8mm。 3．偏轨箱型梁、单腹板梁、桁架梁的水平弯曲度最大不得超过 15mm。 4．小车轨道宜采用将接头焊为一体的整体轨道，焊后接头处的高低差和侧向错位均不得大于 1mm，焊缝应磨平，且不得有裂纹。 5．回转起重机的起升机构应采用双联卷筒和对称滑轮系及交互捻不松散钢丝绳等。 6．由司机室内工作座椅中心与两侧透视窗构成的视觉空间其水平夹角应为：主机司机室不小于 270°，回转起重机司机室不小于 230°。 7．门机的起重能力应达到额定起重重量，静载试验时应能承受 1.25 倍的额定工作载荷，动载试验时应能承受 1.1 倍的额定工作载荷。 8．在静载试验和动载试验后应进行目测检查，挂梁结构及其零部件应无裂纹和永久变形，无油漆剥落，各连接处无松动现象	
3	《水利水电工程厂（站）用电系统设计规范》 SL 485—2010 2011 年 1 月 11 日实施	适用于大中型水利水电工程的水力发电厂（不含抽水蓄能电站）厂用电、泵站站用电系统设计	**主要内容：** 明确了水利水电工程厂（站）用电系统设计要求。主要内容包括： 1．厂（站）用电接线的设计原则，包括电源、电压、接线方式、负荷的连接与供电方式、检修供电、消防供电等的设计原则； 2．变压器的选型原则，包括最大负荷的分析统计、变压器形式、容量、阻抗的选择，电压调整、电动机启动时的电压校验； 3．电动机选择和校验，包括电动机的型式、电压选择与容量校验，电动机启动方式选择；	**关联：** 1．电动机的外壳防护等级在潮湿环境，如水轮机、水泵室、蜗壳层、闸门室、坝内廊道等，外壳防护等级宜达到《旋转电机整体结构的防护等级（IP 代码）-分级》（GB/T 4942.1）中 44 级的要求，其他一般场所可采用不低于 23 级。 2．厂（站）用电的防火应满足《水利水电工程设计防火规范》（SDJ 278）的有关规定。 3．厂站内敷设的低压电力电缆的外护层宜根据敷设方式和条件采用塑料护套或塑料护套钢带，丝内铠装其类型的选择尚应符合《水利水电工程电缆设计规范》（SL 344）的规定。

续表

序号	标准名称/标准号/时效性	针对性	内容与要点	关联与差异
3			4．系统短路电流计算，包括高压系统和低压系统的短路计算； 5．系统电气设备和导体选择； 6．柴油发电机组的选择和校验方法； 7．电气设备布置的设计要求。 **重点与要点：** 1．厂（站）用电电源应满足以下基本要求：各种运行方式下的用电负荷需用并保证供电，电源应相对独立，当一个电源发生故障时，满足使另一电源应能自动或远方操作切换投入。 2．采用两级厂用电电压的大型水力发电厂，宜将机组自用电与全厂公用电分开，分别用不同的变压器组供电。 3．Ⅰ类负荷应有 2 个电源供电，并符合以下规定：对机械上互为备用的负荷，应从不同分段的主配电屏或自不同分段主配电屏所供电的分配电屏分别引出电源供电，对机械上只有 1 套的负荷，也应从不同分段的主配电屏或自不同分段主配电屏所供电的分配电屏分别引出电源供电，对向负荷供电的分配电屏，应以双电源自动切换装置与不同分段的主配电屏连接，对装有双电源切换装置的分配电屏或控制箱，宜靠近用电负荷。 4．厂（站）用电变压器容量应满足各种运行方式下，可能出现的最大负荷，应保证需用自启动的电动机在故障消除后电动机启动时所连接的厂（站）用电母线电压不低于额定电压的 60%。 5．电动机正常启动时，所连接母线的电压降满足电动机经常启动，应不大于 10%，不经常启动应不大于 15%，电动机能保证生产机械要求的启动转矩，且在不破坏同一线路及其他用电设备供电的条件下，可不大于 20%，电动机由单独的变压器供电且不经常启动时，应按生产机械要求的启动转矩确定，可大于 20%。 6．在计算主配电屏及重要分配电屏母线短路电流时，若供电变压器容量大于 500kVA，应在第一周期内计及 20kW 以上的异步电动机的反馈电流，配电屏以外支线短路时可不计。	**差异：** 本标准与《水力发电厂厂用电设计规程》（NB/T 35044）的适用范围不同，本标准的适用范围更广泛

续表

序号	标准名称/ 标准号/时效性	针对性	内容与要点	关联与差异
3			7．柴油发电机组应采用快速自启动的应急型，当厂（站）用电系统电源失去后，柴油发电机组应能自动启动，首次启动恢复供电的时间不宜大于 15s。 8．配电装置室通道上方裸带电体距地面的高度，屏前通道内不应低于 2.5m，屏后通道内不应低于 2.3m，否则应加遮护，遮护后的高度不应低于 1.9m	
4	《水利水电工程机电设计技术规范》 SL 511—2011 2011 年 11 月 25 日实施	适用于大中型水力发电厂（不含抽水蓄能电站）、泵站、水闸等水利水电工程的水力机械、电气一次、电气二次和通信设计	**主要内容：** 明确了水利水电工程机电设计要求，主要内容包括： 1．水力机械设计选型原则，包括水轮机选择，水泵选择，进、出水阀选择，水轮机控制系统及调节保证，泵站水力过渡过程，主厂房起重机，输水系统辅助设备，技术供水、排水系统及消防供水，压缩空气系统，油系统，水电厂水力监测系统，泵站水力监测系统； 2．电气一次设计选型原则，包括水电厂（站）接入电力系统，电力主接线，水轮发电机，电动机，主变压器，高压配电装置，厂（站）用电，水闸供电，过电压保护及接地，照明，电力电缆选型与敷设； 3．电气二次的设计选型原则，包括一般规定，厂（站）集中监视系统，自动控制，励磁系统，计算机监控系统，继电保护及系统安全自动装置，电测量及电能计量，二次接线，厂（站）用直流电源系统，火灾自动报警及联动控制系统，视频监视系统，在线监测系统； 4．通信系统的设计选型原则，包括生产管理通信和调度通信； 5．机电设备布置及对相关专业的要求，包括一般要求，主厂房，副厂房，主变压器，高压配电装置，中央控制室，其他用室，发电引水系统，泵站输水系统，电梯； 6．辅助设施的设计选型要求，包括机械修配，电器实验室。 **重点与要点：** 1．混流式或定浆式水轮机的最大飞逸转速应按最大净水头和最大单位飞逸转速确定。转浆式水轮机的最大飞逸转速应按保持协联关系计算，有特殊要求时，可按协联关	**关联：** 1．水轮发电机的主要参数、结构形式等选择应满足电力系统及水电厂总体布置、检修维护等要求，并应符合《水轮发电机基本技术条件》（GB/T 7894）和《大中型水轮发电机基本技术条件》（SL 321）的相关规定。 2．主变压器与 GIS 或气体绝缘封闭线路（简称 GIL）的直接连接，应符合《高压开关设备和控制设备　第 306 部分》（IEC 62271）的规定。 3．主变压器与架空线的连接，出线套管的接线端子应符合《变压器、高压电器和套管的接线端子》（GB 5273）的规定。 4．主变压器与电力电缆的连接，应符合《水力发电厂 110kV～500kV 电力电缆施工设计规范》（DL/T 5228）的规定。 5．对直配线的发电机、主电动机的过电压保护，应采用《水力发电厂过电压保护和绝缘配合设计技术导则》（DL/T 5090）规定的保护接线。 6．接地系统的接地电阻应符合《水力发电厂接地设计技术导则》（DL/T 5091）的规定。 7．各场所的照明标值、照明功率密度（LPD）值应符合《建筑照明设计标准》（GB 50034）的规定。 8．电缆构筑物尺寸、防洪排水及通风要求应符合《水利水电工程电缆设计规范》（SL 344）的规定。 9．水轮发电机励磁系统应符合《同步电机励磁系统大、中型同步发电机励磁系统技术要求》（GB/T 7409.3）和《大中型水轮发电机静止整流励磁系统及装置技术条件》（DL/T 583）的规定。

续表

序号	标准名称/标准号/时效性	针对性	内容与要点	关联与差异
4			系破坏的情况计算。冲击式水轮机的最大飞逸转速应按最大净水头确定。 2．水轮机进水阀在最不利的情况下和最大流量下都应能动水关闭，其关闭时间应不超过机组在最大飞逸转速下持续运行的允许时间。进水阀在两侧压力差不大于30%的最大静水压的范围内，应能正常开启，且不产生强烈振动。 3．泵组突然事故断电时的最大飞逸转速升高率保证值，应按以下不同情况选取：离心泵不应超过额定转速的1.2倍，持续时间不应超过2min，混流泵不应超过额定转速的1.5倍，持续时间不应超过2min，低扬程轴流泵不应超过额定转速的1.8倍，持续时间不应超过2min。 4．水轮发电机的额定功率因数宜按下列规定采用：额定容量100MVA及以下者，宜不低于0.85（滞后），额定容量大于100MVA但不超过250MVA者，宜不低于0.875（滞后），额定容量大于250MVA但不超过650MVA，宜不低于0.9（滞后），额定容量大于650MVA者，宜不低于0.925（滞后），额定容量25MVA及以上的灯泡式水轮发电机，其额定功率因数分别不宜低于0.92（滞后）和0.95（滞后）。 5．泵站主电动机启动应符合主电动机启动时母线电压降不宜超过额定电压的15%，虽主电动机启动时母线电压降超过15%，但其引起的电压波动不致影响其他用电设备正常运行，且电动机端电压产生的启动电磁力矩大于静阻力矩时，应不受此限制。 6．水利水电工程发电及供配电系统中性点接地方式应符合6kV～66kV系统中性点应采用不接地或经消弧线圈接地方式，110kV～220kV变压器中性点应采用经隔离开关接地或经小电抗接地，当经隔离开关接地时，根据系统运行需要变压器中性点可接地，也可不接地，330kV～500kV变压器中性点应采用直接接地或经小电抗接地。当经小电抗接地时，小电抗值应取1/3变压器零序电抗值。 7．当泵站采用双回路供电，且主电动机侧采用单母线断路器分段接线时，主变压器的容量选择应按一台主变压器检修或故障，另一台主变压器容量按泵站最大负荷的60%～70%考虑确定。	10．水电厂、泵站各主要电气设备继电保护及系统自动装置的工程设计应符合《继电保护和安全自动装置技术规程》（GB/T 14285）的规定。 11．测量二次接线应符合《水利水电工程二次接线设计规范》（SL 438）的规定。 12．各类工作场所的噪声限制值应符合《水利水电工程劳动安全与工业卫生设计规范》（DL 5061）的规定。 13．机电设备布置应符合《电力设施抗震设计规范》（GB 50260）、《水利水电工程设计防火规范》（SDJ 278）、《水利水电工程劳动安全与工业卫生设计规范》（DL 5061）的规定。 **差异：** 1．本标准与《水力发电厂机电设计规范》（DL/T 5186）的适用范围不同，本标准不但适用于水电站还适用于泵站和水闸等水利工程，但本标准缺少对抽水蓄能的相关规定； 2．本标准比（DL/T 5186）多了水泵设计和泵站水力过渡过程等与泵站相关的内容

续表

序号	标准名称/标准号/时效性	针对性	内容与要点	关联与差异
4			8．高压断路器型式应根据回路正常运行条件和短路故障条件的要求选择，且应符合24kV及以下电压等级宜选用真空断路器，40.5kV及以上电压等级宜选用 SF_6 断路器，条件许可时也可选用真空断路器，地震多发区、重污秽地区和高海拔地区等场所宜选用 SF_6 罐式断路器，发电机、同步电动机回路宜选用专用的发电机断路器，否则应采取限制过电压等措施，并应校验额定短路开断电流中直流分量的开断能力。安装在发电机和厂用变压器之间的断路器也可依次选用。 9．厂（站）用电电源的取得应采用下列方式：厂用电电压应优先从发电机电压母线或单元分支线上引接，由本水电厂机组供电。当单元接线上装设有断路器或隔离开关时，厂用电电源宜在主变压器低压侧引接，水电厂应有可靠的外来厂用电电源的取得可通过主变压器由系统倒送，高压联络自耦变压器的第三绕组，与系统连接的地区电网、近区或保留的施工变电所，地理位置相近的水电厂，本水电厂的高压母线，站用电电源的取得可采用泵站主电源，地区电网的其他电源。 10．一级或二级负荷的水闸供电应符合下列规定，一级符合应由2个电源供电，当一个电源发生故障时，另一个电源不应同时受到损坏，对其中特别重要的负荷，还应增设应急电源，并不应将其他负荷接入应急供电系统，二级负荷的供电系统，宜由2回线路供电，在负荷较小或地区供电条件困难时，可由1回6kV及以上专用架空线路或采用每根能承受100%二级负荷的2根并联电缆线路供电	
3.4.1.2　主机（机组及附属设备）				
5	《大中型水轮机选用导则》 DL/T 445—2002 2002年7月1日实施	1．适用于单机功率为25MW及以上或转轮公称直径为3m及以上的混流式和轴流式水轮机。 2．适用于单机功率为15MW以上的冲击式水轮机。	**主要内容：** 规定了水轮机产品的技术要求与技术保证、设备检验验收、包装运输、备品备件、供货范围、资料提供以及安装运行和维护方面的要求，供水轮机选型、招标、订货、签订合同的技术协议使用，是水轮机设计、制造和水电站水力机械设计的依据，主要内容包括： 1．水轮机（含混流式、轴流式、冲击式）产品的主要	**关联：** 1．水轮机通流部件应符合《水轮机、蓄能泵和水泵水轮机通流部件技术条件》（GB/T 10969）的规定。 2．对不能在制造厂进行预安装的部件，可移到现场按照《水轮发电机组安装技术规范》（GB 8564）的规定安装。 3．模型水轮机的验收试验应符合《水轮机模型验收试验规程》（DL 446）的规定。

续表

序号	标准名称/标准号/时效性	针对性	内容与要点	关联与差异
5		3．贯流式水轮机、可逆式水泵水轮机和小于25MW的反击式水轮机以及小于15MW的冲击式水轮机可选择使用	技术参数、技术要求、技术保证，以及安装、运行和维护方面的技术要求和标准； 2．水轮机设备检验程序、试验方法及验收标准； 3．水轮机产品铭牌、标志、包装、运输及保管的技术要求； 4．水轮机产品的供货范围、资料提供，以及备品备件的主要内容。 **重点与要点：** 1．反击式水轮机蜗壳和尾水管进人门不宜小于ϕ600mm，冲击式水轮机分流管直径不小于1m时，宜在分流管上设进人门。 2．水轮机在自动控制系统中应能可靠地实现正常开机和停机，在系统中处于备用状态，随时可以启动投入，从发电转调相或由调相转发电运行，当运行中发生故障时，能及时发出信号、报警或停机，凡由计算机控制的水电站个机组应能实现成组调节。水轮机应能自动保持在给定的负荷范围内稳定高效率运行，冲击式水轮机应能自动投入和切换喷嘴并保持在稳定和高效率运行。 3．发生下列情况之一时，水轮机应能自动紧急停机，并具有相应保护措施：转速达到或超过过速保护停机整定值时，压油罐内油压降至事故低油压时，导轴瓦温度超过允许值时，水润滑导轴承主轴密封的润滑水中断时，机组振动、摆动达到和超过停机整定值时，其他因电气、水工等原因引起的紧急事故停机信号时。 4．轴流式水轮机的转轮轮毂表面、叶片和转轮室的喉部分宜用不锈钢制造，如采用堆焊，加工后的焊层厚度不应小于10mm	4．安装调试完毕，正式投运之前应按《水轮发电机组安装技术规范》（GB 8564）和《水轮发电机组启动试验规程》（DL/T 507）的规定进行试验。 5．水轮机及其附属设备的包装运输，应符合《水电机组包装、运输和保管规范》（JB/T 8660）和《包装储运图示标志》（GB/T 191）的规定
6	《水力发电厂机电设计规范》 DL/T 5186—2004 2004年6月1日实施	1．适用于单机容量为10MW及以上、600MW及以下，输电电压为500kV及以下的水电厂和蓄能电厂。 2．上述规定范围以外	**主要内容：** 规定了新建的大中型水力发电厂和抽水蓄能厂的水力机械和电气设计及其对电厂水工建筑物、金属结构设备和有关土建方面的技术要求，主要内容包括： 1．水力机械设计选型原则，包括水轮机选择，进水阀选择，调速器及调节保证，主厂房起重机，技术供水、排	**关联：** 1．水电厂消防给水设计应符合《水利水电工程设计防火规范》（SDJ 278）的有关规定。 2．对直配线的发电机的过电压保护，应采用《水力发电厂过电压保护和绝缘配合设计技术导则》（DL/T 5090）规定的保护接线。

续表

序号	标准名称/ 标准号/时效性	针对性	内容与要点	关联与差异
6		的水电厂的机电设计可选择执行	水系统及消防供水，压缩空气系统，油系统，水力监测系统； 2. 电气设备设计选型原则，包括水电厂接入电力系统，电力主接线，水轮发电机/发电电动机，主变压器，高压配电装置，厂用电及厂坝区用电，过电压保护及接地，照明，电力电缆选型与敷设； 3. 控制保护和通信的设计选型原则，包括总体要求，全厂集中监视控制，励磁系统，自动控制，计算机监控系统，继电保护，电测量及电能计量，二次接线，厂用直流及控制电源系统，通信； 4. 通信系统的设计选型原则，包括生产管理通信和调度通信； 5. 厂房布置及对土建和金属结构的要求，包括一般要求，主厂房，副厂房，变压器场地，高压配电装置布置，中央控制室及其他用室，直流设备室，水轮机/水泵水轮机输水系统，电梯； 6. 辅助设施的设计选型要求，包括机械修配，电器实验室。 **重点与要点：** 1. 最大水头在 250m 及以下的水电厂宜选用蝴蝶阀，最大水头在 250m 以上的水电厂宜选用球阀。 2. 进水阀应能动水关闭，其关闭时间应不超过机组在最大飞逸转速下持续运行的允许时间，进水阀还应在两侧压力差不大于 30%的最大静水压的范围内，均能正常开启，且不产生强烈振动。 3. 机组甩负荷时的最大转速升高率保证值，按以下不同情况选取，当机组容量占电力系统工作总容量的比重较大，或负担调频任务时，宜小于 50%，当机组容量占系统工作总容量的比重不大，或不担负调频时，宜小于 60%，贯流式机组最大转速升高率宜小于 65%；冲击式机组最大转速升高率宜小于 30%。 4. 蓄能电厂与电力系统连接的输电电压等级，应采用一级电压，并以尽量少的出线回路数直接接入系统的枢纽变电所。	3. 照明器具和检修携带式作业灯电压应符合《特低电压（ELV）限值》（GB/T 3805）的规定。 4. 水电厂各元件继电保护及系统自动装置的工程设计应符合《继电保护和安全自动装置技术规程》（GB/T 14285）和《水力发电厂继电保护设计导则》（DL/T 5177）的规定。 5. 水电厂机电设备的电测量和电能计量应符合《电测量及电能计量装置设计技术规程》（DL/T 5137）的规定。 6. 测量二次接线应符合《水力发电厂二次接线设计规范》（DL/T 5132）的规定。 7. 水电厂通信设计应符合《水利水电工程通信设计技术规程》（DL/T 5080）的要求。 8. 各类工作场所的噪声限制值应符合《水利水电工程劳动安全与工业卫生设计规范》（DL 5061）的规定。 9. 机电设备布置应符合《电力设施抗震设计规范》（GB 50260）、《水利水电工程设计防火规范》（SDJ 278）、《水利水电工程劳动安全与工业卫生设计规范》（DL 5061）的规定。 **差异：** 1. 本标准与《水利水电工程机电设计技术规范》（SL 511）的适用范围不同，本标准只对水电厂（包含抽水蓄能）而（SL 511）的适用范围更广。 2. 本标准不仅适用于常规水电机组，也适用于抽水蓄能机组，（SL 511）明确不含抽水蓄能机组的内容

续表

序号	标准名称/标准号/时效性	针对性	内容与要点	关联与差异
6			5．厂用电变压器容量的选择与校验应符合下列原则，满足在各种运行方式下，可能出现的最大负荷，全厂厂用电最大负荷应优先采用“综合系数法”计算，1台厂用电变压器计划检修或故障时，其余厂用电变压器应能担负重要厂用电负荷或短时负担厂用电最大负荷，保证需要自启动的电动机在故障切除后电动机启动时所连接的厂用电母线电压不低于额定电压的65%。 6．电缆隧道、电缆沟道和电缆竖井的下列部位应设防火分割物：穿越控制室、配电装置室处，穿越厂房外墙处，分支处；分割物应采用非燃烧性材料，其耐火极限不应小于0.75h，设在分隔物上的门应为丙级防火门，动力电缆与控制电缆隧道每150m宜设一防火分隔物，电缆着火时，应能及时隔断通风。 7．晶闸管静止整流励磁系统的三相整流桥宜采用大功率晶闸管、不串接，应有一定的并联支路冗余。 8．主厂房进厂路面高程应在厂房设计最高尾水位以上，否则应设置挡水墙或防洪门，当设置防洪门时，还应设第二个行人进厂通道，进厂通道还应考虑因暴雨产生的地面径流造成水淹的可能性及相应防护措施，当泄洪溅水和水雾严重影响进厂主要通道时应加设防护措施，否则应增设第二个行人进厂通道。 9．行政上集中领导的梯级水电厂及水电厂群，宜设置中心电气实验室，中心电气实验室通常设置在厂部所在地或其邻近的水电厂内	
3.4.1.3　进水阀（无单独设计标准）				
7	《大中型水轮机进水阀门基本技术条件》 GB/T 14478—2012 2012年11月1日实施	1．适用于水轮机进水阀门公称直径1000mm～10000mm的蝴蝶阀及公称直径500mm～5000mm的球形阀。 2．其他（包括蓄能泵和水轮机）的蝴蝶阀、球形阀可选择执行	**主要内容：** 规定了大中型水轮机进水阀（含蝴蝶阀及球形阀）的基本技术条件和型号编制方法，主要内容包括： 1．水轮机进水阀的设计材料、结构、功能、性能参数以及制造技术要求； 2．水轮机进水阀总装后的试验要求； 3．水轮机进水阀安装工艺及运行操作程序，明确工地成形后应进行水压或油压试验检测；	**关联：** 1．关于进水阀设计、制造和检验的具体标准应符合《水轮机基本技术条件》（GB/T 15468）及《固定压力容器》（GB 150）。 2．关于阀门的包装、运输、保管的具体技术要求应执行《包装储运图示标志》（GB/T 191）及《大中型水电机组包装、运输和保管规范》（GB/T 28546）

续表

序号	标准名称/标准号/时效性	针对性	内容与要点	关联与差异
7			4．水轮机进水阀出厂验收及质量性能指标保证要求； 5．水轮机进水阀成套供应的范围； 6．水轮机进水阀的验收要求及质量保证的相关规定； 7．铭牌、包装、运输、保管的技术要求。 **重点与要点：** 1．机组在任何运行工况下，进水阀应能动水关闭且不产生有害振动。 2．在进水阀门两侧压力差不大于30%最大静水压时，应能正常开启。 3．进水阀门应设置空气阀，空气阀应具有自动进、排气的功能其公称直径不小于进水阀门公称直径的5%～10%。 4．进水阀门一般应设活门开启和关闭位置信号，移动密封环的位置信号，锁锭投入和拔出的信号，旁通阀开关信号，活门上、下游压差信号，空气围带压力信号（若有），液压系统油压过高、过低和事故低油压信号。 5．漏水试验时，阀门的轴颈密封和阀体分半面不允许漏水，球形阀的检修密封及工作密封只允许点滴渗漏或浸漏，不允许喷雾状泄漏	
3.4.1.4　辅助设备				
8	《水轮机电液调节系统及装置技术规程》 DL/T 563—2004 2005年4月1日实施	适用于工作容量大于或等于3000N·m的水轮机电液调节系统及装置的设计、制造、安装、验收及运行	**主要内容：** 规定了水轮机电液调节系统及装置的基本技术条件和试验验收的相关规定，主要内容包括： 1．电液调节系统的基本技术条件，包含适用条件，系统和性能要求，检测、信号和参数显示要求，结构、元件和工艺技术要求； 2．电液调节系统的试验要求，以及验收内容、程序和方法。 **重点与要点：** 1．导叶实际最大开度要对应接力器最大行程的80%以上。 2．无调压设施的水轮机过水系统的水流惯性时间常数	**关联：** 1．电液调节系统的试验要求和具体检查、检验应符合《水轮机电液调节系统及装置调整试验导则》（DL/T 496）的规定。 2．压力罐的制造、焊接和检查必须符合《压力容器监察规程》的有关规定。 3．电气柜上指示灯和按钮的颜色应符合《电工成套装置中的指示灯和按钮的颜色》（GB/T 2682）的规定。 4．柜内配线颜色应符合《电气成套装置中导线颜色》（GB/T 2681）的规定。 5．印刷电路板装焊接工艺应符合《电力装置用印刷电路板装焊技术规范》（JB 3136）的规定

续表

序号	标准名称/标准号/时效性	针对性	内容与要点	关联与差异
8			T_w不大于 4s，机组惯性时间常数 T_a：反击式机组不小于 4s，冲击式机组不小于 2s，同时，比值 T_w/T_a不大于 0.4。 3．电液调节装置的静态特性曲线应近似为直线，线性度误差不超过 5%，测至主接力器的转速死区 i_x，大型电液调节装置不超过 0.04%，中型电液调节装置不超过 0.08%，小型电液调节装置不超过 0.12%，双调节电液调节装置的协联随动装置不准确度 i_a不超过 1.0%。 4．机组甩 100%负荷时的动态品质为：偏离稳态转速 1.5Hz 以上的波动次数不超过 2 次，机组最低转速不低于 90%额定值，从甩负荷后接力器首次向开启方向移动时起，到机组转速摆动相对值不超过±0.5%为止，历时 T_p不大于 40s。 5．油压装置正常工作油压的变化范围应在名义工作油压的±5%以内，当油压高于工作油压上限 2%以上时，安全阀应开始排油，当油压高于工作油压上限的 16%以前，安全阀应全部开启，并使压力罐中的油压不再升高，当油压低于工作油压下限以前，安全阀应完全关阀，此时安全阀的漏油量不得大于油泵输油量的 1%，当油压低于工作油压下限的 6%～8%时，备用油泵应启动，当油压继续降低至事故低油压时，作用于紧急停机的压力信号器应立即动作；油压装置各压力信号器动作油压值与整定值的偏差，不得超过名义工作油压的±2%，油泵运转应平稳，其输油量不小于设计规定值	
9	《水力发电厂水力机械辅助设备系统设计技术规定》 NB/T 35035—2014 2014 年 11 月 1 日实施	适用于新建、扩建、改造的大、中型常规水电站和抽水蓄能电站工程水力机械辅助设备系统设计	**主要内容：** 规定了技术供排水系统、油系统、压缩空气系统、水力监视测量系统、机修设备等辅助设备系统的设计要求，主要内容包括： 1．技术供水与排水系统的技术要求，包括技术供水系统设计，排水系统设计，水泵、阀门和管路设计，自动化及原件配置基本要求，设备相关线路布置； 2．油系统的技术要求，包括油系统的任务和组成，油系统的设计及有的选用，设备用油量的计算，油罐容积和数量的确定，油处理设备的选择，油管、阀门的选择，油系统布置设计，中心油务所的设置，油化验；	**关联：** 1．储气罐的设计应符合《钢制压力容器》（GB 150）要求。 2．气垫式调压室用气应符合《水电站气垫式调压室设计规范》（DL/T 5058）的规定。 3．水力测量项目应与《水轮发电机组状态在线监测系统技术导则》（GB/T 28570）要求统筹设计

续表

序号	标准名称/ 标准号/时效性	针对性	内容与要点	关联与差异
9			3．压缩空气系统的技术要求，包括压缩空气的用途及设置压缩空气系统的原则，压缩空气系统的组成，压缩空气系统的布置，提高压缩空气质量的措施，油压装置用气，机组制动用气，常规机组压水调相用气，风洞工具、维护检修及其他工业用气，空气围带用气，水泵水轮机压水调相和水泵启动过程中压水用气，气垫式调压室用气； 4．水力监测系统的技术要求，包括设计的基本要求，项目配置原则，布置及监测设备选择，测量仪表及管路系统； 5．机修设备的技术要求，包括设备配置原则和设备布置。 **重点和要点：** 1．水的净化设施的设计应满足下列技术要求，取水口应设置拦污栅（网），拦污栅（网）栅条的间距（或孔目大小）应根据水中漂浮物的大小确定，其净间距为30mm～40mm，过栅流速与供水管经济流速有关，过栅流速宜为0.5m/s～2m/s，最高不宜超过3m/s。 2．水轮机/水泵水轮机主轴密封润滑主供水，应能随机组启停自动投入和停止。当主供水源发生故障时，密封备用水源应能在2s～3s内自动投入，并同时发出报警信号。应同时设置压力信号器和示流信号器，对于抽水蓄能电站还应满足黑启动要求。 3．水泵吸水管距集水井底的距离宜为（0.8～1.5）d（d为吸水管入口直径），但不应小于 0.25m；吸水管口的最小淹没深度应大于 0.5m，吸水管口外缘之间的距离应大于（2.0～3.0）d，对深井泵的吸水管除满足上述要求外，最低水位宜高出第一级叶轮 0.3m 以上。 4．透平油系统主要供机组轴承润滑用油和调速系统、进水阀和液压阀等操作用油；绝缘油系统主要供变压器、电抗器等电气设备用油，两系统应分开设置。 5．当采用综合供气系统时，空气压缩机的总生产率、储气罐的总容积应按几个用户可能同时工作时所需的最大耗气量确定，选择空气压缩机台数和储气罐个数时，应便于布置。	

续表

序号	标准名称/ 标准号/时效性	针对性	内容与要点	关联与差异
9			6．蜗壳进口压力及脉动监测应按如下要求设置：测点应布置在蜗壳进口直段适当断面上，并按45°方向对称布置4点，压力表或压力变送器宜布置在水轮机层，蜗壳进口压力与脉动监测应分别设置。 7．尾水管测流应按如下要求设置，对于抽水蓄能电厂，除应设置压力钢管测流或蜗壳测流外，水泵工况宜采用尾水管测流，宜选用差压法，宜在尾水管进、出口之间选取2个测流断面，每个断面宜布置3个～4个测点，表计宜选用差压计或差压变送器，仪表装置宜布置在水轮机层	
10	《水力发电厂供暖通风与空气调节设计规范》 NB/T 35040—2014 2015年3月1日实施	适用于新建或扩建的大、中型水力发电厂（含抽水蓄能电站）和大型水泵站的主、副厂房的采暖、通风与空气调节设计	**主要内容：** 规定了水力发电厂供暖、通风与空气调节设计的基本原则、内容和方法，主要内容包括： 1．水电厂室内外各空气设计参数； 2．供暖的设计要求； 3．通风的设计要求； 4．空气调节的设计要求，包括一般规定、负荷计算、系统设计、气流组织、空气处理、空气调节冷源与热源； 5．厂房防火与防烟排烟的设计要求； 6．厂房防潮防湿的设计要求； 7．供暖通风与空气调节控制与监测系统的设计要求，包括一般规定，供暖、通风系统，空气调节风系统，空气调节冷源、热源及水系统，中央级监控管理系统； 8．对供暖通风与空气调节系统的设备材料、绝热防腐、消声隔振和抗震提出了要求； 9．对供暖通风与空气调节系统的节能降耗提出了要求。 **重点和要点：** 1．累年日平均温度稳定低于或等于5℃的日数大于或等于90d的地区的水力发电厂工作场所，应设置供暖设施。 2．SF_6全封闭组合电器室应以机械排风为主，其正常通风量和事故排风量应分别按换气次数不小于2次/h和4次/h计算确定，排风口距室内地面高度应小于0.3。 3．回（排）风口的布置方式，应符合下列规定：不应	**关联：** 1．生产、工作场所室内空气质量应符合现行国家标准《室内空气质量标准》（GB/T 18883）的要求。 2．加热由门窗缝隙渗入厂房内的冷空气的耗热量，应根据建筑物的门窗构造、门窗朝向、内部隔断、室内外温度和室外风速等因素。宜按现行国家标准《采暖通风与空气调节设计规范》（GB 50019）的有关规定确定。 3．辐射体表面平均温度应符合（GB 50019）的有关规定。 4．风管截面尺寸宜按现行国家标准《通风与空气调节工程施工质量验收规范》（GB 50243）、《通风与空气调节工程施工规范》（GB 50738）的有关规定执行。 5．绝热材料及其制品的主要性能、设备保温层厚度应符合现行国家标准《设备及管道绝热设计导则》（GB/T 8175）的有关规定。 6．供暖、通风和空气调节系统的噪声、振动传播至使用房间和周围环境的噪声级、振动级，应符合国家现行标准《工业企业噪声控制设计规范》（GB/T 50087）和《水力发电厂机电设计规范》（DL/T 5186）等的有关规定。 7．空气调节冷热水系统的输送能效比（ER）不应大于现行国家标准《公共建筑节能设计标准》（GB 50189）的规定值。 8．选配空气过滤器时，应符合现行国家标准《空气过滤器》（GB/T 14295）的有关规定。

续表

序号	标准名称/标准号/时效性	针对性	内容与要点	关联与差异
10			设在射流区内和人员经常停留的地点，当采用侧送风时，宜设在送风口的同侧下方，条件允许时，副厂房可采用集中回风或走廊回风，当采用多层串联通风方式时，各层回（排）风口布置位置应考虑下一层的气流组织要求。 4. 设在风管型密闭式电加热器前后两端各 0.8m 范围内的风管、绝热层，应为不燃材料。 5. 下列场所应设置机械排烟设施：地下、封闭厂房的发电机层及其厂内主变压器搬运道，人员经常停留的封闭副厂房的疏散走道，建筑高度大于 32m 的高层副厂房中长度大于 20m 但不具备自然排风条件的疏散走道。 6. 下列情况之一的通风、空气调节系统的风口或风管上应设置防火阀：穿越防火分区或防火分隔处，穿越防火分隔处的变形缝两侧，穿越通风、空气调节机房的房间隔墙和楼板处，主厂房采用发电机组放热供暖时，发电机组放热口和补风口处，垂直风管与每层水平风管交接处的水平管段上，大型通风和空气调节机房墙上设无风管的回风口处	**差异：** 本规范是在《水力发电厂厂房采暖通风与空气调节设计规程》（DL/T 5165）的基础上修订而成，并代替（DL/T 5165）
11	《水力发电厂厂用电设计规程》 NB/T 35044—2014 2015 年 3 月 1 日实施	适用于大中型水电厂的厂用电设计	**主要内容：** 规定了水力发电厂和抽水蓄能电厂厂用电设计的技术要求，主要内容包括： 1. 厂用电接线的设计原则和方法，包括厂用电电源、电压、系统接地方式、接线方式、负荷的连接和供电方式以及检修、防洪供电； 2. 厂用电系统短路电流计算的原则； 3. 规定了厂用电变压器的技术要求，包括厂用电最大负荷的分析统计，厂用电变压器容量和型式的选择、电压调整、变比、阻抗选择和损耗； 4. 厂用电动机的技术要求，包括电动机的型式、电压选择与容量校验，启动方式选择以及启动时的电压校验； 5. 柴油发电机组的技术要求； 6. 厂用电电器设备和导体的技术要求； 7. 厂用电电气设备的布置要求。 **重点和要点：** 1. 除了工作电源间互为备用和系统倒送电外，大中型	**关联：** 1. 低压厂用电系统接地型式应根据《交流电气装置的接地设计规范》（GB/T 50065）中的相关规定选择。 2. 厂用变压器的损耗应满足《三相配电变压器能效限定值及能效等级》（GB 20052）和《电力变压器能效限定值及能效等级》（GB 24790）中的相关要求。 3. 电动机的外壳防护等级应与周围环境条件相适应。在潮湿环境（如水轮机室、蜗壳层、闸门室、坝内廊道等），外壳防护等级宜达到《外壳防护等级（IP 代码）》（GB 4208）中 IP44 级的要求。 4. 厂用电系统的柴油发电机组如无特殊要求，宜选用固定式，性能等级宜选用《往复式内燃机驱动的交流发电机组 第 1 部分 用途、定额和性能》（GB/T 2820.1）规定的 G2 级。 5. 高压厂用电系统的电器和导体选择应符合《导体和电气设备选择设计技术规定》（DL/T 5222）的规定。 6. 配电室通道上方裸带电体距地面的高度低于 2.5m

续表

序号	标准名称/标准号/时效性	针对性	内容与要点	关联与差异
11			水电厂还应设置厂用电备用电源。 2．大型水电厂如采用二级电压供电，宜将机组自用电、公用电、照明和检修系统等分别用不同变压器供电。 3．第一台机组发电时，应有2个引接自不同点的电源，大型水电厂2个电源应同时供电，中型水电厂允许其中1个处于备用状态。 4．低压厂用电系统除单电源供电外，一般采用单母线分段接线，当系统供电电源采用一用一备时，一般采用单母线接线。 5．低压厂用电系统短路电流计算，应考虑以下几点：应计及电阻，采用一级电压供电的低压厂用电变压器的高压侧系统阻抗可忽略不计，对于两级电压供电的低压厂用电变压器，应计及高压侧系统阻抗，在计算主配电屏及重要分配电屏母线短路电流时，应在第一周期内计及20kW以上的异步电动机的反馈电流，配电屏以外支线短路时可不计，计算0.4kV系统三相短路电流时，回路电压按400V计，计算单相短路电流时，回路电压按220V计，导体的电阻值应取额定温升的电阻值。 6．布置在厂房内的厂用电变压器应采用干式变压器，当有架空进线时，需加强绝缘或采取有效的防雷措施，布置在屋外的厂用电变压器宜选用油浸式变压器。 7. 在正常的电源电压偏差和厂用电负荷波动的情况下，厂用电各级母线的电压偏差不宜超过额定电压的±5%，当仅接有电动机时，可不超过＋10%和－5%。 8．厂用电电动机宜采用0.4kV电压电动机，当采用高压电动机时，宜采用10kV。 9．电动机正常启动时，所连接母线电压降应满足下列要求：配电母线上未接有照明或其他对电压波动较敏感的负荷，电动机经常启动时，不宜大于10%，不经常启动时不宜大于15%，配电母线上未接有照明或其他对电压波动较敏感的负荷，不应大于20%，配电母线上未接其他用电设备时，可按保证电动机起动转矩的条件确定，对于低压电动机，尚应保证接触器线圈的电压不低于释放电压。 10．柴油发电机组额定电压宜采用0.4kV，接线应采用	时，应设置不低于现行国家标准《外壳防护等级（IP代码）》（GB4208）规定的IPXXB或IP2X级的遮栏或外护物。 **差异：** 本标准与《水利水电工程厂（站）用电系统设计规范》（SL 485）的使用范围不同，（SL 485）的适用范围更广泛

续表

序号	标准名称/ 标准号/时效性	针对性	内容与要点	关联与差异
11			星形接线，中性点应能引出，其接地方式满足下列要求：当厂用电系统中仅装设一台柴油发电机组时，发电机中性点应直接接地，发电机的接地形式宜与低压厂用电系统的接地形式相一致，当厂用电系统中装设两台及以上柴油发电机组并列运行时，发电机中性点宜经隔离开关接地，当发电机的中性导体存在环流时，应只将其中一台发电机的中性点接地，当厂用电系统中装设两台及以上柴油发电机组并列运行时，每台发电机的中性点可分别经限流电抗器接地。 11．用断路器保护的回路，短路电流不应小于断路器瞬时或短延时过电流脱扣器整定电流的 1.3 倍，当末端单相短路的短路电流难以满足灵敏度要求时，可采用零序保护或带长延时过电流脱扣器的断路器，如选用长延时过流脱扣器时，其动作时间不宜大于 15s	
12	《水利水电工程导体和电器选择设计规范》 SL 561—2012 2012 年 10 月 31 日实施	适用于新建、扩建水利水电工程导体和 3kV～500kV 电器的选择设计	**主要内容：** 规定了导体和电器设计选择的要求，主要内容包括： 1．裸导体设计选型的要求； 2．封闭母线设计选型的要求，包括共箱封闭母线、电缆母线、离相封闭母线、气体绝缘金属封闭母线、绝缘封闭母线的要求； 3．电力电缆设计选型的要求； 4．高压开关设备设计选型的要求，包括高压交流短路器、高压交流发电机断路器、高压负荷开关、高压交流隔离开关和接地开关、高压熔断器、电制动开关、高压真空接触器、限流熔断器组合保护装置、72.5kV 及以上气体绝缘金属封闭开关设备、交流金属封闭开关设备； 5．电力变压器设计选型的要求； 6．电抗器选择的技术要求，包括限流电抗器、并联电抗器、并联电抗器中性点小电抗器； 7．电流互感器、电压互感器、变频装置、中性点接地设备、过电压保护设备、绝缘子及穿墙套管等电器设备选择的技术要求。 **重点和要点：** 1．导体和电器选择设计应贯彻国家的技术经济政策，	**关联：** 1．选用电器的设备的电压值应按照《标准电压》（GB/T 156）的规定选取。 2．校验导体和电器用的短路电流宜符合《三相交流系统短路电流计算》（GB/T 15544）的规定。 3．电缆母线中电缆选择应符合《电力工程电缆设计规范》（GB 50217）的规定。 4．充气管道母线中 SF_6 气体的质量标准应符合《六氟化硫电气设备中气体管理和检测导则》（GB/T 8905）和《工业六氟化硫》（GB 12022）的规定。 5．充气管道外壳、隔板机械强度和允许温升应符合《额定电压 72.5kV 及以上气体绝缘金属封闭开关设备》（GB 7674）的规定。 6．发电机断路器应具有失步开断能力，其额定失步开断电流交流分量有效值应为额定短路开断电流交流分量有效值的 50%，直流分量百分数应符合《高压交流发电机断路器》（GB 14824）的规定。 7．保护电力电容器的高压熔断器选择，应符合《并联电容器装置设计规范》（GB 50227）的规定。 8．电力变压器的设计选型应满足《油浸式电力变压器

续表

序号	标准名称/ 标准号/时效性	针对性	内容与要点	关联与差异
12			并考虑工程发展规划和分期建设的可能，以达到技术成熟、安全可靠、节约能源、保护环境、经济合理的要求。 2．导体和电器选择设计应按当地使用环境条件校核。 3．同一个工程中选择的同类导体和电器规格品种不宜太多。 4．校验跌落式高压熔断器开断能力和灵敏性时，不对称短路分段电流计算时间应取 0.01s。 5．电压为 110kV 及以上的电器及金具在 1.1 倍最高工作相电压下，晴天夜晚不应出现可见电晕，110kV 及以上导体的电晕临界电压应大于导体安装处的最高工作电压。 6．普通裸导体的正常最高允许温度应不高于 70℃。在计及日照等影响时，钢芯铝绞线、扩径导线、铝包钢绞线及管形导体宜不高于 80℃；镀锌钢绞线可采用 125℃。 7．220kV 及以上交联聚乙烯电缆选用的终端型式，应通过该型终端与电缆连成整体的标准性资格试验考核。 8．对于空气绝缘和气体绝缘的隔离开关，其额定母线转换电流值均应是 80%的额定电流。 9．气体绝缘金属封闭开关设备每个隔室允许的相对年漏气率不应大于 0.5%/a。 10. 电流互感器额定一次电流宜按正常运行的实际负荷电流达到额定值的 2/3 左右，至少不小于 30%。 11．中性点经消弧线圈接地的发电机，在正常情况下，长时间中性点位移电压不应超过额定相电压 10%，考虑到限制传递过电压等因素，脱谐度不宜超过±30%，消弧线圈的分接头应满足脱谐度的要求。 12．阀式避雷器标称放电电流下的残压，不应大于被保护电器设备（旋转电机除外）标准雷电冲击全波耐受电压的 71%	技术参数和要求》（GB/T 6451）、《干式变压器技术参数和要求》（GB/T 10228）、《油浸式电力变压器技术参数和要求》（GB/T 16274）、《绝缘配合》（GB 311.1）、《电力变压器　绝缘水平和绝缘试验外绝缘的空气间隙》（GB/T 10237）、《发电厂和变电所自用三相变压器》（JB/T 2426）和《三相配电变压器能效限定值及节能评价值》（GB 20052）的要求
3.4.1.5　消防				
13	《水力发电厂火灾自动报警系统设计规范》 DL/T 5412—2009	适用于大中型水力发电厂（含抽水蓄能电站）	**主要内容：** 规定了水力发电厂火灾自动报警系统设计的基本技术要求，主要内容包括： 1．系统保护对象分级；	**关联：** 1．点型感烟、感温、红外火焰、紫外火焰探测器选型和性能要求应满足《点型感烟火灾探测器》（GB 4715）、《点型感温火灾探测器》（GB 4716）、《特种火灾探测器》

续表

序号	标准名称/ 标准号/时效性	针对性	内容与要点	关联与差异
13	2009 年 12 月 1 日实施		2．报警区域和探测区域的划分； 3．火灾自动报警系统的设计要求； 4．消防控制设备组成和功能； 5．火灾探测器的选择和设置； 6．手动火灾报警按钮的设置。 **重点和要点：** 1．水力发电厂火灾自动报警系统设计，应根据保护对象进行分级，按火灾危险性对建筑物、构筑物进行分类。 2．控制中心报警系统及集中报警系统应设置火灾应急广播或火灾警报装置。 3．安装在地面且立式布置的设备盘柜，应保证适当的维护间距，其正面与墙的净距不应小于 1500mm，其背面和侧面与墙的净距不宜小于 800mm；当设备按列布置时，列间净距不应小于 1000mm。 4．当梁突出顶棚的高度超过 600mm 时，被梁隔断的每个梁间区域至少应设置一只探测器。 5．在宽度小于 3m 的内走道顶棚上设置探测器时，宜居中布置。感温探测器的安装间距不应超过 10m；感烟探测器的安装间距不应超过 15m；探测器至端墙的距离，不应大于探测器安装间距的一半。 6．集中报警系统设计应符合：系统中应设置一台集中火灾报警控制器和两台及以上区域火灾报警控制器，系统中应设消防联动控制设备，集中火灾报警控制器或火灾报警控制器应能显示报警部位信号和联动状态信号，亦可进行联动控制	（GB 15631）、《点型紫外火焰探测器》（GB 12791）的规定。 2．感烟、感温探测器的安装间距应满足《火灾自动报警系统设计规范》（GB 50116）的规定。 3．手动火灾报警按钮的设计应满足《手动火灾报警按钮》（GB 19880）的规定
14	《水电工程设计防火规范》 GB 50872—2014 2014 年 8 月 1 日实施	适用于新建、改建和扩建的大中型水电站和抽水蓄能电站工程（以下统称水电工程）的防火设计	**主要内容：** 规定了水电工程防火设计主要内容、深度及方法，主要内容包括： 1．生产的火灾危险性分类和耐火等级确定； 2．厂区设计防火规划原则； 3．厂区建（构）筑物防火构造、安全疏散和消防设施的技术要求； 4．大坝与通航建筑防火设计的技术要求；	**关联：** 1．水电工程生产的火灾危险性分类应符合《建筑设计防火规范》（GB 50016）的规定。 2．水电工程内部装修防火设计应符合《建筑内部装修设计防火规范》（GB 50222）的规定。 3．厂区内厂房之间及与厂外建筑之间的防火间距应符合《建筑设计防火规范》（GB 50016）的规定。 4．消防电梯应符合《建筑设计防火规范》（GB 50016）的规定。

续表

序号	标准名称/标准号/时效性	针对性	内容与要点	关联与差异
14			5．室内外电气设备、电缆、绝缘油和透平油系统的具体防火技术要求； 6．消防给水和灭火设施的具体要求； 7．防烟排烟、采暖、通风和空气调节的具体要求； 8．消防供电、应急照明、疏散指示标志和灯具，以及火灾自动报警系统等电气的技术要求。 **重点及要点：** 1．地面厂房中油浸式变压器室、油浸式电抗器室、油浸式消弧线圈室、绝缘油油罐室、透平油油罐室及油处理室、柴油发电机室及其储油间耐火等级应为一级，其他建筑的耐火等级均不应低于二级。厂房外面绝缘油、透平油油罐室的耐火等级不应低于二级。 2．非地面厂房及封闭厂房耐火等级应为一级。 3．主厂房发电机层的安全出口不应少于两个，且必须有一个直通室内外面。 4．油浸式变压器室、船厢室、船闸室、坝体内部、非地面以上或封闭部位的耐火等级应为一级，其余部位耐火等级不应低于二级。 5．每个室内消火栓的用水量应按5L/s计算，一次灭火用水量不应小于20L/s，火灾延续时间为2.00h。灭火器应配置磷酸铵盐干粉灭火器，数量不应少于两具。 6．油浸式变压器的事故排油阀应设在房间外安全处。 7.绝缘油和透平油管路不应和电缆敷设在同一管沟内。 8．由水库直接供水时取水口不应少于两个；从蜗壳或压力钢管取水时，应至少在两个蜗壳或压力钢管上设取水口，且应结合机组或压力钢管检修时的供水措施。每个取水口均能满足消防用水要求。 9．加压送风机、排烟风机和排烟补风用送风机应在便于操作的地方设置紧急启动按钮，并应具有明显的标志和防止误操作的保护装置。 10．防酸隔爆式蓄电池室、酸室、油罐室、油处理室、厂内油浸式变压器室等房间应设专用的通风、空气调节系统，室内空气不允许再循环。 11．消防用电设备的电源应按二级负荷供电。	5．大坝与通航建筑物各部位构建燃烧性能和耐火极限应符合《建筑设计防火规范》（GB 50016）的规定。 6．承担疏散功能的大型水电工程坝内楼梯间、电梯间应符合《建筑设计防火规范》（GB 50016）的规定。 7．高度超过32m的塔（筒）内设置防烟楼梯间及前室，设计应符合《建筑设计防火规范》（GB 50016）的规定。 8．升压站、开关站的出入口及主要电气设备附近配备的灭火器材应符合《建筑灭火器配置设计规范》（GB 50140）的规定： （1）泡沫灭火系统和防火分隔水幕的火灾延续时间应符合《高倍数、中倍数泡沫灭火系统设计规范》（GB 50196）、《低倍数泡沫灭火系统设计规范》（GB 50151）和《自动喷水灭火系统设计规范》（GB 50084）的规定。 （2）室内消火栓的充实水柱长度应符合《建筑设计防火规范》（GB 50016）的规定。 （3）防烟楼梯间及前室、消防电梯间前室或合用前室的防烟系统设计应符合《建筑设计防火规范》（GB 50016）的规定。 （4）建筑物内设置的疏散指示标志和应急照明灯应符合《消防安全标志》（GB 13495）和《消防应急照明和疏散指示系统》（GB 17945）的规定。 **差异：** 《水利水电工程设计防火规范》（SL 329）内容与（GB 50872—2014）基本一致，（GB 50872）的适用范围更广，细节要求更具体

续表

序号	标准名称/标准号/时效性	针对性	内容与要点	关联与差异
14			12. 消防用电设备的供电应在配电线路的最末一级配电装置处设置双电源自动切换装置。当发生火灾时，仍应保证消防用电。消防配电设备应有明显标志。 13. 室内主要疏散通道、楼梯间、消防（疏散）电梯、安全出口处和厂房内重要部位，均应设置消防应急照明及疏散指示标志	
3.4.1.6　电气一次				
15	《水力发电厂气体绝缘金属封闭开关设备配电装置设计规范》 DL/T 5139—2001 2002 年 5 月 1 日实施	1. 适用于新建的电力系统标称电压为 110kV～500kV、频率为 50Hz 的户内、外气体绝缘金属封闭开关设备（简称 GIS）配电装置的设计。 2. 对于扩建或改建 GIS 配电装置可选择执行	**主要内容：** 规定了水电厂金属封闭母线的设计要求，主要内容包括： 1. 规定了 GIS 配电装置的选型、布置、环境保护、接地等设计要求； 2. 规定了 GIS 配电装置布置对土建的要求； 3. 规定了 GIS 配电装置安装对专用工具和检测仪器的配置要求、现场试验的要求等。 **重点和要点：** 1. GIS 配电装置的设计必须认真贯彻执行国家的技术经济政策，并根据电力系统条件、水电厂自然环境和运行、维护等要求，合理地选择布置方案和设备，做到安全可靠、技术先进、维护方便、经济合理。 2. GIS 两侧应设置安装检修和巡视的通道，主通道宜靠近断路器侧，宽度应为 2m～3.5m；另一侧通道宜不小于 1.2m，特殊情况可是当缩小。 3. 为保证人身和设备的安全，GIS 配电装置的主回路、辅助回路、设备构架以及所有金属部分均应接地。从安装检修需要出发，地网的设计应设置适当的临时接地点。接地点应有明显的标志。 4. GIS 配电装置配合系统调试所做的一系列试验项目，均应在 GIS 采购技术条件中予以明确	
16	《水力发电厂交流 110kV～500kV 电力电缆工程设计规范》	1. 适用于新建的水力发电厂（以下简称水电厂）电压为 110kV～500kV、频率为 50Hz 的电	**主要内容：** 规定了水电厂交流 110kV～500kV 电力电缆工程设计要求。主要内容包括： 1. 规定了电缆使用条件，包括：运行条件、敷设条件；	**关联：** 1. 外护套绝缘水平必要时可参照标准《高压电缆选用导则》（DL/T 401）进行验算。 2. 电缆防火的设计应符合现行的水利水电工程设计防

续表

序号	标准名称/标准号/时效性	针对性	内容与要点	关联与差异
16	DL/T 5228—2005 2006年6月1日实施	力电缆工程的选择与敷设设计。 2．对于扩建或改建的电力电缆工程可选择执行	2．规定了电缆绝缘水平的选择要求； 3．规定了电缆型式和导体截面的选择要求； 4．规定了电缆结构的选择要求，包括充油电缆、挤包绝缘电缆； 5．规定了电缆终端和中间接头的选择要求； 6．规定了自容式充油电缆的供油装置的选择要求； 7．规定了电缆金属套接地方式与金属套绝缘的过电压保护的要求； 8．规定了电缆敷设的要求； 9．规定了电缆的支架和夹具的要求； 10．规定了电缆防火要求。 **重点和要点：** 1．交流110kV～500kV电力电缆工程设计必须认真贯彻执行国家的技术经济政策，并根据工程的电力系统、自然环境、枢纽布置、安装、敷设、运行、检修等要求，合理选定设计方案。做到安全可靠、技术先进、经济合理、施工与维护方便。 2．导体允许最高温度额定负荷时为85℃，短路时为200℃。 3．正常运行时电缆金属套上感应电压，在不接地端处不应大于50V；超过50V时，应采取安全措施	火规范的要求。 **差异：** 《电力工程电缆设计规范》（GB/T 50127）适用于新建、扩建的电力工程中500kV及以下电力电缆和控制电缆的选择与敷设设计
17	《水力发电厂高压电气设备选择及布置设计规范》 DL/T 5396—2007 2008年6月1日实施	适用于新建水力发电厂标称电压为3kV～500kV配电装置的设计，扩建和改建工程可选择执行	**主要内容：** 规定了水力发电厂高压电气设备选择和配电装置布置设计的技术要求，主要内容包括： 1．水力发电厂高压电气设备（包括导体、主变压器）发电机断路器、电制动开关、高压断路器、高压符合开关、高压隔离开关和接地开关、气体绝缘金属封闭开关设备、交流金属封闭开关设备、电压互感器、电流互感器并联电抗器、限流电抗器、消弧线圈及接地变压器、避雷器等）选择的技术要求； 2．水力发电厂进、出线段及联络线（包括架空线路、电缆线路、气体绝缘金属封闭输电线路等）选择的技术要求；	**关联：** 1．电气设备的抗震设计应符合《电力设施抗震设计规范》（GB 50260）的规定。 2．110kV及以上电压的电气设备户外晴天无线电干扰试验要求应符合《高压电器设备无线电干扰测试方法》（GB 11604）的规定。 3．校验高压电气设备用的短路电流值，应按《水电工程三相交流系统短路电流计算导则》（DL/T 5163）的规定进行计算。 4．发电机主回路采用电缆时的技术要求应满足《电力工程电缆设计规范》（GB 50217）的规定。 5．金属封闭母线技术参数选择应符合《金属封闭母线》

续表

序号	标准名称/标准号/时效性	针对性	内容与要点	关联与差异
17			3．水力发电厂高压电气设备布置设计要求，包括：主要电气设备布置设计要求；安全净距的设计要求；通道及围栏的设计要求； 4．水力发电厂配电装置对建筑物及构筑物的要求，包括：配电装置室的建筑要求；屋外配电装置构架的荷载要求。 **重点和要点：** 1．高压电气设备的选择和布置应根据工程具体条件，并考虑远景发展，选用安全可靠、技术先进、经济合理的产品；并按环境条件、地质、地形、枢纽布置以及运行、维护、安装、运输等要求制订布置方案，坚持节约用地和节能降耗的原则及环境保护的要求，力求做到设计方案合理、运行可靠、安装维护方便。 2．选用的高压电气设备的额定电压不得低于所在系统（回路）的最高运行电压。 3．选用的高压电气设备长期允许电流不得小于各种可能运行方式下该回路的最大持续工作电流。 4．选择高压电气设备时，应按照布置场所的使用环境条件进行校核。 5．高压配电装置型式和布置方式选择应结合水力发电厂工程的相关因素，进行技术经济比较，择优选用。 6．进出线段及联络线方式的选择，应考虑其对电气主接线设计、主变压器布置和开关站选型及布置影响。在主变压器布置时，出考虑以上几个方面的影响外，还应考虑大电流母线的电能损失费用。 7．GIS 单个隔室允许的相对年漏气率应不大于 0.5%。 8．GIS 外壳感应电压正常运行条件下应不大于 24V，故障条件下应不大于 100V。 9．并联电抗器的中性点小电抗的额定电流按下列条件选择：潜供电流不应超过 20A，输电线路三相不平衡引起的零序电流，一般取线路最大工作电流的 0.2%，并联电抗器三相电抗不平衡引起的中性点电流，一般取并联电抗器额定电流的 5%～8%。 10．配电装置中电气设备的栅状遮栏高度，不应小于 1200mm，栅状遮栏最低栏杆至地面的净距，不应大于 200mm	（GB/T 8349）的规定。 6．导体长期允许的载流量、经济电流密度、导体承受的最大应力按《导体和电器选择设计技术规定》（DL/T 5222）的要求选择。 7．电力电缆技术参数选择和敷设要求应满足《电力工程电缆设计规范》（GB 50217）和《水力发电厂 110kV～500kV 电力电缆施工设计规范》（DL/T 5228）的规定。 8．GIL 的技术参数选择和敷设要求应符合《气体绝缘金属封闭输电线路技术条件》（DL/T 978）的规定。 9．主变压器技术参数选择应满足《电力变压器》（GB 1094.1～GB 1094.5）规定的要求。 10．变压器的局部放电测量方法应按《电力变压器》（GB 1094.3）进行。 11．变压器的噪声水平应符合环境保护要求，测量方法按 GB7328 的规定进行。 12．水力发电厂主变压器冷却方式选择与电站使用环境、主变压器容量、布置位置等有关，并应符合《电力变压器》（GB1094.2）的规定。 13．变压器与架空线的连接，出线套管的接线端子应符合《变压器、高压电器和套管的接线端子》（GB5273）的规定。 14．变压器与电缆的连接，应符合《水力发电厂 110kV～500kV 电力电缆施工设计规范》（DL/T 5228）的规定。 15．变压器与 GIS 或 GIL 直接连接，应符合《额定电压 72.5kV 及以上气体绝缘金属封闭开关设备电力电缆直接连接》（IEC 62271）的规定。 16．发电机断路器技术参数选择宜满足《发电机断路器通用技术条件》（GB/T 14824）的要求。 17．高压断路器额定短路开断电流直流分量应《按高压交流断路器》（GB 1984）的规定确定。 18．高压负荷开关技术参数选择应满足《高压交流符合开关》（GB 3804）和《110kV 及以上交流高压符合开关》（GB/T 14810）的要求。 19．高压隔离开关和接地开关技术参数选择应满足《高

续表

序号	标准名称/标准号/时效性	针对性	内容与要点	关联与差异
17				压交流隔离开关和接地刀闸》（GB 1985）的要求。 20. GIS 技术参数的选择应满足《72.5kV 及以上气体绝缘金属封闭开关设备》（GB 7674）的要求。 21. GIS 出线套管与架空线的连接，出线套管的接线端子应符合《变压器、高压电器和套管的接线端子》（GB 5273）的规定。 22. 交流金属封闭开关设备技术参数应满足《3kV～35kV 交流金属封闭开关设备》（GB 3906）的要求。 23. 电压互感器技术参数选择应满足《电磁式电压互感器》（GB 1207）和《电流互感器和电压互感器选择及计算导则》（DL/T 866）的要求。 24. 电流互感器技术参数的选择应满足《电流互感器》（GB 1208）、《保护用电流互感器暂态特性技术要求》（GB 16847）和《电流互感器和电压互感器选择及计算导则》（DL/T 866）的要求。 25. 并联电抗器、限流电抗器、消弧线圈及接地变压器技术参数选择应满足《电抗器》（GB 10229）的要求。 26. 避雷器技术参数选择应满足《交流无间隙金属氧化物避雷器》（GB 11032）的要求。 27. 电缆线路设计应符合《电力工程电缆设计规范》（GB 50217）的规定。 28. GIL 布置应符合《气体绝缘金属封闭输电线路技术条件》（DL/T 978）的要求。 29. GIS 配电装置室洁净度及地面平整度满足《水力发电厂气体绝缘金属封闭开关设备配电装置设计规范》（DL/T 5139）的要求
18	《水力发电厂照明设计规范》 NB/T 35008—2013 2013 年 6 月 8 日实施	适用于新建大、中型水力发电厂的照明设计，对改建或扩建的大、中、小型水力发电厂可选择执行	**主要内容：** 规定了水力发电厂照明设计的基本要求，主要内容包括： 1. 工作照明、备用照明、应急照明、安全照明等照明子系统的范围； 2. 照明配电系统、照度标准、光源与照明质量、照明灯具选择与布置、照度计算、应急照明的设计要求。	**关联：** 镇流器技术参数的选择应符合《管形荧光灯镇流器能效限定值及能效等级》（GB 17896）、《金属卤化物灯用镇流器能效限定值及能效等级》（GB 20053）、《高压钠灯用镇流器能效限定值及节能评价值》（GB 19574）的规定

续表

序号	标准名称/标准号/时效性	针对性	内容与要点	关联与差异
18			**重点和要点：** 1. 整个场所被照面上均需达到规定照度时宜采用一般照明。 2. 作业面照度要求较高，只采用一般照明不合理的场所，宜采用混合照明。 3. 水力发电厂较高的建筑物、过船设施慢行区域的航道上、下游两侧的建筑物上障碍照明的设置应与有关部门协调确定。 4. 照明节能的评价指标宜采用各区域的照明功率密度LPD值	
19	《水利水电工程高压配电装置设计规范》 SL 311—2004 2005年2月1日实施	适用于新建水利水电工程系统标称电压为3kV～500kV配电装置的设计，扩建和改建工程的配电装置设计可选择执行	**主要内容：** 规定了环境条件对导体与电器的选择的影响和要求，主要内容包括： 1. 规定了导体与电器的选择，包括一般规定、导体的选择、电器的选择； 2. 规定了配电装置的型式与布置，包括安全净距、型式、布置、通道围栏； 3. 规定了进出线及联络线型式的选择原则； 4. 规定了配电装置防火要求； 5. 规定了对建筑物及构筑物的要求； 6. 规定了对环境保护的要求。 **重点和要点：** 1. 配电装置设计应根据工程特点、规模和发展规划，做到远、近期结合，以近期为主，并适当考虑扩建的可能。 2. 水利水电工程高压配电装置的设计应根据电力系统条件、自然环境条件和运行、安装维修等要求，合理地选用设备和确定布置方案，坚持节约用地的原则，积极慎重地采用行之有效的新技术、新设备、新布置和新材料，使设计做到安全可靠、技术先进、维修方便和经济合理。 3. 在正常运行和短路时，电器引线的最大作用力不应大于电器端子允许的荷载。屋外配电装置的导体、套管、绝缘子和金具，应根据当地气象条件和不同受力状态进行力学计算。	**关联：** 1. 配电装置的抗震设计应符合《电力设施抗震设计规范》（GB 50260）的规定。 2. 对于安装在海拔高于1000m处的设备，系数Ka的取值应符合《高压开关设备和控制设备标准的共用技术要求》（GB/T 11022）的规定。 3. 配电装置的绝缘水平应满足《水力发电厂过电压保护和绝缘配合设计技术导则》（DL/T 5090）的规定。 4. 当进出线及联络线采用架空线时，架空线设计应符合《66kV及以下架空电力线路设计规范》（GB 50061）和《110kV～500kV 架空送电线路设计技术规程》（DL/T 5092）的要求。 5. 配电装置的防火设计，应符合《水利水电工程设计防火规范》（SDJ 278）的要求。 6. 配电装置及进出线电磁辐射对环境的影响应符合《电磁辐射防护规定》（GB 8702）、《环境电磁波卫生标准》（GB 9175）及《高压交流架空线路送电线无线电干扰值》（GB 15707）的要求。 7. 配电装置的噪声对周边环境的影响应符合《工业企业厂界噪声标准》（GB 12348）或《城市区域环境噪声标准》（GB 3096）的要求。 **差异：** 与《高压配电装置设计规范》（GB/T 50060）相比，（GB/T

续表

序号	标准名称/标准号/时效性	针对性	内容与要点	关联与差异
19			4．当档电气设备外绝缘体最低部位距地面小于 2.5m 时，应装设固定遮栏。 5．配电装置中相邻带电部分的系统标称电压不同时，应按较高的系统标称电压确定其安全净距离。 6．长度大于 7m 的配电装置室，应有两个出口，并宜布置在配电装置室的两端；长度大于 60m 时，宜增添一个出口；当配电装置室有楼层时，一个出口可设在通往屋外楼梯的平台处	50060）适用于新建和扩建 3kV～110kV 高压配电装置工程的设计
20	《水利水电工程电缆设计规范》 SL 344—2006 2006 年 10 月 1 日实施	适用于新建的水利水电工程电压等级为 500kV 及以下电缆的设计，扩建、改建的水利水电工程可选择执行	**主要内容：** 规定了电缆型式的选择要求，包括导体材质，电缆导体数，电缆的绝缘水平，电缆的绝缘类型，电缆护层，主要内容包括： 1．电缆截面的选择要求，包括一般规定，按载流量的选择，按短路条件选择，中性线、保护接地线； 2．电缆附件的选择，包括电缆终端及接头的选择，高压单芯电缆金属护层接地方式，护层电压限制器选择； 3．电缆敷设要求，包括电缆路径及敷设方式选择，电缆的布置与排列，直埋敷设，敷设与保护管中，敷设于电缆构筑物中，敷设于水下，敷设于其他公用设施中； 4．电缆的支持与固定，包括电缆支架，电缆固定； 5．电缆防火及阻燃； 6．对相关专业的要求，包括对水工结构的要求，对通风的要求，其他要求。 **重点和要点：** 1．水利水电工程电缆的设计应做到设计先进、经济合理、安全使用、便于施工和检修维护。 2．电缆设计除应遵守本标准外，尚应符合国家现行有关标准的规定。 3．保护接地中性线导体截面应符合：采用单芯电缆时，铜芯应不小于 $10mm^2$，铝芯应不小于 $16mm^2$，采用多芯电缆时，其截面应不小于 $4mm^2$。 4．在金属护层上任一点非接地处的正常感应电压，未采取不能任意接触金属护层的安全措施时，不应大于 50V；否则不应大于 100V	**关联：** 1．对于采用金属护层一端互联接地或三相金属护层交叉互联接地的高压单芯电缆，护层的绝缘耐受电压必要时可参照《高压电缆选用导则》（DL/T 401）进行验算。 2. 110kV 及以上电压等级电缆的金属护层选择参见《高压电缆选用导则》（DL/T 401）的规定。 3．电缆应急电流的计算方法按《电缆周期性和应急额定电流计算第 2 部分：18/30（36）kV 以上电缆的周期性和所有电压的电缆应急额定电流计算》（IEC 853-2）的规定。 **差异：** 《电力工程电缆设计规范》（GB/T 50217）适用于新建和扩建的电力工程中 500kV 及以下电力电缆和控制电缆的选择与敷设

续表

序号	标准名称/ 标准号/时效性	针对性	内容与要点	关联与差异
21	《小水电站接入电力系统技术规定》 SL 522—2010 2011 年 3 月 30 日实施	适用于装机容量 1MW～50MW（含 50MW）的小水电站接入电力系统，1MW 以下的小水电站可选择执行	**主要内容：** 规定了进行电力电量平衡分析应遵循的原则，主要内容包括： 1．规定了接入电力系统方案设计的原则及要求； 2．接入电力系统方案的电气计算，包括潮流计算、短路电流计算及其他电气计算； 3．接入电力系统方案技术经济比较以及考虑的因素； 4．继电保护及安全自动装置，包括继电保护、安全自动装置； 5．通信和调度自动化的要求，包括通信、调度自动化、电能计量； 6．接入电力系统时的电能质量要求； 7．规定了需进行的接入电力系统试验等。 **重点和要点：** 1．小水电站接入电力系统必须执行国家经济建设方针和各项技术经济政策，从电力系统实际出发，进行多方案技术经济论证。 2．小水电站接入电力系统设计水平年为小水电站机组全部投产年，展望水平年按 5 年～10 年考虑。 3．小水电站接入电力系统设计任务应包括：接入电力系统的电压等级、回路数及接入点的确定，继电保护装置及安全自动装置配置，通信和调度自动化设备配置等。 4．小水电站接入电力系统除执行本规定外，还应符合国家现行有关标准规定	**关联：** 1．进行电力电量平衡分析时，应考虑接入电力系统对事故、检修、备用、调峰容量需求等因素，并参照《电力系统设计技术规程》（DL/T 5429）执行；小水电站接入电力系统的送电电压等级应符合《标准电压》（GB/T 156）规定，电压等级不宜超过两级。 2．对接入电力系统方案进行稳定计算，校验稳定水平，应按《电力系统安全稳定导则》（DL 755）的规定执行。 3．继电保护的配置应符合《继电保护和安全自动装置技术规程》（GB/T 14285）、《电力系统微机继电保技术导则》（DL/T 769）和《水力发电厂继电保护设计导则》（DL/T 5177）的要求。 4．安全自动装置的配置和选型应符合《继电保护和安全自动装置技术规程》（GB/T 14285）的规定。 5．小水电站接入电力系统的频率应符合《电能质量 电力系统频率允许偏差》（GB/T 15945）的规定。 6．小水电站接入电力系统点的电压在额定电压的 90%～110%范围内应能正常运行，其允许偏差应符合《电能质量 供电电压允许偏差》（GB/T 12325）的规定。 7．小水电站接入电力系统的试验应符合《水轮机控制系统试验》（GB/T 9652.2）、《电气设备交接试验标准》（GB 50150）、《大中型水轮发电机精致整流励磁系统及装置试验规程》（DL/T 489）、《水轮发电机组启动试验规程》（DL/T 507）、《大中型水轮发电机静止整流励磁系统及装置技术条件》（DL/T 583）、《电网运行规则》（DL/T 1040）的规定
22	《水利水电工程接地设计规范》 SL 587—2012 2012 年 12 月 19 日实施	适用于水利水电工程中的电器设备接地和交流电网中用于安全自动装置的 220V 及以下直流电气设备的接地	**主要内容：** 规定了水力发电厂接地设计的一般原则、步骤、方法，主要内容包括： 1．接地设计的基本规定； 2．接地电阻的设计要求，包括大接地短路电流系统，小接地短路电流系统，低压系统，杆塔； 3．降低接地电阻的措施，包括水下接地，引外接地，	**关联：** 本标准计算接地装置的入地短路电流按照工程全部投产后 10 年左右最大运行方式确定，依据《电力系统设计技术规程》（DL/T 5429）的规定。 **差异：** 相比《水力发电厂接地设计技术导则》（DL/T 5091），增加了：

续表

序号	标准名称/标准号/时效性	针对性	内容与要点	关联与差异
22			深井接地，人工降阻； 4．接地电阻计算，包括工频接地电阻计算，冲击接地电阻计算； 5．均压设计，包括均压网设计，接触、跨步电位差允许值，基础、跨步电位差计算，接地装置电位计算； 6．工频暂态电压反击及转移电位隔离，包括工频暂态电压反击，转移电位隔离； 7．设备特殊接地要求，包括 GIS 接地，离相式封闭母线接地，高压电缆线路接地，微波通信站接地，移动式和携带式电力设备接地，监控系统接地； 8．接地装置的设计要求，包括接地系统、接地体和接地线，接地线连接，接地导体截面选择及计算，接地体防腐，接地标志； 9．接地装置工频参数测温，包括接地电阻测量，接触、跨步电位差测量，土壤电阻率测量，水电阻率测量。 **重点和要点：** 1．电气设备及设施的接地设计应做到因地制宜、安全可靠、经济合理。 2．水利水电工程接地设计出应符合本标准外，尚应符合国家有关标准的规定。 3．人工降阻材料和降阻剂不宜大面积使用。采用人工降阻的垂直接地体布置宜为辐射形。 4．单点接地的 GIS 连续段，在正常运行时外壳上感应电压最大值不应超过 50V 的安全电压值。支撑架与外壳之间绝缘的耐受电压不应小于 2kV。连续段之间应设有绝缘法兰，绝缘法兰耐受电压不应小于 2kV。 5．在电缆线路金属层上任一点非接地点的正常感应电压应符合下列规定：在满负荷运行下感应电压不应大于 50V，采取有效防止人员任意接触金属层的安全措施时，在满负荷运行下感应电压不应大于 300V。 6．微波站的接地电阻不应超过 5Ω，在土壤电阻率较低的有条件的地区不应超过 1Ω，高土壤电阻率地区不应超过 10Ω	1．工频暂态电压反击及转移电位隔离的设计要求及电位计算方法； 2．接地装置的连接设置、接地导体截面选择及计算、接地防腐要求和标识方法

续表

序号	标准名称/标准号/时效性	针对性	内容与要点	关联与差异
3.4.1.7 电气二次				
23	《水力发电厂计算机监控系统设计规范》 DL/T 5065—2009 2009 年 12 月 1 日实施	适用于大中型水电厂计算机监控系统的设计，也可供设计小型水电厂时参考	**主要内容：** 规定了水力发电厂计算机监控系统设计中应遵循的原则，主要内容包括： 1．系统结构与配置，包括系统结构，电厂级的配置与设备选择，网络的配置与设备选择，现地控制单元的配置与设备选择； 2．监控系统的功能，包括数据采集，数据处理，控制与调节，数据通信，时钟同步，运行管理月指导功能，系统自诊断与自恢复，人机联系，培训仿真，系统维护及软件开发； 3．软件的技术要求； 4．二次接线的设计要求； 5．电源的设计要求； 6．电缆与光缆的设计要求； 7．接地与防雷的设计要求； 8．场地与环境的设计要求； 9．电磁兼容抗扰度的设计要求； 10．安全防护的设计要求。 **重点和要点：** 1．监控系统的设计应遵循如下原则： （1）提高电厂的安全生产水平； （2）保证供电质量； （3）提高水电站的经济效益和管理水平； （4）提高水电厂的自动化水平，为实现“无人值班”（少人值守）提供保证。 2．监控系统应具有正常操作指导、事故处理指导及其他必要的运行指导管理功能。 3．监控系统应具备硬、软件在线自诊断能力，发现异常时应自动定位并报警。 4．监控系统应具备自恢复功能，即当监控系统出现程序死锁或失控时，能自动恢复到原来正常运行状态；对于冗余配置的设备，监控系统应能自动切换到备用设备运行。	**关联：** 1．电缆的选择和敷设应符合《电力工程电缆设计规范》（GB 50217）和《水力发电厂二次接线设计规范》（DL/T 5132）的要求。 2．计算机室应符合《计算机场地通用规范》（GB/T 2887）的规定。 3．计算机室的地面采用活动木板时，应符合《计算机机房用活动地板技术条件》（GB/T 6650）的要求。 4．汉字应满足《信息交换用汉字编码字符集　基本集》（GB 2312）中一级汉字库的要求

续表

序号	标准名称/ 标准号/时效性	针对性	内容与要点	关联与差异
23			5．监控系统应在电厂发生事故、故障时，用准确、清晰的语音向有关人员发出报警，也可采用警铃 / 蜂鸣器进行事故、故障报警；事故、故障时按一定的等级设置向固定电话或移动电话自动发出语音或文字报警信息。 6．监控系统应采用具有良好实时性、开放性、可扩充性和高可靠性等技术性能指标的符合开放系统互联标准的操作系统。 7．应将监控系统与电厂的其他控制、保护系统、电测量和电能计量设备作为一个完整的系统，统一协调地进行二次接线设计。 8．开关量输入应以无源触点方式接入现地控制单元，各开关量应直接取自事件的原始触点，如断路器和隔离开关的辅助触点等；对于发电机电压及更高电压的开关设备，应同时输入常开辅助触点和常闭辅助触点信号；各开关量输入模件的公共点应在装置内连接在一起。 9．不间断电源采用自备蓄电池作为直流电源时，蓄电池的放电时间应不小于 1h。 10．传送模拟量应采用对绞分屏蔽加总屏蔽电缆，屏蔽层应在现地控制单元侧一点接地，对绞的两条芯线应是同一信号的往返导体；用于通信的屏蔽电缆的屏蔽层应在现地控制单元侧一点接地；测温电阻采用三线制接线时，应采用三绞分屏蔽加总屏蔽电缆，绞合的三条芯线应是连接同一测温电阻的三根导体。 11．监控系统的各盘柜内应设与柜体绝缘、截面积不小于 $100mm^2$ 的接地铜排，盘柜内应与接地网相连的各种功能地（工作地）应采用截面面积不小于 $4mm^2$ 的多股铜导线连接到上述铜排；在盘柜外，沿着盘柜布置方向敷设截面 $100mm^2$ 的专用铜排，将该铜排首末端连接成环，形成等电位接地网，等电位接地网应经由至少 4 根截面不小于 $50mm^2$ 的多股铜导线接入电厂的主接地网；各盘柜内的接地铜排应经由截面不小于 50 mm^2 的铜排分别引至等电位接地网；如果监控系统盘柜近旁设置有继电保护盘柜，则二者应共用合为一体的等电位接地网，监控系统的各盘柜的保护地（即安全地或机壳地），应当与电厂的主	

续表

序号	标准名称/标准号/时效性	针对性	内容与要点	关联与差异
23			接地网可靠连接。 12．计算机室应保持室温为 18℃～25℃，温度变化率应小于 5K/h，不结露；相对湿度应为 45%～65%；计算机室及其辅助用房的面积依设备的具体情况而定，应保证工作人员有足够的活动空间。净高不小于 3m，宜为 3.5m 左右。 13．监控系统与非控制区（安全区 II）设备之间应采用具有访问控制功能的设备、防火墙或者相当功能的设施，实现逻辑隔离；监控系统与 MIS 系统等管理信息大区设备之间应采取接近于物理隔离强度的隔离措施。如以网络方式连接，则应设置电力专用横向单向安全隔离装置；监控系统与电力调度数据网之间应配置纵向加密认证装置或纵向加密认证网关进行安全防护；同一套 GPS 接收和授时装置不应采用网络方式为不同安全大区的设备提供授时服务	
24	《水力发电厂过电压保护和绝缘配合设计技术导则》 DL/T 5090—1999	适用于新建水力发电厂 3kV～500kV 交流电气设备过电压保护和绝缘配合	**主要内容：** 规定了水力发电厂各种过电压的限制措施和保护方法，以及绝缘配合的原则和方法，主要内容包括： 1．系统电压与中性点接地方式，包括系统电压，系统中性点，消弧线圈，小电抗，高电阻； 2．暂时过电压、操作过电压及其保护，包括暂时过电压及其保护，操作过电压及其保护； 3．雷电过电压和保护装置，包括雷电过电压，避雷针和避雷线，避雷器； 4．架空线路段的雷电过电压保护，包括一般过电压保护，交叉部分的过电压保护，大跨越档的过电压保护； 5．发电厂的雷电过电压保护，直击雷的过电压保护，感应雷的过电压保护，雷电侵入波的过电压保护； 6．旋转电机的雷电过电压保护，包括直配电机的过电压保护，非直配电机的过电压保护； 7．中性点的雷电过电压保护，包括发电机中性点的过电压保护，变压器中性点的过电压保护； 8．近区供电的雷电过电压保护，包括 35kV 小容量变	**关联：** 在确定电瓷外绝缘距离时，应考虑污秽的影响，污秽分级按《高压架空线路和发电厂、变电所设备外绝缘污秽分级标准》（GB/T 16434）确定

续表

序号	标准名称/标准号/时效性	针对性	内容与要点	关联与差异
24			电所的过电压保护，3kV～10kV 变电所的过电压保护； 9．微波通信站的雷电过电压保护； 10．绝缘配合，包括：绝缘配合原则，架空线路段的绝缘配合，发电厂的绝缘配合。 **重点和要点：** 1．3kV～66kV 系统中性点采用不接地方式，当架空线路单相接地故障电流大于 10A 或电缆线路单相接地故障电流大于 30A 时中性点应采用经消弧线圈接地方式。 2．发电厂主变压器中性点经消弧线圈接地的系统，在正常运行情况下，中性点长时间电压位移不应超过额定相电压的 15%。 3．消弧线圈接地的发电机，在正常运行情况下，其中性点长时间电压位移不应超过发电机额定电压的 10%；非直配发电机脱谐度不超过±30%，直配发电机脱谐度不超过 10%。 4．应避免在只带空载线路的变压器低压侧合闸，在故障中确实无法避免时，可在线路继电保护装置内增设过电压速断保护，以缩短过电压持续时间。 5．两支不等高避雷针保护范围应按下列方法确定： （1）两支不等高避雷针外侧的保护范围应分别按单支避雷针的计算方法确定； （2）两针间的保护范围应按单支避雷针的计算方法。 6．阀式避雷器的灭弧电压不应低于避雷器所在点的暂时工频过电压值，在一般情况下宜按下列要求确定： （1）中性点直接接地的系统中，不应低于系统最高运行线电压的 80%； （2）中性点非直接接地的系统中，3kV～10kV 系统不应低于系统最高运行线电压的 110%，35kV～66kV 系统不应低于系统最高运行线电压的 100%；3kV～10kV 配电系统宜采用 FS 系列普阀避雷器，发电厂采用 FZ 系列（3kV～220kV）普阀避雷器和 FCZ 系列（110kV～330kV）磁吹避雷器，旋转电机采用 FCD 系列磁吹避雷器。 7．利用钢筋兼作接地引下线的钢筋混凝土杆，其钢筋	

续表

序号	标准名称/ 标准号/时效性	针对性	内容与要点	关联与差异
24			与接地螺母、铁横担间应有可靠的电气连接；外敷的接地引下线可采用镀锌钢绞线，其截面不应小于 $25mm^2$；接地体引出线的截面不应小于 $50mm^2$，并应热镀锌。 8．按雷电过电压进行绝缘配合时，最大设计风速小于15m/s 的地区，雷电过电压计算风速一般采用 10m/s，最大设计风速为 35m/s 及以上时的地区，以及雷暴时风速较大的地区，雷电过电压计算风速一般采用 15m/s；按操作过电压进行绝缘配合时，操作过电压计算风速一般采用最大设计风速的 50m/s，且不得小于 15m/s。 9．按运行电压进行绝缘配合时，运行电压计算风速应采用最大设计风速。 10．发电厂的直击雷过电压保护可采用避雷针或避雷线，下列设施应装设直击雷保护装置： （1）户外配电装置，包括组合导线和母线廊道； （2）砖木结构的主厂房； （3）油处理室露天油罐及易燃材料仓库等建筑物。 11. 避雷针与主接地网的地下连接点至变压器接地线与主接地网的地下连接点，沿接地体的长度不得小于 15m。 12. 发电厂应采取措施防止或减少近区雷击闪络；未沿全线架设避雷线的 35kV～110kV 架空送电线路，应在 1km～2km 的进线段架设避雷线；220kV～550kV 架空送电线路，2km 进线保护段范围内以及 35kV～110kV 线路在 1km～2km 进线保护段范围内的杆塔耐雷水平，应不低于《架空线路段耐雷水平》要求；进线保护段上的避雷线保护角不宜超过 20 度，最大不应超过 30 度。 13. 保护高压旋转电机用的避雷器，一般采用 FCD 型，容量为 25000kW 的直配电机，应在每台电机出线处装设一组避雷器，25000kW 以下的直配电机，避雷器也应尽量靠近电机装设，如每组母线上的电机不超过 2 台，避雷器也可装在每组母线上。 14. 保护直配线用的避雷线对边导线的保护角不应大于 30 度；装在每相母线上保护直配电机匝间绝缘和防止感应过电压用的电容器，其电容应为 0.25μF～0.5μF，对于中性点不能引出或双排并绕线圈的电机，应为 1.5μF～	

续表

序号	标准名称/标准号/时效性	针对性	内容与要点	关联与差异
24			2μF，电容器宜有短路保护。 15．变压器中性点避雷器的额定电压（对碳化硅阀式避雷器为灭弧电压）不应低于系统单相接地变压器中性点上最大工频电压，变压器中性点的雷电绝缘配合系统不应低于1.25。 16．微波机房应有防直击雷的保护措施，应在房顶敷设避雷带，如已在微波塔避雷针的保护范围内，则可不另设直击雷保护装置。 17．330kV～500kV电气设备内、外绝缘相对地额定操作冲击耐压与避雷器操作过电压保护水平间的配合系数不应小于1.15，外绝缘淋雨耐压值可低5%；330kV～500kV变压器内、外绝缘相间额定操作冲击耐压，应取其等于内绝缘相对地额定操作冲击耐压的1.5倍	
25	《水力发电厂二次接线设计规范》 DL/T 5132—2001 2002年2月1日实施	1．适用于单机容量为550MW及以下、总装机容量25MW及以上、输电电压为500kV及以下新建大、中型水电厂的二次接线设计。 2．适用于与继电保护、安全自动装置、自动控制、操作、信号、测量、互感器等有关的二次接线以及直流电源系统。 3．本规范未包括不设全厂蓄电池直流电源系统以及按无人值班设计水电厂二次接线设计的特殊问题	**主要内容：** 规定了水电厂二次接线系统设计的内容及设计要求，主要内容包括： 1．规定了开关设备的操作方式设计要求； 2．规定了信号系统器件选择原则及系统的设计要求； 3．规定了测量系统的器件选择原则及系统的设计要求； 4．规定了直流系统的器件选择原则及系统的设计要求； 5．规定了交流回路的器件选择原则及系统的设计要求； 6．规定了设备选择和配置的原则，以及设备布置的设计要求。 **重点和要点：** 1．二次接线系统设计应保证水电厂控制系统的正常工作以及运行值班人员对设备监视操作的需要。 2．水电厂二次接线设计应该认真总结我国水电厂的设计、施工和运行经验，结合系统设备的发展水平，根据水电厂继电保护、自动控制、电测量等相关专业的国家和行业标准以及主管部门颁布的反事故措施等文件中的有关要求进行。 3．二次接线系统的工作电压一般不超过500V，否则应采取特殊措施。	**关联：** 测量系统的设计应满足和《水力发电厂自动化设计技术规范》（DL/T 5081）的规定要求。 **差异：** 《水利水电工程二次接线设计规范》（SL 438）适用于新建大中型水利水电工程的设计，改建、扩建工程可选择执行

续表

序号	标准名称/ 标准号/时效性	针对性	内容与要点	关联与差异
25			4．断路器操作回路的接线应符合下列基本要求： （1）能手动跳、合闸和由继电保护及自动装置实现自动跳、合闸；自动跳闸回路应设置自保持回路，以确保操作完成；当跳、合闸操作完成后，由断路器辅助触点自动切断跳、合闸回路电流； （2）有防止断路器多次合闸的跳跃闭锁；35kV 及以上电压的断路器，应有电气防跳接线；20kV 及以下电压的断路器和可电动合闸的自动开关，如其操作机构不具备机械防跳性能，则其控制回路也应有电气防跳接线； （3）在断路器操作处，应有指示断路器合闸和跳闸位置状态的信号； （4）跳、合闸回路应装设位置继电器，以监视操作电源及跳、合闸回路的完整性；对只在现场操作的断路器，允许只装设监视跳闸回路完整性的位置继电器； （5）除设有综合重合闸或单相重合闸装置的断路器以外，其余具有分相操动机构的断路器均应采用三相联动控制； （6）用于 330kV～500kV 线路和及 300MW 以上发电机的断路器应具有两套独立的跳闸线圈；低于上述电压和容量回路的断路器，如设备条件允许时，根据需要也宜选择带有两套独立跳闸线圈的操动机构。 5．水电厂总装机容量在 250MW 以下时可装设一组蓄电池，总装机容量在 250MW 以上时必须装设两组蓄电池。 6．断路器控制回路灯光监视接线中的信号灯及附加电阻的选择原则如下： （1）当灯泡引出线短路时，通过跳、合闸回路电流应小于其最小动作电流及长期热稳定电流（可按不大于跳、合闸线圈额定电流的 10%考虑）； （2）当设备安装处直流电压为额定电压的 90%，加在灯泡上的电压不应低于其额定电压的 60%～70%，以保证有适当的亮度。 7．跳、合闸回路位置继电器的选择： （1）在正常情况下，通过跳、合闸回路的电流应小于其最小动作电流及长期热稳定电流；	

续表

序号	标准名称/标准号/时效性	针对性	内容与要点	关联与差异
25			（2）当设备安装处直流电压为额定电压的 80%时，加于继电器的电压不应小于其额定电压的 70%。 8．自动重合闸继电器及其出口信号继电器额定电流的选择，应与其所启动的元件动作电流相配合；其动作的灵敏度不应小于 1.5。 9．电流启动的防跳继电器和断路器的合闸、跳闸继电器的电流线圈额定电流的选择，应分别与断路器合闸线圈（或接触器）、跳闸线圈的额定电流相配合；其动作灵敏度不应小于 1.5。 10．信号继电器和附加电阻的选择原则如下： （1）在额定直流电压下，信号继电器动作的灵敏度不宜小于 1.4； （2）当设备安装处的直流电压为额定电压的 80%时，由串联信号继电器引起回路的压降不应大于额定电压的 10%； （3）选择中间继电器的并联电阻时，应使保护继电器触点断开容量不大于其允许值； （4）应满足信号继电器的热稳定要求； （5）并联的信号继电器，应根据直流系统额定电压选择； （6）信号继电器应有必要数量的独立动合触点以满足中央控制室和机房音响灯光信号、远动及自动装置等的需要； （7）重瓦斯保护回路的附加电阻，应按保证由气体继电器启动的串联信号继电器有足够灵敏度和满足热稳定的条件选择	
26	《梯级水电厂集中监控工程设计规范》 DL/T 5345—2006 2007 年 3 月 1 日实施	适用于总装机容量在 100MW～2400MW 范围内的大中型梯级水电厂集中监控工程设计	**主要内容：** 规定了梯级水电厂集中监控设计和建设的基本要求，主要内容包括： 1．梯级计算机集中监控系统，包括梯级集中控制中心计算机监控系统功能，梯级集中控制中心计算机监控系统信息交换技术要求，梯级计算机集中监控系统体系结构，梯级集中控制中心计算机监控系统设备配置； 2．梯级集中控制中心，包括梯级集中控制中心位置的	**关联：** 1．梯级集中监控中心计算机控制系统与电网调度自动化系统之间的信息交换应满足《地区电网调度自动化设计技术规定》（DL 5002）、《电力系统调度自动化设计技术规定》（DL 5003）的有关规定和电网调度机构的有关要求。 2．梯级集中监控中心计算机控制系统与梯级各水电厂、站之间的信息交换量应满足《地区电网调度自动化设计技术规定》（DL 5002）、《电力系统调度自动化设计技术规定》

续表

序号	标准名称/ 标准号/时效性	针对性	内容与要点	关联与差异
26			选择，梯级集中控制室和计算机室配置要求，通信技术要求，建筑、消防及劳动安全与工业卫生技术要求，电源接地技术要求。 **重点和要点：** 1．在满足电网和各水电厂安全稳定运行的前提下，经规划论证实行集中监控能取得明显的经济效益的梯级水电厂宜按梯级计算机集中监控设计。 2．宜编制梯级水电厂工程生产管理和集中监控工程总体设计规划，经审查批准后根据梯级各水电厂的开发进度，区分不同情况，逐步实施；并根据条件的发展变化，逐步修改完善。 3．设置梯级集中监控中心及其计算机监控系统以完成梯级集中监控的任务，梯级集中监控中心运行值班人员将执行梯级各水电厂及其联合开关站（或变电站）中央控制室运行值班人员的实时值班任务，工程设计上应为此提供技术条件。 4．监控系统应能实现对各被控水电厂及其主要机电设备的安全监视，包括自动巡回检测、越限报警、复限提示、运行参数和状态的记录、事件自动顺序记录等功能，也可具有事故追忆、相关量记录等功能。 5．监控系统应能实现各被控水电厂及其主要机电设备的操作和调节功能。 6．监控系统应具备： （1）梯级水电厂联合调度和经济运行功能； （2）统计分析、运行管理和指导等功能； （3）查询、显示、语音或音响报警、报表打印、修改限值、参数设置等人机联系功能； （4）与上级有关调度自动化系统及各被控水电厂的计算机监控系统或监控设备实现数据通信； （5）与梯级水情自动测报系统、生产管理信息系统等的数据通信功能； （6）监控系统应具有时钟同步功能，以实现与上级调度自动化系统及各被水电厂计算机监控系统或监控设备的时钟同步；	（DL 5003）、《水力发电厂二次接线设计规范》（DL 5132）、《电测量及电能计量装置设计技术规程》（DL 5137）、《水力发电厂机电设计规范》（DL 5186）等规范的要求。 3．计算机房、梯级集中监控室内地面及工作台面静电泄漏电流应符合《计算机房用活动地板技术条件》（GB 6650）的规定。 4．梯级集中控制中心通信设计应符合电网调度及《水利水电工程通信设计技术规程》（DL/T 5080）的要求。 5．建筑设计应遵照《电子计算机机房设计标准》（GB 50174）第四章建筑部分的有关规定。 6．空气调节系统设计应符合《水力发电厂厂房采暖通风与空气调节设计规程》（DL/T 5165）的规定。 7. 消防设计应符合《水利水电工程设计防火规范》（SDJ 278）及有关防火设计标准的规定要求。 8．劳动安全与工业卫生设计应符合《水利水电工程劳动安全与工业卫生设计规范》（DL 5061）及其他有关设计标准的规定要求。 9．梯级集中控制室的布置应满足梯级集中控制中心值班人员对梯级各水电厂、站直接监视、控制的需要，其工程设计应按照《控制中心人机工程设计导则》（DL/T 575）的有关规定要求

续表

序号	标准名称/ 标准号/时效性	针对性	内容与要点	关联与差异
26			（7）系统维护、软件开发及运行人员培训等功能； （8）自诊断、自恢复与通道监视功能。 7．模拟屏的布置宜符合以下规定要求： （1）水平方向： 1）主要的显示仪表，如梯级总有功功率、总无功功率等宜布置在模拟屏中部、值班员最佳水平直接视野±15°范围以内（宽约 0.5*R*，*R* 为值班员视距）； 2）主要的电气模拟接线宜布置在值班员最佳水平眼动视野±30°，必要时可扩展至值班员最大水平直接视野±60°范围以内（宽 *R*～2*R*）； （2）垂直方向：有关器具仪表宜布置在值班员垂直视野－15°～＋25°范围以内。 8．布置计算机及有关设备时，室内通道与设备间的距离应符合下列规定： （1）两相对机柜正面之间的距离不应小于 1.5m； （2）机柜侧面（或不同面）的单人通道距墙宜在 0.5m 以上，当需要维修测试时，距墙不应小于 1.2m； （3）走道净宽不应小于 1.2m。 9．梯级集中控制室、计算机室室内环境条件规定如下： （1）温度 18℃～28℃； （2）相对湿度 40%～70%； （3）空气含尘浓度，在静态基件下测试，每升空气中大于或等于 0.5ym 的尘粒数，应少于 18000 粒； （4）在计算机系统停机条件下，在操作人员位置测量噪声应小于 68dB（A）； （5）无线电干扰场强，在频率 0.15MHz～1000MHz 时，不应大于 126dB； （6）磁场干扰环境场强对于计算机不应大于 800A/m，对于磁记录介质不应大于或等于 3200A/m； （7）在计算机系统停机条件下，地板表面垂直及水平面的振动加速度值，不应大于或等于 3200A/m； （8）计算机房、梯级集中控制室地面及工作台面的静电泄漏电阻应符合 GB 6650 的规定； （9）计算机房、梯级集中控制室内绝缘体的静电电位不	

续表

序号	标准名称/ 标准号/时效性	针对性	内容与要点	关联与差异
26			应大于 1kV。 10. 梯级集中控制中心的供电电源必须可靠，应由两路来自不同电源点的馈线供电，电源质量应符合要求，电压波动范围宜小于±10%；梯级集中控制中心控制室和计算机室应配置事故照明设备，供电维持时间应不小于 1h。 11. 梯级集中控制中心计算机监控系统应由两套互为备用的交流不间断电源系统供电，交流电消失后不间断电源系统供电维持时间应不小于 1h	
27	《水力发电厂工业电视系统设计规范》 NB/T 35002—2011 2011 年 11 月 1 日实施	1．适用于大中型水力发电厂（含抽水蓄能电厂）工业电视系统的设计。 2．改/扩建工程及小型水力发电厂工业电视系统的设计可选择执行	**主要内容：** 规定了水力发电厂工业电视系统设计的基本原则及主要技术要求，主要内容包括： 1．规定了工业电视的系统设计选择要求，包括系统的主要任务，系统的基本构成，监视点的设置，系统的主要功能，系统总体性能的要求； 2．规定了工业电视的设备选择要求，包括一般规定，前端设备选择，传输设备、传输方式及线缆的选择，显示及控制设备选择； 3．规定了传输线路的敷设的技术要求，包括传输线路路由设计，室内传输线敷设，室外传输线敷设； 4．规定了传输设备布置的技术要求，包括前端设备的布置，监视及控制设备的布置，传输设备的布置； 5．规定了照明、防雷接地及电源的技术要求，包括照明、防雷接地，电源。 **重点和要点：** 1．水力发电厂工业电视系统的设计应贯彻执行国家的有关方针政策，应遵循安全可靠、技术先进、经济合理、使用方便、确保质量的原则。 2．水力发电厂工业电视系统设计除执行本标准外，尚应符合国家现行的有关设计技术标准的要求。 3．工业电视系统作为水力发电厂辅助集中监控手段，应满足电厂生产运行、消防监控及必要的安全警卫等方面的需要。 4．系统应具有与其他系统联动的接口；当其他系统向	**关联：** 1．设置在大电流母线、变压器室、发电机层、开关站附近区域内的摄像机防护罩应能承受《电磁兼容试验和测量技术　阻尼振荡磁场抗扰度试验》（GB/T 17626.10）中严酷等级 3 级的电磁干扰，并保证摄像机正常工作。 2．硬盘摄像机的硬件、软件、外观和结构应符合《微型计算机通用规范》（GB/T 9813）的要求。 3．调度台、控制台及控制柜的布置应满足《水力发电厂二次接线设计规范》（DL/T 5132）的要求。 4．所有接地设备应符合《交流电气装置的接地》（DL/T 621）的规定

续表

序号	标准名称/标准号/时效性	针对性	内容与要点	关联与差异
27			工业电视系统给出联动信号时，系统应按照预定工作模式，切换出相应部位的图像至指定监视器上，并能启动视频记录设备，其联动响应时间不大于4s。 5．室内型电动云台在承受最大负载时，机械噪声声强级应不大于50dB。 6．传输视频基带信号时，电缆均衡器或光缆均衡放大器按如下原则选择： （1）当传输的黑白电视基带信号（全电视信号），在5MHz点的不平坦度大于3dB时，应加电缆均衡器；达到6dB时，应加电缆均衡放大器。电缆均衡器的输出信噪比，不应小于38dB。 （2）当彩色电视传输频宽规定为5.5MHz、电缆传输损耗不平坦度大于3dB时，应加电缆均衡器，校正后的群时延不得超过＋100nS；电缆均衡器输出信噪比，不应小于40dB。 7．同轴电缆的特性阻抗应为75Ω。 8．监视器的选择应符合下列规定： （1）监视器应能清晰显示摄像机所采集的图像，其分辨率不应低于系统图像质量等级的总体要求，宜高出摄像机清晰度100TVL；黑白监视器水平清晰度应不小于400TVL，彩色监视器水平清晰度应不小于270TVL。 （2）当系统中配有彩色摄像机时，应配套使用彩色监视器。 （3）只用于显示一个画面的监视器，其屏幕尺寸不宜小于35.56cm，同时显示多个画面的监视器，其屏幕尺寸不宜小于53.34cm。 （4）监视器数量的选择应根据现场摄像机的数量、画面分割的配置及运行监视的要求综合考虑。 （5）根据需要可选择多台监视器组成电视墙，或与水力发电厂监控系统共用大屏幕或投影设备，但应做好不同系统设备之间的安全隔离等防护措施。 9．与动力电缆平行或交叉铺设时，间距不应小于0.3m。 10．当电缆与220V交流供电线路在同一电缆沟敷设时，其间距应不小于0.5m。	

续表

序号	标准名称/ 标准号/时效性	针对性	内容与要点	关联与差异
27			11．当采用架空电缆与其他线路共杆架设时，其两线间最小垂直间距应符合以下规定：1kV～10kV 电力线、1kV 以下电力线、通信线的最小间距分别为 2.5、1.5、0.6。 12．系统的接地宜采用一点接地方式；接地装置应满足系统抗干扰和电气安全的双重要求，且不得与强电的电网零线短接或混接；系统单独接地时，接地电阻应不大于 4Ω，接地导线截面应大于 $5mm^2$	
28	《水力发电厂自动化设计技术规范》 NB/T 35004—2013 2013 年 10 月 1 日实施	适用于按少人值班设计、机组的单机容量为 10MW～800MW 的新建或扩建、改建的大中型水力发电厂（含抽水蓄能电厂）的自动化设计	**主要内容：** 规定了水电厂各种自动化控制系统的设计选型要求，主要内容包括： 1．机组事故闸门、蝶阀、球阀、圆筒阀的自动控制设计要求； 2．水轮发电机组的自动控制设计要求； 3．可逆式抽水蓄能机组的自动控制设计要求； 4．机组辅助设备、全厂公用设备的自动控制设计要求； 5．励磁系统及电制动设备设计要求； 6．同步系统等设备的自动控制系统的设计要求； 7．水力发电厂的黑启动方式和流程。 **重点和要点：** 1．水电厂的自动化设计，应符合下列要求： （1）满足上级调度机构调度自动化系统对本电厂的要求； （2）适应水电厂电磁干扰严重和湿度高的工作环境； （3）与水电厂规模及计算机监控系统的水平相协调。 2．开启蝶阀必须具备以下条件： （1）机组事故停机元件未动作； （2）机组导水叶处在全关位置。 3．开启球阀必须具备以下条件： （1）机组事故停机元件未动作； （2）导水叶（或喷针）处在全关位置。 4．球阀只能停留在全关、全开两个位置，不得在任何中间位置作调节流量作用	**关联：** 自动化元件技术性能、机组自动化元件的配置及性能应符合《水轮机发电机组自动化元件（装置）及其系统基本技术条件》（GB/T 11805）的有关规定，且满足与计算机监控系统接口的要求

续表

序号	标准名称/标准号/时效性	针对性	内容与要点	关联与差异
29	《水力发电厂继电保护设计导则》 NB/T 35010—2013 2013 年 10 月 1 日实施	适用于水力发电厂单机容量为 6MW 及以上 800MW 及以下的发电机、350MW 及以下的发电电动机、容量 8MVA 及以上 890MVA 及以下的主变压器和联络变压器、厂用变压器、励磁变压器、母线、联络线及短引线、断路器、并联电抗器、近区及厂用线路、厂用电动机等厂内电力设备的继电保护装置。对 800MW 以上的发电机、350MW 以上的发电电动机、890MVA 以上的主变压器和联络变压器的继电保护设计，可选择执行	**主要内容：** 规定了水力发电厂继电保护设计应遵守的基本原则，主要内容包括： 1．规定了水力发电厂继电保护的基本规定； 2．规定了水力发电厂发电机、发电电动机、主变压器、联络变压器、厂用变压器、励磁变压器、SFC 输入输出变压器、母线、联络线及短引线、断路器失灵，三相不一致、并联电抗器、近区及厂用线路、厂用电动机等设备的保护设计要求； 3．规定了各保护类型对相关回路及设备的要求。 **重点和要点：** 1．6MW 及以上的发电机，应装设纵联差动保护，作为定子绕组及其引出线的相间短路的主保护，保护应瞬时动作于停机，对 100MW 以下发电机变压器组，当发电机与变压器之间有断路器时，发电机应装设单独的纵联差动保护，对 100MW 及以上发电机变压器组，应装设双重化保护，每一套主保护应具有发电机纵联差动保护和变压器纵联差动保护功能。 2．200MW 及以上发电机应装设失步保护，当系统发生非稳定振荡时保护系统或发电机安全。 3．发电电动机在抽水工况下，可能出现输入功率过低和失去电源的异常情况，应装设低功率保护，保护动作于停机。 4．轻瓦斯保护：当油浸式变压器、有载调压装置、高压电缆终端盒的壳内故障产生轻微瓦斯或油面下降时，应瞬时动作于信号，重瓦斯保护：当油浸式变压器、有载调压装置、高压电缆终端盒的壳内故障产生大量瓦斯时，应瞬时动作于断开变压器各侧断路器。 5．高压厂用变压器容量为 6.3MW 及以上时，应装设纵联差动保护，作为变压器内部故障和引出线相见短路故障的主保护，保护瞬时动作于断开变压器各侧断路器。 6．低压厂用变压器应装设电流速断保护，作为变压器绕组及高压侧引出线相间短路故障的主保护，保护瞬时动作于断开低压厂用变压器各侧断路器。	**关联：** 1．在选择保护用电流互感器时，应根据所用保护装置的特性和暂态饱和可能引起的后果等因素，慎重确定互感器暂态影响的对策。必要时应选择能适应暂态要求的 TP 类电流互感器，其特性应满足《保护用电流互感器暂态特性技术要求》（GB 16847）的要求。 2．保护用电压互感器应能在电力系统故障时将一次电压准确传变至二次侧，传变误差及暂态响应应符合《电流互感器和电压互感器选择及计算导则》（DL/T 866）的有关规定。 3．保护装置与电站计算机监控系统及保护信息子站的通信协议应符合《远动设备及系统　第 5 部分：传输规约　第 103 篇：继电保护设备信息接口配套标准》（DL/T 667）的规定

续表

序号	标准名称/标准号/时效性	针对性	内容与要点	关联与差异
29			7. 励磁变压器容量为 6.3MW 及以上时，应装设纵联差动保护，作为变压器内部故障和引出线相间短路故障的主保护，瞬时作用于停机。 8. 3kV～10kV 分段母线的专用母线保护宜采用不完全电流差动接线方式，保护仅接入有电源支路的电流，保护由两部分组成，第一段采用无时限或带时限的电流速断保护，当灵敏系数不符合要求时，可采用电压闭锁电流速断保护，第二段采用过电流保护，当灵敏系数不符合要求时，可将一部分负荷较大的配电线路接入差动回路，以降低保护的起动电流。 9. 220kV～750kV 断路器以及 300MW 及以上发电机出口断路器，应装设断路器失灵保护，100MW～300MW 发电机出口断路器，宜装设断路器失灵保护。 10. 220kV～750kV 并联电抗器，应装设匝间短路保护，宜不带时限动作于跳闸。 11. 可能经常出现过负荷的电缆线路，应装设过负荷保护，保护装置带时限动作于信号，必要时可动作于跳闸。 12. 对同步电动机失步，应装设失步保护，保护带时限动作，对于重要电动机，动作于再同步控制回路，不能再同步或不需要再同步的电动机，则应动作于跳闸	
30	《水力发电厂通信设计规范》 NB/T 35042—2014 2015 年 3 月 1 日实施	适用于大中型水利水电工程的通信设计	**主要内容：** 规定了水电厂通信系统设计的基本原则及主要技术要求，主要内容包括： 1. 通信系统组成及通信方式选择的设计要求； 2. 水电厂厂内通信的设计要求； 3. 接入电力系统通信的设计要求； 4. 集控中心及梯级水电厂之间通信的设计要求； 5. 施工通信的设计要求； 6. 水情自动测报系统通信的设计要求； 7. 电力线载波通信的设计要求； 8. 光纤通信的设计要求； 9. 数字微波通信的设计要求； 10. 卫星通信地球站的设计要求；	**关联：** 1. 数字配线架的技术要求应符合《数字配线架》（YD/T 1437）的规定。 2. 光纤配线架的技术要求应符合《光纤配线架》（YD/T 778）的规定。 3. 本地电话网线路工程设计应符合《通信线路工程设计规范》（YD 5102）的要求。 4. 220kV 及以下电压等级线路载波通道总衰减、330kV 及以上电压等级线路载波通道总衰减可按《单边带电力线载波系统设计导则》（GB/T 14430）和《电力线系统通信设计技术规定》（DL/T 5391）的规定计算。 5. 复合信号的各种组合应符合《单边带电力线载波机》（GB/T 7255）的规定。

续表

序号	标准名称/标准号/时效性	针对性	内容与要点	关联与差异
30			11．国内卫星通信小型地球站（VSAT）通信系统的设计要求； 12．通信电源的设计要求； 13．通信电缆网络及综合布线系统的设计要求； 14．通信设备的防雷与接地的设计要求； 15．抗震设计的要求； 16．通信设备布置及通信专用房屋建筑要求的设计要求。 **重点和要点：** 1．本规范的主要技术内容是：通信系统组成及通信方式选择、水电厂厂内通信、接入电力系统通信、集控中心及梯级水电厂之间的通信、施工通信、水情自动测报系统通信、电力线载波通信、光纤通信、数字微波通信、卫星通信地球站、国内卫星通信小型地球站（VSAT）通信系统等。 2．数字程控调度交换机应选用满足调度功能要求的"长市合一"型数字程控交换机，并至少应具备如下主要功能： （1）与现有通信网内各种传输设备应能有效连接和可靠工作。 （2）应具有强拆、强插、代答、组呼/群呼、缩位拨号、回叫、会议、转移、保持、录音等功能。具有迂回路由、重找路由、重试路由、路由闭塞，基于服务质量和呼叫服务信息来选择路由的功能。 （3）应配备功能齐全、操作简便的智能调度台。调度台可选择键盘型和触摸屏，并应有1个～2个席位。 （4）当部分调度用户为流动用户时，应具有无线接口。 3．当选用卫星通信方式时应遵循下列规定： （1）信息传输宜采用移动终端到移动终端的方式。 （2）北斗卫星信道应选用消息转发功能，海事卫星信道应选用C信道的数据报告功能。 （3）若中心站通过互联网方式或其他方式接入卫星网管平台，应配置符合有关安全防护规定所要求的安全防护隔离措施；海事卫星信道应选用北京地面站。 （4）遥测站宜采用自报式工作体制。	6．载波机的其他性能指标应符合《单边带电力线载波机》（GB/T 7255）和《数字电力线载波机》（DL/T 1124）及《电力线载波机接口技术要求》（DL/T 1173）的规定。 7．阻波器的其他性能指标应符合《交流电力系统线路阻波器》（GB/T 7330）的有关规定。 8．结合滤波器的其他性能指标应符合《电力线载波结合设备》（GB/T 7329）和《电力线载波通信设计技术规定》（DL/T 5189）的有关规定。 9．耦合电容器的其他性能要求应符合《耦合电容器及电容分压器》（GB/T 4705）的规定。 10．接地刀闸的其他要求应符合《电力线载波结合设备》（GB/T 7329）的规定。 11．结合滤波器接地端子、接地刀闸下端和接地网之间必须用截面不小于25mm×4mm的镀锌扁钢可靠连接；或按不小于《交流电气装置的接地》（DL/T 621）规定的导体接地。 12．电接口参数应根据工程实际应用情况结合传输系统组织、局站设置、容量规模及发展因素综合考虑，合理选用，并应符合《SDH长途光缆传输系统工程设计规范》（YD/T 5095）的接口要求。 13．SDH光缆通信工程的网管协调配置的详细要求可参见《SDH光缆通信工程网管系统设计规范》（YD/T 5080）、《SDH长途光缆传输系统工程设计规范》（YD/T 5095）的有关规定。 14．传送远方保护和安全自动装置信号的光纤通道，应符合《电力系统通信设计技术规定》（DL/T 5391）的有关规定。 15．传送电网调度实时数据网的复用站间光纤电路，应符合《电力系统通信设计技术规定》（DL/T 5391）的有关规定。 16．为保证附加电力特种光缆后的输电线路安全，新建或改建工程应按《110kV～500kV架空送电线路设计技术规程》（DL/T 5092）的规定进行，并满足《全介质自承式光缆》（DL/T 788）、《光纤复合架空地线》（DL/T 832）的

续表

序号	标准名称/标准号/时效性	针对性	内容与要点	关联与差异
30			（5）定时自报工作体制的遥测站，海事卫星信道宜采用错开发信时间的方式，相继发信的两站之间时间差宜不小于 10s。 （6）各遥测站应计算站址天线仰角和方位角，天线仰角与天际线夹角应大于 3°，并应在站址进行天际线仰角测量。 （7）对于采用其他短消息卫星信道的设计方案，也应符合本节的相关要求。 4．当选用超短波通信方式时应遵循下列规定： （1）使用频率应符合国家无线电管理部门规定并经相关部门批准； （2）中继级数不宜大于 3 级； （3）数据传输速率不宜大于 4800bit/s； （4）遥测站电路余量应不小于 5dB，中继站、重要的遥测站电路余量应不小于 10dB； （5）对电路应进行传输、干扰电测。 5．当选用移动通信方式时应遵循下列规定： （1）当 GSM（全球移动通信系统）或 CDMA（码分多址）为重要遥测站主用信道时，应配置备用信道； （2）GSM 或 CDMA 通信终端的端口速率（与数据终端设备 DTE 相接的端口）宜为 4.8kbit/s～110.2kbit/s； （3）信道质量应符合下列规定： 1）GSM 信道的遥测站站址：同频干扰保护比 C/I：＞12dB；邻频干扰保护比 C/A：＞－6dB；BCCH 信道（广播控制信道）接收电平（RxLev）：－94dBm；单条信息传输成功率：98%； 2）CDMA 信道的遥测站站址：导频载干比 Ec/Io：＞－12dB；接收电平（RxPower）：－95dBm；发送电平（TxPower）：20dBm；单条信息传输成功率：98%。 6．用于应答式或自报-应答兼容式工作体制的通信终端接收功耗宜小于 30mA。 7．GSM 终端发信功率宜为 33dBm±2dBm，收信可用灵敏度应优于－102dBm；CDMA 发信功率宜为 23dBm，可用收信灵敏度优于－104dBm。	有关规定。 17．光中继站如果设置在变电所内，还应遵守《220kV～750kV 变电站设计技术规定》（DL/T 5218）等有关规范的规定。 18．当微波通道传输继电保护信号时，误码性能指标应按《微波电路传输继电保护信息设计技术规定》（DL/T 5062）执行。 19．VSAT 网的信令、接口、编号方案及拨号方式、网管系统及网同步应符合《国内卫星通信小型地球站（VSAT）通信系统工程设计规范》（YD/T 5028）的要求。 20．当 VSAT 系统与地面无线接力系统共用同一频段时，应按照《卫星通信地球站与地面微波站之间协调区的确定和干扰计算方法》（GB/T 13620）进行干扰计算和协调。 21．安全要求、系统电磁兼容性等应符合《通信用高频开关电源系统》（YD/T 1058）的要求。 22．UPS 的设计应满足《通信用不间断电源（UPS）》（YD/T 1095）标准的要求。 23．通信用太阳能供电组合电源的其他性能要求应符合《通信用太阳能供电组合电源》（YD/T 1073）的规定。 24．独立的光纤通信站、微波站的电源系统应稳定、可靠、维护方便、操作安全，应符合《电力系统同步数字系列（SDH）光缆通信工程设计技术规定》（DL/T 5404）、《电力系统数字微波通信工程设计技术规定》（DL/T 5025）的规定。 25．架空电缆杆线强度应符合《架空光（电）缆通信杆路工程设计规范》（YD 5148）的规定。 26．系统的构成应符合《综合布线系统工程设计规范》（GB 50311）的有关规定。系统信道的各项指标应符合《综合布线系统工程设计规范》（GB 50311）的有关规定。 27．架空电缆的防护和接地应符合《架空光（电）缆通信杆路工程设计规范》（YD 5148）的规定。 28．微波站应采用联合接地的方式。应符合《通信局（站）防雷与接地工程设计规范》（GB 50689）、《SDH 数

续表

序号	标准名称/ 标准号/时效性	针对性	内容与要点	关联与差异
30			8．GSM 或 CDMA 信道的遥测站应在站址及周边地区进行网络覆盖测试。 9．GSM 信道测试内容至少应包括： （1）站址附近 BCCH 信道接收电平（RxLev）； （2）遥测站站址与中心站站址之间传输 300 条短消息（每条字节数不少于 150bytes）的成功率和时延。 10．CDMA 信道测试内容至少应包括： （1）站址附近接收电平（RxPower）； （2）遥测站站址与中心站站址之间传输 300 条短消息（每条字节数不少于 100bytes）的成功率。 11．对于采用其他地面公共移动通信网络的设计方案，也应符合本节所述相关要求。 12．当选用公用电话交换网信道通信方式时应遵循下列规定： （1）系统内有较多遥测站配置本信道且采用了定时自报工作体制时，应错开各遥测站拨号时间，相继拨号的两站之间时间差应根据遥测站最大信息传输时间确定，也可按 45s～60s 取值，并应考虑中心站是否需要配置多套调制解调器（或调制解调器池）以满足对一次作业完成时间的限制； （2）仅配置本信道的遥测站应具备第一次呼叫失败后，可自动继续第二次呼叫的能力； （3）数据传输误码率应≤10^{-5}，遥测站至中心站的接通率应≥89%； （4）数据传输速率可根据建成后的线路质量确定，设计时可按 1.2kbit/s 或 2.4kbit/s 考虑； （5）本地电话网线路工程设计应符合《通信线路工程设计规范》YD5102 的要求； （6）信道测试可在本地电话网线路工程完工验收时进行。信道测试项目至少应包含误码率、接通成功率、拨号后时延等。 13．电力线载波通道传送话音信号时，应满足可懂串音防卫度不小于 60dB（对于有困难的系统可降低到 55dB）；不可懂串音防卫度应不小于 47dB；采用移频键控（FSK）	字微波接力通信系统工程设计规范》（YD/T 5088）对微波站防雷与接地设计的要求。 29．VSAT 系统主站、端站的防雷和接地应符合《通信局（站）防雷与接地设计规范》（YD 5098）的要求。 30．VSAT 站的电磁辐射防护标准应符合《电磁辐射防护规定》（GB 8702）的要求。 31．通信设备固定和防震应符合《电信设备安装抗震设计规范》（YD 5059）的要求。 32．通信设备机房的地面、墙面、顶棚的防静电设计应符合《电信专用房屋设计规范》（YD/T 5003）的要求。 33．PDH 数字微波系统的容量系列应与我国 PCM 通信系统容量相适应，应符合《脉冲编码调制通信系统系列》GB 4110 的规定。 34．VSAT 站的供电系统必须保证稳定、可靠、安全的供电方式；通信用的设备电源应采用 UPS 的供电方式，并应符合《通信电源设备安装设计规范》YD/T 5040 的有关规定

续表

序号	标准名称/ 标准号/时效性	针对性	内容与要点	关联与差异
30			方式传送远动或数据时，串音防卫度应不小于 16dB。 14．传输话音的电力线载波通道，即使在最不良气候条件下，信号噪声比均应满足 26dB 以上。对于传送 1200Bd 及其以下速率的采用移频键控（FSK）的远动通道，即使在最不良气候条件下，信号噪声比设计值应不低于 16dB。 15．线路阻波器的阻塞阻抗应能满足通道传输质量的要求。阻塞阻抗的电阻分量的最小值应不小于输电线路特性阻抗的 $\sqrt{2}$ 倍。 16．结合滤波器的工作频带应能覆盖设计年限内可能并联的载波通道的全部工作频率；宜采用宽带型。工作频带内的工作衰减不应大于 2dB（用于继电保护专用通道时不应大于 1.3dB）。 17．分频滤波器对通过它的任何载波信号的工作衰减不得大于 1.3dB。 18．等臂式高频差接网络的邻端衰减应不大于 3.5dB。不等臂式高频差接网络的邻端衰减一端应不大于 1.4dB；另一端应不大于 8dB。 19．结合滤波器初级端子、耦合电容器的低压端子和接地刀闸上端子之间必须用截面不小于 $16mm^2$ 的硬铜裸线可靠连接；结合滤波器接地端子、接地刀闸下端和接地网之间必须用截面不小于 25mm×4mm 的镀锌扁钢可靠连接；或按不小于《交流电气装置的接地》（DL/T 621）规定的导体接地。其连接方式必须保证在任何情况下耦合电容器的低压端子对地网不开路。 20．继电保护高频通道的高频电缆应在两端分别接地，并与高频电缆同路径敷设等电位接地铜导体，铜导体截面应不小于 $100mm^2$，并与控制保护系统等电位铜排接地网有效连接。 21．在系统内部的衰落、干扰及其他各种恶化因素的影响下： （1）高级假设参考数字通道 64kbit/s 输出端的误码性能指标应满足下列要求： 1）任何月份 0.4%以上时间的 1min 平均误比特率应不大于 1×10^{-6}； 2）任何月份 0.054%以上时间的 1s 平均误比特率应不	

续表

序号	标准名称/标准号/时效性	针对性	内容与要点	关联与差异
30			大于 1×10^{-3}； 3）任何月份误比特秒的累积时间应不大于全月的0.32%。 （2）中级假设参考数字通道 64kbit/s 输出端的误码性能指标应满足下列要求： 1）任何月份 1.5%以上时间 1min 平均误比特率应不大于 1×10^{-6}； 2）任何月份 0.04%以上时间的 1s 平均误比特率应不大于 1×10^{-3}； 3）任何月份误码比特秒的累计时间应不大于全月的1.2%。 （3）用户级假设参考数字通道 64kbit/s 输出端的误码性能指标应满足下列要求： 1）任何月份 1.5%以上时间的 1min 平均误比特率应不大于 1×10^{-6}； 2）任何月份 0.015%以上时间的 1s 平均误比特率应不大于 1×10^{-3}； 3）任何月份误比特秒的累积时间应不大于全月的1.2%。 22．高级假设参考数字微波通道（双向）的不可用性指标，在任何一年里应不大于 0.3%，其中由传播引起的占 1/3； （1）中级假设参考数字微波通道（双向）的不可用性指标，在任何一年里应不大于 0.2%～0.5%，其中由传播引起的占 1/3； （2）用户级假设参考数字微波通道（双向）的不可用性指标，在任何一年里应不大于 0.08%～1%，其中由传播引起的占 1/3。 23．与固定卫星业务共享频段的微波接力通信系统的最大等效全向辐射功率应满足下列要求： （1）共享 1GHz～10GHz 频段的新建数字微波通信站，当发射机的最大等效全向辐射功率超过 35dBW 时，天线的最大辐射方向应离开同步卫星轨道 2 度以上，如果这一要求难以实现，则每部发射机的等效全向辐射功率应符合下列规定：	

续表

序号	标准名称/标准号/时效性	针对性	内容与要点	关联与差异
30			1）在同步卫星轨道方向上±0.5° 内的等效全向辐射功率不应超过 47dBW； 2）在同步卫星轨道方向上±（0.5～1.5 度）内的等效全向辐射功率应不超过 47dBW～55dBW（8dB 每度）。 （2）共享 10GHz～15GHz 频段的数字微波接力系统，当发射机的最大等效全向辐射功率超过 45dBW 时，天线的最大辐射方向应离开同步卫星轨道 1.5°以上；共享 15GHz 以上频段的数字微波接力系统，发射机的最大等效全向辐射功率，在任何情况下应不超过 55dBW。 24. 数字传输系统在本规范 11.2.1 的假设参考数字通道 64kbit/s 输出端的误比特率应满足下列要求： （1）任何月的 2%以上时间，1min 平均误比特率不应超过 1×10^{-6}； （2）任何月的 0.03%以上时间，1s 平均误比特率不应超过 1×10^{-3}； （3）任何月的误码秒小于 1.6%。 25. 在 VSAT 卫星通信系统中，由于传播引起的不可用性任何月份不应超过 0.2%；任何年不应超过 0.04%；由于设备故障引起的不可用性不应超过一年时间的 0.2%	
31	《小型水力发电站自动化设计规定》 SL 229—2011 2012 年 3 月 29 日实施	1．适用于装机容量 5MW～50MW、出线电压等级 110kV 及以下的新建或扩、改建工程的水力发电站自动化设计。 2．装机容量 5MW 以下的水力发电站可选择执行	**主要内容：** 规定了小型水电站的自动化设计原则。主要内容包括： 1．机组及辅助设备、自动励磁调节器等自动化系统的设计要求； 2．规定了自动化系统中测量内容及信号类别应满足的要求； 3．规定了安全自动装置的设计要求。 **重点和要点：** 1．小型水力发电站自动化设计应以减少运行人员、提高生产效率为原则，系统设计应可靠、技术先进，满足安全发电、经济运行和电力系统调度的要求。 2．小型水力发电站自动化元件和设备应采用技术先进、性能稳定、运行维护方便、适应水力发电站工作环境的产品。 3．小型水力发电站自动控制应采用计算机监控系统方式实现	**关联：** 1．电气量测量和电能计量应符合《电测量及电能计量装置设计技术规程》（DL/T 5137）的规定要求。 2．测量二次接线应符合《水利水电工程二次接线设计规范》（SL 438）的规定要求。 3．非电量检测方式和检测装置配置还应符合《水力发电厂自动化设计技术规范》（DL/T 5081）的规定

续表

序号	标准名称/标准号/时效性	针对性	内容与要点	关联与差异
32	《水利水电工程二次接线设计规范》 SL 438—2008 2009 年 3 月 16 日实施	适用于新建大中型水利水电工程二次接线的设计，改建、扩建工程可选择执行	**主要内容：** 规定了水利水电工程二次接线的设计要求、方法及内容，主要内容包括： 1. 规定了控制系统、信号系统、测量系统、直流系统、交流回路等系统的器件选择原则及系统的设计要求； 2. 规定了设备选择和配置的原则，以及设备布置的设计要求。 **重点和要点：** 1. 二次回路工作电压不宜超过 500V，否则应采取特殊措施。 2. 充电设备应具有自动稳压、稳流性能，其稳压精度不应大于 0.5%，稳流精度不应大于 1%，文波系数不应大于 0.5%。 3. 测量用电流互感器可选用具有仪表保安限值的互感器，仪表保安系数（FS）可选 10；对电子式仪表可不考虑保安系数的要求；测量用电流互感器的额定电流选择宜符合以下要求： （1）宜按发电机、变压器、线路等电力设备额定电流的 1.25 倍选择； （2）对于直接启动的电动机，宜按不小于 1.5 倍的电动机额定电流选择； （3）对于发电工程，当一回线路故障退出而需要送出原有发电容量时，可按原有发电容量的 1.0 倍左右选择。 4. 断路器控制回路灯光监视接线中的信号灯及附加电阻的选择应符合下列要求： （1）当灯泡引出线短路时，通过跳、合闸回路电流应小于其最小动作电流及长期热稳定电流（可按不大于跳、合闸线圈额定电流的 10%考虑； （2）当设备安装处直流电压为额定电压的 90%时，加在灯泡上的电压不应低于其额定电压的 70%。 5. 跳、合闸回路位置继电器的选择应符合下列要求： （1）在正常情况下，通过跳、合闸回路的电流应小于其最小动作电流及长期热稳定电流； （2）当设备安装处直流电压为额定电压的 80%时，加在	**关联：** 测量系统设计应满足《电力装置的电测量仪表装置设计规范》（GB/T 50063）的要求

续表

序号	标准名称/ 标准号/时效性	针对性	内容与要点	关联与差异
32			继电器上的电压不应低于其额定电压的70%。 6．自动重合闸继电器及其出口信号继电器额定电流的选择，应与其所启动的元件动作电流相配合，其动作的灵敏度不应小于1.5。 7．电压互感器二次侧自动开关的选择应符合下列要求： （1）自动开关的额定电流应大于回路的最大持续工作电流； （2）自动开关瞬时脱扣器的动作电流，应按大于电压互感器二次回路的最大负荷电流整定，可靠系数应取1.3； （3）瞬时脱扣器断开短路电流的时间不应大于0.02s； （4）当电压互感器运行电压为额定电压的90%，二次电压回路末端两相经过电阻短路，而加在继电器线圈 E 的电压低于额定电压的70%时，自动开关应瞬时动作。 8．电缆截面的选择应符合下列要求： （1）电流互感器二次电流回路的电缆芯线截面，应按电流互感器的额定二次负荷经计算选择，其中二次额定电流为5A时不宜小于$4mm^2$，二次额定电流为1A时不宜小于$2.5mm^2$。 （2）电压互感器二次电压回路的电缆芯线截面，应按允许电压降要求经计算选择，不宜小于$2.5mm^2$；电压互感器至计费用的0.2级和0.5级有功电能表的电压降，不宜超过额定二次电压的0.2%；电压互感器至1.0级和2.0级有功电能表的电压降，不宜超过二次电压的0.5%；在正常负荷下，电压互感器至其他测量仪表的电压降不应超过额定电压的1%；在最大负荷时，电压互感器至其他测量仪表、继电保护和自动装置的电压降不应超过额定电压的3%；当电压互感器连接有距离保护时，其电缆截面应按有关规定校验。 （3）控制、信号电缆芯线截面应按在正常最大负荷时，直流屏至各设备的电压降不超过额定电压的100%选择。 （4）按机械强度要求，连接于强电端子的铜芯电缆芯线或绝缘导线，截面不应小于$1.5mm^2$；连接于弱电端子及远动装置用的导线应采用多股线，其截面不应小于$0.5mm^2$	

续表

序号	标准名称/标准号/时效性	针对性	内容与要点	关联与差异
33	《水利水电工程继电保护设计规范》 SL 455—2010 2010 年 6 月 1 日实施	适用于新建、扩建和改建的水力水电工程（不含抽水蓄能电站）单机容量 700MW 及以下水轮发电机组、电压等级 6kV 及以上电力设备和 6kV～220kV 电力线路的继电保护设计	**主要内容：** 规定了水力发电厂继电保护设计应遵守的基本原则，主要内容包括： 1．发电机、电力变压器、线路、母线、断路器、并联电抗器、电力电容器等设备的保护设计要求； 2．重合闸及二次回路的设计要求。 **重点和要点：** 1．水利水电工程继电保护设计应选用按国家相关规定鉴定合格的产品。 2．水利水电工程继电保护设计除应符合本标准规定外，尚应符合国家和相关行业有关标准的规定。 3．电力设备和线路应有主保护、后备保护和异常运行保护，必要时可增设辅助保护，并应符合下列规定： （1）主保护应能以最快速度有选择地切除被保护设备和故障线路； （2）当主保护或断路器拒动时，后备保护应能切除故障； （3）异常运行保护应反映被保护电力设备或线路异常运行的状态； （4）为补充主保护和后备保护的性能，或当主保护和后备保护退出运行时，可设置辅助保护。 4．不允许失磁运行的发电机及失磁对电力系统有重大影响的发电机应装设专门的失磁保护，失磁保护应带实现动作与解列。 5．变压器非电气量保护不应启动失灵保护。 6．相间短路保护应按下列原则配置： （1）保护装置如接于两相电流互感器时，对同一网络的所有线路均应接于相同两相的电流互感器上； （2）保护应采用远后备方式； （3）如线路短路使水力发电厂厂用母线或重要用户母线电压低于额定电压的 60%，应快速切除故障； （4）过电流保护的时限不大于 0.7s，且没有本条第 3 款所列情况，或没有保护配合要求时，可不装设瞬动的电流速断保护。 7．在 220kV～500kV 电力系统中，应按下列原则装设	**差异：** 与《水力发电厂继电保护设计规范》（NB/T 35010）的适用范围不同

续表

序号	标准名称/ 标准号/时效性	针对性	内容与要点	关联与差异
33			断路器失灵保护： （1）线路或电力设备的后备保护采用近后备方式； （2）如断路器与电流互感器之间发生故障不能由该回路主保护切除形成保护死区，而其他线路或变压器后备保护切除又扩大停电范围，并引起严重后果时； （3）对 220kV～500kV 分相操作的断路器，可仅考虑断路器单相拒动的情况。 8．二次回路的工作电压不宜超过 250V，最高不应超过 500V。 9．按机械强度要求，控制电缆或绝缘导线的芯线最小截面，强电控制回路不应小于 $1.5mm^2$，屏、柜内导线的芯线截面不应小于 $1.0mm^2$；弱电控制回路不应小于 $0.5mm^2$；电流回路电缆芯线截面不应小于 $2.5mm^2$，电压回路电缆芯线截面不应小于 $1.5mm^2$	
34	《水利水电工程自动化设计规范》 SL 612—2013 2013 年 11 月 26 日实施	适用于大中型水利水电工程（含水力发电厂、泵站、110kV 即以下电压等级降压变电所、水闸，不含抽水蓄能）中的自动化设计	**主要内容：** 规定了水利水电工程各种自动化控制系统的设计要求，主要内容包括： 1．水力发电厂自动化设计要求； 2．泵站自动化设计的要求； 3．变电所自动化设计的要求； 4．水闸自动化设计的要求。 **重点和要点：** 1．水利水电工程的自动化程度应根据工程所在地的区域规划和流域规划、电力系统和水量调度系统的要求，以及水力发电厂、泵站、变电所、水闸运行管理的具体情况确定，积极、慎重地采用新技术、新产品，对今后可能采用的新技术宜留有适当的扩展余地。 2．水利水电工程自动化宜采用基于计算机控制和网络技术的监控系统实现自动化功能。 3．对于采用电气和机械制动而不采用液压减载装置的混流及轴流式机组，应按下列要求选择电气、机械或联合制动： （1）选择电气制动时，应闭锁发电机差动等电气保护，投入制动的转速为额定值的 50%～60%； （2）选择机械制动时，投入制动的转速为额定值的	**关联：** 1．自动化元件技术性能应符合《水轮发电机组自动化元件（装置）及其系统基本技术条件》（GB/T 11805）有关规定，且满足与监控系统接口的要求。 2．机组自动化元件的配置及性能应满足《水轮发电机组自动化元件（装置）及其系统基本技术条件》（GB/T 11805）的要求。 3．静止整流励磁系统的有关参数及技术条件，应符合《大中型水轮发电机精致整流励磁系统及装置技术条件》（DL/T 583）的规定。 4．计算机监控系统设计应符合《水力发电厂计算机监控系统设计规范》（DL/T 5065）的相关规定。 **差异：** 与《水力发电厂自动化设计技术规范》（NB/T 35004）的适用范围不同

续表

序号	标准名称/标准号/时效性	针对性	内容与要点	关联与差异
34			15%～25%； （3）选择联合制动时，投入电气制动的转速为额定值的50%～60%，投入机械制动的转速为额定值的 5%～10%； （4）在发生电气事故的情况下，应闭锁电气制动，当转速降至额定转速的 15%～25%时，自动投入机械制动。 4．采用机械制动并具有液压减载装置的混流及轴流式机组，当转速下降至约 90%额定转速时，应投入液压减载装置，转速下降至约 15%～20%额定转速时，应投入机械制动；机组全停后，应将各装置复归。 5．采用电气和机械制动并具有液压减载装置的混流及轴流式机组，应按下列要求选择电气、机械或联合制动： （1）选择电气制动时，当转速下降至额定转速的 90%时，应投入液压减载装置，转速下降至额定转速的 50%～60%时，应投入电气制动； （2）选择机械制动时，当转速下降至额定转速的 90%时，应投入液压减载装置；转速下降至额定转速的 15%～25%时，应投入机械制动； （3）选择联合制动时，当转速下降至额定转速的 90%时，应投入液压减载装置；转速下降至额定转速的 50%～60%时，应投入电气制动；转速下降至额定转速的 5%～10%时，投入机械制动； （4）在发生电气事故的情况下，应闭锁电气制动，按上述机械制动的程序，进行制动停机。 6．对处于发电运行状态的冲击式机组，发出停机命令后，应按下列步骤进行，如果冲击式机组采用电气和机械制动的联合制动，控制过程可参照 3 条执行。 （1）通过调速器负荷调整机构减机组有功负载至额定负载的约 10%，相应降低励磁电流； （2）当定子电流降至额定值的约 100%时，接通跳闸回路，跳开发电机断路器，然后通过负荷调整机构使机组针阀全关； （3）当转速下降至额定转速的约 70%时，制动喷嘴应投入； （4）当转速下降至额定转速的约 25%时，制动喷嘴切除，投入机械制动； （5）机组全停后，各部分恢复到准备启动状态，关闭球阀并接通启动准备信号显示	

第二节 施工技术标准

序号	标准名称/标准号/时效性	针对性	内容与要点	关联与差异
3.4.2.1 主机（机组及附属设备）				
1	《立式水轮发电机弹性金属塑料推力轴瓦技术条件》 DL/T 622—2012 2012 年 3 月 1 日实施	1．适用于立式水轮发电机的推力轴承。 2．立式发电电动机的推力轴承、卧式水轮发电机的推力轴承及水轮发电机的导轴，以及其他类似运行工况和使用条件的旋转机械的推力轴承、导轴承可选择执行	**主要内容：** 规定了水轮发电机推力轴承弹性金属塑料推力轴瓦的使用条件、技术性能基本技术要求，主要内容包括： 1．规定了推力轴瓦的制造质量标准、安装使用技术要求； 2．规定了推力轴瓦试验方法、验收程序和标准； 3．规定了推力轴瓦的供货范围、售后服务和制造厂质量标准的技术要求； 4．规定了推力轴瓦产品的包装、运输、储存技术要求。 **重点和要点：** 1．塑料推力瓦平均线速度不超过 40m/s、不低于 4m/s，机组最大推力载荷对应的轴承比压不超过 6.0MPa。 2．装有塑料推力瓦的推力轴承不应再设置高压油顶起装置，也不必设置防止轴电流的轴承绝缘系统。 3．塑料推力瓦轴承应能承受机组过速、飞逸、甩负荷、调速器扰动等各种工况的考验，并能承受机组空载下或负载突变引起的抬机冲击，在推力载荷为额定载荷的 110%工况下应能短时正常运行。 4．同套（台）推力瓦所用弹性金属塑料复合层的机械性能应基本相同，瓦面柔度值相差不超过 50%。 5．塑料推力瓦面的磨损，初期运行 3000h 的磨损量不超过 0.10mm，以后每 3 年不超过 0.10mm。当磨损总量超过 0.5mm 时，应更换塑料推力瓦。 6．塑料推力瓦应按不低于轴承（巴氏）合金瓦规定的条件储存，库房内温度一般维持在 5℃～40℃，昼夜温差一般不应超过 10℃，相对湿度一般不应超过 70%	**关联：** 1．轴承润滑油应符合《L-TSA 汽轮机油》（GB 11120）要求的 L-TSA 汽轮机油或者性能相当的其他润滑油。 2．塑料推力瓦和油槽内埋设温度计的位置和数量应符合《水轮发电机组安装技术条件》（GB/T 7894）的规定，测温元件应能测出运行工况时最热区域内的瓦体温度，一般可按本标准 3.10 的规定布置。 3．用 1000V 绝缘电阻表检查单块塑料推力瓦面的绝缘电阻值应符合《水轮发电机组安装技术条件》（GB/T 7894）的规定。 4，参照《水轮发电机组安装技术规范》（GB/T 8564）有关推力轴承部分安装调整的规定，并结合本标准及制造厂的安装规范等技术文件，进行塑料推力瓦轴承及相关部件的安装。 5．应定期取油样化验油质，油质应符合《电厂运行中汽轮机油质量》（GB/T 7596）的规定。 6．试验工况参照《水轮发电机组起动试验规程》（DL/T 507）确定。 7．塑料推力瓦的保管、包装并符合《水电机组包装、运输和保管规范》（JB/T 8660）中的规定
2	《进口水轮发电机（发电/电动机）设备技术规范》 DL/T 730—2000	1．适用于进口的三相 50Hz 额定容量为 200MVA 及以上的水轮发电机和	**主要内容：** 规定了进口水轮发电机设备的技术要求、试验验收方法及包装、运输、保管的要求，主要内容包括： 1．规定了进口水轮发电机的主要参数与技术条件；	**关联：** 1．焊接检查必须按（GB/T 2649）的规定进行，以确认是否符合要求。

续表

序号	标准名称/标准号/时效性	针对性	内容与要点	关联与差异
2	2001年1月1日实施	额定容量为100MVA及以上的发电/电动机及额定容量为20MVA及以上的灯泡式水轮发电机。 2．适用于密闭循环空气冷却方式、风扇强迫冷却方式和直接水冷却方式的水轮发电/电动机。 3．其他进口水轮发电机、发电/电动机、灯泡式水轮发电机设备可选择执行	2．规定了励磁系统的技术要求； 3．规定了试验、验收的标准； 4．规定了铭牌、出品编号的要求； 5．规定了包装、运输、保管的要求。 **重点和要点：** 1．水轮发电机除主轴以外的转动部件，在飞逸转速下的最大主应力不得超过材料屈服强度的2/3。在临时过载或地震情况下，其应力值不得超过表1所列应力值的1.33倍，转动部件最大剪应力不得超过允许应力的1/2。 2．水轮发电机定子绕组接成正常接法时，在空载额定电压下，线电压波形正弦性畸变率不超过5%。在空载额定电压和额定转速时，线电压的电话谐波因数（THF）应不超过1.5%。 3．水轮发电机（发电/电动机）的定子绕组，当使用地点在海拔高程4000m及以下时，定子单个线棒的起晕电压应在1.5倍额定线电压以上，整机起晕电压不应低于1.1倍的额定线电压，以端部无明显晕带和连续的金黄色亮点为准。 4．大型水轮发电机（发电/电动机）的定子、转子和机架应考虑到采用能吸收热变形的结构。 5．水轮发电机组装后，定子内圆和转子外圆半径的最大和最小值分别与其设计半径之差，应不大于设计气隙值的±4%，定子和转子间空气间隙的最大值或最小值与平均值之差不得大于设计气隙值的±8%。 6．采用异步起动的发电/电动机应做到尽量缩短相邻两次起动的时间间隔，一般不宜超过20min	2．水轮发电机额定电压、额定功率效率、加权平均效率和效率计算方法按国际电工委员会标准《旋转电机》（IEC 60034-2）中有关规定执行。 3．发电机定子铁芯叠片可参照《水轮发电机定子现场装配工艺导则》（SD 287）的要求执行。 4．推力轴承瓦，当采用弹性金属塑料轴瓦时，其技术要求应满足《立式水轮发电机弹性金属塑料推力轴瓦技术条件》（DL/T 622）的规定。 **差异：** 较《水轮发电机基本技术条件》（GB/T 7894），本规范的适用范围只包括进口水轮发电机（发电/电动机）
3	《转桨式转轮组装与试验工艺导则》 DL/T 5036—2013 2014年4月1日实施	适用于大中型转桨式转轮组装与试验；结构不同时，应采用与结构相适应的安装程序	**主要内容：** 规定了大中型转桨式转轮组装与试验的方法和要求，主要内容包括： 1．大中型转桨式转轮组装与试验的一般规定； 2．明确了转桨式转轮常用结构形式、安装流程； 3．转轮组装及试验的准备工作； 4．转轮传动机构安装； 5．转轮接力器安装；	**关联：** 1．设备到达接受地点后，安装单位可应业主要求，参与开箱、清点、检查设备供货清单及随机装箱单，并按《水电机组包装、运输和保管规范》（JB/T 8660）执行。 2．油质应符合《电厂用运行中汽轮机油质量标准》（GB/T 7596）的规定。 **差异：** 较《水轮发电机组安装技术规范》（GB/T 8564），《转桨

续表

序号	标准名称/ 标准号/时效性	针对性	内容与要点	关联与差异
3			6．转轮翻身的方法； 7．叶片及叶片密封安装； 8．转轮试验； 9．转轮试验后、吊装前工作； 10．泄水锥安装； 11．转轮吊装。 **重点和要点：** 1．转桨式转轮组装程序与转轮结构有关，组装工艺有倒装和正装两种。本工艺导则是按国内已安装转桨式转轮典型结构形式编写的。 2．过去的安装中，大型细牙螺纹咬死事故较多，这与螺纹副的材料选择、加工精度和表面粗糙度、施工工艺等因素有关。为避免螺纹咬死，本规程规定了一套螺纹清扫、研磨、试配、涂丝扣脂的工艺。 3．设备组合面应光洁无毛刺。合缝间隙用 0.05mm 塞尺检查，不能通过；允许有局部间隙，用 0.10mm 塞尺检查，深度不应超过组合面宽度的 1/3，总长不应超过周长的 20%；组合螺栓及销钉周围不应有间隙。组合缝处安装面错牙一般不超过 0.10mm。 4．有预紧力要求的连接螺栓，其预应力偏差不超过规定值的±10%。制造厂无明确要求时，预紧力不小于设计工作压力的 2 倍，且不超过材料屈服强度的 3/4。 5．转轮叶片密封压力试验要求： （1）油温不应低于 5℃； （2）各组合缝不得渗漏； （3）叶片螺栓处不应有渗漏现象； （4）每个叶片密封装置在无压力和有压力情况下均不得漏油，个别处渗油量不得超过表 1 要求，且不大于出厂试验时的漏油量； （5）叶片开启和关闭的最低油压，一般不应超过工作压力的 15%，如果压力超过工作压力的 15%，需查明和排除原因	式转轮组装与试验工艺导则》（DL/T 5036）细化了转桨式转轮组装与试验的相关内容和要求

续表

序号	标准名称/标准号/时效性	针对性	内容与要点	关联与差异
4	《轴流式水轮机埋件安装工艺导则》 DL/T 5037—2013 2014年4月1日实施	适用于大中型轴流式水轮机埋件安装施工	**主要内容：** 规定了大中型轴流式水轮机埋件安装工艺、吊装方法及就位方式，主要内容包括： 1．大中型轴流式水轮机埋件安装工艺、吊装方法及就位方式的一般规定； 2．轴流式水轮机埋件典型结构及安装程序； 3．尾水管里衬安装； 4．支柱式座环与转轮室埋件安装； 5．整体式座环埋件安装； 6．蜗壳安装； 7．机坑里衬安装； 8．座环、蜗壳混凝土浇筑过程中埋件变形监测。 **重点和要点：** 1．轴流式水轮机埋件安装工艺流程，与设备结构、厂房结构和混凝土浇筑程序，以及施工场地条件、起重运输条件等因素有关。本工艺导则，按目前国内常用典型结构和一般施工现场条件编写，考虑了施工的通用性。 2．本工艺导则，按支柱式座环和整体式座环两种结构编写。 3．安装用 *X*、*Y* 基准线标点以及高程点，测量误差不应超过±1mm。中心测量所使用的钢琴线直径一般为0.30mm～0.40mm，其拉应力应不小于1200MPa。 4．设备基础板的埋设，应用钢筋或角钢与混凝土钢筋焊牢，其高程偏差不可超过 0mm～－5mm；位置偏差不可大于10mm；水平偏差不可大于1mm/m；采用敲击的办法检查，设备基础板应浇实，不得有空洞等缺陷存在。 5．尾水管里衬内部加桁架式支撑，沿里衬高度方向分层布置，层与层距离应满足设计要求（支撑间距在1000mm～1500mm 比较合适）。管口处的支撑应离管口200mm～300mm。 6．无肘管里衬尾水管吊装其余各瓣就位，组合成整圆。将内部支撑加固后，铺上木板，作为施工平台。调整对接缝间隙 2mm～4mm；错牙不大于板厚的 15%，且最大不大于 2mm；然后将焊缝点焊，并焊拉挡板。	**关联：** 1．采用射线探伤时，检查长度：环缝为10%，纵缝、蜗壳与座环连接的对接焊缝为20%；焊缝质量，按《金属熔化焊接接头射线照相》（GB/T 3323）规定的标准，环缝应达到Ⅲ级，纵缝，蜗壳与座环连接的对接焊缝应达到Ⅱ级的要求。 2．采用超声波探伤时，检查长度：环缝、蜗壳与座环连接的对接焊缝均为100%；焊缝质量，按《钢焊缝手工超声波探伤方法和探伤结果分级》（GB/T 11345）规定的标准，环缝应达到BⅡ级，纵缝、蜗壳与座环连接的对接焊缝应达到B1级的要求。对有怀疑的部位，应用射线探伤复核。 **差异：** 较《水轮发电机组安装技术规范》（GB/T 8564），《轴流式水轮机埋件安装工艺导则》（DL/T 5037）细化了埋件安装的相关内容和要求

续表

序号	标准名称/标准号/时效性	针对性	内容与要点	关联与差异
4			7．有肘管里衬尾水管安装： （1）吊装尾水管肘管定位节（一般为肘管出口管节），调整出口里程 s 满足设计要求。若设计无要求，定位节出口里程 s 偏差不应大于±5mm；调整定位节底板高程偏差不大于±5mm；管口垂直度不大于 2mm/m，最大不超过 5mm；调整合格后对定位管节加固； （2）吊装肘管其他管节，调整对接缝间隙 2mm～4mm；错牙不大于板厚的 15%，且最大不大于 2mm；并对每个断面的方位、高程及进水管口尺寸进行检查，通过下节管节的调整对偏差进行补偿，最终确保肘管上管口满足方位及高程要求。 8．尾水管混凝土浇筑按设计要求分层、分块、对称进行；混凝土上升速度不应超过 0.3m/h，液态混凝土层不大于 0.6m，同时，每层混凝土中的高点与低点高差不得大于 0.2m。每层浇筑高度不宜大于 1m。 9．各环节间、蜗壳与座环连接的对接焊缝间隙一般为 2mm～4mm，过流面错牙不应超过板厚的 10%，但纵缝最大错牙不应大于 2mm，环缝最大错牙不应大于 3mm；错牙处焊接应进行过渡焊，焊接完成后应保证平滑过渡	
5	《灯泡贯流式水轮发电机组安装工艺规程》 DL/T 5038—2012 2012 年 3 月 1 日实施	1．适用于单机容量 5MW 及以上或转轮直径 2.5m 及以上的灯泡贯流式水轮机组安装调整工作。 2．其他类型的贯流式水轮发电机组，以及单机容量小于 5MW 或转轮直径小于 2.5m 的灯泡贯流式水轮机组安装可选择执行	**主要内容：** 规定了灯泡贯流式水轮发电机组的安装工艺要求，主要内容包括： 1．一般安装工艺流程； 2．埋入部件安装，包括设置安装控制基准点，尾水管拼装及安装调整，管形座拼装及安装调整，流道盖板的基础框架安装； 3．导水机构装配，包括外导水环组合及导叶挂装，内导水环装配，控制环装配； 4．主轴及轴承装配，包括推力镜板装配，发电机组合轴承装配，水导轴承装配； 5．转轮装配；导水机构安装； 6．接力器安装； 7．主轴、转轮安装，主轴检修密封及工作密封安装；	**关联：** 1．本标准是根据《水轮发电机组安装技术规范》（GB/T 8564），并按一般灯泡贯流式水轮发电机组安装调整工作。 2．对于重要部件的焊接施工工艺，应按照制造厂规定或工艺评定后的焊接工艺参数及方法进行焊接。如制造厂按特殊规定应执行《水利水电工程压力钢管制造安装及验收规范》（DL/T 5017）中的有关规定。 3．分节吊入安装的尾水管，节间对装和环缝焊接应符合《水利水电工程压力钢管制造安装及验收规范》（DL/T 5017）中的相关规定。 4．发电机导轴承径向瓦应按照《水轮发电机组安装技术规范》（GB/T 8564）的规定进行检查，如需现场研刮，应满足制造厂或《水轮发电机组安装技术规范》（GB/T 8564）和《水轮发电机组推力轴承、导轴承安装调整工艺

续表

序号	标准名称/标准号/时效性	针对性	内容与要点	关联与差异
5			8．转轮室、基础环及伸缩节安装； 9．转子装配； 10．灯泡头组合体装配，包括灯泡头组合，冷却锥组合，灯泡头与冷却锥的组装，灯泡头组合体内辅助设备装配； 11．机组总体安装，包括转子安装，定子安装，灯泡头组合体安装，支撑安装，受油器安装，其他部件安装，机组附属设备安装。 **重点和要点：** 1．各部连接螺孔安装前应用相应的丝锥攻丝一次，对连接螺栓应按要求进行清扫、研磨、适配，安装时应涂抹润滑脂。 2．设置一定数量的牢固、明显和便于测量的安装轴线、高程基准点和平面控制点，误差不应超过±0.5mm。 3．尾水管先于管形座前应复测尾水管的高程及中心、法兰面的垂直度和平面度，以确定管形座安装的控制线。 4．对组合后的外导水环作整体调整，测量出水边法兰面水平，其偏差应不大于 0.2mm/m，并打紧楔子板。 5．分瓣镜板装配到主轴上后，检查和测量镜板与主轴止口两侧及镜板组合面应无间隙，用 0.05mm 塞尺检查不得通过。分瓣镜板工作面在和合缝处的错牙值小于 0.02mm，沿旋转方向后一块不得凸出前一块。 6．为防止吊装过程轴承壳与主轴的相对运动，在推力轴承壳与主轴间应装入合适的填隙环，应对组合轴承出入孔进行封堵，并对其整体进行包装保护。 7．接力器动作试验时，活塞移动应平稳灵活，活塞形成应符合制造厂要求，直缸接力器两活塞行程偏差不应大于 1mm。 8．测量磁轭圆度，各半径与设计半径之差不应大于设计空气间隙值的±3.5%。 9．定子安装中，需按照制造厂要求调整定子和转子之间的空气间隙，使各间隙与平均间隙之差，不超过平均间隙的±8%。 10．机组附属设备安装结束后，应进行全面的清扫、油漆，在充水之前应对机组附属设备系统进行调试和整定	导则》（SD 288）的有关规定。 5．水轮机导轴承径向瓦应按照《水轮发电机组安装技术规范》（GB/T 8564）的规定进行检查，如需现场研刮，应满足制造厂或《水轮发电机组安装技术规范》（GB/T 8564）和《水轮发电机组推力轴承、导轴承安装调整工艺导则》（SD 288）的有关规定。 6．导叶最大开度偏差应符合《水电水利基本建设工程单工程质量等级评定标准 第 11 部分：灯泡贯流式水轮发电机组安装工程》（DL/T 5113.11）的规定。 7．调速系统、润滑油系统的用油应符合《焊工技术考核规程》（GB 11120）或《水轮发电机组安装技术规范》（GB/T 8564）的规定。 8．附属设备系统调试合格后，应按照《灯泡贯流式水轮发电机组启动试验规程》（DL/T 827）的规定对机组进行各项试验。 **差异：** 较《水轮发电机组安装技术规范》（GB/T 8564）细化了灯泡贯流式水轮发电机组安装工艺和要求的相关内容

续表

序号	标准名称/标准号/时效性	针对性	内容与要点	关联与差异
6	《水轮机金属蜗壳现场制造安装及焊接工艺导则》 DL/T 5070—2012 2012 年 3 月 1 日实施	适用于以低碳钢、低合金钢、高强度结构钢等为基本材料的水电站水轮机、水泵水轮机金属蜗壳的制造、安装及验收	**主要内容：** 规定了水电站水轮机、水泵水轮机金属蜗壳现场制造、安装、焊接、焊缝检验、欠缺处理、表面防腐、蜗壳水压试验及保温保压浇筑混凝土的技术要求、基本工艺方法和施工程序，主要内容包括： **重点和要点：** 1．应要求钢厂对高强钢和板厚大于 60mm 的低碳钢和低合金钢逐张进行超声波探伤。 2．蜗壳纵缝接头要求过流面齐平。当板厚不大于 16mm 时，其错牙值不得大于 1mm，当板厚大于 16mm 时，其错牙值不得大于 2mm。 3．对装环缝应先由上、下蝶形边开始，向腰线进行压缝，对装间隙应为 0mm～4mm，错牙应均匀地分布在整条环缝上，局部最大错牙值不应大于板厚的 10%，且不大于 4mm。 4．现场使用的焊条应装入保温筒，焊条在保温筒内存放的时间不宜大于 4h，超过后应重新烘焙，重复烘焙次数不宜大于 2 次。 5．焊缝欠缺返工后应按原无损检测条件进行复检，复检时应向返工段两端各延长至少 50mm 作扩大无损检测。 6．蜗壳环缝焊接过程宜连续进行，中断焊接前最小焊接厚度不得小于板厚的 2/3。采用预热焊接时，若中断焊接，应采取保温措施。高强钢焊接每条焊缝应连续焊完并预热，焊接和焊后立即后热。 7．当空气中相对湿度大于 85%，环境温度低于 5℃，以钢板表面温度预计将低于大气露点以上 3℃时，不得进行除锈。 8．当空气中相对湿度大于 85%，钢板表面温度低于大气露点以上 3℃或高于 60℃，以及环境温度低于 10℃时，均不得进行涂装。 9．水压试验时水温应在 5℃以上	**关联：** 1．钢板性能试验取样位置及试样制备应符合现行国家标注《钢及钢产品 力学性能试验取样位置及试样制备》（GB/T 2975）的规定。 2．蜗壳制造用钢板如需超声波检查应按现行行业标准《承压设备无损检测 第 3 部分：超声检测》（JB/T 4730.3）进行。 3．小直径厚壁蜗壳采用的钢板，最低冲击功应不小于现行国家标准《锅炉和压力容器用钢板》（GB/T 713）、《低合金高强度结构钢》（GB/T 1591）和《压力容器用调质高强度钢板》（GB/T 191891）等标准规定材质的最低冲击功值得 2 倍。 4．钢板的技术要求应符合现行国家标准《优质碳素结构钢》（GB/T 699）、《碳素结构钢》（GB/T 700）、《热轧钢板和钢带的尺寸、外形、重量级允许偏差》（GB/T 709）、《锅炉和压力容器用钢板》（GB/T 713）、《低合金高强度结构钢》（GB/T 1591）、《高强度结构用调质钢板》（GB/T 16270）、《压力容器用调质高强度钢板》（GB/T 191891）的规定。 5．焊条应符合现行国家标准《埋弧焊用碳钢焊丝和焊剂》（GB/T 5293）、《碳钢焊条》（GB/T 5117）、《低合金钢焊条》（GB/T 5118）的规定。 6．焊丝应符合现行国家标准《埋弧焊用碳钢焊丝和焊剂》（GB/T 5293）、《气体保护电弧焊用碳钢、低合金钢焊丝》（GB/T 8110）、《碳钢药芯焊丝》（GB/T 10045）、《埋弧焊用低合金焊丝和焊剂》（GB/T 12470）、《熔化焊用钢丝》（GB/T 14957）、《低合金钢药芯焊丝》（GB/T 17493）、《不锈钢药芯焊丝》（GB/T 17853）、《埋弧焊用不锈钢焊丝和焊剂》（GB/T 17854）、《焊接用不锈钢丝》（GB/T 5092）的规定。 7．焊焊剂应符合现行国家标准《埋弧焊用碳钢焊丝和焊剂》（GB/T 5293）、《埋弧焊用低合金焊丝和焊剂》（GB/T 12470）、《不锈钢药芯焊丝》（GB/T 17853）的规定。

续表

序号	标准名称/标准号/时效性	针对性	内容与要点	关联与差异
6				8．碳弧气刨用碳棒应符合现行国家标准《碳弧气刨碳棒》（GB/T 12174）的规定。 9．氩气应符合现行国家标准《氩》（GB/T 4842）中的质量要求。 10．二氧化碳气体应符合现行国家标准《工业液体二氧化碳》（GB/T 6052）中的质量要求。 11．氧气应符合《工业氧》（GB/T 3863）中的质量要求。 12．MAG焊接即氩一二氧化碳混合气体焊接，应符合现行行业标准《焊接用混合气体　氩-二氧化碳》（HG/T 3728）中的质量要求。乙炔气体应符合现行国家标准《溶解乙炔》（GB 6819）中的质量要求。 13．燃气丙烯应符合现行行业标准《焊接切割用燃气丙烯》（HG/T 3661.1）中的质量要求。 14．燃气丙烷应符合现行行业标准《焊接切割用燃气丙烷》（HG/T 3661.2）中的质量要求。 15．切割质量和尺寸应符合现行行业标准《热切割　气割质量和尺寸偏差》（JB/T 10045.3）、《热切割　等离子弧切割质量和尺寸偏差》（JB/T 10045.4）或《火焰切割面质量技术要求》（JB 3092）的有关规定。 16．切割面可按现行行业标准《承压设备无损检测　超声检测》（JB/T 4730.4）或《承压设备无损检测　渗透检测》（JB/T 4730.5）有关规定进行检测。 17．焊接坡口尺寸允许偏差应符合现行国家标准《气焊、焊条电弧焊、气体保护焊和高能束焊的推荐坡口》（GB/T 985.1）、《埋弧焊的推荐坡口》（GB/T 985.2）或设计图纸的规定。 18．首次使用的钢种、焊接材料和焊接方法在焊接前应按现行国家标准《水电水利工程压力钢管制作安装及验收规范》（GB 50766）中的有关规定进行焊接工艺评定。 19．焊接材料的烘焙和保管的其他要求应按照现行行业标准《焊接材料质量管理规程》（JB/T 3223）执行。 20．对高强钢宜按现行行业标准《承压设备无损检测

续表

序号	标准名称/ 标准号/时效性	针对性	内容与要点	关联与差异
6				磁粉检测》（JB/T 4730.4）和《承压设备无损检测　渗透检测》（JB/T 4730.5）规定进行检测。 21. 焊接的其他技术要求应符合现行行业标准《电站钢结构焊接通用技术条件》（DL/T 678）的规定。 22. RT 应按现行国家标准《金属熔化焊焊接接头射线照相》（GB/T 3323）规定进行检测，检测技术等级为 B 级，一类焊缝不低于 II 级为合格，二类焊缝不低于 III 级为合格。 23. UT 和 PA-UT 应按现行国家标准《钢焊缝手工超声波探伤方法和探伤结果分级》（GB/T 11345）规定进行检测，检测技术等级为 B 级，一类焊缝不低于 I 级为合格，二类焊缝不低于 II 级为合格。 24. TOFD 应按现行行业标准《水利水电工程金属结构及设备焊接接头衍射时差法超声检测》（DL/T 330）执行，或应按现行行业标准《承压设备无损检测　衍射时差法超声检测》（JB/T 4730.10）执行，一类焊缝和二类焊缝不低于 II 级为合格。 25. MT 应按现行行业标准《承压设备无损检测　磁粉检测》（JB/T 4730.4）或 PT 应按现行行业标准《承压设备无损检测　渗透检测》（JB/T 4730.5）规定进行检测，一类焊缝不低于 II 级为合格，二类焊缝不低于 III 级为合格。 26. 蜗壳内壁经喷射或抛射除锈后，表面除锈等级应符合现行国家标准《涂装前钢材表面腐蚀等级和除锈等级》（GB/T 8923）中规定的 Sa2.5 级。 27. 蜗壳防腐的其他技术要求按现行行业标准《水利水电工程金属结构设备防腐蚀技术规程》（DL/T 5358）的规定执行。 **差异：** 较《水轮发电机组安装技术规范》（GB/T 8564）细化了水轮机金属蜗壳现场制造、安装、焊接及检验、防腐相关的内容和要求

续表

序号	标准名称/标准号/时效性	针对性	内容与要点	关联与差异
7	《混流式水轮机转轮现场制造工艺导则》 DL/T 5071—2012 2012年3月1日实施	1．适用于材质为马氏体型不锈钢混流式转轮在现场的整体制造。 2．其他现场制造的转轮可选择执行	**主要内容：** 规定了混流式水轮机转轮在现场组装、焊接，热处理以及加工的工艺方法、技术要求，操作程序和检验等方面的技术要求，主要内容包括： 1．规定了对施工现场的要求，包括对分瓣转轮组装、焊接场地的要求，散件转轮制造车间的规划与设计，水轮机转轮现场制造应具备的技术文件和资料； 2．规定了转轮组装的工艺要求，包括分瓣转轮、散件转轮组装工艺； 3．规定了转轮焊接的工艺要求； 4．规定了转轮热处理的工艺要求，包括分瓣转轮焊缝局部热处理，整体转轮热处理工艺； 5．规定了无损检测的相关要求，包括无损检测人员资质及设备、无损检测时段、焊缝无损检测、缺欠修复、无损检测报告； 6．规定了转轮铲磨、转轮加工、转轮静平衡、转轮残余应力测试等的相关要求。 **重点和要点：** 1．调整转轮水平用的楔子板，按接触面受力不大于10MPa确定，楔子板的搭接长度应占总长度的2/3以上，各楔子板顶面相对高差不大于1mm。 2．叶片进口角测量检查一般分4个断面进行，用样板测量调整叶片进口端正、负压侧的角度偏差，单个叶片进口角与平均值的偏差不大于±2°，叶片出口角一般分5个断面检查测量，单个叶片出口角与平均值的偏差不大于±1.5°。 3．叶片焊缝厚度大于50mm时，焊接前一般应预热，预热温度以100℃～150℃为宜；焊缝应采用分段倒退施焊，对叶片填补块焊缝，分段长度约200mm，对叶片分割焊缝，分段长度宜为300mm～400mm。 4．转轮的所有焊缝应采用分段退焊法，从中间向两端施焊，每段长度400mm～600mm，不得采用连续焊接方式。焊接过程中应采用多层多道焊接方式，每道焊缝的宽度，立焊位置不大于25mm，平焊、横焊位置不大于20mm。	**关联：** 1．转轮部件清扫应满足《水轮发电机组安装技术规范》（GB/T 8564—2003）第4.1条的要求。 2．叶片的测量与调整，按照《水轮机、蓄能泵和水泵水轮机通流部件技术条件》（GB/T 10969）以及制造厂的要求进行。 3．保护气体应满足《氩》（GB/T 4842）和《工业液体二氧化碳》（GB/T 6052）的质量要求，焊丝应符合《不锈钢药芯焊丝》（GB/T 17853）和《焊接用不锈钢丝》（YB/T 5092）的规定。 4．焊缝检验及评定按《焊缝的超声波检测》（JB/T 473、ASMEVIIAPP.12）规定执行。表面按《无损检测　焊缝渗透检测及验收等级》（JB/T6062）、《磁粉检测法》（ASMEVII　APP.06）、《液体渗透检测法》（ASMEVII APP.08）的规定执行。 5．分辨转轮上下止漏环圆度应满足GB/T 8564《水轮发电机组安装技术规范》的规定。 6．残余应力的检验及评定按《金属材料　残余应力测定压痕应变法》（GB/T 24179）、《残余应力测试方法　钻孔应变释放法》（CB 3395）的规定或制造厂要求执行

续表

序号	标准名称/标准号/时效性	针对性	内容与要点	关联与差异
7			5．当焊缝温度低于 80℃时，应对焊缝进行消氢处理后方能重新进行焊接。消氢保温推荐温度：200℃，保温时间 3h～4h，加热和冷却速率不宜大于 50℃/h。 6．转轮所有焊缝应进行 100%VT 检查。 7．叶片与下环、上冠相接焊缝，下环相接焊缝，分割式叶片相接焊缝检查比例为 100%MT/PT、100%UT，其余焊缝检查比例为 10%MT/PT，不允许有裂纹、未熔合及表面气孔等缺陷	
8	《水轮发电机转子现场装配工艺导则》 DL/T 5230—2009 2009 年 12 月 1 日实施	1．适用于磁轭为叠片式结构的水轮发电机转子的现场装配。 2．小型水轮发电机转子的现场装配工艺可选择执行	**主要内容：** 规定了单机容量在 15MW 及以上的水轮发电机转子现场装配的工艺方法、技术要求、操作（施工）程序和检验标准，主要内容包括： 1．轮毂烧嵌，包括配合尺寸的测定及加热温度计算，轮毂加温及烧嵌技术要求； 2．转子支架组装与焊接，包括轮臂式转子支架组装，圆盘式转子支架组焊，焊缝质量检验及要求，副立筋板或立筋板的配刨与挂装； 3．磁轭叠装，包括磁轭冲片的清洗、称重和分类、叠装排列与布置，磁轭叠装定位键安装、初始底部冲片叠装、冲片叠装、分段预压、最终压紧餐、单元段组合式结构磁轭的叠装、磁轭键孔、冷打键、热打键，制动板环安装； 4．磁极挂装与电气连接； 5．转子装配过程中的电气试验； 6．转子清扫、喷漆。 **重点和要点：** 1．轮毂加温工艺中，需检查绕组和电热器对地绝缘，应不小于 0.5MΩ，并设截面面积不小于 $50mm^2$ 的接地保护线。 2．轮臂组合后检查，应符合组合缝间隙用 0.05mm 塞尺检查不能通过，允许有局部间隙，用 0.10mm 塞尺检查，深度不超过组合面宽度的 1/3，总长不超过周长的 20%，组合螺栓及销钉周围不应有间隙；键槽径向及切向斜度不	**关联：** 1．较《水轮发电机组安装技术规范》（GB/T 8564）细化了水轮发电机转子装配相关的内容和要求。 2．转子装配前应对转子的零部件按照《水电机组包装、运输和保管规范》（JB/T 8660）的要求进行开箱检查和验收，检查验收合格的设备方可进行装配。 3．电缆外观检查后，测量绝缘电阻，并按《电气装置安装工程电气设备交接试验标准》（GB 50150）的有关规定，进行直流耐压试验及泄漏电流测量应合格。 4．按照设计要求预装电缆及确定电缆固定夹具的安装位置，当设计无明确要求，其布置间距应符合《电气装置安装工程电缆线路施工及验收规范》（GB 50168）的有关规定

续表

序号	标准名称/ 标准号/时效性	针对性	内容与要点	关联与差异
8			大于0.25mm/m，最大不超过0.5mm。 3．轮毂套装结束后，控制降温速度一般不大于30K/h，并使轮毂下端温降较上端略快。降温速度可通过合、断励磁绕组电源来调节。 4．检查记录磁轭本次预压压紧后的实际高度、圆度、垂直度，以及下端面水平度，应符合磁轭每极位测量其实测平均高度与本段的设计高度偏差应在±5mm以内，并注意各段高度相互补偿，沿圆周方向高度差不大于3mm，同一径向截面的内、外高度差不大于2mm；用测圆架挂钢琴线的方法均布测量至少8点磁轭的径、切向垂直度，其偏差应不大于设计空气间隙的3%。 5．额定转速在300r/min及以上的发电机转子，对称方向磁极挂装高程偏差不大于1.5mm。 6．磁极挂装后检查转子圆度，各半径与设计半径之差不应大于设计空气间隙值的±4%。 7．阻尼环拉杆与磁极线圈的电气安全距离不应小于10mm。 8．转子的试验项目及标准应符合如下要求，测量转子绕组的绝缘电阻值一般不小于0.5MΩ；测量单个磁极的直流电阻，相互比较，其差别一般不超过2%；转子绕组的直流电阻测得值与制造厂提供值比较，偏差一般不超过2%；测量单个磁极线圈的交流阻抗，相互比较不应有显著差别	
9	《水轮发电机定子现场装配工艺导则》 DL/T 5420—2009 2009年12月1日实施	适用于水轮发电机定子在电站现场进行的机座组焊、整体叠装铁芯并完成全部绕组嵌线工作的装配。单机容量小于15MW的水轮发电机定子的现场装配工艺可选择执行	**主要内容：** 规定了单机容量在15MW及以上的水轮发电机定子现场装配的工艺方法、技术要求、操作（施工）程序和检验标准，主要内容包括： 1．施工现场要求； 2．机座组合与焊接，包括机座组合，中心测圆架安装，机座调整，机座焊接； 3．定位筋安装； 4．铁芯叠装； 5．铁芯磁化试验；	**关联：** 1．较《水轮发电机组安装技术规范》（GB/T 8564）细化了水轮发电机定子装配相关的内容和要求。 2．定子装配前，应对定子的零部件按照《水电机组包装、运输和保管规范》（JB/T 8660）的要求进行开箱检查和验收，检查、验收合格的设备方可进行装配。 3．在自身机坑内叠片组装的定子，按《水轮发电机组安装技术规范》（GB/T 8564）的要求调整铁芯中心高程

续表

序号	标准名称/ 标准号/时效性	针对性	内容与要点	关联与差异
9			6．绕组嵌装及汇流母线安装； 7．清扫、检查与喷漆； 8．定子干燥和耐压试验。 **重点和要点：** 1．定位筋的实测半径与设计半径之差不大于设计空气间隙的±1%，两相邻定位筋在同一高度上的半径差不大于0.1mm。 2．采取定位焊方式时，对于需预热焊接的焊缝，焊前在焊缝中心两侧至少150mm以上的区域进行预热，预热温度宜较正式焊接预热温度高25℃～30℃。各部焊缝的定位焊，应采取与正式焊相同的工艺方式，定位焊点至焊缝终端的距离应不小于30mm；每段焊长宜为50mm～100mm；焊接厚度宜为8mm～10mm，最厚不宜超过板厚的1/2。段间间距宜为300mm～400mm。 3．铁芯冲片叠装过程中，每叠一段，在压紧状态下沿圆周测量其高度，偏差不超过设计值的±0.5mm，堆积过程中，应注意每段高度偏差的相互补偿。 4．铁芯磁化试验的试验电源选用50Hz交流工频，试验电压一般取0.4kV左右，当定子铁芯有效质量 m 超过 100×10^3kg时，建议取6.0kV及以上，以免因励磁电流过大而增加励磁绕组绕线难度。 5．测温电阻装配前应检测其直流电阻和绝缘电阻，并作交流耐压试验。用250V绝缘电阻表测量电阻外包层绝缘电阻值，其值应大于20MΩ，外包层交流耐压为2500V且持续1min。 6．定子绕组测温系统的总绝缘电阻，用250V绝缘电阻表测量，一般不小于0.5MΩ。 7．水内冷绕组冷却系统管路的试验与检查应满足下列要求：用0.5MPa的空气或惰性气体作水冷系统泄漏试验，持续24h，后12h的漏气量应小于0.2%，制造厂有要求者按制造厂规定执行；进行1.5倍额定工作压力的强度耐水压试验，历时30min，应无渗漏、裂纹等异常现象；绕组装配后在额定冷却水压下通入纯水，测量各水支路的水流量相互偏差，不应大于±10%。	

续表

序号	标准名称/标准号/时效性	针对性	内容与要点	关联与差异
9			8．定子绕组整体交流耐压时，应观察其电晕情况，额定电压在 6.3kV 及以上的水轮发电机定子绕组，在 1.0 倍额定线电压下，其端部应无明显的晕带和连续的金黄色亮点	
10	《水轮发电机内冷定子绕组安装工艺导则》 DL/T ××××—201× （暂未发布）	1．适用于水轮发电机组定子绕组及其冷却系统设备的安装调试工作。 2．对可逆式机组、水泵用电动机典型结构定子绕组及其冷却系统设备的安装调试指导，如制造厂有其他专门技术要求的可选择执行	**主要内容：** 规定了水轮发电机组的内冷定子绕组及其冷却系统的安装调试工艺，主要内容包括： 1．定子绕组的安装，包括定子绕组安装主要内容与工艺流程，线棒嵌入安装，线棒端头焊接，环流环（排）的安装，绝缘盒的安装，主引出线、中性点设备安装，定子绕组整体试验； 2．纯水系统的安装，包括系统特征及一般要求、安装工艺，以及整体电气试验要求； 3．蒸发冷却系统的安装，包括安装的一般规定、冷却器及供排水设备的安装与试验，工艺，以及相关试验及验收的要求。 **重点和要点：** 1．对于采用内冷方式的线棒，应抽不低于 5%线棒进行气压试验，试验压力为 1.5 倍额定工作压力，但不低于 0.4MPa，时间 30min，应无压降、无泄漏。 2．焊缝四周钎料饱满，呈 R 状，不允许有凹陷现象，表面直径 1mm 的气孔、沙眼不允许有连续两个以上。经检测接头直流电阻最大与最小值之比不应超过 1.2，各相各分支直流电阻相互间差别不应大于最小值的 2%。 3．绕组水路系统需整体进行 0.45MPa 的泄漏试验，除去环境温度、大气压强等变化影响，12h 压降应≤0.2%。 4．定子线棒需进行单根气密试验，试验压力 0.4MPa、时间 10min，压力下降不大于 0.005MPa。 5．蒸发冷却系统整体最终气密试验，试验压力 0.25MPa、时间 44h，压力下降不大于 0.005MPa。 6．蒸发冷却系统整体保压试验，充氮至 0.3MPa，保压 4h，压力下降不大于 0.005MPa。	**关联：** 1. 按照《水轮发电机定子现场装配工艺导则》（SD 287）技术要求，对定子整体吹扫，检查定子铁芯及槽内、上下压板等设备部件，应符合设计图纸要求。 2. 根据规范《水轮发电机组安装技术规范》（GB/T 8564）相关规定，对下层线棒进行相关试验。 3．按设计图纸，预装汇流环（排）支撑构件，焊接构架基础，焊接标准应符合设计图纸和规范《焊接术语》（GB/T 3375）要求进行检查、验收。 4．水轮发电机组蒸发冷却系统的零部件现场验收、储存，应符合《水轮发电机组包装、运输、保管技术条件》（JB/T 8660）的规定。 5．蒸发冷却介质现场验收、储存应按《工业三氟三氯乙烷》（HG 2304）执行。 6．介质初次灌入前，应参照《水轮发电机组启动试验规程》（GB/T 507）对介质进行检测试验。 **差异：** 本标准是对《水轮发电机组安装技术规范》（GB/T 8564）和《水轮发电机定子现场装配工艺导则》（DL/T 5420）中定子绕组安装的工艺措施的延伸和细化，并对目前发电机定子绕组内冷方式（纯水冷却、蒸发冷却）中系统配套设备的安装调试进行补充

续表

序号	标准名称/标准号/时效性	针对性	内容与要点	关联与差异
10			7．机组运行实用化后，介质抽样检查应为无色透明，击穿电压不小于 20kV/2.5mm，含水量不大于 499ppm，体积电阻率不小于 $2\times10^9\Omega\cdot cm$，酸度不大于 0.01mg KOH/g	
11	《水轮发电机基本技术条件》 GB/T 7894—2009 2010 年 4 月 1 日实施	1．适用于水轮机直接连接额定容量为 25MW 及以上的三相 50Hz 凸极同步发电机。 2．额定容量小于 25WM 或频率为 60Hz 的出口水轮发电机可选择执行	**主要内容：** 规定了水轮发电机及其附属设备的总体技术要求；规定了水轮发电机供货范围，备品备件、专用工具，以及产品标识、包装、运输及报告技术要求；规定了工厂及现场试验检测方法和标准，以及试运行的技术要求，主要内容包括： 1．使用环境条件； 2．水轮发电机额定值及参数，包括容量、额定电压、额定功率因数、额定转速、运行期间电压和频率的变化等； 3．水轮发电机温升及温度要求，包括绕组和定子铁心等部件温升、非基准运行条件和定额时温升限值的修正、轴承温度； 4．水轮发电机运行特定及电气连接技术要求，包括特殊运行要求、同步并入系统的要求、主中性点引出线的要求、相序的要求； 5．水轮发电机绝缘性能及其耐电压试验检测方法，包括绝缘性能的要求、耐电压试验的要求； 6．水轮发电机的机械特性； 7．水轮发电机结构的基本要求，包括总体结构、定子、转子、轴承、机架； 8．水轮发电机通风及冷却系统要求； 9．水轮发电机制动系统技术； 10．水轮发电机灭火系统技术； 11．水轮发电机检测系统和装置及元件技术； 12．水轮发电机励磁系统技术要求； 13．水轮发电机供货范围； 14．水轮发电机标志、包装、运输及保管； 15．工厂及现场试验； 16．水轮发电机试运行及保证期。	**关联：** 1．水轮发电机的额定电压，应根据不同额定容量、转速及水轮发电机电压设备选择等因素进行技术经济综合比较后，由用户与制造厂商定，并应符合《标准电压》（GB/T 156）的规定。 2．水轮发电机的损耗和效率采用量热法测定，参见《量热法测定电机的损耗和效率》（GB/T 5321）。 3．水轮发电机的电气参数和时间常数的测量方法参见《三相同步电机试验方法》（GB/T 1029）。 4．当海拔超过 1000m 时，电晕起始电压试验值应按《高压电机使用于高海拔地区的防电晕技术措施》（JB/T 8439）进行修正。 5．噪声测定方法参照《旋转电机噪声测定方法及限值》（GB/T 10069.1）执行。 6．铁心磁化试验参照《发电机定制铁心磁化试验导则》（GB/T 20835）执行。 7．当采用水喷雾灭火系统时，其系统设计参照《水喷雾灭火系统设计规范》（GB 50219）执行，当采用二氧化碳雾灭火系统时，应按照全淹没系统进行设计，参照《二氧化碳灭火系统设计规范》（GB 50193）执行。 8．励磁系统的基本技术条件应符合《同步电机励磁系统　大、中型同步发电机励磁系统技术要求》（GB/T 7409.3）的规定。 9．水轮发电机、励磁装置及其所有附件的包装、运输和保管应满足《水电机组包装、运输和保管规范》（JB/T 8660）的要求

续表

序号	标准名称/标准号/时效性	针对性	内容与要点	关联与差异
11			**重点和要点：** 1．水轮发电机定子绕组接成正常工作接线时，在空载额定电压和额定转速时，线电压波形的全谐波畸变因数（THD）应不超过5%。 2．转子磁极挂装前及挂装后的交流阻抗值相互比较应无显著差别，且在室温10℃～40℃用1000V绝缘电阻表测量时，其绝缘电阻值应不小于5MΩ。 3．水轮发电机定子绕组在实际冷态下，校正了由于引线长度不同引起的误差后，各相个分支间直流电阻最大与小小两相间的差值，应不超过最小值的2%。 4．水轮发电机和与其直接连接的输机，应能在最大飞逸转速下运转5min而不产生有害变形和损坏。 5．水轮发电机各部分结构强度应能承受在额定转速及空载电压等于105%额定电压下，历时3s的三相突然短路试验而不产生有害变形。 6．水轮发电机应能承受在额定容量、额定功率因素和105%额定电压及稳定励磁条件下运行，历时20s的短路故障而无有害变形或损坏。 7．中、低速大容量水轮发电机的定子和转子组装后，定子内圆和转子外圆半径的最大或最小值分别与其设计半径之差应不大于设计气隙值的±4%。 8．水轮发电机设计选用的空气冷却器应有10%～15%的热交换裕量。 9．水轮发电机机械制动时，应能在规定的时间内将机组转动部分从20%～30%额定转速和10%～20%额定转速连续制动停机	
12	《水轮发电机组安装技术规程》 GB/T 8564—2003 2004年3月1日实施	1．适用于符合下列条件之一的水轮发电机组的安装及验收单机容量为15MW及以上；冲击式水轮机，转轮名义直径1.5m及以上；混流式水轮机，转轮名义直径2.0m	**主要内容：** 规定了水轮发电机组及其附属设备的安装、调试和试验技术要求，主要内容包括： 1．立式反击式、贯流式、冲击式水轮机安装； 2．调速系统安装； 3．立式、卧式、灯泡式水轮发电机安装； 4．管道、蝴蝶阀和球阀等附属设备的安装和调试；	**关联：** 1.参加机组及其附属设备各部件焊接的焊工应按照《焊工技术考核规程》（DL/T 679）或制造厂规定的要求进行定期专项培训和考试，考试合格后持证上岗。 2．机组调速系统所用透平油的牌号应符合设计规定，各项指标符合《L-TSA汽轮机油》（GB/T 11120）的规定。

续表

序号	标准名称/标准号/时效性	针对性	内容与要点	关联与差异
12		及以上；轴流式、斜流式、贯流式水轮机，转轮名义直径 3.0m 及以上。单机容量小于 15MW 的水轮发电机组和水轮机转轮的名义直径小于 2、3、4 项规定的机组可选择执行。 2．适用于可逆式抽水蓄能机组的安装及验收	5．水轮发电机组电气试验和机组试运行的技术要求。 **重点和要点：** 1．水轮发电机组的安装应根据设计单位和制造厂已审定的机组安装图及有关技术文件，按照本规范要求进行。制造厂有特殊要求的，应按照制造厂有关技术文件的要求进行。当制造厂的技术要求与本规范有矛盾时，一般按照制造厂要求进行或与制造厂协商解决。 2．发电机组及其附属设备的安装工程，除应执行本标准外，还应遵守国家及有关部门颁发的现行安全防护、环境保护、消防等规程的有关要求	3．焊缝无损探伤，采用射线探伤时，按《钢熔化焊对接接头射线照相和质量分级》（GB/T 3323）规定执行；采用超声探伤时，按《钢焊缝手工超声波探伤方法和探伤结果分级》（GB/T 11345）规定执行。 4．埋设件过流表面粗糙度应符合《水轮机通流部件技术条件》（GB/T 10969）的规定。 5．简单的焊接应符合《钢制压力容器焊接规程》（JB/T 4709）的规定。 6．电气部分各系统回路接线应符合设计要求，其绝缘电阻测定和耐压试验应按《电气装置安装工程电气设备交接试验标准》（GB 50150）中电气设备交接试验标准的有关要求进行。 7．润滑油的牌号应符合设计要求，注油前检查油质，应符合《L-TSA 汽轮机油》（GB/T 11120）的规定。 8．励磁系统及装置的安装应符合《同步电机励磁系统大、中型同步发电机励磁系统技术要求》（GB/T 7409.3）的规定。 9．电缆敷设及盘内配线应符合《电气装置安装工程电缆线路施工及验收规范》（GB 50168）和《电气装置安装工程盘、柜及二次回路接线施工及验收规范》（GB 50171）的要求。 10．定子线圈的安装过程应参照《大型高压交流电机定子绝缘耐电压试验规范》（JB/T 6204）的规定。 11．试运行前应根据《水轮发电机组起动试验规程》（DL/T 507）、《可逆式抽水蓄能机组启动试验规程》（GB/T 18482）和本规范的规定，结合电站具体情况，编制机组试运行程序或大纲，试验检查项目和安全措施
13	《水轮机控制系统技术条件》 GB 9652.1—2007 2008 年 2 月 1 日实施	适用于水轮机控制系统，包括工作容量 350N·m 及以上的机械液压调速器和电气液压调速器以及油压装置	**主要内容：** 规定了水轮机控制系统的工作条件、技术要求、供货范围和备品备件、图纸与资料及铭牌、包装、运输、贮存要求。主要内容包括： **重点和要点：** 1．水轮发电机组在手动空载工况运行时，转速摆动相对值对大型调速器不超过±0.2%；对中、小型和特小型调	**关联：** 1．调速器系统所使用油的质量必须符合《T-TSA 汽轮机油》（GB 11120）中的规定。 2．电气柜的外形尺寸按《高度进制为 2mm 的面板、架和柜的基本尺寸系列》（GB/T 3047.1）的规定。 3．电气装置内的印制板应参照《无金属化孔单双面印制板分规范》（GB/T 4588.1）和《有金属化孔单双面印制

续表

序号	标准名称/标准号/时效性	针对性	内容与要点	关联与差异
13			速器均不超过±0.3%。 2．机组甩100%额定复核后，在转速变化过程中，超过稳态转速3%额定转速值以上的波峰不超过两次。 3．油压装置控制系统管道内油的流速不超过5m/s。 4．测速装置在额定转速±10%范围内，静态特性曲线应近似直线，其转速死区应符合设计规定值；在额定转速±2%范围内，其放大系数的实测值偏差不超过±5%。 5．设置的转换器在电源消失时应有回中功能，在稳定状态其电源消失时接力器行程变化不得超过全行程的±1%。 6．产品应放在环境温度为−5℃～+40℃，相对湿度不大于90%，室内无酸、碱、盐及腐蚀性、爆炸性气体和强电磁场作用，不受灰尘、雨蚀的库房内	板分规范》（GB/T 4588.2）的规定。 4．设备中所用导线的颜色按《电工成套装置中的导线颜色》（GB/T 2681）的规定。柜上指示灯和按钮的颜色应符合《电工成套装置中的指示灯和按钮的颜色》（GB/T 2682）的规定。 5．电气装置至少要参照《电磁兼容》（GB/T 17626.4）进行电快速瞬变试验。 6.在规定压力下的输油量和轴功率的性能容差参照《螺杆泵试验方法》（JB/T 8091），泵的效率下降值不得超过产品规定值的5%。液压齿轮泵的空载排量，在额定压力、额定转速工况下的容积效率和总效率不得低于《液压齿轮泵 技术条件》（JB/T 7041）的要求。 7．压力罐的设计、制造、焊接和检查，应符合《压力容器安全监察规程》和《钢制压力容器》（GB 150）等有关规定。 8．包装的标志应符合《包装储运图示标志》（GB/T 191）的规定。 9．压力容器涂敷及运输包装应符合《压力容器涂敷及运输包装》（JB/T 4711）的规定
14	《水轮机蓄能泵和水泵水轮机通流部件技术条件》 GB/T 10969—2008 2009年4月1日实施	1．适用于模型和符合下列条件之一的原型水轮机、蓄能泵和水泵水轮机产品： （1）功率为10MW及以上； （2）转轮公称直径3.3m及以上的混流式、贯流式、斜流式水轮机； （3）转轮公称直径1.0m及以上的离心式蓄能泵； （4）转轮公称直径1.0m及以上的冲击式水轮机。 2．尺寸和容量小于上	**主要内容：** 规定了水轮机、蓄能泵和水泵水轮机通流部件对水力性能有影响的控制尺寸的精度和通流部件表面质量要求，主要内容包括： 1．对于原型和模型几何相似应进行几何相似性检查、一致性和几何相似性的评价的技术要求； 2．明确了尺寸检查的步骤和方法； 3．明确了多级机械、密封和轴向平压措施的技术要求； 4．明确了各类水轮机、蓄能泵、水泵水轮机通流部件尺寸检查的范围和项目； 5．明确了通流部件表面粗糙度和波浪度的具体要求和标准。 **重点和要点：** 1．为保证原型性能、原型与模型间必须保证几何相似。	**关联：** 通流部件的通流表面控制尺寸，除符合本标准规定的允许偏差外，还应满足结构配合公差及《水轮发电机组安装技术规范》（GB 8564）的有关要求

续表

序号	标准名称/标准号/时效性	针对性	内容与要点	关联与差异
14		述条件的原型水轮机、蓄能泵和水泵水轮机产品可选择执行	2．在模型尺寸偏差符合要求时，可采用模型的理论值代替测量的平均值。 3．在模型与原型均进行验收试验时，应尽量采用同一测量断面。 4．对于圆柱型导水机构布置，至少在一个断面上检查型线；对于锥形布置，至少在两个断面上检查型线。 5．对于混凝土表面，原型转轮直径在 3.3m 和 1m 间时，一致性允许偏差应有±2%逐渐降到±1%。 6．对于混凝土表面，由于支撑板移位以及混凝土和金属表面接口处引起的突然变化，对于原型转轮直径大于 3.3m 时，该值应限制在 6mm 以内。 7. 当原型转轮直径在 3.3m 和 1m 之间时，该值应从 6mm 逐渐降到 3mm 内	
15	《水轮机基本技术条件》 GB/T 15468—2006 2006 年 8 月 1 日实施	1．适用于功率为 10MW 及以上的水轮机。 2．适用于转轮公称直径 1.0m 及以上的混流式、冲击式水轮机。 3．适用于转轮公称直径 3.3m 及以上的轴流式、贯流式水轮机	**主要内容：** 规定了水轮机产品设计制造方面的性能保障、技术要求供货范围和检验项目，并提出了其包装、运输、保管和安装运维应遵循的规定，主要内容包括： 1．水轮机产品设计制造方面的基本技术要求： （1）设计应明确电站有关水能、水轮机形式、布置方式、型号等相关技术要求； （2）明确了水轮机主要部件的结构和材料要求、供货范围和检验项目。 2．水轮机产品设计制造方面的性能保证要求，主要包含保证期、稳定水力性能、稳定运行范围、空化、空蚀、磨蚀、振动、转速、压力、漏水量、噪声、水推力、转轮裂纹、可靠性指标等保证。 3．水轮机供货范围和备品备件的具体要求。 4．水轮机资料和图纸交付时间、数量、主要项目的具体要求。 5．水轮机工厂检验与试验项目、方法及标准。 6．水轮机产品包装、运输、保管、安装、运行和维护应遵守的基本规定。	**关联：** 1．在求取压力脉动均方根值中，模型的取值按照 IEC 60193，原型取值按照《水力机械振动和脉动现场测试规程》（GB/T 17189）。 2．水轮机通流部件应符合《水轮机通流部件技术条件》（GB/T 10969）的要求《刚性转子平衡品质许用不平衡的确定》（GB/T 9239）中 G6.3 级的要求。 3．水轮机应设置观察孔和进入门，在进入门处，应按照《钢制压力容器》（GB 150）钢制压力容器的要求进行补强。 4．水轮机自动化元件及系统应符合《水轮发电机组自动化元件（装置）及其系统基本技术条件》（GB/T 11805）中的有关规定。 5．水轮机主要结构部件的铸锻件应符合《水力机械铸钢件检验规范》（CCH-70-3）及《水轮机、水轮发电机大轴锻件技术条件》（JB/T 1270）标准或合同规定的相应标准。 6．经过考试合格的并持有证书的焊接人员才能担任主要部件的焊接工作。主要部件的主要受力焊缝应进行 100%的无损探伤。应符合《钢熔化焊对接接头射线照相

续表

序号	标准名称/标准号/时效性	针对性	内容与要点	关联与差异
15			**重点和要点：** 1．水轮机在各种运行工况时，其稀油润滑的导轴承的轴瓦最高温度不应超过 70℃；卧式水轮机的径向推理轴承轴瓦最高温度不超过 70℃。油的最高温度不超过 65℃。 2．水轮机及其辅助设备需进行耐压试验的，除不需在工地组焊的部分外，均需按试验压力在场内进行耐压试验，耐压试验的压力为设计压力（包括压升）的 1.5 倍。试压时间应持续稳压 10min。 3．对于承受剪切和扭转力矩的零部件，铸铁的最大剪应力不得超过 21MPa，其他黑色金属最大剪应力不得超过许用拉应力的 70%，其中机组主轴和导叶轴的最大剪应力不得超过许用应力的 60%。 4．当要求有预应力时，螺栓、螺杆和连杆等零部件均应进行预应力处理，零部件的预应力不得超过材料屈服强度的 7/8、螺栓的荷载不应小于连接部分设计荷载的 2 倍。 5．采用巴氏合金的轴瓦，其与瓦基的结合情况应进行 100%超声波检查，接触面应不小于 95%，且单个脱壳面积不大于 1%；表面用渗透法探伤应无缺陷	和质量分级》（GB/T 3323）、《钢焊缝手工超声波探伤和探伤结果分级》（GB/T 11345）、《焊接质量保证》（GB/T 12469）、《压力容器无损检测》（JB 4730）、《焊缝磁粉检验方法和缺陷磁痕分级》（JB/T 6061）、《焊缝渗透检验方法和缺陷迹痕分级》（JB/T 6062）标准或合同规定的相应标准。 7．对装饰性电镀层应符合《金属覆盖层》（GB/T 9797）的规定。 8．转轮应安全可靠，按疲劳强度进行设计，并按《水力机械铸钢件检验规范》（CCH-70-3）标准或合同规定的标准探伤。 9．水轮机稳态水力性能保证，按模型试验结果验证，或采用现场试验进行验证。模型试验参照《水轮机、蓄能泵和水泵水轮机模型验收规程》IEC 60193 或《水轮机、蓄能泵和水泵水轮机模型验收试验》（GB/T 15613）进行，现场试验参照《水轮机蓄能泵和水泵水轮机现场验收规程》IEC 60041 进行。 10. 反击式水轮机在一般水质条件下的空蚀损坏保证应符合《反击式水轮机空蚀评定》（GB/T 15469）的规定。冲击式水轮机在一般水质条件下的空蚀损坏保证应符合《水斗式水轮机空蚀评定》（GB/T 19184）的规定。 11. 在保证稳定运行范围内，立式水轮机顶盖以及卧式水轮机轴承座的垂直方向和水平方向的振动值的测量方法按《在非旋转部件上测量和评价机器的振动》（GB/T 6075.5）执行。 12. 在正常运行工况下，主轴相对振动应不大于《旋转机械转轴径向振动的测量和评定》（GB/T 11384.5）图 A.2 中规定的 B 去上限线，切不超过轴承间隙的 75%。 13. 水轮机各主要部件应根据合同规定的检验项目进行检验，合同中无明确规定时，按《水轮发电机组设备出厂检验一般规定》（DL/T 443）执行。 14. 水轮机预装按合同或技术协议执行。对不能或难于在供方车间内进行预装的水轮机部件，经供需双方协商一致后，可移动到现场按《水轮发电机组安装技术规范》

续表

序号	标准名称/标准号/时效性	针对性	内容与要点	关联与差异
15				（GB/T 8564）并参照供方的有关规定进行，由供方负责技术指导。 15．水轮机及其辅助设备的包装运输应符合《包装储运图示标志》（GB/T 191）和《水电机组包装、运输和保管规范》（JB/T 8660）的规定，并按照设备的不同要求和运输方式采取防雨、防潮、防雾、防冻、防盐雾等措施。 16. 水轮机的安装和试运行必须符合水轮发电机组安装技术规范》（GB/T 8564）和《水轮发电机组》（DL/T 507）的要求。 17．试运行前应用油对调系统各管道进行反复循环清洗，然后更换为符合轴承润滑油应符合《L-TSA 汽轮机油》（GB 11120）规定的新油试运行。 18．水轮机运行应符合《水轮机运行规程》（DL/T 710—1999）供方提供的产品使用维护说明书的规定。 19．空蚀和磨蚀保证验证（反击式水轮机按《反击式水轮机空蚀评定》（GB/T 15469）执行，冲击式水轮机按《水斗式水轮机空蚀评定》（GB/T 19184）执行） **差异：** 与《小型水轮机基本技术条件》（GB/T 21718）对比，主要在于适用范围不同
16	《小型水轮机基本技术条件》 GB/T 21718—2008 2008 年 7 月 1 日实施	1．适用于机组功率在 500kW～10000kW 之间，转轮直径小于 3.3m 的混流式、轴流式、斜流式、贯流式及冲击式水轮机； 2．机组功率在 100kW～500kW 之间的水轮机可选择执行； 3．机组功率和转轮直径超过上述条件的水轮机按照 GB/T 15468—2006 执行	**主要内容：** 规定了小型水轮机产品的技术要求，主要内容包括： 1．小型水轮机产品的基本技术要求； 2．小型水轮机产品主要部件结构和材料的技术要求； 3．小型水轮机设备供货范围、备品备件的基本要求； 4．小型水轮机技术文件和图纸资料的具体要求； 5．小型水轮机厂内检验与验收的项目、方法和标准； 6．小型水轮机包装、运输、保管、安装、运行和维护的基本要求。 **重点和要点：** 1. 水轮机主要部件的主要受力焊缝应进行 100%的无损探伤。	**关联：** 1．水轮机通流部件应符合《水轮机通流部件技术条件》（GB/T 10969）的要求。 2．水轮机通流部件铸钢件应符合《中小型水路及通流部件铸钢件》（JB/T 10384）的规定，水轮机主轴锻件应符合《水轮机、水轮发电机大轴锻件技术条件》（JB/T 1270）的规定。 3．水轮机转轮应按《中小型水轮机转轮 静平衡试验规程》（JB/T 6752）的要求做静平衡试验。 4．叶片、导叶型线误差及通流部件验收按照《水轮机通流部件技术条件》（GB/T 10969）要求进行。 5．水轮机及其辅助设备在工地组装的部件按照《水轮

续表

序号	标准名称/标准号/时效性	针对性	内容与要点	关联与差异
16			2．水轮机应有必要的防飞逸设施，水轮机允许飞逸转速持续时间应不小于5min。 3．水轮机在各种工况运行时，其稀油导轴承金属轴瓦的温度最高不应超过70℃，油温的最高温度不超过65℃。 4．冷却器的试验压力为2倍工作压力，且不小于0.4MPa，保压60min应无渗透现象。 5．转桨式机组转轮室内表面应采用球面结构，定桨式机组转轮室也可采用圆筒结构，转轮室后应设置伸缩法兰，伸缩长度不小于10mm。 6．水斗式、斜机式水轮机喷机执行机构如采用异步电机操作，应设置可靠的限位开关，电机应有防过载保护装置。 7．双击式水轮机除排出高度应能满足水轮机安全稳定运行和效率不受影响外，尾水管出口断面还应有不小于300mm的淹没深度	发电机组安装技术规范》（GB/T 8564）的要求并参照供方的有关规定进行，由供方负责技术指导，在工地安装、调试完毕投入运行之前应按照《水轮发电机组起动试验规程》（DL/T 507）的要求进行试运行，灯泡贯流式水轮机的试运行规定按照《灯泡贯流式水轮发电机组启动试验规程》（DL/T 827）的要求进行。 6．水轮机及其辅助设备的包装运输应符合《水电机组包转、运输和保管规范》（JB/T 8660）的规定，并按照设备的不同要求和运输方式采取防雨、防潮、防震、防霉、防冻、防盐雾等措施。 7．水轮机的安装应符合《水轮发电机组安装技术规范》（GB/T 8564）的要求和供方提供的产品安装、使用、维护说明书的规定。 8．水轮机的运行、维护应符合《水轮机运行规程》（DL/T 710）有关规程和供方提供的产品安装、使用、维护说明书的规定。 9．水轮机轴承及调速系统使用的油应符合《T-TSA汽轮机油》（GB 11120）的规定。 **差异：** 与《水轮机基本技术条件》（GB/T 15468—2006）对比，主要在于适用范围不同
17	《反击式水轮机泥沙磨损技术导则》 GB/T 29403—2012 2013年6月1日实施	1．适用于装设反击式水轮机的水电站。 2．装设其他类型的水轮机的水电站可根据情况选择使用	**主要内容：** 规定了多泥沙河流上水轮机的设计、制造、安装、运行、维护和检修中的技术要求和注意事项，主要内容包括： 1．过机泥沙分析及水电站排沙措施； 2．水轮机选型与设计； 3．水轮机选材与制造； 4．水轮机安装； 5．水轮机运行与检修； 6．水轮机泥沙磨损的保证值。 **重点和要点：** 1．在水电站规划设计中，为预测泥沙对水轮机的磨损程度，应收集河流历年的水温、泥沙资料，并进行泥沙特	**关联：** 1．水轮机通流部件应符合《水轮机通流部件技术条件》（GB/T 10969）的要求。 2．模型试验参照《水轮机、蓄能泵和水泵水轮机模型验收规程》（IEC 60193）的要求。 3．水轮机的安装应符合《水轮发电机组安装技术规范》（GB/T 8564）的要求。 4．在保证期内水轮机的运行条件应符合《水轮机基本技术条件》（GB/T 15468）的要求。 5．在多泥沙条件下运行的水轮机的大修周期应符合《发电企业设备检修导则》（DL/ T838）的要求

续表

序号	标准名称/标准号/时效性	针对性	内容与要点	关联与差异
17			性分析；当已有泥沙资料不够全面时，应在汛期拟建水电站坝址处或上下游附近直接从河水中取水样，对汛期水流含沙量进行预测分析；应对水电站检查后的河流泥沙变化以及过机泥沙的情况进行预测与分析。 2．水力测量管路的布置，其走向应平顺以避免引起泥沙淤塞等，并宜设置冲淤塞的水源或气源。 3．水轮机的吸出高度应较在清水条件下运行的水轮机有更大的安全裕度。 4．对于预期磨损严重的水电站，设计时转轮的拆卸方式可考虑采用中拆或下拆方案，即不拆发电机，直接将转轮从水轮机室或尾水管位置拆出；顶盖宜考虑冲淤设施，并设置备用排水泵。 5．电站的空化系数应大于初生空化系数，以避免发生空蚀与磨损的联合作用而加速水轮机破坏。 6．导叶立面宜采用硬止水方式，导叶端面不宜采用弹性止水密封结构。 7．水轮机过流部件的材料应采用抗磨材料制作，一般应采用抗磨损性能较好的不锈钢，母材表面应有较高的硬度。 8．水轮机过流部件的表面型线应有良好的光洁度。易磨损部件的表面粗糙度不应大于 *Ra*1.6mm，其他磨损部件不应大于 *Ra*3.2mm。 9．因磨损导致的水轮机效率降低，对大型水轮机不应超过 2%，对于小型水轮机不应超过 4%。 10．水轮机叶片出水边不应磨穿。对大型水轮机叶片，磨损最大厚度不应超过叶片出水边厚度的 2/3。普遍磨损的最大深度不应超过 4mm。抗磨板的局部磨损不应超过 10mm 或不应磨穿，其他部件的局部磨损的最大深度不应超过 8mm。各类止漏环的间隙扩大不应超过设计间隙的一倍。对于采用涂层的部件，涂层破坏面积不应超过全部涂覆面积的 5%～10%，小型水轮机可取大值。涂层脱落或破坏处的母材不应发生严重磨损	

续表

序号	标准名称/标准号/时效性	针对性	内容与要点	关联与差异
18	《水轮发电机定子现场装配工艺导则》 SL 600—2012 2012 年 11 月 1 日实施	适用于定子现场装配验收，亦可作为定子现场装配后质量评定的依据	**主要内容：** 规定了单机容量在 15MW 及以上的水轮发电机定子现场装配的工艺方法、技术要求、操作（施工）程序和检验标准，主要内容包括： 1．施工现场要求，包括定子装配场地的要求、定子装配用的支墩的要求、中心测圆架安装的要求和施工平台的要求； 2．机座组合与焊接，包括机座组合、机座调整、机座焊接； 3．定位筋与下压指安装； 4．铁芯叠装，包括叠片前的准备工作、叠装下部阶梯段、叠装中间段、铁芯分段预压、叠装上部阶梯段和安装上齿压板、安装后的压紧、定子整体吊装； 5．磁化试验，包括实验前的准备工作和磁化试验； 6．线圈嵌装，包括对施工场地的补充要求、嵌线前的准备工作、支持环安装、测温电阻线圈安装、下层线圈嵌装、上层线圈嵌装、打槽楔、线圈端并头套焊接、线圈端并头套绝缘盒装套； 7．汇流母线与极间连接安装； 8．定子绕组安装检查与试验，包括水内冷发电机定子绕组水冷管道和水冷软管安装及试验、定子水平和高程的确定、清扫和检查与喷漆、定子绕组绝缘电阻测量和耐压试验。 **重点和要点：** 1．施工平台的承载应有足够的安全系数，保证叠片施工人员较多时的安全。 2．嵌装场地应配备足够的安全及消防器材，建立必要的安全、警卫措施，严禁烟火。 3．定子装配场地平均温度宜不低于 5℃，空气相对温度宜在 7℃。 4．定子装配厂地应避免阳光直射和直接承受冷、热气流的吹袭，装配场地的环境温度应均匀。 5．支撑定子的支墩尺寸应适应定子机座的要求，每瓣定子机座的支墩数应不少于 3 个。	**关联：** 1．定子铁芯中心高程，应按《水轮发电机组安装技术规范》（GB/T 8564）中的有关规定执行。 2．线圈安装过程中，应参照《大型高压交流电机定子绝缘耐压试验规范》（JB/T 6204）的规定对线圈进行交流耐压试验。 3．当海拔超过 1000m 时，电晕起始电压试验值应参照《高压电机使用于高海拔地区的防电晕技术要求》（JB/T 8439）进行修正。 **差异：** 本标准与《水轮发电机定子现场装配工艺导则》（DL T 5420）相比多没有明确的适用范围，增加了汇流母线与极间的连接线安装及定子绕组安装检查与试验的内容

续表

序号	标准名称/标准号/时效性	针对性	内容与要点	关联与差异
18			6. 测圆架中心柱的垂直度偏差可在 90°方向挂 2 根钢丝线测量，其偏差应不大于 0.02mm/m，且在测量范围内的最大倾斜应不超过 0.05mm；测圆架的旋转臂重复测量圆周上任意点的误差不大于 0.02mm，在整个圆周内测头上下跳动量应不大于 0.5mm。 7. 机座组合应按分度方位和分布半径将楔子板放置在支承支墩的钢垫板上。调整各对楔子板顶面高程，相互偏差为 2mm。 8. 定位筋在安装前应校直，用不短于 1.5m 的平尺检查，定位筋在径向和周向的直线度应不大于 0.1mm。定位筋长度小于 1.5m 的，应用不短于定位筋长度的平尺检查	
3.4.2.2　进水阀				
19	《水轮机进水液动蝶阀选用、试验及验收导则》 DL/T 1068—2007 2007 年 12 月 1 日实施	适用于水轮机最大水头小于或等于 250m 的水轮机进水液动蝶阀；水泵水轮机用液动蝶阀、水轮机最大水头大于 250m 的水轮机进水液动蝶阀可参照本标准执行	**主要内容：** 规定了水轮机进水液动蝶阀的基本技术要求，主要内容包括： 1. 进水蝶阀的分类，包括蝶阀的构成及结构形式已经不同的型号； 2. 技术要求与保证，包括基本技术要求、结构与材料、油压装置与操作机构的技术要求、控制系统的技术要求、焊接与焊补的技术要求、密封的技术要求、启闭性能、可靠保证及保质期的要求； 3. 供货范围与备品备件、专用工具的技术要求； 4. 检验、试验、评定及验收的技术要求； 5. 图纸与资料的要求； 6. 标志、包装、运输、贮存的技术要求； 7. 安装、运行及维护的技术要求。 **重点与要点：** 1. 进水蝶阀的活门应处于全开或全关位置，不做调节流量用。 2. 当进水蝶阀公称直径大于等于 1000mm 时，进水蝶阀在全开时的阻力系数应小于 0.15；当公称直径小于 1000mm 时，阻力系数应小于 0.2。 3. 在阀门两侧压差不大于 30%静水压时，进水蝶阀应能正常开启，不产生有害振动。	**关联：** 1. 进水蝶阀通流部件的表面粗糙度应符合《普通型 平键》（GB/T 10969）及《大型水轮机产品质量分等》（JB/T 56078）的要求。 2. 进水蝶阀及附件应符合《水轮机基本技术条件》（GB/T 15468）和《水力发电厂机电设计规范》（DL/T 518）6 的规定。 3. 钢铸件的外观检查应符合《阀门铸钢件　外观质量要求》（JB/T 792）7 的规定。 4. 油压系统应符合《液压系统通用技术条件》（GB/T 3766）的规定，油压系统各液压元件应符合《液压元件通用技术条件》（GB/T 7935）的规定。 5. 油压装置应符合《水轮机控制系统技术条件》（GB/T 9652.1）和《水轮机调速器与油压装置试验验收规程》（GB/T 9652.2）的规定。 6. 控制系统应符合《机械电气安全　机械电气设备　第 1 部分：通用技术条件》（GB 5226.1）的规定，控制系统外壳防护等级应符合《低压电器外壳防护等级》（GB/T 4942.2）的规定。 7. 自动化元件及系统应符合《水轮发电机组自动化元件（装置）及其系统基本技术条件》（GB/T 11805）和《水电厂自动化元件（装置）及其系统运行维护与检修试验规

续表

序号	标准名称/标准号/时效性	针对性	内容与要点	关联与差异
19			4．进水蝶阀应设置表示活门位置的指示机构和保证活门在全开和全关位置的限位机构。 5．进水蝶阀应能在不拆开阀体的情况下更换工作密封和阀轴密封。 6．液压系统应配置不少于两台油泵，其中至少一台备用泵。 7．回油箱的容积应大于进水蝶阀操作机构全部用油量的 1.1 倍～1.5 倍。 8．进水蝶阀采用橡胶密封时，其出厂试验的漏水量应为零	程》DL/T 619 的规定。 8．开孔、开孔补强、焊缝坡口及焊接质量应符合《压力容器》（GB 150）的规定。 9．涂漆前的钢材表面除锈等级应符合《涂覆涂料前钢材表面处理　表面清洁度的目视评定　第 2 部分：已涂覆过的钢材表面局部清除原有涂层后的处理等级》（GB/T 8923）的规定。 10．铸钢件磁粉探伤应符合《阀门受压件磁粉探伤检验标》（JB/T 6439）或《铸钢件磁粉检测》（GB/T 9444）的规定。 11．铸钢件射线照相应符合《阀门受压铸钢件射线照相检验》（JB/T 6440）或《铸钢件射线照相检测》（GB/T 5677）的规定。 12．铸钢件液体渗透检测应符合《阀门液体渗透检查方法》（JB/T 6902）或《铸钢件渗透检测》（GB/T 9443）的规定。 13．铸钢件超声波检测应符合《铸钢件超声探伤及质量评级标准》（GB/T 7233）的规定。 14．用于承压部件的钢板超声波检测应符合《压力容器》（GB 150）的规定，钢板、锻件的超声波检测应符合《承压设备无损检测　第 3 部分：超声检测》（JB 4730.3）的规定。 15．焊缝的检测应符合《压力容器》（GB 150）、《承压设备无损检测　第 2 部分：射线检测》（JB 4730.2）和《承压设备无损检测　第 3 部分：超声检测》（JB 4730.3）的规定。 16．接力器试验应符合《水轮机调速器与油压装置试验验收规程》（GB/T 9652.2）的规定。 17．进水蝶阀的启动试运行程序、试验方法应符合《水轮发电机组启动试验规程》（DL/T 507）的规定。 18．进水蝶阀的质量等级评定应符合《大型水轮机 产品质量分等》（JB/T 56078）的规定

续表

序号	标准名称/标准号/时效性	针对性	内容与要点	关联与差异
3.4.2.3	辅助设备（与火电等公用标准，本部分不纳入）			
3.4.2.4	消防（与火电等公用标准，本部分不纳入）			
3.4.2.5	电气一次（与火电等公用标准，本部分不纳入）			
3.4.2.6	电气二次			
20	《抽水蓄能自动控制系统技术条件》 DL/T 295—2011 2011 年 11 月 1 日实施	1．适用于单机容量 200MW 及以上抽水蓄能机自动控制系统的设计、制造和运行管理。 2．其他容量抽水蓄能机组可选择执行	**主要内容：** 规定了抽水蓄能机组自动控制系统的有关术语、基本结构、系统功能、技术要求以及文件等内容，主要内容包括： 1．规定了抽水蓄能机组监控系统技术条件，包括分层控制结构、系统功能和操作要求、硬件基本技术要求； 2．规定了励磁系统的技术条件，包括系统性能要求、装置技术要求、系统的控制、保护、测量、信号功能技术要求； 3．规定了调速器及油压装置的技术条件，包括工作条件、系统功能要求、装置技术要求； 4．规定了自动控制系统技术文件的相关要求。 **重点与要点：** 1．励磁系统应采用静止整流励磁系统，除了应满足机组发电、抽水、调相、进相、线路充电（零起升压）运行的要求外，还应满足机组发电工况起动、电动工况起动、黑启动、电气制动以及准同步并网等要求。 2．发电机突然甩掉额定负载，电动机额定功率下突然解列后，励磁系统应保证发电电动机电压超调量不大于额定电压的 15%，振荡次数不超过 3 次，调节时间不大于 5s。 3．励磁系统备用直流起励回路起励电流不大于 10%空载励磁电流，起励时间不大于 5s。 4．功率整流器晶闸管的计算结温不大于 115℃或实测壳温不大于 100℃。 5．水泵水轮机在手动空载工况运行时，水泵水轮机转速摆动相对值不超过±0.3%。 6．引水系统的水流惯性时间常数 T_W 不大于 4s；水流惯性时间常数 T_W 与机组惯性时间常数 T_A 的比值不大于 0.4。 7．油压装置应设置 2 台油泵，每台油泵的输油量足以补充漏油量，并且最少 2 倍的安全系数。通常每台泵的每分钟输油量不小于接力器容积的 0.8 倍	**关联：** 1．抽水蓄能机组自动控制系统的环境条件、性能要求、系统功能和硬件条件应符合《水电厂计算机监控系统基本技术条件》（DL/T 578）有关规定。 2．励磁系统的性能要求、装置技术条件应符合《大中型水轮发电机静止整流励磁系统及装置技术条件》（DL/T 583）的规定。 3．励磁变压器的容量应按照《变流变压器　第 1 部分：工业用变流变压器》（GB/T 18494.1）的规定。 4．调速器及油压装置的设计符合《水轮机控制系统技术条件》（GB/T 9652.1）的规定

续表

序号	标准名称/标准号/时效性	针对性	内容与要点	关联与差异
21	《水力发电厂计算机监控系统与厂内设备及系统通信技术规定》 DL/T 321—2012 2012年3月1日实施	1．适用于水力发电厂（包括抽水蓄能电站）计算机监控系统的设计、制造、安装与验收。 2．梯级水电厂和水电厂群的集中计算机监控系统通信规约等可选择执行	**主要内容：** 规定了水力发电厂计算机监控系统与厂内智能设备、生产控制系统和管理信息系统的通信规范，主要内容包括： 1．明确了监控系统按通信对象分为三类：厂内智能设备、生产控制系统和管理信息系统； 2．规定了通信接口的基本技术要求和接口方式，接口方式分为以太网、现场总线和串行通信； 3．规定了计算机监控系统与智能设备类的通信规约、与生产控制系统的通信规约、与管理信息系统的通信规约。 **重点与要点：** 1．监控系统与厂内设备及系统的通信协议应采用开放协议。 2．通信协议应满足不同规模信息量的水电厂应用需求，可支持通信设备的单机配置或冗余配置以及单通道或多通道的配置。 3．计算机监控系统与厂内智能设备通信接口应按照以太网、现场总线、串行通信的优先顺序，与其他系统的通信宜采用以太网接口。 4．通信协议应满足不同规模信息量的水电厂应用需求，可支持通信设备的单机配置或冗余配置以及单通道或多通道的配置。 5．当通信设备组网连接或点对点通信距离大于15m时，应采用EIA-RS-485接口	**关联：** 1．不同系统或设备间的互连宜遵循《变电站通信网络和系统》（DL/T 860）系列规约。 2．通信协议传送数据的精度和响应时间应满足《水电厂计算机监控系统基本技术条件》（DL/T 578）的要求
22	《发电机励磁系统及装置安装、验收规程》 DL/T 490—2011 2011年11月1日实施	1．适用于额定容量为10MW及以上的水轮发电机静止整流励磁系统及装置。 2．10MW以下的水轮发电机静止整流励磁系统及装置，可参照有关条款执行	**主要内容：** 规定了发电机励磁系统及装置的安装、调试及验收准则，安装与调试的条件、方法与要求，验收的条件、方法与要求。主要内容包括： 1．规定了大中型水轮发电机静止整流励磁系统及装置的安装、调试及验收准则； 2．规定了发电机励磁系统安装调试的条件、方法与质	**关联：** 1．励磁系统及装置的安装调试及验收应符合《电气装置安装工程　高压电器施工及验收规范》（GB 50147）、《电气装置安装工程　电力变压器、油浸电抗器、互感器施工及验收规范》（GB 50148）、《电气装置安装工程　母线装置施工及验收规范》（GB 50149）、《电气装置安装工程　电气设备交接试验标准》（GB 50150）、《电气装置安装工

续表

序号	标准名称/标准号/时效性	针对性	内容与要点	关联与差异
22			量控制要求； 3．规定了发电机励磁系统验收的分类、条件、方法与要求。 **重点与要点：** 1．发电机组的励磁型式由三机或者两机励磁系统为主转变为以自并励励磁系统为主，励磁调节器已经由数字式取代模拟式，励磁系统的测试侧重于整体性能测试等。 2．随同发电机安装、调试及试运转完毕的励磁系统及装置，应有安装单位和制造厂向建设单位进行交接检查和试验。 3．设备开箱检查应在制造厂代表、监理和施工单位同时在场的情况下进行，制造厂代表无法及时赶至现场参与开箱检查时，应书面委托用户或安装公司代为参与开箱检查，并逐项填写检查记录。 4．励磁系统及装置的安装，应在相应土建工作全面完成后才可进行，并检查设备的安装基础及埋设件是否符合设计图纸或制造厂的要求。 5．现场专业人员配置测量工具、专业施工设备，施工环境和照明等应满足励磁盘柜及励磁变压器安装要求。 6．励磁变压器安装就位应按照设计规定的要求进行固定和接地，励磁变压器就位后，检查其外表及绕组、引线、铁芯、紧固件、绝缘件等，应完好无损。 7．励磁变压器及其附件安装好后应进行清扫，并根据《电气装置安装工程　电气设备交接试验标准》（GB 50150）和订货合同及制造厂技术文件进行试验。 8．盘间所用的螺栓、垫圈、螺母等紧固件，紧固时应使用力矩扳手，应按照制造厂规定的力矩进行紧固。母排在无设备供货厂商规定时，应按照螺栓的紧固力矩表规定的紧固力矩进行紧固。 9．所有连接件必须紧固，断路器每个断口触头接触电阻应不大于出厂值的120%。 10．买方第一次使用各种型号的装置时应参加全部出厂试验，且买方对其他产品可视质量情况进行抽检，出厂检验不合格的产品、备品、备件、包装等，不应出厂。	程　电缆线路施工及验收规范》（GB 50168）、《电气装置安装工程　接地装置施工及验收规范》（GB 50169）、《电气装置安装工程　盘、柜及二次回路接线施工及验收规范》（GB 50171）、《大中型水轮发电机静止整流励磁系统及装置试验规程》（DL/T 489）、《大中型水轮发电机静止整流励磁系统及装置技术条件》（DL/T 583）和《大中型水轮发电机微机励磁调节器试验与调整导则》（DL/T 1013）的规定。 2．盘柜安装时的垂直度、水平偏差、盘面偏差、盘间接缝等应符合《电气装置安装工程　盘、柜及二次回路结线施工及验收规范》（GB 50171）的要求。 3．励磁变压器基础槽钢不直度、水平度、不平行度应符合《电气装置安装工程　盘、柜及二次回路接线施工及验收规范》（GB 50171）要求，高程和中心控制应在设计允许范围内。 4．在安装调试全过程中，施工单位应严格依照程序文件和质量体系要求，遵循 ISO 9000、行业标准和规范及合同的有关规定，对工程质量进行严格控制

续表

序号	标准名称/标准号/时效性	针对性	内容与要点	关联与差异
22			11．在安装单位完成安装调试后，工程建设单位和监理应根据安装单位提供的安装和调试报告进行复检。 12．励磁系统及装置在按国家有关规定的时间进行机组带负荷连续试运行合格后，应由安装单位会同制造厂共同向工程建设单位进行交接验收，励磁系统及装置在交接验收后的质保期内，如发现产品或安装质量问题，应由制造厂或安装单位负责处理	
23	《水电厂计算机监控系统基本技术条件》 DL/T 578—2008 2008年11月1日实施	1．适用于大中型水电厂计算机监控系统的设计和制造。 2．其他类型的水电厂计算机监控系统亦可选择使用	**主要内容：** 规定了水电厂计算机监控系统的有关术语和定义、基本技术要求、试验和检验、包装、运输和储存以及技术文件等内容，主要内容包括： 1．规定了水电厂计算机监控系统基本技术要求，包括使用条件、系统功能和操作要求、硬件要求、软件要求和系统特性要求； 2．规定了计算机监控系统的试验项目和和方法； 3．规定了计算机监控系统检验标准、验收规则； 4．规定了计算机监控系统相关产品标志、包装、运输和储存的技术要求。 **重点与要点：** 1．数据处理应定义对每一设备和每种数据类型的数据处理能力和方式，以用于支持系统完成监测、控制和记录功能。 2．当对象处于事故和故障状态，应立即发出报警音响、语音报警和显示信息，报警音响或语音报警应将事故和故障区别开来；报警显示信息应在当前画面上显示报警报文（包括报警发生时间、对象、名称、性质等）。 3．在进行自动发电控制计算时，应根据给定的电站输出功率，考虑调频和备用容量的需要，计算当前水头下电站最佳运行的机组数；应根据电站供电的可靠性、设备（特别是水轮发电机组）的当前安全和经济状况，确定应运行机组台号；应校核各项限制条件，如机组空蚀振动区、机组最大负荷限制、线路负荷限制、下游最小流量、下游水位单位时间内的变幅、用水量计算等，不满足时进行各种修正。	**关联：** 1．汉字应符合《信息技术中文编码字符集》（GB 18030）汉字编码标准集。 2．监控画面中各电气设备图符应符合《水电水利工程电气制图标准》（DL/T 5350）的规定。 3．监控画面中各电压等级颜色应符合《电站电气部分集中控制装置通用技术条件》（GB 11920）的规定。 4．对自带驱动设备的模拟屏，其驱动设备应符合《模拟屏驱动器通用技术条件》（DL/T 631）的规定。 5．不间断电源或逆变电源应符合《不间断电源设备》（GB 7260）的规定。 6．防雷保护应符合《电子设备雷击保护导则》GB 7450要求。 7．试验和检验按《水力发电厂计算机监控系统试验验收规程》（DL/T 822）执行。 8．包装按《机电产品包装通用技术条件》（GB/T 13384）执行，设备有特殊要求的应在包装箱上注明。 9．运输按《电工电子产品应用环境条件》（GB/T 4798.2）执行，同时制造单位还应指明设备适用的运输工具和运输时的要求

续表

序号	标准名称/标准号/时效性	针对性	内容与要点	关联与差异
23			4．在进行自动电压控制计算时应对运行机组进行各项限制条件校核，如机组励磁电流限制、母线电压限制、机组定子电流限制、机组进相深度限制等，不满足时进行各种修正。 5．一般电气特性应满足： （1）绝缘电阻：交流回路外部端子对地的绝缘电阻应不小于 10MΩ，不接地直流回路对地的绝缘电阻应不小于 1MΩ； （2）介电强度：500V 以下 60V 及以上端子与外壳应能承受交流 2000V 电压 1min，60V 以下端子于外壳间应能承受交流 500V 电压 1min； （3）电磁兼容性（EMC）：计算机监控系统设备的电磁兼容性宜满足《外壳端口抗扰度规范》《信号端口抗扰度规范》《低压交流电源输入和低压交流电源输出端口抗扰度规范》《低压直流电源输入和低压直流电源输出端口抗扰度规范》和《功能接地端口抗扰度规范》所列指标要求。 6．计算机监控系统在正常工作时，距离主机或服务器 1m 处所产生的噪声应小于 70dB；距离其他设备 1m 处所产生的噪声应小于 60dB。 7．接地要求： （1）设备外壳或裸露的非载流的金属部分必须接地； （2）经过隔离的交流电源电压超过 150V 时必须接地； （3）未隔离开的所有计算机直流回路（包括直流电源、逻辑回路、信号回路）中一般只应有一个接地点； （4）未隔离开的所有计算机直流电路中共地回路如有两点或多点接地时，其任意两接地点的地电位差在任何时候均不能大于设备所允许的噪声； （5）任一机柜（或一套装置）内全部对外接口设备有隔离时，机柜外壳、交流电源、计算机直流电路和电缆屏蔽层应在该机柜内共一点接地，计算机逻辑回路在机柜内应只有一点同机柜的公共接地点连接； （6）在一个设备中，或在临近设备中的接地不应有两个独立的接地网；	

续表

序号	标准名称/标准号/时效性	针对性	内容与要点	关联与差异
23			（7）信号和电缆屏蔽层的接地应考虑相应传感器或其他连接设备的接地点，避免两点接地，并且尽可能选择计算机监控系统接收设备端一点接地	
24	《大中型水轮发电机静止整流励磁系统及装置技术条件》 DL/T 583—2006 2007 年 3 月 1 日实施	1．适用于单机容量 10MW 及以上大中型水轮发电机的静止整流励磁系统及装置的使用与订货。 2．自并励磁系统以外的整流励磁系统可选择执行	**主要内容：** 规定了大中型水轮发电机静止整流励磁系统及装置的基本技术要求、使用的术语、定义、计算方法、试验、技术文件等，主要内容包括： 1．规定了大中型水轮发电机静止励磁系统及装置的基本技术要求，包含使用条件、系统性能和功能要求，以及装置技术要求； 2．规定了励磁系统试验要求； 3．规定了应提供给用户的技术文件项目和内容。 **重点与要点：** 1．励磁系统应满足： （1）空载±10 阶跃响应，电压超调量不大于额定电压的 10%，振荡次数不超过 3 次，调节时间不大于 5s。 （2）发电机空载运行，转速在 0.95～1.05 额定转速范围内，突然投入励磁系统，使发电机机端电压从零上升到额定值时，电压超调量不大于额定电压的 10%，振荡次数不超过 3 次，调节时间不大于 5s。 （3）在额定功率因数下，当发电机突然甩掉额定负载后，发电机电压超调量不大于 15%额定值，振荡次数不超过 3 次，调节时间不大于 5s。 2．自动电压调节器应能在发电机空载电压 10%-110%额定值范围内进行稳定、平稳的调节，手动励磁调节单元应保证在发电机空载电压 10%～110%额定值范围内进行稳定、平稳的调节。 3．在发电机空载运行状态下，自动电压调节器和手动调节单元的电压给定值变化速度，应不大于（$1/U_N$）/s，不小于（$0.3\%U_N$）/s。 4．励磁系统功率整流器不应采用串联原件。在发电机额定励磁电流情况下，均流系数不应低于 0.85。 5．励磁系统的功率整流器应满足：	**关联：** 1．励磁系统设备的外壳设计应符合《外壳防护等级》（GB 4208）的规定。 2．励磁系统的电磁兼容性应符合《电磁兼容》（GB/T 17626）、《电磁兼容性（EMC）第 6-5 部分：通用标准发电站和变电站环境的抗扰度》（IEC 61000-6-5）和《电磁兼容性（EMC）　第 4-7 部分：测试和测量技术　供电系统及其相连设备谐波和谐间波的测量和使用仪器的通用指南》（IEC 61000-4-7）的规定。 3．励磁变压器的技术要求应符合《变流变压器》（GB/T 18494）、《电力变压器》（GB 1094.1～GB 1094.3）和《干式电力变压器》（GB 6450）的规定。 4．励磁系统的试验应符合《大中型水轮发电机静止整流励磁系统及装置试验规程》（DL/T 489）的规定。 5．静止整流励磁系统及装置实验按《中大型水轮发电机静止整流励磁系统及装置实验规程》（DL/ T 489）的规定进行

续表

序号	标准名称/ 标准号/时效性	针对性	内容与要点	关联与差异
24			（1）并联运行的支路数冗余度一般应按照不小于 $N+1$ 的模式配置，在 N 模式下要求保证发电机所有工况的运行（包括强行励磁在内）； （2）风冷功率整流器如有停风情况下的特别运行要求时，并联运行支路的最大连续输出电流容量值，应按停风情况下的运行要求配置； （3）在任何运行情况下，过电压保护器应使得整流器的输出过电压瞬时值不超过绕组对地耐压试验电压幅值的30%。 6．励磁系统应装设励磁回路直流侧过电压保护装置。过电压保护动作整定值的选择原则为：在任何运行情况下： （1）应高于最大整流电压的峰值，低于整流器的最大允许电压值； （2）应高于灭磁装置正常动作时产生的电压值； （3）应保证励磁绕组两端过电压时的瞬时值不超过出厂试验时绕组对地耐压试验电压幅值的70%；要求动作的分散性不大于±10%。 7．励磁系统的灭磁装置应满足：灭磁过程中，励磁绕组反向电压应控制在不低于出厂试验时绕组对地耐压试验电压幅值的30%，不超过出厂试验时绕组对地耐压试验电压幅值的50%。 8．静止整流励磁系统的起励电源的容量配置，应不大于发电机空载励磁电流的10%。 9．励磁系统的年强迫停运率应不大于0.1%	
25	《水电厂自动化原件基本技术条件》 DL/T 1107—2009 2009年12月1日实施	1．适用于水电厂的机组及其辅助设备、全厂公用设备使用的自动化元件的配置选型设计、交接验收和产品设计制造。 2．潮汐发电厂使用本标准时，应增加相应的环境方面要求和规定	**主要内容：** 规定了水电厂自动化元件的性能、结构的基本要求，并规定了相应的检验规则及产品标志、包装、运输、贮存的有关技术要求，主要内容包括： 1．水电厂自动化元件的技术要求，包括通用技术条件、温度、压力、流量、位移、液位、转速、振动监测元件以及调节、执行机构的技术要求； 2．自动化元件质量检测的规则和方法；	**关联：** 1．振动监测装置的频率范围和量程，应符合《在非旋转部件上测量和评价机器的机械振动　第5部分：水力发电厂和泵站机组》（GB/T 6075.5）和《旋转机械转轴径向振动的测量和评定　第5部分：水力发电厂和泵站机组》（GB/T 11348.5）的规定。 2．电磁换向阀和电磁空气阀的极限温升应符合《低压开关设备和控制设备　总则》（GB/T 14048.1）的规定。

续表

序号	标准名称/ 标准号/时效性	针对性	内容与要点	关联与差异
25			3．自动化元件的交接试验的技术要求； 4．自动化元件的标识、包装、运输和贮存的技术要求。 **重点与要点：** 1．元件应能在以下环境长期运行： （1）海拔≤1000m时，允许最高空气温度为40℃，最低为5℃；1000m≤海拔≤1500m时，允许最高空气温度为37.5℃，最低为5℃；1500m≤海拔≤2000m时，允许最高空气温度为35℃，最低为5℃；2000m≤海拔≤2500m时，允许最高空气温度为32.5℃，最低为5℃。 （2）环境相对湿度（最湿月平均温度25度），发电机层不超过90%，水轮机层及进水阀门室不超过95%。 （3）环境振动，0.5Hz～0.8Hz位移幅值不大于1.5mm，8Hz～150Hz加速度不大于$5m/s^2$。 （4）磁场强度，400A/m。 2．元件应能在下列厂用电源条件下正常工作： （1）直流额定电压48V及以下，电压变动范围＋10%～－10%，纹波系数小于5%。 （2）直流额定电压110、220V，电压变动范围＋10%～－15%，纹波系数小于5%。 （3）交流额定电压220V，电压变动范围＋10%～－15%，频率50Hz±2.5Hz。 3．在油、气、水系统工作的元件应能在下列介质条件下长期工作： （1）水含沙量（粒径不大于0.55mm）不大于5g/L，有少量粒径不大于5mm的漂浮物（主供水的虑水器和主阀门应适应比此更差的介质条件）。 （2）压缩空气含尘量不大于$0.1g/m^3$，粒径不大于50μm，露点低于工作环境温度10℃。 （3）油含水不大于0.1%，含灰和机械杂质不超过0.01%，粒径不大于3μm。 4．监测元件的输出应符合以下要求： （1）监视仪的读数显示应清晰，面板不应有大面积反光现象；	3．电动操作阀的电动装置应符合《普通型阀门电动装置技术条件》（JB/T 8528）的规定。 4．机械性能的承压部件的强度试验、液（气）压元件的密封性试验、动作试验，应符合《水轮发电机组自动化元件（装置）及其系统基本技术条件》（GB/T 11805）的规定。 5．电气性能的绝缘电阻测定、工频耐压试验。应符合《低压开关设备和控制设备　总则》（GB/T 14048.1）或《水电厂非电量变送器、传感器运行管理与检验规程》（DL/T 862）的规定。 6．监测元件的准确度、线性度、灵敏度、稳定性等基本性能检验，应符合《水电厂非电量变送器、传感器运行管理与检验规程》（DL/T 862）的规定。 7．监视仪的抗干扰试验，应符合《电磁兼容　试验和测量技术　电快速瞬变脉冲群抗扰度试验》（GB/T 17626.4）的规定。 8．监测元件基本环境适应能力的试验方法，应符合《电工电子产品环境试验　第2部分：试验方法　试验B：高温》（GB 2423.2）或《水文仪器基本环境试验条件及方法》（GB/T 9359）的规定，其中交变湿热试验应符合《电工电子产品环境试验　第2部分：试验方法 试验Db：交变湿热（12h＋12h循环）》（GB 2423.4）的规定。 9．各类元件的寿命试验，应符合《水轮发电机组自动化元件（装置）及其系统基本技术条件》（GB/T 11805）的规定。 10．包装箱应符合《机电产品包装通用技术条件》（GB/T 13384）的规定。 11．运输应符合《电工电子产品应用环境条件　第2部分：运输》（GB/T 4798.2）的规定。 12．贮存电工电子产品应符合《电工电子产品应用环境条件　第1部分：贮存》（GB/T 4798.1）的规定。 13．元件应有外壳或防护罩，能防潮、防尘、防昆虫入侵。装于设备、管道上的元件外壳应能达到《外壳防护等级》（GB/T 4208）的规定

续表

序号	标准名称/ 标准号/时效性	针对性	内容与要点	关联与差异
25			（2）模拟量信号，优先选用DC 4mA～20mA，负载电阻最大值不小于550Ω； （3）开关量信号，选用速动型开关，通断能力为DC 220V、0.2A，AC 220V、3A； （4）编码器输出的误码率应不大于1×10^{-5}； （5）数字通信接口宜为RS232或RS485。 5．应存放在环境温度为－5℃～＋40℃，相对湿度不大于90%，无酸、碱、盐及腐蚀性、爆炸性气体和强电磁场作用，不受灰尘、雨雪侵蚀的库房内	**差异：** 1.《水轮发电机组自动化元件（装置）及其系统基本技术条件》（GB/T 11805）适用于各种类型水轮发电机组和进水阀自动化元件的制造和交接验收，适用范围更广。 2．DL/T 1107—2009 增加了全厂公用设备自动化元件的选型设计要求
26	《流域梯级水电站集中控制规程》 DL/T 1313—2013 2014年4月1日实施	1．适用于总装机容量在100MW及以上的新建大中型梯级水电站集中控制。 2．改建、扩建的流域梯级水电站进行集中控制可选择执行本标准	**主要内容：** 规定了流域梯级水电站集中控制的基本内容和要求，主要内容包括： 1．规定了流域梯级水电站控制中心机构建设、调度指挥及沟通和协调管理的基本要求； 2．规定了系统建设中控制中心系统配置、计算机监控系统、专业气象服务系统、水情自动测报系统、水调自动化系统、通信系统、电能量计量系统、机电保护和故障信息管理系统、工业电视系统、消防远程监控系统、机组状态在线监控系统、时间同步系统、电源系统、数据交换系统及生产管理信息系统的基本技术要求； 3．规定了梯级水库联合调度中有关调度原则、气象服务、入库流量预报、发电计划编制、防洪、发电、航运、泥沙、水库蓄水等方面的、实施调度、应急处置等方面的技术要求； 4．规定了运行管理中有关运行规则、生产运行、应急管理等方面的技术要求； 5．规定了维护和检修管理的具体要求； 6．规定了集中控制评价的具体要求。 **重点与要点：** 1．流域梯级水电站集中控制应在满足水利枢纽和电网安全运行需要的基础上，实现流域梯级水电站的安全可靠控制。 2．梯级水库联合调度原则：	**关联：** 1．计算机监控系统应满足《梯级水电厂集中监控工程设计》（DL/T 5345）、《水电厂计算机监控系统基本技术条件》（DL/T 578）及《水力发电厂计算机监控系统设计规范》（DL/T 5065）的规定。 2．水调自动化系统应符合《梯级水电站水调自动化系统设计规范》（NB/T 35001）的规定。 3．传输网络性能指标、调度交换设计和通信电源设计应符合《电力系统通信设计技术规定》（DL/T 5391）的规定。 4．电能计量系统应符合《电能量计量系统设计技术规程》（DL/T 5202）的规定。 5．继电保护及故障信息管理系统应符合《继电保护和安全自动装置技术规程》（GB/T 14285）、《电力系统暂态数据交换通用格式》（GB/T 22386）的规定。 6．时间同步系统应符合《电力系统的时间同步系统 第1部分：技术规范》（DL/T 1100.1）的规定。 7．集控中心的交流电源和事故照明应符合《梯级水电厂集中监控工程设计规范》（DL/T 5345）的规定。 8．集控中心的不间断电源应符合《水力发电厂计算机监控系统设计规范》（DL/T 5065）、《不间断电源设备（UPS）》（GB 7260）、《电力用直流和交流一体化不间断电源设备》（DL/T 1074）和《水电厂计算机监控系统基本技术条件》（DL/T 578）的规定

续表

序号	标准名称/ 标准号/时效性	针对性	内容与要点	关联与差异
26			（1）应建立梯级水库联合调度协商机制，根据流域梯级水电站开发目标，开展梯级水库调度工作； （2）集控中心可制定梯级水库联合调度规程，在梯级水库运用参数、水文气象预报、梯级水库防洪调度、发电运行管理、枢纽建筑物安全运行管理等方面作出具体规定； （3）梯度枢纽建筑物及设备按设计及主管部门批准的规程的条件与参数运用，如需变更运行参数时，应经原设计单位论证同意并报主管部门批准； （4）梯度枢纽建筑物在设计及运行期年内各时期水库的特征水位及运行方式，应按经批准的方案实施或水库调度规程执行； （5）发电应与水库综合利用相协调，按运行规程保证河道生态、航运、生产生活取水的最小流量需求。 3．运行规则： （1）集控中心应服从电网统一凋度，遵守电网调度管理的标准、规定和指令； （2）集控中心应由所在公司授权并取得电网调度机构批准后，实施流域梯级水电站集中控制管理； （3）负责与电网调度机构的调度业务联系，负责流域梯级水电站的远程集中监视、控制、事故处理等； （4）负责流域梯级水电站的发电计划申报和接收，并按批准计划执行； （5）负责开展流域梯级水电站的检修计划申报、检修申请、异动和新设备投运等工作，并按批准计划执行； （6）属电网调度机构管辖范围内的设备，未获集控中心运行值班调度员的指令，集控中心运行值班人员不得自行操作或者自行命令操作；遇有危及人身、设备及防洪和航运安全等情况时，应按规定及时组织处理、汇报； （7）属集控中心控制的设备，未获集控中心运行值班人员的指令（紧急情况下电网调度机构直接下达指令除外），电站不得自行操作；遇有危及人身、设备及防洪和航运安全等情况时，应按规定及时组织处理、汇报； （8）集控中心或电站运行值班人员认为所接受的调度指令不正确时，应立即向发令人提出意见，如发令人重复其	9．数据交换平台的设置可参照《能量管理系统应用程序接口（EMS-API）》（DL/T 890）、《变电站通信网络和系统》（DL/Z 860）的要求。 10．防雷与接地应符合《电子信息系统机房设计规范》（GB 50174）、《计算机场地通用规范》（GB/T 2887）、《建筑物电子信息系统防雷技术规范》（GB/T 50343）的规定。 11．大中型水电站水库调度应符合《大中型水电站水库调度规范》（GB 17621）的规定。 12．入库流量预报方案精度应符合《水文情报预报规范》（GB/T 22482）的规定。 13．水情自动测报系统的电源配置应满足《水利水电工程水情自动测报系统设计规定》（DL/T 5051）的要求。 14．水调自动化系统的电源配置应满足《梯级水电站集中监控工程设计规范》（NB/T 35001）的要求

续表

序号	标准名称/标准号/时效性	针对性	内容与要点	关联与差异
26			调度指令时，受令人应按调度指令要求执行。如执行该调度指令确实将危及人身、设备及防洪和航运安全等情况时，受令人可以拒绝执行，同时将拒绝执行的理由及修改建议上报给发令人，并报告本单位领导； （9）集控中心操作过程中发生异常，经集控中心运行值班人员同意，电站运行人员可进行操作； （10）集控中心运行值班人员在监屏工作中，应将发现的流域梯级水电站设备异常情况及时通知电站运行人员，电站应将发现的集控设备缺陷及时报告集控中心，并采取措施及时消除缺陷； （11）当集控中心不能正常进行集中控制时，应及时向电网调度机构汇报，并将流域梯级水电站的监控工作及调度业务联系权及时转移到流域梯级水电站。集中控制恢复正常后，集控中心应向电网调度机构提出恢复集中控制申请，经电网调度机构同意后将流域梯级水电站转为集中控制； （12）根据电网运行方式、厂站设备状态、梯级水库来水情况，与电网调度机构进行沟通协调，并按照电网调度机构指令调整流域梯级水电站发电出力，做好流域梯级水电站经济运行； （13）应根据流域梯级水电站的运行情况，按要求提前向电网调度机构提出发电计划调整申请； （14）应及时核对流域梯级水电站送电计划，若送电计划不满足稳定限额或设备技术要求，立即向电网调度机构汇报； （15）负责处理流域梯级水电站设备的异常和事故，并按要求报送电网调度机构； （16）按电网调度机构指令协助处理电网事故； （17）可代表流域梯级水电站与电网调度机构联系和协商并网运行管理和辅助服务管理工作。 4．生产运行： （1）集控中心应制定合理的运行值班制度，配备足够的运行值班人员，满足正常运行和异常故障处理的需要；水、电运行值班人员宜联合值班，流域梯级水电站可采取“无	

续表

序号	标准名称/标准号/时效性	针对性	内容与要点	关联与差异
26			人值班”（少人值守），条件许可的流域公司可实行流域统一运行值班； （2）运行值班人员应参加电网调度机构组织的调度业务资格培训和考试，取得调度运行值班合格证书，持证上岗； （3）应将运行值班人员和专业技术人员名单报送电网调度机构，人员名单变更，应及时重新报送； （4）有权发布集中控制指令的人员名单应通知流域梯级水电站，流域梯级水电站有权接受集中控制指令的人员名单应报集控中心； （5）运行值班人员应集中、及时地向各职能部门提供正确、完整的生产类信息及报表； （6）集中控制管理应能满足多电网调度机构同时管辖的要求。 5．应急管理： （1）集控中心应具备应对各种故障和抵抗自然灾害的能力，建立和制定完备的通信中断、集中控制失效等异常故障发生后的应急预案和技术保障体系，确保在发生故障、事故时能迅速控制事态发展，尽快恢复运行； （2）应急预案应涵盖单电站、多电站事故和集控中心失效、通信中断、自动化故障等应急处置，并与公司级的应急预案体系相衔接；流域梯级水电站的应急预案应与集中控制中心预案相衔接； （3）宜建设流域应急指挥中心，在流域电力生产应急处置中发挥指挥协调作用，确保人身、枢纽建筑物安全； （4）流域梯级水电站应建立应急机制，事故发生时电站人员能快速到达异常现场进行处置； （5）应定期组织与流域梯级水电站的应急预案联合演练，提高应急处置能力，完善协联机制；配合电网调度机构开展应急联合演练； （6）应严格执行岗位责任制，遵守安全与保密制度； （7）集控中心担任梯级枢纽 24h 应急值班工作； （8）运行值班人员应根据应急预案进行虑急处理，及时向电网调度值班调度员、相关领导汇报，并通知厂站值班人员	

续表

序号	标准名称/标准号/时效性	针对性	内容与要点	关联与差异
26			（9）应急事件汇报应包括：事件发生的时间、地点、性质、保护和安全自动装置动作及恢复情况，设备损坏情况，负荷损失情况，通信情况，采取的主要措施及事故控制情况等； （10）应急处理结束后，集控中心运行值班人员应详细、真实地做好处理记录，并按规定编写应急处置报告	
27	《水力发电厂电气试验设备配置导则》 DL/T 5401—2007 2008年6月1日实施	适用于新建大中型水电厂的工程设计	**主要内容：** 规定了水电厂电气试验仪器仪表设备配置选择的基本原则和具体要求，主要内容包括： 1．高压试验仪器仪表设备，包括交流耐压试验设备、直流高压试验设备、介质损耗试验设备、绝缘电阻测试设备等； 2．计量检定用仪器仪表设备； 3．继电保护及自动控制系统调试用仪器仪表设备，包括继电保护及电气安全自动装置、计算机监控系统、励磁系统、机组和辅助设备系统的自动操作及水力机械保护等； 4．特殊情况水电厂试验仪器仪表设备的配置。 **重点及要点：** 1．水电厂电气试验仪器仪表设备配置，应满足设备投运后的预防性试验、新安装（包括经过更新改造后）设备的交接验收试验、计量检定及某些特殊试验。 2．水电厂电器试验仪器仪表的配置应满足计量装置、继电保护装置、自动化系统设备调整试验、电力安全工器具预防性试验等关系系统设备的检验、调整试验以及某些特殊性试验的需要。 3．水电厂电气试验仪器仪表设备的配置标准分级选择依据为：大（I）型水电厂（1200MW及以上）-1级，大（II）型水电厂（300MW～1200MW以下）-2级，中型水电厂（50MW～300MW以下）-3级。 4．水电厂应配置水轮发电机定子绕组交流耐压试验用工频高压试验变压器及其配套测量控制设备。 5．对于串级式及分级绝缘电压互感器，电容式电压互	**关联：** 水电厂电气试验仪器仪表设备的选择配置应符合《电力设备预防性试验规程》（DL/T 596）和《电气装置安装工程电气设备交接试验标准》（GB 50150）的规定

续表

序号	标准名称/标准号/时效性	针对性	内容与要点	关联与差异
27			感器的中间变压器，大容量水电厂可以考虑配置三倍频试验变压器装置或其他类型的倍频电源实验装置，以满足进行三倍频感应耐压试验，检查互感器主、纵绝缘的需求。 6．实验室应配置工频高压实验装置和绝缘油介电强度测试仪等高压试验设备。 7．水电厂应配置为发电机定子绕组、电力变压器绕组、少油及空气断路器、电力电缆以及避雷器等电气设备的直流耐压及泄漏电流测试等需要的直流高压试验设备。 8．水电厂应配置额定输出电压 60kV 的直流高压发生器装置。 9．水电厂可根据不同电压等级及类型的电力电缆、避雷器的检验要求，选择 120、200、300、400kV 等电压等级的直流高压发生器装置。 10．水电厂应配置高压介质损耗因数及电容测量设备；宜选用数字式自动高压介质损耗测试仪，并有抗干扰的特殊措施。 11．水电厂应配置绝缘油介质损耗测量设备。 12．水电厂应配置能满足各种不同电气设备绝缘电阻测试的设备；应选择配置若干台额定电压为 100、250、500、1000、2500V 的电子式绝缘电阻表。 13．对于对地电容量较大的电气设备，如发电机、大型电动机、电力变压器等，绝缘电阻表（绝缘电阻特性测试仪）的额定电压应选 2500V 或 5000V，并应能同时满足设备绝缘电阻吸收比（$K=R_{60s}/R_{15s}$）和极化系数（$P_1=R_{10min}/R_{60s}$）的测试要求；宜选用数字式智能化产品，能自动计算 K、P_1 值，显示记录，其输出短路电流不宜小于 5mA。 14．水电厂应根据电厂高压电气设备的选型以及电厂的不同规模，考虑配置若干满足设备试验和维护工作需要的专用及通用试验仪器仪表设备。 15．水电厂应配置红外线测温仪。大型水电厂应配置红外热像仪，中型水电厂可根据需要配置。 16．水电厂应配置能对各种屏用模拟指示式或数字式仪表进行检定的实验室用仪器仪表；并配置能满足对大多数	

续表

序号	标准名称/标准号/时效性	针对性	内容与要点	关联与差异
27			实验室用仪器仪表（其准确度等级指数通常不低于 0.5）进行计量检定的仪器仪表设备；检定装置（计量标准器具）的准确度等级不应大于被检仪表准确度等级的 1/3～1/5。 17．水电厂宜选用多功能程控标准源及其衍生的标准表、源合一的产品（交流、直流、交直流）作为基本检定仪器仪表设备。 18．水电厂配置的电能表检定装置的准确度等级应符合要求：电能表（0.2）-检定装置（0.05），电能表（0.5）-检定装置（0.1），电能表（1.0）-检定装置（0.2），电能表（2.0）-检定装置（0.3），电能表（3.0）-检定装置（0.5）。 19．水电厂应配置电量变送器及交流采样装置的数字式检定装置。 20．水电厂应配置满足线路、母线、短引线、发电机、电力变压器以及厂用电系统等电力设备的继电保护及电气安全自动装置调试检验需要的测试仪器； 21．水电厂应配置继电保护微机型试验装置（测试仪）；试验装置应配置至少四相交流电压源以及三相交流电流源，宜选用具有 6 路（两组三相）交流电流源的设备，以方便差动保护的三相调试。每相电压、电流源应分别构成独立的回路，且其幅度、相位和频率应能连续可调；为满足交直流中间、电压、电流、时间等继电器的检验，容量较大的水电厂可另行配置一台单相或三相简易型继电保护微机型试验装置。 22．对于装设高频继电保护装置的水电厂，应配置高频振荡器、选频表、无感电阻、可变衰耗器、高频电流电压表、数字频率计、记忆示波器等仪器仪表；对于装设光纤保护装置的水电厂，应配置光功率计、误码仪、可变光衰耗器等仪器设备。 23．水电厂应配置计算机监控系统的专用测试设备和计算机监控系统设备性能的测试检查设备。 24．水电厂应配置励磁调节系统的专用微机调试设备；对于采用氧化锌非线性电阻作为灭磁消能设备的大型水电厂可配置氧化锌电阻特性测试仪。 25．水电厂应配置供压力仪器仪表设备检查测试用的压	

续表

序号	标准名称/ 标准号/时效性	针对性	内容与要点	关联与差异
27			力检定系统设备，可选择由压力发生设备（压力泵系统、压力校验器）、智能式数字压力校验仪及智能数字压力模块等组成的设备： （1）压力发生设备（压力泵系统、压力校验器）的最大压力范围应满足各种被试仪器仪表设备的要求。应分别设置用于油系统（油介质）、水系统及空气系统（空气介质）的系统设备； （2）对于容量不大的水电厂智能式数字压力校验仪可选择油、气系统（油、气介质）仪器仪表设备共用； （3）智能式压力模块（由不同规格的压力传感器及数据处理设备组成）的规格的选择应满足不同压力仪器仪表设备压力检验最大量程及准确度的要求；其品种数量可选择油、气介质适当共用。 26. 水电厂应配置供温度仪器仪表检查测试用的温度检定设备：便携式干式温度检定炉、热电阻校准器；大（I）型水电厂可配温度自动检定系统测试台	
28	《水轮发电机组自动化元件（装置）及其系统基本技术条件》 GB/T　11805—2008 2009年3月1日实施	1．适用于水电站自动化元件（装置）的产品制造； 2．适用于符合下列条件之一的水轮发电机组的自动化元件（装置）的系统配合与交接验收： （1）单机容量为10MW及以上的发电机； （2）转轮公称直径1.5m及以上的冲击式水轮机； （3）转轮公称直径2.5m及以上的混流式水轮机； （4）转轮公称直径3.3m及以上的轴流式、斜流式、贯流式水轮机。 3．小于以上范围的水	**主要内容：** 规定了水电站水轮发电机组、进水阀门的自动化元件（装置）的基本技术要求及其系统配置的要求，并规定了相应的试验方法及验收规则、标志、包装等内容，主要内容包括： 1．自动化元件的适用条件； 2．自动化原件的技术要求； 3．现场及出厂试验的抽样检查原则； 4．自动化元件的试验项目及试验方法； 5．自动化元件检验及验收规则； 6．自动化元件的标识、包装、运输和贮存的技术要求。 **重点及要点：** 1．明确提出了电气装置电磁兼容的要求和对应的试验方法。 2．液（气）压元件装配后需进行密封性试验，在规定的持续时间内，各连接部分及填料部分不准出现外渗透，内密封面渗漏量不超过以下值：	**关联：** 1．自动化元件用油的水分和机械杂质应符合《涡轮机油》（GB 11120）的规定。 2．装于发电机层的电气元件，应符合《低压开关设备和控制设备　总则》（GB/T 14048.1）的规定。装于水轮机层及其他场合的电气元件应符合《热带型低压电器技术要求》（JB/T 834）的规定。 3．液（气）压元件的配置应符合《管道元件一PN（公称压力）的定义和选用》（GB/T 1048）的规定。 4．O形橡胶密封圈的尺寸及公差应符合《液压气动用O形橡胶密封圈　第1部分：尺寸系列及公差》（GB/T 3452.1）的规定，外观应符合《液压气动用O形橡胶密封圈　第2部分：外观质量检验规范》（GB/T 3452.2）的规定，材质应符合《普通液压系统用O形橡胶密封圈材料》（HG/T 2579）的规定。 5．金属镀层和化学覆盖层、油漆层、塑料元件应符合《热带电工产品　通用技术》（JB/T 4159）的规定。

续表

序号	标准名称/标准号/时效性	针对性	内容与要点	关联与差异
28		轮发电机组、抽水蓄能可逆式机组、潮汐发电机组的自动化元件（装置）的系统配置与交接验收可选择执行	（1）公称通径≤40mm 时，油、水/空气允许渗透量≤0.05（cm^3/min，dm^3/min）； （2）50≤公称通径≤80mm 时，油、水/空气允许渗透量≤0.10（cm^3/min，dm^3/min）； （3）100≤公称通径≤150mm 时，油、水/空气允许渗透量≤0.20（cm^3/min，dm^3/min）； （4）公称通径＝200mm 时，油、水/空气允许渗透量≤0.30（cm^3/min，dm^3/min）； （5）公称通径＝250mm 时，油、水/空气允许渗透量≤0.50（cm^3/min，dm^3/min）； （6）公称通径＝300mm 时，油、水/空气允许渗透量≤1.50（cm^3/min，dm^3/min）； （7）公称通径＝350mm 时，油、水/空气允许渗透量≤2.00（cm^3/min，dm^3/min）； （8）公称通径＝400mm 时，油、水/空气允许渗透量≤3.00（cm^3/min，dm^3/min）； （9）公称通径＝500mm 时，油、水/空气允许渗透量≤5.00（cm^3/min，dm^3/min）； （10）公称通径＝600mm 时，油、水/空气允许渗透量≤10（cm^3/min，dm^3/min）。 3．无特殊要求的指示仪表的精度：机械式不低于 1.5 级，数字式不低于 0.5 级。 4．元件的电气输出量应满足： （1）模拟量输出：优先为电流型 DC4mA～20mA，最大负载电阻不低于 500Ω； （2）开关量（触点）通断能力： 1）不低于 DC220V，0.2A；110V，0.4A；DC24V，1A，速动型； 2）不低于 AC220V，3A，速动型。 5．机械式流量开关应动作可靠，在管道通流或流量减少到整定流量时，分别动作，其动作误差≤10%，在有压无流量时应能回到零位；电气式流量开关应动作可靠，在管道通流或流量减少到整定流量时，分别动作，其动作误差≤1.5%，在流量接近到零时扔能可靠报警；对于热导式	6．减压阀应符合《减压阀　一般要求》（GB/T 12244）的规定。 7．电动阀应符合《普通型阀门电动装置》（JB/T 8528）的规定。 8．振动（摆度）监测装置及其传感器的频率响应范围和量程应符合《在非旋转部件上测量和评价机器的机械振动》（GB/T 6075）及《旋转机械转轴径向振动的测量和评定　第 5 部分：水力发电厂和泵站机组》（GB/T 11348.5）的规定。 9．电气元件介电性能试验应符合《低压开关设备和控制设备　总则》（GB/T 14048.1）的规定。 10．电气装置抗干扰试验应符合《电磁兼容 试验和测量技术 电快速瞬变脉冲群抗扰度试验》（GB/T 17626.4）的规定。 11．温升试验应符合《低压开关设备和控制设备　总则》（GB/T 14048.1）的规定。 12．湿热试验和耐潮试验应符合《电工电子产品环境试验　第 2 部分：试验方法 试验 Db：交变湿热（12h＋12h 循环）》（GB/T 2423.4）的规定。 **差异：** 1.《水轮发电机组自动化元件（装置）及其系统基本技术条件》（GB/T 11805）适用于各种类型水轮发电机组和进水阀自动化元件的制造和交接验收，适用范围更广。 2.（DL/T 1107）增加了全厂公用设备自动化元件的选型设计要求。 3．与《水轮发电机组自动化元件（装置）及其系统基本技术条件》（GB/T 11805）相比，本标准增补和修改了以下内容： （1）提高了一些元件的技术性能要求。 （2）为提高产品可靠性增加了电气装置电磁兼容的要求及试验方法。 （3）补充了一些新元件（装置）：蠕动检测装置、发电机局部放电检测装置、推力负荷检测装置、水轮机效率测量仪和火灾报警装置

续表

序号	标准名称/标准号/时效性	针对性	内容与要点	关联与差异
28			流量开关，用于水管路时响应时间≤10s。 6．液位信号器（液位开关）动作应灵活可靠，应在规定的液位发出信号，在同一液位的动作误差，不超过±5mm。 7．电磁换向阀（电磁阀）在 85%～110%额定电压，最低油压，公称油压，最高油压及规定行程或流量范围内，应可靠动作，不允许有跳动或卡阻现象。 8．电磁空气阀在 85%～110%额定电压，最低气压，公称气压，最高气压及规定行程范围内，应可靠动作，不允许有跳动或卡阻现象。 9．机械过速开关及电气转速信号装置在转速上升或下降时，应在规定的转速发出信号： （1）对机械过速开关，同一触电的动作误差≤3%； （2）对电气转速信号装置，同一触点的动作误差≤1%（零转速触点除外）； （3）同一触点的返回系数 F：对于转速上升时发信号的触点，$F\geqslant0.9$，对于转速下降时发信号的触点，$F\leqslant1.1$（零转速触点除外）； （4）电气转速信号装置至少应有 4 对 0 倍～2 倍额定转速可调的常开触点，及一对零转速触点； （5）电气转速信号装置应同时采用残压和齿盘两种测频方式冗余输入，采用单一测频信号输入的机组，应优先采用齿盘测评信号，对于采用残压测频方式的电气转速信号装置应适合 0.2V 残压值。 10．机械液压过速保护装置在整定转速时，过速摆及换向阀应能准确动作，可手动返回，其动作误差≤3%整定值。 11．过速限制系统应能在一级过速（一级过速触点动作，同时调速器主配压阀拒动，再经延时）及二级过速时准确动作，并能根据要求调整关闭接力器的时间。 12．蠕动监测装置，在机组停机状态下，由于导叶漏水使大轴转动，当转动角度在 1.5°～2°时，应有一对故障触点输出。 13．压力开关动作误差≤1.5%，触点开、断瞬间的压力	（4）删除了一些废弃不用的元件：电磁铁、示流器。 （5）提高了试验用仪表精度等级的要求。 （6）一些条款已重新编写

续表

序号	标准名称/ 标准号/时效性	针对性	内容与要点	关联与差异
28			差值及触点动作返回系数应符合设计规定值，压力控制表精度不低于 1.5 级，触点开、断瞬间的压力差值及触点动作返回系数应符合设计规定值。 14．差压开关动作误差≤1.5%，触点开、断瞬间的差压差值及出点动作返回系数应符合设计规定值，差压控制表精度不低于 1.5 级，触点开、断瞬间的差压差值及触点动作返回系数应符合设计规定值。 15．压力式温度信号器，当机组被测部分的温度达到整定值时，应发出信号，其指示精度不低于 1.5 级，触点动作误差≤1.5%。 16．数字式温度信号器，精度不低于 0.5 级，应至少具有两对报警触点，报警触点应可以在 5%～100%量程内任意整定；在断阻、断线、断电情况发生时，报警触点不应误动，同时应有一对故障触点输出，通电时，报警触点也不应误动。 17．当油中混有水分时，油混水信号装置应可靠发出报警信号；当水分被排出时报警信号消除，带有混水量显示的仪表应能显示油中水的含量（容器中水的体积与油的体积之比），具有显示或 4mA～20mA 模拟量输出的油混水信号装置，其显示值及 4mA～20mA 模拟量输出值应与油中水混合量成正比（0-10%范围内）；油中混水量报警信号在 0-10%范围内可调，其动作误差≤1%（容器中水的体积与油的体积之比）。 18．电动阀应符合下列要求： （1）电动装置转动方向与手轮转动方向应一致顺时针为关； （2）位置指示机构的指针与控制开度表指示应一致，误差不大于全行程的±5%； （3）在最低操作电压及最大工作压力下，电动操作阀门全开或全关应无卡阻现象，并不得有外漏； （4）在最高操作电压下，电动操作阀门至全开或全关位置时应能自断电； （5）电动操作阀门在全开和全关位置应分别具有位置触点输出；	

续表

序号	标准名称/标准号/时效性	针对性	内容与要点	关联与差异
28			（6）其余应符合《普通型阀门电动装置》（JB/T 8528）的规定。 19．大轴轴向位移检测装置应符合以下要求： （1）位移测量范围应满足主机要求，分辨率为0.1mm； （2）轴向位移发生时，应有可以分别整定的两对报警触点； （3）精度不低于0.5级。 20．各元件寿命试验要求的动作次数为：电磁阀、电磁换向阀——20000次，电磁空气阀、液动空气阀——10000次，液压操作阀、液动截止阀——10000次，其他液压元件——20000次，压力开关——15000	

第三节　试验检测标准

序号	标准名称/标准号/时效性	针对性	内容与要点	关联与差异
1	《大中型水轮发电机静止整流励磁系统及装置试验规程》 DL/T 489—2006 2007年3月1日实施	适用于单机容量为10MW及以上大中型水轮发电机的静止整流励磁系统及装置的使用与订货要求	**主要内容：** 规定了大中型水轮发电机静止整流励磁系统及装置试验分类、实验项目、基本试验方法与要求，主要内容包括： 1．规定了励磁试验的分类，包括型式试验、出厂试验、交接试验和定期检查试验； 2．规定了每一类励磁试验的试验项目； 3．规定了励磁试验的试验方法和要求，包括励磁系统设备的绝缘耐压试验，励磁系统主回路设备及功率元器件的试验，励磁系统励磁调节器及二次设备的试验，励磁系统总体特性试验，环境和机械振动试验，电磁兼容试验。 **重点与要点：** 1．在发电机额定工况下测定励磁变压器低压侧三相电压，不对称度不应大于5%，对低压侧电压高于500V的励磁变压器，应使用专用绝缘棒测试；励磁变压器在1.3倍额定电压下的工频感应过电压试验，其耐压持续时间为3min	**关联：** 1．交接试验的结果应符合《大中型水轮发电机静止整流励磁系统及装置技术条件》（DL/T 583）的规定。 2．定期检修的周期应根据《发电企业设备检修导则》（DL/T 838）规定的A、B修周期进行，正常维护检测工作应根据《大中型水轮发电机自并励励磁系统及装置运行和检修规程》（DL/T 491）的规定。 3．测量绝缘电阻的仪表应符合《电气装置安装工程电气设备交接试验标准.》（GB 50150）的规定。 4．励磁系统的试验应符合《绝缘配合　定义、原则和规则》（GB 311.1）、《电力变压器　第1部分：总则》（GB 1094.1）、《电力变压器　第2部分：温升》（GB 1094.2）、《电力变压器　第3部分：绝缘水平、绝缘试验和外绝缘空气间隙》（GB 1094.3）、《干式电力变压器》（GB 6450）、《变流变压器　第1部分：工业用变流变压器》（GB/T

续表

序号	标准名称/标准号/时效性	针对性	内容与要点	关联与差异
1			2. 灭磁开关或磁场断路器中通以 100A 以上电流，连续接通和分断 3 次，测量主触头的电压降，其 3 次测量结果的平均值应不大于制造厂的规定，电压降不应有明显变化，双断口或多断口电压降要尽可能一致。 3. 在控制回路施加的合闸电压为 80%额定操作电压时，合闸 5 次，和在控制回路施加的分闸电压为 65%额定操作电压时，分断 5 次，灭磁开关或磁场断路器动作应正确、可靠。 4. 灭磁开关及磁场断路器分别以最小分断电流、空载励磁电流、50%和 100%的额定励磁电流各进行 1 次～2 次分断试验，试验后检查触头及栅片间隙等，应无明显异常。 5. A、B 级检修修时，测定原件压敏电压，在同样外部条件下与初始值比较，压敏电压变化率大于 10%应视元件为老化失效，当失效元件数量大于整体数量的 20%时，应更换整个非线性电阻。 6. 励磁系统进行开环高压小电流试验时，负载电阻阻值的选择以小电流试验时通过的电流不小于 1A 为宜，并依据此选取相应的电阻容量。 7. 整流功率柜进行噪声试验时，应在冷却系统全部投运状态下，柜门关闭时测量噪声。测得的噪声在离柜 1m 处应不大于 70dB。 8. 进行 PSS 试验时，要求被试机组尽可能带满负荷运行，功率因数尽量接近 1；励磁系统运行状况正常；被试机组调速系统性能正常	18494.1)、《电气装置安装工程电气设备交接试验标准.》(GB 50150)、《电力设备预防性试验规程》(DL/T 596)、《水轮发电机基本技术条件》(GB/T 7894)、《大中型水轮发电机微机励磁调节器试验与调整导则》(DL/T 1013)、《电磁兼容 试验和测量技术 浪涌（冲击）抗扰度试验》(GB/T 17626)、《电磁兼容（EMC）-第 4～6 部分：测试与测量技术》(IEC 61000-4) 的规定。 **差异：** 1. 与《大中型水轮发电机自并励励磁系统及装置运行和检修规程》(DL/T 491) 存在如下差异：DL/T 491 除了对试验项目和方法有规定外，对故障处理措施、检修维护、工期控制也有规定，在适用范围方面 10MW 以下水轮发电机自并励励磁系统及装置亦可选择执行。 2. 与《大中型水轮发电机静止整流励磁系统及装置技术条件》(DL/T 583) 相比，DL/T 583—2006 规定了试验参数、术语的描述。 3. 与《大中型水轮发电机微机励磁调节器试验和调整导则》(DL/T 1013) 存在如下差异：DL/T 1013—2006 只涉及微机励磁调节器装置本身的试验，励磁系统其他设备的试验没有涉及
2	《水轮机电液调节系统及装置调整试验导则》 DL/T 496—2001 2001 年 7 月 1 日实施	适用于工作容量大于或等于 3000N·m 的水轮机电液调节系统及装置的出厂试验、交接验收试验和检修后的调整试验	**主要内容：** 规定了水轮机电液调节系统及装置调整试验的项目、试验条件和方法，并给出了一些试验常用的参考资料，主要内容包括： 1. 调整试验的类别、项目和一般规定； 2. 调整试验的内容及方法，包括一般检查试验、油压装置的调整试验、共用电气部件的调整试验、数字式电液调节装置电气部分试验、模拟式电液调节装置电气部分试验等试验、电快速瞬变脉冲群抗扰度试验、电气-机械/液	**关联：** 1. 所有调整试验的考核指标应符合《水轮机控制系统技术条件》(GB/T 9652.1) 或《水轮机电液调节系统及装置技术规程》(DL/T 563) 的规定。 2. 电快速瞬变脉冲群抗扰度试验应符合《工业过程测量和控制装置的电磁兼容性 电快速瞬变脉冲群要求》(GB/T 13926.4) 的规定。 **差异：** 《水轮机电液调节系统及装置技术规程》(DL/T 563—

续表

序号	标准名称/标准号/时效性	针对性	内容与要点	关联与差异
2			压转换装置试验、机械液压部分的调整试验、电液随动装置试验、电液调节装置的整机调整试验、机组充水后电液调节系统的调整试验。 **重点及要点：** 1．油压罐的耐压试验中，油压升到额定值后，若无漏油，可继续升压到 1.25 倍额定油压值，保持 30min，再检查焊缝有无漏油，同时观察压力表读数有无明显下降。 2．油泵运转试验，在阀组调整前进行，油泵先空载运行 1h，然后分别在 25%、50%、75%额定油压下各运行 10min，最后在额定油压下运行 1h。 3．安全阀的调整试验中，调整安全阀，使得油压高于工作油压的上限 2%时，安全阀开始排油，油压高于工作油压上限的 16%以前，安全阀应全部开启，压力罐中油压不再升高；油压低于工作油压下限以前，安全阀应完全关闭，此时安全阀的漏油量不得大于油泵输油量的 1%。 4．电液随动装置开环增益装置整定值，在自动方式下向电液随动装置施加约 20%最大反馈电压的阶跃扰动信号，记录接力器运动的过渡过程，最大超调量应小于扰动信号的 10%。 5．电液调节装置处于自动控制方式，接力器开到某一位置，将主供电源切断，备用电源应能可靠供电，并发出报警信号，电液自动切换时接力器的位移不得超过全行程的 2%。 6．大型电液调节装置的综合漂移值一般不超过 0.3%，中型电液调节装置的综合漂移值一般不超过 0.6%	2004）增加了试验相关的参数描述、对水轮机电液调节系统及装置验收有了原则性规定
3	《大中型水轮发电机微机励磁调节器试验和调整导则》 DL/T 1013—2006 2007 年 3 月 1 日实施	适用于单机容量为 100MW 及以上大中型水轮发电机（简称发电机）的微机励磁调节器使用与试验调整要求	**主要内容：** 规定了大中型水轮发电机微机励磁调节器的试验分类、试验项目、基本试验和调整方法与要求，主要内容包括： 1．试验的分类和项目，包括型式试验，出厂试验，交接试验，定期检查试验； 2．微机型励磁调节器电气单元试验与调整，包括直流稳压电源单元、模拟量测量环节整定、开关量输入输出环节测试、同步信号及移相特性环节试验、脉冲特性环节试验	**关联：** 1．交接试验应符合《大中型水轮发电机静止整流励磁系统及装置技术条件》（DL/T 583）的规定，其结果还应符合《大中型水轮发电机静止整流励磁系统及装置试验规程》（DL/T 489）的规定。 2．对已投入运行的微机励磁调节器进行定期 A，B 级检修应参照《发电企业设备检修导则》（DL/T 838）进行。 3．自动和手动环节给定调节速度测定的结果应符合《大

续表

序号	标准名称/ 标准号/时效性	针对性	内容与要点	关联与差异
3			3．微机励磁调节器参数整定和功能静态模拟试验，包括自动和手动环节调节范围测定、自动和手动环节调节速度测定、双通道跟踪切换试验、过励限制参数整定和静态模拟试验、欠励限制参数整定和静态模拟试验、强励反时限限制参数整定和静态模拟试验、电压/频率限制环节参数整定和静态模拟试验、TV 断线功能模拟试验； 4．微机励磁调节器动态模拟试验和数字仿真试验。 **重点及要点：** 1．直流稳压电源的稳压纹波峰峰值应不大于 1%的电压额定值。 2．三相模拟量输入一致性整定中，进行交流直接采用时，将三通道示波器连接在 A/D 转换器前，观测三相信号交流波形（相位、幅值），要求相位误差不得大于 1°，幅值误差小于 0.5%，波形不能畸变；整流型采样中，将万用表连接在 A/D 转换器前，观测各相信号电压有效值是否相同，要求误差小于 0.5%。 3．在移相特性测试中，需用示波器校核同步电压信号和触发脉冲之间的移相，从强励角到最大逆变角按等间隔设置不少于 15 个点的测试相角点。测试点要求包含强励角、90°角、最大逆变角。 4．模拟微机励磁调节器工作在空载工况，整定并输入设计的电压/频率限制曲线，调整三相电压源的频率，使电压频率在 45Hz～52Hz 范围内改变，选择不少于 4 个以上的频率点（其中包含有限制动作的初始点和逆变灭磁点），测量微机励磁调节器的电压整定值和频率值并做记录。检查微机励磁调节器电压/频率限制动作信号是否发出。连接记录点绘出电压/频率限制曲线。检查是否符合输入设计的限制曲线，如不符应修正输入曲线。 5．脉冲特性试验中，脉冲序列应和设计波形相同，触发脉冲前沿的陡度应小于 1μs；脉冲应光滑、干净、没有多余的毛刺；脉冲宽度一般不小于 5°	中型水轮发电机静止整流励磁系统及装置技术条件》（DL/T 583）的规定。 **差异：** 与《大中型水轮发电机静止整流励磁系统及装置试验规程》（DL/T 489）相比，本规程只涉及微机励磁调节器装置本身的试验，励磁系统其他设备的试验没有涉及

续表

序号	标准名称/标准号/时效性	针对性	内容与要点	关联与差异
4	《水轮机调节系统自动测试及实时仿真装置技术条件》 DL/T 1120—2009 2009 年 12 月 1 日实施	适用于水电站混流式和轴流转桨式水轮机调节系统自动测试与实时仿真装置的设计制造	**主要内容：** 规定了水轮机调节系统自动测试及实时仿真装置的基本技术条件。该装置可由水轮机调节系统自动测试系统和水轮机实时仿真系统构成，主要内容包括： 1. 工作条件； 2. 系统功能及测试项目，包括调节对象实时仿真功能的要求、装置的试验和检测功能的要求、试验数据采集、存储和数据处理能力的要求、信号频率检测及频率信号发生器功能的要求； 3. 对自动测试方法的一般规定，包括调速器特性及转速死区测试的要求、随动系统开环增益测定的要求、开机过程记录的要求、停机过程记录的要求、空载转速摆动试验记录的要求，接力器不动时间测试的要求、机组甩负荷过程测试的要求； 4. 测试系统的技术要求，包括硬件配置及要求、软件基本功能及要求； 5. 被控对象实时仿真系统技术要求，规定了实时仿真的主要组成、选用的水轮发电机组特性及有关基本技术参数、引水系统水锤数学模型、实时仿真系统计算步长的选取原则及被控对象实时仿真系统的主要软件； 6. 装置的验收要求； 7. 附录中对水轮机实时仿真系统采用的计算公式及方法进行了罗列。 **重点及要点：** 1. 组成调速系统的调速器必须是数字式电液调速器，接力器位移传感器信号为 4mA～20mA，也可以是 0V～10V，或－5V～5V，测速通道应在信号电平（RMS）为 0.2V～150V 之间可靠工作。 2.（水轮机调节系统自动测试及实时仿真）装置的工作地点海拔高度不超过 2500m。 3. 装置应具有数据通信接口，具备与打印、绘图等输出设备连接，输出图形、数据的功能。 4. 装置应具有信号频率检测的功能，可检测的信号频率范围为 0.5Hz～100Hz，可工作的电压为 0.2V～150V（RMS），短时可承受 200V	**关联：** 1. 装置可进行的试验项目符合《水轮机控制系统试验》（GB/T 9652.2）、《水轮机电液调节系统及装置调整试验导则》（DL/T 496）的规定。 2. 水轮发电机组开停机试验、扰动试验等项目应按照《水轮机控制系统试验》（GB/T 9652.2）、《水轮机电液调节系统及装置调整试验导则》（DL/T 496）的要求进行。 3. 对采集的试验数据处理分析、特性指标计算还应符合《水轮机控制系统试验》（GB/T 9652.2）、《水轮机电液调节系统及装置调整试验导则》（DL/T 496）的要求。 4. 装置的电磁兼容性以及检测方法应满足《水轮机控制系统技术条件》（GB/T 9652.1）的要求

续表

序号	标准名称/ 标准号/时效性	针对性	内容与要点	关联与差异
4			5．装置应具有频率信号发生器的功能，信号波形为正弦波或方波，信号频率的范围 0.5Hz～100Hz，频率可认为调整和设定，频率还可按约定的输出方式自动改变。 6．在静特性测试过程中，频率变化应是渐变的，每个测点的频率变化增量，两个相邻测点间的频率变化速度（时间），测量等待时间应可设置。 7．静特性试验中记录的频率值，应是测量的实际频率值，不能用信号发生器的设定值作为记录的频率值。 8．静特性试验完成后，应给出试验记录的数据表和实验结果（转速死区、非线性度和永态转差系数），并应以图形方式绘出静特性曲线。 9．对开机过程，应记录开机过程中的最大频率值，并记录接力器开始开启至频率开始上升的时间，频率上升达到 40Hz 的时间、超调量、波动次数、调节稳定时间。 10．接力器不动时间测试，在试验开始至定子电流消失后 1s 内采样步长应≤1ms。 11．发电机定子电流，应直接采样发电机电流互感器的二次侧［输入信号范围为 0A～5A（RMS）］，且采用交流采样，其采样步长应≤1ms。 12．模拟量输入回路对阶跃信号的响应达到 90%稳定值时的时间应≤5ms。 13．模拟量信号的采样步长应≤5ms，高速采样步长应≤1ms。 14．装置应按规定程序批准的图纸和文件制造，交货前应按本标准和有关标准及订货协议由用户组织验收。 按照水轮机调节系统的构成和功能将其模块化组成水轮机调节系统的实时仿真装置，因此每个模块的功能做出了规定	
5	《水轮机控制系统试验》 GB/T 9652.2—2007 2008 年 2 月 1 日实施	适用于工作容量 350N·m 及以上的水轮机调速器与油压装置	**主要内容：** 规定了水轮机控制系统的实验目的、方法和条件，并给出实验验收的一般规定，主要内容包括： 1．试验条件，包括试验准备工作、出厂试验条件和电站试验条件	**关联：** 1．工作条件、试验方法和试验验收应符合《水轮机控制系统技术条件》（GB/T 9652.1）的规定。 2．调速系统所用油的质量应符合《L-TSA 汽轮机油》（GB 11120）的规定

续表

序号	标准名称/标准号/时效性	针对性	内容与要点	关联与差异
5			2. 验收试验的一般规定，包括验收条件、验收依据、验收准备、验收时间等内容； 3. 试验项目及分类，试验分出厂试验、型式试验、电站试验和验收试验； 4. 各项试验的试验方法； 5. 实验的不确定度及试验报告的编写要求。 **重点及要点：** 1. 水轮发电机组应能在手动各种工况下稳定运行。在手动空载工况运行时，水轮发电机组转速摆动相对值对大型调速器不超过 0.2%；对中、小型和特小型调速器均不超过±0.3%。 2. 测速装置带上实际负载或模拟负载，逐次改变转速信号，按单方向升高或降低，每次变化达到平衡状态后，测出其频率（或转速）及相应的输出，并绘制静态特性曲线，要求测点不少于10点。 3. 绝缘试验时，当额定工作电压小于48V时，兆欧表的额定电压为250V；当额定工作电压大于48V小于500伏时，兆欧表的额定电压选用500伏。 4. 做静特性试验，逐次增大或减少输入信号（电流或电压），每次稳定平衡后，测量电—液转换器输入信号和相应输出位移，测点不得少于10点，绘制其静态特性曲线。 5. 机组启动开始至机组空载转速偏差小于同期带（+1%～−0.5%）的时间 t_{sr} 不得大于从机组启动开始至机组转速达到80%额定转速的时间 $t_{0.8}$ 的5倍。 6. 机组甩100%额定负荷后，在转速变化过程中，超过稳态转速3%额定转速值以上的波峰不超过2次。 7. 对机械液压调速器，暂态转差系数 b_t 应能在设计范围内整定，其最大值不小于80%，最小值不大于5%；缓冲时间常数 T_d 可在设计范围内整定，小型及以上的调速器最大值不小于20s，特小型不小于12s；最小值不大于2s。 8. 调速器永态转差系数 b_p 应能在自零至最大值范围内整定，最大值不小于8%。对小型机械液压调速器，零刻度实测值不应为负值，其值不大于0.1%	3. 电快速瞬变干扰试验的试验方法可参照《电磁兼容 试验和测量技术 电快速瞬变脉冲群抗扰度试验》（GB/T 17626.4）的规定。 4. 轴功率测试所用的电动机效率应按《三相异步电动机试验方法》（GB/T 1032）和《直流电机试验方法》（GB/T 1311）的规定。 5. 液压齿轮泵的排量和容积效率试验按《液压齿轮泵试验方法》（JB/T 7042）进行，螺杆泵和液压齿轮泵型式试验分别按《螺杆泵试验方法》（JB/T 8091）和《液压齿轮泵 试验方法》（JB/T 7042）进行，泵的振动测量与评估方法按《泵的振动测量与评价方法》（JB/T 8097）进行

续表

序号	标准名称/ 标准号/时效性	针对性	内容与要点	关联与差异
5			9．调速器零行程的转速调整范围的上限应大于永态转差系数的最大值，其下限一般为－10%。 10．测速装置在额定转速±10%范围内，静态特性曲线应近似直线，其转速死区应符合设计规定值；在额定转速±2%范围内，其放大系数的实测值偏差不超过设计值的±5%。 11．产品应放在环境温度为－5℃～＋40℃，相对湿度不大于90%，室内无酸、碱、盐及腐蚀性、爆炸性气体和强电磁场作用，不受灰尘、雨蚀的库房内。 12．在编制试验大纲时应编制相应的安全防范措施，注意防止事故配压阀、进水阀门和快速门失灵、机组过速保护系统及引水系统异常、触电及其他设备和人身事故	
6	《水轮机、蓄能泵和水泵水轮机模型验收试验　第1部分：通用规定》 GB/T 15613.1—2008 2009年4月1日实施	1．适用于机组功率大于10MW或公称直径大于3.3m的原型所对应的模型。 2．适用于在试验室条件下所试验的各种类型的冲击式和反击式的水轮机、蓄能泵或水泵水轮机	**主要内容：** 规定了水轮机、蓄能泵或水泵水轮机模型验收试验的一般要求，主要内容包括： 1．水轮机、蓄能泵和水泵水轮机模型验收试验所用术语、定义、符号和单位； 2．水力性能保证值的性质和范围以及试验执行的有关要求，包括通过模型验收试验验证的主要水力性能的保证值、模型试验不能验证的保证值和辅助性能数据； 3．试验的执行，包括对试验台和模型的要求、模型和原尺寸的检查、水力相似、试验条件和试验程序、测量方法和物理特性。 **重点及要点：** 1．对于原型水力机械，合同中应至少保证包括功率、流量和/或比能、效率、最大暂态飞逸转速、最大/最小暂态压力和最大稳态飞逸转速（对于水泵为反向飞逸）以及与空化相关的保证。 2．试验台能力（例如功率、压力、比能、流量和NPSE）应适合于模型尺寸最小值和满足实验要求中的试验条件。 3．试验用水应是洁净、清澈的，无可能影响到黏度和汽化压力等特性的任何固体悬浮物和化学物质，实验前应尽可能排除自由气体和汽泡	**关联：** 1．对于测量脉动量的表达式和分析公式，建议使用《水轮机、蓄能泵和水泵水轮机模型验收试验　第3部分：辅助性能试验》（GB/T 15613.3）中的定义。 2．本文中的部分参数、试验方法和数据处理方式见《水轮机、蓄能泵和水泵水轮机模型验收试验　第2部分：常规水力性能试验》（GB/T 15613.2）和《水轮机、蓄能泵和水泵水轮机模型验收试验　第3部分：辅助性能试验》（GB/T 15613.3）中的详细章节。 **差异：** 1．本标准与《水轮机、蓄能泵和水泵水轮机模型验收试验　第2部分：常规水力性能试验》（GB/T 15613.2）对主要水力性能的要求不同； 2．本标准与《水压涡轮、存储涡轮和抽水涡轮—模块验收实验》（IEC 60193：199）相比更适用于我国的使用习惯

续表

序号	标准名称/ 标准号/时效性	针对性	内容与要点	关联与差异
6			4．试验时水温不应超过 35℃，并且在试验期间不应有显著地变化（如每天 5℃）。水温和仪器的环境温度间应避免大的差别，因为他们可能影响测量精度： （1）包括了为验证主要水力性能的合同保证值是否得到满足所进行的水轮机、蓄能泵和水泵水轮机的模型验收试验； （2）包含了指导模型验收试验的规则和描述了所采取的测量方法	
7	《水轮机、蓄能泵和水泵水轮机模型验收试验　第 2 部分：常规水力性能试验》 GB/T 15613.2—2008 2009 年 4 月 1 日实施	1．适用于实验室条件下的所试验的各种类型的冲击式和反击式的水轮机、蓄能泵和水泵水轮机。 2．适用于机组功率大于 10MW 或公称直径大于 3.3m 的原型所对应的模型	**主要内容：** 规定了在试验室条件下所试验的各种类型的冲击式和反击式的水轮机、蓄能泵或水泵水轮机常规水力性能试验包含的项目和方法。主要内容包括： 1．数据采集和数据处理； 2．流量的测量方法，包括原级方法和次级方法； 3．压力测量的要求，包括测量断面的选择、测压头和连接软管的要求、测量仪器、仪器的标定、真空测量和测量不确定度的取值原则； 4．自由水位的测量要求，包括测量断面的选择、断面处的测点数、测量仪器和不确定度的取值原则； 5．E 和 NPSE 的确定，包括水力比能 E 的确定、E 的简化公式、净正吸入比能 NPSE 的确定； 6．主轴力矩的测量，包括测量方法、吸收功率/输出功率的方法、布置原理图、系统检查、标定和测量不确定度的取值原则； 7．转速测量，包括测量方法、检查和测量不确定度的取值原则； 8．试验结果的计算、误差分析和与保证值的比较。 **重点及要点：** 规定了各种理论依据、试验的方法等技术细节，对模型验收试验具有很强的指导性	**关联：** 1．重量法的试验方法参照《封闭管道中液体流量的测量　重量法》（ISO 4185：1980）执行。 2．容积法的试验方法参照《封闭管道中液流量的测量　容积测量箱的液体收集法》（ISO 8316：1987）执行。 3．堰板的设计及其安装和堰板之上水位的测量应参考《用量水堰和文氏量水槽的明渠水流量测量　第 1 部分：薄板量水堰》（ISO 1438-1：1980）执行。 4．原级方法的设备和压力计之间的连接管路应符合《封闭管道中的流体流量用于一次和二次元件间压力信号传输的连接法》（ISO 2186：1973）的规定。 5．电磁流量计属于《封闭管道中导电液体流率测量　电磁流率计测量法》（ISO 6817：1992）和《封闭管道中流体流量的测量　液体电磁流量计性能评定方法》（ISO 9104：1991）的内容。 6．对所有试验中的一般规定由《水轮机、蓄能泵和水泵水轮机模型验收试验　第 1 部分：通用规定》（GB/T 15613.1）。 7．差压设备的设计，包括其测压头，其安装和工作条件参考《通过测压装置测量液流的方法　第 1 部分：在充满液体的圆形横断面的管道中插入孔板，喷嘴和文吐里等》（IEC 5167）执行，并可使用其他形式的测压设备。 **差异：** 本标准与《水压涡轮、存储涡轮和抽水涡轮—模块验收实验》（IEC 60193：199）相比更适用于我国的使用习惯

续表

序号	标准名称/标准号/时效性	针对性	内容与要点	关联与差异
8	《水轮机、蓄能泵和水泵水轮机模型验收试验 第3部分：辅助性能试验》 GB/T 15613.3—2008 2009年4月1日实施	1. 适用于在试验室条件下所试验的各种类型的冲击式和反击式的水轮机、蓄能泵或水泵水轮机。 2. 适用于机组功率大于10MW或公称直径大于3.3m的原型所对应的模型。 3. 一般情况下不适用于机组功率或直径较小的水轮机，但经需供需双方协议认可，也可采用本部分	**主要内容：** 规定了在试验室条件下所试验的各种类型的冲击式和反击式的水轮机、蓄能泵或水泵水轮机辅助性能试验包含的项目和方法，主要内容包括： 1. 试验的实施，包括试验数据测量介绍、脉动量测量的数据采集和数据处理； 2. 测量方法和结果，包括压力脉动、主轴力矩脉动、轴向力和径向力、控制机构部件的水力负荷、在拓展的运行范围内进行的试验、有关原型指数试验的压差测量。 **重点及要点：** 1. 当数据采集系统的测量通道装有不同的信号调理器且相位差很重要时，则应考虑相位差的影响，并加以修正。 2. 测量压力脉动的传感器应具有足够的灵敏度（±0.1%ρE）。 3. 测量链的最大允许误差应小于所测量程范围的±5%。 4. 信息处理装置的最大允许误差应小于振幅的±1%且相位差应小于±10%。 5. 对实验结果按照压力脉动的周期性或非周期性的特点，应选择进行频域或时域分析	**关联：** 1. 有关振动和脉动的术语、定义、符号以及数学术语、试验方法、测量方法应符合《水力机械（水轮机、蓄能泵和水泵水轮机）振动和脉动现场测试规程》（GB/T 17189）的规定。 2. 试验的一般要求详见《水轮机、蓄能泵和水泵水轮机模型验收试验 第1部分：通用规定》（GB/T 15613.1）。 **差异：** 1. 本标准与《水压涡轮、存储涡轮和抽水涡轮—模块验收实验》（IEC 60193：199）相比更适用于我国的使用习惯。 2. 本标准规定：适用范围为机组功率大于10MW或公称直径大于3.3m的原型所对应的模型。 3.《水压涡轮、存储涡轮和抽水涡轮—模块验收实验》（IEC 60193：199）规定：适用范围为机组功率大于5MW或公称直径大于3m的原型所对应的模型
9	《水力机械（水轮机、蓄能泵和水泵水轮机）振动和脉动现场测试规程》 GB/T 17189—2007 2008年5月1日实施	1. 适用于反击式水轮机、冲击式水轮机、可逆式水泵水轮机、蓄能泵，也适用于与之连接的发电机或发电机的机械部分。 2. 适用于水力机械的振动和脉动试验	**主要内容：** 规定了统一的振动脉动试验方法、测量方法及试验数据的处理方法，使测量结果在同类的不同型号水力机械上具有一致性和可比性，主要内容包括： 1. 试验计划，包括计划的拟定、振动脉动被测量及测点布置、试验工况的确定、工况点参数的确认、试验条件的确认； 2. 试验程序，包括试验准备、预报试验的原则、正式试验及观察的要求、重复试验的原则； 3. 测量方法，包括振动测量的方法、主轴振动的测量方法、压力脉动测量的方法、应力测量的方法、转速脉动测量的方法、功率脉动测量的方法、导叶扭矩脉动测量的方法、导轴承径向载荷脉动测量的方法、推力轴承轴向载	**关联：** 所用水轮机水泵水轮机和蓄能泵的术语、定义和符号与《水轮机、蓄能泵和水泵水轮机水力性能现场验收试验》（IEC 41）和（IEC 198）有关规定相一致，有关振动、脉动和数学的术语、定义和符号与《机械振动、冲击和状态监测》（ISO 2041）和（IEC 184）、（IEC 222）相一致。 **差异：** 本标准与《水力机械水轮机蓄能泵和可逆式水泵水轮机振动和脉动现场测量导则》（IEC 994）相比主要有以下不同： 1. 根据我国的情况有所改动，更适合我国的实际情况； 2. 本规程的适用范围比有所扩大部分技术条款的条件或范围也有所放宽

续表

序号	标准名称/ 标准号/时效性	针对性	内容与要点	关联与差异
9			荷脉动测量的方法和确定机组工况参数的被测量； 4．率定的原则，包括直接率定的原则、标准电信号的率定原则； 5．信号记录、数据处理与分析的原则； 6．测量不可信度的取值原则； 7．试验报告的要求。 **重点及要点：** 1．从振动的角度评价水力机械的设计制造和安装质量。 2．振动评价标准的制定和施用也依赖于振动脉动试验的标准化。 3．提出有利于机组运行的建议为故障诊断及改善机组振动脉动水平提供依据。 4．评价机组在使用寿命期限内振动特性的变化及正常运行工况下的振动水平	
10	《小型水轮机现场验收试验规程》 GB/T 22140—2008 2008年10月1日实施	适用于单机输出功率小于（等于）15MW和转轮直径小于（等于）3.3m的水轮机现场验收试验。不涉及水轮机的具体结构和各种部件的机械性能	**主要内容：** 规定了小型水轮机进行现场验收试验的有关试验、测量方法，以及合同保证条件的评价方法，主要内容包括： 1．保证的性能和范围； 2．试运行前的安全验收条件； 3．试运行和可靠性试验； 4．性能保证和试验； 5．计算、评估和误差分析； 6．试验结果与保证值得比较； 7．其他保证； 8．试验的步骤； 9．数据采集。 **重点与要点：** 1．测量设备的不确定度应在±1%以内，温度传感器的不确定度应好于±1K，并且其滞后时间应小于5s。 2．声级计采用A加权的平均模式滤波，声级计率定的精度应在±1dBA内，总测量不确定度不超过±2dBA	**关联：** 1．有关空蚀和泥沙磨损的规定应符合《反击式水轮机空蚀评定》（GB/T 15469）。 2．噪声实验测量结果应参照《水利水电工程劳动安全与工业卫生设计规范》（DL 5061）进行。 3．水位测量仪器要求有关设计和使用水平测量装置参照标准《明渠水流测量　水位测量设备》（ISO 4373）。 4．圆形封闭管道的流量测量按标准《封闭管路清洁水的流量测量　在满管中和固定流量条件下使用测速仪的速度截面法》（ISO 3354）的有关规定进行

第四节 验收评价标准

序号	标准名称/标准号/时效性	针对性	内容与要点	关联与差异
1	《水电厂计算机监控系统试验验收规程》 DL/T 822—2012 2012年12月1日实施	适用于大中型水电厂计算机监控系统的制造过程、现场安装投运等各阶段的试验、验收，梯级水电厂和小型水电厂计算机监控系统可选择使用	**主要内容：** 规定了对水电厂计算机监控系统进行试验、验收的基本项目及测试方法，主要内容包括： 1．试验验收基本条件、产品外观、软硬件配置及技术文件检查、现场开箱接线检查； 2．绝缘电阻测试、介电强度试验、功能与性能测试、电源适应能力测试、抗扰度试验、环境试验、连续通电检验、可利用率考核； 3．试验验收规则及推荐的试验验收项目。 **重点与要点：** 1．监控系统与电源系统、接地系统、自动化元器件及其他系统之间的接线，应与设计、施工图纸一致。 2．现场试验过程中若发现受检产品技术条件所规定的AGC功能或参数不能满足运行要求时，应按实际运行要求予以修改，并试验验证修改的正确性。 3．在正常试验大气条件下，外接电源的电压、频率、波形中的任一项参数为受检产品技术条件规定的极限值时（其余为额定值），受检系统应可靠工作，功能与性能应符合受检产品技术条件规定。 4．根据受检产品技术条件的规定，在完成其他检验、验收项目的测试后，应进行不少于72h的连续通电检验。 5．在型式试验、工厂检验及出厂验收时，宜采用同类通道（如直流模拟量、温度量、交流量输入及模拟量输出通道等）抽样检查的方法，每一类通道的抽查数量不应小于该类通道点数的平方根值	**关联：** 1．工作温度下限、上限、恒定湿热、振动、地震试验应按《电工电子产品环境试验》（GB/T 2423）进行。 2．现场的接地应满足《水力发电厂接地设计技术导则》（DL/T 5091）和《计算机场地通用规范》（GB/T 2887）的要求。 3．监控系统在现场的安装、接线应符合《电气装置安装工程　盘、柜及二次回路接线施工及验收规范》（GB50171）的规定。 4．计算模拟量数据采集误差应满足《水电厂计算机监控系统基本技术条件》（DL/T 578）或受检产品技术条件规定。 5．自动电压控制功能应满足《电网运行准则》（DL/T 1040）和该电站所在电网调度机构规定的要求。 6．网络环境测试应满足《基于以太网技术的局域网系统验收测评规范》（GB/T 21671）的要求。 **差异：** 规定了计算机监控系统具体试验方法与程序。试验条件较DL/T 578《水电厂计算机监控系统基本技术条件》更为详细
2	《水利水电基本建设工程 单元工程质量等级评定标准 第3部分：水轮发电机组安装工程》	1．适用于符合下列条件之一的水轮发电机组的工程质量等级评定：单机容量为15MW及以上；冲击式水轮机，转轮名义	**主要内容：** 规定了水电水利基本建设工程中水轮发电机组及附属设备单元工程安装质量等级评定办法，主要内容包括： 1．立式反击式水轮机安装工程； 2．冲击式水轮机安装工程	**关联：** 1．符合《水轮发电机组安装技术规范》（GB/T 8564）的要求。 2．油槽油质检查、调速系统油质、各油槽油质符合《涡轮机油》（GB 11120）的要求

续表

序号	标准名称/标准号/时效性	针对性	内容与要点	关联与差异
2	DL/T 5113.3—2012 2012年3月1日实施	直1.5m及以上；混流式水轮机，转轮名义直径2.0m及以上；轴流式、斜流式水轮机，转轮名义直径3.0m及以上。 2．适用于可逆式抽水蓄能机组安装工程的质量等级评定	3．调速器及油压装置安装工程； 4．立式水轮发电机安装工程； 5．卧式水轮发电机安装工程； 6．主阀及附属设备安装工程； 7．机组管路安装工程； 8．机组启动试运行。 **重点与要点：** 1．立式反击式水轮机安装工程中，盘形阀密封面间隙应无间隙。 2．冲击式水轮机安装工程中，折向器与喷针协联关系应≤2%设计值。 3．调速器及油压装置安装工中，缓冲时间调整偏差的上下两回复时间之差不应大于整定值的10%。 4．立式水轮发电机安装工程中，推力瓦与镜板局部不接触面积，每处不应大于2%总面积，总和不大于5%总面积。 5．卧式水轮发电机安装工程中，定子相对于转子向后轴承侧偏移值应符合制造厂规定；或按发电机满负荷时轴热膨胀量的50%考虑。 6．主阀及附属设备安装工程中，无水动作试验，动作平稳，活门在全关位置的开度偏差不超过1°，开关时间符合设计要求	3．电气回路绝缘检查和耐压试验，符合《电气装置安装工程电气设备交接试验标准》（GB 50150）。 4．励磁系统调试符合《同步电机励磁系统　大、中型同步发电机励磁系统技术要求》（GB/T 7409.3）。 5．超声波探伤按《钢焊缝手工超声波探伤方法和探伤结果分级》（GB 11345）规定的标准检查。 **差异：** 1．《水利水电工程单元工程施工质量验收评定标准　水轮发电机组安装工程》（SL 636）与本标准相比，有以下差异。 2．使用范围中与DL中使用范围1～4相同，但不适用于可逆式抽水蓄能机组安装工程的质量等级评定。另外（SL 636）适用于灯泡贯流式水轮发电机组安装工程的单元工程质量等级评定。 3．DL/T 5113.3可用于机组启动试运行的单元工程质量评定。 4．DL/T 5113.3指出了水轮发电机组安装中重要的单元工程，引入了“扩大单元工程”的概念。 5．SL 636单元工程检测项目分为“主控项目”和“一般项目”，两者在单元工程优良标准的要求上、单元工程具体检测内容上也存在不一致的现象
3	《水利水电基本建设工程　单元工程质量等级评定标准　第4部分：水力机械辅助设备安装》 DL/T 5113.3.4—2012 2012年3月1日实施	适用于水电水利工程中的水力机械辅助设备安装工程质量等级评定	**主要内容：** 规定了水力机械辅助设备安装工程单元工程质量等级评定，主要内容包括： 1．空气压缩机、泵类装置、阀类装置、油水气管道、水力监测装置与自动化原件、滤水器等安装的单元工程划分与单元工程质量评定标准； 2．针对上述项目的单元工程验收需检查的项目作了规定。 **重点与要点：** 1．机组技术供水系统设备、管道安装，中压压缩空气系统设备、管道安装为主要单元工程、主要扩大单元工程和主要检查（检验）项目。	**关联：** 1．（GB/T 8564）《水轮发电机组安装技术规范》。 2．一个单元工程中与空气压缩机、泵、减压阀（或阀门）、滤水器、罐、箱及其他容器、机电设备等配套的电气装置，安装评定应按（DL/T 5113.5）《水电水利基本建设工程　单元工程质量等级评定标准　第5部分：发电电气设备安装工程》执行。 **差异：** 1．与《水利水电工程单元工程施工质量验收评定标准　水力机械辅助设备安装》（SL 637）相比有以下差异： 2．SL 637—2012适用于适用于符合下列条件之一的水

续表

序号	标准名称/标准号/时效性	针对性	内容与要点	关联与差异
3			2．空气压缩机设备基础埋件安装用钢卷尺检查其平面位置，±10mm 为合格，±5mm 为优良；用水准仪、钢板尺检查其高程，＋20mm～10mm、－5mm～－10mm 为合格，＋10mm～－5mm 为优良；用水平尺检查其水平，1.0 为合格，0.5 为优良；用方型水平仪检查机座安装水平度，0.10mm/m 为合格，0.08mm/m 为优良；用塞尺或百分表检查靠背轮连接，主、从动轴中心 0.10mm 为合格，0.08mm 为优良；主、从动轴中心倾斜 0.20mm 为合格，0.10mm 为优良。 3．离心水泵设备基础埋件安装用钢卷尺检查其平面位置，±10mm 为合格，±5mm 为优良；用水准仪、钢板尺检查其高程，＋20mm～10mm、－5mm～－10mm 为合格，＋10mm～－5mm 为优良；用水平尺检查其水平，1.0 为合格，0.5 为优良；用塞尺检查叶轮和密封环间隙，应符合技术文件的规定；用塞尺或百分表检查靠背轮连接，主、从动轴中心 0.10mm 为合格，0.08mm 为优良；主、从动轴中心倾斜 0.20mm 为合格，0.10mm 为优良。 4．对深水水泵，用钢板尺检查叶轮轴向窜动，6mm～8mm 为合格；用塞尺检查泵轴提升量，应符合技术文件的规定。 5．对潜水泵，用钢板尺检查平面位置，±5mm 为合格，±3mm 为优良；用钢板尺检查轨距，应符合技术文件的规定；用铅垂、钢板尺检查垂直度，1.0mm/m 为合格，0.5mm/m 为优良。 6．螺杆油泵设备基础埋件安装用钢卷尺检查平面位置，±10mm 为合格，±5mm 为优良；用水准仪、钢板尺检查高程，＋20mm～10mm、－5mm～－10mm 为合格，＋10mm～－5mm 为优良；用水平尺检查其水平，1.0 为合格，0.5 为优良；用百分表检查主、从动轴中心 0.10mm 为合格，0.08mm 为优良，主、从动轴中心倾斜 0.20mm 为合格，0.10mm 为优良。 7．对减压阀安装，用水平尺检查本体水平度，1.00mm/m 为合格，0.50mm/m 为优良；用水平尺检查本体垂直度，1.00mm/m 为合格，0.50mm/m 为优良。 8．对阀门安装，用水平尺检查本体水平度，1.00mm/m 为合格，0.50 为优良；用水平尺检查本体垂直度，	轮发电机组的水力机械辅助设备系统安装工程的单元工程施工质量验收评定： 1）单机容量 15MW 及以上。 2）冲击式水轮机，转轮名义直径 1.5m 及以上。 3）反击式水轮机中的混流式水轮机，转轮名义直径 2.0m 及以上。轴流式、斜流式、贯流式水轮机，转轮名义直径 3.0m 及以上。 3．DL/T 5113.3.4—2012 有明确的单元工程划分，指出了水力机械辅助设备安装中重要的单元工程，引入了“扩大单元工程”的概念。 4．SL 637—2012 单元工程检测项目分为“主控项目”和“一般项目”，两者在单元工程优良标准的要求上、单元工程具体检测内容上也存在不一致的现象

续表

序号	标准名称/标准号/时效性	针对性	内容与要点	关联与差异
3			1.00mm/m 为合格，0.50 为优良。 9．滤水器设备基础埋件安装用钢卷尺检查其平面位置，±10mm 为合格，±5mm 为优良；用水准仪、钢板尺检查其高程，+20mm～10mm、−5mm～−10mm 为合格，+10mm～−5mm 为优良；用水平尺检查其水平，1.0 为合格，0.5 为优良；用水平尺检查本体水平度，1.00mm/m 为合格，0.50mm/m 为优良；用吊线尺、钢板尺检查本体垂直度，1.00mm/m 为合格，0.50mm/m 为优良。 10．罐、箱及其他容器设备基础埋件安装用钢卷尺检查其平面位置，±10mm 为合格，±5mm 为优良；用水准仪、钢板尺检查其高程，+20mm～10mm、−5mm～−10mm 为合格，+10mm～−5mm 为优良；用水平尺检查其水平，1.0 为合格，0.5 为优良；用水准仪检查容器水平度，≤0.1%L 为合格，≤0.05%L 为优良	
4	《水利水电基本建设工程　单元工程质量等级评定标准　第 5 部分：发电电气设备安装工程》 DL/T　5113.5 —2012 2012 年 3 月 1 日实施	适用于水电水利工程 24kV 及以下电压等级的发电电气设备安装工程质量等级评定	**主要内容：** 规定了水电水利工程中发电电气设备安装工程的质量评定，主要内容包括： 1．干式电抗器及消弧线圈、高压开关柜、负荷开关及高压熔断器、隔离开关、静止变频启动装置、真空熔断器、SF_6 断路器、硬母线装置、共箱封闭母线、离相封闭母线、避雷器、电压/电流互感器、保护网、厂用变压器、低压配电盘柜及低压电器、电缆架、电缆敷设、电缆终端、接地装置、电气照明装置、控制保护装置、蓄电池、不间断电源和厂内桥式起重机电气设备安装工程单元工程划分与单元工程质量评定标准； 2．针对上述项目的单元工程验收需检查的项目作了规定。 **重点与要点：** 1．干式电抗器及消弧线圈安装工程目测与绝缘电阻表检查外观，线圈损伤处经包扎处理，不影响运行为合格，线圈无变形，绝缘无损伤，且线圈与支架螺栓间绝缘电阻符合要求为优良；目测与扳手检查电抗器底层所有的支柱绝缘子均应可靠接地；目测检查电抗器支柱绝缘子构件不	**差异：** 与《水利水电工程单元工程施工质量验收评定标准　发电电气设备安装工程》（SL 638）相比有以下差异： 1．SL 638 适用于大中型水电站发电电气设备安装工程质量验收评定。 2．额定电压为 26kV 及以下电压等级的发电电气一次设备安装工程。 3．发电电气、升压变电电气二次设备安装工程。 4．水电站通信系统安装工程。小型水电站同类设备安装工程的质量验收评定可选择执行。 5．DL/T 5113.5 对电缆架、蓄电池、不间断电源安装的评定也提出了明确的要求

续表

序号	标准名称/ 标准号/时效性	针对性	内容与要点	关联与差异
4			应构成金属闭台环路；目测与扳手检查消弧线圈接地应符台设计规定，接地连接应牢固；交流耐压试验过程中应无异常。 2．高压开关柜安装目测与扳手检查其接地，固定牢固，接触良好，排列整齐，柜门等应采用绝缘铁铜线接地；对手车式开关柜，操作检查手车推拉灵活，接地触头接触良好，操作回路插接件连接可靠，操作检查机械闭锁装置动作准确可靠，按产品规定检查动静触头中心线一致，检查触头间隙，小车推入工作位置后，动触头端部与静触头底部间隙应符合产品要求。 3．负荷开关安装应按产品规定检查触头接触、三相同期性应符合产品规定；操作检查操作机构牢固，各固定部件螺栓紧固，开口销必须分开，转动部分及操作机构动作平稳，无卡；目测与扳手检查接地牢固、可靠；高压熔断器安装，目测检查熔丝容量应符合设计要求，目测与操作检查钳口弹力正常，接触紧密，插入顺利、可靠，熔管无裂纹；对试验，用绝缘电阻表检查测量拉杆绝缘电阻，U_N：3kV～15kV，绝缘电阻≥1200MΩ，U_N：20kV，绝缘电阻≥3000MΩ；交流耐压试验按 GB 50150 检查应无异常；对操作试验，操作过程中发现的个别缺陷经处理消除，开关能正常分合能够通过，操作过程中开关各部分均应无变形和失调，开关动作灵活、可靠可一次通过。 4．对隔离开关安装工程，用塞尺检查触头间接触紧密，刀片钳口两侧压力均匀，线接触：要求塞尺塞不进去，面接触：接触面宽度为 50mm 及以下时，塞尺插入深度＜4mm，接触面宽度为 60mm 及以下时，塞尺插入深度＜6mm；按产品规定检查合闸后，刀片与固定触头钳口底部间应有 3mm～5mm 间隙，分闸状态触头与刀片间的绝缘距离、拉开角度等应符合产品的技术规定；三相联动触头接触同期性允许偏差：≤5mm 为合格，≤4mm 为优良；操作检查电动或气动操作按 GB 50150 进行前，应进行多次手动分、合闸，机构动作应正常；电动机的转向应正确，机构的分、合闸指示应与设备的实际分、台闸位置相符，闭锁正确、可靠；管道、阀门、工作缸等不应有渗、漏现	

续表

序号	标准名称/ 标准号/时效性	针对性	内容与要点	关联与差异
4			象；操作过程中发现的个别缺陷经处理，开关能正常分合为合格，操作过程中开关各部分均无变形和失调，动作灵活、可靠为优良。 5．对静止变频启动装置安装工程，用专用调试装置进行输入输出信号测试，按照设计图纸测试 SFC 系统的输入输出信号（I/O），测试结果应符合设计要求；保护测试按电压量、电流量、测量量、逻辑量和辅助功能五大类别分别对 SFC 系统各组成单元的保护进行逐一设置臀并校核，测试结果应符合设计要求；网桥、机桥相位检查应满足设计要求；脉冲控制应能可靠触发每个晶闸管；在手、自动模式下检查各流程（包括辅助设备启动、停止程序k 准备程序。启动程序，停止程序等）动作的正确性和可靠性。 6．对真空断路器安装工程，操作检查断路器操作应正常，分、合闸指示正确：辅助开关动作可靠；按产品规定检查极距及相对地距离符合产品规定；目测与力矩扳手检查真空断路器与母线连接的导电接触而应平整，接触良好，载流部分的可挠连接无折损；对试验，用压降法检查每相主回路的直流电阻符合制造厂技术规定；用断路器综合性能测试仪检查断路器分、合闸时间及同期性应符合产品技术要求，合闸过程中触头接触后的弹跳时间不大于2ms；交流耐压试验合格；用 500kV 绝缘电阻表检查测量分、合闸线圈及合闸接触器线圈的绝缘电阻值，不应低于 100MΩ，直流电阻值与产品出厂试验值相比应无明显差别。 7．对真空断路器安装工程，用 SF_6 气体微水测量仪检查 SF_6 气体压力正常；按产品规定检查断路器操作机构的联动无卡阻现象，分、合闸指示正确；密度继电器报警、闭锁动作整定值应正确；试验中用 1000V 绝缘电阻表检查一、二次回路对地绝缘符合产品要求；用直流电阻测试仪（100A）检查主回路的电阻符合产品技术规定；用断路器综合性能测试仪检查断路器分、合闸时间、同期性均应符合产品技术要求；交流耐压试验能够通过为合格，一次通过为优良；用 500V 以下绝缘电阻表和万用表检查	

续表

序号	标准名称/标准号/时效性	针对性	内容与要点	关联与差异
4			分、合闸线圈直流电阻应符合产品要求；操作试验成功为合格，一次成功为优良。 8．硬母线加工：用目测与钢尺检查母线弯制，开始弯曲处至最近绝缘子的母线支持夹板边缘的距离≥50mm（但≤0.25 倍的两支持点间的距离），弯曲半径符合 GB 50149 规定；多片母线的弯曲程度基本一致；母线扭转 90°时，扭转部分的长度应为母线宽度的 2.5 倍～5 倍；接触面必须平整，加工后允许界面减小值：铜母线小于原截面的 3%，铝母线小于原截面的 5%；目测与力矩检查母线的搭接连接搭接面平整，无氧化膜，并涂电力脂，连接紧固，力矩符合设计规定值；目测与钢尺检查矩形母线的搭接连接，搭接连接尺寸应符合 GB 50149 的规定，采用螺栓搭接连接的矩形母线其连接处距支柱绝缘子的支持夹板边缘≥50mm，上片母线端；与下片母线端头平弯开始处的距离＞50mm；铝母线应采用氩弧焊方式，铜母线应采用银铜钎焊方式，焊缝无裂缝、凹陷、气孔、夹渣等缺陷；咬边深度＜母线厚度的 10%，咬边总长度＜焊缝总长度的 20%为合格，咬边深度＜母线厚的 5%，咬边总长度＜焊缝总长度的 10%，观成形美观为优良；母线在支柱绝缘于上固定：金具与绝缘子固定应平整、牢固；交流母线工作电流≥1500A 时，每相母线的金具间不应形成闭合回路。 9．离相封闭母线安装：用惰性气体保护焊，焊缝外观及无损探伤抽查合格；用 2500V 绝缘电阻表绝缘检查绝缘电阻，母线主回路绝缘电阻≥50MΩ；交流耐压试验能够通过为合格，一次通过为优良；淋水试验能够通过为合格，一次通过为优良；气密试验能够通过为合格，一次通过为优良。 10．电流互感器安装工程试验：用 2500V 绝缘电阻表检查一次绕组对二次绕组及外壳绝缘电阻≥1000MΩ；二次绕组对外壳绝缘电阻≥1000MΩ；交流耐压试验一次绕组按 GB 50150 中附录 A 试验，二次绕组试验电压标准 2000V。试验过程中无异常，能够通过为合格，一次通过为优良；同型号互感器特性曲线相互比较，应无显著差别；检查互感器的极性，应与铭牌相符；误差测量应与铭牌值相符；	

续表

序号	标准名称/ 标准号/时效性	针对性	内容与要点	关联与差异
4			用于计量的电流互感应作相角误差测量，其误差应符合产品规定。 11．常用变压器安装工程密封检查：按试验程序检察油浸式变压器用 0.03MPa 的油压或干燥空气进行油箱密封试验，试验持续时间为 12h，应无渗漏为合格，应无渗漏，也无压降为优良；SF_6变压器的气体压力、年泄漏率应符合本产品的规定；交流耐压试验无异常。 12．低压配电盘柜及低压电器安装工程试验：用 1000V 绝缘电阻表检查二次回路绝缘电阻≥0.5MΩ；1000V 交流耐压，无异常；能够通过为合格，一次通过为优良；低压电器及保护和自动装置试验及要求应符合 GB 50110 中第 27 章的规定，保护定值符合设计要求，自动装置动作正确。 13．电缆、光缆架安装工程桥架连接板的螺栓穿向其螺母位于桥架外侧，固定牢靠；目测检查电缆架、架空光缆架或光缆槽全长均应有明显的接地，对于采用喷塑防腐的电缆架，其节间连接需采用带棘爪的平垫，保证节间接地良好	
5	《水利水电基本建设工程　单元工程质量等级评定标准　第6部分：升压变电电气设备安装》 DL/T　5113.6 —2012 2012年3月1日实施	适用于水电站升压变电工程中下列电气设备安装单元工程的质量等级评定： 1．额定电压为 35kV～500kV 主变压器（电抗器）。 2．额定电压为 35kV～500kV 高压电器设备及装置。 3．额定电压为 0.4kV～35kV 水电站厂区馈电线路	**主要内容：** 规定了水电水利基本建设工程中升压变电电气设备单元工程安装质量等级评定办法。主要内容包括： 主变压器（油浸电抗器）、电抗器、SF_6断路器、气体绝缘金属封闭开关设备（GIS）、气体绝缘金属封闭输电线路（GIL）、隔离开关、互感器、金属氧化物避雷器、高压开关柜、高压电力电缆线路、厂区馈电线路架设、母线装置等单元工程项目划分、质量评定、检测的项目。 **重点与要点：** 1．主变压器（油浸电抗器）安装工程安装检查前油箱及所有附件应齐全，无锈蚀或机械损伤，无渗漏现象。油漆完整、相色正确。各连接部位螺栓应齐全、紧固良好。套管表面无裂缝、伤痕，充油套管无渗油现象，油位指示正常。 2．主变压器（油浸电抗器）安装工程轨道检查两轨道	**关联：** 1．主变压器（油浸电抗器）安装工程器身检查及变压器干燥按（DL 5161.3）的有关要求进行检查。 2．升压变电电气设备安装工程安装工程按（GB50150）的有关规定进行检查。 3．气体绝缘金属封闭输电线路（GIL）安装工程现场试验按 DL/T 978 的规定进行检查。 4．高压电力电缆线路安装工程电缆支架最上及最下层至沟顶、楼板或沟底的距离应按 GB50168 检查。 5．气体绝缘金属封闭输电线路（GIL）安装工程 SF_6 气体的质量标准应符合（GB/T 12022）的规定。 **差异：** 与《水利水电工程单元工程施工质量验收评定标准　升压变电电气设备安装工程》（SL 639）相比有以下差异： 1．SL 639 对管型母线、软母线、中性点放电间隙的单

续表

序号	标准名称/标准号/时效性	针对性	内容与要点	关联与差异
5			间距离允许误差应≤2mm 为合格，两轨道间距离允许误差应≤1.5mm 为优良，轨道对设计标高允许误差应≤±2mm 为合格，轨道对设计标高允许误差应≤±1.5mm 为优良，轨道连接处水平允许误差应≤1mm 为合格，轨道连接处水平允许误差应≤0.8mm 为优良。 3. 主变压器（油浸电抗器）安装工程本体就就位，轮距与轨距中心应对正，滚轮制动装置应固定牢固；装有气体继电器的箱体，其顶盖应有 1%～1.5%的升高坡度，与封闭母线连接时，套管中心线与封闭母线中心线误差允许值≤4mm。 4. 电抗器安装工程基础安装，相间中心距离误差≤10mm 为合格，相间中心距离误差≤8mm 为优良。预留孔中心线误差≤5mm 为合格，预留孔中心线误差≤4mm 为优良。 5. 六氟化硫断路器安装工程，SF_6 气体的检验及充装新 SF_6 气体，充装前应抽样复验，抽样数量为每批罐装总瓶数的 3/10，SF_6 气体的质量标准应符合的规定，断路器内部应进行抽真空处理，真空度符合厂家要求，气体充入前应检查充气设备及充气管路，需洁净，无水分、无油污	元工程质量评定进行了规范。 2. DL/T 5113.6 针对高压开关柜安装单元工程评定进行了说明
6	《水电水利基本建设工程 单元工程质量等级评定标准 第 11 部分：灯泡贯流式水轮发电机组安装工程》 DL/T 5113.11—2005 2006 年 6 月 1 日实施	1. 适用于单机容量 2MW 及以上和转轮直径 2.5m 及以上的灯泡贯流式水轮发电机组的工程质量等级评定。 2. 其他类型的贯流式水轮发电机组和单机容量小于 2MW 及转轮直径小于 2.5m 的灯泡贯流式水轮发电机组可选择执行	**主要内容：** 规定了水电水利基本建设工程中灯泡贯流式水轮发电机组及附属设备单元工程安装质量等级评定办法，主要内容包括： 1. 灯泡贯流式机组单元工程项目划分； 2. 灯泡贯流式机组单元工程评定原则； 3. 灯泡贯流式机组单元工程具体检测项目等内容	**关联：** 1. 水轮机安装工程，单只转轮叶片密封漏油限量和转轮叶片最低操作油压按（GT/T 8564）5.26 的规定测量。 2. 轴承体各组合缝间隙评定等级应符合（GB/T 8564）4.7 的要求。 3. 接力器严密性耐压试验评定等级应符合（GB/T 8564）4.11 的要求。 4. 机组启动试运行，尾水闸门静水试验，检验方法按（DL/T 827）5.2 的要求。 5. 机组启动试运行，首次启动试验，检验方法按（DL/T 827）6.2 的要求。 6. 机组启动试运行，空载运行下调速系统的调整试验，评定等级按（DL/T 827）6.3 的要求

续表

序号	标准名称/ 标准号/时效性	针对性	内容与要点	关联与差异
6				7．机组启动试运行，带负荷试验，评定等级按（DL/T 827）8.2 的要求。 8．机组启动试运行，甩负荷试验，检验方法按（DL/T 827）8.3 的要求。 **差异：** 与《水利水电工程单元工程施工质量验收评定标准　水轮发电机组安装工程》（SL 636—2012）相比有以下**差异：** 1．SL 636 适用于： （1）单机容量 15MW 及以上。 （2）冲击式水轮机，转轮名义直径 1.5m 及以上。 （3）反击式水轮机中的混流式水轮机，转轮名义直径 2.0m 及以上。 （4）轴流式、斜流式、贯流式水轮机，转轮名义直径 3.0m 及以上。 （5）单机容量和水轮机转轮名义直径小于上述规定的机组也可选择执行。 2．DL/T 5113.11 可用于灯泡贯流式机组启动试运行的单元工程质量评定。 3．DL/T 5113.11 指出了水轮发电机组安装中重要的单元工程，引入了“扩大单元工程”的概念。 4．SL 636 单元工程检测项目分为“主控项目”和“一般项目”，两者在单元工程优良标准的要求上、单元工程具体检测内容上也存在不一致的现象

第六章　调试试运行专业标准

第一节　启动试运行标准

序号	标准名称/ 标准号/时效性	针对性	内容与要点	关联与差异
1	《水轮发电机组启动试验规程》 DL/T 507—2014 2014 年 8 月 1 日实施	1．适用于单机容量 25MW 及以上水轮发电机组及相关机电设备的启动试运行试验和交接验收。 2．单机容量小于 25MW 的机组可选择执行	**主要内容：** 规定了水轮发电机组启动试运行试验程序和要求，主要内容包括： 1．水轮发电机组启动试运行前的检查； 2．水轮发电机组充水试验； 3．水轮发电机组启动及空载试验； 4．水轮发电机组带主变压器与高压配电装置试验； 5．水轮发电机组并列及负荷试验； 6．水轮发电机组 72h 带负荷连续试运行； 7．水轮发电机组的交接与投入商业运行。 **重点与要点：** 1．长引水系统压力管道充水，应单独制定详细的操作规程和安全技术措施；高水头电站的输水道应按设计要求分级进行充水。 2．机组各部位振动值应不超过 6.2.10 中表 1 的规定。 3．对长引水遂洞和长尾水洞的机组甩负荷试验，二次甩负荷试验间隔时间应按设计要求进行。 4．带额定负荷连续 72h 试运行，不得中断。当带额定负荷有困难时，可根据当时的具体条件确定机组应带的最大负荷进行 72h 连续带负荷试运行。	**关联：** 1．可逆式抽水蓄能机组水泵工况的启动试验按《可逆式抽水蓄能机组启动试验规程》（GB/T 18482）执行。 2. 灯泡式灌流式水轮发电机组的启动试运行试验按《灯泡贯流式水轮发电机组启动试验规程》（DL/T827）执行

续表

序号	标准名称/标准号/时效性	针对性	内容与要点	关联与差异
2	《可逆式抽水蓄能机组启动试验规程》 GB/T 18482—2010 2011 年 5 月 1 日实施	1．适用于单机容量 150MW 及以上的混流可逆式抽水蓄能机组启动试运行试验和交接验收； 2．单机容量小于 150MW 的混流可逆式抽水蓄能机组或其他型式的抽水蓄能机组可选择执行	**主要内容：** 规定了可逆式抽水蓄能机组启动试运行试验程序和技术要求，主要内容包括： 1．机组启动方式选择； 2．设备分部调试及启动试运行前的检查； 3．电站受电具备的条件和受电试验的一般程序及要求； 4．机组流道充水试验； 5．水泵工况启动试验； 6．背靠背启动试验； 7．水泵工况调相试验； 8．水泵工况抽水及停机试验； 9．水轮机工况启动及空载试验； 10．水轮机工况并列及负荷试验； 11．现地控制单元自动开、停机及运行工况转换试验； 12．电站监控系统自动开、停机，运行工况转换及成组调节试验； 13．机组 15d 考核试运行及交接验收。 **重点与要点：** 1．机组启动试运行前编制启动试运行试验大纲，经启委会批准后进行，在完成 15d 考核运行及设备消缺后方可办理交接验收； 2．本标准水泵工况启动方式只规定了静止变频器（SFC）启动和背靠背同步启动； 3．首次启动，优先选择水轮机工况方式启动。上水库无天然径流或未充（蓄）水时，宜采用水泵工况方式启动； 4．启动试验时，水泵工况和水轮机工况可交替进行； 5．重新开始 15d 试运行的规定： （1）一次中断运行时间超过 24h； （2）累计中断次数超过 3 次； （3）启动不超过次数超过 3 次。 6．变频器输入输出的变压器、断路器以及功率柜、电抗器、高压电缆的耐压试验厂家无规定时，可按《电气装置安装工程 电气设备交接试验标准》（GB 50150）的规定，但必须得到制造厂认可	**关联：** 1．测量机组输入功率、扬程、流量和导叶开度，应基本符合《混流式水泵水轮机基本技术条件》（GB/T22581）规定提供的水泵水轮机运转特性曲线的性能； 2．电气设备的耐压试验按《电气装置安装工程 电气设备交接试验标准》（GB 50150）进行； 3．机组甩负荷后调速系统的动态品质应满足《水轮发电机组安装技术规范》（GB/T 8564）和《水轮发电机组启动试验规程》（DL/T 507）的规定； 4．启动试运行验收工作程序编制原则应符合《水电站基本建设工程验收规程》（DL/T 5123）的规定。 **差异：** 1．《水轮发电机组启动试验规程》（DL/T 507）适合水轮发电机组的启动试运行，对可逆式抽水蓄能机组水轮机工况启动试验具有参考价值。 2．《可逆式抽水蓄能机组启动试验规程》（GB/T 18482）除有水轮机工况启动试验的有关规定外，重点描述水泵工况时的启动试验

续表

序号	标准名称/标准号/时效性	针对性	内容与要点	关联与差异
3	《灯泡贯流式水轮发电机组启动试验规程》 DL/T 827—2014 2014 年 8 月 1 日实施	1．适用于水电站贯流式水轮发电机组及相关设备的启动试运行试验和交接验收。 2．其他贯流式机组的启动试运行试验可选择执行	**主要内容：** 规定了单机 5MW 以上和转轮直径 2.5m 以上的灯泡贯流式机组的启动试运行试验程序和要求，主要内容包括： 1．试运行前的检查； 2．充水试验； 3．空载试验； 4．机组带主变压器以及高压配电装置试验； 5．并列及负荷试验； 6．72h 带负荷连续试运行； 交接验收及商业运行等主要内容。 **重点与要点：** 1．转速小于 100r/min 的机组，推力轴承支架的轴向振动值不大于 0.1mm，各轴承支架的径向振动值不大于 0.12mm，灯泡头径向振动值不大于 0.12mm； 2．转速大于等于 100r/min 的机组，推力轴承支架的轴向振动值不大于 0.08mm，各轴承支架的径向振动值不大于 0.1mm，灯泡头径向振动值不大于 0.1mm； 3．72h 试运行应连续进行，不得累计	**关联：** 1．规范性引用文件的引导语与《标准化工作导则 第 1 部分：标准的结构和编写》（GB/T1.1）的规定一致。 2．灯泡贯流式机组及相关设备的安装应达到《水轮发电机组安装技术规范》（GB/T 8564）、《灯泡贯流式水轮发电机组安装工艺规程》（DL/T 5038）的规定。 3．一次设备试验按《电气装置安装工程 电气设备交接试验标准》（GB 50150）进行。 4．用 2500V 兆欧表测量定子绕组对地绝缘电阻和极化指数应满足（GB/T 8564）的规定。 5．电站高压配电装置受电试验和电站发电机带空载线路零起升压试验可选择《水轮发电机组启动试验规程》（DL/T507）的规定进行。 6．主变压器水喷雾系统已安装调试喷射试验结果应符合《水利水电工程设计防火规范》（SL329）的规定
4	《小型水电站机组运行综合性能质量评定标准》 SL 524—2011 2011 年 4 月 10 日实施	1．适用于机组功率在 0.5MW～25MW 之间，且水轮机转轮直径不大于 3.3m 的水轮发电机组质量评定。 2．机组功率在 100kW～500kW 之间的机组，如能基本满足评定条件，可选择执行	**主要内容：** 规定了小型水电站水轮发电机组的运行性能及执行评定标准，主要内容包括： 1．水轮发电机组运行性能质量； 2．调速系统运行性能质量； 3．励磁系统运行性能质量等机组运行指标的评定内容； 4．规定了评定原则及评定方法。 重点与要点： 小型水电站机组综合评定的重点在于对各系统测试和运行参数的评定	**关联：** 1．反击式水轮机的空蚀损坏保证应符合《水轮机、蓄能泵和水泵水轮机空蚀评定 第 1 部分：反击式水轮机的空蚀评定》（GB/T 15469.1）的规定。 2．水斗式水轮机的空蚀损坏保证应符合《水斗式水轮机空蚀评定》（GB/T 19184）的规定。 3．水轮机振动主轴摆度不应大于《水轮发电机组安装技术规范》（GB/T 8564）的规定。 4．机组额定功率甩全部负荷时最大转速上升率 β 超过 60%时应按《小型水力发电站设计规范》（GB 50071）的规定进行论证或按设计要求执行，但不宜超过 70%。 5．当励磁电流达到额定励磁电流的 110%时，加到励磁绕组两端的整流电压的最大瞬时值，不应超过《中小

续表

序号	标准名称/标准号/时效性	针对性	内容与要点	关联与差异
4				型同步电机励磁系统　基本技术要求》（GB/T 10585）中第7.18条所规定试验电压峰值的30%。励磁系统应保证在任何工况下磁场绕组出线端的电压瞬时值不大于（GB/T10585）规定试验电压峰值的65%。 6．机组正常停机或检修时，水轮机进水阀门关闭位置的流水量应符合《大中型水轮机进水阀门基本技术条件》（GB/T 14478）的规定。 7．机组进水口拦污栅自动化元件及系统的精度和性能均应满足《小型水力发电站自动化设计规范》（SL 229）的规定。 8．运行性能和质量评定时，自动化监测各项参数的测量均应满足《小型水轮机现场验收试验规程》（GB/T 22140）和《水力机械（水轮机、蓄能泵和水泵水轮机）振动和脉动现场测试规程》（GB/T 17189）的规定
5	《水轮发电机组推力轴承润滑参数测量方法》 DL/T 1003—2006 2007年3月1日实施	适用于各类型立式水轮（发电/电动机）推力轴承润滑参数的测量	**主要内容：** 规定了水轮发电机组推力轴承润滑参数的测量方法，主要内容包括： 1．测量方法与测量系统的一般规定； 2．水轮发电机组推力轴承的润滑参数测试测量装置的安装要求； 3．水轮发电机组推力轴承的润滑参数测试试验工况及试验方法； 4．试验数据的处理及试验报告的内容及编写要求。 **重点与要点：** 1．测点布置应能全面反映润滑参数在瓦面上的分布特征； 2．传感器安装应牢固，技术指标满足要求。 3．信号电缆应电磁屏蔽，并避开磁场较强的地方。 4．测量结果作为推力轴承出厂、现场型式试验、现场验收和同类产品性能比较的依据	

第二节 运行与检修

序号	标准名称\标准号\时效性	针对性	内容与要点	关联与差异
1	《水轮发电机运行规程》 DL/T 751-2014 2014年8月1日实施	适用于与水轮机直接连接、额定容量为25MVA（贯流式水轮发电机额定容量为10MVA）及以上的三相50Hz凸极同步水轮发电机	**主要内容：** 规定了水轮发电机运行的基本技术要求、运行方式、运行操作、运行监视和检查维护、不正常运行和事故处理的基本原则，主要内容包括： 1．运行的基本技术要求； 2．发电机运行方式及技术要求； 3．发电机运行操作方式及方法； 4．发电机运行的监视和检查维护； 5．发电机不正常运行和事故处理； 6．励磁系统不正常运行和事故处理。 **重点与要点：** 1．发电机中性点接地的现场运行方式，应按制造厂及设计的规定在现场运行规程中明确； 2．发电机投入运行后，未做温升试验前，不允许超过额定值运行； 3．应根据制造厂的规定与实际运行经验，确定发电机各部轴瓦报警和停机的温度值，报警时应迅速查明原因并消除； 4．励磁系统过励限制动作区域应小于发电机转子过负荷保护动作区域，同时也应小于发电机允许过励能力，并留有适当的裕度； 5．发电机不允许失磁运行。自动灭磁装置故障退出运行时，不得将发电机投入运行； 6.发电机连续运行的最高允许电压应遵守制造厂规定，但最高不得大于额定值的110%； 7．发电机的最低运行电压应根据稳定运行的要求来确定，一般不应低于额定值的90%； 8．发电机事故停机、发电机零起升压操作、发电机黑启动操作等； 9．发电机不正常运行和事故处理	**关联：** 1．发电机在安装和检修后，应按《水轮发电机基本技术条件》（GB/T 7894）、《水轮发电机组安装技术规范》（GB/T 8564）、《电气装置安装工程 电气设备交接试验标准》（GB 50150）、《水轮发电机组启动试验规程》（DL/T 507）、《电力设备预防性试验规程》（DL/T 596）、《灯泡贯流式水轮发电机组启动试验规程》（DL/T 827）等标准的有关规定进行发电机性能和参数试验，试验合格后方可投入运行。 2．发电机额定运行环境条件应满足《水轮发电机基本技术条件》GB/T 7894的规定（包括空气冷却及内水冷却的发电机）。 3．运行中的发电机，其检修、维护应符合《立式水轮发机组检修技术规程》（DL/T 817）和《发电企业设备检修导则》（DL/T 838）的规定。 4．各类变送器和仪表、交流采样测控装置、电能计量装置等应按《电工测量变送器运行管理规程》（DL/T 410）和《交流采样远动终端技术条件》（DL/T 630）的相关规定进行检定。 5．在规定的正常运行范围内，发电机各部位振动允许限值应符合 GB/T 7894、《水轮发电机组启动试验规程》（DL/T 507）的规定。 6．蒸发冷却发电机在《蒸发冷却水轮发电机（发电/电动机）基本技术条件》（DL/T 1067）规定的使用环境条件及额定工况下运行，其定子、转子绕组和定子铁心等的温升限值应不超本标准的规定。 7．弹性金属塑料推力瓦应符合《立式水轮发电机弹性金属塑料推力轴瓦技术条件》（DL/T 622）的规定。 8．发电机励磁系统应符合《同步电机励磁系统大、中型同步发电机励磁系统技术要求》（GB/T7409.3）、《发电机灭磁及转子过电压保护装置技术条件 第1部分：磁场

续表

序号	标准名称\标准号\时效性	针对性	内容与要点	关联与差异
1				断路器》（DL/T 294.1）、《发电机灭磁及转子过电压保护装置技术条件　第 2 部分：非线性电阻》（DL/T 294.2）、《大中型水轮发电机自并励励磁系统及装置运行和检修规程》（DL/T 491）、《大中型水轮发电机静止整流励磁系统及装置技术条件》（DL/T 583）等标准的规定。 9．发电机微机励磁调节器试验与调整应按《大中型水轮发电机微机励磁调节器试验和调整导则》（DL/T 1013）的规定进行。 10．发电机连接母线的设计、制造、选型和安装，应符合《水力发电厂高压电气设备选择及布置设计规范》（DL/T 5396）的规定，按照《电气装置安装工程电气设备交接试验标准》（GB50150）进行试验合格投入运行，并按《电力设备预防性试验规程》（DL/T596）的规定进行定期预防性试验。 11．发电机母线采用封闭母线的使用条件、技术性能等以及采用微正压的离相封闭母线的漏气量应符合《金属封闭母线》（GB/T 8349）的规定。 12．发电机的监控及自动化装置应按《水轮发电机组自动化元件（装置）及其系统基本技术条件》（GB/T11805）、《水轮发电机组振动监测装置设置导则》（DL/T556）、《水电厂计算机监控系统基本技术条件》（DL/T578）、《水电厂自动化元件基本技术条件》（DL/T1107）、《水力发电厂计算机监控系统设计规范》（DL/T5065）、《电测量及电能计量设计技术规程》（DL/T5137）、《梯级水电厂集中监控工程设计规范》（DL/T5345）、《水力发电厂火灾自动报警系统设计规范》（DL/T5412）、《水力发电厂测量装置配置设计规范》（DL/T5413）等标准的规定。 13．发电机的继电保护和安全自动装置应按《继电保护和安全自动装置技术规程》（GB/T14285）、《电力装置的继电保护和自动装置设计规范》（GB/T50062）、《继电保护和安全自动装置通用技术条件》（DL/T478）、《发电机变压器组保护装置通用技术条件》（DL/T671）、《电力系统安全稳定控制技术导则》（DL/T723）、《电力系统安全稳定导则》（DL/T755）、《水力发电厂继电保护设计规范》

续表

序号	标准名称\标准号\时效性	针对性	内容与要点	关联与差异
1				（NB/T35010）等规定装设，并按《继电保护和安全自动装置技术规程》（GB/T14285）、《电力调度自动化系统运行管理规程》（DL/T516）、《大型发电机变压器继电保护整定计算导则》（DL/T684）、《继电保护和电网安全自动装置检验规程》（DL/T 995）等进行整定、计算、校验。 14．发电机采用微机继电保护装置其运行管理应符合《微机继电保护装置运行管理规程》（DL/T587）的规定。 15．内水冷却发电机的冷却水处理应按《发电机内冷水处理导则》（DL/T1039）的相关规定执行。 16．蒸发冷却发电机的冷却介质、冷却系统检测装置及元器件应符合《蒸发冷却水轮发电机（发电/电动机）基本技术条件》（DL/T1067）的规定。 17．发电机在额定参数下长期连续运行时的电压和频率的变化应符合《水轮发电机基本技术条件》（GB/T 7894）的规定。 18．发电机的运行操作应符合《电业安全工作规程　第1部分：热力和机械》（GB26164.1）、《电力安全工作规程发电厂和变电站电气部分》（GB26860）和《电力安全工作规程 高压试验室部分》（GB26861）的规定。 19．新安装投运或A级、B级检修后机组启动，应按《水轮发电机组启动试验规程》（DL/T507）的规定布置启动试运行大纲。 20．检修后的励磁系统设备绝缘电阻的测量，按《大中型水轮发电机静止整流励磁系统及装置试验规程》（DL/T489）的规定进行。 21．具有自动发电控制、自动电压控制的计算机监控系统，应对发电机的开停机、负荷分配和电压变化进行自动控制和调整，并符合《水电厂计算机监控系统基本技术条件》（DL/T578）和电力调度机构的要求。 22．励磁变压器的维护按《电力变压器运行规程》（DL/T572）的规定进行。 23．用于轴承的涡轮机油，其物理和化学特性应符合《涡轮机油》（GB 11120）的规定

续表

序号	标准名称\标准号\时效性	针对性	内容与要点	关联与差异
2	《抽水蓄能可逆式水泵水轮机运行规程》 DL/T 293—2011 2011年11月1日实施	1.适用于单机功率150MW及以上的单级混流可逆式水泵水轮机。 2．单机功率小于150MW及其他形式的水泵顺轮及可选择执行	**主要内容：** 规定了水泵水轮机运行工况及工况转换、运行基本技术条件、运行操作、巡视检查、运行分析、运行监视不正常运行和事故处理的基本要求，主要内容包括： 1．水泵水轮机运行工况及工况转换技术要求； 2．水泵水轮机运行基本技术条件； 3．水泵水轮机运行操作基本要求； 4．水泵水轮机巡视检查、运行监视和运行分析的要求和方法； 5．水泵水轮机不正常运行和事故处理的基本要求和方法。 **重点与要点：** 1．水泵水轮机各种功况转换应按标准要求执行。水泵工况停机，跳发电电动机出口开关时的输入功率不大于33%的最大输入功率。 2．水泵运行工况转换应按标准要求执行。 3．水导轴承油冷却器投入运行前应经过耐压试验。 4．对于单导叶接力器的导水机构，导叶开度偏差超过规定值时应停机或闭锁开机。 5．进出水阀在最不利情况下和在最大流量下都应能动水关闭。 6．进出水阀控制系统、渗漏排水系统应具备两路独立可靠的控制电源。 7．技术供水系统应能承受下游最高尾水位的静水压力和机组过渡过程的压力上升。 8．尾水事故闸门和进出水阀的状态应可靠闭锁。 9．水泵水轮机检修后启动或故障查找时应采用手动方式（现地单步）开机、停机	**关联：** 1．水泵水轮机顶盖的垂直方向和水平方向的振动值测量方法应按《水力机械（水轮机、蓄能泵和水泵水轮机）振动和脉动现场测试规程》（GB/T 17189）、《在非旋转部件上测量和评价机器的机械振动　第5部分：水力发电厂和泵站机组》（GB/T 6075.5）的规定执行。 2．水轮机主轴相对振动（摆度）应不大于《旋转机械转轴径向振动的测量和评定　第5部分：水力发电厂和泵站机组》（GB/T 11348.5）中规定的上限。 3．水泵水轮机在电站水质条件下的空蚀损坏保证应符合《水轮机、蓄能泵和水泵水轮机空蚀评定　第2部分：蓄能泵和水泵水轮机的空蚀评定》（GB/T 15469.2）的规定
3	《抽水蓄能可逆式发电电动机运行规程》 DL/T 305—2012	1．适用于与水泵水轮机直接连接、额定功率150MW 及以上的三相50Hz凸极同步发电电	**主要内容：** 规定了抽水蓄能可逆式发电电动机基本运行工况及工况转换、运行基本技术条件、运行操作、巡视检查、运行分析、运行监视和运行分析、不正常运行和事故处理的基	**关联：** 1．发电电动机电压和频率的允许运行范围应符合《旋转电机　定额和性能》（GB 755）的规定； 2．定子绕组、转子绕组绝缘性能应符合《水轮发电机

续表

序号	标准名称\标准号\时效性	针对性	内容与要点	关联与差异
3	2012年3月1日实施	动机。 2．额定功率小于150MW及其他型式的发电电动机可选择执行	本要求，主要内容包括： 1．基本运行工况及启动方式，以及工况转换基本技术要求； 2．运行基本技术条件； 3．运行操作的技术要求； 4．巡视检查、运行监视和运行分析的方法和技术要求； 5．不正常运行和事故处理的基本要求和方法。 重点与要点： 1．发电电动机应具有黑启动功能； 2．在电动工况运行时承受 150%过转矩的持续时间不应超过15s，励磁电流不得超过额定值； 3．非同期并列引起跳闸、停机，未查明原因不得再次开机； 4．发生下列情况，应立即紧急停机： （1）水淹厂房； （2）发电电动机冒烟、着火； （3）发电电动机内有摩擦、撞击声； （4）发生电气故障但保护拒动； （5）发生直接威胁人身安全的情况	基本技术条件》（GB/T 7894）的规定； 3．轴承绝缘电阻应符合《水轮发电机基本技术条件》（GB/T 7894）和《水轮发电机组安装技术规范》（GB/T 8564）的规定； 4．励磁系统的性能除应符合《同步电机励磁系统 大、中型同步发电机励磁系统技术要求》（GB/T 7409.3）的规定外，还应满足不同启动方式、各种运行工况、工况转换及启动的要求； 5．发电电动机继电保护的配置应符合《水力发电厂继电保护设计规范》（NB/T 35010）的规定； 6 监控自动化系统应符合《水电厂计算机监控系统基本技术条件》（DL/T 578）的规定； 7．发电电动机不对称运行的负序电流分量与允许持续的时间应符合《水轮发电机基本技术条件》（GB/T 7894）的规定
4	《抽水蓄能电站无人值班技术规范》 DL/T 1174—2012 2012年12月1日实施	1．适用于单机容量150MW及以上无人值班抽水蓄能电站； 2．单机容量小于150MW的无人值班抽水蓄能电站可选择执行	**主要内容：** 规定了抽水蓄能电站无人值班基本技术条件，主要内容包括： 1．无人值班抽水蓄能电站应具备的基本条件； 2．监控方式分为电力调度机构监控和电厂集控中心监控两种模式； 3．监控设备的基本性能及配置要求； 4．应具备的安全技术措施：事故停机、水淹厂房保护、消防、紧急疏散、门禁系统等。 **重点与要点：** 1.无人值班抽水蓄能电站应具备远程监视与开展功能，无非远程监控机组时，电站中央控制室应能实现对机组的监视与控制；设备应可靠、安全，有完备、可靠的安全技术措施；	**关联：** 1．计算机监控系统的总体技术要求应符合《水力发电厂计算机监控系统设计规范》（DL/T 5065）的规定； 2．电缆与二次接线中，控制电缆及其屏蔽与接地的技术要求应符合《电力工程电缆设计规范》（GB 50217）的规定； 3．通信电源的技术要求应符合《电力系统通信设计技术规定》（DL/T 5391）的规定； 4．调速器的技术要求应符合《水轮机控制系统技术条件》（GB/T 9652.1）的规定； 5.励磁系统的技术要求应符合《同步电机励磁系统 大、中型同步发电机励磁系统技术要求》（GB/T 7409.3）的规定； 6．继电保护装置的技术要求应符合《水力发电厂继电

续表

序号	标准名称\标准号\时效性	针对性	内容与要点	关联与差异
4			2．监控系统应具有生产信息顺序记录功能，按顺序记录生产信息的发生时间、信息编码、信息描述等； 3．监控系统应具有事故追忆功能，对开关、隔离开关分合操作应有逻辑闭锁功能； 4．监控系统应具备软件和硬件在线自诊断功能，异常时自动报警； 5．厂用交流电源系统失电时，不间断电源应能保证监控系统正常运行 2h 以上； 6．直流电源系统应配置至少一组蓄电池，当直流电源充电器的交流电源消失时，蓄电池应至少保证控制设备正常工作 2h。 7．监控系统与生产信息管理系统之间应设置横向单向安全隔离装置或网关，与电力调度数据网之间应设置纵向加密认证装置或网关； 8．上/下库水位测量信号应冗余配置，上/下库水位高或低到设定值应报警；技术供水系统采用水泵供水时，水泵应冗余配置，主备用泵切换时间应满足机组运行要求； 9．机组振动异常时，监测系统应能根据逻辑组合策略和设定值报警或动作停机； 10．地下厂房应设水淹厂房保护、水淹厂房控制回路和水位计电源应冗余配置； 11．机组正常运行应至少有 3 路厂用电电源	保护设计规范》（NB/T35010）的规定； 7．机组振动监测系统设置应符合《水轮发电机组振动监测装置设置导则》（DL/T 556）的规定
5	《立式水轮发电机检修技术规程》 DL/T 817—2014 2014 年 8 月 1 日	适用于额定功率在 15MW 及以上的发电机检修	**主要内容：** 规定了立式水轮发电机现场检修的等级、间隔、项目、试验和工艺质量要求，主要内容包括： 1．检修间隔、检修停用时间、检修项目、启动试验项目； 2．检修工艺质量的一般要求； 3．主要部件检修，包括定子检修、转子检修、轴承检修、机架检修； 4．附属系统检修，包括空气冷却器、制动器、制动柜、吸尘系统等； 5．轴承检修，包括检修的一般要求、推力轴承检修、	**关联：** 1．编制检修安全、环保、消防等技术措施，应遵守《电业安全工作规程第 1 部分：热力和机械》（GB 26164.1）、《电力安全工作规程》（GB 26860）和《电力安全工作规程高压实验室部分》（GB 26861）的规定； 2．定子铁芯重新装配或更换定子线棒，工艺、质量和试验应符合《水轮发电机组安装技术规范》（GB/T 8564）及厂家技术要求； 3．磁极绕组的直流电阻、交流阻抗及耐压试验以及定子、励磁变压器、励磁专用电压互感器、励磁专用电流互感器、电源变压器及高压电缆的预防性试验应按《电力设

续表

序号	标准名称\标准号\时效性	针对性	内容与要点	关联与差异
5			导轴承检修； 6．发电机总体装复； 7．检修启动试验和验收，包括启动试验前的验收、启动试验项目和要求、检修工程最终验收。 **重点与要点：** 1．A、B、C、D 四级检修的周期、检修天数、检修内容及检修测试项目； 2．制定发电机现场检修规程。并规定了检修前的准备工作要求及设备解体的有关规定； 3．装复时，各组合面合缝间隙用 0.05mm 塞尺检查不能通过，允许有局部间隙，用 0.1mm 塞尺检查，深度不应超过组合面宽度的 1/3，总长度不应超过周长的 20%，组合螺栓及销钉周围不应有间隙，组合缝处的安装面错牙不宜超过 0.10mm； 4．各螺栓连接均应按规定拧紧，有预紧力要求的螺栓连接，装复时其预应力偏差不应大于规定值的±10%，若制造厂无明确要求时，预应力不应小于工作压力的 2 倍，且不大于材料屈服强度的 3/4，细牙螺栓连接回装时，螺纹应涂润滑剂；螺栓连接应分次均匀紧固，采用热态拧紧的螺栓，紧固后应在室温下抽查 20%左右螺栓的预紧度； 5．复测定子中心与圆度。挂钢琴线（直径一般为 0.30mm～0.40mm），按水轮机实际中心找正后测量定子中心和圆度，定子铁心圆度（各半径与平均半径之差）不应大于设计空气间隙值的±4%；一般在距定子铁心上下端部约 100mm 位置测量，并沿铁心高度方向每隔 1m 距离选择一个测量断面，每个断面不少于 16 个测点，每瓣每个断面不少于 3 点，接缝处应有测点。中心偏差不应大于 0.5mm（与水轮机中心比较）； 6．磁极键打入后其配合面接触良好，用手摇晃不动，磁极键打入深度不小于磁极铁心高度的 90%，磁极键打入完成后，其上端留出 200mm 左右的长度，下端键头应割至与磁极铁心底面平齐； 7．巴氏合金推力瓦检修时应检查瓦面有无硬点、脱壳或坑孔，对局部硬点应剔除，坑孔边缘应修刮成坡弧，脱	备预防性试验规程》（DL/T596）的规定进行； 4．转子的整体偏心值、集电环的绝缘电阻测试值、励磁引线的绝缘电阻应符合《水轮发电机组安装技术规范》（GB/T 8564）的规定； 5．轴承分解过程中，拆下的温度计、压力传感器、压力开关、流量计、油位计等自动化元件按《电工测量变送器运行管理规程》（DL/T 410）、《发电厂热工仪表及控制系统技术监督导则》（DL/T 1056）等规定进行检定； 6．轴承外加泵外循环系统的油泵电机检修与试验，按《旋转泵电机　定额和性能》（GB 755）的规定进行； 7．用 1000V 绝缘电阻表检查单块弹性金属塑料推力瓦面的绝缘电阻值应符合《水轮发电机基本技术条件》（GB/T7894）的规定； 8．弹性金属塑料推力瓦检修后的使用条件、有关参数和性能应符合《立式水轮发电机弹性金属塑料推力轴瓦技术条件》（DL/T 622）规定； 9．蒸发冷却系统检查处理，蒸发冷却介质应符合《蒸发冷却水轮发电机（发电/电动机）基本技术条件》（DL/T 1067）中第 6.2 条的规定； 10．励磁系统非线性电阻、过电压保护器、功率整流柜等元器件的预防性试验应符合《大中型水轮发电机静止整流励磁系统及装置试验规程》（DL/T489）、《大中型水轮发电机静止整流励磁系统及装置运行、检修规程》（DL/T491）、《大中型水轮发电机微机励磁调节器试验与调整导则》（DL/T/1013）的规定；稳压电源按《大中型水轮发电机微机励磁调节器试验与调整导则》（DL/T/1013）的规定进行稳压试验； 11．振动摆度、局部发电、空气间隙等监测系统的装复应符合制造厂和《水轮发电机组状态在线监测系统技术导则》（GB/T28570）的规定； 12．自动化元件（装置）及其系统的检修试验应符合《水电厂机组自动化元件及其系统运行维护与检修试验规程》（DL/T619）的规定； 13．A/B 级检修后，按《水轮发电机组安装技术规范》

续表

序号	标准名称\标准号\时效性	针对性	内容与要点	关联与差异
5			壳占推力瓦面积应在5%以下，且在推力瓦的主承载区或以油室的出油孔为中心半径100mm的范围内不得有脱壳现象，否则应更换新推力瓦； 8．励磁系统各部件及回路绝缘电阻测量，绝缘电阻值应符合规范要求，与励磁绕组及回路电气上连接的设备或回路绝缘电阻不低于1MΩ，与发电机定子回路电气上直接连接的设备或回路绝缘电阻不低于5MΩ，灭磁开关断开的两极触头间、主回路中所有导电部分与地之间的绝缘电阻应大于5MΩ； 9．转子应按水轮机找正，并充分考虑定子实际中心误差；联轴法兰中心偏差，应小于0.04mm，法兰之间不平行值应小于0.02mm；若定子中心已按水轮机固定部分找正，转子吊入后按空气间隙调整转子中心； 10．发电机24h带负荷连续试运行试验	（GB/T 8564）、《水轮发电机组启动试验规程》（DL/T507）和本标准。编制启动试运行程序或大纲、试验检查项目和安全措施； 14．励磁系统的空载±10%阶跃响应性能指标、均流系数、均压系数、灭磁性能、通道切换的扰动量及各限制保护功能等动态试验应符合《大中型水轮发电机静止整流励磁系统及装置试验规程》（DL/T489）、《大中型水轮发电机静止整流励磁系统及装置运行、检修规程》（DL/T491）、《大中型水轮发电机静止整流励磁系统及装置技术条件》（DL/T583）、《大中型水轮发电机微机励磁调节器试验与调整导则》（DL/T/1013）的规定； 15．频率特性试验结果、励磁系统各部位温升等应符合《大中型水轮发电机静止整流励磁系统及装置试验规程》（DL/T583）的规定； 16．发电机的调相、进相、稳定性和参数（效率、温升、通风）等试验按《水轮发电机组安装技术规范》（GB/T 8564）、《水轮发电机组启动试验规程》（DL/T507）的规定进行
6	《水轮机调节系统及装置运行与检修规程》 DL/T 792—2013 2013年8月1日实施	1.适用于工作容量350N·m及以上的水轮机电液调速器及其配套使用的油压装置与附属设备，包括数字式、模拟式电液调节系统及装置。 2．其他容量、类型的水轮机调速器及配套使用的油压装置与附属设备可选择执行	**主要内容：** 规定了水轮机调节系统及装置的运行与检修技术要求，故障及事故处理措施，检修维护的基本内容及计划、工期控制原则等，主要内容包括： 1．水轮机调节系统及装置的基本运行方式、运行操作； 2．水轮机调节系统及装置的巡检与维护、故障与处理、检修及检修后的试验； 3．水轮机调节系统及装置的检修技术文件编写及内容格式的要求。 **重点与要点：** 1.明确了水轮机调节系统及装置重要试验内容和周期； 2．明确了水轮机调节系统及装置运行规程编写的基本内容和方法； 3．水轮机调节系统及装置的故障处理的有关规定； 4．水轮机调节系统及装置检修后必须经过试验合格	**关联：** 1．水轮机调节系统及装置检修后应按《水轮机控制系统试验》（GB/T 9652.2）、《水轮机电液调节系统及装置调整试验导则》（DL/T 496）、《水轮机调节系统自动测试及实时仿真装置技术条件》（DL/T 1120）、《电网运行准则》（DL/T 1040）的规定进行试验。试验结果应满足《水轮机控制系统技术条件》（GB/T 9652.1）和《水轮机电液调节系统及装置技术规程》（DL/T 563）的要求； 2．油压装置用油质量应符合《水轮机控制系统技术条件》（GB/T 9652.1）和《水轮机电液调节系统及装置技术规程》（DL/T 563）的规定； 3．水轮机调节系统及装置的检修计划应遵循《发电企业设备检修导则》（DL/T838），随水轮机计划检修进行； 4．水轮机调节系统的预防性试验应按《水轮机控制系统试验》（GB/T 9652.2）、《水轮机电液调节系统及装置调

续表

序号	标准名称\标准号\时效性	针对性	内容与要点	关联与差异
6				整试验导则》（DL/T 496）、《水轮机调节系统自动测试及实时仿真装置技术条件》（DL/T 1120）的规定执行； 5．水轮机调节系统及装置检修报告格式可参照《发电企业设备检修导则》（DL/T838）、《水电站设备检修管理导则》（DL/T1066）中关于检修报告、进行总结格式的要求制定。 **差异：** 与《水轮机电液调节系统及装置技术规程》（DL/T 563）存在如下差异： （1）DL/T 563 规定了水轮机电液调节系统及装置的基本技术条件以及试验验收的相关规定； （2）DL/T 563 适用于工作容量大于或等于 3000N·m 的水轮机电液调节系统及装置的设计、制造、安装、验收、运行； （3）DL/T 563 不适用于可逆式及双向水轮机的电液调节系统及装置
7	《大中型水轮发电机组静止整流励磁系统及装置运行、检修规程》 DL/T 491—2008 2008 年 11 月 1 日实施	1.适用于额定容量为 10MW 及以上的水轮发电机自并励励磁系统及装置。 2．10MW 以下水轮发电机自并励励磁系统及装置可选择执行	**主要内容：** 规定了大中型水轮发电机自并励励磁系统及装置的运行操作方法与要求，故障及事故处理措施，检修维护的基本内容及计划、工期控制原则等，主要内容包括： 1．自并励励磁系统及装置的运行操作方法与要求； 2．故障及事故处理措施； 3．检修维护的基本内容及计划、工期控制原则等； 4．检修后的试验。 **重点与要点：** 1．应根据电网的运行要求计算、更改励磁系统有关整定参数。 2．励磁系统出现异常运行方式及其处理的原则； 3．对励磁系统出现某种情况必须立即退出运行的规定； 4．机组开启至额定转速 95%以上后才能进行起励操作，机组与电网解列后才能进行逆变灭磁操作； 5．功率柜投入时先合直流侧，再合阳极侧，最后合触发脉冲，功率柜退出时先切触发脉冲再断阳极侧再断直流侧；	**关联：** 1．励磁系统的投入或退出应根据本标准及《电力调度自动化系统运行管理规程》（DL/T 516）、《电业安全工作规程（发电厂和变电所电气部分）》（DL 408）的规定执行； 2．励磁系统的强迫停运率应按《大中型水轮发电机静止整流励磁系统及装置技术条件》（DL/T 583）中第 3.25 条的规定执行； 3．励磁装置及设备温度明显升高，采取措施后仍超过《大中型水轮发电机静止整流励磁系统及装置技术条件》（DL/T 583）中第 3.4.8 条规定的允许值时，应退出运行； 4．当发电机组发生励磁系统相关设备故障引起的转子接地故障时，按《机电保护和安全自动装置技术规程》（GB/T 14285）的规定处理； 5．A/B 级检修后的试验项目应按《大中型水轮发电机静止整流励磁系统及装置试验规程》（DL/T 489）标准逐项进行； 6．C/D 级检修试验项目应选择《电力设备预防性试验规程》（DL/T 596）、《大中型水轮发电机静止整流励磁系

续表

序号	标准名称\标准号\时效性	针对性	内容与要点	关联与差异
7			6．运行值班人员巡视每天不少于 1 次或值守人员每周至少巡视 2 次；检修（维护）人员巡视每周不少于 1 次； 7．检修后的励磁系统设备必须经试验合格后才能投入系统运行	统及装置技术条件》（DL/T 583）及《大中型水轮发电机静止整流励磁系统及装置试验规程》（DL/T 489）的标准进行； 7．励磁系统检修报告的格式可选择《发电企业设备检修导则》（DL/T 838）的规定执行
8	《水电厂自动化元件（装置）及其系统运行维护与检修试验规程》 DL/T 619—2012 2012 年 3 月 1 日实施	适用于水电厂机组及其辅助设备、全厂公用设备使用的自动化元件（装置）及其系统的运行维护与检修试验	**主要内容：** 规定了水电厂自动化元件（装置）及其系统运行维护与检修试验的基本要求，主要内容包括： 1．自动化元件（装置）选用的基本技术要求； 2．各类自动化元件（装置）运行维护的内容及要求； 3．各类自动化元件（装置）检修试验的有关规定和质量标准。 **重点与要点：** 1．明确要求自动化元件应设有名牌，标明元件（装置）的名称、型号、技术参数、制造厂家、出厂日期、出厂编号等； 2．运行维护自动化元件（装置）应无渗漏、油污、水污及锈蚀现象，应无异常、异声、异味，连接线完好，无损伤，导电部分无外露，标号齐全，元件无松动，清洗滤网，润滑水质取样分析等； 3．自动化元件（装置）及其系统的检修应随机组及其辅助设备、全厂公用设备的检修同时进行； 4．机械式示流信号器测试的动作值与返回值不得超过整定值的±10%； 5．液位计额定工作压力＜10MPa 的试验压力为 1.5 倍额定工作压力，额定工作压力≥10MPa 的试验压力为 1.25 倍	**关联：** 1．自动化元件（装置）的误差或精度应符合《水电厂自动化元件基本技术条件》（DL/T 1107）的规定； 2．自动化元件（装置）使用的汽轮机油的油质应符合《涡轮机油》（GB 11120）的规定； 3．自动化元件（装置）检修周期应按《发电企业设备检修导则》（DL/T 838）的规定执行； 4．铂、铜热电阻的检修试验应按《工业铂、铜热电阻检定规程》（JJG 229）等的规定执行； 5．双金属温度计的试验应按《双金属温度计检定规程》（JJG 226）的规定执行； 6．仪器绝缘电阻应符合《工业自动化仪表绝缘电阻、绝缘强度技术要求和试验方法》（GB/T 15479）的规定； 7．电力变送器的检修试验应按《压力变送器检定规程》（JJG 882）的规定执行； 8．滤水器解体检修中电动机的试验应按《三相异步电动机试验方法》（GB/T 1032）的规定执行
9	《水轮发电机组状态在线监测系统技术条件》 DL/T 1197—2012 2012 年 12 月 1 日实施	1.适用于大中型水电站水轮发电机组的状态在线监控系统； 2．小型水电站水轮发电机组的状态在线监控系统可选择使用	**主要内容：** 规定了水轮发电机组状态在线监控系统基本技术要求、试验和检验项目、包装、运输和储存以及技术资料等，主要内容包括： 1．监控系统功能要求、数据采集方式，以及监控设置原则；	**关联：** 1．局部放电传感器耐压试验应满足《工业机械电气设备　耐压试验规范》（GB/T 24344）规定的标准； 2．防雷保护应符合《电子设备雷击试验方法》（GB/T 3482）的规定； 3．设备的包装如无特殊要求应按《机电产品包装通用

续表

序号	标准名称\标准号\时效性	针对性	内容与要点	关联与差异
9			2．监控系统使用条件、系统功能参数、硬件参数、软件参数，以及系统可靠性、可维修性、系统安全性、可变性等特性要求； 3．监控系统出厂试验、现场试验和检验的项目； 4．监控系统产品标识、包装、运输与储存的技术要求； 5．监控系统设计文件、安装手册、维护手册和试验文件等有关的内容。 **重点与要点：** 1．水轮发电机组状态在线监控系统除对机组的振动、摆度、压力脉动等运动状态进行实时监测外，还应对机组的轴向位移、空气间隙、磁通密度、局部放电、定于线棒端部振动等运行状态进行实时监测； 2．立式机组应分别在上机架、下机架和顶盖处设置 2 个水平振动测点，1 个～2 个垂直振动测点。定子机座应设置 1 个～2 个水平振动测点、1 个垂直振动测点； 3．立式机组分别在机组的上导、下导、水导轴承的径向设置互成 90°的 2 个摆度测点，三组摆度测点方位应相同； 4．灯泡贯流式机组：应分别在组合轴承和水导轴承处设置 2 个径向、1 个轴向振动测点及互成 90°的两个摆度测点； 5．混流式机组应在蜗壳进口设置 1 个、活动导叶和转轮间设置 1 个～2 个、顶盖与转轮间设置 1 个～2 个、尾水进口设置 2 个压力脉动测点； 6．混流可逆式机组：应在蜗壳进口设置 1 个、活动导叶与转轮间设置 2 个、顶盖与转轮间设置 1 个～2 个，转轮与泄流环之间设置 1 个、尾水管进口设置 2 个、肘管中部设置 2 个压力脉动测点； 7．轴流式机组：应在蜗壳进口设置 1 个、活动导叶后设置 1 个、尾水管进口设置 2 个压力脉动测点； 8．灯泡贯流式机组：应在流道进口设置 1 个、转轮前后各设置 1 个、尾水管进口设置 1 个～2 个压力脉动测点； 9．发电机空气间隙测点：定子铁芯内径小于 7.5m 时设置 4 个，大于及等于 7.5m 时应设置 8 个；	技术条件》（GB/T13384）执行； 4．设备运输按《电工电子产品应用环境条件　第 2 部分：运输》（GB/T4798.2）执行

续表

序号	标准名称\标准号\时效性	针对性	内容与要点	关联与差异
9			10．发电机磁通密度测点设置1个，传感器粘贴在定子铁芯内壁上； 11．发电机局部放电测点：高压端耦合监测法：每台机组至少设置6个测点，每相至少2个测点；中性点耦合法：在发电机中性点设置1个测点； 12．发电机定子绕组端部振动测点：容量100MW及以上的混流式和可逆式机组，可设置3个～6个发电机线棒端部振动测点，数量根据发电机结构确定； 13．针对机组稳态过程，振动摆度和压力脉动应采用整周期采样方式，每转频周期不少于128点	

第七章　欧美土木工程适用技术标准要点解读

第一节　欧盟标准（Eurocodes）

欧洲经济共同体委员会（EEC）编制了一套适用于欧洲的建筑和土木工程的标准，简称欧洲标准（Eurocodes），成为在工程建设领域中具有较大影响力的一套区域性国际标准。欧洲结构标准共包括 ENI990～EN1999 的 10 个规范（含 60 个分册）。其中，EN1990 为结构设计基本原理，是欧洲结构规范纲领性的文件；EN1991 为结构作用；与材料有关的规范为 EN1992～EN1996 以及 EN1999；EN1997 为岩土工程设计规范；EN1998 为抗震设计规范。

国际标准正面清单—欧盟结构规范（Eurocodes）

序号	标准号	标准名称	针对性	主要内容	相关参考文献
1	BS EN 1990：2002 ＋A1：2005（2013）	结构设计基础 Eurocode. Basis of Structural Design	基于极限状态理论和分项系数法，给出结构安全、使用可靠性和耐久性的原则和要求，及设计和验证基础	极限状态设计原理、基本可变作用、结构分析和试验辅助设计、分项系数法验证、承载能力极限状态、正常使用极限状态	EN 1991，EN 1992，EN 1993，EN 1994，EN 1995，EN 1996，EN 1997，EN 1998，EN 1999，ISO 2394，ISO 2631，ISO 3898
2	BS EN 1991-1-1：2002（2013）	结构上的作用：一般作用—密度、自重、结构承受荷载 Eurocode 1. Actions on Structures. General Actions. Densities，Self-Weight，Imposed Loads for Buildings	给出建筑物和土木工程结构设计的推荐程序和参数	结构体系、结构设计、建筑结构、密度、荷载、重力及施工材料等	EN 1990，EN 1991-1-7，EN 1991-2，EN 1991-3，EN 1991-4，EN 1991-1-3，EN 1991-1-4，EN 1991-1-6，ISO 2394，ISO 3898，ISO 8930
3	BS EN 1991-1-2：2002（2013）	结构上的作用：一般作用—火对结构的作用 Eurocode 1. Actions on Structures. General Actions. Actions on Structures Exposed to Fire	分析暴露在火灾中的建筑物及周围的热作用和机械作用	结构系统、结构火灾设计程序、热作用分析、结构力学分析、耐火性、结构消防	BS EN 1363-1，BS EN 1363-2，PD 6688-1-2，BS EN 1991-1-2

续表

序号	标准号	标准名称	针对性	主要内容	相关参考文献
4	BS EN 1991-1-3：2003（2013）	结构上的作用：一般作用—雪荷载 Eurocode 1. Actions on Structures. General Actions. Snow Loads	给出确定建筑物和土木工程结构雪荷载设计值的导则，不适用于高程 1500m 以上区域	结构体系、结构设计、建筑结构、天气荷载、雪荷载、屋顶覆盖、数学计算和气象分区	EN 1990，EN 1991-1-1，EN 1991-2，ISO 4355，ISO 3898
5	BS EN 1991-1-4：2005＋A1：2010	结构上的作用：一般作用—风荷载 Eurocode 1. Actions on Structures. General Actions. Wind Actions	确定各种结构设计状态中的风荷载，以改善风对建筑物的影响	结构体系、结构设计、建筑结构、天气荷载、荷载速度、压力、动力压力、空气动力特性、设计计算、桥梁、墙体、墙基、烟囱、施工工间等	EN 1990，EN 1991-1-3，EN 1991-1-6，EN 1991-2，EN 1993-3-1，ISO 2394，ISO 3898，ISO 8930，EN 12811-1，ISO 12494
6	BS EN 1991-1-5：2003	结构上的作用：一般作用—温度作用 Eurocode 1. Actions on Structures. General Actions. Thermal Actions	给出计算暴露在自然环境中的建筑物、桥梁和其他结构件温度荷载的原则和规则	结构体系、结构设计、建筑结构、天气荷载、温度及热胀、气象荷载建筑覆盖、桥梁、烟囱、管线、漏斗、冷却塔	EN 1990，EN 1991-1-6，EN 13084-1，ISO 2394，ISO 3898，ISO 8930，EN 1991-2，EN 1991-4
7	BS EN 1991-1-6：2005（2013）	结构上的作用：一般作用—施工荷载 Eurocode 1. Actions on Structures. General Actions. Actions During Execution	收录了确定建筑和土木结构施工中必须考虑的作用的原则和一般规则	作用分类、设计状况、荷载、桥梁、收敛、土沉降、温度、风荷载、雪荷载、地震荷载、施工活动	BS EN 1991-1-6，BS EN 1991-1-7，BS EN 1993-1-3，BS EN 1998，BS EN 12810，BS EN 12811，BS EN 12812，BS EN 12813，ISO 12494
8	BS EN 1991-1-7：2006 ＋A1（2014）	结构上的作用：一般作用—偶然作用 Eurocode 1. Actions on Structures. General Actions. Accidental Actions	给出保护土木工程建筑物和其他构筑物不受可识别或不可识别的偶然作用影响的策略和规则	作用分类、设计状况、冲击、内部爆炸	EN 1990，EN 1991-1-1，EN 1991-1-6，EN 1991-2，EN 1991-4，EN 1992，EN 1993，EN 1994，EN 1995，EN 1996，EN 1997
9	BS EN 1991-2：2003（2013）	结构上的作用：桥梁承受的交通荷载 Eurocode 1. Actions on Structures. Traffic Loads on Bridges	定义与公路交通和铁路交通相关的荷载、人群作用，包括动力效应、离心作用、制动作用、加速作用等	作用分类、设计状况、桥梁上的交通荷载和其他作用、人行道、自行车道和人行天桥上的作用、铁路桥梁上的轨道交通荷载和其他作用	BS EN 1991-2，BS EN 1991-1-7，PD 6688-2，prEN 1317-6
10	BS EN 1991-3：2006（2013）	结构上的作用：吊车和机械荷载 Eurocode 1. Actions on Structures. Actions Induced by Cranes and Machinery	说明与梁式吊车和固定机械相关的外加荷载，包括动态作用、制动力、加速度等	结构系统、建筑物、荷载、数学计算、梁式吊车、施加的荷载、动态试验、制动、加速度	BS EN 1991-3，BS EN 1990＋A1

续表

序号	标准号	标准名称	针对性	主要内容	相关参考文献
11	BS EN 1991-4：2006	结构上的作用：筒仓及储罐 Eurocode 1. Actions on Structures. Silos and Tanks	提供筒仓（储存颗粒固体）及储罐（储存液体）结构设计的一般规则和作用荷载	结构体系、结构设计、建筑结构、筒仓、储罐、散装货物仓储、漏斗、有压液流、固体、特殊材料、材料物理特性、膨胀、尘胀、荷载等	ISO 3898，EN 1996，EN 1997，EN 1998，EN 1999，EN 1992-3，EN 1993，EN 1993-1-6，EN 1993-1-6
12	BS EN 1992-1-1：2004＋A1（2014）	混凝土结构设计：一般规程与建筑设计规程 Eurocode 2. Design of Concrete Structures. General Rules and Rules for Buildings	适用于素混凝土、钢筋混凝土和预应力混凝土建筑物和土木工程的设计。仅涉及混凝土结构的抗力、适用性、耐久性和耐火性要求。不考虑隔热和隔音等其他方面的要求	设计基础、材料、钢筋耐久性和保护层、结构分析、承载能力极限状态、正常使用极限状态、钢筋和预应力钢筋、构件设计和特殊规则、轻骨料混凝土结构	EN 1990，EN 1991-1-5，EN 1991-1-6，EN 1997，EN 1998，EN 197-1，EN 206-1，EN 12390，EN 10080，EN 10138，EN ISO 17760，ENV 13670，EN 13791
13	BS EN 1992-1-2：2004（2013）	混凝土结构设计：一般规定 Eurocode 2. Design of Concrete Structures. General Rules.	适用于素混凝土、钢筋混凝土和预应力混凝土建筑物设计	建筑物、建筑结构、结构设计及体系防火、钢筋混凝土、预应力混凝土、钢材、结构件、剪力墙、梁板等数学计算	EN 1363-2，EN 1990，EN 1991-1-2，EN 1992-1-1，EN 10080，EN 10138-2，EN 10138-3，EN 10138-4
14	BS EN 1992-2：2005	混凝土结构设计：混凝土桥梁—结构设计和细则 Eurocode 2. Design of Concrete Structures. Concrete Bridges. Design and Detailing Rules	给出有关桥梁设计以及由标准骨料和轻质骨料制成的素混凝土、钢筋混凝土和预应力混凝土桥梁中部件设计的依据	材料、钢筋耐久性和钢筋保护层、普通钢筋与预应力钢筋的细部结构、构件细部构造与特殊规定、轻骨料混凝土结构、轻质素混凝土结构	EN 1992-1-1
15	BS EN 1992-3：2006	混凝土结构设计：拦挡和储放液体的混凝土结构 Eurocode 2. Design of Concrete Structures. Liquid Retaining and Containing Structures	适用于为储存液体及粒状固体而用素混凝土、少筋混凝土、钢筋混凝土或预应力混凝土建造的结构	设计基础、材料、耐久性及钢筋保护层、结构分析、承载能力极限状态、正常使用极限状态、细部规定、构件的细部和特别规则	EN 1990，EN 1991-1-5，EN 1991-4，EN 1992-1-1，EN 1992-1-2，EN 1997
16	BS EN 1993-1-1：2005	钢结构设计：一般规定和建筑规定 Eurocode 3. Design of Steel Structures. General Rules and Rules for Buildings	适用于钢结构建筑与土木工程的设计，涉及钢结构的承载力、正常使用、耐久性和消防安全要求	设计依据、极限状态设计、材料、耐久性、结构分析、承载能力极限状态、正常使用极限状态	BS 4，BS 29，BS 2573，BS 3100，BS 3692，BS 4190，BS 4320，BS 4360，BS 4395，BS 4449，BS 4482，BS 4483

续表

序号	标准号	标准名称	针对性	主要内容	相关参考文献
17	BS EN 1993-1-2：2005	钢结构设计：一般规则—结构消防设计 Eurocode 3. Design of Steel Structures. General Rules. Structural Fire Design	适用于建筑和土建工程钢结构设计，涉及钢结构强度、适用性、耐久性和耐火性要求	设计基础、材料、消防设计	EN 10025，EN 10210-1，EN 10219-1，EN 1363，EN 13501-2，ENV 13381-1，ENV 13381-2，ENV 13381-4，EN 1990，EN 1991-1-2，EN 1993-1-1，EN 1993-1-4，EN 1993-1-8
18	BS EN 1993-1-3：2006	钢结构设计：一般规则—冷成型构件和薄板的补充规则 Eurocode 3. Design of Steel Structures. General Rules. Supplementary Rules for Cold-formed Members and Sheeting	给出冷成型薄壁构件和薄板的设计要求，适用于由有涂层或无涂层的热轧或冷轧薄板或薄钢带制成的冷成型钢制品	结构体系、钢结构、冷加工、结构件、板材、带材、框架结构、薄壳结构、塑性分析、荷载、数学计算、材料性能力学、紧固件、接头	EN 1993-1-1，EN 1993-1-2，EN 1993-1-4，EN 1993-1-5，EN 1993-1-6，EN 1993-1-7，EN 1993-1-8，EN 1993-1-9，EN 1993-1-10，EN 1993-1-11
19	BS EN 1993-1-4：2006	钢结构设计：一般规则—关于不锈钢的补充规则 Eurocode 3. Design of Steel Structures. General Rules. Supplementary Rules for Stainless Steels	适用于采用奥氏体、奥氏—铁素体和铁素体不锈钢材料的建筑物结构设计	材料、耐久性、极限状态、连接设计、试验、疲劳、耐火性	EN 1990，EN 508-3，EN 1090-2，EN 1993-1-1，EN 1993-1-2，EN 1993-1-3，EN 1993-1-5，EN 1993-1-6，EN 1993-1-8，EN 1993-1-9，EN 1993-1-10，EN 1993-1-11
20	BS EN 1993-1-5：2006	钢结构设计：板式结构件 Eurocode 3. Design of Steel Structures. Plated Structural Elements	给出承受内力的加劲板和未加劲板的设计要求，包括工字形截面和箱梁的剪力滞、内荷载和板弯曲效应	设计基础和建模、剪力滞、直接应力引起的板弯曲效应、抗剪力、横向承载力、相互作用、翼缘弯曲、加劲肋和细部设计、折减应力法	EN 1993-1-1，BS 449-2，BS 5400-3，BS 5950-1
21	BS EN 1993-1-6：2007	钢结构设计：壳体结构强度和稳定性 Eurocode 3. Design of Steel Structures. Strength and Stability of Shell Structures	给出旋转壳形板钢结构的基本设计规则，定义了结构抗力的特征值和设计值	设计基础和建模、材料和几何形状、承载能力极限状态、壳体内应力、塑性极限状态、弯曲极限状态、疲劳极限状态	EN 1090-2，EN 1990，EN 1991，EN 1993-1-1，EN 1993-1-3，EN 1993-1-4，EN 1993-1-5，EN 1993-1-9，EN 1993-1-10，EN 1993-1-12，EN 1993-2，EN 1993-3-1～EN1993-3-2
22	BS EN 1993-1-7：2007	结构设计：承受平面外荷载的板式结构 Eurocode 3. Design of Steel Structures. Plated Structures Subject To Out of Plane Loading	给出加劲板和未加劲板结构基本设计规则，涉及承受平面外荷载的板式结构（筒仓、储罐或容器）	设计基础、材料特性、耐久性、结构分析、承载能力极限状态、疲劳、正常使用极限状态	EN 1993-1-1，EN 1993-1-3，EN 1993-1-4，EN 1993-1-5，EN 1993-1.6，EN 1993-1-8，EN 1993-1-9，EN 1993-1-10，EN 1993-1-12，EN 1993-4-1

续表

序号	标准号	标准名称	针对性	主要内容	相关参考文献
23	BS EN 1993-1-8: 2005	钢结构设计：连接点设计 Eurocode 3. Design of Steel Structures. Design of Joints	适用于主要承受静荷载的接头设计，使用钢材等级为S235、S275、S355、S460	设计基础、螺栓、铆钉或销钉连接、焊接连接、分析、分类和建模、连接H形或I形截面的结构连接点、中空截面连接点	BS 4620，BS EN ISO 898-1，BS EN 14399-4，BS EN 14399-8，BS EN 1993-1-8
24	BS EN 1993-1-9: 2005	钢结构设计：抗疲劳设计 Eurocode 3. Design of Steel Structures. Fatigue	给出疲劳荷载作用下，通过大型试样评价构件、连接件和接头处抗疲劳性的方法，包括材料生产和使用中几何和结构缺陷的影响	基本要求和方法、评价方法、疲劳作用应力、应力计算、疲劳强度、疲劳验算	EN 1090，EN 1990，EN 1991，EN 1993，EN 1994-2
25	BS EN 1993-1-10: 2005	钢结构设计：材料韧性和全厚度特性 Eurocode 3. Design of Steel Structures. Material Toughness and Through-Thickness Properties	给出选择焊接钢构件断裂韧性和全厚度特性的设计指南，这些构件在制作过程中存在层状撕裂的风险	材料断裂韧性、材料全厚度特性	EN 1011-2，EN 1090，EN 1990，EN 1991，EN 1998，EN 10002，EN 10025，EN 10045-1，EN 10155，EN 10160，EN 10164，EN 10210-1，EN 10219-1
26	BS EN 1993-1-11: 2006	钢结构设计：受拉构件设计 Eurocode 3. Design of Steel Structures. Design of Structures with Tension Components	适用于受拉构件结构设计	给出了有关钢制受拉构件的设计规则，还给出了有关确定预制受拉构件技术要求的规则，以评估其安全性、适用性和耐久性	EN 10138-1，EN 10138-2，EN 10138-3，EN 10138-4，EN 10244-1，EN 10244-2，EN 10244-3，EN 10264-1，EN 10264-2，EN 10264-3，EN 10264-4，EN 12385-1
27	BS EN 1993-2：2006	钢结构设计：钢桥 Eurocode 3. Design of Steel Structures. Steel Bridges	给出钢桥及组合桥中钢构件设计基本原理，不包括抗震设计的特殊要求	设计基础、材料、耐久性、结构分析、极限状态、正常使用极限状态、紧固件、焊接、连接和接头、疲劳评定、试验	EN 1090，EN 1337，EN 10029，EN 10164，EN ISO 5817，EN ISO12944-3，EN ISO 9013，EN ISO 15613，EN ISO 15614-1
28	BS EN 1993-3-1：2006	钢结构设计：塔、桅杆和烟囱—塔和桅杆 Eurocode 3. Design of Steel Structures. Towers，Masts and Chimneys. Towers and Masts	适用于格构塔以及拉索杆的结构设计，以及支撑菱柱、圆柱形或其他形状部件的结构设计	设计基础、材料、耐久性、结构分析、承载能力极限状态、正常使用极限状态、试验辅助设计、疲劳	EN 40，EN 365，EN 795，EN 1090，EN ISO 1461，EN ISO 14713，ISO 12494，EN ISO 12944

续表

序号	标准号	标准名称	针对性	主要内容	相关参考文献
29	BS EN 1993-3-2: 2006	钢结构设计：塔，桅杆和烟囱—烟囱 Eurocode 3. Design of Steel Structures. Towers，Masts and Chimneys. Chimneys	论述钢质烟囱的强度、稳定性和疲劳度，适用于截面呈圆形或圆锥形的钢质竖直烟囱的结构设计，包括悬臂、中间支承或牵索加固的烟囱	设计基础、材料、耐久性、结构分析、承载能力极限状态、正常使用极限状态、试验辅助设计、疲劳	EN 1090，EN 10025，EN 10088，EN 13084-1，EN ISO 5817
30	BS EN 1993-4-1: 2007	钢结构设计：筒仓 Eurocode 3. Design of Steel Structures. Silos	给出圆形或矩形平面、自承重或被承重钢制筒仓的设计原理和应用规则	钢制筒仓的强度和稳定性要求	EN 1090，EN 1990，EN 1991-1-1，EN 1991-1-2，EN 1991-1-3～EN 1991-1-7 EN 1991-4，EN 1993-1-1，EN 1993-1-3，EN 1993-1-4，EN 1993-1-6～EN 1993-1-8
31	BS EN 1993-4-2: 2007	钢结构设计：罐体 Eurocode 3. Design of Steel Structures. Tanks	适用于地面上直立圆柱罐储存流体产品钢结构的设计，提供了地面上直立圆柱罐储存流体产品钢结构的设计原则和应用标准	设计基础、材料、结构分析、圆柱壁设计、圆锥形料斗设计、环形顶设计、壳和支撑环梁连接设计、罐的侧面设计、装配、制作和安装	EN 1090-2，EN 1990，EN 1991，EN 1991-1-1，EN 1991-1-2，EN 1991-1-3，EN 1991-1-4，EN 1991-4，EN 1992，EN 1993，EN 1993-1-1，EN 1993-1-3，EN 1993-1-4，EN 1993-1-6
32	BS EN 1993-4-3: 2007	钢结构设计：管线 Eurocode 3. Design of Steel Structures. Pipelines	适用于在环境温度下运输液体、气体或两者混合物所用圆形钢管的设计	设计基础、材料性质、作用力、分析、制作和安装设计	EN 1090-2，EN 1594，EN 1990 EN 1991，EN 1993-1-1，EN 1993-1-3，EN 1993-1-6～EN 1993-1-10，EN 1993-1-12，EN 1993-4-1，EN 1997，EN 1998-4，EN 10208-2
33	BS EN 1993-5：2007	钢结构的设计：结构桩 Eurocode 3. Design of Steel Structures. Piling	给出钢承重桩和板桩结构设计原则和应用规则，包括基础和挡土墙构造示例	设计基础、材料特性、耐久性、承载能力极限状态、正常使用极限状态、锚杆、支撑梁和连接件、施工	EN 1990，EN 1991，EN 1992，EN 1993-1-1，EN 1993-1-2，EN 1993-1-3，EN 1993-1-5，EN 1993-1-6，EN 1993-1-8～EN 1993-1-11，EN 1993-1-10，EN 1994，EN 1997
34	BS EN 1993-6：2007	钢结构设计：吊车支撑结构 Eurocode 3. Design of Steel Structures. Crane Supporting Structures	给出吊车支撑结构设计原则，包括室内外桥机、吊车	设计基础、材料、耐久性、承载能力极限状态、正常使用极限状态、紧固件、焊接、连接件、疲劳	EN 1090-2，EN 1337，EN ISO 1461，EN 1990，EN 1991-1-1，EN 1991-1-2，EN 1991-1-4，EN 1991-1-5，EN 1991-1-6，EN 1991-1-7，EN 1991-3

续表

序号	标准号	标准名称	针对性	主要内容	相关参考文献
35	BS EN 1994-1-1：2004	钢与混凝土组合结构设计：一般规则和建筑规则 Eurocode 4. Design of Composite Steel and Concrete Structures. General Rules and Rules for Buildings	适用于建筑和土木工程中的组合结构和构件的设计，只涉及组合结构的承载力、使用性能、耐久性和耐火性要求，未考虑其他有关绝热和隔音等的要求	设计基础、材料、耐久性、结构分析、承载能力极限状态、正常使用极限状态、建筑用框架中的复合节点、建筑物用压型钢板的复合板	EN 1090-2，EN 1990，EN 1992-1-1，EN 1993-1-1，EN 1993-1-3，EN 1993-1-5，EN 1993-1-8，EN 1993-1-9：2005，EN 10025-1：2004
36	BS EN 1994-1-2：2005＋A1：2014	钢与混凝土组合结构设计：一般规则—结构防火设计 Eurocode 4. Design of Composite Steel and Concrete Structures. General Rules. Structural Fire Design	适用于要求遭受火灾时能发挥以下功能的钢与混凝土组合结构： ——避免结构过早崩塌； ——限制火灾蔓延	结构设计、结构系统、结构防火、建筑物消防安全、防止火势扩散、设计计算	EN 1365-1～EN 1365-4，EN 10025-1～EN 10025-6，EN 10080，EN 10210-1，EN 10219-1，ENV 13381-1～ENV 13381-6，EN 1990、EN 1991-1-1～1-4，EN 1992-1-1，EN 1992-1-2，EN 1993-1-1，EN 1993-1-2
37	BS EN 1994-2：2005	钢与混凝土结构组合设计：桥梁设计总则与规则 Eurocode 4. Design of Composite Steel and Concrete Structures. General Rules and Rules for Bridges	适用于建筑物和土建工程中组合结构与构件的设计，涉及组合结构的抗震、适用性、耐久性和防火等性能要求	设计基础、材料、耐久性、结构分析、承载能力极限状态、正常使用极限状态、组合桥内的预制混凝土板、桥梁组合板	EN 1090-2，EN 1990，EN 1992-1-1，EN 1993-1-1，EN 1993-1-3，EN 1993-1-5，EN 1993-1-8，EN 1993-1-9，EN 1993-1-11，EN 10025-1
38	BS EN 1995-1-1：2004 ＋ A2（2014）	木结构设计：概述—通用规定 Eurocode 5. Design of Timber Structures. General. Common Rules and Rules for Buildings	给出建筑木结构通用和专用设计规定	材料特性、耐久性、结构分析基础、极限状态、金属固定件连接、构件与组装、结构细部和控制	ISO 2081，ISO 2631-2，EN 300，EN 301，EN 312-4，EN 312-5，EN 312-6，EN 312-7，EN 335-1
39	BS EN 1995-1-2：2004	木结构设计：概述—结构防火设计 Eurocode 5. Design of Timber Structures. General. Structural Fire Design	适用于木质建筑和土木工程或以黏合剂或机械部件连接的木质板（实木、锯木、刨木、支柱、胶合板）的设计，涉及力学承载能力、适用性、耐久性、耐火性	设计基础、材料性能、承载力设计、地板和墙壁组件设计、构件连接、构造	EN 300，EN 301，EN 309，EN 313-1，EN 314-2，EN 316，EN520，EN912，EN 1363-1，EN 1365-1～EN 1365-2，EN 1990，EN 1991-1-1，EN 1991-1-2，
40	BS EN 1995-2：2004	木结构设计：桥 Eurocode 5. Design of Timber Structures. Bridges	适用于木结构桥梁设计，结构部分指由木或木质材料单独组成，或与混凝土、钢及其他材料共同组成的，对于整个桥梁或者主要部件的可靠性具有重要影响的结构构件	设计基础、材料性能、耐久性、结构分析基础、承载能力极限状态、正常使用极限状态、连接、结构详细设计和控制	EN 1990/A1，EN 1991-1-4，EN 1991-2，EN 1992-1-1，EN 1992-2，EN 1993-2，EN 1995-1-1，EN 10138-1，EN 10138-4

续表

序号	标准号	标准名称	针对性	主要内容	相关参考文献
41	BS EN 1996-1-1：2005＋A1：2012	砌体结构设计：有筋和无筋砌体结构的一般规则 Eurocode 6. Design of Masonry Structures. General Rules for Reinforced and Unreinforced Masonry Structures	适用于加筋及无筋圬工结构，涉及无筋砌体和普通钢筋砌体，也给出了预应力砌体和约束砌体的设计原则	设计基础；材料；耐久性；结构分析；承载能力极限状态；正常使用极限状态；细部；施工	EN 206-1，EN 771-1 ～EN 771-6，EN 772-1，EN 845-1～EN 845-3，EN 846-2，EN 998-1，EN 998-2，EN 1015-11，EN 1052-1～EN 1052-6，EN 1990，EN 1991，EN 1992，EN 1993
42	BS EN 1996-1-2：2005	圬工结构设计：通用规则—结构防火设计 Eurocode 6. Design of Masonry Structures. General Rules. Structural Fire Design	论及圬工结构设计中意外火灾情况下的被动抗火灾方法	基本规则、材料、无支撑内墙及外墙、有隔离作用的内墙及外墙、无隔离作用的内墙及外墙、建筑物消防、防火试验、防火强度计算、细部规定	EN 771-1，EN 771-2，EN 771-3，EN 771-4，EN 771-5，EN 771-6，EN 772-13，EN 998-1，EN 998-2，EN 1363-1，EN 1363-2，EN 1364-1，EN 1365-1，EN 1365-4
43	BS EN 1996-2：2006	圬工结构设计：设计考虑—材料选择和施工 Eurocode 6. Design of Masonry Structures. Design Considerations，Selection of Materials and Execution of Masonry	给出圬工材料选择和施工的基本规则	设计考虑、影响砌体耐久性的因素、防潮抗湿能力、材料选择、材料现场储存和准备、耐候性、耐久性、施工容差、施工期养护和保护	EN 206-1，EN 771，EN 998-2，EN 845，EN 1015-11，EN 1015-17，EN 1052，EN 1990，EN 1996-1-1，EN 13914-1
44	BS EN 1996-3：2006	圬工结构设计：不加筋圬工结构的简化计算方法 Eurocode 6. Design of Masonry Structures. Simplified Calculation Methods for Unreinforced Masonry Structures	适用于用简化方法计算承受竖向荷载和风荷载的墙、承受集中荷载的墙、剪力墙、承受侧向土压力和竖向荷载的地下室墙	设计基础、材料、砌筑工程、石料、块体、抗压强度、抗弯强度、初始抗剪强度、简化方法计算	EN 1996-1-1
45	BS EN 1997-1：2004＋A1（2013）	岩土设计：总则 Eurocode 7. Geotechnical Design. General Rules	确定有关安全性和适用性的原则和要求，描述了设计和检验依据，给出有关结构可靠性方面的指导，涉及结构的强度、稳定性、适用性和耐久性要求	土力学、基础设计、浅基础、深的水下基础、围堰和沉箱、岩土工程过程、桩基础、地下混凝土浇筑和潜水、堤坝、基础工作、现场勘察、稳定性等	EN 1990，EN 1991，EN 1991-4，EN 1992，EN 1992-1-1，EN 1993，EN 1994，EN 1995，EN 1996，EN 1997-2，EN 1998，EN 1999
46	BS EN 1997-2：2007	岩土设计：场地勘察及试验 Eurocode 7. Geotechnical Design. Ground Investigation and Testing	适用于建筑和土木工程结构岩土工程设计，涉及结构强度、稳定性、正常使用和耐久性要求，及常用的岩土工程实验室和现场试验	勘察规划、土壤和岩石取样及地下水量测、土壤和岩石现场试验、土壤和岩石室内试验、勘察报告	EN 1990，EN 1997-1，EN ISO 14688-1，EN ISO 14688-2，EN ISO 14689-1，EN ISO 22475-1，EN ISO 22476-1，EN ISO 22476-2，EN ISO 22476-3，EN ISO 22476-4

续表

序号	标准号	标准名称	针对性	主要内容	相关参考文献
47	BS EN 1998-1：2004＋A1：2013	抗震结构设计：一般规定、地震作用和建筑规定 Eurocode 8. Eurocode 8：Design of Structures for Earthquake Resistance. General Rules，Seismic Actions and Rules for Buildings	适用于地震区内建筑及土木工程结构的设计，涉及基本性能要求及适应性标准	性能要求及合格标准、场地条件与地震作用、建筑设计、混凝土结构、钢结构、钢混组合结构、木结构、圬工结构、基底隔震	EN 1990，EN 1992-1-1，EN 1993-1-1，EN 1994-1-1，EN 1995-1-1，EN 1996-1-1，EN 1997-1，EN 1999，ISO 1000，EN 1090-2，EN 1993-1-8，EN 1993-1-10
48	BS EN 1998-2：2005＋A2：2011	结构抗震设计：桥梁 Eurocode 8. Design of Structures for Earthquake Resistance. Bridges	适用于由竖向或接近竖向墩柱系统支撑桥面上部结构的桥梁的抗震设计，主要通过桥墩或桥台弯曲抵御水平地震作用，也适用于斜拉桥和拱桥的抗震设计	抗震设计、结构设计、施工系统、地震系数、地震荷载、稳定性、韧性、力学特性、材料强度、承载力、墩	EN1998-1，EN1991-2，EN1992-2，EN1993-2，EN1994-2，EN1998-1，EN 1998-5，EN 1337-2，EN 1337-3
49	BS EN 1998-3：2005	结构抗震设计：建筑物评估和加固改造 Eurocode 8. Design of Structures for Earthquake Resistance. Assessment and Retrofitting of Buildings	给出评估已建单独建筑结构抗震性能的标准，选择补救措施的方法，加固改造措施的标准，不涉及纪念性建筑物和历史建筑物的抗震评估和加固改造	抗震设计、结构设计、建筑物、地震系数、地震荷载、稳定性、修补、韧性、力学特性、材料强度、刚度、室内试验、建筑维护、安全措施	EN 1990，EN 1998-1
50	BS EN 1998-4：2006	抗震结构设计：筒仓、储罐和管道 Eurocode 8. Design of Structures for Earthquake Resistance. Silos，Tanks and Pipelines	列出地面和地下管道系统及各类不同类型和用途的储罐的抗震设计原则和应用规则	原则和应用规则、筒仓、储罐、地面管道、地下管道	EN1990，EN1991-4，EN1992-1-1，EN 1992-3，EN 1993-1-1，EN 1993-1-5～EN 1993-1-7，EN 1993-4-1～EN 1993-4-3，EN 1997-1，EN 1998-1～EN 1998-2
51	BS EN 1998-5：2004	抗震结构设计：基础、挡土结构和岩土工程 Eurocode 8. Design of Structures for Earthquake Resistance. Foundations，Retaining Structures and Geotechnical Aspects	确定对抗震结构选址和基础土质的要求、标准和规定，涵盖在地震作用下的不同基础体系设计、土工挡土结构设计和土与结构的相互作用	地震作用、场地特性、工程选址要求及对地基土的要求、基础、土与结构的相互作用、挡土结构	EN 1990，EN 1997-1，EN 1997-2，EN 1998-1，EN 1998-2，EN 1998-4，EN 1998-6，ISO 1000
52	BS EN 1998-6：2005	抗震结构设计：塔架、桅杆与烟囱 Eurocode 8. Design of Structures for Earthquake Resistance. Towers，Masts and Chimneys	给出了高耸结构设计的要求、标准和规则，适用于塔、桅杆及烟囱的抗震设计，不适用于冷却塔和近海结构	性能要求和合格标准、地震作用、塔架、桅杆与烟囱的抗震设计、钢筋混凝土烟囱、钢制烟囱、钢塔架、拉线电杆	EN 1998-1，EN 1990，EN 1992-1-1，EN 1992-1-2，EN 1993-1-1，EN 1993-1-2，EN 1993-1-4，EN 1993-1-5，EN 1993-1-6，EN 1993-1-8，EN 1993-1-10，EN 1993-1-11，EN 1993-3-1，EN 1993-3-2

续表

序号	标准号	标准名称	针对性	主要内容	相关参考文献
53	BS EN 1999-1-1：2007＋A2：2013	铝结构设计：总则 Eurocode 9. Design of Aluminum Structures. General Structural Rules	适用于土木工程和建筑物铝质结构的设计，满足结构安全和使用性能，只涉及铝结构强度，使用性能，耐久性及耐火强度	设计基础、材料、耐久性、结构分析、钢筋的最终极限状态、使用极限状态、连接设计	EN 1090-3，EN 1990，EN 1991，EN 1999-1-2，EN 1999-1-3，EN 1999-1-4，EN 1999-1-5，EN 485-1，EN 515，EN 573-3，EN 586-1，EN 754-1，EN 755-1，EN 28839
54	BS EN 1999-1-2：2007	铝结构设计：结构防火设计 Eurocode 9. Design of Aluminum Structures. Structural Fire Design	适用于暴露在火中时起支撑作用的铝结构，防止结构过早倒塌，涉及被动的防火保护措施	设计基础、材料、耐火设计	EN 485-2，EN 755-2，EN 1990，EN 1991-1-2，EN 1999-1-1，EN 1090-3，EN 13501-2，CEN/TS 13381-1，ENV 13381-2，ENV 13381-4，EN 1363-1
55	BS EN 1999-1-3：2007＋A1：2011	铝结构设计：疲劳敏感结构 Eurocode 9. Design of Aluminum Structures. Structures Susceptible To Fatigue	提供铝合金结构因疲劳导致断裂极限状态的基本设计规则，涉及安全寿命、损伤容限、试验	设计基础、材料、构成部分和连接装置、耐久性、结构分析、疲劳承载力和构造分类	EN 1090-3，EN 1991，EN 1999-1-2～EN 1991-1-5，EN 485-1，EN 586-1，EN 754-1，EN 755-1，EN 28839，EN ISO 898-1，EN ISO 3506-1，EN 485-2～EN 485-4，EN 508-2，EN 586-2，EN 586-3，EN 754-2～EN 754-4
56	BS EN 1999-1-4：2007＋A1：2011	铝结构设计：冷成型结构板材 Eurocode 9. Design of Aluminum Structures. Cold-formed Structural Sheeting	适用于冷轧或通过压力折叠形成的冷或热薄金属板或带压轧铝制品	设计基础、材料、耐久性、结构分析、承载能力极限状态、正常使用极限状态、机械紧固件连接、试验辅助设计	EN 1090-1，EN 1090-3，EN 1990，EN 1991，EN 1995-1-1，EN 1999-1-1，EN 485-2，EN 508-2，EN 1396 2007，EN 10002-1，EN ISO 1479，EN ISO 1481，EN ISO 15480，EN ISO 15481，EN ISO 15973，EN ISO 15974
57	BS EN 1999-1-5：2007	铝结构设计：壳体结构 Eurocode 9. Design of Aluminum Structures. Shell Structures	适用于铝质结构的（尺寸）设计，无论是否加筋，其具有壳式外形或单体壳结构中的圆板	设计基础、材料和几何尺寸、耐久性、结构分析、承载能力极限状态、正常使用极限状态	EN1090-1，EN1090-3，EN1990，EN 1991，EN 1993-1-6，EN 1993-3-2，EN 1993-4-1，EN 1993-4-2，EN 1993-4-3，EN 1999-1-1，EN 1999-1-2，EN 1999-1-3，EN 1999-1-4

第二节 欧盟协调标准（EN）

欧盟协调标准（EN）是由欧洲标准化委员会（CEN）、欧洲电工技术标准化委员会（CENELEC）、欧洲电讯标准化组织（ETGSI）与各成员国商议后达成的指导原则起草，并被欧委会所采用的标准。

EN 标准是 CEN 各类标准中执行力最强的一种。根据欧洲标准化组织的规定，各成员国必须将协调标准转换成其国家标准，并撤销有悖于协调标准的国家标准。这一规定是强制性的，而执行协调标准是非强制性的。各国标准的代号放在欧洲标准编号的前面，如英国/欧洲国家标准 BS EN、法国/欧洲国家标准 NF EN、德国/欧洲国家标准 DIN EN。

本次收录的是欧盟协调标准中的相关英国标准部分（编号：BS EN）。

国标标准正面清单—欧盟协调标准（EN）

序号	标准号	标准名称	针对性	主要内容	相关参考文献
1	BS EN 39-2001	脚手架用钢管：交货技术条件 Loose Steel Tubes for Tube and Coupler Scaffolds. Technical Delivery Conditions	规定拟用于脚手架的单独管及接头管的质量要求	钢材要求、制造、交货条件、检验及认证	EN 74，prEN 12811，prEN 12812，EN 10002-1，EN 10020，EN 10021，EN 10027-1，EN 10027-2，EN 10204，EN 10233
2	BS EN 74-1：2005	脚手架和工作架用连接器、插口销和基础板：钢管连接器要求和试验程序 Couplers，Spigot Pins and Baseplates for Use In Falsework and Scaffolds. Couplers for Tubes. Requirements and Test Procedures	适用于工作脚手架和工作架的钢管的连接器、插口销和基础板的材料和设计，以及测试工艺规程和方法	材料及设计要求、原型测试抽样、评估方法、原型连接器荷载测试、测试报告及证书	EN 10002-1，EN 12811-1，EN 12811-2，EN 12811-3，EN ISO 898-1，ISO 898-1，EN 20898-2，ISO 898-2
3	BS EN 81-40：2008	电梯施工和安装安全规程：载人和运货专用电梯—行动不便人员乘坐的座椅电梯和倾斜提升平台 Safety Rules for the Construction and Installation of Lifts. Special Lifts for the Transport of Persons and Goods. Stairlifts and Inclined Lifting Platforms Intended for Persons with Impaired Mobility	适用于起重升降机械	升降机、人用电梯、安全措施、事故预防、安装、座椅电梯、倾斜、起重设备、救助残疾人、电动装置、设备安全、危害、安全装置、控制系统、验证	EN 81-1，EN 349，EN 953，EN 12385-4，EN 60204-1，IEC 60204-1，EN 60529，IEC 60529，EN 60664-1，IEC 60664-1：2007，EN 60695-11-10，IEC 60695-11-10
4	BS EN 196-1：2005	水泥试验方法：强度试验 Methods of Testing Cement. Determination Of Strength	水泥的强度试验	水泥、水泥和混凝土技术、水泥砂浆、抗压强度、抗弯强度、抗压试验、弯曲试验、试验设备、试件、验证试验	EN 197-1，EN 196-7，EN ISO 1302，ISO 7500-1，ISO 565，ISO 1101，ISO 3310-1，ISO 4200

续表

序号	标准号	标准名称	针对性	主要内容	相关参考文献
5	BS EN 197-1：2011	水泥：普通水泥的成分、技术要求及合格标准 Cement. Composition，Specifications and Conformity Criteria for Common Cements	论及 27 种普通水泥、7 种抗硫酸盐水泥、3 种低早强矿渣水泥和 2 种抗硫酸盐低早强矿渣水泥的成分和技术要求	水泥和混凝土技术、施工材料、化学成分、材料特性、抗硫酸盐水泥、合格性试验、验收检查、取样方法	EN 196-1～EN 196-9，EN 197-2，EN 451-1，EN 933-9，EN 13639，ISO 9277，ISO 9286，EN 206-1，EN 413-1，EN 450-1，EN 934，EN 14216，EN 14647，EN 15743
6	BS EN 206-1：2013	混凝土：技术要求、性能、生产、合格性 Concrete. Specification，Performance，Production and Conformity	适用于土木工程建筑的现浇混凝土、预制结构和预制件	混凝土和水泥技术、混凝土性能、性能试验、骨料、施工材料、养护、质量控制、检查、混凝土拌和物、成分、运输、抗压强度、等级	EN 196-2，EN 197-1，EN 450-1，EN 934-1，EN 934-2，EN 1008，EN 1097-3，EN 1097-6：2013，EN 1536，EN 1538，EN 12350-1，EN 12350-2，EN 12350-4
7	BS EN 232：2012	浴具连接尺寸 Baths. Connecting Dimensions	给出各种材质浴具的连接尺寸	浴具、卫生器具、接头、孔、尺寸测量	EN 274-1
8	BS EN 413-1：2011	砌筑水泥规范：成分，技术要求和合格标准 Masonry Cement. Composition，Specifications and Conformity Criteria	规定了对砌筑水泥的成分和制作、强度及物理和化学特性的要求	砌筑水泥、水泥砂浆、灰浆、抹灰、粉刷、墙面涂料、砌砖、成分、容差、材料的物理特性和力学特性、材料强度、质量等级、合格性、耐久性	EN 196-1，EN 196-2，EN 196-3，EN 196-6，EN 196-7，EN 197-1，EN 413-2，EN 459-1，EN 12878，EN 196-10，EN 197-2，BS 8000-3
9	BS EN 752：2008	建筑物外部排水排污系统 Drain and Sewer Systems Outside Buildings	提供排水排污系统设计、施工、改造、运行及维护框架	排水管、排水系统、给排水系统、废水排放、地表水排放、卫生工程、结构设计、安装、维护	EN 476，EN 858-1，EN 858-2，EN 1295-1，EN 1610，EN 1825-1，EN 1825-2，EN 1990，EN 1991-1-1，EN 1991-1-2，EN 1991-1-3，EN 1991-1-5
10	BS EN 771-1：2011	圬工规范：黏土圬工单元 Specification for Masonry Units. Clay Masonry Units	适用于砖、石、黏土等建筑材料	施工材料、圬工灰浆、砌体厚度、尺寸偏差、强度、干缩、吸水性、热性能、质量控制、试验检测要求	BS 890，BS 12，BS 146-2，BS 3892，BS 4027，BS4550-2，BS 877-2，BS 882，BS1201，BS 1047，BS 1156，BS 3797
11	BS EN 771-2：2011	圬工规范：硅酸钙圬工 Specification for Masonry Units. Calcium Silicate Masonry Units	适用于各类硅酸钙圬工	砖、砌块、施工材料、隔墙、性能、尺寸容差、材料强度、密度、抗热、吸水性、尺寸变化、材料物理特性、技术要求	BS 410，BS 1142，BS 1142-3，BS 5628，BS 5628-1，BS 6073，BS 6073-1

续表

序号	标准号	标准名称	针对性	主要内容	相关参考文献
12	BS EN 771-3：2011	圬工单元的规范：骨料混凝土砌块（重和轻骨料） Specification for Masonry Units. Aggregate Concrete Masonry Units（Dense and Lightweight Aggregates）	适用于混凝土砌体	砖、砌块、浆砌石工程、轻骨料、重骨料、骨料、混凝土、建筑材料、圬工工程、涂层、墙体、防火安全、隔热、阻热、隔音、吸音、性能试验、材料强度、密度	EN 772-1，EN 772-2，EN 772-6，EN 772-11，EN 772-13，EN 772-14，EN 772-16，EN 772-20，EN 1052-2，EN 1052-3，EN 1745，EN 13501-1，EN ISO 12572，ISO 12572
13	BS EN 772-2：1998	圬工单元的试验方法：浆砌块石孔隙面积百分比的测定（纸压痕） Methods Of Test For Masonry Units. Determination of Percentage Area of Voids in Masonry Units（by Paper Indentation）	规定了确定浆砌石工程所用混凝土骨料孔隙比的方法	砖、砌体、浆砌石工程、建筑系统部件、混凝土、骨料、孔隙、面积计量、试样、试验设备	EN 771-1，EN 771-2，EN 771-3，EN 771-4，EN 771-5
14	BS 812-104：1994（2011）	骨料试验：骨料岩相定性与定量鉴定方法 Testing Aggregates. Method for Qualitative and Quantitative Petrographic Examination of Aggregates	用于粗细骨料岩相鉴定，确定组成骨料的岩石类型和组成比例	取样、试验仪器、试验室样品定性鉴定、定量鉴定、结果计算、报告内容	BS 410，BS 812：Part 101，BS 812：Part 102，BS 5930，BS 6100：Section 5.2，BS 6100：Section 6.3，BS 1957
15	BS 812-109：1990（2011）	骨料测试：含水量测定方法 Testing Aggregates. Methods for Determination of Moisture Content	给出测定骨料含水量的三种方法：烘干法、高温法、微波炉烘干法（仅适用于细骨料）	骨料、含水量测定、试样制备、试验条件、再现性、细骨料、干容重，给出不同方法的适用性	BS 812-2，BS 812-3，BS 812-100，BS 812-101，BS 812-102，BS 882，BS 5497-1
16	BS 812-121：1989（2011）	骨料试验：坚固性试验方法 Testing Aggregates. Method for Determination of Soundness	采用在硫酸镁和硫酸钠饱和溶液中循环浸泡后再干燥的方法测定骨料坚固性	骨料、筛分、粒径测量、水化作用、结晶、试验设备、试件制备、精度、劣化	BS 410，BS 718，BS 812-100，BS 812-101，BS 812-102，BS 812-110，BS 812-111，BS 812-112，BS 812-113，BS 5497-1
17	BS 812-123：1999（2011）	骨料试验：混凝土棱柱法测定骨料碱一硅反应 Testing Aggregates. Method for Determination of Alkali-Silia Reactivity-Concrete Prism Method	采用于混凝土棱柱法进行骨料的碱一硅反应膨胀率试验	骨料、化学反应、膨胀（变形）、尺寸变化、碱性、二氧化硅、棱柱体、试验设备、试件制备、温度、湿度、储存、精度、再现性、试验室试验	BS 970-1，BS 5497-1，BS 12，BS 410，BS 812-2，BS 812-100，BS 812-101，BS 812-102，BS 812-117，BS 882

续表

序号	标准号	标准名称	针对性	主要内容	相关参考文献
18	BS EN 845-1：2013	圬工附属构件规范：连接杆件、带条、吊架和托架 Specification for Ancillary Components for Masonry. Wall Ties，Tension Straps，Hangers And Brackets	适用于民用住宅砌石建筑结构中，传递垂直受力的梁托；不适用于承受水平及扭转受力的梁托	拉杆、带条、吊架和托架的规格、材料、制造、保护涂层、标识、安装说明和试验	EN 771，EN 846-2，EN 846-3，EN 846-4，EN 846-5，EN 846-6，EN 846-7，EN 846-8，EN 846-9，EN 846-10，EN 846-11，EN 846-13，EN 846-14
19	BS EN 845-2：2013	圬工附属构件规范：门楣 Specification for Ancillary Components for Masonry. Lintels	适用于最大跨度为 4m～5m的预制钢、混凝土、高压蒸汽加气混凝土、耐火土、石料等材质的门楣	砌块、砖、部件、建筑系统部件、门楣、横梁、预制件、混凝土、多孔混凝土、预应力混凝土、钢材、石材、构件、复合梁、性能	EN 206-1，EN 771，EN 772-1，EN 772-11，EN 846-9，EN 846-11，EN 846-13，EN 846-14，EN 990，EN 998-2，EN 1745，EN 10080，EN 10088，EN 10346，EN 12602
20	BS EN 877：1999＋A1（2006）	建筑物排水用铸铁管和配件及其接头和附件：要求、试验方法和质量保证 Cast Iron Pipes and Fittings，Their Joints and Accessories for the Evacuation of Water From Buildings. Requirements，Test Methods and Quality Assurance.	给出对重力排水系统排水铸铁管和配件的要求，涉及材料、尺寸、容差、力学特性、外观、覆层	管件、管接头、垫圈、排水管、给排水系统、形状公差、材料力学性能、硬度、拉伸强度、弹性模量、防水测试、泄漏测试、力学试验、拉伸试验、破碎试验、涂装、耐水试验、热循环试验、防火试验、腐蚀试验、浸泡试验、化学测试、黏附试验	EN 476，EN 598，EN 605，ISO 1514，EN 10002-1，EN 10003-1，EN 10088-1～EN 10088-3，EN 10204，EN 45011，prEN 1366-3，EN ISO 6708
21	BS EN 932-1：1997	骨料常规性质测试：取样方法 Tests for General Properties of Aggregates. Methods for Sampling	给出从运输、制备和生产厂、料堆获取骨料试样的方法，旨在得到代表性松散试样，获知每批材料的平均特性	取样原则、松散样品、增加样品数量、取样计划、设备、取样程序、减少样品量、样品标识、包装和运输	prEN 1097-3，ISO 1988，ISO 3082，EN 932-5
22	BS EN 932-5：2012	骨料常规性质测试：通用仪器和校准 Tests for General Properties of Aggregates. Common Equipment and Calibration	给出对骨料性质测试用设备、校准程序和试剂的一般要求	骨料、试验条件、校准、试验设备、容差、量测仪器、过筛设备、温度计、热电偶	EN 933-1，EN 933-2，EN 933-3，EN 933-8，EN ISO 3650，ISO 3650，ISO 384，ISO 386，ISO 649-1，ISO 3310-1，ISO 3310-2，ISO 4788，ISO 6353-2

续表

序号	标准号	标准名称	针对性	主要内容	相关参考文献
23	BS EN 932-6：1999	骨料常规性质测试：可重复性和再现性定义 Tests for General Properties of Aggregates. Definitions of Repeatability and Reproducibility	适用于骨料性质测试	骨料、试验条件、再现性、量测特性、标准偏差、误差、数学计算	ISO 5725-1
24	BS EN 933-1：2012	骨料几何特性试验：确定骨料粒径分布—过筛法 Tests for Geometrical Properties of Aggregates. Determination of Particle Size Distribution. Sieving Method	用于混凝土粗细骨料颗粒级配的干、湿筛分试验	骨料、施工材料、筛分、粒径分布、试样制备、试验条件	EN 932-2，EN 932-5，EN 933-2，ISO 3310-1，ISO 3310-2，EN 1097-6，EN 13055
25	BS EN 933-3：2012	骨料几何特性试验：颗粒形状测定—片状指数 Tests for Geometrical Properties of Aggregates. Determination of Particle Shape. Flakiness Index	给出确定骨料片状指标的程序，适用于天然或加工骨料，包括轻骨料，但不涉及粒径小于4mm和大于80mm的骨料	取样、试验仪器、试验步骤、试验误差、结果计算、报告内容	EN 932-2，EN 932-5，EN 933-1，EN 933-2
26	BS EN 933-7：1998	骨料几何特性试验：测定粗骨料中贝壳类物质含量 Tests for Geometrical Properties of Aggregates. Determination of Shell Content. Percentage of Shells in Coarse Aggregates	适用于测定粗骨料中贝壳类物质含量的试验	取样、试验仪器、试验步骤、试验误差、结果计算、报告内容	prEN 932-2，prEN 932-5，EN 933-1，EN 933-2
27	BS EN 934-3：2009＋A1（2012）	混凝土、砂浆和浆液外加剂：定义、要求、合格性、标识 Admixtures for Concrete，Mortar and Grout. Admixtures for Masonry Mortar. Definitions，Requirements，Conformity and Marking and Labelling	适用于混凝土、圬工砂浆和浆液外加剂	混凝土外加剂、水泥和混凝土技术、砂浆缓凝剂、塑化剂、加气剂、合格性、质量控制	EN 480-13，EN 934-1，EN 934-2，EN 934-6，EN 934-6/A1，EN 1015-4，EN 1015-7，EN 1015-9，EN 1015-11，EN 998-1
28	BS EN 951：1999	门扇：量测门扇高、宽、厚和垂直度的方法 Door Leaves. Method for Measurement of Height，Width，Thickness and Squareness	适用于测量门扇一般平整度缺陷	门、矩形、宽度、厚度、长度测量、容差、试验设备、试件、校准	

续表

序号	标准号	标准名称	针对性	主要内容	相关参考文献
29	BS EN 998-1：2010	浆砌石砂浆规范：粉刷和抹灰砂浆 Specification for Mortar for Masonry. Rendering and Plastering Mortar	适用于工厂制作的粉刷和抹灰砂浆，用于外部粉刷和内部墙、天花板、柱和隔断涂层	砂浆、水泥和混凝土技术、建筑砌块、施工系统部件、浆砌石工程、粉刷、抹灰、墙、天花板、黏结剂、石灰、组成、名称、属性、性能、试验型式、质量控制、砂浆施工材料	EN 1015-2，EN 1015-7，EN 1015-9，EN 1015-10，EN 1015-11，EN 1015-12，EN 1015-18，EN 1015-19，EN 1015-21，EN 1745，EN 13501-1，EN 1015-1，EN 1015-6，EN 13279
30	BS EN 998-2：2010	浆砌石砂浆规范：浆砌石砂浆 Specification for Mortar for Masonry. Masonry Mortar	给出对圬工砂浆（垫层、填缝、勾缝）的要求，新鲜砂浆的性能	砂浆、水泥和混凝土技术、建筑砌块、施工系统部件、浆砌石工程、性能、特性、氯化物、空气、抗压强度、黏结强度、导热性、试验类型、质量控制、标志、建筑材料	EN 771，EN 1015-1，EN 1015-2，EN 1015-7，EN 1015-9，EN 1015-10，EN 1015-11，EN 1015-17，EN 1015-18，EN 1745，EN 13501-1，EN 1015-6，EN 1052-3
31	BS EN 1004：2004	预制移动通道和工作塔规范：材料、尺寸、设计荷载、安全、性能要求 Mobile Access and Working Towers Made of Prefabricated Elements. Materials，Dimensions，Design Loads，Safety and Performance Requirements	适用于预制移动通道和工作塔的设计和加工制造	尺寸、材料、设计要求、构件、评定、由制造厂家提供的资料、符号表示、标识	EN 74，EN 1298，EN 1991-2-4，EN 1993-1-1，EN 1995-1-1，EN 1999-1-1，EN 12810-2，EN 12811-2，EN 12811-3，EN 39，EN 1993-2，EN 10240
32	BS EN 1015-7：1999	圬工砂浆试验方法：确定新鲜砂浆的含气量 Methods of Test for Mortar for Masonry. Determination of Air Content of Fresh Mortar	适用于砌砖、找平、抹灰和粉刷的砂浆的取样、制备和物理试验	砂浆、水泥和混凝土技术、圬工水泥、确定含气量、试件、试验设备	prEN 998-1，prEN 998-2，EN 1015-2，prEN 1015-3
33	BS EN 1090-2：2008 +A1：2011	钢结构和铝结构制作：钢结构技术要求 Execution of Steel Structures and Aluminium Structures. Technical Requirements for Steel Structures	给出热轧钢、结构钢构件制作技术要求，包括冷成型构件和片材、热加工和冷成形空心型材、奥氏体和铁素体不锈钢产品	结构钢、结构体系、施工、结构设计、安装、焊接、焊接接头、固定件、金工、表面处理、防腐、检查、质量控制、验证试验、容差、金属段、建筑物、桥梁、结构杆件	EN 10017，EN 10021，EN 10024，EN 10025-1，EN 10025-2，EN 10025-3，EN 10025-4，EN 10025-5，EN 10025-6

续表

序号	标准号	标准名称	针对性	主要内容	相关参考文献
34	BS EN 1097-2：2010	骨料力学和物理性质试验：抗破碎能力测试方法 Tests for Mechanical and Physical Properties of Aggregates. Methods for the Determination of Resistance to Fragmentation	给出测定粗骨料抗破碎能力的程序，涉及两种方法：洛杉矶磨蚀试验、冲击试验	骨料、材料的力学和物理性质、天然骨料、合成骨料、粗骨料、破碎试验、冲击试验、落锤试验、硬度试验、试件制备、再现性	EN 932-1，prEN 932-2，prEN 932-5，EN 933-1，EN 933-2，EN 1097-6，EN 10025/A1，EN 10083-2
35	BS EN 1097-8：2009	骨料力学和物理性质试验：确定骨料磨光值 Tests for Mechanical and Physical Properties of Aggregates. Determination of the Polished Stone Value	适用于测定铺设路面用粗骨料的磨光值（PSV），PSV 是反映粗骨料抵御车辆轮胎磨耗的数值	取样、试验仪器、试样制备、橡胶轮胎条件、试样加速磨光、磨耗试验、结果计算、报告内容	EN 932-2，EN 932-5，EN 932-6，EN 933-3，EN 1097-6，ISO 48，ISO 4662，ISO 7619，EN 932-3
36	BS EN 1294：2000	门扇：恒温气候下门扉湿度变化状态的测定 Door Leaves. Determination of the Behavior Under Humidity Variations in Successive Uniform Climates	规定在连续均衡气候和不同湿度条件下，门扇性能的试验，适用于所有平板和刚性门，也包括使用吸湿材料做的门扇	门扇、湿度、气候、镶板门、空心门、实心门、镀锌门、吸湿性	EN 951，EN 952，prEN 12519
37	BS EN 1329-1：2014	建筑物内排放废水的塑料管系统：未增塑 PVC 管和配件规程 Plastics Piping Systems for Soil and Waste Discharge（Low and High Temperature）Within the Building Structure. Unplasticized Poly（Vinyl Chloride）(-U). Specifications for Pipes, Fittings and the System	适用于建筑物内排放废水的 PVC 塑料管和配件	管工、未增塑 PVC、给排水系统、管件、直径、规格、长度、厚度、承插接头、密封环、材料的力学和物理特性、冲击强度	EN 681-1，EN 681-2，EN 1401-1，EN 1905，EN 10204，EN 14680，EN 14814，EN ISO 472，ISO 472，EN ISO 580，ISO 580
38	BS EN 1367-4：2008	骨料热性能和风化性质试验：测定干缩性 Tests for Thermal and Weathering Properties of Aggregates. Determination of Drying Shrinkage	确定骨料对混凝土干缩性影响的标准方法，试验基于固定配比的混凝土和最大粒径 20mm 的骨料	骨料、环境试验、热试验、收缩试验、干燥、收缩、粒径分布、试验设备、试件制备	EN 197-1，EN 932-1，EN 932-2，EN 932-5，EN 933-2，EN 932-6，ISO 5725

续表

序号	标准号	标准名称	针对性	主要内容	相关参考文献
39	BS EN 1451-1：2000	建筑物内排放废水的塑料管系统：聚丙烯管和配件规程 Specification for Plastics Piping Systems for Soil and Waste Discharge（Low and High Temperature）Within the Building Structure. Polypropylene（PP）. Specifications for Pipes，Fittings and the System	规定了排放普通家庭废水用聚丙烯污水管和配件的要求	管工、聚丙烯、废水排放、管件、直径、规格、长度、厚度、承插接头、密封环、对接接头、材料的力学和物理特性	EN 476，EN 1329，EN 1401-1，prEN 1451-6，prEN 1453，EN 1455，EN 1519，EN 1565，EN 1566，EN 1852-1
40	BS EN ISO 1452-1：2009	给排水用塑料有压管线系统：未增塑聚氯乙烯管（PVC-U）—概述 Plastics Piping Systems for Water Supply and for Buried and Above-Ground Drainage and Sewerage Under Pressure. Unplasticized Poly（Vinyl Chloride）（PVC U）. General	适用于有压供水管线和埋设或地上污水排放管线采用的未增塑聚氯乙烯管（PVC-U）	用于供水管线和埋设或地上污水排放管线的未增塑聚氯乙烯材料、耐压等级、尺寸和公差、性能、物理特性、标示等要求	ISO 472，ISO 1043-1，ISO 1167-1，ISO 1167-2，ISO 6401，ISO 9080，ISO 12162，ISO/TR 4191，ENV 1452-7，EN 805，EN 806-1，ISO 4065，ISO 497
41	BS EN 1490：2000	建筑用阀门：温度压力组合减压阀规范 Building Valves. Combined Temperature and Pressure Relief Valves. Tests and Requirements	在1bar～10bar的压力以及不高于90℃～100℃摄氏度的温度下，温度和压力组合减压阀	温度减压阀、泄压阀、合并的温度和压力减压阀、最大工作压力、压力设定、重设压力、最大工作温度、标准尺寸、相关部件、终端连接等	EN 1487，EN 1488，EN 1489，EN 1490，EN 1491，EN 1254-2，EN 1982，EN 12420，EN ISO 6509，ISO 6509，ISO 7-1
42	BS EN 1519-1：2000	建筑物内排放废水的塑料管系统：PE管和配件规程 Plastics Piping Systems for Soil and Waste Discharge（Low and High Temperature）Within the Building Structure. Polyethylene（PE）. Specifications for Pipes，Fittings and the System	适用于建筑物内排放废水的PE塑料管和配件	管工、PE、给排水系统、管件、直径、规格、长度、厚度、承插接头、密封环、材料的物理特性	prEN 476，prEN 1329，EN 1401-1，EN 1451，prEN 1453，EN 1455，EN 1519-6，EN 1565，EN 1566，EN 1852-1，prEN 12056-1，prEN 12666-1，ISO 7620
43	BS EN 1537：2013	特殊岩土工程：岩土锚固 Execution of Special Geotechnical Works. Ground Anchors	适用于注浆加固或机械加固类型的土壤和岩石锚固系统，不适用于抗拔柱、临时支撑物，增强土壤和土钉法	岩土锚固简介、现场调查、设计、材料和部件、腐蚀和防腐、压力装置、建造、试验、维护	EN 206-1，EN 447，EN 934-2，EN 1992-1-1，EN 1997-1，EN 1997-2，EN 10025，EN 10080，prEN 10138-1，EN 10210-1，EN 10219-1，EN 10219-2，EN ISO 12944-5

续表

序号	标准号	标准名称	针对性	主要内容	相关参考文献
44	BS EN 1744-1：2009＋A1：2012	骨料化学性质试验：化学分析 Tests for Chemical Properties of Aggregates. Chemical Analysis	适用于测定骨料中氯化物、硫、硫化物、硫酸盐含量	取样、试验仪器、试验步骤、试验误差、结果计算、报告内容	EN 196-1，EN 196-2，EN 459-2，EN 932-1，EN 932-2，EN 932-5，EN 932-6，EN 933-2，EN 1015-4，EN 1015-9，EN 1015-11，EN 1097-6，ISO 384
45	BS EN 1796：2013	给水塑料管系统：玻璃纤维增强热固性不饱和聚合脂塑料管 Plastics Piping Systems for Water Supply With or Without Pressure. Glass-Reinforced Thermosetting Plastics（GRP）Based on Unsaturated Polyester Resin（UP）	适用于有压或无压的给水塑料管，带柔性或刚性接头，通常是埋置的	管工系统、水管、玻璃纤维、加筋材料、热固性聚合物、管件、管接头、规格、容差、材料力学特性、试验方法	EN 681-1，EN 1119，EN 1447，CEN/TS 14578，CEN/TS 14632，CEN/TS 14807，EN ISO 75-2，ISO 75-2，EN ISO 527-4，ISO 527-4
46	BS ISO 6707-2：2014	建筑物和土木工程：词汇—合同条目： Building and Civil Engineering Works. Vocabulary. Contract Terms	适用于建筑物和土木工程施工作业，施工、合同、建筑合同、文档、投标、商业文件、法律文件、销售文件、成本会计方面	施工工程、建设工程、词汇、术语、建筑系统部件、施工作业、施工、合同、建筑合同、投标、商业文件、法律文件、销售文件、成本会计、工程图纸	ISO 6707-1，ISO 9000，ISO 10845-1，ISO 15686-5
47	BS EN 12201-1：2011	供水、排水和污水用塑料有压管线系统：聚乙烯（PE）管—总则 Plastics Piping Systems for Water Supply，and For Drainage and Sewerage Under Pressure. Polyethylene（PE）. General	适用于输送饮用水和原水的聚乙烯（PE）管，包括PE管、连接件、阀和接头	塑料管线系统、聚乙烯管给排水系统、排水管、饮用水管、管件、阀门、压力管线、材料的物理特性、外加剂	EN 12099，EN 12201-2～EN 12201-4，EN ISO 472，EN ISO 1043-1，EN ISO 1133，EN ISO 1167-1，EN ISO 1167-2，EN ISO 1183-1，EN ISO 1183-2，EN ISO 6259-1
48	BS EN 12350-1：2009	新拌混凝土检测：取样 Testing Fresh Concrete. Sampling	适用于采用最大粒径为40mm的骨料拌制的低中高流态混凝土	混凝土、水泥和混凝土技术、取样方法、样品、试验样品、材料处理	
49	BS EN 12350-2：2009	新拌混凝土检测：坍落度试验 Testing Fresh Concrete. Slump Test	适用于采用各种密度，且最大粒径为40mm的骨料拌制的中高流态素混凝土和加引气剂混凝土	混凝土、水泥和混凝土技术、和易性、稠度（力学性能）、力学试验、试验设备、取样方法、样品制备、精密度、重现性	EN 12350-1

续表

序号	标准号	标准名称	针对性	主要内容	相关参考文献
50	BS EN 12350-3：2009	新拌混凝土检测：振动试验 Testing Fresh Concrete. Vebe Test	确定新拌混凝土稠度的振动试验	混凝土、水泥与混凝土技术、和易性、力学试验、振动测试、可塑性、稠度（力学性能）、测试	EN 12350-1
51	BS EN 12350-4：2009	新拌混凝土检测：压实度 Testing Fresh Concrete. Degree of Compactability	适用于采用各种密度、且最大粒径为 40mm 的骨料拌制的中高流态素混凝土和加引气剂混凝土	混凝土、水泥和混凝土技术、压实、压实试验、力学试验、稠度（力学性能）、骨料、试验设备、试验样品、试样制备、试验条件	EN 12350-1
52	BS EN 12350-5：2009	新拌混凝土检测：流量表测试 Testing Fresh Concrete. Flow Table Test	适用于采用各种密度、且最大粒径为 20mm 的骨料拌制的高流态素混凝土和加引气剂混凝土	混凝土、水泥和混凝土技术、流量测量、流量、机械测量、和易性、稠度（力学性能）、骨料、试验样品、试样制备、试验设备、试验条件、精度	EN 12350-1
53	BS EN 12350-6：2009	新拌混凝土检测：密度 Testing Fresh Concrete. Density	规定试验室和现场新浇压实混凝土密度的测定方法	混凝土、水泥和混凝土技术、密度测量、密度、体积、密实、试验样品、试样制备、试验设备、精密、校准	EN 12350-1
54	BS EN 12350-7：2009	新拌混凝土检测：压力法检测含气量 Testing Fresh Concrete. Air Content. Pressure Methods	适用于采用常规密度、且最大粒径为 40mm 的骨料拌制的混凝土	混凝土、水泥和混凝土技术、压实、含量测定、空气含量测定、压力测试、压实试验、试验设备	EN 12350-1，EN 12350-6
55	BS EN12352：2006	交通控制设备—警示和安全灯光装置 Traffic Control Equipment. Warning and Safety Light Devices	适用于交通控制中的警示和安全灯光装置	交通控制、交通安全、交通信号灯、闪烁灯光、灯光颜色、目视信号、结构设计、标识、撞击试验、照明亮度、材料强度、合格性	EN 50293，EN 60068-2-1，IEC 60068-2-2A，EN 60529，IEC 60529，EN 60598-1
56	BS EN 12390-1：2012	硬化混凝土试验：试样和模具的形状、尺寸和其他要求 Testing Hardened Concrete. Shape, Dimensions and Other Requirements for Specimens and Moulds	规定现浇混凝土试件及模具的形状、尺寸和容差，涉及立方体、圆柱体、棱柱体	混凝土、水泥和混凝土技术、形状、立方体形状、圆柱形状、棱柱形、尺寸、模制材料、成型设备、公差、尺寸公差、机械测试、材料强度	EN ISO 1101，ISO 1101

续表

序号	标准号	标准名称	针对性	主要内容	相关参考文献
57	BS EN 12390-2：2009	硬化混凝土试验：用于强度试验的样品制作和养护 Testing Hardened Concrete. Making and Curing Specimens for Strength Tests	适用于硬化混凝土制作公称尺寸 150mm × 150mm × 750mm 和 100mm×100mm×500mm 试验梁的制作方法	混凝土、水泥和混凝土技术、养护（混凝土）试验样品、试样制备、成型材料、振捣、材料强度、表面处理、运输	EN 12350-1，EN 12390-1
58	BS EN 12390-3：2009	硬化混凝土试验：试件抗压强度 Testing Hardened Concrete. Compressive Strength of Test Specimens	适用于混凝土立方体试块抗压强度的试验	混凝土、水泥和混凝土技术、抗压强度、破坏（机械）、抗压试验、力学试验、试验样品	EN: 197-1 12350-1、12390-1 12390-2、12390-4 12504-1、ISO：3310-1 5725-1，BS：1881
59	BS EN 12390-5：2009	硬化混凝土试验：试件抗弯强度 Testing Hardened Concrete. Flexural Strength of Test Specimens	适用于在硬化混凝土试样中心区域采用 2 点或 3 点加载、力矩恒定的方式确定混凝土抗弯强度的试验	混凝土、水泥和混凝土技术、弯曲试验、力学试验、材料强度、试验样品、试验设备、荷载	EN 12350-1，EN 12390-1，EN 12390-2，EN 12390-4
60	BS EN 12390-7：2009	硬化混凝土试验：硬化混凝土密度 Testing Hardened Concrete. Density of Hardened Concrete	适用于硬化后混凝土的干密度、饱和密度、静态和动态弹性模量、干缩和湿膨胀、初始表面吸水性、吸水率等指标的检测（强度指标除外）	混凝土、水泥和混凝土技术、密度测量、密度、体积、重量（质量）、数学计算、试验样品	EN 12390-1，ISO 5725-1，BS 1881
61	BS EN 12504-1：2009	结构混凝土试验：混凝土芯样—抗压强度测试 Testing Concrete in Structures. Cored Specimens. Taking，Examining and Testing in Compression	适用于混凝土取芯、试验准备以及确定其抗压强度	混凝土、建筑系统构件、结构、水泥和混凝土技术、力学试验、抗压试验、目视检查、试验样品、试样制备、抗压强度	EN 12390-1，EN 12390-3，EN 12390-4，EN 12390-7
62	BS EN 12504-2：2012	结构混凝土试验：无损检测—回弹量的确定 Testing Concrete in Structures. Non-Destructive Testing. Determination of Rebound Number	适用于使用反弹锤测试混凝土硬度	混凝土、建筑系统构件、结构、水泥和混凝土技术、力学性能测试、无损检测、材料强度、手锤、质量控制、硬度测试、表面性能、硬度测试仪	EN ISO 6508-1，ISO 6508-1，EN 12390-3，EN 13791，EN 12504-4，BS 6089
63	BS EN 12504-4：2004	超声波脉冲速度的测定 Testing Concrete. Determination of Ultrasonic Pulse Velocity	适用于素混凝土、钢筋混凝土和预应力混凝土试件、预应力构件和构筑物，通过超声波无损探伤试验	混凝土、钢筋混凝土、预应力混凝土、水泥和混凝土技术、超声波探伤、声波测试、无损检测、超声波、速度测量、测试设备、精度、弹性模量、泊松比、材料强度、钢筋、探伤	EN 206-1，EN 12390-1，EN 12390-2，EN 12390-3，EN 12504-1

续表

序号	标准号	标准名称	针对性	主要内容	相关参考文献
64	BS EN 12591：2009	沥青和沥青黏合剂：铺路沥青规范 Bitumen and Bituminous Binders. Specifications for Paving Grade Bitumens	规定产自炼油厂的精炼铺路沥青的性能和试验方法，用于道路施工和维护	沥青产品、黏合剂、铺路材料、沥青等级、道路路面、维护、材料的物理特性、合格性质量控制	EN 58，EN 1426，EN 1427，EN 12592，EN 12593，EN 12594，EN 12595，EN 12596，EN 12597，EN 12607-1～EN 12607-2，EN 15326，EN ISO 2592，EN ISO 2719，EN ISO 4259，EN ISO 9001
65	BS EN 12592：2014 BS 2000-47：2014	沥青和沥青黏合剂：溶解性的测定 Bitumen and Bituminous Binders. Determination of Solubility	适用于不含挥发型物质沥青含量不小于95%的沥青黏合剂	沥青、沥青产品、黏合剂、溶解性试验方法、溶解性、化学分析试验、使用产品、溶剂萃取法	EN：58、1425、12594；ISO：4793、5272、5280；ASTM：D2042-01
66	BS EN 12600-2002	建筑玻璃　平板玻璃分类和抗冲击试验方法 Glass in Building. Pendulum Test Impact Test Method and Classification For Flat Glass	建筑用平板玻璃性能要求和冲击能量吸收测试方法	分类、单层平板玻璃冲击试验、破碎模式	BS 4-1，CP 152，BS 6210
67	BS EN 12615：1999	混凝土结构用防护和修理：确定黏合剂的剪切强度 Products and Systems for the Protection and Repair of Concrete Structures. Test Methods. Determination of Slant Shear Strength	各种复合结构树脂黏合柱体的斜面剪切强度	压应力的定义、试验原理、设备及工具、测试样本、应力测试试验过程及计算、试验报告	NF P 18-872，RILEM 52 RAC，EN 196-1
68	BS EN 12810-1：2003	预制构件组成的外立面脚手架：产品规范 Facade Scaffolds Made of Prefabricated Components. Product Specifications	规定外立面脚手架结构设计的性能要求和评定预制外立面脚手架系统	材料、设计荷载、尺寸、类型、连接、托牙基底板、工作高度、基准、要求厂家提供的资料	EN 39，EN 74，EN 755-8，EN 10204，EN 10219-2，EN 12810-2，EN 12811-1，prEN 12811-2，EN 12811-3，ENV 1999-2
69	BS EN 12811-1：2003	临时工程设备：脚手架：性能要求和一般设计 Temporary Works Equipment. Scaffolds. Performance Requirements and General Design	规定工作通道和脚手架的结构和一般设计的性能要求和方法，给出依靠邻近结构稳定的脚手架结构的要求	结构系统、临时结构、施工设备、脚手架、性能、职业安全、结构设计、荷载、风荷载、脚手架构件	EN 74，prEN 74-1，EN 338，EN 12810-1，EN 12810-2，prEN 12811-2，EN 12811-3，prEN 12812，ENV 1990，ENV 1991-2-4，ENV 1993-1-1，ENV 1995-1-1

续表

序号	标准号	标准名称	针对性	主要内容	相关参考文献
70	BS EN 12878：2014	硅酸盐水泥和石灰制品上色颜料规范 Pigments for the Colouring of Building Materials Based on Cement and/or Lime. Specifications and Methods of Test	对着色硅酸盐水泥及其产品的颜料要求	颜料、水泥、石灰、检测抽样、合格样品、产品性状、颜料对硅酸盐水泥及其产品的质量影响和包装要求	EN 196-1，EN 196-3，EN 197-1，EN 934-1，EN ISO 787-3，ISO 787-3，EN ISO 787-7，ISO 787-7，EN ISO 787-9
71	BS EN ISO 12944-1：1998	钢铁结构件防腐涂层实施规程 Paints and Varnishes. Corrosion Protection of Steel Structures by Protective Paint Systems. General Introduction	适用于经常暴露于腐蚀环境中的铁和钢结构的防腐保护	涂料、凡士林、保护涂层、防腐保护、结构钢、抗蚀性、防锈保护、健康和安全要求、非合金钢、低合金钢、表面处理、耐久性	EN 971-1，ISO 8044，ISO 4628-1，ISO 4628-2，ISO 4628-3，ISO 4628-4，ISO 4628-5，EN 10025
72	BS EN 13076：2003	防止饮用水回流污染的装置：不限空隙—A 型系列 Devices to Prevent Pollution by Backflow of Potable Water. Unrestricted Air Gap. Family A. Type A	规定 A 型装置空隙的特征和要求，以防止饮用水污染	空气管类型、等级、防止水回流系统	EN 1717
73	BS EN 13108-1：2006	沥青拌和料：沥青混凝土规范 Bituminous Mixtures. Material Specifications. Asphalt Concrete	适用于道路和机场铺面用沥青混凝土	沥青产品、混凝土、拌和料、成分、骨料、黏合剂、规格分级、材料的物理特性	EN 1097-6，EN 1426，EN 1427，EN 12591，EN 12697-3，EN 12697-4，EN 12697-13，EN 13043，EN 13108-4，EN 13108-8，EN 13108-20
74	BS EN 13108-7：2006	沥青拌和料：多孔沥青规范 Bituminous Mixtures. Material Specifications. Porous Asphalt	适用于道路和机场铺面用沥青混凝土	沥青产品、多孔材料、拌和料、成分、骨料、黏合剂、规格分级、材料的物理特性	N 1097-6，EN 1426，EN 1427，EN 12591，EN 12697-3，EN 12697-4，EN 12697-13，EN 13043，EN 13108-4，EN 13108-8，EN 13108-20
75	BS EN 13139：2002	砂浆骨料 Aggregates for Mortar	适用于灌浆或内外墙覆层的砂浆骨料	骨料、砂浆、砌筑水泥、墙粉、浆液、内外墙覆层	EN 13055-1，EN 932-1，EN 932-5，EN 933-1，EN 933-3，EN 933-7，EN 933-8，EN 933-9，EN 933-10
76	BS EN 13168：2012 ＋A1：2015	建筑物隔热产品：刨花板产品规范 Thermal Insulation Products for Buildings. Factory Made Wood Wool（WW）Products. Specification	适用于工厂化生产的建筑物隔热刨花板产品	隔热材料、木纤维、片材、板材、木制品、抗热性、传热性、材料强度、黏附试验、冲击试验、合格性	EN 822，EN 823，EN 824，EN 825，EN 826，EN 1602，EN 1604，EN 1605，EN 1606，EN 1607，EN 1609，EN 12086，EN 12089

续表

序号	标准号	标准名称	针对性	主要内容	相关参考文献
77	BS EN 13391：2004	后张法锚固系统力学试验 Mechanical Tests for Post-Tensioning Systems	规定后张法锚具的锚固和连接程序	锚具、结构杆件、性能试验、预应力混凝土、力学试验、拉伸试验、动态试验、压缩试验、材料强度	ENV 1992-1-1，ENV 1992-2，ETAG 013
78	BS EN 13598-1：2010	地下无压排水和污水排放用未增塑PVC、PP、PE管系统：配件和浅埋检查室规范 Plastics Piping Systems for Non-Pressure Underground Drainage and Sewerage. Unplasticized Poly（Vinyl Chloride）（PVC-U），Polypropylene（PP）And Poly- ethylene（PE）. Specifications For Ancillary Fittings Including Shallow Inspection Chambers	规定对用于地下无压排水和污水排放的未增塑PVC、PP、PE管配件和浅埋检查室的要求及试验参数	材料、特性、几何特征、配件类型、物理性质、力学性质、性能要求	EN 295-3，EN 476，EN 681-1，EN 681-2，EN 681-3，EN 681-4，EN 728，EN 922，EN 1053，EN 1055，EN 1253-1，EN 1253-2，EN 1277，EN 1401-1
79	BS EN 13791：2007	结构和预制混凝土构件原位抗压强度的评估 Assessment of In-Situ Compressive Strength in Structures and Pre-Cast Concrete Components	给出评估结构和预制混凝土构件原位抗压强度的方法和程序，及确立间接试验结果与现场芯样关系的原则	水泥和混凝土技术、结构、构件、结构设计、预制混凝土、混凝土、建筑系统部件、抗压强度、抗压试验、力学试验、材料强度、原位	EN 206-1，EN 12350-1，EN 12390-1，EN 12390-2，EN 12390-3，EN 12504-1，EN 12504-2，EN 12504-3，EN 12504-4，EN 1992-1-1，ENV 13670-1，EN 13369，BS 1881-201
80	BS EN 13924：2006	沥青和沥青黏合剂：硬路面沥青规范 Bitumen and Bituminous Binders. Specifications for Hard Paving Grade Bitumen	规定用于道路、机场路面的沥青的性能和试验方法	沥青、黏合剂、铺筑材料、铺路板、道路路面、铺筑区域、机场路面、连续性、耐久性、闪点、密度、合格性、验证试验	EN 58，EN 1426，EN 1427，EN 12592，EN 12593，EN 12594，EN 12595，EN 12596，EN 12597，EN 12607-1，EN 12607-3，EN ISO 2592，ISO 2592，EN ISO 4259，ISO 4259
81	BS EN 13914-1：2005	内外部粉刷设计、准备和实施规程：外部粉刷 Design，Preparation and Application of External Rendering and Internal Plastering. External Rendering	适用于普通类型水泥基面粉刷操作	覆层、粉刷、外墙覆层、涂覆程序、饰面、粉刷设计、砌筑水泥、石灰、聚合物、黏合剂、加固材料、维护、修补、内墙覆层	EN 197-1，EN 413-1，EN 459-1，EN 771-1，EN 771-3，EN 934-3，EN 998-1，EN 1008，EN 12878，EN 13055，EN 13139，prEN 13658-2

续表

序号	标准号	标准名称	针对性	主要内容	相关参考文献
82	BS EN 13914-2：2005	内外部粉刷设计、准备和实施规程：内部粉刷设计考虑和基本原则 Design, Preparation and Application of External Rendering and Internal Plastering. Design Considerations and Essential Principles for Internal Plastering	室内粉刷工作实用规程，各类基面的室内建筑抹灰推荐方法	石膏灰泥、石膏胶凝材料、无水石膏、硫酸盐矿物材料、水泥、石灰、施工、表面处理、检查、试验方法、涂层、修饰、墙覆面	BS 12，BS 146，BS 443，BS 476- 4，BS 890，BS 1191- 1，BS 1191- 2，BS 1199，BS1200，BS 1230- 1，BS 1369- 1，BS 1449- 2
83	BS EN 13959：2004	防污检修阀门：DN6～DN 250 E 系列 Anti-Pollution Check Valves. DN 6 to DN 250 Inclusive Family E，Type A，B，C，And D	防污检修阀门尺寸规范	防污检修阀门的材料与设计、性能测试	EN 558-1，EN 1092-1，EN 1092-2，EN 1092-3，EN 1254-1，EN 1254-2，EN 1254-3，EN 1254-4，EN 1267，EN 1717，EN ISO 3822-1，ISO 3822-1
84	BS EN ISO 14122-1：2001＋A1（2010）	机械安全：接近机械的永久方式—选择在两层间接近机械的固定通道 Safety of Machinery. Permanent Means of Access to Machinery. Choice of A Fixed Means of Access Between two Levels	适用于不能从地面或一层直接接近机械的情况，给出安全接近机械的一般要求和正确选择接近通道的建议	设备安全、通道、安全措施、周围空间	EN ISO 14122-2，EN ISO 14122-3，EN ISO 12100-1，EN ISO 12100-2，EN ISO 14121-1，EN ISO 14122-4，EN 131-2，EN 294，ISO 13852，EN 349
85	BS EN 14188-1：2004	填缝料和密封胶：热用密封胶规范 Joint Fillers and Sealants. Specifications for Hot Applied Sealants	用于道路、飞机场或其他行车区域的热用标准和耐燃油填缝胶，适用于沥青表面和沥青表面与混凝土路面之间的热铺设	分类和规范、要求、符合性评估、标识、标签和包装	EN：1427、13880-1、13880-2 13880-3、13880-4、13880-5、13880-6、13880-7、13880-8、13880-9、13880-10 13880-13；EN ISO 9001：2000
86	BS EN 14364：2013	给排水塑料管系统：玻璃纤维增强热固性不饱和聚合脂塑料管—管件、管接头和配件规范 Plastics Piping Systems for Drainage and Sewerage With or Without Pressure. Glass-Reinforced Thermosetting Plastics（GRP）Based on Unsaturated Polyester Resin（UP）. Specifications For Pipes，Fittings and Joints	适用于压力不超过 25bar、公称直径 100mm～4000mm 的管道及配件，用于饮用水、生活用水、污水、雨水及工业废水输送	材料、不饱和聚合物、管道设计的限制、规格、分类、物理特性、管道性能、配件、管接头、材料力学特性、试验方法	EN 681-1，EN 1119，EN 1447，EN ISO 75-2，ISO 75-2，EN ISO 527-4，ISO 527-4，EN ISO 527-5

续表

序号	标准号	标准名称	针对性	主要内容	相关参考文献
87	BS EN 14399-1：2015	预加荷高强度结构螺栓组件：一般要求 High-Strength Structural Bolting Assemblies for Preloading. General Requirements	适用于预加荷高强结构螺栓组件	摩擦夹紧螺栓、螺栓、螺母、螺纹紧固件、垫圈、六角紧固件、高强钢、化学成分、取样方法、规格、螺纹、螺距、倒角、延伸、硬度、试样、力学试验	BS 18，BS 21，BS 240- 1，BS 427- 1，BS 891- 1，BS 1580，BS 1916，BS 3139-1，BS 3643- 1，BS 3643- 2，BS 3692，BS 4604-1
88	BS EN 14411：2012	瓷砖：定义、分类、特性、合格评定和标识 Ceramic Tiles. Definitions，Classification，Characteristics，Evaluation of Conformity and Marking	适用于各类瓷砖	瓷砖、墙砖、地板砖、内墙或外墙覆面、分类、吸水性、材料的物理特性、化学特性	EN 1015-12，EN 12004：2007，CEN/TS 15209，CEN/TS 16165，EN ISO 10545-1，ISO 10545-1，EN ISO 10545-2，ISO 10545-2，EN ISO 10545-3
89	BS EN 14451：2005	防饮用水回流污染的装置：标称尺寸 DN8～DN80 的反真空阀门规范—D 系列 Devices to Prevent Pollution by Backflow of Potable Water. In-Line Anti-Vacuum Valves DN 8 to DN 80. Family D，Type A	特定直径 DN8～DN80 的反真空阀	反真空阀的材料、设计、液压试验、真空试验、耐久试验、使用须知	EN 806-1，EN 1717，EN ISO 228-1，ISO 228-1，EN ISO 3822-1，ISO 3822-1，EN ISO 3822-3，ISO 3822-3，EN ISO 3822-4，ISO 3822-4
90	BS EN 14453：2005	防饮用水回流污染的装置：管路标称尺寸 DN10～DN20 - C 型系列 Devices to Prevent Pollution by Backflow of Potable Water. Pipe Interrupter With Permanent Atmospheric Vent DN 10～DN 20. Family D，Type C	防饮用水回流用装置的尺寸，以及适用于 DN10~DN20 的永久大气通风管线	防饮用水回流装置的材料与设计、性能测试、安装指导	EN 806-1，EN 1717，EN ISO 228-1，ISO 228-1，EN ISO 3822-1，ISO 3822-1，EN ISO 3822-3，ISO 3822-3，EN ISO 3822-4，ISO 3822-4
91	BS ISO 14686：2003	水力参数的确定，水井抽水试验实施规程 Hydrometric Determinations. Pumping Tests for Water Wells. Considerations and Guidelines for Design，Performance and Use	设计和执行抽水试验方案时要考虑的因素和所用方法	抽水试验过程中的水文地质考虑、试验前计划的制订、实验前的观察、抽水常规试验、抽水特殊试验、试验后观察和最终信息整理	ISO 1438-1
92	BS EN ISO 14688-1：2002＋A1（2013）	土工调查和试验：土的识别和分类—识别和描述 Geotechnical Investigation and Testing. Identification and Classification of Soil. Identification and Description	适用于土壤识别分类试验	土力学、土壤学、土壤试验、土壤、鉴定方法、土壤分类试验、分类系统、现场原位	ISO 11259，ISO 14688-2，ISO 14689，ISO 710-1，ISO 710-2

续表

序号	标准号	标准名称	针对性	主要内容	相关参考文献
93	BS EN ISO 14688-2: 2004＋A1（2013）	土工调查和试验：土的识别和分类—分类原则 Geotechnical Investigation and Testing. Identification and Classification of Soil. Principles for a Classification	适用于土工试验	土力学、土壤学、土壤试验、土壤、鉴定方法、土壤分类试验、分类系统	ISO 3310-1，ISO 3310-2，ISO 14688-1，ISO 14689-1，ISO 22476-1，ISO 22476-2，ISO 22476-3，ISO 22476-4，ISO 22476-6，ISO 22476-8，EN 1997-2
94	BS EN ISO 14689-1: 2003，	土工调查和试验：岩石的识别和分类—识别和描述 Geotechnical Investigation and Testing. Identification and Classification of Rock. Identification and Description	鉴定和描述岩石材料的矿物组成、成因、结构、晶粒尺寸、不连续性和其他参数，以及为其命名的规则	土力学、地质学、土木工程、岩石、分类体系	ISO 710-1，ISO 710-2，ISO 710-3，ISO 710-4，ISO 710-5，ISO 710-6，ISO 710-7，EN 12670，ISO 14688-1，ISO 14688-2，ISO 22475
95	BS EN ISO 17892-1: 2014	土工调查与试验：土料试验室试验—确定含水量 Geotechnical Investigation and Testing. Laboratory Testing of Soil. Determination of Water Content	适用于各类土料的土工试验	土料试验、土力学、现场勘查、试验室试验、剪切试验、贯入试验、试验设备	ISO 386，ISO 14688-1，DIN. ISSMGE: 1998，EN 1997-1，EN 1997-2
96	BS EN ISO 22282-1: 2012	土工调查和试验：水文地质试验——一般规则 Geotechnical Investigation and Testing. Geohydraulic Testing. General Rules	适用于土壤和岩石中的水文地质试验，给出有关土壤和岩石渗透率测量的要求	土力学、现场勘探、土工试验、取样方法、地下水、取样设备、钻探、土工测试设备	ISO 14688-1，ISO 14689-1，ISO 22282-2，ISO 22282-3，ISO 22282-4，ISO 22282-5，ISO 22282-6，ISO 22475-1，EN 1990，EN 1997-1，EN 1997-2，ISO 14686
97	BS EN ISO 22282-2: 2012	土工调查和试验：水文地质试验—用开放系统在钻孔中的渗透试验 Geotechnical Investigation and Testing. Geohydraulic Testing. Water Permeability Tests in A Borehole Using Open Systems	适用于在土壤和岩石中开放系统在钻孔中的水渗透试验	规定在土壤和岩石中地下水位以上和以下、用透水性试验法、在一个开放的钻孔中进行局部渗透率试验的要求	ISO 14688-1，ISO 14689-1，ISO 22282-1，ISO 22475-1，EN 1997-1，EN 1997-2
98	BS EN ISO 22282-3: 2012	土工调查和试验：水文地质试验—在岩石中的压水试验 Geotechnical Investigation and Testing. Geohydraulic Testing. Water Pressure Tests in Rock	给出在岩石钻孔中进行水压试验的要求，以确定不连续性岩体的水力特性、岩体的吸水能力、岩体不透水性、灌浆效果、土工力学特性	开放钻孔中的水渗透性试验、岩石中的水压试验、抽水试验、渗透计试验、封闭钻孔中的水渗透性试验	ISO 14689-1，ISO 22282-1，ISO 22475-1，EN 1997-1，EN 1997-2

续表

序号	标准号	标准名称	针对性	主要内容	相关参考文献
99	BS EN ISO 22282-4:2012，	土工调查和试验：水文地质试验—抽水试验 Geotechnical Investigation and Testing. Geohydraulic Testing. Pumping Tests	适用于对含水层渗透性的抽水试验，以评价含水层动水参数和试验井的参数	含水层渗透性、抽水影响半径、试验井的泵送率、抽水时含水层的下降、抽水后含水层的恢复	ISO 14688-1，ISO 14689-1，ISO 22282-1，ISO 22475-1，EN 1997-1，EN 1997-2
100	BS EN ISO 22282-5:2012	土工调查和试验：水文地质试验—渗透试验 Geotechnical Investigation and Testing. Geohydraulic Testing. Infiltrometer Tests	原位测定现有的地质地层、或处理过或压实材料的水渗透性，以确定表层或浅层的渗透能力	土力学、现场调查、土料试验、土料取样、取样方法、土料、石料、地下水、取样设备、钻取土样、试验设备	ISO 22282-1，ISO 22475-1，ISO 14688-1，EN 1997-1，EN 1997-2
101	BS EN ISO 22282-6:2012	土工调查和试验：水文地质试验—用封闭系统在钻孔中的水渗透试验 Geotechnical Investigation and Testing. Geohydraulic Testing. Water Permeability Tests in A Borehole Using Closed Systems	给出确定地下水位之上或之下土壤和岩石中局部透水性的要求，适用于渗透系数低于10^{-8}m/s的低渗透性岩土	开放钻孔中的水渗透性试验、岩石中的水压试验、抽水试验、渗透计试验、封闭钻孔中的水渗透性试验	ISO 14688-1，ISO 14689-1，ISO 22282-1，ISO 22475-1，EN 1997-1，EN 1997-2
102	BS EN ISO 22475-1:2006	土工调查和试验：取样方法和地下水测量：执行技术原则 Geotechnical Investigation and Testing. Sampling Methods and Groundwater Measurements. Technical Principles for Execution	适用于土工勘探的取样和地下水测量	土力学、现场调查、土壤、土壤取样、取样方法、施工作业、土壤、岩石、地下水、土壤测试、（质量）等级、采样设备、土壤钻取、钻孔机具、土壤试验设备	EN 791，EN 996，EN 1997-1，EN 1997-2，ISO 22476-3，ISO 14688-1，ISO 14689-1，ISO 3551-1，ISO 3552-1
103	BS EN ISO 22476-1:2012	土工调查和试验：现场试验—电气和孔压静力触探锥试验 Geotechnical Investigation and Testing. Field Testing. Electrical Cone and Piezo-cone Penetration Test	适用于现场贯入度试验，结果可用于分层的解释，土壤类型及工程土壤参数评价分类	压电贯入试验、动态探测、标准贯入试验、压力计试验、膨胀仪试验、钻孔千金顶试验、现场十字板试验、重量测深测试、机械锥贯入试验	ISO 8503，ISO 10012，ISO 14688-2，ISO 22475-1，EN 1997-1，EN 1997-2，WECC DOC. 19-1990，SGI Report 42 1991，NORSOK G-001
104	BS EN ISO 22476-5:2012	土工调查和试验：现场试验—柔性多以膨胀仪试验 Geotechnical Investigation and Testing. Field Testing. Flexible Dilatometer Test	适用于现场土壤试验	设备、试验程序、试验结果、试验报告	ISO 10012，ISO 14688-1，ISO 14689-1，ISO 22475-1，EN 791，EN 996，ENV 13005，EN 1997-1，EN 1997-2，ISO/IEC Guide 98-3，GUM

续表

序号	标准号	标准名称	针对性	主要内容	相关参考文献
105	BS EN ISO 22476-7:2012	土工调查和试验：现场试验—钻孔千斤顶测试 Geotechnical Investigation and Testing. Field Testing. Borehole Jack Test	适用于现场钻孔千斤顶测试	给出在地层足够硬的不受到钻井作业影响的钻孔千斤顶试验的程序	ISO 10012，ISO 14688-1，ISO 14689-1，ISO 22475-1，ISO/IEC Guide 98-3，GUM：1995，EN 1997-1，EN 1997-2
106	BS EN ISO 22476-4:2012	土工调查和试验：现场试验—美纳特（MÉNard）旁压试验 Geotechnical Investigation and Testing. Field Testing. MÉNard Pressuremeter Test	适用于现场的美纳特（Ménard）旁压试验	土壤试验的应力—应变关系、对施加的压力和体积膨胀进行相关的探针测量并记录	ISO 14688-1，ISO 14689-1，ISO 22475-1，ENV 13005，ISO 10012，EN 1997-1，EN 1997-2
107	BS EN ISO 22476-2:2005＋A1（2011）	土工调查和试验：现场试验—动态探测 Geotechnical Investigation and Testing. Field Testing. Dynamic Probing	适用于现场实验和勘探	现场调查、实地试验、土壤试验、土力学、岩石、土壤、贯入试验、动态试验、物理性能测试、土体强度试验、变形、施工作业	EN 10204，ISO 22475-1，ASTM D 4633-86，EN 1997-1，EN 1997-2＋AC，EN ISO 22476-3，ISO 22476-3，ISO 14688，ISO 14689
108	BS EN ISO 22476-3:2005＋A1（2011）	工调查和试验：实地试验—标准贯入试验 Geotechnical Investigation and Testing. Field Testing. Standard Penetration Test	适用于现场实验和勘探	现场调查、现场试验、土壤试验、土力学、土壤、非黏性土、贯入试验、动态试验、物理性能测量、土体强度试验、变形、土壤测试设备	SO 22475-1，ASTM D 4633，EN 1997-1，EN 1997-2
109	BS EN 50518-1：2013	监控和警报接收中心：位置和施工要求 Monitoring and Alarm Receiving Centre. Location and Construction Requirements	适用于建筑物防盗	警报系统、防盗系统、遥控系统、呼叫中心、信号、反盗措施、建筑物内的安全系统、警告装置、建筑物、商业设施、预防犯罪装置、锁具、电力系统	EN 54，EN 179，EN 356，EN 1063，EN 1303，EN 1522，EN 1627，EN 1906，EN 12209，EN 13501-2，EN 13779，EN 14846，EN 50131-1，EN 50131-4，EN 50132-7，EN 50136-1，EN 50272-2，EN 50518-2，EN 50518-3
110	BS EN 50518-2：2013	监控和警报接收中心：技术要求 Monitoring and Alarm Receiving Centre. Technical Requirements	适用于建筑物防盗	警报系统、防盗系统、遥控系统、呼叫中心、信号、反盗措施、建筑物内的安全系统、警告装置、电信系统、信号传输、通信设备、测试、记录（文件）	EN 50131-1，EN 50136-1，EN 50518-1，EN 50518-3，EN 50131，EN 50136

续表

序号	标准号	标准名称	针对性	主要内容	相关参考文献
111	BS EN 50518-3：2013	监控和警报接收中心：程序和操作要求 Monitoring and Alarm Receiving Centre. Procedures and Requirements For Operation	适用于建筑物防盗	警报系统、防盗系统、遥控系统、呼叫中心、信号、反盗措施、建筑物内的安全系统、警告装置、安保人员、数据安全	EN 15713，EN 45011，ISO/IEC Guide 65，EN 50518-1，EN 50518-2，EN ISO/IEC 17020，ISO/IEC 17020，EN 15602，EN 50131
112	BS 879-2：1988（2013）	水井套管：非开槽及开槽热塑管规范 Well Casing. Specification for Thermoplastics Tubes for Casing and Slotted Casing	水井套管的材料、生产制作质量标准要求	材料、非金属材料对水质影响、生产制作方法、尺寸、质量、误差、物理性能、连接、开槽套管、管道对准、管端头防护	BS 879-1，BS 2782-3，BS 2782-3，BS 4991，BS 5556
113	BS 1125：1987（2012）	公厕冲洗池规范（包括双冲洗水箱及冲洗管道） Specification for WC Flushing Cisterns（Including Dual Flush Cisterns and Flush Pipes）	适用于公厕无阀虹吸标称 9L 的高低水位冲洗水箱及其紧密耦合部位以及冲洗管质量和安装要求	材料一般要求、材料特殊要求、助焊剂、硬焊料、冲厕器具、冲洗排放量、排出速率、水边线、溢出水位、浮子阀、盖子、箱体安装、操作杆及把手、冲洗管连接、水箱底部连接	BS 219，BS 729，BS 1212：Part 1，BS 1212：Part 2，BS 1212：Part 3，BS 1212：Part 4，BS 1845，BS 2456，BS 2779，BS 2782，BS 2782
114	BS 1139-1.2：1990	金属脚手架：铝管规范 Metal Scaffolding. Tubes. Specification For Aluminum Tube	规定用于脚手架的挤压铝合金管材料、尺寸和加工方法	加工方法、材料、尺寸及公差、工艺规范、涂层及标识	BS 1474，BS 5973，CP 118
115	BS 1139-2.2：2009＋A1：2015	金属脚手架：对连接器和配件的要求和试验方法 Metal Scaffolding. Couplers and Fittings. Couplers and Fittings Outside the Scope of BS EN 74. Requirements and Test Methods	给出 BS EN 74 范围以外的金属脚手架连接器及其配件的要求和试验方法	材料、铝的抗拉强度铸造和铝制铰销、配件的适应性、连接管材配件、配件设计、配件测试、铝制直角连接器、铝制旋转连接器、横杆连接器、铰销、铝制套筒连接器制造、横杆、基础板、可拆卸脚轮、趾板夹	BS 1139-1.2，BS EN 39，BS EN 74-1，BS EN 1706，BS EN 12811-2，BS EN 12811-3，BS EN ISO 9001，BS EN 1004，BS EN 12810-1
116	BS 1139-4：1982（2013）	金属脚手架：预制钢叉形端部立柱和支架规范 Metal Scaffolding. Specification for Prefabricated Steel Split Heads and Trestles	适用于作为临时平台支撑的钢叉形端部立柱和支架的设计和制造	脚手架、临时结构、脚手架部件、施工设备、平台、预制构件、结构杆件、尺寸、稳定性、承载能力、安全工作荷载、结构钢、支架	BS 4，BS 970，BS 1139-1，BS 1449，BS 1775，BS 4360，BS 4848，BS 5135，BS 5493

续表

序号	标准号	标准名称	针对性	主要内容	相关参考文献
117	BS 1217:2008(2013)	铸石规范 Specification for Cast Stone	铸石材料、公差及最低性能要求	铸石材料、成方、组合材料、加筋材料、钢筋、厚度、尺寸、容差、抗压强度、耐久性、表面特性、吸水试验、环境试验、试件制备	BS 1881-208，BS EN 12390-2，BS EN 12390-3，BS 5642-1，BS 5642-2，BS 8221-1，BS EN 771-5，BS EN 845-2，BS EN 1991-1-1
118	BS 1245：2012	钢板制人行门门套和门框规范 Pedestrian Doorsets and Door Frames Made From Steel Sheet Specification	给出低碳钢板门套、门框和其内外保护涂层总要求和尺寸	门框、钢材、保护涂层、剖面、加工、尺寸及公差、基本连接件、外门框槛、高门框顶部装配玻璃、配件	BS 6100-1，BS ISO 6707-1，BS 6100-12，BS 6262，BS 6375，BS 8000-7，BS EN 1279，BS EN 1670，BS EN 1935
119	BS 1370:1979(2014)	低热硅酸盐水泥规范 Specification for Low Heat Portland Cement	适应于低热硅酸盐水泥制造和检测	组成成分、检测项目、化学成分、抗压强度检测方法、凝结时间、稳定性、水化热、独立检测和取样	BS 12，BS 4550-1，BS 4550-2，BS 4550-3.3，BS 4550-3.4，BS 4550-3.5，BS 4550-3.6，BS 4550-3.7，BS 4550-3.8，BS 4627
120	BS 1377-1：1990(2010)	土木工程用土料试验方法：一般要求和样品制备 Methods of Test for Soils for Civil Engineering Purposes. General Requirements and Sample Preparation	适用于土料检测试样的制备	土料分类、检测仪器和材料、环境温度、试样制备方法、检测报告内容	BS 410，BS 593，BS 812-124，BS 1377-2，BS 1377-3，BS 1377-4，BS 1377-5，BS 1377-6，BS 1377-7，BS 1377-8，BS 1377-9
121	BS 1377-3：1990(2010)	土木工程用土料试验方法：化学和电化学试验 Methods of Test for Soils for Civil Engineering Purposes. Chemical and Electro-Chemical Tests	适用于土料和地下水中化学物质和有机物检测，确定电化学和腐蚀特性	有机物含量、烧失量、硫酸盐含量、碳含量、氯化物含量、可溶解固体物、pH值、电阻率、氧化还原电位、检测仪器和材料、试样制备方法、检测方法和程序	BS 89，BS 1047，BS 1377-1，BS 1377-2，BS 1377-4，BS 1377-9，BS 1881-124，BS 5930
122	BS 1377-4：1990(2015)	土木工程用土料试验方法：压实试验 Methods of Test for Soils for Civil Engineering Purposes. Compaction-Related Tests	确定土料压实性能的检测方法，用于规定现场土料压实要求	干密度/含水率关系、粒状土最大和最小干密度、含水率、压碎值、CBR值、检测仪器和材料、试样制备、检测方法和程序	BS 1377-1，BS 1377-2，BS 1377-9

续表

序号	标准号	标准名称	针对性	主要内容	相关参考文献
123	BS 1377-5：1990（2015）	土木工程用土试验方法：压缩性、渗透性和耐久性试验 Methods of Test for Soils for Civil Engineering. Compressibility，Permeability and Durability Tests	适用于确定有效应力变化时土料的固结特性、砂的渗透性、黏土对水侵蚀的敏感性、土料冻胀敏感性	单维固结特征检测、膨胀特征检测、恒定水头渗透性检测、可分散性检测、冻胀性检测、检测仪器和材料、试样制备方法、检测方法和程序	BS 812- 124，BS 1377- 1，BS 1377-2，BS 1377- 4，BS 1377- 6，BS 5930，ASTM D 4647
124	BS 1377-6：1990（2015）	孔隙压力测量液压室内固结和渗透性试验 Consolidation and Permeability Tests in Hydraulic Cells and with Pore Pressure Measurement	适用于饱和土固结和渗透特性检测，包括液力测压计固结特征检测和渗透性检测、三轴压力等向固结特征检测、三轴压力渗透性检测	液压室确定固性、确定液压固结室中的渗透性、用三轴压力室确定等向固结性质、确定三轴压力室中的渗透率	BS 1377-1，BS 1377-5
125	BS 1377-7：1990（2015）	抗剪强度试验（总应力） Shear Strength Tests（Total Stress）	依据总应力或（在排水直剪试验的情况下）相等于总应力的有效应力来确定土的抗剪强度参数的试验方法	实验室十字板方法、直剪确定抗剪强度（小剪切盒仪器、大剪切盒仪器）、通过小环刀剪切仪器确定残余强度、确定无侧限抗压强度、三轴压缩试验确定不排水的抗剪强度、多级加载和三轴压缩确定不排水剪切试验	BS 1377-1，BS 1377-2，BS 1377-4，BS 1377-8
126	BS 1377-8：1990（2015）	剪切强度试验（有效应力） Shear Strength Tests（Effective Stress）	确定饱和土试样的有效抗剪强度参数的过程	试验标准、仪器、试样制备、饱和、固结阶段、固结不排水三轴压缩试验及测量孔隙压力、带有体积变化测定的固结排水三轴压缩试验	BS 1377-1，BS 1377-2
127	BS 1377-9：1990（2013）	现场试验 In-Situ Tests	描述有关土木工程土的现场试验方法	现场密度试验、现场贯入试验、现场垂直变形和强度试验、现场腐蚀性试验	BS 89、1377-1、1377-2、1377-3 1610 4019-1、5573、5930、6231，BS EN ISO：22476-2～22476-3，ASTM：D2922、D3017
128	BS 1446: 1973（2012）	道路和人行道用沥青砂胶（天然岩沥青细骨料）规范 Specification for Mastic Asphalt（Natural Rock Asphalt Fine Aggregate） for Roads and Footways	提出对道路和人行道用带天然岩沥青细集料的沥青砂胶的要求	抽样与试验、沥青膏、天然岩沥青细集料、粗集料、制造与成分、现场再熔解	BS 63、598、812、892、4450、4690、4691、4692、4707

续表

序号	标准号	标准名称	针对性	主要内容	相关参考文献
129	BS 1521: 1972(2015)	建筑防水纸规范 Specification for Waterproof Building Papers	适用于建筑和临时防水用防水纸	建筑纸、阻止地下水、增强材料、纤维、拉伸强度、湿强度试验、水阻试验、标记、防水材料、尺寸、性能、等级（质量）、防水材料	BS 743、747、2924、3137、3177、4011、4016、4330、4415，PD 6444-1、6445
130	BS 1552: 1995(2011)	第一、第二和第三类家庭燃气 200 巴底开锥形旋塞阀规范 Specification for Open Bottomed Taper Plug Valves for 1st，2nd and 3rd Family Gases Up to 200m Bar	适用于最大口径 50mm 的手动底开锥形旋塞阀的设计和性能测试	锥形阀、旋塞阀、手动装置、工作压力、划痕试验、测试设备、湿热试验、弯曲测试、热循环试验、泄漏测试、机械测试、耐久性试验、性能测试、老化试验、防火测试、压力测试	BS 21，BS 476-20，BS 746，BS 864-2，BS 1004，BS2051-2，BS 2779，BS 5338
131	BS 1566-2：1984（2012）	家用铜间接罐：单级间接罐规范 Copper Indirect Cylinders for Domestic Purposes. Specification for Single Feed Indirect Cylinders	适用于容量为 86L～196L 的单级间接加热热水铜罐	热水罐、储水箱、家用铜间接热水供应、尺寸、管接头、螺纹配件、位置、质量、圆顶形状、设计、测试压力、曲率、热水器、性能测试、热损失、热测试、测试设备、泄漏试验	BS 417-1、417-2、476-4、476-11、699、864-2、1475、1565-1、1565-2、1566-1、1845、2777、2779、2782-1、2870、2871-1、2901-3、3198、3456、4213、4735、5546、5615
132	BS 1676: 1970(2012)	焦油和沥青用加热器规范（机动和可移动式） Specification for Heaters for Tar and Bitumen（Mobile and Transportable）	适用于道路工程和一般工程的机动式或移动式焦油和沥青加热器	加热器、加热设备、沥青、焦油、黏合剂、建筑材料、建筑设备、磨耗层（道路）、固体燃料装置、燃油装置、可移动、体积、职业安全	BS 21，BS 76，BS 3690
133	BS 1707: 1989(2012)	路面修整用热黏合剂洒布机规范 Specification for Hot Binder Distributors for Road Surface Dressing	适用于道路路面工程中路面修整用热黏合剂洒布机	道路铺装、施工设备、摊铺机、喷雾器、柏油碎石、焦油、沥青、移动、移动、加热、容器、性能、性能测试、测试条件、均匀性、流量测量、现场测试、黏合剂	BS 1780，BS 2869-2

续表

序号	标准号	标准名称	针对性	主要内容	相关参考文献
134	BS 1876：1990（2012）	小便池自动冲洗水箱规范 Specification for Automatic Flushing Cisterns for Urinals	适用于外露或隐蔽安装，有盖或无盖小便池自动冲洗水箱	卫生器具、小便池、冲水箱、色牢度、不透明度、设计、尺寸、流速、标记、机械测试、变形	BS 219、1449-2、1845、2779、2782、3402、4781、6465
135	BS 1881-113：2011	无细料混凝土立方体试块的制备和养护方法 Testing Concrete. Method for Making and Curing No-Fines Test Cubes	适用于无细料混凝土测试	混凝土、水泥和混凝土技术、试验样品、立方体试块、成型设备、试样制备、储存、龄期、固化（混凝土）	BS 8500，BS EN 206-1、12350-1、12390-1、12350、12390、12504，BS ISO 5725-2
136	BS 1881-119：2011	从弯曲破裂混凝土梁中取样确定抗压强度的方法（等同立方体试块法） Testing Concrete. Method for Determination of Compressive Strength Using Portions of Beams Broken in Flexure（Equivalent Cube Method）	适用于采用等同于立方体试块法确定从弯曲破裂混凝土梁中取样确定抗压强度的方法	混凝土、水泥与混凝土技术、抗压强度、梁、力学试验、抗压试验、试样、夹具、测试设备	BS 8500 BS EN 206-1、12390-4、12390-5、12390-7、12350、12390、12504，BS ISO 5725-2
137	BS 1881-121：1983（2014）	压缩静态弹性模量的测定方法 Method for Determination of Static Modulus of Elasticity in Compression	适用于确定硬化混凝土受压条件下静态弹性模数的方法，试样来自于浇筑的试样或从构筑物上提取	混凝土、水泥和混凝土技术、弹性模量、弹性常数、压缩试验、试验设备、试验样品、试样制备、抗压强度	BS 308-3，BS 1881-114，BS 1881-115，BS 1881-116，BS 1881-120，BS 5328，BS 5497-1
138	BS 1881-122：2011	吸水性测定方法 Testing Concrete. Method for Determination of Water Absorption	适用于确定从构筑物或预制构件中提取的混凝土芯样吸水性的方法	混凝土、水泥和混凝土技术、吸水性试验、物理试验、试验设备、试样制备	BS：8500-1、8500-2，BS EN：206-1、12390-1、12390-2、12390-7、12504-1、12350、12390、12504，BS ISO 5725-2
139	BS 1881-124：1988	硬化混凝土分析方法 Testing Concrete. Methods for Analysis of Hardened Concrete	适用于硬化后的混凝土样品的取样、样品的处理，并用于确定水泥含量、骨料含量、骨料级配、原始含水量、水泥种类、骨料种类、卤化物含量、硫酸盐含量、碱含量	混凝土、骨料、水泥、测试设备、化学分析和测试、容量分析、样品制备、抽样方法、水含量测定、微观分析、测定含量、测试条件、筛分（大小）、重现性	BS 12、146、410、812-103、882、1370、1881-101、1881-114、4027、4550-2、4551、5328、5497-1、6100-6、6588，ASTM C856
140	BS 1881-125：2013	新鲜混凝土实验室拌制和取样方法 Testing Concrete. Methods for Mixing and Sampling Fresh Concrete in the Laboratory	适用于在能够精确控制材料数量和试验条件的实验室进行新鲜混凝土材料的准备、配比、拌和和取样的方法	水泥混凝土技术、混凝土、取样方法、搅拌、实验室检测、试样制备	BS 8500，BS EN 196-7，BS EN 206-1，BS EN 932-1，BS EN 1097-6，BS EN 12350

续表

序号	标准号	标准名称	针对性	主要内容	相关参考文献
141	BS 1881-129：2011	确定部分振捣半干新鲜混凝土密度的方法 Testing Concrete. Method for Determination of Density of Partially Compacted Semi-Dry Fresh Concrete	适用于骨料粒径小于40mm的素混凝土和加气混凝土	混凝土、引气剂、密度测量、测试设备、校准、样品制备、试验条件、重复性	BS 1881-125、1881-101、1881-113、1377、5497-1、8500-1，BS EN 933-2、12350-1、12350-2 12350-6
142	BS 1881-130：2013	混凝土样品温度匹配养护方法 Testing Concrete. Method for Temperature-Matched Curing of Concrete Specimens	给出在混凝土构件预选位置随混凝土温度变化进行养护的方法	混凝土、水泥和混凝土技术、材料强度、试验样品、立方体形状、在现场、温度测量、位置、数据记录、报告、养护（混凝土）	BS 6089，BS EN 12350-1，BS EN 12390-1，BS EN 12390-2，BS EN 12390-3，BS EN 12504-2，BS EN 12504-3
143	BS 1881-131：1998	检测基准混凝土中的水泥的方法 Testing Concrete. Methods for Testing Cement in a Reference Concrete	适用于实验室内检测基准混凝土中水泥，涉及实验室条件、拌和机、材料、配比和试验程序	混凝土、水泥和混凝土技术、水泥、砂浆、骨料、成分、砂、压缩试验、材料强度、物理测试、一致性（机械性能）、控制样品、测试样本、立方体形状、搅拌、混凝土拌和、标本制备、测试条件、测试设备	BS 1881-115、1881-116、1881-114 1881-125、812-102 812-103、812-109 1881-102、1881-108 1881-111，BS EN 196-1
144	BS 1881-204：1988（2014）	钢筋保护层电磁测厚仪使用建议 Testing Concrete. Recommendations on the Use of Electromagnetic Covermeters	适用于测量混凝土中钢筋的位置、深度和尺寸	混凝土、钢筋混凝土、加固、电磁操作仪器、电磁感应、检测器、厚度、测量仪器、试验设备、校准、试验条件、精确度、铁类金属、厚度测量	BS 1881-201，BS 6100-6
145	BS 1881-206：1986（2014）	确定混凝土应变的建议 Testing Concrete. Recommendations for Determination of Strain in Concrete	适用于确定混凝土应变的方法和仪器	水泥和混凝土技术、混凝土、非破坏性试验、应变测量、应变仪表、测量仪器、力学测量、传感器、抗电阻性、振动测量	BS 870，BS 907，BS 1881-201，BS 6100-6
146	BS 1881-207：1992（2014）	混凝土强度表面试验法的建议 Testing Concrete. Recommendations for the Assessment of Concrete Strength by Near-To-Surface Tests	适用于局部小面积破坏法评估混凝土的强度	混凝土、力学试验、表面、现场试验、材料强度、试验条件、试验仪器、抗拔试验、投入度试验、劈裂抗拉试验、尺寸	BS 1881-116、1881-117、1881-120、1881-201、3643-1、4078-1、6100-6、6089

续表

序号	标准号	标准名称	针对性	主要内容	相关参考文献
147	BS 1881-208：1996（2014）	混凝土初始表面吸水率测定的建议 Recommendations for the Determination of the Initial Surface Absorption of Concrete	适用于烘箱内烘干混凝土、实验室内无法烘干的混凝土和现场混凝土表面初期吸水性试验	混凝土、吸水性、吸水性试验、环境试验、老化、表面、水泥和混凝土技术、铸造石、预制混凝土、试验设备、校准、渗透试验、贯入度试验	BS 604，BS 1217，BS 1881-201，BS 6100- 6
148	BS 1881-209：1990（2014）	动态弹性模量测量的建议 Recommendations for the Measurement of Dynamic Modulus of Elasticity	适用于实验室纵向共振确定素混凝土动态弹性模数	混凝土、弹性模量、机械测试、实验室测试、共振频率、频率测量、振动测试、测试样品、测试设备、精度	BS 887，BS 1881-109，BS 1881-111，BS 1881-121，BS 1881-201，BS 1881-203，BS 3683-4，BS 6100-6
149	BS 1924-1：1990（2007）	土木工程稳定材料：材料稳定前的一般要求、取样、试样制备和试验 Stabilized Materials for Civil Engineering Purposes. General Requirements，Sampling，Sample Preparation and Tests on Materials Before Stabilization	涉及在不稳定条件下评估材料稳定性的一般要求、取样、试样备制及初步试验	样品、为测试所做的样品准备、稳定化之前的材料试验	BS 240、410、593、870、812-103、812-111、891、812-117、812-118、1047、1377-2、1377-3、1610-2、1797、1924-2、3892-1、5309-1、5781、5309-4、5898、6543
150	BS 1924-2：1990（2007）	土木工程稳定材料：水泥与石灰稳定材料的试验方法 Stabilized Materials for Civil Engineering Purposes. Methods of Test for Cement-Stabilized and Lime-Stabilized Materials	描述土木工程用水泥或石灰稳定材料的试验方法	压实试验、现场密度试验、强度和耐久性测试、化学测试	BS 12、146、427、1142、812-124、1377-4、1610、1377-7、1377-9、1792、1797、1806、1881-108、1881-115、1881-117、1881-124、1924-1、2000、ASTM D2922、D3017
151	BS 1968：1953（2012）	球阀浮子规范（铜） Specification for Floats for Ball Valves（Copper）	适用于 4.5in，5in～12in 球形铜浮子	阀门组成、浮球阀、阀门、水阀、铜合金、铜、规格、名称、尺寸、接头、标识、阀体、管接头、重量（质量）、球形	BS 84、218、219、427、899、1212、1400、1845
152	BS 2049：1985（2011）	民用石蜡照明灯具规范 Specification for Paraffin Lighting Appliances for Domestic Use	适用于以石蜡作为燃料的室内外的有压和无压照明灯具	石蜡灯、试验压力、腐蚀试验、性能试验、力学试验、试验条件、性能、温度、消防安全性、燃烧产物、含量测定、温度测量、尺寸、试验设备、热冲击试验、环境试验、风洞试验、耗油量、坠落试验、冲击试验、泄露试验、温度上升、抗老化性	BS 526、1756-1、1756-2、1756-3、1756-4、1756-5、2000-10、2000-12、2000-57、2000-107、2000-123、2000-170、2869-2、2871-2、4086

续表

序号	标准号	标准名称	针对性	主要内容	相关参考文献
153	BS 2081-1：1998（2013）	化学处理卫生间：移动式卫生间规范 Closets for Use With Chemicals. Specification for Portable Closets	适用于露营地、车队驻地、游船码头、旅游骑车、小船、无排水的偏远设施的移动式卫生间，不包括航空器上安装的卫生间	卫生器具、便携性、移动性、标识、容器、把手、马桶座位、盖板、性能试验、稳定性、冲击试验、化学抗性试验、吸水试验、染色试验、力学试验、荷载	BS 2893
154	BS 2081-2：1998（2013）	化学处理卫生间：永久式卫生间规范 Closets for Use with Chemicals. Specification for Permanently Installed Closets	适用于露营地、车队驻地、游船码头、旅游骑车、小船、无排水的偏远设施的永久式卫生间，但不包括航空器上安装的永久式卫生间	卫生器具、安装、性能、标识、设计、尺寸、容器、下水道、把手、马桶座位、冲洗水箱、质量、水吸收、性能试验、力学试验、荷载、冲击试验、化学抗性试验、阻水试验、水吸收试验、染色试验、效率、耐久性、材料强度、试验设备	BS 2893
155	BS 2456：1990（2012）	冷水服务用浮子阀浮子（塑料）规范 Specification for Floats（Plastics）for Float Operated Valves for Cold Water Services	适用于冷水水箱水温不超过38℃的C级浮子和冷水水箱或者热水水箱水温不超过93℃的H级浮子	浮球阀、水阀、阀门、组成、塑料、储水箱、质量分类、尺寸、标志、颜色、浮力、管接头、性能、冲击强度、数学解析法、水密性试验、试验条件、冷试法、力学试验、变形、试验设备	BS 1212-1 1212-2、1212-3 2874、6920-1、7357，BS EN 12163，BS EN 12164，BS EN 12167
156	BS 2482：2009（2014）	木制脚手架铺板规范 Specification for Timber Scaffold Boards	适用于脚手架上铺设的软木锯成的木板	脚手架、脚手板、盖板、结构木料、软木料、成型木材、木板材料、厚度、尺寸、质量分级、木材缺陷、木材接头、弹性模量、力学实验、弯曲应力、材料力学	BS 1706、4978、6100-4 6338，BS EN 10143、13183-1、13556、12811
157	BS 2486：1997（2013）	蒸汽锅炉和热水器水处理建议 Recommendations for Treatment of Water for Steam Boilers and Water Heaters	适用于热水系统，电热锅炉，运行压力不超过30Pa的蜗壳式锅炉和不超过临界压力的水管式锅炉，运行压力在临界压力以上的束状或线圈状直流锅炉，不适用于船舶锅炉，核能蒸汽设备	水处理、锅炉、水提纯、水软化、热水锅炉、蒸汽锅炉、热水供应系统、加热器、供水工程、腐蚀保护、抗腐蚀剂、水垢、钙无机化合物、碳酸盐、导电率、酸碱性、碱度、污染物、氧气、铁、铜、磷酸盐、镍、二氧化硅、冷凝、水试验	BS 1113、1170、2455-1、2455-2、2790、6880-3、7593、1427、1894、2690、6068-1、6068-2、6068-6

续表

序号	标准号	标准名称	针对性	主要内容	相关参考文献
158	BS 2499-2：1992（2012）	混凝土路面热接缝密封系统：接缝密封材料使用规程 Hot-Applied Joint Sealant Systems for Concrete Pavements-Code of Practice for the Application and Use of Joint Sealants	适用于道路、机场和其他混凝土暴露面密封接缝的制备，推荐接缝密封材料应用和现场试验方法	密封材料、施工材料、铺面、接缝槽、接缝、施工实践、取样方法	BS 2499-1，BS 2499-3，BS 5212
159	BS 2499-3：1993（2012）	混凝土路面热接缝密封系统：试验方法 Hot-Applied Joint Sealant Systems for Concrete Pavements-Methods of Test	适用于道路、机场和其他混凝土暴露面密封材料试验	混凝土铺面、机场路面、密封材料、沥青加热试验、贯入试验、热老化试验、抗化学腐蚀试验、力学试验、拉伸试验、黏性、和易性、延展性	BS 12，BS 410，BS 598-107，BS 812-2，BS 812-103.1，BS 882，BS 1881-102，BS 2000- 50，BS 2499-1，BS 2648，BS 3643-1，BS 3690-1，BS 5060，BS 6664-5
160	BS 2832：1957（2011）	地面防潮热涂层 Hot Applied Damp Resisting Coatings for Solums	适用于建筑物围墙内土质地面铺设沥青层，防潮或防止水分蒸发	土壤表层、防潮材料、防水材料、地面防水、覆层、砂、沥青、确定软化点、施工作业	BS 76，BS 144，BS 410，BS 1310，BS 2000- 34
161	BS 2972：1989（2007）	无机保温材料试验方法 Methods of Test for Inorganic Thermal Insulating Materials	适用于无机保温材料试验，包括预制的塑料合成材料、柔性和松散填充材料	取样方法、试验条件、提供了体积密度试验、导热试验、加热试验、燃烧试验等 21 种试验方法	BS 410，BS 476，BS 572，BS 874，BS 903- A19，BS 1752，BS 1792，BS 1902- 6，BS 2071，BS 2690-6，BS 3145，BS 3177，BS 3958-1～BS3958-5，ASTM C 351
162	BS 3262-3：1989（2012）	热铺设的道路标记材料：道路表面铺设标记材料规范 Hot-Applied Thermoplastic Road Marking Materials-Specification for Application of Material to Road Surfaces	适用于喷涂道路中心线、边缘线、人行横道所用的白、黄和黑色标记材料	热喷涂道路标记材料的成分、场地准备、现场材料准备、反光材料、涂覆、划线、厚度、宽度	BS 410，BS 3262- 1，BS 3262- 2，BS 6088
163	BS 3868：1995（2012）	钢制镀锌排水套管规范 Specification for Prefabricated Drainage Stack Units in Galvanized Steel	适用于排放污水和雨水的钢制镀锌排水管装置，包括室内外及地下室管道，不包括埋地管网	套管、排水管、预制部件、钢材、镀锌、尺寸、管接头、连接管、雨水控制系统	BS 2494，BS 2871，BS 4514，BS 5254，BS 5255，BS 729，BS 1387，BS 2971，BS 4504，BS 5572，BS 6100：1.3.2、1.3.6、1.5.1、2.7、3.3
164	BS 3958-1：1982（2012）	保温材料规范：预制氧化镁保温材料 Thermal Insulation Materials. Magnesia Preformed Insulation	适用于 315℃以下的预制氧化镁保温板、保温管	材料的取样、试验、组成、含水率、物理化学性能、标准形状和尺寸、公差、标识	BS 874，BS 1647，BS 1902- 2A，BS 2972，BS 3145，BS 3533，BS 5422，BS 5970

续表

序号	标准号	标准名称	针对性	主要内容	相关参考文献
165	BS 3958-2：1982（2012）	保温材料规范：预制硅酸钙保温材料 Thermal Insulation Materials. Calcium Silicate Preformed Insulation	适用于预制硅酸钙保温材料	材料的取样、试验、组成、含水率、物理化学性能、标准形状和尺寸、公差、标识	BS 874，BS 1647，BS 2972，BS 3145，BS 3533，BS 5422，BS 5970
166	BS 3958-3：1985（2012）	保温材料规范：人造矿物纤维金属网垫 Thermal Insulating Materials. Metal Mesh Faced Man-Made Mineral Fibre Mattresses	适用于人造矿物纤维单双面弹性金属网材料	材料的取样、试验、组成、含水率、物理化学性能、标准形状和尺寸、公差、标识	BS 476-4，BS 874，BS 2972，BS 3145，BS 3533，BS 5422，BS 5970
167	BS 3958-4：1982（2012）	保温材料规范：人造矿物纤维预制黏合管节 Thermal Insulation Materials. Bonded Preformed Man-Made Mineral Fibre Pipe Sections	适用于高温环境下使用的预制人造矿物纤维黏合管节	材料的取样、试验、组成、含水率、物理化学性能、标准形状和尺寸、公差、标识	BS 874，BS 1647，BS 2972，BS 3145，BS 3533，BS 5422，BS 5970
168	BS 3958-5：1986（2012）	保温材料规范：人造矿物纤维黏合板规范 Thermal Insulating Materials. Specification for Bonded Man-Made Mineral Fibre Slabs	适用于人造矿物纤维黏合板保温材料，不适用于建筑保温的纤维织物	材料的取样、试验、组成、含水率、物理化学性能、标准形状和尺寸、公差、标识	BS 476-11，BS 874，BS 2972，BS 3145，BS 3533，BS 5970
169	BS 3958-6：1972（2012）	保温材料规范：饰面材料；硬定型合成物、自凝水泥和石膏胶凝材料 Thermal Insulating Materials. Finishing Materials；Hard Setting Composition，Self-Setting Cement and Gypsum Plaster	适用于接缝处专用装饰性保温材料	材料的取样、试验、等级、密度、覆盖能力、导热率、存储、厂家和供货商信息、包装、标识	BS 874，BS 2972，BS 3533，BS 3958，CP 3005
170	BS 3963：1974（2012）	混凝土搅拌机搅拌性能测试方法 Method for Testing the Mixing Performance of Concrete Mixers	适用于混凝土拌和机的测试，以及拌和机性能评估	混凝土拌和机、施工设备、性能测试、拌和、取样、试样	BS 12，BS 410，BS 812，BS 882，BS 1305，BS 1881-1，BS 1881-2，BS 4251
171	BS 4046：1991（2012）	压缩秸秆建筑板规范 Specification for Compressed Straw Building Slabs	适用于在建筑物内部采用的压缩秸秆板	板的形式分类、性能特性和物理性质、试验方法和标识	BS 874-2：Section 2.1，BS 1191-1，BS 1210，BS 1521，BS 4022，BS 6100-4

续表

序号	标准号	标准名称	针对性	主要内容	相关参考文献
172	BS 4074：2000（2012）	金属支撑和支柱规范 Specification for Steel Trench Struts	适用于耐压和长度调节的管状支撑和支柱	支撑、支柱、结构杆件、管件、结构钢、规格、屈服强度、材料强度、施工设备、沟槽	BS EN 1065，BS EN 10025，BS EN 10083-1～BS EN 10083-2，BS EN 10113-1～BS EN 10113-3，BS EN 10155，BS EN 10210-1
173	BS 4315-2：1970（2015）	抗气水渗透试验方法：渗透墙体 Methods of Test for Resistance to Air and Water Penetration. Permeable Walling Constructions（Water Penetration）	适用于在空气静压下测量透水墙抗渗性试验	渗透性测量、不透水试验、渗漏试验、试验设备	BS 3763，BS 4315-1，BS 6232-1
174	BS 4363：1998＋A1：2013	建筑和施工现场降低低压供电成套设备规范 Specification for Distribution Assemblies for Reduced Low Voltage Electricity Supplies for Construction and Building Sites	适用于建筑和施工现场配电保护控制的 110V（63.5V 对地）三相交流或 110V（55V 对地）单相降压供电成套设备	适用条件、附件的机械设计、接入设备、接地、焊接、暴露的带电部件、断路器、进线、材料和组成、变压器装配、插座装配、产品试验	BS 5378-1，BS 7375，BS 7671，BS 88，BS 3535-1～BS 3535-2，BS 4278，BS 5559，BS EN 60309-1～BS EN 60309-2，BS EN 60439-1，BS EN 60439-4，BS EN 60529
175	BS 4449：2005＋A2：2009	钢筋混凝土用钢材：可焊接钢筋-钢筋棒、盘条、线材技术要求	给出各级钢材的可焊性、化学成分	钢筋、非合金钢、可焊性、等级、钢筋混凝土、结构钢、规格、容差、化学成分、性能试验、拉伸强度、延伸性、弯曲试验、疲劳试验、试验制备	BS EN 1766，BS EN 10020，BS EN 10025-1，BS EN 10079，BS EN 10080，BS EN 12390-3，BS EN ISO 15630-1，BS EN 1992-1-1
176	BS 4482：2005	钢筋混凝土用冷轧钢丝规范 Cold Reduced Steel Wire for the Reinforcement of Concrete Products. Specification	适用于混凝土加筋用的两种光面、刻痕和加肋钢丝，Grade 500 光面、刻痕和加肋钢丝和 Grade 250 光面钢丝	钢筋、结构钢、线材、非合金钢、化学成分、刻痕、拉伸强度、弯曲试验、拉拔试验、性能试验、线性密度	BS 4449，BS 4483，BS EN 1766，BS EN 1992-1-1，BS EN 10020，BS EN 10027-1，BS EN 10079，BS EN 10080，BS EN 12390-3
177	BS 4485-2：1988（2011）	冷却水塔：性能试验方法 Water Cooling Towers. Methods for Performance Testing	适用于在机械通风和自然通风两种情况下测定工业水冷却塔的性能	试验、仪器、有效测量条件、试验检查和读数、性能试验程序、结果计算和热性能评估	BS 752，BS 1042-1.1、1.2、1.4、2.1，BS 2690-9，BS 2690-11，BS 3680-2A，BS 3680-2C，BS 3680-3A、4A、8A，BS 4485-3，BS 4485-4，BS 5969
178	BS 4485-4：1996（2011）	冷却水塔：结构设计和施工规程 Water Cooling Towers. Code of Practice for Structural Design and Construction	给出了自然通风和机械通风两种冷却水塔的结构设计与建造建议，只适用于在现场建设安装和工厂外装配的水塔	双曲自然通风冷却塔、机械通风塔两种塔型的荷载计算、结构设计和施工	BS 4485-3，BS 7773，BS 12，BS 144，BS 690-2，BS 690-5，BS 729，BS 882，BS 1224，BS 1452，BS 1501-3，BS 1615，BS 1706，BS 3382

续表

序号	标准号	标准名称	针对性	主要内容	相关参考文献
179	BS 4486：1980（2012）	预应力混凝土用热轧和加工高强合金钢筋规范 Specification for Hot Rolled and Processed High Tensile Alloy Steel Bars for the Prestressing of Concrete	适用于预应力混凝土用热轧和热轧加工的光面和螺纹合金钢筋，规定了两种钢的名义强度等级	合金钢、钢棒、高拉伸钢、预应力钢、钢筋、结构钢、热加工、热轧、预应力混凝土、加筋混凝土、化学成分、拉伸试验、试验应力、尺寸容差、破坏荷载、拉伸断裂	BS 18-2，BS 2846-3，BS 2846-4，BS 4447，BS 5750，BS 5896
180	BS 4550-0：1978（2012）	水泥试验方法：概述 Methods of Testing Cement. General Introduction	水泥测试方法概述	水泥、水泥和混凝土技术、试验	BS 12-2，BS 146-2，BS 915-2，BS 1370-2，BS 4027-2，BS 4246-2，BS 4248，BS 5224
181	BS 4550-3.1：1978（2012）	水泥试验方法：物理试验-概述 Methods of Testing Cement Physical Tests-Introduction	水泥物理试验概述	水泥、水泥和混凝土技术、物理试验	BS 4550-3.1
182	BS 4550-3.8：1978（2014）	水泥试验方法：物理试验—水化热试验 Methods of Testing Cement. Physical Tests-Test for Heat of Hydration	水泥的水化热试验	水泥、水泥和混凝土技术、物理试验、水合作用、波特兰水泥、试验设备、热量计、热量测、含水量测定、材料的热特性、计算、试件制备	BS 410，BS 4550-0，BS 4550-2，BS 4550-3-3.1
183	BS 4550-6：1978（2012）	水泥试验方法：砂浆立方体用标准砂 Methods of Testing Cement. Standard Sand for Mortar Cubes	制作砂浆立方体的标准砂的来源、制备和特性	水泥、水泥和混凝土技术、试验、砂浆、砂料、取样方法、规格、化学分析和试验	BS 410，BS 812-1，BS 812-2，BS 4550-0，BS 4550-3-3.4
184	BS 4624：1981	石棉水泥建材产品试验方法 Methods of Test for Asbestos-Cement Building Products	适用于对称和非对称截面的波纹板、平板、烟道管、雨水管和石板等石棉水泥产品试验	产品整体尺寸、厚度、波纹规律性、密度、不透水性、弯度、冻裂、破裂强度、吸水性、耐化学性	BS 12，BS 486，BS 3656
185	BS 4729：2005	特殊形状和规格的黏土和硅酸钙砖：推荐规范 Clay and Calcium Silicate Bricks of Special Shapes and Sizes. Recommendations	适用于黏土和硅酸钙砖	特殊砖、施工系统、形状、规格、硅酸钙砖、黏土、试验方法	BS EN 771-1、2、3、5、7、9、11、13、16、19、20，BS 5628-1，BS 5628-2，BS 5628-3，BS 6100-1.5.1，PAS 70

续表

序号	标准号	标准名称	针对性	主要内容	相关参考文献
186	BS 4787-1：1980（2015）	内部和外部木门门套、门扇和门框：尺寸要求规范 Internal and External Wood Door Sets，Door Leaves and Frames-Specification for Dimensional Requirements	规定内部和外部木门门套、门扇和门框公制尺寸	门套、门框、内部门、外部门、规格、框架开度	BS 565，BS 584，BS 1186-1，BS 1186-2，BS 3589，BS 4011，BS 4330，BS 4471-1，BS 4471-2，BS 5277，BS 5278，BS 6262，ISO 1804
187	BS 4841-1：2006	建筑用硬质聚氨酯（PUR）和聚异氰尿酸酯（PIR）制品：带自动黏附或分离黏结面的层压保温板规范 Rigid Polyisocyanurate（PIR）and Polyurethane（PUR）Products for Building End-Use Applications. Specification for Laminated Insulation Boards With Auto-Adhesively or Separately Bonded Facings	适用于重型建筑的空心墙，并为下砂浆保温使用，但不建议用于天花板和屋顶隔热	聚氨酯、氰尿酸酯、热塑性聚合物、层压板、隔热材料、隔热、空心墙、规格、导热性、抗压强度、尺寸变化、可燃性、建筑物内的消防安全、安装、泡沫塑料	BS EN 822，BS EN 823，BS EN 824，BS EN 825，BS EN 826，BS EN 1607，BS EN 13165，BS EN 13501-1，BS 5628-3
188	BS 4841-2：2006	建筑用硬质聚氨酯（PUR）和聚异氰尿酸酯（PIR）制品：用于内墙衬砌和天花板的带自动黏附或分离黏结面的层压保温板规范 Rigid Polyisocyanurate（PIR）and Polyurethane（PUR）Products for Building End-Use Applications. Specification for Laminated Boards With Auto-Adhesively Bonded Facings for Use as Thermal Insulation for Internal Wall Linings and Ceilings	适用于由硬质聚氨酯泡沫芯黏结两个饰面组成的层压板，层压板用于墙和天花板保温	施工、泡沫芯组合物、允许生产误差、物理特性要求、取样	BS EN 822，BS EN 823，BS EN 825，BS EN 826，BS EN 1607，BS EN 13165，BS EN 13501-1，BS 6336
189	BS 4841-3：2006	建筑用硬质聚氨酯（PUR）和聚异氰尿酸酯（PIR）制品：用作屋顶隔热板的带自动黏附或分离黏结面的层压板规范 Rigid Polyisocyanurate（PIR）and Polyurethane（PUR）Products for Building End-Use Applications. Specification for Laminated Boards（Roofboards）with Auto-Adhesively or Separately Bonded Facings for Use as Roofboard Thermal Insulation Under Built up Bituminous Roofing Membranes	规定对聚氨酯（PUR）和聚异氰脲酸酯（PIR）两种泡沫芯黏结两个加强饰面组成的层压板的施工、结构、尺寸误差要求	聚氨酯、氰尿酸酯、热塑性聚合物、层压板、隔热材料、隔热、屋顶板、屋顶覆盖物、沥青产品、规格、导热率、抗压强度、尺寸变化、可燃性、建筑物内的消防安全、安装、泡沫塑料	BS 3690-2，BS EN 300，BS EN 636，BS EN 822：1995，BS EN 823，BS EN 824，BS EN 825，BS EN 826，BS EN 1426

续表

序号	标准号	标准名称	针对性	主要内容	相关参考文献
190	BS 4873：2009（2014）	铝合金窗和门套规范 Aluminium Alloy Windows and Door-sets. Specification	规定铝合金窗和镀锌门套设计、施工及性能要求	组件、施工与设计、抛光、使用、清洁和维修、使用安全、防风雨、使用和强度特性、卫生、健康与环境、声学性能、节能、合格性评估	BS 3987，BS 4842，BS 6100-1，BS ISO 6707-1，BS 6100-6，BS 6100-11，BS 6100-12，BS 6262，BS 6375-1，BS 6375-2，BS 6375-3，BS 6399-2，BS 6496
191	BS 4901：1976（2012）	建筑用塑料制品颜色规范 Specification for Plastics Colors for Building Purposes	规定用于建筑物的不透明塑料制品的颜色，如层压、模压和挤压部件	塑料制品、颜色、建筑物、标识、施工	BS 950-1，BS 2782，BS 3900-D1，BS 4800，BS 5252
192	BS 4904：1978（2012）	建筑用外部覆层颜色规范 Specification for External Cladding Colors for Building Purposes	规定涂覆于铝、石棉水泥、不透明玻璃、不透明塑料、钢材等建筑外部覆层的适宜颜色	颜色、建筑外部涂层、石棉水泥、玻璃、塑料、钢材、铝材	BS 950-1，BS 4800，BS 4900，BS 4901，BS 5252，BS 5252F，BS 5502-3：Section 3.11
193	BS 5080-2：1986（2013）	混凝土和砌体中结构固定件试验方法：抗剪力测定方法 Structural Fixings in Concrete and Masonry. Method for Determination of Resistance to Loading in Shear	适用于安装在混凝土和圬工建筑中的结构固定件抗剪力试验	试验器具、基础材料、固定件安装、程序、结果与计算	BS 12，BS 187，BS 812-102，BS 882，BS 970-1，BS 1217，BS 1881-102，BS 1881-114，BS 1881-116，BS 1881-120，BS 3921，BS 4186，BS 4360
194	BS 5212-1：1990（2012）	混凝土路面冷用接缝密封系统：接缝密封剂规程 Cold Applied Joint Sealant Systems for Concrete Pavements. Specification for Joint Sealants	规定人工或机械设置的普通阻燃冷用密封胶在道路、机场及其他暴露的混凝土铺面的使用要求	密封材料、阻燃材料、取样、密封剂类别、等级、耐久性、流动性、性能、塑性变形、附着力、黏性、耐热性	BS 2499，BS 5212-2，BS 5212-3，BS 5750
195	BS 5212-2：1990（2012）	混凝土路面冷用接缝密封系统：接缝密封剂使用规范 Cold Applied Joint Sealant Systems for Concrete Pavements. Code of Practice for The Application and Use of Joint Sealants	适用于接缝密封槽的制备和在道路接缝、机场及其他外露混凝土路面的冷用接缝密封剂应用和现场试验	接缝选择、连接槽制备、灌注、密封剂应用、现场试验	BS 2499，BS 5212-1，BS 5212-3
196	BS 5212-3：1990（2012）	混凝土路面冷用接缝密封系统：试验方法 Cold Applied Joint Sealant Systems for Concrete Pavements. Methods of Test	适用于冷用密封胶在道路、机场及其他外露混凝土铺面接缝中的应用	最小使用寿命、无黏性条件、流变性能、抗塑性流动、贯入、附着力、黏性、拉伸和压缩、耐热老化、阻燃性	BS 12，BS 410，BS 812-2，BS 812-103，BS 882，BS 1881-102，BS 2000-49，BS 2499，BS 2648，BS 5060，BS 5212-1，BS 5212-2，BS 5781

续表

序号	标准号	标准名称	针对性	主要内容	相关参考文献
197	BS 5228-1：2009＋A1：2014	建筑工地和露天场地的噪声和振动控制：噪声和振动控制基本信息和程序 Noise and Vibration Control on Construction and Open Sites-Code of Practice for Basic Information and Procedures for Noise and Vibration Control	提出控制建筑工地和露天场地因施工和作业产生显著噪声和/或振动的基本方法	立法背景、社区关系、培训、噪声和振动对现场人员的影响、噪声和振动对邻居的影响、工程监理、噪声、振动控制	BS EN 60942，BS EN 61672-1，BS EN 61672-3，BS EN 60804，BS EN 60804，BS EN 60942，BS EN ISO/IEC 17025，BS 7189
198	BS5228-2：2009＋A1：2014	建筑工地和露天场地的噪声和振动控制：振动控制 Code of Practice for Noise and Vibration Control on Construction and Open Sites-Vibration	适用于建设和拆除工作的立法导则，包括道路施工和维修	立法背景、噪声控制目标	BS EN ISO 8041，BS ISO 2041，BS 5228-1，BS 5228-4，BS 6187，BS 6472，BS 7385-2，BS 6841，BS ISO 4866
199	BS 5241-1：1991（2014）	建筑工地用硬质聚氨酯和聚异氰脲酯泡沫材料：外部喷涂的隔热泡沫材料 Rigid Polyurethane（PUR）and Polyisocyanurate（PIR）Foam When Dispensed or Sprayed on a Construction Site-Specification for Sprayed Foam Thermal Insulation Applied Externally	规定屋顶和储罐外表面隔热用硬质聚氨酯和聚异氰脲酯泡沫材料的物理特性和成分要求	聚氨酯、氰尿酸盐、聚合物、泡沫材料、隔热材料、喷涂、材料的热特性、导热率	BS 4370：Part 1，BS 4370-2，BS 4375，BS 6336，BS 7021
200	BS 5241-2：1991（2014）	建筑工地用硬质聚氨酯和聚异氰脲酯泡沫材料：隔热或浮标用泡沫材料规程 Rigid Polyurethane（PUR）and Polyisocyanurate（PIR）Foam When Dispensed or Sprayed on a Construction Site-Specification for Dispensed Foam for Thermal Insulation or Buoyancy Applications	规定外表面隔热和小船或趸船表面用浮标材料的物理特性和成分要求	聚氨酯、氰尿酸盐、泡沫材料、水路运输、隔热材料、浮标、导热率、密度、抗压强度、规格变化、渗透性、吸水性、易燃性、火灾风险	BS 437-1，BS 4370-2，BS 4508，BS 4735，BS 5241-1，BS 6336
201	BS 5250：2011	控制建筑物内冷凝规范 Code of Practice for Control of Condensation in Buildings	给出了避免建筑物内湿度高和冷凝的建议	冷凝特性、冷凝控制设计、已有建筑、施工期间的预防措施	BS 3533，BS 5534，BS 5720，BS 5925，BS 6229，BS 8104，BS 8297，BS 8298，BS 9250，BS EN 490，BS EN 1279，BS EN 14783

续表

序号	标准号	标准名称	针对性	主要内容	相关参考文献
202	BS 5270-1：1989（2011）	石膏灰浆和水泥用粘结剂：建筑室内石膏灰浆用聚醋酸乙烯乳液黏结剂（PVCA）规程 Bonding Agents for Use With Gypsum Plasters and Cement Part1. Specification for Polyvinyl Acetate（PVAC）Emulsion Bonding Agents for Indoor Use With Gypsum Building Plasters	规定石膏灰浆和水泥用乳化聚醋酸乙烯基黏结剂的成分和性能要求，用于室内大量填补	黏附力、聚醋酸乙烯酯、乳液、石膏灰浆、质量、化学成分、材料强度、固体含量、化学分析、试样制备、覆膜特性试验、拉伸试验	BS 507，BS 604，BS 846，BS 1191：Part 1，BS 1191：Part 2，BS 1583，BS 2648，BS 3718，BS 3898，BS 3978，BS 5214，BS 5922
203	BS 5273：1975（2012）	道路和其他铺砌区用稠焦油面层规程 Specification of Dense Tar Surfacing for Roads and Other Paved Areas	适用于稠焦油铺面，用于由骨料、填充料和道路焦油按级配和比例组成，经过热加工摊铺和压实的质地紧密不透水拌合物形成的磨耗层	稠焦油面层的成分、制备、试验和运输	BS 63，BS 76，BS 410，BS 598，BS 812- 1，BS 812- 2，BS 892，BS 1047，BS 1704，BS 3690- 1，BS 3690-3
204	BS 5284：1993（2011）	建筑和土木工程用沥青砂胶取样和测试方法 Methods of Sampling and Testing Mastic Asphalt Used in Building and Civil Engineering	适用于建筑和土木工程用沥青砂胶取样和测试	沥青玛蹄脂、沥青、取样方法、试件制备、硬度试验、测定含量、胶结剂、骨料、规格分级、校准、再生性	BS 410，BS 812-103.1，BS 812-103.2，BS 1792，BS 1994，BS 4402，BS 593，BS 598-100，BS 598-101，BS 598- 102，BS 1797
205	BS 5325：2001（2009）	织物地板覆盖物安装规范 Code of Practice for Installation of Textile Floor Coverings	适用于织物地板覆盖物的安装，包括用于桩基和非桩基表面的纺织产品	织物地板覆盖物、用于桩基和非桩基表面的纺织材料、使用永久黏合剂的摊铺地毯、安装施工材料、黏合方法	BS EN 1264-3，BS EN 1264-4，BS 3870-1，BS 3870-2，BS EN 923，BS 5557，BS 5808，BS 7916，BS 7953，BS 8204-1
206	BS 5385-1：2009（2014）	墙和地板砖：内部陶瓷墙砖，天然石墙砖和马赛克的设计和安装规范 Wall and Floor Tiling. Code of Practice for the Design and Installation of Ceramic，Natural Stone and Mosaic Wall Tiling in Normal Internal Conditions	适用于建筑物内部使用的天然石墙砖、陶瓷砖以及马赛克的设计和安装	规定了在一般使用条件下各种陶瓷、马赛克的安装方法以及保护、清洁、维修	BS 410-1，BS 4027，BS 4551，BS 5385-2，BS 5385-4，BS 5974，BS 6100-6，BS 6150，BS 6213，BS 8000-3，BS 8000-11.1，BS 8000-11.2，BS 8212
207	BS 5385-2：2015	墙和地板砖：外部陶瓷墙砖和马赛克（包括赤陶和釉陶）的设计和安装规范 Wall and Floor Tiling. Design and Installation of External Ceramic，Natural Stone and Mosaic Wall Tiling in Normal Conditions. Code of Practice	适用于正常气候条件下建筑物外部使用的天然石墙砖、陶瓷砖以及马赛克的设计和安装	规定了在一般使用条件下各种陶瓷、马赛克的安装方法及其清洁、维修等	BS 410-1，BS 1210，BS 4483，BS 4551，BS 5385-1，BS 5974，BS 6100-6，BS 6213，BS 8000-11，BS EN 197-1，BS EN 12004，BS EN 12057，BS EN 12371

续表

序号	标准号	标准名称	针对性	主要内容	相关参考文献
208	BS 5385-3：2014	墙和地板砖：内外部使用的陶瓷地板砖和马赛克的设计和安装规范 Wall and Floor Tiling. Design and Installation of Internal and External Ceramic and Mosaic Floor Tiling in Normal Conditions. Code of Practice	适用于一般使用条件下，在混凝土、水泥砂浆抹面、木模板、沥青以及其他硬表面上铺筑陶瓷地板砖和马赛克	规定铺筑厚度在38mm以下的陶瓷地板砖和马赛克的材料运输、储存以及设计、铺筑方法、防护、清洁和维修等	BS 4551，BS 5385-4，BS 5385-5，BS 6213，BS 6925，BS 8000-11，BS 8203＋A1，BS 8204-1＋A1，BS 8204-5，BS 8204-7
209	BS 5385-4：2009	墙和地板砖：特定使用条件下瓷砖和马赛克的设计和安装规范 Wall and Floor Tiling. Design and Installation of Ceramic and Mosaic Tiling in Special Conditions. Code of Practice	适用于在特定条件下使用的瓷砖和马赛克的设计与安装	在特定条件下（交通和荷载条件、持续或不持续浸没潮湿状态、化学腐蚀、无菌条件、特殊气候与环境、变形缝、隔音、抗静电、辐射等）、瓷砖、马赛克的铺筑设计和安装以及保护、清洁、维修	BS 4027，BS 4727-1，BS 4727-2，BS 5385-1，BS 5385-2，BS 5385-3，BS 5385-5，BS 5493，BS 6100-6，BS 6349-1，BS 7976-2，BS 8007，BS 8204-1，BS 8204-7
210	BS 5385-5：2009	墙和地板砖：水磨石砖和板、天然石和组合地板设计和安装规范 Wall and Floor Tiling. Design and Installation of Terrazzo，Natural Stone and Agglomerated Stone Tile and Slab Flooring. Code of Practice	适用于单块面积不超过$0.6m^2$的天然石材板和组合地板的设计和安装	各种材质水磨石砖、天然石和组合地板的铺筑设计和安装以及保护、清洁与维修	BS 1521，BS 4027，BS 4483，BS 5628-2，BS 5385-3，BS 5385-4，BS 5974，BS 6100-1，BS 6100-9，BS 6213，BS 6399-1，BS 8100-11.2
211	BS 5395-1：2010	阶梯：直梯段和旋转段设计规范 Stairs. Code of Practice for the Design of Stairs With Straight Flights and Winders	适用于各种类型建筑中的单跑或多跑楼梯、转弯平台、踏步等的设计和施工，不适用于斜坡道	混凝土阶梯、金属阶梯、木楼梯材料与构件的选择、设计（表面处理、防火、逃生、音响效果、照明、耐久性）、试验、施工以及适用性、可维护性、保护（刷漆）、维修等	BS 1134-1，BS 5266-1，BS 5395-2，BS 6180，BS 6262-4，BS 7976-2，BS 9999，BS 4211，BS 4592-0，BS 5250，BS 5395-4，BS 5606，BS 6100-6
212	BS 5395-2：1984（2011）	阶梯、楼梯和步道的设计规范 Stairs，Ladders and Walkways. Code of Practice for the Design of Helical and Spiral Stairs	适用于各种类型建筑中的室内或室外旋转楼梯的设计，不适用于斜坡道	规定了对阶梯材料的选择、楼梯的设计、防火与逃生等	BS 187，BS 449，BS 1088 & 4079，BS 1186-1，BS 1186-2，BS 1217，BS 1449，BS 1452，BS 2870，BS 2872，BS 2874，BS 3921，BS 4169，BS 4357

续表

序号	标准号	标准名称	针对性	主要内容	相关参考文献
213	BS 5427-1：1996（2013）	建筑屋顶和墙体覆面用异型板实施规范：设计 Code of Practice for the Use of Profiled Sheet for Roof and Wall Cladding on Buildings. Design	适用于建筑屋顶和墙体采用异型板作覆面的设计和施工，不适用于用异型板作组合屋面、金属板和混凝土复合结构的底支撑	材料与组件、设计、异型板面层、附件、隔热材料、控制冷凝材料、水汽隔绝性、衬砌、密封剂、固定件、雨水管件	BS 3900，DIN 50018，BS 460，BS 476：Part 3，BS 476：Part 4，BS 476：Part 6，BS 476：Part 7，BS 476：Part 20，BS 476：Part 21
214	BS 5606：1990（2011）	建筑物精度指南 Guide to Accuracy in Building	给出在建筑施工中与精度相关的原则	建筑物、施工作业、精度、建筑设计、结构设计、容差、技术要求、尺寸量测、现场勘查、放样、数学计算、量测仪器	BS 5395，BS 5606，BS 5655-5，BS 5655-6，BS 5964-1，BS 6093，BS 6100：1.5.1，BS 6954-1，BS 6954-2，BS 6954-3
215	BS 5607：1998（2012）	施工用炸药安全使用规范 Code of Practice for the Safe Use of Explosives in the Construction Industry	适用于建设和拆除作业用炸药及其附属品的安全存储、处理、运输和使用，不适用于海上油气体平台或结构及相关的爆破工作	通用建议、隧道和凿井、爆破、水下爆破、地面开挖、其他形式的爆破	BS 4078，BS 5930，BS 6031，BS 4164，BS 6187，BS 6472，BS 6657，BS 7385-1，BS 7385-2，BS 6164，BS 6187，BS 4078
216	BS 5835-1：1980（2013）	骨料试验建议：级配骨料压实度试验 Recommendations for Testing of Aggregates. Compactibility Test for Graded Aggregates	级配骨料压实度试验	骨料、压实试验、力学试验、路基路面、试验设备、力学计算、图表、湿度测试、试样备制、密度测试、吸水率试验	E BS 812：Part 1，BS 812：Part 2，BS 892，BS 1377，BS 2787
217	BS 5837：2012	关于树木的设计、砍伐和施工的推荐规范 Trees in Relation to Design，Demolition and Construction. Recommendations	适用于利用和开发树木	可行性研究，调查和初步的限制，概念和设计，技术设计，靠近现有树的拆除和施工，现场施工、景观施工管理	BS 3998，BS 4428，BS 8545，BS 1722-18，PAS 100
218	BS 5911-6：2004＋A1：2010	混凝土管和辅助混凝土制品：地漏和沟盖板规范 Concrete Pipes and Ancillary Concrete Products. Specification for Road Gullies and Gully Cover Slabs	适用于混凝土管等混凝土制品	一般要求、完成产品的试验要求、质量符合性评价	BS 4027，BS 4035，BS 4484-1，BS 5204-2，BS 7979，BS 8500-2，BS EN 197-1，BS EN 197-1，BS EN 197-4，BS EN 450-1，BS EN 934-2
219	BS 5925：1991（2013）	自然通风原理和设计规程 Code of Practice for Ventilation Principles and Designing for Natural Ventilation	适用于住人建筑物自然通风的设计	一般推荐、通风要求的主要理由和推荐空气流数量、推荐的自然通风系统和室内流入率的评估	BS 2869，BS 5250，BS 5410-1，BS 5410：Part 2，BS 5440-2，BS 5588，BS 5643，BS 5720，BS 6100，BS 6230，BS 6375-1

续表

序号	标准号	标准名称	针对性	主要内容	相关参考文献
220	BS 5930 1999＋A2 2010	现场勘查实施规程 Code of Practice for Site Investigations（Formerly CP 2001）	适用于评估土建工程和建筑物的适宜性和获取现场有关信息的现场勘查	现场勘查考虑内容、地质勘探、钻孔施工和探测、现场试验、试验室样品检测、报告和解释、土和岩石描述	BS 410，BS 812，BS 812-1～2，BS 882，BS 1377，BS 1881，BS 1881-6，BS 1924，BS 4019
221	BS 5931：1980（2014）	机械铺设路面边缘的实施规程 Code of Practice for Machine Laid in Situ Edge Details for Paved Areas	适用于滑模成型的挤压沥青或挤压混凝土路缘，包括路缘石和沟槽	铺设路缘的机械、断面尺寸和容差、试铺长度、沥青段、混凝土段	BS 12，BS 146，BS 434，BS 594，BS 598，BS 882，BS1201，BS 1881-5，BS 3148，BS 3690，BS 3892，BS 4027，BS 5075，BS 5328
222	BS 5964-1：1990，ISO 4463-1：1989	建筑物放样和测量：测量、规划、组织和验收标准的方法 Building Setting Out and Measurement. Methods of Measuring，Planning and Organization and Acceptance Criteria	适用于建筑物测量	施工作业、建筑工地、(现场)放样、现场调查、尺寸测量、测量、建筑物、尺寸公差、位置公差、精度、接受（批准）、平整、标记	BS 5606，BS 6100-1.5.1，BS 6953，BS 7307-1，BS 7307-2，BS 7334-1，BS 7334-2，BS 7334-3，BS 7334- 4，BS 7334-5，BS 7334- 6，BS 7334- 7
223	BS 5964-3：1996（2002），ISO 4463-3：1995	建筑物放样和测量：测量和计量服务的采购清单 Building Setting Out and Measurement. Check-Lists for The Procurement of Surveys and Measurement Services	适用于建筑物测量	施工作业、建筑工地、(现场)放样、现场勘探、尺寸测量、测量、精度、采购、图纸、规划、建筑图纸	BS 5964：- 1，BS 5964：- 2
224	BS 5972：1980（2012）	道路照明用光电控制装置规范 Specification for Photoelectric Control Units for Road Lighting	适用于不超过 250V 的 PECU 和插座，10A 的插座	规定了 a）光电控制单元（PECU）和 b）光电插座、以上两样对应于各种白天的光线下使用路灯开关、交通信号灯和其他设备的安全和性能要求	BS 950-1，BS 4533-101，BS 4782，BS 5225-1，BS 5490，BS 5901
225	BS 5974：2010	规划、设计、设置和使用临时悬挂的通道设备 Code of Practice for The Planning，Design，Setting Up and Use of Temporary Suspended Access Equipment	适用于临时悬挂的通道设备的选用、设计、安装、检查、使用和维护	安装脚手架的程序、悬挂脚手架、临时结构物、平台、客运升降机、移动工作平台、升降设备、固定脚手架构件、安全绳、卷扬机、安装	BS 4293，BS 4444，BS 5268-2，BS 6399-2，BS 7375，BS 7671，BS 7883，BS EN 74-1，BS EN 795，BS EN 1808，BS EN 12811-1，BS EN 60309-2，BS EN 60529

续表

序号	标准号	标准名称	针对性	主要内容	相关参考文献
226	BS 5975：2008 + A1（2011）	临时工程的实施程序和脚手架允许应力设计规程 Code of Practice for Temporary Works Procedures and The Permissible Stress Design of Falsework	适用于临时工程的脚手架，给出脚手架的实用设计准则、规格、施工、使用和拆除	结构系统、临时结构、应力分析、建筑场地、安装、维护、基础、现场调查、支撑、目测检查、结构钢、材料力学性质和强度、混凝土、结构杆件、砌筑块、格栅、风荷载、气候荷载、土工试验、现场试验、地下水排放、独立脚手架、移动脚手架	BS 449-2，BS 648，BS 1139-1，BS 1881-115，BS 1881-116，BS 1881-117，BS 1881-118，BS 1881-119，BS 1881-120，BS 4074，BS 4978，BS 5268-2，BS 5507-1，BS 5507-3，BS 5628-1
227	BS 6019：1980，ISO 6240-1980	建筑物性能推荐标准：内容和描述 Recommendations for Performance Standards in Building. Contents and Presentation	适用于建筑物	施工系统、施工系统部件、标准、性能、文档、技术文件	
228	BS 6031：2009	土方工程规程 Code of Practice for Earthworks	适用于一般土木工程施工的土方工程，及临时开挖沟槽和凹坑等的推荐导则	土方工程、挡土工程、风险评估、职业安全、土壤、土力学、结构设计、稳定性、剪切强度、填筑体、开挖、沟槽、地形、排水、维护、检查	BS 812-109，BS 1377，BS 1924-1，BS 1924-2，BS 5607，BS 5930+A1，BS 6164，BS EN 474，BS EN 500-4，BS EN 791，BS EN 1990 +A1，BS EN 1997-1，BS EN 1997-2，BS EN 1998-5
229	BS 6073-2：2008（2013）	预制混凝土砌块：预制混凝土圬工单元指南 Precast Concrete Masonry Units. Guide for Specifying Precast Concrete Masonry Units	适用于预制混凝土砌块	砖、砌块、建筑系统部件、混凝土、预制混凝土、尺寸、尺寸公差、抗压强度、材料物理特性	BS 5628-3，BS EN 771-3，BS EN 771-4，BS EN 1996-1-1，BS 5628-1，BS 5628-2，BS 8103-2，BS EN 998-2，BS EN 1745，BS EN ISO 12572
230	BS 6093：2006+A1（2013）	建筑物建设的缝和分缝设计导则 Design of Joints and Jointing in Building Construction. Guide	适用于建筑物建设的缝合分缝	接缝、建筑材料、结构设计、设计、尺寸变化、带、密封材料、垫圈、密封件、耐久性、变形缝、填充物、外墙、屋顶、幕墙、涂层、预制混凝土外墙面、安装、维修	BS 6100-6，BS 6100-11，BS EN 1996-1-2，BS EN 1996-2，BS EN 15661-1，BS EN 15661-2，BS EN 15661-3，BS EN 15661-4，PD 6697，BS 5606，BS 5628-3，BS 6100-1.3.6

续表

序号	标准号	标准名称	针对性	主要内容	相关参考文献
231	BS 6100-2：2007（2012）	建筑物和土木工程：词汇—空间，建筑类型，环境和实际规划 Building and Civil Engineering. Vocabulary. Spaces，Building Types，Environment and Physical Planning	适用于建筑物和土木工程流通空间、流通和空间系统（建筑物）、大楼、房间、房屋、实际规划、城市和农村工程、开放空间、土地、土地利用、自然保护方面	施工工程、建设工程、词汇、术语、建筑系统部件、流通空间、流通和空间系统（建筑物）、大楼、房间、房屋、实际规划、城市和农村工程、开放空间、土地、土地利用、自然保护	BS 6100-0，BS 6100-1，ISO 6707-1，BS 6100-4，BS 6100-5，BS 6100-6，BS 6100-7，BS 6100-11，ISO 2145，ISO 10209-4，ISO 10241
232	BS 6100-4：2008（2013）	建筑物和土木工程：词汇—运输 Building and Civil Engineering. Vocabulary. Transport	适用于建筑物和土木工程相关的道路、铁路和航空运输方面	定义了土木工程相关的道路、铁路和航空运输。该规范使用的一般术语的词汇表 BS 6100-0 所述建筑物和土木工程行业	BS 499-1，BS 3323，ISO 1213-2，BS 7941-1，BS EN 844-1，BS 6953，ISO 7078，BS 6068-1.1，BS ISO 6107-1，BS EN 12620，BS EN 12670，BS EN 12970
233	BS 6100-5：2009（2013）	建筑物和土木工程：词汇—土木工程；水工程；环境工程和管线 Building and Civil Engineering. Vocabulary. Civil Engineering. Water Engineering，Environmental Engineering and Pipe Lines	适用于建筑物和土木工程相关的水道、运河、水资源、海洋结构、港口、环境健康、环境工程、卫生工程、供水工程、废物处置工程、管道方面	建设工程、施工工程、词汇、术语、建筑系统部件、保水和流道工程、水道、运河、水资源、海洋结构、港口、环境健康、环境工程、卫生工程、供水工程、废物处置工程、管道	BS 6068-1.4，BS 6100-0，BS 6100-1，ISO 6707-1，BS 6349-1，BS 6953，BS 8313，BS EN 131-1，BS EN 598，BS EN 736-2，BS EN 752-4，BS EN 844-12，BS EN 1487，BS EN 12509
234	BS 6100-6：2008（2013）	建筑物和土木工程：词汇-建筑部件 Building and Civil Engineering. Vocabulary. Construction Parts	适用于建筑物和土木工程相关的开放空间、园林绿化、墙面、涂层（建筑物）、屋顶、屋顶材料、地板、地板材料、天花板、楼梯、门、窗、玻璃、密封材料、五金、饰面、涂料、标牌方面	施工工程、建设工程、词汇、术语、建筑系统部件、开放空间、园林绿化、墙面、涂层（建筑物）、屋顶、屋顶材料、地板、地板材料、天花板、楼梯、门、窗、玻璃、密封材料、五金（建筑物）、饰面、涂料、标牌	BS 1179，BS 4261，BS 5268-6.2，BS 6068，BS 6262-1，BS 6953，BS EN 459-1，BS EN 490，BS EN 572-1，BS EN 598，BS EN 612，BS EN 771-3，BS EN 844，BS EN 923，BS EN 971-1
235	BS 6100-9：2007（2012）	建筑物和土木工程：词汇：混凝土和涂层工程 Building and Civil Engineering. Vocabulary. Work With Concrete and Plaster	适用于建筑物和土木工程建筑材料、混凝土、钢筋混凝土、砂浆、水泥和混凝土技术、骨料、混凝土外加剂、模板、涂层、石膏方面	建设工程、施工工程、词汇、术语、工程系统配件、建筑材料、混凝土、钢筋混凝土、砂浆、水泥和混凝土技术、骨料、混凝土外加剂、模板、涂层、石膏	BS 1846-1，BS 4261，BS 6100-1，ISO 6707-1，BS 6100-3，BS 6100-4，BS 6100-5，BS 6100-6，BS 6100-8，BS 6100-11，BS 6100-12，BS EN 206-1

续表

序号	标准号	标准名称	针对性	主要内容	相关参考文献
236	BS 6100-11：2007（2012）	建筑物和土木工程：词汇—性能特性，计量和接缝：Building and Civil Engineering. Vocabulary. Performance Characteristics，Measurement and Joints	适用于建筑物和土木工程施工、建筑物、性能、缺陷、质量保证、特性、建材、计量、数量测量、接缝方面	施工工程、建设工程、词汇、术语、建筑系统部件、施工、建筑物、性能、缺陷、质量保证、特性、建材、计量、数量测量、接缝	BS 4261，BS 4727-1，BS 6100-0，BS 6100-1，ISO 6707-1，BS 6100-3，BS 6100-4，BS 6100-6，BS 6100-7，BS 6100-8，BS 6100-10，BS 6100-12
237	BS 6144：1990（2012）	用于无烟道热水供应系统，使用内隔膜的膨胀箱规范 Specification for Expansion Vessels Using an Internal Diaphragm，for Unvented Hot Water Supply Systems	钢制的内隔膜膨胀箱的制造和测试及可饮用的热水系统	设计和建造、工艺、箱子和隔膜的测试、性能、标志	BS 21，BS 1387，BS 1449- 1，BS 1449-2，BS 1501- 1，BS 4814，BS 4870-1，BS 4871-1，BS 5135，BS 5169，BS 5500，BS 5750，BS 6001
238	BS 6164：2011	隧道施工安全实施规程 Code of Practice for Safety in Tunneling in The Construction Industry	针对人员可进入的隧道施工，以及隧道内所进行的一系列维修和革新	紧急事件类型、工作环境、通信与噪声、接入与运输、设备安全、隧道维修、事故预防	BS 171，BS 449-2，BS 476-4，BS 476-20，BS 476-21，BS 476-22，BS 638-4，BS 638-5，BS 638-7，BS 1129，BS 4275，BS 4293
239	BS 6180：2011	建筑内外栅栏实施规程 Code of Practice for Barriers in and About Buildings	非承载的栅栏，如路线指示、车辆分道或低速下的路障、建筑物及墙外圈防护；不适用于车辆行驶时速超过16km/h 的道路护栏及在建筑施工和工程建设用的栅栏	栅栏的材料、组成、设计和安装方式、采用不同的材料制作的栅栏、分别有混凝土、玻璃、砖石、金属和橡胶	BS 4767，BS 952-1，BS 14491，BS 3416，BS 3987，BS 4592-0，BS 4842，BS 5350，BS 6100，BS 6206，BS 6262，BS 6496，BS 7668，BS 8221，BS 8417
240	BS 6181：1981（2005）	建筑接头处透气性试验方法 Method of Test for Air Permeability of Joints in Building	在实验室进行建筑物外墙非开放接头处的透气性实验评估，不适用于建筑物内部接头透气性试验	试验的设备、测量方式、试验前接头处的准备及其他试验前准备事项、试验及试验结果	BS 4643，BS 6093，ISO 6613
241	BS 6187：2011	部分或全部拆除实施规程 Code of Practice for Full and Partial Demolition	针对拆除工作各个方面、不同结构进行建议，给出安全标准	拆迁程序、防范措施、拆迁常规及典型方法	BS 5228-1，BS 5228-2，BS 5607，BS 5837，BS 5930＋A2，BS 5975，BS 6100，BS 6164，BS 7121-1，BS 7121-2，BS 7121-3，BS 7121-4，BS 7121-5，BS 10175
242	BS 6213：2000 ＋A1（2010）	建筑用密封剂选择指南 Selection of Construction Sealants. Guide	建筑用密封剂适用性	建筑用密封剂的使用材质、黏合设计的考虑范畴、密封剂种类	BS 6093，BS 8449，BS EN ISO 11600，BS 2499，BS 5212，BS 8000-16，BS EN 26927，ISO 6927

续表

序号	标准号	标准名称	针对性	主要内容	相关参考文献
243	BS 6229：2003	带有连续支护覆盖层平顶的实施规程 Flat Roofs With Continuously Supported Coverings. Code of Practice	带有连续支护覆盖层平顶的设计和施工，涉及天气、排水、隔热、防噪声、冷凝控制、防火维修等	平顶种类、材料部件、平顶设计	BS 8000-2.2，BS 8000-3，BS 8000-4，BS 8000-5，BS 8000-9，prEN 13984，BS 476-3，BS 5427-1，BS 476-6
244	BS 6263-2：1991（2012）	地面的保养和维护：弹性板和瓷砖地板实施规程 Care and Maintenance of Floor Surfaces. Code of Practice for Resilient Sheet and Tile Flooring	给出不同厚度的软木、漆布、塑料、橡胶地板保养和维护指导，涉及特殊环境和特殊建筑	弹性板和瓷砖地板、装备及用途、基本的维护、处理方式、特殊环境下的维护	BS 2050，BS 3187，BS 5295-1，BS 5295-3，BS 5415-1，BS 5415-2，BS 8203
245	BS 6270-3：1991（2013）	建筑物的清洁和表层修复规程：金属（只清洁） Code of Practice for Cleaning and Surface Repair of Buildings. Metals（Cleaning Only）	给出清洁金属和合金表面的建议，不采用涂敷保护层的方法，而是在维护过程中实现更新	清洁原因、选择清洁方法、设施、接近工作点的方式、建筑物保护、工人和公众的保护、铝材、铜材、铁类金属、铅材、镀锌	BS 5493，BS 5516，BS 5950，BS 5973，BS 5974，BS 6037，BS 6100，BS 6270-1
246	BS 6283-2：1991（2012）	热水系统使用的安全和控制装置：从 1bar 到 10bar 的减温阀规范 Safety and Control Devices for Use in Hot Water Systems. Specification for Temperature Relief Valves for Pressures From 1 bar to 10 bar	给出尺寸为 DN15～DN40 的自动复位型安全阀的设计、安装和试验要求，工作条件为 1bar～10bar 的压力以及不高于 90℃～100℃的温度	温度减压阀、最大工作压力、温度设定、温度重设、标准尺寸、相关部件、终端连接、性能	BS 21，BS 864-2，BS 864-5，BS 970-4，BS 1726-1，BS 2056，BS 2779，BS 2803，BS 2870，BS 2871-1，BS 2872，BS 2874，BS 3074
247	BS 6297：2007 ＋ A1：2008	污水处理用排水场设计和安装规程 Code of Practice for The Design and Installation of Drainage Fields for Use in Wastewater Treatment	给出排水和渗滤系统设计和安装建议	排水场、初步规划、场地调查、系统设计细部、组件、排水场施工、维护	BS EN 1085，BS EN 12566-1，BS EN 12566-3，BS EN 12566-4，BS EN ISO 10319
248	BS 6319-1：1983（2012）	建筑用树脂成分测试：试样制备方法 Testing of Resin Compositions for Use in Construction. Method for Preparation of Test Specimens	介绍在现场实际条件或严格控制的试验室条件下，树脂成分的测试，取样和试样制备	树脂的特性、试样制作器具和工序	BS 308-3，BS 410，BS 812-1，BS 1134-1，BS 1134-2，BS 1755，BS 2787，BS 3763，BS 4049，BS 4550-3-3.4，BS 4551
249	BS 6319-2：1983（2011）	建筑用树脂成分测试：抗压强度测量方法 Testing of Resin Compositions for Use in Construction. Method for Measurement of Compressive Strength	介绍量测树脂试样抗压强度的程序	抗压强度试验的要求、原理、试验器具、试样、试验程序、数据处理和试验报告的编制	BS 410-1，BS 812-1，BS 1610，BS 1881-115，BS 2782-3：Method 345A，BS 6319-1

续表

序号	标准号	标准名称	针对性	主要内容	相关参考文献
250	BS 6319-3：1990（2011）	建筑用树脂和聚合物/水泥组合物测试：在抗曲和抗弯强度下弹性模量的测量方法 Testing of Resin and Polymer/Cement Compositions for Use in Construction. Methods for Measurement of Modulus of Elasticity in Flexure and Flexural Strength	在长方体形态下的聚合物砂浆和聚合物/水泥组合砂浆的样本测试	弹性模量的定义、测试原理、设备及工具、测试样本、弯曲弹性模量的测试过程及计算、抗弯强度的测量过程及计算和测试报告	BS 410，BS 812-1，BS 1610-1，BS 2782-3：Method 335A，BS 6319-1
251	BS 6319-5：1984（2012）	建筑用树脂和聚合物/水泥组合物测试：硬化树脂组合物密度测定方法 Testing of Resin and Polymer/Cement Compositions for Use in Construction. Methods for Determination of Density of Hardened Resin Compositions	两种对硬树脂砂浆和混凝土样本密度的测量方法，既可应用于严格控制条件的实验室内，也可应用于工程现场常规性相近条件控制下的测量	硬树脂密度测量的两种方法（A和B）的定义、测量工具、试验样品、过程、计算和试验报告	BS 3123，BS 6319-1，BS 6319-2，BS 6319-3
252	BS 6319-6：1984（2011）	建筑用树脂和聚合物/水泥组合物测试：压缩弹性模量确定方法 Testing of Resin and Polymer/Cement Compositions for Use in Construction. Method for Determination of Modulus of Elasticity in Compression	在长方体形态下的树脂砂浆和混凝土的样本压缩弹性模量测试	应力/弹性模量定义、原理、试验工具、试品、过程、计算和试验报告	BS 410，BS 812-1，BS 1610，BS 1881-115，BS 4408-2，BS 6319-1
253	BS 6319-7：1985（2012）	建筑用树脂和聚合物/水泥组合物测试：抗拉强度测定方法 Testing of Resin and Polymer/Cement Compositions for Use in Construction. Method for Measurement of Tensile Strength	适用于树脂砂浆或混凝土试块样品的抗拉强度测定	抗拉强度定义、测试原理、试验工具、试品、过程、数据计算和试验报告	BS 12-2，BS 410，BS 812-102，BS 2782-3：Methods 320A to 320F，BS 5214-1，BS 6319-1
254	BS 6319-8：1984（2012）	建筑用树脂和聚合物/水泥组合物测试：耐液性评估方法 Testing of Resin and Polymer/Cement Compositions for Use in Construction. Method for The Assessment of Resistance to Liquids	适用于在 BS6319 Part3 弯曲强度试验中所用的树脂砂浆或混凝土样本的耐液性测试	测试原理、试验工具和试剂、试品、过程、数据计算和试验报告	BS 4618-4：Section 4.1，BS 6319-1，BS 6319-3

续表

序号	标准号	标准名称	针对性	主要内容	相关参考文献
255	BS 6319-9：1987（2012）	建筑用树脂和聚合物/水泥组合物测试：最大放热温度分类和测量方法 Testing of Resin and Polymer/Cement Compositions for Use in Construction. Method for Measurement and Classification of Peak Exotherm Temperature	在建筑工程所使用的树脂热峰值温度测量的方法，温度分类为高、中、低	热峰值温度测试原理、试验工具、试品、过程及测试报告	BS 4937，BS 6319- 1
256	BS 6319-10:1987（2012）	建筑用树脂和聚合物/水泥组合物测试：弯曲应力下温度偏差计量方法 Testing of Resin and Polymer/Cement Compositions for Use in Construction. Method for Measurement of Temperature of Deflection Under a Bending Stress	适用于铸造成长方柱形的树脂砂浆或混凝土，在弯曲应力下的变形温度测量	变形温度测试的原理、试验样品、过程及测试报告	BS 410，BS 812- 1，BS 2782- 1: Methods 121A to 121C，BS 6319- 1
257	BS 6319-11：1993（2012）	建筑用树脂和聚合物/水泥组合物测试：压缩和拉伸塑性变形测定方法 Testing of Resin and Polymer/Cement Compositions for Use in Construction. Methods for Determination of Creep in Compression and in Tension	测定聚合物和聚合物/水泥砂浆试样在压缩和拉伸下塑性变形的方法	塑性变形测定的基本规定、原理、设备、试验样品、压缩及拉伸下测定过程、计算、测试报告	BS 410，BS 812- 102，BS 6319- 1，BS 6319- 2，BS 6319- 7，BS 308- 3，BS 1610- 2，BS 1881- 115，BS 1881-206
258	BS 6319-12：1992（2012）	建筑用树脂和聚合物/水泥组合物测试：热膨胀系数和无限制线性收缩量测量方法 Testing of Resin and Polymer/Cement Compositions for Use in Construction. Methods for Measurement of Unrestrained Linear Shrinkage and Coefficient of Thermal Expansion	用于薄膜层的补丁修复及表面处理的材料，其骨料直径不大于 3mm 的测量	无限制收缩量的测试原理、测量工具、数据计算及报告内容、热膨胀率的测试原理、测量工具、数据计算	BS 6319- 1，BS 6319- 10
259	BS 6349-1-1：2013	海工建筑物：总则 Maritime Works. General. Code of Practice for Planning and Design for Operations	适用于位于海岸或接近海岸的建筑工程	海工建筑方面的标准总则、环境因素、操作注意事项、海洋因素、负荷、运动和震动因素、岩土工程和工程材料	BS 6349-1，BS 6349-1-3，BS 6349-4，BS 6349-8，BS EN 1990，BS EN ISO 14001，BS 6349-1-2，BS 6349-1-4，BS 6349-2，BS 6349-3，BS 6349-5
260	BS 6349-2：2010（2015）	海工建筑物：码头岸壁，码头和系船柱的设计规程 Maritime Works. Code of Practice for the Design of Quay Walls，Jetties and Dolphins	适用于码头建筑物，如码头岸壁、码头和系船柱的设计	码头设计总则、靠泊机构总体设计、码头负载、码头建筑物的墙面板、重力墙、吊顶结构、系船柱、滚动上/下终端码头、行人通道	BS 4211，BS 4592，BS 5395-1，BS 6031，BS 6349-1，BS 6349-4，BS 6349-5，BS 6349-8，BS EN 1537，BS EN 1538，BS EN 1991，BS EN 1992

续表

序号	标准号	标准名称	针对性	主要内容	相关参考文献
261	BS 6349-3：2013	海工建筑物：船坞、船闸设计规程 Maritime Works. Code of Practice for The Design of Shipyards and Sea Locks	适用于位于、接近海洋岸边的海工建筑物的设计	干船坞、船闸、滑台和造船用船台、船吊及船坞与闸门的设计及特征	BS 6349-1-3，BS 6349-2，BS 6349-4，BS EN 1991-1-4，BS EN 1992，BS EN 1993，BS EN 1997，BS EN 13001，BS 6349-1-1，BS 6349-1-2，BS 6349-1-4
262	BS 6349-4：2014	海工建筑物：护舷和系泊装置设计规程 Maritime Works. Code of Practice for Design of Fendering and Mooring Systems	主要适用于商业用途的船只，给出护舷类型、护舷系统和布置、系泊装置和绳索及结构布置的设计导则	护舷、系泊设备	ASTM F2192/05，BS 6349-1，BS 6349-1-1，BS 6349-1-4，BS 6349-2，BS EN 1993，BS EN 1995，BS EN 60079-10-1，BS ISO 17357
263	BS 6349-5：1991（2011）	海工建筑物：疏浚和陆地填筑规范 Maritime Structures. Code of Practice for Dredging and Land Reclamation	主要适用于在疏浚和陆地填筑工程中，使用水上机械设备疏浚的工程	现场勘察、影响疏浚工程的因素、疏浚设备的特性和选择、基建性疏浚、维护性疏浚、陆地填筑和海滩补给、岩石疏浚、环境因素、疏浚操作的现场控制、工程量测量	BS 812-1，BS 812-102，BS 812-105，BS 1377-2，BS 1377-3，BS 1377-4，BS 1377-7，BS 1377-8，BS 1377-9，BS 5228-1，BS 5607，BS 5930，BS 6031
264	BS 6349-7：1991（2011）	海工建筑物：防波堤设计和施工导则 Maritime Structures. Guide to The Design and Construction of Breakwaters	适用于防护港口及海水进水口等建筑物免受波浪作用的防波堤的设计和施工，涉及几种主要型式防波堤	工程平面布置、防波堤结构的总体设计、斜坡式防波堤、直立式防波堤、混合式防波堤	BS 410，BS 812-2，BS 812-110，BS 5328-1，BS 6031，BS 6349-1，BS 6349-2，BS 6906，BS 8004，BS 8110-1
265	BS 8000-1：1989（2012）	建筑现场工艺：开挖和填筑实施规程 Workmanship on Building Sites. Code of Practice for Excavation and Filling	推荐建筑施工现场常用的开挖和填筑基本工艺	设备物资及准备工作、开挖和填筑、相关附表附图	BS 6031，BS 6100：Section 1.0，BS 6100：2.2.2
266	BS 8000-2.1：1990（2009）	建筑现场工艺：混凝土作业实施规程-混凝土的拌和和运输 Workmanship on Building Sites. Code of Practice for Concrete Work. Mixing and Transporting Concrete	推荐建筑施工现场常用的混凝土拌和和运输的基本工艺	材料及现场处理、天气条件、拌合、现场混凝土运输	BS 5328-1，BS 5328-2，BS 5328-3，BS 5328-4，BS 8000-1，BS 8000-2，BS 8000：Section 2.2，BS 8000-3，BS 8000-4，BS 8000-5，BS 8000-6，BS 8000-7
267	BS 8000-2.2：1990（2010）	建筑现场工艺：混凝土作业实施规程—现浇和预制混凝土现场作业 Workmanship on Building Sites. Code of Practice for Concrete Work. Sitework With in Situ and Precast Concrete	推荐建筑施工现场现浇和预制混凝土的施工工艺	物资处理及准备、现浇混凝土、模板及钢筋、预制件及相关附图表	BS 1881，BS 4466，BS 5606，BS 5975，BS 6100-1.3.1，BS 6100-1.3.3，BS 6100-6.2，BS 8000-2.1，BS 8000-9，BS 8110-1

续表

序号	标准号	标准名称	针对性	主要内容	相关参考文献
268	BS 8000-3：2001（2013）	建筑现场工艺：圬工实施规程 Workmanship on Building Sites. Code of Practice for Masonry	推荐圬工结构施工现场基本工艺	施工材料的处理和准备、储存、砖/砌块墙体的总则、分缝与勾缝、铺设防潮层、空腔墙体等	BS 1199 and 1200，BS 3921，BS 5268-5，BS 5606，BS 5628，BS 6100-1，BS 6100-5，BS 6676-2，BS 8104，BS 8215，BS 8221
269	BS 8000-0:2014	施工现场工艺：总则 Workmanship on Construction Sites. Introduction and General Principles	给出施工现场工艺总则，包括容差、精度、配合、材料准备、关联性、健康与安全	材料处理与准备、应用与存放、防潮层、屋顶隔热及防结露层、沥青屋顶、屋顶和沥青的表面防护	BS 5606，BS 8895-1
270	BS 8006-1：2010	加固土/加筋土和其他填充料的实施规程 Code of Practice for Strengthened/Reinforced Soils and Other Fills	对土料本身或者用作填充物的加固技术应用提出了指导和推荐	材料、试验、设计原则、墙体和拱座、加强斜坡、在较差地基上布置加固土基础的路堤、施工和维护	BS 1377-3，BS 1377-7，BS 1377-8，BS 1377-9，BS 1449-1，BS 2569，BS 3416，BS 3692，BS 4147，BS 4164，BS 4449，BS 5930＋A1
271	BS 8008：1996＋A1：2008	用于打桩和其他目的机械钻孔竖井施工和下钻的预防措施和程序 Safety Precautions and Procedures for the Construction and Descent of Machine-Bored Shafts for Piling and Other Purposes	给出需要较矮人员进入的机械钻孔竖井的安全预防措施和程序，钻孔直径不小于750mm	现场调查、安全预防计划、人员及培训、设备与装置、安全操作	BS 5240，BS 5930，BS 6100，BS 6941，BS 7121-1，BS EN 361，BS EN 1497，BS EN 45544，BS EN 50104，BS EN 61779
272	BS 8102：2009（2014）	地下建筑物地面防水实施规程 Code of Practice for Protection of Below Ground Structures Against Water From the Ground	通过涂防水漆、防水施工和布置排水洞等方式处理及防止水通过表面进入地面之下的建筑物	防水设计与施工规程、各种止水材料密封系统（沥青膏、沥青板、内部水泥荡面、聚氨酯树脂和自粘橡胶沥青防水膜）、止水带	BS 743，BS 5930，BS 6100-3，BS 8004，BS 8204-1，BS 8747，BS EN 1504，BS EN 1992，BS EN 1993，BS EN 1993-5，BS EN 1997，BS EN 10210
273	BS 8103-1：2011	低层建筑物结构设计：房屋稳定性，现场调查，预制混凝土底板和地板的实施规程 Structural Design of Low-Rise Buildings. Code of Practice for Stability，Site Investigation，Foundations，Precast Concrete Floors and Ground Floor Slabs for Housing	适用于低层建筑物的结构设计，涵盖结构稳定性和之间的连接、现场察勘、基础及地板，不住人的单层仓库	结构稳定性、结构之间的连接、现场察勘、基础及地板	BS 8000-2.2，BS 8500-1，BS 8500-2，BS EN 845-1，BS EN 1991-1-1，NA to BS EN 1991-1-1，BS EN 1992-1-1

续表

序号	标准号	标准名称	针对性	主要内容	相关参考文献
274	BS 8103-2：2013	低层建筑物结构设计：房屋砖砌墙实施规程 Structural Design of Low-Rise Buildings. Code of Practice for Masonry Walls for Housing	适用于低层建筑物的水平防潮层之上的墙及地面层至顶层间的传统结构墙	应用领域、材料和组件、与墙相关因素、水平横向支撑屋顶和地板、砌体烟囱、护墙	BS 4729，BS 6100，BS 8103-1，BS 8103-3，BS EN 771，BS EN 772-1，BS EN 845-1，BS EN 845-3，BS EN 998-2，BS EN 1991-1-1，BS EN 1996-1-1，BS EN 1996-2
275	BS 8103-3：2009（2014）	低层建筑物结构设计：房屋木地板和屋顶实施规程 Structural Design of Low-Rise Buildings. Code of Practice for Timber Floors and Roofs for Housing	适用于木质构件的固定和与砖墙的连接等，用于民用的房屋和公寓及非居住的单层建筑	材料、地板铺设、木材构件间的跨度、木材加工的开槽、钻孔和铣边、桁架椽屋顶、平屋顶装饰用木材、胶合板或刨花板、组装、材料的耐久性	BS 1202-1，BS 1210，BS 1297，BS 4190，BS 4320，BS 4978，BS 5268-3，BS 5534，BS 5628-3，BS 6100-3，BS 8103-1，BS 8103-2，BS 8417，BS EN 300
276	BS 8104：1992（2013）	评估暴露墙体承受风雨程度的规程 Code of Practice for Assessing Exposure of Walls to Wind-Driven Rain	提供了两种评估建筑物暴露墙体承受风雨强度的测量方法	应用方式、评估方案选择、试验程序、流程	BS 5618，BS 5628-3，BS 6399-2
277	BS 8219：2001＋A1（2013）	屋顶板和护壁板安装规范 Installation of Sheet Roof and Wall Coverings. Profiled Fibre Cement. Code of Practice	适用于各种形状墙板和屋顶板的设计和施工，涉及耐候性、耐久性、热绝缘、火灾危险性及维护建议	屋顶板、护壁板、覆层、波纹板、纤维、水泥、安装、固定	BS 5250，BS 5427-1，BS 6100-1.3.2，BS 6399-1～BS 6399-3，BS EN 494
278	BS 8221-1：2012	建筑物的清洁和表面修补实施规程：天然石材，砖，陶瓦和混凝土 Code of Practice for Cleaning and Surface Repair of Buildings. Cleaning of Natural Stone，Brick，Terracotta and Concrete	天然石，砖，陶瓦和混凝土表层的清洁和修补	建筑物维护、清洁、修缮，天然石材，砖，陶瓦和混凝土，清洁材料，清洁设备，清洗，机械清洗，化学清洗，工作安全	BS 1139-2，BS 1139-4，BS 2482，BS 6037，BS 6100-5，BS 6100-6，BS 8221-2，BS EN 39，BS EN 1004，BS EN 12811-1，BS EN 15898，BS 3761
279	BS 8500-1：2006＋A1：2012	混凝土：混凝土材料选择及分类导则 Concrete-Method of Specifying and Guidance for the Specifier	适用于混凝土材料选择及特定拌合物的分类，给出取样、强度试验的方法	混凝土和水泥技术、成分、生产、水泥、骨料、等级、工作环境、劣化、侵蚀、钢筋、氯化物、耐久性、抗压强度、试验方法	BS 8500-2，BS EN 206-1，BS EN 206-1/A1，BS EN 206-1/A2，BS EN 12350-1，BS EN 12350-2
280	BS 8591：2014	警报系统远程接收中心：规程 Remote Centres Receiving Signals from Alarm Systems. Code of Practice	适用于警报系统远程接收，涵盖有人和无人值守中心设施的规划和建设	规划、施工和设施、警报接收中心的操作、记录、应急计划	BS 476，BS 5306-3，BS 5306-8，BS 5839-1，BS 6132，BS 6133，BS 7858，BS 8418，BS 8484，BS EN 3-7＋A1，BS EN 12845，BS EN 13501-2

续表

序号	标准号	标准名称	针对性	主要内容	相关参考文献
281	BS 594987：2015	道路和其他铺砌区用沥青—运输、铺砌、压实规范和型式试验协议规范 Asphalt for Roads and Other Paved Areas. Specification for Transport，Laying，Compaction and Product-Type Testing Protocols	规定沥青混合料从离开拌和厂到铺筑路面期间的运输、铺筑及压实要求，包括为保证基底符合铺筑沥青、结合层及黏结层所需的场地准备工作要求	铺筑现场的准备、铺筑、沥青、骨料、热压地沥青用碎石、基层、面层、层厚、接缝、压实	BS 598-1，BS 1707，BS 2000-223，BS EN 932，BS EN 933-1，BS EN 1426，BS 2000，BS EN 1427，BS EN 12272-1，BS EN 13036-1，BS EN 13036-7

第三节 美国混凝土协会标准（ACI）

美国混凝土协会（ACI）是一个非盈利性的技术和教育组织，是混凝土技术的世界领先权威之一。ACI 致力于有关混凝土和钢筋混凝土结构设计、建造和保养技术的研究，其标准的分类是以制定标准的技术委员会的代号为分类号的，代号分配情况如下：

100——概述；

200——混凝土材料和属性；

300——设计和施工；

400——混凝土配筋和结构分析；

500——特殊应用和修复。

各委员会均被赋予特定的数字，机构内的每一标准都会带有一个含有连字符的数字。委员会报告同样也使用含有连字符的数字进行区别，但会额外多一个字母“R”，以表示其是一项报告，而不是一项标准。

美国混凝土协会（ACI）每三年发布一次技术委员会文件目录，本次收录的信息摘自其 2015 版目录。

美国混凝土协会标准（ACI）

序号	标准号	标准名称	针对性	主要内容	相关参考文献
1	ACI 117M-10	混凝土结构和材料公差规范及注释 Specification for Tolerances for Concrete Construction and Materials and Commentary	提供混凝土施工公差； 为编写标准时确定混凝土施工公差提供参考	基础、建筑物现浇混凝土、预制混凝土、砌体结构、现浇垂直滑模结构、除建筑以外的大体积混凝土结构、渠道衬砌、虹吸管及涵洞、现浇桥梁、路	ACI：117R

续表

序号	标准号	标准名称	针对性	主要内容	相关参考文献
1				面及人行道、烟囱和冷却塔、现浇素混凝土管	
2	ACI 121R-08	符合 ISO9001 的混凝土施工质量管理体系 Guide for Concrete Construction Quality Systems in Conformance with ISO 9001	为混凝土施工项目和实施质量体系提供导则	适用范围和目的，质量体系管理；质量计划；质量手册	ISO：9001
3	ACI 122R-02	混凝土和圬工工程热特性导则 Guide to Thermal Properties of Concrete and Masonry Systems	提出有关混凝土和砌块成分、砌块及形成建筑物构件的材料和产品的热特性。考虑混凝土和圬工建筑热性能，限制拌和物凝固	混凝土、骨料和水泥浆的导热系数；墙系统的热阻稳态计算方法；热量数量及其对建筑施工的影响；热性能；冷凝控制	ASTM：C 177、C 236、C 976、E 408、E 434、E 917
4	ACI 201.1R-08	目测检查已建结构物混凝土的导则 Guide for Conducting a Visual Inspection of Concrete in Service	编写已建结构物混凝土状况报告的指南	简介：简要说明适用范围； 检查表；定义及相关照片：采用照片分类展示混凝土缺陷种类	ACI：116R、311.1R、201.2
5	ACI 201.2R-08	耐久混凝土导则 Guide to Durable Concrete	用于分析影响混凝土耐久性的因素，并提出防止侵害的措施	冻融、积极的化学接触、磨损、金属腐蚀、骨料的化学反应、混凝土修复、使用加强混凝土耐久性的防护系统，不涉及混凝土的防火性	ACI：116R、201.1R、201.3R、207.1R、207.2R、210R、211.1、212.3R、213R、216R、221R、222R、224R、224.1R ASTM：C33、C88、C94、C138、C 150、C 173、C227、C231、C260、C289、C 295、C 309、C 330、C 342、C 441、C 452、C 457、C494
6	ACI 207.1R-05	大体积混凝土 Mass Concrete	适用于传统浇筑和硬化的大体积混凝土，不适用于碾压混凝土	大体积混凝土实践的发展，材料要求及混凝土配合比、性能、施工方法与设备和水化热反应	ACI：116R、201.2R、207.2R、207.4R、207.5R、209R、210R、211.1、212.3R、221R、224R、226.1R、226.3R、304R、304.2R、304.4R、305R、306R、309R、 ASTM：C94、C125、C150、C260、C494、C595、C 618、C 684、C 989

续表

序号	标准号	标准名称	针对性	主要内容	相关参考文献
7	ACI 207.2R-07	温度及体积变化对大体积混凝土开裂影响报告 Report on Thermal and Volume Change Effects on Cracking of Mass Concrete	适用于大体积混凝土及大体积钢筋混凝土构件和结构设计	混凝土发热量与体积变化对设计的影响，大体积钢筋混凝土构件和结构的性状，限制裂缝的影响，控制浇筑温度、混凝土强度要求、水泥的种类和细度对体积变化的影响	ACI：116R、207.1R、207.4R、223-83、224.1R、305R、306R、318R、350 ASTM：C 496、C 186
8	ACI 207.3R-94	已建大体积结构物中混凝土工作条件的评估规程 Practices for Evaluation of Concrete in Existing Massive Structures for Service Conditions	适用于常规方法浇筑或碾压方法浇筑的混凝土。目的：描述在运行条件下，大体积混凝土的评估方法；提出可能影响混凝土性能的物理性变化的检测程序	侧重用于评估已建大体积结构物混凝土	ACI：116R、201.1R、201.2R、210R、221R、222R、224.1R、228.1R、437R、504R ASTM：C33、C42、C215、C457、C469、C597、C666、C803、C805、C823、C1084
9	ACI 207.4R-05	大体积混凝土冷却和保温系统 Cooling and Insulating Systems for Mass Concrete	总结混凝冷却和保温系统，为各类混凝土结构控制温度裂缝的设计和施工程序的选择与应用提供导则	材料预冷、通过埋设管道对现浇混凝土后期冷却、表面隔离；胶凝材料、骨料、化学添加剂等材料的选择	ACI：207.1R、207.2R、207.5R、212.2R、305R、306R、 ASTM：C 150、C 494、C 512、C 595、C 618 美国陆军工程兵团：CRD-C 36、CRD-C 38、CRD-C 39、CRD-C 44 美国垦务局：混凝土手册
10	ACI 207.5R-11	大体积碾压混凝土 Roller-Compacted Mass Concrete	适用于碾压混凝土结构设计与施工，应采取应对措施处理胶凝材料的水化热和伴随的体积变化，以减少混凝土开裂	材料混合比、属性、设计考虑，施工和质量控制等方面	ASTM：C 33、C 94、C 150、C 172、C 260、C494、C 512、C618、C 666、C 684、C 1040、C 1078、C 1079、C 1138、C 1170、C 1176、C 1557、D 5982 美国陆军工程兵团：CRD-C 36、CRD-C 39、CRD-C 44、CRD-C 48、CRD-C 53、CRD-C 55、CRD-C 71、CRD-C 89 ACI：116、201.2R、207.1R、207.2R、207.4R、211.3R、221R、304R、304.4R、305R、306R、308、325.1R、SP-2

续表

序号	标准号	标准名称	针对性	主要内容	相关参考文献
11	ACI 209R-92（Reapproved2008）	混凝土结构蠕变、干缩和温度效应预测 Prediction of Creep，Shrinkage，and Temperature Effects in Concrete Structures	适用于钢筋混凝土结构和预应力钢筋混凝土结构	解决混凝土体积变化问题的方法	ACI- 318M、435、444
12	ACI 210R-93（Reapproved 2008）	水工建筑物混凝土侵蚀 Erosion of Concrete in Hydraulic Structures	适用于水工建筑物，提供预防和减少混凝土腐蚀的方法和修复处理方法	水工结构腐蚀的原因，空蚀、磨损和化学侵蚀状态；设计配比、材料选择、质量控制、环境和其他因素对混凝土耐腐蚀性的作用	ACI：117、201.1R、548.1R ASTM：A167 C150 C884 美国工程兵团：CRD-C 63-80
13	ACI 211.1-91（Reapproved 2009）	选择常规、重型、大体积混凝土配合比的规程 Standard Practice for Selecting Proportions for Normal Heavyweight，and Mass Concrete	适用于常规、重型、大体积和超重混凝土	描述两种选择和调整（有或没有添加剂、或者火山灰的）常重或超重混凝土配合比的方法	ACI：116R、345 ASTM：C29、C33、D75
14	ACI 211.2-98（Reapproved 2004）	选择轻型结构混凝土配比的规程 Standard Practice for Selecting Proportions for Structural Lightweight Concrete	适用于结构及轻型混凝土骨料（包括轻型和常重骨料混合的类型）和轻型结构混凝土	通过实例描述和理论计算，提供选择和调整轻型混凝土配比的两种方法	ACI：117、202.2R、211.1 ASTM：C29、C143、C567
15	ACI 211.3R-02（Reapproved 2009）	选择干硬性混凝土配合比的导则 Guide for Selecting Proportions for No-Slump Concrete	适用于指导坍落度为 0～1 的混凝土配合比	干硬性混凝土稠度测试方法，指导配合比的选择，根据试拌进行配合比调整	AASHTO：M6、M80 ACI：201、211.1、207.5R ASTM：C29、C31、C33、C39
16	ACI 211.4R-08	采用硅酸盐水泥和胶结料的高强度混凝土配合比的选择导则 Guide for Selecting Proportions for High-Strength Concrete Using Portland Cement and other Cementitious Materials	适用于使用常规材料和工艺生产的高强度混凝土，不适用于添加硅粉以及高炉矿渣的情况	高强度混凝土配合比的选择方法和通过试拌优化的方法，并提供实例	ACI：211.1、212.3R、214、226.1R、301、318、363R ASTM：C29、C33、C39、C94、C494、C618、C917
17	ACI 211.5R-14	提交混凝土配合比的导则 Guide for Submittal of Concrete Proportions	提供信息，指导提交和评估混凝土材料和配合比	列出承包商提交混凝土材料、拌和过程、配合比等应遵循的标准，给出提交混凝土配合比的样表	ACI：104R、116R、201.2R ASTM：C29、C31、C33、C39

续表

序号	标准号	标准名称	针对性	主要内容	相关参考文献
18	ACI 212.3R-10	混凝土用化学添加剂 Chemical Admixtures for Concrete	介绍各种类型添加剂的用途和特性、拌制和使用方法	5 种混凝土添加剂（加气、速凝、减水、增加流动性、其他用途）对混凝土特性的影响，拌制和使用、配合比以及混凝土控制	ACI：116R、201.2R、211.2 ASTM：C94、C114、C666
19	ACI 212.4R-10	混凝土高效减水剂使用导则 Guide for the Use of High-Range Water-Reducing Admixtures （Superplasticizers） in Concrete	高效减水剂对混凝土特性的影响及其应用	高效减水剂作用，对新拌制混凝土及其凝固后特性的影响，不同结构混凝土中减水剂的典型应用，高效减水剂使用时的质量控制	ACI：201.2R、211.1、212.3R ASTM：C157、C494、C1017
20	ACI 213R-14	轻型结构混凝土骨料导则 Guide for Structural Lightweight Aggregate Concrete	轻型混凝土结构	轻型混凝土的应用和定义，轻型混凝土的特性、配合比、拌制生产，各种适用结构	ACI：211.1、225R、301 ASTM：C31、C143、C512、C666
21	ACI 214R-11	混凝土强度试验结果评估导则 Evaluation of Strength Test Results of Concrete	混凝土强度评估	混凝土强度特性，测试、强度数据分析方法以及相关标准	ACI：301、318 ASTM：C31、E178 AASHTO TP23 BS 5703-3
22	ACI 215R-92 （Reapproved 1997）	承受疲劳荷载的混凝土结构的设计考虑 Considerations for Design of Concrete Structures Subjected to Fatigue Loading	适用于受疲劳荷载的混凝土结构	混凝土材料（素混凝土、钢筋、焊接钢筋网片及预应力钢筋束）在疲劳荷载下的特性	ACI：301、318 ASTM：A 416、A 421、A 615、A722 AWS：D1.4-79
23	ACI 216.1M-07	确定混凝土和圬工建筑物部件耐火性的规程 Code Requirements for Determining Fire Resistance of Concrete and Masonry Construction Assemblies	适用于混凝土结构和砌块工程包括墙体、地板、顶板、梁柱等	分析混凝土和圬工结构材料和结构本身的耐火性，提供耐火性的标准	ACI：318、530 ASTM：A722、C33、C126、C216
24	ACI 221R-96 （Reapproved 2001）	混凝土中普通骨料和重骨料的应用导则 Guide for Use of Normal Weight and Heavyweight Aggregates in Concrete	适用于设计人员规范混凝土骨料的特性，混凝土使用者了解骨料特性对混凝土的影响；只适用于天然骨料、破碎料、气冷炉渣和重骨料	骨料特性对混凝土强度的影响；骨料质量控制；骨料的循环再利用；重骨料混凝土用途和提供、堆放及拌制	AASHTO：T 103、T260 ACI：116R、201.2R、211.1 ASTM：C29、C1252、D4791 美国工程兵团：CRD-C-71

续表

序号	标准号	标准名称	针对性	主要内容	相关参考文献
25	ACI 221.1R-98（Reapproved 2008）	碱骨料反应的现状报告 State-of-the-Art Report on Alkali-Aggregate Reactivity	适用于控制和减少混凝土中碱骨料所造成的危害	碱骨料反应的危害；通过限制湿度、选择骨料和选择水泥等方式控制碱骨料反应的方法；评估潜在碱骨料反应的方法	ACI：201.1R、201.3R、207.3R ASTM：C33、C150、C227、C342
26	ACI 222R-01（Reapproved 2010）	防止混凝土金属腐蚀的保护措施 Protection of Metals in Concrete Against Corrosion	适用于混凝土结构中的金属，尤其是钢筋的防腐蚀	混凝土中钢筋腐蚀的原理，新建结构中钢筋防腐蚀方法，评估腐蚀环境的方法，修复	AASSHTO：T24、T260、T277、TP-36 ACI：201.2R、222.1、224R、228.2R、318R ASTM：C42、C597
27	ACI 223R-10	收缩补偿混凝土应用导则 Guide for the Use of Shrinkage-Compensating Concrete	适用于收缩补偿结构混凝土，不适用于自加压膨胀水泥混凝土	收缩补偿混凝土的应用；水泥骨料和水以及添加剂的使用；混凝土配合比；施工和养护	ACI：116R、201.2R、211.1 ASTM：C150、C309、C878
28	ACI 224R-01	混凝土结构开裂控制 Control of Cracking in Concrete Structures	适用于控制混凝土结构裂缝的设计、施工前裂缝预防、过程中裂缝控制以及施工后裂缝处理	混凝土裂缝机制；控制干燥收缩引起的裂缝、弯曲引起的裂缝、混凝土遮盖物的裂缝、整体结构混凝土裂缝、混凝土结构中正常裂缝	AASHTO：T 176 ACI：116R
29	ACI 224.1R-07	混凝土结构裂缝起因、评估和修复 Causes，Evaluation and Repair of Cracks in Concrete Structures	评估混凝土结构的裂缝，预防和修复结构裂缝和混凝土开裂	开裂的原因和控制、裂缝评估、裂缝修复	
30	ACI 224.2R-92（Reapproved 2004）	混凝土构件受拉开裂 Cracking of Concrete Members in Direct Tension	受拉混凝土结构裂缝的预防和施工	裂缝产生原因，裂缝预报，轴向裂缝的影响，正向拉伸对开裂的影响	ACI：209R、223、224R、224.1R、302.1R、318、350R、544.1R ASTM：C78、C293、C496
31	ACI 224.3R-95（Reapproved 2013）	混凝土中的接缝 Joints in Concrete Construction	混凝土结构设计与施工中的接缝和混凝土结构缝的处理	粘结材料和接缝技术；房建、桥梁的结构缝；平板和路面结构缝；渠道、管道缝；墙体结构缝；盛放液体结构的接缝；大体积混凝土结构缝	ACI：207.1R、209R、223、224R、302.1R、311.1R、318、325.7R、330R、350R、360R、504R、504.1R ASTM：C14、C76、C150、C361、C443、C595、C877、D994、D1751、D1752、D2240 AWWA：C300、C301、C302、C303

续表

序号	标准号	标准名称	针对性	主要内容	相关参考文献
32	ACI 225R-99（Reapproved 2009）	水硬性水泥的选择和应用导则 Guide to the Selection and Use of Hydraulic Cements	化学和矿物添加剂及环境对水泥的影响，水泥对混凝土特性的影响	水泥种类和有效性；水泥化学性质；化学物质和矿物质对水泥性能的影响；周边环境因素的影响；水泥对混凝土的影响	AASHTO：M-85、M-240
33	ACI 228.1R-03	现浇法评估混凝土强度 In-Place Methods to Estimate Concrete Strength	现浇混凝土的设计、试验和施工	评估方法；典型实验结果的统计；强度发展；现浇混凝土检测；结果的解释和报告；现浇混凝土现场检查	ASTM：C 31、C 39、C 42、C 192、C 511、C 597、C 803、C 805、C 823、C 873、C 900、C 1074、C 1150、E 105、E 122、E 178
34	ACI 228.2R-13	评估混凝土结构的无损检验方法 Nondestructive Test Methods for Evaluation of Concrete in Structures	结构混凝土的无损检验	无损检验方法：目测法、应力波检测、核子检测、电磁法、渗入法、红外检测、雷达检测	AASHTO：T 259 BS 1881：Part 204、Part 205、Part 207、Part 5 CSA-A23.2-M94
35	ACI 229R-13	受控低强度材料 Controlled Low-Strength Materials	受控低强度材料是一种自压实的胶结材料，主要用作回填	适用性，材料，性能，配合比，拌和、运输和铺设，质量控制，低密度预成型泡沫	ACI：116R、211.1、230.1R、232.2R、304.6R、325.3R、523.1R ASTM：C 33、C 94、C 138、C 143、C 150、C 403、C 595、C 618、C 796、C 869
36	ACI 230.1R-09	水泥土现状报告 Report on Soil Cement	水泥稳定土的应用	应用，材料，性能，混合性能，施工，质量控制检查	ACI：207.5R ASTM：C 42、C 150、C 595、C618、D558、D559、D560、D 1556 D 1557、D1632、D1633、D1635、D2167、D2901、D 2922、D3017、D4318
37	ACI 232.1R-12	天然火山灰或加工过的火山灰在混凝土中的应用 Report on Use of Raw or Processed Natural Pozzolans in Concrete	添加火山灰的混凝土的应用	天然火山灰对混凝土的影响；规范、试验方法、质量控制、质量保证；火山灰混凝土的生产和应用	ACI：116R、201.2R、207.1R、211.1、212.3R、212.2R、225R、229R、232.2R、234R、304.1R、308 S、318 ASTM：C 109、C 150、C 151、C 185、C 227、C 270、C 311、C441、C 595、C 618、C 1012、C 1157 AASHTO：M 295、T 259、A 23.5

续表

序号	标准号	标准名称	针对性	主要内容	相关参考文献
38	ACI 232.2R-03	混凝土中粉煤灰的应用 Use of Fly Ash in Concrete	添加粉煤灰的混凝土的设计和施工	粉煤灰的成分；粉煤灰对混凝土性能的影响；混凝土拌和物的配合比；掺粉煤灰混凝土的施工；粉煤灰的其他用途	ACI：116R、201.2R、207.5R、210R、211.1、212.3R、212.4R、229R、230.1R、304、308、318、363R ASTM：C 14、C 76、C 109、C 115、C 151、C 157、C 185、C 188、C 204、C 227、C 289、C 361、C 412、C 430、C 441、C 478
39	ACI 233R-03（Reap p roved 2011）	混凝土和砂浆中的矿渣水泥 Slag Cement in Concrete and Mortar	胶凝材料高炉矿渣在混凝土设计和施工中的应用	高炉矿渣的储存、运输和拌和；高炉矿渣混凝土配合比；新鲜混凝土特性；硬化混凝土特性	ACI：116R、211.1、212.2R、304R、308 ASTM：C 94、C 109、C 162、C 186、C 227、C 595、C 666、C 989、C 1012、C 1073
40	ACI 234R-06	混凝土硅粉应用导则 Guide for the Use of Silica Fume in Concrete	硅粉混凝土设计和施工	硅粉的物理性质和化学性质；硅粉对水泥浆影响；硅粉对新浇筑混凝土、硬化混凝土性能的影响；硅粉的应用；硅粉混凝土配合比和性能参数；现场使用硅粉	AASHTO：M 307-90、T 277、234R ACI：116R、211.1、304 R、305R、306R、308、309R、363R、517.2R ASTM：C 94、C 204、C 227、C 309、C 311、C441、C494
41	ACI 301-10	混凝土结构规范 Specifications for Structural Concrete	混凝土结构设计和施工	一般要求；模板和配件；加固和支撑；混凝土拌和；处理、放置和构造；结构混凝土；轻质混凝土；大块混凝土；预应力钢筋混凝土；不收缩混凝土	ACI：117R、201.2R、207.2R、211.1、222R、223、225R、228.1R、302.1R、303R、303.1、305R、306.1、308、311.1R、311.4R、311.5R、318R、347R ASTM：C 441、D 1557
42	ACI 302.1R-15	混凝土楼板和板施工导则 Guide for Concrete Floor and Slab Construction	混凝土楼板和板施工	混凝土板类别；现场准备和铺设环境；材料；混凝土性能和稳定性；混凝土配合比、拌和和运输；铺设，加固和修正；养护、保护和接缝填充	AASHTO：M 182、T 26 ACI：116R、117、201.2 R、211.1、211.2、302.1R、211.3、212.3R、212.4R、222R、223、224R、224.1R、224.3R、226.1R
43	ACI 303R-12	现浇建筑混凝土导则 Guide to Cast-In Place Architectural Concrete Practice	现浇建筑混凝土	建筑混凝土关于重要的材料、模板、混凝土浇筑、养护、外加的处理、检验和最终产品的效果一般要求的大纲	

续表

序号	标准号	标准名称	针对性	主要内容	相关参考文献
44	ACI 303.1-97	现浇建筑混凝土规范 Standard Specification for Cast-in-Place Architectural Concrete	建筑混凝土浇筑施工	现浇建筑混凝土；现浇混凝土加固、管线和支撑；混凝土模板；混凝土接缝处理	ASTM：C 920
45	ACI 304R-00（Reapproved 2009）	混凝土计量、拌和、运输和浇筑导则 Guide for Measuring，Mixing，Transporting，and Placing Concrete	混凝土计量、拌和、运输和施工	混凝土材料的控制、储存；计量和分批；拌和和运输；混凝土铺设；制作和预连接、完工；结构和大体积的预装；水下混凝土铺筑；泵送混凝土；混凝土运输	ACI：494、201.2R、207.1R、207.2R、211.1、211.2、212.2R、221R、223R、224R、302.1R、304.2R、304.3R、304.4R、305R、306R、308、3093、11.4R、316R、318、347R、506R ASTM：C33、C94、C127、C150、C172、C173、C231、C138、C143、C595、C637、C638、C685、C845、C937、C938、C939、C943、C953、D 75
46	ACI 304.2R-96（Reapproved 2008）	泵送法浇筑混凝土 Placing Concrete by Pumping Methods	泵送法混凝土施工	泵送设备，泵管和附件，泵送混凝土配合比	ACI：201.2R、211.1、211.2、212.3 R、214、304R、304.5R、311.1R、544.1 R ASTM：C 29、C 33、C 94、C 127、C 128、C 141、C 172、C 260、C 330、C 595、C 618、C 666、C 1018、C1116、C1240
47	ACI 304.3R-96（Reapproved 2004）	重混凝土：计量、拌和、运输和浇筑 Heavyweight Concrete：Measuring，Mixing，Transporting，and Placing	重混凝土施工	计量、拌和、运输、浇筑施工；重混凝土特性；混凝土设备；模板；施工；质量控制	ACI：207.1、207.2R、211.1、212.3、224R、226.3R、301、304R、304.3R、304.1R、309R、311.1R、318、347R ASTM：C33、C39、C94、C150、C 494、C 595、C 618、C 637、C 638、C 937、C 938、C 939、C 940、C 941、C 943、C 953
48	ACI 304.4R-95（Reapproved 2008）	带式输送机浇筑混凝土 Placing Concrete with Belt Conveyors	采用带式输送机浇筑混凝土	设计考虑，支撑的类型和功能，使用范围	
49	ACI 304.6R-09	按体积计量的连续拌制混凝土设备的使用导则 Guide for the Use of Volumetric-Measuring and Continuous-Mixing Concrete Equipment	指导使用按体积计量的连续拌制混凝土设备。采用合适骨料，按体积计量和连续拌制可生产出任何级配的混凝土产品	存储及计量设备；操作注意事项；设备的使用；按体积计量和连续拌制混凝土产品的质量及检测	AASHTO：M 241 ACI：225R、304R、305、306、 ASTM：C94、C138、C143、C173、C231、C685

续表

序号	标准号	标准名称	针对性	主要内容	相关参考文献
50	ACI 305R-10	炎热天气浇筑混凝土 Hot Weather Concreting	减轻炎热天气浇筑混凝土的潜在负面影响的常规做法	炎热天气对混凝土特性的影响；材料和配合比选择；高温对混凝土的影响及操作建议；水、水泥、辅助胶结材料、化学添加剂、骨料、配合比对混凝土特性的影响及控制措施	ACI：116R、201.2R、207.1R、207.2R、207.4R、211.1R、211.2、211R、212.3R、221R、223R、224R、224.3R、225R、226.3R、234R、301、302.1R、304R、306R、308R、309R、311.1R、311.4R、318/318R、363R ASTM：C31M、C156、C172、C192、C309、C494、C595、C618、C989、C1017、C1064
51	ACI 306.1-90（Reapproved 2002）	寒冷天气浇筑混凝土规范 Standard Specification for Cold Weather Concreting	寒冷天气下混凝土浇筑的要求，包括低温下混凝土浇筑前的准备及混凝土防护要求	低温条件下混凝土浇筑要求及规定；保护期内混凝土防冻要求；防护材料要求及实施过程中准备工作、混凝土温度、混凝土养护	ACI：301 ASTM：C31、C150、C494、C803、C873、C900
52	ACI 306R-10	寒冷天气浇筑混凝土导则 Guide to Cold Weather Concreting	在寒冷天气下获得满意混凝土浇筑的要求及措施	混凝土浇筑温度；温度记录，材料温度；浇筑前准备；防冻，保护期限；结构混凝土防护要求；决定混凝土强度的浇筑方法；混凝土防护材料及方法	ACI：201.2R、207.1R、211.1、212.2R、301、302.1R、306.1、308、318、347 ASTM：C 31、C39、C192、C309、C494、C684、C803、C873、C900、C1064、C1074
53	ACI 307-08	钢筋混凝土烟囱的规程及注释 Code Requirements for Reinforced Concrete Chimneys and Commentary	现浇及预制钢筋混凝土烟囱材料、施工及设计要求。提出了确定混凝土和钢筋的设计荷载，适用于圆形烟筒	材料要求，施工要求，工作负荷及总设计标准，烟筒按强度方法设计，热应力方程	ASTM：A615、A617、A706、C33、C150、C309、C595
54	ACI 308R-01（Reapproved 2008）	混凝土养护导则 Guide to Curing Concrete	评价和描述混凝土养护状态并对养护过程提供指导	普通水泥的养护及水化；养护程序要求；养护影响的区域；养护对混凝土特性的影响；养护方法和材料；不同建筑的养护要求；养护监测及养护效果	AASHTO：M148、M182、T26 ACI：116R、201.2R、207.1R、207.2R、207.5R、223、228.1R、232.2R、233R、234R、301、302.1R、303R、305R、306R、306.1、308、308.1、313、318、506.2、523.1R、544.3R、547.1R ASTM：C 33、C 94、C 125、C 156、C 171、C 232、C 309、C 403M、C 418、C 666、C672M、C779、C803M、C 805、C 873、C 900、C 944

续表

序号	标准号	标准名称	针对性	主要内容	相关参考文献
55	ACI 308.1-11	混凝土养护规范 Standard Specification for Curing Concrete	提出混凝土养护的方法，及这些方法对项目的有效性、成本、项目进度影响或其他方面的影响	现浇混凝土构件的养护要求；养护定义；数据提交；质量保证；养护要求；保留水分程序及方法	ACI：306.1 ASTM：C 31、C 39、C 94、C171、C 309、C 1074、C1077、 AASHTO：M 182
56	ACI 309R-05	混凝土凝固导则 Guide for Consolidation of Concrete	混凝土凝固的原理、试验方法以及设备等	混合物凝固效果；凝固方法；振动凝固；振动设备；普通建筑物的振动操作建议；建筑结构混凝土；路面；预制产品；质量控制与检测；实验样品的凝固	ACI：116R、207.1R、207.5R、211.1、211.2、211.3、213.1R、226.1R、226.3R、301、302.1R、303R、304R、304.3R、309R、309.1R、309.2R、309.3R、318、347、544.1R、SP-2 ASTM：C31、C138、C143、C173、C192、C231、C637、C638、C1018、C1170、C1176
57	ACI 309.1 R -08	新浇筑混凝土的振动性状 Behavior of Fresh Concrete During Vibration	适用于新浇筑混凝土振捣流程	新浇筑混凝土流变性影响。混凝土振动的参数、振动方法	ACI：207.1R、207.5R、211.1、211.2、211.3、309 BSI：1881、1970、1971
58	ACI 309.2R-15	成型混凝土表面固结目测效果的识别和控制 Identification and Control of Visible Effects of Consolidation on Formed Concrete Surfaces	适用于成型混凝土表面质量控制	造成瑕疵的因素，表面瑕疵，表面影响最小化，预置骨料混凝土的凝固	ACI：116R、303R、304.1R、309R、309.1R、347R ASTM：C33
59	ACI 309.5R-00（Reapproved 2006）	碾压混凝土的压实 Compaction of Roller-Compacted Concrete	适用于碾压混凝土	湿度与密度关系，混合比例，强度、防水性、耐用性等性能，振动碾压机、小型压缩机、铺路机等设备，大坝和道路的布置，施工控制	ACI：116R、207.5R、211.3R、304R、309R、325.10R ASTM：C39、C42、C78、C172、C469、C496、C566、C1040、C1170、C1176、C1435、D1556、D1557、D2167、D2936、D3017
60	ACI 311.4R-05	混凝土检测导则 Guide for Concrete Inspection	适用于建筑师、工程师、承包商、制造商等	检测定义、功能分类、检测人员和业主责任，建筑师/工程师责任，检测机构责任，承包商责任，制造商责任	ACI：121R、301、305R、306R、311.5、318、363R、363.2 ASTM：C1077、E329、CP8、CP16、CP19

续表

序号	标准号	标准名称	针对性	主要内容	相关参考文献
61	ACI 311.5R-04	混凝土拌和设备检查和预拌混凝土现场试验导则 Guide for Concrete Plant Inspection and Field Testing of Ready-Mixed Concrete	推荐了拌和厂检验的最低技术要求	预拌混凝土设备检测，检测员资格与职责；预拌混凝土检测的定义、资格、检测实验、职责、高强度混凝土检测及报告	ACI：301、318、318R、363.2R、SP-2 ASTM：C31M、C39M、C78、C94M、C138、C143M、C172、C231、C293、C511、C566、C567、C617、C1064、C1077、C1231M
62	ACI 313-97	存储颗粒材料混凝土料仓设计和施工规程 Standard Practice for Design and Construction of Concrete Silos and Stacking Tubes for Storing Granular Materials	适用于储存颗粒材料的混凝土储仓的设计施工	规定水泥、水、添加剂、金属、预制混凝土以及物料实验；混凝土施工要求；各种设计；混凝土工业料仓	ACI：117、214、214.1R、215R、301、305R、306R、308、318、344R-W、347R、506.2、515.1R ASTM：A47、A123、C55、C109、C140、C150、C309、C426、C595、C684、C845、C1019
63	ACI 318M-14	混凝土结构建筑规范 Building Code Requirements for Structural Concrete and Commentary	混凝土结构的最低设计要求和最低施工要求。适用于混凝土结构（包含素混凝土和钢筋混凝土）设计和施工	结构混凝土的材料、设计和施工以及在非建筑结构上的适用部位。已建结构混凝土的强度评估	ACI：332-10、307-08
64	ACI 325.9R-15	混凝土路面和混凝土基础施工导则 Guide for Construction of Concrete Pavements and Concrete Bases	论及混凝土路面和基础施工，包括对施工程序、材料和设备的要求	材料，取样与试验；路基制备和成型；接缝和钢筋的安装；混凝土特性和配合比；早强混凝土；混凝土铺筑和饰面；混凝土养护和保护；冷热天气浇筑混凝土	ACI：212.3R、201.2R、304R、221R 223、225R、226.1R、226.3R、308
65	ACI 325.11R-01	混凝土路面快速铺设技术 Accelerated Techniques for Concrete Paving	快速混合摊铺技术，适用于道路、机场和其他平坦表面的摊铺	外加剂；聚合物；水泥；施工，混凝土路面；养护；快速铺平道路；分级；高速公路；十字路口封缝料，焊接，无损强度测试；温度	ASTM：C 33、C39、C78、C109 ACI：228.1R、305R、306R
66	ACI 325.12R-02	街道和地方道路混凝土路面接缝设计导则 Guide for Design of Jointed Concrete Pavements for Streets and Local Roads	适用于低交通流量的街道和地方道路（简易公路、窄街和住宅道路）分缝混凝土路面	路面厚度、排水，基层/底层材料的综合平衡	ACI：201.2R、209R、211.1、212.3R、225R、232.1R、233R、234R、302.1R、304R ASTM：A 185、A 497、A 615、A 616、A 617、A 706、B 117、C 33、C 78 AASHTO：T-222、M-0173-60

续表

序号	标准号	标准名称	针对性	主要内容	相关参考文献
67	ACI 330.1-14	素混凝土停车场规范 Specification for Unreinforced Concrete Parking Lots and Site Paving	停车场不加筋混凝土路面的最低要求	地面不加筋混凝土停车场路面施工的最低要求，材料、浇筑、养护、接缝处理等	ACI：117 ASTM：C 94、C 309、D 1751、D 1752、A 615、C 94、C 150、C 309、D 1751、D 1725
68	ACI 330R-08	混凝土停车场设计和施工导则 Guide for Design and Construction of Concrete Parking Lots	地面混凝土停车场的设计、施工、运行及维护的导则	现场勘查，确定厚度，接缝及其他细节设计，摊铺工序，施工过程中的质量保证程序，停车场的维护及维修	AASHTO：T 259、T 260 ACI：121R、201.2R、211.1、221R、224.1R、229R、304R、305R、306R、308、311.4R、311.5R、504R、SP-2、 ASTM：A 185、A 497、A 615、A 616M、A 617、A 706、A 802、C 31、C 33、C 78、C 94、C 150、C 260、C 293、C 309、D 698、D 994、D1751、D1752、D1883、D2487、E303、E329
69	ACI 334.1R-92 （Reapproved 2002）	混凝土壳体结构规程和注释 Concrete Shell Structures Practice and Commentary	为混凝土薄壁壳体结构的设计师提供建议	基于目前实践的通用导则，特性设计表格的分析方法和工具。报告第一部分为总体设计建议；第二部分包括设计者感兴趣的数据，反映当前实践	ACI：318
70	ACI 336.1-01	钻孔墩施工规范 Specification for the Construction of Drilled Piers	适用于钻孔墩施工	钻孔墩施工，套管的提交、运输和储存，开悟，土工试验，钢筋绑扎、混凝土浇筑，检验	ACI：311.5、336.3
71	ACI 336.2R-88 （Reapproved 2002）	底座和垫层联合基础的分析和设计程序 Suggested Analysis and Design Procedures for Combined Footings and Mats	承载不止单个立柱或墙荷载的浅基础设计，可用于复式基础（单排 2 个或 2 个以上的柱）或筏型基础的研究和设计	设计概述；土壤结构相互作用；土壤作用力的分布；联合基础；网格基础和承载 2 根以上立柱的柱脚；垫层基础等	ACI：318
72	ACI 336.3R-14	钻孔墩设计和施工 Design and Construction of Drilled Piers	适用于直径大于或等于 30in（760mm）的钻孔，采用在土里先造孔后回填混凝土的墩基础	概述；考虑因素，墩的类型，地质考虑等；墩设计；施工方法；.施工检验和试验	ACI：117、301、318、318.1、336.1、364R

续表

序号	标准号	标准名称	针对性	主要内容	相关参考文献
73	ACI 341.2R-14	混凝土桥梁系统的地震分析和设计 Analysis and Design of Seismic-Resistant Concrete Bridge Systems	适用于遭受强烈地震的混凝土桥梁的分析、建模和设计	总结现行和新的规范；讨论线性和非线性地震分析方法；总结混凝土桥梁地震隔离和一般抗震设计注意事项	AASHTO、公路桥梁规范、1996 年第 6 版 AASHTO、抗震隔离设计规范导则、1991 年版
74	ACI 343R-95（Reapproved 2004）	钢筋混凝土桥梁结构分析与设计 Analysis and Design of Reinforced Concrete Bridge Structures	对钢筋混凝土、预应力以及部分预应力混凝土桥梁设计提供指导，适用于人行桥、公路桥、铁路桥、机场跑道桥以及其他特殊桥梁结构	桥梁要求；材料；设计考虑；荷载和荷载组合；需要考虑的要素；强度设计；工作荷载分析与设计；预应力钢筋混凝土；预制混凝土；钢筋混凝土设计与施工细节	ACI：SP、117、318、207.2R
75	ACI 345R-11	混凝土公路桥面板施工导则 Guide for Concrete Highway Bridge Deck Construction	设计考虑范围、检查、预先分段装配计划、脚手架和模架、加固、混凝土材料和特性、测量与混合、铺设与巩固、完工、修复、施工后养护建议	设计考虑；检查；再建计划；脚手架与模架；钢筋混凝土；混凝土材料与性能；计量与拌和；铺设与加固；完工；养护；后期养护；覆盖	AASHTO：M31、M284、T-26 ACI：117、201.1R、201.2R、211.1、211.2、232.3R、214、221R、222R、223、226.1R、226.3R、304R、305R、306R、308、311.4R、318、325.6R、503.3、504R、515.1R、548.1R ASTM：A615、A775、C33、C94、C150、C191、C231、C260、C309、C330、C403、C682、C685、C806、C845、C878、D3963、E274、E329
76	ACI 345.1R-06	混凝土桥梁的日常维护 Routine Maintenance of Concrete Bridges	针对可能受影响桥梁的各个区域和各种潜在问题	包括桥梁的道路；上部构造；底部构造；道路路径；桥梁斜坡；河道河槽	ACI：201.2R、504R、546.1R
77	ACI 345.2R-13	公路桥梁加宽导则 Guide for Widening Highway Bridges	讨论加宽混凝土桥梁以及有混凝土夹板的桥梁。针对结构类型选择、设计细节以及施工方法和材料给予建议。施工顺序、结构类型、框架细节和其他决定性因素在设计阶段决定。	普通加宽；一般设计考虑；设计与施工细节	ACI：117、211.1、212.1R、221R、304R、305R、306R、308 343R、345R、435.1R、435.2R
78	ACI 346-09	现浇混凝土管规范 Specification for Cast-in-Place Concrete Pipe	现浇混凝土管件的设计和施工	混凝土的一般要求和生产方法；施工准备、生产、修理和现场质量控制	

续表

序号	标准号	标准名称	针对性	主要内容	相关参考文献
79	ACI 347R-14	混凝土模板导则 Guide to Formwork for Concrete	横向与竖向模板的设计标准；设计考虑；模板准备；模板使用；模板材料；特殊结构模板；特殊施工方法模板	设计、施工和材料；装饰用混凝土；桥梁、壳体结构、大块混凝土及地下工程。滑模、预置骨料混凝土、水下浇筑混凝土，预制、预应力钢筋混凝土施工方法	ACI：116R、117、207.1R、224R、301、303R、304.1R、304.2R、305R、306R、309.2R、313、318、332R、344R、347.1R、359 ANSI：A48.1、A48.2、A58.1、A208.1 ASTM：A446、C532
80	ACI 349.2R-07	预埋件设计实例 Embedment Design Examples	适用于预埋件设计	在混凝土半无限体上的单个和多个埋件实例	
81	ACI 350-06/ 350R-06	对环保工程混凝土结构的规程和注释 Code Requirements for Environmental Engineering Eoncrete Structures and Commentary	用于环保混凝土结构的设计指导	混凝土质量、浇筑、成型、嵌入式管道、建筑物连接、加固、分析与设计、力度与可用性、弯曲与轴向荷载、剪扭构件、硬化、混凝土路面、墙壁、地基处理、预制混凝土、预应力钢筋混凝土、壳结构、折板构件、抗震设计	
82	ACI 350.3-06	盛放液体的混凝土结构的抗震设计 Seismic Design of Liquid-Containing Concrete Structures	描述设计盛放液体混凝土结构受地震荷载的过程	承放液体结构；分析与设计的一般标准；地震设计荷载；地震荷载分配；应力；包括地震的土压力；动力学模型	ACI：350、350-01
83	ACI 350.1R-10	环境工程混凝土结构防水性试验规范和注释 Specification for Tightness Testing of Environmental Engineering Concrete Structures and Commentary	适用于现场浇筑的混凝土外壳结构，包括水槽、水库、水池、沟渠等，也适用盛水与废水的结构	渗漏物、水压、防水性、定量标准，防水性测试	
84	ACI 351.1R-12	设备底座与基础之间的灌浆 Grouting Between Foundations and Bases for Support of Equipment and Machinery	适用于载荷传递与维持长期有效的支撑面的浇筑	水泥浆性能；水泥浆材质要求；水泥浆测试；基础设计与细部设计；灌浆准备和过程；硬化与保护；施工与测试	ACI：116R、117、318.318R ASTM：C33、C109、C143、C144、C150、C157、C191、C230、C266、C305、C403、C404、C579、C580、C806

续表

序号	标准号	标准名称	针对性	主要内容	相关参考文献
85	ACI 351.2R-10	静态设备基础 Foundations for Static Equipment	仅限于静态设备基础的施工，不包括涡轮发电机、抽水泵、鼓风机、压缩机、压力机等具有动态操作特性的设备	基础形式；设计标准：加载、设计强度、刚度、稳定度；设计方法：锚定螺栓与剪切设备、轴承压力、底座、压力、桩荷载、地基设计过程；施工：地下准备与改进、基础浇筑容差、模板、施工与施工缝、设备安装	ACI：116R、117、207.1R、207.4R、211.1、225R、307、318.318R、318.1.318.1R、336.2R、336.3R、347R、349、349R、351.1R、355.1R、426R ASTM：A 307、C 33、C 227、C 289、C 295、C 586、C 618
86	ACI 352R-02 （Reapproved 2010）	整体钢筋混凝土结构梁—柱接缝设计推荐规范 Recommendations for Design of Beam-Column Connections in Monolithic Reinforced Concrete Structures	只适用于在连接中正常重量-抗压力度不超过 100MPa 的混凝土	梁柱结合的分类：荷载条件、几何关系；设计考虑：设计力与阻力、临界断面、构件挠曲强度、可用性；标称强度与细部设计	ACI：318、349、408、352 ASTM：A 706、A970、A 970M
87	ACI 352.1R-11	整体钢筋混凝土结构板—柱接缝设计推荐规范 Guide for Design of Slab-Column Connections in Monolithic Reinforced Concrete Structures	性能良好的现场浇筑钢筋混凝土板柱接缝，满足与接缝预期功能相关的适用性、力度、延展性	连接性能、连接种类、测定连接力；分析方法；加固建议：面板钢筋、连接建议、结构完整性、钢筋锚具	ACI：318、318R、423.3R、352 R ANSI：A.58.1
88	ACI 355.2-07	后安装锚杆规范 Qualification of Post-Installed Mechanical Anchors in Concrete and Commentary	描述了后安装锚杆的限制和使用系统测试。 只适用于公称直径大于等于 1/4in（6mm）的锚	锚杆关键特性；测试顺序、测试样本、锚杆安装、开裂混凝土的测试、锚固性能的基本要求；单锚参考张力测试；稳定性测试；锚杆分类	ASTM：C31、C333、C39、C42、C150、C330、E18、E488 ACI：318-02 ANSI：B212.15 ISO/IEC：17025
89	ACI 357R-84 （Reapproved 1997）	近海混凝土结构设计和施工导则 Guide for the Design and Construction of Fixed Offshore Concrete Structures	为在水下环境固定加固与/或预应力混凝土结构设计与施工提供指导，只针对建立在海岸的固定结构	材料、耐久性、死荷载、变形、活荷载、环保、偶然性荷载、分析与设计、基础、施工与安装、检查与修复	ACI：201.2R、207.1R、207.4、213R、305R、306R、318、408.1R、503R ASTM：A706、C 33、C150、C330、C595、C618、C881、D512
90	ACI 357.2R-10	驳船混凝土结构物 Report on Barge-Like Concrete Structures	浮动和固定模式驳船混凝土结构设计、施工和安装的最新经验	结构、工业厂房、流动码头、浮桥、其他结构；材料与耐用性；荷载评估；设计方法；建造；拖吊与安装；维护、检查与修复	ACI：201.2R、207.1R、207.4R、213R、305R、306R、408.1R、318、503R ASTM：A 706、C 33、C 150、C 330、C 595、C 618、C 881、D 512 AWS：D1.1、D1.4

续表

序号	标准号	标准名称	针对性	主要内容	相关参考文献
91	ACI 360R-10	地面混凝土板设计 Guide to Design of Slabs on Ground	适用于混凝土荷载板设计，不适用高速公路、机场路面、停车场和地基设计	混凝土板地面支撑体系，荷载类型。普通混凝土板，收缩和加固混凝土板，补偿—收缩混凝土板，后张拉混凝土板设计以及减小混凝土板收缩卷曲的影响	ACI: 116R、209R、211.1、223、302.1R
92	ACI 362.1R-12	耐用停车场结构设计导则 Guide for the Design of Durable Parking Structures	适用于停车场结构在其耐用性方面的设计、施工及养护	停车场耐用性因素，结构体系，施工材料，施工及养护相关的设计（路面排水等）	ACI：116R、117、201.2R、209R、211.1、212.3R、222R、223、224R、224.1R、225R、234、301
93	ACI 362.2R-00（Reapproved 2013）	停车场结构维护导则 Guide for Structural Maintenance of Parking Structures	适用于停车场结构预防性维护，列举典型的维护问题并给出解决方法	停车场结构，运营，美化及常规保养，保养程序；停车场结构物常见的损坏	ACI：201.1R、222R、224R、362.1R、423.3R、504R、515.1R、546.1R
94	ACI 363R-10	高强混凝土报告 Report on High-Strength Concrete	适用于高强度混凝土质量管理和试验	高强度混凝土的定义；施工规划；拌和站，配送与浇筑；试验样本，试验数量，标本抗压强度；抗压结果评估等	ACI：116R、201.1R、211.1、212.2R、214、304、318R
95	ACI 363.2R-11	高强混凝土质量控制和试验导则 Guide to Quality Control and Testing of High-Strength Concrete	适用于高强度混凝土	材料选择，成分配合比，运输堆放，工艺管理，结构设计，经济性及实用性	ACI：116R、201.2R、207.2R、211.1、211.4R、212.3R、214、228.1R、304R、308、309R、311.4R、318、363R
96	ACI 364.1 R-07	评估改建前混凝土结构的导则 Guide for Evaluation of Concrete Structures Prior to Rehabilitation	改建前混凝土评估的一般流程	初步调研，详细调查资料，现场检查和条件调查，抽样和材料试验评估及最终报告	ACI：116R、201.1R、228.1R、473R
97	ACI 365.1R-00	使用寿命预测—现状报告 Service-Life Prediction- State- of-the-Art Report	适用于新建和已建混凝土结构使用寿命预测	评估混凝土结构条件的方法及混凝土使用寿命的控制因素，关键物理特性；混凝土结构条件和材料特性评估方法	ACI: 201.1R、201.2R、207.3R、209R、210R、215R、216R、222R、224R、224.1R、228.1R、228.2R、301、305R、306R、308R、311.4R、318、349、349.1R、350R、355.1R、357R、359、362R、437R、503R、515.1R

续表

序号	标准号	标准名称	针对性	主要内容	相关参考文献
98	ACI 371R-08	钢—混凝土复合高架水箱的分析、设计和施工导则 Guide for the Analysis, Design, and Construction of Elevated Concrete and Composite Steel-Concrete Water Storage Tanks	适用于复合式高架水箱，圆柱形钢筋混凝土基座支撑的储水罐	混凝土水箱基座的设计和施工，材料，施工要求，结构载荷，混凝土地基，岩土要求，附属物及配件设计	ACI：116R、117、209R、211.1、302.1R、304R、305R、306R、308、309R、315、318、336.3R、347R、360
99	ACI 372R-03	多股绞线包覆的预应力钢筋混凝土结构设计和施工 Design and Construction of Circular Wire-and Strand- Wrapped Prestressed-Concrete Structures	适用于多股绞线包覆的预应力混凝土结构(通常用于存放液体或大容量容器)设计和施工，用于存放低压气体、干性材料、化学制品或其他类似结构	预应力混凝土构件的发展历史、使用范围和注意事项；设计、材料和施工流程方面的标准	ACI：116R、207.1R、301、302.1R ASTM：A227M、A366M、C260、C494
100	ACI 408.2R-12	循环荷载下钢筋棒的黏结性能 Report on Bond of Reinforcing Bars under Cyclic Loads	研究循环荷载下混凝土的握裹力	分析、计算和总结现有工艺中高频循环荷载和低频循环荷载（如地震）对钢筋握裹力的影响	
101	ACI 408.3R-09	在相对高肋板区受拉钢筋搭接和搭接长度导则及注释 Guide for Splice and Development Length of High Relative Rib Area Reinforcing Bars in Tension and Commentary	适用于受拉构件肋板处的设计	计算和分析得出比 ACI 318M 更优化的肋板处的钢筋搭接和拉伸长度	ACI：318M
102	ACI 421.1R-08	混凝土板抗剪钢筋 Guide to Shear Reinforcement for Slabs	提供了除 ACI318 以外另一种提高板结构抗剪性能的方法	分析、计算通过增加固定的竖向钢筋提高板结构抗剪力，给出计算方法和步骤	ACI：318、318R BS：8110
103	ACI 423.3R-05	无黏结预应力钢锚束混凝土构件推荐标准 Recommendations for Concrete Members Prestressed with Unbonded Tendons	适用于指导无黏结钢筋束预应力梁板和连续结构的设计	分析、计算无黏结钢筋构件的设计，材料选择、施工指导	ACI：116R、201.2R、216R、308、318、423.2R、517.2R

续表

序号	标准号	标准名称	针对性	主要内容	相关参考文献
104	ACI 423.4R-14	无黏结单股钢锚束的腐蚀和修补 Corrosion and Repair of Unbonded Single Strand Tendons	适用于对单股无黏结预应力筋腐蚀损伤的评价及维修	评价单股无黏结预应力钢筋损伤的方法，耐久性要求，构件的常见腐蚀问题，修理、更换、补充钢筋的方法	ACI：201.1R、201.2R、222R、224R、224.1R、318、362
105	ACI 435R-95（Reapproved 2000）	混凝土结构变形控制 Control of Deflection in Concrete Structures	预应力构件、钢筋混凝土构件的原始变形以及随时间变化的处理方法	通过实例分析和计算单向和双向受弯等构件的变形特性，提出控制措施	此标准为公开发表的 SP-86《混凝土结构变形》的一部分内容
106	ACI 435.8R-85（Reapproved 1997）	钢筋混凝土板系统变形观察和大变形的原因 Observed Deflections of Reinforced Concrete Slab Systems，and Causes of Large Deflections	研究由于施工和材料质量造成的混凝土板变形，包括长期变形	总结混凝土板结构变形研究，专注于施工过程和材料质量； 总结施工问题和材料不同而导致的混凝土长期变形，专注于混凝土施工荷载	此标准为公开发表的 SP-86《混凝土结构变形》的一部分内容
107	ACI 437R-03	混凝土建筑物强度评估 Strength Evaluation of Existing Concrete Buildings	适用于评估已建混凝土建筑物的强度	详细列出此建筑物种类；阐述建筑物强度评估的理论计算和荷载测试方法	ACI：318 201.1R、201.2R、207.3R 209R、216R、222R、224R、224.1R、228.1R、309.2R、318
108	ACI 439.3R-07	钢筋的机械连接 Mechanical Connections of Reinforcing Bars	适用于 14 号和 18 号钢筋，通常用于塔基，筏垫基础和其他结构加固；钢筋间距不足以搭接的情况	机械连接的基本信息及目前可用的专用机械连接设备，机械连接的设计要求，机械连接设备及安装	AASHTO：Standard Specifications for Highway Bridges
109	ACI 440R-07	塑料纤维增强混凝土结构 Report on Fiber Reinforced Plastic（FRP） Reinforcement for Concrete Structure	适用于各种塑料纤维混凝土	材料现状，钢筋和预应力构件的设计理念，弯曲，剪切和黏合以及适用性，已建结构的增强及材料应用	ACI：116、318、408、503
110	ACI 440.1R-15	塑料纤维增强筋混凝土设计和施工导则 Guide for the Design and Construction of Concrete Reinforced with FRP Bars	适用于塑料纤维凝土结构的设计和施工，用于防波堤，海上结构，桥面板及暴露于化冰盐的上层构造物，用化冰盐处理的路面	纤维增强聚合物加固的历史和应用，纤维增强聚合物的材料特性	ACI：117、318、360R、426、440R

续表

序号	标准号	标准名称	针对性	主要内容	相关参考文献
111	ACI 440.2R-08	外接合塑料纤维增强混凝土结构的设计和施工导则 Guide for the Design and Construction of Externally Bonded FRP Systems for Strengthening Concrete Structures	适用于加固砌体墙，修复或恢复恶化构筑物，改造或加固隔音构筑物	FRP 系统外部加强混凝土结构的选材，设计及安装；FRP 加固系统的使用；材料特性；FRP 系统在工程，施工和检验上的建议	ACI：201.1R、216R、224R、224.1R 318、364.1R、437R、440R、440.1R ANSI：Z129.1 ASTM：D696、D2204、D2583
112	ACI 441R-96	高强混凝土柱：现状 High-Strength Concrete Columns：State of the Art	适用于高层建筑，预应力结构，大跨度房屋以及处于侵蚀环境下的建筑物或构筑物	高强度混凝土柱的性能，研究单调同心增压或偏心压缩以及横向逐步增压，逆转和持续的轴向挤压下的情况	
113	ACI 446.3R-97	混凝土结构断裂有限元现状分析 Finite Element Analysis of Fracture in Concrete Structures：State-of-the-Art	分析两种有限元模型：分离裂缝模型和弥散裂缝模型，重点研究结构的应力应变分布及破坏荷载	混凝土裂缝有限元分析的现状，裂缝的两种有限元模型——分离裂缝模型和弥散裂缝模型	ACI：318 446.1R
114	ACI 503.2-92 （Reapproved 2003）	用多组分环氧胶黏剂黏合塑性混凝土与硬化混凝土的规范 Standard Specification for Bonding Plastic Concrete to Hardened Concrete with a Multi-Component Epoxy Adhesive	多组分环氧胶黏剂黏合的塑性混凝土与硬化混凝土的标准，产品介绍	多组分环氧胶黏剂控制、存储、处理、混合和应用、表面评估和制备，以及检验和质量控制	ASTM：C831 ACI：301
115	ACI 503.3-10	用多组分环氧系统生产防滑混凝土面的规范 Specification for Producing a Skid-Resistant Surface on Concrete by the Use of a Multi-Component Epoxy System	使用多组分环氧树脂黏合剂制作抗滑表面的技术要求，包括检查与质量控制	环氧系统生产防滑混凝土、骨料材料、拌和、储存、施工、混合与应用，表面的评估和准备，质量测试和质量控制	
116	ACI 506R-05	喷混凝土导则 Guide to Shotcrete	湿喷和干喷混凝土的特性，施工人员的责任，施工资质，验收，材料测试，完成喷射后的注意事项	喷混凝土施工、喷混凝土材料、施工设备、从业人员要求，施工前的准备、现场施工要求、质量控制	ACI：211.1、214、301、304.2R、305R、306R、308、318、506.2、506.1R、506.3R、547R
117	ACI 506.1R-08	纤维喷混凝土导则 Guide to Fiber Reinforced Shotcrete	钢纤维和聚丙烯（人造）纤维技术及其在喷混凝土中的应用	纤维加强喷混凝土，钢纤维加强喷混凝土，其他人造纤维在喷混凝土中的应用	ACI：544.1R、544.2R、506.R、506.2、547R

续表

序号	标准号	标准名称	针对性	主要内容	相关参考文献
118	ACI 506.2-13	喷混凝土规范 Specification for Shotcrete	适用于隧道内衬、墙壁、天棚等薄壁结构或其他结构的衬砌以及钢结构的保护层	喷混凝土，配合比，湿拌和干拌喷混凝土；测试，材料和执行的最低标准	ACI：301 ASTM：A185、A615、A820、C31
119	ACI 506.4R-94（Reapproved 2004）	喷混凝土评估导则 Guide for the Evaluation of Shotcrete	针对工程师、检查员、承包商及其他涉及接收、拒收或评估现场干式或湿式喷混凝土现场需要的经验和工程判断	现场喷混凝土质量和性能评估的程序以及强度，黏度和空隙，密度，渗透性，塑性喷射混凝土的评估等	ACI：228.1R、506R、506.2 ASTM：C42、C127、C128、D4580、D4748、D4788
120	ACI 523.1R-06	现浇低密度混凝土导则 Guide for Cast-in-Place Low-Density Concrete	现浇混凝土材料，性能，设计信息，以及烘干单位质量21kg/cm³ 或更少的现浇混凝土的妥善处理	混凝土材料和性能，屋顶板设计，技术程序，屋顶板应用	ASTM：A 446、A 497、C 33、C 177
121	ACI 523.2R-96	预制多孔混凝土底板、屋顶和墙壁导则 Guide for Precast Cellular Concrete Floor，Roof，and Wall Units	预制混凝土板，屋顶和组合壁柜材料、制造、属性，设计和处理	材料、混凝土性能、设计、制造、测试、处理、防火	ACI：117、212.3R、214
122	ACI 523.3R-14	抗压强度小于 2500psi 密度大于50pcf 的多孔混凝土、大于 50pcf 的骨料混凝土导则 Guide for Cellular Concretes Above 50pcf，and for Aggregate Concretes Above 50pcf with Compressive Strengths Less Than 2500psi	介绍密度大于50pcf抗压强度小于2500psi的多孔混凝土和骨料的制造，性能，设计和处理	材料、混合和处理、成型和铺设、性能、设计考虑、混合物配合比	ACI：211.2、212.3R、213R ASTM：C 33、C 39、C 70、C 109
123	ACI 524R-08	硅酸盐水泥抹面导则 Guide to Portland Cement Plastering	提供水泥不同特性、操作程序和优缺点	性质、抹灰基层、水泥抹面设计考虑、金属网安装、养护和测试等	ACI：201
124	ACI 530-13	砌石结构建筑物标准 Building Code Requirements and Specification for Masonry Structures	涵盖圬工结构设计和施工规范和注释，提供结构设计和灰浆砌块材料施工的最低要求	砌体结构材料的控制、劳力、施工；材料质量、铺设、黏合、灰浆的固定	ASTM：A 416M
125	ACI 533R-11	预制混凝土墙板导则 Guide for Precast Concrete Wall Panels	推荐预制墙板	设计理念、公差和材料，制造、安装、质量要求和实验	ASTM：C33、C227、C330

续表

序号	标准号	标准名称	针对性	主要内容	相关参考文献
126	ACI 533.1R-02	预制混凝土工程的设计责任 Design Responsibility for Architectural Precast-Concrete Projects	在预制混凝土工程设计中的责任	建筑预制混凝土工程设计中各方的责任	
127	ACI 543R-12	混凝土桩基设计、制作和安装 Guide to Design，Manufacture，and Installation of Concrete Piles	不同类型工程中使用的混凝土桩的设计和应用	混凝土桩设计、桩基础影响、不同类型桩的荷载能力评价；混凝土桩的材料，材料对混凝土质量和强度的影响	ACI：117、201.2R、211.1
128	ACI 544.2R-89（Reapproved 2009）	纤维混凝土特性测定 Measurement of Properties of Fiber Reinforced Concrete	纤维混凝土特性试验的试样准备和试验	含气量、屈服点、容重、抗压强度、劈裂拉伸强度、抗冻融性、收缩、蠕变、弹性模量等试验	
129	ACI 544.3R-08	纤维混凝土的规定、配合比和生产导则 Guide for Specifying，Proportioning，and Production of Fiber- Reinforced Concrete	描述传统混凝土和纤维加筋混凝土之间的区别及如何处理	纤维加筋混凝土配合比、模板、钢筋、拌和、取样、铺设和表面加工	ACI：301、304R、304.2R
130	ACI 544.4R-88（Reapproved 2009）	钢纤维混凝土设计考虑 Design Considerations for Steel Fiber Reinforced Concrete	适用于纤维量小于 2%～10%的混凝土设计	钢纤维混凝土设计理念、使用钢纤维的灰浆、机械性能	ACI：201.2R、506R、 506.1R
131	ACI 546R-14	混凝土修复导则 Concrete Repair Guide	为材料的选择和应用提供指导和方法	混凝土拆除、准备和修复技术；修复材料；保护系统；加强方法	ACI：201.2R、 211.1、234R
132	ACI 546.2R-10	混凝土水下修复导则 Guide to Underwater Repair of Concrete	适用于水下混凝土结构	水下混凝土受损的成因和结果、损毁评估方法；修复和增强水下混凝土结构的方法和材料	ACI：116R、201.2R、210R、222R、304R、304.2R、515.1R、549.1R ASTM：C 597、C 805、C 881
133	ACI 548.1R-09	混凝土中使用聚合物的导则 Guide for the Use of Polymers in Concrete	指导如何使用聚合物提高凝固后混凝土的某些特性	混凝土的高分子聚合物；仓储、处理、配合比、设备使用、施工流程以及安全等	ACI：224.1R、302.1R、306R、503R、503.1、503.2、503.3、503.4、546.1R、548.3R、548.4、548.5R、5488.6R ANSI：K 68.1、Z 129.1

续表

序号	标准号	标准名称	针对性	主要内容	相关参考文献
134	ACI 548.3R-09	聚合物改性混凝土现状报告 State-of-the-Art Report on Polymer-Modified Concrete	聚合物改性混凝土应用，包括瓷砖胶黏剂和水泥浆、地面平整、混凝土修补以及桥面铺装	苯乙烯-丁二烯乳胶，丙烯酸乳胶、环氧聚合物改性剂、可再分散聚合物粉末及其他聚合物的特性、用途和性能，试验方法	ACI：305R、306R、548.1R ASTM：C31、C33、C109、C125 AASHTO：T26
135	ACI 548.4-11	乳胶改性混凝土盖层规范 Specification for Latex-Modified Concrete （LMC） Overlays	丁苯胶乳改性混凝土盖层，用于新建建筑和既有桥面的修复	乳胶产品认证要求，存储，处理，表面处理，混合，应用和限制	ASTM：C31、C33、C150、C 231、C380、C 685 ACI：306.1
136	ACI 548.5R-94 （Reapproved 1998）	聚合物胶接混凝土面层导则 Guide for Polymer Concrete Overlays	聚合物胶接混凝土面层适用于交通运输，尤其是桥面和停车场	适用范围，聚合物黏合剂特性及种类，聚合物胶接混凝土，表面制备，聚合物胶接混凝土的应用，质量控制与长期性能，维护及修复，处理及安全等	AASHTO：T 237、T277 ACI：116R、224.1R、228.1R、503R、503.5R、546.1R、548R、548.1R ASTM：C33、C42、C78、C136
137	ACI 548.6R-96	聚合物胶接混凝土—结构应用现状报告 Polymer Concrete-Structural Applications State-of-the-Art Report	聚合物胶接混凝土适用于建筑墙板和外墙、交通运输、电气绝缘体、液压结构、危险废物、机械工具等	材料和特性、结构构件、结构应用、术语表等	ACI：318、548.1R、548.2R、548.3R SP-40、SP-58、SP-69、SP-89、SP-116 ASTM：C33、C78、C293、C496、C580
138	ACI 549R-97 （Reapproved 2007）	铁矿渣水泥 Report on Ferrocement	适用于船、筒仓、罐、屋顶等处使用的铁矿渣水泥	铁矿渣水泥的定义与趋势，成分及结构，物理及机械性能，性能标准，应用等	ASSHTO：T259、T260 ACI：201.2R、211.1、318、350R、515.1R、544.1R、549.1R ASTM：C150、C666、C672
139	ACI 549.1R-93 （Reapproved 2009）	铁矿渣水泥设计、施工、修复导则 Guide for the Design，Construction，and Repair of Ferrocement	除铁矿渣水泥的特点，本导则与 ACI 钢筋混凝土建筑规范要求（ACI318）一致	适用范围，材料，设计施工方法，维护和修复，测试等	ACI：116、201.2R、225R、318、357R、515.1R、544.1R、544.3R、546.1R、549R ASTM：A82、A185、A416、A421、A496、C33、C39、C78
140	ACI 550.1R-09	评估预制混凝土结构现浇细部抗震性导则 Guide to Emulating Cast-in-Place Detailing for Seismic Design of Precast Concrete Structures	适用于预制混凝土建筑物抗震设计	通用设计程序，系统组件，预制构件连接，制作、运输、安装和检验准则等	ACI：117、318 ASTM：A707、A706M、C109、C109M、C942

续表

序号	标准号	标准名称	针对性	主要内容	相关参考文献
141	ACI 555R-01	硬化混凝土拆除和再利用 Removal and Reuse of Hardened Concrete	用拆除的混凝土制作混凝土骨料，混凝土的种类及其在结构中所处的位置直接影响拆除方法	适用范围和目的，混凝土种类与拆除程度，拆除方法，表面拆除，再生混凝土加工后的产品	ACI：117、201.1R、201.3R、221R、228. 1R、301、503R、546R ANSI：A10.6、A10.21 ASTM：C33、C88、C457、C856、D4258、D4259、D4260、D4541、E965、E1155 SSPC：P2-63、SP3-63、SP6-63

第四节　美国材料与试验协会标准（ASTM）

美国材料与试验协会（ASTM）是美国最老、最大的非盈利性的标准学术团体之一。ASTM 标准已被世界上许多国家和企业借鉴和应用，诸多国际检测认证机构及各国标准化组织都采用或参照 ASTM 制定的相关标准进行产品认证。目前，世界上共有 80 多个国家引用了 ASTM 的 6600 项标准作为制定其国家标准和法规的基础。

ASTM 标准用标准代号＋字母分类代码＋标准序号＋制定年份＋标准名称来表示。字母分类代码的含义分别：A—黑色金属，B—有色金属，C—水泥、陶瓷、混凝土与砖石材料，D—其他各种材料（石油产品，燃料，低强塑料等），E—杂类(金属化学分析、耐火试验、无损试验、统计方法等)，F—特殊用途材料(电子、防震、医用外科等)，G—材料的腐蚀、变质与降级。

本次主要收录了 A、B、C 类的相关标准。

对于有采用英制单位和公制单位两个版本的 ASTM 标准，此处只收录公制版本信息。

A 系列规范目录

序号	标准号	标准名称	针对性	主要内容	相关参考文献
1	ASTMA 6M-11	轧制结构钢棒、钢板、型钢和板桩规范 Standard Specification for General Requirements for Rolled Structural Steel Bars，Plates，Shapes，and Sheet Piling	适用于轧制结构钢棒、钢板、型钢和板桩	材料与制造、热处理、化学分析、冶金结构、质量要求、测试方法、拉伸试验、允许偏差、测试报告、检验测试	ASTM：A370、A673M、A700、A751、A829、E29、E112、E208 AWS：A5.1、A5.5 MIL：STD-129、STD-163

续表

序号	标准号	标准名称	针对性	主要内容	相关参考文献
2	ASTM A27M-13	钢铸件、碳钢通用规范 Standard Specification for Steel Castings，Carbon，for General Application	适用于最小抗拉强度 70ksi（485MPa）的碳钢铸件	热处理、化学成分、拉伸性能、重复测验、返工和复冶	ASTM：A370、A732M、A781M
3	ASTM A29M-14	钢铸件、铁铬合金和铁铬镍合金热锻通用规范 Standard Specification for Steel Castings，Iron-Chromium and Iron-Chromium-Nickel，Heat Resistant，for General Application	适用于碳钢和合金钢棒	化学成分、粒度要求、机械性能要求、外形尺寸、质量和允许偏差、精细做工、表面处理和外观、返工和复冶	ASTM：A370、A700、A751、E29、E112 MIL：STD-163
4	ASTM A36M-14	碳钢结构规范 Standard Specification for Carbon Structural Steel	适用于一般桥梁和建筑物施工中碳钢条、钢板、钢棒的铆接，螺栓或焊接	交付要求、支撑板、材料及制造要求，化学成分、强度测试	ASTM：A 6M、A307、A325、A500、A501、A502
5	ASTM A48M-03（2012）	灰铸铁件规范 Standard Specification for Gray Iron Castings	适用于一般工程中需要重点考虑拉伸强度的灰铸铁件	灰铸铁的分类、拉伸度、直径	ASTM：A644、E8
6	ASTM A 53M-12	黑色和热浸镀锌的焊接、无缝钢管规范 Standard Specification for Pipe，Steel，Black and Hot-Dipped，Zinc-Coated，Welded and Seamless	适用于 F 型—炉内对接焊公称管、E 型—电阻焊公称管、S 型—轧制无缝公称管	材料和制造、化学成分、成品分析、拉伸性能、弯曲性能、压扁试验、水压试验、无损检测、管端加工	ASTM：A 90M、A370、A530、A751、A865、B6、E29、E59、E213、E309 MIL：STD-129、STD-163
7	ASTM A74-13a	铸铁污水管和配件规范 Standard Specification for Cast Iron Soil Pipe and Fittings	仅适用于应用在自然流动下的铸铁污水管和配件	其材料和制造、机械特性要求、直径及允许误差、指定配件方法	ASTM：A48、A644、D1248、D3960、E8、E1645、E2349 MIL：STD-129 ANSIB：1.20
8	ASTM A 90M-13	钢铁件锌或锌合金涂层重量（质量）试验方法 Standard Test Method for Weight [Mass] of Coating on Iron and Steel Articles With Zinc or Zinc-Alloy Coatings	适用于钢铁件锌或锌合金构件涂层重量（质量）的程序	试验试剂的选择、试验注意事项、样本试验、程序、计算方式	ASTM：A653M、A792M、A 875M、A1046、A1057、A1063、D1193、E29
9	ASTM A108-13	冷轧碳钢和合金钢棒规范 Standard Specification for Steel Bars，Carbon，and Alloy，Cold-Finished	适用于热塑、制备零件或建筑施工类似用途的冷加工钢筋质量标准	材料和制造、化学成分、工艺、抛光、外观	ASTM：A 29M、A304、A322、A370、A400、A510

续表

序号	标准号	标准名称	针对性	主要内容	相关参考文献
10	ASTM A 123M-13	钢铁产品热浸镀锌层规范 Standard Specification for Zinc（Hot-Dip Galvanized）Coatings on Iron and Steel Products	适用于锻制、轧制钢铁铸件制成品/非制成品的热浸镀锌层	材料和制造、涂层特性、样本及测试方法、检查及复检标准	ASTM：A47M、A90M、A143、A153M、A384M、A385、A767M、A780、A902、B6、B487、B602、E376
11	ASTM A 148M-14	高强结构钢铸件规范 Standard Specification for Steel Castings，High Strength，for Structural Purposes	适用于承受高机械应力的碳钢、合金钢和马氏体不锈钢铸件	热塑性、温度控制、化学成分、拉伸度要求、夏比冲击要求及测试方法、复检标准	ASTM：A27M、A370、A781M、E29
12	ASTM A 153M-09	钢铁件热浸镀锌层规范 Standard Specification for Zinc Coating（Hot-Dip）on Iron and Steel Hardware	适用于采用热浸法生成锌铁合金层的钢铁件，并以离心或其他方式除去多余的镀锌（游离锌）	材料和制造、工艺及外观、样本及测试方法、检查及复检标准	ASTM：A 90M、A143、A385、A780、A902、B6、B487、B960、E376、F1470、F1789
13	ASTM A167-99（2009）	耐热不锈铬镍钢板、片材和带材规范 Standard Specification for Stainless and Heat-Resisting Chromium-Nickel Steel Plate，Sheet，and Strip	适用于耐热不锈铬镍钢材	化学成分、机械特性、通用要求	ASTM：A240M、A370、A480M、E527 SAE：J1086
14	ASTM A176-99（2009）	耐热不锈铬钢板规范 Standard Specification for Stainless and Heat-Resisting Chromium Steel Plate，Sheet，and Strip	适用于耐热不锈铬钢板	化学成分、机械特性、通用要求	ASTM：A240M、A370、A480M、E527
15	ASTM A 181M-14	通用锻制碳素钢管规范 Standard Specification for Carbon Steel Forgings，for General-Purpose Piping	适用于非标准的锻造件、阀门部件和配件，质量小于4540kg	材料和制造、化学成分、机械特性、样本及测试数量、检查及复检标准、锻件标志	ASTM：A266M、A788、A961
16	ASTM A 184M-06（2011）	钢筋混凝土用焊接螺纹钢筋垫规范 Standard Specification for Welded Deformed Steel Bar Mats for Concrete Reinforcement	适用于混凝土加筋用螺纹钢筋垫/片	材料和制造、机械特性、尺寸、容差、检查及复检标准	ASTM：A615M、A706M MIL：STD-129
17	ASTM A185-02	混凝土用焊接光面钢筋规范 Standard Specification for Steel Welded Wire Reinforcement，Plain，Forconcrete	适用于混凝土加筋用焊接碳素钢的标准	材料和制造、机械特性、直径、容差、工艺及外观、焊接剪切试验装置和方法、检查标准	ASTM：A82、A700

续表

序号	标准号	标准名称	针对性	主要内容	相关参考文献
18	ASTM A 240M-15a	压力容器用铬、铬镍不锈钢板通用规范 Standard Specification for Chromium and Chromium-Nickel Stainless Steel Plate, Sheet, and Strip for Pressure Vessels and for General Applications	适用于压力容器用铬，铬镍，铬锰镍不锈钢钢板，薄板及带材	化学成分、机械特性、高温下材料特性指标、钢板夏比冲击试验	ASTM：A370、A480、A923、E112、E527
19	ASTM A 242M-13	高强低合金结构钢规范 Standard Specification for High-Strength Low-Alloy Structural Steel	适用于需减少重量或增强耐久性的低合金高强度结构型钢板/钢筋建设构件的焊接、铆接或栓接	化学成分、机械特性、拉伸试验	ASTM：A6M、G101
20	ASTM A252-10	焊接和无缝钢管板桩规范 Standard Specification for Welded and Seamless Steel Pipe Piles	适用于作为永久承载构件或现浇混凝土桩外壳的柱状钢管桩	材料和制造、工序、化学成分、受热分析、产品分析、拉伸要求、单位长度、质量、容许误差、工艺及外观、检查标准	ASTM：A370、A751、A941、E29
21	ASTM A269M-14el	普通用途的无缝和焊接奥氏体不锈钢管规范 Standard Specification for Seamless and Welded Austenitic Stainless Steel Tubing for General Service	适用于高/低温条件下，耐腐蚀的标称壁厚不锈钢管	热处理、化学成分、机械测试要求、硬度要求、容许直径偏差	ASTM：A262、A370、A480、A632、E527
22	ASTM A276-06	不锈钢钢筋和型钢规范 Standard Specification for Stainless Steel Bars and Shapes	适用于热轧或冷轧不锈钢钢筋及型钢，不包括再锻造钢筋	制造、化学成分、机械测试、磁性渗透度	ASTM：A314、A370、A751、A484M、A582M、E527
23	ASTM A 283M-13	中低抗拉强度碳钢板规范 Standard Specification for Low and Itermediate Tensile Strength Carbon Steel Plates	适用于普通用途下C、D级的碳钢板	工序、化学要求、拉伸	ASTM：A 6M
24	ASTM A304-11	端部有淬火硬度要求的碳钢和合金钢棒 Standard Specification for Carbon and Alloy Steel Bars Subject to End-Quench Hardenability Requirements	适用于不同成分及规格的热加工合金、碳钢及碳硼钢，其端部淬火硬度有深度要求	淬化硬度说明、生产加工工艺、端部淬化要求、测试方法、测试证书及报告	ASTM：A29M、A255、E112、E527

续表

序号	标准号	标准名称	针对性	主要内容	相关参考文献
25	ASTM A307-14	抗拉强度 60000psi 的碳钢螺栓、螺柱和螺纹杆规范 Standard Specification for Carbon Steel Bolts，Studs，and Threaded Rod 60 000 psi Tensile Strength	适用于特定规格的三种级碳钢螺栓、螺柱的化学及机械要求	对材料的要求、生产及处理方式、加工工艺；螺栓及螺柱的化学成分及机械性能；测试方法与检验	ASTM：A36M、A153、A370、A563、A706M、A751、B695、D3951、F606、F1470
26	ASTM A322-13	标准级的合金钢棒规范 Standard Specification Forsteel Bars，Alloy，Standard Grades	适用于热锻合金钢棒，钢棒应用于锻造、热处理、冷拔、机械及结构构件	钢棒加工制造工艺、化学成分、常规测试；材料订购	ASTM：A29M、A304、A400、E112、E527
27	ASTM A325-14	最小抗拉强度为 120/105ksi 的结构钢锚杆规范 Standard Specification for Structural Bolts，Steel，Heat Treated，120/105 ksi Minimum Tensile Strength	适用于淬火的和调质的六角钢锚杆	化学成分、机械性能、尺寸、测试方法、质保要求、产品检验	ASTM：A242M、A325、A490、A563M、A588M、A709M、A751、D3951、F436M、F568、F60、F788、F788M MIL：STD-105
28	ASTM A 328M-13a	钢板桩规范 Standard Specification for Steel Sheet Piling	适用于建造码头、海堤、围堰、挖掘用途的优质结构碳钢板桩	产品的加工工艺、附属物材质要求、机械性能	ASTM：A6M、A36M、A307、A325M、A502、A563M、A572M
29	ASTM A354-11	淬火及回火合金钢锚杆、螺柱和其他外螺纹紧固件规范 Standard Specification for Quenched and Tempered Alloy Steel Bolts，Studs，and Other Externally Threaded Fasteners	主要涉及 BC 及 BD 级别锚杆的淬火及回火合金钢锚杆、螺柱和其他外螺纹紧固件的化学及机械要求	材料及加工制作要求、产品的化学成分、机械性能、尺寸、产品的试验及试验方法、产品的检验	ASTM：A153、A193M、A490、A563、A751、B695、D3951、F436、F606、F788M、F1470 ASME：B1.1、B18.2.1、B18.24.1
30	ASTM A370-14	钢制品机械试验方法和定义 Standard Test Methods and Definitions for Mechanical Testing of Stel Products	适用于锻造及铸造钢铁制品的生产过程及定义，从而确定该产品的机械性能	钢制品的试样、试验方法	ASTM：A 703M、A78 1M、A833、A880、E4、E6、E8M、E18、E23、E29、E83、E110、E190、E208、E290、E1595
31	ASTM A385M-11	高质热浸镀锌层规程 Standard Practice for Providing High-Quality Zinc Coatings（Hot Dip）	获得高质热浸镀锌涂层的要求及方法	不同材料和不同表面的装配件要求、焊剂移除及焊接棒要求、清洁方案、设计推荐、活动件及镀锌产品的规定	ASTM：A143、A153M、A384、A563
32	ASTM A392-11a	镀锌钢栅栏规范 Standard Specification for Zinc-Coated Steel Chain-Link Fence Fabric	适用于在织入前后镀锌钢栅栏制品	材料要求、编织要求、丝网、金属丝的规格、栅栏制品的高度、镶边、镀锌质量、断裂强度要求	ASTM：A90、A370、A700、A817、B6； MIL：STD-129

续表

序号	标准号	标准名称	针对性	主要内容	相关参考文献
33	ASTM A400-69（2012）	钢棒的成分及机械性能选择指南 Standard Practice for Steel Bars，Selection Guide，Composition，and Mechanicl Properties	主要适用于根据断面和机械性能选择钢棒	按照机械性能及构件规格分类的钢棒类别、采购标准、淬火及回火的硬度要求	ASTM：A108、A304、A311M、A322、A633M、A675M
34	ASTM A 416M-12a	Standard Specification Forsteel Strand，Uncoated Seven-Wire for Prest Ressed Oncrete 预应力混凝土用裸露七股钢绞线规范	主要适用预应力混凝土用两种类型和两种级别的裸露七股钢绞线，即低松弛绞线及正常松弛绞线	材料及加工要求、机械性能、规格、取样、测试	ASTM：A370、A981、E328 MIL：STD-1292.3
35	ASTM A 421M-10	预应力混凝土用无涂覆应力释放的钢丝规范 Standard Specification for Uncoated Stress-Relieed Steel Wire for Prestressed Concrete	适用于预应力混凝土使用的两种圆形应力释放的高碳钢棒	加工要求、物理及化学要求、直径尺寸、加工工艺、样品规定与检验	ASTM：A 370、E30、E328 MIL：STD-129
36	ASTM A435M-90（2012）	直钢梁超声波检测规范 Standard Specification for Straight-Beam Ultrasonic Examination of Steel Plates	适用于厚度在1/2in(12.5mm)及以上轧制脱氧碳钢及合金钢直梁脉冲超声波检查和验收	产品检验装置、试验条件及试验程序、试验验收标准	ASNT SNT-TC-1A
37	ASTM A449-14	普通用途的经过热处理的六角钢螺钉、钢锚杆、钢螺柱规范（最小抗拉强度120/105/90ksi） Standard Specification for Hex Cap Screws，Bolts and Studs，Steel，Heat Treated，120/105/90 ksi Minimum Tensile Strength，General Use	适用于普通用途的淬火及回火的钢锚固件的化学及机械要求	材料及加工工艺、防护涂料、化学成分及机械性能、产品的规格、加工工艺及表面要求、试验要求及方法、检验要求	ASTM：A563、A751、B695、F436、F788M、F1470、F1789、F2329、G101
38	ASTM A490-14a	经过热处理的合金钢螺栓规范（最小抗拉强度150ksi） Standard Specification for Structural Bolts，Alloy Steel，Heat Treated，150 ksi Minimum Tensile Strength	适用于经淬火及回火处理的合金钢锚杆的化学及机械要求	材料及加工要求、化学成分、机械要求、产品规格、工艺、机械质保要求、试验方法、对表层缺陷的磁粒子及外观检验	ASTM：A242M、A563M、A588M、A709M、D3951、E138、E709、F436M、F568、F606、F788M ANSI：B1.13M、B18.2.3.7M MIL-STD-105

续表

序号	标准号	标准名称	针对性	主要内容	相关参考文献
39	ASTM A499-15	“T”形铁轨钢轧制钢棒和型钢规范 Standard Specification for Steel Bars and Shapes，Carbon Rolled From “T” Rails	适用于标准铁轨钢锻造的钢棒和型钢，钢材强度级为 Grade 50、Grade 60、Grade 70、Grade 80	材质及加工要求、化学成分、机械性能、规格及允许的变化、工艺及产品表层要求、证书与试验报告	ASTM：A370
40	ASTM A500M-13	圆形和异形冷弯成形的焊接与无缝碳钢管规范 Standard Specification for Cold-Formed Welded and Seamless Carbon Steel Structural Tubing In Rounds and Shapes	圆形、方形、矩形或特殊形状冷弯成形的焊接和无缝碳钢管，用于桥梁，建筑物或一般结构物，可焊接、铆接或螺栓连接	加工过程、制造要求、热力分析、产品分析、拉力要求、压扁测试、规格、特殊形状的结构管、试验方法	ASTM：A370、A700、A751、A941
41	ASTM A501M-14	热弯成形的焊接与无缝结构碳钢管规范 Standard Specification for Hot-Formed Welded and Seamless Carbon Steel Structural Tubing	黑色热浸镀锌热弯成形焊接和无缝正方形、圆形、矩形或特殊形状的碳钢管，用于桥梁，建筑物或一般结构物，可焊接，铆钉或螺栓连接	加工、加热分析、产品分析、拉伸要求、弯曲试验、管尺寸容差；试验遍数、复检、试验方法、镀锌涂层	ASTM：A53、A370、A700、A751、A941
42	ASTM A504M-14	锻造碳钢轮规范 Standard Specification for Wrought Carbon Steel Wheels	单磨耗层、两磨耗层、多磨耗层的锻造碳钢轮，用于机车、小汽车	热处理、喷丸处理、啮合、容差、修饰、化学要求、机械要求、检查	ASTM：A275、A275M、A788
43	ASTM A514M-14	适于焊接的高屈服强度淬火及回火合金钢板规范 Standard Specification for High-Yield-Strength，Quenche and Tempered Alloy Steel Plate，Suitable for Welding	适用于厚度为 6in（150mm）的淬火及回火合金钢板，主要用于焊接桥梁和其他结构	交货的一般要求、材料和生产、热处理、化学成分、材料性质、试验遍数、复验、试验样本	ASTM：A6M、A370
44	ASTM A529 /A 529M-14	优质高强碳锰结构钢规范 Standard Specification for High-Strength Carbon-Mananese Steel of Structural Quality	碳锰型钢、钢板、钢棒，可铆接，螺栓连接或焊接，用于桥梁和一般结构	交货的一般要求、材料和生产、化学成分、拉伸试验	ASTM：A6M
45	ASTM A536-84（2014）	球墨铸铁规范 Standard Specification for Ductile Iron Castings	适用于球墨铸铁铸件	拉伸要求、加热处理、特殊要求；工艺、修饰和外观；化学要求；拉伸试验样本	ASTM：A370、A644、A732M、E8 MIL：STD-129

续表

序号	标准号	标准名称	针对性	主要内容	相关参考文献
46	ASTM A563-07a（2014）	碳钢合金钢螺母规范 Standard Specification for Carbon and Alloy Steel Nuts	适用于 8 个级别的碳钢和合金钢螺母，一般结构和机械使用，用于螺栓，螺柱和其他外螺纹部分	材料和生产、化学成分、机械性质、尺寸、工艺、试验遍数、试验方法	ASTM：A194、A242、A325、A354、A394、A449、A490、A564M、A588M、B695、D3951、F606、F812、F1789、F2329、G101
47	ASTM A 564M-13	热轧和冷加工时效硬化不锈钢钢棒和型钢规范 Standard Specification for Hot-Rolled and Cold-Finished Age-Hardening Stainless Steel Bars and Shapes	适用于热加工或冷加工的各种形状时效硬化钢棒和型钢	一般要求；材料和生产；化学成分；机械性质要求	ASTM：A314、A370、A484M、A705 A751、E527 SAE：J1086
48	ASTM A 572M-15	高强低合金铜-钒结构钢规范 Standard Specification for High-Strength Low-Alloy Columbium-Vanadium Structural Steel	适用于 5 个级别的高强低合金结构型钢，钢板，钢板桩和板材，可铆接或螺栓连接，或焊接施工，用于桥梁或其他用途	一般要求；材料和生产；化学成分；机械性质	ASTM：A6M、A36M、A514M、A588
49	ASTM A 573M-13	增强韧性的结构碳钢板规范 Standard Specification Forstructural Carbon Steel Plates of Improved Toughness	适用于优质结构碳锰硅钢板（三个拉伸强度范围），改善缺口韧性，主要用于大气温度下	一般要求；加工；化学要求；机械要求	ASTM：A6M
50	ASTM A576-90b（2012）	特级热锻碳钢棒规范 Standard Specification for Steel Bars，Carbon，Hot-Wrought，Special Quality	适用于热锻特级碳钢棒。特级钢棒可锻造，热处理，冷拔，机加工	材料和生产；化学成分；工艺，修饰和外观；证明和试验报告；一般要求	ASTM：A29M、A400、A575、E45、E527
51	ASTM A582M_12e	易切削不锈钢钢棒规范 Standard Specification for Free-Machining Stainless Steel Bars	适用于热加工或冷加工钢棒（不包括锻造棒），最常用为易切削圆形、正方形和六边形钢棒	要求；材料和生产；化学要求；硬度要求	ASTM：A276、A314、A484M、A751、A959、E527
52	ASTM A 588M-15	最低屈服点 50 ksi（345MPa）的高强低合金结构钢规范 Standard Sdecification for High-Strength Low-Alloy Structural Steel Up to 50 ksi [345MPa] Minimum Yield Point，With Atmospheric Corrosion Resistance	高强度、低合金结构型钢、钢板和钢棒，可焊接、铆接或螺栓连接，用于桥梁或需要减轻重量或增加耐久性的建筑物	运输要求；生产加工；化学成分	ASTM：A6M、G101

续表

序号	标准号	标准名称	针对性	主要内容	相关参考文献
53	ASTM A606M-09a	热轧和冷轧耐环境腐蚀的高强低合金钢板规范 Standard Specification for Steel，Sheet and Strip，High-Strength，Low-Alloy，Hot-Rolledand Cold-Rolled，With Improved Atmospheric Corrosion Resistance	高强低合金，热轧冷轧钢板和钢条，主要用于需要减轻质量或增加耐久性的结构或其他用途	运输一般要求、化学成分、物理属性要求、加工工艺	ASTM：A109M、A568M、A749M
54	ASTM A 615M-15	混凝土用变形和光面碳钢钢筋规范 Standard Specification for Deformed and Plain Carbon-Steel Bars for Concrete Reinforcement	适用于成根或成卷用于钢筋混凝土的变形和光面碳素钢钢筋	材料及加工、化学成分、测量、延展及弯曲要求、产品检测分析、试验检验方法	ASTM：A 6M、A370、A510、A700、A 706M、A715、E29、E290 ACI：318 AWS：D 1.4 MIL：STD-129
55	ASTM A618M-04（2010）	热成形高强低合金焊接和无缝钢管规范 Standard Specification for Hot-Formed Welded and Seamless High-Strength Low-Alloy Structural Tubing	高强低合金焊接和无缝钢管，方钢、角钢、圆钢或特殊形状，用于桥梁、建筑及一般结构	生产及加工、化学成分、物理属性要求、规格及工艺、检测	ASTM：A370、A700、A751
56	ASTM A627-03（2011）	不易加工的钢棒、扁钢和型钢试验方法 Standard Test Methods for Tool-Resisting Steel Bars，Flats，and Shapes for Detention and Correctional Facilities	适用于类似试验的要求，确定各种类型及形状的钢的性能及试验设备	物理属性、试验检测	ASTM：C39M、E4、E18、E329
57	ASTM A633M-13	正火高强度低合金结构钢板规范 Standard Specification for Normailzed High-Strength Low-Alloy Structural Steel Plates	适用于正火高强低合金钢板，可焊接、铆接或锚杆连接	一般运输要求、生产、热处理、化学成分、物理属性	ASTM：A6M
58	ASTM A 645M-10	专用热处理 5%镍合金钢压力容器钢板规范 Standard Specification for Pressure Vessel Plates，Five Percent Nickel Alloy Steel，Specially Heat Treated	用于低温环境中的压力容器钢板，采用热处理的 5%镍合金钢板	一般要求、材料加工、热处理、化学成分及物理属性要求	ASTM：A20M、A435M、A577M、A578M

续表

序号	标准号	标准名称	针对性	主要内容	相关参考文献
59	ASTM A648-12	预应力混凝土管的冷拉钢筋规范 Standard Specification for Steel Wire，Hard Drawn for Prestressed Concrete Pipe	用于预应力混凝土管的两种级无涂覆高强冷拉钢筋	生产、规格及允许偏、工艺、检测	ASTM：A370、A510、A700、A1032、E328
60	ASTM A656M-13	易成形热轧高强低合金结构钢板 Hot-Rolled Structural Steel，High-Strength Low-Alloy Plate With Improved Formability	适用于卡车框架、支架、起重机吊架、轨道车辆以及其他类似用途所需的结构钢板	钢板最大厚度、制造工艺、化学要求、力学性能和通用运输	ASTM：A6M
61	ASTM A653M-13	热浸镀锌或镀锌-铁合金钢板规范 Standard Specification for Steel Sheet，Zinc-Coated（Galvanized）or Zinc-Iron Alloy-Coated（Galvnnealed）By The Hot-Dip Process	适用于卷状和切割的热浸镀锌或镀锌铁合金钢板	化学成分、力学性能、涂层性能、尺寸和容许偏差	ASTM：A90M、A568M、A902、A924M、D7396、E517、E646 ISO：3575、4998
62	ASTM A666-15	退火或冷加工奥氏体不锈钢薄板、带材、中厚板和扁钢筋规范 Standard Specification for Annealed or Cold-Worked Austenitic Stainless Steel Sheet，Strip，Plate，and Flat Bar	适用于各类结构、建筑、压力容器用途的具有磁性、低温强度和耐热性的退火或冷加工奥氏体不锈钢	材料试验报告和认证、化学成分、力学性能、通用要求、抽样、试验次数、试验方法	ASTM：A240M、A370、A480M、A484M
63	ASTM A668M-15	通用钢锻件、碳钢和合金钢规范 Standard Specification for Steel Forgings，Carbon and Alloy，for Generl Industrial Use	适用于工业通用的未处理和热处理的碳素合金钢锻件	材料和制造要求、化学成分、力学性能、尺寸和公差、工艺、成品和外观、通用要求、再处理、重复试验、检验	ASTM：A275M、A370、A388M、A654、A788、E381
64	ASTM A673M-07（2012）	结构钢冲击试验取样程序规范 Standard Specification for Sampling Procedure for Mpact Testing of Structural Steel	适用于结构钢夏比 V 形纵向缺口试验程序	试验要求、试验频率、热处理、重复试验	ASTM：A6M、A370
65	ASTM A678M-05（2009）	淬火回火碳钢和高强低合金结构钢板规范 Standard Specification for Quenched-And-Tempered Carbon and High-Strength Low-Alloy Structural Steel Plates	适用于淬火回火碳钢和高强低合金钢板，可焊接、铆接或螺栓连接	材料的焊接条件、级别划分、原料和制造要求、热处理要求、化学成分、拉伸试验要求	ASTM：A6M、A370

续表

序号	标准号	标准名称	针对性	主要内容	相关参考文献
66	ASTM A689-97（2013）	弹簧用碳钢和合金钢棒规范 Standard Specificaion for Carbon and Alloy Steel Bars for Springs	适用于通用弹簧所需的热锻钢筋	熔炼操作、化学成分、通用要求、工艺、成品和外观、拒收和复审	ASTM：A29M、A255、A304、A322、A576、E112
67	ASTM A690M-13	抗环境腐蚀的高强低镍、铜、磷合金H型板桩规范 High-Strength Low-Alloy Steel Nickel，Copper，Phosphorus Steel H-Piles and Sheet Piling With Atmospheric Corrosion Resistancefor Use In Marine Environments	适用于码头、海堤、岸壁、挖掘及其他类似用途所需的高强低合金 H 形钢桩和钢板桩	耐海水腐蚀性、焊接要求、通用运输要求、附件材料、流程工艺、化学成分、力学要求	ASTM：A6M、A36M、A328M
68	ASTM A704M-06（2012）	混凝土用焊接光面钢筋或钢垫规范 Standard Specification for Welded Steel Plain Bar or Rod Mats for Concrete Reinforcement	适用于混凝土配筋用的热轧光面钢筋或钢垫材料	材料要求、制造工艺、力学要求、尺寸和公差、成品和外观条件、拒收和重新试验要求	ASTM：A185、A615M、A497、A700、A706M MIL：STD-29
69	ASTM A706M-14	混凝土低合金变形钢和碳素钢筋规范 Standard Specification for Low-Alloy Steel Deformed and Plain Bars for Concrete Reinforcement	适用于切割或卷状的异型和光面低合金混凝土配筋用钢筋	最小屈服强度、可控拉伸性能、焊接要求、材料和制造要求、化学成分、变形要求、形变测量、力学要求、重量（质量）容许偏差、成品要求	ASTM：A6M、A370、A510M、A615M、A700、A751、E29 AWS：D1.4 MIL：STD-129
70	ASTM A709M-13a	桥梁高强碳素低合金结构型钢、钢板和钢筋以及淬火回火结构钢板规范 Standard Specification for Structural Steel for Bridges	适用于桥梁用高强低合金碳素结构型钢、钢板、钢筋和淬火回火合金钢材	焊接要求、附加要求适用范围、通用运输要求、材料和制造要求、热处理要求、化学成分、抗拉要求、试件和拉伸试验、重复试验、耐大气腐蚀性能	ASTM：A6M、A36M、A370、A572M、A588M、A673M、A992M
71	ASTM A710M-02（2013）	时效硬化低碳镍铜铬钼铜合金结构钢板规范 Standard Specification for Precipitation–Strengthened Low-Carbon Nickel-Copper-Chromium-Molybdenum-Columbium Alloy Structural Steel Plates	适用于普通用途的低碳镍铜铬钼铜合金钢板	运输要求、制造工艺、热处理、化学成分、抗拉要求、切口韧性、再处理	ASTM：A6M、A673M

续表

序号	标准号	标准名称	针对性	主要内容	相关参考文献
72	ASTM A722M-15	预应力混凝土用高强钢筋规范 Standard Specification for High-Strength Steel Bars for Prestressed Concrete	适用于预应力混凝土或先预应力地锚的无涂覆高强钢筋 钢筋最小拉伸强度为 1035 MPa（150000psi）	材料和制作要求、化学成分、力学性能、形变要求、形变测量、容许偏差、成品要求、运输要求、检验	ASTM：A370、A700、E30
73	ASTM A743M-13a[E1]	通用耐腐蚀锻件、铁铬、铁铬镍钢筋规范 Standard Specification for Castings, Iron-Chromium, Iron-Chromum-Nickel, Corrosion Resistant , for General Application	适用于通用耐腐蚀的铁铬和铁铬镍合金锻件	通用运输条件、流程工艺、热处理、化学成分、焊接修补	ASTM：A262、A297M、A370、A494M、A744M、A781M、A890M、A957
74	ASTM A767M-09	混凝土用镀锌钢筋规范 Standard Specification for Zinc-Coated（Galvanized）Steel Bars for Concrete Reinforcement	适用于将预处理的钢筋浸入熔融锌液中涂覆的混凝土镀锌钢筋	通用要求、锌工艺、成品要求、镀层黏附性、制造要求、检验要求、受损涂层修补	ASTM：A90、A615M、A706M、A780M、A996M、B6、B487、E376 ACI：301
75	ASTM A769M-05（2010）	碳素高强电阻锻-焊结构型钢规范 Standard Specification for Carbon and High-Strength Electric Resistance Forge-Welded Steel Structural Shapes	用于柱、梁、T形构件的碳素高强电阻锻焊型钢	处理工艺、制造要求、热分析、力学性能、直径容许偏差、试验次数、重复试验、试验方法、焊接修补	ASTM：A6M、A370、A568M、A700 AWS：D1.1
76	ASTM A775M-07b（2014）	环氧树脂涂层钢筋规范 Standard Specification for Epoxy-Coated Reinforcing Steel Bars	适用于采用静电喷涂环氧树脂保护层的异型和光面钢筋	涂层要求、材料现场施工、术语、材料和制造要求、表面预处理、涂层应用、表面涂覆要求、容许涂覆层损伤和受损涂覆层修补	ASTM：A706M、A944、B117、D374、D2967、G8、G14、G20、G62 NACE：RP-287-87 SSPC：PA2SP10VIS1
77	ASTM A779M-12	预应力混凝土用无涂覆七股钢绞线规范。 Standard Specification for Steel Strand, Seven-Wire, Uncoated, Compacted, Stress-Relieved for Prestressed Concrete	适用于预应力混凝土施工用无涂覆 7 股钢绞线，包括低松弛和应力消除两种类型，245、260、270 三个级别	材料制造要求、化学成分、力学性能、尺寸和容许偏差、工艺、抽样、试验方法	ASTM：A106M、A751、A994

续表

序号	标准号	标准名称	针对性	主要内容	相关参考文献
78	ASTM A786M-05（2009）	热轧碳钢、底合金、高强低合金及合金钢板规范 Standard Specification for Hot-Rolled Carbon，Low-Alloy，High-Strength Low-Alloy，and Alloy Steel Floor Plates	适用于地板、楼梯、运输设备和其他通用结构所需的高强低合金和合金轧钢板	焊接要求、分类、通用运输要求、订购信息、制造要求、化学成分、抗拉性能、容许偏差	ASTM：A6M、A36M、A131M
79	ASTM A820M-11	钢纤维混凝土用钢纤维规范 Standard Specification for Steel Fibers for Fiber-Reinforced Concrete	钢纤维混凝土采用的钢纤维的最低要求	材料和制造、质控责任、尺寸和公差、抗拉要求、弯曲要求、表面状况、尺寸测量、试验	ASTM：A370、A700、C1116 ACI：544.1R MIL：STD-129
80	ASTM A821M-15	预应力混凝土罐用冷拉钢丝规范 Standard Specification for Steel Wire，Hard Drawn for Prestressed Concrete Tanks	适用于预应力混凝土罐和其他类似结构所需的未涂覆高强冷拉钢筋	制造工艺、化学成分、力学性能、容许偏差、工艺、成品和外观、抽样和试验	ASTM：A370、A510、A700、A751、E29
81	ASTM A 827M-14	锻造和类似应用的碳钢板规范 Standard Specification for Plates，Carbon Steel，for Forging and Similar Application	适用于锻造、回火碳钢板及类似应用尤其质地均匀无杂质的钢板	一般要求、生产加工、化学成分、物理属性、质量	ASTM：A6M
82	ASTM A 829M-14	按化学成分配料的合金结构钢板规范 Standard Specification for Alloy Structural Steel Plates	适用于按化学成分配料的优质合金结构钢板	运输一般要求、生产加工、化学成分	ASTM：A6M
83	ASTM A830M-14	优质结构碳钢板规范 Standard Pecification for Plates，Carbon Steel，Structural Quality，Furnished to Chemical Composition Requirement	适用于化学成分的优质碳素结构钢板	钢板的生产、化学成分组成、材料一般要求及补充要求	ASTM：A6M
84	ASTM A847M-14	耐空气腐蚀的冷成形、焊接和无缝的高强低合金结构钢管 Standard Specification for Cold-Formed Welded and Seamless High-Strength，Low-Alloy Structural Tubing with Improved Atmospheric Corrosion Resistance	适用于冷成形高强低合金圆形，方形，长方形或特殊形状钢管，主要用于有耐空气腐蚀要求的桥梁，建筑物及一般结构	钢管的加工、生产、化学分及产品检测分析、检验方法	ASTM：A370、A700、A751、G101

续表

序号	标准号	标准名称	针对性	主要内容	相关参考文献
85	ASTM A852M-03（2007）	最小屈服强度 70 ksi[485 MPa]厚4in[100mm]的淬火和回火低合金结构钢板规范 Standard Specification for Quenched and Tempered Low-Alloy Structural Steel Plate With 70 ksi [485MPa] Minimum Yield Strength to 4 in. [100mm] Thick	淬火和回火高强度低合金结构钢板，用于需要轻型、增加耐久力和韧性的桥梁及建筑结构，可焊接、铆接和锚杆连接	运输一般要求、材料生产加工、热处理、化学成分、延展性试验和冲击试验	ASTM：A6M、A370、A673M、G101
86	ASTM A857M-07（2013）	冷成形轻型薄壁钢板桩规范 Standard Specification for Steel Sheet Piling，Cold Formed，Light Gage	适用于承重墙、山墙、翼墙、间壁墙及类似应用的冷成形薄壁钢板桩	运输一般要求、材料生产工艺、化学成分及物理属性	ASTM：A6M、A1011M、A1018M
87	ASTM A871M-14	耐空气腐蚀高强低合金结构钢板规范 Standard Specification for High-Strength Low-Alloy Structural Steel Plate With Atmospheric Corrosion Resistance	耐空气腐蚀低合金结构钢板，用于管柱结构及其他类似结构	运输一般要求、生产、热处理、化学成分、物理属性及试验抽样	ASTM：A6M、A370、A673M、G101
88	ASTM A881M-10	预应力混凝土轨枕用应力低松弛刻痕钢筋规范 Standard Specification for Steel Wire，Indented，Low-Relaxation for Prestressed Concrete Railroad Ties	无涂覆的应力低松弛刻痕钢筋，用于混凝土轨枕的预应力锚束	材料生产、物理属性、变形要求、允许误差、加工工艺、取样、检验、误差规定	ASTM：A370、A421M、A700、E328 MIL：STD-129
89	ASTM A882M-04（2010）	环氧涂层七股预应力钢绞线规范 Standard Specification for Filled Epoxy-Coated Seven-Wire Prestressing Steel Strand	适用于 250 及 270 级的七股预应力钢绞线，静电法和其他方法处理的环氧涂层	使用材料、表面处理、表面涂层及要求、检验方法	ASTM：A370、A 416M、B117、D968、G12、G14、G20； FHWA-RD-74-18
90	ASTM A884M-14	环氧涂层钢丝和焊接钢筋规范 Standard Ecification for Epoxy-Coated Steel Wire and Welded Wire Reinforcement	适用于有环氧保护层的光面钢筋、变形钢筋、拉筋；A 级主要用于钢筋混凝土，B 级主要用于地面	使用材料、表面处理、涂层、涂层钢筋或焊接钢筋要求、处理、检测	ASTM：A775M、A934M、A1064M、D4417 ACI：301
91	ASTM A886M-12	预应力混凝土用七股消除应力的刻痕钢绞线规范 Standard Specification for Steel Strand，Indented，Seven-Wire Stress-Relieved for Prestressed Concrete	适用于预应力混凝土用未涂覆的 7 股消除应力的刻痕钢绞线，低松弛和消除应力两种类型，最小拉伸强度 250ksi 和 270ksi 两个级别	使用材料及生产加工、物理属性、允许偏差、工艺、取样及检测	ASTM：A1061M

续表

序号	标准号	标准名称	针对性	主要内容	相关参考文献
92	ASTM A898M-07（2012）	轧制结构型钢直梁超声检查规范 Standard Specification for Straight Beam Ultrasonic Examination of Rolled Steel Structural Shapes	适用于最小厚度 12.5mm 的结构型钢超生检查	试验仪器、人员资质、试验条件、检测、合规性、标识	ASTM：A 6M、E317
93	ASTM A910M-12	预应力混凝土用无涂覆非焊接2股～3股钢绞线规范 Standard Specification for Uncoated, Weldless, 2-and 3-Wire Steel Strand for Prestressed Concrete	适用于预应力混凝土施工中两股和三股的无涂覆钢绞线，最小拉伸强度为 250ksi 和 270ksi，低松弛和消除应力	使用材料、生产加工、物理属性、工艺、取样、试验种类、不合格重测	ASTM：A1061M MIL：STD-129
94	ASTM A911M-11	预应力混凝土枕用无涂覆应力消除的钢筋规范 Standard Specification for Uncoated, Stress-Relieved Steel Bars for Prestressed Concrete Ties	适用于预应力混凝土轨枕用钢筋	生产加工、化学成分、物理属性、工艺、取样、试验	ASTM：A370、E328 MIL：STD-129
95	ASTM 913M-14a	淬火和自回火处理的优质高强低合金型钢规范 Standard Specification for High-Strength Low-Alloy Steel Shapes of Structural Quality，Produced By Quenching and Self-Tempering Process（QST）	适用于级为 50、60、65、70 采用淬火和自回火加工的高强度低合金结构型钢	运输一般要求、生产加工、化学成分、物理属性	ASTM：A6M、A673M、A898M
96	ASTM A924M-14	热浸处理的金属涂层钢板通用要求 Standard Specification for General Requirements for Steel Sheet，Metallic-Coated By The Hot-Dip Process	适用于通过热浸处理的金属涂层钢板的一般要求	化学成分、涂层属性试验、允许偏差、试验检测、合规性	ASTM：A90M、A308、A309、A370、A428、A653M、A700、A751、A754M、A792M、A902、A929M、A1030、A1046、A1057、A1063、A1079、E29、E376
97	ASTM A933M-14	Pvc 涂层钢丝和焊接钢筋规范 Standard Specification for Vinyl-Coated Steel Wire and Welded Wire Reinforcement	适用光面和变形钢丝及 PVC 涂层变形焊接钢丝网	材料、表面处理、涂层、试验检测、不合规	ASTM：A775、A884、A1064、B117、D374、D2240、D4060、D4060、G8、G12、G14、G20 NACES：RP-287-87

续表

序号	标准号	标准名称	针对性	主要内容	相关参考文献
98	ASTM A934M-13	环氧涂层预制钢筋规范 Standard Specification for Epoxy-Coated Prefabricated Steel Reinforcing Bars	适用于变形和光面预制钢筋，先清理表面，再涂覆环氧涂层	订购、涂层、涂层要求、试验检测	ASTM：A 615M、A706M、A775M、A944、A996M、B117、G8、G14、G20、G42、G62 ACI：301、315
99	ASTM A945M-06（2011）	改善焊接性、成形性和韧性的低碳硫化高强低合金钢板标准 Standard Specification for High-Strength Low-Alloy Structural Steel Plate With Low Carbon and Restricted Sulfur for Improved Weldability，Formability，and Toughness	适用于船体用高强低合金钢板，主要优点是轻质	运输一般要求、生产加工、热处理、化学成分、物理属性	ASTM：A6M、A370、A673M、A700、E208
100	ASTM A950M-11	熔接环氧涂层结构钢 H 型桩和板桩规范 Standard Specification for Fusion Bonded Epoxy-Coated Structural Steel H-Piles and Sheet Piling	适用于溶接环氧涂层 H 型桩和板桩	材料、表面处理、涂层、试验检测、允许偏差	ASTM：A6M、A36M、A572M、A588M、A673M、A857M、B117、G8、G12、G14、G20
101	ASTM A951M-14	圬工连接用钢筋规范 Standard Specification for Masonry Joint Reinforcement	适用于冷拉钢筋，包括焊接钢筋	材料生产加工、其他要求、规格允许度、试验检测	ASTM：A82、A153、A185、A496、A580M、A641
102	ASTM A955M-15	混凝土用变形和光面不锈钢钢筋规范 Standard Specification for Deformed and Plain Stainless Steel Bars for Concrete Reinforcement	变形和光面不锈钢钢筋，用于要求防腐或控制磁导率的混凝土中	材料和制造、化学成分、变形要求、变形测量、张拉、弯曲、硬度和抗腐蚀要求、磁性、体积变化允许值、表面处理、抽样检测	ASTM：A6M、A276、A342、A370、A484M、A510、A700、A751、C192、E29、E2905 MIL：STE-129
103	ASTM A981M-11	评估预应力地锚装置用 270 级未涂覆 15.2mm 直径预应力钢绞线结合强度的试验方法 Standard Test Method for Evaluating Bond Strength for 15.2mm（0.6 in.）Diameter Prestressing Steel Strand，Grade 270，Uncoated，Used in Prestressed Ground Anchors	适用于评估制作过程对 270 级预应力钢绞线黏结强度影响的试验，钢绞线用于预应力地锚水泥浆中	试验设备、试验样品、拉拔试验、试验报告内容和精确度及偏差	ASTM：A416、C150、C511、C1019、E4

续表

序号	标准号	标准名称	针对性	主要内容	相关参考文献
104	ASTM A992M-11	结构型钢规范 Standard Specification for Steel for Structural Shapes for Use in Building Framing	用于结构框架或桥梁的普通轧制型钢	材料和加工、化学成分、张拉要求	ASTM：A6M
105	ASTM A 996M-15	钢筋混凝土用条钢和车轴钢变形钢棒规范 Standard Specification for Rail-Steel and Axle-Steel Deformed Bars for Concrete Reinforcement	用于钢筋混凝土的三种类型条钢和车轴钢	钢材标准尺寸、变形钢筋与尺寸标示、含碳量测定、变形测量要求。屈服点或屈服强度试验、所有钢筋尺寸的拉伸试验、弯曲试验和尺寸特性测试	ASTM：A370、A700、A751、E29 MIL：STD-129
106	ASTM A1022-15	钢筋混凝土用变形的和光面的不锈钢钢丝和焊接钢丝规范 Standard Specification for Deformed and Plain Stainless Steel Wire and Welded Wire for Concrete Reinforcement	热轧不锈钢棒制成的不锈钢钢丝和焊接钢筋，用于有抗蚀要求的钢筋混凝土	钢棒、钢筋、抗蚀性、磁导率、不锈钢钢丝、焊接钢丝、钢绞线、钢索	ASTM：A276、A342、A370、A700、A751、E83
107	ASTM A1035M-13	用于钢筋混凝土的变形和光面低碳含铬钢棒规范 Standard Specification for Deformed and Plain, Low-Carbon, Chromium, Steel Bars for Concrete Reinforcement	最小屈服强度为 100000lb [690MPa] 和 120000[830 MPa] 的低碳铬钢条材和盘材，用作钢筋混凝土的钢筋	钢棒、钢筋、铬钢、低碳钢、变形钢筋、光面钢筋、屈服强度	ASTM：A6M、A370、A510、A700
108	ASTM A1064-13	钢筋混凝土用变形和光面的碳素钢丝和焊接钢丝规范 Standard Specification for Carbon-Steel Wire and Welded Wire Reinforcement, Plain and Deformed, for Concrete	热轧钢棒通过冷加工，拉拔或轧制制作的碳钢丝和焊接钢丝，用于钢筋混凝土	钢棒、钢筋、变形钢筋、光面钢筋、焊接钢丝、钢绞线、钢索	

B 系 列 规 范 目 录

序号	标准号	标准名称	针对性	主要内容	相关参考文献
1	ASTM B21M-14	船用黄铜棒、杆和型材规范 Standard Specification for NavalBrass Rod, Bar, and Shapes1	适用于统一编号 C46200、C46400、C47940 的钢筋和型钢	总体要求、化学成分、回火、力学特性和性能要求、尺寸和容差、取样和试验方法	ASTM：B124、B124M、B154、B249、B601、B858、E8、E18、E62、E478

续表

序号	标准号	标准名称	针对性	主要内容	相关参考文献
2	ASTM B22M-15	桥梁和转盘铜铸件规范 Standard Specification for Bronze Castings for Bridges and Turntables	适用于间歇性慢移动桥梁以及其他固定和活动支承结构	化学成分、力学特性、试验方法和铸件修补、总体要求	ASTM：B208、B824、B846、E10、E27
3	ASTM B26M-14el	铝合金砂铸件规范 Standar Specification for Aluminum-Alloy Sand Castings	适用于化学成分按规定的化学试验或光谱化学试验确定的铝合金砂铸件	材料、质量保证、生产制造、化学成分的确定方法、取样、材料要求、拉拔特性、工艺和外观检验；试验、样品准备；试验方法	ASTM：B179、B275、B557M、B660、B881、B917、B985、D3951、E29、E34、E4
4	ASTM B85M-14	铝合金压模铸件规范 Standard Specification for Aluminum-Alloy Die Castings	适用于13种常用合金成分的压模铸件	材料、质量保证、化学成分、力学性能、尺寸、体积和容差；总质量要求、检验和鉴定以及压膜铸件的特征	ASTM：B179、B275、B557、B660、B881、D3951、E8M、E23、E29、E34、E505、E527、E607、E716、E1251 ANSI：H.1
5	ASTM B117-11	盐雾仪器操作规程 Standard Practice for Operating Salt Spray（Fog）Apparatus	在可控的腐蚀环境下，将金属试样置于试样箱内，获取防腐性资料	仪器；准备试验样品和盐溶液；供风方式、盐雾试验箱内的条件、试验时裸露的连续性、试件的清洁和试验结果的评估	ASTM：B368、D609、D1193、D1654、E70、E691、G85
6	ASTM B177M-11	工程电镀铬导则 Standard Guide for Engineering Chromium Electroplating	通常直接用于基础金属材料上，一般比装饰层厚	基底、电镀架和阴阳极、清洁要求、脱氧和刻蚀以及镀铬程序、铬涂层处理、在钢板上的铬电解沉积的修补、试验方法	ASTM：B183、B242、B244、B253、B254、B281、B320、B322、B481、B487、B499、B504、B507、B558、B568、B571、B578、B602、B630、F519 MIL：S-13165B
7	ASTM B179-14	在铸模和熔模中锻造加工铝合金的规范 Standard Specification for Aluminum Alloys in Ingot and Molten Forms for Castings From All Casting Processes	用于在熔模和铸模中制作的商业铝合金。材料的质量应该统一，没有熔渣、毛刺	合金的质量、化学成分的抽检和确定、合金的导电性以及鉴定	ASTM：B26M、B85、B10、B618、B666M、B686、B955、E29、E34、E527、E607、E716、E1251 ANSI：H35.1
8	ASTM B209-014	铝和铝合金片材和板材规范 Standard Specification for Aluminum and Aluminum-Alloy Heet and Plate	适用于铝和铝合金薄片材、卷材和板材	总体质量、化学成分和热处理要求、材料特性、抗应力腐蚀、抗剥落腐蚀性、电镀要求、尺寸容差	ASTM：B548、B557、B59、B632、B660、B666、B881、B918、B928、B947、B985、E29、E34、E290、E527、E607、E716、E1004、E1251、G34、G47

续表

序号	标准号	标准名称	针对性	主要内容	相关参考文献
9	ASTM B210-12	铝和铝合金冷拔无缝钢管规范 Standard Specification for Aluminum and Aluminum-Alloy Drawn Seamless Tubes	普通用途的铝和铝合金冷拔无缝直钢管和盘管	质量、化学成分、材料张拉特性、扁平特性、扩口特性、热处理要求、热处理和再热处理能力、抗应力腐蚀性、渗漏试验要求、盘管特殊要求	ASTM：B234、B241、B557、B660、B666、B807、B881、B918、E29、E34、E215、E527、E607、E716、E1004、E1251
10	ASTM B211-12el	铝和铝合金钢筋规范 Standard Specification for Aluminum and Aluminum-Alloy Rolled or Cold Finished Bar，Rod，Andwire	适用于冷轧钢筋	质量、化学成分、热处理要求、材料特性、热处理和再处理能力、抗腐蚀性、镀层厚度、尺寸容差、总体质量、表面处理要求	ASTM：B221、B316、B557、B594、B660、B666、B881、B918、E29、E34、E290、E527、E607、E716、E1004、E1251、G47 ANSI：H35.2 MIL：STD-129 AMS：2772
11	ASTM B221-14	铝和铝合金模压棒材、条材、线材、型材和管材规范 Standard Specification for Aluminum and Aluminum-Alloy Extruded Bars，Rods，Wire，Profiles，and Tubes	适用于热压的铝和铝合金材料	材料和制造、化学成分、热处理要求、材料特性、热处理和再热处理能力、抗剥落、镀层要求、尺寸容差、总体质量	ASTM：B210、B211、B234、B241、B429、B557、B594、B660、B666、B807、B881、B918、B945、E29、E34、E527、E607、E716、G47
12	ASTM B271M-14a	铜基合金离心铸件规范 Standard Specification for Copper-Base Alloy Centrifugal Castings	适用于黄铜基或青铜基合金铸件	材料和制造；化学成分、力学性能、焊补、总体要求、取样和试验方法	ASTM：B208、B824、B846、E10
13	ASTM B316M-10	铝和铝合金铆钉和冷锻线材和棒材规范 Standard Specification for Aluminum and Aluminum-Alloy Rivet and Cold-Heading Wire and Rods	制造铆钉和其他类似产品的合金线材和棒材	材料和制造、化学成分、力学性能、热处理要求、抗应力腐蚀性、尺寸容差、一般质量要求	ASTM：B211、B221、B557、B557M、B565、B660、B666、B881、B918、E29、E34、E55、E227、E505、E527、E607、E716、E1004、E125 AMS：2772 ANSI：H35.2M MIL：STD-129 EN 14242
14	ASTM B429M-10el	铝合金模压结构钢管和管材规范 Standard Specification for Aluminum-Alloy Extruded Structural Pipe and Tube	用桥梁或洞孔模制作铝合金模压结构管材，这些管材不用于有压的液体管道	材料和制造、特殊性能、化学成分、张拉特性、热处理要求、总体质量要求、尺寸容差	ASTM：B210、B241、B483、B557、B660、B666、B807、B881、B918、B945、E29、E34、E527、E607、E716、E1251 ANSI：H35.2 MIL：STD-129 EN：14242

续表

序号	标准号	标准名称	针对性	主要内容	相关参考文献
15	ASTM B455-10	铜锌铅（铜为主）合金模压型钢规范 Standard Specification for Copper-Zinc-Lead Alloy（Leade-Brass）Extruded Shapes	适用于压制角钢、槽钢和其他实心型钢。 不适用于管材、空心型钢	总体要求、化学成分、回火要求、力学性能、规格、质量取样要求	ASTM：B249M、B601、B846、B950、E8、E54、E255、E478
16	ASTM B584-14	通用铜合金砂铸件规范 Standard Specification for Copper Alloy Sand Castings for General Appllications	适用于通用铜合金砂铸件，铸件的组件可提前制造，储存	一般要求、制造生产；化学成分、力学性能、铸件修补、取样和试验方法	ASTM：B22、B61、B62、B66、B67、B148、B176、B208、B271、B369、B427、B505、B763、B770、B806、B824、B846、E255

C 系 列 规 范 目 录

序号	标准号	标准名称	针对性	主要内容	相关参考文献
1	ASTM C4- 04（2014）	黏土和多孔黏土排水瓦规范 Standard Specification for Clay Drain Tile and Perforated Clay Drain Tile	地下排水、过滤和类似地下排水系统安装使用的排水瓦和穿孔排水瓦的规范	材料和加工生产、物理特性、尺寸和穿孔、工艺和表面处理、取样和试验、验收依据和试验方法、现场检测和验收、精度和偏差	ASTM：C301、C896
2	ASTM C5- 10	建筑用生石灰规范 Standard Specification for Quicklime for Structural Purposes	建筑结构用所有级别的生石灰	化学组成、残渣含量、总体要求、抽样检验、试验方法	ASTM：C25、C50、C51、C110、C1489、E11
3	ASTM C12- 13	陶土管线安装规程 Standard Practice for Installing Vitrified Clay Pipe Lines	提供了陶土管线正确安装方法，以便充分利用管线的结构特性	承托力、工作载荷、给出了垫层和包层的分类级、提供了建筑施工方法、沟槽基础、管路垫层和管线处理、管理铺设、管沟回填、现场性能和验收	ASTM：C30、C425、C700、C828、C896、C1091、D2487
4	ASTM C14M- 11	混凝土污水管，雨水管和涵管规范 Standard Specification for Concrete Sewer，Storm Drain，and Culvert Pipe	适用于制作用于输送污水、工业废水、雨水的无筋混凝土管，以及涵洞的施工	制作管道的分类、验收依据、材料、设计、接头、制作、物理要求、尺寸和允许偏差、修理、检查、拒收、产品标识	ASTM：C33、C150、C309、C443M、C497M、C595、C618

续表

序号	标准号	标准名称	针对性	主要内容	相关参考文献
5	ASTM C16- 03（2012）	高温耐火型材加载试验方法 Standard Test Method for Load Testing Refractory Shapes At High Temperatures	适用于在规定时间、规定温度时，在型材承受规定压缩载荷时，抗变形或剪切的测定	高温耐火型材荷载测试试验方法的意义和用途、设备、试样、放置试件、步骤、精度和偏差	ASTM：C862、E220
6	ASTM C20- 00（2010）	用沸水法测定耐火砖和异型砖的表观孔隙率、吸水性、表观比重及体积密度的试验方法 Standard Test Methods for Apparent Porosity，Water Absorption，Apparent Specific Gravity，and Bulk Density of Burned Refractory Brick and Shapes By Boiling Water	适用于测定耐火砖的特性	测定耐火砖的表观孔隙率、吸水率、表观比重、体积密度等特性、试样、步骤、计算、报告、精度和偏差	ASTM：C134、E691
7	ASTM C22M- 00（2010）	石膏规范 Standard Specification for Gypsum	适用于石膏，硫酸钙结合两水分子结晶形式和具有近似化学式 $CaSO4 \cdot 2H2O$	石膏的化学成分、物理性能、取样、测试方法、检查、拒收、证明、包装和包装标识	ASTM：C11、C471、C472
8	ASTM C25- 11	石灰岩、生石灰、熟石灰的化学分析试验方法 Standard Test Methods for Chemical Analysis of Limestone，Quicklime，and Hydrated Lime	适用于高钙和白云质灰岩、生石灰和熟石灰的化学分析	通用设备和材料与试剂、一般程序、测试方法性能	ASTM：C50、C51、C911、D1193、E29、E50、E70、E173、E200、E691、E832
9	ASTM C27–98（2013）	黏土和高铝质耐火砖分类 Standard Classification of Fireclay and High-Alumina Refractory Brick	适用于机器制造的黏土和高氧化铝耐火砖	黏土和高铝质耐火砖的分类的意义和用途、分类依据、性能、试样、测试方法、复试	ASTM：C16、C24、C113、C133、C134
10	ASTM C28M- 10（2015）	石膏灰泥规范 Standard Specification for Gypsum Plasters	适于 4 种石膏灰泥：石膏混合灰泥、石膏纯灰浆，石膏木纤维质灰泥及石膏灰浆促凝剂	材料、成分、机械性能、取样、包装和包装标识、检查、拒收、证明	ASTM：C11、C22、C35、C471M、C472、C778、C842、E11

续表

序号	标准号	标准名称	针对性	主要内容	相关参考文献
11	ASTM C 29M- 09	骨料体积密度（容重）和空隙试验方法 Standard Test Method for Bulk Density（"Unit Weight"）and Voids in Aggregate	适用于在骨料压实或松散情况下，测定骨料的体积密度，以及基于相同的判定，计算细、粗、或混合骨料颗粒之间的空隙。适用骨料最大标称尺寸不超过 5in ［125mm］	仪器、采样、试样、测量校准、选择程序、用棒捣实程序、跳汰过程、铲程序、计算、报告、精确度和偏差	ASTM：C125、C127、C128、C138M、C670、C702、D75、D123、E11 AASHTO：T19/T19M
12	ASTM C 31M- 12	现场混凝土试样的制备和养护操作规程 Standard Practice for Making and Curing Concrete Test Specimens in The Field	适用于新拌混凝土的代表性圆柱和梁试样的制备和养护程序	仪器、测试要求、取样、混凝土坍落度、含气量和温度、成型样品、养护、试验样运输到试验室、报告	ASTM：C125、C138M、C143M、C172、C173、C192M、C231、C330、C403M、C470M、C511、C617、C1064M
13	ASTM C32- 13	下水道及检修孔砖（采用黏土或页岩）规范 Standard Specification for Sewer and Manhole Brick（Made From Clay or Shale）	适用于输送污水、工业废水和雨水的排水结构和检修孔和集水池等结构用砖	砖的物理性能、尺寸及允许偏差、光洁度和外观、采样和试验、检查	ASTM：C43、C67
14	ASTM C33-13	混凝土骨料规范 Standard Specification for Concrete Aggregates	适用于确定混凝土中使用的细和粗骨料的分级和质量要求（除了轻或重骨料）	细骨料一般特征、分级、有害物质、坚固性、粗骨料一般特征、级、有害物质、取样和测试方法	ASTM：C29M、C40、C87、C88、C117、C123、C125、C131、C136、C142、C150、C227、C289、C294、C295、C311、C330、C331、C332、C342、D75、D3665、E11
15	ASTM C34- 12	结构用黏土承重墙砖规范 Standard Specification for Structural Clay Load-Bearing Wall Tile	适用于结构用黏土承重墙砖，砖的两个级	物理性质、格数、壳和腹部厚度、允许尺寸变化、光洁度、取样和测试、允许偏差、外观检查、拒收、试验费用	ASTM：C43、C67、C216
16	ASTM C35- 01（2014）	石膏灰泥用无机骨料规范 Standard Specification for Inorganic Aggregates for Use in Gypsum Plaster	适用于珍珠岩、蛭石、天然和人工砂用作石膏灰泥无机骨料	化学成分、力学要求、取样、试验方法、检验、拒收和重审、证明、包装和包装标识	ASTM：C11、C29M、C40、C136、C471M、D75、E11
17	ASTM C39M- 12a	圆柱形混凝土试样抗压强度试验方法 Standard Test Method for Compressive Strength of Cylindrical Concrete Specimens	适用于测定圆柱形混凝土试件的抗压强度，如模压圆柱体和钻芯。仅限于混凝土的单位质量超过 50lb/ft^3［800kg/m^3］	试验方法、意义和用途、仪器、试样、程序、计算、报告、精确度和偏差的要求	ASTM：C31M、C42M、C192M、C617、C670、C873、C1077、C1231M、E4、E74

续表

序号	标准号	标准名称	针对性	主要内容	相关参考文献
18	ASTM C40- 11	混凝土细骨料有机杂质含量试验方法 Standard Test Method for Organic Impurities in Fine Aggregates for Concrete	适用于用标准比色液和玻璃颜色标准两个程序测定水硬性水泥砂浆或混凝土用细骨料中有害有机杂质	试验方法的意义和用途、仪器、试剂和标准比色液、取样、测试样品、程序、颜色值、解释、精度和偏差	ASTM：C33、C87、C125、C702、D75、D1544
19	ASTM C42M- 13	混凝土钻芯和锯梁的获取和试验方法 Standard Test Method for Obtaining and Testing Drilled Cores and Sawed Beams of Concrete	适用于获取、准备和测定混凝土钻芯的长度或抗压强度、劈裂抗拉强度，及混凝土锯梁抗折强度	试验方法的意义和用途、仪器、采样、测量钻芯长度、钻芯抗压强度、钻芯劈裂抗拉强度、梁弯曲试验、抗弯强度、精度和偏差	ASTM：C39M、C78、C174M、C496、C617、C642、C670、C823、C1231M ACI：318
20	ASTM C50- 13	石灰与石灰岩制品的取样、样品制备、封装和标记规程 Standard Practice for Sampling，Sample Preparation，Packaging，and Marking of Lime and Limestone Products	适用于收集和粉碎石灰、石灰岩产品用于物理和化学测试的程序，包括检查、拒收、再测试、包装和标识石灰、石灰岩产品	增量收集、随机取样、取样计划、石灰岩和石灰取样程序、试验室制备样品、拒收、重新测试、包装、标记	ASTM：C51、C702、D75、D2234、D3665、E11、E105、E122、E141、E177
21	ASTM C55- 11	混凝土砖规范 Standard Specification for Concrete Brick	适用于在需要一定强度、耐霜冻和抗水渗透区域使用的砖石结构或建筑物其他结构的砌面，建筑饰面和外墙砌面	混凝土砖的结构组成和特性要求、分级分类、材料组成和制作要求、运输要求、尺寸要求、光洁度和外观、.取样测试方法及要求	ASTM：C33、C140、C150、C207、C331、C426、C595、C618、C989、C1157、C1209、C1232
22	ASTM C56- 12	结构黏土非承重砖规范 Standard Specification for Structural Clay Nonloadbearing Tile	适用于隔墙、防火墙和磁砖贴面	非承重砖的制作、分级分类、吸水性、非承重砖面积、重量和厚度及尺寸要求、工艺、砖面外观、取样测试、运输要求	ASTM：C34、C43、C67
23	ASTM C59M–00（2011）	石膏铸件和石膏模件规范 Standard Specification for Gypsum Casting Plaster and Gypsum Molding Plaster	适用于石膏铸件，石膏模件，熟石膏	石膏化学成分组成和特性要求、取样测试方法、检验、对不符合规格要求石膏的处理、产品合格报告、包装和标识	ASTM：C11、C471、C472、E11
24	ASTM C61M- 00（2011）	基恩石膏水泥规范 Standard Specification for Gypsum Keene's Cement	适用于各种级别的无水熟石膏，石膏灰泥基层和饰面层	基恩水泥细度和凝结时间、安全健康准则的实施、化学成分组成、取样测试方法及现场测试、检验及不合规水泥的处理	ASTM：C11、C471、C472、E11

续表

序号	标准号	标准名称	针对性	主要内容	相关参考文献
25	ASTM C62-13	建筑用砖（黏土或页岩制成的实心砌块）规范 Standard Specification for Building Brick（Solid Masonry Units Made From Clay or Shale）	适用于结构性和非结构性砌筑，不适用于面砖和铺地砖	砖的制成、分类及适用范围；风化指数、外观、耐久性、吸水性、耐冻融物理特性；尺寸、空心和凹槽要求；取样和测试方法、砖的现场外观检查	ASTM：C43、C67、C216、C902、E835M
26	ASTM C67-13	砖和黏土空心砖取样和试验方法 Standard Test Methods for Sampling and Testing Brick and Structural Clay Tile	适用于测试砖和黏土空心砖的断裂模数、抗压强度、吸水性、饱和度系数、冻融和风化影响、吸收初速；测定重量、尺寸、折曲和长度变化和空隙面积	样品选择和制备、测试断裂模数和抗压强度的方法、称量精度和饱和度、冻融测试；试验室和现场砖块的吸收速度、砖块风化、尺寸、折曲和长度变化、空隙及倾斜度测试	ASTM：C43、C126、C150、C1093、E4、E6
27	ASTM C70-13	细骨料表面含水率试验方法 Standard Test Method for Surface Moisture in Fine Aggregate	现场测定细骨料表面含水率，可用于调整骨料质量，确定拌和硅酸盐水泥混凝土中的含水率	测试仪器、样品的选择、测定含水率、表面含水率计算及结果、细骨料含水率精度和偏差	ASTM：C128、C566、C670
28	ASTM C73-14	硅酸钙砖（灰砂砖）规范 Standard Specification for Calcium Silicate Brick（Sand-Lime Brick）	适用于砖砌体及冰点以下温度区域（有或无湿度情况下）	砖的级分类及其使用区域；抗压强度、吸水率特性要求；砖的尺寸和允许偏差及光洁度和外观要求；取样测试方法	ASTM：C140、C1209、C1232
29	ASTM C76-13a	钢筋混凝土涵管、雨水管和污水管的规范 Standard Specification for Reinforced Concrete Culvert，Storm Drain，and Sewer Pipe	适用于输送污水、工业废水和雨水的钢筋混凝土管道及涵洞	管道分类；测试和设计要求、材料及添加剂；修改和特殊设计要求；钢筋制作；管材、蒸汽养护和水养护；混凝土及混凝土圆模测试、内径和壁厚及两对边长度的允许偏差；修护和质量检查	ASTM：A82、A82、A496、A497、A615M、C33、C76M、C150、C260、C309、C494M、C497、C595、C618、C655、C822、C989、C1017M、C1116、C1157
30	ASTM C78M-15	混凝土抗弯强度试验方法（三点荷载简支梁法） Standard Test Method for Flexural Strength of Concrete（Using Simple Beam With Third-Point Loading）	适用于测定混凝土的抗弯强度，测定混凝土板和路面混凝土	测试仪器、测试挠曲强度；试样规格、试验人员的资格、试验方法步骤；断裂模数公式计算、测试结果的精度和偏差要求	ASTM：C31、C42、C192、C617、C1077、E4

续表

序号	标准号	标准名称	针对性	主要内容	相关参考文献
31	ASTM C87M- 10	细骨料中有机杂质对砂浆强度影响的试验方法 Standard Test Method for Effect of Organic Impurities In Fine Aggregate on Strength of Mortar	适用于测定细骨料中有机杂质对砂浆强度的影响。经清洗和未经清洗细骨料制成的两种砂浆强度对比	测试方法和仪器；试剂和材料的规格要求、取样和制样；细骨料清洗和漂洗要求、去除有机杂质；砂浆立方块的制作、养护和测试；样品抗压强度的计算、精度和偏差要求	ASTM：C33、C40、C109M、C128、C150、C230、C305、C511、C670、C702、D75、D3665
32	ASTM C88-13	硫酸钠或硫酸镁法测定骨料坚固性的试验方法 Standard Test Method for Soundness of Aggregates By Use of Sodium Sulfate or Magnesium Sulfate	适用于测定混凝土骨料经风化作用或其他作用后的坚固性	试验方法、初步估算骨料坚固性的试验步骤和规范要求及损耗率规定；测试仪器和所需溶液要求；样品的制备、溶剂中样品的存储、定量检查、记录报告和精度要求	ASTM：C33、C136、C670、C702、D75、E11、E100、E323
33	ASTM C90-13	承重混凝土圬工砌筑规范 Standard Specification for Load Bearing Concrete Masonry Units	适用于空心和实心混凝土圬工砌筑用于承重和非承重结构	混凝土圬工砌筑的制作、分类和特性；标准圬工砌筑和特殊圬工砌筑的尺寸要求；光洁度和外观；取样测试的方法及要求；抗渗水性及裂缝防治	STM：C33、C140、C150、C331、C426、C595、C618、C989、C1157、C1209、C1232、C1314、E519、E72
34	ASTM C91- 12	砌筑水泥规范 Standard Specification for Masonry Cement	涉及砌筑所需的三种类型的砌筑水泥，适用于抹灰施工	砌筑水泥分类、空气温度和湿度、正常稠度及热压膨胀；凝结时间、密度、混合砂要求；砂浆制备和掺气处理、抗压强度测试、保水性、存储和检验	ASTM：C109M、C151、C183、C185、C187、C188、C219、C230M、C266、C270
35	ASTM C92- 95（2010）	耐火材料筛分和含水量试验方法 Standard Test Method for Sieve Analysis and Water Content of Refractory Materials	适用于耐火材料湿筛分筛分和干筛分筛分法	湿筛分和干筛分的使用方法和用途；测试仪器；取样和测试含水量；湿筛分和干筛分试验步骤和规范要求；测试结果计算和精度	ASTM：C429、E11、E105、E122

续表

序号	标准号	标准名称	针对性	主要内容	相关参考文献
36	ASTM C94M–13a	预拌混凝土规范 Standard Specification for Ready-Mixed Concrete	适用于预拌混凝土的拌制和运输；不包含浇筑、固结、养护或混凝土保护	水中硫酸离子的测试；混凝土体积计算；坍落度容许偏差；引气混凝土；水泥、骨料、拌和用水、外加剂材料的计量要求；混凝土配料机和搅拌机操作要求；搅拌和运输方式；新浇混凝土取样和强度测试	ASTM：C31M、C33、C39M、C109M、C138M、C143M、C150、C172、C173M、C191、C231、C260、C330
37	ASTM C97-15	块石吸水率和比重的试验方法试验方法 Standard Test Methods for Absorption and Bulk Specific Gravity of Dimension Stone	适用于测定所有类型石材的吸收性和散比重，除板岩外	样品取样、同一样品吸水率和散比重测试步骤；吸水率百分比和散比重计算、报告编写、精度要求	ASTM：C119
38	ASTM C99–09	块石断裂模数试验方法 Standard Test Method for Modulus of Rupture of Dimension Stone	适用于测定所有类型块石的断裂模数，初板岩外。 测定各种不同块石断裂模数差异，也比较同一类型块石	测试仪器、样品取样标准要求、样品标记和测量；干燥和潮湿情况下分别对样品进行断裂模数测试的方法及断裂模数计算；测试结果报告编写及相关精度	ASTM：C119
39	ASTM C109M-12	水硬性水泥砂浆抗压强度的试验方法 Standard Test Method for Compressive Strength of Hydraulic Cement Mortars（Using 2in. or［50mm］Cube Specimens）	适用于水硬性水泥砂浆抗压强度测试，采用2in或50mm立方体试样	试验方法和试验仪器要求；试验材料砂石标准；试验温度和湿度要求；试件模的制备；砂浆的组成成分、试样的制备工艺、抗压强度测试程序及计算方法	ASTM：C91、C114、C150、C230、C305、C349、C511、C595、C618、C670、C778
40	ASTM C110-11	生石灰、熟石灰和石灰石物理试验方法 Standard Test Methods for Physical Testing of Quicklime，Hydrated Lime，and Limestone	适用于生石灰和熟石灰的物理测试，以及石灰石的测试	石灰膏标准稠度、塑性物理特性测试；熟石灰保水性测试方法和要求；引气剂的应用；砂浆的研制和测密法；熟石灰和液压硅酸盐水泥热压膨胀测试；生石灰转化率测试；粉化石灰干密度测试	ASTM：C28M、C50、C51、C91、C109M、C117、C136、C150、C185、C188、C192、C204、C207、C230M、C231、C305、C430、C472

续表

序号	标准号	标准名称	针对性	主要内容	相关参考文献
41	ASTM C113-14	耐火砖二次加热变化的试验方法 Standard Test Method for Reheat Change of Refractory Brick	为加热不同级别的耐热材料提供了一套标准程序，包括耐火砖加热时永久线性变化的测定	仪器、试样、程序、计算和报告、精确度和偏差	ASTM：C134、C179、C210、C605、E230
42	ASTM C114- 11	水硬性水泥化学分析试验方法 Standard Test Methods for Chemical Analysis of Hydraulic Cement	试验方法包括水硬性水泥的化学分析。可接受的任何精确度和偏差的试验方法都可以用于水硬性水泥分析	测定数字和容差；干扰和限制；仪器和材料；试剂；取样准备；一般程序；记录分析推荐的程序	ASTM：C25、C115、C150、C183、C595、D1193、E29
43	ASTM C115- 10	用浊度仪检验硅酸盐水泥细度的试验方法 Standard Test Method for Fineness of Portland Cement By The Turbidimeter	测试水硬性水泥是否满足瓦格纳浊度细度要求	仪器；材料；试样或取样；校核；程序；记录数据；计算公式；精确度和偏差	ASTM：C114、C430、C670
44	ASTM C117- 13	矿物骨料冲洗筛分后细于 75μm（200 目筛）的材料试验方法 Standard Test Method for Materials Finer Than 75-MM（No. 200）Sieve In Mineral Aggregates By Washing	通过冲洗测定细于 75μm 骨料粒径的材料。经冲刷水冲散的黏土颗粒，其他骨料颗粒和水溶性材料在试验期间要从骨料中清除	仪器、材料、取样、程序的选择：用普通水冲洗；用湿润剂冲洗；计算；报告；精确度和偏差	ASTM：C136、C670、C702、D75、E11
45	ASTM C118M- 11	灌溉或排水用的混凝土管道（公制）规范 Standard Specification for Concrete Pipe for Irrigation or Drainage [Metric]	该规范涵盖了用于传送灌溉水的素混凝土管，包括用于排水的水力瞬态，在表格 1 中有显示	材料；设计；连接处；混凝土搅拌物；物理要求；可容偏差；工艺和修饰；修理；检查；拒收和产品标识	ASTM：C33、C150、C497M、C595、C618
46	ASTM C120- 12	石板（断裂荷载、断裂模数、弹性模数）抗弯试验方法 Standard Test Methods of Flexure Testing of Slate（Breaking Load，Modulus of Rupture，Modulus of Elasticity）	适用于测定石板的破坏模数和弹性模数	断裂荷载、抗弯试验、抗弯强度、压力、弹性模数、破坏模数	ASTM：C119
47	ASTM C121M- 09	石板吸水率试验方法 Standard Test Method for Water Absorption of Slate	测定石板的吸水率		ASTM：C119

续表

序号	标准号	标准名称	针对性	主要内容	相关参考文献
48	ASTM C123- 12	骨料中轻质颗粒试验方法 Standard Test Method for Lightweight Particles in Aggregate	利用沉浮分离法测定骨料中轻质颗粒的百分比	密度、相对密度、轻质颗粒、物理试验、筛分试验、沉浮分离法、比重	ASTM：C33、C125、C127、C128、C702、C1005
49	ASTM C126-13	建筑陶瓷釉面瓷砖、面砖和实心圬工砌筑规范 Standard Specification for Ceramic Glazed Structural Clay Facing Tile，and Solid Masonry Units	结构黏土承重饰面砖，饰面砖和其他由黏土、页岩、耐火黏土、混合物、有/无熟料添加的“实心圬工砌筑”	抗压强度、工艺、修饰和外观、修饰性能、颜色和纹理、尺寸和形状、试验方法	ASTM：C43、C67、E84 NFPA：255 UBC：NO.8-1
50	ASTM C127- 12	粗骨料密度、相对密度（比重）及吸水率试验方法 Standard Test Method for Density，Relative Density（Specific Gravity），and Absorption of Coarse Aggregate	测定粗骨料颗粒的平均密度，相对密度（比重）和吸水率	吸水率、密度、相对密度	ASTM：C125、C128、C136、C330、C332、C566、C670、C702
51	ASTM C128- 12	细骨料密度、相对密度（比重）和吸水率试验方法 Standard Test Method for Density，Relative Density（Specific Gravity），and Absorption of Fine Aggregate	适用于确定大量细骨料的平均密度（不包括颗粒之间空隙的体积）、相对密度（比重）及吸水率	试验方法、意义和用途、试验设备、取样、试件制备、试验步骤、计算	ASTM：C29M、C70、C125、C127、C188、C566、C670、D75 AASHTO：T84
52	ASTM C129- 11	非承重混凝土圬工砌筑规范 Standard Specification for Nonload-bearing Concrete Masonry Units	空心非承重混凝土圬工构件和实体非承重混凝土圬工构件	材料和加工、尺寸和容差、修饰和表观、取样和试样方法、和遵守性	ASTM：C33、C140、C150、C207、C331
53	ASTM C131- 14	用洛杉矶磨耗试验机测定小粒径粗骨料抗磨性和抗冲击性的试验方法 Standard Test Method for Resistance to Degradation of Small-Size Coarse Aggregate By Abrasion and Impact in the Los Angeles Machine	测试小于 37.5mm 粗骨料抗磨性的步骤，适用于洛杉矶试验机测试	试验方法、意义和用途、试验设备、取样、试件制备、试验步骤、计算	ASTM：A6M、C125、C136、C535、C670
54	ASTM C133- 97（2015）	耐火材料的冷碎强度和断裂模数试验方法 Standard Test Methods for Cold Crushing Strength and Modulus of Rupture of Refractories	适用于所有类型干燥耐火类和烧火耐火类的冷碎强度和断裂模数测试	测定室温下三点弯曲（断裂模数）抗折强度或抗压强度（冷碎强度）	ASTM：C862、C1054、E4

续表

序号	标准号	标准名称	针对性	主要内容	相关参考文献
55	ASTM C134-95（2010）	耐火砖和保温耐火砖尺寸测量和体积密度试验方法 Standard Test Methods for Size，Dimensional Measurements，and Bulk Density of Refractory Brick and insulating Firebrick	适用于现场条件下使用，提供了测量手段	试验方法包括测量矩形耐火砖和矩形保温耐火砖的尺寸、体积密度、翘曲和垂直度的步骤	ASTM：C20、C830、C914
56	ASTM C135-96（2015）	水浸法测试耐火材料真实比重的试验方法 Standard Test Method for True Specific Gravity of Refractory Materials by Water Immersion	适用于根据指定的条件测试耐火材料的真实比重	测定真实密度比重、分类、检测化学成分间的差别、计算总孔隙	ASTM：C604、D153、E11
57	ASTM C136M-14	粗细骨料筛分试验方法 Standard Test Method for Sieve Analysis of Fine and Coarse Aggregates	通过筛分确定细骨料和粗骨料的粒径分布	骨料；粗骨料；细骨料；等级；级配；筛分；尺寸分析	ASTM：C117、C125、C637、C670、C702、D75、E11 AASHTO：T27
58	ASTM C138-13	混凝土容重、屈服强度和含气量（重量分析法）试验方法 Standard Test Method for Unit Weight，Yield，and Air Content（Gravimetric）of Concrete	测定新拌和混凝土的重量，并给出了计算混凝土容重，水泥含量和含气量的计算公式	空气含量；水泥含量；混凝土；相对产量；比重；产量	ASTM：C29M、C150、C172、C188、C231、C670
59	ASTM C139-14	建造集水池和检查孔的混凝土圬工构建规范 Standard Specification for Concrete Masonry Units for Construction of Catch Basins and Manholes	由水硬性水泥、水和其他矿物质材料制作的预制实心混凝土砌块，用于建造集水池和检修孔	材料、尺寸和容差、取样和试验、目测检查、和符合性	ASTM：C33、C140、C150、C207、C595、C618、C989、C1157
60	ASTM C140-15	混凝土圬工砌筑及相关构件取样和试验方法 Standard Test Methods for Sampling and Testing Concrete Masonry Units and Related Units	给出评定各种混凝土圬工砌筑及相关构件特性的常用试验方法	混凝土圬工构件试验样品、取样方法、尺寸测量、抗压强度测试、吸水率、计算方法	ASTM：C90、C143M、C1093、C1209、C1232、E6
61	ASTM C141-14	建筑水硬性熟石灰规范 Standard Specification for Hydraulic Hydrated Lime for Structural Purposes	建筑水硬性熟石灰用途	水硬性熟石灰化学成分、细度、凝固时间、安定性、抗压强度、和取样方法、仓储要求、检查要求	ASTM：C25、C109M、C150、C151、C184、C187、C230、C266、C305、C778、E11

续表

序号	标准号	标准名称	针对性	主要内容	相关参考文献
62	ASTM C142-10	骨料中黏土块和易碎颗粒含量试验方法 Standard Test Method for Clay Lumps and Friable Particles in Aggregates	适用于大致测定骨料中黏土块和易碎颗粒含量	测试设备、取样方法、测试程序、骨料的计算百分比、测试精度和偏差的要求	ASTM：C33、C117、C125、C1005、E11
63	ASTM C143M-12	水硬性水泥混凝土坍落度试验方法 Standard Test Method for Slump of Hydraulic-Cement Concrete	适用于在现场或试验室确定水硬性水泥混凝土坍落度	样品的选择和测试；混凝土；锥体；相容性；可塑性；坍落度；和易性；精度和偏差；	ASTM：C172、C670
64	ASTM C144-11	砌筑砂浆用骨料规范 Standard Specification for Aggregate for Masonry Mortar	给出砌筑砂浆用骨料（包括天然砂和人工砂）的要求	材料、骨料分级、骨料的组成、稳定性要求、骨料的取样和测试方法	ASTM：C40、C87、C88、C117、C123、C128、C136、C142
65	ASTM C146-94a（2014）	玻璃砂化学分析试验方法 Standard Test Methods for Chemical Analysis of Glass Sand	适用于玻璃砂化学分析，包括高二氧化硅砂（99%＋二氧化硅）和高铝砂（含多达12至13%的氧化铝）	测试的意义和用途、光度计以及试剂的纯度、滤纸分类、样品制备、试验精度和偏差、试验分析	ASTM：C169、C429、D1193、E11、E50、E60
66	ASTM C147-86（2010）	玻璃容器的内压强度试验方法 Standard Test Methods for internal Pressure Strength of Glass Containers	适用于测定受到内部压力时玻璃器皿的内压强度	取样方法、试验的精度和偏差、测试方法、试验设备、过程、试验报告	ASTM：C224
67	ASTM C148-12	玻璃容器偏振检验试验方法 Standard Test Methods for Polariscopic Examination of Glass Containers	描述玻璃器皿退火状态相对光学延迟的测定方法	试验的意义和用途、取样方法；偏光镜与参考标准比较、试验设备、校准和标准化、试验过程	ASTM：C162、C224、C1426
68	ASTM C149-14	玻璃容器抗热震性试验方法 Standard Test Method for Thermal Shock Resistance of Glass Containers	适用于测试商用玻璃容器（瓶，罐）承受使用过程中突然温度变化的能力	玻璃瓶、玻璃罐、物理试验、温度变化、抗热震性、取样、试验过程、精度和偏差	ASTM：C224
69	ASTM C150M-15	硅酸盐水泥规范 Standard Specification for Portland Cement	涉及10种硅酸盐水泥性能测试，包括外加剂、化学成分、物理特性、取样、测试方法	测试内容：砂浆含气量、化学分析、强度、假凝、透气性、细度浊度仪、水化热、压蒸膨胀、吉尔针测凝固时间、维卡针测凝固时间、抗硫酸盐、硫酸钙、抗压强度	ASTM：C204、C219、C226、C451、C452、C465、C563、C1038、E29

续表

序号	标准号	标准名称	针对性	主要内容	相关参考文献
70	ASTM C151M-15	水硬性水泥蒸压膨胀度试验方法 Standard Test Method for Autoclave Expansion of Hydraulic Cement	适用于采用纯水泥试件测试水硬性水泥的蒸压膨胀度	测试的意义和用途、测试仪器、温度和湿度要求、安全注意事项；试样数量要求、模具准备、试验过程、精度和偏差	ASTM：C187、C305、C490、C511、C856
71	ASTM C155-97（2013）	隔热耐火砖的分类标准 Standard Classification of Insulating Firebrick	涉及隔热耐火砖等材料的分类，隔热材料用于工业炉的衬砌	容重、密度与相对密度、隔热砖、衬砌热膨胀、防火砖、再加热变化	ASTM：C134、C210
72	ASTM C156-11	混凝土养护液体膜失水性试验方法[通过砂浆试件] Standard Test Method for Water Loss [From a Mortar Specimen] Through Liquid Membrane-Forming Curing Compounds for Concrete	适用于试验室测定养护混凝土用液体膜的功效	混凝土养护、含水量损失、物理特性、试件	ASTM：C87、C150、C230M、C305、C778、D1475、D1653、D2369、E178
73	ASTM C157M-08（2014）	硬化的水硬性水泥灰浆和混凝土长度变化试验方法 Standard Test Method for Length Change of Hardened Hydraulic-Cement Mortar and Concrete	硬化水硬性水泥灰浆在外部压力和温度变化条件下长度的变化，以及在试验室制成，暴露于温度和湿度控制的条件下混凝土试样的变化	测试的意义和用途、所用仪器、模具、取样、试样、砂浆和混凝土拌和、试样成型、试样养护、试样存储、长度变化计算、精度和偏差	ASTM：C125、C143M、C172、C192M
74	ASTM C158-02（2012）	玻璃弯曲强度试验方法（测定断裂模数） Standard Test Methods for Strength of Glass By Flexure（Determination of Modulus of Rupture）	适用于测试退火和预应力玻璃和各种形式的玻璃陶瓷弯曲强度	测试的意义和用途、测试设备、测试平板玻璃的断裂模数、玻璃和玻璃陶瓷断裂模量的比较试验、测定残余应力、磨损性	ASTM：C148、E4
75	ASTM C159-06（2011）	釉面陶瓷过滤块规范 Standard Specification for Vitrified Clay Filter Blocks	适用于生活废物和工业废物的处理	材料与制造、化学要求、物理性能、抗压强度试验、吸水率试验、耐酸性试验	ASTM：C150、C896、E4、E6
76	ASTM C163-05（2010）	绝热水泥样品拌制规程 Standard Practice for Mixing Thermal Insulating Cement Samples	用于各种水泥试验的水拌和隔热水泥试件	意义和作用、设备、拌和水、步骤、制备测试标本	ASTM：C168
77	ASTM C165-07（2012）	热绝缘材料的抗压强度试验方法 “Standard Test Method for Measuring Compressive Properties of Thermal Insulations”	确定的热绝缘材料的抗压性	意义和作用、试验设备、试样、测试过程、计算、报告、精度和偏差	ASTM：C167、C168、C240、E4、E177、E691

续表

序号	标准号	标准名称	针对性	主要内容	相关参考文献
78	ASTM C166-05（2010）	隔热水泥在干燥过程中的遮盖能力及体积变化试验方法 Standard Test Method for Covering Capacity and Volume Change upon Drying of Thermal Insulating Cement	用于确定隔热水泥在干燥过程中的保湿能力及体积变化	测试的意义和作用、设备、取样和混合、试验过程和计算、精度和偏差	ASTM：C163、C168
79	ASTM C167-15	保温毡厚度和密度试验方法 Standard Test Methods for Thickness and Density of Blanket or Batt Thermal Insulations	测定由纤维材料制成的柔性、毡制或机织隔热毯、辊或絮垫，有或没有表面包覆层或加固材料的密度和厚度	测试的意义和作用、设备、样品、过程、计算、报告、精度和偏差	ASTM：C168
80	ASTM C169-92（2011）	碱石灰玻璃及硅酸盐玻璃化学分析试验方法 Standard Test Methods for Chemical Analysis of Soda-Lime and Borosilicate Glass	碱石灰玻璃和硅酸盐玻璃制品定量化学分析，适用于碱石灰硅酸盐玻璃、碱石灰氟化乳白玻璃、硼硅玻璃	分析程序步骤、各种化学元素的测定与定量、试剂、样本、具体的测试方法与算法	ASTM：C146、C225、D1193
81	ASTM C170-15	块石耐压强度的试验方法 Standard Test Method for Compressive Strength of Dimension Stone	用于各种规格块石抗压强度测试	块石的取样、样本的准备、抗压强度、试验仪器、试验条件、步骤及计算方法	ASTM：C119、E4
82	ASTM C171-07	混凝土养护板材规范 Standard Specification for Sheet Materials for Curing Concrete	覆盖在水硬性水泥混凝土表面防止水分损失的养护材料，包括白色反光材料，用于减少混凝土暴露在阳光下的温升	养护材料、聚乙烯薄膜、养护板材、养护防水纸、白色聚乙烯薄板、养护材料的性能条件和物理要求	ASTM：C156、D829、D4397、E96M、E1347
83	ASTM C172M-14	新拌混凝土取样规程 Standard Practice for Sampling Freshly Mixed Concrete	适用于测试运到现场的新拌混凝土是否符合质量要求的取样	合格性、新拌混凝土、取样、湿筛分	ASTM：C685M、E11
84	ASTM C173M-12	体积法测定新搅拌混凝土中含气量试验方法 Standard Test Method for Air Content of Freshly Mixed Concrete by The Volumetric Method	新搅拌混凝土中含气量测定	仪器、刻度取样、测试步骤、计算、精度和偏差	ASTM：C29M、C138、C172

续表

序号	标准号	标准名称	针对性	主要内容	相关参考文献
85	ASTM C174M-13	钻芯测定混凝土构件厚度试验方法 Standard Test Method for Measuring Thickness of Concrete Elements Using Drilled Concrete Cores	适用于测定混凝土路面、混凝土板或者混凝土构件的厚度	钻芯方法、测量装置、试样、操作程序、精度及偏差	
86	ASTM C177-10	护热板装置法测定稳态热通量和热传导性试验方法 Standard Test Method for Steady-State Heat Flux Measurements and Thermal Transmission Properties by Means of the Guarded-Hot-Plate Apparatus	适用于测量从不透明固体到多孔的或者透明材料各种试样，用于各种环境之下，包括测量在温度，各种气体和压力的极值情况下	试验设备要求、试样准备和调节、试验步骤、计算方法、精度和偏差	ISO：8302
87	ASTM C181-11	高铝塑性耐火材料和耐火黏土的和易系数试验方法 Standard Test Method for Workability Index of Fireclay and High-Alumina Plastic Refractories	通过测量模制试样受到冲击时的塑性变形，确定耐火材料的和易性	试验方法、仪器、步骤、计算和报告、试样、精度和偏差	ASTM：D2906
88	ASTM C182-88（2013）	绝热耐火砖导热系数试验方法 Standard Test Method for Thermal Conductivity of Insulating Firebrick	用于选择符合限定温度要求的耐火材料	试验步骤、计算、报告、精度和误差、热量计、保温耐火砖、耐火材料、热传导性、热电偶	ASTM：C155、C201、E220
89	ASTM C183M-15	水硬性水泥取样方法和试验数量 Standard Practice for Sampling and the Amount of Testing of Hydraulic Cement	适用于供货前进行水硬性水泥试验的取样程序和试验数量	取样的种类和尺寸、取样、样品的制备、测试	ASTM：C114、C150M、C151M、C185、C186、C191、C430、C452M、C1038、C1328、C1506、E11
90	ASTM C185-15	水硬性水泥灰浆含气量试验方法 Standard Test Method for Air Content of Hydraulic Cement Mortar	适用于确定水硬性水泥是否符合含气量要求	试验装置、温度和湿度、沙子标准、取样、步骤、计算、精度和误差	ASTM：C91、C109M、C150、C183、C230M、C305、C511、C595、C778、C1005、C1157、C1328、C1329、E438、E694
91	ASTM C186-15	水硬性水泥水化热试验方法 Standard Test Method for Heat of Hydration of Hydraulic Cement	适用于确定水硬性水泥是否符合水化热要求	试验装置、试剂和材料、测定装置的热容量、取样和试样、试验步骤、计算、精度和误差	ASTM：C109M、C114、C670、C1005、E11
92	ASTM C187-11	水硬性水泥稠度试验方法 Standard Test Method for Amount of Water Required for Normal Consistency of Hydraulic Cement Paste	适用于确定制备正常稠度的水硬性水泥浆的需水量	试验装置、温度和湿度、步骤、正常稠度、维卡针、计算、精度及误差	ASTM：C219、C305、C511、C1005、D1193、E177

续表

序号	标准号	标准名称	针对性	主要内容	相关参考文献
93	ASTM C188-14	水硬性水泥密度试验方法 Standard Test Method for Density of Hydraulic Cement	适用于确定水硬性水泥试件的密度	装置、步骤、计算、精度和偏差、水硬性水泥、密度和比重	ASTM：C114、C125、C670
94	ASTM C191-13	用维卡针测定水硬性水泥凝固时间的试验方法 Standard Test Methods for Time of Setting of Hydraulic Cement by Vicat Needle	适用于用维卡针检测水硬性水泥凝固时间	试验方法、装置、试剂和材料、取样、条件、水泥浆制备、手动和自动维卡针装置、步骤、自动装置的性能、精度和误差	ASTM：C150、C151、C183、C187、C219、C266、C305、C511、C595、C1005、C1157、D1193
95	ASTM C192M-15	试验室混凝土试验样品制作和养护规程 Standard Practice for Making and Curing Concrete Test Specimens in The Laboratory	给出准备材料、拌合混凝土、制作和养护试验室试样的标准化要求	混凝土、固结、养护、试件制备、试验、振动	ASTM：C70、C125、C127、C128、C138M、C143M、C172M、C173M、C231、C330、C403、C470、C494、C511
96	ASTM C195-07（2013）	矿物纤维隔热水泥规范 Standard Specification for Mineral Fiber Thermal Insulating Cement	涉及绝缘水泥、矿物纤维、隔热保温相关事宜	材料和生产、其他要求、资格要求、取样、试样制备、测试方法、检查、拒绝和再审	ASTM：C163、C166
97	ASTM C196-00（2010）	膨胀或分层蛭石隔热水泥规范 Standard Specification for Expanded or Exfoliated Vermiculite Thermal Insulating Cement	干水泥或者灰泥形式的膨胀或分层蛭石隔热材料，加水拌和后用作表面隔热（38℃～982℃）	材料和生产、资格要求、试验次数及再试验、试样制备、测试方法、检查、拒绝和再审、认证及包装	ASTM：C163、C166
98	ASTM C198-09（2013）	耐火砂浆的冷黏结强度试验方法 Standard Test Method for Cold Bonding Strength of Refractory Mortar	室温情况下通过测定烘干的砖灰浆缝弯曲强度，测定气硬防火泥浆黏结强度	砖块、取样、试验步骤、报告、精度和误差、包括冷凝结强度、弯曲强度、高温、断裂模量以及耐火砂浆	ASTM：C78、C133、C651、E4、E177、E691
99	ASTM C199-84（2011）	耐火砂浆耐火性试验方法 Standard Test Method for Pier Test for Refractory Mortars	适用于测试耐火砂浆，采用耐火胶泥墩测试	装置、试样、取样、热处理、步骤、报告、精度和误差	ASTM：C24、C113
100	ASTM C 204	用透气率仪测定水硬性水泥细度的标准试验方法 Standard Test Methods for Fineness of Hydraulic Cement by Air-Permeability Apparatus	采用布莱恩透气率仪确定水硬性水泥细度		ASTM：C10M、C110、C150M、C183M、C226、C311M、C465、C563、C595M、C821、C989、C1222、C1709、D3752、D3880M

续表

序号	标准号	标准名称	针对性	主要内容	相关参考文献
101	ASTM C215-14	混凝土（横向、纵向、扭转）基本共振频率的标准试验方法 Standard Test Method for Fundamental Transverse，Longitudinal，and Torsional Resonant Frequencies of Concrete Specimens	测定混凝土圆柱或棱柱的基频，用于计算动态的弹性模量、刚性模量和泊松比	混凝土柱、动态泊松比、频率、刚性模量、共振、剪切模量、试件、波长与频率、扬氏模量	ASTM：C31M、C42、C125、C192、C469M、C670、E1316
102	ASTM C 227-10	水泥-骨料混合物的潜在碱反应试验方法（灰浆棒法） Standard Test Method for Potential Alkali Reactivity of Cement-Aggregate Combinations（Mortar-Bar Method）	通过量测灰浆棒的长度变化，测定水泥-骨料混合物对氢氧离子与碱性的敏感性	骨料、碱反应、灰浆棒法、性能试验、反应	ASTM：C33、C109M、C289、C294、C295、C305、C441、C490、C511、C586、C856、C1437、E11
103	ASTM C 231M-14	用压力法测定新拌混凝土中空气含量的试验方法 Standard Test Method for Air Content of Freshly Mixed Concrete by The Pressure Method	通过观察混凝土体积的变化测定新拌混凝土的含气量，适用于采用相对密实骨料的混凝土	骨料、含气量、化学成分、侵蚀系数、压力、新拌混凝土、体积、质量、统计	ASTM：C31M、C138M、C143M、C172、C173M、C192M、C670、E177
104	ASTM C 232M-14	水泥泌水性的试验方法 Standard Test Method for Bleeding of Concrete	测定新拌混凝土的泌水量，以确定配比变化、处理和环境等因素对泌水的影响	泌水、混凝土、新拌混凝土、水和含沙量、含水量	ASTM：C29M、C125、C138M、C172M、C192M、C670、E11
105	ASTM C 233M-14	混凝土引气剂的标准试验方法 Standard Test Method for Air-Entraining Admixtures for Concrete	现场测试使用引气剂的材料，用于获取数据，与试验室的标准化试验数据比较	引气剂、混凝土	ASTM：C33、C39M、C78、C136、C143M、C150、C157M、C172、C173M、C185、C193M、C231
106	ASTM C 260M-10	混凝土引气剂的技术要求 Standard Specification for Air-Entraining Admixtures for Concrete	给出现场添加的混凝土引气剂，需符合初凝和终凝时间、抗压强度、抗弯强度和长度变化等要求	引气剂、抗压强度、混凝土、抗弯强度、凝固时间	ASTM：C183、C185、C233
107	ASTM C266-13	用吉尔穆针法对水硬性水泥浆凝固时间的试验方法 Standard Test Method for Time of Setting of Hydraulic-Cement Paste by Gillmore Needles	通过吉尔穆针试验，确定水泥是否符合规定的吉尔穆凝固时间	吉尔穆针装置、水硬性水泥、水硬性水泥浆、凝固时间、试验仪器	ASTM：C151、C183、C187、C291、C305、C511、C670、C1005、D1193

续表

序号	标准号	标准名称	针对性	主要内容	相关参考文献
108	ASTM C 289-07	骨料的潜在碱硅反应性的标准试验方法（化学法） Standard Test Method for Potential Alkali-Silica Reactivity of Aggregates (Chemical Method)	用化学方法，通过 80℃条件下 24h 反应量，确定波特兰水泥混凝土中骨料的潜在碱反应性	骨料、碱硅反应、化学分析、混凝土、波特兰水泥、反应性、氢氧化钠	ASTM：C114、C227、C295、C702、C1005、C1260、C1293、D75、D1193、D1248、E11、E60
109	ASTM C293M-10	混凝土抗弯强度标准测试方法（简支梁中心加载法） Standard Test Method for Flexural Strength of Concrete (Using Simple Beam With Center-Point Loading)	用试验确定试件的断裂模量	梁、中心加载试验、混凝土、抗弯强度、抗弯试验	ASTM：C192M、C617、C1077、E4
110	ASTM C295M-12	混凝土用骨料的岩相检验导则 Standard Guide for Petrographic Examination of Aggregates for Concrete	给出检验程序，用于检验拟用于胶结料拌和物中的骨料样品的岩相	骨料、胶结材料、胶结料拌和物、混凝土、矿物材料、岩相检验、岩石	ASTM：C33、C117、C136、C294、C702、D75、E11、E883
111	ASTM C311M-13	硅酸盐水泥混凝土中用作矿物掺合料的粉煤灰或天然火山灰取样和试验的标准试验方法 Standard Test Methods for Sampling and Testing Fly Ash or Natural Pozzolans for Use in Portland-Cement Concrete	给出粉煤灰或天然火山灰取样和试验程序，用于获取数据，与试验室的标准化试验数据比较	化学分析、混凝土、粉煤灰、天然火山灰、物理试验、波特兰水泥、取样	ASTM：C33、C109M、C114、C125、C150、C151、C157M、C185、C188、C204、C219、C227、C430、C441、C604、C618、C670、C778、C1012、C1697、D1426、D4326 ACI：201.2R
112	ASTM C348-14	水硬性水泥砂浆抗弯强度的试验方法 Standard Test Method for Flexural Strength of Hydraulic-Cement Mortars	给出的抗弯强度试验方法也可用于确定砂浆棱柱体的抗压强度	抗压强度、抗弯强度、抗弯试验、水硬性水泥、砂浆	ASTM：C109M、C230M、C305、C349、C670、C778、C1005、C1437
113	ASTM C349-14	水硬性水泥砂浆抗压强度的试验方法（使用棱柱体弯曲时破裂部分） Standard Test Method for Compressive Strength of Hydraulic-Cement Mortars (Using Portions of Prisms Broken in Flexure)	采用抗弯试验中破裂的棱柱体部分（ASTM C348）进行抗压强度测试	抗压强度、水硬性水泥、砂浆、试件	ASTM：C109M、C348、C670
114	ASTM C395-01 (2012)	耐化学腐蚀的树脂砂浆标准规范 Standard Specification for Chemical-Resistant Resin Mortars	给出对耐化学腐蚀的树脂砂浆的要求，这种砂浆用于黏结耐化学腐蚀的砖或瓦，通常较无机砂浆有更好的物理特性	耐化学腐蚀的砖、浆液、耐化学腐蚀的砂浆、无机砂浆、圬工构件、物理特性、树脂砂浆	ASTM：C267、C279、C307、C308、C321、C399、C413、C531、C579、C658、C904

续表

序号	标准号	标准名称	针对性	主要内容	相关参考文献
115	ASTM C403M-08	贯入阻力测定混凝土混合物凝固时间的试验方法 Standard Test Method for Time of Setting of Concrete Mixtures by Penetration Resistance	试验确定含水量、水泥品牌、胶结料含量的变化对混凝土凝固时间的影响	混凝土、浆液、砂浆、贯入阻力、物理特性、凝固时间、塌落度	ASTM：C125、C143M、C172、C173M、C192M、C231、C670、C1558、E11、E2251
116	ASTM C 404-11	砌筑用灰浆骨料 Standard Specification for Aggregates for Masonry Grout	对砌筑用灰浆中骨料的技术要求	骨料、灰浆、圬工、圬工构件、砂	ASTM：C33、C40、C87、C88、C117、C123、C127、C128、C136、C142、C144、C476、D75
117	ASTM C430-08（2015）	用 45μm 筛（325 号）测定水硬性水泥细度的标准试验方法 Standard Test Method for Fineness of Hydraulic Cement by The 45mm（No. 325）Sieve	用筛测定水硬性水泥细度，采用规定尺寸的圆形金属制筛架，配以不锈钢筛网或镀镍筛网	细度、水硬性水泥、晒分、试验仪器	ASTM：E11、E161、E177
118	ASTM C441M-11	防止骨料碱硅反应引起混凝土过度膨胀中火山灰或磨细高炉矿渣作用的试验方法 Standard Test Method for Effectiveness of Pozzolans or Ground Blast-Furnace Slag in Preventing Excessive Expansion of Concrete Due to The Alkali-Silica Reaction	确定火山灰或磨细高炉矿渣在防止骨料碱硅反应中的作用，评价基于砂浆棒的膨胀	骨料、碱硅反应、高炉矿渣、硼硅玻璃、混凝土、膨胀、磨细高炉矿渣、砂浆、波特兰水泥、火山灰	ASTM：C125、C150、C227、C618、C989、C1240、C1437
119	ASTM C451-13	硅酸盐水泥的早凝试验方法（水泥浆法） Standard Test Method for Early Stiffening of Hydraulic Cement（Paste Method）	测试水泥浆的早凝程度，以便确定水泥浆是否符合早凝要求	水泥浆、水硬性水泥、力学过程、早凝	ASTM：C150、C183、C187、C219、C305、C670、C1005、D1193
120	ASTM C 452-15	暴露在硫酸盐环境中的硅酸盐水泥砂浆的潜在膨胀试验 Standard Test Method for Potential Expansion of Portland-Cement Mortars Exposed to Sulfate	仅适用于确定波特兰水泥砂浆棒的膨胀，水泥和石膏拌和物中三氧化硫的含量为7.0%	抗化学腐蚀、膨胀、石膏、无机质含量、砂浆、波特兰水泥、抗硫酸盐、三氧化硫含量	ASTM：C109M、C150、C230M、C305、C471M、C490、C511、C778、C1005、D1193
121	ASTM C469M-14	混凝土在压缩中静态弹性模量及泊松比的测试方法 Standard Test Method for Static Modulus of Elasticity and Poisson's Ratio of Concrete In Compression	确定在纵向压应力条件下，模制混凝土圆柱体和钻取的混凝土试件芯的扬氏模量及泊松比	压缩试验、混凝土、混凝土圆柱体、弹性模量、泊松比、试件	ASTM：C31M、C39M、C42M、C174M、C192M、C617、E4、E6、E83、E177

续表

序号	标准号	标准名称	针对性	主要内容	相关参考文献
122	ASTM C494M-15	混凝土用化学添加剂 Standard Specification for Chemical Admixtures for Concrete	论及在现场使用的7种化学添加剂的材料和试验方法	速凝剂、化学添加剂、混凝土、水硬性水泥、缓凝剂、减水剂	ASTM：C33、C39M、C78、C136、C138M、C143M、C150、C157M、C183、C192M、C231、C666M、D75、D891、D1193、E100 ACI：211.1
123	ASTM C496M-11	圆柱形混凝土试件的劈拉强度试验方法 Standard Test Method for Splitting Tensile Strength of Cylindrical Concrete Specimens	劈拉强度用于轻质混凝土构件设计，以便评定抗剪强度和确定钢筋长度		ASTM：C42M、C330、C796、C856、C1144、C1176M、C1435M、C1604M、D7705M
124	ASTM C577-07e2	耐火材料渗透性试验方法 Standard Test Method for Permeability of Refractories	室温下耐火砖及石料的耐火渗透性测定	耐火材料的测试仪器、样品制备、步骤、计算方法、精度及偏差	ASTM：C1095
125	ASTM C578-12b	硬质、蜂窝状聚苯乙烯隔热性能规范 Standard Specification for Rigid, Cellular Polystyrene Thermal Insulation	适用于－65℉～165℉（－53.9℃～73.9℃）温度范围内用作隔热的聚苯乙烯泡沫塑料的类型、物理性能、尺寸的测定	绝缘材料的分类、材料与制造、物理要求、尺寸及允许偏差、工艺、光洁度和外观、取样及试验方法	ASTM：C165、C168、C177、C203、C272、C303、C335、C390、C518、C550、C870、C1045、C1058、C1114、C1303、C1363、D1600、D1621、D1622、D2126、D2863 E84、E96、E176
126	ASTM C579-12	耐化学腐蚀的砂浆、水泥浆、混凝土的抗压强度试验方法 Standard Test Methods for Compressive Strength of Chemical-Resistant Mortars, Grouts, Monolithic Surfacings, and Polymer Concretes	适用于耐化学腐蚀的砂浆、水泥浆、混凝土抗压强度的测定	仪器的参数、典型试验、精度和偏差	ASTM：C470、C904、E4
127	ASTM C580-12	耐化学腐蚀的砂浆、水泥浆、混凝土抗弯强度和弹性模量的试验方法 Standard Test Method for Flexural Strength and Modulus of Elasticity of Chemical-Resistant Mortars, Grouts, Monolithic Surfacings, and Polymer Concretes	适用于耐化学腐蚀的砂浆、水泥浆、混凝土抗弯强度和弹性模量的测定	仪器的参数、试块要求、计算方法、精度和偏差	ASTM：C904、C1312、E4
128	ASTM C583-05	高温下耐火材料抗折强度的试验方法 Standard Test Method for Modulus of Rupture of Refractory Materials at Elevated Temperatures	适用于高温耐火砖或单片耐火材料的抗折强度的测定	仪器的参数、样品制备、计算方法、步骤、精度和偏差	ASTM：E220

续表

序号	标准号	标准名称	针对性	主要内容	相关参考文献
129	ASTM C584- 11	白色釉面陶瓷和相关制品光泽度的试验方法 Standard Test Method for Specular Gloss of Glazed Ceramic Whitewares and Related Products	适用于 60° 白色釉面陶瓷和相关制品光泽度的测定	仪器的参数、光泽率标准、精度和偏差	ASTM：D523
130	ASTM C585- 10	测定硬质保温管道（(Nps 系统)）的内径和外径的规程 Standard Practice for Inner and Outer Diameters of Rigid Thermal Insulation for Nominal Sizes of Pipe and Tubing（Nps System）	适用于测定公称尺寸管道保温材料的内径和外径(推荐内外径 25mm～127mm)，通常分成半段操作	测量步骤、推荐内径和外径、厚度计算	ASTM：C168
131	ASTM C586- 11	混凝土骨料中碳酸盐岩石的潜在碱活性检测的试验方法（石模法） Standard Test Method for Potential Alkali Reactivity of Carbonate Rocks As Concrete Aggregates（Rock-Cylinder Method）	适用于在室温下，氢氧化钠溶液中碳酸盐的扩散试验	试验方法、意义和应用、仪器和试剂、取样和试样、步骤、计算、报告、度和偏差	ASTM：C294、C295、C1105、D75、D1248、E177
132	ASTM C587- 09	石膏饰面规范 Standard Specification for Gypsum Veneer Plaster	适用于通过控制工作质量及时间在磨机中混合配料的煅烧石膏，尤其是石膏、砖、混凝土基层的表面石膏饰面	物理特性、试验方法、检验、拒收、认证、包装	ASTM：C11、C473、C588、C843
133	ASTM C593- 11	与石灰掺合用的粉煤灰和火山灰的规范 Standard Specification for Fly Ash and Other Pozzolans for Use With Lime	适用于塑性混凝土，非塑性混合物及其他混合物影响石灰反应的粉煤灰和其他火山灰，包括粉煤灰、硅藻土、火山灰	物理性能、取样、意义和应用、水溶性分级、细度、火山灰的强度发展、抗压强度发展和冻融、粉煤灰指数、储存和检验、拒收	ASTM：C25、C39、C50、C51、C109M、C110、C207、C305、C311、C670、C821、D1557、D5239
134	ASTM C595- 13	混合水硬性水泥规范 Standard Specification for Blended Hydraulic Cements	适用于一般用途和特殊用途的五类混合水泥	材料与制造、化学成分、物理性质、取样、试验方法、试验时间要求、检验、拒收、储存	ASTM：C109M、C114、C150、C151、C183、C185、C186、C187、C188、C191、C204、C219、C226、C227、C265、C311、C430、C465、C563、C688、C821、C1012、C1157

续表

序号	标准号	标准名称	针对性	主要内容	相关参考文献
135	ASTM C596–09	水泥砂浆干燥收缩率的试验方法 Standard Test Method for Drying Shrinkage of Mortar Containing Hydraulic Cement	适用于水硬性水泥砂浆干燥收缩率的测试	仪器、温度和湿度、分级标准砂、试样数量、模具、试样的制备、固化、储存、计算、精度和偏差	ASTM: C109M、C157、C219、C305、C490、C511、C778、C1005、E177
136	ASTM C597–09	通过混凝土的脉冲速度的试验方法 Standard Test Method for Pulse Velocity Through Concrete	适用于混凝土介质中纵波的传播速度测定	试验方法、意义和应用、仪器、步骤、计算、精度和偏差	ASTM：C215、C823
137	ASTM C603–08	弹性密封料的挤压速率和使用寿命的试验方法 Standard Test Method for Extrusion Rate and Application Life of Elastomeric Sealants	适用于建筑施工的弹性密封料的挤压速率和使用寿命的测试	仪器、标准测试条件、步骤、报告、精度和偏差	ASTM：C717
138	ASTM C609–07（2014）	陶瓷墙面或地砖之间小色差检测的标准方法 Standard Test Method for Measurement of Small Color Differences Between Ceramic Wall or Floor Tile	适用于陶瓷墙面或地砖之间小色差检测	试验方法、意义和应用、仪器、标准、试样、步骤、计算、报告、精度和偏差	ASTM：C242、D2244、E259、E284
139	ASTM C615–11	花岗岩石材规范 Standard Specification for Granite Dimension Stone	一般建筑与结构采用花岗岩材料的特性与物理性能要求	分类、物理性质、取样	ASTM：C97、C99、C119、C170、C241、C880、C1353
140	ASTM C616- 10	石英石材规范 Standard Specification for Quartz-Based Dimension Stone	适用于一般建筑和结构用石英石材的材料特性，物理性能要求和取样	分类、物理性质、取样	ASTM：C97、C99、C119、C170、C241、C1353
141	ASTM C617- 12	带盖圆模混凝土试件规程 Standard Practice for Capping Cylindrical Concrete Specimens	适用于带盖圆模混凝土试件的仪器、材料、程序	封口材料、旋盖仪器、旋盖步骤、旋盖后的保护	ASTM：C109M、C150、C472、C595M、C1231 ANSI：B46.1
142	ASTM C618- 12a	混凝土中掺用的粉煤灰、生熟天然火山灰的规范 Standard Specification for Coal Fly Ash and Raw or Calcined Natural Pozzolan for Use in Concrete	适用于在混凝土中用作掺合料的粉煤灰、天然的或经煅烧的天然火山灰	化学成分、物理要求、取样和测试方法、储存和检验、拒收、包装和包装标志	ASTM：C125、C311

续表

序号	标准号	标准名称	针对性	主要内容	相关参考文献
143	ASTM C627–10	采用鲁宾逊式地板测试仪评估陶瓷地砖安装系统的试验方法 Standard Test Method for Evaluating Ceramic Floor Tile Installation Systems Using the Robinson-Type Floor Tester	适用于陶瓷地砖安装系统的评价	试验方法、意义和应用、仪器、面板组件测试、测试程序、损害记录、精度和偏差	ASTM：C144、C150
144	ASTM C629–10	板岩石材规范 Standard Specification for Slate Dimension Stone	适用于一般建筑和结构用板岩石材的材料特性，物理性能要求和取样的选择	分类、物理要求、取样	ASTM：C119、C120、C121、C217、C241、C406、C1353
145	ASTM C631–09	内墙石膏抹灰黏结剂规范 Standard Specification for Bonding Compounds for Interior Gypsum Plastering	适用于坚固结构表面的内墙石膏抹灰黏结剂的最低要求	取样、仪器、调理、高温测试、降解测试、冻融循环试验、黏结强度测试、检验、拒收	ASTM：C11、C28、C472、C511
146	ASTM C635–13	隔音板和天花板的金属悬架系统的制造、性能和试验规范 Standard Specification for The Manufacture，Performance，and Testing of Metal Suspension Systems for Acoustical Tile and Lay-in Panel Ceilings	适用于隔音板和天花板的金属悬架系统	涂料和饰面悬架系统、检验、试验加载设施、结构构件、步骤、试验数据、悬架系统性能	ASTM：B117
147	ASTM C636- 13	隔音板和天花板金属悬架系统安装规程 Standard Practice for Installation of Metal Ceiling Suspension Systems for Acoustical Tile and Lay-in Panels	适用于承接有关安装隔音板和天花板的服务	安装组件、天花板相关部件的干扰、外观、检验	
148	ASTM C637- 09	防辐射混凝土中骨料的规范 Standard Specification for Aggregates for Radiation-Shielding Concrete	适用于防辐射混凝土中的骨料	有害物质、粗骨料的耐磨性、取样和测试方法、精度和偏差	ASTM：C33、C127、C128、C131、C136、C535、C638
149	ASTM C639- 11	弹性密封剂的流变（流动）特性的试验方法 Standard Test Method for Rheological（Flow）Properties of Elastomeric Sealants	适用于弹性密封剂的流变特性测定	仪器、标注测试条件、程序、报告、精度和偏差	ASTM：C717

续表

序号	标准号	标准名称	针对性	主要内容	相关参考文献
150	ASTM C641-09	轻质混凝土骨料中着色材料的试验方法 Standard Test Method for Iron Staining Materials in Lightweight Concrete Aggregates	适用于轻质混凝土骨料中铁染色材料的测试，以评估潜在的染色程度	仪器、试剂、取样、步骤、计算、报告、精度和偏差	ASTM：C330、C331、C792、D75、E11
151	ASTM C642-13	硬化混凝土密度、吸水性和空隙率的试验方法 Standard Test Method for Density，Absorption， and Voids in Hardened Concrete	适用于硬化混凝土密度、吸水性和空隙率的测试	仪器、测试试样、步骤、计算、案例、精度和偏差	
152	ASTM C645-13	非结构钢构件的规范 Standard Specification for Nonstructural Steel Framing Members	适用于室内施工装配的非结构钢框架构件	材料与制造、尺寸及允许偏差、边缘、熔断器、截面特性、性能要求、渗透测试、检验、拒收、标记及标志	ASTM：A653M、C11、C1002
153	ASTM C647-08（2013）	保温材料涂层性能和测试导则 Standard Guide to Properties and Tests of Mastics and Coating Finishes for Thermal Insulation	适用于保温材料涂层性能测试	胶黏剂和涂料的分类、应用性能、服务属性、其他属性	ASTM：C419、C461、C488、C639、C681、C733、C755、C792、D638、D658、D747、D790、D822、D903、D968、D1310、D1640、D1654、D1729、D1823、D1824、D1849、E84
154	ASTM C648-09	瓷砖抗断裂强度的试验方法 Standard Test Method for Breaking Strength of Ceramic Tile	适用于釉面陶瓷墙砖、马赛克陶瓷、缸砖、铺地砖的抗断裂强度测试	仪器、样品测试、程序、计算、报告、精度和偏差	ASTM：C242、E178
155	ASTM C652-13	空心砖规范（黏土或页岩制成的空心砌块） Standard Specification for Hollow Brick（Hollow Masonry Units Made From Clay or Shale）	适用于黏土、页岩、耐火黏土和由它们混合制成的空心砖或饰面	材料、物理性质、风化、尺寸及允许偏差、工艺、光洁度和外观、质地和颜色、空心、取样和测试	ASTM：C34、C43、C62、C67、C212、C216、C902、E835M
156	ASTM C653-12	低密度矿物纤维保温毡阻热系数测定导则 Standard Guide for Determination of The Thermal Resistance of Low-Density Blanket-Type Mineral Fiber Insulation	适用于低密度范围内的矿纤维保温板和毡	取样、步骤、报告、精度和偏差	ASTM：C167、C168、C177、C518、C1045、C1114

续表

序号	标准号	标准名称	针对性	主要内容	相关参考文献
157	ASTM C654-11	多孔混凝土管的规范 Standard Specification for Porous Concrete Pipe	适用于在暗渠中使用的多孔素混凝土管	验收依据、材料、设计、接头、制造、物理要求、允许偏差、维修、检验、拒收、标志	ASTM：C33、C150、C497、C595、C618、C989、C822、C1116
158	ASTM C655-12b	钢筋混凝土 D 型承重涵管、雨水管和污水管的规范 Standard Specification for Reinforced Concrete D-Load Culvert，Storm Drain，and Sewer Pipe	适用于特定的 D 型承重涵管、雨水管和污水管钢筋混凝土管	设计的制造数据、材料和制造、物理要求、尺寸及允许偏差、设计验收、管道负载验收、管道混凝土抗压试验、检验、拒收、维修	ASTM：A82、A185、A496、A497、A615M、C33、C150、C497、C595、C618、C822、C989、C1116、E105
159	ASTM C657-93（2013）	玻璃直流体电阻率的试验方法 Standard Test Method for D-C Volume Resistivity of Glass	适用于电阻率小于 10Ω·cm 的 25℃至玻璃退火点温度范围内的测试	试验方法、用途和意义、注意事项、仪器、试样、步骤、计算、报告、精度和偏差	ASTM：D257、D374、D1711、D1829
160	ASTM C658-12	砖和瓦用耐化学腐蚀树脂浆材的规范 Standard Specification for Chemical-Resistant Resin Grouts for Brick or Tile	适用于填充砖和瓦耐化学腐蚀树脂浆材的性能要求	树脂、填料的类型、一般要求、物理要求、试验方法、拒收、包装和包装标志	ASTM：C307、C308、C395、C413、C531、C579、C723、C904
161	ASTM C659-90（2014）	石棉水泥塑料泡沫夹心隔热板规范 Standard Specification for Asbestos-Cement Organic-Foam Core Insulating Panels	适用于石棉水泥塑料泡沫夹心隔热板	材料与制造、物理性质、三维测量、外形尺寸、质量和允许偏差、工艺、光洁度和外观、取样、试验方法、检验和认证	ASTM：C220、C236、C355、D2341、E96
162	ASTM C661-11	用硬度计测量弹性密封件压痕硬度的试验方法 Standard Test Method for Indentation Hardness of Elastomeric-Type Sealants By Means of a Durometer	适用于建筑施工中采用硬度计测量接缝密封材料压痕硬度的试验程序	仪器、标准测试条件、程序、报告、精度和偏差	ASTM：C717、D2240
163	ASTM C663-08	石棉水泥雨水管道的规范 Standard Specification for Asbestos-Cement Storm Drain Pipe	适用于公路、机场、农用雨水排水，基础和其他类似排水系统中石棉水泥排水管	材料与制造、外形尺寸、质量和允许偏差、取样、联轴器、配件、试验方法、检验、拒收、产品标志和运输	ASTM：C150、C458、C500、C595、D2946
164	ASTM C665-12	轻型结构建筑和预制房屋的矿物纤维隔热材料的规范 Standard Specification for Mineral-Fiber Blanket Thermal Insulation for Light Frame Construction and Manufactured Housing	适用于轻型结构建筑和预制房屋的热或声学隔离天花板、地板和墙的抗污纤维隔热材料	材料与制造、物理性质、其他要求、尺寸、做工和完成、用途和意义、取样、测试、检验、产品标志、包装和包装标志	ASTM：C167、C168、C390、C518、C653、C1104M、C1304、C1338、E84、E96、E970、D1

续表

序号	标准号	标准名称	针对性	主要内容	相关参考文献
165	ASTM C666M- 15	混凝土抗快速冻融的试验方法 Standard Test Method for Resistance of Concrete to Rapid Freezing and Thawing	适用于试验室中混凝土快速冻融性能测试	仪器、冻融循环、取样、试样、步骤、计算、报告、精度和偏差	ASTM：C157M、C192M、C215、C233、C295、C341M、C490、C494M、C670、C823
166	ASTM C667- 09（2014）	温度高于环境气温时设备和管道预制反射隔热系统的规范 Standard Specification for Prefabricated Reflective Insulation Systems for Equipment and Pipe Operating at Temperatures Above Ambient Air	适用于温度高于环境气温时仪器和管道预制反射隔热系统的要求	材料与制造、温度限制、热性能、设计与施工、安装与拆卸、清理、安装和检验、产品标志、包装、运输、储存和处理	ASTM：C168、C335、CC411、C835、C854、C1033、C1061
167	ASTM C668- 98（2014）	石棉水泥传输管道的规范 Standard Specification for Asbestos-Cement Transmission Pipe	适用于压力流下石棉水泥传输管道	橡胶圈、化学要求、静液压强度、抗弯强度、抗压强度、外形尺寸、质量和允许偏差、工艺和外观、取样、检验	ASTM：C150、C458、C500、C595、C618、C\D1869、D2946
168	ASTM C670- 13	建筑材料试验精度和偏差说明的编制规程 Standard Practice for Preparing Precision and Bias Statements for Test Methods for Construction Materials	适用于编制建筑材料试验精度和偏差说明	精度说明、精度形式、偏差说明	ASTM：C109M、C802、E177
169	ASTM C672M- 12	暴露在除冰化学品下的混凝土表面抗剥离性能的试验方法 Standard Test Method for Scaling Resistance of Concrete Surfaces Exposed to Deicing Chemicals	适用于暴露在除冰化学品下的混凝土表面抗剥离性能测试	试样、养护、保护涂料、步骤、报告、精度和偏差	ASTM：C143、C156、C173、C192M、C231、C233、C511
170	ASTM C673- 97（2013）	耐火黏土和高矾土的塑性耐火材料及捣实混合料的分类 Standard Classification of Fireclay and High-Alumina Plastic Refractories and Ramming Mixes	适用于耐火黏土和高矾土的塑性耐火材料及捣实混合料的分类	分类依据、试验方法、复试	ASTM：C24、C181
171	ASTM C674- 13	卫生陶瓷材料的挠曲特性的试验方法 Standard Test Methods for Flexural Properties of Ceramic Whiteware Materials	适用于卫生陶瓷材料断裂和弹性性能测试，以及玻璃和无釉试样	试验方法摘要、用途和意义、仪器、试样、步骤、计算、报告、精度和偏差	

续表

序号	标准号	标准名称	针对性	主要内容	相关参考文献
172	ASTM C675- 11	可反复使用的盛装饮料的玻璃容器上陶瓷装饰耐碱性的试验方法 Standard Test Method for Alkali Resistance of Ceramic Decorations on Returnable Beverage Glass Containers	适用于在热碱溶液中可回收盛装饮料的玻璃器皿上陶瓷装饰洗涤次数测试测量	试验方法摘要、用途和意义、干扰、仪器、试剂、试样、步骤、精度和偏差	
173	ASTM C679- 15	弹性密封剂失效时间的试验方法 Standard Test Method for Tack-Free Time of Elastomeric Sealants	适用于建筑及相关建设的密封、嵌缝、玻璃的弹性密封剂的失效时间测试	试验方法简述、用途和意义、仪器、试样、步骤、报告、精度和偏差	ASTM：C717、C920
174	ASTM C681- 14	油基和树脂基闸刀及通道上光化合物挥发性试验方法 Standard Test Method for Volatility of Oil-and Resin-Based， Knife-Grade， Channel Glazing Compounds	适用于油脂基镶槽玻璃化合物挥发性测试	试验方法简述、用途和意义、仪器、步骤、计算、报告、精度	ASTM：C717
175	ASTM C685- 11	按体积法配料并连续拌制混凝土的规范 Standard Specification for Concrete Made by Volumetric Batching and Continuous Mixing	适用于按体积连续配料，在连续式拌合机拌制，在新拌且未硬化状态下交付采购商使用的混凝土	材料、量测装置、拌和机械、拌和和交货、坍落度和含气量、强度、试验方法、检验、配料证书资料	ASTM：C31M、C33、C39、C109M、C138、C143、C150、C173、C191、C231、C260、C330、C494、C567、C595、C618、C989、C1017、C1064、D512、D516
176	ASTM C686-11	矿物纤维保温绒及毡式绝热材料的分离强度的试验方法 Standard Test Method for Parting Strength of Mineral Fiber Batt-and Blanket-Type Insulation	适用于矿物纤维保温绝热材料分离强度测试。 不适用于板型产品	仪器、试样、养护、程序、计算、报告、精度和偏差	ASTM：C167、E171、E691
177	ASTM C687- 12	松散填充型建筑绝缘材料热阻测定的规程 Standard Practice for Determination of Thermal Resistance of Loose-Fill Building Insulation	适用于各种各样的松散填充型建筑绝缘材料。 不适用于通过化学反应或粘合剂作用改变性能的材料	仪器、取样、样品制备、测试程序、计算、报告、精度和偏差	ASTM：C167、C168、C177、C518、C653、C739、C1045、C1114、C1363、C1373
178	ASTM C688- 14	水凝性水泥中功能性添加剂的规范 Standard Specification for Functional Additions for Use In Hydraulic Cements	适用于水凝性水泥中功能性添加剂的取样和试验	材料、一般要求、取样、试验方法、报告	ASTM：C39、C78、C109M、C143、C150、C151、C157、C187、C219、C226、C232、C234、C266、C403、C451、C465、C595M、C596

续表

序号	标准号	标准名称	针对性	主要内容	相关参考文献
179	ASTM C689-09（2014）	未焙烧的粘土挠折模量的试验方法 Standard Test Method for Modulus of Rupture of Unfired Clays	适用于干燥或 50%～80%相对湿度下未烧制的黏土挠折模量的测试	试样制备、步骤、计算、报告、偏差和精度	ASTM：C322
180	ASTM C690-09（2014）	用电子传感技术测定矾土或石英粒度分布的试验方法 Standard Test Method for Particle Size Distribution of Alumina or Quartz Powders by Electrical Sensing Zone Technique	适用于电子传感技术测定矾土和石英粉的粒度分布	试验方法简述、用途和意义、仪器、试剂、程序、演示数据、精度和偏差	
181	ASTM C692-13	评定热绝缘材料对奥氏体不锈钢的外部应力腐蚀开裂趋势影响的试验方法 Standard Test Method for Evaluating The Influence of Thermal Insulations on External Stress Corrosion Cracking Tendency of Austenitic Stainless Steel	适用于评定热绝缘材料对奥氏体不锈钢的外部应力腐蚀开裂趋势的影响	试验方法简述、用途和意义、适用性、达纳测试装置、滴水试验装置、试剂和材料、测试、样品制备、程序、报告、精度和偏差	ASTM：A240M、A370、C795、C871、G30
182	ASTM C693-93（2013）	用浮力法测定玻璃密度的试验方法 Standard Test Method for Density of Glass by Buoyancy	适用于 25℃温度下的浮力测定玻璃密度	仪器、试剂、试样、步骤、计算、报告、精度和偏差	ASTM：E12
183	ASTM C695-10	炭和石墨的抗压强度的试验方法 Standard Test Method for Compressive Strength of Carbon and Graphite	适用于室温下炭和石墨的抗压强度测定	仪器、取样、试样、步骤、计算、报告、精度和偏差	ASTM：C709、E4、E177、E691
184	ASTM C700-13	超强度及标准强度穿孔陶土管的规范 Standard Specification for Vitrified Clay Pipe，Extra Strength，Standard Strength，and Perforated	适用于输送污水、工业废水、雨水的超强度和标准强度陶土管，以及用于地下排水、过滤和浸出及其他类似装置的穿孔的超强度和标准强度陶土管	材料与制造、物理性质、允许偏差、直线度、釉、水泡、裂缝、完成、穿孔、配件、试验方法、检验、产品标志	ASTM：C301、C425、C828、C896、C1091
185	ASTM C702-11	为测试粒径而减少骨料样本的规程 Standard Practice for Reducing Samples of Aggregate to Testing Size	适用于为测试粒径而减少骨料样本的操作	方法的选择、取样、装置、步骤	ASTM：C125、C128、D75

续表

序号	标准号	标准名称	针对性	主要内容	相关参考文献
186	ASTM C704- 12	耐火材料在室温下的耐磨性的试验方法 Standard Test Method for Abrasion Resistance of Refractory Materials at Room Temperature	适用于室温下耐火材料的耐磨性测试	试验方法简述、用途和意义、装置、试样、步骤、计算与报告、精度和偏差	ASTM：C134、C179、C861、C862、C1054
187	ASTM C711- 14	单组分弹性可溶型密封剂的低温挠性及韧性的试验方法 Standard Test Method for Low-Temperature Flexibility and Tenacity of One-Part，Elastomeric，Solvent-Release Type Sealants	适用于单组分弹性可溶型密封胶的低温挠性及韧性、老化性能测试	装置、取样、试样、养护、步骤、报告、精度和偏差	ASTM：C717
188	ASTM C712- 14	单组分弹性可溶型密封剂的起泡性的试验方法 Standard Test Method for Bubbling of One-Part，Elastomeric，Solvent-Release Type Sealants	适用于升温条件下单组分弹性溶剂型密封剂的表面起泡的测试	仪器、试样、步骤、报告、精度和偏差	ASTM：C717、D1191
189	ASTM C714-10	用热脉冲法测定碳和石墨热扩散系数的试验方法 Standard Test Method for Thermal Diffusivity of Carbon and Graphite by Thermal Pulse Method	适用于采用热脉冲法测定碳和石墨热扩散率	试验方法简述、用途和意义、仪器、试样、校核、步骤、计算、报告	
190	ASTM C716- 11	安装锁条衬垫和填充上光材料的规范 Standard Specification for Installing Lock-Strip Gaskets and Infill Glazing Materials	适用于安装锁条衬垫和填充上光材料	安装、标准比较	ASTM：C542、C717、C963、C964
191	ASTM C717- 12b	建筑密封材料和密封剂的术语 Standard Terminology of Building Seals and Sealants	适用于建筑密封材料和密封剂的术语	建筑密封材料和密封剂的术语	ASTM：C509、C542、C716、C790、C797、C898、C957、C961、C964、C981、C1021、D883、D1079、D1565、D1566、D2102、E631
192	ASTM C719- 13	在循环运动（霍克曼循环）条件下的弹性接缝密封材料的粘合力和内聚力的试验方法 Standard Test Method for Adhesion and Cohesion of Elastomeric Joint Sealants Under Cyclic Movement（Hockman Cycle）	适用于水浸、循环运动、温度变化下的建筑物密封剂的性能测试	试验方法简述、用途和意义、仪器、试样、养护、步骤、报告、精度和偏差	ASTM：C33、C109、C150、C717

续表

序号	标准号	标准名称	针对性	主要内容	相关参考文献
193	ASTM C722-12	耐化学腐蚀的整体地板铺面的规范 Standard Specification for Chemical-Resistant Monolithic Floor Surfacings	适用于耐化学侵蚀的整体地板铺面	材料、物理性质、耐化学性和性能要求、试验方法、包装和包装标志	ASTM：C267、C307、C413、C579、C580、C811、C904、C1028、C1486、D638、D790、D1308、D2047、D6132
194	ASTM C723-12	砖和瓦用耐化学腐蚀的树脂浆材的规程 Standard Practice for Chemical-Resistant Resin Grouts for Brick or Tile	适用于砖用和瓦用耐化学腐蚀的树脂浆材	储存、仪器、步骤、养护、耐化学性	ASTM：C267、C398、C399、C658、C904
195	ASTM C724-91（2015）	建筑玻璃上陶瓷装饰品耐酸性的试验方法 Standard Test Method for Acid Resistance of Ceramic Decorations on Architectural-Type Glass	适用于建筑玻璃上陶瓷装饰品耐酸性测试	试验方法简述、用途和意义、试剂、步骤、报告、精度和偏差	ASTM：C1048、E2813
196	ASTM C725-90（2014）	半密实的矿物纤维墙板的规范 Standard Specification for Semidense Mineral Fiber Siding	适用于半密实矿物纤维墙板	材料与制造、物理性质、尺寸、质量和允许偏差、工艺、光洁度和外观、钉子、取样和测试程序	ASTM：C460、D1037 MIL：STD-129
197	ASTM C726-12	矿物纤维屋顶保温板的规范 Standard Specification for Mineral Fiber Roof Insulation Board	适用于建筑物的屋顶和单层膜系统的屋面用矿物纤维保温板	材料与制造、物理性质、尺寸和公差	ASTM：C165、C168、C177、C203、C209、C390、C518、C1363、D312、D450、D2126、E84
198	ASTM C727-12	建筑物反射隔热材料的安装及使用的规程 Standard Practice for Installation and Use of Reflective Insulation in Building Constructions	适用于建筑物反射率低于0.1的隔热材料的安装和使用	安全注意事项、安装前检验和准备、安装导则	ASTM：C168、C1224
199	ASTM C728-13	珍珠岩保温板规范 Standard Specification for Perlite Thermal Insulation Board	适用于建筑物屋面隔热的珍珠岩保温板组分和物理性能	材料与制造、物理性质、标准尺寸和公差、工艺、光洁度和外观、取样、试验方法、鉴定和检验	ASTM：C165、C168、C177、C203、C209、C390、C518、C1289、E84
200	ASTM C729-11	用浮沉比测仪测定玻璃密度的试验方法 Standard Test Method for Density of Glass by The Sink-Float Comparator	适用于测定玻璃和无孔的固体密度（$1.1g/cm^3$~$3.3g/cm^3$），也用于已知孔隙率的陶瓷、固体表观密度测定	仪器、材料和试剂、密度-温度表编制、试样密度测试、报告、精度和偏差	ASTM：D1217、E77、F77

续表

序号	标准号	标准名称	针对性	主要内容	相关参考文献
201	ASTM C730- 98（2013）	玻璃的努氏压痕硬度的试验方法 Standard Test Method for Knoop Indentation Hardness of Glass	适用于玻璃的努氏压痕硬度的测试和试验仪器的校核	用途和意义、仪器、试样、仪器校核、步骤、压痕测量、对角线测量、报告、精度和偏差	ASTM：E4、E384
202	ASTM C731- 10	乳胶密封剂在包装老化后可挤压性的试验方法 Standard Test Method for Extrudability, After Packeage Aging，of Latex Sealants	适用于冻融和热循环后乳胶密封剂可挤压性试验室测试	试验方法简述、用途和意义、仪器、取样、养护、步骤、计算、报告、精度和偏差	ASTM：C717
203	ASTM C732- 12	乳胶密封剂人工风蚀后老化影响的试验方法 Standard Test Method for Aging Effects of Artificial Weathering on Latex Sealants	适用于乳胶密封材料在人工风蚀条件下老化影响的试验室测试	试验方法简述、用途和意义、仪器、取样、试样、养护、步骤、报告、精度和偏差	ASTM：C717、G23、G26
204	ASTM C734- 12	乳胶密封剂受人工风化后低温弹性的试验方法 Standard Test Method for Low-Temperature Flexibility of Latex Sealants After Artificial Weathering	适用于试验室测定经过500h人工风化后的乳胶密封剂的低温弹性	试验方法简述、用途和意义、仪器、取样、试剂、养护、步骤、报告、精度和偏差	ASTM：C717、G23、G26
205	ASTM C736- 12	乳胶密封剂拉伸恢复力和粘附力的试验方法 Standard Test Method for Extension-Recovery and Adhesion of Latex Sealants	适用于乳胶密封剂拉伸恢复力和黏附力的试验室测定	试验方法简述、用途和意义、仪器、取样、试剂、养护、步骤、计算与结论分析、报告、精度和偏差	ASTM：C717
206	ASTM C738- 11	从釉陶瓷表面提取铅和镉的试验方法 Standard Test Method for Lead and Cadmium Extracted From Glazed Ceramic Surfaces	适用于从釉陶瓷表面采用醋酸提取铅和镉的测定	试验方法简述、干扰、仪器、试剂、步骤、报告、精度和偏差	
207	ASTM C739- 11	纤维（木基）松散填充绝热材料的规范 Standard Specification for Cellulosic Fiber Loose-Fill Thermal Insulation	适用于阁楼、封闭房间和其建筑结构的化学处理的可再生纤维松散填充绝热材料的成分和物理要求	材料与制造、物理和化学性质、工艺、光洁度和外观、总结、设计密度、腐蚀性、临界辐射通量、真菌性、水汽吸附、异味排放、阴燃、热阻、检验	ASTM：B152、C168、C177、C518、C687、C1045、C1114、C1374、C1363、C1485、E970

续表

序号	标准号	标准名称	针对性	主要内容	相关参考文献
208	ASTM C744-11	预制混凝土及硅酸钙砌块规范 Standard Specification for Prefaced Concrete and Calcium Silicate Masonry Units	适用于预制混凝土砌体，外露部分使用树脂，树脂和惰性填料，或者水泥和惰性填料，以产生树脂的光滑表面	材料、饰面要求、尺寸大小、样本和试验、说明及合规	ASTM：C55、C73、C90、C129、C140、C501、C1209、C1232、C822、C2244、C2486、E84
209	ASTM C746-90（2014）	防水墙石棉水泥波纹板的规范 Standard Specification for Corrugated Asbestos-Cement Sheets for Bulkheading	适用于石棉瓦的类型，物理性能和，尺寸，旨在为控制沿淡水湖岸和淡水或咸水内河航道侵蚀提供钢板桩	材料与制造、物理性能、三维测量、做工技巧、抛光和外观、试验方法、包装和运输	ASTM：C208、C460 MIL：STD-129
210	ASTM C754-11	石膏板安装螺栓的钢框构件规范 Standard Specification for Installation of Steel Framing Members to Receive Screw-Attached Gypsum Panel Products	适用于螺栓安装内部非承重钢结构件和内衬件及石膏板件的最低要求。仅限于符合 C645 规范的钢结构和内衬件	材料与制造、金属结构的安装、吊顶、产品交付、鉴定及标志、产品存储	ASTM：A366M、A641M、A653M、C11、C645
211	ASTM C755-10	保温材料用水蒸气缓凝剂选型规程 Standard Practice for Selection of Water Vapor Retarders for Thermal Insulation	适用于商业和住宅建筑，及工业应用中工作温度范围为−40°F～+150°F（−40℃～+66℃）。重点是控制由所选择的系统最适合的部分的水分渗透	水蒸汽缓凝剂选择所考虑的因素、蒸汽控制的基本设计原则、蒸汽缓凝剂材料、问题分析及蒸汽缓凝剂选择	ASTM：C168、C647、C921、C1136、E96
212	ASTM C764-11	矿物纤维松散填充保温材料的规范 Standard Specification for Mineral Fiber Loose-Fill Thermal Insulation	用于阁楼，住房密闭空间和其他结构中颗粒状矿物纤维保温材料的组成和物理性能	材料与制造、物理性能、其他要求、做工、意义和用途、样本、试验方法、检查	ASTM：B152、C168、C177、C390、C518、C519、C687、C1104、C1304、C1338、C1363、E136、E970、G1
213	ASTM C765-11	预制密封带低温弹性的试验方法 Standard Test Method for Low-Temperature Flexibility of Preformed Tape Sealants	适用于试验室预制密封带低温弹性的测试步骤	测试方法、意义和用途、仪器、取样、试样、调节、步骤、报告、精度和偏差	ASTM：C717、E145
214	ASTM C767-93（2013）	碳耐火材料导热性的试验方法 Standard Test Method for Thermal Conductivity of Carbon Refractories	测定碳或含碳耐火材料的热传导率	设备、试验样本和制备、试验条件、步骤、计算、精度和偏差	ASTM：C155、C201、E220
215	ASTM C770-98（2013）	玻璃应力光学系数测量的试验方法 Standard Test Method for Measurement of Glass Stress—Optical Coefficient	适用于光弹性分析法测定玻璃应力光学系数	设备、试样、步骤、计算及报告	ASTM：C336、C598、F218

续表

序号	标准号	标准名称	针对性	主要内容	相关参考文献
216	ASTM C771-14	预制密封带受热老化后重量损失的试验方法 Standard Test Method for Weight Loss After Heat Aging of Preformed Tape Sealants	适用于试验室确定预制密封带受热老化后重量损失的步骤	测试方法概述、设备、取样、步骤、计算、报告、精度和偏差	ASTM：C681、C717、E145
217	ASTM C772-03（2014）	预制密封带泛油或增塑剂渗出的试验方法 Standard Test Method for Oil Migration or Plasticizer Bleed-Out of Preformed Tape Sealants	适用于确定预制密封带泛油或增塑剂渗出的试验室步骤	测试方法概述、设备、缺氧、试样、步骤、报告、精度及偏差	ASTM：C717、D2203、E145
218	ASTM C773-11	焙烧的白色陶瓷材料抗压（压碎）强度的试验方法 Standard Test Method for Compressive（Crushing）Strength of Fired Whiteware Materials	适用于确定焙烧的白色陶瓷材料抗压（压碎）强度的两种测试（A 和 B）	步骤 A（高达 1030MPa）使用的设备、过程、计算、报告、精度及偏差、试样、 步骤 B（超过 690MPa）使用的设备、试样、过程	ASTM：E4、E6、E165
219	ASTM C777-04（2014）	玻璃上陶瓷装饰耐硫化物作用的试验方法 Standard Test Method for Sulfide Resistance of Ceramic Decorations on Glass	适用于玻璃上陶瓷装饰耐硫化物作用的定性测试以保证装修必要的耐久性	测试方法概述、设备、试剂、试样、测试溶液的制备、步骤、结果解读、报告、精度及偏差	ASTM：C224
220	ASTM C778-13	标准砂规范 Standard Specification for Standard Sand	适用于为水硬性水泥测试的标准砂	设备、取样、筛析、砂引起潜力的测试、拒收、包装及包装标识	ASTM：C109、C127、C136、C150、C185、C595、C1005、E11 IEEE/ASTM：SI10
221	ASTM C779-12	混凝土表面水平方向抗磨性的试验方法 Standard Test Method for Abrasion Resistance of Horizontal Concrete Surfaces	适用于为确定混凝土表面水平方向抗磨性的三个步骤	设备、试样、过程、结果解读、报告、精度及偏差	ASTM：C418、C670、C944
222	ASTM C780-12a	素混凝土及钢筋混凝土砌块用灰浆的预施工及施工评定的试验方法 Standard Test Method for Preconstruction and Construction Evaluation of Mortars for Plain and Reinforced Unit Masonry	适用于在建造中实际使用前或使用中的取样，灰浆构成及其塑料和硬化性能的测试步骤	测试方法概述、测试方法的局限性、设备、危害、取样、试样、步骤及报告	ASTM：C39、C109M、C128、C173、C187、C231、C270、C470、C496、C511、E11

续表

序号	标准号	标准名称	针对性	主要内容	相关参考文献
223	ASTM C782-13	预制密封带柔软性的试验方法 Standard Test Method for Softness of Preformed Tape Sealants	适用于确定预制密封带柔软性的试验室步骤	测试方法概述、设备、取样、试样、调节、步骤、报告、精度及偏差	ASTM：C717、D5、D217、D937、D1321、D2451、E1
224	ASTM C786-10	用 50 号筛（300μm），100 号筛（150μm）和 200 号筛（75μm）湿法测定水硬性水泥及原材料细度的试验方法 Standard Test Method for Fineness of Hydraulic Cement and Raw Materials by the 300μm（No. 50），150μm（No. 100），and 75μm（No. 200）Sieves by Wet Methods	适用于湿法用 300μm（50 号）、150μm（第 100 号）的和 75μm（第 200 号）筛网检测水硬性水泥和原材料细度	设备、干筛标准化、湿筛校准、湿筛步骤、计算、精度和偏差	ASTM：C114、C184、C430、E11
225	ASTM C792-15	弹性密封料热老化的重量损失、龟裂及粉化影响的试验方法 Standard Test Method for Effects of Heat Aging on Weight Loss，Cracking，and Chalking of Elastomeric Sealants	适用于确定建筑施工的固化弹性接缝密封剂（单个-多个）热老化的重量损失，龟裂及粉化结果的试验室步骤	测试方法概述、设备、步骤、报告、精确度	ASTM：C717
226	ASTM C793-10	弹性接缝剂试验室加速老化影响测定的试验方法 Standard Test Method for Effects of Laboratory Accelerated Weathering on Elastomeric Joint Sealants	适用于确定建筑施工的固化弹性接缝密封剂（单个-多个）加速老化结果的试验室步骤	测试方法概述、设备、测试条件标准、步骤、报告、精确度	ASTM：C717、C1442、G151
227	ASTM C794-10	弹性接缝密封胶粘附剥离强度的试验方法 Standard Test Method for Adhesion-in-Peel of Elastomeric Joint Sealants	适用于确定建筑施工的固化弹性接缝密封剂(单个或多个)剥离性能强度和特性的试验室步骤	测试方法概述、设备及材料、试样、步骤、报告、精度和偏差	ASTM：C33、C109、C150、C717、G23
228	ASTM C795-13	奥氏体不锈钢热绝缘连接材料的规范 Standard Specification for Thermal Insulation for Use in Contact with Austenitic Stainless Steel	适用于奥氏体不锈钢管及设备非金属热绝缘连接材料	物理及化学要求、尺寸及允许偏差、做工完成和外观、取样、验收和复验、生产前的抗腐蚀测试、化学分析、处理及应用	ASTM：C168、C390、C692、C871

续表

序号	标准号	标准名称	针对性	主要内容	相关参考文献
229	ASTM C796-12	预制泡沫混凝土发泡剂的试验方法 Standard Test Method for Foaming Agents for Use in Producing Cellular Concrete Using Preformed Foam	此测试方法提供一种测量方式，在试验室中，用于制造泡沫（气囊）以制造多孔混凝土的化学泡沫的性能	测试方法概述、设备、材料和比例、步骤、计算、报告、精度和偏差	ASTM：C88、C150、C192、C495、C496、C511、C869
230	ASTM C802-14	确定施工材料测试方法精确度的试验室试验规程 Standard Practice for Conducting An Interlaboratory Test Program to Determine the Precision of Test Methods for Construction Materials	用于试验室试验方法和程序的计划，指导和结果分析	试验室、材料、精确度测算、数据收集、数据分析	ASTM：C109M、C136、C670、C1067、E105、E177、E178
231	ASTM C803M-10	硬化混凝土贯入阻力的试验方法 Standard Test Method for Penetration Resistance of Hardened Concrete	适用于由任一钢探测针或针确定的硬化混凝土的贯入阻力	测试方法概述、设备、危险、取样、步骤、报告、精度及偏差	ASTM：C670 ANS：A10.3
232	ASTM C805-13	硬化混凝土回弹次数的试验方法 Standard Test Method for Rebound Number of Hardened Concrete	适用于使用弹簧驱动钢锤确定硬化混凝土回弹次数	测试方法概述、设备、测试区域、步骤、计算、报告、精度及偏差	ASTM：E177
233	ASTM C806-12	膨胀水泥砂浆限定膨胀的试验方法 Standard Test Method for Restrained Expansion of Expansive Cement Mortar	适用于确定膨胀水泥砂浆长度变化，及水泥水化力的发展	设备、温度和湿度、分级标准砂、试样、样本和抑制笼的制备和装配、砂浆的配比和混合、成型样本、样本养护、计算	ASTM：C307、C157、C219、C305、C490、C778、C1005、E11、F606
234	ASTM C807-13	用维卡检测计测定水凝性水泥砂浆凝固时间的试验方法 Standard Test Method for Time of Setting of Hydraulic Cement Mortar by Modified Vicat Needle	适用于维卡检测计测定水硬性水泥砂浆凝固时间的确定	测试方法概述、设备、试剂和材料、取样、条件作用、步骤、报告、精度及偏差	ASTM：C109M、C183、C187、C219、C305、C490、C511、C670、C778、C845、C1005、D1193
235	ASTM C821-14	与火山灰掺合用石灰规范 Standard Specification for Lime for Use with Pozzolans	适用于所有类型的商用熟石灰，如高钙、镁、白云石熟石灰。副产品石灰以及干、湿或浆的熟石灰粉	化学及物理要求、性能要求、试验方法、取样、检查、包装和标识	ASTM：C25、C50、C204、C593

续表

序号	标准号	标准名称	针对性	主要内容	相关参考文献
236	ASTM C823- 12	硬化混凝土检测和取样的规程 Standard Practice for Examination and Sampling of Hardened Concrete in Constructions	适用于建筑硬化混凝土取样步骤。参考了预制建筑单位，预制产品和试验室样本的混凝土检查和取样	建筑用混凝土检查的步骤计划、初步调查、建筑用混凝土详细研究、建筑用混凝土取样的要求、取样计划、取样步骤	ASTM：C42、C215、C295、C457、C597、C670、C856、E105、E122、E141
237	ASTM C825- 11	预制混凝土路障的规范 Standard Specification for Precast Concrete Barriers	适用于预制混凝土路障，旨在用于相邻车道或在中间，使无意离开道路的车辆改变方向	材料、设计、制造、物理要求、可允许的尺偏差、检查、维修	ASTM：A82、A185、A416、A421、A496、A497、A615M、C31、A616M、A617M、C33、C39、C42、C150、C173、C231、C260、C309、C330、C494
238	ASTM C827- 11	胶凝混合料圆模试件早期高度变化的试验方法 Standard Test Method for Change in Height at Early Ages of Cylindrical Specimens of Cementitious Mixtures	适用于胶凝混合料圆模试件早期高度变化的测试	设备、试样、校准、混合物制备、成型样本、步骤、计算、报告、精确度及偏差	ASTM：C109M、C125、C138、C143M、C185、C191、C192M、C305、C403M、C670、C807、C939、C953、C1437
239	ASTM C828- 11	上釉陶土管道低气压试验的试验方法 Standard Test Method for Low-Pressure Air Test of Vitrified Clay Pipe Lines	适用于陶土、黏土或其他管道的重力流下水管道测试	测试方法概述、危险、线路制备、步骤、测试时间	ASTM：C12、C1091、C896
240	ASTM C830- 11	用真空压力法测定耐火砖孔隙率、吸水性、视比重和松散密度的试验方法 Standard Test Methods for Apparent Porosity，Liquid Absorption，Apparent Specific Gravity，and Bulk Density of Refractory Shapes by Vacuum Pressure	适用于真空压力法测定耐火砖孔隙率、吸水性、视比重和松散密度	试样、步骤、计算、当液体为水时的计算、当液体为矿物油是的计算、报告、精确度及偏差	ASTM：C20、C134、E691
241	ASTM C834- 10	密封乳胶规范 Standard Specification for Latex Sealants	适用于在建筑施工密封接头的乳胶密封剂的一个成分	密封剂分类、材料及制造、一般要求、物理性能、取样、测试方法、包装	ASTM：C717、C732、C736、C1183、C1193、D2202、D2203、D2377
242	ASTM C836- 15	设单独耐磨层固体含量高的冷液体弹性防水膜技术要求 Standard Specification for High Solids Content，Cold Liquid-Applied Elastomeric Waterproofing Membrane for Use With Separate Wearing Course	描述了用作防水隔板和壁板承受静水压力的弹性板的性能要求及测试方法	建筑物盖板、化学成分、压力、高固体含量、静水压力、道路和铺面、屋顶和防水隔板、防水膜、耐磨层	ASTM：C33、C150、C717、C719、C794、C898、D653、D1191

续表

序号	标准号	标准名称	针对性	主要内容	相关参考文献
243	ASTM C837- 09（2014）	黏土亚甲蓝指数的试验方法 Standard Test Method for Methylene Blue Index of Clay	适用于黏土亚甲蓝染料吸附的测量方法，按照黏土亚甲蓝指数进行计算	设备、试剂、步骤、计算、精确度及偏差	ASTM：C324
244	ASTM C840- 11	石膏板加工和应用规范 Standard Specification for Application and Finishing of Gypsum Board	适用于石膏板加工和应用方法的最低要求，包括相关条款及附件	环境条件、材料及制造、基底和表面处理、石膏板加工、石膏板应用、交付、鉴定、处理和储存	ASTM：C11、C36、C442、C475、C514、C557、C630M、C645、C754、C931M、C954、C1002、C1007、C1047 ANSI：A136.1
245	ASTM C841- 03（2013）	内墙板条安装规范 Standard Specification for Installation of Interior Lathing and Furring	适用于与C842规范适应的石膏内墙板条安装的最低要求和应用方法	材料交付、材料储存、材料、安装	ASTM：A641M、C11、C37、C514、C654、C842、C847、C933、C954、C1002、C1007、C1032、D1784、D3678、E492
246	ASTM C842- 05（2015）	内墙石灰泥粉饰规范 Standard Specification for Application of Interior Gypsum Plaster	铺设在石膏、金属、圬工、整体混凝土基础上的全层石膏灰泥的最低要求	材料交付、材料保护、环境条件、材料、表面准备、配合比、应用	ASTM：C5、C11、C28、C35、C59、C61、C206、C423、C631、C841、E90、E492
247	ASTM C843- 12	石膏饰面板规范 Standard Specification for Application of Gypsum Veneer Plaster	适用于石膏饰面板应用的方法和最低要求	材料交付、材料保护、环境条件、材料、表面准备、混合、应用、电器辐射热电缆	ASTM：C11、C423、C587、C588、C631、C844、C1047、E90、E492
248	ASTM C844- 10	石膏饰面粉饰基底用石膏规范 Standard Specification for Application of Gypsum Base to Receive Gypsum Veneer Plaster	饰面基底使用石膏的方法和最低要求	材料、材料交付、运输、处理和存储、环境条件、石膏基底	ASTM：C11、C423、C514、C587、C588、C754、C954、C955、C1002、C1007、C1047、E90、E492
249	ASTM C845- 12	膨胀水凝性水泥规范 Standard Specification for Expansive Hydraulic Cement	适用于在安装后早期硬化期间膨胀的水硬性水泥	化学成分、物理特性、附加、测试方法、检查、拒绝、认证、包装和包装标识、存储	ASTM：C33、C109M、C114、C183、C185、C188、C465、C688、C806、C807
250	ASTM C846- 94（2009）	护墙壁用纤维隔热板规程 Standard Practice for Application of Cellulosic Fiber Insulating Board for Wall Sheathing	适用于墙纤维隔热板的存储，处理机应用的要求	材料、存储、应用、安装外墙饰面的一般建议	ASTM：C208、D1554 ANSI/AHA：A194.1
251	ASTM C847- 12	金属板条规范 Standard Specification for Metal Lath	适用于板条，有筋扩张网，菱形网，平板及自衬板，金属有筋网，所有带或不带背衬以及用于石膏或波兰特水泥石膏的基础的设计	材料、尺寸、质量和可允许偏差、完成、检查、拒绝和复审、证明、包装和包装标识	ASTM：A366M、A653M

续表

序号	标准号	标准名称	针对性	主要内容	相关参考文献
252	ASTM C856-11	硬化混凝土岩相检验规程 Standard Practice for Petrographic Examination of Hardened Concrete	适用于硬化混凝土岩相样本的检验	检验目的、设备、设备选择和使用、样本、样本检测、样品制备、目视和体视显微镜检查、偏光显微镜检查、金相显微镜检查	ASTM：C42、C215、C227、C294、C295、C342、C441、C452、C457、C496、C597、C637、C638、C803、C805、C823、C944、C1012、C1260、E3、E883
253	ASTM C857-14	地下预制混凝土公用设施的最低结构设计负荷规程 Standard Practice for Minimum Structural Design Loading for Underground Precast Concrete Utility Structures	整体或分段预制混凝土结构的最低活荷载和恒载	设计荷载、意义及用途	ASTM：C478
254	ASTM C858-10	地下预制混凝土公用设施的规范 Standard Specification for Underground Precast Concrete Utility Structures	整体或分段预制混凝土结构的建议设计标准和生产规范	材料、制造、设计要求、允许偏差、修复、检查	ASTM：A82、A184M、A185、A496、C31、C39、C42、C94、C150、C192、C231、C260、C330、C478、C494、C595M ACI：318 AWS：D1.4
255	ASTM C862-02（2008）	浇注耐火混凝土试样的规程 Standard Practice for Preparing Refractory Concrete Specimens by Casting	涉及试验用耐火混凝土试样的拌和、浇注及养护	设备和条件、取样、模塑试样、试样、报告	ASTM：C133、C192M
256	ASTM C864-11	致密弹性密封垫片、调整垫块和垫片的规范 Standard Specification for Dense Elastomeric Compression Seal Gaskets, Setting Blocks, and Spacers	适用于预制密集弹性密封垫片和用于密封的配件	材料和制造、物理特性、尺寸偏差、取样、测试方法	ASTM：C717、C1166、D395、D412、D573、D624、D746、D925、D1149、D2240、D3182
257	ASTM C865-13	耐火混凝土样品规程 Standard Practice for Firing Refractory Concrete Specimens	焙烧耐火混凝土试样	设备、样本制备、步骤、建议的耐火测试	ASTM：C16、C583、C862、E230
258	ASTM C866-11	陶瓷黏土过滤速率的试验方法 Standard Test Method for Filtration Rate of Ceramic Whiteware Clays	适用于确定陶瓷黏土过滤速率	设备、步骤、计算、精确度及偏差	ASTM：C324
259	ASTM C868-12	防护衬料耐化学腐蚀性的试验方法 Standard Test Method for Chemical Resistance of Protective Linings	适用于浸泡的防护衬料耐化学腐蚀性的评估	设备、试样、测试解决方案、过程、报告、精确度和偏差	ASTM：A36M、A285M、C267、D471、D714、D785、D1474、D2583、D3363、D4417、D4541、D5162 NACE：No.1/SSPC-SP-5

续表

序号	标准号	标准名称	针对性	主要内容	相关参考文献
260	ASTM C869- 11	预制泡沫混凝土发泡剂规范 Standard Specification for Foaming Agents Used in Making Preformed Foam for Cellular Concrete	适用于预制泡沫混凝土发泡剂	性能要求、测试方法	ASTM：C796
261	ASTM C870- 11	绝热材料使用环境规范 Standard Practice for Conditioning of Thermal Insulating Materials	适用于测试绝热材料的使用环境，给出了材料预处理的步骤	属于、操作概述、设备、步骤	ASTM：C168、E41、E171、E337；ISO 544
262	ASTM C873M- 10	现浇混凝土圆模试件抗压强度的试验方法 Standard Test Method for Compressive Strength of Concrete Cylinders Cast in Place in Cylindrical Molds	适用于通过现浇模具确定混凝土圆模抗压强度，混凝土厚度在 5ft～12ft 之间（125mm～300mm）	测试方法概述、设备、设备安装、步骤、计算、报告、精确度及偏差	ASTM：C39、C42、C470、C617、C670
263	ASTM C875- 98（2014）	石棉水泥管道规范 Standard Specification for Asbestos-Cement Conduit	用于电力系统和通信系统的石棉水泥管道，地下及露天环境均适用	分类、材料及制造、化学成分、机械性能、尺寸、质量及允许偏差、完成及外观、取样、检查	ASTM：C150、C458、C500、C595、C618、D2496；MIL-STD-129；Fed. Std. No. 123
264	ASTM C876- 09	无涂层钢筋混凝土半电池电势的试验方法 Standard Test Method for Half-Cell Potentials of Uncoated Reinforcing Steel in Concrete	适用于评估室外和试验室内无涂层钢筋混凝土的腐蚀电位，用于确定钢筋的腐蚀性	设备、校准和标准化、步骤、半电池电位记录、数据呈现、结果解读、报告、精确度及偏差	ASTM：G3、G15、G16
265	ASTM C877- 08	混凝土管、进人孔和预制箱外部密封带的规范 Standard Specification for External Sealing Bands for Concrete Pipe，Manholes，and Precast Box Sections	用于连接混凝土管、检查孔和预制箱的外部密封带	验收依据、密封带材料及制作、要求、尺寸可允许偏差、密封带测试方法、存储、检查	ASTM：A167、C14、C76、C412、C478、C506、C507、C655、C681、C766、C822、C985、D412、D471、D570、D573、D624、D882、D1171
266	ASTM C878M- 14	收缩补偿混凝土约束膨胀性的试验方法 Standard Test Method for Restrained Expansion of Shrinkage-Compensating Concrete	确定收缩补偿水泥制混凝土的膨胀性	设备、试样、样本制备、步骤、计算、报告、精度和偏差	ASTM：C125、C157、C192、C219、C403、C490、C670、C806、C845 ACI：116R、223

续表

序号	标准号	标准名称	针对性	主要内容	相关参考文献
267	ASTM C879-03（2014）	预制密封条脱模纸的试验方法 Standard Test Methods for Release Papers Used With Preformed Tape Sealants	评估直接用于预制密封条剥离纸特性的试验室	测试方法概述、设备及附件、取样、试样、条件、步骤、报告、精度和偏差	ASTM：C717
268	ASTM C880M-15	块石抗弯强度的试验方法 Standard Test Method for Flexural Strength of Dimension Stone	通过四分点载荷的简支梁，确定块石抗弯强度	设备、试样、条件、步骤、计算、报告、精度及偏差	ASTM：C119、E4
269	ASTM C881M-14	混凝土用环氧树脂黏结系统规范 Standard Specification for Epoxy-Resin-Base Bonding Systems for Concrete	应用于硅盐酸水泥混凝土的环氧树脂黏结系统，可以在潮湿条件下养护并且黏合潮湿的表面	材料及制造、化学成分、物理特性、安全隐患、取样、测试方法、包装	ASTM：C882、C884、D570、D638、D648、D695、D1259、D1652、D2393、D2566
270	ASTM C882M-13	用斜切法测定混凝土用环氧树脂的黏结强度的试验方法 Standard Test Method for Bond Strength of Epoxy-Resin Systems Used with Concrete by Slant Shear	确定用于硅盐酸水泥混凝土的环氧树脂的黏结强度，包括黏结硬化混凝土或新鲜混凝土	测试方法概述、设备、材料、危险、取样、试样、步骤、计算、报告、精度及偏差	ASTM：C39、C109M、C150、C192、C511、C617、C881
271	ASTM C884M-10	混凝土与环氧树脂涂层热溶性试验方法 Standard Test Method for Thermal Compatibility Between Concrete and An Epoxy-Resin Overlay	判定现场不同温度变化情况下，使用环氧树脂作为混凝土涂层的效果	测试方法概述、设备、材料、危险、取样、混凝土块制备、试样制作、步骤、结果解读、报告、精度及偏差	ASTM：C33、C150、C260、C672、C778、C881
272	ASTM C887-10	路面砂浆干拌混合料的规范 Standard Specification for Packaged, Dry, Combined Materials for Surface Bonding Mortar	适用于尚未预制、覆盖或涂漆的混凝土路面砂浆干拌混合料的材料、特性及包装	材料及制造、配料、物理要求、取样及测试、路面砂浆拌和取样、路面砂浆拌和混合及测试	ASTM：C91、C109M、C138、C144、C150、C187、C191、C207、C260、C305、C348、C349、C359、C494、C595M、C618、C666、E72、E96、E119、E447、E518、E519
273	ASTM C890-13	整块或分块预制的混凝土贮水及废水结构物最低设计荷载规程 Standard Practice for Minimum Structural Design Loading for Monolithic or Sectional Precast Concrete Water and Wastewater Structures	适用于混凝土管、暗渠、公用设施结构和材料外的整块或分块预制混凝土贮水和废水结构物	设计荷载、地上结构荷载组合、地下结构荷载组合、特殊荷载、具体要求	ASTM：C478 ACI：318 ASSHTO：Standard Specifications for Highway Bridges

续表

序号	标准号	标准名称	针对性	主要内容	相关参考文献
274	ASTM C891- 11	地下预制混凝土公用设施结构安装规程 Standard Practice for Installation of Underground Precast Concrete Utility Structures	适用于地下预制混凝土公用设施结构的计划，位置准备及安装	调查、计划、安全要求、挖掘、支撑、安装步骤、回填和恢复	ASTM：C478
275	ASTM C892- 10	高温纤维保温毡规范 Standard Specification for High-Temperature Fiber Blanket Thermal Insulation	适用于温度在 1350°F（732℃）～3000°F（1649℃）之间的高温纤维保温毡	物理及机械性能、尺寸、重量及可允许偏差、做工、完成及外观、取样、测试方法、资格、检查、认证、包装	ASTM：C71、C167、C168、C177、C201、C209、C356、C390、C1058、C1335
276	ASTM C897- 15	硅酸盐水泥浆用骨料规范 Standard Specification for Aggregate for Job-Mixed Portland Cement-Based Plasters	适用于与硅酸盐水泥浆、石灰和硅酸盐水泥灰浆拌和用的天然或人工骨料	组成、物理性能、尺寸、质量和可允许偏差、取样和测试、检查、认证、包装	ASTM：C11、C40、C87、C88、C117、C123、C125、C136、C142、D75
277	ASTM C898M- 09	设单独耐磨层固体含量高的冷液体弹性防水膜导则 Standard Guide for Use of High Solids Content，Cold Liquid-Applied Elastomeric Waterproofing Membrane With Separate Wearing Course	承受静水压力的建筑物台板使用高固体含量的冷液体弹性防水膜的方法	设计考虑、底板、膜、保护过程、排水系统、排水过程、绝缘、保护及工作平板、呈现过程、测试、认证、包装、运输、保存及安全、材料、安装	ASTM：C33、C578、C717、C836、C920、C1193、C1299、C1471、C1472、D1056、D1751、D1752、D5295、D5957、D6134、D6451、D6506、E1907；ACI、301
278	ASTM C900- 13	硬化混凝土拉拔强度的试验方法 Standard Test Method for Pullout Strength of Hardened Concrete	适用于硬化混凝土拉拔强度的测定	测试方法概述、设备、取样、步骤、计算、报告、精度及偏差	ASTM：C39、C670、E4
279	ASTM C901- 10	预制砌块规范 Standard Specification for Prefabricated Masonry Panels	适用于承重或非承重预制砌块的结构设计和质量控制	材料和制造、结构设计、尺寸及可允许偏差、施工、完工及外观、质量保证、认定及标识、施工图、处理、储存及运输	ASTM：A82、A116、A153、A167、A185、A615M、A616M、A617M、B227、C34、C55、C62、C67、C73、C90、C109M、C126、C140、C212、C216、C270、C476、C652、E72、2447、E518
280	ASTM C902- 13	人行道及交通量小的道路铺面砖规范 Standard Specification for Pedestrian and Light Traffic Paving Brick	适用于人行道或轻型车辆道路铺面砖	分类、物理性能、风化、尺寸、材料及完成、取样及测试	ASTM：C43、C67、C88、C410、C418、C1272

续表

序号	标准号	标准名称	针对性	主要内容	相关参考文献
281	ASTM C905- 12	耐化学腐蚀的砂浆、水泥浆、整体面层和聚合物混凝土表观密度的试验方法 Standard Test Methods for Apparent Density of Chemical-Resistant Mortars, Grouts, Monolithic Surfacings, and Polymer Concretes	适用于未固化的（湿）及有条件的（干）树脂，硅酸盐，二氧化硅，硫系抗化学腐蚀的砂浆，泥浆，整体面层及聚合物混凝土	设备、试样、模具校准、状态、步骤、报告、精度及偏差	ASTM：C470、C904、C1312
282	ASTM C907- 12	用磁盘法测试预制密封带拉伸黏结强度的试验方法 Standard Test Method for Tensile Adhesive Strength of Preformed Tape Sealants by Disk Method	适用于试验室测试预制密封带拉伸黏结强度	测试方法概述、设备及辅助材料、取样、试样、条件、步骤、计算、报告、精度及偏差	ASTM：C717
283	ASTM C908- 11	预制密封带屈服强度的试验方法 Standard Test Method for Yield Strength of Preformed Tape Sealants	适用于试验室测定预制密封带屈服强度	设备、取样、试样、条件、步骤、计算、报告、精度及偏差	ASTM：C717、E177、E691
284	ASTM C909- 10	耐火砖和异型砖模具尺寸规程 Standard Practice for Dimensions of a Modular Series of Refractory Brick and Shapes	适用于美国通常使用的异形砖和耐火砖模具的尺寸	尺寸标准	ASTM：C861
285	ASTM C910- 11	单组分弹性溶剂脱落型密封料黏结力的试验方法 Standard Test Method for Bond and Cohesion of One-Part Elastomeric Solvent Release-Type Sealants	适用于测定高、低温辐射老化后的单组分弹性溶剂脱落型密封料黏结力	设备、试剂、取样、步骤、报告、精度及偏差	ASTM：C717、D1191、E145
286	ASTM C911- 11	化学试验用生石灰、熟石灰及石灰石规范 Standard Specification for Quicklime, Hydrated Lime, and Limestone for Chemical Uses	适用于化学试验用石灰、石灰石产品	化学成分、物理性能、一般要求、取样和检查、测试方法	ASTM：C25、C50、C51、C110、C400
287	ASTM C913- 08	预制混凝土贮水及废水结构物规范 Standard Specification for Precast Concrete Water and Wastewater Structures	推荐整体或分段预制混凝土贮水和废水结构物的设计要求和生产规范	材料、设计要求、制造、耐受性、修复、拒绝、标识	ASTM：A82、A184M、A185、A416M、A421、A496、A497、A615M、A616M、A617M、C33、C39、C94、C150、C231、C260、C330、C478 ACI 318

续表

序号	标准号	标准名称	针对性	主要内容	相关参考文献
288	ASTM C915-79（2010）	预制钢筋混凝土框架墙构件的规范 Standard Specification for Precast Reinforced Concrete Crib Wall Members	适用于挡土结构或用作河流侵蚀保护的预制钢筋混凝土框架墙结构	材料、设计、制造、物理要求、公差及允许偏差、检查、标识	ASTM：A370、A615M、A616M、A617M、C31M、C33、C39M、C42M、C94M、C150、C173M、C231、C260、C309、C330、C494M、C595、C618
289	ASTM C917-11	评定同一货源水泥强度均匀性的试验方法 Standard Test Method for Evaluation of Cement Strength Uniformity From a Single Source	购买者需要的单来源水泥强度均匀信息，给出了指导取样、测试、结果展示以及评估	取样、步骤、计算、报告	ASTM：C109M、C150、C219、C595M、C1157M、E456
290	ASTM C918M-13	利用早期抗压强度试验值并推测后期强度的试验方法 Standard Test Method for Measuring Early-Age Compressive Strength and Projecting Later-Age Strength	适用于制作和养护混凝土试样，用于早期测试	测试方法概述、设备、取样、早期及计划强度步骤、发展趋势预测、结果解读、报告、精度及偏差	ASTM：C31M、C39、C192M、C470、C617、C670、C1074、C1231
291	ASTM C919-12	声学要求使用密封剂的规程 Standard Practice for Use of Sealants in Acoustical Applications	适用于使用密封剂以降低室内墙壁、天花板及地板的声音传输	声音传输分类、需要密封开口、密封剂定位、密封剂使用方法、听觉改进的密封胶类型	ASTM：C634、C717、C834、C920、C1193、C1520、C1642、E90、E336、E413
292	ASTM C920-14	弹性接缝密封胶规范 Standard Specification for Elastomeric Joint Sealants	适用于单成分或多成分弹性冷接缝密封剂在车辆或行人使用的建筑物，广场及露天平台上密封、防漏或者涂层	密封胶分类、材料及制作、一般要求、物理性能、测试方法、包装及标识	ASTM：C510、C639、C661、C679、C717、C719、C793、C794、C1183、C1193、C1246、C1247
293	ASTM C921-10	热绝缘护套材料性能测定的规程 Standard Practice for Determining the Properties of Jacketing Materials for Thermal Insulation	适用于在管道及设备上的热绝缘护套，包括仅用于物理防护及用作蒸汽阻滞剂	分类、材料及制作、材料及物理要求、尺寸及公差、施工及完成、测试方法、取样、认证、产品标识、包装	ASTM：A240M、A366M、A653M、A792M、B209、C168、C390、C921、C1258、C1263、C1338、C1423、C835、D828、D882、D1204、E84、E96M
294	ASTM C923-13	钢筋混凝土检查孔、管道和分支管道间弹性接头的规范 Standard Specification for Resilient Connectors Between Reinforced Concrete Manhole Structures，Pipes，and Laterals	钢筋混凝土检查孔、管道和分支管道间的弹性接头的最低性能及材料要求	材料及制造设计原理、精度及偏差、测试方法及要求、产品标识	ASTM：A493、A666、C478、C822、D395、D412、D471、D543、D573、D624、D746、D883、D1171、D1566、D2240

续表

序号	标准号	标准名称	针对性	主要内容	相关参考文献
295	ASTM C926-12	硅酸盐水泥基灰浆规范 Standard Specification for Application of Portland Cement-Based Plaster	所有厚度的硅酸盐水泥抹灰墙内部和外部的应用要求	材料、地基承受硅酸盐水泥石膏板要求、石膏混合比例、外层间固化时间、产品标识、材料运送、材料保护和环境条件	ASTM：C11、C25、C35、C91、C150、C206、C207、C219、C260、C595M、C631、C897、C932、C1063、C1116、C1328、E90、E119、E492
296	ASTM C928M-13	混凝土修补用袋装—干燥—速凝胶结材料规范 Standard Specification for Packaged, Dry, Rapid-Hardening Cementitious Materials for Concrete Repairs	适用于快速修补水硬性混凝土铺面和结构物的袋装的干胶结材料	材料和生产商、化学组成、效能要求、取样、试样准备、检测方法、报告	ASTM：C39、C78、C109M、C143、C157、C192M、C403M、C494、C666、C672、C702、C882、C1012、E96
297	ASTM C930-12	绝热材料及辅件对人体潜在的健康和安全影响的分类 Standard Classification of Potential Health and Safety Concerns Associated with Thermal Insulation Materials and Accessories	论及绝热材料及辅件潜在的健康和安全问题	分类依据	
298	ASTM C932-13	外墙抹灰胶结剂规范 Standard Specification for Surface-Applied Bonding Compounds for Exterior Plastering	改善凝胶材料黏结混凝土或其他砌体表面或其他结构表面的外墙抹灰胶结剂的最低要求	物理性能、性能要求、取样、设备、调节、高温测试、降解测试、冻融循环、黏结强度、检查、认证、包装	ASTM：C11、C109M、C150、C305、C511、C778
299	ASTM C933-14	焊接板条规范 Standard Specification for Welded Wire Lath	有或没有垫板的焊接板条，用作接受硅盐酸水泥基内墙抹灰及外墙粉刷的底板	材料及制作、尺寸及允许偏差、取样、检查、包装	ASTM：A641M、C11
300	ASTM C935-13	预应力混凝土杆的一般要求 Standard Specification for General Requirements for Prestressed Concrete Poles Statically Cast	用作灯杆、传输电线杆的预应力混凝土杆	验收依据、材料、要求、制造、物理要求、公差及偏差、检查、维修、标识	ASTM：A36M、A82、A370、A416M、A421、A586、A615M、A722M、C31M、C33、C39M、C42M、C94M、C150、C172、C173M、C231、C260、C309、C330、C403M、C494M
301	ASTM C936M-15	联动铺筑混凝土的规范 Standard Specification for Solid Concrete Interlocking Paving Units	对铺设混凝土路面的联动铺料机的要求	材料、物理要求、取样和试样、目测检查、拒绝	ASTM：C33、C67、C140、C150、C207、C260、C331、C418、C494M、C595、C618、C979、C989、C1240
302	ASTM C937-10	预置骨料混凝土的灌浆流体规范 Standard Specification for Grout Fluidifier for Replaced-Aggregate Concrete	适用于预置骨料混凝土的灌浆浆液	材料、物理要求、构成、取样、测试方法、拒绝、包装和标识	ASTM：C33、C150、C618、C637、C938、C939、C940、C941、C942、C943、C953

续表

序号	标准号	标准名称	针对性	主要内容	相关参考文献
303	ASTM C938-10	预置骨料混凝土的灌浆浆液配比规程 Standard Practice for Proportioning Grout Mixtures for Preplaced-Aggregate Concrete	适用于预置骨料混凝土的水泥浆配比要求的试验步骤	操作概述、设备、材料、取样、调节、步骤、报告	ASTM：C39、C109M、C150、C185、C192、C618、C637、C937、C939、C940、C941、C942、C943
304	ASTM C939-10	预置骨料混凝土的浆液流动度（流动锥法）的试验方法 Standard Test Method for Flow of Grout for Preplaced-Aggregate Concrete（Flow Cone Method）	适用于预置骨料混凝土的水泥浆流动度（流动锥法）测定的步骤，用于试验室内及现场试验	测试方法概述、干扰、设备、试样、仪器校准、步骤、报告、精度及偏差	ASTM：C109M、C938
305	ASTM C940-10	在试验室内测定预置骨料混凝土用新拌浆液的膨胀性和泌浆性的试验方法 Standard Test Method for Expansion and Bleeding of Freshly Mixed Grouts for Preplaced-Aggregate Concrete in the Laboratory	适用于测定预置骨料混凝土用新拌浆液的膨胀性和泌浆性	测试方法概述、干扰、设备、试样、步骤、计算、报告、精度及偏差	ASTM：C125、C937
306	ASTM C941-10	在试验室内测定预置骨料混凝土用浆液保水性的试验方法 Standard Test Method for Water Retentivity of Grout Mixtures for Preplaced-Aggregate Concrete in the Laboratory	适用于测定新拌水泥浆保水性的步骤	测试方法、设备、取样、步骤、报告、精度及偏差	ASTM：E832
307	ASTM C942-10	在试验室内测定预置骨料混凝土用浆液抗压强度的试验方法 Standard Test Method for Compressive Strength of Grouts for Preplaced-Aggregate Concrete in the Laboratory	适用于预置骨料混凝土中水泥浆抗压强度的测定	测试方法概述、设备、温度及湿度、取样、样品模具制备、步骤、存储及固化、抗压强度测定、报告、精度及偏差	ASTM：C31M、C109M、C937、C938、C939
308	ASTM C943-10	在试验室内测定预置骨料混凝土强度和密度试验用的圆柱体和棱柱体制作的规程 Standard Practice for Making Test Cylinders and Prisms for Determining Strength and Density of Preplaced-Aggregate Concrete in the Laboratory	适用于制作测定预置骨料混凝土强度和密度试验用的圆柱体和棱柱体的步骤	操作概述、设备、材料、取样、棱镜制备和测量、步骤、处理和固化、报告	ASTM：C192、C637、C937、C938、C939、C940

续表

序号	标准号	标准名称	针对性	主要内容	相关参考文献
309	ASTM C944- 12	用旋转切割机法测定混凝土和砂浆表面耐磨性的试验方法 Standard Test Method for Abrasion Resistance of Concrete or Mortar Surfaces by the Rotating-Cutter Method	适用于测定混凝土和砂浆表面耐磨性的步骤。本测试方法与测试方法C779的步骤B类似	设备、取样、样品、步骤、报告、精度及偏差	ASTM：C42、C418、C779、C1138
310	ASTM C945- 12	在露天使用的容器上喷涂刚性蜂窝状聚氨酯绝缘层的设计方案和喷射技术的规程 Standard Practice for Design Considerations and Spray Application of a Rigid Cellular Polyurethane Insulation System on Outdoor Service Vessels	适用于底层制备和底漆，选择刚性蜂窝状聚氨酯，露天使用容器的保温层	底层制备、推荐爆破过程、选择金属底漆、选择泡沫系统、涂料、热障、消防安全、PUR/PIR系统处理及喷涂安全措施	ASTM：C168、D883、D1600、D2200
311	ASTM C946- 10	干式堆积的表面黏结的墙体施工规程 Standard Practice for Construction of Dry-Stacked，Surface-Bonded Walls	适用于干垒混凝土砌石表面黏结使用的材料、做工、施工步骤。它不包括水泥浆，加固，锚具或控制接缝，因为它们的使用在本质上与传统混凝土砖石建筑是一样的，除非在此操作中有特别提及	存储、材料及制造、水平过程、混凝土砌石干垒、混合表面黏结砂浆、表面黏结砂浆应用、固化和保护、其他要求	ASTM：C55、C90、C129、C145、C270、C887 ACI：531R
312	ASTM C947- 03（2009）	薄剖面玻璃纤维钢筋混凝土抗弯特性的试验方法（使用简支梁三分点荷载法） Standard Test Method for Flexural Properties of Thin-Section Glass-Fiber-Reinforced Concrete（Using Simple Beam with Third-Point Loading）	适用于1.0in（25.4mm）或更浅深度的简支梁用三分点荷载法测定薄剖面玻璃纤维钢筋混凝土抗弯强度和屈服强度	设备、取样、试样、调节、步骤、计算、报告、精度及偏差	ASTM：C1228、E4
313	ASTM C948- 81（2009）	薄剖面玻璃纤维钢筋混凝土的干湿松散密度、吸水率和视孔隙率的试验方法 Standard Test Method for Dry and Wet Bulk Density，Water Absorption，and Apparent Porosity of Thin Sections of Glass-Fiber Reinforced Concrete	适用于薄剖面玻璃纤维钢筋混凝土的干湿松散密度、吸水率和视孔隙率的测定	设备、取样、试样、步骤、计算、报告、精度及偏差	

续表

序号	标准号	标准名称	针对性	主要内容	相关参考文献
314	ASTM C949- 12	用染料渗透法测定上釉白色陶器孔隙率的试验方法 Standard Test Method for Porosity in Vitreous Whitewares by Dye Penetration	适用于检测白色陶器的气孔、缝隙或其他可能存在的孔隙	测试方法概述、设备、测试解决方案、试样制备、步骤、检测、报告、精度及偏差	ASTM：C242、C291
315	ASTM C950M- 08（2012）	修补露天使用容器的刚性蜂窝状聚氨酯保温层的规程 Standard Practice for Repair of a Rigid Cellular Polyurethane Insulation System on Outdoor Service Vessels	适用于在温度－30℃～＋170℃（－22℉～＋225℉）条件下喷涂修补普通容器的聚氨酯保温层	表面制备、修复步骤	ASTM：C168、C945
316	ASTM C952- 12	砌块砂浆黏结强度的试验方法 Standard Test Method for Bond Strength of Mortar to Masonry Units	提供 2 种程序测定砌块砂浆的黏结强度	砂浆的制备和测试、试样的制备、强度测试设备、混凝土砌块、精度及偏差	ASTM：C67、C90、C129、C140、C270、C780、C1072、C1357、C1437、E518
317	ASTM C953- 10	在试验室内测定预置骨料混凝土的灌浆浆液凝固时间的试验方法 Standard Test Method for Time of Setting of Grouts for Preplaced-Aggregate Concrete in the Laboratory	适用于测定预置骨料混凝土水泥浆凝固时间	方法概述、设备、试样、步骤、报告、精度及偏差	ASTM：C191、C938、C511
318	ASTM C954- 11	将厚度为 0.033～0.112in（0.84mm～2.84mm）的石膏板或金属熟石膏基板安装在钢骨上所用的钻孔钢螺钉规范 Standard Specification for Steel Drill Screws for the Application of Gypsum Panel Products or Metal Plaster Bases to Steel Studs From 0.033 in.（0.84 mm）to 0.112 in.（2.84 mm）in Thickness	用于石膏板制品或钢螺栓[厚度在 0.033in（0.84mm）～0.112in（2.84 mm）之间]上的金属石膏基层的钢钻螺栓的最低要求	材料、物理特性、性能要求、完成及外观、取样、测试及复验数、测试方法、检查、认证、包装及标识	ASTM：A510、C11、C36
319	ASTM C955- 11	螺钉安装石膏板及金属熟石膏基板用承重（横向及轴向）钢骨、导板、系杆或支撑的规范 Standard Specification for Load-Bearing（Transverse and Axial）Steel Studs，Runners（Track），and Bracing or Bridging for Screw Application of Gypsum Panel Products and Metal Plaster Bases	适用于石膏板和金属石膏基板采用螺钉安装时所需的承重钢骨、导板、系杆或支撑（基板金属厚度不小于0.0329ft（0.836mm）	材料及制造、性能要求、尺寸及可允许偏差、做工、完成及外观、渗透测试、检查、认证、标识及鉴定、保护	ASTM：A653M、C36、C954

续表

序号	标准号	标准名称	针对性	主要内容	相关参考文献
320	ASTM C956-10	现浇加筋石膏混凝土规范 Standard Specification for Installation of Cast-in-Place Reinforced Gypsum Concrete	适用于在永久模板上的现浇加筋石膏混凝土的最低要求	材料交付、材料存储、环境条件、材料、安装	ASTM：A82、A185、A499、A525、A568、C11、C317、C726、E72 ACI：318 AWS：D1.1
321	ASTM C957M-15	设有整体耐磨层的含大量固体物质的冷液体弹性防水薄膜规范 Standard Specification for High-Solids Content，Cold Liquid-Applied Elastomeric Waterproofing Membrane with Integral Wearing Surface	人员、设备或车辆占用的建筑物区域内不承受静水压力的防水台板的技术要求	物理性能、测试方法、标识、报告	ASTM：C501、C717、C719、C836、D412、D471、D609、D822、D1133、D2370、G23
322	ASTM C958-92（2014）	用重力沉降 X 射线监测法测定矾土或石英的粒度分布的试验方法 Standard Test Method for Particle Size Distribution of Alumina or Quartz by X-Ray Monitoring of Gravity Sedimentation	适用测定粒径 0.5μm～50μm，中值 2.5μm～10μm 的矾土或石英的粒度分布	测试方法概述、设备、试剂、危险、步骤、精度及偏差	ASTM：C242、E177、E691
323	ASTM C961-11	热用密封材料搭接的剪切强度的试验方法 Standard Test Method for Lap Shear Strength of Hot-Applied Sealants	给出测定热用密封材料剪切强度的试验室试验步骤，也提供密封胶与基底的黏结信息	测试方法概述、设备、取样、试样、调节、步骤、计算、报告、精度及偏差	ASTM：C717
324	ASTM C964-07（2012）	锁定密封垫上釉导则 Standard Guide for Lock-Strip Gasket Glazing	用于倾斜不超过 15°的建筑墙面上，主要考虑防风雨，及风荷载下建筑物的整体性	设计考虑、组件、支撑架、衬垫及附件、填充材料、影响性能的因素、组装测试	ASTM：C542、C716、C717、C864、C963、C1036、D1566、E283、E330、E331
325	ASTM C966-98（2014）	石棉水泥无压管安装导则 Standard Guide for Installing Asbestos-Cement Nonpressure Pipe	适用于石棉水泥无压管，雨水排水管等管件的安装	材料选择、验收、存储及处理、概述及要履行的详细工作、铺设管道、回填、安装测试、回填步骤	ASTM：C428、C663、D1869、D2946 ANSI：C111
326	ASTM C969-02（2009）	预制混凝土污水管道的渗入和渗出验收试验规程 Standard Practice for Infiltration and Exfiltration Acceptance Testing of Installed Precast Concrete Pipe Sewer Lines	适用于预制混凝土污水管道验收，证明安装材料及施工步骤的完整性	实践概述、下水管道准备、步骤、泄漏规范、计算、精度及偏差	ASTM：C822

续表

序号	标准号	标准名称	针对性	主要内容	相关参考文献
327	ASTM C972-11	密封胶带压缩恢复的试验方法 Standard Test Method for Compression-Recovery of Tape Sealant	适用于试验室测定密封胶带压缩恢复特性	设备、试样及样品、步骤、计算、报告、精度及偏差	ASTM：C717、E177、E691
328	ASTM C977-10	土壤稳定用生石灰和熟石灰的规范 Standard Specification for Quicklime and Hydrated Lime for Soil Stabilization	适用于生石灰和熟石灰，无论是高钙，白云石或者镁石灰，用于土壤的稳定性	化学构成、物理性能、现场使用、测试方法、取样、检查、包装及标识	ASTM：C25、C50、C51、C110
329	ASTM C979M-10	整体上色混凝土颜料规范 Standard Specification for Pigments for Integrally Colored Concrete	生产整体上色混凝土的彩色和白色颜料粉末的基本要求	一般要求、拒绝、包装、测试材料、测试方法、报告	ASTM：C33、C39、C143M、C150、C173、C192M、C231、C260、C403M、D50、D1208、D1535、G23 ACI：211.1
330	ASTM C980-13	工业烟囱砌壁砖的规范 Standard Specification for Industrial Chimney Lining Brick	适用于由黏土，页岩或它们的混合物制成的固体窑烧砖。这些砖通常使用耐化学腐蚀的砂浆	硫酸煮沸测试、物理性能、溶解性硫酸测试	ASTM：C20、C67、E11
331	ASTM C981-13	楼板沥青膜防水设计导则 Standard Guide for Design of Built-Up Bituminous Membrane Waterproofing Systems for Building Decks	适用于覆盖了磨耗层被占用的建筑空间之上的广场平台及长廊的楼板沥青膜的防水设计	概述、基板、防水膜、保护过程、排水系统、排水过程、绝缘、保护或工作板、磨耗层、填土和种植面积、测试	ASTM：C33、C578、C717、C755、C1193、C1299、C1472、D41、D43、D173、D226、D227、D312、D449、D450、D1079、D1327、D1668、D2178、D2822、D4022 ACI：301
332	ASTM C985-13	规定强度的无钢筋混凝土涵管、雨水管和污水管的规范 Standard Specification for Nonreinforced Concrete Specified Strength Culvert，Storm Drain，and Sewer Pipe	无钢筋混凝土涵管、污水管、工业废水管、排雨管以及涵洞施工	验收依据、设计和制造、材料及制造、物理性能、大小及允许偏差、设计验收、载荷测试管道验收、检查、维修、认证	ASTM：A615M，A1064、C33、C150、C497、C595、C618、C822、C989、C1116、E105
333	ASTM C989M-14	用于混凝土和砂浆中的矿渣水泥的规范 Standard Specification for Slag Cement for Use in Concrete and Mortars	论及在混凝土和砂浆中用作胶结料的三个强度等级的细颗粒状高炉矿渣	添加、化学成分、物理性能、取样、测试方法、认证、包装标识及运输信息、存储	ASTM：C14M、C33M、C55、C76M、C109M、C118、C387M、C412、C441、C478M、C505M、C654、C985M、C1372、C1804、D5370、E2129
334	ASTM C990-09（2014）	使用预制弹性密封胶的混凝土管道、检查孔和预制箱形构件的接缝规范 Standard Specification for Joints for Concrete Pipe，Manholes，and Precast Box Sections Using Preformed Flexible Joint Sealants	预制混凝土管，预制箱涵，以及预制箱形截面构件的接缝，这些接缝是不承受内压，没有防渗限制的	验收依据、材料及密封剂制造、密封剂物理要求、接缝设计、尺寸可允许偏差、密封剂测试方法、接缝性能要求、存储、检查、拒绝、维修	ASTM：C14、C76、C478、C506、C507、C655、C822、C972、C985、C1433、C1504、D4、D6、D36、D71、D92、D113、D217、D297 AASHTO：T47、T48、T51、T111、T229

续表

序号	标准号	标准名称	针对性	主要内容	相关参考文献
335	ASTM C991-15	金属建筑物用弹性纤维玻璃隔热材料的规范 Standard Specification for Flexible Fibrous Glass Insulation for Metal Buildings	用于金属建筑墙体内表面和房顶的弹性纤维玻璃隔热材料	物理性能、取样、检查、拒绝及重审、认证、健康及安全危害、产品标识、包装、存储	ASTM：C167、C168、C177、C390、C518、C653、C665、C755、C1104M、C1136、C1304、C1338、E84、E136
336	ASTM C1002-14	石膏板或金属石膏基底使用的自功钢螺丝的规范 Standard Specification for Steel Self-Piercing Tapping Screws for the Application of Gypsum Panel Products or Metal Plaster Bases to Wood Studs or Steel Studs	固定石膏板制品或金属石膏基底使用的冷弯钢螺栓	分类、材料、物理性能、性能要求、尺寸及允许偏差、完成及外观、取样、测试及重测、测试方法、认证、包装及标识	ASTM：A548、A568M、C11、C645、C847、C1396M
337	ASTM C1005-10	水硬性水泥物理试验采用的基准质量和装置的规范 Standard Specification for Reference Masses and Devices for Determining Mass for Use in the Physical Testing of Hydraulic Cements	对水硬性水泥物理测试采用的称盘，天平、基准质量及玻璃量杯的最低要求	水硬性水泥、质量、体积、重量、物理试验	ASTM：C114、E617
338	ASTM C1006-07（2013）	砌块的劈裂抗拉强度的试验方法 Standard Test Method for Splitting Tensile Strength of Masonry Units	适用于测定砌块的劈裂抗拉强度	设备、取样、步骤、计算、报告、精度及偏差	ASTM：E4
339	ASTM C1007-11（2015）	承重钢螺栓（横向和轴向）及有关辅件的安装规范 Standard Specification for Installation of Load Bearing（Transverse and Axial）Steel Studs and Related Accessories	适用于 0.836mm～2.845mm 厚的承重钢螺栓（横向和轴向）及有关辅件）的安装及架设要求	承载强度、螺杆、螺钉、螺栓、安装、承载能力、维护与修补、钢螺栓	ASTM：C11、C841、C954、C955、C1063 AWS：D1.3 MIL：P-21035
340	ASTM C1012-13	暴露在硫酸盐溶液中的水硬性水泥砂浆棒长度变化的试验方法 Standard Test Method for Length Change of Hydraulic-Cement Mortars Exposed to a Sulfate Solution	适用于测定暴露在硫酸盐溶液的水硬性水泥砂浆棒长度变化	设备、试剂和材料、砂浆制备、样本模型、步骤、计算、报告、精度及偏差	ASTM：C109M、C150、C157、C305、C348、C349、C452、C490、C595、C597、C618、C684、C778、C917、C989、D1193、E18

续表

序号	标准号	标准名称	针对性	主要内容	相关参考文献
341	ASTM C1014-13	喷涂的矿物纤维保温和隔音材料的规范 Standard Specification for Spray-Applied Mineral Fiber Thermal and Sound Absorbing Insulation	喷涂的矿物纤维保温和隔音材料的构成及物理性能	材料及制造、物理性能、做工、完成及外观、取样、样品制备、测试方法、包装及包装标识、交付及存储、安装	ASTM：C168、C177、C390、C423、C518、C665、C1104M、C1114、C1149、C1304、C1338、C1363、E84、E605、E736、E759、E795
342	ASTM C1015-06（2011）	松散充填纤维素和矿物纤维保温材料的安装规范 Standard Practice for Installation of Cellulosic and Mineral Fiber Loose-Fill Thermal Insulation	适用于天花板、阁楼、地板及新的或现有房屋的墙洞，和其他建筑安装松散充填矿物纤维的保温材料	安全注意事项、预安装准备、步骤	ASTM：C168、C739、C755、C764 NFPA：31、54、70、211
343	ASTM C1016-14	测定密封剂背衬料（填缝料）吸水率的试验方法 Standard Test Method for Determination of Water Absorption of Sealant Backing（Joint Filler）Material	试验室测定密封剂背衬料和填缝料吸水率的试验步骤	测试方法概述、设备、取样、试样、调节、步骤、计算、报告、精度及偏差	ASTM：C717、E691
344	ASTM C1017M-13	生产流态混凝土用化学外加剂的规范 Standard Specification for Chemical Admixtures for Use in Producing Flowing Concrete	论及生产流态混凝土添加的两种化学外加剂	一般要求、取样和检查、测试方法概述、设备、试剂和材料、混凝土配合比、拌和、新拌混凝土性能、硬化混凝土试样、红外分析、烘干炉残渣、比重、认证、包装、存储	ASTM：C33、C39、C78、C136、C138、C143、C150、C157、C173、C183、C192、C231、C260、C403M、C666M、C778、D75、D1193、E100
345	ASTM C1019-13	灰浆抽样和测试的试验方法 Standard Test Method for Sampling and Testing Grout	适用于现场及试验室测试砌体灰浆	设备、试样、模具制造、灌浆抽样、温度和塌落度试样、压缩试验样本、运输、试样、计算、报告、精度及偏差	ASTM：C39M、C143M、C476、C511、C617、C1064M、C1093
346	ASTM C1021-08（2014）	测试建筑密封材料的试验室规程 Standard Practice for Laboratories Engaged in Testing of Building Sealants	在独立商业材料试验室测试建筑施工中使用的密封剂的最低要求，包括人员、设备、职责、责任和操作	试验室职责和义务、试验室管理和监督、试样、测试设备	ASTM：C510、C603、C711、C712、C713、C717、C718、C719、C1635、C1311、D2202、D2203、D2377、D2452、D2453、E1301、E1580
347	ASTM C1026-13	瓷砖抗冻融变化的试验方法 Standard Test Method for Measuring the Resistance of Ceramic Tile to Freeze-Thaw Cycling	适用于测试上釉或未上釉瓷砖的抗冻融变化	测试方法概述、设备、试样、步骤、报告、精度及偏差	ASTM：C242、E220

续表

序号	标准号	标准名称	针对性	主要内容	相关参考文献
348	ASTM C1027- 09	釉面瓷砖可视耐磨性测定的试验方法 Standard Test Method for Determining Visible Abrasion Resistance of Glazed Ceramic Tile	适用于测量釉面瓷砖可见表面的耐磨性	研磨料荷载、试剂盒设备、试样、步骤、结果分类、报告、精度及偏差	ISO：10545-14
349	ASTM C1029- 15	喷涂刚性蜂窝状聚氨酯保温材料的规范 Standard Specification for Spray-Applied Rigid Cellular Polyurethane Thermal Insulation	喷涂刚性蜂窝状聚氨酯保温材料的类型和物理性能。适用于表面工作温度不低于－30°C、不高于＋107°C 的情况	材料及制造、物理性能、取样、试样制备、测试方法、检查、认证、包装	ASTM：C165、C168、C177、C236、C518、D883、D1621、D1622、D1632、D2126、D2842、D2856、E84、E96
350	ASTM C1032- 14	钢丝网抹灰基底规范 Standard Specification for Woven Wire Plaster Base	适用于基础，平面，有/无加筋，有/无背衬的钢丝网抹灰，用于接受石膏或硅盐酸水泥抹灰的基底	材料、物理性能、尺寸、质量及可允许偏差、检查、认证、包装	ASTM：A641、C11
351	ASTM C1036- 11	平板玻璃规范 Standard Specification for Flat Glass	退火的按切割尺寸或坯料供货的整块平板玻璃的要求，只用于试验室和现场评估	分类及设计用途、要求、测试方法、标识	ASTM：C162 NFRC：300
352	ASTM C1037- 08	地下预制混凝土公用设施检验的规程 Standard Practice for Inspection of Underground Precast Concrete Utility Structures	适用于地下预制混凝土公用设施	制造商责任、检察员的责任、检察步骤、加工检察、测试、不合格材料、检验报告证据	ASTM：C31、C39、C857、C858
353	ASTM C1038- 10	存放在水中的硅酸盐水泥砂浆棒膨胀性的试验方法 Standard Test Method for Expansion of Portland Cement Mortar Bars Stored in Water	适用于测定硅盐酸水泥砂浆棒的水中膨胀性	设备、温度和湿度、试剂和材料、步骤、试样存储、长度测量、计算和报告、精度及偏差	ASTM：C109M、C305、C490、C511、C778、C1005、D1193
354	ASTM C1040-08	用核子法测定硬化和未硬化混凝土密度的试验方法 Standard Test Methods for Density of Unhardened and Hardened Concrete in Place by Nuclear Methods	适用于采用核子法测定硬化和未硬化混凝土密度。有关核试验的注解见附录 X1	设备、校准、标准化、步骤、报告、精度及偏差	ASTM：C29M、C138

续表

序号	标准号	标准名称	针对性	主要内容	相关参考文献
355	ASTM C1041-10	用热流量传感器现场测定工业保温材料热通量的规程 Standard Practice for In-Situ Measurements of Heat Flux in Industrial Thermal Insulation Using Heat Flux Transducers	适用于热流量传感器现场检测工业绝热材料热通量	方法概述、设备、校准、试验段、热流量传感器及温度传感器放置准则、热流量传感器和温度数据点、步骤、计算、结果解读	ASTM：C168、C177、C335、C518、E220、E230 ASHRAR：101 ISO/TC163/SC1WG、N31E
356	ASTM C1043-10	采用循环线热源设计护热板的规程 Standard Practice for Guarded-Hot-Plate Design Using Circular Line-Heat Sources	适用于按照测试方法 C177 进行的循环线热源设计护热板	循环线热源护热板设计、设计注意事项	ASTM：C168、C177、C1044、E230
357	ASTM C1044-12	使用单面护热板设备测量稳态热通量和热传递性能的规程 Standard Practice for Using the Guarded-Hot-Plate Apparatus or Thin-Heater Apparatus in the Single-Sided Mode	适用于测量稳态热通量和热传递性能	单面模式操作步骤、计算、试验误差、报告	ASTM：C168、C177、C518、C1045、C1114
358	ASTM C1045-07（2013）	在稳态条件下计算热传导性的规程 Standard Practice for Calculating Thermal Transmission Properties Under Steady-State Conditions	在稳态条件下测定和计算热传导性的要求及指导	规定温度热传导性的测定、温度范围内热导率的测定、测试结果、报告	ASTM：C168、C177、C236、C335、C518、C680、C745、C976、C1033、C1058、C1114、E122
359	ASTM C1046-95（2013）	建筑物外部构件热通量和温度现场测量的规程 Standard Practice for In-Situ Measurement of Heat Flux and Temperature on Building Envelope Components	适用于用热流转换器和温度转换器现场检测建筑物外部构件热通量和温度	方法概述、设备、HFT 信号转换、传感器位置选择、测试步骤、计算、结果解读、报告、精度及偏差	ASTM：C168、C518、C1060、C1130、C1153、C1155
360	ASTM C1047-14	石膏墙板和石膏饰面基层附件的规范 Standard Specification for Accessories for Gypsum Wallboard and Gypsum Veneer Base	用于连接石膏墙板和石膏镶饰的附件，以保护边角并提供建筑特征	材料及制造、物理性能、尺寸及可允许偏差、外观、结构、取样、检查、认证、包装	ASTM：A463、A591M，A653M、B69、B117、C475、C587、D1788、D2092、D3678
361	ASTM C1048-12	热处理平板玻璃、完全回火涂层玻璃和无涂层玻璃的规范 Standard Specification for Heat-Treated Flat Glass—Kind HS，Kind FT Coated and Uncoated Glass	适用于在普通建筑施工的热处理平板玻璃、完全回火涂层和无涂层玻璃的要求	分类、使用目的、制造、其他要求、尺寸要求、玻璃品质及完成、测试方法、产品标识	ASTM：C162、C346、C724、C978、C1036、C1203、C1279

续表

序号	标准号	标准名称	针对性	主要内容	相关参考文献
362	ASTM C1053- 00（2010）	排水管、污水管和通风管用的高硼硅玻璃管材与管件的规范 Standard Specification for Borosilicate Glass Pipe and Fittings for Drain, Waste, and Vent（DWV）Applications	低膨胀，高硼硅玻璃，I 类 A 级，用于制作耐腐蚀管和排水管、污水管和通风管	材料及制造、化学要求、物理要求、操作温度、压力比例、尺寸及允许偏差、检查、包装	ASTM：C600、C623、C693、E438
363	ASTM C1054- 13	塑性耐火材料和拌制捣实样品的压制和烘干的规程 Standard Practice for Pressing and Drying Refractory Plastic and Ramming Mix Specimens	适用于黏结铝硅盐和高铝塑料的化学及非化学塑性耐火材料和拌制捣实样品的压制和烘干	设备、取样、步骤、报告、精度及偏差	ASTM：C16、C20、C113、C133、C179、C181、C288、C417、C577、C583、C673、C704、C830、C832、C874、C885、C914
364	ASTM C1055- 03（2014）	引起接触烧伤的加热设备表面条件的导则 Standard Guide for Heated System Surface Conditions That Produce Contact Burn Injuries	用于设计或加热设备的评估，以预防与暴露表面接触引起严重伤害	指导概述、步骤、报告、精度及偏差	ASTM：C680、C1057
365	ASTM C1057- 12	使用数学模型和测温计测定加热面表层接触温度的规程 Standard Practice for Determination of Skin Contact Temperature From Heated Surfaces Using a Mathematical Model and Thermesthesiometer	适用于评估加热表面表层接触温度	方法概述、方法 A-数学模型的使用、方法 B-测温计的使用、报告、烧伤潜在危险的测定、精度及偏差	ASTM：C680、C1055
366	ASTM C1058- 10（2015）	评价和报告保温材料热性能时温度选择的规程 Standard Practice for Selecting Temperatures for Evaluating and Reporting Thermal Properties of Thermal Insulation	适用于评估保温产品和材料、相关系统及隔热或非隔热零件的热性能	保温材料热性能温度选择	ASTM：C168、C177、C201、C335、C518、C653、C687、C745、C1045、C1114、C1363
367	ASTM C1059- 13	黏结新拌混凝土和硬化混凝土用乳胶黏合剂的规范 Standard Specification for Latex Agents for Bonding Fresh to Hardened Concrete	可涂刷、喷覆的乳胶黏合剂，用于黏结新拌混凝土和硬化混凝土	分类及用途、物理性能、取样、拒绝、包装	ASTM：C1042

续表

序号	标准号	标准名称	针对性	主要内容	相关参考文献
368	ASTM C1060- 11	框架建筑物外壳内腔的绝热设施的热像检测规程 Standard Practice for Thermographic Inspection of Insulation Installations in Envelope Cavities of Frame Buildings	适用于使用红外成像系统检测建筑墙壁，天花板和地板，木头或金属框架结构件之间的空间	方法概述、仪表要求、知识要求、首选条件、步骤、热成像解读、报告、精度及偏差	ASTM：C168、E1213
369	ASTM C1063- 12	硅酸盐水泥抹灰的板条和衬条安装规范 Standard Specification for Installation of Lathing and Furring to Receive Interior and Exterior Portland Cement-Based Plaster	硅盐酸水泥抹灰板条和衬条安装的最低要求	材料交付、材料存储、材料、安装	ASTM：A526M、A641M、B69、B221、C11、C841、C847、C926、C933、C954、C1002、C1032、D1784、D4216、E90
370	ASTM C1064M- 12	新拌水硬性水泥混凝土温度的试验方法 Standard Test Method for Temperature of Freshly Mixed Hydraulic-Cement Concrete	适用于测定新拌水硬性水泥混凝土温度	设备、温度测量装置的刻度、混凝土取样、步骤、报告、精度及偏差	ASTM：C172、C670
371	ASTM C1072- 13	检测砌块抗折黏结强度的试验方法 Standard Test Method for Measurement of Masonry Flexural Bond Strength	适用于测定砖石砌块的抗折黏结强度	设备、取样及测试、试样、步骤、计算、报告、精度偏差	ASTM：C67、C140、C270、C78、C1357
372	ASTM C1073- 12	用碱性反应法测定磨碎炉渣的水活性试验方法 Standard Test Method for Hydraulic Activity of Ground Slag by Reaction with Alkali	用氢氧化钠溶液作为拌和水，高温养护的方法快速测定矿渣水泥的强度	设备、材料、步骤、计算、错误样本及复试、报告、精度及偏差	ASTM：C109M、C125、C219、C305、C670、C778、C989
373	ASTM C1074- 11	用成熟度法评定混凝土强度的规程 Standard Practice for Estimating Concrete Strength by the Maturity Method	评定混凝土强度的步骤。成熟指数是以温度-时间因素或具体温度下的时效期	方法概述、成熟度函数、设备、强度-成熟度关系发展步骤、评估适当强度步骤、精度及偏差	ASTM：C39、C109M、C192M、C403M、C511、C684、C803M、C873、C900、C918、C1150
374	ASTM C1077- 13	建筑混凝土和混凝土骨料试验室测试和评定标准的规范 Standard Practice for Laboratories Testing Concrete and Concrete Aggregates for Use in Construction and Criteria for Laboratory Evaluation	定义试验室检测混凝土和施工用混凝土人员的职责，责任和最低技术要求，和对试验设备的最低技术要求	组织、人力资源、测试方法和步骤、设施、设备和补充程序、试验室记录和报告、质量体系、试验室评估	ASTM：C29M、C31M、C39M、C40、C42M、C70、C78、C87、C88、C117、C123、C125、C127、C128、C131、C136、C138M

续表

序号	标准号	标准名称	针对性	主要内容	相关参考文献
375	ASTM C1080-08（2014）	冷却塔用除填料以外的石棉水泥制品的试验规范 Standard Specification for Asbestos-Cement Products Other Than Fill for Cooling Towers	用于冷却塔的石棉水泥制品，不包括塔的填料	术语、分类、测试方法、检查、认证、产品标识	ASTM：C150、C220、C221、C223、C296、C428、C458、C459、C1081、C1082、D2946
376	ASTM C1081-98（2014）	冷却塔用波纹状石棉水泥填料的规范 Standard Specification for Asbestos-Cement Corrugated Fill for Use in Cooling Towers	冷却塔回填用的波纹石棉水泥填料	填料分类、性能要求及试验方法	ASTM：C150、C296、C428、C458、C459、C500、C1080、C1082、C1096、D2946
377	ASTM C1082-98（2014）	冷却塔填塞用石棉水泥平板的规范 Standard Specification for Asbestos-Cement Flat Sheet for Cooling Tower Fill	包括三类用于冷却塔的石棉板填料	石棉板分类、性能要求及试验方法	ASTM：C150、C458、C459、C500、C1081、D2946
378	ASTM C1083-11	弹性泡沫垫圈和密封材料吸水性的试验方法 Standard Test Method for Water Absorption of Cellular Elastomeric Gaskets and Sealing Materials	测定加工密封圈的弹性泡沫化合物的吸水性	试验仪器、取样、试样制作及试验程序	ASTM：C717、D3182
379	ASTM C1084-10	硬化水硬性水泥混凝土硅酸盐水泥含量的试验方法 Standard Test Method for Portland-Cement Content of Hardened Hydraulic-Cement Concrete	检测硬化混凝土中水泥含量。 包括氧化分析和提取两个独立的程序	水泥含量、化学分析、化学成分、硬化混凝土、氧化分析、硅酸盐水泥	ASTM：C42、C114、C670、C702、C823、C856、D1193、E11、E832
380	ASTM C1086-09	玻璃纤维保温毡的规范 Standard Specification for Glass Fiber Felt Thermal Insulation	适用于机械连接的玻璃纤维无支撑针状保温毡	材料物理性能、标准直径及试验方法	ASTM：C167、C168、C177、C390、C411、C518、C1045、C1058、D578
381	ASTM C1087-11	测定门窗玻璃结构装配中液态密封剂与其辅件兼容性的试验方法 Standard Test Method for Determining Compatibility of Liquid-Applied Sealants with Accessories Used in Structural Glazing Systems	适用于试验室筛选检测材料	试验方法、材料要求	ASTM：C717

续表

序号	标准号	标准名称	针对性	主要内容	相关参考文献
382	ASTM C1088-13	黏土或页岩制成的薄陶面砖的规范 Standard Specification for Thin Veneer Brick Units Made From Clay or Shale	适用于厚度小于44.5mm由黏土或页岩制成的陶面砖	产品的级、型号分类、材料性能、抛光及加工限制	ASTM：C43、C67、C902、E835M
383	ASTM C1089-13	离心铸造的预应力混凝土电线杆的规范 Standard Specification for Spun Cast Prestressed Concrete Poles	适用于街灯、交通指示、通信所用的电线杆	生产电线杆的材料、要求及验收	ASTM：A82、A416M、A615M、A641、A706M、C33
384	ASTM C1090-10	水硬性水泥砂浆圆柱体试样高度变化测量的试验方法 Standard Test Method for Measuring Changes in Height of Cylindrical Specimens From Hydraulic-Cement Grout	适用于在标准条件下测量水泥砂浆试件的高度变化	试验仪器和试验方法	ASTM：C172、C305、C511、C670、C827、C939
385	ASTM C1091-03（2013）	测试陶土管道静压渗透性的试验方法 Standard Test Method for Hydrostatic Infiltration Testing of Vitrified Clay Pipe Lines	适用于陶土管线检测，检修孔或其他结构需单独检测	试验仪器、试验方法	ASTM：C12、C828、C896
386	ASTM C1093-13	对砌块检测机构进行鉴定认证的规程 Standard Practice for Accreditation of Testing Agencies for Unit Masonry	对砌块检测机构进行认证的试验室的基本要求	试验室责任、能力及资质	
387	ASTM C1096-11	石棉水泥中木质纤维含量测定的试验方法 Standard Test Method for Determination of Wood Fiber in Asbestos Cement	适用于石棉水泥制品中的纤维素含量检测方法	仪器及试验程序	ASTM：C114、D1193、E11、E50
388	ASTM C1097-12	沥青混凝土用熟石灰的规范 Standard Specification for Hydrated Lime for Use in Asphaltic-Concrete Mixtures	适用于沥青混凝土中的高钙、白云岩及含氧化镁的熟石灰的规范	石灰的化学成分要求和试验方法	ASTM：C25、C50、C51、C110
389	ASTM C1101M-12	矿物纤维保温毡和绝热板弹性和刚性分类的试验方法 Standard Test Methods for Classifying The Flexibility or Rigidity of Mineral Fiber Blanket and Board Insulation	适用于对于柔软、弹性、半钢性或钢性的矿物纤维保温材料的分类程序的试验方法	试件制作、试验仪器和试验程序	ASTM：C168

续表

序号	标准号	标准名称	针对性	主要内容	相关参考文献
390	ASTM C1103-14	预制混凝土污水管安装联合验收测试 Standard Practice for Joint Acceptance Testing of Installed Precast Concrete Pipe Sewer Lines	适用于27in以内的低水头或露天安装污水管的验收测试	安全预防及检测程序	ASTM：C822、C969
391	ASTM C1104M-13	非表面矿物纤维绝热材料蒸汽吸收率测定的试验方法 Standard Test Method for Determining the Water Vapor Sorption of Unfaced Mineral Fiber Insulation	测试未设于表面的矿物纤维绝热材料吸收率的。该测试方法仅适用于纤维质基材和黏合剂	测试方法概述、试验仪器、试验方法及计算	ASTM：C167、C302、C303、C390、E691
392	ASTM C1105-08	碱活性反应引起的混凝土长度变化的试验方法 Standard Test Method for Length Change of Concrete Due to Alkali-Carbonate Rock Reaction	通过检测混凝土长度变化，反映水泥骨料的碱活性	仪器、试件和试验程序	ASTM：C33、C150、C157、C233、C294、C295、C490、C511、C586
393	ASTM C1106-12	碳砖耐化学性及其物理性能的试验方法 Standard Test Methods for Chemical Resistance and Physical Properties of Carbon Brick	适用于在浸泡中，通过温度变化快速检测碳砖，以评定砖的物理性能及抗化学性能	仪器、试件和试验程序及检测项目	ASTM：C904、E4
394	ASTM C1107-13	（包装的、干燥的）水硬性水泥灰浆（未收缩）的规范 Standard Specification for Packaged Dry，Hydraulic-Cement Grout（Nonshrink）	对三类干硬性未收缩砂浆的规范要求	砂浆性能要求及试验方法	ASTM：C109M、C138、C157、C185、C305、C702、C827
395	ASTM C1114-06（2013）	用薄加热设备测定稳态热传递性能的试验方法 Standard Test Method for Steady-State Thermal Transmission Properties by Means of the Thin-Heater Apparatus	检测绝热板的稳定传热性能	试验仪器、试验准备及试验程序	ASTM：C168、C177、C518、C687、C1045、C1058
396	ASTM C1115-11	密实弹性硅橡胶衬垫和辅件的规范 Standard Specification for Dense Elastomeric Silicone Rubber Gaskets and Accessories	适用于对密实弹性硅胶衬垫及辅件的描述	产品分类、性能要求和试验方法	ASTM：D624、D792、D925、D1149、D1566、D2137、D2240、D3182

续表

序号	标准号	标准名称	针对性	主要内容	相关参考文献
397	ASTM C1116M- 10（2015）	纤维加筋混凝土及喷混凝土的规范 Standard Specification for Fiber-Reinforced Concrete and Shotcrete	对钢纤维混凝土的要求	纤维混凝土的分类、材料要求及拌和设备	ASTM：C31、C33、C39、C42、C172、C173、C191、C192、C231、C260、C330、C387、C494、C567、C595、C618
398	ASTM C1119M- 90（2015）	石棉水泥混合料真空排水的试验方法 Standard Test Method for Vacuum Drainage of Asbestos-Cement Mixes	适用于室内通过真空排水检测石棉水泥混合料，评定石棉纤维的试验方法	仪器试验方法程序	ASTM：C150、C430、C1124、D2590、D2946、D3752、D3879、D3880、E177
399	ASTM C1126- 13	表面或非表面刚性蜂窝状酚醛保温材料的规范 Standard Specification for Faced or Unfaced Rigid Cellular Phenolic Thermal Insulation	适用于表面或非表面刚性蜂窝状酚醛保温材料，而不适于膨胀的酚类材料	材料分类及质量要求	ASTM：C168、C177、C209、C335、C390、C518、C550、C585、C921、C1045、C1058、C1303、D1621、D1622、D1623、D2126、E84、E96
400	ASTM C1127M- 15	设有整体耐损层的高固体含量的冷液体弹性防水薄膜材料应用导则 Standard Guide for Use of High Solids Content，Cold Liquid-Applied Elastomeric Waterproofing Membrane with An Integral Wearing Surface	人员、设备或车辆占用的建筑物区域内防水台板的设计和技术要求	设计条件、现场混凝土浇筑要求及排水要求	ASTM：D1752、D2628 ACI：301
401	ASTM C1129- 12	裸露的阀门和法兰添加热绝缘材料评定热节能的规程 Standard Practice for Estimation of Heat Savings by Adding Thermal Insulation to Bare Valves and Flanges	适用于对裸露的阀门和法兰添加热绝缘材料的热量计算	操作简述及热量计算	ASTM：C168、C450、C680、C1094
402	ASTM C1130- 12	微型热流量传感器校准规程 Standard Practice for Calibrating Thin Heat Flux Transducers	适用于以两种方式检测热敏性的操作规程	试件准备和试验程序	ASTM：C168、C177、C236、C335、C518、C976、C1041、C1044、C1046、C1114、C1132
403	ASTM C1131- 10	混凝土涵洞、雨水沟和下水道系统的最低成本分析（使用周期）的规范 Standard Practice for Least Cost（Life Cycle）Analysis of Concrete Culvert，Storm Sewer，and Sanitary Sewer Systems	适用于混凝土涵洞，雨水沟和下水道系统的材料、系统或结构的成本分析	程序和成本计算	ASTM：E833

续表

序号	标准号	标准名称	针对性	主要内容	相关参考文献
404	ASTM C1134- 12	部分浸入后刚性隔热材料保水性试验方法 Standard Test Method for Water Retention of Rigid Thermal Insulations Following Partial Immersion	适用于块状和板状刚性热绝缘材料的表面含水量检测	试验仪器和试验方法及计算	ASTM：C168、E691
405	ASTM C1135- 11	测定结构密封胶的拉伸黏结性能的试验方法 Standard Test Method for Determining Tensile Adhesion Properties of Structural Sealants	适用于室内测定结构密封胶的拉伸黏结性能定向方法	试验仪器、材料及试验程序、计算	ASTM：C717 ISO：8339、8340
406	ASTM C1136- 12	隔热采用的柔性低渗透蒸汽缓凝剂规范 Standard Specification for Flexible, Low Permeance Vapor Retarders for Thermal Insulation	适用于隔热材料渗透性和阻燃性试验	分类、材料及加工性能要求、试验方法	ASTM：C168、C755、C1258、C1263、C1338、D828、D1204、E84、E96M
407	ASTM C1138M- 12	混凝土耐磨性试验方法（水下法） Standard Test Method for Abrasion Resistance of Concrete（Underwater Method）	适用于水下检测混凝土的抗冲耐磨性	试验仪器、样品制作及试验方法	ASTM：C42、C418、C642、C670、C779、C944
408	ASTM C1140- 11	喷混凝土面板准备和取样测试规程 Standard Practice for Preparing and Testing Specimens From Shotcrete Test Panels	适用于通过锯芯或钻芯制备喷混凝土试样	试验样板及操作程序、样品养护要求及计算	ASTM：C42、C78、C138、C143、C171C231C457、C511C513、C642、C995
409	ASTM C1141M- 08	喷混凝土外加剂规范 Standard Specification for Admixtures for Shotcrete	适用于喷混凝土中掺外加剂的性能要求	外加剂的分类型、喷混凝土用外加剂的要求及样品检查	ASTM：C231、C260C311、C494、C618、C979、C989
410	ASTM C1142- 13	延期使用的砂浆构件规范 Standard Specification for Extended Life Mortar for Unit Masonry	适用于对无筋或有筋结构中的砂浆工作性要求	砂浆的成分、砂浆性能要求及试验	ASTM：C9、C150、C270、C780、C1072、E447、E518
411	ASTM C1146- 09（2013）	高于环境温度条件下工作的管道和设所用的预制板隔热系统的导则 Standard Guide for Prefabricated Panel Insulation Systems for Ducts and Equipment Operating at Temperatures Above Ambient Air	适用于容器、管道和设备预制板隔热系统的设计、制作、运输、交付、现场存放与安装	设计说明书及安装程序	ASTM：A36M、A463M、B209、C167、C168、C177、C612、C1061

续表

序号	标准号	标准名称	针对性	主要内容	相关参考文献
412	ASTM C1147-12	抗化学腐蚀热塑性塑料短期张拉焊接强度规程 Standard Practice for Determining the Short Term Tensile Weld Strength of Chemical-Resistant Thermoplastics	适用于热塑焊接材料的准备及试验张拉强度的评定	试件准备及焊接、试验仪器及试验程序	ASTM：C904、D4285
413	ASTM C1148-92（2014）	圬工砂浆干缩测定试验方法 Standard Test Method for Measuring the Drying Shrinkage of Masonry Mortar	针对非饱和状态下砌筑砂浆干缩检测的试验方法	试验所需仪器及环境要求、试验程序、数据计算	ASTM：C109、C157M、C270、C305、C490、C511、C778
414	ASTM C1149-11	自支撑喷涂纤维素隔绝材料的规范 Standard Specification for Self-Supported Spray Applied Cellulosic Thermal Insulation	喷涂隔热和隔音材料的物理性能要求	吸音材料、纤维素、隔热、植物纤维	ASTM：C168、C518、C739、C976、E605、E736、E759、E859
415	ASTM C1152M-04（2012）	砂浆和混凝土中酸溶性氯化物试验方法 Standard Test Method for Acid-Soluble Chloride in Mortar and Concrete	适用于在试验条件下检测水泥砂浆或混凝土中氯离子的含量	所需仪器、样品准备及试验程序	ASTM：C42M、C114、C670、C702、C823、C1084、D1193、E11
416	ASTM C1153-10（2015）	红外线成像法测定屋顶防潮位置规程 Standard Practice for Location of Wet Insulation in Roofing Systems Using Infrared Imaging	适用于以红外线成像在夜间测定屋顶的防水部位	红外测量技术、工器具要求及环境要求	ASTM：C168、D1079、E1149、E1213 ISO/DP6781
417	ASTM C1155-95（2013）	现场数据确定建筑物外墙保温性能规程 Standard Practice for Determining Thermal Resistance of Building Envelope Components From The In-Situ Data	介绍如何利用现场获得的温度和热通量来计算建筑外墙的隔热性	操作程序和计算	ASTM：C168、C1046、C1060、C1130、C1153
418	ASTM C1157M-11	水硬性水泥标准性能规范 Standard Performance Specification for Hydraulic Cement	给出水泥的一般和特殊要求及性能指标要求	水泥分类及使用、水泥性能	ASTM：C114、C150、C183、C186、C188、C191、C204、C219、C226、C227、C311、C430、C441、C451
419	ASTM C1159-12	耐化学腐蚀、刚性含硫混凝土用含硫高聚物水泥和硫磺改良剂规范 Standard Specification for Sulfur Polymer Cement and Sulfur Modifier for Use in Chemical-Resistant，Rigid Sulfur Concrete	适用于快速凝结高强度的抗硫酸盐混凝土的抗硫酸盐水泥及修补砂浆提出要求	分类型号及组分、水泥和砂浆物理性能、采购	ASTM：C267、C904、D70

续表

序号	标准号	标准名称	针对性	主要内容	相关参考文献
420	ASTM C1160-12	抗化学腐蚀碳砖规范 Standard Specification for Chemical-Resistant Carbon Brick	适用于为冶金与石化煅烧温度 1010℃以上机械生产的碳砖	碳砖需要满足规范的物理化学性能	ASTM：C67、C561、C904、C1106
421	ASTM C1161-13	室温下高级陶瓷抗弯强度试验方法 Standard Test Method for Flexural Strength of Advanced Ceramics at Ambient Temperature	适用于检测高级陶瓷在环境温度下的抗弯强度	抗弯试验、需要的仪器、试件制作及试验程序及计算	ASTM：E4、C1239、C1322、C1368、E4 MIL：STD-1942
422	ASTM C1164-14	单一来源的石灰岩和石灰均匀性评估规程 Standard Practice for Evaluation of Limestone or Lime Uniformity From a Single Source	适用于评定工厂制作的单一料源石灰的均匀性	取样、试验程序和评定	ASTM：C25、C50、C51、C110、C141、C1271、C1301
423	ASTM C1166-11	密实及泡沫橡胶垫片及附件火焰蔓延试验方法 Standard Test Method for Flame Propagation of Dense and Cellular Elastomeric Gaskets and Accessories	适用于试验室内检测橡胶垫片的试验程序	试验方法概述、试件制用、试验程序	ASTM：C717、C864、D3182
424	ASTM C1167-11	黏土屋顶瓦规范 Standard Specification for Clay Roof Tiles	黏土屋面瓦的耐久性及外观的要求	材料、抛光及性能	ASTM：C43、C297、C554
425	ASTM C1170M-14	振动台测定碾压混凝土稠度和密度的试验方法 Standard Test Methods for Determining Consistency and Density of Roller-Compacted Concrete Using a Vibrating Table	通过 Vebe 台检测碾压混凝土的稠度与密度，适用于在试验室和现场制备的最大骨料粒径 50mm 的新拌混凝土	骨料、混凝土、稠度、密度、新鲜混凝土、试验室装备、性能特征、RCC、振动台	ASTM：C29M、C125、C172、C670、C1067、D1557、E11
426	ASTM C1173-10	地下管道系统柔性转换接头规范 Standard Specification for Flexible Transition Couplings for Underground Piping Systems	描述转换连接件或附件的性能	材料、加工要求、取样、试验方法	ASTM：C717、D412、D471、D518、D543、D573、D1149、D2240
427	ASTM C1175-10	高级陶瓷非破坏性试验方法导则 Standard Guide to Test Methods and Standards for Nondestructive Testing of Advanced Ceramics	通过放射线、超声波、液体渗透及声波检测来测定陶瓷性能	仪器、检测程序	ASTM：E94、E114、E165、E317、E494、E999、E1065、E1208、E1220、E1781

续表

序号	标准号	标准名称	针对性	主要内容	相关参考文献
428	ASTM C1176M- 13	在振动台利用圆模制作碾压混凝土的规程 Standard Practice for Making Roller-Compacted Concrete in Cylinder Molds Using a Vibrating Table	针对小于2in骨料的操作程序	仪器、试验程序	ASTM：C31M、C39M、C172、C192M、C470M、C496M、C1170M、E11
429	ASTM C1177M- 13	用于遮蔽的石膏基质玻璃垫规范 Standard Specification for Glass Mat Gypsum Substrate for Use As Sheathing	对外部基础用的防腐蚀保护石膏基质垫的性能要求	产品物理性能、取样及检查	ASTM：C11、C473、C645、C1264、E119
430	ASTM C1178M- 13	玻璃纤维防水石膏衬板规范 Standard Specification for Glass Mat Water-Resistant Gypsum Backing Panel	用于天花板和浴室墙体或淋浴等部位水泥或塑料瓦基材的一玻璃纤维防水石膏衬板	天花板、瓷砖、施工、玻璃纤维防水石膏	ASTM：C11、C473、C645、C1264、E119
431	ASTM C1183- 13	密封橡胶挤压速率试验方法 Standard Test Method for Extrusion Rate of Elastomeric Sealants	适用于以两种试验方法检测密封橡胶挤压速率	密封圈分类和试验条件及操作程序	ASTM：C717、D1475、D2452
432	ASTM C1184- 13	建筑密封硅胶规范 Standard Specification for Structural Silicone Sealants	针对液态、单一或复合成分的密封硅胶的性能要求	密封胶的分类	ASTM：C603、C639、C661、C679、C717、C792、C794、C961、C1087、C1135
433	ASTM C1185- 12	非石棉纤维水泥平面板、屋顶和护墙板取样及试验方法 Standard Test Methods for Sampling and Testing Non-Asbestos Fiber-Cement Flat Sheet, Roofing and Siding Shingles, and Clapboards	适用于非石棉纤维水泥平面板、屋顶和护墙板的取样及试验	取样、检查及试验项目	ASTM：C70、C1154、C1365 ISO：390
434	ASTM C1186- 12	非石棉纤维水泥平板规范 Standard Specification for Flat Non-Asbestos Fiber-Cement Sheets	适用于作外墙使用的非石棉纤维水泥平板制定的规范	面板分类及物理机械性能	ASTM：C220、C442M、C1154、C1177M、C1178M、C1185
435	ASTM C1193- 13	接缝密封胶使用导则 Standard Guide for Use of Joint Sealants	指导液态密封胶用于连接密封	常规的考虑事项	ASTM：C792、C794、C834、C919、C920、C1083、C1087、C1135、C1247
436	ASTM C1194- 11	建筑铸石抗压强度试验方法 Standard Test Method for Compressive Strength of Architectural Cast Stone	适用于石块取样，试件制备及抗压强度检测	设备、试件准备及试验程序	ASTM：C42、C109、C617

续表

序号	标准号	标准名称	针对性	主要内容	相关参考文献
437	ASTM C1195-11	建筑铸石吸水率试验方法 Standard Test Method for Absorption of Architectural Cast Stone	适用于建筑用人造石取样，试件制备及检测	试件制作及试验程序	ASTM：C642
438	ASTM C1196-14	用千斤顶现场测定砌块抗压强度的方法 Standard Test Method for in Situ Compressive Stress Within Solid Unit Masonry Estimated Using Flatjack Measurements	用千斤顶现场测定砌块平均抗压强度	试验方法及试验程序	ASTM：C1180、C1232、E74
439	ASTM C1197-14	用千斤顶现场测定砌石变形性的方法 Standard Test Method for in Situ Measurement of Masonry Deformability Properties Using The Flatjack Method	用于现场测定砌筑砂浆的变形	试验方法及试验程序	ASTM：C1180、C1232、E74
440	ASTM C1199-14	热箱法测试主窗系统的稳态热传导 Standard Test Method for Measuring the Steady-State Thermal Transmittance of Fenestration Systems Using Hot Box Methods	热箱法测试主窗系统热传导试验的要求、导则及试验程序校定	校准、门窗、主窗设计、热传导、试件、热分析、热的动态特征、导热性、热传导性	ASTM：C168、C177、C236、C518、C976、C1045、C1363、E283、E783、E1123 ISO：12567
441	ASTM C1201M-15	静态气压差法测定外墙块石性能试验方法 Standard Test Method for Structural Performance of Exterior Dimension Stone Cladding Systems by Uniform Static Air Pressure Difference	适用于利用试验箱正负静态气压差检测外墙块石性能	试验仪器和试验程序	ANSI：A58.1 AAMA：TIR-A2
442	ASTM C1202-12	混凝土抗氯离子渗透能力电指示试验方法 Standard Test Method for Electrical Indication of Concrete's Ability to Resist Chloride Ion Penetration	适用于以混凝土导电性能显示氯离子快速渗透迹象	仪器、试剂、材料、试验电池及试验程序	ASTM：C31、C42、C192、C670、C259
443	ASTM C1208M-11	小型隧洞和埋管中陶土管和接头规范 Standard Specification for Vitrified Clay Pipe and Joints for Use in Microtunneling, Sliplining, Pipe Bursting, and Tunnels	适用于隧洞、引水管及排污陶土管的加工、质量保证、检查、安装、现场试验及产品	管材、加工、连接件的材料与加工	ASTM：C828、C896、C1091、D395、D412、D471、D518、D543、D573、D1149、D2240

续表

序号	标准号	标准名称	针对性	主要内容	相关参考文献
444	ASTM C1214-13	负压（真空）法测定混凝土排污管线 Standard Test Method for Concrete Pipe Sewerlines by Negative Air Pressure（Vacuum）Test Method	适用于以负压法测排污管的安装及材料的完整性	混凝土管、半径、尺寸、负压试验、性能试验、管接头、管道与配件、排污管线	ASTM：C822、C924、C969
445	ASTM C1216-13	单组分溶剂脱落型密封胶附着力试验方法 Standard Test Method for Adhesion and Cohesion of One-Part Elastomeric Solvent Release Sealants	在高低温作用下，检测单组分溶剂脱落型密封胶附着力	试验仪器和试验程序	ASTM：C33、C10、C150、C717
446	ASTM C1218M-15	砂浆和混凝土水溶性氯化物试验方法 Standard Test Method for Water-Soluble Chloride in Mortar and Concrete	检测砂浆或混凝土中的水溶性氯离子含量的取样和分析程序	氯离子含量、混凝土、水硬性水泥、无机物含量、砂浆、取样	ASTM：C42M、C114、C670、C823、C1084、D1193、E11、E832
447	ASTM C1222-13	试验室水硬性水泥试验评定规程 Standard Practice for Evaluation of Laboratories Testing Hydraulic Cement	适用于评定试验室内化学或物理试验能力	验收标准与试验、鉴定与认证、化学分析、试验室鉴定、试验室设备、性能评定、试验人员	ASTM：C91、C109M、C114、C115、C125、C150、C151、C185、C187、C191、C204
448	ASTM C1224-11	建筑物反射绝热材料规范 Standard Specification for Reflective Insulation for Building Applications	建筑物用反射隔热体的一般要求和物理性能	材料与加工、物理性能及试验方法	ASTM：C168、C177、C390、C518、C727、C1258、C1338、C1363、C1371、E84、E96
449	ASTM C1225-12	非石棉纤维水泥屋顶盖板和石板规范 Standard Specification for Non-Asbestos Fiber-Cement Roofing Shingles，Shakes，and Slates	适用于规范这些材料的均匀厚度及纹理结构是，以及材料的附件	材料加工与成分、机械和物理性能	ASTM：C222、C1154、C1185、C1459、C1530、D1554、E108
450	ASTM C1227-12	预制混凝土化粪池规范 Standard Specification for Precast Concrete Septic Tanks	预制化粪池的设计要求、加工手册和性能要求	材料及加工、结构设计要求及物理设计要求	ASTM：A82、A184M、A185、A496、A497M、A615M、A616M、A617M、C33、C39、C94、C125、C150、C231、C260、C330、C494、C595、C618
451	ASTM C1228-96（2015）	玻璃纤维混凝土抗弯和抗冲蚀试验试件制备规程 Standard Practice for Preparing Coupons for Flexural and Washout Tests on Glass Fiber Reinforced Concrete	玻璃纤维混凝土试验准备工作要求	试验仪器制样与试验程序	ASTM：C947、C1229

续表

序号	标准号	标准名称	针对性	主要内容	相关参考文献
452	ASTM C1229-94（2015）	测定玻璃纤维混凝土中纤维含量的试验方法 Standard Test Method for Determination of Glass Fiber Content in Glass Fiber Reinforced Concrete（GFRC）（Wash-Out Test）	用于测定未养护玻璃纤维混凝土试样板中的纤维含量	化学成分、纤维含量、玻璃纤维加筋混凝土、性能试验、质量控制、冲洗试验	ASTM：C1228
453	ASTM C1230-96（2015）	玻璃纤维混凝土黏结垫拉伸试验方法 Standard Test Method for Performing Tension Tests on Glass-Fiber Reinforced Concrete（GFRC）Bonding Pads	钢锚杆用玻璃纤维混凝土黏结垫的拉伸试验	锚杆、建筑装饰板、黏结垫、玻璃纤维加筋混凝土、结构板、拉伸荷载、拉伸强度、拉伸试验	ASTM：D76、E4
454	ASTM C1231M-14	测定不封盖的硬化混凝土圆柱体抗压强度的规程 Standard Practice for Use of Unbonded Caps in Determination of Compressive Strength of Hardened Concrete Cylinders	测试圆柱体试件的要求	验收试验、氯丁橡胶板、抗压强度、硬化混凝土、聚氯丁橡胶板、试件	ASTM：C31M、C39、C192M、C617、D2000、D2240
455	ASTM C1232-12	砌石标准术语 Standard Terminology of Masonry	适用于圬工砌石专业术语及定义	词语解释	ASTM：C43、C1180、C1209
456	ASTM C1240-12	水硬性水泥混凝土、砂浆和灌浆中矿物外加剂中应用硅粉的规范 Standard Specification for Use of Silica Fume As a Mineral Admixture in Hydraulic-Cement Concrete，Mortar，and Grout	硅粉在混凝土及其他系统中的应用	硅粉的化学成分和物理性能要求以及试验方法	ASTM：C109M、C114、C125、C157、C183、C185、C219、C311、C430、C441、C670、C1005、C1012、C1069
457	ASTM C1241-14	养护过程中密封乳胶体积收缩试验方法 Standard Test Method for Volume Shrinkage of Latex Sealants During Cure	适用于密封乳胶在养护期间体积收缩的室内检测程序	试验仪器和试验程序	ASTM：C717、D1475 ISO：10563
458	ASTM C1242-12	块石锚固系统选型、设计和安装导则 Standard Guide for Selection，Design，and Installation of Dimension Stone Anchoring Systems	指导块石加固，选择锚固系统以减轻块石自重荷载的建议	石材类型及安装标准	ASTM：C97、C99、C119、C170、C406、C503、C568、C615、C616、C629、C880、C1201、C1353、C1354、C1526、C1527

续表

序号	标准号	标准名称	针对性	主要内容	相关参考文献
459	ASTM C1244-11	回填前负压（真空）法测试混凝土下水道检修孔的试验方法 Standard Test Method for Concrete Sewer Manholes by The Negative Air Pressure（Vacuum）Test Prior to Backfill	适用于通过真空法验证下水道检修孔安装的完整性	检修孔的准备及试验程序	ASTM：C822、C924、C969、C1244M
460	ASTM C1245-12	测定碾压混凝土和其他胶凝材混合物（点载荷试验）间黏结强度的试验方法 Standard Test Method for Determining Bond Strength Between Hardened Roller Compacted Concrete and Other Hardened Cementitious Mixtures（Point Load Test）	适用于检测碾压混凝土层与层之间的黏结强度	仪器和试验程序	ASTM：C39、C42、C192、C670、C1042、E18
461	ASTM C1246-12	硬化后弹性密封胶热老化对重量损失、裂纹和粉化影响的试验方法 Standard Test Method for Effects of Heat Aging on Weight Loss，Cracking，and Chalking of Elastomeric Sealants After Cure	适用于建筑工程上的弹性密封胶热老化对重量损失、开裂和粉化的试验室检测程序	试验仪器和试验方法概述	ASTM：C717、E691
462	ASTM C1247-14	连续浸泡测试密封材料耐久性的试验方法 Standard Test Method for Durability of Sealants Exposed to Continuous Immersion in Liquids	适用于测定液体对密封圈和基座的影响	概述试验方法、试件制作及试验程序	ASTM：C33、C109、C717、C719、D1191
463	ASTM C1248-12	多孔基质接缝密封材料着色试验方法 Standard Test Method for Staining of Porous Substrate by Joint Sealants	适用于通过试验室内快速试验检测密封胶对多孔性基材的渗透	概述试验方法、试验设备、试件制作及试验程序	ASTM：C717、G151、G154
464	ASTM C1249-06（2010）	建筑密封玻璃使用密封剂二次密封导则 Standard Guide for Secondary Seal for Sealed Insulating Glass Units for Structural Sealant Glazing Applications	适用于按常规对密封玻璃进行边缘密封的设计与制作	建筑密封及密封剂、耐久性、隔热玻璃、玻璃安装、质量保证、结构密封剂	ASTM：C639、C679、C717、C794、C1087、C1135、C1184、E631、E773、E774、E2188

续表

序号	标准号	标准名称	针对性	主要内容	相关参考文献
465	ASTM C1253-14	密封衬垫潜在除气测定试验方法 Standard Test Method for Determining the Outgassing Potential of Sealant Backing	适用检测于密封修补后的密封衬垫	试验方法概述及试验程序	ASTM：C717、C1193
466	ASTM C1256-93（2013）	玻璃破裂面表述规程 Standard Practice for Interpreting Glass Fracture Surface Features	适用于自然状态和破坏状态下的玻璃表面	破碎表面标识	ASTM：C162
467	ASTM C1257-12	溶剂脱释放型密封胶加速老化试验方法 Standard Test Method for Accelerated Weathering of Solvent-Release-Type Sealants	适用于在光热湿作用下溶剂型密封胶加速老化的试验	试验仪器和试验方法步骤	ASTM：C717、G151、G154
468	ASTM C1258-08（2013）	保温蒸汽缓凝剂耐高温湿热性试验方法 Standard Test Method for Elevated Temperature and Humidity Resistance of Vapor Retarders for Insulation	检测隔热用的弹性低渗透蒸气阻凝剂的寿命	试验仪器、试件加工及寿命检测程序	ASTM：C168、C1136、E96M
469	ASTM C1260-14	骨料潜在碱反应（砂浆棒法）试验方法 Standard Test Method for Potential Alkali Reactivity of Aggregates（Mortar-Bar Method）	用砂浆棒法检测骨料潜在的碱骨料反应	试验仪器、试件制作及试验准备、试验操作	ASTM：C109M、C150M、C151M、C295M、C305、C490M、C511、C670、C856、D1193、E11
470	ASTM C1261-10	住宅壁炉砖规范 Standard Specification for Firebox Brick for Residential Fireplaces	适用于作为住宅壁炉衬砖的要求	砖用材料、加工及抛光要求、砖的物理性能要求	ASTM：C24、C43、C67
471	ASTM C1262-10	混凝土及砂浆构件冻融耐久性评估试验方法 Standard Test Method for Evaluating the Freeze-Thaw Durability of Manufactured Concrete Masonry Units and Related Concrete Units	适用于混凝土或砂浆的抗冻检测	试验仪器、试验程序及计算	ASTM：C140、C1093、C1209
472	ASTM C1263-10	弹性水蒸汽缓凝剂热完整性试验方法 Standard Test Method for Thermal integrity of Flexible Water Vapor Retarders	适用于以可视检测弹性蒸汽缓凝剂的热完整性	试验仪器和试验程序	ASTM：C168、C1136

续表

序号	标准号	标准名称	针对性	主要内容	相关参考文献
473	ASTM C1264-11	石膏板抽样、检验、剔除、认证、包装、标志、运输、处理和保管规范 Standard Specification for Sampling, Inspection, Rejection, Certification, Packaging, Marking, Shipping, Handling, and Storage of Gypsum Board	适用于石膏板的抽样、检验、运输、处理和保管	石棉板采购协议要求	
474	ASTM C1265-11	使用密封剂的建筑隔热玻璃边缘密封胶张拉特性试验方法 Standard Test Method for Determining the Tensile Properties of An Insulating Glass Edge Seal for Structural Glazing Applications	试验室内检测建筑隔热玻璃密封胶的张拉强度、硬度、黏结性	试验方法概述、仪器及必要的材料、试验操作步骤	ASTM：C717
475	ASTM C1266-11	预成型带状密封胶流动特性试验方法 Standard Test Method for Flow Characteristics of Preformed Tape Sealants	适用于带状密封胶的流动特性的室内检测	试验仪器和试验程序	ASTM：C717
476	ASTM C1269-12	厂内巡检式金属探测器灵敏度设置调整规程 Standard Practice for Adjusting the Operational Sensitivity Setting of In-Plant Walk-Through Metal Detectors	适用于试验操作前的厂内设备调整	调整程序	ASTM：C1238、C1270、C1309、F1468
477	ASTM C1270-12	厂内巡检式金属探测器灵敏度规程 Standard Practice for Detection Sensitivity Mapping of In-Plant Walk-Through Metal Detectors	适用于通过金属试验块和检测细孔获得细小的探测路线的试验检测	仪器和准备工作及操作程序	ASTM：C1238、C1269、C1309、F1468
478	ASTM C1271-12	石灰和石灰石 X 射线光谱分析的试验方法 Standard Test Method for X-Ray Spectrometric Analysis of Lime and Limestone	适用于利用波长散射仪对石灰类进行 X 光谱分析	试验方法概述、试验仪器和对比材料与检测材料准备	ASTM：C25、C50、C51、E50、E135、E305、E456、E691、E1060、E1361
479	ASTM C1272-11	重型车辆通过的路面砖规范 Standard Specification for Heavy Vehicular Paving Brick	适用于重型车辆经过的道路用砖的规范要求	重型车辆地砖的分类及物理性能和外观检查	ASTM：C43、C67、C88、C410、C418、C902

续表

序号	标准号	标准名称	针对性	主要内容	相关参考文献
480	ASTM C1277-12	防护接头连接无毂铸铁污水管及配件规范 Standard Specification for Shieded Couplings Joining Hubless Cast Iron Soil Pipe and Fittings	适用于评定污水管配件性能要求	弹性垫圈要求、连接扣件要求及试验	ASTM：A48、A888、C564、C717
481	ASTM C1278M-11	纤维石膏板规范 Standard Specification for Fiber-Reinforced Gypsum Panel	适用于 4 种纤维石膏板	描述 4 种石膏板材要求	ASTM：C11、C22、C473、C645、C1264、E84、E96、E119
482	ASTM C1279-13	非破坏性光弹测量退火、热处理和高温平板玻璃边界和表面应力的方法 Standard Test Method for Non-Destructive Photoelastic Measurement of Edge and Surface Stresses in Annealed, Heat-Strengthened, and Fully Tempered Flat Glass	利用发射光源无损性检测玻璃边界和表面应力	试验操作原理	ASTM：C162、C770、C1048、E691、F218
483	ASTM C1280-13	石膏盖板应用规范 Standard Specification for Application of Gypsum Sheathing	针对用于墙体外层的石膏板提出最小要求及应用方法	安装要求、材料及加工要求和操作程序	ASTM：C11、C79M、C954、C955、C1002、C1007、C1063
484	ASTM C1281-09	玻璃装配用密封胶带规范 Standard Specification for Preformed Tape Sealants for Glazing Applications	适用于带状预成型密封胶在玻璃应用上的要求	密封胶带的技术要求、包装	ASTM：C717、C765、C771、C772、C879、C908、C972、C1016、C1266
485	ASTM C1283-11	黏土烟道衬里安装规程 Standard Practice for Installing Clay Flue Lining	混凝土或砂浆制作的住宅烟窗黏土里衬的安装要求	安装要求、施工程序	ASTM：C24、C27、C55、C90、C99、C129、C170、C199、C216、C270、C315、C652、C896
486	ASTM C1288-10	非石棉纤维水泥内基板件规范 Standard Specification for Discrete Non-Asbestos Fiber-Cement Interior Substrate Sheets	适用于适合于装修的非石棉纤维水泥基加工	分类、机械物理性能、尺寸及变化范围	ASTM：C220、C442、C630、C1154、C1178、C1185、C1186、C1325、D1037、D1554、E84、G21
487	ASTM C1289-13	抛光多孔硬聚异氰保温板规范 Standard Specification for Faced Rigid Cellular Polyisocyanurate Thermal Insulation Board	对抛光多孔硬聚异氰保温板的一般要求	产品分类及物理性能	ASTM：C168、C177、C203、C208、C209、C303、C390、C518、C550、C728、C1045、C1058、C1114、C1177、C1303、C1363

续表

序号	标准号	标准名称	针对性	主要内容	相关参考文献
488	ASTM C1290-11	暖通管道外保温玻璃纤维保温毡规范 Standard Specification for Flexible Fibrous Glass Blanket Insulation Used to Externally Insulate HVAC Ducts	适用于暖通管道在温度变化范围从室温到121℃下规范下，外保温玻璃纤维保温毡的组分、尺寸、物理性能要求	分类、物理性能、试验方法	ASTM：C390、C411、C518、C665、C1104M、C1136、C1045、E84、E96
489	ASTM C1291-10	高级陶瓷高温张拉蠕变应变、蠕变应变率和蠕变时间—失效时间的试验方法 Standard Test Method for Elevated Temperature Tensile Creep Strain, Creep Strain Rate, and Creep Time-To-Failure for Advanced Monolithic Ceramics	适用于随着温度升高，高级陶瓷高温张拉蠕变应变、蠕变应变率和蠕变时间—失效关系的检测	试验仪器和试验程序、计算	ASTM：E6、E83、E139、E177、E220、E230、E639、E691、E1012
490	ASTM C1292-10	室温下长纤维高级陶瓷剪切强度的试验方法 Standard Test Method for Shear Strength of Continuous Fiber-Reinforced Advanced Ceramics at Ambient Temperatures	适用于室温条件下检测长纤维高级陶瓷的剪切强度	所需仪器、试件制作、试验程序及结果计算	ASTM：C1145、D695、D3846、D3878、D5379M、E4、E6、E122、E177、E337、E69
491	ASTM C1294-11	隔热玻璃边缘密封胶与液体釉面材料兼容性试验方法 Standard Test Method for Compatibility of Insulating Glass Edge Sealants with Liquid-Applied Glazing Materials	室内方法定量检测玻璃密封胶的兼容性	试验方法概述及试验程序	ASTM：C717
492	ASTM C1298-13	工业烟囱衬砖的设计和施工导则 Standard Guide for Design and Construction of Brick Liners for Industrial Chimneys	适用于衬砌砖的设计、施工	砖用材料、结构要求、衬砖设计、适用性、其他考虑事项	ASTM：C395、C466、C980、E447、E111 ACI：307 ASCE：7
493	ASTM C1300-12	干涉仪法测定玻璃熔块和白陶瓷材料线性热膨胀的试验方法 Standard Test Method for Linear Thermal Expansion of Glaze Frits and Ceramic Whiteware Materials by the Interferometric Method	在1000℃下用干涉仪法检测预熔化的玻璃和卫生陶瓷的线性膨胀	试件制作、试验器具、试验程序及结果计算	ASTM：E289

续表

序号	标准号	标准名称	针对性	主要内容	相关参考文献
494	ASTM C1301-95（2014）	电感耦合等离子体原子发射光谱法和原子吸收法测定测定石灰石和石灰中主要元素和微量元素的试验方法 Standard Test Method for Major and Trace Elements in Limestone and Lime by Inductively Coupled Plasma-Atomic Emission Spectroscopy（ICP）and Atomic Absorption（AA）	用电感耦合等离子体一原子发射光谱分析石灰石或石灰中的元素	试验方法概述	ASTM：D1193、E863、E1479
495	ASTM C1303-12	受控实验室条件下用切剥片法估算无面刚性闭孔塑料泡沫的热阻抗长期变化的试验方法 Standard Test Method for Estimating the Long-Term Change in the Thermal Resistance of Unfaced Rigid Closed Cell Plastic Foams by Slicing and Scaling Under Controlled Laboratory Conditions	适用于通过减少材料厚度，加速检测未抛光硬塑料闭孔泡沫热电阻变化	仪器、取样及试验程序	ASTM：C168、C177、C236、C518、C578、C591、C976、C984、C1013、C1029、C1045、C1114、C1126、D2856、E122
496	ASTM C1304-08（2013）	隔热材料散味评估试验方法 Standard Test Method for Assessing the Odor Emission of Thermal Insulation Materials	适用于主观评定隔热材料散放的气味	试样准备及试验程序	ASTM：C168
497	ASTM C1305-08	液用防水薄膜遮蔽裂缝能力试验方法 Standard Test Method for Crack Bridging Ability of Liquid-Applied Waterproofing Membrane	液用防水膜遮蔽裂缝能力的试验室检测程序	试验仪器与材料	ASTM：C33、C150、C717、C1375
498	ASTM C1306-08	液用防水薄膜耐静压试验方法 Standard Test Method for Hydrostatic Pressure Resistance of a Liquid-Applied Waterproofing Membrane	适用于试验室内检测液用防水膜的耐压性	试验仪器、材料、基础准备工作、试验程序计算及报告	ASTM：C717、C1375
499	ASTM C1311-10	溶剂释放型密封材料规范 Standard Specification for Solvent Release Sealants	适用于用于建筑上的单组分溶剂释放型密封胶的性能描述	密封胶的物理性能及一般要求	ASTM：C661、C712、C717、C1257、D2202、D2203T、D2377、D2452

续表

序号	标准号	标准名称	针对性	主要内容	相关参考文献
500	ASTM C1312- 12	试验室制作耐化学腐蚀的硫磺聚合物水泥混凝土试样规程 Standard Practice for Making and Conditioning Chemical-Resistant Sulfur Polymer Cement Concrete Test Specimens in the Laboratory	试验室内制作耐硫酸盐水泥混凝土的操作程序	所需仪器及操作程序	ASTM：C470、C904
501	ASTM C1313- 13	建筑用防辐射挡板规范 Standard Specification for Sheet Radiant Barriers for Building Construction Applications	建筑用防辐射挡板的一般性能要求	防辐射挡板物理性能	ASTM：C168、C390、C1158、C1338、C1371、D2261、D3310、E84、E96
502	ASTM C1314- 12	砌体棱柱抗压强度试验方法 Standard Test Method for Compressive Strength of Masonry Prisms	适用于棱柱体砌块的抗压强度的检测程序	棱柱体砌块结构及试验结果计算	ASTM：C67、C136、C140、C143、C144、C270、C476、C780、C1019、C1093、C1552、E105、E111
503	ASTM C1315- 11	养护和密封混凝土用有特殊性能的液体成膜化合物规范 Standard Specification for Liquid Membrane-Forming Compounds Having Special Properties for Curing and Sealing Concrete	对新拌混凝土有养护封尘作用或对硬化混凝土有封尘作用的专用液膜特殊要求	液态专用膜的分类及特殊性能、防碱、防酸、有利于提升质量、防紫外线	ASTM：C156、D56、D869、D1308、D1309、D1544、D1734、D2369、D2371、D3723、D4541、E1347、G53 ANSI：A136.1
504	ASTM C1318- 15	烟道气体脱硫用石灰中的可溶解钙、氧化镁总中合能力的标准测定方法 Standard Test Method for Determination of Total Neutralizing Capability and Dissolved Calcium and Magnesium Oxide in Lime for Flue Gas Desulfurization（FGD）	分析镁石灰和高钙石灰的总中合能力和溶解氧	试验程序和结果处理	ASTM：C25、C50、C51
505	ASTM C1319- 11	混凝土格栅铺筑规范 Standard Specification for Concrete Grid Paving Units	适用于道路、公园、护土的混凝土格栅	混凝土格栅物理性能	ASTM：C33、C140、C150、C331、C595、C618、C989、C1157、C1209、C1232
506	ASTM C1320- 10	轻型框架建筑物矿物纤维隔热毡安装规程 Standard Practice for Installation of Mineral Fiber Batt and Blanket Thermal Insulation for Light Frame Construction	用于房屋或轻型框架建筑物的顶板、顶楼、地板或新旧墙体的矿物纤维保温板的规范其安装程序	安装前检测和准备工作及安装程序	ASTM：C168、C665、C755、D3833、E84

续表

序号	标准号	标准名称	针对性	主要内容	相关参考文献
507	ASTM C1321-14	建筑物内控制辐射涂层系统安装和使用规范 Standard Practice for Installation and Use of Interior Radiation Control Coating Systems（IRCCS）in Building Construction	适用于辐射控制层的设计、施工	安装指导方针	ASTM：C168T、C1371、E84T、E96
508	ASTM C1322-10	高级陶瓷断裂源断口显微镜观察和特征规程 Standard Practice for Fractography and Characterization of Fracture Origins in Advanced Ceramics	适用于对陶瓷断裂口分析有效且统一的方法	检测仪器及详细程序及描述	ASTM：C162、C242、C1036、C1145、C1161、C1211、C1239、C1256、F109
509	ASTM C1323-10	室温下高级陶瓷压缩 C 环试样极限强度试验方法 Standard Test Method for Ultimate Strength of Advanced Ceramics with Diametrally Compressed C-Ring Specimens at Ambient Temperature	适用于在常温下，通过管状单一荷载，测试陶瓷的最终强度	试验仪器与操作程序	ASTM：C1145、C1161、C1239、E4、E6、E337
510	ASTM C1324-10	硬化砌筑砂浆评估和分析试验方法 Standard Test Method for Examination and Analysis of Hardened Masonry Mortar	适用于以岩相检查及化学分析检测测砌筑砂浆	岩相检查、化学分析及砂浆成分计算	ASTM：C125、C144、C270、C294、C295、C457、C823、C856、C1084、C1152、D1193
511	ASTM C1325-14	非石棉纤维加筋水泥基板规范 Standard Specification for Non-Asbestos Fiber-Mat Reinforced Cement Substrate Sheets	固定尺寸的非石棉纤维水泥基板，适于做非抛光基板或作为干湿台面、墙体、地面装修用天然石面或瓷砖的规范要求	基板的分类和尺寸及误差	ASTM：C220、C473、C666M、C947、C1154、C1178、C1185、C1186、C1288、C1396M、D1037、D1554、D2394、E84、G21、G22 ANSI：A118.1
512	ASTM C1326-13	高级陶瓷努普压痕硬度试验方法 Standard Test Method for Knoop Indentation Hardness of Advanced Ceramics	用努普压痕硬度试验仪检测高级陶瓷的硬度	试验仪器、试验程序及计算	ASTM：C730、C849、E4、E177、E384
513	ASTM C1327-15	高级陶瓷维氏压痕硬度试验方法 Standard Test Method for Vickers Indentation Hardness of Advanced Ceramics	适用于维氏金刚石硬度仪检测高级陶瓷的硬度	试验仪器、试验程序及计算	ASTM：E4、E177、E384、E691 CENENV、843-4 JIS R 1610 ISO：6507/2

续表

序号	标准号	标准名称	针对性	主要内容	相关参考文献
514	ASTM C1328-12	塑性水泥规范 Standard Specification for Plastic（Stucco）Cement	内外部粉刷用两种水泥的规范要求	材料物理性能	ASTM：C91、C109M、C151、C183、C185、C187、C188、C219、C230M、C266、C305、C430、C511、C778、C926
515	ASTM C1329-12	砂浆水泥规范 Standard Specification for Mortar Cement	砂浆分类及应用	分类、物理性能要求及检测项目	ASTM：C91、C109M、C151、C183、C185、C187、C188、C219、C266、C305、C430、C511、C778、C1357、C1506
516	ASTM C1330-13	使用冷却液密封剂的圆柱形密封胶衬规范 Standard Specification for Cylindrical Sealant Backing for Use with Cold Liquid-Applied Sealants	用冷却液密封剂进行圆模密封的基本要求	圆模密封胶的分类及性能指标	ASTM：C717、C1016、C1087、C1253、D1622、D1623、D5249
517	ASTM C1331-12	宽带脉冲反射波交叉相关法测定高级陶瓷超声速率的试验方法 Standard Test Method for Measuring Ultrasonic Velocity in Advanced Ceramics with Broadband Pulse-Echo Cross-Correlation Method	适用于以超声波速测量于工程固体物如单块陶瓷、硬陶瓷，陶瓷元件的方法	所需仪器、试验样及试验程序	ASTM：B311、C373、E494、E1316 SNT：TC-1A MIL：STD-410
518	ASTM C1332-13	脉冲反射接触技术测定高级陶瓷超声衰减系数的试验方法 Standard Test Method for Measurement of Ultrasonic Attenuation Coefficients of Advanced Ceramics by Pulse-Echo Contact Technique	适用于以脉冲反射接触技术测定高级陶瓷超声衰减系数	试验方法概述及操作程序	ASTM：C1331、E664、E1316、E1495 MIL：STD-410
519	ASTM C1335-12	测定人造石和矿渣纤维隔热材料非纤维含量的试验方法 Standard Test Method for Measuring Non-Fibrous Content of Man-Made Rock and Slag Mineral Fiber Insulation	适用于人造石和矿渣纤维隔热材料中非纤维含量的检测	所需仪器及操作程序	ASTM：C168、C390、E11、E178、E691
520	ASTM C1336-96（2014）	含有晶粒的非氧化物陶瓷样本制作规程 Standard Practice for Fabricating Non-Oxide Ceramic Reference Specimens Containing Seeded Inclusions	适用于含碳化硅和氮化硅晶粒的非氧化陶瓷样本制作	仪器、材料、内部晶粒构造及表面晶粒构成	ASTM：B331、C373

续表

序号	标准号	标准名称	针对性	主要内容	相关参考文献
521	ASTM C1337-10	高温拉伸载荷下长纤维陶瓷蠕变及蠕变断裂试验方法 Standard Test Method for Creep and Creep Rupture of Continuous Fiber-Reinforced Ceramic Composites Under Tensile Loading at Elevated Temperatures	适用于高温拉升荷载下对长纤维陶瓷蠕变破裂的检测	仪器、试件要求、试验程序及结果计算	ASTM：C1145、C1275、D3878、E6、E83、E139、E220、E230、E337、E1012IEEE/ASTM SI 10
522	ASTM C1338-14	测定保温材料和护面抗霉菌性试验方法 Standard Test Method for Determining Fungi Resistance of Insulation Materials and Facings	检测保温材料的耐菌性	护面、抗霉菌性、微生物活动性、保温材料	
523	ASTM C1339-12	化学抗腐聚合物水泥浆流动度和承载面积试验方法 Standard Test Method for Flowability and Bearing Area of Chemical-Resistant Polymer Machinery Grouts	适用于耐化学腐蚀聚合物机械拌和净浆在 5cm 或 2.5cm 厚度下的流动度检测	试验方法、仪器和结果评定	ASTM：C904
524	ASTM C1340-10	应用计算机程序估算装有辐射隔板的阁楼天花板吸热或散热量的规程 Standard Practice for Estimation of Heat Gain or Loss Through Ceilings Under Attics Containing Radiant Barriers by Use of a Computer Program	计算机程序评估阁楼、天花板的热量损失	计算方法	ASTM：C168
525	ASTM C1341-13	连续纤维增强的高级陶瓷抗弯性试验方法 Standard Test Method for Flexural Properties of Continuous Fiber-Reinforced Advanced Ceramic Composites	用矩形条检测纤维加筋的高级陶瓷抗弯性能	试验方法概述和试验程序	ASTM：C1145、C1161、C1211、C1239、C1292、D790、D2344M、D3878、E6、E177、E220、E337、E691
526	ASTM C1349-10	建筑平面玻璃聚碳酸酯保护层规范 Standard Specification for Architectural Flat Glass Clad Polycarbonate	针对安全、阻止、防风、防爆及防弹建筑上平面玻璃聚碳酸酯保护层的质量要求	防弹、防爆、玻璃聚碳酸酯保护层、高强玻璃、物理性能、防风	ASTM：C162、C1036、C1048、C1172、C1376、C1422、C1503、D543、D635、D638、D648、D790、D792、D1003、D1005、D1044、D3763、E308、E1886、E1996、F1233
527	ASTM C1352M-15	块石弹性模量试验方法 Standard Test Method for Flexural Modulus of Elasticity of Dimension Stone	利用梁上四点受荷法检测块石弹性模量	试件要求及试验方法	ASTM：C119、C880

续表

序号	标准号	标准名称	针对性	主要内容	相关参考文献
528	ASTM C1353M- 15	旋转平台磨损测定仪测定人行道块石耐磨性的试验方法 Standard Test Method for Abrasion Resistance of Dimension Stone Subjected to Foot Traffic Using a Rotary Platform Abraser	根据确定特定尺寸石材的体积损失建立磨损指数	磨损指数、耐磨性、磨损试验、特定尺寸石块、双头磨损测定仪、旋转平台磨损测定仪	ASTM：C97、C119、C121、C501
529	ASTM C1354M- 15	块石单独锚固强度的试验方法 Standard Test Method for Strength of Individual Stone Anchorages in Dimension Stone	适用于通过机械锚固，检测块石的极限强度	试验设备及试验程序和结果计算	ASTM：C1242、E4、E575
530	ASTM C1355M- 11	玻璃纤维石膏规范 Standard Specification for Glass Fiber Reinforced Gypsum Composites	非承载，小部位，内墙建筑装饰的玻璃纤维石膏最低性能及质量要求	材料、加工及验收	ASTM：D256、D578、D696、D258
531	ASTM C1356- 12	显微镜记点法定量测定硅酸盐水泥熟料的试验方法 Standard Test Method for Quantitative Determination of Phases in Portland Cement Clinker by Microscopical Point-Count Procedure	适用于通赤显微镜检测水泥熟料中矿物体积百分含量	仪器、试剂及材料要求、记点程序及结果计算	ASTM：C150、C670、D75、D3665
532	ASTM C1357- 09	评估砌块黏结强度的试验方法 Standard Test Methods for Evaluating Masonry Bond Strength	评定与底面垂直的建筑砌块的黏结强度	温度湿度要求、试验材料、试验程序	ASTM：C67、C140、C230M、C270、C780、C1072、C1437
533	ASTM C1360- 10	室温下长纤维高级陶瓷等幅轴向抗拉循环疲劳规程 Standard Practice for Constant-Amplitude，Axial，Tension-Tension Cyclic Fatigue of Continuous Fiber-Reinforced Advanced Ceramics at Ambient Temperatures	适用于室温下检测长纤维高级陶瓷等幅轴向抗拉循环疲劳性能	试验仪器、试件几何形状、试件结构方式、试验模式、试验频率、准允挠度、数据收集及报告程序	ASTM：C1145、C1275、D3479、D3878、E4、E6、E83、E337、E467、E468、E739、E1012、E1823
534	ASTM C1361- 10	环境温度下高级纤维陶瓷等幅轴向双向拉伸循环疲劳强度规程 Standard Practice for Constant-Amplitude，Axial，Tension-Tension Cyclic Fatigue of Advanced Ceramics at Ambient Temperatures	测定高级纤维陶瓷等幅轴向拉伸循环疲劳	试验仪器、试件要求、试验程序、结果计算	ASTM：C1145、C1273、C1322、E4、E6、E83、E337、E467、E468、E739、E1012、E1823 IEEE/ASTM：SI 10 MIL：HDBK-790

续表

序号	标准号	标准名称	针对性	主要内容	相关参考文献
535	ASTM C1363-11	热箱测试建筑材料和包层组件的热性能试验方法 Standard Test Method for Thermal Performance of Building Materials and Envelope Assemblies by Means of a Hot Box Apparatus	适用于在室内条件下，利用热箱法，检测建筑部件的热性能	试验仪器及试验程序	ASTM：C168、C177、C236、C518、C739、C764、C870、C976
536	ASTM C1364-10	建筑铸石规范 Standard Specification for Architectural Cast Stone	针对建筑人造石的物理性能，取样、试验及外观检测进行规范化	材料、物理性能及外观检查	ASTM：A615M、C33、C150、C173、C231、C260、C494、C618、C666M、C979、C989、C1194、C1195、D1729、D2244
537	ASTM C1365-11	X 射线粉末衍射分析法测定硅酸盐水泥和硅酸盐水泥熟料比例试验方法 Standard Test Method for Determination of the Proportion of Phases in Portland Cement and Portland-Cement Clinker Using X-Ray Powder Diffraction Analysis	适用于以 X 射线直接检测水泥或水泥熟料中成分比例	仪器、需要的材料及试验程序质量鉴定	ASTM：C114、C150、C183、C219、C670、E29、E691
538	ASTM C1366-04（2013）	高温下高级陶瓷拉伸强度的试验方法 Standard Test Method for Tensile Strength of Monolithic Advanced Ceramics at Elevated Temperatures	适用于在高温下，以单轴荷载检测单块高级陶瓷的极限拉伸强度	试验仪器、试件几何形状及试验程序	ASTM：C1445、C1161、C1239、C1322、3379、E4、E6、E21、E83、E220、E337、E1012
539	ASTM C1367-12	静剪切荷载下热用密封胶耐热性试验方法 Standard Test Method for Heat Resistance of Hot-Applied Sealants Under Dead Load Shear	采用静荷载剪切试验检测热密封胶的耐热性能	试验仪器、试件制作及试验程序	ASTM：B209、C717、C1036
540	ASTM C1368-10	室温下恒应力率抗弯试验测定高级陶瓷裂纹缓慢增长参数的试验方法 Standard Test Method for Determination of Slow Crack Growth Parameters of Advanced Ceramics by Constant Stress-Rate Flexural Testing at Ambient Temperature	适用于在常温，以弯曲试验的恒应力作用下测定高级陶瓷裂缝发展参数	试验仪器、试件要求、试验程序及计算	ASTM：C1145、C1161、C1239、C1322、E4、E6、E337、E380、E1823 MIL：HDBK-790

续表

序号	标准号	标准名称	针对性	主要内容	相关参考文献
541	ASTM C1369-07（2014）	釉面中空玻璃构件的二级边缘密封剂规范 Standard Specification for Secondary Edge Sealants for Structurally Glazed Insulating Glass Units	仅适用于 ASTM 规定了试验方法的或工业界普遍认可的各类密封剂	适用范围、密封剂等级、材料和生产要求、意义和用途、检验方法	ASTM：C603、C639、C661、C679、C717、C792、C1135、C1184、C1265
542	ASTM C1372-11	干砌挡土墙规范 Standard Specification for Dry-Cast Segmental Retaining Wall Units	适用于干砌挡土墙的施工	适用范围、材料、物理要求、尺寸的容许偏差、完成与外观、取样和试验、试验原则	ASTM：C33、C140、C150、C331、C595、C618、C989、C1157、C1209、C1232、C1262
543	ASTM C1373-11	模拟冬季条件下测定吊顶保温系统热阻性规程 Standard Practice for Determination of Thermal Resistance of Attic Insulation Systems Under Simulated Winter Conditions	适用于敞开在大气空间中的吊顶隔离系统，不适用于模仿压缩空气流动的情况	适用范围、试验意义和使用、设备、取样、样品制备、测试步骤、报告编制	ASTM：C167、C168、C177、C518、C520、C549、C665、C687、C739、C764、C1045、C1058、C1114、C1363
544	ASTM C1374-14	测定气动填充的松散建筑材料保温层安装厚度的试验方法 Standard Test Method for Determination of Installed Thickness of Pneumatically Applied Loose-Fill Building Insulation	适用于松散填充隔热产品的设计、产品开发、质量控制试验	适用范围、试验方法概要、意义和使用、需要仪器、取样、样品制备、测试步骤、报告编制	ASTM：C168、C520、C739、C764、E691
545	ASTM C1375-00（2014）	用于测试建筑密封材料所用基质导则 Standard Guide for Substrates Used in Testing Building Seals and Sealants	适用于基底材料为玻璃基底、铝基底、砂浆基底、并且基底采用建议的表面处理方法	适用范围、意义和使用、与其他标准的比较、玻璃基质、铝基质、砂浆基质	ASTM：C33、C150、C305、C566、C717、C1036
546	ASTM C1376-10	平板玻璃热解和真空镀层规范 Standard Specification for Pyrolytic and Vacuum Deposition Coatings on Flat Glass	适用于解决涂层的相关缺陷，以达到视觉和美学的要求，不适用于利用陶瓷熔块和有机膜解决玻璃瑕疵	适用范围、意义和使用、分类、规范要求	ASTM：C162、C1036、C1048、D2244
547	ASTM C1377-97（2009）	表面/应力测定装置校准的试验方法 Standard Test Method for Calibration of Surface/Stress Measuring Devices	校准偏光镜和屈光计，用于检查退火的热增强玻璃或者钢化玻璃应力	适用范围、试验方法概要、意义和使用、操作原则、测试样本和应力加载方案、试验步骤、报告编制	ASTM：C158、C162、C1048、C1279

续表

序号	标准号	标准名称	针对性	主要内容	相关参考文献
548	ASTM C1378-04（2014）	测定耐污性的试验方法 Standard Test Method for Determination of Resistance to Staining	适用于陶瓷地砖表面的耐污性测试	适用范围、染色剂、仪器、取样、染色剂使用步骤、结果评估、报告编制	
549	ASTM C1381-97（2013）	模制玻璃纤维石膏件规范 Standard Specification for Molded Glass Fiber Reinforced Gypsum Parts	适用于建筑内部建筑装饰用的非承重的、薄壳的、装饰性外形的石膏件	适用范围、材料和制作、机械性能、GRG 部分的尺寸和允许偏差、工艺和外观、取样和质检、资质证书、质量保证	ASTM：C11、C1355M
550	ASTM C1382-11	外墙保温和饰面系统接缝测定密封材料拉伸黏结性能的试验方法 Standard Test Method for Determining Tensile Adhesion Properties of Sealants When Used in Exterior Insulation and Finish Systems（EIFS）Joints	适用于试验在干燥的，湿润的，冰冻的，热老化的和人造天气老化的情况下进行	适用范围、试验方法概要、意义和使用、仪器和材料、测试样品、步骤、报告编制	ASTM：C717、C1135、C1442、E631、G113、G151、G154、G155
551	ASTM C1383-04（2010）	冲击回声法测定 P 波速度和混凝土板厚度的试验方法 Standard Test Method for Measuring the P-Wave Speed and the Thickness of Concrete Plates Using the Impact-Echo Method	利用冲击回波法测定混凝土板厚度，道路厚度，桥面板厚度，墙厚和其他片状结构厚度	适用范围、意义和使用、仪器、测试表面准备、详细步骤、数据分析和计算、结果说明、报告编制	ASTM：C597、E1316
552	ASTM C1384-12（a）	圬工砂浆外加剂规范 Standard Specification for Admixtures for Masonry Mortars	改善砂浆性质的物质，不包括水，骨料和胶结材料	材料分类、化学组成、物理性质、砂浆类型和比例、试验方法、产品标识、报告编制	ASTM：C91、C144、C150、C207、C270、C305、C403、C595、C723、C778、C780、C979、C1093、C1152、C1157、C1218、C1329、C1357、C1403、C1437
553	ASTM C1385-10	喷混凝土材料取样规程 Standard Practice for Sampling Materials for Shotcrete	适用于固定拌和和卡车拌和，单次体积搅拌设备和连续搅拌设备，袋装运送和批量运送	适用范围、意义和使用、试验步骤等	
554	ASTM C1392-00（2009）	建筑密封玻璃装配故障评估导则 Standard Guide for Evaluating Failure of Structural Sealant Glazing	适用于建筑密封玻璃窗，幕墙和其他相似的系统	意义和使用、使用仪器、取样、建立偏差和密封失败的关系、现场评价程序、报告编制	ASTM：C717

续表

序号	标准号	标准名称	针对性	主要内容	相关参考文献
555	ASTM C1393- 11	管道和储罐垂直方向矿物质纤维卷和片材保温规范 Standard Specification for Perpendicularly Oriented Mineral Fiber Roll and Sheet Thermal Insulation for Pipes and Tanks	适用于保温隔离层采用以岩石，矿渣或玻璃为材料的矿物纤维在平面、弯曲、圆形表面使用，温度最高不超过 538℃（平行于热流）	分类、材料和制造、物理性质、尺寸和允许误差、工艺和外观、取样、试验方法、限制要求、质检和质量保证、产品包装和标识	ASTM：C165、C168、C177、C303、C390、C411、C447、C518、C665、C680、C795、C1045、C1058、C1104M、C1114、C1136、C1335、E84 CAN/ULC-S102-M88
556	ASTM C1394-03（2012）	建筑硅胶玻璃现场装配评估导则 Standard Guide for In-Situ Structural Silicone Glazing Evaluation	适用于评估现存情况和列出可能出现的典型情况，并确定一个时间进行定期评估	意义和使用、执行评估的原因、当前情况评估程序、报告编制和记录保留	ASTM：C717、C1392、C1401、E122
557	ASTM C1396M-14	石膏板规范 Standard Specification for Gypsum Board	适用于石膏墙板和装饰纸面石膏板、石膏垫板和石膏夹芯板、抗水石膏垫板、饰面抹灰用石膏基础、石膏板条、石膏天花板	建筑隔板、天花板、石膏板、墙	ASTM：C11、C22M、C47M、C473、C645、C840、C841、C844、C1264、E84、E96M、E119
558	ASTM C1397-13	PB 级外墙保温和饰面系统应用及其排水规程 Standard Practice for Application of Class PB Exterior Insulation and Finish Systems（Eifs）and EIFS with Drainage	适用于现场应用或预制，底漆干厚度范围 1.6mm～6.4mm 之间的各种不同类型的保温板	意义和使用、材料运送、检查与复检、材料储存、环境情况、基底情况评估、保温板安装、黏结剂和机械连接方法、基本要求、美学展示、场地清理	ASTM：C11、C79M、C1063、C1177、C1186
559	ASTM C1399M-10（2015）	纤维混凝土平均剩余强度试验方法 Test Method for Obtaining Average Residual-Strength of Fiber-Reinforced Concrete	适用于采用标准的破坏方法破坏纤维混凝土测试梁得出平均残余强度	适用范围、试验方法概述、意义和使用、仪器、取样、试验步骤、报告编制等	ASTM：C31、C42、C78、C172、C192、C823、C1018
560	ASTM C1400- 11	减少新砌墙体潜在风化的导则 Standard Guide for Reduction of Efflorescence Potential in New Masonry Walls	减少墙体渗透水、风夹雨渗透水的方法，尽快排干墙体渗透水的方法	适用范围、意义和使用、粉化原理、降低新筑墙体的潜在粉化等	ASTM：C43、C67、C270、C1180、C1209、C1232
561	ASTM C1401- 14	结构密封玻璃导则 Standard Guide for Structural Sealant Glazing	适用于玻璃幕墙作为建筑外墙、结构支撑或者窗户和其他框架结构的组成部分，以及垂直向坡度不超过 15°的建筑玻璃墙	适用范围、导则概要、意义和使用、初步设计、性能标准、系统设计、组件设计、现场施工、安装完成后维护注意事项	ASTM：B117、C99、C119、C162、C503、C509、C510、C568、C615、C717、C719、C794、D1566、D2203、D4541、E283、E330、E331、E547、E631、E783、E1105、G15

续表

序号	标准号	标准名称	针对性	主要内容	相关参考文献
562	ASTM C1403-12	砌筑砂浆吸水率试验方法 Standard Test Method for Rate of Water Absorption of Masonry Mortars	用于测定砌筑砂浆由毛细作用产生的相对吸水率的标准试验室程序	适用范围、意义和应用注意事项、器具、样本准备、试验程序、计算方法、报告编写	ASTM：C109M、C270、C305、C511、C778、C1437
563	ASTM C1405-12	釉面砖规范（一次烧成） Standard Specification for Glazed Brick（Single Fired，Brick Units）	适用于在砖的母体烧制过程中作为饰面的釉融入母体的砖，这种砖可以用于砌筑，可以作为结构体或饰面部分	应用范围、分类、物理特性、抗风化性、釉面特性、外观色彩纹理尺寸、中孔间距、黏土料和釉料的取样和试验	ASTM：C43、C67、C1093、E84； NFPA No. 255；UL、No. 723 UBCNo. 42-1 Federal、Standard、Test、No. 141
564	ASTM C1409-12	保温管和组件工程量的测定和估算导则 Standard Guide for Measuring and Estimating Quantities of Insulated Piping and Components	定义了保温管系统组件的计量方法，用于单价合同或额外工作的计量和计价	应用范围、计量程序、管道组件、工业实例	
565	ASTM C1410-13	泡沫三聚氰胺保温隔音材料规范 Standard Specification for Cellular Melamine Thermal and Sound-Absorbing Insulation	定义了用于保温隔音的开孔式三聚氰胺泡沫的类型、物理性能和尺寸，适用温度为−40℃～+177℃的工业环境	应用范围、材料和加工、物理特性、检验要求、质量要求、尺寸和可容许偏差、工艺和外观、取样方法、试验方法、验收、证书	ASTM：C168、C177、C236、C335、C356、C390、C423、C518、C585、C755、C976、C1045、C1104M、D2863、D3574、E84、E176、E662、E795、E800
566	ASTM C1417M-13a	钢筋混凝土污水管、雨水管和涵管制作规范 Standard Specification for Manufacture of Reinforced Concrete Sewer，Storm Drain，and Culvert Pipe for Direct Design [Metric]	定义了预制混凝土管的制作和验收，设计满足雇主要求和 ASCE15-93 或者同等设计规范	应用范围、设计验收基本内容、混凝土管验收基本要求、材料、接头、制作、环向钢筋、环向钢筋的焊接搭接和布置、纵向钢筋、接头处钢筋、物理要求、允许误差、质量检查	ASTM：A82、A185、A496、A497、A615M、C31、C33、C39、C76、C150、C309、C497、C595、C618、C655、C822； ASCE：15 ACI：318
567	ASTM C1421-15	环境温度下确定高级陶瓷断裂韧性的试验方法 Standard Test Methods for Determination of Fracture Toughness of Advanced Ceramics at Ambient Temperature	采用带有裂缝的梁状试件确定高级陶瓷断裂韧性的试验	适用范围、试验方法概述、干扰因素、器具、测试样品要求、尺寸和准备、一般程序、报告编写、精度要求	ASTM：C1161、C1322、E4、E112、E177、E337、E399、E691、E740、E1823 NISTSRM2100
568	ASTM M1422M-10	化学强化平板玻璃规范 Standard Specification for Chemically Strengthened Flat Glass	适用于化学强化平板玻璃制品的要求	适用范围、意义和使用注意事项、分类、订单信息、制造、试验方法试验方法	ASTM：C162、C978、C1036、C1279

续表

序号	标准号	标准名称	针对性	主要内容	相关参考文献
569	ASTM C1423- 15	保温层外层防护材料选择导则 Standard Guide for Selecting Jacketing Materials for Thermal Insulation	选择保温层外层防护材料的准则，不涉及性能或产品规范	适用范围、意义和使用注意事项、材质和制造、物理和化学性能要求、典型尺寸和形式、工艺和外观、测试和评估方法	ASTM：A240M、A366M、A1008M、B209、C168、C488
570	ASTM C1424- 15	室温下高级陶瓷恒定抗压强度试验方法 Standard Test Method for Monotonic Compressive Strength of Advanced Ceramics at Ambient Temperature	测试高级陶瓷恒定抗压强度	适用范围、意义和使用注意事项、干扰因素、器具、安全注意事项、测试样品、步骤、计算方法、报告编写、精度要求	ASTM：C773、C1145、D695、E4、E6、E83、E337、E1012 IEEE/ASTM、SI、10
571	ASTM C1425-13	高温下一维和二维连续纤维加强的高级陶瓷层间抗剪强度试验方法 Standard Test Method for Interlaminar Shear Strength of 1-D and 2-D Continuous Fiber-Reinforced Advanced Ceramics at Elevated Temperatures	适用于高温下对双刻槽样本进行试验，测定连续纤维加强的陶瓷复合体的层间抗剪强度标准	适用范围、试验方法试验方法综述、意义和使用注意事项、干扰、器具、注意事项、测试样品、步骤、计算方法、报告编写、精度要求	ASTM：C1145、C1292、D695、D3846、D3878、E4、E6、E122、E220、E230、E337 IEEE/ASTM SI 10
572	ASTM C1426- 09	偏振计检测和率定规程 Standard Practices for Verification and Calibration of Polarimeters	适用于偏振计检测和率定程序	适用范围、检测和率定原则、辅助构件要求、检测和率定步骤、报告编写	ASTM：C148、C162、C770、C978、F218
573	ASTM C1427-13	挤压成型柔性泡沫聚烯烃保温板材和管材规范 Specification for Extruded Preformed Flexible Cellular Polyolefin Thermal Insulation in Sheet and Tubular form	适用于挤压成型柔性泡沫聚烯烃保温板材和管材，加工温度为−101℃～93℃	适用范围、分类、材料要求、物理性能要求、标准形状大小和尺寸、表面要求、工艺和外观、取样要求、试验方法试验方法、验收、废品判别、包装和标识	ASTM：C168、C177、C209、C335、C390、C411、C447、C518、C534、C585、C1045、C1058、C1114、C1303、D883、D1622、D1667、D3575、E84、E96、E177、E228、E456、E670、E691、E2231
574	ASTM C1433-13b	用于涵洞、雨水沟和污水管的预制钢筋混凝土箱涵规范 Standard Specification for Precast Reinforced Concrete Box Sections for Culverts, Storm Drains, and Sewers	适用于单孔预制箱涵，用于涵洞和雨水、工业废水和污水的输送	适用范围、分类、验收标准、材质、设计、接头、制作、物理性能要求、容许偏差、修补、验收、废品判别、标识	ASTM：A82、A185、A496、A497、A615M、C31M、C33、C39、C150、C309、C497、C595、C618、C822、C989、C1116

续表

序号	标准号	标准名称	针对性	主要内容	相关参考文献
575	ASTM C1435M- 14	利用振动锤在圆柱形试模中成型 RCC 试块的规程 Standard Practice for Molding Roller-Compacted Concrete in Cylinder Molds Using a Vibrating Hammer	适用试验室内对新拌混凝土的圆柱体试块成型	适用范围、操作综述、重要意义和使用注意事项、器具、取样、率定、试块制备	ASTM：C31M、C39M、C172M、C470M、C496M、C1170M、C1176M ACI：207.5R、211.3
576	ASTM C1436-13	喷混凝土材料规范 Standard Specification for Materials for Shotcrete	适用于喷射混凝土用的水硬混凝土的材料要求	适用范围、材料要求、取样、测试和再测试次数、验收、拒收、证书	ASTM：C33、C125、C150、C330、C595、C1116、C1141、C1157、C1385
577	ASTM C1437-13	水硬性水泥砂浆流动度试验方法 Standard Test Method for Flow of Hydraulic Cement Mortar	适用于水硬性水泥砂浆流动度测定	适用范围、意义和使用注意事项、器具、温度和湿度、材料、试验程序、计算方法、精度要求	ASTM：C109、C185、C230
578	ASTM C1438-11a	水硬性水泥混凝土和砂浆乳胶和粉末聚合物改良剂规范 Standard Specification for Latex and Powder Polymer Modifiers for Hydraulic Cement Concrete and Mortar	适用于提高水硬性水泥混凝土和砂浆黏性和降低其渗透性的乳胶和粉末聚合物改良剂的性能标准	适用范围、分类、订单信息、物理和机械性能、一致性和等效性、储存、取样和验收、试验方法、拒收、包装和包装标识	ASTM：C125、C494、C1439 ACI：548.3R
579	ASTM C1439-13	评定用于砂浆和混凝土的乳状和粉状聚合物改良剂的试验方法 Standard Test Methods for Evaluating Latex and Powder Polymer Modifiers for use in Hydraulic Cement Concrete and Mortar	用于砂浆和混凝土的聚合物良剂的试验	适用范围、意义和使用注意事项、材料、混凝土和砂浆的配合比、步骤、试样准备、计算方法、报告编写、精度要求	ASTM：C33、C39、C109、C127、C128、C138、C143、C150、C173、C185、C192、C231、C260、C305、C403、C494、C778、C1202、C1404、C1438
580	ASTM C1440-08（2013）	排水、污水、通气、污水、雨水管的热塑性弹性垫圈材料的规范 Standard Specification for Thermoplastic Elastomeric（TPE）Gasket Materials for Drain, Waste, and Vent（DWV）, Sewer, Sanitary and Storm Plumbing Systems	防护和非防护机械连接的预成型弹性垫圈的热塑性弹性垫圈材料，用于重力式排水、废水、通气、污水及雨水管系统	适用范围、材料和加工、物理属性、工艺和外观、取样、试验方法、证书、标识	ASTM：C717、C395、D412、D471、D573、D624、D1149、D1415、D2240、D5964
581	ASTM C1442-14	人工风化仪测试密封材料规程 Standard Practice for Conducting Tests on Sealants Using Artificial Weathering Apparatus	适用于评估密封材料的抗光辐射、热和潮湿的效果	适用范围、方法综述、意义和使用注意事项、测试样品、器具、试验条件、步骤、报告编写、精度要求	ASTM：C717、G113、G151、G152、G154、G155 ISO：11431

续表

序号	标准号	标准名称	针对性	主要内容	相关参考文献
582	ASTM C1443-99（2010）	船窗、圆形、钢化玻璃规范 Standard Specification for Glasses，Portlight，Circular，Fully Tempered	适用于圆形、钢化、高清晰、平板船窗玻璃	适用范围、分类、材料和加工、尺寸、修整和外观、取样、检查	ASTM：C162、C1036、C1048、C1279 ANSI：Z1.4
583	ASTM C1445-13	使用流动试验台测定浇注成形的耐火材料稠度的试验方法 Standard Test Method for Measuring Consistency of Castable Refractory Using a Flow Table	用流动试验台测定浇注成形的耐火材料的稠度	适用范围、意义和使用注意事项、器具、步骤、计算方法、报告编写、精度要求	ASTM：C71、C230、C401、C860、D346
584	ASTM C1446-11	自流浇注成形的耐火材料稠度和工作时间测定的试验方法 Standard Test Method for Measuring Consistency and Working Time of Self-Flowing Castable Refractories	适用于测定自流浇注成形的耐火材料的稠度	适用范围、试验方法、意义和使用注意事项、干扰因素、器具、步骤、计算方法、报告编写、精度要求	ASTM：C71、C230、C860、C862
585	ASTM C1447M-04（2014）	非石棉纤维水泥排水暗管规范 Standard Specification for Non-Asbestos Fiber-Cement Underdrain Pipe	适用于高速公路、机场、农场、基础和其他类似工程地下排水用的非石棉纤维水泥多孔管和普通管	适用范围、尺寸和型号、材料和加工、抗压强度、管箍、管件、尺寸、管壁钻孔、取样、验收、产品标记和运输	ASTM：C150、C497、C500、C595、C1154 MIL：STD-129 ISO：2859、390、3951
586	ASTM C1448M-05（2014）	非石棉纤维水泥管道规范 Standard Specification for Non-Asbestos Fiber-Cement Conduit	适用于电力系统和通信系统中的非石棉纤维水泥管道	适用范围、材料和加工、物理特性、尺寸和允许偏差、工艺、整形和外观、取样、验收、产品标记、包装	ASTM：C150、C497、C500、C595 Federal Standard、No.123 MIL：STD-129 ISO：2859、390、3951
587	ASTM C1449M-05（2014）	非石棉纤维水泥无压污水管规范 Standard Specification for Non-Asbestos Fiber-Cement Nonpressure Sewer Pipe	适用于从用户点到处理厂或弃置场之间的重力式污水管的管身、连接和管件	适用范围、材料和加工、物理特性、尺寸和允许偏差、工艺、修正和外观、取样、验收、产品标记和运输	ASTM：C150、C497、C500、C595、C1154、D1869 MILSTD：No.129 ISO：390、2859、3951
588	ASTM C1450M-04（2014）	非石棉纤维水泥雨水管规范 Standard Specification for Non-Asbestos Fiber-Cement Storm Drain Pipe	适用于高速公路、机场、农场、基础和其他类似排水系统中用于排泄雨水的非石棉纤维水泥雨水管	适用范围、分类、材料和加工、尺寸和允许偏差、取样、管箍、管件、试验方法、拒收、产品标记和运输	ASTM：C150、C497、C500、C595、C1154 MIL-STD-105129414 ISO：390、2859、3951

续表

序号	标准号	标准名称	针对性	主要内容	相关参考文献
589	ASTM C1451-11	单一来源混凝土配料一致性测定规程 Standard Practice for Determining Uniformity of Ingredients of Concrete From a Single Source	测定单一来源混凝土材料性能的一致性	适用范围、意义和使用注意事项、取样、步骤、计算方法、报告编写	ASTM：C125、C219、C294、C494、C638、C917、D75、D3665
590	ASTM C1459-04（2014）	非石棉纤维水泥墙面板、屋面板和板式屋面系统性能规范 Standard Specification for Performance of Non-Asbestos Fiber-Reinforced Cement Shake，Shingle，and Slate Roofing Systems	适用于非石棉纤维水泥墙面板、屋面板、板式屋面系统	适用范围、重要和使用说明、性能要求、强度试验方法、安装承重试验方法、加速老化（干湿循环测试）测试	ASTM：C1154、C1185、C1225、C1530、E108
591	ASTM C1460-12	地面上异形 DWV 管和配件使用的屏蔽式转换联轴器的规范 Standard Specification for Shielded Transition Couplings for Use With Dissimilar DWV Pipe and Fittings Above Ground	地面以上排水、排污、排气管道隐蔽式过渡耦合接头的施工技术	适用范围、材料和生产工艺、弹性垫片、夹具、耦合要求和充压试验	ASTM：A493、C564、C717
592	ASTM C1464-06（2011）	曲面玻璃规范 Standard Specification for Bent Glass	通用建筑、家具、显示以及各类非汽车应用的曲面玻璃技术标准	适用范围、材料分类、生产和质量检测试验标准要求	ASTM：C162、C1036、C1048、C1172、C1422
593	ASTM C1467M-00（2012）	玻璃纤维石膏件的安装规范 Standard Specification for the Installation of Molded Glass Fiber Reinforced Gypsum Parts	适用于玻璃钢纤维石膏构件的安装质量控制	适用范围、材料、安装环境、安装误差、表面装修、存储管理	ASTM：C11、C754、C840、C1007、C1381
594	ASTM C1468-13	室温下长纤维高级陶瓷变厚度抗拉强度的试验方法 Standard Test Method for Transthickness Tensile Strength of Continuous Fiber-Reinforced Advanced Ceramics at Ambient Temperature	适用于长纤维强化陶瓷的抗拉强度试验检测	适用范围、试件准备、试验仪器、试验步骤、结果计算、报告	ASTM：C1145、C1239、C1275、C3878、E4、E6、E337、E380、E1012
595	ASTM C1469-10（2015）	室温下高级陶瓷接缝处剪切强度的试验方法 Standard Test Method for Shear Strength of Joints of Advanced Ceramics at Ambient Temperature	适用于长纤维强化陶瓷接缝处的抗剪切强度试验检测	适用范围、试件准备、试验仪器、试验步骤、结果计算、报告	ASTM：C1145、C1161、C1211、C1275、C1341、D3878、D5379M、E4、E6、E122、E337

续表

序号	标准号	标准名称	针对性	主要内容	相关参考文献
596	ASTM C1470-06（2013）	高级陶瓷热学性能试验导则 Standard Guide for Testing the Thermal Properties of Advanced Ceramics	适用于单片陶瓷、微粒/晶须强化陶瓷、长纤维强化陶瓷的热学性能检测，主要针对陶瓷在规定温度范围的热膨胀，热扩散率/电导率测试	适用范围、试件准备、试验仪器、试验步骤、结果计算、报告	ASTM：C177、C182、C372、C201、C202、C408、C518、C767、C1044、C1045、C1113、C1114、C1300、C373、C1145、C1045、E228、E289、E408、E423、E831、E1461
597	ASTM C1471- 05（2014）	用于垂直面的高固体含量冷涂刷弹性防水膜导则 Standard Guide for the Use of High Solids Content Cold Liquid-Applied Elastomeric Waterproofing Membrane on Vertical Surfaces	适用于现浇混凝土垂直表面的高固体含量冷涂材料层的施工，用于基础墙体有排水系统的部位	适用范围、防水膜基面准备、涂刷施工、排水系统部位施工技术要求	ASTM：C117、C717、C836、C898、D4263
598	ASTM C1472- 10	设定密封缝宽度时计算位移和其他影响的导则 Standard Guide for Calculating Movement and Other Effects When Establishing Sealant Joint Width	外墙体缝防水渗漏、防透气密封材料的施工要求	适用范围、墙体缝防透气和防透水密封胶的材料性能、施工要求	ASTM：C216、C717、C719、C794、C1193、C920、C1401、C1518、C1523、C1564
599	ASTM C1478M- 08（2013）	钢筋混凝土排污结构、管线和排水沟间弹性连接件的规范 Standard Specification for Storm Drain Resilient Connectors Between Reinforced Concrete Storm Sewer Structures，Pipes，and Laterals	钢筋混凝土排污结构、管线、排水沟之间弹性连接件施工、检测要求	适用范围、弹性链接材料性能、设计原则、合格依据、施工、检测要求	ASTM：A493、A666、C478、C822、C913、D395、D412、D471、D543、D573、D624、D883、D1149、D1566、D2240
600	ASTM C1479- 13	预制混凝土污水管、雨水沟和涵管安装规程 Standard Practice for Installation of Precast Concrete Sewer，Storm Drain，and Culvert Pipe Using Standard Installations	适用于污水、雨水输送用预制混凝土管和箱涵的施工安装	适用范围、预制管/涵的基础开挖、垫层、埋设安装、回填等施工技术要求	ASTM：C822、C1417、D698、D1557、D2487、D2488 ASCE：15 AASHTO：T13
601	ASTM C1480M-07（2012）	用于干、湿喷混凝土的已包装的、提前混合的、干燥的和混合材料规范 Standard Specification for Packaged，Pre-Blended，Dry，Combined Materials for Use in Wet or Dry Shotcrete Application	适用于预混合、干包装材料，用于干、湿喷射混凝土	适用范围、材料类型、材料物理性能、生产、抽样和样品准备、检测	ASTM：C822、C1417、D698、D1557、D2487、D2488

续表

序号	标准号	标准名称	针对性	主要内容	相关参考文献
602	ASTM C1481-12	外部隔离和饰面系统密封材料导则 Standard Guide for Use of Joint Sealants with Exterior Insulation and Finish Systems（EIFS）	适用于建筑外部隔离和饰面系统材料的技术要求	适用范围、材料类型、生产、工艺、材料物理性能、质量标准、验收、抽样检测方法	ASTM：C717、C719、C794、C834、C920、C1193、C1299、C1311、C1382、C1397、C1472
603	ASTM C1482- 12	聚酰亚胺轻质泡沫吸音保温规范 Standard Specification for Polyimide Flexible Cellular Thermal and Sound Absorbing Insulation	适用于商业和工业环境中隔音、隔热聚酰亚胺轻质泡沫材料的技术要求	适用范围、材料类型、材料物理性能、材料生产、工艺和外观、抽样检测方法、质量标准	ASTM：C165、C168、C177、C302、C335、C390、C411、C423、C447、C518、C634、C1472、C665、C1045、C1114、D543、D638、D2126、D3574、D3675、E84、E96、E176、E662、E795、E800、E1354、E2231
604	ASTM C1483M-04（2009）	建筑物太阳辐射控制外涂层规范 Standard Specification for Exterior Solar Radiation Control Coatings on Buildings	建筑物顶面和墙面防太阳辐射涂层材料的技术要求	适用范围、材料类型、材料物理力学性能、材料生产、工艺和外观、抽样检测方法、质量标准	ASTM：C168、C419、C461、C1371、D471、D903、D2370、D2697、D3274、E84、E96、E349、E903、E1175、G115
605	ASTM C1484-10	真空绝热板规范 Standard Specification for Vacuum Insulation Panels	建筑真空隔离板材的技术要求	适用范围、技术术语、材料类型、材料物理力学性能、材料生产、面饰、抽样检测方法、质量标准	ASTM：C165、C168、C177、C203、C518、C740、C1045、C1055、C1114、C1136、D999、D1434、D2221、D2126、D3103、D3763、D4169、E493、F88 ISO：8318 IEC：68-2-6 TAPPI：T803
606	ASTM C1485-13	使用电辐射热源检测暴露屋顶隔离材料临界辐射流淌值试验方法 Standard Test Method for Critical Radiant Flux of Exposed Attic Floor Insulation Using An Electric Radiant Heat Energy Source	适用于建筑屋顶隔离材料的辐射流淌值的测试	适用范围、技术术语、样品准备、试验仪器、试验步骤、试验误差、结果解释	ASTM：C168
607	ASTM C1486- 00（2012）	树脂整体铺筑地面的抗化学腐蚀性检测规程 Standard Practice for Testing Chemical-Resistant Broadcast and Slurry-Broadcast Resin Monolithic Floor Surfacings	树脂整体铺筑地面的抗化学腐蚀性检测	适用范围、技术术语、树脂、填料、固化剂的类型、样品准备、厚度测试、耐磨试验、抗弯强度和弹性模量、耐化学腐蚀性、表观密度、易燃性、抗滑、与混凝土的黏结性、报告	ASTM：C168

续表

序号	标准号	标准名称	针对性	主要内容	相关参考文献
608	ASTM C1487- 02（2012）	修补建筑物的玻璃硅胶导则 Standard Guide for Remedying Structural Silicone Glazing	适用于现有建筑物的玻璃更换、维护有危险时玻璃密封胶现场修补，主要针对大面积修补	适用范围、修补设计、现场检测、修补工作	ASTM: C717、C1392、C1394、C1401、E330、E997、E1233
609	ASTM C1489- 15	建筑用石灰膏规范 Standard Specification for Lime Putty for Structural Purposes	建筑水硬性或快硬性石膏产品质量要求	适用范围、化学组分、塑性、残留物、浸泡时间、膨化和点蚀、密度、取样检查、试验方法	ASTM: C5、C25、C50、C110、C185、C206、C207
610	ASTM C1490- 14	无损探测试验人员的选择、培训和资格鉴定导则 Standard Guide for the Selection，Training and Qualification of Nondestructive Assay（NDA）Personnel	使用无损探测试验仪器进行检测数据分析、率定、计量、结果审查等人员的培训、资格、专业能力的要求	适用范围、无损探测试验、责任和义务、人员选择、培训、资质	ASTM： C1030、C1133、C1207、C1221、C1268、C1316、C1455、C1458
611	ASTM C1491- 11	混凝土屋面铺筑材料规范 Standard Specification for Concrete Roof Pavers	用水泥、水及合适的矿物骨料铺筑材料作为屋面板和屋顶防护膜的质量要求	适用范围、材料、物理性能、透水性、面饰和外观、取样检测、合格条件	ASTM: C33、C140、C150、C331、C595、C618、C989、C1262、C1157、C1209、C232
612	ASTM C1492- 03（2009）	混凝土屋顶瓦规范 Standard Specification for Concrete Roof Tile	混凝土屋面瓦的生产制作和检测质量标准规定	适用范围、分类、材料、生产制作、取样检测方法	ASTM: C33、C67、C90、C140、C150、C331、C494、C595、C618、C979、C989、C1157
613	ASTM C1496-11	外墙和浆砌石墙外部尺寸的评估和维护导则 Standard Guide for Assessment and Maintenance of Exterior Dimension Stone Masonry Walls and Facades	通过观察外暴露浆砌石墙体和外墙的外部尺寸评估和诊断主要施工缺陷以确定是否需要修补的标准	适用范围、检查导则、日常维护、块石评估程序、检查区域、一般缺陷和典型修补	ASTM: C119
614	ASTM C1497-12	纤维素纤维保温材料规范 Standard Specification for Cellulosic Fiber Stabilized Thermal Insulation	纤维素纤维稳固的保温材料的生产制作标准	适用范围、材料和生产、物理化学性能、工艺、面饰、外观、收缩、沉淀、密度、抗真菌性、水分蒸发和吸收、异味排行、阻燃、隔热、腐蚀性、检查	ASTM: C167、C168、1149、C1304、C1338、E970

续表

序号	标准号	标准名称	针对性	主要内容	相关参考文献
615	ASTM C1498-04a（2010）	建筑材料吸湿等温线试验方法 Standard Test Method for Hygroscopic Sorption Isotherms of Building Materials	建筑材料吸湿等温线试验室试验程序	适用范围、试验仪器、试验程序、结果计算、试验误差、报告	ASTM：E104、E337
616	ASTM C1499-15	室温下高级陶瓷单向等双轴抗弯强度的试验方法 Standard Test Method for Monotonic Equibiaxial Flexural Strength of Advanced Ceramics at Ambient Temperature	高级陶瓷抗弯强度试验	适用范围、试验仪器、试验程序、结果计算、试验误差、报告	ASTM：C1145、C1239、C1259、C1322、E4、E6、E83、E337、E380
617	ASTM C1501-14	试验室加速风化程序测定建筑结构密封胶颜色稳定性的试验方法 Standard Test Method for Color Stability of Building Construction Sealants As Determined by Laboratory Accelerated Weathering Procedures	通过在试验室进行加速分化试验，确定建筑密封胶颜色稳定性	适用范围、试验仪器、试验程序、结果计算、试验误差、报告	ASTM：C717、C1442、D1729、D2244、G113、G151、G154、G155
618	ASTM C1503-08（2013）	镀银平板玻璃镜规范 Standard Specification for Silvered Flat Glass Mirror	镀银平板玻璃镜的分类、质量标准要求	适用范围、分类和用途、质量标准	ASTM：B117、C162、C1036、E903
619	ASTM C1504M-13a	预制钢筋混凝土三边结构涵管和排水管生产规范 Standard Specification for Manufacture of Precast Reinforced Concrete Three-Sided Structures for Culverts and Storm Drains	用于施工箱涵、排水沟的预制三边钢筋混凝土构件的生产制作	适用范围、构件类型、合格依据、材料、设计、接缝、物理要求、制作、容许离差、修补、检查	ASTM：A82、A185、A496、A497、A615M、A616M、A617M、C31、C33、C39、C150、C309、C494、C497、C595、C822、C989
620	ASTM C1505-01（2007）	三点载荷法测定瓷砖断裂强度的试验方法 Standard Test Method for Determination of Breaking Strength of Ceramic Tiles by Three-Point Loading	陶瓷砖三点加荷法测定断裂强度的标准方法	适用范围、试验仪器、试验程序、结果计算、试验误差、报告	ASTM：C242
621	ASTM C1506-09	水硬性水泥基砂浆和水泥浆保水性试验方法 Standard Test Method for Water Retention of Hydraulic Cement-Based Mortars and Plasters	水泥砂浆和水泥浆保水性试验方法	适用范围、试验仪器、试验程序、结果计算、试验误差、报告	ASTM：C109、C185、C305、C670、C1437

续表

序号	标准号	标准名称	针对性	主要内容	相关参考文献
622	ASTMC1513-13	冷弯型钢架连接件自攻螺丝规范 Standardspecification for Steel Tapping Screws for Cold-Formed Steel Framing Connections	用于冷弯型钢架连接的自钻式和自攻式螺丝	自攻螺丝的分类、物理尺寸、外观要求、性能要求、包装和标记要求、测试标准和方法	ASTM：A370、A510、B117、C11、C645、C955、F1941； ANSI/ASME：B18.18.1M、B18.6.4 SAE：J78、J933
623	ASTM C1515-11	外用装饰块石垂直面和水平面清理导则 Standard Guide for Cleaning of Exterior Dimension Stone，Verticaland Horizontal Surfaces，New or Existing	适用于商业、住宅、公共结构的外用装饰块石，不适合那些需要修复、严重污染和染色的块石	外用装饰块石日常维护、抛光、打磨、饰面、一般和有机污点清理、金属污点清理	ASTM：C119、C503、C568、C615、C616、C629
624	ASTM C1516-05（2011）	直接涂装的外饰面系统应用规程 Standard Practice for Application of Direct-Applied Exterior Finish Systems	适用于在现场直接涂装的外饰面系统，基层用非金属加强网，涂层干燥厚度为1.6mm～2.4mm	涂装材料的运送、检查、储存、环境条件、基层涂装条件、加强内涂层、外涂层、内外涂层施工期间的养护、清理	ASTM：C11、C1063、C1177、C1186、C1278、C1325、E1825
625	ASTM C1518-04（2014）	预硫化弹性硅胶封缝料规范 Standard Specification for Precured Elastomeric Silicone Joint Sealants	适用于预塑化弹性硅树脂接缝密封材料的试验室检验及储存	预塑化弹性硅树脂接缝密封材料的分类、要求、试验方法及储备条件	ASTM：C717、C1442、C1523、D1566、G113
626	ASTM C1519-10	用实验室加速老化法评估建筑施工密封剂耐久性的规程 Standard Practice for Evaluating Durability of Building Construction Sealants by Laboratory Accelerated Weathering Procedures	通过实验等方式直观评估和描述建筑物密封剂的耐久性和老化因素	实验器具、试剂和材料、试样要求、试验程序、计算方法、试验报告编写、试验精度要求	ASTM：C717、C719、C1442、G113、G141、G151、G154、G155
627	ASTM C1520-02（2010）	乳胶密封剂可涂漆性导则 Standard Guide for Paintability of Latex Sealants	确定乳胶密封剂、填缝剂与涂刷油漆的匹配性	使用温度、相对含水率、油漆型号、密封剂型号、固结时间、工具、基质效应、适应的建筑类型、会出现的变化、开裂、颜色调配和光泽	ASTM：C717、D1729、D2244、E284
628	ASTM C1521-13	评价已安装的防风化密封接头黏结性的规程 Standard Practice for Evaluating Adhesion of Installed Weatherproofing Sea-lantjoints1	已安装防风化密封接头黏结性的评价标准	密封接头对其黏结性的评价方法的设备、试剂和材料、试样要求、试验程序、计算方法、试验报告编写、试验精度要求	ASTM：C717

续表

序号	标准号	标准名称	针对性	主要内容	相关参考文献
629	ASTM C1522-05（2013）	常温液态涂装法施工的弹性防水薄膜热老化后伸展性的试验方法 Standard Test Method for Extensibility After Heat Aging of Cold Liquid-Applied Elastomeric Waterproofing Membranes1	适用于防水薄膜老化后出现裂纹的确定方法以及裂纹修复	试验器具、混合方法、试验程序、计算方法、试验报告编写、试验精度要求	ASTM：C717、C1250、C1375
630	ASTM C1523-10	硫化弹性接缝料的模数、撕裂性和黏结性测定试验方法 Standard Test Method for Determining Modulus，Tear and Adhesion Properties of Precured Elastomeric Joint Sealants	适用于试验室中测试硫化弹性接缝料在硅酸盐水泥砂浆基层或其他基层上的撕裂性、黏结性和模数	测试接缝料性能的试验装置、材料、模拟气候条件、试验方法	ASTM：C717、C1375、C1442、D1566、G113、G151、G154、G155
631	ASTM C1524-02a（2010）	骨料中水提取氯化物试验方法（索氏提取法） Standard Test Method for Water-Extractable Chloride in Aggregate（Soxhlet Method）	适用于骨料、混凝土、砂浆中超过一定量的氯化物的检测	检测装置、试样准备、提取方法	ASTM：C114、C670、C1152、C1218、D75、D1193、E11
632	ASTM C1525-04（2013）	通过水淬法检测高级陶瓷耐热震性的标准实验方法 Standard Test Method for Determination of Thermal Shock Resistance for Advanced Ceramics by Water Quenching	主要适用于致密整块陶瓷材料，但也适用于诸如晶须或微粒增强的宏观均质陶瓷基复合材料	试验器具和材料、试样要求、试验程序、计算方法、试验报告编写、试验精度要求	ASTM：C373、C1145、C1161、C1239、C1322、E4、E6、E616 EN：820-3
633	ASTM C1526-08（2014）	装饰用蛇纹块石规范 Standard Specification for Serpentine Dimension Stone	涵盖了一般建筑物用蛇纹石的所有材料特性、物理要求	取样、选取方法、物理性能要求	ASTM：C97、C99、C119、C170、C241、C880、C1353、C18
634	ASTM C1527-11	装饰用石灰华块石规范 Standard Specification for travertine Dimension Stone	适用于一般建筑和结构	适用范围、材料性能、物理性能、取样方法	ASTM：C97、C99、C119、C170、C241、C880、C1353
635	ASTM C1528-15	外墙装饰用块石选型导则 Standard Guide for Selection of Dimension Stone for Exterior Use	行业共识标准，由工程师、建筑师、地质学家与天然石材的生产者、安装者合作起草	建筑结构、设计与施工、规格尺寸块石、圬工构件、天然石	ASTM：C99、C119、C120、C121、C170、C217、C241、C295、C241、C295、C406、C503、C568、C615、C616、C629、C880、C1201、C1242、C1352、C1353、C1354
636	ASTM C1529-06a（2011）	环保用生石灰、熟石灰和石灰石规范 Standard Specification for Quicklime，Hydrated Lime，and Limestone for Environmental Uses	适用于环保用的石灰和石灰石	材料的物理化学特性、一般要求、取样和检查、检验方法	ASTM：C25、C50、C51、C110、C400、C07、D6249

续表

序号	标准号	标准名称	针对性	主要内容	相关参考文献
637	ASTM C1530M－04（2014）	不同剖面和厚度的非石棉纤维水泥屋面板、屋顶板和盖板规范 Standard Specification for Non-Asbestos Fiber-Cement Roofing Shakes，Shingles，and Slates with Designed Varying Profiles and Thicknesses	不同剖面和厚度的非石棉纤维水泥屋面板、屋顶板和盖板的设计要求	非石棉纤维水泥产品、物理特性、屋顶、屋顶与防水、屋面板、盖板、厚度、风化	ASTM：C222、C1154、C1185、C1225、C1459、C168、C177、C1044、D3359、E108、E284、G152、G153、G155
638	ASTM C1531-15	现场测量砌筑砂浆接缝抗剪强度指标的试验方法 Standard Test Methods for in Situ Measurement of Masonry Mortar Joint Shear Strength Index	确定用黏土或混凝土建造的无筋的实体砌块和空心砌块的平均接缝抗剪强度指标	试验器具、正常压应力状态、试验现场准备、程序、试验报告、精度要求	ASTM：C1180、C1196、C1197、C1209、C1232、E4
639	ASTM C1532-12	从施工现场获取砌筑样本的选择、移除和运输规程 Standard Practice for Selection，Removal，and Shipment of Masonry Specimens From Existing Construction	涵盖在施工现场选择、移动和装运圬工试件的程序	砌筑的定义和用法、选择、移除装运、取样和实验、报告要求	ASTM：C43、C1180、C1209、C1232、C1420、C15、E122
640	ASTM C1534-12	用作管道隔热吸音衬护的弹性聚合物泡沫保温板规范 Standard Specification for Flexible Polymeric Foam Sheet Insulation Used As Athermal and Sound Absorbing Liner for Duct Systems	适用于柔性无面层的泡沫板，用于温度达121℃的空调管道的内表面	适用范围、物理性能、鉴定和检验要求、尺寸、施工要求、取样、实验方法、检查、证书、产品标记、包装	ASTM：C168、C177、C209、C390、C411、C423、C518、C634、C665、C1045M、C1071、C1104、C1114、C1304、C1338、E84、E176、E795、G21
641	ASTM C1535-05（2011）	PI类外墙保温和饰面系统应用规程 Standard Practice for Application of Exterior Insulation and Finish Systems Class PI	适用于PI类外墙外保温和饰面系统现场安装或预装配的最低要求和安装程序	材料的运输、检查、材料储存、环境条件、安装前基面的条件评估、绝缘板安装、一般要求、强化的底涂层、面涂层施工、涂层养护、清理	ASTM：C11、C79M、C150、C1063、C1177、C1186、C1278M、C1280、C1289、C1325、C1382、C1472、C1481、E2110、E1825
642	ASTM C1540-11	重型防护接头连接无衬套铸铁下水管和管件的规范 Standard Specification for Heavy Duty Shielded Couplings Joining Hubless Cast Ironsoil Pipe and Fittings	评估重型防护接头连接无衬套铸铁下水管和管件的性能	材料和加工要求、弹性垫圈和夹具总成要求、管接头要求和试验方法、标记和标识	ASTM：A240、A493、A888、C564、C717

续表

序号	标准号	标准名称	针对性	主要内容	相关参考文献
643	ASTM C1541-12	使用柔韧 PVC 垫圈和不同的 DWV 管及管件的带防护转换接头的规范 Standard Specification for Shielded Transition Couplings Using Flexible Poly Vinyl Chloride（PVC）Gaskets to Connect Dissimilar DWV Pipe and Fittings	地上或地下使用的柔韧 PVC 垫圈和不同 DWV 管及管件的带防护转换接头	材料和加工要求、接头处理要求、弹性垫圈和管夹总成要求、管接头要求和试验方法	ASTM：C493、C717、D5926
644	ASTM C1542M- 14	测量混凝土芯长度的试验方法 Standard Test Method for Measuring Length of Concrete Cores	测量从混凝土结构当中钻取的混凝土芯的长度	试验器材、试验步骤、试验报告的书写和精度要求	ASTM：C42M、C174、C670
645	ASTM C1543- 10a	浸泡法测定氯离子侵入混凝土的试验方法 Standard Test Method for Determining the Penetration of Chloride Ion into Concrete by Ponding	用氯化钠溶液池测定氯离子侵入混凝土的测定	试验器具、试剂要求、试样要求、试验程序、报告编写、精度要求	ASTM：C125、C192M、C672M、C1152M、C1202 AASHTO：T259
646	ASTM C1546- 02（2014）	隐蔽式天花板辐射加热系统中安装石膏产品导则 Standard Guide for Installation of Gypsum Products in Concealed Radiant Ceiling Heating Systems	适用于隐蔽式天花板辐射加热系统安装石膏产品	使用范围、系统的设计安装与维修	ASTM：C840、C841、C842、C07
647	ASTM C1547- 02（2013）	熔铸耐火砖和型砖标准分类 Standard Classification for Fusion-Cast Refractory Blocks and Shapes	适用于商业熔铸耐火砖和型砖，不适用于熔铸颗粒或珠状物	耐火材料分类、各种矿物质含量的分类、检测方法、复试要求	ASTM：C08、C1118、E1479
648	ASTM C1548- 02（2012）	振动脉冲激振法测定耐火材料动态杨氏模量、剪切模量和泊松比试验方法 Standard Test Method for Dynamic Young's Modulus，Shear Modulus，and Poisson's Ratio of Refractory Materials by Impulse Excitation of Vibration	适用于室温下量测基础共振频率，计算动态杨氏模量、剪切模量和泊松比	耐火材料要求、用途、实验所需设备、试样的要求、实验方法和程序、共振频率、计算方法、报告要求、精度和误差	ASTM：C71、C215、C885、C1259
649	ASTM C1549- 09（2014）	便携太阳反射计测定室温下日光反射比的试验方法 Standard Test Method for Determination of Solar Reflectance Near Ambient Temperature Using a Portable Solar Reflectometer	适用于在实验室或在现场用商用便携式太阳反射计测定平板不透明材料的太阳反射比	使用范围、试验器具、试验程序、报告编制、精度要求	ASTM：C168、E691、E903

续表

序号	标准号	标准名称	针对性	主要内容	相关参考文献
650	ASTM C1550-12a	纤维加强的混凝土弯曲韧性试验方法（使用集中加载圆板） Standard Test Method for Flexural Toughness of Fiber Reinforced Concrete (Using Centrally Loaded Round Panel)	适用于纤维加强的混凝土弯曲韧性的测量	使用范围、试验器具、样本准备和取样、试验环境、试验程序、计算方法、报告准备、精度要求	ASTM：C31M、C125、C670、C09、C1550
651	ASTM C1552- 12	用于抗压试验的混凝土砌块、相关构件、砌筑棱柱体上下面找平的规程 Standard Practice for Capping Concrete Masonry Units, Related Units and Masonry Prisms for Compression Testing	适用于混凝土砌块、相关构件、砌筑棱柱体抗压试件的上下承压面的找平	找平使用的器具和材料、找平的程序	ASTM：C140、C472、C617、C1093、C1209、C1232、C1314
652	ASTM C1556- 11a	胶凝混合物表观氯离子扩散系数试验方法（体扩散法） Standard Test Method for Determining the Apparent Chloride Diffusion Coefficient of Cementitious Mixtures by Bulk Diffusion	适用于在试验室确定已硬化的水泥混合物的表观氯离子扩散系数	试验器具、试剂和材料、试样要求、试验程序、计算方法、试验报告编写、试验精度要求	ASTM：C31M、C42M、C125、C192M、C670、C1152M、C1202 NT BUILD：443
653	ASTM C1558-12	保温材料热传导试验资料的电算化标准数据记录整理导则 Standard Guide for Development of Standard Data Records for Computerization of Thermal Transmission Test Data for Thermal Insulation	适用于保温材料和类似材料的热传导试验资料进行标准化记录整理	试验数据的记录要求、检验材料的标识方法、材料的微观结构、检验方法、样品描述、和试验结果和分析方法	ASTM：C168、C177、C335、C518、C745、C1033、C1044、C1045、C1114、C1363、C168、C177、C1044 ISO：8301、8497、8990、8302 KSO：8302
654	ASTM C1560- 03（2009）	玻璃纤维强化的水泥基复合材料热水加速老化法试验方法 Standard Test Method for Hot Water Accelerated Aging of Glass-Fiber Reinforced Cement-Based Composites	适用于玻璃纤维强化的水泥基复合材料的加速老化测试	试验器具、试验程序、计算方法和结果解释、报告编制	ASTM：C947、C1228
655	ASTM C1563- 08（2013）	污水、废水、通气和雨水管系统中用于连接承插铸铁污水管和管件的垫圈的试验方法 Standard Test Method for Gaskets for Use in Connection with Hub and Spigot Cast Iron Soil Pipe and Fittings for Sanitary Drain, Waste, Vent, and Storm Piping Applications	用于检验污水、废水、通气和雨水管系统中连接承插铸铁污水管和管件的压缩型垫圈	垫圈的物理性能、材料要求、标记要求、检测器具、取样和测试频度、承插管标准、试验程序	ASTM：A74、A644、C564

续表

序号	标准号	标准名称	针对性	主要内容	相关参考文献
656	ASTM C1564-04（2009）	防护玻璃系统中的有机硅密封胶应用导则 Standard Guide for Use of Silicone Sealants for Protective Glazing Systems	适用于建筑物施工的防护玻璃系统中的有机硅密封胶的使用方法	防护玻璃系统的功能和密封件的作用、规定了密封胶的性能、设计方法、安装方法、维护维修程序	ASTM：C717、C719、C794、C920、C1087、C1135、C1184、C1193、C1394、C1401、C1472、D624、E631、E1886、F1642
657	ASTM C1565-09	确定硅酸盐水泥储运固结指数的试验方法 Standard Test Method for Determination of Pack-Set Index of Portland Cement	适用于硅酸盐水泥的储运固结指数的确定，储运固结指数反映水泥粉料的流动性指标，数值越小说明流动性越好，越容易装卸	影响储运固结指数的因素、规定了试验器具、试验程序、计算方法、报告编制	ASTM：C1005
658	ASTM C1567-13	确定胶凝材料和骨料结合物潜在碱硅反应的试验方法（快速砂浆棒法） Standard Test Method for Determining the Potential Alkali-Silica Reactivity of Combinations of Cementitious Materials and Aggregate（Accelerated Mortar-Bar Method）	适用于检测16d内有潜在有害碱硅反应的胶凝材料和骨料结合物	使用的器具、环境条件、骨料取样方法和试样准备、胶凝材料选择和试样准备、试验程序、计算方法、报告编写、精度要求	ASTM：C109M、C125、C150、C151、C305、C490、C494M、C511、C618、C670、C989、C1240、C1260、C1293、C1437、D1193、E11
659	ASTM C1568-08（2013）	混凝土和黏土屋面瓦抗风性试验方法（机械拉拔法） Standard Test Method for Wind Resistance of Concrete and Clay Roof Tiles（Mechanical Uplift Resistance Method）	用机械拉拔法检测混凝土和黏土瓦屋面的抗风性能，屋面瓦的固定方式为机械紧固式、胶黏剂粘贴式、砂浆粘贴式或以上组合固定方式	试验器具、试验环境条件、检验程序、机械抗拉拔力计算、不同方式固定瓦的要求及破坏准则、报告编制	ASTM：C43、C67、C140、C1167、C1492
660	ASTM C1569-03（2009）	混凝土和黏土屋面瓦抗风性试验方法（风道法） Standard Test Method for Wind Resistance of Concrete and Clay Roof Tiles（Wind Tunnel Method）	适用于风道法进行混凝土和黏土瓦屋面的抗风性能检测，模拟风速为31m/s～58m/s	试验需要的器具、试验环境条件、检验程序、破坏准则、报告编制	ASTM：C43、C67、C140、C1167、C1492、C1568、C1570
661	ASTM C1570-03（2009）	混凝土和黏土屋面瓦抗风性试验方法（透气法） Standard Test Method for Wind Resistance of Concrete and Clay Roof Tiles（Air Permeability Method）	适用于透气法进行混凝土和黏土瓦屋面的抗风性能检测，瓦的厚度在3mm～51mm之间	试验需要的器具、器具的气密性检查方法、试样要求、试验段的准备、检验程序、判别准则、报告编制	ASTM：C43、C67、C140、C1167、C1492

续表

序号	标准号	标准名称	针对性	主要内容	相关参考文献
662	ASTM C1574-04（2013）	适用于气动加工的松散填充矿物纤维隔热材料吹制密度测定导则 Standard Guide for Determining Blown Density of Pneumatically Applied Loose-Fill Mineral Fiber Thermal Insulation	适用于可以采用气动法加工的松散填充矿物纤维隔热材料的吹制密度的测定，可用于厂家的产品设计、审核和质量控制	试验的器具、检验程序、报告编制、精度要求	ASTM：C168、C1374 RR：C16-1027
663	ASTM C1577-13a	按 AASHTO 设计的用于涵洞、雨水沟、下水道的预制混凝土箱涵规范 Standard Specification for Precast Reinforced Concrete Box Sections for Culverts，Storm Drains，and Sewers Designed According to A AASHTO LRFD	适用于涵洞、雨水沟、工业废水和下水道的单孔预制钢筋混凝土箱涵	箱涵的材料要求、设计要求、接头要求、加工制造要求、混凝土强度检测方法、尺寸偏差要求、缺陷修复、废品判别、标记要求	ASTM：A82、A185、A496、A497、A615M、C31M、C33、C150、C309、C497、C596、C618、C822、C989、C1116
664	ASTM C1580-09	土壤中水溶性硫酸盐试验方法 Standard Test Method for Water-Soluble Sulfate in Soil	适用于土壤中水溶性硫酸盐的测定，水溶性硫酸盐按照质量计在 0.02%～0.33%之间。该试验不测定硫的含量	试验器具、试剂和材料要求、仪器率定、试验程序、计算和结果解释、报告编制、精度要求	ASTM：C114、D1193、E60、E275
665	ASTM C1582M-11	抑制混凝土中钢筋氯化物腐蚀的外加剂规范 Standard Specification for Admixtures to Inhibit Chloride-Induced Corrosion of Reinforcing Steel in Concrete	适用于抑制氯化物腐蚀的混凝土外加剂	试验的总体要求、抑制腐蚀性能、包装和包装标记、外加剂储存、取样要求、外加剂失效规定、检验方法、报告编制	ASTM：C39M、C78、C125、C143M、C150、C157M、C231、C260、C33、C403M、C494M、C666、C1152M、G15、G109 ACI：211.1
666	ASTM C1583-13	混凝土表面抗拉强度和混凝土修补/覆盖材料黏结强度或抗拉强度标准检验方法（直接拔出法） Standard Test Method for Tensile Strength of Concrete Surfaces and the Bond Strength or Tensile Strength of Concrete Repair and Overlay Materials by Direct Tension（Pull-Off Method）	适用于在现场和试验室测定：在修补或铺设覆盖材料前，作为基面的混凝土近表面的抗拉强度；修补或覆盖材料与基面的黏结强度；修补或覆盖材料的抗拉强度，或作为用于维修的黏合剂已应用于基面后的抗拉强度	试验器具、需用材料、取样要求、表面准备、试样的准备、试验程序、报告编制、精度要求	ASTM：C125、C881M、C900 ACI：503R

续表

序号	标准号	标准名称	针对性	主要内容	相关参考文献
667	ASTM C1585-13	水硬性水泥混凝土吸水率测定的试验方法 Standard Test Method for Measurement of Rate of Absorption of Water by Hydraulic-Cement Concretes	适用于水硬性水泥混凝土吸水率的测量	试验器具、试剂和材料、取样要求、样品准备、试验程序、计算方法、报告编制、精度要求	ASTM：C31M、C42M、C125、C192M、C642、C1005
668	ASTM C1586-05（2011）	砂浆质量保证和评估导则 Standard Guide for Quality Assurance of Mortars	适用于在试验室和施工现场制备的砌筑砂浆的质量评估	砌筑砂浆的详细要求、质量保证和检验方法、砂浆的施工前和施工特性评估	ASTM：C144、C270、C780
669	ASTM C1587M-15	用于抗压强度检验的现场拆除的成品砌体单元和砌体样品制备的规程 Standard Practice for Preparation of Field Removed Manufactured Masonry Units and Masonry Specimens for Compressive Strength Testing	现场拆除的成品砌体单元和砌体样品试验前的准备，用于在试验室进行抗压强度检验	样品的检查、试验单元和棱柱体的制备、报告编制	ASTM：C43、C67、C140、C1180、C1209、C1232、C1314、C1420、C1532
670	ASTM C1589-13	结构密封和密封材料户外风化规程 Standard Practice for Outdoor Weathering of Construction Seals and Sealants	测定抗风化耐久性的建筑密封、密封材料的户外暴漏程序	试验器具、取样准备、样品要求、检验场地、暴漏时段、试验程序、报告编制	ASTM：C717、E772、G7、G24、G84、G113、G147、G178
671	ASTM C1601-11	现场测定砌筑墙表面透水性的试验方法 Standard Test Method for Field Determination of Water Penetration of Masonry Wall Surfaces	适用于任何能正确地安装仪器并进行试验的砌石墙表面，现场测定砌筑墙表面的渗水性	试验器具、试验可能造成的危害、试验程序、记录和观察要求、计算方法、报告编制	ASTM：C1232、E514
672	ASTM C1602M-12	水硬性水泥混凝土拌和用水规范 Standard Specification for Mixing Water Used in the Production of Hydraulic Cement Concrete	适用于水凝混凝土拌和用水的成分和性能要求	拌和水的构成和要求、和不同水源来水的试验要求	ASTM：C31M、C39M、C94M、C114、C125、C192M、C403M、C1603 ACI：318
673	ASTM C1603-10	水中固体物检测试验方法 Standard Test Method for Measurement of Solids in Water	适用于混凝土拌和用水中的固体成分检测	试验器具、密度测量方法、固体成分测量方法、密度和固体成分的关系建立、报告编制、精度要求	ASTM：C29M、C670、C1602M

续表

序号	标准号	标准名称	针对性	主要内容	相关参考文献
674	ASTM C1604M- 05（2012）	喷混凝土钻芯取样测试试验方法 Standard Test Method for Obtaining and Testing Drilled Cores of Shotcrete	适用于喷射混凝土钻芯法取样、准备和检测，用于检测芯样长度、抗压强度、劈裂抗拉强度	试验器具、芯样长度量测要求、用于测量强度的芯样要求、计算方法、报告编制、精度要求	ASTM：C39M、C42M、C125、C174M、C496M、C617、C670、C823、C1140、C1231M ACI：318I、506
675	ASTM C1608- 12	水硬性水泥浆化学收缩试验方法 Standard Test Method for Chemical Shrinkage of Hydraulic Cement Paste	适用于水硬性水泥浆化学收缩的测定，有体积法和密度法两种检测方法	试验器具、试剂和材料、试验程序、计算方法、报告编制、精度要求	ASTM：C186、C188、C219、C305、C511、C1005
676	ASTM C1616-07（2012）	无机保温材料含水量测定试验方法 Standard Test Method for Determining The Moisture Content of Inorganic Insulation Materials by Weight	适用于无机保温材料含水量的测定，指标为材料干重的百分比	试验器具、取样和试样准备、试验程序、计算方法、报告编制	ASTM：C168、C302、C303、C390
677	ASTM C1618- 05（2013）	负压（真空）或正压法混凝土污水管标准检验方法 Standard Test Method for Concrete Sanitary Sewer Pipe by Negative（Vacuum）or Positive Air Pressure	适用于现场有漏水率要求的预制混凝土污水管的工厂检测，在出厂前进行	安全注意事项、试验器具、管子的准备、负压法和正压法试验程序	ASTM：C822、C924、C969、C1214
678	ASTM C1619- 11	混凝土构件结合缝弹性密封规范 Standard Specification for Elastomeric Seals for Joining Concrete Structures	适用于自流式或低水头的预制混凝土构件接缝的弹性密封	密封的分类、密封材料要求、尺寸和误差、物理性能要求、检验方法、检验频度、材料证明、密封的储存和标记	ASTM：C14、C14M、C118、C118M、C361、C361M、C443、C443M、C497、C497M、C505、C505M、C822、D395、D412、D471、D573、D1149、D1566、D2240、D2527
679	ASTM C1624- 05（2010）	定量单点划痕检验法确定陶瓷涂层附着强度和机械破坏模式试验方法 Standard Test Method for Adhesion Strength and Mechanical Failure Modes of Ceramic Coatings by Quantitative Single Point Scratch Testing	在环境温度下测定母体为金属和陶瓷材料的硬（维氏硬度不小于 5GPa）、薄（不大于 30μm）陶瓷涂层的实际附着强度和机械破坏模式	检查方法和实验控制、对结果的影响因素、试验器具、试样要求、率定方法、试验程序、计算方法、报告编制	ASTM：B659、E4、E18、E750、E1932 ASME：B46.1 CENprEN：1071-3
680	ASTM C1692	蒸压加气混凝土砌块规程 Standard Practice for Construction and Testing of Autoclaved Aerated Concrete（AAC）Masonry	适用于蒸压加气混凝土（AAC）砌块的施工和测试	加气混凝土、蒸压、轻质混凝土、圬工构件	ASTM：C270、C476、C1072、C1232、C1660、C1691、C1717、E96M、E514、E518、E519 ACI：530.1-02 ASCE：6-02 TMS：602-02

续表

序号	标准号	标准名称	针对性	主要内容	相关参考文献
681	ASTM C1695-10（2015）	热环境中使用的可拆卸和重复使用的隔热铺盖的制作要求 Standard Specification for Fabrication of Flexible Removable and Reusable Blanket Insulation for Hot Service	用于环境温度 538℃条件下的铺盖的材料与制作要求	隔热铺盖、制作、高温应用、制作程序	ASTM：C168、C553、C680、C892、C1086、C1129、D3389、D3776、D3786、D5034、D5189、D5586、D6413 MIL：C-20079

附　录

引用标准名录

序号	标　准　名　称	标准号
一、综合标准		
（一）通用标准		
1	电力行业词汇　第3部分：发电厂、水力发电	DL/T 1033.3—2014
2	水力发电厂通信设计规范	NB/T 35042—2014
3	水电水利工程通信设计内容和深度规定	DL/T 5184—2004
4	水电枢纽工程等级划分及设计安全标准	DL 5180—2003
5	水利工程代码编制规范	SL 213—2012
（二）管理标准		
6	水电厂金属技术监督规程	DL/T 1318—2014
7	水电水利工程施工监理规范	DL/T 5111—2012
8	水电工程招标设计报告编制规程	DL/T 5212—2005
9	大坝安全监测系统施工监理规范	DL/T 5385—2007
10	水电水利工程项目建设管理规范	DL/T 5432—2009
11	水电工程建设征地移民安置综合监理规范	NB/T 35038—2014
12	大中型水电工程建设风险管理规范	GB/T 50927—2013
13	水工金属结构焊工考试规则	SL 35—2011
14	水利质量检测机构计量认证评审准则	SL 309—2013
15	爆破作业单位资质条件和管理要求	GA 990—2012
16	爆破作业项目管理要求	GA 991—2012
（三）规划标准		
17	水情自动测报系统技术条件	DL/T 1085—2008
18	水电工程可行性研究报告编制规程	DL/T 5020—2007
19	河流水电规划编制规范	DL/T 5042—2010
20	水电水利工程工程量计算规定	SL 328—2005
21	水电水利工程施工总布置设计导则	DL/T 5192—2004
22	水电工程预可行性研究报告编制规程	DL/T 5206—2005
23	抽水蓄能电站设计导则	DL/T 5208—2005
24	水利水电工程水文计算规范	DL/T 5431—2009
25	水电建设项目经济评价规范	DL/T 5441—2010

续表

序号	标 准 名 称	标准号
26	梯级水电站水调自动化系统设计规范	NB/T 35001—2011
27	水电工程水情自动测报系统技术规范	NB/T 35003—2013
28	抽水蓄能电站选点规划编制规范	NB/T 35009—2013
29	水电工程节能降耗分析设计导则	NB/T 35022—2014
30	水电工程投资匡算编制规定	NB/T 35030—2014
31	水电工程安全监测系统专项投资编制细则	NB/T 35031—2014
32	水电工程调整概算规定	NB/T 35032—2014
33	水电工程环境保护专项投资编制规程	NB/T 35033—2014
34	水电工程投资估算编制规定	NB/T 35034—2014
35	水利水文自动化系统设备检验测试通用技术规范	GB/T 20204—2006
36	水文情报预报规范	GB/T 22482—2008
37	取水计量技术导则	GB/T 28714—2012
38	小型水力发电站设计规范	GB 50071—2002
39	水利水电工程结构可靠度设计统一标准	GB 50199—2013
40	水利水电工程节能设计规范	GB/T 50649—2011
41	小型水电站技术改造规程	GB/T 50700—2011
42	降水量观测规范	SL 21—2006
43	水文站网规划技术导则	SL 34—2013
44	中小河流水能开发规划编制规程	SL 221—2009
45	水文资料整编规范	SL 247—2012
46	凌汛计算规范	SL 428—2008
47	堰塞湖风险等级划分标准	SL 450—2009
48	堰塞湖应急处置技术导则	SL 451—2009
49	水利水电建设项目水资源论证导则	SL 525—2011
50	水工建筑物与堰槽测流规范	SL 537—2011
51	水能资源调查评价导则	SL 562—2011
52	水利水电工程水文自动测报系统设计规范	SL 566—2012
53	洪水调度方案编制导则	SL 596—2012
（四）勘测标准		
54	水电水利工程岩体观测规程	DL/T 5006—2007
55	水电水利工程物探规程	DL/T 5010—2005
56	水电水利工程钻探规程	DL/T 5013—2005
57	水利水电工程坑探规程	DL/T 5050—2010
58	水电水利工程地质测绘规程	DL/T 5185—2004

续表

序号	标 准 名 称	标准号
59	水电水利工程地质勘察水质分析规程	DL/T 5194—2004
60	水电水利工程区域构造稳定性勘察技术规程	DL/T 5335—2006
61	水电水利工程水库区工程地质勘察技术规程	DL/T 5336—2006
62	水电水利工程边坡工程地质勘察技术规程	DL/T 5337—2006
63	水利水电工程喀斯特工程地质勘察技术规程	DL/T 5338—2006
64	水利水电工程天然建筑材料勘察规程	DL/T 5388—2007
65	中小型水力发电工程地质勘察规范	DL/T 5410—2009
66	水电水利工程坝址工程地质勘探技术规程	DL/T 5414—2009
67	水电水利工程地下建筑物工程地质堪察技术规程	DL/T 5415—2009
68	水电工程施工地质规程	NB/T 35007—2013
69	水电工程地质观测规程	NB/T 35039—2014
70	水力发电工程地质勘察规范	GB 50287—2006
71	水利水电工程地质勘察规范	GB 50487—2008
72	河流泥沙颗粒分析规程	SL 42—2010
73	水利水电工程水文地质勘察规范	SL 373—2007
74	河道演变勘测调查规范	SL 383—2007
（五）移民标准		
75	水电工程建设征地移民安置规划设计规范	DL/T 5064—2007
76	水电工程建设征地处理范围界定规范	DL/T 5376—2007
77	水电工程建设征地实物指标调查规范	DL/T 5377—2007
78	水电工程农村移民安置规划设计规范	DL/T 5378—2007
79	水电工程移民专业项目规划设计规范	DL/T 5379—2007
80	水电工程移民安置城镇迁建规划设计规范	DL/T 5380—2007
81	水电工程水库库底清理设计规范	DL/T 5381—2007
82	水电工程建设征地移民安置补偿费用概(估)算编制规范	DL/T 5382—2007
（六）环保水保标准		
83	水电水利工程施工环境保护技术规程	DL/T 5260—2010
84	水电水利工程环境保护设计规范	DL/T 5402—2007
85	水电建设项目水土保持方案技术规范	DL/T 5419—2009
86	建筑工程绿色施工评价标准	GB/T 50640—2010
87	水土保持规划编制规程	SL 335—2006
88	水土保持工程质量评定规程	SL 336—2006
89	水土保持信息管理技术规程	SL 341—2006
90	水土保持监测设施通用技术条件	SL 342—2006

续表

序号	标 准 名 称	标准号
91	再生水水质标准	SL 368—2006
92	开发建设项目水土保持设施验收技术规程	SL 387—2007
93	水环境监测实验室安全技术导则	SL/Z 390—2007
94	有机分析样品前处理方法	SL 391—2007
95	固相萃取气相色谱/质谱分析法(GC/MS)测定水中半挥发性有机污染物	SL 392—2007
96	吹扫捕集气相色谱/质谱分析法(GC/MS)测定水中挥发性有机污染物	SL 393—2007
97	铅、镉、钒、磷等34种元素的测定	SL 394—2007
98	水利水电工程水质分析规程	SL 396—2011
99	水土保持试验规程	SL 419—2007
100	水土保持工程项目建议书编制规程	SL 447—2009
101	水土保持工程可行性研究报告编制规程	SL 448—2009
102	水土保持工程初步设计报告编制规程	SL 449—2009
103	水土保持监测点代码	SL 452—2009
104	岩溶地区水土流失综合治理规范	SL 461—2009
105	气相色谱法测定水中酚类化合物	SL 463—2009
106	气相色谱法测定水中酞酸酯类化合物	SL 464—2009
107	高效液相色谱法测定水中多环芳烃类化合物	SL 465—2009
108	生态风险评价导则	SL/Z 467—2009
109	河湖生态需水评估导则	SL/Z 479—2010
110	气相色谱法测定水中氯代除草剂类化合物	SL 495—2010
111	顶空气相色谱法（HS-GC）测定水中芳香族挥发性有机物	SL 496—2010
112	气相色谱法测定水中有机氯农药和氯联苯类化合物	SL 497—2010
113	水土保持数据库表结构及标识符	SL 513—2011
114	水土保持工程施工监理规范	SL 523—2011
115	入河排污口管理技术导则	SL 532—2011
116	水利水电工程水土保持技术规范	SL 575—2012
117	水土保持遥感监测技术规范	SL 592—2012
118	水资源保护规划编制规程	SL 613—2013
119	环境影响评价技术导则 水利水电工程	HJ/T 88—2003
120	建设项目竣工环境保护验收技术规范 水利水电	HJ 464—2009
（七）安全卫生标准		
121	水利水电工程劳动安全与工业卫生设计规范	GB 50706—2011
122	水电水利工程安全防护设施技术规范	DL/T 5162—2013

续表

序号	标准名称	标准号
123	履带起重机安全操作规程	DL/T 5248—2010
124	门座起重机安全操作规程	DL/T 5249—2010
125	汽车起重机安全操作规程	DL/T 5250—2010
126	水电水利工程施工机械安全操作规程 挖掘机	DL/T 5261—2010
127	水电水利工程施工机械安全操作规程 推土机	DL/T 5262—2010
128	水电水利工程施工机械安全操作规程 装载机	DL/T 5263—2010
129	水电水利工程混凝土搅拌楼安全操作规程	DL/T 5265—2011
130	水电水利工程缆索起重机安全操作规程	DL/T 5266—2011
131	水电水利工程施工重大危险源辩识及评价导则	DL/T 5274—2012
132	水电水利工程施工机械安全操作规程 凿岩台车	DL/T 5280—2012
133	水电水利工程施工机械安全操作规程 平地机	DL/T 5281—2012
134	水电水利工程施工机械安全操作规程 塔式起重机	DL/T 5282—2012
135	水电水利工程施工机械安全操作规程 混凝土泵车	DL/T 5283—2012
136	水电水利工程施工机械安全操作规程 专用汽车	DL/T 5302—2013
137	水电水利工程施工机械安全操作规程 运输类车辆	DL/T 5305—2013
138	水电水利工程施工项目度汛风险评估规程	DL/T 5307—2013
139	水电水利工程施工安全生产应急能力评估导则	DL/T 5314—2014
140	水电水利工程爆破安全监测规程	DL/T 5333—2005
141	水电水利建筑安装通用安全技术规范	DL/T 5370—2007
142	水电水利土建工程安全技术规范	DL/T 5371—2007
143	水电水利工程金属结构与机电设备安装安全技术规程	DL/T 5372—2007
144	水电水利工程施工作业人员安全技术操作规程	DL/T 5373—2007
145	水电水利工程施工机械安全操作规程 反井钻机	DL/T 5701—2014
146	水电水利工程施工机械安全操作规程 塔带机（报批稿）	DL/T 5722—2015
147	水电水利工程施工机械安全操作规程 履带式布料机（报批稿）	DL/T 5723—2015
148	水电水利工程施工机械安全操作规程 带式输送机（报批稿）	DL/T 5711—2014
149	水电工程安全预评价报告编制规程	NB/T 35015—2013
150	防洪风险评价导则	SL 602—2013
151	水运工程施工安全防护技术规范	JTS205-1—2008
（八）档案制图标准		
152	水电水利建设项目文件收集与档案整理规范	DL/T 1396—2014
153	水力发电工程 CAD 制图技术规定	DL/T 5127—2001

续表

序号	标　准　名　称	标准号
154	水电水利工程基础制图标准	DL/T 5347—2006
155	水电水利工程水工建筑制图标准	DL/T 5348—2006
156	水电水利工程水力机械制图标准	DL/T 5349—2006
157	水电水利工程电气制图标准	DL/T 5350—2006
158	水电水利工程地质制图标准	DL/T 5351—2006
159	电机和水轮机图　电机和水轮机图样简化规定	JB/T 7073—2006
（九）验收评价标准		
160	水电工程验收规程	NB/T 35048—2015
161	水电水利工程达标投产验收规程	DL 5278—2012
162	水电工程建设征地移民安置验收规程	NB/T 35013—2013
163	水电工程安全验收评价报告编制规程	NB/T 35014—2013
164	水电工程劳动安全与工业卫生验收规程	NB/T 35025—2014
165	水电工程勘探验收规程	NB/T 35028—2014
二、水工专业		
（一）设计标准		
01 通用部分		
01-01 临建及交通工程		
1	水电工程砂石加工系统设计规范	DL/T 5098—2010
2	水电水利工程施工压缩空气、供水、供电系统设计导则	DL/T 5124—2001
3	水电水利工程施工交通设计导则	DL/T 5134—2001
4	水电水利工程混凝土预热系统设计导则	DL/T 5179—2003
5	水电水利工程混凝土预冷系统设计导则	DL/T 5386—2007
6	水电工程混泥土生产系统设计规范	NB/T 35005—2013
7	水电工程对外交通专用公路设计规范	NB/T 35012—2013
01-02 导截流工程		
8	水利水电工程施工导截流模拟试验规程	DL/T 5361—2006
9	水电工程围堰设计导则	NB/T 35006—2013
10	水电工程施工导流设计导则	NB/T 35041—2014
01-03 土石方工程		
11	水工挡土墙设计规范	SL 379—2007
01-04 支护及边坡工程		
12	水电工程预应力锚固设计规范	DL/T 5176—2003
13	水电水利工程边坡设计规范	DL/T 5353—2006

续表

序号	标 准 名 称	标准号
01-05 混凝土工程		
14	水工混凝土结构设计规范	DL/T 5057—2009
15	水工建筑物抗震设计规范	DL 5073—2000
16	水工建筑物抗冻设计规范	NB/T 35024—2014
01-06 安全监测		
17	混凝土安全监测技术规范	DL/T 5178—2003
18	大坝安全监测自动化技术规范	DL/T 5211—2005
19	水工建筑物强震动安全监测技术规范	SL 486—2011
20	水利水电工程水力学原型观测规范	SL 616—2013
01-07 其他		
21	水电水利工程施工机械选择设计导则	DL/T 5133—2001
22	水电水利工程地下工程施工组织设计导则	DL/T 5201—2004
23	水利水电工程常规水工模型试验规程	DL/T 5244—2010
24	水电水利工程掺气减蚀模型试验规程	DL/T 5245—2010
25	水电水利工程滑坡涌浪模拟技术规程	DL/T 5246—2010
26	水电站有压输水系统水工模型试验规程	DL/T 5247—2010
27	水电工程施工组织设计规范	DL/T 5397—2007
28	水电工程鱼类增殖放流站设计规范	NB/T 35037—2014
29	水电工程设计洪水计算规范	NB/T 35046—2014
30	碾压式土石坝施工组织设计规范	NB/T 35062—2015
31	蓄滞洪区设计规范	GB 50773—2012
02 挡水建筑物		
32	混凝土面板堆石坝设计规范	DL/T 5016—2011
33	混凝土拱坝设计规范	DL/T 5346—2006
34	碾压式土石坝设计规范	DL/T 5395—2007
35	土石坝沥青混凝土面板和心墙设计规范	DL/T 5411—2009
36	水闸设计规范	NB T 35023—2014
37	混凝土重力坝设计规范	NB/T 35026—2014
38	砌石坝设计规范	SL 25—2006
39	碾压混凝土坝设计规范	SL 314—2004
40	橡胶坝坝袋	SL 554—2011
03 泄水建筑物		
41	溢洪道设计规范	DL/T 5166—2002
42	水利水电工程沉沙池设计规范	SL 269—2001

续表

序号	标 准 名 称	标准号
43	溃坝洪水模拟技术规程	SL 164—2010
44	滑坡涌浪模拟技术规程	SL 165—2010
04 引水发电建筑物		
45	水电站引水渠道及前池设计规范	DL/T 5079—2007
46	水工隧洞设计规范	DL/T 5195—2004
47	水电站进水口设计规范	DL/T 5398—2007
48	水电站厂房设计规范	NB/T 35011—2013
49	水电站调压室设计规范	NB/T 35021—2014
05 通航建筑物		
50	船闸总体设计规范	JTJ 305—2001
（二）施工技术标准（导则）		
01 通用		
01-01 临建及交通工程		
51	水电水利工程场内施工道路技术规范	DL/T 5243—2010
52	水电水利工程砂石加工系统施工技术规程	DL/T 5271—2012
53	水电水利工程砂石料开采及加工系统运行规范	DL/T 5311—2013
54	水电工程工程砂石系统废水处理技术规范（报批稿）	DL/T 5724—2015
01-02 导截流工程		
01-03 土石方工程		
55	水工建筑物地下工程开挖施工技术规范	DL/T 5099—2011
56	水电水利工程爆破施工技术规范	DL/T 5135—2013
57	水工建筑物岩石基础开挖工程施工技术规范	DL/T 5389—2007
01-04 边坡及支护工程		
58	水电水利工程预应力锚索施工规范	DL/T 5083—2010
59	水电水利工程锚喷支护施工规范	DL/T 5181—2013
60	水电水利工程边坡施工技术规范	DL/T 5255—2010
61	水电水利工程预应力锚杆用水泥锚固剂技术规程	DL/T 5703—2014
01-05 混凝土工程		
62	水电水利工程模板施工规范	DL/T 5110—2013
63	水工混凝土施工规范（报批稿）	DL/T 5144—2015
64	水工混凝土钢筋施工规范	DL/T 5169—2013
65	环氧树脂砂浆技术规程	DL/T 5193—2004
66	水电水利工程岩壁梁施工规程	DL/T 5198—2013
67	水工混凝土建筑物缺陷检测和评估技术规程	DL/T 5251—2010

续表

序号	标 准 名 称	标准号
68	贫胶渣砾料碾压混凝土施工导则	DL/T 5264—2011
69	混凝土面板堆石坝翻模固坡施工技术规程	DL/T 5268—2012
70	水电水利工程清水混凝土施工规范	DL/T 5306—2013
71	水电水利工程水下混凝土施工规范	DL/T 5309—2013
72	水工混凝土建筑物缺陷修补加固技术规程	DL/T 5315—2014
73	水电水利工程聚脲涂层施工技术规程	DL/T 5317—2014
74	水工混凝土掺用磷渣粉技术规范	DL/T 5387—2007
75	水工建筑物滑动模板施工技术规范	DL/T 5400—2007
76	水电水利工程斜井竖井施工规范	DL/T 5407—2009
77	水电水利工程沉井施工技术规程	DL/T 5702—2014
78	水工混凝土外保温聚苯板施工技术规范	CECS 268—2010
01-06 灌浆及基础处理		
79	水工建筑物水泥灌浆施工技术规范	DL/T 5148—2012
80	水电水利工程混凝土防渗墙施工规范	DL/T 5199—2004
81	水电水利工程高压喷射灌浆技术规范	DL/T 5200—2004
82	水电水利工程振冲法地基处理规范	DL/T 5214—2005
83	水电水利工程覆盖层灌浆技术规范	DL/T 5267—2012
84	水工建筑物化学灌浆施工规范	DL/T 5406—2010
85	深层搅拌法技术规范	DL/T 5425—2009
86	水电水利工程接缝灌浆施工技术规范	DL/T 5712—2014
01-07 安全监测		
87	大坝安全监测自动化系统通信规约	DL/T 324—2010
88	土石坝监测仪器系列型谱	DL/T 947—2005
89	混凝土坝监测仪器系列型谱	DL/T 948—2005
90	大坝安全监测数据自动化采集装置	DL/T 1134—2009
91	差动电阻式监测仪器鉴定技术规程	DL/T 1254—2013
92	混凝土坝安全监测资料整编规程	DL/T 5209—2005
93	土石坝安全监测资料整编规程	DL/T 5256—2010
94	土石坝安全监测技术规范	DL/T 5259—2010
95	大坝安全监测自动化系统实用化要求及验收规程	DL/T 5272—2012
96	水利水电工程施工安全监测技术规范	DL/T 5308—2013
97	水电水利工程软土地基施工监测技术规范（报批稿）	DL/T 5316—2014
98	水工建筑物强震动安全监测技术规范	DL/T 5416—2009
99	大坝监测仪器 沉降仪 第1部分：水管式沉降仪	GB/T 21440.1—2008

续表

序号	标 准 名 称	标准号
100	大坝监测仪器　沉降仪　第 2 部分：电磁式沉降仪	GB/T 21440.2—2008
101	大坝监测仪器　沉降仪　第 3 部分：液压式沉降仪	GB/T 21440.3—2008
102	水位观测标准	GB/T 50138—2010
103	大坝安全监测仪器报废标准	SL 621—2013
01-08 其他		
104	水利电力建设用起重机检验规程	DL/T 454—2005
105	水利电力建设用起重机	DL/T 946—2005
106	水工建筑物塑性嵌缝密封材料技术标准	DL/T 949—2005
107	履带式布料机	DL/T 1385—2014
108	水电水利工程施工基坑排水技术规范	DL/T 5719—2015
109	水电工程土工膜防渗技术规范	NB/T 35027—2014
110	水电工程测量规范	NB/T 35029—2014
02 挡水建筑物		
111	水工碾压混凝土施工规范	DL/T 5112—2009
112	混凝土面板堆石坝接缝止水技术规范	DL/T 5115—2008
113	混凝土面板堆石坝施工规范	DL/T 5128—2009
114	碾压式土石坝施工规范（报批稿）	DL/T 5129—2013
115	土坝灌浆技术规范	DL/T 5238—2010
116	土石坝浇筑式沥青混凝土防渗墙施工技术规范	DL/T 5258—2010
117	水电水利工程砾石土心墙堆石坝施工规范	DL/T 5269—2012
118	混凝土面板堆石坝挤压边墙技术规范	DL/T 5297—2013
119	沥青混凝土面板堆石坝及库盆施工规范（报批稿）	DL/T 5310—2013
120	水电水利工程溃坝洪水模拟技术规程	DL/T 5360—2006
121	水工碾压式沥青混凝土施工规范	DL/T 5363—2006
03 泄水建筑物		
04 引水发电建筑物		
122	渠道防渗工程技术规范	GB/T 50600—2010
05 通航建筑物		
123	水运混凝土施工规范	JTS202—2011
124	水运工程大体积混凝土温度裂缝控制技术规程	JTS202-1—2010
（三）试验检测标准		
125	煤灰成分分析方法	DL/T 1037—2007
126	水工混凝土掺用粉煤灰技术规范	DL/T 5055—2007
127	水工混凝土外加剂技术规程（报批稿）	DL/T 5100—2014

续表

序号	标 准 名 称	标准号
128	土工离心模型试验技术规程（报批稿）)	DL/T 5102—2013
129	水下不分散混凝土试验规程	DL/T 5117—2000
130	水电水利岩土工程施工及岩体测试孔规程	DL/T 5125—2009
131	聚合物改性水泥砂浆试验规程	DL/T 5126—2001
132	水工混凝土试验规程	DL/T 5150—2010
133	水工混凝土砂石骨料试验规程（报批稿）	DL/T 5151—2014
134	水工混凝土水质分析试验规程	DL/T 5152—2001
135	水电水利工程施工测量规范	DL/T 5173—2012
136	水工建筑物抗冲磨防空蚀混凝土技术规范	DL/T 5207—2005
137	水电水利工程钻孔抽水试验规程	DL/T 5213—2005
138	水工建筑物止水带技术规范	DL/T 5215—2005
139	灌浆记录仪器技术导则	DL/T 5237—2010
140	水工混凝土耐久性技术规范	DL/T 5241—2010
141	核子密度仪及含水量测试规程 核子法密度及含水量测试规程	DL 5270—2012
142	水工混凝土掺用天然火山灰技术规范	DL/T 5273—2012
143	水工混凝土掺用轻烧氧化镁技术规范（报批稿）	DL/T 5296—2013
144	水电混凝土抑制碱-骨料反应技术规范（报批稿）	DL/T 5298—2013
145	水工塑性混凝土试验规程	DL/T 5303—2013
146	水工混凝土掺用石灰石粉技术规范（报批稿）	DL/T 5304—2013
147	水工混凝土配合比设计规程（报批稿）	DL/T 5330—2015
148	水电水利工程钻孔压水试验规程	DL/T 5331—2005
149	水电水利工程混凝土断裂试验规程	DL/T 5332—2005
150	水利水电工程钻孔土工试验规程	DL/T 5354—2006
151	水利水电工程土工试验规程	DL/T 5355—2006
152	水利水电工程粗粒土试验规程	DL/T 5356—2006
153	水利水电工程岩土化学分析试验规程	DL/T 5357—2006
154	水利水电工程水流空化模拟试验规程	DL/T 5359—2006
155	水工沥青混凝土试验规程	DL/T 5362—2006
156	水电水利工程岩体应力测试规程	DL/T 5367—2007
157	水电水利工程岩石试验规程	DL/T 5368—2007
158	混凝土面板堆石坝挤压边墙混凝土试验规程	DL/T 5422—2009
159	水电水利工程锚杆无损检测规程	DL/T 5424—2009
160	水工碾压混凝土试验规程	DL/T 5433—2009
161	发电工程混凝土试验规程（报批稿）	DL/T 1448—2015

续表

序号	标 准 名 称	标准号
162	土石筑坝材料碾压试验规程	NB/T 35016—2013
（四）验收评价标准		
163	水电水利基本建设工程　单元工程质量等级评定标准　第 1 部分：土建工程	DL/T 5113.1—2005
164	水电水利基本建设工程　单元工程质量等级评定标准　第 7 部分：碾压式土石坝和浆砌石工程(报批稿)	DL/T 5113.7—2012
165	水电水利基本建设工程　单元工程质量等级评定标准　第 8 部分：水工碾压混凝土工程	DL/T 5113.8—2012
166	水电水利基本建设工程　单元工程质量等级评定标准　第 10 部分：沥青混凝土工程	DL/T 5113.10—2012
167	大坝安全监测系统验收规范	GB/T 22385—2008
168	水库大坝安全评价导则	SL 258—2000
169	防汛储备物资验收标准	SL 297—2004
170	船闸工程质量检验评定标准	JTJ 288—1993
三、金结专业		
（一）设计标准		
01 闸门及拦污栅		
1	水利水电工程钢闸门设计规范	SL 74—2013
02 启闭机		
2	水电水利工程启闭机设计规范	DL/T 5167—2002
3	水电水利工程液压启闭机设计规范	NB/T 35020—2013
4	水电工程固定卷扬式启闭机通用技术条件	NB/T 35036—2014
5	水利水电工程启闭机设计规范	SL 41—2011
03 压力钢管		
6	水电站压力钢管设计规范	DL/T 5141—2001
04 升船机		
7	水电水利工程垂直升船机设计导则	DL/T 5399—2007
8	升船机设计规范	SL 660—2013
（二）施工技术标准		
01 通用		
9	电力钢结构焊接通用技术条件	DL/T 678—2013
10	水电水利工程金属结构设备防腐蚀技术规程	DL/T 5358—2006
11	水工金属结构焊接通用技术条件	SL 36—2006
12	水工金属结构铸锻件通用技术条件	SL 576—2012
02 闸门及拦污栅		
13	水电工程钢闸门制造安装及验收规范	NB/T 35045—2014

续表

序号	标准名称	标准号
03 启闭机		
14	水电工程启闭机制造安装及验收规范	NB/T 35051—2015
04 压力钢管		
15	水电水利工程压力钢管制造安装及验收规范	DL/T 5017—2007
16	水电水利工程压力钢管制造安装及验收规范	GB 50766—2012
（三）试验检测标准		
17	水电水利工程金属结构及设备焊接接头衍射时差法超声检测	DL/T 330—2010
18	水工钢闸门和启闭机安全检测技术规程	DL/T 835—2003
19	水电工程设备铸锻件检验验收规范	DL/T 1395—2014
20	钻孔应变法测量残余应力的标准测试方法	SL 499—2010
21	X射线衍射应力测定装置校验方法	SL 536—2011
22	水工金属结构残余应力测试方法　X射线衍射法	SL 547—2011
23	水工金属结构残余应力测试方法　磁弹法	SL 565—2012
24	水工金属结构三维坐标测量技术规程	SL 580—2012
25	水工金属结构 T 形接头角焊缝和组合焊缝超声检测方法和质量分级	SL 581—2012
26	水工金属结构制造安装质量检验通则	SL 582—2012
（四）验收评价标准		
27	水利水电工程单元工程施工质量验收评定标准　水工金属结构安装工程	SL 635—2012
四、机电专业		
（一）设计标准		
01 通用		
1	水力发电厂测量装置配置设计规范	DL/T 5413—2009
2	水电站门式起重机	JB/T 6128—2008
3	水利水电工程厂（站）用电系统设计规范	SL 485—2010
4	水利水电工程机电设计技术规范	SL 511—2011
02 机组及附属设备		
5	大中型水轮机选用导则	DL/T 445—2002
6	水力发电厂机电设计规范	DL/T 5186—2004
03 进水阀		
7	大中型水轮机进水阀门基本技术条件	GB/T 14478—2012
04 全厂公用辅助设备		
8	水轮机电液调节系统及装置技术规程	DL/T 563—2004

续表

序号	标 准 名 称	标准号
9	水力发电厂水力机械辅助设备系统设计技术规定	NB/T 35035—2014
10	水力发电厂供暖通风与空气调节设计规范	NB/T 35040—2014
11	水力发电厂厂用电设计规程	NB/T 35044—2014
12	水利水电工程导体和电器选择设计规范	SL 561—2012
05 全厂消防设施		
13	水力发电厂火灾自动报警系统设计规范	DL/T 5412—2009
14	水电工程设计防火规范	GB 50872—2014
06 电气一次		
15	水力发电厂气体绝缘金属封闭开关设备配电装置设计规范	DL/T 5139—2001
16	水力发电厂交流110kV～500kV电力电缆工程设计规范	DL/T 5228—2005
17	水力发电厂高压电气设备选择及布置设计规范	DL/T 5396—2007
18	水力发电厂照明设计规范	NB/T 35008—2013
19	水利水电工程高压配电装置设计规范	SL 311—2004
20	水利水电工程电缆设计规范	SL 344—2006
21	小水电站接入电力系统技术规定	SL 522—2010
22	水利水电工程接地设计规范	SL 587—2012
07 电气二次		
23	水力发电厂计算机监控系统设计规范	DL/T 5065—2009
24	水力发电厂过电压保护和绝缘配合设计技术导则	DL/T 5090—1999
25	水力发电厂二次接线设计规范	DL/T 5132—2001
26	梯级水电厂集中监控工程设计规范	DL/T 5345—2006
27	水力发电厂工业电视系统设计规范	NB/T 35002—2011
28	水力发电厂自动化设计技术规范	NB/T 35004—2013
29	水力发电厂继电保护设计导则	NB/T 35010—2013
30	水力发电厂通信设计规范	NB/T 35042—2014
31	小型水力发电站自动化设计规范	SL 229—2011
32	水利水电工程二次接线设计规范	SL 438—2008
33	水利水电工程继电保护设计规范	SL 455—2010
34	水利水电工程自动化设计规范	SL 612—2013
（二）施工技术标准		
01 机组及附属设备		
35	立式水轮发电机弹性金属塑料推力轴瓦技术条件	DL/T 622—2012
36	进口水轮发电机（发电/电动机）设备技术规范	DL/T 730—2000

续表

序号	标 准 名 称	标准号
37	转桨式转轮组装与试验工艺导则	DL/T 5036—2013
38	轴流式水轮机埋件安装工艺导则	DL/T 5037—2013
39	灯泡贯流式水轮发电机组安装工艺规程	DL/T 5038—2012
40	水轮机金属蜗壳现场制造安装及焊接工艺导则	DL/T 5070—2012
41	混流式水轮机转轮现场制造工艺导则	DL/T 5071—2012
42	水轮发电机转子现场装配工艺导则	DL/T 5230—2009
43	水轮发电机定子现场装配工艺导则	DL/T 5420—2009
44	水轮发电机内冷定子绕组安装工艺导则	DL/T ××××—201×
45	水轮发电机基本技术条件	GB/T 7894—2009
46	水轮发电机组安装技术规程	GB/T 8564—2003
47	水轮机控制系统技术条件	GB 9652.1—2007
48	水轮机蓄能泵和水泵水轮机通流部件技术条件	GB/T 10969—2008
49	水轮机基本技术条件	GB/T 15468—2006
50	小型水轮机基本技术条件	GB/T 21718—2008
51	反击式水轮机泥沙磨损技术导则	GB/T 29403—2012
52	水轮发电机定子现场装配工艺导则	SL 600—2012
02 进水阀		
53	水轮机进水液动蝶阀选用、试验及验收导则	DL/T 1068—2007
03 全厂公用辅助设备		
04 全厂消防设施		
05 电气一次		
06 电气二次		
54	抽水蓄能自动控制系统技术条件	DL/T 295—2011
55	水力发电厂计算机监控系统与厂内设备及系统通信技术规定	DL/T 321—2012
56	发电机励磁系统及装置安装、验收规程	DL/T 490—2011
57	水电厂计算机监控系统基本技术条件	DL/T 578—2008
58	大中型水轮发电机静止整流励磁系统及装置技术条件	DL/T 583—2006
59	水电厂自动化原件基本技术条件	DL/T 1107—2009
60	流域梯级水电站集中控制规程	DL/T 1313—2013
61	水力发电厂电气试验设备配置导则	DL/T 5401—2007
62	水轮发电机组自动化元件（装置）及其系统基本技术条件	GB/T 11805—2008

续表

序号	标 准 名 称	标准号
（三）试验检测标准		
63	大中型水轮发电机静止整流励磁系统及装置试验规程	DL/T 489—2006
64	水轮机电液调节系统及装置调整试验导则	DL/T 496—2001
65	大中型水轮发电机微机励磁调节器试验和调整导则	DL/T 1013—2006
66	水轮机调节系统自动测试及实时仿真装置技术条件	DL/T 1120—2009
67	水轮机控制系统试验	GB/T 9652.2—2007
68	水轮机、蓄能泵和水泵水轮机模型验收试验　第1部分：通用规定	GB/T 15613.1—2008
69	水轮机、蓄能泵和水泵水轮机模型验收试验　第2部分：常规水力性能试验	GB/T 15613.2—2008
70	水轮机、蓄能泵和水泵水轮机模型验收试验　第3部分：辅助性能试验	GB/T 15613.3—2008
71	水力机械振动和脉动现场测试规程	GB/T 17189—2007
72	小型水轮机现场验收试验规程	GB/T 22140—2008
（四）验收评价标准		
73	水电厂计算机监控系统试验验收规程	DL/T 822—2012
74	水电水利基本建设工程　单元工程质量等级评定标准　第3部分：水轮发电机组安装工程	DL/T 5113.3—2012
75	水电水利基本建设工程　单元工程质量等级评定标准　第4部分：水力机械辅助设备安装	DL/T 5113.4—2012
76	水电水利基本建设工程　单元工程质量等级评定标准　第5部分：发电电气设备安装工程	DL/T 5113.5—2012
77	水电水利基本建设工程　单元工程质量等级评定标准　第6部分：升压变电电气设备安装	DL/T 5113.6—2012
78	水电水利基本建设工程　单元工程质量等级评定标准　第11部分：灯泡贯流式水轮发电机组安装工程	DL/T 5113.11—2005
五、调试试运行标准		
（一）试验检测标准		
1	水轮发电机组启动试验规程	DL/T 507—2014
2	灯泡贯流式水轮发电机组启动试验规程（报批稿）	DL/T 827—2014
3	水轮发电机组推理轴承润滑参数测量方法	DL/T 1003—2006
（二）验收评价标准		
4	小型水电站机组运行综合性能质量评定标准	SL 524—2011
（三）试运行标准		
5	抽水蓄能可逆式水泵水轮机运行规程	DL/T 293—2011
6	抽水蓄能可逆式发电电动机运行规程	DL/T 305—2012

续表

序号	标 准 名 称	标准号
7	大中型水轮发电机组静止整流励磁系统及装置运行、检修规程	DL/T 491—2008
8	水电厂自动化元件(装置)及其系统运行维护与检修试验规程	DL/T 619—2012
9	水轮发电机运行规程	DL/T 751—2013
10	水轮机调速器及油压装置运行及检修规程	DL/T 792—2013
11	立式水轮发电机检修技术规程	DL/T 817—2014
12	抽水蓄能电站无人值班技术规范	DL/T 1174—2012
13	水轮发电机组状态在线监测系统技术条件	DL/T 1197—2012
14	可逆式抽水蓄能机组启动试运行规程	GB/T 18482—2010